Büchner / Schliebs / Winter / Büchel

Industrielle Anorganische Chemie

VCH

Vertrieb:
VCH Verlagsgesellschaft, Postfach 1260/1280, D-6940 Weinheim (Federal Republic of Germany)
USA and Canada: VCH Publishers, Suite 909, 220 East 23rd Street, New York NY 10010 (USA)

ISBN 3-527-26572-4

Industrielle Anorganische Chemie

W. Büchner
R. Schliebs
G. Winter
K. H. Büchel

Zweite, durchgesehene Auflage

VCH

Prof. Dr. Werner Büchner
Dr. Reinhard Schliebs
Dr. Gerhard Winter
Prof. Dr. Dr. h. c. Karl Heinz Büchel
Bayer AG
D-5090 Leverkusen

1. Auflage 1984
2., durchgesehene Auflage 1986

Verlagsredaktion: Dr. Hans F. Ebel
Herstellerische Betreuung: Dipl.-Ing. (FH) Hans Jörg Maier

CIP-Kurztitelaufnahme der Deutschen Bibliothek

Industrielle anorganische Chemie – W. Büchner ... – 2., durchges. Aufl. – Weinheim; New York, Ny: VCH, 1986.
ISBN 3-527-26572-4
NE: Büchner, Werner [Mitverf.]

Satz: Filmsatz Unger, D-6940 Weinheim
Druck: betz-druck gmbh, D-6100 Darmstadt-Arheiligen
Bindung: Wilhelm Osswald + Co., D-6730 Neustadt
Printed in the Federal Republic of Germany

Vorwort zur ersten Auflage

Das Buch „Industrielle Anorganische Chemie“ will eine Lücke füllen, die schon lange vorhanden, seit dem Erscheinen der „Industriellen Organischen Chemie“ von Weissermel/Arpe aber noch sehr viel deutlicher geworden ist. Zwar gibt es in einer Reihe von Encyklopädien und Handbüchern ausführliche Kapitel aus diesem Bereich der Chemie. Was aber bisher fehlte, war ein einbändiges Werk, das zusammenfassend und in knapper Form den aktuellen Stand der Industriellen Anorganischen Chemie darstellt.

Den Autoren ist diese Lücke in Gesprächen mit Studenten, jungen Chemikern, Kollegen benachbarter Fachbereiche, Lehrern und Hochschullehrern bewußt geworden, und sie haben daher gern den Vorschlag des Verlages aufgegriffen, ein solches Werk zu schaffen. Änderungen der Rohstoffversorgung und der Märkte, Erfordernisse der Ökonomie und der Ökologie sind die Ursachen dafür, daß die industrielle anorganische Chemie in einem ständigen Wandel begriffen ist. Das hat zur Folge, daß die Behandlung technischer Prozesse in den gängigen Lehrbüchern nur selten mit der Entwicklung schritthalten kann.

Die industrielle anorganische Chemie ist ein wichtiger Wirtschaftszweig und in ihrer Struktur besonders vielfältig: Zum einen produziert sie eine große Zahl von Fertigprodukten (mineralische Düngemittel, Baustoffe, Glas, Emails und Pigmente, um nur einige zu nennen), und zum anderen stellt sie für die organische Chemie Basisprodukte wie Mineralsäuren, Basen, Oxidationsmittel und Halogene bereit. Auch moderne Entwicklungen in anderen Industriezweigen, beispielsweise Chips für die Mikroelektronik, Videokassetten und Lichtleitfasern, sind nur durch die ständige Fortentwicklung der industriellen anorganischen Chemie möglich geworden.

In diesem Buch liegt das Schwergewicht auf den Herstellungsverfahren, der wirtschaftlichen Bedeutung und der Verwendung der Produkte. Bei der Herstellung sind soweit wie möglich die Vor- und Nachteile der einzelnen Verfahren im Hinblick auf Rohstoffsituation, Energieverbrauch, Ökonomie und Ökologie herausgearbeitet, wobei deutlich wird, daß die Situation in den verschiedenen Ländern oft recht unterschiedlich ist. Verfahren, die nicht mehr ausgeübt werden, sind nur kurz erwähnt oder wurden ganz weggelassen. Auf die Eigenschaften der Produkte wird nur insoweit eingegangen, als sie für deren Herstellung oder Verwendung von Bedeutung sind.

Um den Rahmen nicht zu sprengen, war eine Beschränkung des Stoffes notwendig. Auf metallurgische Prozesse wurde ganz verzichtet; lediglich die Herstellung „chemischer“ Metalle (z. B. Alkalimetalle) ist in knapper Form dargestellt. Einige Grenzgebiete zur organischen Chemie (wie die phosphor-, silicium- und fluororganische Chemie) sind aufgenommen, andere dagegen wurden bewußt weggelassen. Da im Zusammenhang mit dem Kernbrennstoffkreislauf sehr viel anorganische Chemie in industriellem Maßstab betrieben wird und dieses Gebiet heute von großer Bedeutung ist, wurde dieser Chemie ein eigenes Kapitel gewidmet.

Dem bewährten Beispiel des Parallelwerkes „Industrielle Organische Chemie" folgend, besteht der Text aus einer Hauptspalte und aus einer Randspalte, die im wesentlichen ein Konzentrat der Hauptspalte ist. Mit ihrer Hilfe kann sich der Leser rasch einen Überblick über die wichtigsten Fakten verschaffen. Die Formelschemata sind auch in diesem Buch durch ein Raster unterlegt, was ebenfalls der schnellen Orientierung dient.

Jeder größere Abschnitt hat am Ende eine – meist untergliederte – Literaturzusammenstellung. Damit soll dem Leser die Möglichkeit gegeben werden, sich ohne großen Zeitaufwand weitere Informationen zu beschaffen, an denen ihm besonders gelegen ist. Daß bei den Literaturangaben neben Originalarbeiten und Übersichtsartikeln die „großen" Handbücher Ullmann, Winnacker-Küchler und Kirk-Othmer im Vordergrund stehen, ist naheliegend. Bei den wirtschaftlichen Daten war die Quelle häufig das Chemical Economics Handbook des Stanford Research Institute.

Beim Zusammentragen der für dieses Buch wichtigen Fakten war uns das Dokumentationssystem der Bayer AG eine entscheidende Hilfe. Aber auch zahlreiche Kollegen haben uns unterstützt:

Außerhalb der Bayer AG gilt unser Dank den Herren Prof. Dr. P. Eyerer von der Universität Stuttgart, Dr. H. Grewe von der Krupp AG, Essen, Dr. Ch. Hahn von der Hutschenreuther AG, Selb, Dr. G. Heymer von der Hoechst AG, Werk Knapsack, Dr. P. Kleinschmit von der Degussa AG, Dr. G. König von der Martin & Pagenstecher GmbH, Krefeld, Dr. R. Kroebel vom Kernforschungszentrum Karlsruhe, Dr. G. Kühner von der Degussa AG, Prof. Dr. F. W. Locher vom Forschungsinstitut der Zementindustrie, Düsseldorf, H. Schmidt vom Ziegeleiforschungsinstitut, Essen, Dr. M. Schwarzmann und Kollegen von der BASF AG und Dr. E. Wege von der Sigri Elektrographit GmbH, Meitingen, für fachkundigen Rat und die kritische Durchsicht von Manuskriptteilen.

Innerhalb der Bayer AG haben wir den Herren Dr. H.-P. Biermann, Dr. G. Franz, Dr. P. Kiemle, Dr. M. Mansmann, Dr. H. H. Moretto und Dr. H. Niederprüm zu danken sowie zahlreichen weiteren Kollegen, die uns bei der technischen Gestaltung des Werkes behilflich waren. Ganz besonders danken wir Frau Dr. Hanna Söll, die mit ihrer langjährigen Erfahrung zur Gesamtredaktion dieses Buches wesentlich beigetragen hat.

Unser Dank gilt auch dem Verlag, der die Vorschläge der Autoren mit viel Verständnis aufnahm und dieses Buch in einer vorzüglichen Aufmachung erscheinen läßt.

Leverkusen, im Frühjahr 1984 K. H. Büchel

Inhalt

1 Anorganische Grundprodukte

1.1 Wasser

1.1.1 Wirtschaftliche Bedeutung

Wasser ist einer der Rohstoffe, die auf der Erde in unbegrenzter Menge zur Verfügung stehen. Wasser wird nicht verbraucht, sondern nach der Verwendung früher oder später wieder in den Wasser-Kreislauf der Erde eingeschleust. Anders sieht es mit der örtlichen Verfügbarkeit von Wasser aus (z. B. in ariden Zonen) insbesondere mit der Verfügbarkeit von Wasser, dessen Reinheit für den jeweiligen Verwendungszweck ausreicht. Für viele Anwendungszwecke wird billiges Wasser hoher Reinheit verlangt.

Wasser: ein Rohstoff, der prinzipiell in unbegrenzter Menge verfügbar ist, da verwendetes Wasser in den Wasserkreislauf der Erde zurückgelangt

Als Beispiel für die Herkunft und Gewinnung von Wasser in einem Industrieland seien die Zahlen für die Bundesrepublik Deutschland für 1975 genannt:

Dort wurden durch die öffentlichen Wasserversorgungs-Unternehmungen insgesamt 4765.9 · 10^6 m^3 Wasser gewonnen, was etwa 77 m^3 pro Einwohner und Jahr entspricht. Die Gesamtmenge setzt sich wie folgt zusammen:

- 3710.8 · 10^6 m^3 Grundwasser (einschließlich Uferfiltrat und mit Oberflächen-Wasser angereichertem Grundwasser)
- 635.3 · 10^6 m^3 Quellwasser und
- 419.8 · 10^6 m^3 Oberflächen-Wasser

BRD 1975:

- Öffentliche Wassererzeugung: 4.7 · 10^9 m^3 ≙ 77 m^3 pro Einwohner und Jahr
- Eigenverbrauch der Industrie: 12 · 10^9 m^3
- Wasseraufkommen insgesamt: 18.8 · 10^9 m^3
- Wasseraufkommen insgesamt: Geschätzt für 2010: 40.9 · 10^9 m^3

Die Eigenversorgung der Industrie ist mehr als doppelt so hoch: 1975 verbrauchte sie etwa 12000 · 10^6 m^3.

Das Wasseraufkommen, das 1975 insgesamt 18.8 ·10^9 m^3 betrug, soll nach einer Studie, die im Auftrag des Umweltbundesamtes 1981 erstellt wurde, bis zum Jahre 2010 auf 40.9 · 10^9 m^3 ansteigen. Es wird angenommen, daß dann die chemische Industrie 40% des industriell genutzten Wassers verbrauchen wird.

Die Aufbereitung von Meer- oder Brackwasser zu Trinkwasser wird technisch durchgeführt:

Kapazität von Meerwasser-Destillationsanlagen weltweit:

- 1977: $2.9 \cdot 10^6$ m^3/d
- 1980: $4.6 \cdot 10^6$ m^3/d (geschätzt)

Großanlagen leisten um $22.5 \cdot 10^3$ m^3/d (pro Strang)

Die Kapazitäten von Anlagen, mit denen aus Meerwasser Süßwasser gewonnen wird, lagen weltweit 1977 bei $2.9 \cdot 10^6$ m^3/d, davon wurden $2.4 \cdot 10^6$ m^3/d nach dem vielstufigen (Vakuum-)Entspannungs-Verdampfungs-Verfahren hergestellt. Für 1980 kann eine Kapazität von $4 \cdot 10^6$ m^3/d abgeschätzt werden. Typische Großanlagen haben eine Leistung von etwa $22.5 \cdot 10^3$ m^3/d; bei größeren Gesamtleistungen in einem Komplex werden mehrere Anlagen parallel betrieben. (Beispiel Shuiaba/Kuwait: 5 Anlagen mit zusammen $112.5 \cdot 10^3$ m^3/d.) Der geographische Schwerpunkt für derartige Anlagen ist im arabischen Raum (1977: >50% der Kapazitäten).

Kapazität von Umgekehrte-Osmose-Anlagen:

- aus Brackwasser: ca. $378 \cdot 10^3$ m^3/d (1977)
- aus Meerwasser: ca. $30 \cdot 10^3$ m^3/d (1980)

1977 wurden durch umgekehrte Osmose (engl. Abkürzung: RO) $378 \cdot 10^3$ m^3/d Süßwasser aus Brackwasser gewonnen (in 26 Anlagen). Inzwischen wird aber auch in zunehmendem Maße nach diesem Verfahren aus Meerwasser Süßwasser hergestellt. Neben Kleinanlagen für Schiffe und Ölbohrplattformen arbeiten Großanlagen mit Kapazitäten zwischen 600 und 12 500 m^3/d im arabischen Raum, in Venezuela und in der USSR (Kaspisches Meer). Insgesamt kann die Kapazität von Großanlagen, die durch umgekehrte Osmose aus Meerwasser Süßwasser herstellen, auf $30 \cdot 10^3$ m^3/d abgeschätzt werden (1980). 1982 wurde auf Malta mit dem Bau der bisher größten Anlage mit einer Leistung von $20 \cdot 10^3$ m^3/d begonnen. Sie verwendet Wasser aus dem Mittelmeer.

1.1.2 Aufbereitung von Süßwasser

Zur Trinkwassergewinnung müssen folgende Schritte je nach Qualität des Rohwassers teilweise oder ganz durchgeführt werden:

- Durchbruchschlorung oder Ozonisierung
- Flockung
- Sedimentation
- Filtration
- Aktivkohle-Behandlung
- Sicherheitschlorung
- pH-Einstellung

Je nach Herkommen ist das Rohwasser mehr oder weniger stark verunreinigt. Die Aufbereitung zu Trinkwasser umfaßt die folgenden Schritte

- Durchbruchschlorung (alternativ Ozon-Behandlung)
- Flockung
- Sedimentation
- Filtration
- Aktivkohle-Behandlung
- Sicherheitschlorung
- pH-Einstellung.

Es hängt ganz von der Qualität des Rohwassers ab, wie viele der genannten Schritte in der Praxis durchgeführt werden. Bei einem reinen Quellwasser muß u. U. nur eine Sicherheitschlorung vorgenommen werden. Bei stark verunreinigtem Rohwasser (Beispiel: Uferfiltrat aus Rhein oder Ruhr) sind praktisch alle Schritte erforderlich. Es wird aber auf diese Weise auch aus stark belastetem Rohwasser ein brauchbares Trinkwasser erhalten. Andererseits sind bei der Herstellung von Brauchwasser, z. B. für Kühlzwecke, wesentlich weniger Reinigungsstufen notwendig.

Weitere Reinigungsschritte können erforderlich sein:

- Verminderung der Härtebildner (Calcium, Magnesium)
- Entfernung von freiem Kohlendioxid und von Eisen und Mangan

Falls das Wasser größere Mengen an Härtebildnern (Calcium, Magnesium), viel freie Kohlensäure oder Eisen und Mangan enthält, sind zusätzliche Schritte erforderlich.

Für bestimmte Anwendungen wird ionenfreies Wasser verlangt, das durch Ionenaustausch gewonnen wird.

1.1.2.1 Durchbruchschlorung und Ozonisierung

Bei stark verunreinigtem Oberflächen-Wasser wird nach Abtrennung der groben mechanischen Verunreinigungen als erste Stufe eine Chlorung durchgeführt. Es wird dem Wasser so viel Chlor zugesetzt, daß es nach der Behandlung etwa 0.2 bis 0.5 mg/L freies Chlor enthält (Durchbruchschlorung). Chlor reagiert mit Wasser in Abhängigkeit vom pH-Wert unter Bildung von unterchloriger Säure und von Hypochlorit-Anion:

Durchbruchschlorung:

- Zugabe von so viel Chlor zum Rohwasser, daß nach der Behandlung 0.2 bis 0.5 mg/L Chlor vorhanden sind

$$Cl_2 + H_2O \longrightarrow HCl + HClO$$

$$HClO \rightleftharpoons H^+ + ClO^-$$

Die Chlorung bewirkt:

- Abtötung von pathogenen Keimen, Inaktivierung von Viren
- Oxidation von Kationen wie Eisen(II) oder Mangan(II) zu höheren Wertigkeitsstufen
- Chlorierung von Ammoniak zu Chloraminen oder Stickstofftrichlorid
- Chlorierung von Phenolen zu Chlorphenolen
- Chlorierung von organischen Verunreinigungen, z. B. zu aliphatischen Chlorkohlenwasserstoffen.

Die Chlorung bewirkt:

- Abbau von pathogenen Organismen
- Chlorierung von Ammoniak
- Bildung von organischen Chlor-Verbindungen, unerwünscht!

Die beiden letztgenannten Prozesse sind unerwünscht: Chlorphenole sind sehr geschmacksintensiv; einem Teil der aliphatischen Chlorkohlenwasserstoffe („Leitverbindung“: Chloroform) wird außerdem ein krebserzeugendes Potential zugeschrieben. Es wird daher vorgeschlagen, die Chlorung nur bis zur Stufe der Chloramine durchzuführen und die weitere Elimination der Verunreinigungen z. B. durch mikrobiologische Abbauprozesse an Aktivkohle vorzunehmen.

Ozonisierung als Alternative zur Chlorung:

- Vorteile:
  - keine Bildung von organischen Chlor-Verbindungen
  - nachfolgende Flockung wird erleichtert
- Nachteile:
  - hohe Kosten

Ozonisierung in über 1000 Städten der Erde

Eine wesentliche Alternative zur Chlorung ist die Ozonisierung des Wassers, die in über 1000 Städten der Welt durchgeführt wird. Bei ihr können die genannten Nachteile nicht auftreten. Problematisch bei der Ozonisierung sind allerdings die wesentlich höheren Kosten und die relativ geringe Stabilität von Ozon in Wasser. Außerdem ist über die Toxizität der Substanzen, die bei der Ozonisierung der organischen Verunreinigungen entstehen, noch wenig bekannt. Die Ozonisierung begünstigt die nachfolgende Flockung. Es sind etwa 0.2 bis 1.0 g Ozon pro m^3 Wasser erforderlich, in besonderen Fällen bis zu 3 g/m^3. Eine weitere Alternative ist die Behandlung mit Chlordioxid, bei der die Bildung von chlorhaltigen organischen Verbindungen geringer ist als bei der Chlorung.

1.1.2.2 Flockung und Sedimentation

Flockung:

Entfernung von anorganischen und organischen Kolloiden durch Adsorption an (in situ erzeugten) Aluminium-und Eisen(III)-hydroxid-Flocken. Ggf. Zugabe von Flockungshilfsmitteln

Hat das Rohwasser einen starken Trübungsgehalt, vor allem aber kolloidale organische Verunreinigungen, so muß es durch eine Flockung vorgereinigt werden. Dazu gibt man dem Wasser Eisen- oder Aluminiumsalze zu, so daß Eisen- oder Aluminiumhydroxide ausfallen:

$$Al_2(SO_4)_3 + 6H_2O \longrightarrow 2Al(OH)_3\downarrow + 3H_2SO_4$$

$$FeSO_4Cl + 3H_2O \longrightarrow Fe(OH)_3\downarrow + H_2SO_4 + HCl$$

$$Fe_2(SO_4)_3 + 6H_2O \longrightarrow 2Fe(OH)_3\downarrow + 3H_2SO_4$$

Der optimale Flockungs-pH-Wert liegt für die Aluminiumsalze bei etwa 6.5 bis 7.5, für die Eisensalze bei 8.5. Falls der natürliche Alkali-Gehalt des Rohwassers nicht ausreicht, um die entstandene Säure zu neutralisieren, muß Alkali (z. B. Kalkmilch oder Natronlauge) zugesetzt werden. Zusätzlich können Flockungshilfsmittel wie Polyacrylamid- oder Stärke-Derivate zugegeben werden. Bei Verwendung von Aluminiumsulfat $Al_2(SO_4)_3 \cdot 18\,H_2O$

werden etwa 10 bis 30 g/m^3 eingesetzt. Die ausfallenden, sehr feinteiligen Hydroxid-Flocken sind positiv aufgeladen und adsorbieren die negativ geladenen kolloidalen organischen Stoffe und Tonteilchen.

Zur Durchführung der Flockung und zur Abtrennung des ausgeflockten Materials gibt es eine Reihe von technisch eingeführten Anlagen (z. B. Precipitator, Pulsator, Accentrifloc, Reactivator), bei denen sich eine definierte Schlamm-Schwebeschicht ausbildet, die abgezogen werden kann. Zum Teil arbeiten die Anlagen mit einer Schlammrückführung, um eine bessere Adsorption zu ermöglichen. Auch eine Abtrennung der Schlammflocken durch Flotation ist möglich.

Sedimentation:

Abtrennung des bei der Flockung entstandenen fein verteilten Schlammes, z. T. unter Schlammrückführung

1.1.2.3 Filtration

Das durch die Flockung vorbehandelte Wasser muß anschließend filtriert werden. (Setzt man Rohwasser einer Qualität ein, die eine Flockung und Durchbruchschlorung erübrigt, so ist die Filtration die erste Aufbereitungsstufe.) Man filtriert über Sandfilter mit einer Höhe von 1 bis 2 m, im allgemeinen von oben nach unten. Die Teilchengröße des Sandes liegt z. B. bei 0.2 bis 2 mm, die Filtrationsgeschwindigkeit bei 3 bis 5 mm/s. Ist das Filter durch die Verunreinigungen belegt, so erhöht sich der Filterwiderstand. Es wird dann von unten nach oben rückgespült, ggf. zusammen mit Luft. Daneben gibt es Mehrschichtenfilter, z. T. in Kombination mit einer 0.5 m hohen Anthrazit-Schicht. Für eine Feinfiltration können Anschwemmfilter verwendet werden.

Filtration:

Abtrennung von ungelösten Feststoffen über Sandfilter, teilweise in Kombination mit Anthrazit-Filtern. Nach Belegen der Filter Rückspülen mit Wasser oder Wasser/Luft

1.1.2.4 Entfernung gelöster anorganischer Verunreinigungen

Enthält das Rohwasser viel gelöste Hydrogencarbonate, so scheidet sich beim Erhitzen des Wassers vor allem Calciumcarbonat aus (Carbonat-Härte, Kesselstein):

$$Ca(HCO_3)_2 \longrightarrow CaCO_3 + CO_2 + H_2O \, .$$

Man kann die „Carbonat-Härte" durch Zugabe von Säure beseitigen, wobei sich das leichter lösliche Calciumsulfat bildet:

Unschädlichmachen der Härtebildner, vor allem von Calcium- und Magnesiumhydrogencarbonaten, durch Zugabe von

- Schwefelsäure und Austreiben von Kohlendioxid,
- Calciumhydroxid und Abtrennen der entstandenen Carbonate

$$Ca(HCO_3)_2 + H_2SO_4 \longrightarrow CaSO_4 + 2CO_2 + 2H_2O\,.$$

Das entstandene Kohlendioxid muß ausgetrieben werden, da kohlendioxid-haltiges Wasser korrosiv ist. Man kann die Hydrogencarbonate auch durch Zugabe von Calciumhydroxid beseitigen:

$$Ca(HCO_3)_2 + Ca(OH)_2 \longrightarrow 2CaCO_3 + 2H_2O\,.$$

In einer technischen Variante gibt man das Calciumhydroxid als Lösung oder Suspension zu dem hydrogencarbonat-haltigen Wasser und läßt es über Calciumcarbonat-Kugeln strömen, an denen das neu entstehende Calciumcarbonat aufwächst. Groß gewordene Kugeln werden abgezogen, neue Kugeln können sich an zugegebenen Kristallkeimen bilden.

Entfernung von Eisen(II) und Mangan(II) durch Oxidation der zweiwertigen Ionen mit Luft, ggf. mit Chlor, und Abtrennen der gebildeten Oxidhydrate. Bei der Behandlung mit Luft wird gleichzeit freies Kohlendioxid ausgetrieben

Eisen- und Mangan-Entfernung: Beide Metalle kommen, besonders als zweiwertige Ionen, in vielen Wässern vor. Zu ihrer Entfernung oxidiert man sie bevorzugt mit Luft – ggf. nach Erhöhung des pH-Wertes – zu den Oxidhydraten. Diese werden anschließend abfiltriert. Durch die Behandlung mit Luft wird auch gleichzeitig gelöstes Kohlendioxid ausgetrieben. Falls Luft als Oxidationsmittel nicht ausreicht, z. B. in Gegenwart von viel Huminsäuren (die komplexbildend wirken), werden stärkere Oxidationsmittel wie z. B. Chlor verwandt. Auch bei der Aktivkohle-Behandlung werden diese Metall-Ionen entfernt.

1.1.2.5 Entfernung gelöster organischer Verunreinigungen

Zur Entfernung von gelösten organischen Verunreinigungen: Behandlung mit Aktivkohle, in der BRD meist mit gekörnter Kohle

Hier handelt es sich um eine große Zahl von Verbindungen. Neben natürlich vorkommenden Stoffen wie Huminsäuren sind es Stoffe, die aus Haushalts-, Industrie- oder Landwirtschaftsabwässern stammen oder aber aus diesen durch Chlorung oder Ozonisierung entstehen. Typische Folgeprodukte der Chlorung sind z. B. Chlorphenole und Chloralkane (vgl. S. 3).

Für die Entfernung der gelösten organischen Verunreinigungen bietet sich vor allem die Behandlung mit Aktivkohle an. Dabei werden zwei Verfahren eingesetzt:

- Perkolation durch gekörnte Aktivkohle, vor allem in der Bundesrepublik Deutschland
- Einrühren von Pulverkohle, besonders in den USA.

Pulverkohle hat den Vorteil, daß man die Menge gut an den Grad der Verunreinigung anpassen kann; die Investitionskosten für dies Verfahren sind niedrig. Pulverkohle kann aber nicht leicht regeneriert werden, was bei gekörnter Aktivkohle möglich ist. Da die Zusammensetzung der Verunreinigungen von Wasser zu Wasser verschieden ist, müssen bei der Behandlung mit gekörnter Aktivkohle der Kohle-Typ und die Art der Behandlung (z. B. Zahl der Filter, Kontaktzeit) empirisch ermittelt werden. Vor allem aber muß bei der Reinigung darauf geachtet werden, daß besser adsorbierbare Verbindungen die bereits adsorbierten Verbindungen, wie z. B. Chloralkane, nicht wieder in das Produktwasser verdrängen.

Die durchschnittliche Entfernung von organischem Kohlenstoff aus dem Wasser liegt bei 50 bis 150 g TOC/m^3 (TOC, total organic carbon) Aktivkohle und Tag. Sie wird verbessert, wenn nicht bis zum „Durchbruch" (s. S. 3) chloriert oder wenn mit Ozon vorbehandelt wird.

Aktivkohle entfernt zwischen 50 bis 150 g TOC/m^3Aktivkohle und Tag.

Regeneration der Kohle durch Rückspülen, von Zeit zu Zeit durch thermische Reaktivierung

Die Entfernung von Schlamm vom Aktivkohle-Filter erfolgt durch Rückspülung. In größeren Abständen müssen die Filter thermisch unter ähnlichen Bedingungen wie bei der Aktivkohle-Erzeugung regeneriert werden. Das kann sowohl im jeweiligen Wasserwerk wie auch beim Hersteller der Kohle erfolgen.

Die Aktivkohle-Behandlung hat aber neben der Beseitigung der gelösten organischen Verunreinigungen noch weitere Effekte:

- überschüssiges Chlor wird zersetzt
- Ammoniak und ein Teil der organischen Verbindungen werden biologisch oxidiert
- Eisen- und Manganoxid-Hydrate werden abgetrennt.

Die Aktivkohle-Behandlung führt außerdem zur

- Zersetzung überschüssigen Chlors
- biologischen Oxidation von Ammoniak und organischen Verbindungen durch mikrobiologische Prozesse an der Aktivkohle-Oberfläche
- Abtrennung von Eisen und Mangan

1.1.2.6 Sicherheitschlorung

Nach abgeschlossener Aufbereitung erfolgt noch eine „Sicherheitschlorung", um eine Reinfektion des Wassers im Verteilungssystem zu verhindern. Sie ist auch nach einer vorhergehenden Ozonisierung erforderlich. Trinkwasser enthält etwa von 0.1 bis 0.2 mg/L Chlor.

Sicherheitschlorung:

Vermeidung der Reinfektion des Trinkwassers im Verteilungssystem durch Zugabe von 0.1 bis 0.2 mg/L Chlor

1.1.2.7 Herstellung von ionenarmem oder ionenfreiem Wasser

Bei einer Reihe von technischen Verfahren wird ein Wasser benötigt, das weniger Härtebildner enthält, als nach den unter 1.1.2.4 beschriebenen Verfahren erreicht werden kann. Das kann durch Ionen-Austausch an polymeren organischen Festsäuren, den „Ionen-Austauschern", erfolgen.

Behandlung von Wasser mit Kationen-Austauschern:

Austausch von Ca^{2+} und Mg^{2+} gegen Na^+ oder H^+

Durch stufenweise Behandlung über Kationen- und Anionen-Austauscherbetten oder in „Mischbetten" wird Wasser mit weniger als 0.02 mg/L Salz erhalten. Letzte Reste organischer Verunreinigungen können durch umgekehrte Osmose beseitigt werden

Verwendet man als Kationen-Austauscher sulfoniertes Polystyrol in der Form des Natriumsalzes, so werden Calcium- und Magnesium- gegen Natrium-Ionen ausgetauscht:

$$PS-SO_3^-Na^+ + 0.5\,Ca^{2+} \longrightarrow PS-SO_3^-Ca_{0.5}^{2+} + Na^+$$

(PS Polystyrol)

Die Regenerierung der mit Calcium- und Magnesium-Ionen beladenen Ionen-Austauscher (Kapazität: 1 L Austauschermasse nimmt etwa 40 g CaO auf) erfolgt in Umkehrung der obigen Gleichung durch (Gegenstrom-)Eluierung mit 5- bis 10%iger Kochsalz-Lösung. Falls die Härtebildner als Hydrogencarbonate vorlagen, reagiert das Produktwasser nach dem Erhitzen alkalisch:

$$2NaHCO_3 \longrightarrow Na_2CO_3 + CO_2\uparrow + H_2O$$

Geht man von Ionen-Austauschern in der Protonen-Form aus, so reagiert das Produktwasser sauer:

$$PS-SO_3^-H^+ + M^+ \longrightarrow PS-SO_3^-M^+ + H^+$$

(M^+: einwertiges Metall-Ion oder Äquivalent eines mehrwertigen Ions)

Setzt man (schwach-saure) Harze, die Carboxy-Gruppen enthalten, in der Protonen-Form ein, so entfernt man nur die als Hydrogencarbonate vorliegenden Härtebildner:

$$PS-(COOH)_2 + Ca(HCO_3)_2 \longrightarrow PS-(COO^-)_2Ca^{2+} + 2\,CO_2\uparrow + 2\,H_2O$$

Durch anschließendes Erhitzen wird das Kohlendioxid ausgetrieben. Die Austauscher werden mit verdünnten Säuren regeneriert.

Für Wasser sehr hoher Reinheit (Verwendung z. B. für Hochleistungsdampfkessel oder in der Elektronikindustrie) benötigt man praktisch ionenfreies Wasser. Das geschieht entweder abwechselnd über Austauscherbetten mit Kationen- und Anionen-Austauschern oder in sog. „Austauschermischbetten". In diesen liegen nebeneinander stark saure Ionen-Austauscher in der Protonen-Form und basische Ionen-Austauscher auf Basis von Polystyrolen mit Amino- oder Ammonium-Gruppen vor, z. B.

$$PS-N(CH_3)_2 \quad \text{oder} \quad PS-N(CH_3)_3^+OH^- \ .$$

Basische Ionen-Austauscher, die mit Natronlauge regeneriert werden, entfernen Anionen, z. B.:

$$PS-N(CH_3)_3^+OH^- + Cl^- \longrightarrow PS-N(CH_3)_3^+Cl^- + OH^-$$

Beim Durchgang von salzhaltigem Wasser durch ein Mischbett werden also die Kationen gegen Protonen, die Anionen gegen Hydroxid-Ionen ausgetauscht. Protonen und Hydroxid-Ionen reagieren zu Wasser, so daß im Ergebnis das Produktwasser praktisch ionenfrei ist. Man erreicht Restgehalte im Wasser von 0.02 mg/L. Die Anionen-Austauscher sind spezifisch schwerer als die Kationen-Austauscher, wodurch die Regenerierung des Mischbettes möglich wird. Man läßt die Austauschersäule durch einen so starken Wasserstrom von unten durchspülen, daß beide Harze in getrennte Zonen überführt werden, wo sie dann unabhängig voneinander regeneriert werden können.

(Eine weitere Feinreinigung, besonders von gelösten nichtionischen organischen Verbindungen, ist für die Elektronikindustrie u. U. erforderlich. Sie wird mit Hilfe der umgekehrten Osmose vorgenommen, s. auch Abschn. 1.1.3.2).

1.1.3 Gewinnung von Süßwasser aus Meerwasser und Brackwasser

1.1.3.1 Gewinnung durch vielstufige Entspannungs-Verdampfung

Meerwasser enthält durchschnittlich 3.5% Massenanteil an gelösten Salzen; die Hauptmenge davon ist Kochsalz. Daneben liegen u. a. auch Calcium-, Magnesium- und Hydrogencarbonat-Ionen vor. Trinkwasser sollte nicht mehr als 0.05% an Kochsalz und weniger als 0.1% an gelösten Feststoffen enthalten.

Die Entfernung von Salz aus Meerwasser in diesen Mengen mit Hilfe von Ionen-Austauschern wäre völlig unwirtschaftlich. Zur Gewinnung von Trink- und auch Bewässerungs-Wasser aus Meerwasser steht heute die Destillation im Vordergrund.

Wichtigstes Verfahren zur Herstellung von Süßwasser aus Meerwasser:

Vielstufige (Vakuum-)Entspannungs-Verdampfung.

Vorbehandlung: Entfernen der mechanischen und biologischen Verunreinigungen.

Durchgeführt wird vor allem die vielstufige (Vakuum-)Entspannungs-Verdampfung (engl. Abkürzung: MSF), Abb. 1.1-1.

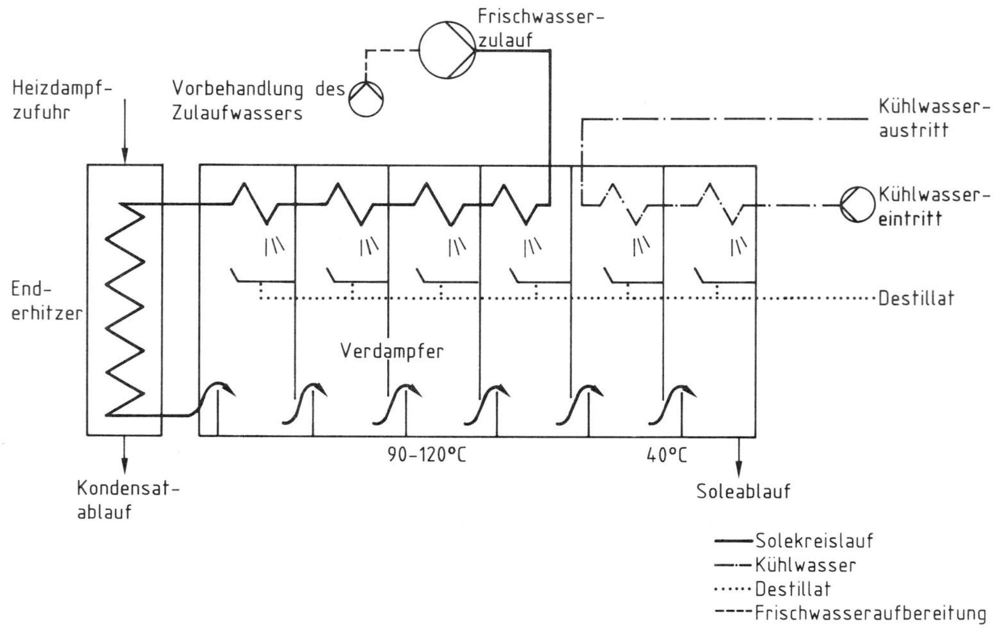

Abb. 1.1-1. Prinzip-Skizze einer MSF-Anlage.

Meerwasser wird bei Temperaturen von 90 °C bis maximal 120 °C in mehreren – bis zu 45 – hintereinandergeschalteten Stufen verdampft. Als Kühlwasser für die Kondensation des entstandenen Dampfes dient das einlaufende Meerwasser, das sich dabei von Stufe zu Stufe mehr erwärmt. In der ersten (wärmsten) Stufe wird dem Gesamtsystem über Wärmeaustauscher mit Hilfe von Dampf die erforderliche Energie zugeführt. Zur Kühlung des Dampfes, der in den letzten (kältesten) Stufen entsteht, ist mehr Meerwasser erforderlich, als an Einsatzwasser benötigt wird. So fließt ein Teil – erwärmt – ins Meer zurück, was einen erheblichen Energieverlust bedeutet. Der andere Teil dieses vorgewärmten Wassers wird mit einem Teil des Wassers vermischt, das durch die Verdampfung bereits konzentriert wurde und als Einsatzwasser wieder verwendet. Der Rest des Konzentrates wird „abgestoßen" (engl. blow down). Dadurch wird ein vorgegebener „Eindickungsfaktor" (z. B. 1.5 bis 2.0) eingehalten. Mit dem abgestoßenen Konzentrat geht ebenfalls Energie verloren.

An die Qualität des einlaufenden Meerwassers werden gewisse Ansprüche gestellt: Neben der Entfernung der grobmechanischen und biologischen Verunreinigungen ist vor allem eine Eliminierung oder Stabilisierung der Härtebildner erforderlich. Aus unbehandeltem Meerwasser scheiden sich Calciumcarbonat und Magnesiumhydroxid (Brucit) unter Kohlendioxid-Abgabe auf den Wärmeübertragungsflächen ab; die Destillatleistung der Anlage wird dadurch stark beeinträchtigt.

Abscheidung von Härtebildnern wird verhindert durch Zugabe von:

- molaren Mengen an Schwefelsäure
- Polyphosphat oder Polymaleinsäure-Derivaten in unterstöchiometrischen Mengen

Die Abscheidung der Härtebildner kann durch Schwefelsäurezugabe verhindert werden, da sich dann Calcium- und Magnesiumsulfat bilden, die relativ leicht löslich sind. Allerdings sind die erforderlichen Säure-Mengen beträchtlich und an den Standorten der Entsalzungsanlagen oft schlecht verfügbar. Außerdem muß sehr exakt dosiert werden: Unterdosierung führt zur Verkrustung, Überdosierung zur Korrosion der Anlage. Man verwendet daher heute oft in Anlagen, die in der ersten (wärmsten) Stufe bis etwa 90 °C betrieben werden, Polyphosphat in unterstöchiometrischen Mengen zur Härtestabilisierung. Bei Anlagen, die oberhalb von 90 °C betrieben werden, werden auch Polymaleinsäure-Derivate zur Härtestabilisierung eingesetzt. Oberhalb 120 °C scheidet sich Calciumsulfat als Anhydrit ab, wogegen es derzeit kein technisch brauchbares Verfahren gibt.

Die Kosten für die Gewinnung von Trinkwasser aus Meerwasser hängen wesentlich von den Kosten der eingesetzten Energie ab. Sie liegen aber auf jeden Fall wesentlich über denen von Trinkwasser, das aus Süßwasser gewonnen wird.

1.1.3.2 Gewinnung durch umgekehrte Osmose

Gewinnung von Trinkwasser aus Brackwasser oder Meerwasser durch umgekehrte Osmose:

Durchtritt von salzarmem Wasser aus salzhaltigem durch eine semipermeable Membran unter Druck.

Hier beginnt sich ein weiteres Verfahren zur Gewinnung von Trinkwasser aus salzhaltigem Wasser durchzusetzen: die umgekehrte Osmose. Bei der Osmose tritt Wasser durch eine semipermeable Membran von einer verdünnten Lösung in eine konzentriertere Lösung, wobei sich der hydrostatische Druck in der konzentrierten Lösung erhöht. Dieser Prozeß verläuft freiwillig. Bei der umgekehrten Osmose wird durch Anwendung eines äußeren Druckes aus einer salzhaltigen Lösung durch eine semipermeable Membran salzärmeres Wasser gewonnen. Der erforderliche Druck ist abhängig vom Salzgehalt der Lösung. Um eine brauchbare Menge an Wasser zu gewinnen, muß der angewendete Druck deutlich höher sein als der osmotische Gleichgewichtsdruck. So liegt z. B. der Gleichgewichtsdruck einer Lösung mit 0.5% Massenanteil Salz bei 3.5 bar, der zur Wassergewinnung erforderliche bei 40 – 70 bar. Je höher der Druck auf der Rohwasserseite ist, desto höher ist der Wasserdurchtritt, aber auch die Salzmenge im Produktwasser, da die Membranen das Salz nicht vollständig zurückhalten. Man muß ggf. mehrstufig arbeiten.

Membranen meist aus Acetylcellulose oder bevorzugt aus Polyamid. Wegen des hohen Druckunterschiedes aufwendige Konstruktion der technischen Entsalzungsanlagen (u. U. mehrstufig). Eine Wasservorbehandlung ist – wie bei der destillativen Wassergewinnung – erforderlich.

Die Membranen werden aus Acetylcellulose oder bevorzugt aus Polyamid hergestellt. Wegen der hohen Druckunterschiede und der Notwendigkeit, dünne Membranen zu verwenden, sind die technischen Konstruktionen aufwendig. Man verwendet z. B. Bündel von gewickelten dünnen Hohlkapillaren (Außendurchmesser 0.1 mm, Innendurchmesser 0.04 mm), die sich in einem Druckzylinder befinden (Abb. 1.1-2). Die Kapillaren werden am Ende des Zylinders durch eine abdichtende Kunststoffschicht herausgeführt. Das Rohwasser wird von der anderen Seite in den Zylinder gegeben; etwa 30% geht als Produktwasser durch die Kapillarwände in die Kapillaren, der Rest wird als konzentrierteres Wasser entnommen und verworfen. Auch hier ist eine intensive und kostspielige Vorbehandlung des einlaufenden Rohwassers erforderlich: Neben der Entfernung aller kolloidalen und biologischen Verunreinigungen ist auch eine

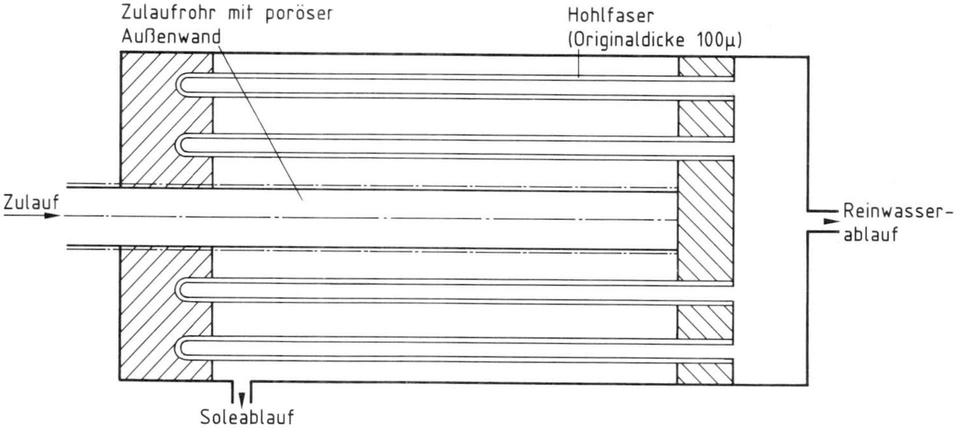

Abb. 1.1-2. Prinzip-Skizze eines RO-Moduls.

Behandlung der Härtebildner, z. B. durch Säure-Zugabe, notwendig. Besonders günstig ist die Entnahme des Rohwassers aus Brunnen in Strandnähe.

Die umgekehrte Osmose benötigt zur Wasserherstellung nur ca. 50% der Energie, die die vielstufige Entspannungsverdampfung erfordert (8 bis 10.6 kWh/m^3, bezogen auf Süßwasser, bei einer Kapazität von 19 · 10^3 m^3/d).

Süßwassergewinnung durch umgekehrte Osmose energetisch wesentlich günstiger als durch Destillation.

Literatur zu Kapitel 1.1 Wasser

Wasserversorgung in der Bundesrepublik Deutschland:

Umweltschutz Fachserie **19** (1975). Reihe 2.1 „Öffentliche Wasserversorgung und Abwasserbeseitigung" und Reihe 2.2 „Wasserversorgung und Abwasserbeseitigung in der Wirtschaft" (Statistisches Bundesamt Wiesbaden, Hrsg.). Kohlhammer, Stuttgart 1979.

„Der Wasserbedarf in der Bundesrepublik Deutschland bis zum Jahre 2010" – Studie erstellt im Auftrage des Umweltbundesamtes, Berlin 1981.

Übersichtsarbeiten:

T. V. Arden, „Water Purification and Recycling", in: *The Modern Inorganic Chemicals Industry.* R. Thompson, (ed.), The Chemical Society, Burlington House, London 1977, S. 69–104.

J. H. Lehr u. a.: *Domestic Water Treatment.* McGraw-Hill, New York, 1980.

Chemie und Umwelt, VCI – *Wasser* (Verband der Chemischen Industrie, Frankfurt/Main, Hrsg.).

Wasserentsalzung:

Gmelin Handbuch der Anorganischen Chemie. 8. Aufl. Sauerstoff Anhangband „Wasserentsalzung". Springer-Verlag, Berlin-Heidelberg-New York, 1974.

Gmelin Handbuch der Anorganischen Chemie. 8. Aufl., O Water Desalting, Supplement Volume 1. Springer-Verlag, Berlin-Heidelberg-New York, 1979.

H. Ludwig, „Reverse Osmosis in the Desalination of Brackish Water and Sea Water", *Desalination* **36** (1981), 153–178.

H. W. Pohland, „Seawater Desalination by Reverse Osmosis", *Endeavour, New Series* **4** (1980) 141–147.

W. M. Wagner und D. R. Finnegan, „Select a seawater-desalting process", *Chem. Eng.,* Febr. 1983, 71–75.

Veröffentlichungen über neue Entwicklungen auf dem Wassergebiet:

Schriftenreihe *Vom Wasser,* herausgegeben von der Fachgruppe Wasserchemie in der Gesellschaft Deutscher Chemiker. Erscheint im Verlag Chemie, Weinheim-Deerfield Beach, Florida-Basel. (56. Band 1981).

Arbeiten auf dem Gebiet der Entsalzung: *„Desalination",* Elsevier Scientific Publishing Company, Amsterdam.

Neue Entwicklungen auf dem Gebiet der Wasserreinigung: Karlsruhe '78, „Oxidationsverfahren in der Trinkwasseraufbereitung". Herausgegeben von W. Kühn und H. Sontheimer, Engler-Bunte-Institut der Universität Karlsruhe, Lehrstuhl für Wasserchemie, 1979.

1.2 Wasserstoff

1.2.1 Wirtschaftliche Bedeutung

Wasserstoff ist das häufigste Element im Universum; auf der Erde (Litho-, Hydro-, Bio- und Atmosphäre) ist er – vornehmlich in Form von Wasser und Hydraten sowie als Bestandteil der Biomasse und von fossilen Rohstoffen – mit einem Anteil von etwas unter 1% Massenanteil (etwa 15 Stoffmengenanteile in %, bezogen auf die Atome) das neunthäufigste Element.

Wasserstoff gewinnt neben seiner großen Bedeutung als Chemierohstoff und Industriechemikalie insbesondere seit der ersten Ölkrise 1973/74 zunehmendes, wenn auch immer noch sehr spekulatives Interesse als praktisch unerschöpflicher (sekundärer) Energieträger (Brenn-, Kraftstoff) anstelle oder neben dem elektrischen Strom. Die Gründe liegen in der (gewichtsspezifisch) hohen Energiedichte von 121 kJ/g (Methan nur 50.3 kJ/g), der hohen Umweltverträglichkeit, seiner Ungiftigkeit und der guten Transport- und Speichermöglichkeiten.

Die Weltproduktion von Wasserstoff lag 1974 bei etwa 270 Mrd. m^3 (Normzustand), d. h. ca. 25 Mio. t. Sie dürfte Ende der 70er Jahre auf weit über 300 Mrd. m^3 gestiegen sein. Die Zuwachsrate wird für die nächsten Jahre auf 7%/a geschätzt. In der Bundesrepublik Deutschland wurde 1980 eine Wasserstoff-Produktion von 1.3 Mrd. m^3 statistisch ausgewiesen, allerdings ohne den zwangsläufigen Anfall in den Verarbeitungsbetrieben der Raffinerien und der Chemie sowie ohne Synthesegase (Rohwasserstoffgase). Der Gesamtverbrauch an Wasserstoff in der Bundesrepublik Deutschland wurde für die Mitte der 70er Jahre auf 6 bis 8 Mrd. m^3 geschätzt. Einschließlich des Verbrauchs von Wasserstoff-haltigen Heizgasen z. B. in Raffinerien und in der Kokereiindustrie lag der Absatz 1978 bei 17 Mrd. m^3; er soll bis 1985 auf 22 Mrd. m^3 steigen.

In den USA lag die Gesamtproduktion 1979 bei etwa 85 Mrd. m^3, davon gelangten nur 2.8 Mrd. m^3 in den Handel. Der überwiegende Teil des erzeugten bzw. anfallenden Wasserstoffs wird also – wie auch in der Bundesrepublik Deutschland – direkt beim Erzeuger weiter verarbeitet.

Produktion von H_2:
(Ende der 70er Jahre)

- Welt: >300 Mrd. m^3
- BRD: ~ 17 „ „
- USA: ~ 85 „ „

Ein kleiner, aber wichtiger Teilmarkt ist die Produktion von flüssigem Wasserstoff z. B. für Raketentreibstoffe, aber auch für industrielle Anwendungen. Die Kapazitäten betrugen in den USA 1980 ca. 50000 t/a.

Nur ein geringer Teil des erzeugten H_2 gelangt in den Handel; der größte Teil wird im erzeugenden Betrieb direkt verbraucht

1.2.2 Herstellung von Wasserstoff

Wasserstoff wird nach zwei prinzipiell verschiedenen Verfahren großtechnisch hergestellt:

- durch petrochemische Prozesse einschließlich Kohlevergasung (zu >90%)
- durch Elektrolyse von Wasser

Rohstoffquellen für H_2:

- zu über 90% fossile Rohstoffe (Erdgas, Erdöl, Kohle)
- Wasser

Daneben fällt Wasserstoff in großen Mengen als Nebenprodukt bei Verarbeitungsprozessen der Petrochemie, der Raffinerien und Kokereien (Koksofengas) sowie bei manchen chemischen und elektrochemischen Verfahren, z. B. der Chloralkali-Elektrolyse, an. Sonstige Verfahren spielen technisch entweder (noch) keine Rolle oder betreffen Sonderfälle.

Zwangsanfall von H_2 in:

- Raffinerien
- petrochemischen Werken
- Kokereien
- Chemiebetrieben

1.2.2.1 Petrochemische Verfahren und Kohlevergasung

Das wichtigste Verfahren zur Herstellung von Wasserstoff ist die katalytische (allotherme) Dampfspaltung (Steam-Reforming) von Erdgas (Methan) oder von leichten Erdölfraktionen (Propan, Butan, Naphtha bis Siedeende von 200 °C). Hierbei stammt der erzeugte Wasserstoff teilweise aus dem eingesetzten Wasserdampf, teilweise aus den Kohlenwasserstoffen; bei der Methanspaltung stammen 1/3 aus Wasser und 2/3 aus Methan:

80% des H_2 werden petrochemisch erzeugt; am wichtigsten ist z. Z. Steam-Reforming von Methan u. a. niederen Kohlenwasserstoffen

$$CH_4 + H_2O \longrightarrow 3H_2 + CO, \Delta H = 205 \text{ kJ/Mol}$$

In den USA werden über 90% des Wasserstoffs nach diesem derzeit kostengünstigsten Verfahren aus Erdgas hergestellt. In anderen Wirtschaftsräumen ist der Anteil geringer.

Neben dem Steam-Reforming von niedrig siedenden Kohlenwasserstoffen ist z. Z. vor allem die partielle Oxidation von schwerem Heizöl und Erdölrückständen nach der Bruttogleichung

$$2\,C_nH_{2n+2} + n\,O_2 \longrightarrow 2(n+1)H_2 + 2nCO$$

von Bedeutung. Die Reaktion verläuft ohne Katalysator und sie ist autotherm.

In Ländern mit billiger Kohle wird Wasserstoff zunehmend durch Kohle/Koksvergasung produziert (vor dem 2. Weltkrieg wurden weltweit 90% des Wasserstoffs nach diesem Verfahren erzeugt). Die Reaktion verläuft nach der Gleichung:

$$3C + O_2 + H_2O \longrightarrow H_2 + 3CO$$

Da über die Hälfte des Wasserstoffs zur Ammoniak-Erzeugung (Düngemittelproduktion) dient und in modernen Ammoniak-Anlagen Wasserstoff-Erzeugung und -Weiterverarbeitung in „Einstranganlagen" erfolgt, sind alle drei Verfahren ausführlich im Abschn. 1.4.1.2 Herstellung von synthetischem Ammoniak abgehandelt.

1974 wurden weltweit etwa 48% des Wasserstoffs aus Erdöl, 30% aus Erdgas, 16% aus Kohle und 6% über andere, meist elektrolytische Verfahren hergestellt. Auch gegenwärtig werden 80% des Wasserstoffs petrochemisch erzeugt, einschließlich der thermischen oder katalytischen Spaltung von Kohlenwasserstoffen z. B. in Raffinerien.

1.2.2.2 Elektrolyse von Wasser

Elektrolyse von Wasser derzeit nur in Sonderfällen interessant (Anteil $<3\%$); im Rahmen einer zukünftigen Wasserstoff-Wirtschaft dürfte das Verfahren sehr an Bedeutung gewinnen

Die elektrolytische Zerlegung von Wasser spielt derzeit nur eine untergeordnete Rolle – Anteil $\ll 3\%$ –, da der Prozeß sehr energieaufwendig ist; der gesamte Wirkungsgrad der Elektrolyse einschließlich Stromerzeugung beträgt 20 bis 25%. Nur in Sonderfällen sind Großanlagen errichtet worden, vor allem in der Nähe von Staudämmen, z. B. in Ägypten (Anlage am Assuan-Staudamm: Leistung 33 000 m^3/h für die Ammoniak-Synthese), Indien, Peru, in Ländern mit niedrigem Strompreis oder auch bei günstigem Absatz des Kopplungsproduktes Sauerstoff, z. B. in Norwegen. Auch wo sehr reiner Wasserstoff benötigt wird, z. B. in der Nahrungsmitteltechnologie (Margarineherstellung) oder bei Kleinverbrauchern, stellt man Wasserstoff durch Elektrolyse her. Das Verfahren könnte aber im Rahmen der langfristig angestrebten Wasserstoff-Technologie („Nach-Erdöl-Zeitalter") eine große Bedeutung erlangen.

Die Zelle zum Zerlegen des Wassers besteht im Prinzip aus zwei Elektroden – getrennt durch ein gasundurchlässiges Diaphragma –, die in den Elektrolyten (Wasser mit Zusatz von Kaliumhydroxid zur Erhöhung der Leitfähigkeit) eintauchen. Die Elektrolysetemperatur beträgt 80 bis 85 °C. Die theoretische Zersetzungsspannung liegt bei 1.24 V, praktisch bei 1.9 bis 2.3 V (Überspannungseffekte u. a.). An der Anode entwickelt sich Sauerstoff, an der Kathode Wasserstoff:

$2OH^-$	$\longrightarrow$	$H_2O + 1/2O_2 + 2e^-$	Anode
$2H_2O + 2e^-$	$\longrightarrow$	$H_2 + 2OH^-$	Kathode
H_2O	$\longrightarrow$	$H_2 + 1/2O_2$	

Der spezifische Energiebedarf pro m^3 Wasserstoff (und 1/2 m^3 Sauerstoff) liegt bei 4.5 bis 5.45 KWh.

Technische Zellen sind meist bipolar verschaltet und bestehen aus einer Vielzahl von hintereinandergeschalteten Einzelplattenzellen, die nach dem Filterpressenprinzip in Blöcken zusammengefügt sind. Bei einer Elektrolyse unter Druck kann der Energieverbrauch um 20% gesenkt werden. Weitere Neuentwicklungen betreffen die Verwendung von porösen Elektroden, die Hochtemperatur-Dampfphasen-Elektrolyse und das SPE-Verfahren (solid polymer electrolyte). Als Nebenprodukt der Wasserelektrolyse kann schweres Wasser, D_2O, gewonnen werden, das sich im Elektrolyten anreichert.

1.2.2.3 Sonstige Verfahren zur Herstellung von Wasserstoff

Die rein thermische Spaltung von Wasser gemäß

$$H_2O \longrightarrow H_2 + 1/2O_2, \qquad \Delta H = 285\,kJ/Mol$$

ist wegen der erforderlichen Temperatur von >2000 °C technisch nicht sinnvoll.

Dagegen kommen mehrstufige thermochemische Kreisprozesse, von denen eine Vielzahl thermodynamisch möglich, aber noch keiner technisch ausgereift ist, mit

H_2-Herstellung durch thermochemische Kreisprozesse beruht auf folgendem allgemeinen Prinzip, das in der Praxis durch notwendige Zwischenschritte komplizierter wird:

$$\begin{array}{lll} H_2O + X & \rightarrow & XO + H_2 \\ XO & \rightarrow & X + 1/2\,O_2 \\ \hline H_2O & \rightarrow & H_2 + 1/2\,O_2 \end{array}$$

niedrigeren Temperaturen aus. Hierbei wird Wasser mit Hilfe eines im Kreis geführten Hilfsstoffes zersetzt, und die Reaktionsprodukte werden – teilweise über Zwischenstufen – thermisch gespalten. Ein Beispiel aus der sog. „Eisen-Chlor-Familie" ist der folgende Drei-Stufen-Prozeß:

$$\begin{array}{lcl} 3\,FeCl_2 + 4\,H_2O & \xrightarrow{650\,°C} & Fe_3O_4 + 6\,HCl + H_2 \\ Fe_3O_4 + 8\,HCl & \xrightarrow{380\,°C} & 3\,FeCl_2 + 4\,H_2O + Cl_2 \\ Cl_2 + H_2O & \xrightarrow{900\,°C} & 2\,HCl + 1/2\,O_2 \\ \hline \text{Summe: } H_2O & \longrightarrow & H_2 + 1/2\,O_2 \end{array}$$

Problematisch sind vor allem Werkstoff- und Korrosionsfragen sowie die Erzeugung der benötigten hohen Temperaturen (ggf. nukleare Prozeßwärme oder auch Solarenergie).

Photochemische oder photoelektrochemische Verfahren spielen ebenso wie thermochemische z. Z. noch keine Rolle.

In Sonderfällen wird Wasserstoff durch katalytische Zersetzung von Ammoniak (über Nickelkontakten bei 900 °C für Hydrierungen oder metallurgische Zwecke) oder Methanol in Spaltanlagen hergestellt. Die Wasserstoff-Erzeugung aus (importiertem) Methanol – das relativ einfach z. B. aus Kohle oder Erdgas hergestellt werden kann – könnte zukünftig für ölarme Länder wie Japan eine Verminderung der Erdölabhängigkeit bedeuten.

1.2.2.4 Gewinnung von Wasserstoff als Nebenprodukt

H_2-Zwangsanfall in Raffinerien und petrochemischen Betrieben vor allem durch:

- Cyclisierung
- Aromatisierung
- Olefinierung von gesättigten Kohlenwasserstoffen

Bei der Verarbeitung von Rohöl in Raffinerien fallen durch Cyclisierung und Aromatisierung, z. B. durch katalytische Reforming-Prozesse, große Mengen an Wasserstoff-haltigen Gasen an (Raffineriegas).

Dieser Wasserstoff wird aber meist im eigenen Betrieb für Hydrierzwecke verwendet. Auch bei anderen petrochemischen und chemischen Prozessen (Synthese von Olefinen, Acetylen, Styrol, Aceton) fällt Wassserstoff an. Koksofengas enthält über 50% Wasserstoff (Volumenanteil), der daraus isoliert werden kann. Schließlich entsteht Wasserstoff als wertvolles Nebenprodukt bei der

Chloralkali-Elektrolyse (direkt beim Diaphragma-Verfahren oder indirekt beim Amalgam-Verfahren) sowie bei der Salzsäure-Elektrolyse; zur Gewinnung von Wasserstoff nach diesen Verfahren s. S. 161 und S. 164. Der Anteil aus diesen Elektrolyse-Verfahren lag 1974 weltweit bei etwa 3% der gesamten Wasserstoff-Produktion.

H_2 durch Chloralkali-Elektrolyse:

$$2\,NaCl + 2\,H_2O \longrightarrow H_2 + Cl_2 + 2\,NaOH$$

1.2.3 Verwendung von Wasserstoff

In den USA entfielen von den etwa 62 Mrd. m^3 Wasserstoff, die 1980 *gezielt* hergestellt wurden, 56% auf die Ammoniak-Synthese, 25% auf Raffinerieprozesse (z. B. Hydrocracken zur Verbesserung der Qualität von Erdölprodukten, Hydrotreating, z. B. hydrierende Entschwefelung) und 7% auf die Methanol-Herstellung.

Verwendung von H_2 weltweit:

- 54% zur Ammoniak-Synthese
- 38% in Raffinerien
- 6% zur Methanol-Synthese
- 2% Sonstiges

Der Rest von 12% wurde für Hydrierungen in der organischen Chemie (Fetthärtung, Anilin- und Cyclohexan-Synthese), in der Elektronik (Schutzgas bei der Halbleiter- und Transistorherstellung), in der Metallurgie (z. B. in Form von Synthesegas zur Direktreduktion von Eisenerz zu Eisenschwamm, als Reduktions- oder Schutzgas bei Temper- und Umschmelzprozessen), in der Glasindustrie, zur Chlorwasserstoff-Herstellung sowie zum autogenen Schweißen und Schneiden (Knallgasgebläse) und in der Schutzgas-Schweißtechnik (z. B. mit Argon-Wasserstoff) benötigt.

Verwendung von H_2 in Raffinerien:

- Hydrocracken zur Qualitätsverbesserung von Erdölprodukten
- Hydrotreating, d. h. hydrierende Entfernung von Schwefel, Stickstoff und Sauerstoff aus Rohöl und Destillaten
- Heizzwecke

Von den etwas über 3% Wasserstoff, die 1981 in den Handel kamen, gingen 63% in chemische Prozesse und 37% in die Metallurgie.

In der Bundesrepublik Deutschland verteilte sich 1978 die gesamte Wasserstoff-Produktion (einschl. Heizgas) von 17 Mrd. m^3 auf folgende Sektoren: 40.9% Nicht-Energieanwendungen (Chemie, Metallurgie), 19.9% indirekte Energieanwendungen (petroleum refining) und 39.2% direkte Energieanwendungen (Prozeßwärme, Raumheizung). Der größte Einzelverbraucher ist die Ammoniak-Synthese mit 4 Mrd. m^3, gefolgt von Raffinerieprozessen mit 3.4 Mrd. m^3.

Weltweit wurden 1974 von dem insgesamt verbrauchten Wasserstoff (270 Mrd. m^3) 54% für die Ammoniak-Synthese, 38% in Raffinerien (22% für chemische Zwecke und 16% für Heizzwecke), 6% für die Methanol-Herstellung und nur 2% für die vielen anderen Einsatzgebiete verwendet.

H_2-Bedarf in Raffinerien nimmt bei der Verarbeitung schwerer Rohöle sowie zukünftig von Ölschiefern, Ölsanden und Kohleöl stark zu (Ausgleich H/C-Verhältnis)

Großer Zukunftsmarkt für H_2:

- Kohlehydrierung (Verflüssigung) zur Herstellung von Kraft- und Brennstoffen
- synthetisches Erdgas (Methan) durch Hydrierung von CO

Das Einsatzgebiet Erdölverarbeitung und -umwandlung wächst derzeit am stärksten: Der Verbrauch für diesen Zweck soll sich weltweit von 1980 bis 2000 auf 100 m^3 Wasserstoff pro m^3 Rohöl erhöhen. Künftig dürfte auch die Synthese von leichteren Kohlenwasserstoffen (Kraftstoffen) oder von synthetischem Erdgas (SNG, substitute natural gas), z. B. durch Hydrierung von Kohle, Ölschiefer oder Teer-(Öl-)sand, bedeutsam werden. In einigen Jahrzehnten schätzt man den Anteil des produzierten Wasserstoffs, der – zu einem geringeren Teil – direkt oder – zum größeren Teil – indirekt (Raffinerieprozesse, synthetische Kraft- und Brennstoffe) in den Energiesektor geht, auf 85%.

H_2-Transport:

- gasförmig in Druckgaszylindern oder Rohrleitungen
- flüssig (kryogen) in Drucktankwagen
- möglicherweise fest in Form von Hydriden

Der Wasserstoff-Anteil, der in den Handel kommt, wird i. allg. in gasförmiger oder flüssiger Form befördert. Zum Teil wird er gasförmig in komprimierter Form (z. B. 200 bar) in Stahlzylindern oder Flaschenbündeln oder flüssig (kryogen) bei $-253\,°C$ in hochisolierten Drucktankwagen transportiert. Auch durch Rohrleitungen kann Wasserstoff verteilt werden. Im Rhein-Ruhr-Gebiet wird bereits seit Jahrzehnten ein über 200 km langes (Druck-)Rohrleitungsnetz – das größte der Welt – mit 14 Wasserstoff erzeugenden und/oder Wasserstoff verbrauchenden Werken betrieben (maximale Transportleistung 312 Mio. m^3/a; sog. Wasserstoffverbund Rhein-Ruhr). Im Einzugsbereich dieses Verbundes waren 1974 Kapazitäten für 750 Mio. m^3 Reinwasserstoff, die zu 30% über die Fernleitung transportiert wurden, und für 2740 Mio. m^3 Rohwasserstoff mit 45 bis 80% Wasserstoff (Volumenanteil) (aus Synthesegas-Anlagen, Raffinerien, Ethylen-Anlagen) vorhanden.

Speicherung und Freisetzung aus Hydriden:

$$y\mathrm{Me} + x\mathrm{H_2} \leftrightharpoons \mathrm{Me_yH_{2x}} + \Delta H$$

In der Entwicklung befindet sich noch die Speicherung bzw. der Transport von Wasserstoff im festen Zustand in Form von Hydriden wie Titan/Eisenhydrid $TiFeH_{1.95}$ oder Magnesium/Nickelhydrid $MgNiH_{4.2}$.

Literatur zu Kapitel 1.2 Wasserstoff

Allgemeine Literatur:

A. F. Trotman-Dickenson: *Comprehensive Inorganic Chemistry*. 1st. Ed., Vol. 1, p. 1–22, Pergamon Press, Oxford, 1973.

Ullmanns Encyklopädie der technischen Chemie. 3. Aufl., Bd. 18, S. 501–539. Urban Schwarzenberg, München-Berlin-Wien, 1967.

Kirk-Othmer: *Encyclopedia of Chemical Technology*. 3. Ed., Vol. 12, p. 938–982. John Wiley & Sons, New York, 1981.

Chemical Economics Handbook. Nr. 743.5000, SRI International, Menlo Park, California, April 1981.

K. Weissermel und H.-J. Arpe: *Industrielle organische Chemie*, S. 17–30. Verlag Chemie, Weinheim 1978.

J. O'M. Bockris und E. W. Justi: *Wasserstoff – Energie für alle Zeiten*. U. Pfriemer Verlag, München, 1980.

W. N. Smith und J. C. Santangelo: *Hydrogen: Production and Marketing*. ACS Symposium Series 116, Washington, 1980.
T. Ohta: *Solar – Hydrogen Systems*. Pergamon Press, Oxford, 1979.

Spezielle Literatur:

Wirtschaftliche Bedeutung:

Statistisches Bundesamt Wiesbaden, Fachserie 4, Reihe 3.1, S. 91, W. Kohlhammer Verlag, Stuttgart, 1980.
G. Kaske, „Petrochemischer Wasserstoff – Herstellung, Transport und Verwendung", *Chem.-Ing.-Tech.* **48,** 95 – 99 (1976).
T. Bohn und H. G. Eickhoff, „Wasserstoff als Rohstoff und Energiequelle", *Chem.-Ing -Tech.* **48,** 133 – 135 (1976).
Chem. Week, **125,** Oct. 31, S. 42.
K. J. Mundo, „Gaserzeugungsverfahren für große Wasserstoffmengen", *Brennst.-Wärme-Kraft* **34,** 15 – 21 (1982).
H. Kalenda und G. Ruckelshauß, Forschungsbericht T 81-012, S. 72 (1981), Bundesministerium für Forschung und Technologie, Untersuchung des zukünftigen Marktpotentials für die Herstellung von Wasserstoff aus Wasser, Marl (Hüls AG).

Herstellung:

S. Stucki und A. Menth, „Physikalisch-chemische Probleme bei der Erzeugung und Speicherung chemischer sekundärer Energieträger", *Ber. Bunsenges. Phys. Chem.* **84,** 1008 – 1013 (1980).
E. Supp und H. Jockel, „Verfahren zur Herstellung von Wasserstoff", *Erdöl Kohle* **29,** 117 – 122 (1976).
H. Hofmann, „Die Erzeugung von Wasserstoff mit Hilfe thermochemischer Reaktionen", *Chem.-Ing.-Tech.* **48,** 87 – 91 (1976).
E. Hausmann, „Technischer Stand der Wasser-Elektrolyse", *Chem.-Ing.-Tech.* **48,** 100 – 103 (1976).
H. Cremer, K. F. Knoche, G. Steinborn, G. Wüster und S. Hegels, „Thermochemische Verfahren der Eisen/Chlor-Familie zur Wasserstoff-Herstellung", *Chem.-Ing.-Tech.* **48,** 163 (1976).
T. Yamamoto, *Chem. Econ. Eng. Rev.* **13,** Nr. 1 – 2, 11 – 16 (1981).
H. Jüntgen und J. Reichenberger, „Verfahren zur Herstellung von Wasserstoff aus Erdgas und Erdölfraktionen", *Brennst.-Wärme-Kraft* **30,** 53 – 58 (1978).
E. Wicke, *Chem.-Ing.-Tech.* **54,** 41 – 52 (1982).

Verwendung:

C. Keller, „Wasserstoff – ein potentieller Energieträger der Zukunft", *Chem. Z.* **101,** 223 – 240 (1977).
K. Griesbaum und D. Hönicke, „Kraftstoffe der Zukunft", *Chemie in unserer Zeit* **14,** 90 – 101 (1980).
R. Kipker, „Transport und Speicherung von Elektrolyt-Wasserstoff", *Chem.-Ing.-Tech.* **48,** 138 – 139 (1976).
K. D. Beccu, H. Lutz und O. de Pous, „Die chemische Speicherung von Wasserstoff in Metallen und Legierungen", *Chem.-Ing.-Tech.* **48,** 161 (1976).
Chem. Mark. Rep. **219,** 3 und 36 (1981).

1.3 Wasserstoffperoxid und anorganische Peroxo-Verbindungen

1.3.1 Wirtschaftliche Bedeutung

1.3.1.1 Wasserstoffperoxid

Wasserstoffperoxid wird technisch in eine Reihe von Konzentrationen in den Handel gebracht. Die wichtigsten sind die Lösungen mit 35 sowie 50 und 70% Massenanteil H_2O_2. Die im folgenden gemachten Zahlenangaben beziehen sich dagegen immer auf „100% Wasserstoffperoxid".

H_2O_2 kommt vorwiegend in Konzentrationen von 35 sowie 50 und 70% Massenanteil in den Handel

Weltkapazität 1979:
$722 \cdot 10^3$ t/a

Tabelle 1.3-1. Wasserstoffperoxid-Kapazitäten 1979 in 10^3 t/a.

Welt	Europa	USA	Lateinamerika	Australien	Asien	(davon Japan)	Afrika
722.2	385	191	16.2	2	127.5	(108)	0.5

1981 lag die Kapazität in den USA bei $175 \cdot 10^3$ t/a, der Verbrauch nur bei $110 \cdot 10^3$ t.

Weltweit ist die Interox mit einer Kapazität von $240 \cdot 10^3$ t/a der größte Produzent, gefolgt von der Degussa. Der größte Hersteller in den USA ist die FMC mit 45% Marktanteil.

1.3.1.2 Natriumperborat und Natriumcarbonat-Perhydrat

Für 1979 wurden folgende Zahlen geschätzt

Weltkapazität Natriumperborat 1979:
$700 \cdot 10^3$ t/a

Tabelle 1.3-2. Natriumperborat-Kapazitäten 1979 (geschätzt) in 10^3 t/a.

Welt	Europa	USA (1980)
700	600	36

Tabelle 1.3-3. Natriumperborat-Produktion 1979 (geschätzt) in 10^3 t/a.

Welt	Europa
500	400

Natriumperborat wird in fast allen westlichen Industrieländern produziert, vor allem aber in Europa (Haupteinsatzgebiet: Waschmittel).

Weltkapazität Natriumpercarbonat:
35 bis $70 \cdot 10^3$ t/a

Die Weltkapazität für Natriumpercarbonat liegt bei 5 bis 10% derjenigen von Natriumperborat, wobei in den Anlagen teilweise beide Produkte wechselweise hergestellt werden können. Insgesamt werden ca. 40% der westeuropäischen Wasserstoffperoxid-Produktion in Perborat und Percarbonat umgewandelt.

1.3.1.3 Alkaliperoxodisulfate und Natriumperoxid

Angaben über Kapazitäten und Verbrauch von Peroxodisulfaten finden sich in Tabelle 1.3-4.

Tabelle 1.3-4. Kapazitäten und Verbrauch von Peroxodisulfaten in 10^3 t (1979).

	Welt	Europa	BRD	Japan
Kapazität:	60	25 bis 30	20	10
Verbrauch:	30 bis 35			

Weltkapazität Alkaliperoxodisulfate: $60 \cdot 10^3$ t/a

Die wichtigste Verbindung ist das Ammoniumsalz, gefolgt vom Kalium- und Natriumsalz. Kapazitätsangaben zum Natriumperoxid liegen nicht vor.

1.3.2 Herstellung

1.3.2.1 Wasserstoffperoxid

Die technische Herstellung von Wasserstoffperoxid ist im wesentlichen nach drei Verfahren möglich:

- Oxidation von Isopropanol – wird nicht mehr ausgeübt
- Elektrochemische Oxidation von Schwefelsäure bzw. Ammoniumsulfat
- Anthrachinon-Verfahren

Herstellung von H_2O_2:

- Oxidation von Isopropanol – wird außer in der USSR nicht mehr ausgeübt.
- Elektrochemische Oxidation von Schwefelsäure bzw. Ammoniumsulfat – nur noch von geringem Interesse
- Anthrachinon-Verfahren: mehr als 95% des erzeugten H_2O_2 werden so hergestellt.

Von diesen Verfahren hat das erste nur noch historisches Interesse; die Anlage, die $15 \cdot 10^3$ t/a Wasserstoffperoxid und $30 \cdot 10^3$ t/a Aceton herstellte, wurde 1980 stillgelegt (in der USSR wird aber noch nach diesen Verfahren produziert). Auch die elektrochemischen Verfahren sind nur noch von geringer Bedeutung; über 95% des erzeugten Wasserstoffperoxids entstammen dem Anthrachinon-Verfahren. Früher ausgeübte Verfahren, wie z. B. die Herstellung aus Bariumperoxid, werden schon seit längerer Zeit nicht mehr betrieben.

Isopropanol-Oxidations-Verfahren

Durch mehrstufige Oxidation von Isopropanol mit Luft in flüssiger Phase bei 15 bis 20 bar und 90 bis 140 °C entstehen Aceton und Wasserstoffperoxid mit einer Selektivität von 80%:

Isopropanol-Oxidations-Verfahren:

Isopropanol wird mit Luft bei 90 bis 140 °C und 15 bis 20 bar zu Aceton und H_2O_2 oxidiert und das Reaktionsgemisch destillativ aufgearbeitet. Nachteil des Verfahrens: Es fällt die doppelte Gewichtsmenge an Aceton, bezogen auf H_2O_2, an.

$$CH_3CH(OH)CH_3 + O_2 \longrightarrow CH_3COCH_3 + H_2O_2$$

Um Nebenreaktionen zu unterdrücken, wird der Umsetzungsgrad auf etwa 30% begrenzt. Nach der Oxidation verdünnt man das Reaktionsgemisch mit Wasser und destilliert dann Aceton, nicht umgesetztes Isopropanol und Wasser ab. Am Sumpf wird eine etwa 20%ige Wasserstoffperoxid-Lösung abgenommen (Sumpftemperatur ca. 120 °C). Aus dem Kopfprodukt trennt man das Aceton ab; die Isopropanol-Wasser-Lösung wird in den Prozeß zurückgeführt. Die 20%ige Wasserstoffperoxid-Lösung wird über Ionenaustauscher gereinigt und durch Destillation konzentriert. Das Verfahren hat einen Nachteil: Es fällt die doppelte Gewichtsmenge an Aceton, bezogen auf Wasserstoffperoxid, an.

Elektrochemische Verfahren

Elektrochemische Verfahren: anodische Oxidation

- von Schwefelsäure zu Peroxodischwefelsäure
- oder von Ammoniumsulfat zu Ammoniumperoxodisulfat,

anschließend Hydrolyse zu Schwefelsäure bzw. Ammoniumsulfat und H_2O_2, das destillativ abgetrennt wird

Bei den elektrochemischen Verfahren wird eine wäßrige Lösung von Schwefelsäure (550 bis 570 g/L) – Degussa-Weißenstein-Verfahren – oder von Schwefelsäure (260 g/L) und Ammoniumsulfat (210 bis 220 g/L) – Löwenstein-Riedel-Verfahren – an Platin-Anoden elektrochemisch zu Peroxodischwefelsäure bzw. Ammoniumperoxodisulfat oxidiert, kathodisch entsteht Wasserstoff:

$$2\,H_2SO_4 \xrightarrow{\text{elektr. Energie}} H_2S_2O_8 + H_2$$

bzw.

$$(NH_4)_2SO_4 + H_2SO_4 \xrightarrow{\text{elektr. Energie}} (NH_4)_2S_2O_8 + H_2$$

Zur Erhöhung des Anoden-Potentials gibt man Verbindungen wie Ammoniumrhodanid oder Salzsäure in kleinen Anteilen hinzu. Die erhaltenen Peroxo-Verbindungen werden anschließend hydrolysiert, wobei die Hydrolyse über die Stufe des Peroxomonosulfats (Carosche Säure) verläuft:

$$H_2S_2O_8 + H_2O \longrightarrow H_2SO_5 + H_2SO_4$$

$$H_2SO_5 + H_2O \longrightarrow H_2SO_4 + H_2O_2$$

Das gebildete Wasserstoffperoxid wird abdestilliert, die Schwefelsäure- bzw. die Schwefelsäure-Ammoniumsulfat-Lösung wird im Kreis geführt. Die Gesamtausbeuten der beiden Verfahren liegen bei etwa 70%, bezogen auf eingesetzten elektrischen Strom.

Nachteilig für die elektrochemischen Verfahren sind hohe Anlagekosten sowie hohe Herstellungskosten, verursacht durch den teuren elektrischen Strom.

Anthrachinon-Verfahren

Folgende Reaktionen liegen dem Anthrachinon-Verfahren zugrunde: (1) die Oxidation eines 2-Alkyl-anthrahydrochinons mit Luft zum entsprechenden Alkylanthrachinon und Wasserstoffperoxid und (2) die katalytische Rückreduktion des Alkyl-anthrachinons mit Wasserstoff zum Alkyl-anthrahydrochinon. Bei diesem Kreisprozeß wird Wasserstoffperoxid aus Wasserstoff und Sauerstoff hergestellt:

Anthrachinon-Verfahren:

Oxidation eines 2-Alkylanthrahydrochinons mit Luft bei 30 bis 80 °C/5 bar zum 2-Alkylanthrachinon und H_2O_2. H_2O_2 wird mit Wasser extrahiert, das Chinon mit H_2/Pd zum Hydrochinon reduziert: Bildung von H_2O_2 aus H_2 und O_2

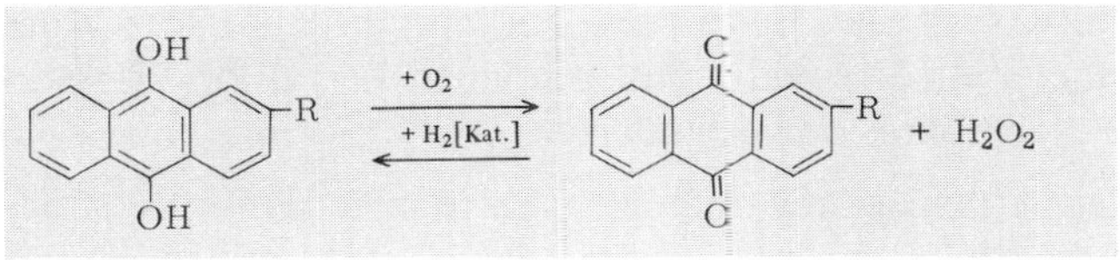

Der Substituent R des Anthrachinons ist bei den einzelnen Herstellern unterschiedlich. Neben 2-Ethyl- (wohl in der Hauptsache) werden auch 2-*tert*-Butyl-, 2-*tert*-Amyl- und 2-*sec*-Amyl-anthrachinon eingesetzt. Auch Mischungen verschiedener Alkylanthrachinone können verwendet werden.

Das Lösungsmittelgemisch, in dem sowohl die Chinon-Stufe als auch die Hydrochinon-Stufe löslich sein muß, ist komplex. Diese „Arbeitslösung" enthält als Löser für die Chinon-Stufe vor allem Aromaten-Gemische wie Naphthaline oder Trimethylbenzole. Als Hydrochinon-Löser kommen polare Verbindungen wie Tris-(2-ethylhexyl)-phosphat, Diisobutylcarbinol oder Methylcyclohexanolacetat in Frage.

Das Anthrachinon-Verfahren benötigt komplexe Lösungsmittelgemische:

- „Chinonlöser": vor allem Aromaten-Gemische
- „Hydrochinonlöser": polare Verbindungen, besonders Ester

An solche Lösungsmittelgemische werden erhebliche Anforderungen gestellt: niedrige Löslichkeit in Wasser, geringe Flüchtigkeit, gutes Lösevermögen, chemische Stabilität unter den gegebenen Reaktionsbedingungen, niedrige Viskosität usw.

Das Verfahren geht von der Anthrachinon-Stufe aus, die bevorzugt mit Palladium als Katalysator – auf Trägern, als Netz oder in Suspensionen – zur Hydrochinon-Stufe hydriert wird. Man arbeitet bei etwa 40 °C und Drücken bis ca. 5 bar unter Kühlung. Dabei hydriert man nur bis etwa 50%, um Nebenreaktionen zu unterdrücken (s. u.).

Die anschließende Oxidation erfolgt, ggf. nach Abtrennen des Katalysators und einer Sicherheitsfiltration, bei 30 bis 80 °C und Drücken bis 5 bar mit Luft. Sie kann ein- oder mehrstufig und im Gleich- oder Gegenstrom durchgeführt werden.

Das bei der Oxidation gebildete Wasserstoffperoxid wird mit Wasser aus dem Reaktionsgemisch extrahiert, z. B. in pulsierenden Füllkörperkolonnen. Die Extraktionsausbeute liegt bei 98%. Die erhaltenen Wasserstoffperoxid-Lösungen sind 15 bis 35%ig; sie müssen von restlichen organischen Anteilen befreit werden, bevor sie durch Destillation konzentriert werden können. Technische Wasserstoffperoxid-Lösungen enthalten immer Stabilisatoren wie Diphosphate, organische Komplexbildner oder Zinn-Verbindungen, um einen Zerfall des Wasserstoffperoxids zu verhindern.

Die Arbeitslösung muß nach Abtrennen des Wasserstoffperoxids getrocknet und von Nebenprodukten befreit werden, z. B. mit aktivem Aluminiumoxid. Das geschieht im Teilstrom.

Bildung von Nebenprodukten – vor allem bei der Hydrierung – kompliziert das Anthrachinon-Verfahren

Das Anthrachinon-Verfahren ist in der Praxis wesentlich komplizierter als hier geschildert. Vor allem in der Hydrierungsstufe bilden sich Nebenprodukte, so z. B. 1,2,3,4-Tetrahydroanthrachinone, die sich aber im wesentlichen so verhalten wie die Anthrahydrochinone. Ihre Weiterhydrierung führt dann zu den Octahydro-anthrahydrochinonen, die für diesen Prozeß unbrauchbar sind. Andere Nebenprodukte wie Oxanthrone und Anthrone können nur z. T. regeneriert werden. Diese unbrauchbaren Nebenprodukte müssen aus dem Prozeß ausgeschleust werden.

1.3.2.2 Natriumperborat

Natriumperborat ($NaBO_2(OH)_2 \cdot 3\,H_2O$)

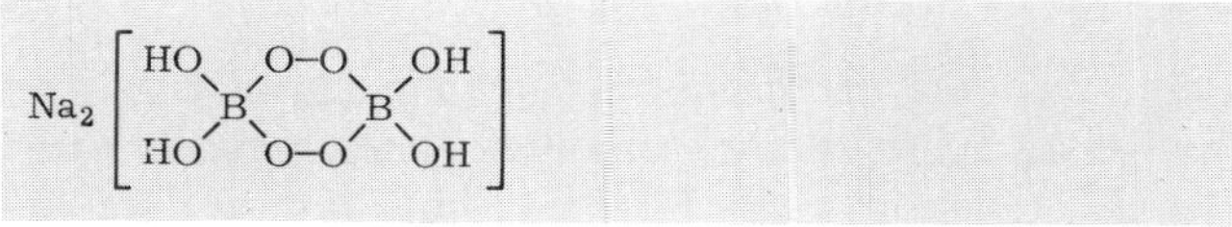

Natriumperborat-Herstellung

1. Stufe: Bildung von Metaborat aus Borax und Natronlauge
2. Stufe: Umsetzung von Metaborat mit H_2O_2 zu Perborat, das aus der gekühlten Lösung abfiltriert und getrocknet wird

wird von Borax ausgehend in zwei Stufen hergestellt:

$$1.\quad Na_2B_4O_7 + 2\,NaOH \longrightarrow 4\,NaBO_2 + H_2O$$

$$2.\quad NaBO_2 + H_2O_2 + 3\,H_2O \longrightarrow NaBO_2(OH)_2 \cdot 3\,H_2O$$

Die erste Stufe – die Bildung von Natriummetaborat aus Borax und Natronlauge – wird bei Temperaturen bis zu 90 °C durchgeführt. Bei der Verwendung von unreinem Borax wird filtriert. Die zweite Stufe wird bei 25 °C vorgenommen, danach wird auf 15 °C abgekühlt und das ausgefallene Natriumperborat-Tetrahydrat abfiltriert. Dem Reaktionsgemisch können Stabilisatoren für das Perborat wie Silikate oder Magnesium-Salze zugesetzt werden. Anhaftende Feuchtigkeit (3 bis 10%) wird in einem Heißlufttrockner entfernt. Die Mutterlauge der zweiten Stufe kann in die erste Stufe zurückgeführt werden.

Gehalt ab aktivem Sauerstoff: 10.1 bis 10.4%

Das Endprodukt enthält etwa 10.1 bis 10.4% „aktiven Sauerstoff" (Theorie: 10.38%). Durch spezielle Maßnahmen im Verfahren kann die Dichte des Perborates der der übrigen Waschmittelkomponenten angepaßt werden („leichtes Perborat"). Ältere Herstellungsverfahren, die vom Natriumperoxid ausgingen, oder elektrochemische Verfahren werden nicht mehr ausgeübt.

1.3.2.3 Natriumcarbonat-Perhydrat (Natriumpercarbonat)

Natriumpercarbonat: aus Soda und H_2O_2

- „trocken" im Fließbett
- „naß" in Lösung, Endprodukt wird durch Kühlung abgeschieden

Im Gegensatz zum Natriumperborat, das eine echte Peroxo-Verbindung darstellt, ist das Natriumpercarbonat nur ein Perhydrat. Es hat die Zusammensetzung $Na_2CO_3 \cdot 1.5\,H_2O_2$. Zur Herstellung gibt es „trockene" und „nasse" Verfahren. Bei einem modernen trockenen

Verfahren sprüht man eine Wasserstoffperoxid- und eine Soda-Lösung auf ein Fließbett von Natriumpercarbonat, das mit warmer Luft fluidisiert wird. Das Unterkorn wird in den Prozeß zurückgeführt, das Überkorn gemahlen.

Beim nassen Verfahren setzt man Soda-Lösung und Wasserstoffperoxid im stöchiometrischen Verhältnis um. Durch Kühlen und ggf. Einengen im Vakuum kann das Percarbonat abgeschieden werden.

Wegen der leichten Zersetzbarkeit von Natriumpercarbonat ist ein Zusatz von Stabilisatoren erforderlich.

Gehalt an aktivem Sauerstoff ca. 13.5%

Da Percarbonat wesentlich zersetzlicher als Perborat ist, verwendet man bei beiden Verfahren Stabilisatoren wie Alkalisilicate oder -phosphate. Für den Einsatz in Waschmitteln kann das Percarbonat noch zusätzlich mit anorganischen oder organischen Materialien überzogen werden, um seine Stabilität zu erhöhen. Der Gehalt an aktivem Sauerstoff liegt bei 13.5% (Theorie: 15.28%).

1.3.2.4 Alkaliperoxodisulfate

Ammoniumperoxodisulfat elektrochemisch aus Lösungen von Schwefelsäure/Ammoniumsulfat an Platin-Anoden.

Ammoniumperoxodisulfat wird nach dem Löwenstein-Riedel-Verfahren (s. a. S. 24) durch Elektrolyse von Ammoniumsulfat-Schwefelsäure-Lösungen in Zellen mit oder ohne Diaphragma erhalten:

$$(NH_4)_2SO_4 + H_2SO_4 \xrightarrow{\text{elektr. Energie}} (NH_4)_2S_2O_8 + H_2$$

Die Spannung liegt bei 5 bis 7 V (theor.: 2.1 V), die Stromdichte bei 0.5 bis 1 A/cm^2. Die Kathoden können aus Graphit oder Blei sein, die Anoden aus Platin. Während der Elektrolyse reichert sich die Lösung auf eine Konzentration von 1 – 1.5 mol/L Peroxid an; durch Kühlung wird reines Ammoniumperoxodisulfat (Reinheit >99%) gewonnen. Die Mutterlauge wird mit Ammoniumsulfat und Schwefelsäure versetzt und wieder in die Elektrolyse zurückgeführt.

Natrium- und Kaliumperoxodisulfat-Herstellung:
ebenfalls elektrochemisch oder aus Ammoniumperoxodisulfat mit $KHSO_4$ bzw. NaOH oder Soda

Natrium- und Kaliumperoxodisulfat können ebenfalls durch Elektrolyse der entsprechenden Disulfate in Zellen ohne Diaphragma hergestellt werden; es ist aber auch möglich, sie durch doppelte Umsetzung zu erhalten:

$$(NH_4)_2S_2O_8 + 2KHSO_4 \longrightarrow K_2S_2O_8 + 2NH_4HSO_4$$

$$(NH_4)_2S_2O_8 + 2NaOH \longrightarrow Na_2S_2O_8 + 2NH_3 + H_2O$$

1.3.2.5 Natriumperoxid

Die Herstellung aus Natriummetall und Luftsauerstoff erfolgt zweistufig:

Natriumperoxid-Herstellung:
1. Stufe: Bildung von Na_2O
2. Stufe: Weiteroxidation zum Na_2O_2

$$2Na + 0.5O_2 \longrightarrow Na_2O$$

$$Na_2O + 0.5O_2 \longrightarrow Na_2O_2$$

Zur Durchführung der Reaktion gibt man auf Natriummonoxid, das sich in einem Drehrohrreaktor befindet, absatzweise Natriummetall und leitet gleichzeitig im Gegenstrom Luft ein. Das Natriummetall verteilt sich schnell auf der Oberfläche des Monoxids und wird dabei selbst oxidiert. Die Reaktionstemperatur liegt bei 200 bis 700 °C, die Reaktionswärme genügt zur Aufrechterhaltung der Temperatur. Auf diese Weise wird ein nicht backendes Material erhalten. Das gebildete Monoxid, das einige Prozente Peroxid und unter 1% Natrium enthält, wird absatzweise dem Reaktor entnommen.

Reaktionstemperatur der 1. Stufe: 200 bis 700 °C

Die Oxidation des Monoxids zum Natriumperoxid erfolgt in einer analogen Anlage bei 350 °C. Da diese Stufe nur wenig exotherm ist (−79.5 kJ/mol), muß geheizt werden. Das Endprodukt fällt in Form von Kügelchen mit einem Durchmesser von 0.5 bis 1 mm und einer Reinheit von 97 bis 98% an.

Reaktionstemperatur der 2. Stufe: 350 °C

Reinheit von Na_2O_2: 97 bis 98%

1.3.3 Verwendung

1.3.3.1 Wasserstoffperoxid, Natriumperborat und Natriumcarbonat-Perhydrat

Die Einsatzgebiete von Wasserstoffperoxid unterscheiden sich in den verschiedenen Regionen sehr stark; das liegt an den unterschiedlichen Waschtemperaturen. In Europa wird das Waschen von Haushaltswäsche bei relativ hohen Temperaturen vorgenommen; die Waschmittel enthalten daher Perborat und Percarbonat. In den USA, wo die Waschtemperatur deutlich niedriger liegt, verwendet man stattdessen Hypochlorite. Waschmittel enthalten etwa 15 bis 30% Perborat, in der Bundesrepublik Deutschland um 23%.

Verwendung: in den einzelnen Ländern sehr unterschiedlich. In den USA ist der Einsatz von Per-Verbindungen in Waschmitteln unbedeutend.

Tabelle 1.3-5. Prozentuale Aufteilung des Wasserstoffperoxid-Verbrauchs in verschiedenen Regionen 1978.

	Perborat- u. Percarbonat-Herstellung	Papier-bleiche	Textil-bleiche	Herstellung chemischer Erzeugnisse	Wasser-behandlung	Sonstiges
Westeuropa	40	25	25	7		3
BRD	40	20	20	———	20	———
USA(1982)		14	18	30*)	18	20
Japan		46.8	18.4	28.8*)		6

* enthält auch anorganische Per-Verbindungen

Verwendung von H_2O_2:

- in Europa:
  40% Waschmittel
  25% Papierbleiche
  25% Textilbleiche
- in den USA:
  30% chem. Erzeugnisse
  18% Textilbleiche
  18% Abwasserbehandlung
  14% Papierbleiche

Die Verwendung von Wasserstoffperoxid in einigen wichtigen Regionen zeigt Tabelle 1.3-5.

In die Rubrik „Herstellung chemischer Erzeugnisse" fallen z. B. die Umsetzung von Allylalkohol zu Glycerin mit Wasserstoffperoxid, die Herstellung von Epoxi-Verbindungen wie epoxidiertem Sojaöl (Weichmacher für PVC) und von organischen Peroxiden (Beispiele: Methyl-ethyl-keton-peroxid, Dibenzoylperoxid), die als Radikalstarter in Polymerisationsprozessen eingesetzt werden. Auch die Herstellung von Aminoxiden wie Lauryl-dimethyl-amin-oxid erfolgt mit Wasserstoffperoxid (Verwendung: Spülmittel für Geschirrspülmaschinen).

Es wird ein starker Anstieg des H_2O_2-Verbrauches für Papierbleiche (in den USA) und zur Abwasserbehandlung erwartet.

Bei der Holzpulpebleiche mit Wasserstoffperoxid zur Herstellung von qualitativ hochwertigem Papier rechnet man – zumindest in den USA – mit einem besonders starken Anstieg des Wasserstoffperoxid-Verbrauchs. In der Textilbleiche wird Wasserstoffperoxid vorwiegend zum Bleichen von Baumwolle, z. T. auch für Wolle, verwendet.

Bei der Abwasserbehandlung mit Wasserstoffperoxid, bei der besonders Phenole, Cyanide und Schwefel-Verbindungen (Schwefelwasserstoff) eliminiert werden, wird ebenfalls mit einer starken Zunahme des Verbrauches gerechnet.

1.3.3.2 Alkaliperoxodisulfate und Natriumperoxid

Peroxodisulfate:

- über 65% dienen als Polymerisationsstarter.

Der größere Teil der hergestellten Peroxodisulfate (>65%) wird als Polymerisationsstarter für die Herstellung von Polyacrylnitril, Emulsions-PVC u. a. verwendet. Der Rest geht in zahlreiche Anwendungsbereiche (Ätzung von gedruckten Schaltungen, Bleichprozesse u. a. mehr).

Natriumperoxid wird hauptsächlich zum Bleichen von Papier- und Textilrohstoffen verwendet und konkurriert dabei mit Natronlauge/Wasserstoffperoxid.

Natriumperoxid wird vor allem in der Textil- und Papierbleiche eingesetzt

Literatur zu Kapitel 1.3 Wasserstoffperoxid und anorganische Peroxo-Verbindungen

Übersichtsarbeiten:

Ullmanns Encyklopädie der technischen Chemie. 4. Aufl. Bd. 17, S. 691–728, Verlag Chemie, Weinheim, New York, 1979.
Winnacker-Küchler: *Chemische Technologie.* Bd. 2, Anorganische Technologie I, S. 563–606, Carl Hauser Verlag, München, Wien (1982).
Kirk-Othmer: *Encyclopedia of Chemical Technology.* 3. Ed. Vol. 13, p. 12–38, John Wiley & Sons, Inc., New York, Chichester, Brisbane, Toronto, 1981.
C. A. Crampton u. a.: „The Manufacture, Properties and Uses of Hydrogen Peroxide and Inorganic Peroxy Compounds" in: R. Thompson (ed.) *The Modern Inorganic Chemicals Industry.* The Chemical Society, Burlington House, London 1977, S. 232–272.
Wasserstoffperoxid und seine Derivate, W. Weigert, Hrsg., Hüthig Verlag, Heidelberg (1978).

Wirtschaftliche Angaben:

Chem. Ind., XXXIII, Dez. 1981, S. 806.
Chem. Week, 4. 11. 1981, S. 49.
Chem. Week, 16. 9. 1981, S. 19.
Chem. Week, 6. 5. 1981, S. 35.
Chem. Ind., XXXII, Okt. 1980, S. 698.
Chem. Week, 17. 11. 1982, S. 29–30.
Eur. Chem. News, 25. 4. 1983, S. 11.
Hydrogen Peroxide, Chemical Economics Handbook. Stanford Research Institute, Menlo Park, California, USA, April 1980.

Technische Angaben:

W. Weigert, H. Delle und G. Käbisch, „Herstellung und Eigenschaften von Wasserstoffperoxid", *Chem. Z.* **99**, (1975), S. 101–105.

1.4 Stickstoff und Stickstoffverbindungen

1.4.1 Ammoniak

Ammoniak ist eines der großen anorganischen Grundprodukte. Es ist sehr eng mit der Herstellung synthetischer Düngemittel verknüpft und stellt daher einen gewissen Indikator für die Düngemittelindustrie dar.

1.4.1.1 Wirtschaftliche Bedeutung

Die Produktionskapazitäten für synthetisches Ammoniak stiegen in den letzten Jahren steil an: Im Jahre 1982 lagen sie bei ca. 120 Mio. t Ammoniak, während sie 1970 noch ca. 61 Mio. t betrugen. Aufgestockt wurden die Kapazitäten insbesondere in der USSR, in Asien (incl. Volksrepublik China) sowie in Zentral- und Südamerika. Bei den westlichen Industrienationen stagniert der Kapazitätsausbau seit etwa 1979. In eben diesem Jahr waren

Starkes Wachstum der Produktionskapazitäten (in Mio. t/a):

	1970	1979
Welt	61	105
USA	15	18.3
Westeuropa	14.9	19
USSR	8.5	18.5
Zentral- u. Südamerika	1.6	4.9
Asien	11	27
Afrika	0.6	1.8

die Kapazitäten in den USA, Westeuropa und der USSR nahezu gleich groß.

Produziert wurden 1981 weltweit rund 78.5 Mio. t (gerechnet als N), davon 12.2 Mio. t in Westeuropa.

Ammoniak fällt auch als Nebenprodukt bei Kokereien an. Der Anteil dieses Ammoniaks an der insgesamt erzeugten Menge ist jedoch sehr klein (unter 1%).

1.4.1.2 Herstellung von synthetischem Ammoniak

1.4.1.2.1 Allgemeines

Großtechnisch wird synthetisches Ammoniak ausschließlich aus „Synthesegas" ($N_2 + 3H_2$; die Bezeichnung Synthesegas wird auch für Gasgemische aus Kohlenmonoxid und Wasserstoff, die für Synthesen organischer Produkte eingesetzt werden, benutzt) hergestellt:

$$1/2\,N_2 + 3/2\,H_2 \rightleftharpoons NH_3, \Delta H = -45.93\ kJ/Mol$$

Dieser Prozeß geht auf die Untersuchungen von Haber im Jahre 1904 zum Gleichgewicht zwischen Stickstoff, Wasserstoff und Ammoniak zurück. In späterer Zusammenarbeit mit Bosch und Mittasch (beide BASF) wurde die technische Durchführung der Ammoniak-Herstellung entwickelt. 1913 lief die erste Produktionsanlage nach dem Haber-Bosch-Verfahren bei der BASF an.

Die exotherme Reaktion zwischen Stickstoff und Wasserstoff, die in Gegenwart geeigneter Katalysatoren abläuft und bei der eine Volumenverminderung eintritt, liefert dann die höchsten Konzentrationen an Ammoniak im Reaktionsgas, wenn sie bei möglichst hohem Druck und bei möglichst niedriger Temperatur durchgeführt wird. Es gibt eine Obergrenze für den anzuwendenden Druck, die von den Kosten für die Kompression des Gasgemisches und von der Investitionssumme bzw. dem Kapitaldienst für eine Hochdruckanlage bestimmt wird. Wie tief die Temperatur gesenkt werden kann, hängt von der Aktivität des Katalysators ab. Auch durch möglichst weitgehende Entfernung des gebildeten Ammoniaks aus dem Gleichgewicht wird die Neubildung von Ammoniak begünstigt. Weitere wichtige Parameter sind der Gehalt an Inertgas und an Sauerstoff-Verbindungen im Frischgas.

Bildung von NH_3 aus $N_2 + 3\,H_2$ (Synthesegas) nach Haber-Bosch wird begünstigt durch:

- hohen Druck
- niedrige Temperatur
- aktiven Katalysator
- Entfernen von gebildetem NH_3 aus dem Gleichgewicht
- reines Gas (wenig Inerte)

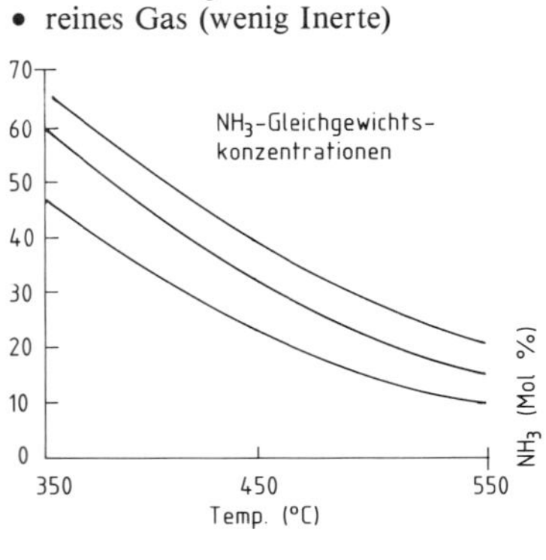

Nach diesem Grundprinzip, nämlich der Umsetzung von Stickstoff und Wasserstoff in einem katalysatorgefüllten Druckreaktor bei Temperaturen zwischen 400 und 500 °C und Drücken zwischen 100 und 1000 bar – je nach Anlage – und Entfernen des gebildeten Ammoniaks aus dem Reaktionsgas, arbeiten alle Ammoniak-Produktionsanlagen in der Welt. Unterschiede treten hinsichtlich der Katalysatoren sowie der Erzeugung und Reinigung des Synthesegases auf.

NH_3-Synthese besteht aus den Verfahrensschritten:

Erzeugung von $H_2/CO/N_2$-Gemischen

↓

Konvertierung von CO zu CO_2

↓

Entfernung von CO_2 und ggf. H_2S

↓

Feinreinigung des Synthesegases

↓

Umsetzung des Synthesegases und Entfernung des gebildeten NH_3 aus dem Kreislaufgas

1.4.1.2.2 Katalysatoren für die Ammoniak-Synthese

Als Katalysator für die Ammoniak-Synthese wird metallisches α-Eisen eingesetzt, welches geringe Mengen oxidischer Materialien enthält; diese wirken als Promotoren, erhöhen die Aktivität des Katalysators, verbessern seine Lebensdauer und senken seine Vergiftungsanfälligkeit.

Katalysatoren für NH_3-Synthese: Promotoren-haltiges α-Eisen

Ausgangsprodukt für α-Eisen ist Magnetit, Fe_3O_4; er wird mit den Promotorsubstanzen abgemischt. Bei diesen handelt es sich im wesentlichen um:

- Kaliumcarbonat; es erhöht in Anwesenheit saurer und amphoterer Oxide, wie Siliziumdioxid oder Aluminiumoxid, die Aktivität des Katalysators, senkt jedoch dessen Temperaturbeständigkeit.
- Aluminiumoxid, Siliciumdioxid und Calciumoxid; sie bilden unter den Herstellungsbedingungen des Katalysators Alumosilikate, welche die Katalysator-Eisenteilchen vor Versinterungen schützen und dadurch die Temperaturbeständigkeit des Katalysators erhöhen. Auch die Widerstandsfähigkeit gegenüber Katalysatorgiften wie Schwefel- und Chlor-Verbindungen wird durch Calciumoxid verbessert.
- Manche Katalysatoren enthalten als Promotoren auch die Oxide von Lithium, Beryllium und Vanadium.

α-Eisen entsteht aus Magnetit

Promotoren erhöhen Aktivität, Lebensdauer, Temperaturbeständigkeit des Katalysators und vermindern seine Vergiftungsanfälligkeit

Typische NH_3-Katalysator-Zusammensetzung (Vorprodukt):

Fe_3O_4	94.3%	Massenanteil
K_2O	0.8%	"
Al_2O_3	2.3%	"
CaO	1.7%	"
MgO	0.5%	"
SiO_2	0.4%	"

Promotoren:

- K_2CO_3 – erhöht Aktivität, senkt aber die Temperaturbeständigkeit

- Al_2O_3, SiO_2, CaO – schützen vor Versinterung und erhöhen dadurch Temperaturbeständigkeit
- CaO – macht unempfindlich gegen Schwefel- und Chlor-Verbindungen

Die Katalysatoren können also auf die spezifischen Bedingungen der jeweiligen Ammoniak-Anlage (Temperatur, Verunreinigungen) eingestellt werden; dadurch erklären sich Unterschiede in der Zusammensetzung der technisch eingesetzten Katalysatoren.

Herstellung der Katalysatoren durch

- Zusammenschmelzen von Magnetit und Promotor-Oxiden
- Abkühlen
- Brechen
- Sieben

Zur Herstellung der Katalysatoren wird die Mischung von Magnetit mit den Promotoren bei Temperaturen um 1500 °C in einem Elektroschmelzofen oder im Lichtbogenofen zusammengeschmolzen, anschließend rasch abgekühlt, gebrochen und gesiebt. Angestrebt wird eine Kornfraktion von 6 bis 10 mm; es gibt aber auch Ammoniak-Anlagen, bei denen eine 1- bis 2-mm-Körnung bevorzugt wird.

Reduktion des Magnetits:

- bisher durch Synthesegas im Druckreaktor
- neuerdings z. T. Vorreduktion in separaten Anlagen

Von entscheidender Bedeutung für die Katalysatorqualität ist die Reduktion des Magnetits. Sie erfolgt normalerweise im Druckreaktor der Ammoniak-Produktionsanlage bei nicht zu hohen Drücken (70 bis 300 bar, je nach Anlagentyp) und bei Temperaturen zwischen 350 bis 400 °C mit Synthesegas, wobei sich entsprechend

$$Fe_3O_4 + 4\,H_2 \longrightarrow 3\,Fe + 4\,H_2O$$

hochporöses α-Eisen bildet; die oxidischen Promotorzusätze werden dabei nicht reduziert, verzögern aber die Reduktionsgeschwindigkeit. Die Konzentration des bei der Reduktion entstehenden Wassers muß niedrig gehalten werden, um zu vermeiden, daß es mit bereits reduziertem Katalysator in Berührung kommt; dies hätte eine vorzeitige Alterung des Katalysators zur Folge.

Daher wird mit hohen Gasgeschwindigkeiten gearbeitet. Moderne Ammoniak-Öfen können bis zu 100 Tonnen Katalysator beinhalten; die Reduktion dauert dabei mehrere Tage.

In jüngster Zeit werden auch vorreduzierte Katalysatoren, die in separaten Anlagen reduziert werden, eingesetzt. Diese Katalysatoren sind pyrophor; sie werden zur Stabilisierung bei 100 °C einer Stickstoff-Atmosphäre ausgesetzt, die etwa 0.2% Sauerstoff enthält. Um den dabei zum Teil oxidierten Katalysator wieder zu reduzieren, ist nur eine kurze Reaktionszeit im Ammoniak-Ofen notwendig.

Katalysatorgifte sind:

O-, S-, P- und As-Verbindungen, störend wirken auch Kohlenwasserstoffe sowie andere Inertgase wie Argon

Die Katalysatoren reagieren äußerst empfindlich auf Katalysatorgifte; diese verkleinern durch Chemisorption die aktive Oberfläche des Katalysators und senken so die Aktivität ab. Dies trifft zu für gasförmige Verbindungen des Sauerstoffs, Schwefels, Phosphors und Chlors, so z. B. für Wasser, Kohlenmonoxid und Kohlendioxid, wobei letztere unter den Ammoniak-Synthesebedingungen zu Wasser reduziert werden. Mit Sauerstoff-Verbindungen vergiftete Katalysatoren lassen sich durch Reduktion mit sauberem Synthesegas wieder reaktivieren; bei Katalysatoren, die Schwefel-, Phosphor- oder Arsen-Verbindungen enthalten, gelingt eine solche Regenerierung unter den Bedingungen der Ammoniak-Synthese nicht mehr. Steht ein hochgereinigtes Synthesegas zur Verfügung, welches weniger als 10 ppm Sauerstoff-haltige Verbindungen enthält, so kann die Lebensdauer einer Katalysatorfüllung 5 Jahre oder sogar mehr erreichen. Auch Kohlenwasserstoffe wie Methan und andere Inerte wie Argon wirken störend, da sie mit der Katalysatoroberfläche in Wechselwirkung treten und die Diffusion von Stickstoff und Wasserstoff in die Katalysatorporen stören.

1.4.1.2.3 Erzeugung des Synthesegases

Rohstoff-Basis

Für die Erzeugung einer Tonne Ammoniak wird ein Gemisch aus 2400 m³ Wasserstoff und 800 m³ Stickstoff (0 °C, 1000 mbar) größter Reinheit benötigt. Dieses Synthesegas wird mit Hilfe verschiedener Verfahren erzeugt, wobei unterschiedliche Rohstoffe eingesetzt werden.

Stickstoff wird der Luft entnommen, häufig greift man auch auf den Stickstoff-Gehalt im Erdgas zurück. Dies geschieht zum einen über eine Tieftemperaturzerlegung der Luft, die dann durchgeführt wird, wenn reiner Sauerstoff als Oxidationsmittel zur Herstellung von Synthesegas eingesetzt werden muß. Zum anderen verwendet man bei Prozessen zur Erzeugung von Synthesegas auch Luft und entzieht dabei den Sauerstoff durch Reaktion mit zu oxidierenden Reaktionspartnern.

Synthesegas:

- N_2 – aus Luft oder Erdgas
- H_2 – aus Reaktion von Erdgas oder Naphtha mit H_2O (durch Steam-Reforming)
  – aus schwerem Heizöl und H_2O (durch partielle Oxidation)
  – aus Kohle und Wasser (durch Kohlevergasung)

Wasserstoff wird aus Kohlenwasserstoffen oder Kohlenstoff und Wasser gewonnen:

- aus Erdgas (Methan) und Naphtha (Rohbenzin) nach dem Steam-Reforming-Verfahren,
- aus Erdölprodukten (z. B. aus schwerem Heizöl) oder
- aus Kohle (Kohlevergasung) durch partielle Oxidation.

Bedeutung der Kohle für die Synthesegasherstellung nimmt zu

Welches Verfahren angewandt wird, hängt von der Verfügbarkeit der Rohstoffe ab. Wasserstoff für die Ammoniak-Synthese wird heute kaum noch durch Elektrolyse von Wasser hergestellt, höchstens in Ländern mit billigem elektrischen Strom. Dagegen gewinnt die Herstellung von Wasserstoff aus Wasser mit Hilfe der Kohlevergasung z. Z. wieder an Bedeutung. Vor dem 2. Weltkrieg stammten ca. 90% der Wasserstoff-Produktion für die Ammoniak-Synthese aus der Kohlevergasung. Durch die billigen Rohstoffe Erdgas und Erdöl wurde dieses Verfahren praktisch bedeutungslos. In Anbetracht der ständig steigenden Erdöl- und Erdgaspreise wird aber die Kohlevergasung zunehmend attraktiver, vor allem in Ländern mit niedrigen Kohlepreisen. Bereits 1977 wurden weltweit mindestens 14 Ammoniak-Anlagen auf Kohlebasis betrieben; die Zahl wird sich im Laufe der nächsten Jahre sicherlich erhöhen. Auch schweres Heizöl wird in Zukunft für die Ammoniak-Synthese weiter an Bedeutung gewinnen.

Rohstoffanteil an der NH_3-Produktion 1977 weltweit:

Erdgas	64%
Naphtha	13%
Kohle/Koks	12%
Andere	11%

1977 wurden weltweit etwa 64% des Wasserstoffs auf Erdgas-Basis erzeugt, 13% auf Naphtha- und 12% auf Kohle/Koks-Basis. Regional ist das Verhältnis natürlich verschieden: In den USA und Europa wird heute weitgehend Erdgas eingesetzt, in Südafrika und Indien vor allem Kohle.

Herstellung von Gasgemischen aus Wasserstoff, Stickstoff und Kohlenmonoxid

Steam-Reforming (von Erdgas und Naphtha)

Bei Steam-Reforming-Verfahren werden Erdgas oder Naphtha bei Temperaturen zwischen 700 °C und 830 °C und bei Drücken bis zu 40 bar mit Wasserdampf in Gegenwart von Katalysatoren umgesetzt. Dabei bilden sich nach

$$C_nH_{2n+2} + n\,H_2O \longrightarrow n\,CO + (2n+1)H_2$$

Wasserstoff, Kohlenmonoxid (und Kohlendioxid). Das Reaktionsgemisch enthält je nach Temperatur noch 7 bis 9% (Stoffmengenanteil) Rest-Methan.

Diese Reaktion wird in sogenannten Primärreformern durchgeführt, bei denen es sich um eine Vielzahl senkrecht angeordneter, katalysatorgefüllter Rohre handelt, die von außen z. B. durch Verbrennen von Erdgas beheizt werden (allothermes Verfahren).

Steam-Reforming:

- Im Primärreformer Methan oder Naphtha mit Wasserdampf bei 700 bis 830 °C unter Druck an NiO-Al_2O_3- oder NiO-MgO-Al_2O_3-Katalysatoren gespalten

Als Katalysatoren setzt man Nickeloxid ein; dieses wird auf Trägermaterialien, wie α-Aluminiumoxid oder Magnesiumoxid-Aluminiumoxid-Spinellen, aufgebracht und unter den Reaktionsbedingungen des Steam-Reforming-Verfahrens durch Wasserstoff zum Nickelmetall, dem eigentlichen Katalysator, reduziert. Diese Nickelkatalysatoren sind sehr vergiftungsanfällig. Katalysatorgifte sind insbesondere Schwefel-Verbindungen; aber auch Halogene und Arsen-Verbindungen stören.

Die beim Steam-Reforming-Verfahren eingesetzten Rohstoffe Erdgas und Naphtha enthalten Schwefel-Verbindungen; sie müssen daher entschwefelt werden. Dazu wird der Rohstoff an Cobalt- oder Nickeloxid-Molybdänoxid-haltigen Katalysatoren bei 350 bis 450 °C mit Wasserstoff in Kontakt gebracht, wobei die Schwefel-Kohlenstoff-Verbindungen zu Schwefelwasserstoff gespalten werden, der an Zinkoxid absorbiert wird.

- Vorher hydrierende Entschwefelung der Rohstoffe an CoO- oder NiO- und MoO_3-haltigen Katalysatoren bei 350 bis 450 °C, H_2S an ZnO absorbiert

Nach der Entschwefelung mischt man Wasserdampf zu und erhitzt auf 480 bis 550 °C, ehe man das Gasgemisch in den Primärreformer leitet.

Das den Primärreformer verlassende Gas enthält 7 bis 9% (Stoffmengenanteil) Methan, das entfernt werden muß. Dies geschieht im sog. Sekundärreformer. In Nickel-Katalysator-gefüllten Schachtöfen, in die man die Gase aus dem Primärreformer leitet, wird durch Zufuhr von Luft ein Teil des Spaltgases verbrannt (autothermes Verfahren), wobei sich die Temperatur auf ca. 1000 °C erhöht. Bei diesen Temperaturbedingungen reagiert das Methan mit Wasserdampf bis auf einen Gehalt von ca. 0.5% (bezogen auf Mole) im Reaktionsgas ab. Die Zugabe von Luft wird dabei so abgestimmt, daß im Gemisch der Reaktionsgase bereits die für die spätere Ammoniak-Synthese notwendige stöchiometrische Stickstoff-Menge im Vergleich zum Wasserstoff enthalten ist.

- Im Sekundärreformer CH_4 bei 1000 bis 1200 °C in Gegenwart eines Cr_2O_3-haltigen Katalysators in H_2 und CO umgewandelt
- Temperatursteigerung durch Zugabe von Luft und Verbrennen eines Teils des Spaltgases
- Luftmenge so bemessen, daß auf 3 H_2 1 N_2 vorhanden

Partielle Oxidation von schwerem Heizöl

Bei der partiellen Oxidation werden die eingesetzten Rohstoffe, wie z. B. schweres Heizöl, mit einer zur voll-

Partielle Oxidation:

- Verschiedene Erdölfraktionen bei 1200 bis 1500 °C und 30 bis 40 bar mit Unterschuß O_2 unvollständig verbrannt

ständigen Verbrennung nicht ausreichenden Sauerstoff-Menge zu Wasserstoff und Kohlenmonoxid oxidiert:

$$2\,C_nH_{2n+2} + nO_2 \longrightarrow 2nCO + 2(n+1)H_2$$

Arbeitet man mit Sauerstoff-angereicherter Luft, wird deren Menge so bemessen, daß im entstehenden Reaktionsgas der für die Ammoniak-Synthese benötigte Anteil an Stickstoff vorhanden ist.

- partielle Oxidation ist autotherm

Die partielle Oxidation ist autotherm und benötigt im Gegensatz zum Steam-Reforming keine Katalysatoren.

Sie läuft bei Temperaturen zwischen 1200 °C und 1500 °C und einem Druck von 30 bis 40 bar ab (Anlagen mit einem Druck bis 80 bar sind selten). Um Überschreitungen dieses Temperaturbereiches zu vermeiden, wird dem Ausgangsgasgemisch etwas Wasserdampf zugespeist.

- Entschwefelung des Rohstoffs nicht notwendig

Der Vorteil der partiellen Oxidationsverfahren liegt darin, daß Schwefel nicht stört und daher keine Entschwefelung notwendig ist. Nachteilig gegenüber dem Steam-Reforming-Verfahren ist jedoch, daß eine Luftverflüssigungsanlage zur Sauerstoffgewinnung vorhanden sein muß.

- Anfallender Ruß ausgewaschen

Als Nebenprodukt entsteht bei der partiellen Oxidation Ruß. Dieser wird in einem relativ aufwendigen Verfahren durch Auswaschen mit Wasser entfernt und zurückgeführt.

Großtechnisch bewährte Verfahren sind die von Shell und Texaco.

Kohlevergasung

Kohlevergasung:

- Kohle bei hohen Temperaturen autotherm mit O_2 und H_2O-Dampf umgesetzt

Bei der partiellen Oxidation von Kohle (Stein- oder Braunkohle) mit Sauerstoff oder Luft und Wasserdampf bei hohen Temperaturen entsteht Wasserstoff im Gemisch mit Kohlenmonoxid, Kohlendioxid, Methan und ggf. Stickstoff. Die Hauptreaktionen, die bei dieser Vergasung der Kohle ablaufen, sind die Reduktion von Wasser mit Kohlenstoff unter Bildung von Wasserstoff und Kohlenmonoxid

$$C + H_2O \rightleftharpoons H_2 + CO$$

und die exotherme partielle Verbrennung von Kohlenstoff zu Kohlenmonoxid:

$$2C + O_2 \rightleftharpoons 2CO$$

Unter den Reaktionsbedingungen bilden sich durch Reaktion von Kohlenmonoxid mit Wasser noch Wasserstoff sowie Kohlendioxid und aus der Reaktion von Kohlenmonoxid oder Kohlenstoff mit Wasserstoff Methan.

Alle technisch erprobten Verfahren sind autotherm; 30 bis 40% der eingesetzten Kohle werden zur Erzielung der notwendigen hohen Temperaturen verbrannt. Dies gilt für die Druckvergasung nach Lurgi im mechanisch bewegten Festbett (ca. 1200 °C), die z. B. in Sasolburg/Südafrika angewandt wird, aber auch für das Verfahren von Koppers-Totzek, bei dem Kohle in Form von Flugstaub eingesetzt wird (1400 bis 1600 °C, drucklos) und für das drucklos im Wirbelbett (800 bis 1100 °C) arbeitende Winkler-Verfahren.

- Technisch erprobte Verfahren:
  - Lurgi
  - Koppers-Totzek
  - Winkler

Diese Vergasungsprozesse sind in bezug auf den Investitionsaufwand und den Energiebedarf allerdings den Verfahren zur Erzeugung von Wasserstoff/Kohlenmonoxid-Gemischen aus Kohlenwasserstoffen noch unterlegen. An der Weiterentwicklung wird intensiv gearbeitet. Inwieweit Hochtemperaturkernreaktoren (s. S. 592), die etwa 950 °C heißes Helium zur Verfügung stellen, technisch für eine allotherme Kohlevergasung eingesetzt werden können, bleibt abzuwarten.

Konvertierung von Kohlenmonoxid

Der nächste Verfahrensschritt zur Herstellung des Synthesegases besteht in der Entfernung des Kohlenmonoxids unter zusätzlicher Bildung von Wasserstoff. Dazu wird Kohlenmonoxid einer Konvertierung mit Wasserdampf entsprechend

$$CO + H_2O \longrightarrow CO_2 + H_2$$

zu Kohlendioxid und Wasserstoff unterworfen. Die Reaktion ist exotherm; niedrige Temperaturen begünstigen daher die Bildung von Kohlendioxid und Wasserstoff.

CO-Konvertierung zu H_2 + CO_2 mit Wasserdampf:

Hochtemperaturkonvertierung bei 350 bis 380 °C

- an Eisenoxid-Chromoxid-Katalysatoren oder
- an Schwefel-unempfindlichen Co/Mo-haltigen Katalysatoren

Man erreicht sie durch geeignete Katalysatoren. Eisenoxid/Chromoxid-Gemische, die in den Konvertierungsanlagen mit den Wasserstoff-haltigen Gasen reduziert werden, erlauben Reaktionstemperaturen von 350 bis 380 °C (Hochtemperaturkonvertierung); der Gehalt an Kohlenmonoxid im Reaktionsgas liegt dabei noch bei 3 bis 4%. Diese Katalysatoren sind anfällig gegen größere Mengen an Verunreinigungen. Bei hohen Schwefel-Gehalten der zu konvertierenden Gasgemische verwendet man für die Hochtemperaturkonvertierung Cobalt- und Molybdän-haltige Katalysatoren. Mit Kupferoxid/Zinkoxid-Katalysatoren läuft die Reaktion schon bei 200 bis 250 °C ab (Tieftemperaturkonvertierung); man erreicht Kohlenmonoxid-Gehalte im Reaktionsgas von unter 0.3% (Volumenanteil). Dieser Katalysator ist im Gegensatz zum Eisenoxid/Chromoxid-Hochtemperaturkonvertierungs-Katalysator aber sehr empfindlich gegen Schwefel-Verbindungen; der Schwefel-Gehalt der zu konvertierenden Gasgemische muß daher unter 0.1 ppm liegen.

Tieftemperaturkonvertierung bei 200 bis 250 °C an sehr Schwefel-empfindlichen CuO/ZnO-Katalysatoren

Gasgemische aus dem Steam-Reforming-Verfahren sind bereits ohne weitere Behandlung schwefelfrei, da wegen der Empfindlichkeit der Steam-Reforming-Katalysatoren gegen Schwefel-Verbindungen die Rohstoffe Erdgas und Naphtha vorher entschwefelt werden müssen. Die aus der partiellen Oxidation stammenden Reaktionsgase enthalten dagegen Schwefel-Verbindungen, da bei diesem Verfahren keine Vorreinigung der Ausgangsprodukte durchgeführt wird. Solche Gasgemische können daher nur einer Hochtemperaturkonvertierung mit Schwefel-festen Katalysatoren unterworfen werden, wobei der Schwefelwasserstoff anschließend gemeinsam mit dem gebildeten Kohlendioxid entfernt wird. Die Reaktionsgase aus dem Steam-Reforming-Verfahren werden dagegen in Tieftemperaturkonvertierungs-Anlagen oder – bevorzugt – durch Kombination von Hochtemperatur-und anschließender Tieftemperaturkonvertierung aufgearbeitet.

Anwendung der unterschiedlichen Konvertierungsverfahren abhängig vom Schwefel-Gehalt der Gasgemische:

- aus Steam-Reforming: Tieftemperaturkonvertierung oder Kombination aus Hochtemperatur- und Tieftemperaturkonvertierung
- aus partieller Oxidation: nur Hochtemperaturkonvertierung

Entfernung von Kohlendioxid und ggf. Schwefelwasserstoff

Beim nächsten Reaktionsschritt werden das vor allem bei der Konvertierung entstandene Kohlendioxid und der evtl. im Gasgemisch vorhandene Schwefelwasserstoff entfernt. Das erfolgt entweder durch physikalische oder

Entfernung der sauren Gase CO_2 und H_2S durch physikalische oder chemische Absorption

chemische Absorption in entsprechenden Lösungsmitteln.

Eine physikalische Absorption liegt z. B. dem Rectisol-Verfahren (Methanol als Lösungsmittel, tiefere Temperaturen) zugrunde. Hierbei wird das unter Druck stehende Gasgemisch in Absorptionskolonnen mit Lösungsmitteln in Berührung gebracht und durch Entspannen bzw. durch Strippen bei höherer Temperatur regeneriert. Das Verfahren erlaubt es, Kohlendioxid und Schwefelwasserstoff gemeinsam auszuwaschen oder selektiv zunächst durch Anwendung einer kleinen Menge Methanol nur Schwefelwasserstoff zu absorbieren; dabei wird nur wenig Kohlendioxid mitabsorbiert und anschließend die Hauptmenge Kohlendioxid. Mit Lösungsmitteln niedrigerer Dampfdrücke als beim Rectisol-Verfahren arbeiten das Fluor-Solvent-Verfahren (Propylencarbonat), das Purisol-Verfahren (N-Methyl-Pyrrolidon) und das Selexol-Verfahren (Polyethylenglykoldimethylether).

Physikalische Absorption:

mit Methanol, Propylencarbonat, N-Methylpyrrolidon, Polyethylenglykoldimethylether

Die chemischen Absorptionsverfahren benutzen unterschiedliche Absorptionsmittel, so z. B. organische Amine, wie Mono-, Di- und Triethanolamin oder N-Methyldiethanolamin bzw. Diisopropanolamin (Shell). Das Alkazid-Verfahren der BASF verwendet monomethylaminopropionsaures Kalium. Weit verbreitet sind wäßrige Lösungen von Kaliumcarbonat als Absorptionsmittel, wobei korrosionshemmende und die Reaktion aktivierende Zusätze gemacht werden (z. B. Benfield-Verfahren).

Chemische Absorption:

mit Mono-, Di- und Triethanolamin, N-Methyldiethanolamin, Diisopropanolamin, monomethylaminopropionsaurem Kalium, Lösungen von Kaliumcarbonat

Auch Kombinationen von physikalischer und chemischer Absorption werden angewandt, so im Sulfinol-Verfahren der Shell, welches eine Mischung aus Diisopropanolamin mit Sulfolan in Wasser benutzt.

Bei Schwefelwasserstoff-freien Gasen aus dem Steam-Reforming-Verfahren benutzt man bevorzugt chemische Wäschen mit aktivierten Kaliumcarbonatlösungen oder Alkanolaminen, bei Schwefelwasserstoff-haltigen Gasen aus der partiellen Oxidation physikalische Absorptionsverfahren oder Kombinationen mit chemischer Absorption.

Für H_2S-freie Gase:
Chemische Wäschen

Für H_2S-haltige Gase:
Physikalische Absorption oder Kombination mit chemischer Absorption

Feinreinigung des Synthesegases

Die Reinheit des Stickstoff-Wasserstoff-Gemisches nach der Entfernung der sauren Komponenten Kohlendioxid und Schwefelwasserstoff ist für die Ammoniak-Synthese noch nicht ausreichend, es muß noch eine Feinreinigung durchgeführt werden. Diese dient dazu, die noch vorhandenen Sauerstoff-haltigen Verbindungen quantitativ zu entfernen, da diese den Katalysator vergiften.

Feinreinigung von Synthesegas zur Entfernung Sauerstoff-haltiger Verunreinigungen:

Wäsche mit flüssigem N_2 unter Druck und tiefen Temperaturen bei hochtemperaturkonvertierten Gasen
Vorher H_2O, CO_2 und Kohlenwasserstoffe entfernt

Zur Entfernung größerer Mengen an Kohlenmonoxid, wie sie bei nur hochtemperaturkonvertierten Gasen vorliegen (3 bis 5% Volumenanteil), verwendet man eine Flüssigstickstoff-Wäsche. Die früher übliche Kupferlauge-Wäsche wird in neueren Ammoniak-Anlagen wegen der höheren Kosten und einer möglichen Umweltbelastung durch Kupfer nicht mehr eingesetzt. Bei der Flüssigstickstoff-Wäsche wird das Gasgemisch mit flüssigem Stickstoff in einer Kolonne bei −190 °C und erhöhtem Druck (bis 80 bar) gewaschen. Vorher werden aus dem Gasgemisch die restlichen Mengen an Wasser und noch vorhandene Spuren an Kohlendioxid sowie Methan bzw. anderen Kohlenwasserstoffen entfernt. Dazu adsorbiert man Wasser und Kohlendioxid an Zeolithen, um die Bildung von Eis bei der Flüssigstickstoff-Wäsche zu vermeiden; die Kohlenwasserstoffe werden auskondensiert. Die Flüssigstickstoff-Wäsche dient in der Regel gleichzeitig dazu, den noch fehlenden Stickstoff in das Gasgemisch einzubringen, vor allem dann, wenn die Vergasungsreaktion zur Erzeugung des Synthesegases mit reinem Sauerstoff stattgefunden hat.

Mit Flüssigstickstoffwäsche N_2 in Gasgemisch eingebracht

Stammt das Stickstoff-Wasserstoff-Gemisch aus einer Tieftemperaturkonvertierung, so liegt der Restgehalt an Kohlenmonoxid bei nur 0.1 bis 0.3% (Volumenanteil). In diesem Fall werden Kohlenmonoxid und Kohlendioxid, das auch nach der Kohlendioxidwäsche noch in Spuren von 0.01 bis 0.1% (Volumenanteil) vorhanden ist, in exothermer Reaktion bei 30 bar und 250 bis 350 °C in Gegenwart eines Nickel-Katalysators, der sich auf einem Trägermaterial befindet, zu Methan hydriert (Methanisierung):

Bei tieftemperaturkonvertierten Gasen Methanisierung bei hoher Temperatur unter Druck an Ni-Katalysator

$$CO + 3H_2 \longrightarrow CH_4 + H_2O$$

$$CO_2 + 4H_2 \longrightarrow CH_4 + 2H_2O$$

Zusammensetzung von Synthesegas nach Methanisierung:

H_2	74.0%
N_2	24.7%
CH_4	1.0%
Ar	0.3%
$CO + CO_2$	5 ppm

Aus dem so gereinigten Synthesegas wird anschließend durch Abkühlen das Wasser entfernt; das Gas enthält weniger als 10 ppm Kohlenstoff-Sauerstoff-Verbindungen sowie ungefähr 1.3% Inertgas (Methan, Argon).

In einigen Ammoniak-Anlagen wird das Methan vor der Gaskompression durch Auskondensation mit Hilfe einer Tiefkühlung vollständig entfernt; auch der Argon-Anteil wird ebenso wie Stickstoff, der in diesem Fall wegen überschüssiger Luft im Sekundärreformer in zu großer Menge vorhanden ist, nennenswert gesenkt (Braun-Purifier-Konzept).

Entfernung von CH_4, Ar (teilweise) und überschüssigem N_2 durch Auskondensation

1.4.1.2.4 Umsetzung des Synthesegases zu Ammoniak

Allgemeines

Die technische Umsetzung des Synthesegases zu Ammoniak im Druckreaktor findet in einem Kreislaufprozeß statt. Dabei wird das gebildete Ammoniak aus dem Gas entfernt und das umgesetzte Synthesegas dann wieder dem gleichen Reaktor zugeführt. Neben dem gebildeten Ammoniak müssen auch die Inertgase sowie die freiwerdende Reaktionswärme ständig aus dem Kreisprozeß abgeführt werden. Das ausreagierte Gas gibt seine Wärme in einem separaten, zum Reaktor gehörenden Wärmeaustauschteil an das kalte Reaktiongsgas ab und erwärmt dieses auf Reaktionstemperatur. Weitere Abwärme kann zur Dampferzeugung dienen. Der durch Passieren der einzelnen Apparate entstandene Druckverlust im Synthesegas wird durch Kompression ausgeglichen und der durch Umsatz verbrauchte Anteil an Synthesegas durch neues, komprimiertes Synthesegas („Frischgas“) ersetzt.

NH_3-Synthese ist Kreislaufprozeß:

Entfernung von:

- NH_3
- Inertgas
- Reaktionswärme (dient zur Aufwärmung von kaltem Synthesegas)

Rückführung von unverbrauchtem Synthesegas in Reaktor
Zufuhr von Frischgas
Ausgleich des Druckverlustes

Kernstück einer Ammoniak-Syntheseanlage ist der Druckreaktor, der mit dem Katalysator gefüllt ist und in dem die Ammoniak-Bildung, wie beschrieben, bei einer Temperatur zwischen 400 und 500 °C erfolgt. Dabei darf eine Maximaltemperatur von 530 °C nicht überschritten werden, da der Katalysator sonst geschädigt wird.

Die Kompression erfolgt heute, insbesondere bei größeren Anlagen, mit Turboverdichtern; bei Anlagen einer Kapazität unter 600 t/d benutzt man auch noch die früher üblichen Kolbenkompressoren. Mit Turboverdichtern, die fast ausschließlich mit Dampfturbinen betrieben werden, können heute Anlagen mit einer Kapazität bis 1500 t/d im bevorzugten und wirtschaftlich optimalen Druckbereich von 250 bis 350 bar betrieben werden, wobei nur ein Turboverdichter die Frischgasverdichtung und den Kreislauf besorgt.

Kompression mit Hilfe von:

- Turboverdichtern
- Kolbenkompressoren (bei kleineren Anlagen)

Reaktortypen

NH_3-Synthese erfolgt in Reaktoren, bei denen sich der Katalysator in einem separaten Behälter befindet; Kühlung im Reaktor erfolgt durch kaltes Synthesegas

In den einzelnen Ammoniak-Syntheseanlagen trifft man verschiedene Reaktortypen an. Gemeinsam ist allen, daß sich die Katalysatormasse in einem separaten Behälter im Inneren der Reaktorröhre befindet. Zwischen Katalysatorbehälter und Reaktorwand entsteht auf diese Weise ein Spalt, durch den kaltes Synthesegas geleitet wird, so daß die Reaktorwand nicht auf die hohe Temperatur im Katalysatorteil aufgeheizt wird.

Das in den Kreislauf eingespeiste Synthesegas wird – je nach Reaktortyp – innerhalb oder außerhalb des Katalysatorteils mit Hilfe des heißen Reaktionsgases aufgeheizt, z. T. im Gegenstrom-, z. T. im Gleichstromverfahren.

Bei der Kühlung des Reaktors durch das kalte Synthesegas wird die Temperaturführung so gestaltet, daß beim Austritt des Reaktionsgases aus dem Reaktor eine niedrigere Temperatur herrscht als am Synthesegaseintritt in den Katalysator. Unterstützt wird diese Regelung durch einen separaten Strom kalten Synthesegases.

Reaktortypen:

- Röhrenreaktoren
  - Gleichstrom
  - Gegenstrom
- Abschnittsreaktoren
  - Kühlung durch Kaltgas
  - Wärmetauscherkühlung
  - Katalysator in getrennten Schichten angeordnet

Im Prinzip lassen sich zwei Gruppen von Reaktoren unterscheiden, die Röhrenreaktoren und die Abschnittsreaktoren. Die ersteren werden in Gleichstrom- und Gegenstromreaktoren unterteilt, letztere in solche mit Kaltgaskühlung und Wärmetauscherkühlung. Beim vielfach benutzten Casale-Reaktor, einem Gegenstromreaktor, wird die Wärme vom heißen Reaktionsgas auf das kalte Synthesegas über einen das gesamte Katalysatorbett umschließenden Ringwärmetauscher übertragen. Angefahren wird dieser Reaktortyp durch Aufheizen des Synthesegases kurz vor Eintritt in die Katalysatormasse auf 400 °C mit Hilfe einer zentral angeordneten elektrischen Heizung. Bei anderen Reaktoren erfolgt dieses Aufheizen meist außerhalb des Reaktors durch Übertragen der Verbrennungswärme von Öl oder Gas.

Häufigster Reaktortyp:
direkt durch kaltes Gas gekühlter Abschnittsreaktor (Quenchreaktor)

Bei Abschnittsreaktoren ist der Katalysator in getrennten Schichten angeordnet; zwischen den Schichten wird das Gas entweder mit Wärmetauschern oder durch Zuspeisen von kaltem Synthesegas gekühlt. In die erste Kategorie gehört z. B. der ÖSW-Reaktor, der von den Österreichischen Stickstoff-Werken und Uhde entwickelt wurde. Reaktoren, die durch Zuspeisen von kaltem Gas direkt gekühlt werden, sind die am weitesten verbreiteten Reaktortypen, sie werden auch Quenchreaktoren genannt. Ein Vertreter dieser Kategorie ist der Kellog-Quenchreaktor. Es werden auch Abschnittsreaktoren, deren Betten quer (radial) durchströmt werden (Querstromreaktoren), verwendet. Ihre Kühlung erfolgt über Wärmeaustauscher oder mit Kaltgas. Solche quer durchströmten Abschnittsreaktoren gibt es auch in liegender Form (ÖSW und Kellog).

Bei Querstrom-(Abschnitts-)Reaktoren werden Betten radial durchströmt

Als Werkstoff für alle diese Druckreaktoren setzt man vergütete Stähle ein, die durch Zulegieren von Chrom und auch Molybdän beständig gegen Wasserstoff unter Druck gemacht werden, so daß keine Entkohlung, Versprödung und Korngrenzenrissigkeit eintritt. Diese Druckreaktoren werden immer häufiger nach der Mehrlagenbauweise gebaut. Hierbei besteht die gesamte Behälterwand aus einer Vielzahl einzelner Lagen; diese Lagen werden auf ein Kernrohr aufgewickelt. Die Vorteile solcher Mehrlagenkonstruktionen gegenüber Druckbehältern mit Vollwandbauweise liegen u. a. darin, daß nur das Kernrohr der chemischen Beanspruchung ausgesetzt ist; die sich anschließenden Lagen können aus einfacheren Stählen bestehen. Diese im Vergleich zu geschmiedeten Vollwandbehältern einfacher herstellbaren Mehrlagenbehälter werden z. B. nach dem Schierenbeck-Wickelverfahren der BASF gefertigt. Auf ein dünnwandiges (20 bis 40 mm) Kernrohr wird dabei ein rotglühendes profiliertes Stahlwickelband schraubenförmig in vielen Lagen aufgewickelt, wobei die Profilierungen ineinander greifen. Druckbehälter werden heute bis zu einer Länge von über 30 m bei einem Durchmesser von mehr als 2 m gebaut.

Reaktorwerkstoff: Cr- und Mo-haltige Stähle

Reaktoren sind Mehrlagenkonstruktionen, z. B. nach dem Schierenbeck-Verfahren

Abscheidung von Ammoniak

Die Abscheidung des gebildeten Ammoniaks aus dem Kreislaufgas erfolgt meistens durch Kondensation bei tieferen Temperaturen, wobei die Kühlung durch Wasser oder Luft noch zusätzlich durch Verdampfen von flüssigem Ammoniak ergänzt wird. Das verdampfte Ammoniak wird entweder für chemische Folgeprodukte verbraucht oder durch Verdichtung und anschließende Kühlung wieder verflüssigt. Bei niedrigen Synthesedrücken und einer Verwertungsmöglichkeit für wäßriges Ammoniak erfolgt gelegentlich wieder die Abscheidung des in der Synthese gebildeten Ammoniaks durch Absorption

Abscheidung des NH_3 aus dem Kreislaufgas durch Kondensation bei tieferen Temperaturen

in Wasser. Dabei wird der in das Kreislaufgas kommende Wasserdampf durch eine nachgeschaltete Wäsche mit flüssigem Ammoniak entfernt, um eine Beeinträchtigung des Katalysators durch Wasserdampf zu vermeiden.

1.4.1.2.5 Integrierte Ammoniak-Syntheseanlagen (Einstranganlagen)

Integrierte NH_3-Anlagen beinhalten:

- Gaserzeugung
- CO- und CO_2-Konvertierung
- Synthesegasreinigung
- NH_3-Synthese

Moderne Ammoniak-Anlagen verbinden die einzelnen Verfahrensschritte der Gaserzeugung, Konvertierung von Kohlenmonoxid zu Kohlendioxid, die Reinigung des Synthesegases und die Synthese des Ammoniaks in Einstranganlagen. Solche Anlagen zur Synthesegaserzeugung, z. B. mit Steam-Reforming (Abb. 1.4.1-1) oder

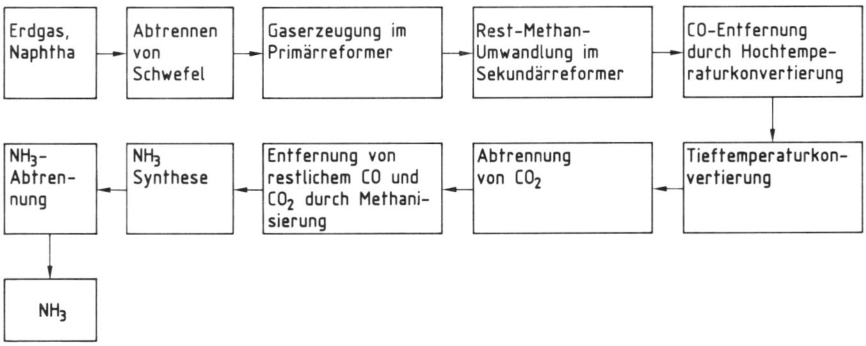

Abb. 1.4.1-1. Blockschema einer Einstranganlage zur Synthese von Ammoniak nach dem Steam-Reforming-Verfahren.

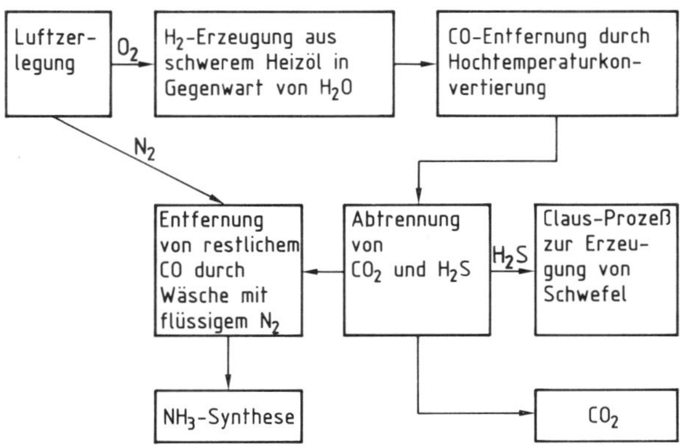

Abb. 1.4.1-2. Blockschema einer Einstranganlage zur Synthese von Ammoniak nach dem Verfahren der partiellen Oxidation.

partieller Oxidation (Abb. 1.4.1-2), arbeiten kostengünstig, da der Personalbedarf gering ist und sie einen optimalen Energieaustausch zwischen wärmeverbrauchenden und wärmeerzeugenden Verfahrensschritten ermöglichen; somit ist ein hoher Grad der Abhitzeverwertung gegeben. Dabei wird Dampf erzeugt, so bei Steam-Reforming-Anlagen z. B. aus dem Rauchgas des Primärreformers oder in Abhitzekesseln nach dem Sekundärreformer sowie nach der Hochtemperaturkonvertierung und Methanisierung. Dieser Dampf wird zum einen als Vergasungsmittel bei der Synthesegaserzeugung und zum anderen als Antriebsmittel für Kompressoren und Pumpen eingesetzt. Auf diese Weise kann ein großer Teil (bis zu 85% bei Steam-Reforming) des Gesamtenergiebedarfs einer integrierten Anlage durch die anfallende Wärme gedeckt werden. Die Wirtschaftlichkeit einer Ammoniak-Anlage ist außerdem noch stark von der Anlagengröße abhängig. Anlagen mit einer Kapazität <600 t/d sind kaum noch wettbewerbsfähig; viele Anlagen haben eine Kapazität von 1500 t/d.

Einstranganlagen sind kostengünstig, da die Abwärme optimal genutzt werden kann und der Personalaufwand gering ist

Die Wirtschaftlichkeit von NH_3-Produktionsanlagen ist sehr von der Anlagengröße abhängig

Bei Einstranganlagen ist es nötig, einen gewissen Vorrat an Ammoniak zur Überbrückung von Produktionsausfällen zu haben. Ammoniak wird dazu entweder bei Normaldruck und tiefen Temperaturen (−33 °C) oder unter mäßigem Druck bei +5 bis −5 °C bzw. bei Umgebungstemperatur und dem entsprechenden Gleichgewichtsdruck gelagert. Auch der Transport von Ammoniak erfolgt unter diesen unterschiedlichen Bedingungen.

Lagerung und Transport von NH_3 erfolgen bei verschiedenen Drücken und Temperaturen

1.4.1.3 Verwendung von Ammoniak

Ammoniak ist Ausgangsprodukt für Salpetersäure, Harnstoff und Ammoniumphosphate, aber auch für die Herstellung von Vorprodukten für Fasern, Kunststoffe, Pflanzenschutzmittel und viele andere organische Produkte.

Der weitaus größte Teil des Ammoniaks geht in den Düngemittelsektor.

Verwendung von NH_3 für Herstellung von:

- HNO_3
- Harnstoff
- Ammoniumphosphate
- Kunststoffe und Fasern

Literatur zu Kapitel 1.4.1 Ammoniak

Allgemeine Literatur:

H. Bakemeier, H. Gössling und R. Krabetz: *Ullmanns Encyklopädie der technischen Chemie.* Bd. 7, S. 444 – 513, Verlag Chemie, Weinheim, 1974.

Kirk-Othmer: *Encyclopedia of Chemical Technology,* 3. Ed., Vol. 2, pp. 470 – 516, John Wiley & Sons, Inc., New York, Chichester, Brisbane, Toronto, 1978.

Spezielle Literatur:

Yearbook of Industrial Statistics. United Nations, 1978 Ed. Vol. II, Commodity Production Data 1969 – 1978, New York 1980. *Council for Mutual Economic Assistance.* Statistical Yearbook, 1979.

J. Whitehead: *Soviet Ammonia presence grows.* Chemical Age, 30. Mai 1980, S. 12 – 13.

Ammonia. C & EN, Jan. 26, 1981, S. 16.

Th. A. Blue und S. P. Landels: *Ammonia, Chemical Economics Handbook.* SRI, Nitrogen Products 756. 1000A, April 1977.

Ammoniac. Informations Chimie. No. 207, S. 267 – 274, Nov. 1980.

W. F. van Weenen und J. Tielrooy, "Ammonia production with higher efficiency", *Nitrogen* **127**, p. 38 – 43, Sept./Oct. 1980.

G. W. Bridger, R. E. Gadsby und D. E. Ridler, "High-Pressure Ammonia Synthesis and Plant Operation", in: *A Treatise on Dinitrogen Fixation.* p. 291 – 332, J. Wiley & Sons, New York, 1979.

J. A. Finneran und T. A. Czuppon, "Economics of Production and Consumption of Ammonia", in: *A Treatise on Dinitrogen Fixation.* p. 333 – 379, J. Wiley & Sons, New York, 1979.

D. A. Waitzman, "Ammonia from coal: A technical/economic review", *Chem. Eng.,* S. 69 – 71, 30. Jan. 1978.

H. Wendt, „Apparate und Maschinen für die Hochdrucktechnik", *Chem.-Ing.-Tech.* **42,** S. 1463 – 1466 (1970).

1.4.2 Hydrazin

1.4.2.1 Wirtschaftliche Bedeutung

Hydrazin ist in Form wäßriger Lösungen – und in geringer Menge in Form von Salzen – im Handel. Die konzentrierte Lösung enthält 64% Hydrazin (Massenanteil), in ihr ist das molare Verhältnis von Hydrazin zu Wasser wie 1:1, man spricht daher hier von „100%igem Hydrazinhydrat". Die folgenden Kapazitätsangaben (Tabelle 1.4.2-1) beziehen sich auf dieses „Hydrazinhydrat". Wasserfreies Hydrazin ist nicht im Handel.

1.4.2.2 Herstellung von Hydrazin

Herstellung von Hydrazin:

Oxidation von Ammoniak oder Harnstoff mit Natriumhypochlorit oder Wasserstoffperoxid

Hydrazin bildet sich bei zahlreichen chemischen Reaktionen. Technische Bedeutung haben nur wenige Verfahren erlangt, die alle Ammoniak – oder Harnstoff als Ammoniak-Derivat – oxidativ in Hydrazin umwandeln. Als Oxidationsmittel werden Natriumhypochlorit oder Wasserstoffperoxid eingesetzt. Bei einigen Verfahren

Tabelle 1.4.2-1. Geschätzte Hydrazin-Kapazitäten der westlichen Erzeugerländer*) 1980 (in 10^3 t „Hydrazinhydrat").

	Firmen	Kapaz.	Verfahren
Westl. Welt		60	
USA	Olin	5	Raschig
		10	Bayer
	Mobay	10	Bayer
	Fairmont	1	Raschig (Harnstoff?)
BRD	Bayer AG	10	Bayer
JA	Nippon Carbide } Nippon Hydrazin }	7	Raschig
	Otsuka Kagaku	3	?
GB	Fisons Ltd.	3	Raschig
FR	PCUK	6	Raschig
		5	H_2O_2

*) Die Kapazitäten der Ostblockstaaten sind nicht bekannt.

Hydrazin-Kapazität der westlichen Erzeugerländer 1980:

$60 \cdot 10^3$ t/a

(Bayer-, H_2O_2-Verfahren) wird in Gegenwart von Ketonen gearbeitet.

$$2\,NH_3 \xrightarrow{-2\,H} N_2H_4$$

1.4.2.2.1 Raschig-Verfahren

Raschig-Verfahren:

Oxidation von Ammoniak mit Natriumhypochlorit zu Hydrazin und Natriumchlorid. Destillative Abtrennung des Hydrazins vom festen Kochsalz. Ausbeute ca. 70% der Theorie

Beim Raschig-Verfahren wird Ammoniak mit Natriumhypochlorit oxidiert:

$$2\,NaOH + Cl_2 \longrightarrow NaOCl + NaCl + H_2O$$
$$NaOCl + NH_3 \longrightarrow NH_2Cl + NaOH$$
$$NH_2Cl + NaOH + NH_3 \longrightarrow N_2H_4 + NaCl + H_2O$$
$$\overline{2\,NaOH + Cl_2 + 2\,NH_3 \longrightarrow N_2H_4 + 2\,NaCl + 2\,H_2O}$$

Durch Vermischen von Chlor und Natronlauge im Molverhältnis 1:2 unter Kühlung wird Natriumhypochlorit erhalten (s. a. Abb. 1.4.2-1); die resultierende Lösung enthält etwa 4.7 mol/L. Man verdünnt sie auf ca. 1 mol/L und setzt sie mit einer wäßrigen, etwa 15%igen

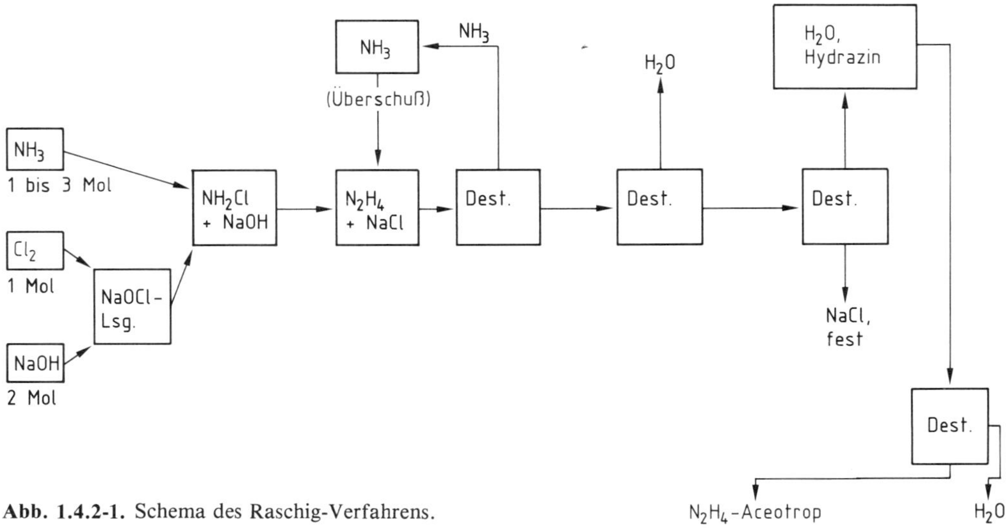

Abb. 1.4.2-1. Schema des Raschig-Verfahrens.

Ammoniak-Lösung bei Temperaturen um 0 °C (Kühlung) zu Chloramin und Natronlauge um. Die Ausbeute ist fast quantitativ.

Die alkalische Chloramin-Lösung wird dann bei ca. 130 °C unter Druck mit einem 20 bis 30fachen molaren Überschuß an wasserfreiem Ammoniak umgesetzt. Danach wird die Reaktionsmischung vom überschüssigen Ammoniak befreit, das zurückgeführt wird. Wasser und das Hydrazin-Wasser-Aceotrop (Kp. 120.5 °C) werden vom dabei fest anfallendem Kochsalz abgedampft. Die erhaltene wäßrige Hydrazin-Lösung wird schließlich durch Destillation konzentriert. Die Ausbeute an Hydrazin beträgt ca. 70% der Theorie. Wesentliche Nebenreaktionen bei der Synthese sind:

- die Reaktion von Chloramin mit gebildetem Hydrazin:

$$2NH_2Cl + N_2H_4 \longrightarrow N_2 + 2NH_4Cl$$

  Diese Reaktion wird besonders durch Kupfer katalysiert. Als Gegenmaßnahmen werden Komplexbildner wie Ethylendiamin-tetraessigsäure (EDTA) zugesetzt und ein großer Ammoniak-Überschuß verwendet.

- Zersetzungsreaktionen beim Abdampfen des Hydrazins vom festen Kochsalz

Will man kein Hydrazinhydrat gewinnen, so kann man aus der Reaktionsmischung der Raschig-Synthese relativ schwerlösliches Hydrazinsulfat ausfällen ($N_2H_6^{2+}SO_4^{2-}$, Löslichkeit in Wasser: 2.96 g/L).

1.4.2.2.2 Harnstoff-Verfahren

Harnstoff-Verfahren:

Oxidation von Harnstoff mit Natriumhypochlorit zu Hydrazin, Natriumchlorid und Natriumcarbonat. Aufarbeitung wie beim Raschig-Verfahren. Ausbeute: 60 bis 70% der Theorie

Bei diesem Verfahren wird Harnstoff mit Natriumhypochlorit in Natronlauge zu Hydrazin, Natriumchlorid und Natriumcarbonat umgesetzt.

$$H_2NCONH_2 + NaOCl + 2NaOH \longrightarrow N_2H_4 + NaCl + Na_2CO_3 + H_2O$$

Die Reaktionskomponenten Harnstoff, Natriumhypochlorit und Natronlauge werden in dem angegebenen Mengenverhältnis kalt vermischt und schnell auf 100 °C erhitzt. Die Aufarbeitung erfolgt wie beim Raschig-Verfahren. Die Ausbeute an Hydrazin liegt bei 60 bis 70% der Theorie. Den Vorteilen dieses Verfahrens – Vermeiden eines großen Ammoniak-Überschusses und druckloses Arbeiten – steht als schwerwiegender Nachteil der Verbrauch von zusätzlichen 2 Mol Natronlauge pro Mol Hydrazin gegenüber. Außerdem ergibt sich durch den Anfall des Kochsalz/Soda-Gemisches ein zusätzliches ökologisches Problem. Es ist nicht bekannt, ob dieses Verfahren heute noch technisch durchgeführt wird.

1.4.2.2.3 Bayer-Verfahren

Bayer-Verfahren:

Oxidation von Ammoniak mit Natriumhypochlorit in Gegenwart von Aceton zu Acetonazin und Kochsalz, destillative Abtrennung des Acetonazins von der Kochsalz-Lösung, Hydrolyse des Acetonazins zu Hydrazin und Aceton. Ausbeute an Hydrazin: 80 bis 90% der Theorie

Von einer Reihe von Hydrazin-Synthesen, bei denen unter verschiedenen Bedingungen Ammoniak mit Natriumhypochlorit in Gegenwart von Ketonen (Aceton, Methyl-ethyl-keton) oxidiert wird (s. a. Abb. 1.4.2-2), hat sich anscheinend nur die von der Bayer AG entwickelte Variante technisch durchgesetzt.

Die beiden Hauptreaktionen sind die Bildung und die Hydrolyse von Acetonazin:

$$NaOCl + 2\,NH_3 + 2\,CH_3COCH_3 \longrightarrow (CH_3)_2C{=}N{-}N{=}C(CH_3)_2 + NaCl + 3\,H_2O$$

$$(CH_3)_2C{=}N{-}N{=}C(CH_3)_2 + 2\,H_2O \longrightarrow 2\,CH_3COCH_3 + N_2H_4$$

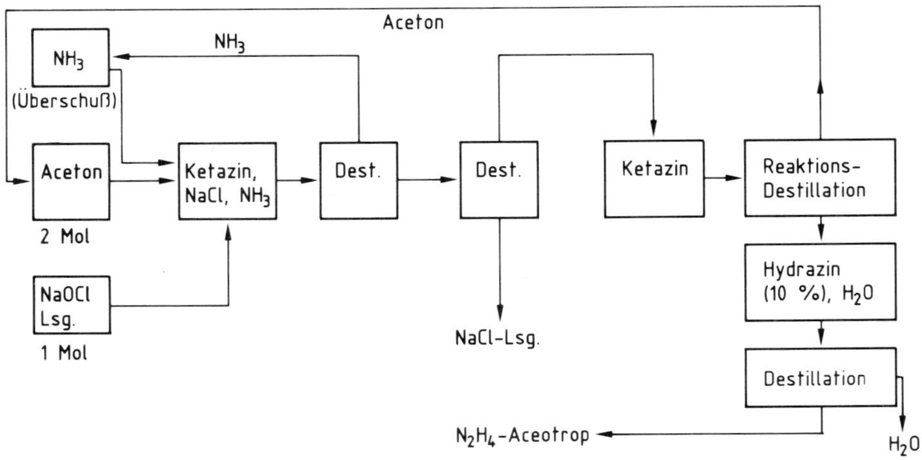

Abb. 1.4.2-2. Schema der Hydrazin-Herstellung nach dem Bayer-Verfahren.

Die Bildung des Azins ist nicht eine Abfangreaktion von nach Raschig gebildetem Hydrazin durch Aceton, sondern läuft über die Zwischenprodukte Dimethyloxaziran und Acetonhydrazon:

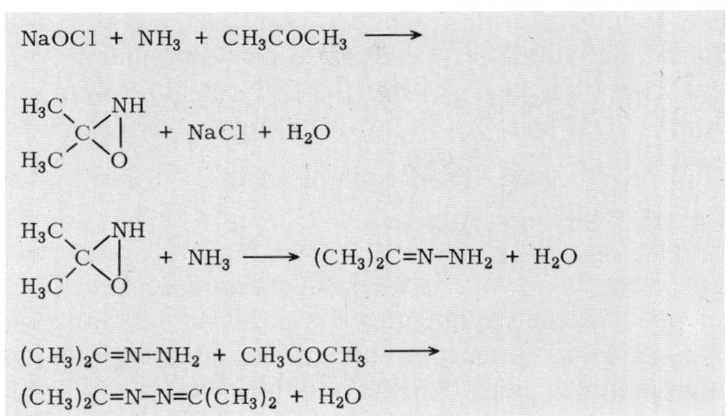

Natriumhypochlorit-Lösung (ca. 1.5 mol/L), Ammoniak und Aceton werden bei 35 °C im Molverhältnis 1 : 15 bis 20 : 2 zur Reaktion gebracht. Es entsteht eine Lösung, die 5 bis 7% Acetonazin (Massenanteil), Kochsalz und das überschüssige Ammoniak enthält. Dieses Ammoniak wird abdestilliert und in die Reaktion zurückgeführt. Anschließend wird das Acetonazin-Wasser-Aceotrop (Kp. 95 °C) von der zurückbleibenden Kochsalz-Lösung abdestilliert. Hier liegt der wesentliche Unterschied zum Raschig-Verfahren, bei dem das Hydrazin-Wasser-Gemisch vom *festen* Kochsalz abgetrennt werden muß.

Das Acetonazin wird anschließend mit Wasser in einer Reaktions-Destillations-Kolonne bei Temperaturen bis 180 °C und Drücken von 8 bis 12 bar in Aceton (Kopfprodukt) und eine 10%ige wäßrige Hydrazin-Lösung (Sumpfprodukt) gespalten. Diese wird auf 64% (Massenanteil) Hydrazin aufkonzentriert. Die Ausbeute an Hydrazin liegt bei 80 bis 90%, bezogen auf eingesetztes Hypochlorit.

1.4.2.2.4 H_2O_2-Verfahren

H_2O_2-Verfahren:

Oxidation von Ammoniak mit H_2O_2 in Gegenwart von Ketonen und Acetamid als Katalysator zu Ketazin, Abtrennung des Ketazins und Hydrolyse zu Hydrazin und Keton

Das Verfahren entspricht dem Bayer-Verfahren, nur werden als Oxidationsmittel Wasserstoffperoxid und als Keton Methylethylketon genommen:

$$H_2O_2 + 2\,NH_3 + 2\,C_2H_5COCH_3 \longrightarrow (H_3C)(H_5C_2)C{=}N{-}N{=}C(CH_3)(C_2H_5) + 4\,H_2O$$

Da Wasserstoffperoxid kinetisch nicht ausreichend aktiv ist, wird als Aktivator ein Gemisch aus Acetamid und Natriumhydrogenphosphat zugesetzt.

Das entstehende Methylethylketonazin, das im Wasser schwerlöslich ist, wird abgetrennt und analog dem Bayer-Verfahren in Hydrazin und Keton gespalten.

Dieses Verfahren wird technisch durchgeführt, jedoch sind die Reaktionbedingungen – Konzentrationen der Reaktanten und des Aktivators Acetamid/Phosphat, ggf. verwendete Hilfslösungsmittel, Verweilzeit, Temperatur, Hilfskreisläufe – und die Ausbeute in der Literatur nicht ausreichend beschrieben. Der Vorteil dieses Verfahrens gegenüber dem Bayer- und Raschig-Verfahren ist geringerer Energieverbrauch und kein Zwangsanfall an Kochsalz.

1.4.2.3 Verwendung von Hydrazin

Verwendung von Hydrazin:

- als Korrosionsinhibitor
- zur Herstellung von Treibmitteln
  Polymerisationsinitiatoren
  Herbiziden
  Pharmaka

Hydrazin verhindert schon in ppm-Mengen beim Einsatz im Speisewasser von Dampferzeugern die Korrosion. Der Grund dafür ist die Förderung der Magnetit-Deckschichtbildung. Derivate des Hydrazins haben vor allem Bedeutung als Treibmittel (Blähmittel) zur Herstellung geschäumter Kunststoff- und Kautschukmassen, als radikalische Polymerisationsinitiatoren, als Herbizide und Pharmaka. Die Hydrazin-Derivate, die als Treibmittel bzw. Polymerisationsinitiatoren eingesetzt werden, zerfallen in der Hitze in Stickstoff und Radikale: der Stickstoff wirkt als Treibmittel, die Radikale als Polymerisationsinitiatoren.

Gebräuchliche Treibmittel sind u. a.:

- Azodicarbonamid
- Benzolsulfonsäurehydrazid.

Ein typischer Polymerisationsinitiator ist Azoisobuttersäurenitril.

Die Herstellung von Azodicarbonamid z. B. erfolgt nach:

$$2\ NH_2CONH_2 + N_2H_4 + H_2SO_4 \longrightarrow NH_2CONHNHCONH_2 + (NH_4)_2SO_4$$

$$NH_2CONHNHCONH_2 + Cl_2 \longrightarrow NH_2CON{=}NCONH_2 + 2\,HCl$$

Die wichtigsten Herbizide auf Hydrazin-Basis sind Weedazol®, Sencor® und Goltix®:

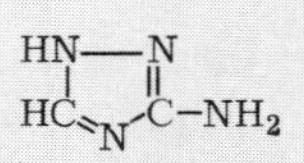

Weedazol®

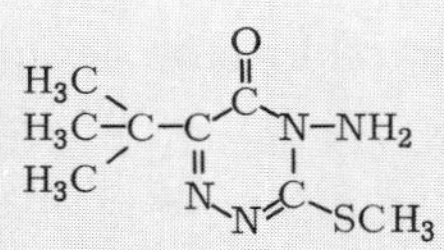

Sencor®

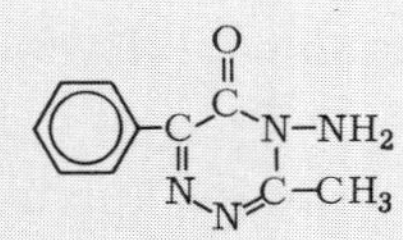

Goltix®

Ein typisches Hydrazin-Derivat im Pharma-Sektor ist das Antituberkulotikum Neoteben®.

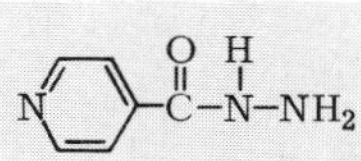

Literatur zu Kapitel 1.4.2 Hydrazin

Übersichtsarbeiten:

Ullmanns Encyklopädie der technischen Chemie. 4. Aufl., Bd. 13, S. 95–107, Verlag Chemie, Weinheim 1977.
Kirk-Othmer: *Encyclopedia of Chemical Technology.* 3. Ed., Vol. 12, pp. 734–771, John Wiley & Sons, Inc., New York, Chichester, Brisbane, Toronto, 1980.

Wirtschaftliche Angaben:

Chem. Eng. News, 23. 8. 1982, S. 23–24.
Chem. Week, 26. 5. 1982, S. 13.

Zum H_2O_2-Verfahren:

Chem. Ind., XXXIII, Nov. 1981, S. 673–674.
Chem. Eng. News, 2. 11. 1981, S. 32.
Chem. Week, 6. 1. 1982, S. 28.

Technische Produktbeschreibung:

Hydrazin. Eigenschaften, Handhabung und Anwendung, Bayer AG, 1. 3. 1979.

1.4.3 Hydroxylamin

1.4.3.1 Wirtschaftliche Bedeutung und Verwendung

Bestimmend für die technische Produktion von Hydroxylamin ist seine Verwendung (zu über 97%) zur Herstellung von Caprolactam, das wiederum selbst ein Vorprodukt zur Herstellung von Polyamid 6 ist (allerdings wird nicht alles Caprolactam über Hydroxylamin hergestellt).

Hydroxylamin: mehr als 97% werden zur Herstellung von Caprolactam verwandt. Weltweite Kapazität 1981 für Hydroxylamin: $\geq 618 \cdot 10^3$ t/a

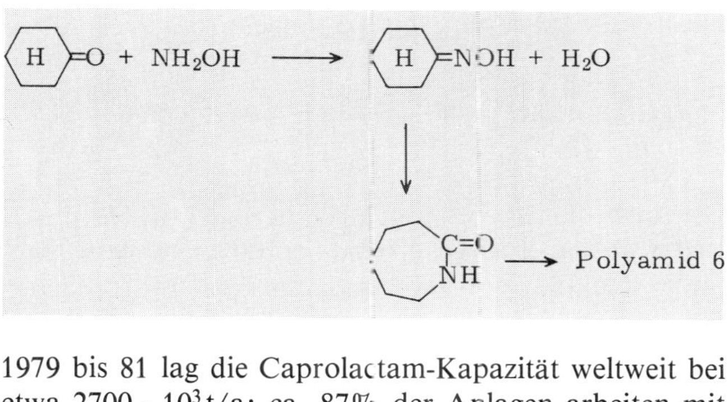

1979 bis 81 lag die Caprolactam-Kapazität weltweit bei etwa $2700 \cdot 10^3$ t/a; ca. 87% der Anlagen arbeiten mit Hydroxylamin als Zwischenprodukt. Die Hydroxylamin-Kapazitäten sind nicht einzeln ausgewiesen; rechnerisch müssen sie bei mindestens $618 \cdot 10^3$ t/a (gerechnet als NH_2OH) liegen, um bei 100%iger Syntheseausbeute die Caprolactam-Kapazitäten der Anlagen, die mit Hydroxylamin arbeiten, zu versorgen.

In geringerem Maße dient Hydroxylamin als Reduktionsmittel sowie zur Herstellung von Oximen, die in Lacken (Hautverhinderungsmittel), als Pharmaka und Pflanzenschutzmittel Verwendung finden.

1.4.3.2 Herstellung

Herstellung von Hydroxylamin:

- Raschig-Verfahren
- NO-Reduktionsverfahren
- Nitrat-Reduktionsverfahren

Es gibt drei technisch ausgeübte Verfahren zur Herstellung von Hydroxylamin:

- (modifiziertes) Raschig-Verfahren
- NO-Reduktionsverfahren (BASF, Inventa)
- Nitrat-Reduktionsverfahren (DSM/HPO-Stamicarbon)

1.4.3.2.1 Raschig-Verfahren

Raschig-Verfahren:

1. Stufe: Herstellung von Ammoniumnitrit aus Ammoniumhydrogencarbonat, Stickoxiden und Sauerstoff (in Lösung).
2. Stufe: Bildung von Hydroxylamindisulfonat durch Reaktion mit Schwefeldioxid
3. Stufe: Hydrolyse zu Hydroxylaminsulfat und Ammoniumsulfat

Stickoxide aus der Ammoniak-Verbrennung werden mit Ammoniumhydrogencarbonat-Lösungen und Luft zu Ammoniumnitrit-Lösungen umgesetzt:

$$2NO + 0.5O_2 + 2NH_4HCO_3 \longrightarrow 2NH_4NO_2 + 2CO_2 + H_2O$$

Die Ammoniumnitrit-Lösung wird bei 0 bis 5 °C mit Schwefeldioxid zum Ammoniumsalz der Hydroxylamindisulfonsäure bei pH 2 bis 4.5 umgesetzt:

$$NH_4NO_2 + 2SO_2 + NH_3 + H_2O \longrightarrow HON(SO_3NH_4)_2$$

Die Ausbeute liegt bei etwa 90%, bezogen auf Nitrit. Als letztes wird nun das Disulfonat bei 100 °C in relativ langsamer Reaktion zum Hydroxylaminsulfat hydrolysiert:

$$2HON(SO_3NH_4)_2 + 4H_2O \longrightarrow (NH_3OH)_2SO_4 + (NH_4)_2SO_4 + 2NH_4HSO_4$$

Zwangsanfall an Ammoniumsulfat pro kg Caprolactam: 1.8 kg

Der Gehalt an Hydroxylamin in dieser Lösung beträgt – neben dem Ammoniumsulfat – ca. 70 g/L. Insgesamt bringt das Raschig-Verfahren zur Herstellung von Hydroxylamin pro kg Caprolactam einen Zwangsanfall von etwa 1.8 kg Ammoniumsulfat in die Caprolactam-Herstellung ein.

1.4.3.2.2 Stickstoffmonoxid-Reduktionsverfahren

Durch Verbrennung von Ammoniak mit reinem Sauerstoff in Gegenwart von Wasserdampf an Platin/Rohdium-Katalysatoren erhält man in 80 bis 90%iger Ausbeute Stickstoffmonoxid:

$$2NH_3 + 2.5O_2 \longrightarrow 2NO + 3H_2O$$

NO-Reduktionsverfahren:

1. Stufe: Herstellung von NO durch Verbrennen von Ammoniak mit reinem Sauerstoff
2. Stufe: Reduktion von NO mit Wasserstoff an in Schwefelsäure suspendierten Edelmetall-Katalysatoren zur Hydroxylaminsulfat-Lösung

Dies wird beim BASF-Verfahren an Platin-Katalysatoren auf Kohlenstoff-Trägern, die in verdünnter Schwefelsäure suspendiert sind, mit Wasserstoff zum Hydroxylamin reduziert. Beim Inventa-Verfahren wird Palladium benutzt.

$$2NO + 3H_2 + H_2SO_4 \longrightarrow (NH_3OH)_2SO_4$$

Die als Nebenreaktion zu erwartende Ammoniak-Bildung wird durch verfahrenstechnische Maßnahmen – z. B. hoher Wasserstoff-Druck, niedrige Konzentration von H^+-Ionen, niedrige Temperatur – und durch eine selektive Vergiftung des Katalysators, gering gehalten. Die Ausbeute, bezogen auf Stickstoffmonoxid, liegt bei etwa 90%.

Der Zwangsanfall an Ammoniumsulfat liegt bei diesem Verfahren pro kg hergestelltem Caprolactan bei etwa 0.8 kg; der Hydroxylamin-Gehalt der Lösungen beträgt etwa 115 g/L.

Zwangsanfall an Ammoniumsulfat pro kg Caprolactam: ca. 0.8 kg

1.4.3.2.3 Nitrat-Reduktionsverfahren (DSM/HPO-Stamicarbon)

Ammoniumnitrat-Lösung wird in Gegenwart von Phosphorsäure (HPO: Hydroxylamin-Phosphat-Oxim) mit Wasserstoff an einem suspendierten Edelmetall-Katalysator (Träger: Aktivkohle) unter Druck reduziert, wobei Hydroxylaminphosphat entsteht:

Nitrat-Reduktionsverfahren:

1. Stufe: Reduktion einer Ammoniumnitrat-Phosphorsäure-Lösung an suspendierten Edelmetall-Katalysatoren mit Wasserstoff zu einer Hydroxylamin-Phosphat-Lösung

2. Stufe: Reaktion dieser Lösung mit Cyclohexanon in Toluol (zweiphasig) zu Cyclohexanonoxim, Abtrennung der wäßrigen Phase
3. Stufe: Regenerierung der wäßrigen „Kreislauf-Lösung" zur Ammoniumnitrat-Phosphorsäure-Lösung durch Einleiten von Stickoxiden und Sauerstoff

$$2\,H_3PO_4 + NH_4NO_3 + 3\,H_2 \longrightarrow (NH_3OH)H_2PO_4 + NH_4H_2PO_4 + 2\,H_2O$$

Nach dem Abtrennen des Katalysators setzt man die erhaltene Lösung mit einer Lösung von Cyclohexanon in Toluol direkt zu Cyclohexanon-oxim um:

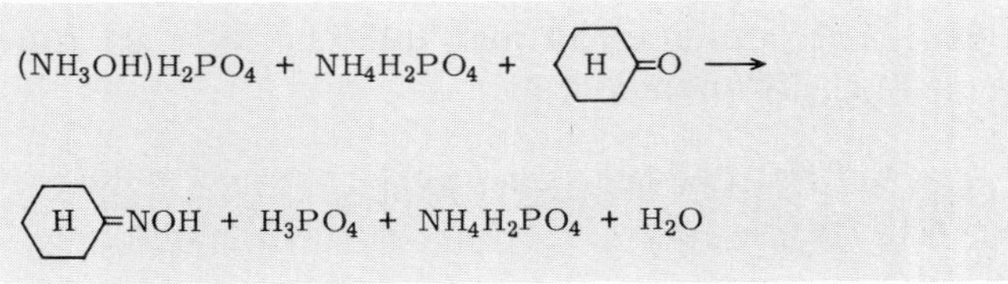

Die wäßrige Phase wird nach der Abtrennung restlicher organischer Anteile mit Stickoxiden und Luft/Sauerstoff zur Reaktion gebracht und dann als „Kreislauf-Lösung" erneut eingesetzt:

$$2\,H_3PO_4 + 2\,NH_4H_2PO_4 + 2\,NO + 1.5\,O_2 + H_2O \longrightarrow 4\,H_3PO_4 + 2\,NH_4NO_3$$

Kein Zwangsanfall an Ammoniumsalzen

Ammonium-Ionen, die sich durch Nebenreaktion bei der Hydrierung bilden, werden in dieser Stufe durch die Stickoxide zu Stickstoff oxidiert. Die Ausbeute, bezogen auf eingesetzten Stickstoff, liegt bei 58%. Es gibt keinen Zwangsanfall an Ammoniumsalzen.

Literatur zu Kapitel 1.4.3 Hydroxylamin

Übersichtsarbeiten:

Ullmanns Encyklopädie der technischen Chemie. 4. Aufl., Bd. 13, S. 169–172, Verlag Chemie, Weinheim, New York, 1977.

Wirtschaftliche Angaben:

Caprolactam, Chemical Economics Handbook. Stanford Research Institute, Menlo Park, California, USA, Aug. 1980.

Inf. Chim., No. **187**, März 1979, S. 139–145.
Inf. Chim., No. **212**, April 1981, S. 201–208.

Technische Angaben:

Nitrogen, No. **108**, Juli/Aug. 1977, S. 33–37.
W. Rösler und H. Lunkwitz, „Entwicklungstendenzen und technologische Fortschritte bei der Produktion von ε-Caprolactam", *Chem. Techn.* **30** (1978), S. 67–73.

1.4.4 Salpetersäure

1.4.4.1 Wirtschaftliche Bedeutung

Salpetersäure ist eines der wichtigsten anorganischen Chemieprodukte; mengenmäßig gehört sie zu den zehn bedeutendsten Industriechemikalien.

Die Weltproduktion von Salpetersäure, gerechnet als 100%ige Säure, betrug 1979 über 30 Mio. t. In der Bundesrepublik Deutschland lag 1982 die Produktion bei etwa 2.3 Mio. t, hergestellt in fast 40 Fabrikationsanlagen an 15 Produktionsstätten, in den USA 1980 bei etwa 7.8 Mio. t. Überwiegend wurde 50- bis 70%ige Salpetersäure (sog. Schwachsäure) produziert; nur in 3 Anlagen wird in der Bundesrepublik Deutschland (15% der Produktion) fast 100%ige Salpetersäure (Massenanteile), sog. Hoko-Säure (**hoch**konzentrierte), hergestellt. Die größten Anlagen besitzen Kapazitäten bis zu 1250 t/d. In den USA wird Salpetersäure in knapp 100 Anlagen produziert mit Kapazitäten bis 1380 t/d. Die Gesamtkapazität lag hier 1981 bei 12.3 Mio. t/a, in Westeuropa bei mindestens 19.7 Mio. t/a.

HNO_3-Produktion 1979:
(in Mio. t)

Welt[1)]	28.1
USA	7.3
EG	11.4
Frankreich	3.0
BRD	2.9
England	2.7
Italien	1.0
Belgien	1.0
Osteuropa[1)]	4.0
Japan	0.64

[1] ohne USSR

1.4.4.2 Herstellung

1.4.4.2.1 Grundlagen der Salpetersäure-Herstellung

Salpetersäure wird gegenwärtig praktisch ausschließlich nach dem Ostwald-Verfahren (1902) durch katalytische Oxidation von Ammoniak hergestellt. Die noch um die Jahrhundertwende ausgeübte Umsetzung von Natriumnitrat (Chilesalpeter), dem einzigen in großen Mengen in der Natur vorkommenden Nitrat, mit Schwefelsäure ist seit dem Aufkommen der Haber-Bosch-Ammoniak-Synthese kurz vor dem ersten Weltkrieg wirtschaftlich nicht mehr interessant. Auch die früher ausgearbeiteten Verfahren zur direkten Synthese von Stickstoffoxid aus Stickstoff und Sauerstoff bei Temperaturen >2000 °C (Lichtbogenverfahren, thermische NO-Synthese) werden technisch nicht mehr ausgeübt.

Das Verfahren zur Herstellung von Salpetersäure aus Ammoniak besteht aus drei exothermen Reaktionsstufen:

HNO_3 wird in einem 3-Stufenprozeß aus NH_3 hergestellt:

(1) $NH_3 \longrightarrow NO$
(2) $NO \longrightarrow NO_2$ (bzw. N_2O_4)
(3) $NO_2 \xrightarrow{+H_2O} HNO_3$

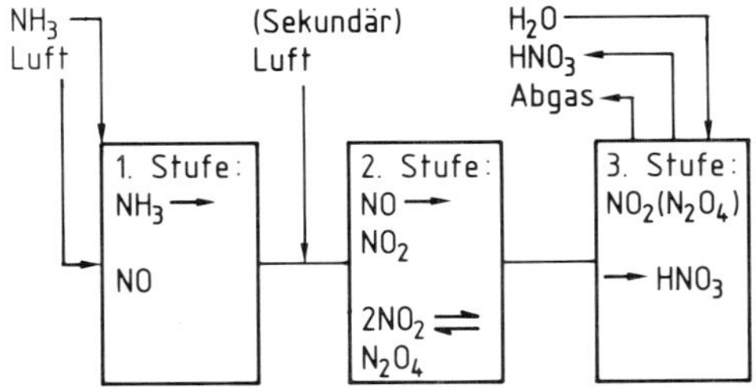

Die Gesamtreaktion verläuft nach

$$NH_3 + 2O_2 \longrightarrow HNO_3 + H_2O\ ,\ \Delta H = -369\ kJ/Mol$$
(Reaktionswärme gilt für 60%ige Säure)

Die drei Reaktionsstufen unterliegen sehr unterschiedlichen physikalisch-chemischen Gesetzmäßigkeiten, die die technische Durchführung des Verfahrens wesentlich beeinflussen. Als vierte Reaktionsstufe kommt, falls nötig, eine Abgasreinigung hinzu, um die Emission von nitrosen Gasen zu verhindern.

Oxidation von Ammoniak zu Stickstoffoxid:

Die Oxidation von Ammoniak (Verbrennung) mit (überschüssigem) Luftsauerstoff zu Stickstoffmonoxid erfolgt mit Hilfe eines Katalysators bei 820 bis 950 °C, sowohl bei Normaldruck als auch bei höherem Druck bis etwa 12 bar:

$$4\,NH_3 + 5\,O_2 \longrightarrow 4\,NO + 6\,H_2O, \Delta H = -904\ kJ/Mol$$

Die Reaktion ist einer der effektivsten katalytischen Prozesse in der industriellen Chemie, benötigt nur eine äußerst kurze Reaktionszeit von 10^{-11} s und besitzt eine hohe Selektivität. Die Ammoniakoxidation wird durch Druckerniedrigung leicht begünstigt, da Nebenreaktionen unter Bildung von Stickstoff oder Distickstoffmonoxid, z. B. gemäß

$$4\,NH_3 + 3\,O_2 \longrightarrow 2\,N_2 + 6\,H_2O, \Delta H = -1268\ kJ/Mol$$
$$4\,NH_3 + 4\,O_2 \longrightarrow 2\,N_2O + 6\,H_2O, \Delta H = -1105\,kJ/Mol$$

dann weniger ins Gewicht fallen. Arbeitet man aus anderen Gründen (Verkleinerung der Apparaturen, damit Senkung der Investitionskosten) in der Verbrennungsstufe unter Druck, so kann die Ausbeuteverminderung in gewissem Umfang durch Temperaturerhöhung kompensiert werden, da sich die Ausbeute bis zu einer bestimmten Grenze mit steigender Temperatur erhöht. Doch steigen auch die Katalysatorverluste. Im allgemeinen liegt die Ausbeute bei 94 bis 98% (z. B. 97 bis 98% bei 1 bar, 95 bis 96% bei 5 bar, 94% bei 8 bis 10 bar). Das der Verbrennung zugeführte Gasgemisch enthält bis zu 13% Volumenanteil Ammoniak; diese Konzentration liegt unter der unteren Explosionsgrenze von Ammoniak-Luft-Gemischen (ca. 15% Volumenanteil bei 1 bar). Bei höheren Arbeitsdrücken wird mit einer geringeren Ammoniak-Konzentration gearbeitet (unter 11% Volumenanteil), da die Explosionsgrenze mit steigendem Druck sinkt.

NO-Ausbeute
bei der NH_3-Verbrennung ist eine Funktion von Temperatur, Druck und Strömungsgeschwindigkeit: sie liegt bei 94 bis 98%

Einstellung der NH_3-Konzentration im NH_3/Luftgemisch ist druckabhängig: 9.5 bis 13% Volumenanteil

Als Katalysator für die Oxidation des Ammoniaks dient üblicherweise eine Platinlegierung mit 5 oder 10% Rhodium, gelegentlich auch mit 5% Palladium, in Form von gewebten Netzen mit einem Durchmesser bis zu 4 m (mit 1024 Maschen pro cm^2, Drahtdicke 0.06 bzw. 0.072 mm – letztere bei höheren Drücken). Je höher die Arbeitsdrücke und die Gasgeschwindigkeiten sind, desto mehr Netze (bis zu 50) werden übereinander in den Reaktor eingespannt. Beim Betrieb der Ammoniak-Verbrennungsanlage mit den hellrotglühenden Platinnetzen treten Edelmetallverluste auf, z. B. durch Verdampfung von intermediär gebildetem Platindioxid oder durch mechanischen Abrieb (etwa 0.05 bis 0.35 g pro t HNO_3, 100%ig). Dabei sind die Verluste um so größer, je höher der Druck und die Arbeitstemperatur im Reaktor sind. Durch geeignete Maßnahmen – Absorption auf Marmorstücken oder an Palladium-Gold-Netzen – kann ein großer Teil – bis zu 80% – des Platins zurückgewonnen werden.

Pt-Katalysatoren für $NH_3 \longrightarrow NO$:

- Pt/Rh 90 : 10
  oder 95 : 5
- Pt/Rh/Pd 90 : 5 : 5

Kontaktverweilzeit ca. 10^{-3} s.

Während der NH_3-Oxidation Pt-Verluste, die mit steigendem Druck anwachsen; Rückgewinnungsanteil bis 80%

Oxidation von Stickstoffmonoxid zu Stickstoffdioxid und Distickstofftetroxid:

Das Stickstoffmonoxid-haltige Gas aus der Verbrennungsstufe (z. B. mit einem Gehalt von 10 bis 12% NO) wird abgekühlt – wobei der Wärmeinhalt des heißen Gases zur Dampferzeugung und zur Abgasaufheizung benutzt wird – und mit weiterem Luftsauerstoff (Sekundärluft) zu Stickstoffdioxid umgesetzt:

$$2\,NO + O_2 \longrightarrow 2\,NO_2,\ \Delta H = -114\ kJ/Mol$$

Die Reaktion wird durch tiefe Temperaturen begünstigt, da der Temperaturkoeffizient der Reaktionsgeschwindigkeit negativ ist. Noch stärker wird die unter Volumenverminderung ablaufende Reaktion durch steigenden Druck erleichtert. Das Gleichgewicht

$$2\,NO_2 \rightleftharpoons N_2O_4,\ \Delta H = -57\ kJ/Mol$$

NO-Oxidation und NO_2-Dimerisierung werden durch niedrige Temperatur und hohen Druck begünstigt

wird ebenfalls durch niedrige Temperaturen und hohe Drücke nach rechts verschoben. Die Stickstoffmonoxid-Oxidation findet teilweise bereits im Abhitzekessel statt, da das Verbrennungsgas der Ammoniak-Oxidation überschüssigen Sauerstoff enthält, teilweise (nach Zuführung der Sekundärluft) in der unteren Stufe der meist mit höherem Druck betriebenen Absorptionskolonne oder in einem vorgeschalteten Oxidationsturm. Je höher der Druck in der Verbrennungsstufe ist, desto mehr Stickstoffdioxid wird bereits beim Abkühlen der Verbrennungsgase gebildet; mit dem entstehenden Reaktionswasser reagiert es zu Salpetersäure (HNO_3-Konzentration im sog. Säurekondensat 2 bis 50%).

H_2O-Gehalt der Verbrennungsgase wird durch Kühlung entfernt: Säurekondensat (2 bis 50%)

Überführung der Stickstoffoxide in Salpetersäure:

NO_2/N_2O_4-Absorption in Wasser ist eine Funktion:

- der Temperatur (möglichst niedrig)
- des Druckes (möglichst hoch)
- der Verweilzeit (möglichst großes Reaktionsvolumen)
- des Stoffaustausches
- der angebotenen H_2O-Menge

Das durch Oxidation von Stickstoffmonoxid erhaltene Gemisch, das Stickstoffdioxid und Distickstofftetroxid (sog. nitrose Gase) enthält, reagiert im dritten Reaktionsschritt mit Wasser gemäß

$$3\,NO_2 + H_2O \longrightarrow 2\,HNO_3 + NO,\ \Delta H = -73\ kJ/Mol$$

$$N_2O_4 + H_2O \longrightarrow HNO_3 + HNO_2,\ \Delta H = -65\ kJ/Mol$$

zu Salpetersäure und Stickstoffmonoxid bzw. salpetriger Säure. Letztere werden mit dem vorhandenen Luftsauerstoff erneut oxidiert, entweder in flüssiger Phase oder in der Dampfphase.

Die Absorption der nitrosen Gase im Prozeßwasser wird durch niedrige Temperatur und höheren Druck sowie durch längere Verweilzeit begünstigt. Die Menge des Prozeßwassers richtet sich u. a. nach der gewünschten Salpetersäurekonzentration, wobei das Säurekondensat einen Teil davon darstellt. Höherer Druck erlaubt die Herstellung höher konzentrierter Salpetersäure (bis 70%ige HNO_3), da unter Druck mit wenig Prozeßwasser eine weitgehend vollständige Absorption und damit auch eine geringe Belastung des Restgases durch nitrose Gase erreicht werden. Bei Normaldruck kann nur 45- bis 50%ige Salpetersäure hergestellt werden.

Wichtigster Parameter der Absorption ist der Druck; bei hohem Druck (bis 15 bar) kann sowohl konzentrierte HNO_3 hergestellt als auch auf eine Abgasreinigung verzichtet werden

1.4.4.2.2 Anlagetypen

Bei der Salpetersäure-Herstellung unterscheidet man grundsätzlich zwei Verfahrenstypen, nämlich Mono-(Ein-)druckanlagen, wo Ammoniak-Verbrennung sowie Oxidation und Absorption der Stickstoffoxide bei gleichem Druck erfolgen, und Zweidruckanlagen (dual pressure), bei denen der Druck in der ersten Stufe niedriger ist als in der letzten Stufe.

Moderne HNO_3-Anlagen:

- Eindruckanlagen
  - Mitteldruck 3 bis 6 bar
  - Hochdruck 8 bis 15 bar
- Zweidruckanlagen
  Verbrennung bei 4 bis 6 bar
  Oxidation/Absorption bei 8 bis 10 bar

Darüber hinaus erfolgt die Einteilung der Salpetersäure-Anlagen entsprechend dem absoluten Betriebsdruck: Niederdruck-(N-), Mitteldruck-(M-) und Hochdruck-(H-) Anlagen. In folgenden Druckbereichen wird gearbeitet: 1 bis 2 bar, 3 bis 6 bar und 8 bis 12, gelegentlich bis 15 bar. Zur Charakterisierung eines Anlagetyps gibt man den Druckbereich für die Ammoniak-Verbrennung und für die Oxidation/Absorption an.

In der Salpetersäure-Industrie ist in den letzten Jahren der Trend zu immer größeren Anlagen (Kapazitäten bis 1500 t 100%ige HNO_3 pro Tag sind derzeit möglich) und zu immer höheren Drücken sowohl in der Verbrennungs- wie in der Absorptionsstufe (u. a. um das Emissionsproblem zu lösen) zu beobachten. Dabei ist die Entwicklung in den USA und in Westeuropa bzw. der Bundesrepublik Deutschland etwas unterschiedlich verlaufen: In den USA sollen inzwischen ca. 90% aller Salpetersäure-Anlagen Eindruck/Hochdruckanlagen (H/H-Typ) sein. Ihre Vorteile sind: relativ niedrige Anlagekosten, geringer Platzbedarf und befriedigende Emissionswerte, so daß eine Reinigung der Abgase entfallen kann. Die Nachteile des höheren Katalysatorverbrauchs, des höheren Energieverbrauchs (Kompression der Gase) und der

Verfahrenstyp richtet sich nach

- den örtlichen Gegebenheiten
- den Rohstoff- und Energiekosten
- den Investitionskosten
- der Dauer der Abschreibung

Wichtige Kosten der HNO_3-Herstellung:

- Preis von Ammoniak
- Reparaturkosten

- Abschreibung
- Personalkosten
- Energiekosten

Hochdruckanlagen:

Anlagekosten für Kompressoren fast die Hälfte der gesamten Investitionskosten (in den USA)

geringeren Stickstoffmonoxid-Ausbeute (75 bis 80% der Herstellungskosten für Salpetersäure entfallen auf die Ammoniak-Kosten) wirken sich in der Summe in den USA nicht so stark aus wie in Westeuropa, da Energie und Ammoniak (aus Erdgas) vergleichsweise preiswert sind. In Europa und der Bundesrepublik Deutschland arbeiten viele Anlagen im Mitteldruck- bzw. Mitteldruck/Hochdruckbereich (M/M- bzw. M/H-Typ). Da bei diesen Anlagen die Verbrennung bei vergleichsweise niedrigem Druck erfolgt, lassen sich hohe Stickstoffmonoxid-Ausbeuten, geringe Katalysatorverluste und niedrige Kompressionskosten erzielen; durch eine Kombination mit Hochdruckabsorptionsanlagen läßt sich auch das Absorptions/Emissionsproblem befriedigend lösen. Ältere Anlagen, vor allem vom Typ N/N, wurden aus Umweltschutzgründen umgerüstet bzw. mit einer zusätzlichen Anlage für die Reinigung der Abgase versehen (s. dazu S. 69 ff.).

1.4.4.2.3 Verfahrensbeschreibung

Verbrennungsluft für die NH_3-Oxidation muß sorgfältig gereinigt werden, um eine Desaktivierung des Pt-Katalysators zu vermeiden

Eine Anlage zur Salpetersäure-Herstellung besteht in ihrem ersten Teil aus einem Verbrennungsreaktor, der mit eingespannten Katalysatornetzen versehen ist. Diesem Reaktor wird über einen Ammoniak-Verdampfer, einen Luftkompressor und einen Mischer ein vorgewärmtes und zur Vermeidung von Katalysatorgiften sorgfältig über Gasfilter gereinigtes Ammoniak-Luft-Gemisch zugeführt. Hierbei strömt das Gas von oben nach unten durch die Platinnetze. Die Standzeit des Katalysators beträgt in Abhängigkeit vom Verbrennungssystem 3 bis 18 Monate. Das ca. 900 °C heiße Reaktionsgas gelangt dann in einen Wärmetauscher (Abhitzekessel), wo es auf ca. 150 °C abgekühlt wird (Zusammensetzung z. B. beim N/M-Anlagetyp: 10 bis 12% NO, 17 bis 20% H_2O, 2 bis 5% O_2 (Volumenanteile); der Rest sind N_2 und Edelgase sowie bereits schon etwas NO_2). Durch die in den Reaktor integrierte Dampferzeugungseinheit wird Dampf, z. B. von 400 °C/40 bar, erhalten, der meist in ein vorhandenes Netz eingespeist wird. Auf diese Weise werden die Salpetersäure-Herstellungskosten deutlich reduziert.

Dampferzeugung beim Abkühlen der ca. 900 °C heißen Reaktionsgase reduziert HNO_3-Herstellkosten

Kompressionsenergie kann teilweise über Entspannungsturbinen zurückgewonnen werden. Aufheizung des Abgases verbessert Energierückgewinnung

Trotz des teilweise sehr hohen Energieverbrauchs für die Kompression vor allem bei Hochdruckanlagen kann eine Salpetersäure-Anlage bei entsprechender Ausrüstung noch Energie nach außen abgeben. Ein Großteil der insgesamt freiwerdenden Wärme aus den drei exothermen Reaktionen wird allerdings bei niedrigen Temperaturen (Oxidation des Stickstoffmonoxids, Absorption der nitrosen Gase in Wasser) frei, so daß sie nicht wirtschaftlich genutzt werden kann.

Das Stickstoffmonoxid-haltige Verbrennungsgas wird dann in einem Gaskühler weiter abgekühlt bis auf etwa 20 bis 30 °C, wobei der größte Teil des Wasserdampfes als Salpetersäure-haltiges Säurekondensat abgeschieden wird. Dieses wird als Teil des Prozeßwassers in die Absorptionstürme eingeleitet. Das weitgehend trockene Gas wird mit Sekundärluft (Ausblasluft) für die Oxidation vermischt und ebenfalls der Absorptionsanlage zugeführt. Bei Zweidruckanlagen komprimiert ein säurefester Nitroseverdichter das Reaktionsgas auf den Absorptionsdruck; dabei wird die Kompressionswärme über Wärmeaustauscher und Kühler abgeführt (Aufheizung des Abgases). Ein Teil der Kompressionsenergie wird über eine Entspannungsturbine, die mit aufgeheiztem Abgas betrieben wird, zurückgewonnen. In den Absorptionstürmen werden dann die von unten nach oben strömenden nitrosen Gase mit dem Prozeßwasser im Gegenstrom unter Druck und Kühlung ausgewaschen. Hier findet vor allem auch die Oxidation des immer wieder nach der Gleichung auf Seite 62 entstehenden Stickstoffmonoxids statt. Von dieser Reaktion hängt die Größe des Absorptionsvolumens ab. Die meist großvolumigen Absorptionstürme aus Chromnickelstahl mit Füllungen von Raschigringen oder mit Glocken- oder Siebböden werden von oben mit Wasser berieselt, das durch die bei der Ammoniak-Verdampfung (Verbrennungsstufe) abgeführte Wärmemenge vorgekühlt ist, bis schließlich unten konzentrierte Salpetersäure anfällt. Die Konzentration der Säure hängt von der Menge des in der Absorptionsstufe zugegebenen Wassers ab; z. B. benötigt man für eine 65%ige Säure etwa 0.20 m^3/t. Würde man überhaupt kein Prozeßwasser einsetzen, sondern nur das Säurekondensat verwenden, würde sich eine 77.8%ige Salpetersäure bilden, da bei der Verbrennung von Ammoniak pro Mol Stickstoffoxid 1.5 Mol Wasser entstehen. Bei hohen Säurekonzentrationen verschlechtern sich aber die Abgaswerte, insbesondere bei niedrigen Drücken. Absorptionen bei Atmosphärendruck oder geringem Überdruck sind daher nur noch bei älteren Anlagen zu finden. Solche noch vorhandenen Niederdruckanlagen können

Das beim Abkühlen der NO-haltigen Verbrennungsgase aus dem Wasserdampf entstehende Säurekondensat wird den Absorptionstürmen zugeführt

Stoffaustauschsysteme

- Raschigringe
- Glockenböden
- Siebböden

Ohne zusätzliche Wasserzugabe im Absorptionsturm entsteht theoretisch eine 78%ige Säure

Bei niedrigen Drücken kann nur eine schwächere Säure hergestellt werden, da bei zu wenig Prozeßwasser zu ungünstige NO_x-Werte auftreten

sehr wirtschaftlich arbeiten; wegen der heutigen Forderungen an die Emissionen nitroser Gase dürfen sie allerdings nicht mehr gebaut werden.

Das Restgas wird zur Verbesserung der Energierückgewinnung mit Hilfe von Kompressionswärme aufgeheizt, z. B. auf 250 bis 300 °C, und über eine Entspannungsturbine in die Atmosphäre entlassen (mit oder ohne Reinigungsstufe).

Bei Eindruckanlagen entfällt der Nitroseverdichter. Bei Anlagen, die bei hohem Druck betrieben werden, z. B. vom H/H- oder auch vom M/H-Typ, ist das Absorptionsvolumen drastisch verringert – bei 10 bar nur 1/10 soviel wie bei 4.6 bar –, so daß man mit nur einem Turm auskommt.

1.4.4.2.4 Herstellung hochkonzentrierter Salpetersäure

Die in den konventionellen Salpetersäure-(Schwachsäure-)Anlagen anfallende 50- bis 70%ige Salpetersäure ist für technische Zwecke, z. B. für die Herstellung von Düngemitteln, geeignet; die Ammoniumnitrat-Synthese erfordert z. B. eine etwa 60%ige Salpetersäure. Für Nitrierungsreaktionen in der organischen Chemie benötigt man jedoch hochkonzentrierte Salpetersäure (Hoko-Säure, ca. 98- bis 99%ig). Da aber Salpetersäure und Wasser ein Azeotrop mit 69.2% HNO_3 bilden, ist eine Konzentrierung der Schwachsäuren durch einfache Destillation nicht möglich.

Hochkonzentrierte Säure (98- bis 99%): hauptsächlich für Nitrierungen

Man unterscheidet direkte und indirekte Verfahren zur Herstellung von hochkonzentrierter Salpetersäure. Während die ersteren in Europa dominieren, werden in den USA meist die indirekten Verfahren ausgeübt.

Herstellung von Hoko-Säure:

- direkte Verfahren (Variation der normalen HNO_3-Synthese)
- indirekte Verfahren (H_2O-Entzug aus verdünnter HNO_3)

Direkte Verfahren

Bei den direkten Verfahren – die in mehreren Varianten betrieben werden – werden nach der katalytischen Ammoniak-Verbrennung und der Oxidation des Stickstoffmonoxids entweder Distickstofftetroxid abgetrennt und mit Sauerstoff und Wasser zu Salpetersäure umgesetzt, oder die nitrosen Gase werden in konzentrierter Salpetersäure gelöst und die überazeotrope Säure rektifiziert. Dieses Verfahren soll in den Herstellungskosten et-

Hoko-Direktverfahren:

- Oxidation von N_2O_4 mit reinem Sauerstoff in Gegenwart von H_2O unter hohem Druck

was günstiger liegen – auch gegenüber den indirekten Verfahren –, da vor allem die Kosten für die Gewinnung von reinem Sauerstoff entfallen und der Investitionsaufwand niedriger ist.

Nach dem Hoko-Verfahren (nach Uhde) wird Ammoniak in bekannter Weise bei Atmosphärendruck mit Luft verbrannt und das Stickstoffmonoxid nach Abkühlung – wobei das Reaktionswasser als Säurekondensat weitgehend abgetrennt wird – mit Sekundärluft auf z. B. 1.6 bar komprimiert. Die Oxidation findet im Oxidationsturm statt; restliches Monoxid wird im Nachoxidator mittels hochkonzentrierter Salpetersäure ebenfalls zu Stickstoffdioxid umgesetzt:

$$2\,HNO_3 + NO \longrightarrow 3\,NO_2 + H_2O$$

Das Stickstoffdioxid wird dann nach Abkühlung des Gases und Entfernung von restlichem Wasser in tiefgekühlter (Hoko-)Salpetersäure physikalisch absorbiert und damit von den übrigen Gasbestandteilen (Stickstoff, restlichem Sauerstoff) getrennt. Die Säure wird destilliert, wobei 98- bis 99%ige Salpetersäure (Sumpfprodukt) – die teilweise im Kreis geführt wird – und Stickstoffdioxid (Kopfprodukt) anfallen. Letzteres wird durch Tiefkühlung verflüssigt, wobei es fast vollständig zu Distickstofftetroxid dimerisiert; dies kann, falls gewünscht, teilweise als Nebenprodukt ausgeschleust werden. Das flüssige Distickstofftetroxid wird mit verdünnter Salpetersäure verrührt und mittels einer Hochdruckkreiselpumpe in einen Reaktor gebracht, wo unter einem Druck von 50 bar das Tetroxid/Salpetersäure/Wasser-Gemisch mit reinem Sauerstoff zu hochkonzentrierter Salpetersäure oxidiert wird:

$$N_2O_4 + H_2O + 1/2\,O_2 \longrightarrow 2\,HNO_3$$

Das Endgas aus der Absorptionskolonne wird mit dem Säurekondensat (ca. 2%ige Salpetersäure aus der Ammoniak-Verbrennung, s. S. 62) gewaschen und dann entlassen; es enthält <200 ppm Anteile an nitrosen Gasen. Verbrauchszahlen des Hoko-Prozesses siehe Randtext.

Nach dem Sabar-Prozeß (**S**trong **A**cid **B**y **A**zeotropic **R**ectification) der Davy Mc Kee werden die nitrosen Gase

- Absorption von NO_2/N_2O_4 in konzentrierter HNO_3 unter Bildung von überazeotroper Säure und deren Destillation (meist kostengünstiger)

Hoko-Direktverfahren liefern außerdem oft:

- Schwachsäure (in jeder gewünschten Konzentration)
- reines N_2O_4

Verbrauchszahlen für Hoko-Direktverfahren mit O_2-Zusatz:

- pro t HNO_3 100%, 0.282 t NH_3
- 125 m^3 O_2
- 285 kWh elektrische Energie

- 200 m³ Kühlwasser ($\Delta T = 7\,°C$)
- 0.6 t Dampfüberschuß

aus der Monoxid-Oxidation in Gegenwart von Luftsauerstoff in azeotroper Salpetersäure (ca. 68- bis 69%ig) unter Druck (6 bis 13 bar) absorbiert, wobei sich überazeotrope Säure bildet:

$$2\,NO_2 + 1/2\,O_2 + H_2O \longrightarrow 2\,HNO_3$$

Die Säure wird durch Ausblasen mit Sekundärluft entgast und rektifiziert (im Kopfprodukt ist die hochkonzentrierte Säure, im Sumpfprodukt die azeotrope Säure). Die azeotrope Säure geht in den Kreislauf zurück. Die Konzentration an nitrosen Gasen im Endgas liegt unter 100 ppm. Beim Sabar-Verfahren ist neben hochkonzentrierter auch die Herstellung niedrig- oder mittelkonzentrierter Säure möglich. Dabei wird ein Teil des Säurekondensats aus der Ammoniak-Verbrennung in den Sumpf der Salpetersäure-Kolonne eingespeist.

Nach dem Conia-Verfahren, einem Druckverfahren (etwa 5 bar) mit kleinen Apparaturen, kann ebenfalls hochkonzentrierte Salpetersäure und Schwachsäure in jedem gewünschten Verhältnis hergestellt werden, daneben reines Distickstofftetroxid. Bei diesem Prozeß wird nach der Ammoniak-Oxidation der größte Teil des Verbrennungswassers durch Abkühlung als 30- bis 40%iges Säurekondensat ausgeschleust. Nach der Stickstoffmonoxid-Oxidation wird ein Teil des gebildeten Stickstoffdioxids im Gegenstrom mit Säurekondensat und zusätzlichem Prozeßwasser sowie Luftsauerstoff in bekannter Weise zu Salpetersäure mittlerer Konzentration (50- bis 70%ig) umgesetzt. Die restliche Dioxid-Menge wird entsprechend der Hoko-Technologie auf hochkonzentrierte Säure verarbeitet.

Indirekte Verfahren

Hoko-Säure durch indirekte Verfahren: Entwässerung von wasserhaltiger HNO_3 mit konz. H_2SO_4 oder $Mg(NO_3)_2$-Lösung

Von den indirekten Verfahren zur Herstellung hochkonzentrierter Salpetersäure besitzen zwei technische Bedeutung.

Beim Schwefelsäure-Verfahren – das korrosionstechnisch problematisch ist – wird, wie auch beim Magnesiumnitrat-Verfahren, auf konventionelle Weise (z. B. in einer Anlage vom M/M-Typ) zunächst mittelkonzentrierte Salpetersäure erzeugt. In einer Konzentrierkolonne wird dann am Kopf konzentrierte Schwefelsäure zugegeben. Bei der Destillation fällt als Sumpfprodukt verdünnte Schwefelsäure an, während über Kopf 99%ige Salpetersäure abgeht. Die wasserhaltige Schwefelsäure wird im Vakuum wieder aufkonzentriert.

In den USA:
vorwiegend indirekte Verfahren;

in Europa:
vorwiegend direkte Verfahren

Beim Magnesiumnitrat-Verfahren wird Schwachsäure mit 72%iger Magnesiumnitratlösung destilliert, wobei in einer Entwässerungskolonne als Kopfprodukt hochkonzentrierte Salpetersäure übergeht. Das Sumpfprodukt wird im Vakuum wieder aufkonzentriert.

1.4.4.2.5 Abgase der Salpetersäure-Herstellung

Bei der Salpetersäure-Herstellung fallen pro t Salpetersäure 100% bis zu 3300 m^3 (Wasserdampf-gesättigte) Abgase (Rest-, Endgas) an; sie enthalten etwa bis zu 97% Stickstoff, 1% Edelgase, 2 bis 4% Sauerstoff (Volumenanteile) sowie, je nach Anlagetyp, 150 bis über 2000 ppm Stickstoffoxide NO_x (NO, NO_2; N_2O in Spuren), gerechnet als Stickstoffmonoxid. Die hohen Stickstoffoxid-Werte entsprechen Niederdruck-, die niedrigen Hochdruckanlagen. Die Abgasmenge könnte drastisch vermindert werden, wenn die Ammoniak-Verbrennung und die Stickstoffoxid-Oxidation mit reinem Sauerstoff durchgeführt würden, was aber aus wirtschaftlichen Gründen nicht möglich ist.

Abgas aus HNO_3-Anlagen:

pro t HNO_3 100% bis zu 3300 m^3
NO_x-Gehalt: 150 bis >2000 ppm

Ältere Salpetersäureanlagen sind an ihrer gelblichbraunen Abgasfahne zu erkennen; die Farbe beruht auf dem Gehalt an Stickstoffdioxid (etwa 40- bis 50% des Gehaltes an NO_x). Moderne Anlagen, die bei hohem Druck in der Absorptionsstufe arbeiten (etwa 8 bis 15 bar, Eindruck- oder Zweidruckverfahren), optimale Stoffaustauschböden besitzen (z. B. Siebbodentechnik), ein hinreichend großes Absorptionsvolumen aufweisen (dadurch hohe Verweilzeit) und mit niedrigen Kühlwassertemperaturen betrieben werden, werfen keine Abgasprobleme auf, da der Gehalt an Stickstoffoxiden <200 ppm ist. Die Abgase sind dann praktisch farblos. Die erhöhten Forderungen des Umweltschutzes zur Reinhaltung der Luft können daher bei Neuanlagen auch ohne zusätzliche Reinigungsstufe erfüllt werden. Es ist ein wesentlicher Fortschritt, niedrige Abgaswerte von z. B. 100 bis 200 ppm NO_x nur durch Optimierung der Absorptionsstufe zu erhalten, da die nachträgliche Entfernung von Stickstoffoxiden aus dem Abgas recht aufwendig ist (teil-

NO_2-Gehalt der Abgase (40- bis 50% des NO_x) verursacht braune Farbe (NO ist farblos)

Hoko-Anlagen und moderne Hochdruckabsorptionsanlagen

- mit optimalen Stoffaustauschböden
- effektiver Kühlung
- hinreichend großem Reaktionsvolumen

sind ohne Abgasprobleme
(NO_x : 100 bis 200 ppm)

weise Verwendung von empfindlichen Edelmetall-Katalysatoren, zusätzlicher Brennstoff- und Energiebedarf, evtl. andere Umweltprobleme). Bei modernen Mitteldruckanlagen (Eindruckanlagen mit Drücken von 5 bis 6 bar) liegt der Stickstoffoxid-Gehalt im Abgas allerdings noch bei bis zu 500 ppm, so daß hier ein Nachreinigungsschritt erforderlich ist, um Werte von <200 ppm zu erreichen. Wegen ihrer hohen Emissionen werden Niederdruckabsorptionsanlagen in Deutschland nicht mehr errichtet; die Emissionswerte liegen ohne Reinigungsschritt bei >2000 ppm. Die Stickstoffoxid-Emissionen von Salpetersäure-Anlagen machen z. Z. etwa 1% aller NO_x-Emissionen aus (überwiegend stammen die Stickstoffoxide in der Atmosphäre aus Kraftwerken und aus Kraftfahrzeugen); bei älteren Salpetersäure-Anlagen können die lokalen Immissionen aber problematisch sein.

Nachträgliche Entfernung von NO_x ist oft aufwendiger als Verbesserung der Absorptionstechnik

Die Reinigung der Abgase älterer Salpetersäure-Anlagen oder auch von neueren Mitteldruckanlagen kann nach mehreren Verfahren erfolgen, die aber ihrerseits oft Probleme aufwerfen.

Reinigung der Abgase von (älteren) Niederdruck- und Mitteldruck- sowie nicht optimierten Hochdruckanlagen:

- nasse Verfahren
- trockene Verfahren (thermisch, katalytisch, adsorptiv)

Alkalische Wäsche:

belastet durch Nitrat-, Nitritbildung

Bei der alkalischen Wäsche, z. B. mit Natronlauge, Ammoniak- oder Harnstoff-Lösungen, können Endgaswerte an Stickstoffoxiden von 100 ppm erreicht werden, doch bereitet die Verwertung der gebildeten Nitrite und Nitrate Schwierigkeiten.

NO_x-Reduktion mit Kohlenwasserstoffen:

- kostenintensiv
- Kohlenwasserstoff-Emissionen

Bei der theoretisch möglichen reduktiven Nachverbrennung werden die Abgase, die noch einige Prozent Sauerstoff enthalten, z. B. mit Erdgas, Wasserstoff, Heizöl oder Kohlenmonoxid thermisch bei >1000 °C oder katalytisch bei 170 bis 600 °C umgesetzt; dabei werden die Stickstoffoxide zu Stickstoff reduziert. Der Edelmetall-Katalysator wird aber schnell vergiftet, außerdem ist der Brennstoffbedarf – insbesondere bei höherem Sauerstoffgehalt im Abgas – hoch, und die sekundären Emissionen (etwa von Methan oder Kohlenmonoxid) bereiten neue Probleme. Günstiger ist das Verfahren der selektiven katalytischen Reduktion mit Ammoniak:

NO_x-Reduktion mit NH_3:

- kostengünstig
- für Niederdruckabsorptionsanlagen nicht geeignet

$$4\,NH_3 + 6\,NO \longrightarrow 5\,N_2 + 6\,H_2O$$

$$8\,NH_3 + 6\,NO_2 \longrightarrow 7\,N_2 + 12\,H_2O$$

Verwendet werden Edelmetall-Katalysatoren oder oxidische Katalysatoren. Nach dem Verfahren der BASF wird ein Vanadiumpentoxid-Katalysator eingesetzt und bei 230 bis 350 °C unter dem Druck der Absorptionsstufe gearbeitet. Es läuft bevorzugt die Reaktion:

$$NO + NO_2 + 2\,NH_3 \longrightarrow 2\,N_2 + 3\,H_2O$$

ab, sowie ferner die Reaktion

$$4\,NO + 4\,NH_3 + O_2 \longrightarrow 4\,N_2 + 6\,H_2O$$

Der Restgehalt an nitrosen Gasen liegt bei <200 ppm, der Gehalt an Ammoniak im Endgas bei 10 bis 20 ppm. Das Verfahren wird hauptsächlich bei Eindruck/Mitteldruckanlagen (M/M-Typ) eingesetzt und hat diesen Verfahrenstyp konkurrenzfähig mit dem Zweidruckverfahren vom M/H-Typ gemacht. Für Niederdruckabsorptionsanlagen (<3 bar) ist das Verfahren aus energietechnischen Gründen nicht geeignet. Bei der Anwendung des BASF-Verfahrens wird die Gesamtausbeute an Stickstoff geringfügig erniedrigt, z. B. beim M/M-Verfahren von 96 auf 95.3%.

Eine weitere Möglichkeit ist die Adsorption der Stickstoffoxide bei niedrigen Temperaturen an Molekularsieben (Zeolithen). Bei höheren Temperaturen (250 bis 300 °C) erfolgt dann die Desorption, wobei die freiwerdenden Stickstoffoxide in den Salpetersäure-Prozeß zurückgegeben werden.

1.4.4.3 Verwendung der Salpetersäure

Der größte Teil der Salpetersäure wird in Form von 50- bis 70%iger Säure zur Herstellung von Stickstoffhaltigen Düngemitteln – vor allem Ammoniumnitrat – eingesetzt. Ammoniumnitrat findet auch Verwendung als Sprengmittel, z. B. im Bergbau; es zeichnet sich durch eine niedrige Explosionstemperatur aus (Sicherheitssprengstoff). Andere technische wichtige Nitrate sind Natriumnitrat, ein Spezialdünger und Oxidationsmittel in der Glas- und Emailindustrie, sowie Calciumnitrat und Kaliumnitrat – ebenfalls Düngemittel. Salpetersäure dient auch zum Aufschluß von Rohphosphat (Odda-Verfahren, nicht in den USA ausgeübt) (s. Abschn. 2.1.2.4):

Verwendung von HNO_3 in den USA (Schätzung für 1980)

Ammoniumnitrat	75%
davon für Düngemittel	84%
davon für Sprengstoffe	15%
davon für N_2O	1%
Adipinsäure Faser- und Kunststoff-vorprodukt	10%
Dinitrotoluol für Toluylendiisocyanat	4%
Nitrobenzol für Anilin	2%

Na-, K- und Ca-nitrat		2%
Nitroverbindungen für Sprengstoffe		1%
Nitrochlorbenzole		0.4%
Sonstiges	ca.	6%

$$Ca_5[(PO_4)_3(F)] + 10\ HNO_3 \longrightarrow 5\ Ca(NO_3)_2 + 3\ H_3PO_4 + HF$$

Weltweit gehen 75 bis 85% der erzeugten Salpetersäure in den Mineraldüngersektor, in den USA etwa 60 bis 70%. Auf den Sprengmittel- und Explosionsstoffsektor entfallen in den USA 15%, auf Adipinsäure (Faser- und Kunststoffvorprodukt) bis zu 10% und auf Nitrobenzol und Dinitrotoluol zusammen 6%. Schließlich dient Salpetersäure in der Stahlindustrie zum Beizen von Edelstahl und für andere metallurgische Zwecke. Auch der Kernbrennstoffkreislauf benötigt Salpetersäure.

Literatur zu Kapitel 1.4.4 Salpetersäure

Allgemeine Literatur:

Ullmanns Encyklopädie der technischen Chemie. 4. Aufl., Bd. 20, S. 306–358, Verlag Chemie, Weinheim, 1981.

Kirk-Othmer: *Encyclopedia of Chemical Technology.* 3. Ed., Vol. 15, pp. 857–870, John Wiley & Sons, New York, 1981.

Chemie-Kompendium für das Selbststudium. 2. Aufl., S. 3–24, Kap. II/4, Kaiserlei Verlagsgesellschaft, Offenbach/Main, 1976.

S. P. S. Andrew, *Spec. Publ.-Chem. Soc. Series* **31**, pp. 221–228, publ. 1977.

Spezielle Literatur:

Wirtschaftliches:

R. E. Davenport: *Chemical Economics Handbook.* Nr. 756.3000 A, SRI International, Menlo Park, California, Jan. 1977.

C & EN, July 5, 1976, p. 14; May 4, 1981, p. 37.

Directory of Chemical Producers. 4. Ed., Vol. 2, pp. 757–759, 1505–1507, SRI International, Menlo Park, California, 1981.

Yearbook of Industrial Statistics. 1978 Ed., Vol. II, Commodity Production Data 1969 – 1978, p. 328, Department of Int. Office of Int. Economic and Social Affairs, Statistical Office of the UN, New York 1980.

Chemical purchasing, June 1980, pp. 75–80.

Statistisches Bundesamt Wiesbaden, Fachserie 4, Produzierendes Gewerbe, Reihe 3.1, S. 91, W. Kohlhammer GmbH, Stuttgart und Mainz 1980.

Herstellung:

Prospekte Fa. Uhde GmbH, Dortmund und Fa. Davy Mc Kee A. G., Köln (Verfahren zur Herstellung von Schwachsäure und Hoko-Säure).

B. C. Mandelik und W. Turner, “How to operate nitric acid plants”, *Hydrocarbon Processing* **56**, July 1977, pp. 175–177.

L. Hellmer, “Strong-nitric-acid process features low utility costs”, *Chemical Engineering*, 8. Dez., pp. 98–99 (1975).

Anon, *Nitrogen*, No. 106, March/April 1977, pp. 35–39.

C. A. Lawson, *Fert. Ind. Environ. Concerns*, Technol. Transfer Seminar, Toronto 1978, paper No. 2.

Umweltschutz:

F. Dümmler, „Gegenwärtige Entwicklungstendenzen zur Verringerung der Abluftprobleme bei Salpetersäure- und Volldüngererzeugungs-Anlagen“, *VDI-Berichte*, Nr. 247, S. 6–9, (1975).

1.5 Phosphor und seine Verbindungen

1.5.1 Phosphor und anorganische Phosphor-Verbindungen

1.5.1.1 Rohstoffe

Die für die Herstellung von Phosphor und Phosphor-Verbindungen wichtigste Mineralgruppe ist die der Apatite, die die allgemeine Formel

Wichtigster Rohstoff für die Phosphorchemie: Apatit
$Ca_5(PO_4)_3$ (**F**, OH, Cl)

$Ca_5(PO_4)_3$(**F**, OH, Cl)

besitzen. Dabei stehen die Fluorapatite technisch im Vordergrund. Eine deutlich geringere Bedeutung haben Aluminiumphosphat-Vorkommen in Afrika und Südamerika sowie der Guano.

Phosphat-Erze, vor allem sedimentäre Apatite, sind sehr verbreitet; besonders in den USA und in Afrika gibt es riesige Läger. Man schätzt deren Phosphat-Inhalt auf mehrere $10 \cdot 10^9$ t, so daß beim derzeitigen Verbrauch die Vorräte eine Lebensdauer $\gg 100$ Jahre < 1000 Jahre besitzen sollten. Eine Abschätzung der Reserven, deren Ausbeutung nach heutigen Maßstäben noch nicht in jedem Fall wirtschaftlich ist, gibt Tabelle 1.5.1-1 wieder.

Geschätzte Reserven:

$> 100 \cdot 10^9$ t, Lebensdauer der Vorräte: $\gg 100 < 1000$ Jahre

Tabelle 1.5.1-1. Reserven an Phosphat-Erzen in 10^6 t (geschätzt, 1980).

Welt	USA	AU	MA	SN	ZA	TO	TN	a. westl. L.	Ostblock
131 000	8500	1900	42 000	200	60	50	280	56 000	22 000

Von den Apatit-Vorkommen haben die sedimentären mengenmäßig eine wesentlich größere Bedeutung als die magmatischen.

Apatitvorkommen

- sedimentär
- magmatisch

Die magmatischen Vorkommen (Kola-USSR, Phalaborwa-ZA) werden im Tage- wie im Stollenbau gewonnen. Sie besitzen einen hohen Phosphat-Gehalt und sind frei von organischen Verunreinigungen. Die zusammen mit dem Erz geförderte Gangart wird durch Flotation abgetrennt.

Die sedimentären Vorkommen in den USA werden im Tagebau, die in Nordafrika im Tage- und im Stollenbau ausgebeutet. Es werden Lagerstätten bis zu 5% Phosphorpentoxid-Gehalt herunter genutzt, wobei durch eine nachfolgende Aufbereitung verkaufsfähiges Material erhalten wird. Die einzelnen Aufbereitungsschritte sind: Mahlen, Waschen, Sieben, magnetische Eisenoxid-Abtrennung, Flotation zur Quarz-Abtrennung und Calcinierung zur Entfernung der organischen Verunreinigungen. Durch Mischen wird schließlich eine einheitliche Verkaufsqualität erhalten.

Gehaltsangaben bei Apatiten:

in % P_2O_5 oder in % $Ca_3(PO_4)_2$ (engl.: BPL).
1% P_2O_5 = 2.19% BPL

Die Angabe des Phosphor-Gehalts in Apatiten erfolgt entweder in % P_2O_5 oder in % $Ca_3(PO_4)_2$ (englisch: bone phosphate of lime, BPL). 1% Phosphorpentoxid entspricht 2.19% BPL. Tabelle 1.5.1-2 gibt einen Überblick über den Phosphorpentoxid-Gehalt von Rohphosphaten aus verschiedenen Vorkommen.

Tabelle 1.5.1-2. P_2O_5-Gehalt von Rohphosphaten in % (Massenanteil).

Kola	Phalaborwa	Florida	Idaho	Marokko
39.0	38.4	30.4	31.2	36.8

Marktgängiges Rohphosphat enthält >30% P_2O_5

Im allgemeinen enthält marktgängiges Rohphosphat derzeit mehr als 30% Phosphorpentoxid.

Fluorgehalt der Apatite:

zwischen 2.3 und 4.8% (Massenanteil). Manche Apatite enthalten Uran

Der Fluor-Gehalt der in Tabelle 1.5.1-2 genannten Rohphosphate liegt zwischen 2.3 und 4.8% (Massenanteil). Die Rohphosphate enthalten zahlreiche andere Elemente wie vor allem Aluminium, Eisen, Magnesium, aber auch Seltene Erden und z. T. auch Uran in Form von Verbindungen.

Die weltweite Phosphaterz-Produktion in 10^6 t zeigt Tabelle 1.5.1-3.

Welt-Phosphaterz-Produktion in 10^6 t:

1978: 121
1979: 130
1980: 136

Tabelle 1.5.1-3. Welt-Phosphaterzproduktion 1978 bis 1980 in 10^6 t (ausgewählte Gebiete).

	1978	1979	1980
Welt	121	130	136
West-Europa	0.14	0.13	0.27
SU	23.6	24.7	25.5
USA	50	51.6	54.4
MX	0.32	0.27	0.33
BR	1.1	1.7	2.9
AG	1.0	1.1	1.0

Tabelle 1.5.1-3. (Fortsetzung)

	1978	1979	1980
ET	0.6	0.6	0.7
MA	19.4	20.1	18.8
SN	1.8	1.8	1.8
ZA	2.7	3.2	3.3
TO	2.8	2.8	2.9
TN	3.7	4.0	4.8
RC	2.1	5.8	6.4
Weihn. Inseln	1.4	1.4	1.6
IL	1.8	2.2	2.6
JO	2.3	2.8	3.9
SR	0.8	1.2	1.2
Ozeanien	2.7	2.3	2.1

Die Rohphosphat-Einfuhr in die Bundesrepublik Deutschland, aufgeschlüsselt nach Lieferländern für 1979, ist in Tabelle 1.5.1-4 zu sehen.

Tabelle 1.5.1-4. Rohphosphat-Einfuhr in die Bundesrepublik Deutschland, in 10^3 t und % (1979).

Größter Apatit-Lieferant der BRD: USA (mit 58%).

	Summe	SU	MA	TN	SN	TO	USA	IL
10^3 t	2579	195	385	17	180	154	1483	163
%	100	7.6	14.9	0.7	7.0	6.0	57.6	6.3

1.5.1.2 Produkte

1.5.1.2.1 Phosphorsäure

Wirtschaftliche Bedeutung und Verwendung

Phosphorsäure wird sowohl durch Aufschluß von Apatit mit Schwefelsäure (Aufschlußphosphorsäure) als auch durch Verbrennen von Phosphor („thermische Phosphorsäure") hergestellt. Der weitaus größte Teil des geförderten Apatits wird zur Herstellung von Phosphorsäure verwandt (> 75%). Wegen des hohen Energiebedarfes bei der Herstellung von Phosphor durch Reduktion von Apatit (s. S. 92) nimmt der Anteil der thermischen Säure laufend zugunsten der Aufschlußsäure ab. Die Verwendung von thermischer Säure für die Düngemittelproduktion, die früher in den USA üblich war, hat praktisch aufgehört. In einem Teil der Anwendungsgebiete, bei denen es auf eine besondere Reinheit der Phosphorsäure

Mehr als 75% des geförderten Apatits werden zu Phosphorsäure umgesetzt

ankommt (z. B. Waschmittel-Phosphate), verwendet man zunehmend nachgereinigte Aufschlußsäure. Die Phosphorsäure-Kapazitäten (1981) gibt Tabelle 1.5.1-5 wieder.

Welt-Phosphorsäure-Kapazität 1981:

$>32 \cdot 10^6$ t/a, in Planung: ca. $10 \cdot 10^6$ t/a

Tabelle 1.5.1-5. Phosphorsäure-Kapazitäten in 10^3 t/a P_2O_5 (1. 1. 1981).

Gebiet	Kapazität	geplant	thermische Säure – soweit genannt –
Welt	32117	10277	
Westeuropa	5033	272	300
davon BRD	336		145
Nordamerika	11865	1083	720
davon USA	10049	683	455
CA	1269		230
MX	547	400	35
Mittel-, Südamerika	828	510	
davon BR	667	300	
Afrika	3358	3302	
davon MA	1500	1980	
TN	750	495	
ZA	851		
Mittelost	459	1032	
Asien, Australien	3039	1100	
davon JA	789		40
IN	713	84	
Ostblock	7535	2978	74
davon SU	5632	2585	

Für 1979 wird eine Phosphorsäure-Produktion der USA von $10.3 \cdot 10^6$ t (als P_2O_5) genannt, für 1980 eine Produktion von thermischer Säure in Höhe von ca. $0.7 \cdot 10^6$ t, für 1981 von $0.6 \cdot 10^6$ t.

Verwendung von Phosphorsäure:

- Hauptanwendung Düngemittel (>90% der Aufschlußsäure in den USA, ca. 50% in der BRD)
- Herstellung von
  Waschmittel-Phosphaten
  Industriereinigern
  Wasserbehandlungsmitteln
  Futtermitteln zur Tierernährung
  Flammschutzmitteln

Phosphorsäure wird direkt zur Metallbehandlung eingesetzt

Die weitaus wichtigste Produktklasse, die aus der produzierten Phosphorsäure hergestellt wird, ist die der Düngmittel. Mehr als 90% der Aufschlußsäure geht in den USA in diesen Bereich, ca. 50% in der Bundesrepublik Deutschland. Weitere Anwendungsgebiete sind u. a. die Herstellung von

- Waschmittel-Phosphaten
- Industriereinigern
- Wasserbehandlungsmitteln
- Futtermittel zur Tierernährung
- Flammschutzmitteln

Phosphorsäure selbst wird u. a. zur Metallbehandlung eingesetzt. Bei Anwendungen im Lebensmittelbereich geht man i. allg. von thermischer Säure aus. Phosphate für Waschmittel werden sowohl aus thermischer wie aus gereinigter Phosphorsäure hergestellt.

Herstellung von Phosphorsäure

Herstellung von Aufschlußphosphorsäure

Aufschlußverfahren. Die bei der Umsetzung von Apatit mit Schwefelsäure ablaufenden Reaktionen sind komplex. Der Calciumphosphat-Anteil des Apatits reagiert mit Schwefelsäure nach

„Aufschlußphosphorsäure":

durch Reaktion von Apatit mit Schwefelsäure und Abtrennen des gebildeten Calciumsulfats als Dihydrat oder Hemihydrat

$$Ca_3(PO_4)_2 + 3H_2SO_4 \longrightarrow 3CaSO_4 + 2H_3PO_4 ,$$

wobei je nach den Verfahrensbedingungen das Calciumsulfat entweder als Dihydrat oder als Hemihydrat anfällt (s.u.).

Der „Fluorid-Anteil" des Apatits wird entweder – in Gegenwart von Kieselsäure – als Siliciumtetrafluorid gasförmig abgeführt und in Wäschern als wäßrige Hexafluorokieselsäure-Lösung gewonnen oder aber durch Zugabe von Natrium-Verbindungen als relativ schwerlösliches Natriumhexafluorosilicat zusammen mit dem Calciumsulfat weitgehend aus dem Prozeß entfernt. Ein Teil des Fluorids verbleibt in der Säure.

Fluorid wird meist als Siliciumtetrafluorid gasförmig abgeführt und in Form von Hexafluorokieselsäure gewonnen

Die weiteren Komponenten des Apatits (Eisen, Aluminium, Uran) gehen z.T. als Salze in Lösung, z.T. werden sie zusammen mit dem Calciumsulfat ausgefällt. Ein evtl. vorhandener Carbonat-Anteil liefert beim Aufschluß Kohlendioxid. Wenn sedimentärer, nicht calcinierter Apatit umgesetzt wird, enthält die Phosphorsäure auch organische Verbindungen und ist dadurch schwarz gefärbt.

Prinzipiell sind zwei Aufschlußverfahren zu unterscheiden:

- Verfahren, bei dem Calciumsulfat-Dihydrat (Gips) entsteht und abgetrennt wird
- Verfahren, bei dem Calciumsulfat-Hemihydrat als Zwischen- oder Endprodukt auftritt

Aufschluß-Prozesse:

- Verfahren, bei denen Calciumsulfat-Dihydrat entsteht und abgetrennt wird
- Verfahren, bei denen Calciumsulfat-Hemihydrat als Zwischen- oder Endprodukt entsteht

Bei dem Hemihydrat-Verfahren werden drei Varianten technisch ausgeübt, die eine mehr oder weniger große Bedeutung besitzen.

Drei Varianten beim Hemihydrat-Verfahren: Das Calciumsulfat fällt an als

- Variante 1: Hemihydrat und wird abfiltriert
- Variante 2: Dihydrat und wird zu Hemihydrat umkristallisiert
- Variante 3: Hemihydrat und wird zum Dihydrat umkristallisiert. Die Umkristallisation bei Variante (3) kann nach Abfiltrieren des Calciumsulfats oder in situ erfolgen

Variante 1: Das Calciumsulfat fällt direkt als Hemihydrat an und wird abfiltriert.

Variante 2: Das Calciumsulfat fällt zunächst als Dihydrat an und wird anschließend zum Hemihydrat umkristallisiert.

Variante 3: Das Calciumsulfat fällt zunächst als Hemihydrat an und wird zu Dihydrat umkristallisiert.

Die Umkristallisation bei der Variante (3) kann sowohl nach vorhergehender Filtration des Calciumsulfat-Hydrats wie auch in situ erfolgen.

Zum Anhydrit ($CaSO_4$) führende Verfahren haben nur geringe technische Bedeutung.

Der entscheidende Vorgang beim Apatit-Aufschluß ist die Bildung des Calciumsulfats. Seine Eigenschaften, vor allem die Filtrierbarkeit, sind von vorrangiger Bedeutung, z. B. für den Durchsatz. Der Anteil an im Kristallgitter eingebautem Phosphat vermindert die Ausbeute und kann die Verwendung des Calciumsulfats in der Bauindustrie unmöglich machen.

Parameter zur Auswahl des Aufschlußprozesses:

- Preis der Rohstoffe
- Herkunft des Apatits
- Energiekosten und -verfügbarkeit am Standort
- Möglichkeit, das anfallende Calciumsulfat zu verwerten

Welcher Prozeß jeweils verwandt wird, hängt von einer Reihe von Parametern ab wie

- Preis der Rohstoffe
- Herkunft des Apatits
- Energiekosten und -verfügbarkeit am Standort der Anlage
- Möglichkeit, das anfallende Calciumsulfat abzusetzen usw.

Am weitesten verbreitet ist das Dihydrat-Verfahren. Einen Vergleich einiger Parameter der Verfahren bringt Tabelle 1.5.1-6.

Tabelle 1.5.1-6. Apatit-Aufschluß, Prozeßvergleich.

Prozeß	Aufschluß-temperatur °C	Umkristalli-sation bei °C	Säure-Konzen-tration (% P_2O_5)	P_2O_5-Ausbeute	$CaSO_4$ in der Bauindustrie verwendbar
Dihydrat	71 bis 85	–	28 bis 32	95	nein
Hemihydrat Variante 1	91 bis 99	–	45 bis 50	91 bis 94	nein
Hemihydrat Variante 2	62 bis 68	93 bis 99	33 bis 38	97	ja
Hemihydrat Variante 3	91 bis 99	60 bis 19	40 bis 50	96 bis 98	ja

Verfahrensentwickler:

Dihydrat: Prayon, Dorr, St. Gobain/Rhone Progil, Fisons, Kellog-Lopker u. a.

Hemihydrat, Variante 1: Fisons

Hemihydrat, Variante 2: Prayon, Nissan, Mitsubishi, Fisons u. a.

Hemihydrat, Variante 3: Breyer/Heurty, Dorr, Fisons

Wesentliche Parameter bei modernen, nach dem *Dihydrat-Verfahren* arbeitenden Anlagen sind:

- Reaktionstemperaturen um etwa 80 °C
- getrennte Aufgabe von Erz und Schwefelsäure
- Vakuumverdampfungskühlung zum Konstanthalten der Temperatur (exotherme Reaktion!)
- Überwachung der Schwefelsäure-(Sulfat-)Konzentration und u. U. Rückführung eines Teils des gebildeten Dihydrats

Diese Maßnahmen zielen vor allem auf ein gleichmäßiges Wachstum der Dihydrat-Kristalle, da dies für eine effiziente Filtration unerläßlich ist.

Bei den Dihydrat-Verfahren hat die erhaltene Phosphorsäure eine Konzentration von 28 bis 32% (als P_2O_5). Die Ausbeute, bezogen auf den Phosphor-Gehalt des Apatits, liegt bei 95%. Moderne Anlagen besitzen Reaktoren bis zu einer Leistung von ≥ 1000 t Phosphorpentoxid pro Tag. Das (vereinfachte) Fließschema einer Dihydrat-Anlage gibt Abb. 1.5.1-1.

Dihydrat-Verfahren:

- häufigstes Verfahren
- liefert Phosphorsäure mit 28 bis 32% P_2O_5
- Gips muß i. allg. deponiert werden

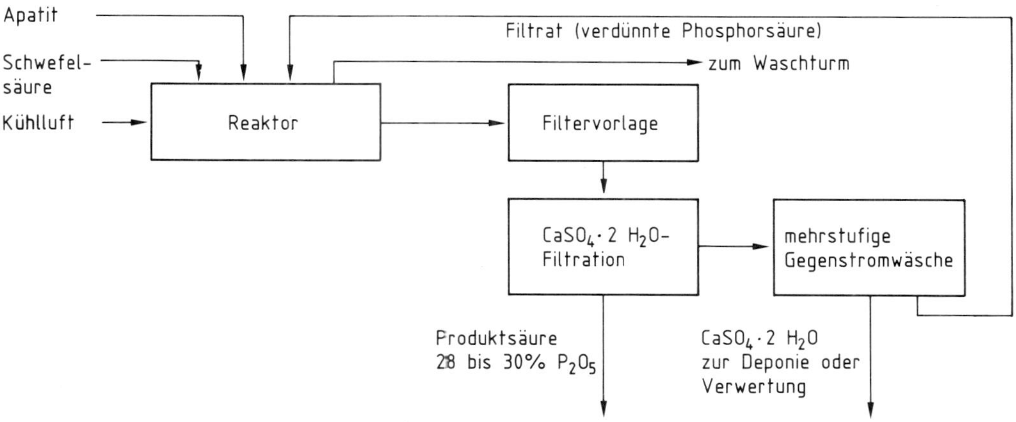

Abb. 1.5.1-1. Fließschema der Phosphorsäure-Herstellung nach dem Dihydratverfahren.

Die drei Varianten des Hemihydrat-Verfahrens liefern unterschiedliche Ergebnisse:

Hemihydrat-Verfahren, Variante 1:

- liefert Phosphorsäure mit 45 bis 50% P_2O_5
- P_2O_5-Ausbeute relativ niedrig
- Calciumsulfat nicht verwertbar

Variante 2

- liefert Phosphorsäure mit 33 bis 38% P_2O_5
- P_2O_5-Ausbeute sehr gut
- Calciumsulfat verwertbar

Variante 3

- liefert Phosphorsäure mit 40 bis 50% P_2O_5
- P_2O_5-Ausbeute sehr gut
- Calciumsulfat verwertbar

Bei der Variante (1), bei der das Hemihydrat direkt abfiltriert wird, arbeitet man bei 90 bis 100 °C. Man erhält dabei eine relativ konzentrierte Säure, die Ausbeute an Phosphorpentoxid ist aber niedrig.

Bei der Variante (2) erzeugt man bei Reaktionstemperaturen von 60 bis 70 °C zunächst Dihydrat, filtriert dies ab, schlemmt den Filterkuchen in Schwefelsäure an und kristallisiert bei Temperaturen >90 °C zum Hemihydrat um. Man erhält eine sehr hohe Ausbeute an Phosphorpentoxid und eine Phosphorsäure mit einem Gehalt von 33 bis 38% (bezogen auf P_2O_5).

Bei der dritten Variante erzeugt man zunächst bei 90 bis 100 °C Hemihydrat und kühlt das Reaktionsgemisch anschließend auf 50 bis 60 °C herunter, wobei sich Hemi- in Dihydrat umwandelt. Durch diese Umkristallisation liegt der Phosphorpentoxid-Gehalt des Dihydrats unter 0.3%; die Ausbeute ist höher als beim eigentlichen Dihydrat-Verfahren. Typisch für diese Verfahrensweise ist das Nissan-Verfahren.

Die Hemihydrat-Dihydrat-Umwandlung kann aber auch nach Abfiltrieren des Hemihydrats vorgenommen werden. Die Konzentration der Säure ist dann so hoch wie bei der Variante (1) (>42% P_2O_5).

Das Hemihydrat wird anschließend in verdünnter Säure angeschlämmt und zum Dihydrat umkristallisiert. Das Verfahren verlangt sehr gleichmäßig ausgebildete Hemihydrat-Kristalle; die Säurekreisläufe sind kompliziert. Dieses Verfahren ist besonders wenig energieintensiv, da die Eindampfung der Produktsäure unterbleiben kann; das ist ein Vorteil. Auch muß das Phosphat-Erz für dieses Verfahren nicht so fein gemahlen werden wie für das Dihydrat-Verfahren. Eine Gegenüberstellung des klassischen Dihydrat-Verfahrens und eines Hemihydrat-Verfahrens der Firma Fisons mit Abfiltration und Umwandlung des Hemihydrates gibt Tabelle 1.5.1-7.

Tabelle 1.5.1-7. Vergleich der Verbrauchszahlen für ein Dihydrat-und ein Hemihydrat-Verfahren (Variante (3) mit Filtration des Hemihydrates und Umwandlung in das Dihydrat) bezogen auf t produziertes P_2O_5.

Einsatz	Dihydrat-	Hemihydrat-Verfahren
t Phosphat-Erz	3.45	3.38
t Schwefelsäure	2.8	2.74
m^3 Kühlwasser	37.5	23.5
m^3 Prozeßwasser	7.0	7.0
t Dampf	2.0	0.2
kWh elektr. Energie	120	130

Abb. 1.5.1-2 zeigt das Fließband eines von der Firma Fisons entwickelten Hemihydrat-Verfahrens.

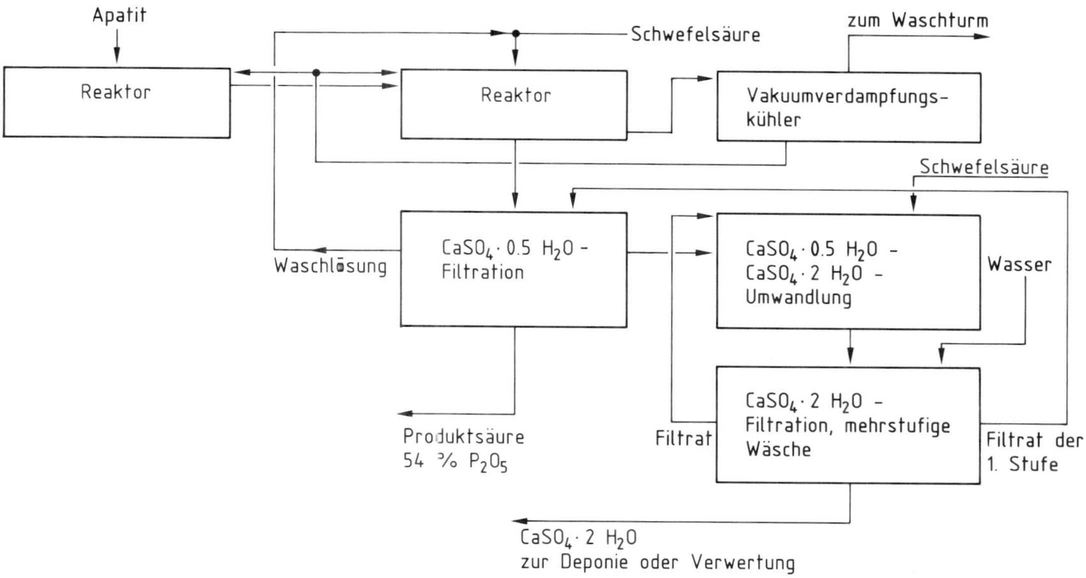

Abb. 1.5.1-2. Fließschema der Phosphorsäure-Herstellung nach dem Hemihydrat-Verfahren (Variante 3).

Konzentrierung. Je nach Verwendung der Phosphorsäure, die derzeit hauptsächlich zur Düngemittelherstellung benötigt wird, müssen die Säuren, die bei einigen der genannten Verfahren anfallen, aufkonzentriert werden. Für die Düngemittelproduktion benötigt man Säuren zwischen 40 und 54% Phosphorpentoxid. Soll die Säure versandt werden, erhöht man die Konzentration auf 52 bis 72%.

Säuren müssen ggf. konzentriert werden, für Düngemittel auf 40 bis 54% P_2O_5, zum Versand auf 52 bis 72% P_2O_5

Einige der Eindampfverfahren (Tauchbrenner, Vakuumeindampfung etc.), sind wegen der hohen Korrosivität der Säure, der Bildung von Niederschlägen und der Abgabe von säurehaltigen Abgasen (Fluor-Verbindungen, Phosphorsäure-Nebel) technisch relativ aufwendig. Außerdem verbrauchen sie erhebliche Energiemengen.

Reinigung von Aufschlußphosphorsäure:

- durch Konzentrieren und Entschlammen
- durch Fällung störender Ionen wie Kupfer, Arsen, Sulfat
- durch flüssig/flüssig Extraktion, wobei eine reine Phosphorsäure gewonnen wird, und. bei einigen Verfahren, eine stärker verunreinigte zurückbleibt. Ausbeute an reiner Phosphorsäure bis zu 98%

Reinigung von Aufschlußphosphorsäure. Aufschlußphosphorsäure fällt sehr unrein an. Beim Konzentrieren und anschließendem Stehen von Aufschlußsäure setzt sich ein erheblicher Teil der unlöslichen Verunreinigungen in Schlammform ab, der abgetrennt wird. Diese „entschlammten" Säuren können auch transportiert werden.

Tabelle 1.5.1-8 zeigt die mittlere Zusammensetzung von derartigen Säuren.

Tabelle 1.5.1-8. Mittlere Zusammensetzung von US-Aufschlußsäuren nach Konzentrierung und Entschlammung in % (Massenanteil).

P_2O_5	Fe_2O_3	Al_2O_3	MgO	SO_4	F	Org. Anteil	wasser-unlöslich
53.1	1.3	1.6	0.6	3.7	0.9	0.7	2.0

Weiteres Konzentrieren auf Gehalte an Phosphorpentoxid von etwa 67 bis 72% senkt den Anteil mancher Verunreinigungen weiter. Fluorid wird dabei auf ca. 0.4% vermindert.

Eine wesentlich weitergehende Reinigung ist aber möglich durch

- Fällung der störenden Ionen
- mehrstufige flüssig-flüssig Gegenstromextraktion der Phosphorsäure

Bei der Reinigung durch Fällen werden z. B. Schwermetalle wie Kupfer oder Arsen als Sulfide, Sulfat als Bariumsulfat gefällt.

Bei der flüssig-flüssig Extraktion werden drei Klassen von Extraktionsmitteln verwandt:

- völlig mit Wasser mischbare wie Methanol oder Isopropanol
- mit Wasser teilweise mischbare wie Butanol, Isoamylalkohol, n-Heptanol
- mit Wasser nicht mischbare wie Tri-n-butylphosphat oder Di-isopropylether.

Beim Vermischen der rohen Phosphorsäure mit dem organischen Extraktionsmittel bildet sich in jedem Fall ein zweiphasiges System. Es besteht aus einer Lösung reiner Phosphorsäure in dem organischen Extraktionsmittel und einer zweiten Phase, die die restliche wäßrige Phosphorsäure zusammen mit den Verunreinigungen enthält. Aus der organischen Phase kann durch Rückextraktion mit Wasser, Destillieren des Lösungsmittels oder der Änderung der Temperatur die reine Säure gewonnen werden. Die Ausbeuten an reiner Phosphorsäure liegen je nach Verfahren zwischen 85 und 98%.

Die nach diesen Verfahren gewonnenen Säuren liegen in ihrer Qualität zwischen „technisch rein" bis „Lebensmittelqualität". Die stark verunreinigte Restsäure, die nach der Gewinnung der reinen Phosphorsäure bei einigen Verfahren zurückbleibt, kann noch zur Düngemittelherstellung verwandt werden.

Die Weltkapazität an gereinigter Phosphorsäure durch Extraktion lag 1978 bei $410 \cdot 10^3$ t/a (als P_2O_5), Anlagen mit einer Kapazität von $90 \cdot 10^3$ t/a waren im Bau und mit $313 \cdot 10^3$ t/a in der Planung.

Weltkapazität zur Reinigung von Aufschlußphosphorsäure durch Extraktion 1978: $410 \cdot 10^3$ t/a P_2O_5, im Bau: $90 \cdot 10^3$ t/a, in Planung: $313 \cdot 10^3$ t/a P_2O_5

Verfahren, Verunreinigungen aus der Phosphorsäure zu extrahieren und die Säure somit zu reinigen, werden derzeit technisch nicht ausgeübt. Allerdings ist es möglich, durch Extraktion Uran aus Phosphorsäure abzutrennen.

Aus Aufschlußphosphorsäure kann durch Extraktion Uran gewonnen werden

Herstellung von thermischer Phosphorsäure

Thermische Phosphorsäure wird durch Verbrennen von weißem Phosphor mit Luft und Absorption des gebildeten Phosphorpentoxids durch Wasser (eingesetzt als verdünnte Phosphorsäure) erhalten.

„Thermische Phosphorsäure":

- Verbrennen von weißem Phosphor
- Hydratisieren des gebildeten Phosphorpentoxids

$$4P + 5O_2 \longrightarrow P_4O_{10}$$

$$P_4O_{10} + 6H_2O \longrightarrow 4H_3PO_4$$

Es gibt zwei Verfahren, die technisch durchgeführt werden, das „IG"- und das „TVA"-Verfahren. Beim TVA-Verfahren finden Verbrennung und Absorption in zwei getrennten Türmen, beim IG-Verfahren aber in nur einem Turm statt. Bei diesem Verfahren werden die Wände des Turmes durch umgepumpte Phosphorsäure vor der heißen Phosphor-Flamme geschützt. In diese umgepumpte Säure, die zur Wärmeabfuhr über einen Kühler geführt wird, wird das zur Phosphorsäure-Bildung erforderliche Wasser gegeben; aus ihr wird die Produktsäure entnommen. Mitgeführte Nebel werden aus dem Abgas (Restgehalt an Sauerstoff 6 bis 8%) z. B. mit Venturi-Wäschern entfernt. An das Material der Apparatur werden hohe Anforderungen gestellt.

Hergestellt werden (Poly-)Phosphorsäuren mit einem Gehalt von 54.5 und 61.5 % Phosphorpentoxid. (In den USA werden zur Transportkostenersparnis oft zunächst Polyphosphorsäuren mit einem Gehalt von 76 oder 84% Phosphorpentoxid hergestellt und erst am Anwendungsort verdünnt). Die thermischen Phosphorsäuren sind sehr rein. Ein geringer Arsen-Gehalt kann, falls vorhanden, durch eine Schwefelwasserstoff-Fällung auf unter 0.1 ppm abgesenkt werden.

1.5.1.2.2 Salze der Phosphorsäure

Salze der Phosphorsäure im Nicht-Düngemittelbereich:
Natrium-mono, di- und polyphosphate; Ammoniumphosphate; Tetrakaliumdiphosphat; Calciumphosphate.

Die in den Düngemittelbereich gehenden Salze der Phosphorsäure (Calciumhydrogenphosphate, Ammoniumphosphate, Mischungen verschiedener Salze der Phosphorsäure usw.) werden im Abschn. 2.1, Düngemittel, behandelt. Aus der Gruppe der technisch hergestellten Phosphate für den Nicht-Düngemittelbereich werden hier besprochen

- Natrium-mono- und -polyphosphate
- Ammoniumphosphate
- Tetrakaliumdiphosphat
- Calciumphosphate

Wirtschaftliche Bedeutung und Verwendung

Natriumphosphate

Das von der Menge her wichtigste Natriumphosphat ist das Pentanatriumtriphosphat (engl. STPP). Tabelle 1.5.1-9 zeigt die Kapazitäten für Pentanatriumtriphosphat, das vor allem in Wasch- und Reinigungsmitteln verwendet wird, für 1978.

Für 1979/1980 wurde eine Erhöhung der Weltkapazität um weitere $116 \cdot 10^3$ t/a erwartet.

Wichtigstes Natriumphosphat:

Pentanatriumtriphosphat. Weltkapazität 1978: 3582 · 10^3 t/a.
Hauptanwendung: in Wasch- und Reinigungsmitteln.

Tabelle 1.5.1-9. Kapazitäten Pentanatriumtriphosphat 1978 in 10^3 t/a.

Welt	Westeur.	BRD	Osteurop.	Nordamer.	Südamer.	Afrika	Asien/Ozean.
3582	1665	224	305	1012	266	52	282

Die Abnahme der Pentanatriumtriphosphat-Produktion in den 70er Jahren, vor allem in den USA, wurde hervorgerufen durch die aus ökologischen Gründen erlassenen Gesetze zur Verminderung des Gehaltes von Pentanatriumtriphosphat in Waschmitteln (Tabelle 1.5.1-10).

Verminderung der Produktion von Pentanatriumtriphosphat in den USA von

1973: 877 · 10^3 t auf
1980: 652 · 10^3 t aus ökologischen Gründen

Tabelle 1.5.1-10. Pentanatriumtriphosphat-Produktion in den USA, 1973 bis 1985 in 10^3 t.

1973	1974	1975	1976	1977	1978	1979	1980	1981^g)	1985^g)
877	819	699	657	650	667	680	652	651	655

g: geschätzt

Neuerdings wird bis 1984 ein Anstieg des Verbrauchs von Pentanatriumtriphosphat um ca. 11% erwartet, was eine Umkehr des Trends bedeuten würde.

Die Produktion aller *übrigen* Natriumphosphate (nicht eingerechnet: chloriertes Trinatriumphosphat) betrug in den USA 1976: 223, 1977: 251 und 1979: 258 · 10^3 t.

Produktion aller übrigen Natriumphosphate in den USA 1979:

258 · 10^3 t (ohne chloriertes Trinatriumphosphat)

Verwendung: Mono-, Di- und Trinatriumphosphat werden bei der technischen und der Metall-Reinigung, zur Phosphatierung, bei der Kesselspeisewasserbehandlung, für Puffer-Systeme z. B. in der Textilindustrie eingesetzt, Dinatriumhydrogenphosphat auch im Lebensmittelbereich und bei der Tierernährung.

Dinatriumdihydrogendiphosphat verwendet man als Backpulver, Tetranatriumdiphosphat für technische Reinigungsmittel.

Höhermolekulare Natriumpolyphosphate werden bei der Herstellung von Schmelzkäse, Kondensmilch, Brühwürsten zugesetzt und als Stabilisatoren von Pigment-Suspensionen und bei der Ledergerbung gebraucht.

Verwendung von Mono-, Di- und Trinatriumphosphat:
- Metallreinigung
- Phosphatierung
- Kesselspeisewasserbehandlung
- für Puffersysteme
- im Lebensmittelbereich
- bei der Tierernährung

von Dinatriumdihydrogenphosphat:
- als Backpulver

von Tetranatriumdiphosphat:
- in der technischen Reinigung

von höhermolekularen Natriumpolyphosphaten:
- bei der Lebensmittelherstellung, zur Stabilisierung von Pigmentsuspensionen, bei der Ledergerbung

Ammoniumphosphate

Produktion von Ammoniumphosphaten (ohne Düngemittel) in den USA 1976: $36 \cdot 10^3$ t

Die Ammoniumphosphat-Produktion für den Nicht-Düngemittelsektor betrug 1976 in den USA $36 \cdot 10^3$ t, für 1982 werden 33 bis $46 \cdot 10^3$ t erwartet. Weitere statistische Angaben liegen nicht vor.

Ammoniumphosphate (Hauptanwendung Düngemittel). Verwendung

- im Flammenschutz
- in Blählacken
- in der Tierernährung

Verwendung: Die Hauptanwendung finden Ammoniumphosphate in Düngemitteln, s. S. 203 ff. Daneben werden sie vor allem im Brandschutz eingesetzt, z. B. als Zusatz für Feuerlöschmittel gegen Waldbrände, zur flammhemmenden Ausrüstung von Papier, Textilien, Polyurethanen, zur Verhinderung des Nachglühens von Streichhölzern, als Komponente in Bläh-Lacken (flammhemmende Anstriche). In geringem Umfang finden sie Anwendung in der Tier-, hauptsächlich Rinderernährung.

Tetrakaliumdiphosphat

Tetrakaliumdiphosphat:

Produktion in den USA 1978: $40 \cdot 10^3$ t. Verwendung: in flüssigen Reinigungsmitteln

Die Produktion in den USA betrug 1976: 36, 1977: 37 und 1978: $40 \cdot 10^3$ t. Die USA-Kapazität lag 1978 bei $71 \cdot 10^3$ t/a.

Verwendung: Wegen seiner guten Wasserlöslichkeit wird Tetrakaliumdiphosphat in flüssigen Reinigungsmitteln eingesetzt.

Calciumphosphate

Calciumphosphate für den Futtermittelbereich: Weltkapazität 1980: $3971 \cdot 10^3$ t/a

Weitere Anwendungen:

- als Backpulver
- als Putzmittel in Zahnpasten

Neben der Verwendung im Düngemittelsektor (s. S. 201 ff.) werden Calciumphosphate vor allem als Futtermittel verwendet. Es handelt sich dabei um die Produkte

Monocalciumphosphat – $CaH_4(PO_4)_2$ (Calciumdihydrogenphosphat)
Dicalciumphosphat – $CaHPO_4$ (Calciumhydrogenphosphat)
} bzw. Hydrate
Entfluoridierter Apatit – $Ca_5(OH)(PO_4)_3$

Tabelle 1.5.1-11 nennt die Kapazitäten für Calciumphosphate für Futtermittelzwecke 1980.

Tabelle 1.5.1-11. Kapazitäten für Calciumphosphate für Futtermittelzwecke 1980.

Welt	Nord-amerika	USA	Westeur. + IL	BRD	Ferner Osten	Afrika
3971	1676	1540	1912	355	170	213

60% der Kapazitäten in den USA sind für die Produktion von Dicalciumphosphat bestimmt. Bei der Verwendung in Futtermitteln werden die Calciumphosphate auch im Gemisch mit den Phosphaten anderer Metalle, besonders Natrium und Magnesium, eingesetzt. Weitere Verwendungen finden Calciumphosphate als Backpulver (Monocalciumphosphat) und in Zahnpasten (Dicalciumphosphatdihydrat). In fluoridhaltigen Zahnpasten wird das gegen Fluorid nicht reaktive Dicalciumdiphosphat eingesetzt.

Herstellung von Phosphaten

Natriumphosphate

Natriummonophosphate. Die Herstellung erfolgt aus thermischer oder (nachgereinigter) Aufschlußsäure und Soda oder Natronlauge.

Natriummonophosphate: aus Phosphorsäure und Soda bzw. Natronlauge

$$H_3PO_4 + NaOH \longrightarrow NaH_2PO_4 + H_2O$$

$$H_3PO_4 + 2\,NaOH \longrightarrow Na_2HPO_4 + 2\,H_2O$$

$$H_3PO_4 + 3\,NaOH \longrightarrow Na_3PO_4 + 3\,H_2O$$

Für die Herstellung des Trinatriumphosphates muß Natronlauge verwandt werden, da Soda nicht alkalisch genug ist. Die Salze, die es sowohl wasserfrei wie auch als Hydrate gibt, werden in konventioneller Weise gewonnen. Bei der Entwässerung der beiden Hydrogenphosphate müssen bestimmte Temperaturen exakt eingehalten werden, damit keine Kondensation zu Di- oder Polyphosphaten erfolgt.

Natriumdi- und -polyphosphate. Diphosphate: Dinatriumdihydrogendiphosphat und Tetranatriumdiphosphat werden technisch hergestellt. Man erhält sie durch Erhitzen von Natriumhydrogenphosphaten

Natriumdiphosphate: aus sauren Monophosphaten durch thermische Wasserabspaltung

$$2\,NaH_2PO_4 \xrightarrow{245\,°C} Na_2H_2P_2O_7 + H_2O$$

$$2\,Na_2HPO_4 \xrightarrow{300\text{ bis }900\,°C} Na_4P_2O_7 + H_2O$$

Reaktionszeit und Temperatur müssen bei der Herstellung des Dinatriumdihydrogendiphosphats begrenzt werden, um eine Weiterkondensation zu höhermolekularen Phosphaten zu vermeiden.

Die Kondensation kann in Drehrohröfen oder in Sprühtürmen erfolgen.

Pentanatriumtriphosphat:

$2\,Na_2HPO_4 + NaH_2PO_4 \xrightarrow{300\text{ bis }550\,°C} Na_5P_3O_{10} + 2\,H_2O$

Polyphosphate: Durch Kondensation von Natriumdihydrogenphosphat und Dinatriumhydrogenphosphat im Verhältnis 1:2 erhält man das Pentanatriumtriphosphat:

$$2\,Na_2HPO_4 + NaH_2PO_4 \xrightarrow{300\text{ bis }550\,°C} Na_5P_3O_{10} + 2\,H_2O$$

Technisch geht man von einer Phosphorsäure-Lösung aus, die mit der entsprechenden Menge an Natronlauge oder Soda neutralisiert wurde. Die Kondensation der Monophosphat-Lösung erfolgt ein- oder mehrstufig in Sprühtürmen oder Drehrohröfen.

Das wasserfrei anfallende Pentanatriumtriphosphat besitzt eine Hoch- und eine Tieftemperaturmodifikation, die verschieden schnell mit Wasser zum Hexahydrat reagieren. Je nach vorgesehenem Anwendungszweck wird durch die Wahl der Temperatur bei der Kondensation das Verhältnis der beiden Modifikationen zueinander eingestellt.

Höhermolekulare Polyphosphate: Erhöht man bei der Kondensation von Dinatriumhydrogenphosphat und Natriumdihydrogenphosphat den Anteil der Mononatrium-Verbindung, so erhält man oligomere Polyphosphate von n = 2 (Tetraphosphat) bis n ca. 25 (Grahamsches Salz).

Höhermolekulare Polyphosphate:

$(NaO)_2P(O){-}[OP(O)(ONa)]_n{-}OP(O)(ONa)_2$

n: 2 bis ca. 25, „Schmelzphosphate“.

Die Herstellung dieser „glasigen Polyphosphate“ oder „Schmelzphosphate“ erfolgt nach

$$2\,Na_2HPO_4 + n\,NaH_2PO_4 \xrightarrow{600\text{ bis }800\,°C} (n+1)\,H_2O + (NaO)_2P(O){-}[OP(O)(ONa)]_n{-}OP(O)(ONa)_2\,,$$

n: 2 bis ca. 25 .

Natriumdihydrogenphosphat läßt sich beim Erhitzen über die Stufe des Dinatriumdihydrogendiphosphats (s. o.) bei Temperaturen oberhalb 250 °C in das hochmolekulare Madrellsche Salz (n > 1000) umwandeln.

Wegen der hohen Korrosivität der Natriumpolyphosphat enthaltenden Schmelzen erfolgt die Herstellung in Wannen, die mit Zirconiumsilikat-Steinen ausgemauert sind. Die ausreagierte Schmelze wird auf Kühlwalzen abgeschreckt. Nach einem Verfahren der Firma Hoechst AG kann man die polymeren Phosphate auch durch Verbrennen von Phosphor mit Luft in Gegenwart von Natronlauge in einem mit Graphit ausgekleideten Turm erhalten. Die gesamte Energie, die für den Prozeß erforderlich ist, wird durch die Verbrennung des Phosphors geliefert.

Ammoniumphosphate

Technisch werden drei Verbindungsklassen eingesetzt: Ammoniumdihydrogenphosphat, Diammoniumhydrogenphosphat und Ammoniumpolyphosphat. Die beiden Hydrogenphosphate werden aus Ammoniak und reiner Phosphorsäure gewonnen, bei stufenweiser Zugabe von Ammoniak ist aber auch der Einsatz von Aufschlußsäure möglich:

Ammoniumdihydrogenphosphat und Diammoniumhydrogenphosphat: aus Ammoniak und Phosphorsäure.
Ammoniumpolyphosphat $[NH_4PO_3]_n$: aus Phosphorsäure und Harnstoff oder Diammoniumphosphat und P_4O_{10}

$$H_3PO_4 + NH_3 \longrightarrow NH_4H_2PO_4$$
$$H_3PO_4 + 2NH_3 \longrightarrow (NH_4)_2HPO_4$$

Das Diammoniumhydrogenphosphat besitzt bei Raumtemperatur schon einen merklichen Ammoniak-Partialdruck. Wegen der Tendenz der Ammoniumhydrogenphosphate zur Ammoniak-Abspaltung bei höheren Temperaturen lassen sich höhermolekulare Ammoniumpolyphosphate nicht analog den Natriumpolyphosphaten aus den sauren Monophosphaten herstellen. Man produziert sie daher technisch aus Harnstoff und Phosphorsäure oder aber aus Diammoniumphosphat und P_4O_{10}, wobei in einer Ammoniak-Atmosphäre gearbeitet wird:

$$n\,H_3PO_4 + n\,H_2NCONH_2 \longrightarrow [NH_4PO_3]_n + n\,CO_2 + n\,NH_3$$

Kaliumphosphate

Größere technische Bedeutung hat nur das Tetrakaliumdiphosphat (wegen seiner hohen Wasser-Löslichkeit). Es

Tetrakaliumdiphosphat:

aus Dikaliumhydrogenphosphat durch thermische Wasserabspaltung wird analog der Natrium-Verbindung aus dem Dikaliumhydrogenphosphat gewonnen:

$$2K_2HPO_4 \xrightarrow{350\text{ bis }400\,°C} K_4P_2O_7 + H_2O$$

Calciumphosphate

Calciumhydrogenphosphate:
aus Calciumoxid oder -hydroxid und Phosphorsäure

Die technisch hauptsächlich verwandten Calciumhydrogenphosphate

$CaH_4(PO_4)_2$ Monocalciumphosphat (Calciumdihydrogenphosphat)

und

$CaHPO_4$ Dicalciumphosphat (Calciumhydrogenphosphat)

werden durch Reaktion von Calciumoxid, Calciumhydroxid oder auch Calciumsalzen mit reiner oder nachgereinigter Phosphorsäure hergestellt:

$$CaO + 2H_3PO_4 \longrightarrow CaH_4(PO_4)_2 + H_2O \quad \text{(idealisierte}$$
$$CaO + H_3PO_4 \longrightarrow CaHPO_4 + H_2O \quad \text{Gleichungen)}$$

Beide Verbindungen werden sowohl als Hydrate als auch kristallwasserfrei produziert.

Entfluoridierten Apatit erhält man durch Erhitzen von Apatit im Fließbett oder im Drehrohrofen auf Temperaturen um 1500 °C in Gegenwart von Phosphor- oder Kieselsäure und Wasserdampf.

1.5.1.2.3 Phosphor

Wirtschaftliche Bedeutung und Verwendung

Elementarer Phosphor:
Weltproduktion 1977:
- $815 \cdot 10^3$ t

davon USA:
- $400 \cdot 10^3$ t

Die Erzeugung von Phosphor betrug 1977 weltweit $815 \cdot 10^3$ t, davon in den USA ca. $400 \cdot 10^3$ t. 1980 lag die Produktion in den USA in gleicher Höhe, dagegen betrug sie 1969 ca. $570 \cdot 10^3$ t. Der Rückgang um ca. 30% wurde hauptsächlich verursacht durch die mit zunehmenden Energiekosten immer unwirtschaftlicher werdende Herstellung von Phosphorsäure für Düngemittel aus elementarem Phosphor. Außerdem ging der Einsatz von Phosphaten in Waschmitteln aus ökologischen Gründen zurück. Für Westeuropa wird die aus Tabelle 1.5.1-12 zu ersehende Verschiebung erwartet:

Tabelle 1.5.1-12. Verbrauch an Phosphor-Verbindungen (gerechnet als 10^3 t P_2O_5) in Westeuropa im Nicht-Düngemittelsektor.

	Basis elementarer Phosphor	Basis Aufschlußsäure	Summe
1975	400	635	1035
1980g	350	750	1100
1983g	220	830	1050

g: geschätzt

Einen Überblick über die Kapazitäten zur Erzeugung von Phosphor gibt Tabelle 1.5.1-13.

Tabelle 1.5.1-13. Phosphor-Kapazitäten 1977 in 10^3 t/a.

Welt	USA	CA	BRD	NL	FR	IT	SU	DDR	CT	JA	ZA	IN
1189 bis 1289	507	86	80	90	27	15	300 bis 400	20	20	30	6	7.5

Phosphor-Kapazitäten 1977 in 10^3 t/a:

Welt: 1189 bis 1289
USA: 507
BRD: 80

Verwendung:

Weißer Phosphor

Für die USA (Verbrauch 1978 ca. $400 \cdot 10^3$ t P) und Westeuropa (Verbrauch 1978 ca. $170 \cdot 10^3$ t P) ergibt sich das folgende abgeschätzte Verwendungsspektrum, Tabelle 1.5.1-14:

Tabelle 1.5.1-14. Verwendungsspektrum von weißem Phosphor in Form seiner Folgeprodukte in den USA und Westeuropa 1978 (in 10^3 t Phosphor).

	USA	Westeuropa
Landwirtschaft (Dünger, Futtermittel)	21	5.1
Wasser-Behandlung, Builder	141	105.4
Lebensmittel, Zahnpasta	50	13.6
Säure-Behandlung von Metallen (bes. Aluminium)	45	10.2
Flammschutz	9	
P_2S_5, P_2O_5, PCl_3	51	8.5
Legierungen, Chemie	8	
Export	31	
Sonstiges	44	27.2

Verwendung von weißem Phosphor für die Herstellung von

- reiner Phosphorsäure bzw. Phosphaten (1977 ca. 85%)
- Phosphorsulfiden
- Phosphoroxiden
- Phosphorhalogeniden
- rotem Phosphor

Roter Phosphor

Roter Phosphor für

- Reibflächen von Zündholzschachteln
- Pyrotechnik
- Flammschutz, z. B. von Polyamiden

Er wird eingesetzt in Reibflächen von Zündholzschachteln, für pyrotechnische Zwecke, als Flammschutzmittel z. B. in Polyamiden.

Herstellung von weißem Phosphor

Weißer Phosphor aus Apatit durch elektrothermische Reduktion mit Kohle in Gegenwart von SiO_2

Elementarer Phosphor, als „Weißer Phosphor" die technisch weitaus wichtigste Modifikation des Elements, wird durch elektrothermische Reduktion von Apatit mit Kohle in Gegenwart von Kies (Siliciumdioxid) hergestellt. Die Hauptreaktionen lassen sich wahrscheinlich so darstellen:

Reaktionen:

- $Ca_3(PO_4)_2 + 5CO \longrightarrow 3CaO + 5CO_2 + 2P$
- $CO_2 + C \longrightarrow 2CO$
- $CaO + SiO_2 \longrightarrow CaSiO_3$
- Bildung von Ferrophosphor (Fe_2P)

$$Ca_3(PO_4)_2 + 5CO \xrightarrow{>1400\,°C} 3CaO + 5CO_2 + 2P$$
$$5CO_2 + 5C \longrightarrow 10CO$$
$$\overline{Ca_3(PO_4)_2 + 5C \longrightarrow 3CaO + 5CO + 2P}$$

Aus dem Kohlendioxid und Kohlenstoff bildet sich Kohlenmonoxid zurück. Das zugesetzte Siliciumdioxid hat hauptsächlich die Aufgabe, das gebildete Calciumoxid in eine niedrig schmelzende Schlacke umzuwandeln:

$$CaO + SiO_2 \longrightarrow CaSiO_3$$

Diese Schlacke bindet auch die meisten in den Prozeß eingeschleppten Nebenbestandteile (mit Ausnahme des Eisens) und einen Teil des Fluorids. Der Eisen-Anteil des Rohmaterials wird weitghend in Ferrophosphor der ungefähren Zusammensetzung Fe_2P umgewandelt.

Apatit muß vorgranuliert und gesintert werden, um eine genügende Gasdurchlässigkeit im Ofen zu gewährleisten

Um eine brauchbare Gasdurchlässigkeit im Reduktionsofen zu erreichen, müssen die eingesetzten Rohmaterialien eine gewisse Mindestgröße besitzen (1 bis 2 cm und mehr). Kies und Kohle (Hüttenkoks, Asche möglichst <10%) können in dieser Größe bezogen werden; der bevorzugt verwendete Fluorapatit ist feinteiliger und muß geformt werden. Das kann z. B. durch die Herstellung von Pellets auf einem Granulierteller geschehen, wobei als Bindemittel auch der Staub der Elektrofilter (s. u.) verwendet werden kann. Diese Pellets müssen noch getrocknet und gesintert werden, wobei als Energiequelle das Kohlenmonoxid-haltige Abgas des Prozesses verwandt werden kann.

Moderne Reduktionsanlagen bestehen aus drei Komponenten:

- dem elektrothermischen Reaktor
- der Gasreinigung
- der Phosphor-Kondensation

Moderne Reduktionsanlagen bestehen aus:

- elektrothermischem Reaktor
- Gasreinigung
- Phosphor-Kondensation

Ein Verfahrens-Schema gibt Abb. 1.5.1-3 wieder. Der Ofen – rund oder dreieckig mit abgerundeten Ecken – ist unten mit Kohle-Blöcken, darüber mit Schamott-Steinen ausgemauert. Die symmetrisch angeordneten Kohle-Elektroden, Soederberg-Elektroden oder – vor allem in den USA – vorgeformte Kohle-Elektroden haben in modernen Öfen einen Durchmesser von 1.3 bis 1.5 m. Die Stromaufnahme beträgt 50 bis 70 · 10^3 kW.

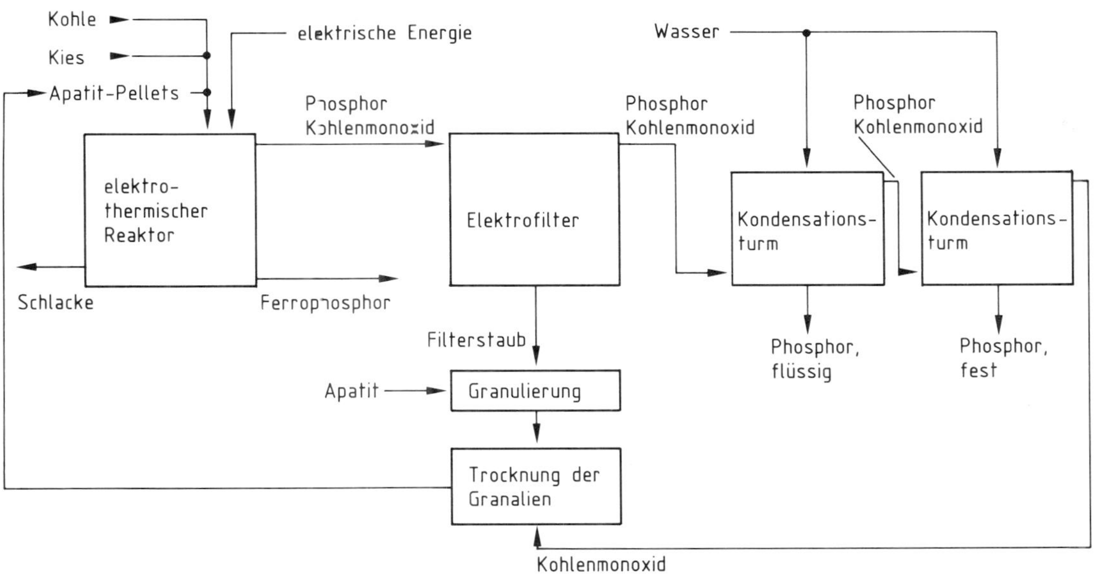

Abb. 1.5.1-3. Fließschema der elektrothermischen Phosphor-Herstellung.

Die Rohre, in die das Rohmaterial gegeben wird, sind symmetrisch um die Elektroden angeordnet. Am tiefsten Punkt des Ofens ist der Ablaß für den flüssigen Ferrophosphor, etwas höher der Ablaß für die spezifisch leichtere Calciumsilicat-Schlacke. Kohlenmonoxid und Phosphor-Dampf verlassen den Ofen am Kopf.

Die Gasreinigung (Elektrofilter mit Sprüh- und Niederschlagselektroden) muß oberhalb 280 °C betrieben werden, um eine Kondensation des Phosphors auszuschließen. Pro m^3 Gas werden etwa 0.04 kg Staub abgeschieden.

Die Kondensation des Phosphors wird in modernen Anlagen zweistufig durchgeführt. In einem ersten Turm wird 50 bis 60 °C warmes Wasser von oben eingesprüht und dem gasförmigen Phosphor entgegengeführt. Der Phosphor fällt flüssig an. Der zweite Turm wird mit Wasser von 10 bis 25 °C betrieben, hier fällt der Phosphor fest an. Er wird ab und zu aufgeschmolzen und wie der beim ersten Turm gewonnene Phosphor dem Lagertank zugeführt. Der flüssige Phosphor wird unter Wasser aufbewahrt, abgefüllt und transportiert.

Nebenprodukte:

- Kohlenmonoxid – wertvoller Energieträger
- Calciumsilikat-Schlacke – eingeschränkt verwendbar im Straßenbau
- Ferrophosphor – einsetzbar in der Metallurgie

Die anfallenden Nebenprodukte sind z. T. noch weiter zu verwenden: Kohlenmonoxid ist ein wertvoller Energieträger und kann z. B. zum Sintern der Apatit-Pellets benützt werden. Calciumsilicat-Schlacke ist allerdings nur sehr eingeschränkt verwertbar, z. B. im Straßenbau. Ferrophosphor enthält 15 bis 28% Phosphor und ist, wenn der Silicium-Gehalt unter 3% liegt, in der Metallurgie einsetzbar. Ferrophosphor aus Anlagen im Westen der USA enthält 7 bis 14% Vanadium (gerechnet als V_2O_5). Dieser Ferrophosphor wird auf Vanadiumpentoxid bzw. Vanadiumchlorid aufgearbeitet. Er stellt die zweitwichtigste Vanadium-Quelle der USA dar. Der im Ferrophosphor enthaltene Phosphor geht dabei in unverwertbare Nebenprodukte über.

Schließlich fallen noch zwangsläufig Phosphor enthaltende Schlämme und Prozeß-Wasser an; ihre Beseitigung ist aufwendig.

Pro t gewonnenem Phosphor werden eingesetzt:

- 12.1 t Rohmaterial
- ca. 13 · 10^3 kWh

Es fallen ca. 8 t feste Nebenprodukte an

Pro t hergestelltem Phosphor werden etwa eingesetzt:
(in [ ]Zahlen für die USA)

8.0 t Floridaphosphat (31% P_2O_5) [10.625 t Apatit (24 bis 31% P_2O_5)]
2.8 t Kies (97% Siliciumdioxid) [2.75 t]
1.25 t Koks (90% Kohlenstoff) [1.625 t]
0.05 t Soederberg-Elektrodenmasse [0.02 t Elektroden]
Als Nebenprodukte werden erhalten:
7.7 t Silicat-Schlacke (90% Calciumsilicat)
0.15 t Ferrophosphor (22% Phosphor) [0.26 t (22.5% P)]
0.1 t Filterstaub (20% P_2O_5)
2500 m^3 Abgas (85% Kohlenmonoxid)

Der Stromverbrauch liegt bei ca. 13 kWh pro kg Phosphor [14.6 kWh]. Öfen mit einer Leistung von $70 \cdot 10^3$ kW können also maximal 5.4 t Phosphor in der Stunde liefern.

Moderne Öfen produzieren maximal etwa 5.4 t Phosphor in der Stunde

Herstellung von rotem Phosphor

Roter Phosphor ist mengenmäßig gegenüber dem weißen Phosphor von untergeordneter Bedeutung. Die Weltproduktion lag 1977 bei $5.5 \cdot 10^3$ t.

Die Umwandlung von weißem in roten Phosphor verläuft exotherm, roter Phosphor fällt dabei fest an. Deshalb ist die Wärmeabfuhr bei der Reaktion nicht einfach. Nach einem modernen Verfahren der Firma Hoechst AG wird die Umwandlung in Kugelmühlen bei 350 °C halbkontinuierlich durchgeführt. Man benutzt dazu Mühlen mit einem Inhalt von z. B. 5 m^3, die mit 3.7 t Eisenkugeln verschiedenen Durchmessers gefüllt sind. Den weißen Phosphor führt man mit einer solchen Geschwindigkeit in die Kugelmühle ein, daß durch die Reaktionswärme die Temperatur aufrecht erhalten wird. Die Kugelmühle wird maximal bis zur Hälfte gefüllt. Nach Tempern und Abkühlen wird nach Zugabe von Wasser der gebildete rote Phosphor zu einer Suspension vermahlen. Anschließend kann restlicher weißer Phosphor in der Wärme mit Natronlauge beseitigt werden. Der rote Phosphor wird abfiltriert und unter Inert-Gas getrocknet. Durch Zumischen von z. B. kleinen Mengen Magnesiumoxid kann der rote Phosphor gegen eine Autoxidation stabilisiert werden. Roter Phosphor ist etwa doppelt so teuer wie weißer.

Roter Phosphor:

- Welt-Produktion ca. $5.5 \cdot 10^3$ t/a
- Herstellung durch exotherme Umwandlung aus weißem Phosphor in Kugelmühlen halbkontinuierlich bei 350 °C, vermahlen unter Wasser, Filtrieren, Trocknen, Stabilisieren z. B. mit Magnesiumoxid

1.5.1.2.4 Folgeprodukte des Phosphors

Phosphorpentoxid

Etwa 85% des weißen Phosphors werden zwar zu Phosphorpentoxid verbrannt:

$$2P + 2{,}5\,O_2 \longrightarrow P_2O_5 \quad \text{bzw.} \quad 4P + 5\,O_2 \longrightarrow P_4O_{10}$$

Davon wird aber der allergrößte Teil direkt mit Wasser zu Phosphorsäure hydratisiert. Nur einige tausend Ton-

P_4O_{10}
Herstellung aus weißem Phosphor:
$4P + 5O_2 \longrightarrow P_4O_{10}$

nen werden weltweit als Phosphorpentoxid gewonnen. In den USA liegt die Kapazität für Phosphorpentoxid bei ca. $7 \cdot 10^3$ t/a; sie wird weitgehend ausgenutzt.

Die Herstellung erfolgt mit Brennern ähnlich denen bei der Herstellung von Phosphorsäure. Zur Verbrennung muß getrocknete Luft verwendet werden; die Wände der Brennkammer werden von außen mit Wasser gekühlt. Die die Brennkammer verlassenden Gase werden in einer großen Beruhigungskammer (engl.: barn) gekühlt; ca. 95% des gebildeten Phosphorpentoxids werden hier abgeschieden. Bei Temperaturen von 170 bis 200 °C erhält man ein spezifisch schwereres und kristallineres Material, als wenn die Kammer mit Wasser gekühlt wird. Die noch Phosphorpentoxid enthaltenden Restgase kann man z. B. in eine Phosphorsäure-Anlage geben.

Verwendung:

- zur Herstellung von Phosphorsäureestern
- als Trocknungsmittel
- zur Wasserabspaltung in der organischen Chemie
- zur Eigenschaftsverbesserung von Asphalt

Verwendung: Phosphorpentoxid wird zur Herstellung von Phosphorsäureestern (s. S. 104), als Trocknungsmittel und zur Wasser-Abspaltung in der organischen Chemie verwendet sowie zur Verbesserung der Eigenschaften von Asphalt.

Phosphorpentasulfid

Aus der großen Zahl von binären Sulfiden des Phosphors hat lediglich das Phosphorpentasulfid eine größere technische Bedeutung. Für 1978 wird eine Weltkapazität von $200 \cdot 10^3$ t/a abgeschätzt. Die USA-Kapazität lag 1978 bei $121 \cdot 10^3$ t/a, die Fa. Hoechst AG (Bundesrepublik Deutschland) besitzt eine Kapazität von $30 \cdot 10^3$ t/a. Der Verbrauch an Phosphorpentasulfid in den USA lag 1973 bei 58.5, 1974 bei 62.0 und 1978 bei $70.5 \cdot 10^3$ t.

Die Herstellung erfolgt durch exotherme Reaktion von flüssigem Phosphor mit flüssigem Schwefel bei über 300 °C:

P_4S_{10}
Herstellung:
$4P + 10S \xrightarrow{>300\,°C} P_4S_{10}$
Reinigung z. B. durch Destillation
Weltkapazität 1978:
ca. $200 \cdot 10^3$ t/a

$$2P + 5S \longrightarrow P_2S_5 \quad \text{bzw.} \quad 4P + 10S \longrightarrow P_4S_{10}$$

Man kann das Reaktionsprodukt direkt auf Kühlwalzen geben oder aber zur Reinigung vorher destillieren (Kp. 513 bis 515 °C). Will man farblich einwandfreies Phosphorpentasulfid gewinnen, kann man die im Phosphor enthaltenen organischen Verunreinigungen durch Schwefelsäure-Extraktion entfernen und sehr reinen Schwefel, wie er z. B. bei der Erdgasreinigung anfällt, einsetzen.

Verwendung: Phosphorpentasulfid wird zur Herstellung von Insektiziden, Schmierölzusätzen und Flotationshilfsmitteln gebraucht.

Verwendung:

zur Herstellung von

- Insektiziden
- Schmierölzusätzen
- Flotationshilfsmitteln

Halogenide des Phosphors

Phosphortrichlorid

Für die USA liegen folgende Verbrauchszahlen für Phosphortrichlorid vor: 1976: 82; 1977: 89; 1978: 90.4 und 1981 (geschätzt): 110 · 10^3 t.

Die Weltkapazität wird für 1979 auf 200 · 10^3 t/a geschätzt. Die Kapazität in den USA lag 1977 bei 127.5 · 10^3 t/a, 1978 bei 138 · 10^3 t/a.

Weltkapazität Phosphortrichlorid 1979: ca. 200 · 10^3 t/a

Phosphortrichlorid wird aus weißem Phosphor und Chlor in exothermer Reaktion hergestellt:

PCl_3
Herstellung:

$2P + 3Cl_2 \longrightarrow 2PCl_3$
Reinigung durch Destillation

$$2\,P + 3\,Cl_2 \longrightarrow 2\,PCl_3$$

Es gibt eine Reihe von Möglichkeiten, diese Reaktion technisch durchzuführen. So kann man den Phosphor in vorgelegtes Phosphortrichlorid geben und Chlor einleiten. Durch die freiwerdende Reaktionswärme destilliert Phosphortrichlorid ab, wird in Rückflußkühlern kondensiert und fließt z. T. zurück. Ein Teil des Kondensats wird entnommen und durch fraktionierte Destillation gereinigt. Möglich ist aber auch die direkte Umsetzung stöchiometrischer Mengen Phosphor und Chlor in einem Brenner mit nachfolgender Aufarbeitung. Technisches Phosphortrichlorid ist reiner als 99.7% und enthält keinen elementaren Phosphor.

Verwendung: Phosphortrichlorid dient als Ausgangsprodukt für Phosphorige Säure (s. a. S. 100), aliphatische Säurechloride, Di- und Trialkylphosphite (Vorprodukte für Pflanzenschutzmittel), Triarylphosphite (Kunststoffstabilisatoren), Hydroxyethandiphosphonsäure, Phosphorpentachlorid, -oxichlorid und -sulfochlorid.

Verwendung:

zur Herstellung von

- Phosphoriger Säure
- aliphatischen Säurechloriden
- Di- und Triestern der Phosphorigen Säure
- Hydroxyethandiphosphonsäure
- Phosphorpentachlorid, Phosphoroxichlorid, Phosphorsulfochlorid

Etwa 50% des in den USA hergestellten Phosphortrichlorids werden zu Phosphoroxichlorid umgesetzt.

Phosphorpentachlorid

Die Herstellung von Phosphorpentachlorid erfolgt kontinuierlich in mit Blei ausgekleideten Türmen, in denen

PCl_5

Herstellung:

$PCl_3 + Cl_2 \longrightarrow PCl_5$

Verwendung:

Als Chlorierungsmittel in der organischen Chemie

man von oben Phosphortrichlorid und von unten Chlor gegeneinander führt:

$$PCl_3 + Cl_2 \longrightarrow PCl_5$$

Das zum Boden absinkende Phosphorpentachlorid wird mit einer Schnecke ausgetragen.

Verwendung: Phosphorpentachlorid wird vor allem als Chlorierungsmittel in der organischen Chemie verwendet.

Phosphoroxichlorid

$POCl_3$

USA-Kapazität 1979:

$66 \cdot 10^3$ t/a

Für die USA wurden folgende Verbrauchszahlen für Phosphoroxichlorid genannt: 1978: 37.4; 1979: 39.3; 1983 (geschätzt): $41-44 \cdot 10^3$ t. Die USA-Kapazität betrug 1979 $66 \cdot 10^3$ t/a.

Herstellung:

$$2\,PCl_3 + O_2 \xrightarrow{50\text{ bis }60\,°C} 2\,POCl_3$$

Die Herstellung erfolgt technisch heute durch Reaktion von reinem Phosphortrichlorid mit Sauerstoff bei etwa 50 bis 60 °C unter Kühlung:

$$2\,PCl_3 + O_2 \xrightarrow{50\text{ bis }60\,°C} 2\,POCl_3$$

Es handelt sich um eine radikalisch ablaufende Reaktion, die durch geringe Mengen Schwefel oder Schwefel-Verbindungen, Eisen, Kupfer usw. inhibiert werden kann. Das Reaktionsprodukt kann zur Reinigung fraktioniert destilliert werden.

Wie weit die Herstellung aus Phosphorpentoxid und Phosphorpentachlorid (aus Phosphortrichlorid und Chlor) nach

$$P_2O_5 + 3\,PCl_3 + 3\,Cl_2 \longrightarrow 5\,POCl_3$$

heute noch technisch durchgeführt wird, ist nicht bekannt.

Verwendung:

vor allem zur Herstellung von aliphatischen und aromatischen Estern der Phosphorsäure

Verwendung: Phosphoroxichlorid braucht man vorwiegend zur Herstellung von alipathischen und aromatischen Estern der Phosphorsäure.

Phosphorsulfochlorid (Phosphorthiochlorid)

In den USA betrug 1978 die Phosphorsulfochlorid-Kapazität $6 \cdot 10^3$ t/a. Phosphorsulfochlorid kann entweder aus Phosphortrichlorid und Schwefel bei 180 °C im Autoklaven oder durch Durchleiten von Phosphortrichlorid-Dampf durch geschmolzenen Schwefel hergestellt werden:

$$PCl_3 + S \longrightarrow PSCl_3$$

$PSCl_3$
Herstellung:
$PCl_3 + S \longrightarrow PSCl_3$

Katalysatoren wie z. B. Aluminiumchlorid erniedrigen die Reaktionstemperatur soweit, daß die Reaktion in vorgelegtem Phosphorsulfochlorid durchgeführt werden kann. Die Reinigung erfolgt durch Destillation.

Verwendung: Aus Phosphorsulfochlorid werden hauptsächlich Esterchloride der Thiophosphorsäure (Vorprodukte für Pflanzenschutzmittel) hergestellt.

Verwendung:
Herstellung von Esterchloriden der Thiophosphorsäure (Vorprodukte für den Pflanzenschutz)

Säuren und Salze des Phosphors mit $P^{<5+}$

Unterphosphorige Säure und Hypophosphite

$Ca(H_2PO_2)_2$
Herstellung:
$2P_4 + 3Ca(OH)_2 + 6H_2O \longrightarrow 2PH_3 + 3Ca(H_2PO_2)_2$

Die Herstellung von Salzen der Unterphosphorigen Säure, den Hypophosphiten, erfolgt durch Reaktion von weißem Phosphor mit kochender Kalkmilch. Die Reaktion verläuft etwa nach der Gleichung:

$$2P_4 + 3Ca(OH)_2 + 6H_2O \longrightarrow 2PH_3 + 3Ca(H_2PO_2)_2$$

Daneben entstehen aber auch Wasserstoff und Calciumphosphit. Die analoge Reaktion des Phosphors mit Natronlauge liefert Natriumhypophosphit. Reaktion des Calciumhypophosphits mit Schwefelsäure liefert die freie Unterphosphorige Säure.

H_3PO_2
Herstellung:
aus dem Calciumsalz mit Schwefelsäure

Verwendung: Die Salze dienen vor allem zur chemischen Vernickelung (z. B. Abscheidung von Nickel-Phosphor-Schichten mit 8 bis 10% P, Kanigen®-Verfahren). In den USA wurden 1978 ca. $4 \cdot 10^3$ t Natriumhypophosphit (hergestellt aus etwa $2 \cdot 10^3$ t weißem Phosphor) für die stromlose Metallisierung verwandt.

Hypophosphite vor allem zur chemischen Vernickelung

Phosphorige Säure

H_3PO_3
Herstellung:
$PCl_3 + 3H_2O \longrightarrow H_3PO_3 + 3HCl$

Nach einem Verfahren der Hoechst AG wird Phosphorige Säure besonders elegant durch Versprühen von Phosphortrichlorid und Wasserdampf im Überschuß erhalten, wobei durch die Reaktionswärme der gebildete Chlorwasserstoff und das überschüssige Wasser abdestillieren.

$$PCl_3 + 3H_2O \longrightarrow H_3PO_3 + 3HCl$$

Verunreinigte Phosphorige Säure fällt bei der Verwendung von Phosphortrichlorid zur Herstellung von organischen Säurechloriden aus den Säuren an.

Verwendung:
zur Herstellung von
- basischem Bleiphosphit
- Phosphonsäuren
- als Reduktionsmittel

Verwendung: Phosphorige Säure wird zur Herstellung von basischem Bleiphosphit (PVC-Stabilisator), von Aminomethylenphosphonsäuren und Hydroxyethandiphosphonsäure sowie als Reduktionsmittel verwendet.

Literatur zu Kapitel 1.5 Phosphor

Übersichtsarbeiten:

J. R. van Wazer: *Phosphorus and its Compounds, Vol. 1 – Chemistry, Vol. 2 – Technology, Biological Functions and Applications*. Interscience Publishers, Inc., New York-London, 1958/1961.

Phosphoric Acid. Part I and II, A. V. Slack (ed.), Marcel Dekker Inc., New York, 1968.

R. Noyes: *Phosphoric Acid by the Wet Process*, Noyes Development Corp., Park Ridge, N. J., USA-London, 1967.

Kirk-Othmer: *Encyclopedia of Chemical Technology*, 2. Ed., Vol. 15, pp. 234 – 320, Interscience Publishers, a division of John Wiley & Sons, Inc., New York-London-Sydney-Toronto, 1968.

Ullmanns Encyklopädie der technischen Chemie. 4. Aufl. Bd. 18, Verlag Chemie, Weinheim-Deerfield Beach, Florida-Basel, 1979, S. 283 – 300: „Phosphor", S. 301 – 364: „Phosphoroxide, Phosphorsäuren, Phosphate", S. 365 – 375: „Phosphor-Verbindungen, anorganische, sonstige".

Winnacker-Küchler: *Chemische Technologie*. 4. Aufl., Bd. 2, „Anorganische Technologie I", Carl Hanser Verlag, München, 1982, S. 204 – 267.

Rohstoff Apatit:

Mineral Commodity Summaries. US Department of the Interior, Bureau of Mines, 1980, pp. 116 – 117.

Außenhandel – Fachserie 7, Reihe 2, Dezember und Jahr 1979, Herausgeber Statistisches Bundesamt Wiesbaden, Verlag W. Kohlhammer GmbH, Stuttgart und Mainz, S. 104.

Statictical Supplement Phosphorus and Potassium, Jan./Febr. 1982, p. 2. The British Sulphur Corporation, London.

D. Rohe, „Der Rohphosphatmarkt zeigt sich elastisch", *Chem. Ind.*, XXXIV, Mai 1982, S. 288 – 294.

Phosphorsäure:

Wirtschaftliche Angaben:

Chem. Eng. News, 15. 6. 1981, S. 10.

Inf. Chim., No. **211**, März 1981, S. 139 – 151.

Phosphoric Acids. Chemical Economics Handbook. Stanford Research Institute, Menlo Park, California, USA, August 1978.

Technische Angaben:

„Acide phosphorique: le procédé Rhone-Poulenc", *Inf. Chim.*, No. **207**, Nov. 1980, S. 251 – 262.

H. Harnisch, K. P. Ehlers und K. Schroedter, „Rohstoff- und energiesparende Verfahrensentwicklungen bei den Grundprodukten der anorganischen Phosphor-Chemie", *Chem. Ing. Techn.* **50**, (1978) S. 593 – 99.

K. P. Ehlers, „Reinigung von Naßphosphorsäure", *Ber. Bunsenges. phys. Chem.*, **83**, (1979), S. 1113 – 1116.

Chem. Age, 14. 11. 1980, S. S22 – S23.

Salze der Phosphorsäure:

Wirtschaftliche Angaben:

Chemical Economics Handbook. Stanford Research Institute, Menlo Park, California, USA: Potassium Phosphates, Dez. 1977. Sodium Phosphates, April 1978. Solid Ammonium Phosphates, Jan. 1978. Calcium Phosphates, Okt. 1978.
Phosphorus and Potassium **95**, Mai/Juni 1978, S. 37–40. **106**, März/April 1980, S. 31–33. **111**, Jan./Febr. 1981, S. 25–27. **114**, Juli/Aug. 1981, S. 18–21.
Chem. Mark. Rep., 3. 11. 80, S. 9. 1. 12. 80, S. 9

Technische Angaben:

G. Sorbe, „Probleme bei der Waschpulverherstellung mit vermindertem Phosphatgehalt", *Seifen-Öle-Fette-Wachse* **107**, (1981), S. 203–206.
Inf. Chim., No. **200**, Okt. 1980, 127–142.
Chem. Week, 3. 11. 1982, S. 20–21.

Elementarer Phosphor:

Wirtschaftliche Angaben:

Eur. Chem. News, 14. 9. 1981, S. 38.
Chem. Mark. Rep., 9. 8. 1981, S. 9.
Chem. Eng. News, 17. 3. 1980, S. 14.
„Phosphorus (Elemental)", *Chemical Economics Handbook*, Stanford Research Institute, Menlo Park, California, USA, März 1979.

Technische Angaben:

G. Breil, „Elektrothermische Erzeugung von Phosphor", *Chem.-Ing.-Tech.*, **42**, (1970), S. 213–218.
DOS 2 907 059 (Hoechst AG) (roter Phosphor)

Phosphorchloride, -oxide und -sulfide:

Wirtschaftliche Angaben:

„Phosphorus Chlorides, Sulfides and Oxides", *Chemical Economics Handbook*. Stanford Research Institute, Menlo Park, California, USA, Febr. 1980.
Chem. Mark. Rep., 13. 1. 1975, S. 9. 2. 7. 1979, S. 9.
Chem. Age, 27. 7. 1979, S. 12.
Chemical Profile, Phosphorus Trichloride, Schnell Publishing Company, Inc., 1. 1. 1978.

Technische Angaben:

R. Schuhmann und H. Matschiner, „Zur technischen Herstellung und Anwendung von Phosphortrichlorid im VEB Chemiekombinat Bitterfeld", *Chem. Tech.*, **33**, (1981), S. 190–192.

Technische Produktbeschreibungen:

Merkblätter der Hoechst AG (Werk Knapsack) zu:
weißem und rotem Phosphor,
Phosphorige Säure und thermische Phosphorsäure,
kondensierten Natrium- und Ammoniumphosphaten,
Phosphorchloriden, Phosphorpentoxid und -pentasulfid.

1.5.2 Organische Verbindungen des Phosphors

Folgende Stoffklassen werden behandelt:

- Ester der (Thio-)Phosphorsäure und ihre Derivate
- Ester der Phosphorigen Säure
- Phosphonsäuren

1.5.2.1 Wirtschaftliche Bedeutung

1.5.2.1.1 Phosphorsäuretriester

In den USA lag 1977 die Produktion von Phosphorsäuretriestern bei 50 · 10^3 t, davon waren 37 · 10^3 t aromatische und 13 · 10^3 t aliphatische Ester. Die Kapazität für Trikresylphosphat betrug 1978 in den USA 43 · 10^3 t/a. In Japan lag die Produktion in 1977 bei 5.3 · 10^3 t. Die westeuropäische Produktion dürfte etwa so groß wie die der USA sein. In diesen Zahlen sind die insektizid wirksamen Phosphorsäuretriester nicht enthalten. Deren Produktion wurde für die USA mit 95 · 10^3 t angegeben.

Phosphorsäuretriester-Produktion 1977

- in den USA:
  37 · 10^3 t aromatische
  13 · 10^3 t alipathische Triester
- in Japan:
  5.3 · 10^3 t Triester

1.5.2.1.2 Estersäuren des Phosphor(V)

Zu dieser Stoffklasse gehören die Phosphorsäurediester, Gemische von Mono- und Diestern und Gemische von Monoestern mit Phosphorsäure bzw. deren Salze.

Produktion von Estersäuren des Phosphor (V): in den USA 1978 17.2 $\cdot 10^3$ t

1978 wurden in den USA 17.2 $\cdot$ 10^3 t produziert. Für Europa wird für 1977 ein Umsatz von 1 $\cdot$ 10^3 t für den Teil dieser Stoffklasse, der in den Waschmittel- und Reinigungssektor geht, geschätzt.

1.5.2.1.3 Derivate der Thiophosphorsäure

Hier liegt nur eine Angabe über den Anteil der Thiophosphorsäurederivate vor, der in den Flotationsmittelmarkt geht: 1 $\cdot$ 10^3 t in der westlichen Welt (1977).

1.5.2.1.4 Ester der Phosphorigen Säure, Phosphonsäuren

Zu den Estern der Phosphorigen Säure und zu den Phosphonsäuren liegen keine Angaben vor außer einer Kapazitätsangabe für 1-Hydroxyethan-1,1-diphosphonsäure: Die Kapazität der Firma Albright and Wilson ist größer als 1000 t/a.

1.5.2.2 Herstellung von organischen Verbindungen des Phosphors

1.5.2.2.1 Phosphorsäuretriestern

Triarylphosphate

Aromatische Triester der Phosphorsäure:

Triphenylphosphat, Diphenylkresylphosphat, Trikresylphosphat, gemischte Isopropylphenyl-phenylphosphate

Zu diesen Stoffgruppen gehören Triphenylphosphat, Diphenylkresylphosphat, Trikresylphosphat und gemischte Isopropylphenyl-phenylphosphate. Ihre Herstellung erfolgt durch Umsetzung von Phosphoroxichlorid mit den entsprechenden Phenolen bzw. deren Mischungen – in geringem Überschuß – oberhalb 140 °C:

Herstellung durch Reaktion von Phosphoroxichlorid mit den Phenolen in Gegenwart von Katalysatoren bei erhöhter Temperatur

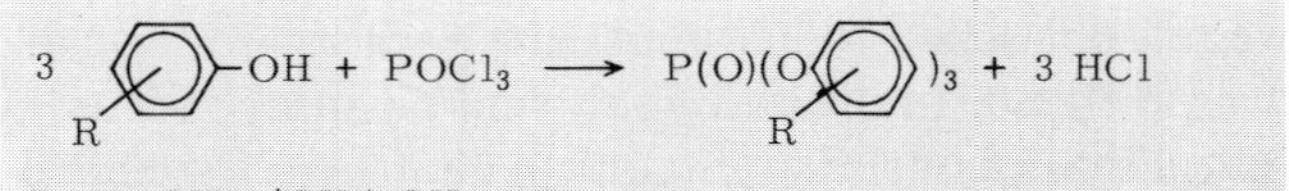

R: H, CH_3, $(CH_3)_2CH$

Aus toxikologischen Gründen darf o-Kresol nicht verwendet werden.

Zur Herstellung der gemischten Isopropylphenyl-phenylphosphate setzt man Phenol-Gemische ein, die durch Alkylierung von Phenol mit Propen erhalten wurden. Die Umsetzung wird in Gegenwart von Katalysatoren (Salze des Kaliums oder Magnesiums) durchgeführt. Mit wachsendem Umsetzungsgrad steigt die Reaktionstemperatur an; der Chlorwasserstoff entweicht gasförmig. Nach beendeter Reaktion wird das überschüssige Phenol abdestilliert. Der Phosphorsäureester kann durch Destillation gereinigt werden. Letzte Spuren von Phenolen und Estersäuren kann man durch Wäsche mit sehr verdünnter Natronlauge entfernen.

Diarylalkylphosphate

Hergestellt werden vor allem Diphenylbutyl-, Diphenyl-2-(ethylhexyl)- und Diphenylisodecylphosphat. Man arbeitet zweistufig: Zunächst wird der Alkohol mit überschüssigem Phosphoroxichlorid zum Alkylesterdichlorid umgesetzt:

Herstellung von Diarylalkylphosphaten:

1. Stufe: Umsetzung des Alkohols mit Phosphoroxichlorid zum Esterdichlorid $ROP(O)Cl_2$
2. Stufe: Umsetzung des Esterdichlorids mit wäßriger Natriumphenolat-Lösung

$$ROH + POCl_3 \longrightarrow ROP(O)Cl_2 + HCl$$

R: Butyl, 2-Ethylhexyl, Isodecyl

Nach dem Abdestillieren des überschüssigen Phosphoroxichlorids wird in der zweiten Stufe das Esterdichlorid mit einer wäßrigen Lösung des Natriumphenolats in einer Zweiphasen-Reaktion zum Triester umgesetzt:

$$ROP(O)Cl_2 + 2NaOC_6H_5 \longrightarrow ROP(O)(OC_6H_5)_2 + 2NaCl$$

Trialkylphosphate

Man erhält sie durch Reaktion von Phosphoroxichlorid mit überschüssigem Alkohol – besonders Ethanol, Butanol, Isobutanol, 2-Ethylhexanol:

Herstellung von Trialkylphosphaten aus Phosphoroxichlorid und überschüssigem Alkohol und anschließende Neutralisation mit wäßrigem Alkali

$$(3 + n)ROH + POCl_3 \longrightarrow P(O)(OR)_3 + (nROH \cdot 3\,HCl)$$

R: Ethyl, Butyl, Isobutyl, 2-Ethylhexyl

Der Überschuß an Alkohol ist erforderlich, um die Spaltung des gebildeten Triesters durch den Chlorwasserstoff – Bildung von Alkylchloriden und Estersäuren – zurückzudrängen. Die Aufarbeitung geschieht durch Neutralisation des Reaktionsgemisches mit wäßrigem Alkali und Phasentrennung. (Bei der Triethylphosphat-Herstellung muß, da dieser Ester wasserlöslich ist, mit einem Extraktionsmittel gearbeitet werden.) Aus der organischen Phase wird der überschüssige Alkohol abdestilliert und Triethyl- und Tributylphosphat durch Destillation gereinigt. Aus der wäßrigen Phase können nach Ansäuern Dibutyl- und Di-(2-ethylhexyl)-phosphat, die in geringem Umfang als Nebenprodukte gebildet werden, gewonnen werden.

Herstellung von Trichloralkylphosphaten aus Phosphoroxichlorid und Alkylenoxiden in Gegenwart von Katalysatoren

Chloralkylester der Phosphorsäure erhält man durch Reaktion von Alkylenoxiden mit Phosphoroxichlorid in Gegenwart von Katalysatoren (Aluminiumtrichlorid, Titantetrachlorid) in exothermer Reaktion:

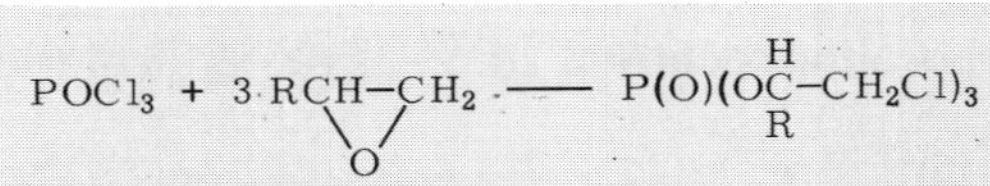

R = H, CH_3, CH_2Cl

Die gebildeten Ester können nur durch Wäsche – zuerst sauer zur Entfernung der Katalysatoren, dann alkalisch zur Entfernung von Estersäuren – aufgearbeitet werden, da sie sich bei höheren Temperaturen leicht zersetzen.

Herstellung von Estersäuren des Phosphor(V):

- Als Nebenprodukt bei der Triester-Herstellung
- aus Phosphorpentoxid und Alkoholen
- aus Polyphosphorsäure und Alkoholen

1.5.2.2.2 Estersäuren des Phosphor(V)

Man erhält

- Diester z. B. als Nebenprodukt bei der Herstellung der aliphatischen Triester (s. oben)
- Gemische von Mono- und Diestern durch Reaktion von Phosphorpentoxid mit Alkoholen:

$$P_2O_5 + 3\,ROH \longrightarrow (RO)_2P(O)OH + ROP(O)(OH)_2$$

- Gemische von Monoestern mit freier Phosphorsäure durch Reaktion der Alkohole mit Polyphosphorsäure.

Hergestellt wird eine große Zahl von verschiedenen Verbindungen, wobei Alkohole von Methanol bis Octadecanol eingesetzt werden. Die Estersäuren werden z. T. auch in Form ihrer Salze, z. B. mit Alkanolaminen, in den Handel gebracht.

1.5.2.2.3 Thiophosphorsäure- Derivate

Dithiophosphorsäure-diester werden durch Umsetzung von Phosphorpentasulfid mit Alkoholen oder Phenolen erhalten:

$$P_2S_5 + 4ROH \longrightarrow 2(RO)_2P(S)SH - H_2S$$

R: CH_3, C_2H_5, C_nH_{2n+1} ($n \geq 5$), Kresyl

Die exotherme Reaktion muß unter Kühlung durchgeführt werden.

Durch Chlorierung der Dialkyldithiophosphorsäuren (R: Methyl, Ethyl) erhält man die – als Vorprodukt für Pflanzenschutzmittel wichtigen – Esterchloride der Thiophosphorsäure:

$$(RO)_2P(S)SH + 1.5\,Cl_2 \longrightarrow (RO)_2P(S)Cl + 0.5\,S_2Cl_2 + HCl$$

R: CH_3, C_2H_5

Man kann diese aber auch aus Phosphorsulfochlorid gewinnen:

$$PSCl_3 + 2NaOR \longrightarrow (RO)_2P(S)Cl + 2NaCl$$

Herstellung von Thiophosphorsäure-Derivaten:

- Diorganyldithiophosphorsäuren $(RO)_2P(S)SH$ aus Phosphorpentasulfid und Alkoholen oder Phenolen.
- Dialkylthiophosphorsäurechloride $(RO)_2P(S)Cl$ aus Dialkyldithiophosphorsäuren durch Chlorierung oder aus Phosphorsulfochlorid und Natriumalkoholat

1.5.2.2.4 Phosphorigsäureester

Triarylphosphite

Man erhält sie – in Analogie zu den Phosphorsäureestern – durch Reaktion von Phosphortrichlorid mit Phenolen:

Herstellung von Triarylphosphiten:
aus Phosphortrichlorid und Phenolen

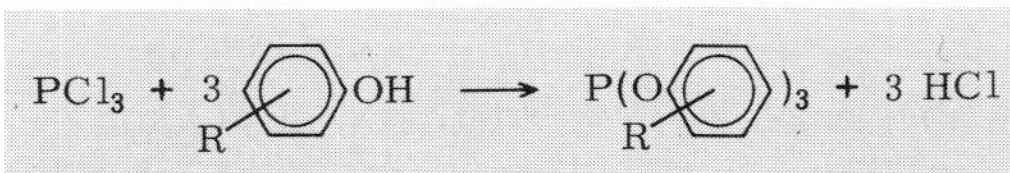

R vor allem: H, i-C_9H_{19}

Triphenylphosphit wird durch Destillation gereinigt.

Herstellung von Trialkylphosphiten:
aus Phosphortrichlorid und Alkoholen in Gegenwart von Basen

Trialkylphosphite

Wegen ihrer hohen Empfindlichkeit gegen Chlorwasserstoff kann die Synthese der aliphatischen Phosphorigsäuretriester aus Phosphortrichlorid und Alkoholen nur in Gegenwart molarer Mengen an anorganischen oder organischen Basen erfolgen:

$$PCl_3 + 3ROH + 3B \longrightarrow P(OR)_3 + 3B \cdot HCl$$

R vor allem: CH_3, C_2H_5;

B: Ammoniak, Anilin, Dimethylamin u.a.

Die Reaktion ist stark exotherm, es muß gekühlt werden. Die ausgeübten Verfahren unterscheiden sich in den Reaktionsbedingungen (Lösungsmittel, Temperatur), der eingesetzten Base und der Aufarbeitung des Reaktionsgemisches. Die Ester lassen sich durch Destillation reinigen.

Herstellung von Trichloralalkylphosphiten:
aus Phosphortrichlorid und Alkylenoxiden

Chloralkylester erhält man durch Reaktion von Phosphortrichlorid mit Alkylenoxiden, ggf. in Gegenwart von Katalysatoren:

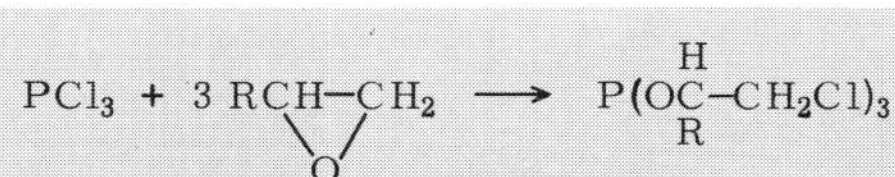

R vor allem: H, CH_3

Dialkylphosphite

Herstellung von Dialkylphosphiten:
aus Phosphortrichlorid und Alkoholen in Abwesenheit von Basen

Durch Reaktion von Alkoholen mit Phosphortrichlorid in Abwesenheit von Base erhält man die Phosphorigsäurediester:

$$PCl_3 + 3ROH \longrightarrow (RO)_2P(O)H + RCl + 2HCl$$

R besonders: CH_3, C_2H_5

Bei der stark exothermen Reaktion muß dafür gesorgt werden, daß der Chlorwasserstoff schnell aus dem Reaktionsgemisch entfernt wird, um eine Dealkylierung der gebildeten Ester zu vermeiden. Die Phosphorigsäurediester können durch Destillation gereinigt werden.

1.5.2.2.5 Phosphonsäuren

Im technischen Maßstab werden drei Typen von Phosphonsäuren hergestellt:

- Aminoalkanpolyphosphonsäuren
- Hydroxyalkandiphosphonsäuren, besonders die 1-Hydroxyethan-1,1-diphosphonsäure
- Phosphonocarbonsäuren, besonders die 2-Phosphonobutan-1,2,4-tricarbonsäure

Aminoalkanpolyphosphonsäuren erhält man durch Reaktion von Ammoniak oder Aminen mit Formaldehyd und Phosphoriger Säure in stark salzsaurer Lösung:

Herstellung von Aminoalkanpolyphosphonsäuren:

aus Ammoniak oder Aminen, Formaldehyd und Phosphoriger Säure in salzsaurer Lösung

$$NH_3 + 3CH_2O + 3H_3PO_3 \xrightarrow{HCl}$$
$$N[CH_2P(O)(OH)_2]_3 + 3H_2O$$
$$H_2NCH_2CH_2NH_2 + 4CH_2O + 4H_3PO_3 \xrightarrow{HCl}$$
$$[(HO)_2P(O)CH_2]_2NCH_2CH_2N[CH_2P(O)(OH)_2]_2 + 4H_2O$$

Die Säuren lassen sich durch Kristallisation rein darstellen.

Hydroxyethandiphosphonsäure läßt sich durch Reaktion von Essigsäureanhydrid mit Phosphoriger Säure herstellen:

Herstellung von 1-Hydroxy-ethan-1,1-diphosphonsäure:

aus Phosphoriger Säure und Essigsäureanhydrid

$$2H_3PO_3 + (CH_3CO)_2O \longrightarrow CH_3C(OH)[P(O)(OH)_2]_2 + CH_3COOH$$

Die Reaktion verläuft über Zwischenstufen.

Herstellung von 2-Phosphonobutan-1,2,4-tricarbonsäure:

1. Stufe: Dimethylphosphit und Maleinsäuredimethylester werden zum Phosphonobernsteinsäureester umgesetzt.
2. Stufe: Addition von Acrylsäuremethylester zum Phosphonobutantricarbonsäure-pentamethylester
3. Stufe: Verseifung zur freien Säure

2-Phosphonobutan-1,2,4-tricarbonsäure wird in einem dreistufigen Prozess gewonnen: Zunächst wird aus Maleinsäuredimethylester und Dimethylphosphit in Gegenwart von Natriummethylat als Katalysator der Phosphonobernsteinsäureester hergestellt:

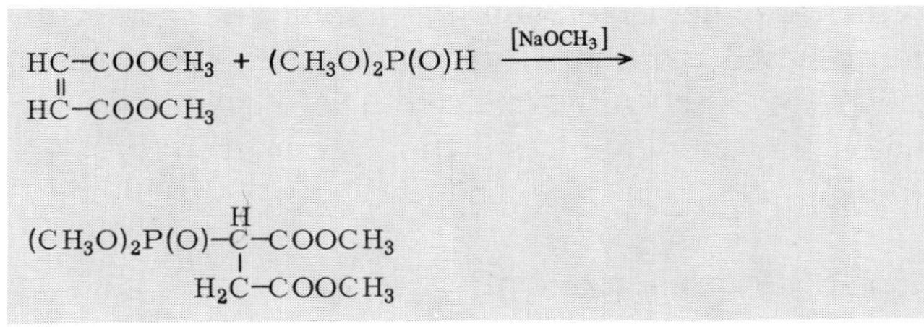

Dieser Ester wird dann mit Acrylsäuremethylester wiederum in Gegenwart katalytischer Mengen Natriummethylat zum Phosphonobutantricarbonsäure-pentamethylester umgesetzt:

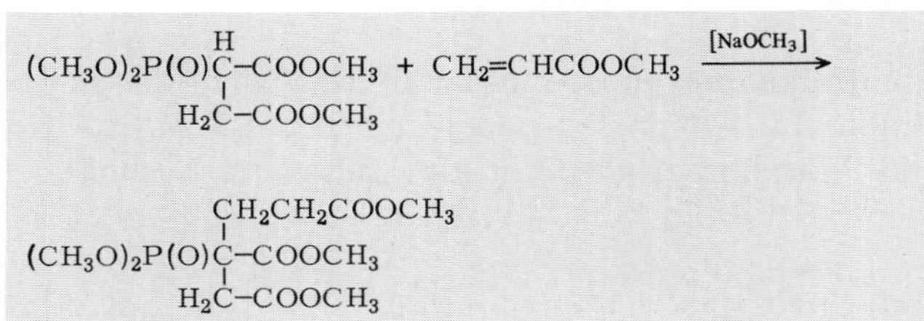

Der Ester wird anschließend zur freien Säure verseift.

1.5.2.3 Verwendung von organischen Verbindungen des Phosphors

1.5.2.3.1 Phosphorsäuretriester

Anwendung der Triarylphosphate:

- hauptsächlich als flammhemmende Weichmacher
- Hydraulikflüssigkeiten

Triphenylphosphat wird Celluloseacetat und Polyphenylenoxid-Kunststoffen zugesetzt, um ihnen flammhemmende Eigenschaften zu verleihen. Aus dem gleichen Grund verwendet man in Polyvinylchlorid Trikresylphosphat, Diphenylkresylphosphat und neuerdings bevorzugt gemischte Isopropylphenyl-phenylphosphate als Weichmacher. Dabei stehen diese relativ teuren Verbindungen in Konkurrenz zu Phthalsäureestern (als Weichmacher) und Antimontrioxid (als flammhemmendes Mittel). Diphenyl-(2-ethylhexyl)-phosphat dient als Weichmacher für Polyvinylchlorid, das im Lebensmittelsektor Verwendung findet. Diphenylbutylphosphat wird als Hydrauliköl gebraucht.

Triethylphosphat wird als Katalysator zur Herstellung von Keten aus Essigsäure und zur Phlegmatisierung von Hydroperoxiden verwendet.

Anwendung der Trialkylphosphate:

- in einer Vielzahl von Gebieten

Tributylphosphat (wie auch Triisobutylphosphat) dient als Entschäumer, u. a. in der Papierindustrie. Es wird außerdem als Hydraulikflüssigkeit und als Extraktionsmittel im Purex-Prozeß für Uran und Plutonium und zur Extraktion von reiner Phosphorsäure aus Aufschlußsäure gebraucht. Tris-(2-ethylhexyl)-phosphat ist ein Spezialweichmacher für Polyvinylchlorid und dient als Co-Lösungsmittel bei der Wasserstoffperoxid-Herstellung nach dem Anthrachinon-Verfahren. Die Chlor enthaltenden Ester, vor allem Tris-(2-chlorethyl)- und Tris-(2-chlorisopropyl)-phosphat, werden bevorzugt in Polyurethan-Schäumen zur Verminderung der Entzündbarkeit eingesetzt.

1.5.2.3.2 Estersäuren des Phosphor(V)

Estersäuren des Phosphor(V) werden vielseitig angewendet, wie die folgenden Beispiele zeigen:

Verwendung der Estersäuren des Phosphor (V):

- Extraktionsmittel
- Zusatz zu Reinigungsmitteln
- als Antistatika u. a. m.

Di-(2-ethylhexyl)-phosphat dient als Extraktionsmittel zur Gewinnung von Uran aus Aufschlußphosphorsäure, zur Extraktion von Zink aus wäßrigen Lösungen und, in der Form des Alkanolamin-Salzes, als Antistatikum in der Textilherstellung.

Gemische von Mono- und Dibutylphosphat sind in technischen Reinigungsmitteln enthalten.

Monooctadecylphosphat wird (als Triethanolamin-Salz) Geschirrspülmitteln usw. zugesetzt.

1.5.2.3.3 Thiophosphorsäure-Derivate

Verwendung von Derivaten der Thiophosphorsäure:

- Vorprodukte für Pflanzenschutzmittel
- Schmieröl-Additive
- als Flotationsmittel

Die niederen Dialkyldithiophosphorsäuren wie auch die Thiophosphorsäure-diesterchloride sind wichtige Ausgangsprodukte für Pflanzenschutzmittel.

Typische Beispiele hierfür sind die Umsetzung von 0.0-Dimethyldithiophosphorsäure mit Maleinsäuredimethylester zum Malathion:

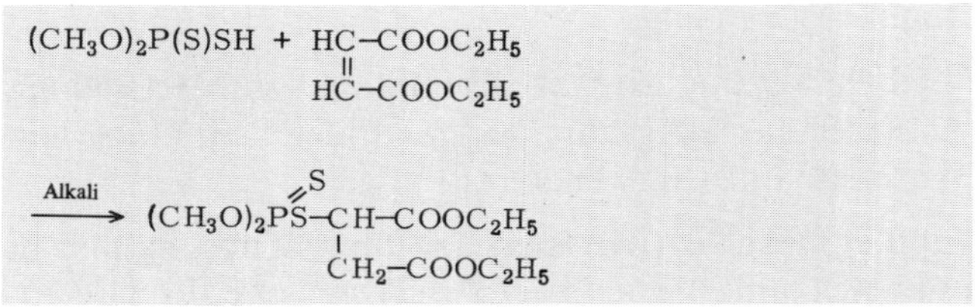

sowie die Reaktion von Diethylthiophosphorsäurechlorid und dem Natriumsalz des p-Nitrophenols zum Parathion (E 605®):

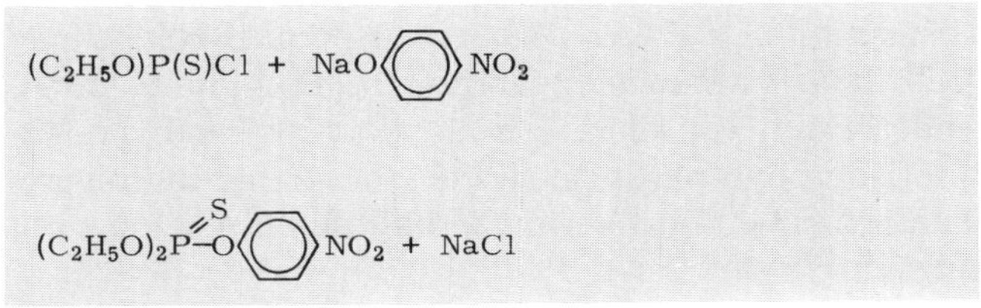

Die höheren Dialkyldithiophosphorsäuren werden (als Zinksalze) in Schmierölen und als Flotationsmittel eingesetzt.

1.5.2.3.4 Phosphorigsäureester

Phosphorigsäureester, aromatische:

Antioxidantien, Stabilisatoren

Triphenylphosphit und Tris-nonylphenylphosphit werden als Antioxidantien und Stabilisatoren Kunststoffen, Gummi und Schmierölen zugesetzt.

aliphatische:

Vorprodukte für Insektizide, veterinärmedizinische Produkte

Trimethyl- und Triethylphosphit sowie Dimethyl- und Diethylphosphit sind wichtige Ausgangsmaterialien für Insektizide und veterinärmedizinische Produkte.

Die Reaktion von Trimethylphosphit mit Chloracetessigester führt zu einem Phosphorsäure-enolester (Phosdrin®):

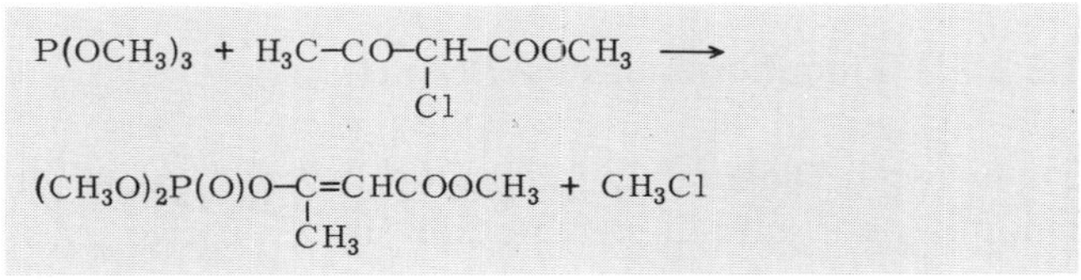

Mit Chloral wird das DDVP erhalten:

$$P(OCH_3)_3 + Cl_3CCHO \longrightarrow (CH_3O)_2P(O)O\text{-}CH{=}CCl_2 + CH_3Cl$$

Aus Dimethylphosphit und Chloral entsteht das Dipterex®:

$$(CH_3O)_2P(O)H + Cl_3CCHO \longrightarrow (CH_3O)_2P(O)CH(OH)CCl_3$$

Dimethylphosphit ist Ausgangsmaterial zur Herstellung der Phosphonobutantricarbonsäure.

Tris-(2-chlorethyl)-phosphit läßt sich in Chlorethanphosphonsäure-di-(2-chlorethyl)-ester umlagern, aus dem man durch Chlorwasserstoff-Abspaltung den Vinylphosphonsäure-di-(2-chlorethyl)-ester gewinnen kann, der als reaktives Flammenschutzmittel verwendet wird.

1.5.2.3.5 Phosphonsäuren

Aminoalkanphosphonsäuren, 1-Hydroxyethan-1,1-diphosphonsäure und die 2-Phosphonobutan-1,2,4-tricarbonsäure werden hauptsächlich eingesetzt, um Calciumcarbonat-Abscheidung aus Wasser zu verhindern. Man nimmt dabei nur unterstöchiometrische Mengen („Threshold-Effekt“). Praktische Verwendung finden diese Säuren in technischen Reinigungsmitteln, in Kühltürmen, bei der Erdölförderung u. a.

Verwendung von Phosphonsäuren:

zur Verhinderung der Abscheidung von Kalk aus Wasser.
Verwendung in technischen Reinigungsmitteln, in Kühltürmen, bei der Erdölförderung

Literatur zu Kapitel 1.5.2 Organische Verbindungen des Phosphors

Übersichtsarbeiten:

Ullmanns Encyklopädie der technischen Chemie. 4. Aufl., Bd. 18, S. 377–398, Verlag Chemie, Weinheim-Deerfield Beach-Basel, 1979.

Kirk-Othmer: *Encyclopedia of Chemical Technology,* 3rd. Ed. Vol. 17, p. 490–539, John Wiley & Sons, New York, 1982.

Wirtschaftliche Angaben:

Chemical Economics Handbook, Stanford Research Institute, Menlo Park, California, USA:
- Plasticizers, Jan. 1979
- Cresols and Cresylic Acid, Mai 1979
- Organic Rubber Antioxidants, April 1979
- Aliphatic Alcohols (C_{12} and higher), Juni 1977
- Major Synthetic Organic Surface-active Agents, Febr. 1980.

Eur. Chem. News, 1. 4. 1977, p. 12.

Chem. Mark. Rep., 1. 5. 1978, p. 9.

1.6 Schwefel und Schwefel-Verbindungen

1.6.1 Schwefel

1.6.1.1 Vorkommen

Vorkommen als:

- elementarer Schwefel in sedimentären Lagerstätten oder solchen vulkanischen Ursprungs
- Sulfate (Gips)
- Sulfide (anorganischer oder organischer Natur in Erzen bzw. Kohle, Erdöl und Erdgas)
- H_2S in Erdgasen

Schwefel ist auf der Erde weit verbreitet. Man findet ihn als elementaren Schwefel in sedimentären Lagerstätten (domartige Formationen von Steinsalz, Gips und Kalkstein, vor allem in der mexikanischen Bucht, Sizilien und Polen) oder in Lagerstätten vulkanischen Ursprungs (z. B. im ostasiatischen Becken entlang der Philippinen und Japan).

In nichtelementarer Form kommt er in Sulfaten (Gips), in sulfidischen Erzen (z. B. in Schwefelkies, Kupfer-, Zink-, Blei-, Nickel- und Cobaltsulfiden) sowie in fossilen Brennstoffen vor, wobei er in Erdgas und Öl sowohl an Wasserstoff als auch an Kohlenstoff gebunden vorliegt, in der Kohle als anorganisches oder organisches Sulfid. Die Bedeutung der Schwefel-Vorkommen in Erdgas und Erdöl als Rohstoffquelle für Schwefel-Verbindungen wächst. Die Weltreserven des Schwefels sind groß.

1.6.1.2 Gewinnung

1.6.1.2.1 aus Elementarschwefel-Vorkommen

Gewinnung:

- aus Elementarschwefelvorkommen
- durch Einpressen von heißem Wasser (Frasch-Verfahren)

Aus tiefer liegenden Lagerstätten einer bestimmten geologischen Struktur, wie sie in Salzdomen (auf Salz sitzen undurchlässige Schichten von Anhydrit, darüber liegt Schwefel-haltiger Kalk) z. B. längs des Golfes von Mexiko, in Canada oder im Iran vorliegen, wird elementarer Schwefel durch Einpressen von heißem Wasser (ca. 165 °C) unter Druck (ca. 25 bar) und Herauspumpen des geschmolzenen flüssigen Schwefels gewonnen (Frasch-Verfahren). Dazu werden in ein Bohrloch, welches bis in die Anhydrid-Schicht des Domes getrieben wird, drei koaxiale Rohre eingebracht. Das äußere Rohr ist am unteren Ende mit Schlitzen versehen und wird bis auf den Grund des Bohrloches abgelassen. Das eingepreßte heiße Wasser tritt aus den Schlitzen aus, schmilzt den Schwefel in der Umgebung auf und drückt ihn durch die unteren Schlitze des äußeren Rohres in das Rohrinnere, wo die Schwefelschmelze nach oben in das Innenrohr steigt. Durch Einblasen von Preßluft (40 bar) über das innerste Rohr wird der geschmolzene Schwefel nach oben gedrückt. Die Wirkungsgrenze einer Bohrung liegt bei etwa 50 bis 80 m, die Ausbeute eines Bohrloches reicht bis zu 300 t Schwefel pro Tag.

Liegen die sedimentären Lagerstätten in der Nähe der Erdoberfläche, so wird das Schwefelerz bergmännisch abgebaut. Gewonnen wird der Schwefel aus diesen Schwefelerzen durch Ausschmelzen (Sizilien) bzw. durch Destillation bei Temperaturen oberhalb 440 °C. Auch die Kombination von Flotation mit anschließendem Ausschmelzen wird praktiziert (Polen).

- bergmännischer Abbau mit anschließender Flotation, Ausschmelzen oder Destillation

1.6.1.2.2 aus Schwefelwasserstoff und Schwefeldioxid

Schwefelwasserstoff ist u. a. in Erdgas, Raffinerie-, Synthese- und Koksofengas enthalten. Er muß vor der Verwendung bzw. Weiterverarbeitung dieser Gase entfernt werden. Dies geschieht durch chemische oder physikalische Wäschen; durch Regeneration der Absorptionsflüssigkeiten gewinnt man Schwefelwasserstoff in konzentrierter Form.

- aus H_2S (Erdgas, Erdöl, Kohle): durch Oxidation nach dem Claus-Prozeß

Die Überführung von Schwefelwasserstoff in elementaren Schwefel erfolgt mit Hilfe des exotherm verlaufenden Claus-Prozesses.

Eine typische Claus-Anlage besteht aus Brennkammer, Abhitzekessel und zwei Reaktoren, die mit Katalysator gefüllt sind. Das Schwefelwasserstoff-haltige Gas wird zusammen mit der stöchiometrischen Menge an Luft und Heizgas in die Brennkammer geleitet, wo ca. 60 bis 70% des Schwefelwasserstoffs in Schwefel umgewandelt werden und die Reaktionen

Claus-Verfahren beinhaltet:

- Brennkammer
- Abhitzekessel
- 2 katalysatorgefüllte Reaktoren

$$2\,H_2S + O_2 \rightleftharpoons S_2 + 2\,H_2O\,,$$

$$2\,H_2S + SO_2 \rightleftharpoons 3/8\,S_8 + 2\,H_2O$$

ablaufen.

Das aus der Brennkammer kommende Prozeßgas wird im Abhitzekessel auf die im ersten Reaktor benötigte Reaktionstemperatur von etwa 300 °C abgekühlt. In diesem Reaktor, der mit einem Cobalt-Molybdän-Katalysator (auf Aluminiumoxid als Träger) gefüllt ist, wird die Umsetzung bis zu 80 bis 85% Schwefelwasserstoff-Umwandlung weitergeführt. Nach Auskondensieren des gebildeten Schwefels bei Temperaturen unterhalb 170 °C bringt man die Reaktionsgase auf die Reaktionstemperatur des zweiten Reaktors (ca. 220 °C), wo an hochaktiven Aluminiumoxid-Katalysatoren mit großer Oberfläche (200 bis 300 m^2/g) die Restmengen Schwefelwasserstoff und Schwefeldioxid miteinander reagieren.

Die Schwefel-Ausbeuten liegen zwischen 96% (bei zwei Kontaktöfen) und 98% (bei drei Kontaktöfen). Die Abgase aus Claus-Anlagen müssen gereinigt werden; dazu gibt es eine Reihe von Verfahren.

1.6.1.2.3 aus Pyrit

- aus Pyrit
  durch Erhitzen in Abwesenheit von Luft (Outokumpu-Prozeß)

Durch Erhitzen von Schwefelkies auf etwa 1200 °C unter Luftausschluß spaltet sich Schwefel ab unter Bildung von flüssigem Eisen(II)-sulfid (Outokumpu-Verfahren).

1.6.1.3 Wirtschaftliche Bedeutung

Schwefel-Produktion 1980
(Mio. t S)

- Elementarschwefel

Westliche Welt	25.97
davon Frasch	8.785
davon aus Erdgas und Erdöl	16.985

- Schwefel in allen Formen

Westliche Welt	36.4
davon Pyrit	4.195
davon S in anderer Form	6.235

1980 sollen weltweit 37.9 Mio. t elementaren Schwefels produziert worden sein; in der westlichen Welt waren es 25.97 Mio. t.

Der Elementarschwefel-Anteil aus Erdgas und Erdöl überwiegt dabei eindeutig gegenüber Frasch-Schwefel. Größter Frasch-Schwefel-Produzent sind die USA (1981 6.35 Mio. t); Canada ist mit 6.0 Mio. t Schwefel (1980) der bedeutendste Hersteller von Schwefel aus Erdgas.

An Schwefel-haltigen Rohstoffen für die Folgeindustrie sollen, als Schwefel gerechnet, 1980 insgesamt weltweit 62.2 Mio. t gewonnen worden sein; auf die westliche Welt entfallen 36.4 Mio. t. Der größte Teil davon (ca. 71%) ist elementarer Schwefel. Pyrit macht rund 11% aus; der Rest kommt u. a. aus Abröstgasen von Nichteisenmetallsulfiden, aus Schwefelwasserstoff und Gips.

1.6.1.4 Verwendung

Der größte Teil des Elementarschwefels (ca. 85 bis 90%) wird für die Herstellung von Schwefelsäure verbraucht.

Eingesetzt wird Elementarschwefel ferner für die Herstellung von Schwefeldioxid, von Vulkanisationsmitteln, von Schwefel-haltigen Kitten, von Schwarzpulver und Feuerwerkskörpern, zur Kautschukvulkanisation, zur Produktion von Schwefelkohlenstoff, Phosphorpentasulfid und Schwefelfarbstoffen sowie in der Pharmazie.

Verwendung:

- 85 bis 90% in H_2SO_4-Herstellung
- Rest für Erzeugung von SO_2, Kautschukvulkanisationsmittel, CS_2 und P_2S_5, Kitten, Schwarzpulver, Schwefelfarben, Schwefelbeton, Papier. Anwendung in Straßenbelägen wird erschlossen

Neu ist die Verwendung im Schwefelbeton, in dem Schwefel als Bindemittel in Gemischen mit Sand dient, oder zur Herstellung von Straßenbelägen, wobei bis zu 52% des Asphalts gegen Schwefel ohne nachteilige Wirkung ausgetauscht werden können. Es gibt bereits einige Versuchsstrecken in den USA, Canada und Europa.

1.6.2 Schwefelsäure

1.6.2.1 Wirtschaftliche Bedeutung

Schwefelsäure wird in vielen chemischen Prozessen eingesetzt; sie ist daher eines der Grundprodukte der chemischen Industrie. Lange Zeit war sie ein Indikator für den Leistungsstand der chemischen Industrie des jeweiligen Landes. In jüngerer Zeit aber wurden eine Reihe großtechnischer Verfahren so umgestellt, daß sie ohne Schwefelsäure auskommen. Die Mengen an weltweit produzierter Schwefelsäure sind mit z. B. rund 137 Mio. t 1980 trotzdem nach wie vor sehr hoch. 1981 ging die Produktion von frischer Schwefelsäure in der EG mit 17.8 Mio. t um 8.2% gegenüber 1980 zurück.

Schwefelsäureproduktion 1980 (in Mio. t 100%ige H_2SO_4)

Welt	137.3
USA/Canada	41.0
Ostblock	43.0
Westeuropa	27.0
BRD	4.2
Frankreich	4.8
Großbritannien	3.4

1.6.2.2 Ausgangsstoffe für Schwefelsäure

Schwefelsäure wird aus Schwefeldioxid hergestellt, welches zu Schwefeltrioxid oxidiert wird. Dieses setzt man mit Wasser in konzentrierter Schwefelsäure zu Schwefelsäure um.

H_2SO_4 hergestellt aus

- SO_2 (Frischsäure)
- gebrauchten Schwefelsäuren

$$SO_2 + 1/2\,O_2 \longrightarrow SO_3 \xrightarrow[(\text{in } H_2SO_4)]{+\,H_2O} H_2SO_4$$

Neben dieser Frischsäure gibt es noch Schwefelsäuren, die durch Aufarbeitung gebrauchter Schwefelsäuren gewonnen werden.

1.6.2.2.1 Schwefelsäure aus Schwefeldioxid

Herstellung von SO_2 durch:

- Verbrennen von S oder H_2S
- Abrösten von Metallsulfiden
- Spalten von Abfallschwefelsäuren bzw. Metallsulfaten

Das Ausgangsprodukt Schwefeldioxid stellt man aus Elementarschwefel oder Schwefelwasserstoff durch Verbrennen her oder durch Abrösten von Pyrit, Kupfer-, Zink- oder Bleisulfid sowie (aus Umweltschutzgründen) durch Spalten von Abfallschwefelsäuren oder von Metallsulfaten.

Anteil Rohstoffe an Produktion H_2SO_4 in BRD und USA [%]

	BRD		USA
	1955	1977	1977
Pyrit	77	17	1.29
S	0	58	83.8
CuS, ZnS, PbS	15	21	9.5
Sonstige	8	4	5.4

In den letzten 20 bis 25 Jahren hat sich die Herstellung von Schwefeldioxid bzw. Schwefelsäure, wie man am Beispiel der Bundesrepublik Deutschland und den USA ablesen kann, immer stärker auf Elementarschwefel als Rohstoff ausgerichtet. 1977 wurden bereits 58% der Schwefelsäure aus Schwefel hergestellt, in den USA waren es sogar ca. 84%.

Bedeutung der Rohstoffe für SO_2/H_2SO_4:

- wichtigster Rohstoff ist Elementarschwefel
- Bedeutung von Pyrit stark zurückgegangen (aus Kosten- und Umweltschutzgründen)
- Zinkblende, Bleiglanz und Kupferkies (liefern sog. Metallsäure) behaupten sich
- Abfallschwefelsäuren im Kommen

In der Bundesrepublik Deutschland ist der Anteil von Zinkblende, Bleiglanz und Kupferkies ungefähr gleich geblieben. Diese Erze werden in erster Linie zur Metallgewinnung eingesetzt; als Nebenprodukt fällt dabei Schwefelsäure (sog. Metallsäure) an. Der Anteil von Gips als Rohstoff für Schwefelsäure war 1955 noch durchaus nennenswert; heute ist er bedeutungslos. Abfallschwefelsäuren – z. B. aus Nitrierungsreaktionen oder der Erdölraffination – hatten als Ausgangsprodukt für Schwefeldioxid 1977 noch keine Bedeutung; seit dieser Zeit werden sie aber immer wichtiger.

Die Bedeutung von Pyrit, dessen größte abbauwürdigen Lagerstätten in Europa (Spanien, Portugal, Cypern, Schweden), USSR, USA und Japan liegen, ist als Rohstoff für Schwefelsäure in den vergangenen Jahren weltweit deutlich zurückgegangen; in den USA wurden 1977 nur noch knapp über 1%, in der Bundesrepublik Deutschland immerhin noch 17% verarbeitet.

Der Übergang von Pyrit zum Schwefel erfolgte aus Kosten- und Umweltschutzgründen. Eine Schwefel-Verbrennungsanlage kostet nur etwa die Hälfte einer Pyrit-Röstanlage, auch die Betriebskosten sind niedriger; außerdem entsteht kein Abbrand.

Produktion 1980 (in t S) in westlicher Welt:

Pyrit	4.195
Nichteisenmetallsulfide, H_2S, etc.	6.235

Die Produktion von Pyrit, ausgedrückt als Schwefel, betrug in der westlichen Welt 1980 ca. 4.2 Mio. t. Größter Einzelproduzent der Welt ist die USSR mit 3.5 bis

4 Mio. t pro Jahr; die westeuropäische Produktion liegt auf etwa gleicher Höhe.

Herstellung von Schwefeldioxid

SO_2-Erzeugung durch:

- Verbrennen von S:
  Flüssiger S mit Luft verbrannt, heiße Verbrennungsgase unter Dampferzeugung abgekühlt

Die Verbrennung von Schwefel zu Schwefeldioxid ist exotherm; sie erfolgt technisch in Verbrennungsöfen mit Zerstäuberbrennern für flüssigen Schwefel mit getrockneter Luft als Oxidationsmittel. Flüssiger Schwefel von 140 bis 150 °C (bei dieser Temperatur hat flüssiger Schwefel ein Viskositätsminimum) wird mittels Düsenköpfen in feinverteilter Tröpfchenform in Brennkammern eingesprüht. Man unterscheidet dabei zwischen Druckzerstäubern, Zweistoffbrennern und Rotationszerstäubern. Bei letzterem wird 150 °C heißer Schwefel auf die Innenwand eines mit 4000 bis 6000 U/min rotierenden Bechers geleitet, wo er sich als Film absetzt. Der Becher ist mit einem Ringspalt umgeben, über den mit hoher Geschwindigkeit Luft geleitet wird. Durch diesen in den Ofen eintretenden Luftstrom und durch die Fliehkraft wird der Schwefel-Film zerstäubt und anschließend verbrannt. Die Konzentration an Schwefeldioxid im austretenden Gasgemisch wird mit Luft auf 9 bis 11.5% Volumenanteil eingestellt; der im Gasgemisch vorhandene Gehalt an Sauerstoff reicht für die sich anschließende Erzeugung von Schwefeltrioxid. Die heißen Gase werden dann über einen Abhitzekessel, in dem Wasserdampf erzeugt wird, auf etwa 450 °C abgekühlt. Eine Reinigungsoperation ist nicht notwendig.

Aus *sulfidischen Erzen* wird Schwefeldioxid durch Abrösten gewonnen.

Pyrit z. B. wird entsprechend der Gleichung

$$2\,FeS_2 + 5.5\,O_2 \xrightarrow{\text{mind. } 800\,°C} Fe_2O_3 + 4\,SO_2$$
$$\Delta H = -1660 \text{ kJ/Mol}$$

in Schwefeldioxid und Eisenoxid (Abbrand) übergeführt.

- Abrösten von Pyrit

Diese Reaktion wird in Etagenöfen, in Drehrohröfen oder in Wirbelschichtöfen, die heute bevorzugt werden, durchgeführt.

– in Etagenöfen

In Etagenöfen, die bis zu 15 Etagen haben, wird das zerkleinerte Material durch Rührarme bewegt und von einer

Etage zur anderen transportiert, wodurch die Oberfläche des Röstgutes dauernd erneuert wird. Die Röstgase verlassen den Ofen mit 9 bis 12% Schwefeldioxid und 700 bis 750 °C. Sie werden über Abhitzekessel abgekühlt, wobei Dampf erzeugt wird.

– in Drehrohröfen

Im Drehrohrofen werden Pyrit und Luft im Gegenstrom innig gemischt. Mittels eingebauter Rohrschlangen, in denen Wasser verdampft wird, um die Reaktionswärme als Nutzwärme abzuführen, wird das Reaktionsgut gekühlt.

– in Wirbelschichtöfen

In Wirbelschichtöfen, die aus einem zylindrischen Röstschacht, der sich nach oben hin konisch zu einem Beruhigungsraum erweitert, wird das sulfidische Material bei 650 bis 900 °C abgeröstet. Über einen Rost tritt dabei Luft ein, die sich gleichmäßig im Schacht verteilt und eine im wesentlichen aus Fe_2O_3-Abbrand bestehende Wirbelschicht erzeugt. Die heißen Gase, die bis zu 14% Schwefeldioxid und wenig Schwefeltrioxid enthalten, werden in einem Abhitzekessel abgekühlt, wobei sich je Tonne Pyrit mit 45 bis 50% Schwefel etwa 1.5 Tonnen Dampf (40 bar) gewinnen lassen.

- Abrösten von Zinkblende: in Wirbelschichtöfen
- Abrösten von Bleisulfiden: in Bandsinteranlagen

Auch zur Abröstung von Zinkblende setzt man die Wirbelschichttechnik ein. Die Röstung von Bleisulfiden dagegen erfolgt auf Bandsinteranlagen.

Unabhängig vom Röstverfahren müssen die heißen, Schwefeldioxid-haltigen Röstgase gereinigt werden, um sie für die Herstellung von Schwefeltrioxid einsetzen zu können. Die aus den Abhitzekesseln austretenden Gase werden dazu zunächst mit Hilfe eines Zyklons und eines Elektrofilters bei so hohen Temperaturen entstaubt, daß keine Schwefelsäure – aus dem Schwefeltrioxid-Anteil im Röstgas – kondensiert. Da die Gase dann noch alle Verunreinigungen enthalten, die bei 350 bis 400 °C flüchtig sind – insbesondere Arsentrioxid –, muß auf ca. 60 bis 80 °C gekühlt und gewaschen werden. Dies erfolgt in säurefesten Venturiwäschern und Kühlern. Anschließend werden die feuchten, schwefeltrioxidfreien Röstgase mit Schwefelsäure getrocknet; dabei resultiert ein ca. 40 °C kaltes Gas, das 12 bis 14% Volumenanteil Schwefeldioxid enthält.

Reinigung der Röstgase durch:

– Entstaubung mit Zyklon und Elektrofilter

– Waschen mit Strahlwäscher nach Abkühlung

- Spalten von $CaSO_4$

Schwefeldioxid-Herstellung aus Calciumsulfat und Kohle mit Portlandzement als Nebenprodukt verliert stark an Bedeutung

Metallsulfate lassen sich zu Schwefeldioxid spalten. So wird im Müller-Kühne-Verfahren – wird noch in Ostblockländern, aber auch in Österreich und Südafrika betrieben, seine Bedeutung ist aber insgesamt stark gesunken – *Calciumsulfat* (Natur-Gips oder -Anhydrid, Gips aus Phosphorsäure-Herstellung) mit Kohle in Gegenwart von Ton und Sand im ersten Teil eines Drehrohrofens zwischen 700 °C und etwa 1200 °C umgesetzt. Dabei entsteht zunächst neben Kohlendioxid Calciumsulfid, welches weiter zu Calciumoxid und Schwefeldioxid reagiert:

$$CaSO_4 + 2\,C \longrightarrow CaS + 2\,CO_2$$
$$CaS + 3\,CaSO_4 \longrightarrow 4\,CaO + 4\,SO_2$$
$$\overline{4\,CaSO_4 + 2\,C \longrightarrow 4\,CaO + 4\,SO_2 + 2\,CO_2}$$

Das Gas, das den Ofen verläßt, enthält 7 bis 10% Volumenanteil Schwefeldioxid.

Das Calciumoxid wird mit Sand und Ton im zweiten Teil des Drehrohrofens auf 1200 bis 1400 °C erhitzt, wobei sich Portlandzement bildet.

Auch *Eisensulfat* läßt sich zu Schwefeldioxid spalten. Eisensulfat fällt bei der Herstellung von Titandioxidpigmenten aus Ilmenit (s. S. 545) sowie bei der Metallbeizung an. Bei der Titandioxid-Produktion wird es durch Kristallisation als Eisensulfatheptahydrat ($FeSO_4 \cdot 7\,H_2O$) aus den schwefelsauren Lösungen des Titanylsulfates abgetrennt. Das Deponieren dieses Salzes ist problematisch, da es wasserlöslich ist. Für die Abwasserreinigung kann auch nur ein kleiner Teil verwendet werden. Mit Hilfe eines zweistufigen Prozesses, wie er bei Bayer AG entwickelt wurde, ist aber die Überführung in Schwefeldioxid und Eisenoxid möglich:

- Spalten von $FeSO_4 \cdot 7\,H_2O$

Schwefeldioxid-Herstellung aus Eisensulfat, das bei der Titandioxid-Produktion entsteht: ein Beitrag zum Umweltschutz

$$2\,FeSO_4 \cdot 7\,H_2O \longrightarrow 2\,FeSO_4 \cdot H_2O + 12\,H_2O$$
$$2\,FeSO_4 \cdot H_2O \longrightarrow Fe_2O_3 + 2\,SO_2 + 1/2\,O_2 + 2\,H_2O$$

Dazu wird es zunächst in einem Wirbelschichttrockner bei etwa 200 °C zum Eisensulfatmonohydrat dehydratisiert. In der zweiten Stufe erfolgt dann die thermische Spaltung, die in einem Wirbelbett- oder Drehrohrofen, bevorzugt aber in einem Etagenofen, durchgeführt wird. Die für die Spaltung notwendige Energie wird durch Verbrennen von Heizöl, Erdgas oder Schwefel über seitlich angebrachte Brennkammern in der untersten Etage des Etagenofens zugeführt. Die Zersetzungsgase, die den

Thermische Spaltung von $FeSO_4 \cdot H_2O$ erfolgt in

- Wirbelbettöfen
- Drehrohröfen
- Etagenöfen

Spaltungsenergie durch Verbrennen von S, Heizöl oder Erdgas erzeugt

Etagenofen mit etwa 400 °C verlassen, werden anschließend gereinigt. Das gebildete Eisen (III)-oxid kann in der Metall- oder Zementindustrie eingesetzt werden.

Auch die Metallsulfate, die in der bei der TiO_2-Produktion anfallenden verdünnten H_2SO_4 enthalten sind, werden nach Abtrennen zu SO_2 gespalten

Metallsulfate sind aber auch in der verdünnten Schwefelsäure, die bei der Produktion von Titandioxidpigmenten anfällt (20- bis 25%ige Schwefelsäure, 8 bis 15% Metallsulfate), enthalten. Nach Aufkonzentrieren der Schwefelsäure (mit Hilfe von Tauchbrennern auf ca. 65%ige Säure) fallen sie weitgehend aus und können abgetrennt werden. Auch sie lassen sich thermisch zu Schwefeldioxid und Metalloxiden spalten.

Die Schwefelsäure, die nur noch Reste von Metallsulfaten enthält (3 bis 5%), wird schließlich auf 96%ige Säure aufkonzentriert; sie kann wieder verwendet werden. Die ausfallenden Salze trennt man ab. Gemeinsam mit den Metallsulfaten der Vorkonzentrierungstufe werden sie thermisch im Wirbelbettofen bei 900 bis 1000 °C zu Schwefeldioxid, Metalloxiden, Wasser und Sauerstoff gespalten. Die Reaktionsgase werden in einem Abhitzesystem unter Dampfgewinnung auf etwa 350 bis 400 ° abgekühlt und gereinigt.

- Spalten von Abfallschwefelsäuren

Schwefeldioxid läßt sich auch aus *Abfallschwefelsäuren* durch deren Spaltung gewinnen. Verunreinigte Schwefelsäuren fallen bei vielen Prozessen an, vor allem in der organischen Chemie, der Petrochemie und der Metallindustrie. Der sicherste Weg zur Vermeidung von Abfallproblemen und möglichen Umweltbelastungen ist die thermische Spaltung unter Bildung von Schwefeldioxid nach

$$2\,H_2SO_4 \longrightarrow 2\,SO_2 + O_2 + 2\,H_2O$$

Abfallschwefelsäure muß mindestens 60%ig sein

und dessen anschließende Überführung in Schwefelsäure, die wieder verwendet werden kann. Voraussetzung dafür – auch aus wirtschaftlichen Gründen – ist allerdings, daß die Abfallschwefelsäure mindestens 60% Massenanteil Schwefelsäure enthält. Dünnere Säuren müssen vor der Spaltung konzentriert werden (was mit hohen Kosten verbunden ist), um eine Mindestkonzentration an Schwefeldioxid überhaupt zu erreichen, die für die Überführung des gebildeten Schwefeldioxids in Schwefeltrioxid erforderlich ist, zumal das Spaltgas durch die Direktbeheizung mit Rauchgasen erheblich verdünnt wird. Je nach Art der Verunreinigungen kann die thermische Spaltung unter reduzierenden oder oxidierenden Bedingungen durchgeführt werden, wobei die organischen Verunreinigungen entweder zu Kohlenstoff reduziert oder zu Kohlendioxid oxidiert werden. Die benötigte Energie für den Schwefelsäure-Spaltprozeß wird in der Regel durch direktes Verbrennen von gasförmigen oder flüssigen Brennstoffen zugeführt.

Thermische Spaltung der Schwefelsäure wird – abhängig von den Verunreinigungen – oxidativ oder reduktiv durchgeführt

Säureabfälle aus Raffinationsprozessen der Petrochemie werden z. B. reduzierend aufgearbeitet. Dabei werden die Säureteere oder -harze durch Erhitzen in reduzierender Atmosphäre (Rauchgas, ca. 1000 °C) in einem Drehrohrofen in Koks umgewandelt. In einer Variante dieses Verfahrens erzeugt man die Energie durch Verbrennen von Koks, der dem Drehrohrofen zugeführt wird, wobei der entstehende Koks mitverbrannt wird.

Reduzierende Spaltung durch Erhitzen in reduzierender Atmosphäre

Die oxidierend arbeitenden Verfahren haben den Vorteil, daß die organischen Verunreinigungen bereits im Spaltreaktor zu Kohlendioxid verbrannt werden. Dazu werden die zur Spaltenergieerzeugung eingesetzten Energieträger – Heizöl oder gasförmige Brennstoffe – mit Luft im Überschuß verbrannt. Die Spaltung findet in einem ausgemauerten Ofen bei ca. 1000 °C statt, wobei die Abfallsäure durch Vermischen mit den etwa 1800 °C heißen Rauchgasen mit Hilfe eines Rotationszerstäubers fein verteilt wird. Die mit ca. 1000 °C austretenden Schwefeldioxid-haltigen Gase werden in einem Abhitzekessel abgekühlt, wobei Dampf erzeugt wird, und anschließend gereinigt, ehe sie zur Schwefelsäure-Produktion geleitet werden.

Oxidierende Spaltung durch Verbrennen der zugeführten Energieträger mit Luftüberschuß

Der Energiebedarf der Säurespaltung ist hoch. Für die Spaltung einer 70%igen Abfallsäure bei 1000 °C unter oxidierenden Bedingungen sind ungefähr 6.36 Mio. kJ pro Tonne Schwefelsäure (100%ig) aufzubringen. Nahezu die Hälfte davon (46%) sind für die Dehydratation der 70%igen Säure sowie für die Verdampfung von Wasser und Schwefelsäure und für die Erwärmung der Gase von 20 °C auf 240 °C erforderlich. Die eigentliche Spaltung verbraucht ungefähr 30% der Gesamtenergie, der Rest dient zur Erwärmung der Reaktionsprodukte auf etwa 1000 °C; dieser Teil kann im allgemeinen zurückgewonnen werden.

Schwefeldioxid aus Abfallschwefelsäure:

umweltfreundlich, aber energieintensiv und daher teuer

Umwandlung von Schwefeldioxid in Schwefelsäure

Frisch-Schwefelsäure:

nahezu ausschließlich nach dem Kontaktverfahren, insbesondere dem Doppelkontaktverfahren

Die Oxidation von Schwefeldioxid zu Schwefeltrioxid und dessen Überführung in Schwefelsäure erfolgt heute fast ausschließlich nach dem Kontaktverfahren, insbesondere dem Doppelkontaktverfahren; das Bleikammerverfahren spielt keine Rolle mehr.

Dem *Kontaktverfahren* zur Oxidation von Schwefeldioxid liegt das Gleichgewicht

$$SO_2 + 1/2\,O_2 \xrightleftharpoons{\text{Katalysator}} SO_3, \quad \Delta H = -99.0\ \text{kJ/Mol}$$

zugrunde; es stellt sich nur in Gegenwart eines Katalysators genügend schnell ein. Da es sich andererseits mit steigender Temperatur zugunsten der Ausgangsmaterialien verschiebt, muß bei möglichst tiefer Temperatur gearbeitet werden, wobei die untere Temperaturgrenze durch die Betriebstemperatur des Katalysators bestimmt wird. Ein höherer Schwefeldioxid-Umsatz kann dadurch erreicht werden, daß man die Konzentration des gebildeten Schwefeltrioxids erniedrigt (Doppelkontaktverfahren) oder unter erhöhtem Druck (5 bar) arbeitet (Verfahren von Ugine-Kuhlmann).

SO_3-Bildung begünstigt durch

- möglichst tiefe Temperatur (untere Grenze durch Betriebstemperatur des eingesetzten Katalysators vorgegeben)
- Erniedrigung der SO_3-Konzentration
- erhöhten Druck

Als Katalysatoren werden heute in der Technik nur Vanadiumpentoxid-Katalysatoren verwendet. Es handelt sich um eine Salzschmelze, die im kalten Zustand im wesentlichen aus Vanadiumsulfat und Kaliumpyrosulfat besteht und die auf einem porösen Träger (Kieselgur oder Diatomeenerden) aufgebracht ist. Die Änderung der Wertigkeit zwischen V^{4+}- und V^{5+}-Ionen ist wohl ein entscheidender Schritt bei der Katalyse. Die untere Arbeitstemperatur dieser Katalysatoren liegt im allgemeinen bei ca. 420 bis 440 °C.

Katalysator:

Vanadiumpentoxid, untere Arbeitstemperatur liegt bei 420 bis 440 °C

Die Oxidation von Schwefeldioxid zu Schwefeltrioxid erfolgt zumeist am klassischen Hordenkontakt. In einem Kontaktkessel befinden sich dabei vier bis fünf Siebböden, auf welche die Katalysatormasse aufgeschüttet ist. Durch diese Horden strömt von oben nach unten das Schwefeldioxid-haltige Gas, welches mit getrockneter Luft auf ca. 10% Volumenanteil Schwefeldioxid eingestellt und vor der ersten Horde ca. 450 °C heiß ist. Beim Durchgang durch die erste Horde erhitzt sich das Gas auf ca. 620 °C. Vor Eintritt in die zweite Horde muß

Oxidation erfolgt an Hordenkontakten

Nach Durchgang durch die Horden muß das Gas immer wieder abgekühlt werden

es wieder auf ca. 450 °C abgekühlt werden. Bei Anlagen, die Schwefeldioxid aus Abröstprozessen verarbeiten, wobei das gereinigte Gas ja kalt ist, wird dieses kalte Gas in den Wärmetauschern als Kühlmittel eingesetzt. Dabei heizt es sich auf ca. 450 °C auf. Im Falle von Schwefeldioxid-haltigem Gas aus der Schwefel-Verbrennung, das bereits 450 °C heiß ist und daher nicht als Kühlmittel verwendet werden kann, wird mit Hilfe von Verdampfern Wasserdampf gewonnen.

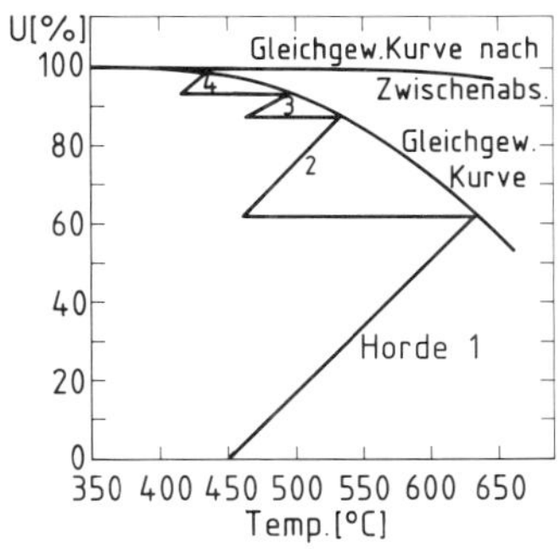

Abkühlung erfolgt:

- bei SO_2 aus Abröstprozessen durch Aufheizen kalten Gases
- bei SO_2 aus S-Verbrennung durch Wasserdampferzeugung

Man unterscheidet zwei Verfahren zur Herstellung von Schwefeltrioxid aus Schwefeldioxid an Hordenkontakten.

SO_3-Herstellung aus SO_2 an Horden:

Im *Normalkontaktverfahren* (Einfachkontaktverfahren) werden die Reaktionsgase ohne Zwischenabsorption des Schwefeltrioxids durch vier Horden geleitet, wobei sie nach jedem Hordendurchgang auf 450 °C, in den unteren Horden auf 430 °C, abgekühlt werden. Nach der ersten Horde haben sich 60 bis 63% des Schwefeldioxids zu Schwefeltrioxid umgesetzt, nach der zweiten Horde 89 bis 90%; nach der vierten Horde ist der maximal mögliche Umsatz von 98%, bezogen auf Schwefeldioxid, annähernd erreicht.

- Einfachkontaktverfahren:
  - Reaktionsgase ohne Zwischenabsorption durch Horden geleitet
  - Maximaler Umsatz, bezogen auf Schwefeldioxid: 98%
  - SO_3 nach 4. Horde mit 98.5 bis 99%iger H_2SO_4 oder mit Oleum absorbiert

Höhere Schwefeldioxid-Umsätze (99.6 bis 99.7%) werden mit dem *Doppelkontaktverfahren*, welches von der Bayer AG entwickelt wurde, erzielt. Dabei wird das Gas an den ersten drei Horden genauso umgesetzt wie beim Normalkontaktverfahren.

- Doppelkontaktverfahren:
  - Nach der 3. Horde SO_3 durch Absorption in 98.5- bis 99%iger H_2SO_4 entfernt

Nach der dritten Horde wird aus dem Reaktionsgas (Umsatz 90 bis 93%, bezogen auf Schwefeldioxid) das Schwefeltrioxid durch Absorption in 98.5- bis 99%iger Schwefelsäure vollständig entfernt. Hierzu wird das Reaktionsgas nach Passieren der dritten Horde mittels Gaskühler auf 180 bis 200 °C abgekühlt und von unten in einen mit Raschigringen gefüllten Absorptionsturm geleitet, in dem 60 bis 70 °C warme Schwefelsäure von oben dem Gas entgegenläuft. Die sich dabei auf ca. 80 bis 85 °C erwärmende Säure wird mit Luft- oder Wasserkühlern abgekühlt und fließt wieder auf den Absorptionsturm zurück. Das nach der Absorption vorliegende Schwefeldioxid-haltige (ca. 0.6 bis 1.1% Volumenanteil) Gas heizt man mit heißem Reaktiongsgas im Gaswärmetauscher auf und leitet es auf die vierte und ggf. eine fünfte Horde, den sog. Nachkontakt. Dort wird es soweit umgesetzt,

  - Nach SO_3-Zwischenabsorption verbleibendes SO_2 am Nachkontakt (4. u. ggf. 5. Horde) weiter umgesetzt
  - Ausbeute bezogen auf SO_2 beim Doppelkontaktverfahren:

    99.6 bis 99.7%

daß sich ein Gesamtumsatz von ca. 99.6- bis 99.7%, bezogen auf Schwefeldioxid, ergibt.

– SO_3 nach letzter Horde in 98.5- bis 99%iger H_2SO_4 zu H_2SO_4 umgesetzt oder in Oleum absorbiert

Bei beiden Kontaktverfahren wird gleichermaßen das Schwefeltrioxid nach dem Durchgang durch die letzte Horde und Abkühlen auf 180 bis 200 °C mit 98.5- bis 99%iger Schwefelsäure absorbiert. Das geschieht entweder in einem Turm-Gegenstromabsorber oder in einem Strahlwäscher, in den Säure von oben im Gleichstrom mit dem Reaktionsgas eingesprüht wird, wobei sich Schwefeltrioxid zu Schwefelsäure umsetzt.

Berieselt man das aus den Horden kommende Gas in den Türmen mit Oleum, so bildet sich aus dem zu absorbierenden Schwefeltrioxid keine Schwefelsäure, sondern es entsteht ein Oleum höheren Schwefeltrioxidgehalts.

Bei den einzelnen Verfahrensschritten freiwerdende Reaktionswärme in modernen H_2SO_4-Anlagen großteils zur Dampferzeugung ausgenutzt

Die Erzeugung von Schwefelsäure aus Elementarschwefel verläuft in allen Reaktionsschritten exotherm. Pro Tonne 100%ige Schwefelsäure fällt im Gesamtprozeß eine Wärmemenge von ca. $5.4 \cdot 10^6$ kJ an. Der größte Teil der gesamten Energie wird zur Erzeugung von Dampf (1 bis 1.1 t Hochdruckdampf mit z. B. 40 bar und 400 °C pro Tonne Schwefelsäure) genutzt.

Reinigung der Endgase kann beim Doppelkontaktverfahren entfallen

Reinigungsverfahren bei Einfachkontaktanlagen:

- NH_3-Wäsche
- Wäsche mit $Na_2SO_3/NaHSO_3$ in Wasser
- Adsorption an Aktivkohle
- Oxidation von SO_2 mit H_2O_2 oder H_2SO_5

Beim Doppelkontaktverfahren ist eine Reinigung der Endgase zur weiteren Erniedrigung des Schwefeldioxid-Gehaltes nicht notwendig. Bei Einfachkontaktanlagen müssen die Endgase dagegen gereinigt werden. Eingesetzt werden dafür entweder Wäschen mit Ammoniak oder mit einer Lösung von Natriumsulfit und Natriumhydrogensulfit in Wasser (Wellmann-Lord-Verfahren) oder eine Absorption an Aktivkohle (Sulfacid-Verfahren der Fa. Lurgi) sowie oxidative Gasreinigungsprozesse, wie das Peracidox-Verfahren (Oxidation von Schwefeldioxid mit Wasserstoffperoxid oder Peroxomonoschwefelsäure).

Doppelkontaktverfahren senkt Schwefeldioxidemission um fast eine Zehnerpotenz

Die Emissionen von Schwefeldioxid aus Schwefelsäure-Produktionsanlagen wurden mit dem Doppelkontaktverfahren stark verringert. Wenn man davon ausgeht, daß die Gesamtmenge an Schwefelsäure in modernen Doppelkontaktanlagen produziert wird, so entspricht in der Bundesrepublik Deutschland die Emission an Schwefeldioxid, die auf die Produktion von Schwefelsäure zurückzuführen ist, nur 0.32% der gesamten Schwefeldioxid-Emission aus menschlicher Tätigkeit.

Neuere Entwicklung:
Wirbelschichtreaktor statt Hordenreaktor zur Herstellung von SO_3
SO_2-reichere Gase können verarbeitet werden

Neben dem Hordenreaktor für die katalytische Oxidation von Schwefeldioxid zu Schwefeltrioxid ist als neuere

Entwicklung der Wirbelschichtreaktor zu erwähnen. Man leitet hierbei das umzusetzende Gas von unten in ein Wirbelbett ein, das den Katalysator in Form abriebfester Kugeln enthält. Über die Abführung der Wärme mittels Rohrkühlern kann man die Temperatur im gesamten Wirbelbett konstant auf dem gewünschten Wert halten. Durch diese isotherme Arbeitsweise kann man auch Gase, die höhere Konzentrationen an Schwefeldioxid enthalten, verwenden; die Anlagen können darüber hinaus kompakter gebaut werden.

Feuchtgaskatalyseverfahren zur Oxidation von nassem SO_2 (aus H_2S) zu SO_3, Schwefelsäure nur 75- bis 78%ig

In Kokereien wird das Kontaktverfahren als *Feuchtgaskatalyseverfahren* angewandt zur Umwandlung von nassem Schwefeldioxid aus der Verbrennung von Schwefelwasserstoff in Schwefelsäure. Hierbei wird Schwefelwasserstoff, der in Kokereien anfällt, mit Luftüberschuß zu Schwefeldioxid und Wasser umgesetzt

$$2\,H_2S + 3\,O_2 \longrightarrow 2\,SO_2 + 2\,H_2O$$

und das feuchte Schwefeldioxid katalytisch zu Schwefeltrioxid oxidiert. Wegen des hohen Wasseranteils läßt sich aber nur eine 75- bis 78%ige Schwefelsäure herstellen. Diese wird meistens in den Kokereien mit dem Ammoniak, der bei der Koksofengasreinigung anfällt, zu Ammoniumsulfat verarbeitet. Eine jüngst bekanntgewordene Verfahrensverbesserung führt durch Kondensation des im Verbrennungsgas enthaltenen Wasserdampfes zu 95- bis 96%igen Schwefelsäuren.

Nitroseverfahren kaum mehr angewandt

Fast keine Bedeutung mehr (1978 in den USA 1 oder 2 Anlagen) besitzen die *Nitroseverfahren* (Bleikammer- und Turmverfahren). Bei diesen handelt es sich um naßkatalytische Prozesse mit Nitrosylhydrogensulfat, $NOHSO_4$, als Oxidationsmittel, die bei Temperaturen von maximal 80 °C in wäßriger Phase ablaufen und bis Ende der 20er Jahre dieses Jahrhunderts häufig eingesetzt wurden. Sie weisen gegenüber dem Kontaktverfahren eine Reihe von Nachteilen auf, insbesondere ist eine Säurekonzentration von nur max. 78% möglich. Andererseits bieten die niedrigen Betriebstemperaturen der Nitroseverfahren in speziellen Fällen gewisse Vorteile, so daß eine Renaissance dieser Verfahren nicht auszuschließen ist. So ermöglichen sie die Verarbeitung von Gasen mit sehr geringen Schwefeldioxidgehalten, wie das jüngst entwickelte Verfahren von CIBA-Geigy (SO_2-Gehalt 0.5 bis 3% Volumenanteil) zeigt.

1.6.2.2.2 Schwefelsäure durch Aufarbeitung und Konzentrierung von Abfallschwefelsäuren

Aufarbeitung gebrauchter Schwefelsäuren je nach Verunreinigungsgrad:

- Hoher Grad an Verunreinigungen: Spaltung zu SO_2
- Geringerer Pegel an Verunreinigungen: Aufkonzentrierung verdünnter Säuren und Recyclieren der entstehenden konzentrierteren H_2SO_4, ggf. nach oxidativer Entfernung organischer Verunreinigungen

Ökologische Überlegungen führen in steigendem Maße dazu, gebrauchte Schwefelsäuren aufzuarbeiten und sie wieder in die jeweiligen Produktionsprozesse zurückzuführen (Recycling). Letzteres ist aber nur möglich, wenn der Verunreinigungsgrad der Säuren nach der Aufarbeitung nicht zu hoch ist. Bei zu hohem Anteil an Verunreinigungen bleibt nur der Weg über die thermische Spaltung.

Bei geringen Verunreinigungen kann man die Säure durch Eindampfprozesse konzentrieren und ggf. die organischen Verbindungen durch oxidative Maßnahmen während oder nach der Eindampfung zu konzentrierter Schwefelsäure entfernen.

Regeneration verbrauchter Schwefelsäuren ist mit hohen Kosten verbunden. Mindestkonzentration der Abfallsäure 20%

Die Regeneration von Abfallschwefelsäure ist mit erheblichen Kosten verbunden; eine aufgearbeitete Säure wird immer teurer sein als eine aus Schwefel oder Pyrit hergestellte Frischsäure, wobei die Kosten umso höher werden, je niedriger die Konzentration der aufzuarbeitenden Säure ist. Die Konzentration sollte daher mindestens 20%ig sein. Bei verdünnteren Säuren kann eine Neutralisation, z. B. mit Kalk oder Natronlauge, durchgeführt werden.

Aufkonzentrierung verdünnter Schwefelsäuren energieintensiv, da

- Verdampfungsenthalpie von H_2O hoch und
- Dehydratationswärme der H_2SO_4 zugeführt werden muß

Aufkonzentrierung erfolgt bei

- vermindertem Druck
- Normaldruck

Die Aufkonzentrierung von Abfallschwefelsäure ist infolge der hohen Verdampfungsenthalpie des Wassers und der notwendigen Zufuhr der Dehydratationswärme der Schwefelsäure äußerst energieintensiv. Aufkonzentrierungsprozesse, bei denen die Verdampfungswärme indirekt zugeführt wird, werden meistens unter vermindertem Druck vorgenommen. (Der Siedepunkt von 70%iger Schwefelsäure beträgt bei 1 bar 160 °C, bei 0.01 bar 54 °C). Konzentriert man unter Normaldruck auf eine 96%ige Schwefelsäure, so sind 320 °C erforderlich; insgesamt kann durch Eindampfen nur eine 98.3%ige Säure erhalten werden (azeotroper Punkt).

Eindampfen in zwei Stufen:

- Vorkonzentrierung auf 60- bis 70%ige Säure
- Hochkonzentrierung auf über 90%ige Säure

Die Eindampfverfahren werden in zwei Stufen unterteilt, die Vorkonzentrierung von etwa 20% auf 60- bis 70%ige Schwefelsäure und die Hochkonzentrierung von 60 bis 70% auf über 90%ige Säure. Die Vorkonzentrierung erfolgt unter Normaldruck oder unter vermindertem Druck. Folgende Verfahren sind gebräuchlich:

Venturi-Aufstärker: Die zu konzentrierende Schwefelsäure wird in den Strahlwäscher eingedüst und dort mit einem trockenen Gasstrom, der sich mit Wasserdampf belädt und diesen austrägt, in Kontakt gebracht. Die Verdampfungswärme bringt man entweder direkt über heiße Gase (Rauchgas) oder indirekt durch Aufheizen der zu konzentrierenden Säure (z. B. mittels Endgasen des Doppelkontaktsystems) oder über Wärmeaustausch mit heißer Schwefelsäure aus der Schwefeltrioxid-Absorption ein; bei diesem Vorkonzentrierungsverfahren lassen sich Abwärmen auf niedrigen Temperaturen einsetzen. Der Venturi-Aufstärker wird vor allem dann eingesetzt, wenn große Mengen verdünnter Schwefelsäure oder stark mit Feststoffen verunreinigte Schwefelsäuren vorkonzentriert werden sollen.

Vorkonzentrierung mittels:

- Venturi-Aufstärkern:
  Eingesetzt beim Vorkonzentrieren großer Mengen verdünnter H_2SO_4 oder mit Feststoffen stark verunreinigter Schwefelsäuren.

  Einsatz von Abwärmen auf niedrigem Temperaturniveau möglich

Tauchbrenner: Die Eindampfung findet in Verdampferkesseln statt, die direkt mit Rauchgasen von etwa 1500 °C beheizt werden. Insbesondere werden auf diese Weise salzhaltige verdünnte Schwefelsäuren, bei denen schon während des Eindampfprozesses Salze auskristallisieren, aufkonzentriert, wie verdünnte Schwefelsäuren aus der Titandioxid-Produktion und aus Metallbeizprozessen.

- Tauchbrennern:
  Vor allem für salzhaltige Schwefelsäuren aus Titandioxidproduktion und Metallbeizprozessen

Umlaufverdampfer: Dieses Verfahren wird in der Regel unter vermindertem Druck und indirekter Wärmezufuhr bei niedrigem Temperaturniveau betrieben, wobei in der Praxis mehrstufige Verdampfungssysteme benutzt werden.

- Umlaufverdampfer:

  unter vermindertem Druck und indirekter Wärmezufuhr bei niedrigem Temperaturniveau betrieben

Da die Hochkonzentrierung energie- und betriebskostenintensiv ist, sollte die Ausgangskonzentration mindestens 70% betragen. Für die Hochkonzentrierung, bei der temperaturbeständigere Materialien eingesetzt werden oder der Druck weiter erniedrigt wird, sind ebenfalls mehrere Verfahren bekannt:

Hochkonzentrierung und Reinigung:

Destillation nach Pauling (Plinke-Verfahren): Diese wird bei Normaldruck mit indirekter Heizung, durch Verbrennen von Erdgas und Öl (Feuerraumtemperatur 800 bis 1100 °C), betrieben. Sie wird hauptsächlich in Europa ausgeübt. In einem Kessel aus Gußmaterial befindet sich heiße, unter Normaldruck siedende 96%ige Schwefelsäure (320 °C), in die über eine Destillationskolonne die aufzukonzentrierende Abfallsäure gegeben wird. Am Kolonnenkopf wird Wasser abgenommen, es entsteht eine 96%ige Säure. Durch Zugabe von Salpetersäure, die dabei meistens bis zum Stickstoff reduziert wird, können

- Plinke-Verfahren:

  Hochkonzentrierung erfolgt unter Normaldruck

  Reinigung durch Zugabe von HNO_3

die organischen Verunreinigungen oxidativ entfernt werden.

- Drum-Konzentratoren: geringerer Reinigungseffekt

  Beheizung direkt mit heißen Rauchgasen

Drum-Konzentratoren: Hierbei wird die Aufkonzentrierung, im allgemeinen auf 93%, durch direkte Beheizung mit Rauchgasen erreicht. Der Reinigungseffekt ist geringer als beim Plinke-Verfahren. Die aufzukonzentrierende Schwefelsäure durchfließt mehrere ausgemauerte Kammern, die in einer Kaskade geschaltet sind, wo ihr 600 °C heiße Rauchgase entgegengeführt werden, die sich mit Wasserdampf sättigen.

- Bayer-Bertrams-Verfahren: Bei Normaldruck betriebener Fallfilmverdampfer mit meist vorgeschaltetem Umlaufverdampfer, sehr gute Reinigung möglich

Bayer-Bertrams-Verfahren: Kernstück dieser Anlagen ist ein Fallfilmverdampfer aus Quarz, der bei Normaldruck arbeitet und direkt mit Rauchgas beheizt wird, wobei durch Zugabe von geeigneten Oxidationsmitteln ein sehr guter Reinigungseffekt erreicht werden kann. Meistens ist zur Erhöhung des thermischen Wirkungsgrades eine Umlaufverdampferstufe vorgeschaltet; die Schwefelsäure kann bis auf 98% hochkonzentriert werden.

1.6.2.3 Verwendung von Schwefelsäure

Schwefelsäure findet als eines der Schlüsselprodukte der chemischen Industrie vielfältige Verwendung. Die größte Menge geht weltweit in die Herstellung von Phosphor- und Stickstoff-Düngemittel, in der BRD in die organische Chemie.

Verwendung H_2SO_4 in der BRD 1978 (%):

Organische Chemie	49
Anorganische Chemie	25
Nichtchemische Industrie	12
Phosphorsäureherstellung	9
Düngemittel	5

In der Petrochemie dient sie z. B. zur Alkylierung von Isoparaffinen mit Olefinen, in der chemischen Industrie zur Herstellung anorganischer Chemikalien (wie Flußsäure, Chromsäure, Aluminiumsulfat) und organischer Produkte (wie Farbstoffe, Sprengstoffe, Isocyanate, Seifen, Detergentien, Kunststoffe, Fasern und Pharmazeutika). Auch bei der Herstellung von Titandioxidpigmenten, der Uran- und Kupferaufbereitung, bei der Stahlbeize und in Batterien wird Schwefelsäure verwendet.

In den USA 1982 ca. 65% für Düngemittel, für TiO_2-Pigmente 2%

In der Bundesrepublik Deutschland ist der Anteil für die Herstellung von Düngemitteln deutlich niedriger als in den USA, der für Titandioxidpigmente dagegen erheblich höher.

1.6.3 Schwefeldioxid, 100%ig

100%iges SO_2 durch:

Zur Herstellung von 100%igem Schwefeldioxid gibt es eine Reihe von Verfahren:

• Bei den Absorptionsverfahren wird Schwefeldioxid mit einem Lösungsmittel aus den Gasen abgetrennt. Als Absorptionsmittel wird Wasser bei Normaldruck oder bei erhöhtem Druck (ca. 5 bar) eingesetzt. Das absorbierte Schwefeldioxid wird mit Wasserdampf ausgetrieben.

• Absorption

Absorptionsmittel sind

- Wasser
- organische Amine
- Lösungen von Alkali- oder Erdalkalihydroxiden
- Ammoniak
- Alkalisalze schwacher anorganischer und organischer Säuren

Auch mit starken alkalischen Lösungen (z. B. mit Alkali- und Erdalkalihydroxiden) sowie mit Ammoniak und in zunehmendem Maße mit Alkalisalzen schwacher anorganischer und organischer Säuren, (z. B. mit Natriumcarbonat oder Citraten) läßt sich Schwefeldioxid absorbieren und durch Säurezusatz wieder austreiben. Gelegentlich setzt man auch alipathische oder aromatische Amine ein, wobei das früher benutzte Sulfidin-Verfahren mit wäßrigen Lösungen von Xylidin oder Toluidin heute nicht mehr angewandt wird. In den USA benutzt man aber das DMA-(N, N-Dimethylanilin-)Verfahren. Beim Wellman-Lord-Verfahren wird eine wäßrige Lösung von Natriumsulfit und Natriumhydrogensulfit als Absorptionsmittel eingesetzt. Dieses Verfahren wird im wesentlichen zur Entschwefelung von Rauchgasen aus Kraftwerken und Endgasen von Claus-Anlagen eingesetzt.

Zur Entschwefelung von Kraftwerksrauchgasen werden aber insbesondere Kalk- und Kalksteinverfahren eingesetzt bzw. diskutiert. Dabei wird das Rauchgas mit einer Flüssigkeit gewaschen, die zum größten Teil aus Wasser besteht und welche die zur Neutralisation der sauren Rauchgaskomponenten notwendigen Mengen an Calciumhydroxid oder Calciumcarbonat enthält. Endprodukte sind Calciumsulfit/Calciumsulfat-Schlamm oder bei vollständiger Oxidation Gips:

Entschwefelung von Kraftwerksrauchgasen technisch möglich über Naß- und Trockenreinigungsverfahren

$$SO_2 + Ca(OH)_2 \longrightarrow CaSO_3 \cdot 1/2\,H_2O + 1/2\,H_2O$$

$$SO_2 + Ca(OH)_2 + 1/2\,O_2 + H_2O \longrightarrow CaSO_4 \cdot 2\,H_2O$$

Neben diesen Naßwäscheverfahren existieren zur Entfernung von Schwefeldioxid aus Rauchgasen auch trockene Reinigungsverfahren, wie die Umwandlung von Schwefeldioxid an Aktivkohle (Verfahren der Bergbau-Forschung).

• Beim Kondensationsverfahren wird Schwefeldioxid aus Röst- oder Schwefelverbrennungsgasen durch Druckerhöhung auf ca. 5 bar und Abkühlung mit Gegenstrom-

• Kondensation durch Druckerhöhung und Abkühlung

kühlern, die mit flüssigem Ammoniak gekühlt werden, in flüssiger Form abgeschieden.

- Reaktion von SO_3 mit S

- Durch Umsetzung von Schwefel mit Schwefeltrioxid in Oleum entsteht Schwefeldioxid,

$$2\,SO_3 + S \longrightarrow 3\,SO_2$$

welches durch Behandlung mit Schwefelsäure von Schwefeltrioxid befreit wird. Bei modernen Verfahren wird Schwefeltrioxid nicht als Oleum, sondern unverdünnt in flüssiger Form eingesetzt, ebenso der Schwefel. Als Reaktionsmedium dienen z. B. 25%iges Oleum oder flüssiger Schwefel.

Die Produktion von Schwefeldioxid betrug 1980 in der Bundesrepublik Deutschland 54000 t.

Verwendung:

- Chemikalien-Herstellung
- Zellstoffproduktion
- Erzaufbereitung
- Mineralölaufarbeitung
- Desinfektions- und Konservierungsmittel

Verwendung: 1979 wurden allein in den USA etwa 240000 t flüssiges Schwefeldioxid verbraucht. Zu über 40% dient es zur Erzeugung von Schwefel-haltigen Chemikalien wie Sulfiten, Hydrogensulfiten, Thiosulfaten und Dithioniten, von Salzen der Hydroxyalkansulfinsäure und von Alkansulfonaten. Eingesetzt wird es weiterhin u. a. bei der Zellstoff-Fabrikation, bei der chemischen Mangan-Erzaufbereitung und der Entfernung Schwefel-haltiger Verunreinigungen aus Mineralölen. Es dient auch als Desinfektions- und Konservierungsmittel in der Nahrungsmittelindustrie und zur Wasseraufbereitung.

1.6.4 Schwefeltrioxid, 100%ig

100%iges SO_3:

Herstellung aus Oleum durch Destillation und Verflüssigung

Herstellung: Technisch wird reines Schwefeltrioxid aus Oleum durch Destillation in Fallfilm- oder Umlaufverdampfern aus Edelstahl und Verflüssigung der Dämpfe gewonnen, wobei 27 °C nicht unterschritten werden dürfen, um ein Erstarren des Schwefeltrioxids zu verhindern. Bei längeren Transportzeiten wird die Bildung fester Schwefeltrioxid-Modifikationen durch Entfernen von Wasser und Zugabe von Stabilisatoren, wie z. B. Thionylchlorid oder Oxalylchlorid, verhindert.

Verwendung vielfältig, vor allem zur Sulfonierung

Verwendung: 100%iges Schwefeltrioxid wird zur Herstellung von Chlorsulfonsäure, Thionylchlorid, Aminosulfonsäure, Dimethylsulfat und zur Sulfonierung organischer Substanzen, insbesondere in der Waschmittelindustrie, eingesetzt. Es verdrängt immer mehr Chlorsulfonsäure als Sulfonierungsmittel, weil dabei kein korrosiver Chlorwasserstoff frei wird.

1.6.5 Dischwefeldichlorid

Herstellung: Dischwefeldichlorid wird in kontinuierlicher Arbeitsweise durch Einleiten von Chlor in flüssigen Schwefel bei ca. 240 °C hergestellt:

Dischwefeldichlorid:

Herstellung aus Schwefel und Chlor

$$Cl_2 + 2\,S \xrightarrow{240\,°C} S_2Cl_2$$

Das ebenfalls gebildete Schwefeldichlorid wird durch Zugabe von überschüssigem Schwefel in Dischwefeldichlorid übergeführt.

Verwendung: Dischwefeldichlorid wird für die Herstellung von Schwefeldichlorid, Thionylchlorid und Schwefeltetrafluorid gebraucht sowie für die Umsetzung mit Polyolen zu Additiven für Hochdruckschmieröle und Schneidöle; außerdem dient es als Katalysator bei der Chlorierung von Essigsäure. Lösungen von Schwefel in Dischwefeldichlorid werden in großem Umfange zur Kaltvulkanisation von Kautschuk benutzt.

Verwendung:

Ausgangsprodukt für Thionylchlorid, Schwefeldichlorid, Schwefeltetrafluorid u.a. mehr. Liefert mit Polyolen Additive für Hochdruckschmiermittel und Schneidöle

1.6.6 Schwefeldichlorid

Die Herstellung von Schwefeldichlorid erfolgt durch Umsetzung von flüssigem Dischwefeldichlorid mit gasförmigem Chlor bei niedrigen Temperaturen in Gegenwart von Katalysatoren, wie z. B. Iod:

SCl_2:

- Herstellung aus S_2Cl_2 und Chlor
- Ausgangsprodukt für Thionylchlorid. Sonstige Verwendung wie für Dischwefeldichlorid

$$S_2Cl_2 + Cl_2 \xrightarrow{I_2} 2\,SCl_2$$

Da es recht instabil ist – es zerfällt leicht wieder in die Ausgangsmaterialien –, wird es nur als Zwischenprodukt erzeugt.

Verwendung: Es wird wie Dischwefeldichlorid z. B. zur Herstellung von Thionylchlorid sowie für Sulfidierungs- und Chlorierungsreaktionen verwendet.

1.6.7 Thionylchlorid

$SOCl_2$:

- Herstellung aus SO_2 bzw. SO_3 und Cl_2 mit SCl_2 bzw. S_2Cl_2 und Chlor an Aktivkohlekontakten

Herstellung: Thionylchlorid wird technisch hergestellt, indem man Schwefeldioxid oder Schwefeltrioxid und Chlor mit Schwefeldichlorid oder mit Dischwefeldichlorid und Chlor umsetzt:

1. $SO_2 + SCl_2 + Cl_2 \longrightarrow 2\,SOCl_2$
2. $SO_3 + 2\,SCl_2 + Cl_2 \longrightarrow 3\,SOCl_2$
3. $2\,SO_2 + S_2Cl_2 + 3\,Cl_2 \longrightarrow 4\,SOCl_2$
4. $SO_3 + S_2Cl_2 + 2\,Cl_2 \longrightarrow 3\,SOCl_2$

Als Reaktionspartner der Schwefeloxide liegt in allen Fällen Schwefeldichlorid vor.

Alle Verfahren werden in der Gasphase in kontinuierlich betriebenen Anlagen an einem Aktivkohlekontakt durchgeführt. Nicht umgesetztes bzw. als Nebenprodukt anfallendes Schwefeldioxid wird an Aktivkohle als Katalysator in der Gasphase mit Chlor zu Sulfurylchlorid umgesetzt. Dieses wird in die Thionylchlorid-Synthese zurückgeführt und reagiert dort mit Schwefeldichlorid oder Dischwefeldichlorid und Chlor zu Thionylchlorid. Nicht abreagiertes Schwefeldichlorid wird mit Schwefel und einem Katalysator zu Dischwefeldichlorid umgesetzt.

Reines Thionylchlorid wird durch fraktionierte Destillation erhalten.

- Wichtiges Chlorierungsmittel für die chemische Industrie
- Verbrauch 1979 in der westlichen Welt 46×10^3 t

Verwendung: Im Jahre 1979 wurden in der westlichen Welt schätzungsweise 46000 t Thionylchlorid verbraucht. Es wird als Chlorierungsmittel u. a. für die Herstellung organischer Zwischenprodukte, von Pflanzenschutz- und Schädlingsbekämpfungsmitteln und bei Synthesen von Pharmazeutika, Farbstoffen und Pigmenten eingesetzt. Weiterhin dient es zur Entwässerung von Metallchloridhydraten und zur Chlorierung von Metalloxiden. Als nicht wäßriger Elektrolyt wird es neuerdings in galvanischen Elementen benutzt.

Die Nebenprodukte Schwefeldioxid und Chlorwasserstoff, die bei der Substitution der Hydroxy-Gruppen von Alkoholen und Carbonsäuren durch Chlor mittels Thionylchlorid anfallen, lassen sich durch eine Alkaliwäsche weitgehend absorbieren. Das dabei entstehende Sulfit kann durch Chlor im alkalischen Bereich zu Sulfat oxidiert werden.

1.6.8 Sulfurylchlorid

Herstellung: Technisch wird Sulfurylchlorid nahezu ausschließlich durch Umsetzung von Schwefeldioxid mit Chlor an Aktivkohle als Katalysator an einem gut gekühlten Röhrenkontakt hergestellt. Auch die Umsetzung von Dischwefeldichlorid mit Chlor und Sauerstoff an Aktivkohle wird als technisches Verfahren beschrieben.

SO_2Cl_2:

- Herstellung aus SO_2 und Chlor an Aktivkohle

Verwendung: Sulfurylchlorid ist als das Chlorierungs- und Sulfochlorierungsmittel in der organischen Chemie, insbesondere zur selektiven Chlorierung (z. B. in der Seitenkette von aromatischen Verbindungen), bekannt. Daher wird es für die Herstellung organischer Zwischenprodukte für Farbstoffe, Pharmazeutika, Pflanzenschutz- und Desinfektionsmittel eingesetzt. Über die in der westlichen Welt verbrauchten Mengen liegen keine genauen Zahlenangaben vor.

- Chlorierungs- und Sulfochlorierungsmittel

1.6.9 Chlorsulfonsäure

Herstellung: Die Umsetzung von flüssigem Schwefeltrioxid mit Chlorwasserstoff ergibt Chlorsulfonsäure, ebenso die Reaktion von gasförmigem Schwefeltrioxid, welches aus den Hordenkontakten einer Schwefelsäureanlage stammt, mit einem Überschuß an trockenem Chlorwasserstoff bei erhöhter Temperatur.

$ClSO_3H$:

- Herstellung aus SO_3 und HCl

Verwendung: Es dient vor allem als wasserentziehendes Kondensationsmittel bei organischen Synthesen und zur Sulfonierung langkettiger aliphatischer Alkohole. 1982 wurden in der Bundesrepublik Deutschland 36 800 t produziert.

- Kondensations- und Sulfonierungsmittel
- Auch eingesetzt zur Chlorsulfonierung und Sulfatierung.

1.6.10 Fluorsulfonsäure

Herstellung: Fluorsulfonsäure entsteht durch Einspeisen von flüssigem Fluorwasserstoff unter Kühlung in eine Lösung von Schwefeltrioxid in Fluorsulfonsäure.

FSO_3H:

- Herstellung aus SO_3 und HF in Fluorsulfonsäure

Verwendung: In der anorganischen und organischen Chemie dient Fluorsulfonsäure als Fluorierungsmittel,

- Verwendung:

  Fluorierungsmittel, Katalysator, Polieren von Bleikristallglas aber auch zur Herstellung von Sulfofluoriden bzw. Sulfonsäuren und als Katalysator für Alkylierungs- und Polymerisationsreaktionen. Benutzt wird es ferner zum Polieren von Bleikristallglas. Über Verbrauchs- und Produktionszahlen können keine Angaben gemacht werden.

1.6.11 Salze der Schwefligen Säure

Von den Salzen der Schwefligen Säure haben lediglich die Natriumsalze sowie das Calciumhydrogensulfit technische Bedeutung.

$NaHSO_3$:
Herstellung aus SO_2 + NaOH oder Na_2SO_3

Natriumhydrogensulfit wird durch Umsetzen von Schwefeldioxid mit Natronlauge oder mit einer Natriumsulfit-Suspension hergestellt.

Es fällt auch als Nebenprodukt bei der Synthese von Natriumdisulfit an.

$Na_2S_2O_5$:
- Herstellung aus SO_2 + NaOH in gesättigter Lösung von $NaHSO_3$
- Verwendung in
  - Photo-
  - Papier-
  - Textil-
  - Lederindustrie

Natriumdisulfit erzeugt man durch Reaktion von Schwefeldioxid mit 50- bis 70%iger Natronlauge in gesättigter Natriumhydrogensulfit-Lösung. Aus der sich bildenden Suspension wird Natriumdisulfit mit Hilfe einer Zentrifuge abgetrennt und getrocknet.

Verwendung: Natriumdisulfit verwendet man in der Foto-, Papier-, Textil- und Lederindustrie sowie bei der Abwasserbehandlung.

Na_2SO_3:
- Herstellung aus SO_2 + NaOH in gesättigter Na_2SO_3-Lösung
- Verwendung in
  - Photo-
  - Papier-
  - Textil-
  - Lebensmittelindustrie

Natriumsulfit erhält man durch Umsetzung von Schwefeldioxid-haltigen Gasen mit Natronlauge in einer gesättigten Natriumsulfit-Lösung bei 60 bis 80 °C. Das Salz wird durch Zentrifugieren abgetrennt und in Stromtrocknern getrocknet. Es kommt als wasserfreies Salz in den Handel.

Verwendung: Natriumsulfit wird als Reduktionsmittel, zur Herstellung von Natriumthiosulfat, als Oxidationsschutz für Entwicklerlösungen in der Fotoindustrie, als Antichlor-Mittel in der Papier- und Textilindustrie, zur Konservierung von Lebensmitteln und zur Kesselwasserbehandlung benutzt. 1978 wurden in den USA 216 000 t verbraucht.

$Ca(HSO_3)_2$ aus SO_2 + $CaCO_3$
Verwendung für Sulfitcellulose-Herstellung

Calciumhydrogensulfit-Lösungen stellt man her durch Reaktion von Schwefeldioxid-haltigem Gas mit Kalkstein.

Verwendung: Diese Lösungen dienen zur Gewinnung von Sulfitcellulose.

1.6.12 Natriumthiosulfat, Ammoniumthiosulfat

Die Herstellung von *Natriumthiosulfat* erfolgt aus Schwefel und Natriumsulfitsuspensionen nach

Na_2SO_3:
- Herstellung aus $S + Na_2SO_3$ oder $S + NaHSO_3$

$Na_2SO_3 + S \longrightarrow Na_2S_2O_3$ oder

aus Natriumhydrogensulfit-Lösungen (Natronlauge und Schwefeldioxid) und Schwefel

$$2\,NaOH + SO_2 + S \longrightarrow Na_2S_2O_3 + H_2O$$

Die Anlagerung von Schwefel an Natriumsulfit erfolgt in Rührgefäßen bei 50 bis 100 °C; nach Abtrennen des überschüssigen Schwefels kristallisiert beim Abkühlen $Na_2S_2O_3 \cdot 5\,H_2O$.

Verwendung: Natriumthiosulfat wird zu etwa 90% als Fixiersalz in der Photoindustrie eingesetzt, aber auch als Antichlor in Bleichereien und in der Papierfabrikation. Über die verwendeten oder produzierten Mengen können keine zuverlässigen Aussagen gemacht werden. Die Mengen sind aber zugunsten von Ammoniumthiosulfat rückläufig.

- Verwendung vor allem in der Photoindustrie, aber auch in Bleichereien und in der Papierfabrikation

Ammoniumthiosulfat wird durch die Umsetzung von Schwefel mit Ammoniumsulfit in wäßrig-ammoniakalischem Medium bei 80 bis 110 °C hergestellt:

$(NH_4)_2S_2O_3$:
- Herstellung aus $(NH_4)_2SO_3 + S$

$$2\,NH_3 + SO_2 + H_2O \longrightarrow (NH_4)_2SO_3$$
$$(NH_4)_2SO_3 + S \longrightarrow (NH_4)_2S_2O_3$$

Beim Abkühlen der gereinigten Lösung auf etwa 20 °C kristallisiert wasserfreies $(NH_4)_2S_2O_3$ aus.

Verwendung: Ammoniumthiosulfat wird nahezu ausschließlich als Fixiersalz in der Fotoindustrie verarbeitet. Gegenüber Natriumthiosulfat hat es die Vorteile kürzerer Fixier- und Wässerungszeiten, höherer Ergiebigkeit des Fixierbades um ca. 50% und der leichteren Wiedergewinnung des Silbers aus verbrauchten Fixierbädern.

- Verwendung als Fixiersalz in der Photoindustrie

1.6.13 Natriumdithionit und Natriumhydroxymethansulfinat

Natriumdithionit hat Zinkdithionit aus Umweltschutzgründen in den letzten Jahren nahezu vollständig verdrängt. Hergestellt werden Dithionite durch Reduktion von Schwefliger Säure in freier Form oder in Form von Hydrogensulfit. Als Reduktionsmittel für die technischen Synthesen werden Zinkstaub, Natriumamalgam, Natriumformiat oder Natriumtetrahydroborat eingesetzt. Noch nicht ausgeübt wird ein Elektrolyseverfahren, bei dem Disulfit-Ionen kathodisch reduziert werden, wobei an der Anode Chlorid zu Chlor oxidiert wird. Der weltweite jährliche Bedarf an Natriumdithionit liegt bei etwa 250000 bis 300000 t. Die größten Mengen werden nach dem Zinkstaubverfahren produziert, gefolgt vom Formiatverfahren.

$Na_2S_2O_4$:
- Hergestellt nach
  - Zinkstaubverfahren, ca. 40% der Weltproduktion

- Zinkstaubverfahren: In einer wäßrigen Aufschlämmung wird Zinkstaub bei etwa 40 °C mit flüssigem oder gasförmigem Schwefeldioxid zu Zinkdithionit umgesetzt:

$$Zn + 2\,SO_2 \longrightarrow ZnS_2O_4$$

Durch Zugabe von Natriumcarbonat oder Natronlauge fällt man Zink als Carbonat bzw. Hydroxid aus:

$$ZnS_2O_4 + 2\,NaOH \longrightarrow Zn(OH)_2 + Na_2S_2O_4$$

Durch Einengen der vom Niederschlag befreiten Lösung im Vakuum und Zugabe von Kochsalz wird wasserfreies Natriumdithionit gefällt.

  - Formiatverfahren, ca. 30% der Weltproduktion

- Formiatverfahren: Schwefeldioxid wird unter Druck (2 bis 3 bar) mit einer Lösung von Natriumformiat in 80%igem wäßrigen Methanol umgesetzt, wobei durch Zudosieren von Natronlauge ein pH-Wert von 4 bis 5 eingehalten wird:

$$HCOONa + 2\,SO_2 + NaOH \longrightarrow Na_2S_2O_4 + CO_2 + H_2O$$

Das gebildete Natriumdithionit fällt feinkristallin und wasserfrei an.

- Amalgamverfahren: Natriumhydrogensulfit wird in wäßriger Lösung mit Natriumamalgam (aus Kochsalzelektrolyse) unter Kühlung reduziert. Das gebildete Natriumdithionit wird durch Kristallisation gewonnen.

– Amalgamverfahren $NaHSO_3 + NaHg_x$ ca. 20% der Weltproduktion

- Natriumtetrahydroborat-Verfahren: Durch Umsetzen von Schwefeldioxid mit Natriumtetrahydroborat in stark alkalischer wäßriger Lösung entsteht Natriumdithionit:

– $NaBH_4$-Verfahren, ca. 10% der Weltproduktion

$$NaBH_4 + 8\,NaOH + 8\,SO_2 \longrightarrow 4\,Na_2S_2O_4 + NaBO_2 + 6\,H_2O$$

Verwendung: Natriumdithionit ist auf Grund seiner reduzierenden Eigenschaften ein wichtiges Färbe- und Druckereihilfsmittel in der Textilindustrie und Bleichmittel in der Textil- und Papierindustrie.

- Verwendung in Textil- und Papierindustrie

Dithionite sind auch die Ausgangsprodukte zur Herstellung von *Natriumhydroxymethansulfinat*. Es entsteht durch Umsetzung von Dithioniten mit Formaldehyd in Gegenwart von Natronlauge. Eine Verfahrensvariante geht von Zinkdithionit aus, welches man in wäßriger Lösung mit Formaldehyd umsetzt. Dabei entstehen die Zinksalze der Hydroxymethansulfinsäure und der Hydroxymethansulfonsäure. Letzteres wird durch Zugabe von Zink bei 90 °C zum Zinkhydroxymethansulfinat reduziert. Mit Natronlauge oder Natriumcarbonat erhält man die Natriumverbindung.

$HOCH_2SO_2Na$

- Herstellung aus Dithioniten, Formaldehyd und NaOH

Verwendung: Natriumhydroxymethansulfinat benutzt man beim Direkt- und Ätzdruck zur Überführung der Küpenfarbstoffe in ihre Leukoform. Der Weltbedarf liegt bei etwa 15 000 bis 18 000 t/a.

- Verwendung: Direkt- und Ätzdruck

1.6.14 Schwefelwasserstoff

Schwefelwasserstoff kommt in größeren Mengen in Erdöl und insbesondere in Erdgasen vor (wird zu elementarem Schwefel aufgearbeitet; s. Abschn. 1.6.1.2.2). Daneben findet er sich in geringen Mengen gelöst in Mineral-

H_2S kommt vor in

- Erdöl
- Erdgas
- Mineralquellen

quellen. Bei einer Reihe chemischer Reaktionen fällt er als Nebenprodukt an.

Technisch hergestellt aus reinem S und reinem H_2 bei ca. 350 °C in Gegenwart von Co/Mo-oxid-Katalysatoren

Technisch hergestellt wird Schwefelwasserstoff zum größten Teil aus reinem Schwefel und reinem Wasserstoff in Gegenwart von Katalysatoren wie Cobaltmolybdänoxid, aufgebracht auf γ-Al_2O_3, bei etwa 350 °C.

Verwendung:

- Herstellung von NaHS und Na_2S
- Herstellung Schwefel-haltiger organischer Verbindungen
- Produktion von schwerem Wasser

Verwendung: Schwefelwasserstoff ist Ausgangsprodukt für die Herstellung von Natriumhydrogensulfid und Natriumsulfid sowie von organischen Schwefel-Verbindungen, wie Thiophenen oder Thiolen. In einigen Anlagen wird Schwefelwasserstoff auch eingesetzt zur Produktion von schwerem Wasser.

1.6.15 Natriumsulfid

Auch heute noch wird die Hauptmenge an Natriumsulfid nach dem klassischen Verfahren der Umsetzung von Natriumsulfat mit Kohle nach

$$Na_2SO_4 + 2\,C \longrightarrow Na_2S + 2\,CO_2$$

Na_2S:

- Herstellung aus
  - Na_2SO_4 + 2 C in
    Handöfen
    Rollöfen
    Drehtelleröfen
  - Natriumpolysulfid + $NaHg_x$

erzeugt. Die Reaktion führt man in Handöfen (niedriger, gemauerter Herd mit Decke), Rollöfen oder Drehtelleröfen durch. Die in den Öfen erzeugte Schmelze wird mit Wasser angemaischt; nach Abtrennen der ungelösten Anteile konzentriert man die Lösung auf 60 bis 62% Na_2S durch Eindampfen in gußeisernen Pfannen. Diese konzentrierte Lösung erstarrt bei ca. 90 °C.

Neben der Reduktion von Natriumsulfat wird noch das Elektrolyseverfahren betrieben, bei dem man eine Natriumpolysulfid-Lösung (aus Natriumsulfid-Lösung und Schwefel) mit elektrolytisch hergestelltem Natriumamalgam umsetzt. Dabei wird Schwefel zu Natriumsulfid reduziert:

$$Na_2S + 3\,S \longrightarrow Na_2S_4$$

$$Na_2S_4 + 6\,NaHg_x \longrightarrow 4\,Na_2S + 6\,Hg_x$$

Auch bei der Einwirkung von Schwefelwasserstoff auf Natronlauge entsteht Natriumsulfid.

Keine Bedeutung mehr hat die Umsetzung von Natriumsulfat mit gasförmigen Reduktionsmitteln, wie z. B. Wasserstoff (früher im Sulfigran-Verfahren in Leverkusen betrieben), Kohlenmonoxid oder Kohlenwasserstoffen.

Verwendung: Natriumsulfid wird hauptsächlich in Gerbereien als Enthaarungsmittel (sog. Äscher) verwendet. Es wird aber auch benutzt bei der Erzflotation, beim Färben mit Schwefelfarbstoffen in der Textilindustrie sowie in der chemischen Industrie, z. B. zum Ausfällen von Schwermetall-Ionen.

- Verwendung:
  - Enthaarungsmittel in Lederindustrie
  - bei Erzflotation
  - in Textilindustrie

In der Bundesrepublik Deutschland wurden 1979 insgesamt 10400 t an Natriumhydrogensulfid, Natriumsulfid und Natriumpolysulfid produziert.

1.6.16 Natriumhydrogensulfid

Hergestellt wird Natriumhydrogensulfid entweder durch Umsetzung von Schwefelwasserstoff mit Natriumsulfid oder mit Natronlauge.

Verwendung: Es wird wie Natriumsulfid zum Enthaaren von Häuten in der Lederindustrie, für die Erzflotation, in der Farbstoffchemie und bei der Synthese organischer Materialien eingesetzt. 1980 wurden in den USA 20000 t Natriumhydrogensulfid verbraucht.

NaHS:

- Herstellung aus H_2S + NaOH oder H_2S + Na_2S
- Verwendung in den USA 1980:

Erzflotation	30%
Lederindustrie	20%
Farbstoffe	20%
Chemikalien	10%
Rest	20%

1.6.17 Schwefelkohlenstoff

Herstellung: Bis vor einiger Zeit wurde Schwefelkohlenstoff nahezu ausschließlich durch Umsetzung von Kohle, insbesondere von aschearmer Holzkohle, mit Schwefel bei höheren Temperaturen in ausgemauerten Retorten oder in elektrischen Öfen (Elektrothermverfahren) hergestellt. In den USA, Canada, Japan und Europa setzt man heute weitgehend als Kohlenstoffquelle Methan oder Erdgas ein und setzt diese mit Schwefel bei ca. 650 °C um:

CS_2:

- Herstellung aus
  - Kohle + Schwefel, vor allem in Ländern ohne Methan- oder Erdgas nach Retorten- oder Elektrothermverfahren
  - CH_4 oder Erdgas bei ca. 650 °C

$$CH_4 + 2\,S_2 \longrightarrow CS_2 + 2\,H_2S$$

Produktion von CS_2 1979 (Mio. t):

Welt (ohne VR China)	1.735
davon CH_4 + S	1.338
C + S	0.397

- Verwendung von CS_2 für
  - Faserherstellung in Viskoseindustrie (50 bis 60% der Weltproduktion)
  - Cellophan (10 bis 15% der Weltproduktion)
  - CCl_4 (10% der Weltproduktion)
  - Verschiedene Produktgruppen

Die Reinigung des Schwefelkohlenstoffs erfolgt durch Destillation. Der anfallende Schwefelwasserstoff wird in einer Claus-Anlage zu Schwefel aufgearbeitet.

1979 wurden weltweit (ohne VR China) etwa 1.7 Mio. t Schwefelkohlenstoff produziert, wobei die Mengen aus Methan und Schwefel eindeutig überwogen.

Verwendung: Schwefelkohlenstoff wird hauptsächlich in der Viskoseindustrie zur Faserherstellung verbraucht.

Kleinere Mengen gehen in die Erzeugung von Cellophan aus Viskose oder dienen als Ausgangsprodukt für Tetrachlorkohlenstoff. Außerdem verwendet man Schwefelkohlenstoff noch für die Herstellung von Vulkanisationsbeschleunigern, Flotationsmitteln, Korrosionsinhibitoren, Pflanzenschutzmitteln und Zwischenprodukten für Pharmazeutika.

Literatur zu Kapitel 1.6 Schwefel und Schwefel-Verbindungen

Ullmanns Encyklopädie der technischen Chemie. 4. Aufl. Bd. 21, S. 1 – 64, 75 – 178. Verlag Chemie, Weinheim, 1982.

M. Schmidt und W. Siebert: *Sulphur, Comprehensive Inorganic Chemistry*. Pergamon Press, Oxford(1973), pp. 795 – 933.

Schwefel:

R. Steudel und H.-J. Mäusle, „Flüssiger Schwefel – ein Rohstoff komplizierter Zusammensetzung“, *Chemie in unserer Zeit* **14**, 73 – 81 (1980).

R. Kiyoura, “International Trends in Sulfur and Overview for 1980 – 81”, *Chemical Economy and Engineering Review* **13**, 13 – 20, Oktober 1981.

J. W. Palm, “Sulphur recovery plant operation”, *Sulphur No. 143,* Juli/August 1979, 34 – 39.

R. E. Davenport und O. Kamatari: *Market Research Report on Sulfur. Chemical Economics Handbook.* SRI International 780.0000 A (1979).

Schwefelsäure:

J. Schulze und M. Ruppert, „Technisch-wirtschaftliche Rationalisierung der Schwefelsäure-Produktion – Wege und Ergebnisse“,

I. „Technische Entwicklung bei den konventionellen Verfahren“, *Chem. Ind.* XXXII, 580 – 586 (1980).

II. „Endgasreinigung und Schwefelsäure-Recycling“, *Chem. Ind.* XXXII, 685 – 689 (1980).

III. „Wirtschaftlichkeitsvergleich – Grundlagen der Vorkalkulation“, *Chem. Ind.* XXXII, 754 – 756 (1980).

“The changing sulfuric acid industry”, *Chem. Week*, Febr. 1982, 40 – 43.

A. Bhattacharya, “Production of Sulphuric Acid and Cement from Phosphogypsum using the OSW Process”, *Chem. Age India* **27**, 1009 – 1014 (1976).

R. A. Bauer und B. P. Vidon, “The Ugine Kuhlmann Pressure Process”, *Chem. Eng. Prog.* **74**, 68 – 69 (1978).

B. van der Berkhof, “Sulphuric acid as a by-product of the European non-ferrous metals industry”, *Sulphur* **146**, Jan./Febr. 1980, 24 – 28.

Statistisches Bundesamt, Fachserie 4, Reihe 3, 1 (1979).

The British Sulphur Corporation Statistical Supplement **22**, 1 – 6, Jan./Febr. 1981.

R. E. Davenport, F. A. Ferguson und O. Kamatari: *Marketing Research Report on Sulfuric Acid. Chemical Economics Handbook.* SRI International 780 1000 A (1979).

K. Bodenbrenner, H. v. Plessen und R. Steiner, „Regeneration von Abfallschwefelsäure“, *Chem.-Ing.-Tech.* **50**, 30 – 36 (1978).

Schwefeldioxid:

Statistisches Bundesamt, Produktion im produzierenden Gewerbe nach Waren und Warengruppen, Reihe 3.1, Wiesbaden, 1980.

1.7 Halogene und Halogenverbindungen

1.7.1 Fluor und Fluor-Verbindungen

1.7.1.1 Wirtschaftliche Bedeutung und Verwendung

Angaben über den Welt-Fluor-Verbrauch für 1976 und 1977 finden sich in Tabelle 1.7.1-1.

Welt-Fluor-Verbrauch

1976: 1864 · 10^3 t
1977: 1865 · 10^3 t

Verwendung:

Erzeugung von

- Rohstahl
- Aluminium
- Fluor-Chemikalien

Tabelle 1.7.1-1. Welt-Fluor-Verbrauch 1976 und 1977 (in 10^3 t Fluor).

	Gesamt-Verbrauch	zur Rohstahl-Erzeugung	für Hütten-aluminium	Chemische Industrie	sonstiges
1976	1864	1116	359	282	107
1977	1865	1105	377	266	117
1979[a)]	1650	967	267	302	112

[a] nur westliche Welt

Zur Rohstahlerzeugung wird Flußspat, zur Gewinnung von Hüttenaluminium werden Kryolith – Na_3AlF_6 – und Aluminiumfluorid benötigt. Der größte Teil des in der chemischen Industrie verbrauchten Fluors geht in die Produktion von Fluorhalogenkohlenwasserstoffen, von synthetischem Kryolith und Aluminiumfluorid.

1.7.1.2 Rohstoffe

Rohstoffe für die industrielle Fluor-Chemie sind:

Fluor-Quellen:

- Calciumfluorid
- Fluorapatit
- natürlicher Kryolith (untergeordnet)

- Flußspat – CaF_2
- Fluorapatit – $3\,Ca_3(PO_4)_2 \cdot CaF_2$ mit einem Massenanteil von 2 bis 4% Fluor
- im geringen Maße natürlicher Kryolith – Na_3AlF_6. Der Abbau von Kryolith in Grönland wurde 1963 beendet, derzeit wird aus Lagerbeständen versandt.

Der Gehalt der Erdkruste wird auf 0.09% Fluor geschätzt.

Gehalt der Erdkruste an Fluor:

0.09%

1.7.1.2.1 Flußspat

Flußspat-Weltproduktion 1979:

ca. $4.6 \cdot 10^6$ t
MX: $816 \cdot 10^3$ t
BRD: $6.3 \cdot 10^3$ t

Die Angaben über die Weltvorräte an Flußspat schwanken, vor allem bedingt durch die Unsicherheit der Definition „wirtschaftlich gewinnbar", sehr stark. Es liegen Angaben zwischen 145 und $540 \cdot 10^6$ t vor. Die Weltproduktion lag 1979 bei etwa $4.6 \cdot 10^6$ t.

Große Vorkommen finden sich in Südafrika (Produktion 1979: $470 \cdot 10^3$ t), der USSR und vor allem in Mexico, wobei Mexico auch der größte Produzent ist (1979: $816 \cdot 10^3$ t). Weitere Lagerstätten gibt es in einer Vielzahl von Gebieten. Der bedeutendste europäische Produzent ist Spanien. Die Produktion in der Bundesrepublik Deutschland betrug $6.3 \cdot 10^3$ t im Jahre 1979.

Gewinnung von Flußspat:

- bergmännisch

Aufbereitung:
- Mahlung
- Flotation
- Trocknung

[Brikettierung (für Stahl-Industrie)]

Gewinnung von Flußspat. Flußspat wird sowohl im Tiefwie im Tagebau bergmännisch gewonnen und ist mit anderen Mineralien wie Schwerspat ($BaSO_4$), Bleiglanz (PbS), Zinkblende (ZnS) und Quarz (SiO_2) vergesellschaftet. Daher ist eine aufwendige Aufbereitung erforderlich. Das Roherz hat einen Flußspat-Gehalt von 30 bis 60%.

Die Aufbereitung geschieht in modernen Anlagen durch mechanische Zerkleinerung des Erzes auf <0.1 mm (Brecher, Kugelmühlen) und anschließende mehrstufige Flotation. (Flotation: Trennung der verschiedenartigen Anteile von fein zerteilten Erzen durch Ausnutzung der unterschiedlichen Benetzbarkeit der einzelnen Komponenten.) Etwa 90% des im Erz enthaltenen Calciumfluorides werden als „Säurespat" mit einem Gehalt von 96.5 bis 97.5% gewonnen, die Verunreinigungen sind Kieselsäure, Calciumcarbonat und Bariumsulfat.

Säurespat:

96.5 – 97.5% Calciumfluorid,
Rest: Kieselsäure, Calciumcarbonat, Bariumsulfat

Das so hergestellte feine Calciumfluorid enthält noch ca. 10% anhaftende Feuchtigkeit und muß vor der Verwendung getrocknet werden. Der für die Stahl-Industrie benötigte „Hüttenspat" muß brikettiert werden, wenn man ihn nicht dem Aufbereitungs-Prozeß in Form von groben Stücken entnimmt.

1.7.1.2.2 Fluorapatit

Der zur Gewinnung von Phosphorsäure (s. S. 77 ff.) durchgeführte Aufschluß von Apatit mit Schwefelsäure in Gegenwart von Kieselsäure liefert als Nebenprodukt Hexafluorokieselsäure-Lösungen, die eine wichtige Rohstoffquelle für die Fluor-Chemie sind. Etwa 7% des US-amerikanischen Fluor-Bedarfes werden aus dieser Quelle gedeckt.

Man schätzt, daß die im Fluorapatit zur Verfügung stehenden Fluor-Reserven erheblich größer sind, als die aus Flußspat gewinnbaren. Die technische Nutzung ist allerdings noch gering. Die Gründe hierfür sind:

Hexafluorkieselsäure aus Fluorapatit: derzeit noch wenig genutzte Fluor-Quelle

- Es fällt eine wäßrige Hexafluorokieselsäure-Lösung mit Gehalten bis zu 30% an, so daß für eine Verwendung große Mengen an Wasser transportiert werden müssen.
- Bisher ist es großtechnisch nur gelungen, die Hexafluorokieselsäure zur Herstellung von Fluoriden, nicht aber von Flußsäure einzusetzen.
- Einige Verunreinigungen der Hexafluorokieselsäure, besonders der Gehalt an Phosphor-Verbindungen, erschweren die Weiterverarbeitung.

Trotzdem ist zu erwarten, daß diese Rohstoffquelle in Zukunft steigende Bedeutung erlangen wird.

1.7.1.3 Fluor und anorganische Fluorprodukte

1.7.1.3.1 Fluor

Die Herstellung von Fluor erfolgt elektrochemisch. Elektrolysiert werden Kaliumfluorid-Flußsäure-Addukte, vor allem etwa im Molverhältnis KF : HF = 1 : 2.0 bis 2.2 bei Temperaturen um 70 bis 130 °C. Das Kaliumfluorid erzeugt die notwendige Leitfähigkeit der Schmelze.

$$2HF \xrightarrow{e^-} H_2 + F_2$$

Beschreibung der Fluor-Zelle

Fluor: durch Elektrolyse von geschmolzenem KF/HF-Gemischen bei 8 bis 12 V an Kohle-Anoden

Kathoden und Zellgefäß sind meist aus Monel-Legierung oder Stahl, die Anoden aus graphitfreier Kohle. Zur Trennung von Kathoden- und Anodenraum benutzt man kein Diaphragma, sondern lediglich vom Deckel in die Schmelze herabhängende Bleche. Abb. 1.7.1-1 zeigt einen Schnitt durch eine technische Fluor-Zelle. Die durch die Elektrolyse verbrauchte Flußsäure wird kontinuierlich nachgeführt.

Technische Daten:

Spannung: 8 bis 12 V
(theoretische Abscheidungs-Spannung für F_2: 2.85 V)
Stromstärke: 4 bis 15 kA
Stromdichte: 0.1 bis 0.15 A/cm^2
Stromausbeute: 90 bis 95%

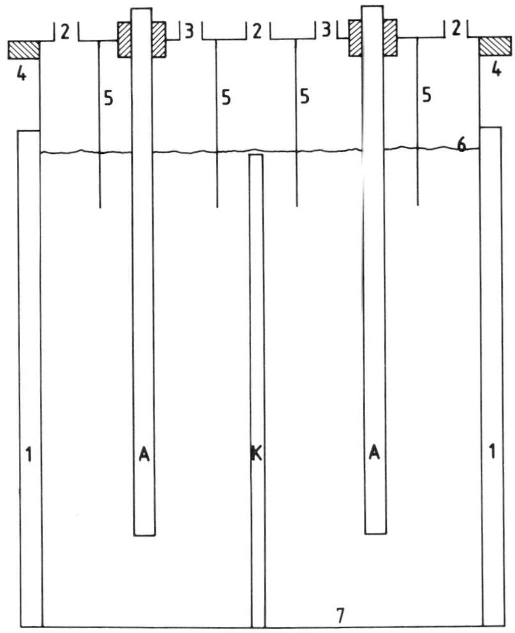

Abb. 1.7.1-1. Schematischer Schnitt durch eine technische Fluorzelle. 1) Kühlmantel, 2) Wasserstoff-Ableitungen, 3) Fluor-Ableitungen, 4) Dichtung Deckelgefäß, 5) Trennbleche, 6) Schmelzestand, 7) Gefäß, als Kathode geschaltet, K Kathode, A Anoden.

Die Lebensdauer der Anoden beträgt z. B. bei einem von der Atomic Energy Commission der USA entwickelten Typ 40 bis $80 \cdot 10^6$ Ah. Da die verwendete Spannung weit über der theoretisch erforderlichen liegt, müssen erhebliche Mengen an Joulscher Wärme – pro kg Fluor etwa 35 MJ – abgeführt werden. Die Temperatur des Kühlwassers darf andererseits nicht so weit abgesenkt werden, daß der Elektrolyt einfriert.

Das erzeugte Fluor und der Wasserstoff enthalten ca. 10% (Volumenanteil) Fluorwasserstoff. Durch Kühlung – bis auf unter −100 °C – wird der Fluorwasserstoff-Gehalt stark abgesenkt. Im Wasserstoff wird der Restgehalt an Fluorwasserstoff durch alkalische Wäsche beseitigt, im Fluor kann er, falls erforderlich, durch Überleiten über Natriumfluorid weiter vermindert werden.

Das so erhaltene Fluor wird entweder direkt weiterverarbeitet (zu Uranhexafluorid, Schwefelhexafluorid), in Druckflaschen komprimiert oder aber verflüssigt (Kp. −188 °C).

Die kommerzielle Produktion an Fluor wird für die USA und Canada auf >5000 t geschätzt, davon werden 70 bis 80% für die Uranhexafluorid-Produktion verwandt.

Fluor-Produktion in USA und Canada >5000 t, für:

- Uranhexafluorid (70 – 80%)
- Schwefelhexafluorid

1.7.1.3.2 Fluorwasserstoff

Wirtschaftliche Bedeutung

Der Fluorwasserstoff ist für die Fluorchemie von zentraler Bedeutung. Tabelle 1.7.1-2 nennt die für 1980 geschätzten Fluorwasserstoff-Kapazitäten in einigen wichtigen Industrieländern.

Weltkapazitäten für Fluorwasserstoff 1980:

1080 · 10^3 t/a
BRD: 78 · 10^3 t/a
USA 258 · 10^3 t/a

Tabelle 1.7.1-2. Fluorwasserstoff-Kapazitäten 1980 (geschätzt), in 10^3 t/a.

Welt	USA	CA	BRD	FR	GB	IT	ES	MX	BR	SU	DDR
1080	258	90	78	96	50	77	26.5	92	17	110	12

In Tabelle 1.7.1-3 wird die Fluorwasserstoff-Produktion in der Bundesrepublik Deutschland und in den USA (1972 – 1982) aufgeführt.

Tabelle 1.7.1-3. Fluorwasserstoff-Produktion in der Bundesrepublik Deutschland und in den USA in den Jahren 1972 – 1982, in 10^3 t.

	1972	1974	1976	1978	1981	1982
BRD	65	96	63	79		
USA	310	346	261	241	172	140

Herstellung

Technisch wird Fluorwasserstoff durch Reaktion von Schwefelsäure mit „Säurespat" hergestellt (s. S. 142).

$$CaF_2 + H_2SO_4 \xrightarrow{200-350\,°C} 2\,HF_g + CaSO_4$$

$$\Delta H_{25\,°C} = +59\ kJ \cdot mol^{-1}$$

Die Reaktion wird heute im allgemeinen in Drehrohröfen von ca. 20 m Länge und bis zu 3 m Durchmesser durchgeführt. Solche Öfen produzieren mehr als 45 t Fluorwasserstoff pro Tag.

Fluorwasserstoff aus Flußspat und Schwefelsäure im Drehrohrofen unter Energiezufuhr

Wegen der gleichzeitig ablaufenden Reaktionen der Schwefelsäure mit den im Flußspat enthaltenen Nebenprodukten – Kieselsäure, oxidische und sulfidische Mineralien – und dem Stahl des Drehrohrs benötigt man einen Überschuß an Schwefelsäure von etwa 5 – 10%. Da bei einem Teil dieser Nebenreaktionen wie z. B. der folgenden

$$2CaF_2 + SiO_2 + 2H_2SO_4 \longrightarrow SiF_4 + 2CaSO_4 + 2H_2O$$

Wasser entsteht, ist zu dessen Abfangen der zusätzliche Einsatz von Schwefeltrioxid in Form von Oleum erforderlich.

Die Reaktion von Flußspat mit Schwefelsäure ist endotherm, deshalb muß zur Durchführung der Reaktion Energie zugeführt werden. Die Beheizung der Öfen geschieht z. T. direkt (Verfahren der PCUK: das dabei entstehende Gemisch von Fluorwasserstoff und Rauchgasen wird in einem Fließbettreaktor direkt mit calciniertem Aluminiumhydroxid zu Aluminiumfluorid umgesetzt), im allgemeinen aber indirekt.

Nach dem Bayer-Verfahren (Schema: Abb. 1.7.1-2) wird die erforderliche Reaktionswärme an mehreren Stellen des Prozesses zugeführt:

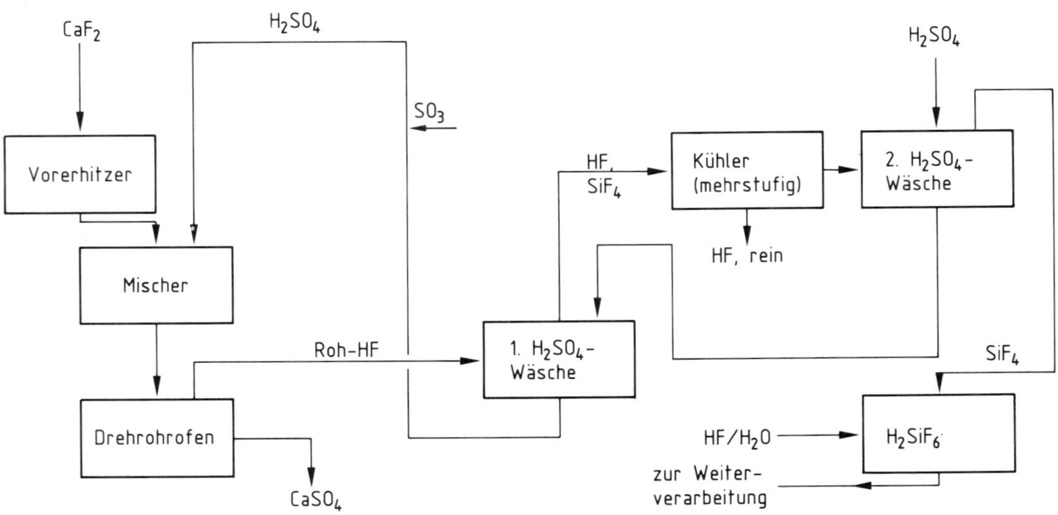

Abb. 1.7.1-2. Prinzip-Schema des Bayer-Verfahrens zur Herstellung von Fluorwasserstoff.

- Vorerhitzung des Flußspates durch Heißgase
- Vorerhitzung der Schwefelsäure durch Wärmeaustausch mit dem Fluorwasserstoff-Rohgas
- Zugabe von Schwefeltrioxid als Oleum und
- Beheizung des Drehrohrofens.

500 °C heißer Flußspat und die vorerhitzte Schwefelsäure gelangen zunächst in einen Mischer, in dem ein Teil der Reaktion abläuft, die dann im Drehrohrofen beendet wird.

Der Roh-Fluorwasserstoff (der noch Luft, SiF_4, H_2, SO_2, CO_2 und Staub enthält) wird mit Schwefelsäure gewaschen. (Die dabei anfallende Waschsäure wird – nach Aufkonzentrieren mit Oleum – wieder in den Prozeß zurückgeführt.) Durch mehrstufige Kühlung des Rohproduktes erhält man einen reinen Fluorwasserstoff (Kp. +19.9 °C). Falls erforderlich, kann der Fluorwasserstoff durch Destillation noch weiter gereinigt werden.

Dem nun verbleibenden „Rest-Gas" wird durch Waschen mit Schwefelsäure der restliche Fluorwasserstoff entzogen. Das in diesem Gasstrom noch enthaltende Siliciumtetrafluorid wird in Hexafluorokieselsäure umgewandelt, wozu es entweder mit Wasser ohne Zusatz von Flußsäure unter Abscheidung von Kieselsäure

$$3\,SiF_4 + 2\,H_2O \longrightarrow 2\,H_2SiF_6 + SiO_2$$

oder unter Zusatz von Flußsäure ohne Abscheidung von Kieselsäure

$$SiF_4 + 2\,HF \xrightarrow{H_2O} H_2SiF_6$$

umgesetzt wird.

Diese Hexafluorokieselsäure-Lösungen werden wieder eingesetzt, vgl. z.B. auch Abschn. 1.7.1.3.3.

Eine technisch häufig angewandte Variante zu dem Bayer-Verfahren ist das der Buss AG, bei dem die Vorreaktion in einem kontinuierlich arbeitenden Kneter durchgeführt wird. In einer weiteren Variante wird die Zufuhr der für die Reaktion erforderlichen Wärme nach einem Verfahren der Firma DuPont dadurch bewerkstelligt, daß man in dem Reaktor Schwefeltrioxid mit Wasser zu Schwefelsäure reagieren läßt.

Anfallendes Anhydrit: nach Aufbereitung für:

- Estriche
- Bergbau
- Zementindustrie

Pro Tonne Fluorwasserstoff entstehen 3.8 Tonnen Anhydrit, $CaSO_4$. Der den Drehrohrofen verlassende Anhydrit enthält noch restliche Schwefelsäure, die mit Kalk neutralisiert wird. Nach einer Aufbereitung kann dieser Anhydrit z. B. zur Herstellung von Estrichen, im Bergbau zur Streckenverfüllung oder in der Zementindustrie als Abbinderegler eingesetzt werden. Fehlen Absatzmöglichkeiten, muß er deponiert werden.

(Die von der Firma Nynäs Petroleum in Schweden entwickelte pyrohydrolytische Spaltung von Siliciumtetrafluorid bei hohen Temperaturen nach

$$SiF_4 + 2H_2O \longrightarrow SiO_2 + 4HF$$

hat lediglich eine gewisse Bedeutung für die Herstellung einer Kieselsäure mit großer spezifischer Oberfläche – Fluosil® – gehabt.)

Verwendung

Fluorwasserstoff für:

- anorganische Fluoride
- Fluorhalogenkohlenwasserstoffe
- Glas-Industrie
- Edelstahl-Beize
- Halbleiter-Herstellung

Fluorwasserstoff wird hauptsächlich verwendet

- für die Herstellung von anorganischen Fluor-Verbindungen wie Aluminiumfluorid, Bortrifluorid, Urantetrafluorid, Ammoniumhydrogenfluorid
- für die Herstellung von organischen Fluor-Verbindungen, vor allem Fluorhalogenkohlenwasserstoffen
- zum Ätzen und Polieren in der Glasindustrie
- als Katalysator für Alkylierungs-Reaktionen
- zum Beizen von Edelstählen
- bei der Halbleiter-Herstellung.

Fluorwasserstoff kommt im allgemeinen verflüssigt oder als wäßrige Lösung mit über 70% Fluorwasserstoff in den Handel. In beiden Fällen wird Stahl als Behältermaterial verwandt. Bei einem Gehalt von <60% Fluorwasserstoff wird Stahl angegriffen. Die Behälter müssen dann ausgekleidet sein.

1.7.1.3.3 Aluminiumfluorid

Aluminiumfluorid dient neben Kryolith (vgl. Abschn. 1.7.1.3.4) als Flußmittel in der Aluminium-Industrie.

Die Aluminiumfluorid-Kapazitäten (in 10^3 t/a) zeigt Tabelle 1.7.1-4.

Tabelle 1.7.1-4. Geschätzte Aluminiumfluorid-Kapazitäten 1980, in 10^3 t/a.

Welt	Eur.	USA	CA	MX	JA	SU
580	175	145	55	28	88	20

Aluminiumfluorid:

Flußmittel in der Aluminium-Industrie, Kapazitäten (1980):

Welt 580 · 10^3 t/a
Eur. 175 · 10^3 t/a
USA 145 · 10^3 t/a

Größter europäischer Produzent ist die PCUK mit einer Kapazität von 96 · 10^3 t/a.

Aluminiumfluorid aus Fluorwasserstoff

Nach einem Verfahren der Firma Lurgi wird Aluminiumhydroxid zunächst bei 300 bis 400 °C calciniert und dann in einem Fließbett-Reaktor bei 400 bis 600 °C mit Fluorwasserstoff umgesetzt.

Herstellung von Aluminiumfluorid:

- aus Aluminiumhydroxid und Fluorwasserstoff

$$2\,Al(OH)_3 \xrightarrow{300 \text{ bis } 400\,°C} Al_2O_3 + 3\,H_2O$$

$$Al_2O_3 + 6\,HF \xrightarrow{400 \text{ bis } 600\,°C} 2\,AlF_3 + 3\,H_2O\,.$$

(Früher setzte man wäßrige Flußsäure mit Aluminiumoxid-hydrat um, kristallisierte Aluminiumfluorid-hydrat aus und calcinierte im Drehrohrofen.)

Das Verfahren der PCUK, calciniertes Aluminiumoxidhydrat mit einem Fluorwasserstoff-Rauchgasgemisch umzusetzen, wurde bereits in Abschn. 1.7.1.3.2 erwähnt.

Aluminiumfluorid aus Hexafluorokieselsäure

Verfahren der Firma Chemie Linz AG

Bei diesem Verfahren wird eine Hexafluorokieselsäure-Lösung bei 100 °C mit Aluminiumhydroxid umgesetzt. Die ausgefallene Kieselsäure wird abgetrennt und anschließend das Aluminiumfluorid als Trihydrat auskristallisiert. Erhitzen auf über 500 °C liefert dann wasserfreies Aluminiumfluorid.

Aluminiumfluorid

- aus Aluminiumoxid-Hydrat und Hexafluorokieselsäure

$$2\,Al(OH)_3 + H_2SiF_6 \xrightarrow{100\,°C} 2\,AlF_3 + SiO_2 + 4\,H_2O\,.$$

Das Verfahren wird in Schweden, Rumänien, Tunesien und Japan durchgeführt.

Verfahren der Firma UKF

Nach dem Verfahren der Firma UKF wird Hexafluorokieselsäure-Lösung mit Ammoniak zu Ammoniumfluorid und Kieselsäure umgesetzt. Die Kieselsäure wird entfernt und die Ammoniumfluorid-Lösung bei 100 °C mit der doppelt molaren Menge an Aluminiumoxid-Hydrat zu einem Gemisch von Ammoniumkryolith und Aluminiumoxid-Hydrat umgesetzt, das abgetrennt wird. Dieses Gemisch wandelt sich bei 500 °C in Aluminiumfluorid, Ammoniak und Wasser um.

$$H_2SiF_6 + 6NH_3 + 2H_2O \xrightarrow{H_2O} 6NH_4F + SiO_2$$

$$6NH_4F + Al_2O_3 \xrightarrow{100\,°C} [(NH_4)_3AlF_6 + 0.5Al_2O_3] + 3NH_3 + 1.5H_2O$$

$$2[(NH_4)_3AlF_6 + 0.5Al_2O_3] \xrightarrow{500\,°C} 4AlF_3 + 6NH_3 + 3H_2O$$

Das Verfahren wird derzeit technisch nicht ausgenutzt.

1.7.1.3.4 Natriumhexafluoroaluminat – Kryolith

Angaben zu den Kryolith-Kapazitäten finden sich in Tabelle 1.7.1-5.

Kryolithkapazitäten

Welt: $330 \cdot 10^3$ t/a
Eur.: $90 \cdot 10^3$ t/a
USA: $70 \cdot 10^3$ t/a

Tabelle 1.7.1-5. Kryolith-Kapazitäten 1980 (geschätzt), in 10^3 t/a.

Welt	Eur.	USA	CA	MX	JA	SU
330	90	70	25	5	51	40

Es sind eine Reihe von Verfahren zur Herstellung von Kryolith beschrieben worden.

Herstellung von Kryolith aus Fluorwasserstoff oder, bevorzugt, aus Hexafluorkieselsäure

Ebenso wie bei der Herstellung von Aluminiumfluorid geht man auch hier von Flußsäure oder, heute bevorzugt, von Hexafluorokieselsäure aus. Im letzteren Falle setzt man z. B. aus Hexafluorokieselsäure hergestellte Ammoniumfluorid-Lösung (vgl. Abschn. 1.7.1.3.3) mit Natriumaluminat um.

$$6NH_4F + 3NaOH + Al(OH)_3 \longrightarrow Na_3AlF_6 + 6NH_3 + 6H_2O\ .$$

In Varianten zu diesem Verfahren setzt man die Ammoniumfluorid-Lösung zuerst mit Natronlauge zu Ammoniak und Natriumfluorid um und letzteres dann mit Aluminiumfluorid zu Kryolith. Der abgetrennte Kryolith wird bei 500 bis 700 °C calciniert.

Bei der Herstellung von Kryolith sind ebenso wie bei der Herstellung von Aluminiumfluorid drei Punkte besonders zu beachten:

- Die elektrolytische Herstellung von Aluminium verlangt von den Schmelzmitteln erhebliche Reinheiten. Besonders Phosphat (<0.1%), Kieselsäure (<0.5%), aber auch Eisen stören. Da gerade Phosphat beim Einsatz von Hexafluorokieselsäure aus dem Apatit-Aufschluß zu erwarten ist, sind entsprechende Reinigungsverfahren durchzuführen.
- Weiterhin sind sowohl Aluminiumfluorid als auch Kryolith in Wasser schwer, aber nicht unlöslich. Bei der Produktion muß daher dafür Sorge getragen werden, daß die Fluorid-Abgabe an den Vorfluter die erlaubten Werte nicht überschreitet.
- Bei der Verwendung von Hexafluorokieselsäure als Fluor-Lieferant fällt als Nebenprodukt Kieselsäure an, an der noch restliches Fluorid anhaftet. Sie muß ordnungsgemäß beseitigt werden.

Kryolith wird, wie Aluminiumfluorid, hauptsächlich bei der elektrolytischen Herstellung von Aluminium eingesetzt. Weitere Anwendungen von Kryolith: Als Flußmittel für Email-Schmelzen, Zusatz zur Herstellung von Schleifmitteln und als Hilfsmittel beim Umschmelzen von Leichtmetallen.

Verwendung von Kryolith:

- Flußmittel in der Aluminium-Industrie
- für Email-Schmelzen
- Zusatz zur Herstellung von Schleifmitteln
- Hilfsmittel bei der Leichtmetall-Herstellung

1.7.1.3.5 Alkalifluoride

Technische Bedeutung haben hier vor allem Natriumfluorid und Kalium- sowie Ammoniumhydrogenfluorid.

$NaF, KHF_2, NH_4F \cdot HF$.

Sie werden entweder aus Fluorwasserstoff oder aus Hexafluorokieselsäure und den entsprechenden Alkalihydroxiden hergestellt. Ammoniumhydrogenfluorid wird vor allem aus wasserfreiem Ammoniak und Fluorwasserstoff in der Schmelze erzeugt.

Natriumfluorid dient besonders zur Herstellung von organischen Fluor-Verbindungen durch Umfluorierung und als Konservierungsmittel.

Kaliumhydrogenfluorid ist ein Mattierungsmittel in der Glas-Industrie und Ausgangsmaterial zur Herstellung von elementarem Fluor (vgl. Abschn. 1.7.1.3.1).

Ammoniumhydrogenfluorid dient zum Auflösen von silicatischen Gesteinen bei der Erdöl-Gewinnung und zur Vorbehandlung von Aluminium vor der Eloxierung.

1.7.1.3.6 Hexafluorosilicate

Natrium- und Kaliumhexafluorosilicat werden durch Umsetzung von Alkalisalzen (Chloriden) mit Hexafluorokieselsäure und Abtrennung der schwerlöslichen Alkalihexafluorosilicate erhalten.

Magnesium-, Zink- und Kupferhexafluorosilicat, die in Wasser leicht löslich sind, werden aus Hexafluorokieselsäure und den entsprechenden Oxiden hergestellt und durch Eindampfen der Lösung gewonnen.

Hexafluorosilicate:
Verwendung vor allem im Holz-Schutz

Die Hexafluorosilicate werden vor allem als Konservierungsmittel im Holz-Schutz (besonders Magnesiumhexafluorosilicat) verwendet.

1.7.1.3.7 Uranhexafluorid

Uranhexafluorid ist die Schlüsselverbindung zur Trennung der Uran-Isotopen ^{235}U und ^{238}U. Zur Herstellung geht man von Uran(IV)-oxid aus, das man mit Fluorwasserstoff zu Urantetrafluorid umsetzt. Dessen weitere Reaktion zu Uranhexafluorid erfolgt mit elementarem Fluor.

Uranhexafluorid:
siehe Kap. 6, Kernbrennstoff-Kreislauf

$$UO_2 + 4HF \longrightarrow UF_4 + 2H_2O$$

$$UF_4 + F_2 \longrightarrow UF_6 \,.$$

Eine ausführliche Darstellung des Verfahrens findet sich in Kap. 6.

1.7.1.3.8 Bortrifluorid und Tetrafluoroborsäure

Die Herstellung von Bortrifluorid erfolgt entweder durch diskontinuierliche Reaktion von Boraten mit Flußspat und Oleum oder kontinuierlich z. B. aus Fluorwasserstoff und Borsäure, wobei Schwefelsäure das Reaktions-Wasser bindet.

Bortrifluorid:

Herstellung aus Borsäure oder Boraten, Flußsäure, Fluorsulfonsäure oder Flußspat in Gegenwart von Schwefelsäure

$$Na_2B_4O_7 + 6\,CaF_2 + 7\,SO_3 \xrightarrow{H_2SO_4} 4\,BF_3 + 6\,CaSO_4 + Na_2SO_4$$

$$H_3BO_3 + 3\,HF \xrightarrow{H_2SO_4} BF_3 + 3\,H_2O\ .$$

Auch die Reaktion von Borsäure mit Fluorsulfonsäure liefert Bortrifluorid:

$$3\,HSO_3F + H_3BO_3 \longrightarrow BF_3 + 3\,H_2SO_4\ .$$

Reines Bortrifluorid wird als Druckgas in den Handel gebracht. Es wird in Form seiner Komplexe oder Additions-Verbindungen z. B. mit Ethern, Alkoholen, Carbonsäuren usw. oder als Reinsubstanz vor allem in der organischen Chemie als Friedel-Crafts-Katalysator eingesetzt.

Bortrifluorid:

Verwendung vor allem als Friedel-Crafts-Katalysator

Technische Bedeutung hat auch die Tetrafluoroborsäure, die man – als etwa 50%ige wäßrige Lösung – aus Borsäure und Flußsäure herstellt.

Tetrafluoroborsäure, Fluoroborate:

für die Galvanik als Flußmittel und zum Flammschutz

$$4\,HF + H_3BO_3 \longrightarrow HBF_4 + 3\,H_2O\ .$$

Aus der Säure lassen sich Alkali-, Ammonium- und Übergangsmetallfluoroborate herstellen, die bei der galvanischen Metallabscheidung, als Flußmittel, Flammschutzmittel usw. Verwendung finden.

1.7.1.3.9 Schwefelhexafluorid

Die Herstellung von Schwefelhexafluorid (Sublimations-Temperatur −63.9 °C) erfolgt aus Schwefel und elementarem Fluor

Schwefelhexafluorid:

aus Schwefel und Fluor

$$S + 3\,F_2 \longrightarrow SF_6$$

in stark exothermer Reaktion bei mehreren 100 °C. Als Nebenprodukte entstehen niedere Schwefelfluoride und das sehr giftige Dischwefeldekafluorid. Dieses wird durch anschließende Pyrolyse zerstört.

$$S_2F_{10} \xrightarrow{400\,°C} SF_4 + SF_6\,.$$

Die nun noch im Roh-Schwefelhexafluorid enthaltenen niederen Schwefelfluoride sowie Spuren von Fluorwasserstoff werden durch Waschen mit wäßrigen Laugen entfernt. Die Entfernung von Sauerstoff, Stickstoff und Kohlenstofffluoriden (aus dem Fluor) erfolgt durch Druckdestillation.

Produktion:

mehrere 1000 t/a. Verwendung:

- in Schaltanlagen,
- beim Magnesium-Guß
- in Doppel-Fenstern

Die Produktion beläuft sich weltweit auf mehrere tausend Tonnen im Jahr.

Schwefelhexafluorid findet Verwendung als Löschmittel in Höchstspannungs-Leistungsschaltern, als Schutzgas in Hochspannungsanlagen [Grund: hohe Dielektrizitäts-Konstante (1.00204), hohe elektrische Durchschlags-Festigkeit, fehlende Toxizität], zur Verhinderung der Entzündung von Magnesium-Schmelzen beim Gießen (Zusatz von einigen 1/10% zur Luft), in Mehrfach-Fenstern, vor allem zur Wärmedämmung und Geräuschdämpfung.

1.7.1.4 Organische Fluor-Verbindungen durch Elektrofluorierung

Elektrofluorierung:

Herstellung von funktionellen organischen Perfluor-Verbindungen durch Elektrolyse der entsprechenden nichtfluorierten Verbindungen in flüssigem Fluorwasserstoff

Die Umsetzung von organischen Verbindungen mit elementarem Fluor führt, falls nicht aufwendige Maßnahmen ergriffen werden, im allgemeinen zur Zerstörung der organischen Verbindung und Bildung niederer Kohlenstofffluoride. Zur Herstellung funktioneller aliphatischer Perfluor-Verbindungen benutzt man daher eine von Simons (etwa 1941) entdeckte Fluorierungs-Methode, die Elektrofluorierung. Hierzu löst man in flüssigem Fluorwasserstoff einige Prozent z. B. aliphatischer Carbonsäure- oder Sulfonsäurefluoride und elektrolysiert an Nickel-Anoden und Nickel- oder Eisen-Kathoden (die organischen Verbindungen erzeugen eine ausreichende Leitfähigkeit in Fluorwasserstoff). Kathodisch entsteht Wasserstoff, anodisch das der eingesetzten organischen Verbindung entsprechende Perfluorcarbonsäure- oder -sulfonsäurefluorid, z. B. nach:

$$C_nH_{2n+1}SO_2F + 2n + 1\,HF \longrightarrow C_nF_{2n+1}SO_2F + 2n + 1\,H_2$$

n z. B. = 8

Die Perfluor-Verbindungen sind im allgemeinen im Fluorwasserstoff unlöslich und können als schwere Phase abgezogen werden. Das gasförmige Trifluormethan-sulfonsäurefluorid (Kp. −21.7 °C) dagegen entweicht mit dem Wasserstoff. Die Ausbeuten nehmen mit zunehmender Kettenlänge ab. Sie liegt z. B. bei Perfluoroctansulfofluorid bei ungefähr 30 bis 35%, bezogen auf eingesetztes Octansulfonsäurefluorid.

Elektrolysiert wird bei Spannungen von 5 bis 8 V, die Strom-Dichten sind mit 0.01 bis 0.02 A/cm² außergewöhnlich niedrig. Die Temperatur im Elektrolyten liegt etwa zwischen 0 und 20 °C, wegen der großen Menge erzeugter Joulscher Wärme muß intensiv gekühlt werden. Der die Zelle verlassende Wasserstoff ist mit Fluorwasserstoff gesättigt und muß daher durch einen Tiefkühler geführt werden.

Das Verfahren wurde erstmals 1951 kommerziell angewandt (3-M Corp.). Das Fließbild einer Elektrofluorierungs-Anlage zeigt Abb. 1.7.1-3.

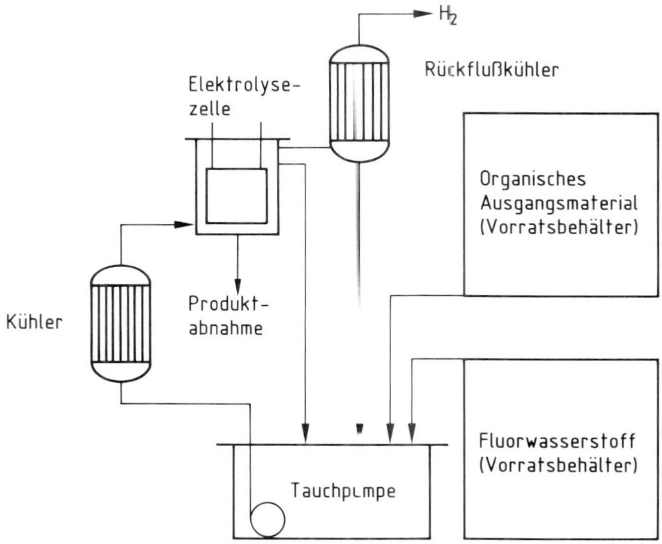

Abb. 1.7.1-3. Fließbild einer Elektrofluorierungsanlage.

Verwendung von Perfluoralkansulfon- und -carbonsäuren und ihren Derivaten:

- Herbizide
- Flammschutzmittel
- Textilveredelung
- Tenside
- Emulgatoren
- Feuerlöschmittel
- Katalysatoren

Elektrofluorierungs-Produkte werden hauptsächlich verwendet zur Herstellung von

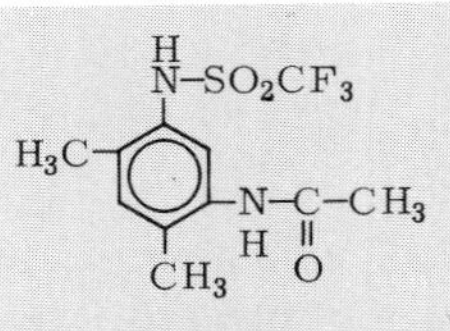

Mefluidide

- Herbiziden (z. B. Mefluidide)
- Flammschutzmitteln wie $C_4F_9SO_3K$
- Tensiden wie $C_8F_{17}SO_3K$ oder $C_8F_{17}SO_3^- N(C_2H_5)_4^+$
- Textil-Oleophobierungsmitteln
- Feuerlöschmitteln
- Emulgatoren für die Tetrafluorethylen-Polymerisation
- Verlaufsmitteln für Lacke.

Literatur zu Kapitel 1.7.1 Fluor und Fluor-Verbindungen

Rohstoffe:

J. V. Smith, „Halogen and phosphorus storage in the Earth", *Nature* **289**, (1981) S. 762 – 765.

MCP-20, mineral commodity profiles: Fluorine. Bureau of Mines, United States Department of the Interior, August 1978.

Jahrbuch für Bergbau, Energie, Mineralöl und Chemie, 1980/81. Verlag Glückauf, Essen.

Wirtschaftliche Angaben:

K. H. Schmidt, „Flußsäuremarkt im Umbruch", *Chem. Ind.,* XXXII, Juli 1980, S. 453 – 457.

Eur. Chem. News, 6. 10. 1980, S. 43 und 44.

Chem. Ind., XXXIII, Mai 1981, S. 302 – 303.

Chem. Mark. Rep., 20. 7. 1981, S. 58 und 14. 2. 1983, S. 5 und 32.

Inf. Chim., No. 214, Spécial Juni 1981, S. 193 – 200.

Übersichtsarbeiten:

H. C. Fielding und B. E. Lee, „Hydrofluoric Acid, Inorganic Fluorides and Fluorine", in: *The Modern Inorganic Chemicals Industry* (R. Thompson, ed.), The Chemical Society, Burlington House, London, 1977, pp. 149 – 167.

D. Naumann: *Fluor und Fluorverbindungen.* Steinkopff Verlag, Darmstadt 1980.

Kirk-Othmer, *Encyclopedia of Chemical Technology,* 3rd. Ed., Vol. 10, pp. 630 – 828. John Wiley & Sons, New York 1980.

Ullmanns Encyklopädie der technischen Chemie, 4. Aufl., Bd. 11, S. 587 – 630. Verlag Chemie, Weinheim 1976.

Winnacker-Küchler, *Chemische Technologie,* 4. Aufl., Bd. 2, S. 526 – 549, Anorganische Technologie I. Carl Hanser Verlag, München, 1982.

Übersicht über technisch lieferbare Fluor-Verbindungen: Hydrofluoric acid – Fluorides. Bayer AG, AC Division, Leverkusen, 1979.

1.7.2 Chlor-Alkali-Elektrolyse Chlor und Natronlauge

1.7.2.1 Wirtschaftliche Bedeutung

Die wirtschaftliche Bedeutung des Chlors ist so groß, daß die Chlorproduktion als Indikator für den chemischen Leistungsstand eines Landes angesehen werden kann. So verlaufen die Kurven für den Chemieumsatz und die Chlor-Produktion in der Bundesrepublik Deuschland ähnlich, Abb. 1.7.2-1. Tabelle 1.7.2-1 gibt Zahlen für die Chlor-Produktion für die Jahre 1979 und 1980.

Chlor:

Indikator für den Leistungsstand der chemischen Industrie

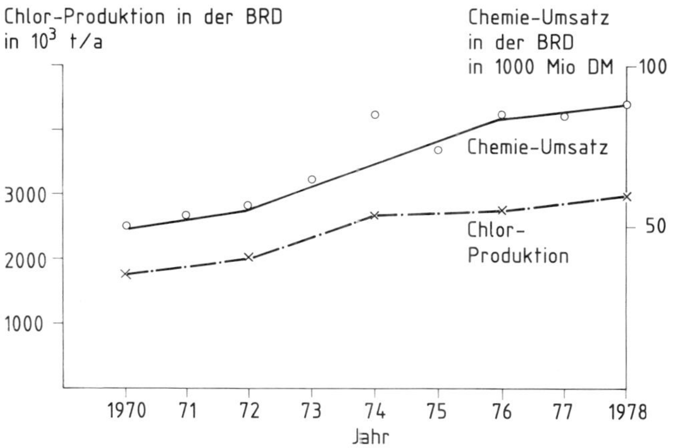

Abb. 1.7.2-1. Verlauf des Chemie-Umsatzes und der Chlor-Produktion in der Bundesrepublik Deutschland 1970 – 1978.

Tabelle 1.7.2-1. Chlor-Produktion 1979 und 1980 10^6 t.

	Westl. Welt	USA	EWG	BRD	JA
1979	24.7	11.13	7.53	3.26	2.68
1980	23.0	10.34			2.80
1982		9.2			

Chlor-Produktion 1979:

Westl. Welt 24.7 · 10^6 t
BRD 3.26 · 10^6 t

Da ca. 97% des Chlors durch Elektrolyse von wäßriger Natriumchlorid-Lösung gewonnen wird, fallen dabei automatisch die Koppelprodukte Natronlauge und Wasserstoff an:

Die Chlor-Produktion ist gekoppelt mit der Erzeugung von

- Natronlauge
- Wasserstoff

$$2NaCl + 2H_2O \xrightarrow{e^-} 2NaOH + Cl_2 + H_2$$

In Tabelle 1.7.2-2 werden Zahlen für die Natronlauge-Produktion in den Jahren 1979 und 1980 genannt.

Natronlauge-Produktion 1979:

Westl. Welt $26.7 \cdot 10^6$ t
BRD $3.42 \cdot 10^6$ t

Tabelle 1.7.2-2. Natronlauge-Produktion 1979 und 1980 in 10^6 t.

	Westl. Welt	USA	EWG	BRD	JA
1979	26.7	11.23	7.88	3.42	3.02
1980	24.9	10.88			3.16
1982		9.3			

Chlorkapazität 1980:

Welt: $40.1 \cdot 10^6$ t/a
BRD: $3.6 \cdot 10^6$ t/a

Für 1980 werden folgende Angaben über die Kapazitäten von Chlor und geplante Projekte (in 10^3 t/a) gemacht:

Tabelle 1.7.2-3. Chlor-Kapazitäten und geplante Projekte 1980 in 10^3 t/a

	Welt	EWG	RGW	USA	BRD	FR	GB	JA
Kapazität:	40100	9229	5350	14361	3606	1654	1324	4001
Projekte:	5000	560	1095	895	170	70	170	–

Die Zahlen lassen erkennen, daß 1980 die Chlor-Anlagen schlecht ausgelastet waren.

Der Ausgleich des Absatzes von Chlor und Natronlauge war und ist ein schwieriges Problem, wobei in der Vergangenheit einmal das eine, einmal das andere Produkt im Vordergrund stand. Für die nächsten fünf Jahre wird eine Verknappung der Natronlauge erwartet.

Der Absatz des Wasserstoffes ist im allgemeinen problemlos. Falls das Angebot den Bedarf für chemische Synthesen übersteigt, kann er in Kraftwerken verbrannt werden. Außerdem beträgt der Anteil des durch Elektrolyse erzeugten Wasserstoffes nur wenige Prozent der Gesamterzeugung.

Zur Verwendung von Chlor und Natronlauge s. Abschn. 1.7.2.4.

1.7.2.2 Ausgangsprodukte

97% des Chlors werden durch Elektrolyse wäßriger NaCl-Lösungen erzeugt

Fast die gesamte Produktion von Chlor erfolgt durch Elektrolyse wäßriger Kochsalz-Lösungen. Nur ein kleiner Teil wird durch Elektrolyse (oder Oxidation) von wäßrigen Salzsäure-Lösungen (bzw. von Chlorwasserstoff) erhalten (s. dazu Abschn. 1.7.3). Auch bei der elektrochemischen Erzeugung von Metallen wie z. B. Natrium fallen kleine Mengen an Chlor an.

Natriumchlorid: Natriumchlorid ist als Rohstoff für die elektrolytische Herstellung von Chlor und Natronlauge unbeschränkt vorhanden. Es wird entweder aus Lagerstätten (zu ca. 70%) oder aus Meerwasser gewonnen. Die Gewinnung aus Lagerstätten – allein für Deutschland schätzt man die zur Verfügung stehende Menge auf 100 000 km^3 – erfolgt entweder bergmännisch oder durch Aussolung, d. h. durch Auflösen der unterirdischen Salzlager durch Einpumpen von Süßwasser.

NaCl ist ein unbeschränkt zur Verfügung stehender Rohstoff

Beim bergmännischen Gewinnen von Kochsalz fällt teilweise direkt 99%iges Natriumchlorid an; z. T. ist das Salz aber lediglich 95- bis 98%ig; der Rest sind Tone, Anhydrit, Quarz, Dolomit, Feldspat und Glimmer. In diesem Falle wird das Salz durch Sieben und Schwereflüssigkeits-Trennung auf einen Natriumchlorid-Gehalt von 98 bis 99% gebracht. Unter der Schwereflüssigkeits-Trennung ist hier die Ausnutzung des Unterschiedes der spezifischen Gewichte von Natriumchlorid einerseits und Anhydrit und Ton andererseits in einer Aufschwemmung von Magnetit in gesättigter Natriumchlorid-Lösung zu verstehen.

Gewinnung von NaCl

- aus Lagerstätten, entweder bergmännisch oder durch Aussolung
- aus Meerwasser

Bei der Aussolung arbeitet man so, daß unlösliche Bestandteile unter Tage zurückbleiben.

Aus der Sole kann man durch Eindampfen das sog. Siedesalz erhalten. Um eine genügende Reinheit zu erzielen, ist eine Vorbehandlung der Sole erforderlich. Vor allem, müssen Calcium-, Magnesium- und Sulfat-Ionen entfernt werden.

Mg^{2+} wird durch Zugabe von $Ca(OH)_2$ als $Mg(OH)_2$ gefällt,
Ca^{2+} wird durch Zugabe von Soda (oder CO_2 aus Rauchgasen) als $CaCO_3$ entfernt,
SO_4^{2-} wird entfernt, indem man nur so weit eindampft, daß noch kein Na_2SO_4 auskristallisiert.

Reinigung der Sole bei der Herstellung von Siedesalz durch Ausfällung der Verunreinigungen

Das Eindampfen erfolgt in vielstufigen Anlagen. Siedesalz ist sehr rein (>99.95%, Ca^{2+} um 100 ppm).

Siedesalz:

Reinheit >99,95%

Die Gewinnung von Kochsalz aus Meerwasser geschieht fast immer durch Eindunsten in „Salzgärten“ durch die Sonne; eine Ausnahme ist Japan, wo dies aus klimatischen Gründen nicht möglich ist. Hier verwendet man

Gewinnung von Kochsalz aus Meerwasser durch Eindunsten oder Elektrodialyse die Elektrodialyse zum Aufkonzentrieren des Meerwassers.

Beim Eindunsten von Meerwasser wird folgendermaßen vorgegangen: Aufkonzentrieren des Meerwassers in den ersten Verdampferteichen, Überführung in die nächste Verdampferzone, wo Calciumsulfat ausfällt, und schließlich Auskristallisation des Kochsalzes in einem weiteren Verdampfungsbereich. In den Restlaugen reichern sich Kalium- und Magnesiumsalze an. Das so gewonnene Salz ist zu stark verunreinigt, um es in der Elektrolyse einsetzen zu können. Durch Waschen in speziellen Anlagen läßt sich aber der Natriumchlorid-Gehalt auf >99% bringen.
1 m^3 Meerwasser liefert etwa 23 kg Natriumchlorid.

Reinigung des Salzes ist abhängig vom Elektrolyse-Verfahren, für das es verwendet werden soll:

Amalgam-
Diaphragma- } Verfahren
Membran-

Je nach dem angewandten Elektrolyse-Verfahren – Amalgam-, Diaphragma- oder Membran-Verfahren – erfordert die weitere Reinigung unterschiedliche Methoden. Das Amalgam-Verfahren geht von festem Salz aus, das in Wasser gelöst wird. Verwendet man Siedesalz, so kann die Reinigung in einem kleinen Teilstrom erfolgen. Beim Einsatz von bergmännisch gewonnenem Steinsalz sorgt man beim Lösen dafür, daß sich die unlöslichen Verunreinigungen absetzen. Die Reinigung von den löslichen Verunreinigungen geschieht durch Fällung von SO_4^{2-} mit Ba^{2+} als $BaSO_4$, Fällung von Mg^{2+} und Fe^{3+} als Hydroxide durch Zugabe von NaOH und Fällung von Ca^{2+} als Carbonat mit Soda (vgl. Herstellung von Siedesalz).

Reinigung für das Amalgam-Verfahren:

mehrstufige Fällung mit Ba^{2+}, NaOH, Soda

Das Membran-Verfahren, das ebenfalls festes Salz benötigt, erfordert eine wesentlich höhere Reinheit, besonders hinsichtlich der mehrwertigen Ionen. So senkt man z. B. den Ca^{2+}-Gehalt zusätzlich mit Hilfe von Ionenaustauschern – wie Lewatit® TP 207 – auf unter 0.1 ppm (bei der Amalgam-Elektrolyse ca. 3 ppm Ca^{2+}) (vgl. Abschn. 1.7.2.3.3).

Reinigung für das Membran-Verfahren:

Zusatzreinigung über Ionenaustauscher

Beim Diaphragma-Verfahren geht man im allgemeinen von einer Sole aus. Mehrwertige Ionen, wie Ca^{2+}, Mg^{2+}, Fe^{3+}, Al^{3+} und Kieselsäure, die das Diaphragma verstopfen würden, werden durch Zugabe von Natronlauge und Soda gefällt.

Reinigung für das Diaphragma-Verfahren:

Fällung mit Soda

Wirtschaftliche Bedeutung von Natriumchlorid:

Als Industriesalz wurden 1974 in der Bundesrepublik Deutschland 7.3 · 10^6 t verbraucht, davon für die Soda-Herstellung 2.3 und für die Elektrolyse 4.8 · 10^6 t.

Der Verbrauch an Gewerbesalz liegt zwischen 1.2 und $2 \cdot 10^6$ t; davon ist der – stark schwankende – Einsatz als Streusalz am wichtigsten. Der Speisesalzverbrauch in der Bundesrepublik Deutschland liegt bei etwas über $300 \cdot 10^3$ t/a.

Die Gesamtproduktion von Natriumchlorid für 1975 in 10^6 t gibt Tabelle 1.7.2-4 wieder.

NaCl-Produktion 1975:
Welt $162 \cdot 10^6$ t
BRD $8.4 \cdot 10^6$ t

Tabelle 1.7.2-4. Natriumchlorid-Produktion 1975 in 10^6 t.

Welt	USA	BRD	JA	GB	FR	DDR	SU
162	37.8	8.4	1.0	8.4	5.5	2.4	13.0

Allein das größte europäische Steinsalz-Bergwerk Borth bei Wesel produzierte 1979 – zusammen mit der Saline – $3.76 \cdot 10^6$ t Natriumchlorid bei einer Kapazität von $4 \cdot 10^6$ t/a.

1.7.2.3 Herstellungsverfahren

Zur Herstellung von Chlor, Natronlauge und Wasserstoff durch Elektrolyse wäßriger Kochsalz-Lösungen sind vor allem zwei Verfahren im Einsatz

- das Amalgam-Verfahren und
- das Diaphragma-Verfahren.

Technisch ausgeübte Elektrolyse-Verfahren:

- Amalgam-Verfahren
- Diaphragma-Verfahren
- Membran-Verfahren (~1%)

Ein neues, drittes Verfahren, das Membran-Verfahren, gewinnt zunehmend technisches Interesse. Ende 1982 waren 23 Anlagen, die nach diesem Verfahren arbeiten, in Betrieb. Sie besitzen eine Kapazität von $660 \cdot 10^3$ t/a Natronlauge. Zwei weitere Anlagen mit einer Kapazität von $220 \cdot 10^3$ t/a waren zu diesem Zeitpunkt im Bau.

1.7.2.3.1 Amalgam-Verfahren

Die Amalgam-Zellen bestehen aus schwach geneigten Stahltrögen, über deren Böden der Quecksilberfilm – die Kathode – fließt und dabei das Natrium aufnimmt. In die Deckel der Zellen sind die horizontalen Anoden höhenverstellbar eingebaut, an denen sich das Chlor entwickelt, das durch Gasabzugsschlitze nach oben abgeleitet wird.

Tabelle 1.7.2-5. Prozentualer Anteil von Amalgam („Hg")- und Diaphragma („Dia")-Verfahren an der Welt-Chlorerzeugung.

	1972		1975		1978/79	
	Hg	Dia	Hg	Dia	Hg	Dia
Benelux	80	20	80	20	53	47
BRD	89	11	80	20	73	27
FR	70	30	65	35	47	53
IT	99	1	90	10	–	–
UK	90	10	90	10	90	10
SW	100	0	90	10	83	17
US	27	73	25	75	18	82
CA	60	40	55	45	23	77
JA	96	4	50	50	37	63
SU	60	40	60	40	–	–

Das am unteren Ende der Zellen austretende Amalgam wird in „Zersetzern" an Graphit-Kontakten mit Wasser in Quecksilber, 50%ige Natronlauge und Wasserstoff in stark exothermer Reaktion umgesetzt (vgl. Abb. 1.7.2-2, -3 und -4).

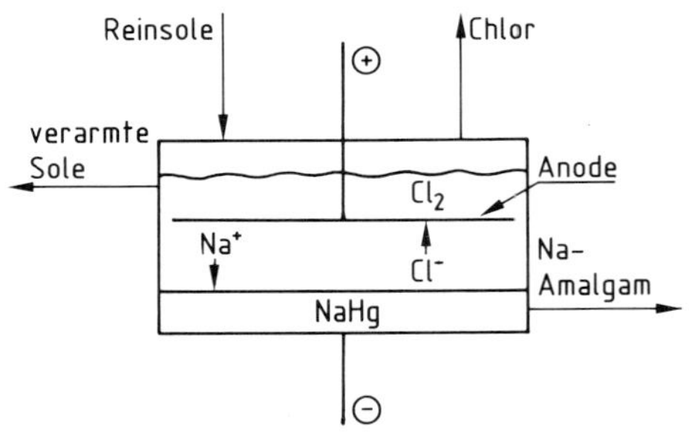

Abb. 1.7.2-2. Schematische Darstellung der Elektrolyse wäßriger Kochsalz-Lösungen nach dem Amalgam-Verfahren.

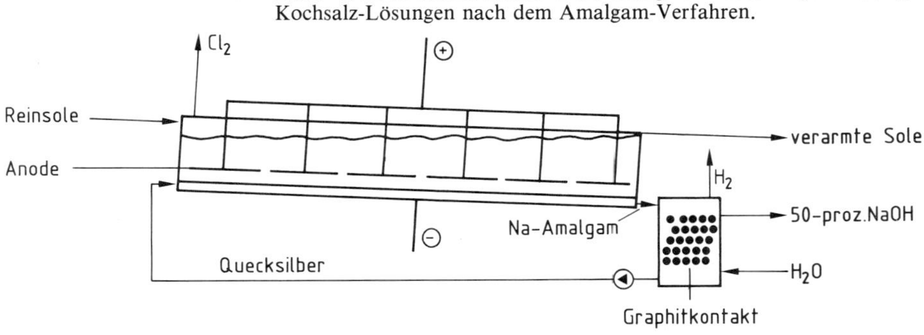

Abb. 1.7.2-3. Elektrolyse-Zelle nach dem Amalgam-Verfahren.

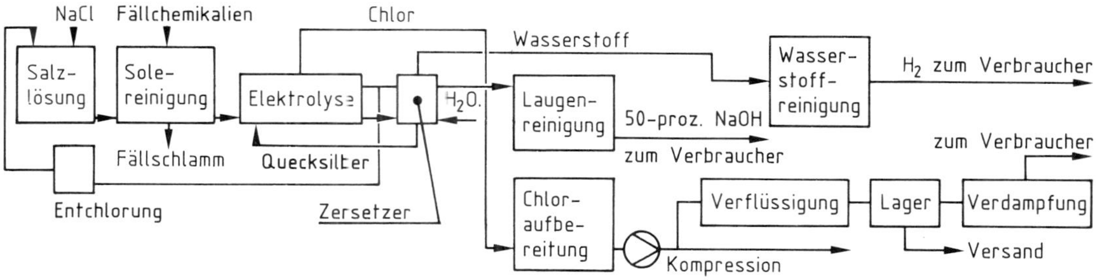

Abb. 1.7.2-4. Fließbild des Amalgam-Verfahrens.

Beschreibung der Amalgam-Zellen:

Kathodenfläche 10 bis 30 m^2
Dicke der Quecksilber-Schicht: 3 mm
Natrium im Quecksilber: 0.2 bis 0.4% (Massenanteil)
50 bis 180 Einzelanoden pro Zelle
Abstand Kathode – Anode: 3 mm

Anoden: Graphit oder, bevorzugt, mit Edelmetall-Verbindungen beschichtetes Titan (sogenannte dimensionsstabile Anoden ®DSA)

Soledurchsatz pro Zelle und Stunde: 3 bis 20 m^3

Elektrolysiert wird eine Kochsalz-Lösung mit einem NaCl-Gehalt von ca. 310 g/L bei etwa 80 °C. Dabei fällt der NaCl-Gehalt auf 260 bis 280 g/L ab. Anschließend wird die Sole mit festem Salz wieder aufkonzentriert.

Bei der Elektrolyse laufen folgende Reaktionen ab:

Anoden-Reaktion:

$$Cl^- \longrightarrow 0.5\,Cl_2 + e^-;\ \text{Abscheidungsspannung etwa } 1.24\ V$$

Amalgam-Verfahren:

Elektrolyse wäßriger NaCl-Lösung an Hg-Kathode und Graphit- oder Titan-Anode; separate Zersetzung des gebildeten Na-Amalgams

Kathoden-Reaktion:

$$x\,Hg + Na^+ + e^- \longrightarrow NaHg_x;\ \text{Abscheidungsspannung etwa } -1.66\ V$$

Typische Nebenreaktionen sind:

an der Anode

$$Cl_2 + 2\,NaOH \longrightarrow NaOCl - NaCl + H_2O$$

an der Kathode

$$Cl_2 + 2e^- \longrightarrow 2Cl^-$$

$$ClO^- + 2H^+ + 2e^- \longrightarrow H_2O + Cl^-$$

Die elektrochemische Ausbeute beträgt 94 bis 97%, der auf Chlor bezogene Energieverbrauch um 3300 kWh/t, die effektive Zellenspannung etwa 4.2 V und die Belastung 8 bis 15 kA/m².

Das kathodisch gebildete Amalgam wird mit Wasser zersetzt:

$$NaHg_x + H_2O \longrightarrow 0.5H_2 + NaOH + xHg\,.$$

Die im Amalgam gespeicherte elektrische Energie wird dabei in Wärme umgewandelt.

Amalgam-Verfahren
Kapazität großtechnischer Anlagen:
bis 300 · 10³ t/a Chlor
bis 340 · 10³ t/a Natronlauge

Kapazität von großtechnischen Anlagen:

50 bis 300 · 10³ t/a Chlor
56 bis 340 · 10³ t/a Natronlauge.

Die modernen Anlagen haben rechnerunterstützte Anoden-Nachführungen. Durch chemische und physikalische „Entquickungs-Verfahren“ (Verfahren zur Quecksilber-Entfernung) werden Abwasser, Abluft und die Produkte bis in den ppb-Bereich gereinigt.

1.7.2.3.2 Diaphragma-Verfahren

Die technische Diagphragma-Zelle besteht aus einem Kasten, in dem die Anoden als vertikale Platten parallel zueinander eingebaut sind. Die Kathoden sind flache Hohlkörper aus Stahlgewebe, die mit Asbest-Fasern, ggf. mit einem fluororganischen Harz imprägniert, belegt sind und zwischen die die Anodenplatten passen (vgl. Abb. 1.7.2-5, -6 und -7).

- monopolare Elektrodenanordnung: Anodenfläche einer Zelle bis zu 50 m² (aktiviertes Titan), Kathoden und Anoden sind jeweils untereinander elektrisch verbunden.
- bipolare Elektrodenanordnung: Elektrodenfläche bis etwa 35 m². Kathoden und Anoden sind rückseitig miteinander verbunden.

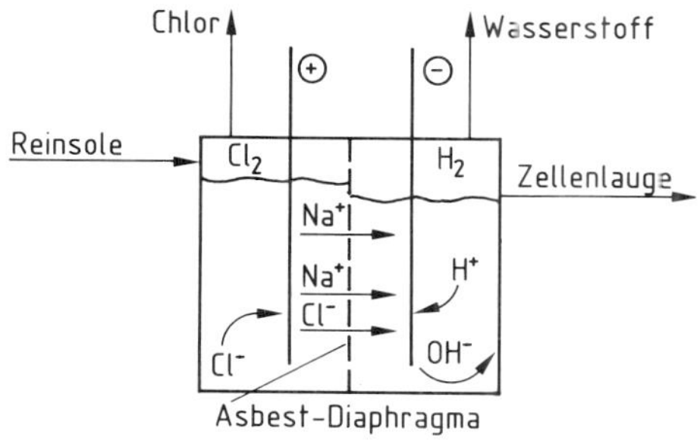

Abb. 1.7.2-5. Schematische Darstellung der Elektrolyse wäßriger Kochsalz-Lösungen nach dem Diaphragma-Verfahren.

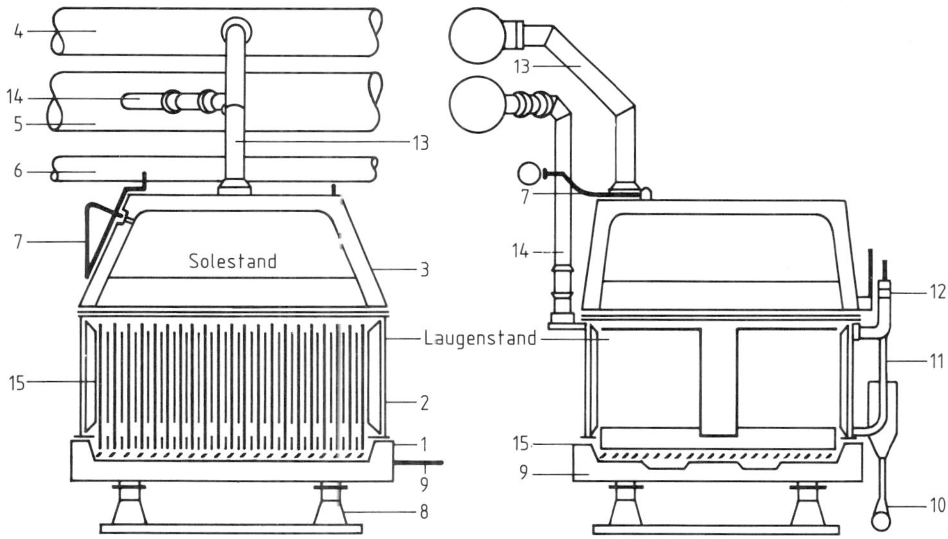

Abb. 1.7.2-6. Elektrolyse-Zelle für das Diaphragma-Verfahren (Hooker-Zelle S 3 der Fa. Uhde).

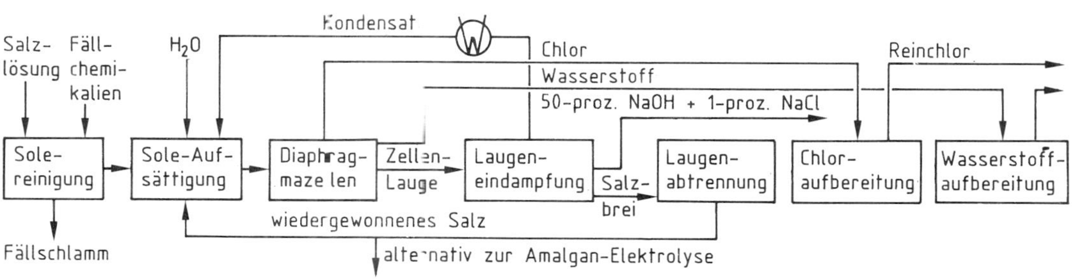

Abb. 1.7.2-7. Fließbild des Diaphragma-Verfahrens.

Die in den Anodenraum eintretende Kochsalz-Lösung tritt *durch* das Diaphragma in den Kathodenraum. Dabei entsteht während der Elektrolyse an den Anoden Chlor, das nach oben abgeführt wird. An den Kathoden entsteht Wasserstoff und Natronlauge im Gemisch mit restlichem Kochsalz.

Diaphragma-Verfahren:

Elektrolyse wäßriger NaCl-Lösungen an Titan-Anode und Stahl-Kathode. Trennung von Anoden- und Kathodenraum durch Asbest-Diaphragma. Anolyth tritt durch das Diaphragma in den Kathodenraum. Es entsteht verdünnte, NaCl-haltige Natronlauge

Das Asbest-Diaphragma hat mehrfache Aufgaben:

- es muß verhindern, daß sich Wasserstoff und Chlor vermischen. Das Wirrfasersystem des Asbests läßt zwar die Flüssigkeit ohne weiteres durch, nicht aber die in Form von kleinen Blasen verteilten Gase (gelöstes Chlor – ca. 4% – tritt aber in den Kathodenraum über, wird dort reduziert und vermindert die Stromausbeute),
- es verhindert weitgehend die Rückdiffusion der kathodisch gebildeten OH^--Ionen zur Anode. Dazu werden die Strömungsgeschwindigkeit der in den Anodenraum einfließenden Sole sowie der hydrostatische Überdruck dort entsprechend eingestellt.

Eine gesättigte Kochsalz-Lösung wird elektrolysiert, bis der NaCl-Gehalt auf etwa 170 g/L gefallen ist. Die an der Anode ablaufenden Reaktionen sind die gleichen wie beim Amalgam-Verfahren. An der Stahl-Kathode scheidet sich hier aber Wasserstoff ab:

$$H_2O + e^- \longrightarrow 0.5\,H_2 + OH^- \,.$$

Die aus dem Kathodenraum ablaufende „Zellenlauge“ enthält ca. 12% NaOH und 15% NaCl (Massenanteile).

Gewinnung der Natronlauge:

Die Zellenlauge wird auf einen Massenanteil (NaOH) von 50% eingedampft; dabei fällt das Kochsalz bis auf einen Rest von 1% aus. Dieses Salz ist recht rein. Es kann entweder zum Aufkonzentrieren dünner Solen oder aber auch für den Amalgam-Prozeß in kombinierten Anlagen verwendet werden.

Das Eindampfen geschieht in mehr- (bis zu vier)stufigen Zwangsumlaufverdampfern. Pro t Natronlauge in Form der 50%igen wäßrigen Lösung müssen ca. 5 t Wasser verdampft werden. Eine weitere Reinigung dieser Salz enthaltenden Natronlauge ist möglich, aber sehr teuer.

Kapazität von großtechnischen Anlagen:

$360 \cdot 10^3$ t/a Chlor entsprechend etwa
$410 \cdot 10^3$ t/a Natronlauge,
spezifische Stromdichte 2.2 bis 2.7 kA/m^2.

Der Verbrauch an elektrischer Energie liegt um etwa 20% niedriger als beim Amalgam-Verfahren.

Diaphragma-Verfahren Kapazität großtechnischer Anlagen:

bis $360 \cdot 10^3$ t/a Chlor
bis $410 \cdot 10^3$ t/a Natronlauge

1.7.2.3.3 Membran-Verfahren

Beim Membran-Verfahren sind Kathoden- und Anodenraum durch eine hydraulisch undurchlässige, ionenleitende Membran getrennt (Abb. 1.7.2-8). Das Problem war,

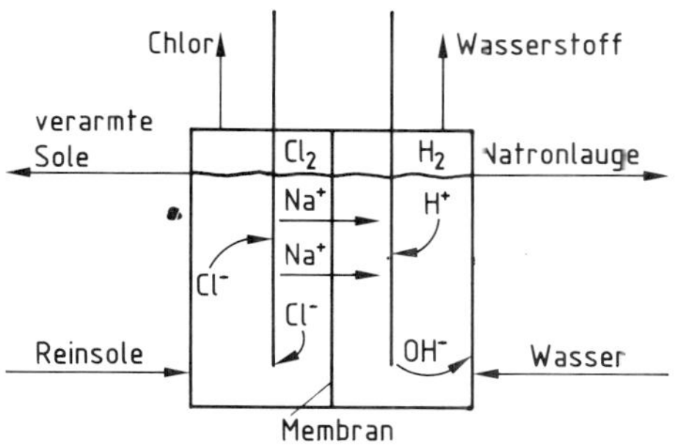

Abb. 1.7.2-8. Schematische Darstellung der Elektrolyse wäßriger Kochsalz-Lösungen nach dem Membran-Verfahren.

eine Membran zu entwickeln, die unter den Bedingungen der Elektrolyse – hohe Salz-Konzentration, hoher pH-Sprung zwischen den Räumen, Chlor und Hypochlorit als starke Oxidationsmittel – stabil bleibt.

Es wurden von mehreren Firmen (u. a. Du Pont, Asahi Chemical, Asahi Glass und Tokuyama Soda) Membranen entwickelt, die diesen Forderungen entsprechen. Diese Membranen besitzen ein perfluoriertes Polyethylen-Grundgerüst mit Seitenketten, die Sulfonsäure- und/oder Carbonsäure-Gruppen enthalten:

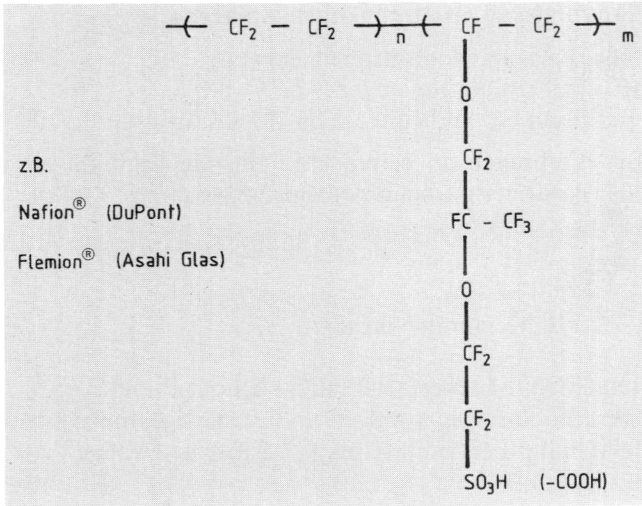

Membran-Verfahren:

Kathoden- und Anodenraum sind durch eine ionenleitende Membran getrennt. Titan-Anode, Stahl-Kathode. Na^+-Ionen treten vom Anoden- in den Kathodenraum. Sehr reine 20 bis 35%ige NaOH

Es gab auch Mehrschichtenmembranen, die z. B. auf der Kathodenseite dünne Sulfonamid-Schichten besitzen.

Der Betrieb der Membran-Zelle: An Kathode und Anode laufen die gleichen Prozesse ab wie bei der Diaphragma-Zelle. Anode: aktiviertes Titan, Kathode: z. B. Stahl. Den Stromtransport übernehmen die Na^+-Ionen, die vom Anoden- zum Kathodenraum durchtreten. Während die Membran im stromlosen Zustand kein Wasser durchtreten läßt, nehmen die Na^+-Ionen mit ihrer Hydrathülle Wasser in den Kathodenraum mit.

Die Sole muß hier wesentlich reiner sein als beim Amalgam-Verfahren. Ca^{2+} muß z. B. unter 0.1 ppm liegen, andernfalls erfolgt eine Ausfällung von $Ca(OH)_2$ in der Membran, die zur baldigen Zerstörung führt (s. a. Abschn. 1.7.2.2).

Der Massenanteil der – praktisch chloridfreien – Natronlauge im Kathodenraum liegt zwischen etwa 20 und 35%; er hängt vom verwendeten Membran-Typ ab. Bei den neuesten Membran-Typen liegt die Stromausbeute, bezogen auf Natronlauge, über 95%. Diese nicht quantitative Stromausbeute wird durch Durchtritt von Hydroxid-Ionen in den Anodenraum verursacht, der zur Chlorat-Bildung führt. Da die Sole wie beim Amalgam-Prozeß im Kreis geführt wird, muß durch geeignete Maßnahmen – wie z. B. Chlorwasserstoff-Einspeisung – der Chlorat-Gehalt im Anolyten begrenzt werden.

Die Membran-Zelle ähnelt in ihrem Aufbau einer Filterpresse; die Zellen werden sowohl mono- wie bipolar angeboten. Die Zellenspannung liegt bei etwa 3.15 V, die optimale Stromdichte bei 2 bis 3 kA/m^2. Der Elektrodenabstand beträgt 2 bis 5 mm. Bei der Elektrolyse in Membran-Zellen wird wesentlich weniger elektrische Energie benötigt als in Amalgam-Zellen.

1.7.2.3.4 Bewertung von Amalgam-, Diaphragma- und Membran-Verfahren

Amalgam-Verfahren:

Vorteile:

- reine, 50%ige Natronlauge (ohne Eindampfung)
- reines Chlorgas

Nachteile:

- höhere Spannung als beim Diaphragma-Verfahren und damit 10 bis 15% mehr elektrische Energie erforderlich
- höhere Aufwendungen für die Reinigung der Sole
- Aufwendungen für die Vermeidung von Quecksilber-Emissionen

Diaphragma-Verfahren:

Vorteile:

- Einsatz von weniger reiner Kochsalz-Sole
- geringere Spannung als beim Amalgam-Verfahren

Nachteile:

- mit Kochsalz verunreinigte, verdünnte Natronlauge; Eindampfen erforderlich
- Sauerstoff-haltiges Chlorgas
- Aufwendungen für die Vermeidung von Asbest-Emissionen

Die Wirtschaftlichkeit der beiden Verfahren ist vergleichbar, eine Entscheidung für das eine oder das andere Verfahren wird u. a. durch die verfügbare Qualität des Salzes, Kosten für thermische und elektrische Energie und gesetzliche Vorschriften an dem jeweiligen Standort bestimmt.

Wirtschaftlichkeit von Amalgam- und Diaphragma-Verfahren etwa gleich

Membran-Verfahren:

Vorteile:

- reine Natronlauge
- geringerer Verbrauch an elektrischer Energie als beim Amalgam-Verfahren
- kein Umgang mit Quecksilber und Asbest

Nachteile:

- Lauge nur etwa 35%ig
- Sauerstoff-haltiges Chlorgas
- hohe Reinheitsanforderungen an die Sole
- derzeit: Kosten und Lebensdauer der Membranen

Wirtschaftlichkeit des Membran-Verfahrens derzeit noch unbestimmt

Es ist aber zu erwarten, daß das Membran-Verfahren in der Wirtschaftlichkeit in derselben Größenordnung liegen wird wie die beiden anderen Verfahren.

1.7.2.4 Verwendung von Chlor und Natronlauge

1.7.2.4.1 Chlor

In Tabelle 1.7.2-6 wird ein Überblick über die Verwendung von Chlor in der Bundesrepublik Deutschland im Jahr 1978 gegeben. In anderen Ländern sind die Anteile der einzelnen Einsatzgebiete aber anders, so z. B. dort, wo es bedeutende Papier- und Zellstoffproduktionen gibt (Chlor für die Zellstoffbleiche; z. B. Skandinavien und USA).

Mehr als 80% des Chlors werden für organische Produkte benötigt

Tabelle 1.7.2-6. Verwendung des Chlors in der Bundesrepublik Deutschland 1978.

	1978	
	10^3 t	%
Bleichmittel	95	3.1
anorgan. Produkte	159	5.2
Wasserbehandlung	1	0.1
PVC	580	19.0
Lösungsmittel	690	22.7
chlorierte Aromaten	160	5.3
sonst. organ. Produkte	1269	41.7
Übriges	92	3.0

1.7.2.4.2 Natronlauge

Einen Überblick über die Verwendung der Natronlauge in der Bundesrepublik Deutschland gibt Tabelle 1.7.2-7.

Tabelle 1.7.2-7. Prozentuale Aufteilung des Natronlauge-Verbrauches in der Bundesrepublik Deutschland 1977.

	%
Chemie	57.2
Bauxit-Aufschluß	4.7
Reinigungsmittel	10.8
Zellulose-Ester	3.3
Erdölindustrie	1.2
Zellstoffindustrie	4.4
Textilindustrie	1.0
Metallindustrie	0.6
sonstige Verwendungen	16.8

Literatur zu Kapitel 1.7.2 Chlor-Alkali-Elektrolyse

Wirtschaftliche Angaben:

Chem. Eng. News, 22. 12. 1980, S. 30 – 32; 2. 3. 1981, S. 22; 27. 7. 1981, S. 11 – 14; 28. 2. 1983, S. 22 – 25.
Eur. Chem. Mai 1981, No. 13, S. 216.
Eur. Chem. News, 27. 4. 1981, S. 10.
Chemical Profile: Chlorine. Copyright 1980 by Schnell Publishing Company, 1. 10. 1980.
Inf. Chim. No. 203, Juni/Juli 1980, S. 89 – 106.
Chem. Week, 20. 1. 1982, S. 49.

Technische Angaben:

R. D. Varjian, „Energy Analysis of the Diaphragm Chlor-Alkali Cell," Lectures in Electrochemical Engineering, *AIChE Symposium Series,* 1981, p. 219 – 226.
V. H. Thomas and R. D. Penny, „Review of Mercury Cathode Chlorine Technology," Lectures in Electrochemical Engineering, *AIChE Symposium Series,* 1981, p. 227 – 233.
K. H. Simmrock u. a., „Einsatz perfluorierter Kationenaustauscher-Membranen in Elektrolyseverfahren, insbesondere bei der Chloralkali-Elektrolyse", *Chem. Ing. Tech.,* **53,** (1981), S. 10 – 25.
D. Bergner, „Alkalichlorid-Elektrolyse nach dem Membranverfahren", *Chem. Ing. Tech.,* **54,** (1982), S. 562 bis 570.
S. C. Stinson, „Electrolytic cell membrane development surges", *Chem. Eng. News,* 15. 3. 1982, p. 22 – 25.

Übersichtsarbeiten:

Ullmanns Encyklopädie der technischen Chemie. 4. Aufl. Bd. 9, S. 317 – 372, (Chlor), Verlag Chemie, Weinheim, 1975.
Ullmanns Encyklopädie der technischen Chemie. 4. Aufl., Bd. 17, S. 179 – 199 (Natriumchlorid), S. 201 – 209 (Natronlauge), Verlag Chemie, Weinheim, New York, 1979.
Kirk-Othmer: *Encyclopedia of Chemical Technology,* 3. Ed., Vol. 1, pp. 799 – 865, John Wiley & Sons, Inc., New York, Chichester, Brisbane, Toronto, 1978.
F. R. Minz und R. Schliebs, „Moderne Verfahren der Großchemie: Chlor und Natronlauge", *Chemie in unserer Zeit* **12,** (1978), S. 135 – 141.
R. W. Purcell: „The Chlor-Alkali Industry" und A. Campell: „Chlorine and Chlorination", in: *The Modern Inorganic Chemicals Industry.* Ed. by R. Thompson, The Chemical Society, Burlington House, London 1977, pp. 106 – 133 und pp. 134 – 148.
Winnacker-Küchler, *Chemische Technologie,* 4. Aufl., Bd. 2, S. 379 – 480, Anorganische Technologie I, Carl Hanser Verlag, München, 1982.

1.7.3 Salzsäure – Chlorwasserstoff

1.7.3.1 Herstellung von Chlorwasserstoff

HCl:

aus NaCl + H_2SO_4 (geringe Bedeutung)

Chlorwasserstoff fällt im wesentlichen an

- bei der Umsetzung von Kochsalz mit Schwefelsäure zu Natriumsulfat und Chlorwasserstoff, wobei Natriumsulfat das gewünschte Produkt ist:

$$NaCl + H_2SO_4 \longrightarrow NaHSO_4 + HCl$$
$$NaHSO_4 + NaCl \longrightarrow Na_2SO_4 + HCl$$
$$2NaCl + H_2SO_4 \longrightarrow Na_2SO_4 + 2HCl$$

1978 wurden nach diesem Verfahren weniger als 4% der US-Chlorwasserstoff-Produktion hergestellt.

HCl:

aus H_2 + Cl_2 (wieder zunehmende Bedeutung)

- bei der Umsetzung von Wasserstoff mit Chlor

$$H_2 + Cl_2 \longrightarrow 2HCl$$

Dieses Verfahren, das stark exotherm ist (Flammtemperatur >2000 °C), wird vor allem dann eingesetzt, wenn besonders reiner Chlorwasserstoff (Salzsäure) benötigt wird. Es stellt erhebliche Anforderungen an das Material der Anlage, vor allem an die für die Umsetzung benötigten „Brenner", die man bevorzugt aus Quarz oder Graphit herstellt. Die Syntheseöfen und die nachfolgenden Kühler können aus Stahl hergestellt werden, wenn zur Verbrennung trockenes Chlor und trockener Wasserstoff verwendet werden.

Dieses Verfahren hat in den letzten Jahren in den USA wieder an Bedeutung gewonnen, da z. B. wegen der Abnahme der Fluorchlorkohlenwasserstoff-Produktion sich der Zwangsanfall an Chlorwasserstoff (s. u.) verminderte. 1980 stieg in den USA der Anteil des durch Reaktion von Wasserstoff mit Chlor erzeugten Chlorwasserstoffs 21% gegenüber dem Vorjahr.

HCl:

Zwangsanfall in der organischen Chemie (etwa 90%)

- bei Chlorierungen, Halogenaustausch-Reaktionen u. ä. in der organischen Chemie.
  Typische Beispiele sind:

- Herstellung von aliphatischen und aromatischen Chlorkohlenwasserstoffen,
- Herstellung von Isocyanaten durch Umsetzung von Aminen mit Phosgen,
- Herstellung von Fluorkohlenwasserstoffen durch Umsetzung von Chlorkohlenwasserstoffen mit Fluorwasserstoff.

1.7.3.2 Wirtschaftliche Bedeutung von Chlorwasserstoff und Salzsäure

Tabelle 1.7.3-1. Salzsäure und Chlorwasserstoff-Produktion 1978 (1980) in 10^3 t, bezogen auf Chlorwasserstoff.

	USA	BRD	JA	GB	NL	FR
1978:	2496	892	1301	132	106	686
1980:	2520*)	891				

*) davon 2259 · 10^3 t als Zwangsanfall

Salzsäure-Produktion (als HCl):
USA 2520 · 10^3 t
BRD 891 · 10^3 t
(1980)

Die Verwendung der Salzsäure ist vielfältig; sie dient z. B. zur

- Metallreinigung
- Beizen von Metallen
- Herstellung von Metallchloriden
- Neutralisation in der anorganischen und organischen Chemie
- Hydrolyse von Proteinen und Kohlenhydraten
- Herstellung von Chlordioxid (s. S. 184)
- Säurebehandlung von Ölquellen

Da im allgemeinen der Zwangsanfall an Chlorwasserstoff in der organischen Chemie den Bedarf überschreitet, ist es notwendig, ihn z. T. in Chlor umzuwandeln. Dies ist vor allem an den Standorten erforderlich, an denen es für diesen Zwangsanfall keine weitere Verwendungsmöglichkeit gibt. Das geschieht durch Elektrolyse (Abschn. 1.7.3.3), aber auch nach einem modifizierten Deacon-Verfahren (Abschn. 1.7.3.4).

Überschuß-HCl wird elektrolytisch in $H_2 + Cl_2$ umgewandelt

1.7.3.3 Elektrolyse von wäßrigen Salzsäure-Lösungen

Die Zersetzungsspannung für die Elektrolyse der Salzsäure liegt bei etwa 2 V.

$$2HCl \xrightarrow{e^-} Cl_2 + H_2$$

Salzsäure-Elektrolyse: 23%ige Salzsäure wird an Graphit-Elektroden unter Bildung von H_2 + Cl_2 auf ca. 20% abgereichert. Anoden- und Kathodenraum sind durch ein PVC-Tuch-Diaphragma getrennt

Die Elektrolyse-Zelle ähnelt der Membran-Zelle; als Diaphragma wird hier ein PVC-Tuch verwendet. Die bipolaren Elektroden sind aus Graphit; zur Herabsetzung der kathodischen Überspannung können kleine Mengen von Edelmetall-Verbindungen zugesetzt werden. Das Schema der Salzsäure-Elektrolyse zeigt Abb. 1.7.3-1.

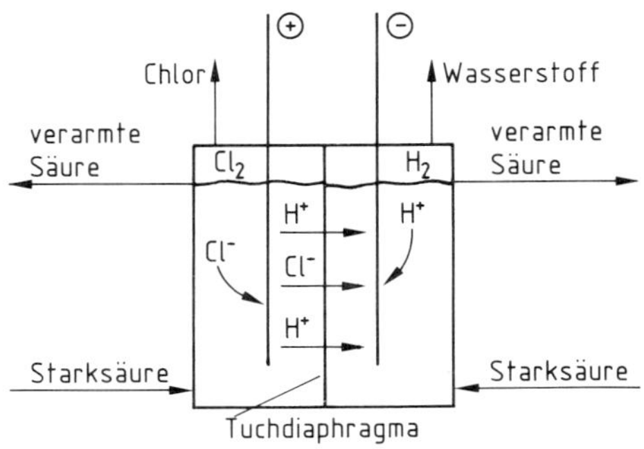

Abb. 1.7.3-1. Schema der Salzsäure-Elektrolyse.

Sowohl dem Kathoden- wie dem Anodenraum läuft eine etwa 23%ige (Massenanteil) Salzsäure zu; ein Teil des Anolyten tritt in den Kathodenraum über. Die ablaufenden Säuren haben eine Konzentration von 17 bis 20%. Der als Zwangsanfall aus der organischen Chemie zur Verfügung stehende Chlorwasserstoff (s. oben) wird adiabatisch in den verarmten Säuren absorbiert. Die dabei frei werdende Wärme wird dazu benutzt, um einen Teil des Wassers und damit wasserdampfflüchtige organische Verunreinigungen aus der Salzsäure zu entfernen. An die Reinheit der Salzsäure werden erhebliche Anforderungen gestellt, u. U. muß noch eine Nachreinigung mit Aktivkohle erfolgen.

Kapazität großtechnischer Anlagen: bis zu ca. $70 \cdot 10^3$ t/a Chlor

Gesamtproduktion: $350 \cdot 10^3$ t/a Chlor

Der Elektrodenspalt ist etwa 6 mm breit. Die Stromausbeute liegt bei 97 bis 98%, die spezifische Belastung bei etwa 4000 A/m^2. Großtechnische Anlagen erzeugen etwa $70 \cdot 10^3$ t/a Chlor.

Insgesamt werden derzeit etwa $350 \cdot 10^3$ t/a Chlor nach diesem Verfahren hergestellt, dessen Wirtschaftlichkeit etwa dem des Amalgam-Verfahrens entspricht.

1.7.3.4 Nichtelektrolytische Verfahren zur Herstellung von Chlor aus Chlorwasserstoff

Obwohl die nichtelektrolytischen Verfahren (Deacon, Luftoxidation von Chlorwasserstoff; Weldon, Braunstein-Oxidation von Chlorwasserstoff) den Anfang der technischen Chlor-Chemie darstellten, sind sie heute praktisch bedeutungslos.

Lediglich eine Anlage wurde 1975 bei der Fa. DuPont in Corpus Christi nach einem modifizierten Deacon-Verfahren, dem Kel-Chlor®-Verfahren der Firma Kellog, angefahren. Oxidiert wird Chlorwasserstoff, der bei der Herstellung von Fluorkohlenwasserstoffen anfällt. Abb. 1.7.3-2 zeigt das Verfahrensschema.

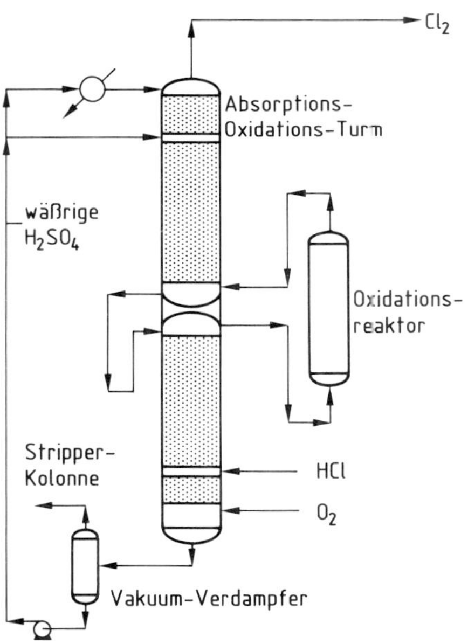

Abb. 1.7.3-2. Schema des Kel-Chlor®-Verfahrens.

Im Prinzip handelt es sich um eine Oxidation von Chlorwasserstoff mit Sauerstoff in Gegenwart von katalytisch wirkenden Stickstoff-Sauerstoff-Verbindungen unter Druck und Entfernung des gebildeten Wassers mit konzentrierter Schwefelsäure. Die Leistung der Anlage beträgt 600 t/d Chlor.

Kel-Chlor®-Verfahren: Oxidation von HCl mit O_2 zu Cl_2, Katalysator Stickstoff-Sauerstoff-Verbindungen, Leistung: 600 t/d Chlor

Bisher hat sich dieses Verfahren an keinem anderen Standort durchgesetzt.

Literatur zu Kapitel 1.7.3 Salzsäure – Chlorwasserstoff

Wirtschaftliche Angaben:

Chemical Briefs 3, „Hydrochloric Acid“, *Chemical Purchasing,* November 1981, S. 59–63.
Chem. Eng. News, 22. 12. 1980, S. 30–32.

Übersichtsarbeiten:

Ullmanns Encyklopädie der technischen Chemie, 4. Aufl., Bd. 8, S. 355–359, Verlag Chemie, Weinheim 1975.
Ullmanns Encyklopädie der technischen Chemie, 4. Aufl., Bd. 20, S. 363–374, Verlag Chemie, Weinheim, Deerfield Beach, Florida, Basel, 1981.
Kirk-Othmer: *Encyclopedia of Chemical Technology* 3. Ed., Vol. 12, pp. 983–1015, John Wiley & Sons, Inc., New York, Chichester, Brisbane, Toronto, 1980.
F. R. Minz und R. Schliebs, „Moderne Verfahren der Großchemie: Chlor und Natronlauge“, *Chemie in unserer Zeit* **12**, (1978) S. 142–145.

Zum Kel-Chlor®-Verfahren:

„Chlorine Recovery from Hydrogen Chloride“, in: *Encyclopedia of Chemical Processing and Design.* Ed. by J. McKetta, Vol. 8, pp. 95–114, Marcel Dekker, Inc., New York and Basel, 1978.

1.7.4 Sauerstoff-Verbindungen des Chlors

1.7.4.1 Wirtschaftliche Bedeutung

Natriumhypochlorit
Kapazität der USA 180 · 10^3 t/a,
in Frankreich der PCUK 50 · 10^3 t/a
in Großbritannien der ICI 250 · 10^3 t/a

Hypochlorite: Die Verwendung von Natriumhypochlorit erfolgt im allgemeinen in situ, so daß es wenige Produktionszahlen und Kapazitätsangaben gibt. Für die USA wird eine Kapazität von mehr als 180 · 10^3 t/a genannt, in Frankreich nennt die PCUK eine Kapazität von 50 · 10^3 t/a (1980), in Großbritannien die ICI eine von 250 · 10^3 t/a.

Calciumhypochlorit
Verbrauch in den USA 90 · 10^3 t

Der Verbrauch der USA an Calciumhypochlorit – $Ca(OCl)_2$ – liegt, (bei einer Kapazität von 78 · 10^3 t/a) bei ~90 · 10^3 t (1982). Für Chlorkalk – Ca(OCl)Cl – liegen keine Angaben vor.

Natriumchlorit-Produktionen in den USA, Japan, Frankreich, BRD

Kapazität PCUK:
50 · 10^3 t/a

Natriumchlorit: Hier liegt nur eine Kapazitätsangabe der PCUK in Frankreich für 1980 mit 50 · 10^3 t/a vor. Weitere Produzenten gibt es in den USA, in Japan und in der Bundesrepublik Deutschland.

Chlorate (Natrium- und Kaliumchlorat):

Natriumchlorat:

Welt-Kapazität:
>1 · 10^6 t/a

Tabelle 1.7.4-1. Kapazitäten an Natriumchlorat in 10^3 t/a.

Westl. Europa (1980)	USA (1982)	CA (1981)	JApan (1980)
324	400	295	72

Die Kapazitäten in den USA und Canada werden derzeit stark erweitert.

Perchlorate, Perchlorsäure: Der Verbrauch von Perchlorsäure (70%ig) ist sehr gering. Er wird für die USA auf ca. 450 t geschätzt. Das bedeutendste Perchlorat ist das Ammoniumperchlorat. Hiervon wird die Kapazität in den USA auf unter 15 · 10^3 t/a geschätzt, sie soll 1984 auf 22 · 10^3 t/a erweitert werden.

Ammoniumperchlorat:
wichtigstes Perchlorat
Kapazität in den USA:
< 15 · 10^3 t/a

Chlordioxid: Über die Zunahme des Chlordioxid-Verbrauches in den USA gibt Tabelle 1.7.4-2 Auskunft.

Tabelle 1.7.4-2. Verbrauch an Chlordioxid in den USA in 10^3 t.

1955	1960	1965	1970	1975	1979
7.8	22.4	50.3	78.2	79.9	125*)

* geschätzt

Chlordioxid-Verbrauch in den USA 1979:
etwa 125 · 10^3 t

1.7.4.2 Herstellung von Sauerstoff-Verbindungen des Chlors

1.7.4.2.1 Hypochlorite

in Lösung

Lösungen von Natrium- und Calciumhypochlorit im Gemisch mit Natrium- und Calciumchlorid erhält man auf sehr einfache Weise durch die Reaktion von wäßriger Natronlauge oder Calciumhydroxid-Aufschlämmung mit Chlor:

Hypochlorite aus Basen und Chlor unter Kühlung

$$2NaOH + Cl_2 \longrightarrow NaOCl + NaCl + H_2O$$

$$Ca(OH)_2 + Cl_2 \longrightarrow Ca(OCl)Cl + H_2O$$

Die Lösungen („Bleichlaugen“) enthalten äquimolare Mengen an Chlorid-Ionen, bezogen auf Hypochlorit-Ionen.

Die Natriumhypochlorit-Lösungen enthalten 12 bis 15%, die Calciumhypochlorit-Lösungen 3 bis 3.8% an „wirksamem Chlor“ (engl.: avaiable chlorine). Wirksames Chlor: die Menge an Chlor, die das Produkt bei der Zugabe von Salzsäure entwickelt, bezogen auf die Masse des Produktes, z. B. nach

Gehalts-Angabe in „wirksamem Chlor“ (avaiable chlorine)

$$NaOCl + 2HCl \longrightarrow NaCl + Cl_2 + H_2O\ .$$

Die Reaktion von Natronlauge mit Chlor ist stark exotherm (103 kJ/mol). Die Herstellung kann diskontinuierlich erfolgen. Die Kontrolle des Verfahrens erfolgt meist durch Messen des Redox-Potentials. Da bei höheren Temperaturen Hypochlorit leicht in Chlorat umgewandelt wird, muß die Reaktionstemperatur unter 40 °C gehalten werden. Dazu verwendet man Kühler aus Titan. Im allgemeinen wird die Chlorierung so geführt, daß ein geringer Überschuß von Alkali erhalten bleibt; dadurch wird die Stabilität der Lösung erhöht. Das gleiche gilt für die Herstellung von Calciumhypochlorit-Lösungen.

Die Bleichlaugen werden im allgemeinen am Ort ihrer Herstellung weiterverwendet, da sie durch Licht oder Schwermetall-Spuren leicht zersetzt werden.

Für Kleinverbraucher direkte Herstellung von Hypochlorit-Lösungen durch Elektrolyse von Natriumchlorid-Lösungen in diaphragmalosen Zellen

Da die beschriebene Herstellung von Hypochlorit-Lösungen die Verfügbarkeit von Chlor voraussetzt, kommt für spezielle Anwendungen (Kühlung von Kraftwerken mit Meerwasser, Abwasserbehandlung etc.) auch die direkte elektrolytische Herstellung von Hypochlorit-Lösungen in Frage.

Dazu elektrolysiert man Meerwasser oder Sole in Zellen ohne Diaphragma oder Membran. Die Anoden bestehen aus aktiviertem Titan, die Kathoden aus Titan. Die Stromausbeuten sind mit 40 bis 60% relativ schlecht, da der kathodisch entwickelte Wasserstoff einen Teil des gebildeten Hypochlorits wieder reduziert. Es handelt sich bei den Elektrolyseuren um technisch wenig aufwendige Kleinanlagen. Die erhaltenen Hypochlorit-Lösungen enthalten pro L einige Gramm Hypochlorit.

Hypochlorite in fester Form

Chlorkalk:

früher Transportform für Chlor. Bedeutung heute stark gesunken

Chlorkalk, der mit Beginn des 19. Jahrhunderts erstmals technisch eingesetzt wurde, war über hundert Jahre lang die Transportform von Chlor, da man aus ihm mit Salzsäure Chlor zurückgewinnen konnte. Er enthält etwa 36% wirksames Chlor. Nachdem mit Beginn dieses Jahrhunderts der Transport von flüssigem Chlor technisch möglich wurde, hat die Herstellung von Chlorkalk laufend an Bedeutung verloren. Die Herstellung erfolgt durch Reaktion von feuchtem Calciumhydroxid mit Chlor. Die Reaktion läuft relativ langsam ab.

Calciumhypochlorit:

Es gibt eine ganze Reihe von Verfahren zur Herstellung von Calciumhypochlorit („hochprozentiger Chlorkalk"). Das älteste ist das der Griesheim Elektron („Perchloron-Verfahren"), bei dem man Calciumhydroxid-Suspensionen so chloriert, daß das gebildete Calciumchlorid weitgehend in Lösung geht, nicht dagegen das Calciumhypochlorit.

Calciumhypochlorit:

hochprozentiger Chlorkalk. Herstellung z. B. durch Chlorierung von Calciumhydroxid-Suspensionen und Abtrennen des Calciumhypochlorits als Dihydrat

$$2Ca(OH)_2 + 2Cl_2 \longrightarrow Ca(OCl)_2 \cdot 2H_2O + CaCl_2$$

Das Calciumhypochlorit, das als Dihydrat anfällt, wird abfiltriert und getrocknet.

Beim Olin-Verfahren chloriert man eine Calciumhydroxid-Suspension in einer Natriumhypochlorit-Lösung und gewinnt durch anschließendes Abkühlen auf −15 °C ein Tripelsalz:

$$Ca(OH)_2 + 2NaOCl + Cl_2 + 11H_2O \longrightarrow Ca(OCl)_2 \cdot NaOCl \cdot NaCl \cdot 12H_2O$$

Dieses Tripelsalz liefert mit einer Chlorkalk-Suspension Calciumhypochlorit-Dihydrat, das abfiltriert und getrocknet wird.

$$Ca(OCl)_2 \cdot NaOCl \cdot NaCl \cdot 12H_2O + Ca(OCl)Cl \longrightarrow 2Ca(OCl)_2 \cdot 2H_2O + 2NaCl + 10H_2O$$

Das als Nebenprodukt anfallende Natriumchlorid kann in der Chlor-Alkali-Elektrolyse eingesetzt werden.

Andere Herstellungsmethoden, wie das ICI-, das Thann- und das Pennwalt-Verfahren, sind Modifikationen dieses Verfahrens.

Beim PPG-Verfahren wird Chlor in einem Kohlendioxid-Strom mit Soda zu Dichlormonoxid und Unterchloriger Säure umgesetzt, die in Wasser gelöst werden. Die Reaktion mit einer Calciumhydroxid-Aufschlämmung liefert Calciumhypochlorit:

$$Ca(OH)_2 + 2HOCl \longrightarrow Ca(OCl)_2 + 2H_2O$$

Der Gehalt an verfügbarem Chlor liegt bei technischem Calciumhypochlorit bei 70 bis 74%. Das Material reagiert heftig mit oxidierbaren Stoffen und zersetzt sich nach Zündung exotherm.

„Chloriertes Trinatriumphosphat" $[Na_3PO_4 \cdot 11H_2O]_4 \cdot NaOCl$ aus Trinatriumphosphat- und Natriumhypochlorit-Lösung

Festes Natriumhypochlorit ist kein Handelsprodukt, da es chemisch zu instabil ist. Dagegen hat „chloriertes Trinatriumphosphat", $[Na_3PO_4 \cdot 11H_2O]_4 \cdot NaOCl$, technische Bedeutung im Reinigungsmittelsektor. Das Produkt hat einen Gehalt von ca. 3.65% an verfügbarem Chlor. Es wird durch Umsetzung einer Natriumphosphat-Lösung mit einer Natriumhypochlorit-Lösung in entsprechenden molaren Konzentrationen bei 75 bis 80 °C erhalten.

In den USA wird in kleinem Umfang auch Lithiumhypochlorit hergestellt.

1.7.4.2.2 Chlorite

Natriumchlorit:

aus Chlordioxid, Natronlauge und Wasserstoffperoxid als Reduktionsmittel

Von technischer Bedeutung ist lediglich das Natriumchlorit. Es wird hergestellt durch Reaktion von Chlordioxid (s. Abschn. 1.7.4.2.5, S.184) mit Natronlauge und einem Reduktionsmittel, vor allem Wasserstoffperoxid (andere Reduktionsmittel haben technische Nachteile).

$$2ClO_2 + 2NaOH + H_2O_2 \longrightarrow 2NaClO_2 + 2H_2O + O_2$$

Dabei wird ein deutlicher Überschuß an Wasserstoffperoxid benötigt, da sich ein Teil in der alkalischen Lösung zersetzt.

Wegen der Gefahr des leicht eintretenden exothermen Selbstzerfalls wird festes Natriumchlorit entweder als Monohydrat oder vermischt mit Natriumchlorid oder Natriumnitrat in den Handel gebracht.

1.7.4.2.3 Chlorate

Kaliumchlorat:

durch doppelte Umsetzung aus Natriumchlorat

Technische Verwendung finden Natrium- und Kaliumchlorat. Letzteres wird durch doppelte Umsetzung von Natriumchlorat mit Kaliumchlorid gewonnen:

$$NaClO_3 + KCl \longrightarrow KClO_3 + NaCl$$

Die technische Herstellung von Natriumchlorat erfolgt elektrochemisch aus Natriumchlorid in diaphragmalosen Zellen:

Natriumchlorat:

aus Natriumchlorid durch Elektrolyse in diaphragmalosen Zellen an Anoden aus aktiviertem Titan. Der elektro-chemischen Reaktion folgt eine langsame chemische Reaktion

$$NaCl + 3H_2O \longrightarrow NaClO_3 + 3H_2$$

(Die früher durchgeführte, rein chemische Herstellung hat heute keine Bedeutung mehr). Die Kathoden der Chlorat-Zellen bestehen aus Stahl, die Anoden aus mit Platin oder Rutheniumoxid/Titanoxid-Mischoxid aktiviertem Titan. Sie haben die früher für diesen Zweck verwendeten Graphit-Anoden abgelöst. Der Abstand der Elektroden beträgt etwa 3 bis 5 mm. Die Elektrolyse wird bei etwa 80 °C durchgeführt, die Spannung liegt bei 3.0 bis 3.5 V, der Energieverbrauch bei 4700 bis 5400 kWh/t Natriumchlorat (bei einem Strompreis von etwa 0.06 DM/kWh beträgt der Anteil der Stromkosten an den Herstellungskosten knapp 50%). Da der kathodisch entstehende Wasserstoff kleine Mengen an Chlor mitführt, muß er, z. B. durch Waschen, entsprechend aufbereitet werden. Chlorat-Zellen werden von einer großen Zahl von Herstellern angeboten.

Die in den Zellen ablaufenden chemischen und elektrochemischen Vorgänge sind recht kompliziert. Man nimmt heute folgendes Geschehen an:

Anodisch entsteht primär Chlor, das sich mit Wasser zu Unterchloriger Säure, mit kathodisch erzeugten Hydroxyl-Ionen zu Hypochlorit-Anionen umsetzt.

$$Cl_2 + H_2O \longrightarrow HOCl + HCl$$

$$OH^- + Cl_2 \longrightarrow OCl^- + HCl$$

Unterchlorige Säure und Hypochlorit-Anionen setzen sich nun zu Chlorat-Anionen um:

$$2HOCl + ClO^- \longrightarrow ClO_3^- + 2HCl$$

Da diese Reaktion relativ langsam abläuft, besitzen die Anlagen des Elektrolysekreislaufs ein großes Verweil-Volumen zur Vervollständigung der Reaktion.

Die wichtigste Nebenreaktion ist die anodische elektrochemische Oxidation des Hypochlorit-Anions zum Chlorat-Anion etwa nach

$$6ClO^- + 3H_2O \xrightarrow{-6e^-} 2ClO_3^- + 1.5O_2 + 6H^+ + 4Cl^-$$

Wegen der gleichzeitigen Bildung von Sauerstoff ist hier die Stromausbeute um ein Drittel niedriger als bei der rein chemischen Chlorat-Bildung. Man versucht also, die elektrochemische Hypochlorit-Oxidation möglichst zu unterdrücken. Dies geschieht durch Einhalten bestimmter Verfahrenswerte für Konzentrationen, Temperatur (60 bis 75 °C), pH-Wert (6.9), Strömungsbedingungen und Verweilzeit in der Elektrolysezelle. Moderne Anlagen liegen bei einer Stromausbeute von >93%.

Eine weitere wichtige Nebenreaktion ist die kathodische Reduktion von Hypochlorit-Anionen

$$ClO^- + H_2O \xrightarrow{+2e^-} Cl^- + 2OH^-$$

Sie wird durch Zugabe von etwa 3 g Chromat pro 1 L Elektrolyt weitgehend unterdrückt. Als Folge der Chromat-Zugabe überzieht sich die Kathode mit einer Schicht von hydratisierten Chromoxiden, die die Diffusion von Hypochlorit-Anionen zur Kathode stark behindern. Das bei der Elektrolyse entstehende Natriumchlorat wird aus den Lösungen, die etwa 600 g/L Natriumchlorat und 100 g/L Natriumchlorid enthalten, durch Eindampfen kristallin gewonnen, wobei zuerst das Natriumchlorid auskristallisiert. Technisches Natriumchlorat hat einen Gehalt von 99.5%. Es zerfällt oberhalb etwa 265 °C unter Bildung von Perchlorat. In zunehmendem Maße wird das Natriumchlorat in Lösung versandt, teilweise sogar ohne Abtrennung des Natriumchlorids, um Energie einzusparen.

Bei dem sog. „Münchener Verfahren" zur Herstellung von Chlordioxid (s. Abschn. 1.7.4.2.5, S. 184) wird der Chlorat enthaltende Elektrolyt direkt mit Salzsäure umgesetzt.

1.7.4.2.4 Perchlorate und Perchlorsäure

Technische Bedeutung haben vor allem Natrium-, Kalium- und Ammoniumperchlorat. Kalium- und Ammoniumperchlorat werden durch doppelte Umsetzung aus Natriumperchlorat erzeugt, das selbst wiederum durch elektrochemische Synthese aus Natriumchlorat erhalten wird.

Natriumperchlorat:

durch elektro-chemische Oxidation von Natriumchlorat in Zellen ohne Diaphragma an Anoden aus Bleidioxid oder Platin.

Kalium- und Ammoniumperchlorat:

aus Natriumperchlorat durch doppelte Umsetzung

$$NaClO_3 + H_2O \longrightarrow NaClO_4 + H_2$$

Anodisch entsteht als Nebenprodukt Sauerstoff. Zellen und Kathoden der diaphragmalosen Zellen bestehen aus Stahl, die Anoden aus Platin oder β-Bleidioxid auf Graphit. Die Spannungen liegen bei 4.75 V (Bleidioxid) bzw. 6 V (Platin). Der Energie-Verbrauch beträgt 2.5 bis 3 kWh/kg Natriumperchlorat. Bei Verwendung von Platin-Anoden kann Chromat zur Unterdrückung der kathodischen Reduktion zugesetzt werden. Etwas Platin geht stets in Lösung, besonders bei höheren Temperaturen und bei Natriumchlorat-Konzentrationen im Elektrolyten unter 100 g/L. Bei Bleidioxid-Anoden bewirkt die Zugabe von Natriumfluorid eine Verbesserung der Strom-Ausbeute.

Das gebildete Perchlorat wird durch Kristallisation gewonnen.

Perchlorsäure wird nach einem Verfahren der Fa. Merck AG durch Elektrolyse von Chlor, das in kalter (etwa O °C) Perchlorsäure gelöst ist, erhalten:

Perchlorsäure:

durch elektro-chemische Oxidation von in Perchlorsäure gelöstem Chlor

$$Cl_2 + 8H_2O \longrightarrow 2HClO_4 + 7H_2$$

Man verwendet Diaphragma-Zellen (Diaphragma-Material: Kunstofftuch), Platin-Anoden und Silber-Kathoden. Zur Abführung der Wärme dient ein Silber-Kühler. Die Zellspannung liegt bei 4.4 V, die Stromausbeute bei 60%. Ein Teilstrom wird kontinuierlich entnommen und auf etwa 70%ige Perchlorsäure aufkonzentriert.

1.7.4.2.5 Chlordioxid

Herstellung großer Chlordioxid-Mengen: durch Reaktion von Natriumchlorat mit Salz- oder Schwefelsäure, Abtrennen oder Reduktion des gleichzeitig gebildeten Chlors

Das gasförmige, explosive Chlordioxid wird direkt mit inerten Gasen verdünnt

Aus der Reihe der Oxide des Chlors hat lediglich das Chlordioxid technische Bedeutung erlangt. Es ist bei Raumtemperatur ein Gas. Wegen seiner explosiven Eigenschaften kann es aber nur am Ort der Anwendung hergestellt werden und muß zusätzlich mit inerten Gasen (Stickstoff, Kohlendioxid) auf 10 bis 15% (Volumenanteil) verdünnt werden.

Beim Verbrauch großer Mengen geht man vom Natriumchlorat, beim Verbrauch kleiner Mengen vom Natriumchlorit aus:

Man setzt Natriumchlorat mit Salzsäure um:

$$NaClO_3 + 2HCl \longrightarrow ClO_2 + 0.5\,Cl_2 + NaCl + H_2O$$

Die wesentlichste Nebenreaktion ist die vermehrte Bildung von Chlor:

$$NaClO_3 + 6HCl \longrightarrow 3Cl_2 + NaCl + 3H_2O$$

Statt von Salzsäure kann man auch von Schwefelsäure und Natriumchlorid ausgehen. Bei gleichzeitiger Zugabe von Schwefeldioxid wird das Chlor zu Chlorid reduziert, so daß die sonst erforderliche Trennung von Chlor und Chlordioxid – z. B. durch eine Wäsche mit Wasser – entfällt (Chlordioxid ist in Wasser wesentlich besser löslich als Chlor).

Bei modernen Anlagen liegt die Ausbeute an Chlordioxid über 90% der Theorie.

Mehrere technisch eingeführte Verfahren laufen nach den beschriebenen Reaktionen ab. In den USA und Canada werden vor allem die „ER-Prozesse“ der Erco und die „SVP-Prozesse“ der Hooker verwandt. Soweit bei diesen Verfahren mit Schwefelsäure oder Schwefeldioxid gearbeitet wird, stellt die Beseitigung des Zwangsanfalls an Natriumsulfat ein Problem dar.

Diese Schwierigkeit gibt es bei dem Kesting-(Münchener-)Verfahren nicht. Man setzt hier die bei der elektrolytischen Chlorat-Herstellung anfallende Lösung direkt mit Salzsäure um und bläst in einer Kolonne das gebildete Chlordioxid-Chlor-Gemisch aus. Nach der Abtrennung des Chlors setzt man dieses mit dem bei der Elektrolyse anfallenden Wasserstoff zu Chlorwasserstoff um, der wieder in den Prozeß eingeschleust wird. Als Rohstoff für die Chlordioxid-Herstellung nach diesem Verfahren muß also lediglich das Chlor, das in dem entnommenen Chlordioxid enthalten ist, in Form von Salzsäure in den Gesamt-Prozeß zurückgeführt werden.

Natriumchlorit als Ausgangsmaterial: Zur Herstellung kleiner Chlordioxid-Mengen setzt man Natriumchlorit mit Chlor um:

Herstellung kleiner Chlordioxid-Mengen: Umsetzung von Natriumchlorit mit Chlor

$$2NaClO_2 + Cl_2 \longrightarrow 2NaCl + 2ClO_2$$

1.7.4.3 Verwendung von Sauerstoff-Verbindungen des Chlors

Hypochlorite: Natriumhypochlorit (Bleichlauge) dient zum Bleichen und Entfärben von Zellstoff und Textilien, zur Desinfektion z. B. in Schwimmbädern und zur Herstellung von Hydrazin (s. Abschn. 1.4.2, S. 48).

Calciumhypochlorit und Chlorkalk werden zur Desinfektion, bei der Kühlwasserbehandlung, in Schwimmbädern und zum Unschädlichmachen von Kampfstoffen vom „Lost"-Typ verwandt.

Verwendung von
- Hypochloriten:
  zum Bleichen,
  zum Desinfizieren,
  zum Vernichten von Kampfstoffen,
  zur Hydrazin-Herstellung

„Chloriertes Trinatriumphosphat" ist Bestandteil von Haushalts- und Industriereinigungsmitteln, besonders in den USA.

Natriumchlorit dient hauptsächlich zur Herstellung von Chlordioxid bei Kleinverbrauchern.

- Natriumchlorit:
  zur Herstellung von Chlordioxid für Kleinverbraucher

Chlorate: Etwa 80% des erzeugten Natriumchlorats werden in Chlordioxid für die Zellstoffbleiche umgewandelt. Weiter dient es als Ausgangsmaterial zur Herstellung von Perchloraten (in den USA etwa 20 · 10³ t/a), und zur Oxidation von U^{4+} und U^{6+} bei der Uran-Gewinnung (in den USA 1979 16 bis 19 · 10³ t/a) und als Herbizid. Kaliumchlorat wird zur Herstellung von Feuerwerkskörpern und Streichhölzern verwandt. In den USA werden 9 bis 10 · 10³ t/a Kaliumchlorat in der Streichholzfabrikation verbraucht.

- Natriumchlorat:
  zur Herstellung von Chlordioxid und Perchloraten, bei der Uran-Gewinnung, als Herbizid
- Kaliumchlorat:
  z. B. für Streichhölzer

Perchlorate finden hauptsächlich Verwendung in Feuerwerkskörpern und, vor allem Ammoniumperchlorat, als Oxidationsmittel für den Raketenantrieb.

- Ammoniumperchlorat:
  als Oxidationsmittel in Raketen-Treibstoffen

• Chlordioxid:
zur Zellstoffbleiche,
zur Wasserbehandlung

Chlordioxid dient als Bleichmittel für Zellstoff. Der Hauptvorteil gegenüber der Chlorbleiche liegt darin, daß kein Chlorlignin gebildet wird. Weiterhin kann Chlordioxid bei der Trinkwasseraufbereitung eingesetzt werden. Im Gegensatz zur Wasser-Chlorung bilden sich hier weniger chlorierte Kohlenwasserstoffe.

Literatur zu Kapitel 1.7.4 Sauerstoff-Verbindungen des Chlors

Übersichtsarbeiten:

Kirk-Othmer: *Encyclopedia of Chemical Technology*, 3. Ed., Vol. 5, pp. 580–667, John Wiley & Sons, Inc., New York, Chichester, Brisbane, Toronto, 1979.
Ullmanns Encyklopädie der technischen Chemie. 4. Aufl., Band 9, S. 542–572, Verlag Chemie, Weinheim, 1975.

Wirtschaftliche Angaben:

Bleichlauge: *Chem. Ind.*, XXXII, Sept. 1980, S. 597.
Calciumhypochlorit: *Chem. Mark. Rep.*, 10. 8. 1981, S. 54, und 7. 2. 1983, S. 54.
Natriumhypochlorit: *Chem. Age*, 24. 10. 1980, S. 52.
„Sodium Chlorate“. *Chemical Economics Handbook*, Stanford Research Institute, Menlo Park, California, USA, März 1981, und *Chem. Mark. Rep.*, 15. 2. 1982, S. 58.

Technische Angaben:

„Bleichen mit Natriumhypochlorit“, *reiniger + wäscher*, XXXV, Heft 5, 1982, S. 30–33.
Calciumhypochlorit: *Chem. Eng. News*, 27. 4. 1981, S. 28–29.
Chlordioxid: *Chem. Eng.* **81** (1974), No. 3, S. 36–37.
P. Wintzer, „Entwicklung und Trend der Chlordioxid-Bleiche mit integrierter Chlorat-Elektrolyse für die Zellstoff-Industrie“, *Chem. Ing. Tech.* **52**, (1980), S. 392–398.

1.7.5 Brom und Brom-Verbindungen

1.7.5.1 Vorkommen und wirtschaftliche Bedeutung

Brom – als Bromid-Ion – kommt vor:
- im Meerwasser
- in Salzsolen
- in Salzlagerstätten

Brom kommt in der Natur vor allem in Form von löslichen Bromiden vor. Der mittlere Gehalt der Erdrinde an Brom beträgt $1.6 \cdot 10^{-4}\%$.

Es enthalten:

- Meerwasser 0.065 g/L
- das Tote Meer 4 g/L
- natürliche Salzsolen 3 bis 4 g/L
- Salzlager 0.005 bis 0.45% (Massenanteil)

Die wichtigsten Brom-Vorkommen sind die von Arkansas (USA) und im Toten Meer.

Die bei der Kali-Industrie anfallenden Lösungen enthalten bis zu 6 g Bromid pro Liter.

Brom-Vorräte praktisch unbegrenzt

Die Weltvorräte an Brom sind praktisch unbegrenzt. Allein der Brom-Gehalt des Toten Meeres wird auf 10^9 t geschätzt.

Produktion:
Die Brom-Produktion in 1979 gibt Tabelle 1.7.5-1 wieder:

Tabelle 1.7.5-1: Brom-Produktion 1979 in 10^3 t.

USA	GB	IL	FR	JA	IT	BRD	SU	DDR
226*)	25+)	36.2+)	15.9	11.3−)	0.6+)	4.0	15+)	3.5+)

* davon Export 1979: 63.4
+ Schätzungen

Welt-Brom-Produktion 1979:
$>335 \cdot 10^3$ t

Die Brom-Kapazität der USA betrug $289 \cdot 10^3$ t/a (1979). Die Calciumbromid-Kapazität (USA) wird für 1981 auf $166 \cdot 10^3$ t/a geschätzt. Die Zinkbromid-Produktion (Welt) lag 1979 bei ca. $3 \cdot 10^3$ t.

1.7.5.2 Herstellung von Brom und Brom-Verbindungen

Praktisch alle Brom-Verbindungen werden direkt oder indirekt über das elementare Brom hergestellt. Deshalb kommt seiner Gewinnung zentrale Bedeutung zu.

Elementares Brom:
Ausgangsmaterial für anorganische und organische Brom-Chemie

1.7.5.2.1 Brom

Brom wird hergestellt

- aus Meerwasser
- aus an Bromiden angereicherten Rohstoffen

In beiden Fällen wird das Bromid-Ion mit elementarem Chlor oxidiert:

Brom-Herstellung:
aus Bromiden durch Oxidation mit Chlor

$$2Br^- + Cl_2 \longrightarrow 2Cl^- + Br_2$$

und das entstandene Brom über die Gasphase abgeführt.

Herstellung von Brom aus Meerwasser („Kaltentbromung")

Zur Gewinnung des Broms ist es erforderlich, das alkalische Meerwasser anzusäuern, da Brom mit Alkalien unter Disproportionierung reagiert:

Bei der „Kaltentbromung" (Herstellung aus Meerwasser) wird das nach Ansäuern des Meerwassers und Einleiten von Chlor entstandene Brom durch Luft ausgetrieben, in einer Soda-Lösung aufgefangen und anschließend durch Ansäuern in Freiheit gesetzt.

$$3Br_2 + 6OH^- \longrightarrow 5Br^- + BrO_3^- + 3H_2O$$

wobei Bromid und Bromat entstehen.

Man säuert daher das Meerwasser mit Schwefelsäure bis zu einem pH-Wert von 3.5 an, wobei 130 g 100%ige Schwefelsäure pro Tonne Meerwasser benötigt werden. Gleichzeitig mit der Schwefelsäure wird das zur Oxidation des Bromids erforderliche Chlor (im geringen Überschuß) zugegeben. Das entstandene Brom wird nun in sog. „Ausblastürmen" mit Luft ausgetrieben. Die Brom (und ggf. Chlor bzw. Bromchlor) enthaltende Luft wird in Absorptionstürmen mit Soda-Lösung in Kontakt gebracht, wobei das Brom entsprechend der o.a. Gleichung in Bromid und Bromat disproportioniert. Aus den Absorptionslösungen wird das Brom anschließend durch Schwefelsäure wieder in Freiheit gesetzt und mit Dampf ausgeblasen:

$$5NaBr + NaBrO_3 + 3H_2SO_4 \longrightarrow 3Br_2 + 3Na_2SO_4 + 3H_2O$$

Anlagen nach diesem Verfahren arbeiten in Großbritannien und Japan. Voraussetzung für einen wirtschaftlichen Betrieb sind erhöhte Temperaturen des Meerwassers und die Möglichkeit, die entbromierten Lösungen so abzustoßen, daß sie sich nicht mit dem in die Anlage eintretenden Frischwasser vermischen.

Herstellung von Brom aus an Bromid angereicherten Rohstoffen – Solen, Restlaugen der Kali-Industrie – („Heißentbromung")

Bei der Gewinnung von Brom aus Solen wird das entstandene Brom mit Dampf ausgeblasen („Heißentbromung", das technisch wichtigere Verfahren)

Auch hier wird das Brom mit Chlor in Freiheit gesetzt, aber nun nicht mit Luft, sondern mit Dampf ausgetrieben. Die Dampf-Bromgas-Gemische werden kondensiert, in einer Scheideflasche getrennt und das Brom durch mehrstufige Destillation gereinigt. Durch entsprechende Rückführungen in der Anlage wird erreicht, daß Brom enthaltende wäßrige Lösungen und Gasströme, die Brom oder Chlor enthalten, wieder in den Reaktionsturm gelangen. Die ablaufenden, entbromierten Salz-Lösungen werden vor ihrer weiteren Verwendung neutralisiert. Ihr Wärme-Inhalt wird im Gegenstrom auf die einlaufenden Brom-haltigen Solen übertragen. Mehr als 95% des in den Ausgangslösungen enthaltenen Broms werden gewonnen.

Wegen der hohen Korrosivität von feuchtem Brom werden in derartigen Anlagen als Werkstoffe Glas, Tantal, Titan, keramische Materialien und Polytetrafluorethylen verwandt. Der Verbrauch an Chlor pro kg Brom beträgt 0.5 bis 0.65 kg, der Verbrauch an Dampf ca. 11 kg.

Die Hauptmenge des erzeugten Broms wird nach diesem Verfahren der „Heißentbromung“ gewonnen.

1.7.5.2.2 Bromwasserstoff

Bromwasserstoff:

- durch Umsetzung von Wasserstoff mit Brom
- Zwangsanfall bei organischen Bromierungen

Bromwasserstoff wird durch Verbrennen von Wasserstoff mit Brom hergestellt:

$$H_2 + Br_2 \longrightarrow 2HBr \qquad \Delta H = -103\,kJ$$

Um einen Brom-freien Bromwasserstoff zu erhalten, kann man das Reaktionsgas über heiße Aktivkohle leiten oder einen Überschuß an Wasserstoff verwenden.

Ein Zwangsanfall an Bromwasserstoff ensteht bei organischen Bromierungen:

$$-\overset{|}{\underset{|}{C}}-H + Br_2 \longrightarrow -\overset{|}{\underset{|}{C}}-Br + HBr$$

Bromwasserstoff löst sich in Wasser zur Bromwasserstoffsäure. Bei 25 °C und Normaldruck lösen sich in 100 g Wasser 193 g Bromwasserstoff.

1.7.5.2.3 Alkalibromide, Calciumbromid, Zinkbromid

Alkali-, Erdalkalibromide, Zinkbromid aus Hydroxiden, Carbonaten und Bromwasserstoffsäure

Bromide werden durch Reaktion der entsprechenden Hydroxide, Carbonate usw. mit Bromwasserstoffsäure erhalten.

$$NaOH + HBr \longrightarrow NaBr + H_2O$$

Ammoniumbromid läßt sich auch direkt aus Brom herstellen, wobei Ammoniak als Reduktionsmittel wirkt:

$$8NH_3 + 3Br_2 \longrightarrow 6NH_4Br + N_2$$

1.7.5.2.4 Alkalibromate

Bromate:

vor allem durch elektrochemische Oxidation von Bromiden

Alkalibromate können entweder durch Einleiten von Brom in Alkalihydroxid-Lösungen gewonnen werden, wobei zunächst durch Disproportionierung ein Gemisch aus Bromid und Bromat entsteht (s. Abschn. 1.7.5.2.1), aus dem das schwerer lösliche Bromat abgetrennt wird. Wichtiger ist aber die elektro-chemische Oxidation von Bromid, die der Chlorat-Herstellung (s. a. S. 180) ähnlich ist.

$$NaBr + 3H_2O \longrightarrow NaBrO_3 + 3H_2$$

1.7.5.3 Verwendung von Brom und Brom-Verbindungen

Einsatz von Brom in der organischen Chemie zur Herstellung von:

- Treibstoffzusätzen
- Flammschutzmitteln
- Pflanzenschutzwirkstoffen
- Tränengasen
- Inhalationsnarkotika
- Farbstoffen

Typische Beispiele für die Verwendung von Brom in der organischen Chemie sind:

- Treibstoff-Additive wie 1.2-Dibromethan
  Hier ging der Einsatz von Brom (in den USA) von 80% (1970) auf 50% (1979), bezogen auf verarbeitetes Brom, zurück. Ein weiterer Rückgang auf 25% wird erwartet.
- Flammschutzmittel wie bromierte Diphenylether, Hexabromcyclododecatrien, Tetrabrombisphenol-A u. a.
- Pflanzenschutzwirkstoffe wie 1,2-Dibrom-3-chlorpropan, 1,2-Dibromethan, Methylbromid und brom-haltige Pyrethroide
- Feuerlöschmittel wie Difluordibrommethan und Trifluorbrommethan
- Tränengase wie Bromacetophenon und Bromaceton
- Inhalationsnarkotika wie 1,1,1-Trifluor-2-chlor-2-bromethan
- Farbstoffe, z. B. die Gruppe der bromierten Anthrachinone

Einige bromierte Verbindungen wie z. B. das Tris-(2,3-dibrom-propyl)-phosphat und 1,2-Dibrom-3-chlorpropan mußten aus dem Handel genommen werden, da sie ein cancerogenes Potential zeigten. 1,2-Dibromethan steht unter dem gleichen Verdacht.

Bromwasserstoff dient vor allem zur Herstellung von Bromiden.

Bromwasserstoff: zur Herstellung von Bromiden

Natrium- und Kaliumbromid finden hauptsächlich Verwendung zur Herstellung von lichtempfindlichen Schichten (Silberbromid). Die Verwendung als Sedativum ist zurückgegangen.

Natrium-, Kaliumbromid: Verwendung in der Fotografie

Lithiumbromid dient als Trocknungsmittel für Luft, z. B. in Klimaanlagen.

Lithiumbromid: Trocknungsmittel in Klimaanlagen

Calciumbromid, das z. Z. mengenmäßig wichtigste anorganische Bromid, wird bei der Erdölförderung als sog. „packer fluid" eingesetzt. „Packer fluids" umgeben das Förderrohr außen und dienen zum Druckausgleich. Je nach Druckverhältnissen verwendet man Lösungen von Natriumchlorid, von Mischungen von Natriumchlorid mit Natriumcarbonat oder Calciumchlorid, von Calciumchlorid, von Mischungen von Calciumchlorid mit Calciumbromid oder von Mischungen von Calciumbromid mit Zinkbromid (s. u.). Man verwendet Lösungen mit 53% (Massenanteil) Calciumbromid, die eine Dichte von ca. 1.7 g/mL besitzen.

Calciumbromid: bei der Erdölgewinnung als „packer fluid"

Der Verbrauch an „packer fluid" pro Ölquelle kann bis zu 150 m^3 betragen.

Zinkbromid wird als „packer fluid" in Lösungen mit 55% Zinkbromid und 20% Calciumbromid, die eine Dichte von ca. 1.9 g/mL besitzen, bei extremen Druckverhältnissen eingesetzt. Solche Mischungen sind allerdings auch sehr korrosiv.

Zinkbromid: als „packer fluid"

Alkalibromate (hitze- und stoßempfindlich) werden z. B. für die Behandlung von Mehl oder in Haarfestigern eingesetzt.

Alkalibromate: zur Mehlbehandlung

Literatur zu Kapitel 1.7.5 Brom und Brom-Verbindungen

Übersichtsarbeiten:

Kirk-Othmer: *Encyclopedia of Chemical Technology*, 3. Ed., Vol. 4, pp. 226 – 263, John Wiley & Sons, Inc., New York, Chichester, Brisbane, Toronto, 1978.

Ullmanns Encyklopädie der technischen Chemie, 4. Aufl., Band 8, S. 677 – 701, Verlag Chemie, Weinheim, 1974.

R. B. McDonald und W. R. Merriman: „The Bromine and Bromine-Chemicals Industry", in: *The Modern Inorganic Chemicals Industry*. Ed. by R. Thompson, The Chemical Society, Burlington, London, 1977, pp. 168 – 182.

Wirtschaftliche Angaben:

Chem. Week, 6. 8. 1980, S. 53, 10. 11. 1982, S. 9 und 1. 12. 1982, S. 9.

Chem. Ind., XXXII, Okt. 1980, S. 680 – 681.

Eur. Chem. News, 22. 11. 1982, S. 34.

1.7.6 Iod und Iod-Verbindungen

1.7.6.1 Wirtschaftliche Bedeutung

Herstellung von Iod
- aus Salz-Solen
- aus Restlaugen der chilenischen Salpeter-Produktion

Iod wird gewonnen aus

- Salz-Solen, die oft bei der Erdöl- oder Erdgasförderung anfallen
- den Restlaugen der chilenischen Salpeter-Industrie

Die Gewinnung von Iod aus veraschten Algen oder Tang ist heute ohne große Bedeutung.

Im Jahre 1981 wurde nach Schätzungen des US-Bureau of Mines an Iod produziert:

Weltproduktion 1981: 13150 t

Wichtigste Erzeugerländer:

Japan, Chile, USSR, USA

Tabelle 1.7.6-1. Geschätzte Iodproduktion in t (1981).

Welt	JA	CE	USA	Ostblock
13150	6800	2630	1000	2700

Nur Japan und Chile exportieren Iod im größeren Maßstab.

1980 wurde in den USA eine Erweiterung der Kapazität um etwa 2500 t/a geplant. 1979 führte die Bundesrepublik Deutschland 870 t Iod ein, hauptsächlich aus Japan und Chile.

Die Weltvorräte sollen mehrere Millionen Tonnen betragen.

1.7.6.2 Herstellung von Iod und Iod-Verbindungen

1.7.6.2.1 Iod

Aus Solen

Iod-Gewinnung aus Solen:

Oxidation der Iodide mit Chlor, Ausblasen, Absorption in Iodwasserstoffsäure/Schwefelsäure, Reduktion mit Schwefeldioxid zu Iodwasserstoffsäure, Teilstrom-Oxidation mit Chlor zu Iod

Die Solen enthalten zwischen 30 und mehr als 100 ppm Iod (als Iodid). (Die Vorkommen in den USA liegen größtenteils in Michigan und Oklahoma). Die Gewinnung ähnelt der von Brom. Man versetzt die Solen mit Salz- oder Schwefelsäure und oxidiert mit Chlor im

Überschuß. Das entstandene elementare Iod wird mit Luft ausgeblasen und in einem Absorber in einer Schwefelsäure-Iodwasserstoffsäure-Wasser-Mischung aufgefangen. Reduktion mit Schwefeldioxid überführt das Iod in Iodwasserstoffsäure. Ein Teilstrom wird abgezogen und darin der Iodwasserstoff mit Chlor zu Iod oxidiert. Das Iod wird schließlich unter Schwefelsäure umgeschmolzen (Oxidation von organischen Verunreinigungen, Trocknung).

Alternativ:

Absorption des Iod als Polyiodid an Anionen-Austauschern, Desorption mit Lauge, Aufarbeitung auf Iod

Die Gleichungen geben die Teilschritte wieder:

$$2NaI + Cl_2 \longrightarrow I_2\uparrow + 2NaCl$$

$$I_2 + SO_2 + 2H_2O \xrightarrow{\text{in } HI/H_2SO_4} 2HI + H_2SO_4$$

$$2HI + Cl_2 \xrightarrow{\text{in } H_2SO_4} 2HCl + I_2$$

In Japan wird ein weiteres Verfahren angewandt, bei dem das durch Chlor-Oxidation der Solen entstandene Iod als Polyiodid an einem Anionen-Austauscher adsorbiert wird. Desorption mit Lauge gibt konzentrierte, Iodid und Iodat enthaltende Lösungen, die auf elementares Iod aufgearbeitet werden.

Aus Restlaugen der Salpeter-Herstellung

Die chilenischen Salpeter-Vorkommen enthalten bis zu 0.3% Iod in Form von Calciumiodat. Nach Lösen und Auskristallisieren des Salpeters werden Lösungen erhalten, die bis zu 9 g/L Natriumiodat enthalten. Durch Reduktion mit Schwefeldioxid (in Form von Natriumhydrogensulfit) erhält man Iod, wobei durch Einhaltung der Stöchiometrie eine Überreduktion zu Iodid vermieden werden muß.

Iod-Gewinnung aus Restlaugen der Salpeter-Herstellung:

Reduktion von Natriumiodat mit Natriumhydrogensulfit zu Iod

$$2NaIO_3 + 5SO_2 + 4H_2O \longrightarrow Na_2SO_4 + 4H_2SO_4 + I_2$$

Das Iod wird abfiltriert und durch Sublimation gereinigt. Die vom Iod befreiten Lösungen werden neutralisiert und zum erneuten Lösen von Salpeter verwendet.

1.7.6.2.2 Iodwasserstoff

Iodwasserstoff wird aus Iod und Wasserstoff am Platin-Katalysator bei 500 °C hergestellt:

$$H_2 + I_2 \xrightarrow[500\,°C]{Pt} 2HI$$

Auch die Reaktion zwischen Hydrazin und Iod, die Iodwasserstoffsäure liefert, wird technisch durchgeführt:

$$N_2H_4 + 2I_2 \longrightarrow 4HI + N_2$$

100 g Wasser lösen bei 10 °C 234 g Iodwasserstoff. Im Handel sind Säuren mit 47% Iodwasserstoff (Massenanteil).

1.7.6.2.3 Alkaliiodide

Alkaliiodide können wie folgt hergestellt werden:

$$Fe + I_2 \longrightarrow FeI_2$$

$$FeI_2 + M_2CO_3 + H_2O \longrightarrow Fe(OH)_2\downarrow + CO_2 + 2MI$$

M : Na, K

Nach Absitzenlassen des gebildeten Eisenhydroxids werden die Alkaliiodide durch Konzentrieren der Lösung und Auskristallisieren der Salze gewonnen. Die Neutralisation der Iodwasserstoffsäure mit den Alkalihydroxiden liefert ebenfalls die Iodide.

1.7.6.2.4 Alkaliiodate

Alkaliiodate werden aus den entsprechenden Chloraten durch Umsetzung mit Iod in Gegenwart von Salpetersäure in der Wärme gewonnen:

$$2MClO_3 + I_2 \longrightarrow Cl_2 + 2MIO_3$$

M: Na, K

Auch die elektrochemische Herstellung ist möglich.

1.7.6.3 Verwendung von Iod und Iod-Verbindungen

- für Katalysatoren, z. B. Titaniodid bei der stereospezifischen Polymerisation von Butadien
- zur Desinfektion verwendet man z. B. Tenside von Non-ionic-Typ zusammen mit kleinen Mengen an Iod
- für pharmazeutische Zwecke, z. B. Medikamente zur Behandlung von Erkrankungen der Schildrüse; Natriumiodid als Zusatz im Speisesalz in iodarmen Gebieten wie der Schweiz, Kaliumiodid für die Prophylaxe bei Unfällen in der kerntechnischen Industrie
- in der photographischen Industrie (Silberiodid)
- Iod-enthaltende Aktivkohle zur Entfernung von Quecksilber-Spuren z. B. aus Gasströmen
- zur Herstellung hochreiner Metalle wie Zirconium oder Titan über ihre Tetraiodide (van Arkel-Verfahren)
- zur Induktion der Regenbildung aus Wolken (Silberiodid).
- für Futtermittelzusätze, besonders für Rinderfutter
- für Stabilisatoren für Polyamid 6.6
- für Farbstoffe

Verwendung von Iod und Iod-Verbindungen:

- für Katalysatoren
- zur Desinfektion
- für pharmazeutische Zwecke
- in der photographischen Industrie
- zur Regenerzeugung
- für Futtermittelzusätze
- für Stabilisatoren
- für Farbstoffe und Tinten

Für die USA wird für 1982 die folgende geschätzte Verteilung des Iod-Verbrauches von ca. 3000 t angegeben:

22% Katalysatoren
15% Röntgenkontrastmittel
15% Desinfektion
12% Tierfutter-Additive
10% Farbstoffe
7% Stabilisatoren
5% Filme
5% Pharmaka
4% Wasserbehandlung
5% übrige Bereiche

Literatur zu Kapitel 1.7.6 Iod und Iod-Verbindungen

Wirtschaftliche Angaben:

Chem. Ind., XXXIII, Februar 1981, S. 78, und XXXIV, Oktober 1982, S. 646.
Chem. Week, 12. 11. 1980, S. 44.
Japan Chemical Week, 25. 1. 1979, S. 6.
Chem. Eng. News, 14. 6. 1982, S. 12 – 13.

Übersichtsarbeiten:

Kirk-Othmer: *Encyclopedia of Chemical Technology.* 3. Ed., Vol. 13, pp 649 – 677, John Wiley & Sons, Inc., New York, Chichester, Brisbane, Toronto, 1981.
Ullmanns Encyklopädie der technischen Chemie, 4. Aufl., Bd. 13, S. 421 – 428, Verlag Chemie Weinheim-New York, 1977.

2 Mineralische Dünger

Die wichtigsten mineralischen Dünger sind diejenigen, die Phosphor, Stickstoff und Kalium enthalten. Nur sie werden in den folgenden Abschnitten abgehandelt. Ihre Herstellung ist – nach der Zement-Herstellung – mengenmäßig die bedeutendste chemische Produktion.

2.1 Phosphor-haltige Düngemittel

2.1.1 Wirtschaftliche Bedeutung

2.1.1.1 Allgemeines

Der weltweite Verbrauch an Phosphor in mineralischen Düngemitteln wird für die Wirtschaftsjahre zwischen 1977 und 1981 wie folgt angegeben (Tabelle 2-1):

Weltverbrauch an mineralischen Phosphat-Düngemitteln 1980/81:

$31.35 \cdot 10^6$ t P_2O_5

Tabelle 2-1. Weltverbrauch an Phosphor in mineralischen Düngemitteln in 10^6 t P_2O_5.

Wirtschaftsjahr	1977/78	1978/79	1979/80	1980/81
	27.876	29.731	31.148	31.346

Den Verbrauch in einigen europäischen Ländern 1979/80 und 1980/81 gibt Tabelle 2-2 wieder:

Tabelle 2-2. Verbrauch an Phosphor in mineralischen Düngemitteln in einigen europäischen Ländern in 10^3 t P_2O_5 1979/80 und 1980/81.

	GB	FR	IT	BRD	Benelux
1979/80	460	1984	807	914	189
1980/81	400	1744	729	838	185

Die Produktion in der Bundesrepublik Deutschland 1977 – 79 ist aus Tabelle 2-3 zu entnehmen.

Phosphat-Dünger-Herstellung in der BRD 1980/81:

637 · 10^3 t (P_2O_5-Gehalt)

Tabelle 2-3. Phosphat-Dünger-Produktion in der Bundesrepublik Deutschland 1977 bis 81 in 10^3 t P_2O_5.

1977/78	1978/79	1979/80	1980/81
722	696	735	637

2.1.1.2 Bedeutung von Superphosphat

Superphosphat: ein Dünger mit stark abnehmender Bedeutung (Gehalt an P_2O_5 nur ca. 20%). In den USA sank der Anteil von Superphosphat am Gesamt-Phosphor-Dünger von 90% 1940 auf 8% 1977

Die Produktion dieses Düngers ist rückläufig, da bei einem Gehalt von nur 19 bis 20% P_2O_5 ein sehr hoher Anteil an Ballast transportiert werden muß; außerdem ist die biologische Verfügbarkeit des Phosphors geringer als bei anderen Düngemitteln. Seit 1960 wurden keine Neuanlagen für Superphosphat in den Industriestaaten mehr erstellt. Der Anteil von Superphosphat an der gesamten mineralischen Phosphor-Düngung sank in den USA von 90% im Jahr 1940 auf 8% im Jahr 1977 und ging in den darauffolgenden Jahren noch weiter zurück. Die Produktion in einigen ausgewählten Ländern 1975 zeigt Tabelle 2-4.

Tabelle 2–4. Superphosphat-Produktionen 1975 in 10^3 t P_2O_5.

USA	MX	DDR	PO	YU	BRD	IT	GB	AG	ET	TR	IN	JA	AU	NZ
555	52.5	208	467	92	65	130	51	103	95	61	132	115	728	301

2.1.1.3 Bedeutung von Tripelsuperphosphat

Tripelsuperphosphat: Bedeutung nimmt noch zu (Gehalt an P_2O_5 ca. 40%)

Geschätzte Weltkapazität:

1977: 10.8 · 10^6 t/a } P_2O_5
1980: 13.6 · 10^6 t/a }

Die Produktion von Tripelsuperphosphat mit einem Gehalt von mehr als 40% P_2O_5 und biologisch besser verfügbarem Phosphor nimmt zu. Allerdings ist weltweit der Kapazitätszuwachs deutlich geringer als bei den Ammoniumphosphaten (ca. 15% der Weltkapazität kann auch zur Herstellung von Ammoniumphosphaten eingesetzt werden). Eine Abschätzung der Kapazitäten gibt Tabelle 2–5.

Tabelle 2–5. Geschätzte Kapazitäten für Tripelsuperphosphat in 10^3 t/a P_2O_5 1977 und 1980.

	Welt	Nord-amerika	Süd-amerika	Westeur.	Osteur.	Afrika	Asien	Ozeanien
1977	10751	2747	908	1127	4468	795	623	83
1980	13594	2747	1488	1329	4742	1127	2078	83

2.1.1.4 Bedeutung von Ammoniumphosphaten

Ammoniumphosphate werden sowohl als Festdünger als auch in Lösung eingesetzt (über die Verwendung von Ammoniumphosphaten im Nicht-Düngerbereich s. S. 86).

Ammoniumphosphate als Festdünger: Ammoniumphosphate in fester Form (Mono- und Diammoniumphosphat) spielen vor allem in den USA eine wichtige Rolle; ihr Anteil an der Versorgung mit Phosphor-haltigem Dünger lag dort 1976 bei über 52%. Tabelle 2–6 zeigt die geschätzten Weltkapazitäten für die Ammoniumphosphate als Festdünger.

Ammoniumphosphate als Festdünger: stark zunehmende Bedeutung.

Geschätzte Welt-Kapazität:

1977: $18.4 \cdot 10^6$ t/a
1982: $23.3 \cdot 10^6$ t/a } P_2O_5

Tabelle 2–6. Geschätzte Weltkapazitäten für Ammoniumphosphate als Festdünger in 10^3 t/a P_2O_5 1977 und 1982.

	Welt	Nord-amerika	Süd-amerika	Mittel-amerika	Westeur.	Osteur.	Afrika	Asien	Ozeanien
1977	18401	6403	980	25	3131	3654	804	3009	335
1982	23270	7686	1806	25	3233	4495	1167	4523	335

Die größte Kapazität in Westeuropa besitzt Spanien mit $769 \cdot 10^3$ t/a, die Kapazität der Bundesrepublik Deutschland liegt bei $70 \cdot 10^3$ t/a.

Ammoniumphosphate als Flüssigdünger: Ammoniumphosphat-Flüssigdünger werden vor allem in den USA angewendet. Ihr Anteil an der Phosphor-Düngemittelversorgung liegt dort bei rund 13%. 1976 betrug die Produktion $582 \cdot 10^3$ t P_2O_5, für 1977 wurden $621 \cdot 10^3$ t geschätzt. Es wird vermutet, daß die Kapazität der USA 1982 bei $950 \cdot 10^3$ t/a P_2O_5 liegen wird.

Gelöste Ammoniumphosphate:

vor allem in den USA. Geschätzte Produktion dort 1977: $621 \cdot 10^3$ t P_2O_5

2.1.1.5 Bedeutung von Nitrophosphaten

Die Herstellung dieser Klasse von Phosphor-Düngemitteln ist weitgehend auf West- und Osteuropa beschränkt. Die Kapazitäten werden für Westeuropa auf $2 \cdot 10^6$ t/a, für Osteuropa auf $1.1 \cdot 10^6$ t/a P_2O_5 geschätzt. In der Bundesrepublik Deutschland wurden im Wirtschaftsjahr 1977/78 $366 \cdot 10^3$ t P_2O_5 in Form von Nitrophosphaten erzeugt.

Nitrophosphate: vor allem in Westeuropa (Kapazität $2 \cdot 10^6$ t/a) und Osteuropa (Kapazität $1.1 \cdot 10^6$ t/a P_2O_5).

Produktion in der BRD 1977/78:

$366 \cdot 10^3$ t P_2O_5

2.1.1.6 Bedeutung und Gewinnung von Sinterphosphaten, Schmelzphosphaten und Thomasphosphaten

Diese Produkte, die im Boden nur langsam in Lösung gehen, werden meist nur in engen geographischen Räumen erzeugt und vertrieben; ihre Bedeutung ist, weltweit gesehen, recht klein. Ihre Herstellung wird daher im vorliegenden Abschnitt mit abgehandelt.

„Rhenania-Phosphate":

durch Sintern von Apatit mit Kieselsäure und Soda. P_2O_5-Gehalt um 29%. Produktion in der BRD über 300 · 10^3 t, sonst nur noch in Polen und der DDR

Sinterphosphate: Durch Sintern von Apatit, Kieselsäure und Soda oder Natronlauge erhält man die „Rhenania-Phosphate", deren P_2O_5-Gehalt um 29% liegt; sie werden in der Bundesrepublik Deutschland in Mengen von über 300 · 10^3 t/a (entsprechend etwa 90 · 10^3 t/a P_2O_5) hergestellt. 1982 wird die Produktion in der Bundesrepublik Deutschland eingeschränkt werden. Polen und die Deutsche Demokratische Republik besitzen Kapazitäten in der gleichen Größenordnung.

Entfluoridierte Rohphosphate:

Welt-Kapazität 1.5 · 10^6 t/a (vor allem in den USA, USSR). P_2O_5-Gehalt um 42%.

Sintern von Apatit in Gegenwart von Wasserdampf bei Zugabe von Kieselsäure und anderen Stoffen führt zu den entfluoridierten Rohphosphaten. Die Weltkapazität für diese Produktklasse (vor allem in den USA und der USSR) wird auf 1500 · 10^3 t/a geschätzt, wobei der P_2O_5-Gehalt bei 42% liegt. Entfluoridierte Apatite werden auch in der Tierernährung eingesetzt.

Schmelzphosphate:

- durch Schmelzen von Apatit mit Mg-Verbindungen und Kieselsäure
- P_2O_5-Gehalt ca. 21%
- Produktion bevorzugt in Ostasien
- Anteil am Phosphatdünger weltweit ca. 3%

Schmelzphosphate: Durch Schmelzen von Apatit mit Magnesium-Verbindungen und Kieselsäure erhält man Produkte mit einem P_2O_5-Gehalt von ca. 21%. Diese Düngemittel werden bevorzugt in Ostasien hergestellt (Kapazität Japan und Korea 670 · 10^3 t/a).

Weltweit hatten die Schmelz- und Glühphosphate 1976 einen Anteil von etwa 3% an der Welterzeugung von Phosphatdüngern; ihr Anteil nimmt relativ zu den anderen Typen ab.

Thomasphosphate:

- aus der Verhüttung Phosphor enthaltender Eisenerze
- P_2O_5-Gehalt zwischen 10 und 18%
- Produktion in der EG 1976: ca. 700 · 10^3 t P_2O_5

Thomasphosphat: Bei der Verhüttung von phosphorhaltigen Eisenerzen fallen Schlacken an, die außer dem Phosphor vor allem Calcium, Magnesium, Eisen, Kieselsäure u. a. Elemente enthalten. Bei diesen „Thomasphosphaten" schwankt der Citrat-lösliche P_2O_5-Gehalt zwischen 10 und 18%. In der EG (Hauptproduktion in Großbritannien, Bundesrepublik Deutschland, Frankreich, Benelux) wurden 1976 ca. 700 · 10^3 t P_2O_5 in Form von Thomasphosphat hergestellt. Die zukünftige Produktion hängt wesentlich von der Verfügbarkeit phosphor-haltiger Eisenerze ab.

2.1.2 Herstellung von Phosphor-haltigen Düngemitteln

2.1.2.1 Superphosphat

Die Herstellung von Superphosphat aus Apatit und Schwefelsäure erfolgt nach der idealisierten Brutto-Gleichung

Superphosphat (Gemisch von Monocalciumphosphat und Calciumsulfat):

- aus Apatit und Schwefelsäure

$$2\,Ca_5[(PO_4)_3(F)] + 7\,H_2SO_4 \longrightarrow 3\,Ca(H_2PO_4)_2 + 7\,CaSO_4 + 2\,HF$$

Die Reaktion vollzieht sich in zwei Stufen: in der ersten, schnellen Stufe bilden sich Anhydrit und Phosphorsäure. Diese Phosphorsäure reagiert dann langsam – über Wochen – („Reifung") mit weiterem Apatit zum Monocalciumphosphat-Hydrat. Ein Teil (etwa 10 bis 40%) des im Apatit enthaltenen Fluorids wird in Form von Siliciumtetrafluorid gasförmig ausgetrieben, der Rest verbleibt im Endprodukt. Die anderen im Apatit vorhandenen Elemente verbleiben im Superphosphat. Im Fluor-Apatit oft enthaltener Carbonat-Apatit und Calciumcarbonat liefern bei der Reaktion Kohlendioxid.

Reaktion erfolgt in zwei Stufen:

- schnelle Stufe: Bildung von Anhydrit und Phosphorsäure
- langsame Stufe („Reifung"): Umwandlung der Phosphorsäure zu Monocalciumphosphat

Die Herstellung von Superphosphat erfolgt technisch in fünf Stufen:

- Mahlen des Apatits
- Umsetzung mit Schwefelsäure
- Erstarren und Zerkleinern des primären Reaktionsproduktes
- „Reifung" – Vervollständigung der Reaktion
- Zerkleinern und evtl. Granulierung des Endproduktes

Technische Durchführung der Superphosphat-Herstellung erfolgt in fünf Verfahrensschritten

Das Mahlen des Apatits ($\geq 33.5\%$ P_2O_5) – eventuell nach vorhergehender Zerkleinerung in Brechern – führt zu einem Material mit einer Teilchengröße von z. B. 90% <150 µm. Die Reaktion mit der – ca. 70%igen – Schwefelsäure wird heute meist kontinuierlich in Mischaggregaten mit Rührern oder aber in einem von der TVA entwickelten rührerlosen konischen Mischtrichter aus Edelstahl durchgeführt. Durchschnittlich werden 60 kg Schwefelsäure pro 100 kg Apatit benötigt.

Die zunächst flüssige Aufschlußmischung erstarrt in etwa 5 bis 20 Minuten und muß dann zerkleinert werden.

Zur Zerkleinerung des primären Reaktionsproduktes ist eine große Zahl von Apparaturen entwickelt worden

Hierzu ist eine große Zahl von Apparaturen entwickelt worden. So gibt es z. B. Kammersysteme, in denen das Material erstarrt und anschließend mechanisch ausgeräumt wird. Bei modernen, kontinuierlichen Anlagen wird das Reaktionsgemisch z. B. auf lange Transportbänder aus Gummi gegeben, auf denen es erstarrt. Durch mechanische Verformung des Bandes bringt man das festgewordene Material zum Abplatzen. Bei dem Erstarren entweichen die Fluor-Verbindungen und müssen abgesaugt und absorbiert werden.

Zur Vervollständigung der Nachreaktion muß das Produkt einige Wochen „reifen". Dann kann es zerkleinert und abgegeben werden. Da es aber staubt und leicht verbackt, wird es häufig granuliert. Das kann sowohl vor als auch nach der Reifung erfolgen.

P_2O_5-Gehalt von Superphosphat:

- BRD: 18% (citrat-löslich)
- USA: 20 bis 21% (citrat-löslich)

Superphosphat wird in der Bundesrepublik Deutschland mit 18% citrat-löslichem P_2O_5 gehandelt; in den USA liegt der Gehalt bei 20 bis 21%.

2.1.2.2 Tripelsuperphosphat

Tripelsuperphosphat (Monocalciumphosphat):

- aus Apatit und Phosphorsäure
- Verfahren analog der Superphosphat-Herstellung
- P_2O_5-Gehalt ca. 47% (citrat-löslich)
- CaO-P_2O_5-Molverhältnis 0.92 bis 0.95

Die Herstellung von Tripelsuperphosphat erfolgt angenähert nach der Gleichung

$$2Ca_5[(PO_4)_3(F)] + 14H_3PO_4 \longrightarrow 10Ca(H_2PO_4)_2 + 2HF$$

Sie ist in der technischen Durchführung der des normalen Superphosphats sehr ähnlich. Man geht von Apatit mit einem P_2O_5-Gehalt von $\geq 31\%$ aus, der auf z. B. 70% < 74 μm gemahlen wird. Als Säure verwendet man eine Aufschlußphosphorsäure mit 52 bis 54% P_2O_5. Im Endprodukt sollte das Verhältnis der molaren Konzentration von CaO zu P_2O_5 bei 0.92 bis 0.95 liegen und der P_2O_5-Gehalt ca. 47% betragen. Die Erstarrung des Reaktionsproduktes erfolgt schneller als bei der Herstellung von Superphosphat.

In den USA wird das Tripelsuperphosphat oft granuliert eingesetzt, wobei zur Granulierung verschiedene Methoden zur Verfügung stehen. Beim Dorr-Oliver-Verfahren z. B. wird noch flüssige Aufschlußmischung auf im Kreis geführte Tripelsuperphosphat-Granalien gegeben, die dann abgesiebt und getrocknet werden. Das Verhältnis von abgetrennten zu rückgeführten Granalien liegt bei 1 zu 12. Im allgemeinen wird aber fertiges Tripelsuperphosphat mit Wasser und Dampf granuliert.

2.1.2.3 Ammoniumphosphate

Als Dünger werden folgende Ammoniumphosphate verwandt:

Monoammoniumphosphat $NH_4H_2PO_4$	(MAP)
Diammoniumphosphat $(NH_4)_2HPO_4$	(DAP)
Ammoniumpolyphosphate $[NH_4PO_3]_n$	(APP)

bzw. deren Gemische. Triammoniumphosphat ist wegen seines hohen Ammoniak-Dampfdruckes kein technisches Produkt.

Ammoniumphosphat-Festdünger:

- Monoammoniumphosphat (MAP)
- Diammoniumphosphat (DAP) und Gemische
- Reinheit ca. 85%

Während Mono- und Diammoniumphosphat als Festdünger verwendet werden, setzt man die Ammoniumpolyphosphate meist in Lösung als Flüssigdünger ein, da sie – im Gegensatz zu den Orthophosphaten – gut löslich sind und sich andererseits schlechter granulieren lassen als die Orthophosphate. Infolge ihrer komplexbildenden Eigenschaften halten sie außerdem Verunreinigungen (Eisen, Aluminium, Magnesium etc.) in Lösung.

Ammoniumphosphat-Flüssigdünger:

- Ammoniumpolyphosphate (APP)

Eigenschaften der APP:

- gute Wasserlöslichkeit
- Bindung von Verunreinigungen zu wasserlöslichen Komplexen
- schlechte Granulierbarkeit

Ammoniumphosphat-Dünger sind relativ unrein (Gehalt um 85%), da sie aus nicht nachgereinigter Aufschlußsäure hergestellt werden. Monoammoniumphosphat wird in den Grenzen 11 bis 13% N und 48 bis 53% P_2O_5 (theoretisch 12.2% N, 61.7% P_2O_5), Diammoniumphosphat in den Grenzen 16 bis 18% N und 46 bis 48% P_2O_5 (theoretisch 21.2% N, 53.7% P_2O_5) gehandelt.

Festdünger: Bei der Herstellung der festen Ammoniumphosphate stehen vor allem zwei Probleme im Vordergrund:

- Herstellung von lagerfähigen, nicht verbackenden Produkten
- Möglichst geringer Energieverbrauch bei der Herstellung

Herstellung der Ammoniumphosphat-Festdünger:

- durch Neutralisation von Phosphorsäure mit Ammoniak und anschließende Verformung durch

  Granulation oder
  Herstellung von pulverförmigem Material
- Ausnutzung der Neutralisationswärme zur Gewinnung der trockenen Endprodukte

Um diese Ziele zu erreichen, werden die Herstellung – Neutralisation von Phosphorsäure mit Ammoniak in exothermer Reaktion – und die Erzeugung der Feststoffe (z. B. durch Granulieren oder Prillen) verfahrenstechnisch miteinander verknüpft. Von den zahlreichen Verfahren zur Herstellung der Ammoniumphosphate werden im folgenden einige besprochen.

Beim TVA-Granulationsprozeß stellt man durch Umsetzen von Ammoniak mit Phosphorsäure Aufschlämmungen von Ammoniumphosphaten her, die gegenüber der stöchiometrischen Zusammensetzung des Monoammoniumphosphats einen Über- oder Unterschuß an Ammoniak besitzen. Diese Aufschlämmungen (Maischen) werden unter Rückführung des feinen Anteils und Zugabe der stöchiometrisch fehlenden Menge an Säure oder Ammoniak granuliert. Das Granulat muß anschließend – z. B. in Drehrohrtrommeln – getrocknet werden, was einen erheblichen Energieaufwand erfordert.

In dem von der TVA entwickelten Rohrreaktorverfahren (z. B. pipecross-reactors) setzt man Ammoniak wasserfrei oder mit gleichen Mengen an Wasser verdünnt mit der Phosphorsäure um. Das Reaktionsprodukt wird direkt anschließend auf das in der nachgeschalteten Granulationsanlage befindliche Rücklaufkorn gegeben. Dabei kann zum granulierenden Material weiteres Ammoniak oder Säure gegeben werden. Das Verfahren ist so ausgelegt, daß die Neutralisationswärme weitgehend zur Herstellung trockener Granalien ausgenutzt wird.

Nicht granuliertes (pulverförmiges) Monoammoniumphosphat erhält man z. B. nach einem Verfahren der Firma Swift durch Reaktion von flüssigem Ammoniak und einer Phosphorsäure mit einem Gehalt von 50% P_2O_5 in einem mit einem Impeller gerührten Reaktor. Das Reaktionsprodukt (fein verteiltes Monoammoniumphosphat und Dampf, Temperatur ca. 126 °C) wird auf den Kopf eines Turms gegeben. Der Dampf wird durch einen von unten kommenden Luftstrom oben abgeführt, das feste Ammoniumphosphat sinkt nach unten. Bei diesem Verfahren muß die Aufschlußsäure vorher nicht entschlammt werden.

Die Ammoniumphosphat-Herstellung kann kombiniert werden mit der Herstellung von Düngermischungen, z. B. von Ammoniumphosphat und Ammoniumsulfat (teilweiser Ersatz der Phosphorsäure durch Schwefelsäure) oder Ammoniumnitrat. Die Ammoniumphosphate können auch beim Granulieren durch Zugaben von Kalisalzen, Harnstoff usw. in Mischdünger übergeführt werden.

Flüssigdünger: Zur Herstellung der Ammoniumpolyphosphate kann man von Phosphorsäuren ausgehen, die einen mehr oder weniger großen Anteil an Polyphosphorsäure besitzen, aber auch von Orthophosphorsäure-Lösungen.

Zu Beginn der Entwicklung setzte man Polyphosphorsäuren ein, die durch Verbrennen von weißem Phosphor (s. S.83 f.)erhalten wurden. Man kam dabei zu Lösungen mit 11% N und 37% P_2O_5. Da diese „thermischen Phosphorsäuren" wegen der gestiegenen Energiekosten für Düngezwecke nicht mehr in Frage kommen, geht man heute von Polyphosphorsäuren aus, die aus Aufschlußphosphorsäuren hergestellt werden.

Herstellung der Ammoniumphosphat-Flüssigdünger (APP):

- aus Polyphosphorsäuren durch Reaktion mit Ammoniak
  Schwierigkeiten dieses Verfahrens: Anbacken von Al- und Mg-Phosphaten im Rohrreaktor
- durch Reaktion von Orthophosphorsäure bei 300 °C mit Ammoniak unter Kondensation zu Polyphosphaten

Setzt man Polyphosphorsäuren mit einem hohen Anteil an P_2O_5 in der polymeren Form ein, so muß man die Reaktion mit Ammoniak unter Kühlung durchführen, um eine Hydrolyse zu Orthophosphaten zu vermeiden. Da die Herstellung derartiger Polyphosphorsäuren sehr energieaufwendig ist, nimmt man heute Säuren, die etwa 20 bis 30% des P_2O_5 in polymerer Form enthalten. In einem von der TVA entwickelten Rohrreaktor setzt man die Säure mit gasförmigem Ammoniak in exothermer Reaktion bei 230 bis 240 °C so um, daß ein erheblicher Teil des Orthophosphats unter Wasserabspaltung zu Polyphosphat kondensiert. Die entstehende Schmelze wird in einer gekühlten Lösung des Endproduktes aufgenommen, der gleichzeitig die erforderliche Menge an Wasser und ggf. Ammoniak zugeführt wird. Man stellt i. allg. Lösungen mit 11% N und 37% P_2O_5 her, die einen Polyphosphat-Anteil von 60 bis 68% besitzen.

Lösungen von Flüssigdünger enthalten um 11% N und 37% P_2O_5
Polyphosphat-Anteil: 60 bis 68%

Anfang 1978 gab es in den USA mehr als 120 Anlagen, die nach diesem Verfahren arbeiteten und die je etwa 25 t Produkt pro Stunde erzeugten. Problematisch bei diesem Verfahren ist das Anbacken von Aluminium- und Magnesiumphosphaten im Rohrreaktor, das zum Abstellen und Reinigen der Anlagen zwingt.

Bei einem Verfahren der Firma Swift geht man von Orthophosphorsäure aus. Man setzt vorgeheizte Säure und Ammoniak-Gas in einem speziellen Reaktor bei hohen Temperaturen um. Bei z. B. 300 °C beträgt der Anteil an Polyphosphat im Endprodukt 60%.

Vor allem in den USA spielen neben diesen löslichen Düngemitteln auch Suspensionen von Ammoniumphosphaten, die daneben noch andere Düngerstoffe enthalten können, eine erhebliche Rolle.

In den USA sind auch Ammoniumphosphat-Suspensionen als Dünger im Handel

2.1.2.4 Nitrophosphate

Herstellung der Nitrophosphate: Aufschluß von Apatit mit Salpetersäure zu Phosphorsäure und Calciumnitrat. Das lösliche, hygroskopische Calciumnitrat muß umgewandelt oder (teilweise) abgetrennt werden

Neben dem Aufschluß von Apatit mit Schwefelsäure (zu Phosphorsäure oder Superphosphat) oder mit Phosphorsäure (zu Tripelsuperphosphat) ist auch der Aufschluß mit Salpetersäure von großer technischer Bedeutung (dagegen ist der Aufschluß mit Salzsäure technisch praktisch bedeutungslos.) Die exotherme Reaktion mit Salpetersäure verläuft idealisiert wie folgt:

$$Ca_5[(PO_4)_3(F)] + 10\,HNO_3 \xrightarrow{45\text{ bis }80\,°C} 5\,Ca(NO_3)_2 + HF + 3\,H_3PO_4$$

$$\Delta H = -290\ kJ/mol$$

Man setzt 50- bis 60%ige Salpetersäure (bis zu 20% Überschuß) ein. Das Fluorid verbleibt zum größten Teil im Reaktionsgemisch, ein Teil der Salpetersäure wird zu Stickoxiden reduziert, die aus dem Abgas entfernt werden müssen.

Im Gegensatz zum Aufschluß mit Schwefelsäure liegt hier das Calcium in löslicher Form vor. Da Calciumnitrat sehr hygroskopisch ist, wird es meist entweder umgewandelt oder abgetrennt (und dann weiterverwendet). (Bei einem Verfahren der Firma Lonza AG beläßt man allerdings das Calciumnitrat in der Mischung. Die Aufschlußmischung wird soweit entwässert, daß pro Mol Calciumnitrat nur noch 2 bis 3 Mol Wasser vorhanden sind. Anschließend wird die noch nicht erstarrte Masse granuliert und z. B. mit Thomasmehl oder Kalkstickstoff überzogen).

Die Umwandlung kann geschehen

Zugabe von Ammoniak und Kohlendioxid zur Aufschlußmischung:

Bildung von Calciummonohydrogenphosphat, Ammoniumnitrat und Calciumcarbonat (Carbonitric-Verfahren)

- entweder durch Zugabe von Ammoniak und Kohlendioxid zum Reaktionsgemisch, wobei neben Calciumcarbonat Ammonumnitrat und (nur citrat-lösliches) Calciummonohydrogenphosphat (Dicalciumphosphat) entstehen (Carbonitric-Verfahren):

$$3\,H_3PO_4 + 5\,Ca(NO_3)_2 + 10\,NH_3 + 2\,CO_2 + 2\,H_2O \longrightarrow 10\,NH_4NO_3 + 2\,CaCO_3 + 3\,CaHPO_4$$

- oder durch Zugabe von Sulfat als Schwefelsäure, Ammoniumsulfat oder Kaliumsulfat. Dabei wird Calcium in analoger Reaktion in Calciumsulfat umgewandelt. Die freie Phosphorsäure bildet beim Neutralisieren Calciummonohydrogenphosphat (Sulfonitric-Verfahren).

Zugabe von Sulfat (als Schwefelsäure oder Ammonium- oder Kaliumsulfat). Neben Calciummonohydrogenphosphat bildet sich Calciumsulfat (Sulfonitric-Verfahren)

Ein Beispiel für die Abtrennung des Calciums ist das Odda-Verfahren, bei dem man durch Kühlung in Abhängigkeit von der erreichten Temperatur einen kleineren oder größeren Teil des Calciumnitrates als Tetrahydrat auskristallisiert. Die an Calcium abgereicherte Mutterlauge wird dann mit Ammoniak neutralisiert. Das abgetrennte Calciumnitrat kann z. B. mit Ammoniak und Kohlendioxid zu einem Gemisch von Calciumcarbonat und Ammoniumnitrat umgesetzt und nach Abfiltrieren des Calciumcarbonats auf Ammoniumnitrat aufgearbeitet werden.

Abtrennen (eines Teiles) des Calciumnitrats aus der Aufschlußmischung durch Auskristallisation bei niedrigen Temperaturen als Tetrahydrat. Das abgetrennte Calciumnitrat kann mit Ammoniak/Kohlendioxid in ein Gemisch von Calciumcarbonat und Ammoniumnitrat (Kalkammonsalpeter) umgewandelt werden (Odda-Verfahren)

$$Ca(NO_3)_2 \cdot 4H_2O + 2NH_3 + CO_2 \longrightarrow CaCO_3 + 2NH_4NO_3 + 3H_2O$$

Man vermischt das Calciumcarbonat i. allg. anschließend mit einer 97%igen Ammoniumnitrat-Schmelze zu „Kalkammonsalpeter" (s. a. S. 213).

2.2 Stickstoff-haltige Düngemittel

2.2.1 Wirtschaftliche Bedeutung

Allgemeines: Der Verbrauch an mineralischen Stickstoff-Düngern ist aus den Tabellen 2-7 bis 2-9 zu ersehen.

Tabelle 2-7. Weltverbrauch an Stickstoff-Düngern in 10^6 t N.

Wirtschaftsjahr	1977/78	1978/79	1979/80	1980/81
	47.76	53.80	57.282	60.381

Verbrauch an Stickstoff-Düngern in 10^6 t N:

- Welt
  1977/78: 47.76
  1978/79: 53.80
  1979/80: 57.282
  1980/81: 60.381
- BRD
  1979/80: 1.478

Tabelle 2-8. Verbrauch an Stickstoff-Düngern in den Regionen in 10^6 t N im Wirtschaftsjahr 1979/80.

West-europa	Ost-europa	Afrika	Nordamer.	Mittel-, Südamer.	Asien/ Ozeanien
10.34	12.44	1.55	11.14	2.61	18.91

Tabelle 2-9. Verbrauch an Stickstoff-Düngern in einigen europäischen Ländern 1979/80 in 10^3 t N.

GB	FR	IT	BRD	Benelux
1314	2135	1128	1478	640

Die Produktion an Stickstoff-Düngern in der Bundesrepublik Deutschland entspricht dem Verbrauch.

Rund 70% der Stickstoff-Dünger in der Bundesrepublik Deutschland werden als Einzeldünger, der Rest als Düngergemische hergestellt. Der weitaus überwiegende Anteil wird aus synthetischem Ammoniak erzeugt; Ammoniak aus Kokereien und Kalkstickstoff als Stickstoff-Dünger haben nur eine ganz untergeordnete Bedeutung.

2.2.1.1 Bedeutung von Ammoniumsulfat

Die geschätzten Ammoniumsulfat-Kapazitäten für 1980 zeigt Tabelle 2-10 (Zahlen für den Ostblock 1976).

Tabelle 2-10. Geschätzte Ammoniumsulfat-Kapazitäten 1980 in 10^3 t/a N (Ostblock 1976).

Welt	USA CA	Mittel-amerika	Süd-amerika	West-europa	Afrika	Asien/ Ozean.	Ostblock u. China
5200	775	266	48	1183	58	1145	1734

Ammoniumsulfat-Verbrauch 1978/79:

- Welt: $4.2 \cdot 10^6$ t N (8% des gesamten Stickstoff-Verbrauchs)
- in Europa: $0.6 \cdot 10^6$ t N (2.7% des Gesamtverbrauchs)

Der Weltverbrauch an Ammoniumsulfat wird für das Wirtschaftsjahr 1978/79 auf $4.2 \cdot 10^6$ t N geschätzt, das entspricht einer 80%igen Kapazitätsauslastung und einem Anteil von ca. 8% am weltweiten Stickstoff-Verbrauch. In Europa liegt die Produktion bei $0.9 \cdot 10^6$ t N, der Verbrauch bei $0.6 \cdot 10^6$ t N, was einem Anteil von etwa 2.7% am Stickstoff-Verbrauch entspricht. Ammoniumsulfat wird vor allem in den weniger entwickelten Ländern verbraucht.

Zukünftige Entwicklung der Produktion von Ammoniumsulfat hängt von der Entwicklung der Textilindustrie ab

Die zukünftige Entwicklung der Ammoniumsulfat-Produktion hängt stark von der Lage der (Textil-)Faserproduktion ab. Insgesamt wächst die Ammoniumsulfat-Produktion langsamer als die der anderen Stickstoff-Dünger. Es gibt allerdings Anzeichen dafür, daß in der Zukunft Ammoniumsulfat als Schwefel-Dünger eine Rolle spielen könnte (z. B. für Mais in den USA).

2.2.1.2 Bedeutung von Ammoniumnitrat

In diese Stoffklasse fallen reines Ammoniumnitrat, Ammoniumnitratsulfat-Gemische und Calciumcarbonat-Ammoniumnitrat-Gemische (Kalkammonsalpeter, s. a. S. 213). Von der Weltproduktion dieser Materialien im Jahr 1976 von 12 · 10^6 t N waren etwa 50% Ammoniumnitrat, der Rest hauptsächlich Kalkammonsalpeter. Insgesamt steigt die Produktion an Ammonnitrat absolut noch an, ihr relativer Anteil an der gesamten Stickstoff-Düngerproduktion fällt aber zugunsten des Harnstoffs. Die Gesamt-Ammoniumnitrat-Produktion lag in den USA 1979 bei 6.84 · 10^6 t bei einer Kapazität von 9.68 · 10^6 t/a. Davon wurden 1.67 · 10^6 t als Sprengstoffe verbraucht. Einige ausgewählte Produktionen in Europa in 1979 gibt Tabelle 2-11.

Welt-Produktion an Ammoniumnitrat 1976: 12 · 10^6 t N, davon 50% als reines Ammoniumnitrat, der Rest in Form von Mischungen

USA-Produktion 1979: 6.84 · 10^6 t, davon 1.67 · 10^6 t als Sprengstoffe
USA-Kapazität 1979: 9.68 · 10^6 t/a
BRD-Produktion 1979: 1.58 · 10^6 t

Tabelle 2-11. Produktion von Ammoniumnitrat in einigen europäischen Ländern 1979 in 10^6 t.

BRD	IT	NL	ES	PL	YU
1.582	0.534	1.265	1.089	2.601	0.625

2.2.1.3 Bedeutung von Harnstoff

Harnstoff ist die Stickstoff-Verbindung mit dem größten Produktionsvolumen in der Welt. Sein Einsatz wächst ständig; er ist weltweit gesehen der bevorzugte Stickstoff-Dünger. (Harnstoff wird im untergeordneten Maßstab auch für die Herstellung von technischen Produkten verwendet. Die folgenden Angaben beziehen sich auf die gesamte Harnstoff-Herstellung, da eine Aufteilung meist nicht möglich ist). Die Harnstoff-Kapazität lag 1979/80 weltweit bei 30 · 10^6 t/a N. Für 1985 wird mit einer Weltkapazität von knapp 42 · 10^6 t/a N gerechnet. Tabelle 2-12 zeigt, wie sich die Kapazität 1980 auf die Regionen aufteilt und wie das Verhältnis für 1985 erwartet wird.

Harnstoff ist der wichtigste Stickstoff-Dünger
Welt-Kapazität 1979/80:
30 · 10^6 t/a N, erwartet 1985:
42 · 10^6 t/a N

Tabelle 2-12. Ungefähre Aufteilung der Harnstoff-Kapazitäten in 10^6 t/a N 1980 und 1985 (erwartet).

	Asien/Oz.	Westeur.	Osteur.	Afrika	Nordamer.	Lateinamer.
1980	13.2	4.3	5.7	0.7	4.3	1.8
1985	19.4	4.4	9.4	1.5	4.3	2.7

Verbrauch an Harnstoff in den USA 1979:

3.33 · 10^6 t N, davon
75% für Dünger
5% für die Tierernährung
15% für Kleber, Kunststoffe

Der Verbrauch in den USA lag 1979 bei 3.33 · 10^6 t N, davon wurden 75% für Düngemittel verwendet. Von diesen gingen etwas mehr als die Hälfte in Flüssigdünger, so z. B. Harnstoff-Ammoniumnitrat-Lösungen, der Rest wurde fest eingesetzt. 5% des Verbrauches wurden zur Tierernährung eingesetzt und 15% zur Herstellung von Harnstoff-Formaldehyd-Harzen, Klebern und Melamin. 1978 lag die Kapazität in Westeuropa, einschließlich der in Bau befindlichen Anlagen, bei ca. 4.3 · 10^6 t/a N. Sie teilte sich auf die einzelnen Ländern wie folgt auf (Tabelle 2-13):

Tabelle 2-13. Harnstoff-Kapazitäten in Westeuropa 1978 – einschließlich der in Bau befindlichen Anlagen – in 10^3 t/a N

Westeuropa	BE	FR	NL	EI	IT	BRD	GB	OE	ES	SF	NO	PT	SW
4300	117	313	688	187	1087	583	156	154	364	112	280	147	93

2.2.2 Herstellung von Stickstoff-haltigen Düngemitteln

2.2.2.1 Ammoniumsulfat

Ammoniumsulfat fällt bei einer Reihe von Prozessen in- und außerhalb der chemischen Industrie als Nebenprodukt zwangsläufig an (s. unten). Daneben wird es in geringer Menge durch Neutralisation von Schwefelsäure mit Ammoniak, Konzentrieren der Lösung und Auskristallisieren des Produktes direkt hergestellt.

Ammoniumsulfat aus Ammoniak und Schwefelsäure

- in „Sättigern"
- im Reaktionsturm

$$2NH_3 + H_2SO_4 \longrightarrow (NH_4)_2SO_4$$

Um die für die Landwirtschaft erwünschten groben Kristalle zu erhalten, wird die Reaktion in speziellen Anlagen („Sättigern“) durchgeführt, in denen die kleinen Kristalle eine genügend lange Verweilzeit besitzen, um wachsen zu können.

Verwendet man Schwefelsäure mit einer Konzentration von über 70% und gasförmiges Ammoniak, so genügt die Neutralisationswärme, um alles Wasser zu verdampfen. Bei einer in Japan praktizierten Variante gibt man die Schwefelsäure auf den Kopf eines Turmes und führt von unten Ammoniak-Gas entgegen. Am Boden kann man festes Ammonsulfat abziehen, das nicht weiter getrocknet zu werden braucht.

1980 gab es in den USA 60 Anlagen, in denen Ammoniumsulfat hergestellt wurde. Nur in 10 von diesen wurde Ammoniak mit Schwefelsäure umgesetzt. Dabei fielen 24% der Gesamtproduktion an Ammoniumsulfat an.

Die Prozesse, bei denen Ammoniumsulfat als Nebenprodukt anfällt, sind vielfältiger Art:

Ammoniumsulfat als Nebenprodukt:

- aus der Metallurgie
- aus der Entschwefelung von Rauchgasen
- aus dem Ammoniak der Kokereien
- aus Abfallsäuren der organischen Chemie
- aus der Caprolactam-Herstellung

Bei der Oxidation von sulfidischen Erzen entsteht Schwefeldioxid, das auf Ammoniumsulfat aufgearbeitet werden kann.

Bei der Entschwefelung von Kraftwerksrauchgasen läßt sich das Schwefeldioxid ebenfalls als Ammoniumsulfat gewinnen. Bei dem Großkraftwerk Mannheim, das 1984 in Betrieb gehen soll und das mit Kohle beheizt werden wird, wird das Schwefeldioxid nach Zugabe von Ammoniak als Ammoniumsulfit aus den abgekühlten Rauchgasen ausgewaschen. Die Lösung wird anschließend intensiv mit Luft behandelt, um das Sulfit weitgehend in das Sulfat zu überführen. Diese Lösung wird dann in einen 390 °C heißen Gasstrom verdüst. Es entsteht festes Ammoniumsulfat; restliches Ammoniumsulfit wird in Ammoniak und Schwefeldioxid gespalten, die im Kreis geführt werden. Das Ammoniumsulfat wird anschließend granuliert. Es sollen zunächst 50% der Rauchgase entschwefelt werden, dabei werden $20 \cdot 10^3$ t/a Ammoniumsulfat anfallen. Es ist zu vermuten, daß bei verbreiteter Durchführung dieses Verfahrens die anfallenden Mengen an Ammoniumsulfat die im Markt benötigten weit überschreiten werden.

Ammoniak fällt vor allem bei der Kokserzeugung als Nebenprodukt an und wird oft als Ammoniumsulfat verwertet. 16% des 1980 in den USA hergestellten Ammoniumsulfats entstammen dieser Quelle. Bei vielen organischen Prozessen – Nitrierungen, Alkylierungen usw. – fällt Schwefelsäure als Nebenprodukt an. Sie kann in Form von Ammoniumsulfat verwertet werden, wobei allerdings die organischen Verunreinigungen bei der Synthese (z. B. durch Schäumen oder Beeinflussung der Kristallform) erheblich stören können.

„Klassisches" Caprolactam-Verfahren:

- pro t Lactam fallen 4.4 t Ammoniumsulfat an

Die wichtigste Quelle für Ammoniumsulfat als Nebenprodukt ist die Herstellung von Caprolactam (Vorprodukt für Polyamid 6) durch Beckmannsche Umlagerung von Cyclohexanonoxim in rauchender Schwefelsäure (47% des 1980 in den USA hergestellten Ammoniumsulfats fielen hier an):

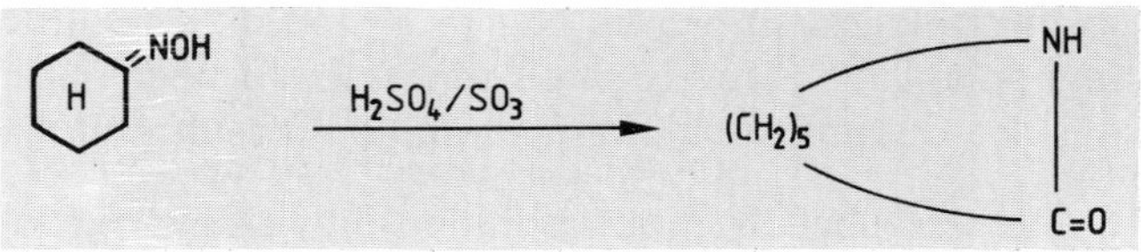

Beim „klassischem" Caprolactam-Verfahren, bei dem das Hydroxylaminsulfat nach Raschig hergestellt und das Oxim in Schwefelsäure umgelagert wird (s. dazu S. 56f.), fallen insgesamt 4.4 t Ammoniumsulfat pro t Caprolactam an. Weiterentwickelte Verfahren haben einen deutlich geringeren, z. T. überhaupt keinen Zwangsanfall mehr.

Neuentwickelte Caprolactam-Verfahren:

- Zwangsanfall an Ammoniumsulfat wesentlich geringer

2.2.2.2 Ammoniumnitrat

Ammoniumnitrat: aus Salpetersäure und gasförmigen Ammoniak, z. B. in Umlaufreaktoren

Ammonnitrat wird durch Neutralisation von Salpetersäure mit gasförmigen Ammoniak in stark exothermer Reaktion hergestellt:

$$NH_3 + HNO_3 \longrightarrow NH_4NO_3$$

Zur Durchführung der Umsetzung benutzt man z. B. Umlaufreaktoren, die für eine schnelle Durchmischung der Reaktionskomponenten sorgen. Man arbeitet teilweise unter Druck, um den entstehenden Dampf zum Vorerhitzen von Ammoniak und Säure verwenden zu können. Dabei können im Reaktor Temperaturen bis zu 180 °C auftreten.

Die thermische Empfindlichkeit des Ammoniumnitrats erfordert:

- kleines Anlagevolumen
- reine (chloridfreie) Salpetersäure
- Vermeidung eines Säureüberschusses

Wegen der thermischen Empfindlichkeit des Ammoniumnitrats muß das Volumen der Anlagen möglichst klein gehalten werden. Auch muß die Säure frei von Verunreinigungen sein (vor allem von Chloriden). Bei der Reaktionsführung muß darauf geachtet werden, daß kein Säureüberschuß vorhanden ist.

Besitzt die eingesetzte Salpetersäure eine Konzentration >50%, so ist es bei geeigneter Prozeßführung möglich, fast alles mit der Säure in den Prozeß eingeführte Wasser ohne zusätzliche Energiezufuhr zu verdampfen.

Die Ammoniumnitrat-Schmelze wird geprillt oder granuliert

Die den Reaktor verlassende Ammoniumnitrat-Schmelze hat im allgemeinen einen Wassergehalt von 3 bis 5%, bei manchen Anlagetypen sogar nur 0.5%. Die Schmelze wird auf den Kopf von sog. „Prilltürmen" gegeben, die bis zu 60 m hoch sein können. Sie wird dort so verteilt, daß sich Tropfen bilden, die im Turm hinunterfallen und durch entgegengeführte Luft gekühlt und verfestigt werden. Enthält die Schmelze nur 0.5% Wasser, können die Prills direkt weiter verwendet werden, andernfalls müssen sie noch getrocknet werden. Statt des Prillens ist aber auch die Granulierung möglich.

Die (hygroskopischen) Ammoniumnitrat-Prills müssen nachbehandelt werden, um ein Verbacken zu vermeiden.

Da Ammoniumnitrat stark hygroskopisch ist, muß es nachbehandelt werden. Wegen seiner starken oxidierenden Wirkung kommen nur anorganische Mittel zum Nachbehandeln in Frage, z. B. Attapulgit, Kieselgur oder Ton.

In der BRD sind – aus Sicherheitsgründen – nur Ammoniumnitrat-Mischungen, z. B. mit Calciumcarbonat, zugelassen

In der Bundesrepublik Deutschland ist die Verwendung von reinem Ammoniumnitrat als Düngemittel aus Sicherheitsgründen verboten. Man verwendet stattdessen Gemische, vor allem mit Calciumcarbonat. Derzeit sind Mischungen bis zu einem Gehalt von 28% N erlaubt.

(Zur Herstellung von Ammoniumnitrat aus Calciumnitrat s. S. 207).

2.2.2.3 Harnstoff

Harnstoff:
aus Kohlendioxid und Ammoniak. Entstehung von Harnstoff in zwei Stufen:

- 1. Stufe: Bildung von Ammoniumcarbamat (exotherm, quantitativ)
- 2. Stufe: Umwandlung des Carbamats in Harnstoff (endotherm, ca. 70% Ausbeute)

Die Herstellung von Harnstoff erfolgt technisch nur aus Ammoniak und Kohlendioxid. Da bei der Herstellung von Wasserstoff für die Ammoniak-Synthese aus Erdgas oder Erdöl Kohlendioxid zwangsweise anfällt – bei Erdgas allerdings nur in 90% der erforderlichen Menge – bietet sich i. allg. die Koppelung einer Harnstoff-Fabrik mit einer Ammoniak-Syntheseanlage an.

In der ersten Reaktionsstufe bildet sich aus Ammoniak und Kohlendioxid Ammoniumcarbamat.

$$CO_{2\,gas} + 2NH_{3\,fl.} \longrightarrow NH_2COONH_{4\,fl.}$$
$$\Delta H = -117\ kJ/mol$$

Bei hohem Druck ist diese Reaktion quantitativ. Das Ammoniumcarbamat steht im Gleichgewicht mit Harnstoff und Wasser:

$$NH_2COONH_{4\,fl.} \rightleftharpoons H_2NCONH_{2\,fl.} + H_2O_{fl.}$$
$$\Delta H = 15{,}5\,kJ/mol$$

Bei einem Verhältnis von 4 Mol Ammoniak pro Mol Kohlendioxid, 200 °C und 250 bar werden etwa 70% des Kohlendioxids in Harnstoff umgewandelt.

Aus dem Reaktionsgemisch – einer wäßrigen Lösung von Harnstoff, Carbamat und Ammoniak – muß das Ammoniak ausgetrieben und das Carbamat thermisch zersetzt werden

Aus dem erhaltenen Reaktionsgemisch – einer Lösung von Harnstoff, Ammoniumcarbamat und Ammoniak in Wasser – muß nun das nicht umgewandelte Ammoniumcarbamat und das Ammoniak entfernt werden. Die zahlreichen technischen Harnstoff-Verfahren unterscheiden sich vor allem in der Art dieser Abtrennung und der Kreis-Führung von Ammoniak und Kohlendioxid, wobei es bei diesen Großanlagen (bis 1700 t Harnstoff pro Tag) natürlich darauf ankommt, mit möglichst wenig Energie auszukommen.

„Once through"-Verfahren, bei denen ein Teil des Kohlendioxids verloren geht, sind überholt

Die ersten Anlagen arbeiteten nach dem „once through"-Verfahren: Das bei der Entspannung und der thermischen Zersetzung des Ammoniumcarbamats anfallende Gemisch von Kohlendioxid und Ammoniak wurde auf Ammoniumnitrat oder -sulfat aufgearbeitet, das Kohlendioxid ging verloren. Die heutigen Anlagen arbeiten mit totaler Rückführung von Kohlendioxid und Ammoniak, wobei die Ausbeuten, auf Ammoniak bezogen, bei 98.6 bis 99.5% liegen. Da ein wesentlicher Produktverlust noch beim nachfolgenden Prillen des Harnstoffs geschieht, liegen die Ausbeuten in der Reaktion noch höher.

Bei den derzeitigen Verfahren

- Lösungs-Kreislauf-Verfahren
- Stripping-Verfahren

totale Rückführung von Ammoniak und Kohlendioxid

Bei den derzeitigen Verfahren unterscheidet man

- Lösungs-Kreislauf-Verfahren
- Stripping-Verfahren.

Lösungs-Kreislauf-Verfahren:

s. Abb. 2-1 u. 2-2

Bei den ersteren wird die den Reaktor verlassende Syntheselösung mehrstufig bei fallendem Druck entspannt; die bei der Entspannung entstehenden Gase Ammoniak und Kohlendioxid werden beim gleichen Druck im Absorber in Wasser oder in der Mutterlauge der Harnstoff-Abtrennung aufgenommen, die jeweils im Gegenstrom geführt werden (Abb. 2-1).

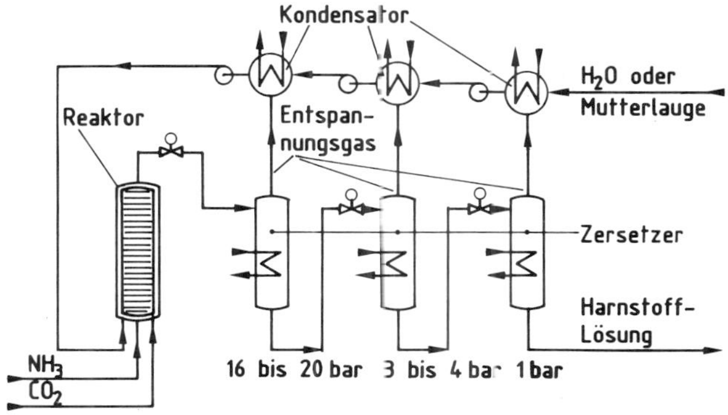

Abb. 2-1. Fließschema des konventionellen Lösungs-Kreislauf-Verfahrens zur Harnstoff-Herstellung. (Nach D. Fromm und D. Lützow, „Moderne Verfahren der Großchemie: Harnstoff", *Chemie in unserer Zeit* **13**, (1979), S. 78–81).

Diese Absorptionslösungen werden von Stufe zu Stufe höher komprimiert, bis sie wieder auf Synthesedruck sind. Durch diese Gegenstrom-Druckabsorption erhält man konzentrierte, wasserarme Carbamat-Lösungen, was wegen der Lage des Gleichgewichtes bei der Harnstoff-Bildung günstig ist.

Wärmetechnisch noch günstiger sind Kreislauf-Verfahren, bei denen die erste Zersetzerstufe bei 60 bis 80 bar betrieben wird (Mitsui-Toatsu-, Montedison-Verfahren) (Abb. 2-2, s. S. 216).

Stripping-Verfahren: s. Abb. 2-3

Bei den Stripping-Verfahren gibt man die den Reaktor verlassende Lösung auf den Kopf eines bei Reaktionsdruck betriebenen Fallfilmverdampfers und führt der nach unten fließenden Lösung das gesamte Kohlendioxid entgegen (Abb. 2-3). Die Gase, die den Fallfilmverdampfer am Kopf verlassen, werden in der aus dem Niederdruckzersetzer stammenden, komprimierten Lösung – zusammen mit einem Teil des Frisch-Ammoniaks – teilweise kondensiert; dieses Flüssigkeits-Gas-Gemisch wird dem Reaktor zugeführt. Da in dem Stripper etwa 85% des Carbamats gespalten werden, ist nur ein anschließender Niederdruckzersetzer erforderlich. Die im Hochdruckkondensator anfallende Wärme wird als Dampf gewonnen und zum Betrieb des Niederdruckzersetzers verwendet (Stamicarbon-Verfahren).

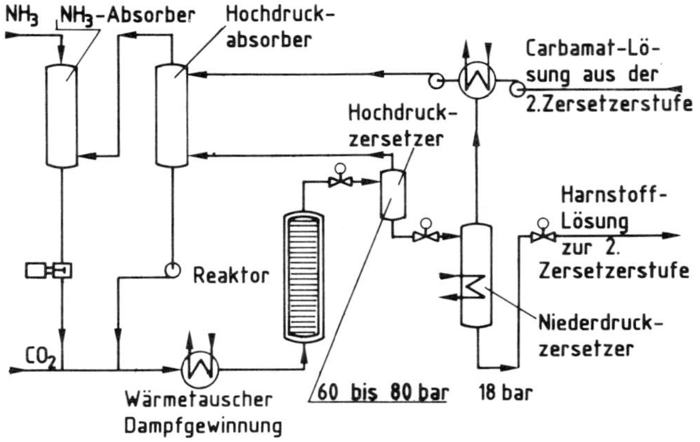

Abb. 2-2. Fließschema eines Lösungs-Kreislauf-Verfahrens zur Harnstoff-Herstellung mit Hochdruckentspannungsstufe. (Nach D. Fromm und D. Lützow, „Moderne Verfahren der Großchemie: Harnstoff", *Chemie in unserer Zeit* **13**, (1979), S. 78 – 81).

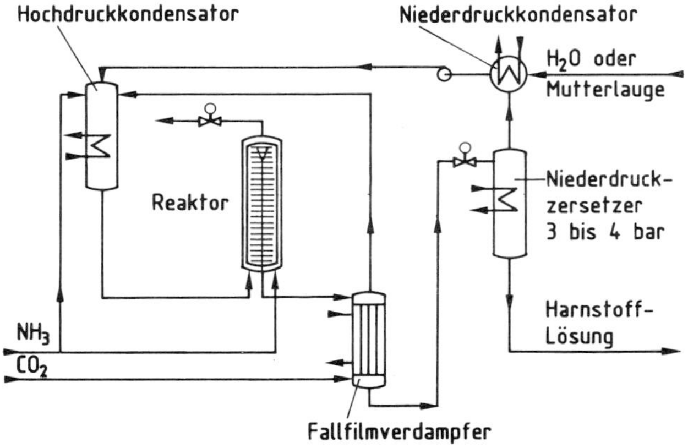

Abb. 2-3. Fließschema des Stripping-Verfahrens (mit CO_2-Stripping) zur Harnstoff-Herstellung. (Nach D. Fromm und D. Lützow, „Moderne Verfahren der Großchemie: Harnstoff", *Chemie in unserer Zeit* **13**, (1979) S. 78 – 81.

Stripping-Verfahren sind energetisch etwas günstiger als Kreislaufverfahren

Statt mit Kohlendioxid kann man analog auch mit Ammoniak strippen (Snam-Progetti-Verfahren). Bei den Stripping-Verfahren liegt der Energieverbrauch noch etwas günstiger als bei den Kreislauf-Verfahren mit Hochdruckzersetzer.

Die von Ammoniak und Carbamat befreite Harnstoff-Lösung wird entweder in Fallfilmverdampfern entwässert oder der Harnstoff durch Kristallisation gewonnen

Die nach diesen Verfahren erhaltenen 72 bis 77% Harnstoff enthaltenden Lösungen werden nach einer Vorreinigung – z. B. mit Aktivkohle zur Entfernung von Öl – entweder im Vakuum zur Kristallisation gebracht oder in Fallfilmverdampfern zu einer Harnstoff-Schmelze (Fp. 132.7 °C) eingedampft. Diese Harnstoff-Schmelze bzw. die aufgeschmolzenen Kristalle werden i. allg. geprillt (es wird aber auch granulierter Harnstoff hergestellt).

Harnstoff für Dünger wird meist geprillt, die Prills zur Vermeidung des Verbackens nachbehandelt

Harnstoff verbackt beim Lagern relativ leicht; durch eine Nachbehandlung, z. B. mit Kieselgur oder Formaldehyd, kann das Verhalten verbessert werden. Schwefelumhüllter Harnstoff wird als Depot-Dünger vor allem in den USA eingesetzt (20 bis 30 · 10^3 t/a).

Da Harnstoff bei thermischer Belastung Biuret bildet:

Wichtig: niedriger Biuret-Gehalt des Harnstoffs

$$2H_2NCONH_2 \longrightarrow H_2NCONHCONH_2 + NH_3$$

der für einige Pflanzen schädlich ist, muß der Biuret-Gehalt gering gehalten werden (in technischem Harnstoff zwischen 0.3 und 1%).

Da Harnstoff relativ schnell metabolisiert wird, wurden sog. „Depot-Dünger" entwickelt. Beispiele sind der Crotonylidenharnstoff (I) (aus Harnstoff und Acetaldehyd) und der Isobutylidendiharnstoff IBDH (II) (unter Verwendung von Isobutyraledhyd). Bedeutender sind allerdings die Harnstoff-Formaldehyd-Kondensationsprodukte, bei denen 1980 in den USA die Kapazität 140 · 10^3 t/a betrug.

Depot-Dünger:

Kondensationsprodukte aus Harnstoff und Aldehyden wie Acetaldehyd, Isobutyraldehyd und besonders Formaldehyd

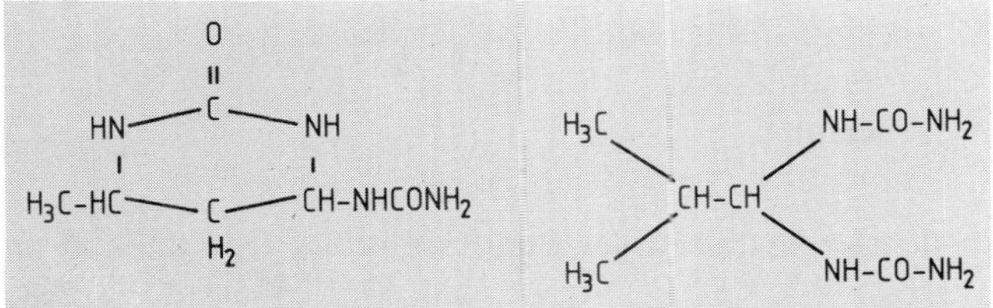

I II

2.3 Kalium-haltige Düngemittel

2.3.1 Vorkommen von Kalisalzen

Kalisalze kommen in zahlreichen Lagerstätten in vielen Teilen der Welt vor. Die weitaus größten sind in Weißrußland und in Canada (Saskatchewan).

Kalisalzlager in vielen Teilen der Welt:

größte Vorkommen in Weißrußland und Canada (Saskatchewan). In Europa Vor-

kommen in der BRD, DDR, Frankreich, Großbritannien, Polen, Spanien, Italien.
Weltreserven an Kalisalzen:
$\sim 55 \cdot 10^9$ t K_2O
Vorkommen in der BRD:
$\sim 6.9 \cdot 10^9$ t K_2O

In Europa gibt es größere Vorkommen in der Bundesrepublik Deutschland, der Deutschen Demokratischen Republik, Frankreich, Polen, Spanien, Großbritannien und Süditalien. Die beiden wichtigsten Lagerstätten in der Bundesrepublik Deutschland sind das Werra-Fulda-Gebiet und das Hannoversche Gebiet.

Ein Ende der Verfügbarkeit von Kali-Mineralien ist nicht in Sicht. 1976 wurden die verfügbaren Reserven (Reserven hier definiert als Vorkommen, die mit den technischen Möglichkeiten und zu den Preisen von 1974 zu verwerten sind) wie folgt geschätzt (Tabelle 2-14):

Tabelle 2-14. Weltreserven an Kalisalzen in 10^6 t K_2O.

Welt	Nord-amerika	Süd-amerika	West-europa	Ost-europa	Afrika	Asien	Austra-lien
54 630	23 600	110	7 670	21 680	110	1 450	14

Die inzwischen entdeckte Lagerstätte in Thailand ist nicht in der Tabelle enthalten. Die Vorkommen in der Bundesrepublik Deutschland werden auf $6900 \cdot 10^6$ t geschätzt.

In den Lagerstätten Gemenge von Salzen, u.a. Natriumchlorid, Kaliumchlorid, Magnesiumsalze, Calciumsulfat

Die Salzlager stellen Salzgemische dar, die vor allem aus folgenden Komponenten bestehen:

Natriumchlorid (Steinsalz, Halit)
Kaliumchlorid (Sylvin)
Kaliummagnesiumchlorid ($KMgCl_3 \cdot 6\,H_2O$, Carnallit)
Magnesiumsulfat ($MgSO_4 \cdot H_2O$, Kieserit)
Kaliummagnesium-Chloridsulfat ($(KCl \cdot MgSO_4)_4 \cdot 11\,H_2O$, Kainit)
Calciumsulfat (Anhydrit)

In den Lagerstätten der Bundesrepublik Deutschland im Werra-Fulda-Gebiet finden sich sog. „Hartsalze“ (Gemenge von Kaliumchlorid, Natriumchlorid, Magnesiumsulfat und Anhydrit) mit Carnallit-Anteilen, die auch im Hannoverschen Gebiet vorkommen. Daneben gibt es dort auch Sylvinite (Gemenge von Natrium- und Kaliumchlorid).

2.3.2 Wirtschaftliche Bedeutung von Kalium-haltigen Düngemitteln

Tabelle 2-15 bringt Angaben für Produktion und Verbrauch von kalium-haltigen Düngemitteln 1979/80 für die verschiedenen Regionen:

Produktion kalium-haltiger Düngemittel 1979/80 (in 10^6 t K_2O)

Welt: 25.9
Canada: 7.1
BRD: 2.7

Tabelle 2-15. Produktion und Verbrauch von kalium-haltigen Düngemitteln in den verschiedenen Regionen 1979/80 in 10^6 t K_2O.

	Welt	Westeuropa	Osteuropa	Nordamerika	Mittel-/Südamerika	Asien/Ozean.	Afrika
Prod.	25.9	5.7	10.0	9.4	0.02	0.8	0
Verbr.	23.2	5.5	7.4	6.0	1.6	2.4	0.35

In der Bundesrepublik Deutschland wurden im gleichen Zeitraum kalium-haltige Düngemittel mit $2.7 \cdot 10^6$ t K_2O-Inhalt hergestellt und mit $1.2 \cdot 10^6$ t K_2O-Inhalt verbraucht. Größtes Herstellerland ist Canada mit $7.1 \cdot 10^6$ t K_2O-Inhalt.

Weltweit sind 95% der verbrauchten Kalidünger Kaliumchlorid; außerdem werden aber auch Kaliumsulfat, Kaliummagnesiumsulfat und Kaliumnitrat als Dünger eingesetzt, vor allem dort, wo Chlorid-Ionen von den Pflanzen schlecht vertragen werden (Beispiele: Tabak, Spinat, Gurken usw.) oder wo neben Kali auch Magnesium als Düngemittel erforderlich ist.

97% aller Kalidünger bestehen aus Kaliumchlorid. Rest: Kaliumsulfat, Kaliummagnesiumsulfat, Kaliumnitrat

Die Weltkapazität für Kaliumsulfat wird für 1976 und 1980 wie folgt geschätzt:

1976: $1.8 \cdot 10^6$ t/a K_2O

1980: $1.95 \cdot 10^6$ t/a K_2O

In der Bundesrepublik Deutschland liegt die Kapazität für Kaliumsulfat bei $0.45 \cdot 10^6$ t/a K_2O. 30% des weltweit erzeugten Kaliumsulfats stammen von hier.

Die Weltkapazität für Kaliumnitrat lag 1978 bei ca. $450 \cdot 10^3$ t/a, davon

75% „Düngemittelqualität" (90%ige Ware)

25% technisch reine Ware.

Tabelle 2-16 nennt die Kapazitäten einiger Länder.

Tabelle 2-16. Kaliumnitrat-Kapazitäten einiger Erzeuger-Länder in 10^3 t/a.

	IL	USA	BRD	CE
Düngemittelqualität	200	100	0	60 bis 75
Technische Ware	20	20	30	0

Der chilenische „Kali-Salpeter", der als einziger nicht synthetisch hergestellt wird, ist nur 20- bis 30%ig.

2.3.3 Herstellung von Kalium-haltigen Düngemitteln

2.3.3.1 Kaliumchlorid

Gewinnung von Kalisalzen:

- durch Schachtbau
- durch Aussolung
- aus Kalisalze enthaltenden Gewässern

Die Gewinnung von Kalisalzen geschieht meist durch Schachtbau (in der Bundesrepublik Deutschland derzeit bis zu einer Tiefe von etwa 1200 m), aber auch durch Aussol-Verfahren (Solution mining, je eine Anlage in Canada und in Utah/USA) und direkt aus Seen (Totes Meer, Great Salt Lake, Utah, Searles Lake, Californien, Lake McLeod, Australien).

Festes Salz muß vor der Weiterverarbeitung, je nach Verwachsungsgrad, mehr oder weniger stark gemahlen werden. Die Gewinnung von Kaliumchlorid aus dem Salzgemenge kann nach vier Verfahren erfolgen:

Vier Verfahren zur Aufbereitung – auch in Kombination untereinander:

- Löseverfahren
- Flotation
- elektrostatische Aufbereitung
- Schweretrennung

Löseverfahren
Flotation
elektrostatische Aufbereitung
Schweretrennung

Löseverfahren nutzt unterschiedliche Löslichkeit der Salze aus

Die Verfahren werden auch z. T. miteinander kombiniert. Bei den Löseverfahren nutzt man die unterschiedliche Löslichkeit der verschiedenen Komponenten des Rohsalzes in Wasser aus, um zu hochprozentigem Kaliumchlorid zu gelangen. Die jeweilige Verfahrensführung hängt wesentlich von der Art des Salzgemisches ab, aber auch Fragen des Energieaufwandes, der Verbringung der Nebenprodukte u. a. spielen eine erhebliche Rolle.

Durch Flotation, auch in Kombination mit Löseverfahren, werden derzeit 50% des Sylvinits aufgearbeitet.

Wichtige Voraussetzung für die Flotation sind grob verwachsene Mineralien (vor allem Canada, USA, USSR). Auch in der Bundesrepublik Deutschland wird auf einer Anlage durch Flotation aufbereitet.

Flotationsverfahren:

50% des Sylvinits werden so aufgearbeitet
Voraussetzung: grob verwachsene Mineralien

Bei der elektrostatischen Aufbereitung nutzt man die Tatsache aus, daß sich die verschiedenen Komponenten eines Salzgemenges (hier besonders Sylvin, Kieserit und Steinsalz) unter bestimmten Bedingungen berührungs-(reibungs-)elektrisch aufladen.

Elektrostatische Verfahren:

- entgegengesetzte Aufladung der Komponenten
- Trennung der Komponenten im Fall durch ein elektrisches Feld
- geringer Energieverbrauch
- Weltweit werden etwa 10^7 t/a Rohsalz nach diesem Verfahren aufgearbeitet

Das Verfahren besitzt die folgenden Stufen:

- Trockenvermahlung des Rohsalzes
- Konditionierung
- Erwärmung und Trocknung
- Aufladung und Einstellung der relativen Luftfeuchtigkeit
- (mehrstufige) Trennung

Bei der Vermahlung soll das Rohsalz je nach Zusammensetzung auf < etwa 1 bis 2 mm gebracht werden; Feinkorn und Staub stören. Bei der Konditionierung werden organische Verbindungen – meist Carbonsäuren – in Mengen von 50 bis 200 g pro t Rohsalz aufgebracht. Dann wird das Salz getrocknet, z. B. durch Überleiten von Heißluft. Die Aufladung geschieht in sog. Fließbett-Salzaufwärmern, wo sich die unterschiedlichen Salzkomponenten mit entgegengesetztem Vorzeichen aufladen. Die Verweilzeit des Salzes in dieser Anlage liegt bei unter 1 min.

Die Trennung des aufgeladenen Salzgemisches erfolgt (mehrstufig, mit teilweiser Rückführung) in sog. Freifall-Röhrenscheidern. In den 2 m hohen und bis zu 10 m breiten Anlagen fallen die aufgeladenen Salz-Partikel in einem elektrischen Feld von 4 bis 5 kV/cm frei hinunter und werden dabei seitlich – je nach Vorzeichen der Aufladung – abgelenkt und getrennt. Die Elektroden rotieren mit 10 bis 30 U/min und werden dabei vom Staub freigebürstet. Der Energieverbrauch ist gering. Der Durchsatz einer Scheideanlage liegt bei mehreren tausend t Salzgemisch pro Tag. Weltweit werden nach diesem Verfahren etwa 10^7 t/a Salzgemisch aufgetrennt.

Die Schweretrennung, die sich nur für grob verwachsene Erze eignet, wird nur in geringem Umfang (Canada) technisch ausgeübt. Als Schwereflüssigkeit dienen Salzlösungen, die mit Ferrosilicium beschwert sind.

Schweretrennung: nur geringe Bedeutung

Das gewonnene Kaliumchlorid wird für den Einsatz als Düngemittel – auch in Düngermischungen – meist granuliert oder kompaktiert.

Bei der Herstellung des Kaliumchlorids können erhebliche Anteile des geförderten Salzes wirtschaftlich nicht verwertet werden.

Verbringung der Rückstände:

- Ablagerung unter Tage
- Aufhaldung
- flüssig: Einpressen in geologisch undurchlässige Schichten
- Abgabe in den Vorfluter

Feste Rückstände können teilweise unter Tage verbracht werden, doch sind diesem Vorgehen Grenzen gesetzt, da das Schüttvolumen des rückzuführenden Materials viel größer ist als das Volumen der in der Lagerstätte vorhandenen Salze. Eine weitere Möglichkeit ist die „Aufhaldung“, die aber wegen der Wasserlöslichkeit der Salze auch nicht ohne Probleme ist. Wenn die geologischen Verhältnisse es zulassen, kann man gelöste Salzrückstände in flüssigkeitsundurchlässige unterirdische Schichten einpressen. Eine Abgabe in den Vorfluter ist nur in bestimmtem Umfang möglich und stößt z. T. auf erheblichen Widerstand (Salzprobleme z. B. in Werra, Weser und Rhein).

2.3.3.2 Kaliumsulfat

Kaliumsulfat:

- aus Kaliumchlorid mit Schwefelsäure oder mit Schwefeldioxid, Luft und Wasser (Hargreaves-Verfahren)
- durch doppelte Umsetzung von Kaliumchlorid, z. B. mit Magnesiumsulfat

Zur Herstellung von Kaliumsulfat geht man vom Kaliumchlorid aus. Man setzt dies mit Schwefelsäure oder mit einem Gemisch von Schwefeldioxid, Luft und Wasser um (Hargreaves-Verfahren):

$$2KCl + H_2SO_4 \longrightarrow K_2SO_4 + 2HCl$$

$$2KCl + SO_2 + 0.5O_2 + H_2O \longrightarrow K_2SO_4 + 2HCl$$

Kaliumsulfat aus Kaliumchlorid und Schwefelsäure:

weltweit $0.7 \cdot 10^6$ t/a (als K_2O)

Die Umsetzung mit Schwefelsäure, bei der das Reaktionsgemisch in Öfen bis auf 700 °C erhitzt werden muß, bringt Korrosionsprobleme mit sich. Deshalb wird die Umsetzung von Kaliumchlorid mit Schwefelsäure auch in der Wirbelschicht unter direkter Beheizung durchgeführt. Insgesamt werden weltweit etwa $700 \cdot 10^3$ t (als K_2O) Kaliumsulfat nach diesen Verfahren hergestellt. Der anfallende Chlorwasserstoff wird verwertet.

Die weitere Möglichkeit zur Herstellung von Kaliumsulfat ist die doppelte Umsetzung mit den Sulfaten anderer Metalle, besonders mit Magnesiumsulfat. Diese Reaktion läuft in zwei Stufen ab:

$$2KCl + 2MgSO_4 + 6H_2O \xrightarrow{H_2O} K_2SO_4 \cdot MgSO_4 \cdot 6H_2O + MgCl_2$$

Das Doppelsulfat wird abgetrennt und mit weiterem Kaliumchlorid umgesetzt:

$$2KCl + K_2SO_4 \cdot MgSO_4 \cdot 6H_2O \xrightarrow{H_2O} 2K_2SO_4 + MgCl_2$$

Nach diesem Verfahren werden weltweit über $1000 \cdot 10^3$ t (als K_2O) Kaliumsulfat produziert.

Kaliumsulfat aus Kaliumchlorid und Magnesiumsulfat:

weltweit $>1 \cdot 10^6$ t/a (als K_2O)

2.3.3.3 Kaliumnitrat

Die Herstellung erfolgt durch Umsetzen von Kaliumchlorid mit Salpetersäure:

$$4KCl + 4HNO_3 + O_2 \longrightarrow 4KNO_3 + 2Cl_2 + 2H_2O$$

Kaliumnitrat:

- aus Kaliumchlorid und Salpetersäure
- aus Kaliumchlorid durch doppelte Umsetzung, z. B. mit Natriumnitrat

Der Reaktionsablauf ist wesentlich komplexer, als in der Gleichung dargestellt.

Analog der Herstellung des Kaliumsulfates kann Kaliumnitrat auch durch doppelte Umsetzung mit anderen Nitraten erhalten werden, so z. B. mit Natrium-, Calcium- oder Ammoniumnitrat z. B. nach

$$NaNO_3 + KCl \longrightarrow KNO_3 + NaCl$$

$$Ca(NO_3)_2 + K_2SO_4 + 2H_2O \longrightarrow CaSO_4 \cdot 2H_2O + 2KNO_3$$

Literatur zu Kapitel 2 Mineralische Dünger

Zum Stand der Düngemittel-Industrie 1983:

„ECN Chemscope", Eur. Chem. News, Febr. 1983.

Übersichtsarbeiten:

Kirk-Othmer; *Encyclopedia of Chemical Technology*. 3. Ed., Vol. 10, pp. 31–125, John Wiley & Sons, Inc., New York, Chichester, Brisbane, Toronto, 1980.

Ullmanns Encyklopädie der technischen Chemie. 4.Aufl. Bd. 10, S. 201–256, Verlag Chemie, Weinheim, 1975.

Phosphor-haltige Düngemittel:

Wirtschaftliche Angaben:

Phosphorus and Potassium, Statistical Supplement, No. 22, Jan./Febr. 1981.

Phosphorus and Potassium, No. 117, Jan./Febr. 1982, p. 45–46.

Chemical Economics Handbook, Stanford Research Institute, Menlo Park, California, USA:
- Normal Superphosphate, Juli 1977
- Concentrated (Triple) Superphosphate, Okt. 1977
- Solid Ammonium Phosphates, Jan. 1978
- Fluid Ammonium Phosphates, April 1978.

Technische Angaben:

„Zur Herstellung von Nitrophosphaten", *Chem. Eng. News,* 14. 9. 1981, S. 50–51.

Neuere technische Entwicklungen: *Phosphorus and Potassium* **110,** Nov./Dez. 1980, S. 33–37.

Stickstoff-haltige Düngemittel:

Wirtschaftliche Angaben:

Chemical Economics Handbook, Stanford Research Institute, Menlo Park, California, USA:
- Ammonium Sulfate, Dez. 1976
- Ammonium Nitrate, Jan. 1976.

Nitrogen, *Statistical Supplement,* No. 22, Jan./Febr. 1981.

Eur. Chem., No. 21, 1981, S. 355.

Chem. Eng. News, 26. 1. 1981, S. 17.

Nitrogen **124,** März/April 1980, S. 24–28.

Nitrogen **125,** Mai/Juni 1980, S. 24–28 und S. 44.

Inf. Chim. **180/181,** Aug./Sept. 1980, 119–136.

Technische Angaben:

„Ammoniumsulfat aus Rauchgas", *Chemie für Labor und Betrieb* **32,** (1981), 153–154.

Harnstoff: *Nitrogen* **125,** Mai/Juni 1980, S. 37–40 und S. 42–43.

D. Fromm und D. Lützow, „Moderne Verfahren der Großchemie: Harnstoff", *Chemie in unserer Zeit* **13,** (1979), S. 78–81.

Ullmanns Encyklopädie der technischen Chemie, 4. Aufl., Bd. 12, S. 497–514, Verlag Chemie, Weinheim, New York, 1976.

Kalium-haltige Düngemittel:

Wirtschaftliche Angaben:

Phosphorus and Potassium, Statistical Supplement, No. 22, Jan./Febr. 1981.

Phosphorus and Potassium **111,** Jan./Febr. 1981, S. 5.

Chem. Ind. XXXIII, Juni 1981, S. 373–374.

Chem. Eng. News, 23. 3. 1981, S. 26.

Chem. Age, 8. 5. 1981, S. 10.

„Potassium Products", *Chemical Economics Handbook.* Stanford Research Institute, Menlo Park, California, USA, Nov. 1976

Technische Angaben:

Ullmanns Encyklopädie der technischen Chemie. 4. Aufl., Bd. 13, S. 447–496, Verlag Chemie, Weinheim, New York, 1977.

Ullmanns Encyklopädie der technischen Chemie. 4. Aufl., Bd. 20, S. 340–354, Weinheim, Deerfield Beach, Florida, Basel, 1981.

Kirk-Othmer: *Encyclopedia of Chemical Technology.* 2. Ed., Vol. 16, pp. 369–400, Interscience Publishers, a division of John Wiley & Sons, Inc., New York, London, Sydney, Toronto, 1968.

R. Bock, „Elektrostatische Trennung der Komponenten von Kali-Rohsalzen", *Chem.-Ing.-Techn.* **53,** (1981), S. 916–924.

A. Sigwald und G. Fricke, „Die elektrostatische Aufbereitung von Kali-Rohsalzen", *Chem.-Ing.-Techn.* **55,** (1983), S. 39–45.

3 Metalle und ihre Verbindungen

3.1 Alkali- und Erdalkalimetalle und ihre Verbindungen

3.1.1 Alkalimetalle und ihre Verbindungen

3.1.1.1 Allgemeines

Von den Alkalimetallen Lithium, Natrium, Kalium, Rubidium und Cäsium besitzt Natrium – sowohl in elementarer Form als auch in seinen Verbindungen, speziell in Form der mineralogischen und industriellen Großprodukte Natriumchlorid, Natriumcarbonat, Natriumhydroxid, Natriumsulfat und andere – die größte technische Bedeutung. An zweiter Stelle steht Kalium, das in Form verschiedener Salze (Chlorid, Sulfat, Nitrat, Phosphat) wichtiger Bestandteil der mineralischen Düngemittel ist. Lithium und seine Verbindungen besitzen eine wesentlich geringere, wenn auch allmählich wachsende Bedeutung. Cäsium und Rubidium finden nur in sehr kleinen Mengen auf speziellen Gebieten Verwendung.

Wirtschaftliche Bedeutung:

- der Alkalimetalle: Na $\gg$ Li > K > Cs > Rb,
- der Alkalimetallverbindungen: Na > K $\gg$ Li $\gg$ Cs > Rb

3.1.1.2 Lithium und seine Verbindungen

3.1.1.2.1 Vorkommen und wirtschaftliche Bedeutung

Lithium-Verbindungen kommen in Mineralien (Alumosilikate oder Phosphate wie Spodumen, Lepidolith, Petalit, Amblygonit) und in Salzseen vor. Das wichtigste Lithiumerz ist Spodumen $LiAlSi_2O_6$. 1980 wurden weltweit Erze mit einem Lithium-Gehalt von insgesamt 6900 t gefördert; Hauptförderländer sind USA – North Carolina –, USSR, Zimbabwe, Mozambique, Namibia, Brasilien, Portugal, China. Die Weltreserven einschließlich des Lithium-Gehaltes in Salzseen werden mit etwa 2.2 Mio. t Lithium angegeben; davon 1.2 Mio. t in Chile und 0.42 Mio. t in den USA. Aus Solen von Salzseen in

Li-Anteil in der Erdkruste: 65 ppm

Technisch wichtige Li-Mineralien:

- Spodumen $LiAlSi_2O_6$
- Lepidolith (Lithionglimmer) $KLi_2Al((F, OH)_2Si_4O_{10})$
- Petalit $LiAlSi_4O_{10}$
- Amblygonit $LiAl(F, OH)PO_4$

den USA wird Lithium, meist in Form des schwerlöslichen Lithiumcarbonats, als Nebenprodukt bei der Gewinnung von anderen Salzen (Borax, Kalisalze, Kochsalz, Magnesiumchlorid) gewonnen; eine entsprechende Produktion in Chile wird vorbereitet.

USA größter Li-Erzeuger und -Verbraucher

Der Verbrauch an Lithium und Lithium-Verbindungen lag 1980 weltweit bei 29000 t (gerechnet als Lithiumcarbonat) – ohne USSR bei 25000 t –, wobei etwa 40% auf die USA entfielen. Die Kapazitäten in den USA, die etwa 75% des Weltmarktes versorgen, liegen z. Z. bei etwa 23000 t/a Lithiumcarbonat; sie werden noch ausgeweitet. Auf die USSR entfallen etwa 8000 t/a.

Li-Verbrauch steigt im kommenden Jahrzehnt um 5 bis 8%/a; Schwerpunkte: Al-Elektrolyse, Batterien, Kerntechnik

3.1.1.2.2 Lithium, metallisch

Li, metallisch:

durch Schmelzflußelektrolyse von LiCl/KCl-Gemisch (etwa 1:1)

Der Anteil von elementarem Lithium an der Gesamtproduktion von Lithium plus Lithium-Verbindungen lag 1977 weltweit bei etwa 15%. Es wird ausschließlich durch Schmelzflußelektrolyse einer Mischung von Lithiumchlorid (45 bis 55%) und Kaliumchlorid bei 450 °C hergestellt. Als Anodenmaterial verwendet man Graphit, als Kathoden- und Zellenmaterial Stahl. Die Zellenspannung liegt bei 6.0 bis 6.5 V. Das gebildete metallische Lithium sammelt sich an der Oberfläche des Salzelektrolyten.

Elementares Lithium wird zur Herstellung von Lithiumhydrid und Lithiumamid eingesetzt, ferner zur Synthese von Organolithium-Verbindungen (z. B. Butyl- und Phenyllithium). Ferner dient Lithium als Katalysator bei Polymerisationsreaktionen, als Reduktionsmittel in der organischen Chemie und zur Raffination von Metallschmelzen in der Metallurgie. Auch Lithium-Legierungen werden verwendet, z. B. Li/Mg-Legierungen, als extrem leichte und leicht zu verarbeitende Konstruktionswerkstoffe (Luft- und Raumfahrt). Schließlich besitzt Lithium große Bedeutung zur Herstellung von Batterien und in der Kerntechnik bzw. Kernwaffenproduktion.

3.1.1.2.3 Lithium-Verbindungen

Wichtigste Li-Verbindungen:

Li_2CO_3, LiCl, LiOH, LiH

Lithiumcarbonat: Lithiumcarbonat ist die technisch wichtigste Lithium-Verbindung und Ausgangsmaterial für die meisten anderen Salze. Es fällt bei der Aufarbeitung von Lithium-Mineralien und Salzlaugen an. Angereichertes und calciniertes Lithium-Erz (Spodumen) wird z. B. mit Schwefelsäure bei >250 °C aufgeschlossen, die Lithiumsulfat-Lösung extrahiert und mit Soda umgesetzt. Lithium-haltige Salzsolen dampft man ein, reinigt das Lithiumchlorid und überführt es dann mit Soda in Lithiumcarbonat.

Lithiumcarbonat wird in großen Mengen bei der Aluminium-Schmelzflußelektrolyse eingesetzt (etwa 25% des gesamten Lithium-Absatzes). In der Glas-, Email- und Keramikindustrie dient Lithiumcarbonat (Anteil ebenfalls etwa 25%) als Flußmittel; Gläser mit hohem Lithium-Gehalt (auf der Basis von Lithiumalumosilikat) sind wegen ihres geringen thermischen Ausdehnungskoeffizienten weitgehend feuerfest. In der Psychiatrie wird hochreines Lithiumcarbonat zur Behandlung der manisch-depressiven Krankheit eingesetzt.

Li_2CO_3-Verwendung:

- Al-Herstellung
- Glas- und Keramikindustrie
- Medizin
- Zwischenprodukt für andere Li-Salze

Lithiumhydroxid: Lithiumhydroxid gewinnt man durch Umsetzung von Lithiumcarbonat mit Calciumhydroxid:

$$Li_2CO_3 + Ca(OH)_2 \longrightarrow CaCO_3 + 2\,LiOH$$

Technische Bedeutung besitzt das Lithiumhydroxid-Monohydrat, das zur Herstellung von Schmierfetten, z. B. auf Lithiumstearat-Basis, dient. In den USA werden mehr als 60% aller Schmierfette mit Hilfe von Lithium-Seifen hergestellt (etwa 25% des gesamten Lithium-Verbrauchs).

Lithiumhydrid: Lithiumhydrid wird aus metallischem Lithium und Wasserstoff hergestellt. Es besitzt technische Bedeutung als Quelle für Wasserstoff und als Reduktionsmittel in der organischen Synthese, besonders in Form seiner Derivate Lithiumaluminiumhydrid und Lithiumborhydrid.

3.1.1.3 Natrium und seine Verbindungen

3.1.1.3.1 Allgemeines

Die technisch wichtigste Natrium-Verbindung ist Natriumchlorid (s. Abschn. 1.7.2.2), gefolgt von Natriumhydroxid (s. Abschn. 1.7.2) und etwa gleichrangig Natriumcarbonat. Andere technisch in großen Mengen verwendete Natriumsalze sind Natriumfluorid (s. Abschn. 1.7.1),

Technisch wichtige Na-Verbindungen:

$NaCl$, $NaOH$, Na_2CO_3, Na_2SO_4, Na-Silikate, Na-Alumosilikate, Na_2S, Na_2SO_3, NaF u. a.

Natrium-Brom- und -Iod-Derivate (Abschn. 1.7.5/1.7.6), Natrium-Schwefel-Verbindungen (Abschn. 1.6), Natrium-Chlor-Sauerstoff-Verbindungen (Abschn. 1.7.4), Natriumsilikate und Natriumalumosilikate (Abschn. 5.1.2/5.1.3), sowie Natriumsulfat, Natriumhydrogensulfat und Natriumhydrogencarbonat.

3.1.1.3.2 Natrium, metallisch

Na, metallisch:

Verbrauch mengenmäßig abhängig von der (rückläufigen) Produktion von Pb-haltigen Antiklopfmitteln

Wirtschaftliche Bedeutung: Die Produktion von elementarem Natrium ist eng mit dem Einsatz von Blei-haltigen Antiklopfmitteln für Otto-Motor-Treibstoffe verknüpft und daher rückläufig (Umweltschutzgesetzgebung). In den USA – dem weitaus wichtigsten Erzeugerland – sank der Absatz von 1970 bis 1980 um jährlich 4.1%. Die Weltkapazität (ohne Ostblock) lag Ende der 70er Jahre bei 250000 t/a, wovon etwa 2/3 auf die USA entfielen. Die Produktion in den USA lag 1980 bei etwa 100000 t, verglichen mit noch 155000 t 1970.

USA-Kapazität 1981:

nur noch 126000 t

Herstellung von Na:

durch Schmelzflußelektrolyse von NaCl, (unter Zusatz von $CaCl_2$ und $BaCl_2$) bei ca. 600 °C
Stromverbrauch 10 kWh/kg Na

Herstellung: Metallisches Natrium wird heute technisch fast ausschließlich durch Elektrolyse von geschmolzenem, besonders gereinigtem Kochsalz gewonnen (modifizierter Downs-Prozeß). Ältere Verfahren auf Basis thermochemischer Prozesse oder der Elektrolyse von geschmolzenem Ätznatron in der Castner-Zelle spielen keine Rolle mehr. Bei der Natriumchlorid-Schmelzflußelektrolyse werden andere Salze (Calcium-, Bariumchlorid) zugesetzt, um die Schmelztemperatur des Kochsalzes von ca. 800 °C auf etwa 600 °C zu senken. Die Anoden bestehen aus Graphit, die Kathoden wie auch die Diaphragmen (Drahtgewebesiebe) aus Stahl. Das Verfahren ist energieaufwendig, pro Kilogramm Natrium werden etwa 10 kWh Strom verbraucht. Die Tiegelspannung liegt bei ca. 7 Volt, die Stromausbeute bei 85 bis 90%. Die Strombelastbarkeit pro Einheit liegt bei etwa 40 kA. Das anfallende Natrium ist nach einigen Reinigungsoperationen von 99.95%iger Reinheit. Als Nebenprodukt fällt Chlor an der Graphitanode an (in den USA etwa 2 bis 3% der gesamten Chlorproduktion).

Verwendung von Na:

- zur Herstellung von
  - Antiklopfmitteln
  - schwer reduzierbaren Metallen
  - NaH, $NaBH_4$, Na_2O_2 u. a.
- als Kühlmittel in der Kerntechnik
- als Reduktionsmittel und Katalysator in der org. Synthese

Verwendung: Das wichtigste Anwendungsgebiet (in den USA etwa 60%) von metallischem Natrium ist die Produktion von Antiklopfmitteln wie Tetramethyl- bzw. Tetraethylblei aus Blei-Natrium-Legierungen mit z. B. Ethylchlorid. Ein weiteres, wichtiges Gebiet mit einem

Anteil von etwa 20% ist die Verwendung von Natrium für die Herstellung schwer reduzierbarer Metalle wie Uran, Thorium, Zirconium, Tantal und vor allem Titan. Kleinere Einsatzgebiete für Natrium liegen in der Herstellung von Katalysatoren; es dient ferner als Reduktionsmittel zur Herstellung von Pharmazeutika, Farbstoffen, Herbiziden und anderen Organica. Natrium ist außerdem Ausgangsprodukt für verschiedene Natrium-Verbindungen wie Natriumperoxid, Natriumamid (für organisch-chemische Synthesen), Natriumazid (für Sprengstoffe), Natriumhydrid und Natriumborhydrid (Reduktionsmittel) und Organo-Natrium-Verbindungen (Katalysatoren, z. B. bei der Polymerisation). Schließlich dient Natrium wegen seiner technisch interessanten wärme- und nukleartechnischen Eigenschaften auch als Kühlmittel für Schnellbrutreaktoren (s. Abschn. 6.4.5).

3.1.1.3.3 Natriumcarbonat

Allgemeines

Natriumcarbonat (Soda) ist ein industrielles und auch bergbauliches Großprodukt und ähnlich bedeutend wie Natriumhydroxid. Das Produkt wird sowohl aus natürlichen Vorkommen (Natursoda) als auch synthetisch gewonnen. Die Entwicklung der Verfahren zur synthetischen Herstellung von Soda ist eng mit der Geschichte der industriellen anorganischen Chemie verknüpft (Le-Blanc-Verfahren, Solvay-Prozeß und die damit zusammenhängenden technischen Entwicklungen). Die Verwendung von Soda, z. B. bei der Glasherstellung und für Reinigungszwecke, ist seit dem Altertum bekannt.

Entwicklung der technischen Sodaverfahren nach Le Blanc (1790) und Solvay (1865) hat die industrielle anorganische Chemie wesentlich gefördert

Vorkommen von Natriumcarbonat-Mineralien

Natriumcarbonat kommt, oft gemeinsam mit Natriumhydrogencarbonat und anderen Mineralien, in vielen Lagerstätten vor. Ein wichtiges Mineral ist z. B. Trona ($Na_2CO_3 \cdot NaHCO_3 \cdot 2H_2O$). Die weltweiten Natursoda-Vorkommen sind sehr groß (z. B. Wyoming, USA, Reserven von etwa 45 Mrd. t in Tiefen von z. B. 250 bis 450 m). Immer größere Bedeutung erlangen auch die Vorkommen in Salzseen (USA, Mexiko, Ostafrika, südliche Sahara).

Sehr große Vorkommen an Natursoda in Wyoming/USA (~45 Mrd. t)

Die Reserven in den Salzseen Kaliforniens liegen bei 500 Mio. t.

Wirtschaftliche Bedeutung

Weltproduktion von Soda 1981 (Mio. t):

USA	7.5
Westeuropa	6.0
BRD	1.4
Osteuropa	4.1
USSR	4.8
Asien	4.0
Japan	1.3

In USA Anteil an Natursoda über 90%, weltweit ca. 25%

Die Weltproduktion an Natriumcarbonat lag 1981 bei 28.3 Mio. t, die mit Ausnahme der Produktion in den USA fast ausschließlich aus synthetischer Soda bestand. 1960 betrug die Weltproduktion erst 12.7 Mio. t, 1970 bereits 20 Mio. t. Für 1985 werden 36 Mio. t erwartet. Die Kapazität in der Bundesrepublik Deutschland beträgt derzeit 1.9 Mio. t, in den USA wird sie 1982 über 10 Mio. t betragen. Hier lag die Produktion 1981 bei 7.7 Mio. t mit einem Verkaufswert von 750 Mio. Dollar, wobei über 90% auf Natursoda entfielen. Natursoda machte 1970 erst einen Anteil von 15% an der Weltproduktion aus; 1990 dürfte der Anteil auf ca. 30% steigen. Weitere wirtschaftliche Fortschritte bei der Produktion von Natursoda sind zu erwarten, wenn von der bergmännischen Förderung der Soda-Mineralien auf die Gewinnung als wäßrige Lösung (solution mining) übergegangen wird. Bedingt durch die hohen Energiekosten bei der Herstellung von synthetischer Soda und durch verschärfte Umweltschutzauflagen sind in den letzten Jahren fast alle Produktionsanlagen für synthetische Soda in den USA stillgelegt worden. Die zukünftige Sodaproduktion ist stark von der Entwicklung der Chlor-Produktion abhängig, da Soda und Natriumhydroxid auf mehreren Gebieten, z. B. bei Neutralisationsprozessen oder zur Herstellung von anderen Natrium-Verbindungen, im Wettbewerb zueinander stehen. Steigt die Chlor-Produktion überproportional, drängt entsprechend das Koppelprodukt Natriumhydroxid stärker auf den Markt und beeinflußt den Absatz von Soda. Oft ist für eine spezifische Anwendung entweder von Soda oder von Natronlauge nämlich nur der Preis von Natriumoxid maßgebend.

Gewinnung von Natursoda

Wichtigstes Soda-Mineral:

Trona $Na_2CO_3 \cdot NaHCO_3 \cdot 2H_2O$;
Aufarbeitung auf reine Soda:

- Monohydratverfahren
- Sesquicarbonatverfahren

Soda-haltige Mineralien wie Trona werden nach zwei Methoden auf reine Soda aufgearbeitet. Nach dem *Monohydrat-Prozeß* wird das Mineral zunächst calciniert, dann löst man die Natursoda in Wasser, filtriert die unlöslichen Anteile ab und dampft das Filtrat ein.

Das schließlich ausfallende Natriumcarbonatmonohydrat wird zu reiner Soda calciniert. Nach dem *Sesquicarbonat-Prozeß* wird das Trona-Mineral zunächst in Wasser gelöst, von Verunreinigungen befreit und schließlich calciniert.

Herstellung synthetischer Soda

Das großtechnisch ausgeübte Solvay-Verfahren (Ammoniak-Soda-Prozeß) beruht auf der Fällung des relativ schwer löslichen Natriumhydrogencarbonats aus einer wäßrigen Natriumchlorid-Lösung gemäß

$$NaCl + NH_4HCO_3 \longrightarrow NaHCO_3 + NH_4Cl.$$

Diese Umsetzung wird erreicht durch Einleiten von gasförmigem Ammoniak in eine konzentrierte Natriumchlorid-Lösung und anschließendes Sättigen mit Kohlendioxid. Das ausgefällte Natriumhydrogencarbonat wird abgetrennt und z. B. in Drehtrommeln zu Soda calciniert:

$$2NaHCO_3 \longrightarrow Na_2CO_3 + CO_2 + H_2O.$$

Kohlendioxid und das aus dem gebildeten Ammoniumchlorid mit Kalkmilch zurückgewonnene Ammoniak werden in den Kreislauf zurückgeführt. Ammoniak ist also ein reiner Hilfsstoff. Entsprechend der Bruttogleichung

$$CaCO_3 + 2NaCl \longrightarrow Na_2CO_3 + CaCl_2$$

verbleibt als endgültiges Nebenprodukt eine Calciumchlorid-haltige Lauge, die ein Abfallproblem darstellt. Das Ende des 18. Jahrhunderts eingeführte Le-Blanc-Verfahren, bei dem Kochsalz mit Schwefelsäure umgesetzt, das gebildete Natriumsulfat mit Kohle zu Natriumsulfid reduziert und dieses mit Calciumcarbonat zu Natriumcarbonat umgewandelt wird, hat seit Beginn der zwanziger Jahre dieses Jahrhunderts keine technische Bedeutung mehr.

Solvay-Prozeß:

Soda aus NaCl und $CaCO_3$ mit NH_3 als Hilfsstoff
Verfahrensschritte:

- Herstellung einer konz. NaCl-Lösung
- Spaltung von $CaCO_3$ in CaO + CO_2
- Sättigen der NaCl-Lösung mit NH_3
- anschließendes Fällen von $NaHCO_3$ durch Sättigen mit CO_2
- Abtrennung von $NaHCO_3$
- Calcination (CO_2-Abspaltung) zu Soda
- Herstellung von Kalkmilch
- NH_3-Rückgewinnung

Solvay-Prozeß:

- energieaufwendig
- Abfallprobleme (Calciumchloridlauge). In USA gegenüber Natursoda nur noch lokal konkurrenzfähig

Le-Blanc-Verfahren:

Seit den 20er Jahren ohne Bedeutung

Verwendung

Verwendung von Na_2CO_3:

- Glasherstellung
- anorg. Na-Verbindungen
- Papier- und Zellstoffindustrie
- Seifen- und Waschmittelproduktion
- kleinere Mengen gehen in eine Vielzahl von Anwendungsgebieten

Der überwiegende Teil der Soda (z. B. in den USA ca. 55%) wird bei der Glasfabrikation eingesetzt, davon mehr als 40% in der Flaschenglasproduktion. Hier dient Soda als Rohstoff und Flußmittel für die Glasschmelze zum Aufschluß von Sand (s. Abschn. 5.1.2.2). Weitere 25% werden zur Herstellung von Chemikalien benötigt, davon ca. 10% zur Produktion von Natriumphosphaten, hauptsächlich Pentanatriumtriphosphat, ferner von Silikaten (Natriummetasilikat-Pentahydrat und Natriumorthosilikat), Natriumchromat bzw. -dichromat, Natriumhydrogencarbonat, Natriumnitrat u. a. Etwa 5% gehen in die Papier- und Zellstoffindustrie, ebenfalls 5% in die Seifen- und Waschmittelherstellung. Kleinere Mengen Soda werden in fast jedem Industriezweig benötigt (Erzaufarbeitung, Metallurgie, Lederindustrie, Wasserreinigung, Nahrungsmittelindustrie, Keramik- und Emailherstellung, Textilindustrie u. a.). Damit ist Soda eines der am vielseitigsten eingesetzten chemischen Produkte.

3.1.1.3.4 Natriumhydrogencarbonat

$NaHCO_3$:

Sehr große Vorräte in den USA (ca. 30 Mrd. t), die noch nicht genutzt werden

Vorkommen: Natriumhydrogencarbonat kommt, z. B. als Mineral Nahcolith, in der Natur vor, z. B. in riesigen Vorräten in den USA (Reserven von etwa 30 Mrd. t), gemeinsam mit Ölschiefer. Eine Aufarbeitung mit dem Ziel, Natur-Natriumhydrogencarbonat zu gewinnen, wird derzeit überprüft.

Spezialprodukt mit hoher Zuwachsrate

Wirtschaftliche Bedeutung: Die Produktion von Natriumhydrogencarbonat ist wesentlich geringer als die von Natriumcarbonat. In den USA betrug die Produktion im Jahre 1982 300000 t, d. h. nur etwa 4% der Sodaproduktion. Die Kapazität wird derzeit erheblich ausgeweitet; die Produktion dürfte in den nächsten Jahren um 3% jährlich steigen.

$NaHCO_3$-Herstellung:

sowohl aus synth. Soda wie aus Natursoda; hohe Reinheitsanforderungen (z. T. food-grade)

Herstellung: Beim Solvay-Verfahren fällt Natriumhydrogencarbonat als Zwischenprodukt an. Wegen der hohen Anforderungen an die Reinheit des Produktes kann es hierbei aber nicht direkt gewonnen werden. Man setzt vielmehr filtrierte Lösungen von calcinierter Soda mit reinem Kohlendioxid unter Kühlung um gemäß

$$Na_2CO_3 + H_2O + CO_2 \longrightarrow 2\,NaHCO_3.$$

Dabei fällt Natriumhydrogencarbonat aus, das vorsichtig getrocknet werden muß, z. B. im Tellertrockner, damit keine Rückreaktion eintritt. Die Herstellung von Natriumhydrogencarbonat ist meist in die Fabrikation von synthetischer Soda integriert; in den USA wird aber das Produkt auch schon aus Natursoda gewonnen.

Verwendung: Das wichtigste Einsatzgebiet für Natriumhydrogencarbonat ist die Lebensmittelindustrie (z. B. die Backpulverherstellung), wohin z. B. in den USA 1982 30% des Absatzes gingen. Weiterhin wird es im Kautschuk- und Chemikaliensektor angewendet. Natriumhydrogencarbonat wird auch bei der Herstellung von Pharmazeutika, Feuerlöschpulvern und Tierfutter – ein stark wachsendes Einsatzgebiet – sowie in der Textil-, Papier- und Lederindustrie eingesetzt. Der Rest verteilt sich auf eine Vielzahl von Anwendungsgebieten (Neutralisationsmittel, Herstellung von Seifen und Waschmitteln usw.).

Verwendung in den USA:

30%	Lebensmittelindustrie
20%	Kautschuk-, Chemikaliensektor
14%	Pharmazeutika
10%	Feuerlöschpulver
7%	Tierfutter
7%	Textil-, Leder-, Papierindustrie
Rest	Seifen, Waschmittel, Neutralisation u. a.

3.1.1.3.5 Natriumsulfat

Allgemeines

Natriumsulfat ist ein wichtiges Großprodukt der chemischen Industrie und auch in der Natur kommt es in vielen Lagerstätten vor; die Weltreserven sind so groß, daß sie für mehrere 100 Jahre beim gegenwärtigen Verbrauch reichen. Neben der Gewinnung aus natürlichen Vorkommen fällt das Produkt in großen Mengen als Nebenprodukt an, z. B. bei der Kalisalz-, Kochsalz- und Borax-Gewinnung sowie bei chemischen und Metall-erzeugenden Prozessen. Die gezielte Herstellung, z. B. aus Kochsalz und Schwefelsäure, ist dagegen weniger wichtig geworden.

Na_2SO_4-Gewinnung:

- aus natürlichen Vorkommen
- als Nebenprodukt bei chemischen und metallurgischen Prozessen
- aus $NaCl + H_2SO_4$

Wirtschaftliche Bedeutung

Die Weltproduktion von Natriumsulfat wasserfrei bzw. von Glaubersalz ($Na_2SO_4 \cdot 10\,H_2O$) lag 1979 bei etwa 4.5 Mio. t, davon ca. 1.7 Mio. t aus natürlichen Vorkommen. Sie hat sich in den letzten Jahren nur wenig geändert, da der Absatz stagniert.

Na_2SO_4-Weltproduktion 1981:

4.4 Mio. t

Davon in

- USA 1.04 Mio. t (davon knapp 50% aus natürlichen Vorkommen)
- USSR 0.58 Mio. t
- Canada 0.55 Mio. t
- Spanien 0.33 Mio. t
- Japan 0.30 Mio. t
- BRD 0.19 Mio. t (1970 noch 0.39 Mio. t)

Gewinnung aus natürlichen Vorkommen bzw. als Nebenprodukt

Natur-Na_2SO_4:
- aus Mineralien (Thenardit, Glauberit, Mirabilit)
- aus Salzseen, Salzsolen, Salzlagerstätten (z. B. Kalisalzlager)

Die Gewinnung von reinem Natriumsulfat oder Glaubersalz aus natürlichen Mineralien, wie Thernardit Na_2SO_4 oder Glauberit $Na_2SO_4 \cdot CaSO_4$, spielt in einigen Ländern wie Spanien, Canada, USA oder USSR eine bedeutende Rolle, tritt aber insgesamt gegenüber den anderen Produktionsverfahren etwas zurück. Wichtiger ist die Gewinnung von Natriumsulfat aus den Solen von Salzseen (USA, USSR, Canada) oder als Nebenprodukt der Kochsalz-, Soda-, Borax-, Kali- und Lithiumsalz-Gewinnung. Bei der Aufarbeitung von Kalisalzen entsteht z. B. durch Umsetzung von Kieserit ($MgSO_4 \cdot H_2O$) mit Kochsalz Natriumsulfat-Decahydrat. Die Überführung dieses Glaubersalzes in wasserfreies Natriumsulfat erfolgt durch Erhitzen in Zerstäubungstrocknern, Sprühtrocknern, Wirbelbetttrocknern oder Eindampfkristallisatoren.

In großen Mengen fällt Natriumsulfat auch bei verschiedenen chemischen und metallurgischen Prozessen als Nebenprodukt an, so z. B. bei der Erzeugung von Natriumdichromat, Vitamin C, Ameisensäure oder Resorcin, sowie bei der Viskosefaserherstellung.

Herstellung von synthetischem Natriumsulfat

Gezielt gewonnen wird Natriumsulfat durch Umsetzung von Kochsalz mit Schwefelsäure bei höherer Temperatur, s. S. 172.

Ende der 70er Jahre wurde in Europa noch etwa die Hälfte des Natriumsulfats auf diesem Wege gewonnen.

Verwendung

Na_2SO_4-Verbrauch:
- Papier- und Zellstoffindustrie
- Waschmittelindustrie
- Glasindustrie
- Chemische Industrie

Die Haupteinsatzgebiete für Natriumsulfat liegen in der Zellstoff-, Waschmittel- und Glasindustrie. In der Bundesrepublik Deutschland gehen bis zu 2/3 in die Waschmittelherstellung (Streck- und Stellmittel), in den USA nur 39%; dort ist der Einsatz in der Papier- und Zellstoffgewinnung wichtiger (Sulfat-Zellstoff nach Kraft).

Der Bedarf ist jedoch rückläufig, da z. B. in Nordamerika der spezifische Verbrauch pro Tonne Papier von über 40 kg auf teilweise unter 5 kg (verbesserte Recyclingprozesse) gesenkt werden konnte. Beim Holzaufschluß nach Kraft wird das Natriumsulfat im Zuge des Prozesses in das eigentlich wirksame Natriumsulfid umgewandelt. Bei der Glasherstellung – hauptsächlich Floatglas – dient Natriumsulfat zur Läuterung; es kann in gewissem Umfang Soda ersetzen (vgl. S. 323). Kleinere Mengen Natriumsulfat gehen in die Farbstoffherstellung, die Färberei, Galvanotechnik, Tierfutterherstellung und in die Chemikalienherstellung (z. B. Natriumsulfid). Glaubersalz kann als Wärmespeichermedium dienen.

Verbrauch rückläufig, z. B. durch verbessertes Recycling in der Zellstoffindustrie

3.1.1.3.6 Natriumhydrogensulfat

Natriumhydrogensulfat wird durch Umsetzung von Natriumchlorid mit Schwefelsäure in gußeisernen beheizten Retorten hergestellt (s. S. 172). Das flüssige Produkt wird in Kühlaggregaten zum Erstarren gebracht. Auch aus Natriumsulfat und Schwefelsäure kann es direkt in flüssiger Form hergestellt werden. Bei der Chromsäure-Fabrikation fällt es als Nebenprodukt an, ist aber mit Cr-III/Cr-VI-Verbindungen verunreinigt.

$NaHSO_4$-Herstellung:

- $NaCl + H_2SO_4 \longrightarrow NaHSO_4 + HCl$
- $Na_2SO_4 + H_2SO_4 \longrightarrow 2\,NaHSO_4$
- $Na_2Cr_2O_7 + 2\,H_2SO_4 \longrightarrow 2\,CrO_3 + 2\,NaHSO_4 + H_2O$

Natriumhydrogensulfat wird wegen seiner Wasserlöslichkeit und des sauren pH-Wertes der wäßrigen Lösung in Reinigungsmitteln verwendet, ferner als Flußmittel. Der Verbrauch lag 1978 in der Bundesrepublik Deutschland bei etwa 40 000 t.

3.1.1.3.7 Natriumborate

Vorkommen und wirtschaftliche Bedeutung

Natriumborat-Mineralien finden sich in der Natur vornehmlich als $Na_2B_4O_7 \cdot 10\,H_2O$ (Tinkal, roher Borax) – dem wichtigsten Bormineral –, als $Na_2B_4O_7 \cdot 4\,H_2O$ (Kernit, Rasorit), als $Na_2B_4O_7 \cdot 5\,H_2O$ (Tinkalconit), ferner als Natriumcalciumborat $NaCaB_5O_9 \cdot 8\,H_2O$ (Ulexit) bzw. $NaCaB_5O_9 \cdot 5\,H_2O$ (Probertit). Die Vorkommen liegen in den USA (Boron, Californien – die größte Pro-

Wichtigste Bor-Vorkommen:

- Natriumborate (überwiegend $Na_2B_4O_7 \cdot 10\,H_2O$), auch in Salzseen
- Natriumcalciumborate
- Calciumborate

Hauptförderländer von Bor-Mineralien: USA, Türkei; die größten Reserven liegen vermutlich in der Türkei

duktionsstätte der Welt), Türkei, Chile, Argentinien, Peru, China und der USSR. Hauptförderländer sind die USA (46%) und die Türkei (41%) bei einer Gesamtförderung an Bormineralien 1981 von etwa 2.95 Mio. t (die wichtigsten Bormineralien, die in der Türkei derzeit gefördert werden, sind Calciumborate, z. B. $Ca_2B_6O_{11} \cdot 5\,H_2O$, Colemanit oder Borocalcit). Natriumborate werden auch als Nebenprodukt der Kalisalz-Gewinnung aus dem weitgehend eingetrockneten Searles-Salzsee in Kalifornien gewonnen. Auch das Meerwasser enthält nennenswerte Mengen Bor (0.001%). Es kann hieraus über Ionenaustauscher gewonnen werden. Die gesamten Weltreserven an Bor-Verbindungen wurden 1977 mit 250 Mio. t, gerechnet als Boroxid, angegeben. Speziell in der Türkei werden noch weitaus höhere Vorräte als bisher angenommen vermutet.

Natriumborate sind die wichtigsten technischen Borverbindungen. Sie werden zum großen Teil als solche verwendet, sie dienen aber (neben den Calciumboraten) auch als Ausgangsprodukte zur Herstellung aller anderen kommerziell interessanten Borverbindungen (Borsäure, Boroxid, anorganische Borate, refraktäre Borderivate – Borcarbid, Bornitrid, Boride –, elementares Bor, Ferrobor, Borhalogenide, Fluoroborate, Borhydride, Organobor-Verbindungen).

Gewinnung

Herstellung von reinem Natriumtetraborat ($Na_2B_4O_7 \cdot 5\,H_2O$ bzw. $Na_2B_4O_7 \cdot 10\,H_2O$) durch Aufarbeitung von mineralischem Roh-Borax oder von Ca-Boraten

Reine Natriumtetraborate werden aus zerkleinerten rohen Natriumborat-Mineralien (Tinkal, Kernit) durch Auflösen (unter Erhitzen) in einer schwach Boraxhaltigen Mutterlauge, Abtrennen der Verunreinigungen (Tone) und selektive Kristallisation gewonnen. Je nach Temperatureinstellung (über oder unter 60.8 °C) der Vakuumkristallisation entsteht Penta- oder Decahydrat.

Auch aus Calciumboraten wird Borax hergestellt, wobei durch Erhitzen mit Soda/Natriumhydrogencarbonat/Natronlauge-Lösung das Calcium ausgefällt und Natriumborat auskristallisiert wird. Wasserfreier Borax entsteht durch Calcination von wasserhaltigen Natriumboraten zunächst im Drehrohrofen, dann im stehenden Ofen; das gebildete Produkt fällt in flüssiger Form an und wird z. B. in Formen gegossen. Andere Natriumborate (Natriummetaborate, z. B. $NaBO_2 \cdot 4\,H_2O$, Natriumpentaborat $Na_2B_5O_{13} \cdot 4H_2O$) sind von untergeordneter Bedeutung.

Verwendung

Der Verbrauch an Borverbindungen lag 1982 weltweit bei 0.83 Mio. t, gerechnet als Boroxid, überwiegend – z. B. in den USA fast 80% – in Form von Natriumboraten (als rohes Erzkonzentrat, das oft direkt eingesetzt wird, oder in gereinigter bzw. calcinierter Form). Der kleinere Teil betrifft Calcium- bzw. Calciumnatriumborate (Colemanit, Ulexit), die ebenfalls oft direkt verwendet werden (z. B. bei der E-Glasfaserherstellung und bei der Stahlfabrikation), sowie sonstige Produkte wie Borsäure, Boroxid usw.

In den USA sind 80% aller verwendeten Bor-Verbindungen Natriumborate

Hauptsächlich eingesetzt wird Natriumborat in der Glas-, Keramik-, Email- und Porzellanindustrie (z. B. Borosilikatgläser mit 12 bis 15% Boroxid als Flußmittel und zur Herabsetzung des thermischen Ausdehnungskoeffizienten; Glaswolle mit 5 bis 7% Boroxid für Isolationszwecke; Glasfasern mit 8 bis 9% Boroxid). Es dient ferner zur Herstellung von Natriumperborat (Wasch- und Reinigungsmittel), von Düngemitteln (Bor ist ein notwendiges Spurenelement für die Pflanzenernährung; man nimmt es auch zur Bekämpfung der Herzfäule bei Rüben) und von Korrosionsschutzmitteln in Antifrostmitteln. Auch für metallurgische Zwecke (Fluß-, Schweiß- und Lötmassen) und für Flammschutzmittel in Zellulosematerialien wird es verwendet. In den USA ist der Einsatz für die Natriumperborat-Herstellung wegen der unterschiedlichen Waschmittelzusammensetzungen bzw. Waschgewohnheiten geringer, dagegen im Glas-, Glasfaser- und Glaswollesektor höher.

Haupteinsatzgebiete für Na-Borate:

- Glas-, Keramik-, Emailindustrie
- Waschmittel
- Düngemittel
- Flammschutzmittel
- Korrosionsschutzmittel
- Metallurgie

3.1.1.4 Kalium und seine Verbindungen

3.1.1.4.1 Allgemeines

Die weitaus wichtigsten Kalium-Verbindungen sind die Düngemittelsalze (s. Abschn. 2.3). Nur 5 bis 6% aller Kalium-Verbindungen, gerechnet als K_2O, werden im industriellen Sektor außerhalb der Düngemittelindustrie verbraucht. In der Erdkruste ist Kalium fast ebenso häufig vorhanden wie Natrium. Die wichtigsten technischen Ka-

Kalium:

- unentbehrlicher Pflanzennährstoff; ca. 95% der Gesamt-K_2O-Produktion gehen in den Düngemittelsektor (1981 ca. 27.4 Mio. t)
- siebthäufigstes Element in der Erdkruste

K-haltige Industriechemikalien:
KOH, K_2CO_3, $KMnO_4$, K-Phosphate, $KBrO_3$, KIO_3, KCN, $KHCO_3$ u. a.

lium-Verbindungen sind Kaliumhydroxid und Kaliumcarbonat (Pottasche).

3.1.1.4.2 Kalium, metallisch

Metallisches K hat nur geringe technische Bedeutung
Herstellung aus KCl + Na

Die technische Herstellung von elementarem Kalium ist unbedeutend; sie lag Anfang der 70er Jahre in der westlichen Welt bei 130 t/a (0.1% der Natriumproduktion). Sie erfolgt z. B. durch Umsetzung von geschmolzenem Kaliumchlorid mit Natrium bei höheren Temperaturen, wobei eine Kalium/Natrium-Legierung entsteht, die fraktioniert destilliert wird. Früher ausgeübte Schmelzflußelektrolysen von Kaliumhydroxid oder Kaliumchlorid werden heute nicht mehr durchgeführt. Verwendet wird Kalium zur Herstellung von Kaliumperoxid KO_2 und von Kalium/Natrium-Legierungen (Reduktionsmittel, Wärmeträger, z. B. in der Kerntechnik).

3.1.1.4.3 Kaliumhydroxid

Wirtschaftliche Bedeutung: Die Weltproduktion wurde 1973 auf etwa 0.5 Mio. t geschätzt, wovon 25% auf die USA und 20% auf die Bundesrepublik Deutschland entfielen. 1980 lag die Produktion in den USA bei etwa 0.2 Mio. t.

KOH-Herstellung:

durch Elektrolyse von KCl-Lösungen (Quecksilber- und Diaphragma-Verfahren)

Herstellung: Kaliumhydroxid wird fast ausschließlich durch Elektrolyse von Kaliumchlorid hergestellt, und zwar sowohl nach dem Quecksilber- wie auch nach dem Diaphragma-Verfahren. Das Quecksilber-Verfahren liefert eine reinere Kalilauge, allerdings werden auch höhere Reinheitsanforderungen an das eingesetzte Kaliumchlorid gestellt. Die Technologie der Kaliumchlorid-Elektrolyse ist ähnlich der der Kochsalz-Elektrolyse, lediglich die Zellenspannung ist geringfügig höher. Beim Quecksilber-Verfahren fällt direkt eine 40- bis 50%ige Kalilauge an, beim Diaphragma-Verfahren wird die verdünnte Lauge durch Eindampfen konzentriert. Festes Ätzkali mit etwa 90% Kaliumhydroxid wird durch Eindampfen meist im Vakuum hergestellt. Als Nebenprodukt der Elektrolyse fallen Chlor und Wasserstoff an. Die Herstellung von Kaliumhydroxid durch Umsetzung von Kaliumcarbonat mit gelöschtem Kalk spielt keine Rolle mehr.

KOH in zwei Formen:

- ca. 50%ig (direkt durch Amalgam-Verfahren)
- ca. 90%ig (Ätzkali; durch Vakuumeindampfung)

Verwendung: Kaliumhydroxid wird zur Herstellung von anderen Kaliumverbindungen (Kaliumcarbonat, Kaliumphosphaten – z. B. Tetrakaliumpyrophosphat –, Kaliumpermanganat, Kaliumbromat, Kaliumiodat, Kaliumcyanid u. a.), von Farbstoffen, Spezialseifen und Batterieflüssigkeiten verwendet. Eingesetzt wird es ferner in der Fotografie, bei der Glasherstellung und als Trocknungs- und Absorptionsmittel. Auf vielen dieser Einsatzgebiete ist die Verwendung jedoch rückläufig.

Verwendung von KOH in den USA 1980/81:

25% K_2CO_3
17% flüssige Düngemittel
10% Seifen
9% K-Phosphate ($K_4P_2O_7$ für flüssige Waschmittel)
6% synth. Kautschuk
4% $KMnO_4$
4% Pflanzenschutzmittel
15% andere Chemikalien
10% Export

3.1.1.4.4 Kaliumcarbonat

Herstellung: Kaliumcarbonat (Pottasche) wurde früher durch Veraschen von Holz und anderen pflanzlichen Rohstoffen hergestellt. Seit der Mitte des vorigen Jahrhunderts sind die Abraumsalze der Steinsalzindustrie und die Salzlagerstätten selbst der Rohstoff für die Pottasche-Erzeugung. Das wichtigste Verfahren ist heute die Carbonisierung von elektrolytisch erzeugter Kalilauge. 50%ige Kalilauge (z. B. aus dem Quecksilber-Verfahren) wird mit Kohlendioxid gesättigt, die Lösung teilweise eingedampft und das auskristallisierte Kaliumcarbonat-Hydrat $K_2CO_3 \cdot 1.5\,H_2O$ isoliert. Nach der Trocknung wird das Produkt als Pottasche-Hydrat verkauft oder im Drehrohrofen bei höheren Temperaturen (250 bis 350 °C) zu wasserfreier Pottasche calciniert. Wasserfreies Kaliumcarbonat wird auch im Fließbettverfahren hergestellt, indem in einem Wirbelbettreaktor Kalilauge im Gegenstrom mit CO_2-Gas umgesetzt wird.

K_2CO_3-Herstellung:

durch Carbonisierung von KOH; andere Verfahren sind unbedeutend. Das bei der Carbonisierung anfallende $K_2CO_3 \cdot 1.5\,H_2O$ wird z. T. im Drehrohrofen bei 250 bis 350 °C calciniert

Bei anderen Verfahren, die ähnlich dem Solvay-Soda-Prozeß (s. S. 231) direkt aus Kaliumchlorid mit Aminen wie Isopropylamin über die Stufe des Kaliumhydrogencarbonats Kaliumcarbonat herstellen, fällt verunreinigte Calciumchloridlauge an, die ein Umweltproblem darstellt. In der USSR gewinnt man Kaliumcarbonat auch aus natürlichen Alkalialumosilikaten (z. B. Nephelin) neben Aluminiumoxid, Zement und Soda.

In der USSR z. T. K_2CO_3-Herstellung aus Alkalialumosilikaten, z. B. Nephelin $KNa_3[AlSiO_4]_4$

Verwendung: Kaliumcarbonat findet Verwendung in der Glasindustrie (Spezialgläser, Kristallglas, Fernsehröhren), bei der Seifen- und Emailherstellung, in der Lebensmittelindustrie und Pigmentfabrikation; es ist ferner Ausgangsprodukt für andere Kaliumverbindungen, z. B. Kaliumhydrogencarbonat (Treibmittel in der Lebensmittelindustrie, Herstellung von Feuerlöschpulvern). Auch

Hauptverwendung von K_2CO_3:

- Glasherstellung
- Seifen, Waschmittel
- Email
- Lebensmittelindustrie
- für andere K-Verbindungen

zur Herstellung von Kaliwasserglas (Waschmittel) benötigt man Kaliumcarbonat, ebenso bei vielen organisch-chemischen bzw. pharmazeutischen Synthesen.

Literatur zu Kapitel 3 Metalle und ihre Verbindungen

Allgemeine Literatur:

A. F. Trotman-Dickenson: *Comprehensive Inorganic Chemistry*. 1. Ed., Vol. 1, pp. 331–529, pp. 665–669, pp. 693–694, pp. 880–892, Pergamon Press, Oxford (1973).
Kirk-Othmer: *Encyclopedia of Chemical Technology*. 3. Ed., Vol. 1, pp. 866–882 (1978), Vol. 4, pp. 67–110 (1978), Vol. 14, pp. 448–476 (1981), John Wiley & Sons, New York.
Ullmanns Encyklopädie der technischen Chemie. 4. Aufl., Bd. 8, S. 663–665, S. 669–672, S. 675–676 (1974), Bd. 13, S. 441–494 (1977), Bd. 16, S. 261–277 (1978), Bd. 17, S. 143–159, S. 159–177, S. 211–229 (1979), Verlag Chemie, Weinheim.

Spezielle Literatur:

Lithium und seine Verbindungen:

Minerals Yearbook. US Department of the Interior, Washington, pp. 551–557 (1978–1979).
"Business Concentrates, Lithium chemical markets reach maturity", *Chem. Eng. News*, Oct. 19, 1981.
Mineral Commodity Summaries, 1981, Bureau of Mines, Washington, pp. 88–89.
„Lithium-Verbindungen – Vorkommen, Verwendung, Märkte", *Chem. Ind.* XXIX/Nov. 1977.
World Mineral Statistics 1976–80, London 1982.

Natrium und seine Verbindungen:

Natrium, metallisch:

Minerals Yearbook. US Department of the Interior, Washington, pp. 835–838 (1978–1979).
Chemical Economics Handbook. SRI International, Menlo Park, California, Oct. 1979, 770 1000.

Natriumcarbonat, Natriumhydrogencarbonat:

Minerals Yearbook. US Department of the Interior, Washington, pp. 835–842 (1978–1979), p. 772 (1981).
"Key Chemicals, Soda ash", *Chem. Eng. News*, March 1, 1982, p. 13.
Chemical Economics Handbook. SRI International, Menlo Park, California, Nov. 1980, 733 2000.
Chem. Mark. Rep. Oct. 1, 1982, p. 144.

Natriumsulfat, Natriumhydrogensulfat:

Minerals Yearbook. US Department of the Interior, Washington, pp. 835–842 (1978–1979), p. 773 (1981).
Chemical Profile: Sodium Sulfate, Chem. Mark. Rep., Nov. 17, 1980, p. 9.
Chemical Economics Handbook. SRI International, Menlo Park, California, Febr. 1979, 771 1000.

Natriumborate:

Minerals Yearbook. US Department of the Interior, Washington, pp. 119–129 (1978–1979), p. 151 (1981).
Mineral Commodity Summaries, Bureau of Mines, Washington, pp. 22–23 (1981), pp. 22–23 (1983).
Chemical Economics Handbook. SRI International, Menlo Park, California, Feb. 1977, 717 1000.
John Farmer, "Structural chemistry in the borate industry", *Chemistry and Industry*, March 6, 1981, pp. 145–150.

Kalium und seine Verbindungen:

"Chemical Profile: Caustic Potash," *Chem. Mark. Rep.*, Nov. 30, 1981, p. 9.
Chemical Economics Handbook. SRI International, Menlo Park, California, Aug. 1976, 764 1007, March 1970, 764 3000.
Minerals Yearbook. US Department of the Interior, Washington, p. 692 (1981).

3.1.2 Erdalkalimetalle und ihre Verbindungen

3.1.2.1 Allgemeines

Wirtschaftliche Bedeutung:

- der Erdalkalimetalle: Mg ≫ Ca > Be > Ba > Sr,
- der Erdalkalimetall-Verbindungen: Ca ≫ Mg ≫ Ba ≫ Sr > Be

Von den Erdalkalimetallen Beryllium, Magnesium, Calcium, Strontium und Barium ist in metallischer Form Magnesium mit Abstand das technisch wichtigste Element. Es folgt mit mehr als zwei Zehnerpotenzen Abstand Calcium. Die Produktion von Strontium und Barium ist recht unbedeutend; auch die von Beryllium beträgt nur wenige hundert t/a. Von den Erdalkali-Verbindungen sind allerdings die Calcium-Verbindungen am wichtigsten. Dies ergibt sich aus der großen technischen und wirtschaftlichen Bedeutung des Calciumcarbonats (Kalkstein) – nicht nur in der Chemie, sondern auch in der Bauindustrie (Abschn. 5.3.2) und der Metallurgie – und anderer Calcium-Mineralien wie Calciumphosphat (Apatit, Abschn. 2.1), Calciummagnesiumcarbonat (Dolomit), komplexe Calciumsilikate (z. B. Zement, Abschn. 5.3.3), Calciumsulfate (Gips, Anhydrit, Abschn. 5.3.4) und Calciumfluorid (Flußspat, Abschn. 1.7.1).

3.1.2.2 Beryllium und seine Verbindungen

Wirtschaftliche Bedeutung: Beryllium ist ein verhältnismäßig seltenes Element. Die kommerziell wichtigen Mineralien sind Beryll $3\,BeO \cdot Al_2O_3 \cdot 6\,SiO_2$ und Bertrandit $4\,BeO \cdot 2\,SiO_2 \cdot H_2O$, die z. B. in den USA, der USSR, Argentinien, Brasilien und anderen Ländern gefördert, aufbereitet und auf Beryllium-Verbindungen wie $Be(OH)_2$ oder BeO aufgearbeitet werden. Die abbauwürdigen Weltvorräte werden auf 200000 t Beryllium geschätzt, die der USA auf 70000 t (Metallinhalt). Die Weltproduktion lag 1981 bei etwa 8000 t, ausgedrückt in Beryll-Einheiten mit 11% BeO.

Be-Anteil in der Erdkruste:

4 – 6 ppm; Hauptreserveländer: Brasilien, Indien, USSR, Argentinien, USA

Größter Be-Produzent:

USA, 1979: 70% Anteil

Herstellung: Metallisches Beryllium wird entweder durch Reduktion von Berylliumfluorid mit Magnesium im Graphittiegel bei höheren Temperaturen oder – seltener – durch Schmelzflußelektrolyse von Berylliumchlorid hergestellt.

Herstellung von Be:

- $BeF_2 + Mg$
- Schmelzflußelektrolyse von $BeCl_2$

Verwendung: Beryllium ist ein technisches Sondermetall und zählt, zusammen mit Aluminium und Magnesium, zu den Leichtmetallen. Es wird hauptsächlich (70 bis 80%) zur Herstellung von Beryllium/Kupfer-Legierungen mit 0.5 bis 2% Beryllium eingesetzt (aushärtbare Berylliumbronzen), z. B. für elektrische Ausrüstungen. Wegen seiner interessanten kernphysikalischen Eigenschaften ist Beryllium ein attraktives Moderator- und Reflektormaterial. Auch in der Luft- und Raumfahrt findet Beryllium als Metall und in Form von Beryllium-Basis-Legierungen Verwendung, vor allem wegen der hohen gewichtsbezogenen Elastizitätsmodule und der hohen Zugfestigkeit.

Verwendung von Be:

70 bis 80% Legierungen,
10 bis 15% Rein-Be und Be-Basislegierungen,
6 bis 8% BeO,
Rest: andere Produkte

BeO:
für Oxidkeramik

Der Verbrauch lag 1980 in den USA bei etwa 300 t Beryllium (metallisch). Von den Beryllium-Verbindungen wird Berylliumoxid wegen seines hohen Schmelzpunktes und seiner großen chemischen Beständigkeit für oxidkeramische Werkstoffe eingesetzt.

Der Absatz an Beryllium stagniert jedoch, hauptsächlich aus toxikologischen Gründen, oder geht zurück – die technische Richtkonzentration liegt bei nur 0.002 bis 0.005 mg Be/m^3.

3.1.2.3 Magnesium und seine Verbindungen

3.1.2.3.1 Vorkommen

Hauptvorkommen von Mg:
Meerwasser, Dolomit- und Magnesitgesteine, Salz-Solen und -Lagerstätten

Magnesium ist mit einem Anteil von 2.1% das achthäufigste Element in der Erdkruste und das dritthäufigste im Meerwasser, wo es als Chlorid vorliegt. Magnesium aus Meerwasser stellt eine praktisch unerschöpfliche Rohstoffquelle dar; ein km^3 enthält 1.3 Mio. t Mg (0.13%), und man schätzt die gesamte Meerwassermenge auf 10^{18} km^3. Die kommerziell wichtigsten Magnesium-Mineralien sind Magnesiumcarbonat ($MgCO_3$, Magnesit), Calciummagnesiumcarbonat ($CaCO_3 \cdot MgCO_3$, Dolomit), Magnesiumchlorid, z. B. als Doppelsalz mit Kaliumchlorid (Carnallit, $KCl \cdot MgCl_2 \cdot 6\,H_2O$), Magnesiumsulfat (Kieserit, $MgSO_4 \cdot H_2O$), ferner Silikate wie Asbest (Abschn. 5.2.2) oder Olivin ($(Mg, Fe)_2SiO_4$).

3.1.2.3.2 Magnesium, metallisch

Mg-Verbrauch 1980:

USA	87.000 t
USSR	60.000 t
BRD	31.000 t
Japan	19.000 t

Wirtschaftliche Bedeutung: Die Produktion von Magnesium lag 1981 weltweit bei 298 000 t; die USA waren der größte Erzeuger. 1970 lag die Weltproduktion erst bei 220 000 t. 1980 wurden ferner 64 000 t Umschmelzmagnesium (Sekundärmagnesium) erzeugt. In der Bundesrepublik Deutschland wird seit Ende des 2. Weltkrieges kein Magnesium mehr hergestellt; der recht große Bedarf wird durch Importe gedeckt.

Mg-Herstellung nach zwei Verfahren:

- Schmelzflußelektrolyse von $MgCl_2$
- Silicothermische Reduktion von Dolomit

Energiebedarf in beiden Fällen ähnlich hoch

Herstellung: Magnesium wird entweder elektrolytisch aus Magnesiumchlorid (aus dem Meerwasser oder aus Salzseen bzw. Salzlagerstätten) oder durch thermische Reduktion von Erzen wie Dolomit mit Ferrosilicium hergestellt. 40% der Magnesium-Hersteller in der westlichen

Welt arbeiten nach dem Elektrolyseverfahren; auf sie entfallen aber bis zu 80% der Weltproduktion.

Bei der Schmelzflußelektrolyse wird wasserfreies Magnesiumchlorid im Gemisch mit Alkali- und Erdalkalichloriden (der Elektrolyt enthält meist 8 bis 24% $MgCl_2$) bei 700 bis 800 °C mit Zersetzungsspannungen von 5 bis 7 V an Eisenkathoden in Magnesium übergeführt. Die Anoden bestehen aus Graphit; hier entsteht als Nebenprodukt Chlor, das aber meist nicht auf den Markt gegeben, sondern zur Gewinnung von Magnesiumchlorid benutzt wird. Das abgeschiedene Magnesium sammelt sich an der Oberfläche der Schmelze und wird abgesaugt. Die Energieausbeute liegt bei 80 bis 90%, da Wärmeverluste und Nebenreaktionen auftreten. Eine Zelle wird mit bis zu 250 kA belastet. Nach dem Dow-Prozeß wird anstelle von wasserfreiem ein hydratisiertes Magnesiumchlorid eingesetzt ($MgCl_2 \cdot 1.5$ bis $2\ H_2O$).

Die beiden größten Mg-Hersteller der westlichen Welt erzeugen Mg elektrolytisch (USA, Norwegen). Erste industrielle Mg-Produktion: 1886 in Deutschland

Bei der silicothermischen Gewinnung von Magnesium wird calcinierter Dolomit mit 70 bis 85%igem Ferrosilicium bei etwa 1200 °C unter Vakuum umgesetzt, gemäß

$$2(CaO \cdot MgO) + Si(Fe) \longrightarrow 2\,Mg + \underbrace{Ca_2SiO_4 + (Fe)}_{\text{Schlacke}}$$

Das zunächst dampfförmige Magnesium wird in einer Kondensationskammer niedergeschlagen. In einer Verfahrensvariante (Magnethermverfahren) wird noch Aluminiumoxid zugesetzt, um eine flüssige $CaO\text{-}SiO_2\text{-}Al_2O_3$-Schlacke zu erhalten. Die erforderliche Energie wird über eine Widerstandsheizung zugeführt, da die Schlacke elektrisch leitend ist (Kontakt zum Ofenboden).

Vor der Weiterverarbeitung muß das Rohmagnesium aus der Elektrolyse oder der thermischen Reduktion gereinigt werden (Raffination). Hierzu wird das flüssige Metall mit Salzschmelzen (Alkali- und Erdalkalichloride bzw. -fluoride) durch Einrühren in Kontakt gebracht. Reinstmagnesium wird durch Destillation hergestellt.

Verwendung: 1980 wurden weltweit 284 000 t metallisches Magnesium verbraucht. Die Hauptmenge wird zur Herstellung von Legierungen verwendet, vornehmlich mit Aluminium (über 99% aller Magnesium-Legierungen enthalten Aluminium). Man unterscheidet die eigentli-

Hauptverwendung von Mg:

- Mg-Legierungen mit <10% Al, Mn, Zn, Si, Be
- Al-Legierungen mit 90% Al, Rest Mg

Mg ist mit einer Dichte von 1.74 g/cm³ das leichteste Konstruktionsmetall

chen – extrem leichten – Magnesium-Legierungen mit Magnesium als Hauptbestandteil und Zusätzen von bis zu 10% an Aluminium, Mangan, Zink, Silicium, Beryllium u. a. und die Aluminium-Legierungen mit bis zu 11% Magnesium. Von den Eigenschaften her unterscheidet man Guß- und Knetlegierungen. Magnesium wird ferner bei der thermischen Reduktion von Metallchloriden und anderen Verbindungen eingesetzt, z. B. bei der Herstellung von Titan, Uran, Zirconium, Hafnium und Beryllium. In der Eisen- und Stahlindustrie dient Magnesium in steigender Menge als Entschwefelungs- und Desoxidationsmittel sowie zur Herstellung von Sphärogußeisen. Magnesiumpulver findet in der Pyrotechnik Anwendung, das Metall in Spanform in der organischen Synthese zur Herstellung von Grignard-Reagentien. Auch zur Synthese der Antiklopfmittel Tetramethyl- bzw. Tetraethylblei wird Magnesium eingesetzt.

Sonstige Verwendung von Mg:

- Reduktion von Metallchloriden
- Entschwefelungs- u. Desoxidationsmittel in der Stahlindustrie
- Pyrotechnik
- Synthese von Antiklopfmitteln

3.1.2.3.3 Magnesiumcarbonat

$MgCO_3$:

Wichtigste Mg-Verbindung; Förderung in den östlichen Ländern mit >50% Anteil am höchsten

Vorkommen und wirtschaftliche Bedeutung: Natürliches Magnesiumcarbonat (Magnesit) ist das technisch wichtigste Magnesium-Mineral; es kommt in kristallisierter oder amorpher Form in großen Mengen und abbauwürdigen Lagerstätten in China, der USSR, Nord-Korea, Brasilien und Australien vor. Die Weltreserven werden auf etwa 11 Mrd. t geschätzt; hinzu kommen die noch wesentlich größeren Lagerstätten des Doppelcarbonats Dolomit, der auch zur Herstellung von Magnesium und seinen Verbindungen eingesetzt wird. Die weltweite Förderung an Roh-Magnesit lag 1981 bei über 11 Mio. t; die Hauptförderländer sind China und die USSR (Anteil je etwa 20%), Nord-Korea (15%), Österreich (10%), Griechenland (8%). An Rohdolomit wurde 1982 in der Bundesrepublik Deutschland ca. 1 Mio. t gefördert.

Synth. $MgCO_3$ aus Mg-Salzen und CO_2

Herstellung: Magnesiumcarbonat wird im Bergbau – meist im Tagebau – gewonnen und über Schwerkraftsortierung, Flotation oder Magnettrennung aufbereitet; in gewissem Umfang stellt man auch Magnesiumcarbonat-Hydrat $MgCO_3 \cdot 4\,H_2O$ bzw. basisches Magnesiumcarbonat ($4\,MgCO_3 \cdot Mg(OH)_2 \cdot 4\,H_2O$, Hydromagnesit, Magnesia alba) über Fällungsreaktionen synthetisch her, und zwar durch Umsetzung von Magnesiumsalz-Lösungen (z. B. Endlaugen der Kaliindustrie) mit Ammoniumcarbonat und -hydrogencarbonat, durch

Carbonisierung von gefälltem Magnesiumhydroxid unter Druck oder durch Calcinierung oder Teilcalcinierung von Dolomit (CaO · MgO bzw. $CaCO_3$ · MgO) und anschließender Umsetzung mit Kohlendioxid zu löslichem Magnesiumhydrogencarbonat, das durch Erwärmen in basisches Magnesiumhydrogencarbonat übergeführt wird.

Verwendung: Natürlicher, ungebrannter Magnesit wird nur wenig direkt verbraucht. Überwiegend wird er durch Calcination (ab 550 °C) in verschiedene, hauptsächlich refraktäre Magnesia-Qualitäten übergeführt. In den USA spielt diese Technologie nur eine geringe Rolle, da etwa 90% aller technischen Magnesium-Verbindungen aus dem Magnesium-Gehalt von Meerwasser und Salzsolen stammen. Synthetisches Magnesiumcarbonat – insbesondere basisches – wird zur Herstellung von Wärmeisoliermaterialien verwendet, ferner als Füllstoff für Papier, Kunststoffe, Kautschuk, in der Lack- und Druckfarbenindustrie, als Zusatz zu Kochsalz (Verhinderung des Zusammenbackens) und in der Pharmazie.

Natürliches $MgCO_3$ wird fast ausschließlich zur MgO-Herstellung eingesetzt

3.1.2.3.4 Magnesiumoxid

Wirtschaftliche Bedeutung: Magnesiumoxid ist – neben Magnesiumcarbonat – die technisch wichtigste Magnesium-Verbindung. Die Weltproduktion lag Mitte der 70er Jahre bei etwa 7 Mio. t, davon wurden 2 Mio. t aus Meerwasser bzw. Salzsolen hergestellt.

Herstellung: Die Rohstoffe zur Gewinnung von Magnesiumoxid sind entweder natürliches Magnesiumcarbonat (Magnesit) – das calciniert wird – oder Magnesiumchlorid aus Seewasser und Salzsolen (Salzlagerstätten). Auch Dolomit kann als Ausgangsmaterial eingesetzt werden. Bei der Gewinnung von Magnesia aus dem Meerwasser wird mit Hilfe von gebranntem und gelöschtem Kalk, oder noch besser mit Dolomit, Magnesiumhydroxid gefällt. Das abgetrennte Hydroxid wird dann calciniert. Die verschiedenen Magnesia-Qualitäten unterscheiden sich durch Art und Temperatur des Calciniervorganges von Magnesiumcarbonat bzw. -hydroxid. Reaktionsfähiger „Magnesia-Kauster" („chemische Magnesia") wird bei 600 bis 1000 °C gebrannt, totgebrannte Sintermagnesia bei 1700 bis 2000 °C. Schmelzmagnesia wird bei 2800 bis 3000 °C im elektrischen Lichtbogenofen erschmolzen.

Rohstoffe für MgO sind zu fast 80% Magnesit bzw. Dolomit, zu 20% Meerwasser-$MgCl_2$

MgO-Herstellung durch Calcinierung von

- $MgCO_3$
- $Mg(OH)_2$ (aus $MgCl_2$)

MgO-Qualitäten unterscheiden sich hauptsächlich durch die Calcinierbedingungen

MgO-Typen:

- chemische (kaustische) Magnesia
- Sintermagnesia
- Schmelzmagnesia

Hauptverwendung von MgO:
Feuerfest- und Eisenhüttenindustrie

Verwendung: Das wichtigste Magnesiumoxid-Produkt ist Sintermagnesia (Schmelzpunkt 2800 °C) für die Feuerfestindustrie (Auskleidung von metallurgischen Öfen, Rohmaterial für feuerfeste Steine). Man unterscheidet (basische) Magnesit-, Magnesit-Chrom- und Chrom-Magnesit-Steine. Insbesondere bei der Stahlerzeugung (LD-Verfahren) spielen Magnesia-haltige Gefäßmaterialien eine wichtige Rolle. Auch für Wärmespeichermaterialien findet Magnesiumoxid Verwendung. Noch reaktionsfähige chemische Magnesia gewinnt in den letzten Jahren steigende Bedeutung. So entfielen in den USA 1980 vom Gesamt-Magnesiumoxid-Absatz von 1.1 Mio. t bereits 1/3 auf chemische Magnesia, 1975 lag der Anteil erst bei 15%. Magnesiumoxid wird auf dem Gebiet der Dünge- und Futtermittel, zur Herstellung von Baustoffen (Magnesiabinder, sog. Sorelzement, sowie Leichtbauplatten) und in der chemischen bzw. pharmazeutischen Industrie eingesetzt.

Schmelzmagnesia findet hauptsächlich in der Elektrowärmeindustrie als Isoliermaterial Anwendung.

3.1.2.3.5 Magnesiumchlorid

$MgCl_2$ wird überwiegend bei den Mg-Produzenten hergestellt:

1976 ca. 600 000 t in der westlichen Welt

Wirtschaftliche Bedeutung: Da die Produktion von Magnesiumchlorid eng mit der Herstellung von metallischem Magnesium verknüpft ist, folgt die Entwicklung diesem Einsatzgebiet. Mitte der 70er Jahre wurden ca. 600 000 t Magnesiumchlorid in der westlichen Welt hergestellt.

Herstellung: Magnesiumchlorid kommt in großen Mengen in der Natur vor (s. S. 242). Es wird auf mancherlei Weise gewonnen:

$MgCl_2$-Herstellung:

- aus Meerwasser
- aus Salzseen
- aus natürlichen Salzsolen
- aus Endlaugen der Kaliindustrie
- aus $MgCO_3$ oder MgO

Aus den Endlaugen der Kali-Industrie (meist als Hexahydrat), aus Meerwasser, Salzseen oder Salzsolen, oder aus Magnesiumcarbonat (und Salzsäure) bzw. Magnesiumoxid (und Chlor).

Nach dem Verfahren der Dow Chemical wird Meerwasser mit Kalkmilch versetzt, das ausgefällte Hydroxid mit Chlorwasserstoff umgesetzt (wobei durch gleichzeitige Zugabe von Schwefelsäure das mitgefällte Calcium als Sulfat abgetrennt wird) und die Magnesiumchlorid-Lösung bei etwa 200 °C eingedampft. Es resultiert ein Produkt mit etwa 1.5 bis 2 Mol Wasser.

Wasserfreies Magnesiumchlorid wird durch Entwässern des Hydrats bei >300 °C im Chlorwasserstoffstrom hergestellt.

Es kann auch durch direkte Chlorierung von Magnesiumoxid in Gegenwart von Kohle bei 1000 bis 1200 °C gewonnen werden:

$$2\,MgO + 2\,Cl_2 + C \longrightarrow 2\,MgCl_2 + CO_2\,(oder\,CO).$$

Verwendung: Der größte Teil des Magnesiumchlorids wird – entweder in wasserfreier Form oder nach dem Dow-Chemical-Verfahren als Sesquihydrat – für die elektrolytische Magnesium-Herstellung verwendet. Das Hexahydrat dient in Mischung mit Magnesiumoxid (Bildung von Magnesiumoxichloriden) in der Bauindustrie zur Herstellung von Sorelzement und von Leichtbauplatten. Magnesiumchlorid wird auch bei der Granulierung von Düngemitteln eingesetzt, ferner in der Erdöl- und Zuckerindustrie und als Staubbindemittel (Bergbau, Straßen).

Über 80% des $MgCl_2$ wird für die elektrolytische Mg-Herstellung verbraucht, der Rest geht zum großen Teil in den Bausektor

3.1.2.3.6 Magnesiumsulfat

Wirtschaftliche Bedeutung: Die Weltproduktion an Magnesiumsulfat-Produkten – einschließlich Kaliummagnesiumsulfat (Düngemittel) – lag Mitte der 70er Jahre bei 3.4 Mio. t, davon 2.3 Mio. t als Kieserit $MgSO_4 \cdot H_2O$ (Nebenprodukt der Kaliindustrie). Die Haupterzeugerländer sind: USA, Bundesrepublik Deutschland und DDR.

$MgSO_4$-Produkte:

- $MgSO_4$ wasserfrei
- Kieserit $MgSO_4 \cdot H_2O$
- Bittersalz $MgSO_4 \cdot 7\,H_2O$
- Kaliummagnesiumsulfat

Herstellung: Magnesiumsulfat kommt weit verbreitet in der Natur vor, z. B. als Kieserit, als Bittersalz $MgSO_4 \cdot 7\,H_2O$ oder in Form von Doppelsalzen wie Kainit $4\,KCl \cdot 4\,MgSO_4 \cdot 11\,H_2O$ oder Langbeinit $K_2SO_4 \cdot 2\,MgSO_4$ in Salzlagerstätten, ferner in Salzsolen. Bei der Aufarbeitung von Kalisalzen wird es in großen Mengen entweder als Kieserit, Bittersalz oder wasserfreies Magnesiumsulfat gewonnen. Auch aus Magnesiumcarbonat oder Meerwasser-Magnesiumhydroxid wird durch Umsetzen mit Schwefelsäure Magnesiumsulfat hergestellt.

$MgSO_4$ – wichtiges Nebenprodukt der Kaliindustrie

Verwendung: Magnesiumsulfat dient in der Kaliindustrie zur Herstellung von Kaliumsulfat (aus Kaliumchlorid), Natriumsulfat und Kalimagnesia (K/Mg-Sulfat). Ferner wird Magnesiumsulfat – speziell Kieserit – als Dünge-

Haupteinsatzgebiet für $MgSO_4$-Produkte (Kieserit, Kaliummagnesiumsulfat):

Düngemittelsektor

mittel (etwa 80% des Gesamtabsatzes) eingesetzt. Es wird außerdem in der Textilindustrie, bei der Herstellung von Baustoffen und Feuerfestmaterialien, in der Zellstoffindustrie und zur Herstellung von Futtermitteln und Motoröl-Additiven verwendet.

3.1.2.4 Calcium und seine Verbindungen

3.1.2.4.1 Vorkommen

Kalkstein und Kalk sind neben Kohle, Öl, Eisenerz, Schwefel und Kochsalz die wichtigsten Rohstoffe der modernen Industrie

$CaCO_3$-haltige Gesteine sind weit verbreitet; sie sind eine praktisch unerschöpfliche Rohstoffquelle

Calcium ist das fünfthäufigste Element in der Erdkruste, mit einem Anteil von ca. 4%. Die wichtigsten Mineralien sind Calciumcarbonat (Kalkstein, Kreide, Marmor, Muschelkalk, Jurakalk u. a.), Calciummagnesiumcarbonat (Dolomit, $CaCO_3 \cdot MgCO_3$), Calciumsulfat (Gips, $CaSO_4 \cdot 2\,H_2O$ bzw. Anhydrit, $CaSO_4$), Calciumphosphat (Apatit, $Ca_5[(PO_4)_3(F)]$), Calciumfluorid (Flußspat, CaF_2) und Calciumaluminiumsilikate (z. B. Anorthit, $CaO \cdot Al_2O_3 \cdot 2\,SiO_2$). Besonders die Vorräte an Kalkstein sind fast unbegrenzt: etwa 7% der Erdkruste bestehen aus diesem Mineral. Es ist das wichtigste Ausgangsmaterial für Calcium und seine Verbindungen.

3.1.2.4.2 Calcium, metallisch

Ca-Metall ist in der Technik von geringer Bedeutung

Herstellung:

durch alumothermische Reduktion von CaO

Metallisches Calcium wird nur in geringen Mengen hergestellt, etwa 1000 bis 2000 t/a weltweit. Die Herstellung geschieht derzeit durch thermische Reduktion von Calciumoxid mit Aluminium im Vakuum bei 1200 °C:

$$6\,CaO + 2\,Al \longrightarrow 3\,CaO \cdot Al_2O_3 + 3\,Ca_{gasf.}$$

Der gebildete Calciumdampf wird kondensiert. Die Schmelzflußelektrolyse von Calciumchlorid wird nicht mehr ausgeübt.

Verwendung:

- zur Herstellung von Zr, Th, U und SE
- Raffinationsmittel in der Metallurgie

Calcium dient zur Herstellung von Sondermetallen wie Zirconium, Thorium, Uran und der Seltenen Erden, ferner als Raffinationsmittel in der Metallurgie (Stahl, Kupfer, Magnesium, Tantal, Blei) und zur Herstellung von Calciumhydrid (Wasserstoff-Quelle).

3.1.2.4.3 Calciumcarbonat

Wirtschaftliche Bedeutung: Die Weltförderung von Kalkstein und anderen Calciumcarbonat-haltigen Mineralien wie Dolomit wird auf etwa 2 Mrd. t geschätzt, davon 730 Mio. t in den USA (1979). In der Industrie der Steine und Erden steht Kalkstein an zweiter Stelle; nur die Förderung von Sand und Kies ist höher. In der Bundesrepublik Deutschland betrug die Förderung an Rohkalkstein 1982 43 Mio. t. Die Produktion von gefälltem Calciumcarbonat lag 1978 in den USA bei 160000 t.

Die größten Kalkstein-Produzenten:

USA mit 36% Anteil, USSR, Japan, BRD

Gewinnung und Herstellung: Calciumcarbonat-haltige Mineralien werden meist bergmännisch im Tagebau gewonnen. Hochwertiger Kalkstein wird auch unter Tage abgebaut. In vergleichsweise geringer Menge wird feinteiliges Calciumcarbonat auch synthetisch hergestellt, z. B. durch Carbonisierung von Kalkmilch.

Gewinnung von $CaCO_3$:

bergmännisch

Herstellung von feinteiligem $CaCO_3$:

durch Carbonisierung von Kalkmilch

Verwendung: Natürliches Calciumcarbonat wird zum größten Teil in der Bauindustrie, z. B. im Straßenbau und in der Zementindustrie (1 t Kalkstein für 1 t Zement) eingesetzt. Darüber hinaus dient es zur Herstellung von gebranntem Kalk; es wird auch als Fluß- und Raffinationsmittel (Entschwefelungsmittel) sowie als Sinterhilfsmittel und Schlackenbildner in der Metallurgie verwendet, z. B. bei der Erzeugung von Roheisen. Bedeutende Mengen von Kalkstein gehen in die Landwirtschaft, in die Glasherstellung und als Entschwefelungsmittel in die Rauchgasreinigung; in gemahlener Form wird er auch als Füllstoff eingesetzt. Ein wichtiger Füllstoff ist gefälltes Calciumcarbonat, z. B. in der Papierherstellung, wo 75% dieses Calciumcarbonats verbraucht werden. Auch in der Gummi- und Kunststoffindustrie und bei der Herstellung von Anstrichmitteln findet das Material Verwendung.

Verwendung von natürlichem $CaCO_3$ (USA 1981):

72%	Bauindustrie (überwiegend Tiefbau)
14%	für Portland-Zement
5%	für gebrannten Kalk
5%	Düngemittel
3%	Stahlindustrie

Verwendung von feinteiligem $CaCO_3$:

als weißer Füllstoff, u. a. für Anstrichmittel und in der Papierindustrie

3.1.2.4.4 Calciumoxid und Calciumhydroxid

Wirtschaftliche Bedeutung: Calciumoxid (gebrannter Kalk) und Calciumhydroxid (gelöschter Kalk, Kalkhydrat) sind neben Calciumcarbonat die wichtigsten Calcium-Verbindungen; sie finden in fast allen Bereichen der Technik Anwendung. Die Weltproduktion (einschließlich gebrannter Dolomit) lag 1981 bei 117 Mio. t. Größter Produzent ist die USSR. Als Produkt überwiegt ein-

$CaO/Ca(OH)_2$-Produktion (1981, Mio. t):

USSR	25
USA	17.1
Polen	6.7
Japan	8.5
BRD	8.5
Frankreich	3.7
DDR	3.4

Aufteilung der USA-Produktion (1981):

Branntkalk	86%
Kalkhydrat	12%
gebrannter Dolomit	2%

deutig der gebrannte Kalk. Calciumoxid wird – z. T. in sehr kleinen Anlagen – in der ganzen Welt hergestellt, vorwiegend jedoch in den hochindustrialisierten Ländern.

Herstellung von gebranntem Kalk in Schacht- oder Drehrohröfen

Herstellung von CaO stark endotherm, von $Ca(OH)_2$ exotherm

Herstellung: Calciumoxid wird durch Calcination von Kalkstein bei etwa 1000 bis 1200 °C gewonnen. Als Brennaggregat werden verschiedene Schachtofentypen oder auch Drehrohröfen – letztere hauptsächlich in den USA (z. B. mit einer Kapazität von 1000 t/d) – eingesetzt. Calciumhydroxid entsteht durch langsame Zugabe von Wasser (Löschen) zum Calciumoxid; der Prozeß ist stark exotherm.

Beim sog. Trockenlöschverfahren wird nur soviel Wasser zugegeben, daß ein trockenes Hydrat entsteht, das leicht zu handhaben ist.

Verwendung von CaO (USA, 1981):

51%	Metallurgie (davon 42% Stahlherstellung, Rest: Bauxitverarbeitung, Kupferflotation, Mg-Herstellung)
20%	Chemikalien, Zucker, Papier, Glas u. a.
17%	Umweltschutz
6%	Bauindustrie
2%	Feuerfestindustrie

Verwendung: Ein großer Teil des erzeugten – möglichst weichgebrannten – Kalks geht in die Metallurgie, z. B. in die Eisen- und Stahlindustrie zur Entfernung von Phosphor und Schwefel aus der Metallschmelze. Weitere Mengen dienen in der chemischen Industrie zur Herstellung von Calcium-Verbindungen (Calciumcarbid, Kalkstickstoff) oder von Soda nach dem Solvay-Verfahren sowie als Neutralisations- und Fällungsmittel. In der Umwelttechnik wird Kalk bei der Wasser- und Abwasserbehandlung eingesetzt, ferner zur Entfernung von Schwefeldioxid aus Rauchgasen. Auch die Zuckerindustrie ist ein bedeutender Abnehmer. Schließlich gehen relativ große Mengen Branntkalk bzw. Kalkhydrat in die Bauindustrie (Herstellung von Mörtel, von Baustoffen, z. B. Kalksandsteinen, Bodenverfestigung im Straßenbau). Auch die Landwirtschaft sowie die Feuerfestindustrie (totgebrannter Dolomit) nimmt gebrannten Kalk auf. In den USA überwog 1979 der Einsatz in der Metallurgie; dagegen war in der Bundesrepublik Deutschland 1976 die Bauindustrie der größte Abnehmer.

3.1.2.4.5 Calciumchlorid

$CaCl_2$ fällt in großen Mengen als Nebenprodukt bei chemischen Prozessen an

Wirtschaftliche Bedeutung: Calciumchlorid fällt in großen Mengen bei verschiedenen chemischen Prozessen, z. B. beim „Ammoniak-Soda“-Verfahren oder bei der Propylenoxid-Herstellung nach dem Chlorhydrin-Verfahren, als Nebenprodukt an; nur ein kleiner Teil wird auf reines Calciumchlorid aufgearbeitet. In den USA wurden 1981 etwa 0.83 Mio. t produziert, bezogen auf Calciumchlorid-Dihydrat, davon 0.64 Mio. t aus natürlichen Quellen (unterirdische Salzsolen; bergmännisch).

Herstellung: Synthetisches wasserhaltiges Calciumchlorid wird aus den Calciumchlorid-haltigen Endlaugen des Solvay-Prozesses (s. S. 231) durch Eindampfen erst im Vakuum, dann bei Normaldruck gewonnen. Auch aus Abfallsäure wird durch Umsetzung mit Kalkstein Calciumchlorid hergestellt. Wasserfreies Calciumchlorid erhält man z. B. durch Eindampfen in Wirbelschichttrocknern oder Sprühtürmen.

Verwendung: Calciumchlorid wird als Trockenmittel, Staubbindemittel (Straßenverfestigung, im Bergbau), Kühl-, Tau- und Frostschutzmittel, z. B. gegen Straßenvereisung bei tiefen Temperaturen, wo Kochsalz nicht mehr wirksam ist, eingesetzt. Ferner dient es als Betonzusatzmittel und wird in verschiedenen chemischen und metallurgischen Prozessen verwendet. Steigende Bedeutung hat der Zusatz von Calciumchlorid zu Erdöl-Bohrschlämmen (zur Konditionierung der Bohrspülmittel). In den USA überwog 1981 der Einsatz gegen Straßenvereisung.

Verwendung von $CaCl_2$ (USA, 1980):

35% als Mittel gegen Straßenvereisung
20% als Staubbindemittel
20% für technische Zwecke
12% bei der Erdölgewinnung
5% bei der Betonherstellung

3.1.2.4.6 Calciumcarbid

Wirtschaftliche Bedeutung: Die Produktion von Calciumcarbid lag 1980 in der Bundesrepublik Deutschland bei etwa 0.46 Mio. t, in den USA bei 0.232 Mio. t. Wegen der abnehmenden Bedeutung von Acetylen in der organischen Chemie (Ersatz z. B. durch Ethylen) und des stagnierenden Einsatzes von Kalkstickstoff als Düngemittel ist die Carbid-Produktion rückläufig; die Weltproduktion, die Mitte der 60er Jahre noch etwa 10 Mio. t betrug, sank bis Mitte der 70er Jahre auf nur noch 6 Mio. t.

CaC_2-Produktion ist rückläufig, hauptsächlich wegen des Rückgangs der Acetylenchemie (Ablösung durch Petrochemie)

Herstellung: Calciumcarbid wird technisch durch Umsetzung von hochreinem Calciumoxid mit Koks im elektrischen Ofen (Lichtbogen-Reduktionsofen) bei 2000 bis 2200 °C hergestellt:

CaC_2-Herstellung ist sehr energieaufwendig; an die Reinheit der Rohstoffe werden hohe Anforderungen gestellt

$$CaO + 3C \longrightarrow CaC_2 + CO, \Delta H = 464 \text{ kJ/mol}$$

Das gebildete etwa 80%ige Carbid (Rest hauptsächlich CaO) fällt zunächst in flüssiger Form an und wird in Blöcken abgestochen. Entscheidend für die Wirtschaftlichkeit einer Carbidproduktion ist neben den Rohstoffkosten (Kalk, Kohle) der Strompreis, da der Prozeß energieaufwendig ist (2800 bis 3100 kWh pro t). Die Carbidöfen (mit Leistungen bis 70 MW) werden meist mit Drehstrom betrieben und verwenden Söderberg-Hohlelektroden aus Kohlenstoff, die tief in das Reaktionsgut eintauchen.

Verwendung von CaC_2:

- Herstellung von Acetylen
- Azotierung zu Kalkstickstoff
- Entschwefelung von Eisen bei der Stahlherstellung

Verwendung: Die Haupteinsatzgebiete für Calciumcarbid sind:

- die Acetylenerzeugung:

$$CaC_2 + 2H_2O \longrightarrow C_2H_2 + Ca(OH)_2$$

  hauptsächlich für Schweißzwecke (Autogentechnik) und zur Herstellung von Spezialruß

- die Produktion von Kalkstickstoff (Calciumcyanamid):

$$CaC_2 + N_2 \longrightarrow CaCN_2 + C$$

- die Entschwefelung und Desoxidation von Roheisen und Stahl

Die Bedeutung von „Carbid-Acetylen" für die technische Chemie ist stark zurückgegangen

Seit der Entwicklung von petrochemischen Acetylen-Herstellungsverfahren wird Carbid-Acetylen kaum noch in der organischen Synthese eingesetzt. In den USA wurden Ende der 70er Jahre nur noch 14% aller auf Acetylen basierenden organischen Chemikalien auf Basis Carbid-Acetylen hergestellt.

3.1.2.5 Strontium und seine Verbindungen

Strontium besitzt nur auf Spezialgebieten Bedeutung (USA, 1980):

- Herstellung von Spezialgläsern (Farbfernseher) 64%
- von Magnetwerkstoffen 5%
- Signal- und Pyrotechnik 16%

In der Natur kommt Strontium hauptsächlich als Sulfat (Cölestin, $SrSO_4$) oder als Carbonat (Strontianit, $SrCO_3$) vor. Hauptförderländer sind Mexiko, Spanien, Türkei, England, Iran, Algerien. Strontium als Metall besitzt praktisch keine technische Bedeutung. Von den Strontium-Verbindungen ist Strontiumcarbonat am wichtigsten. Der Absatz in den USA lag 1982 bei etwa 19000 t (Herstellung von Bildschirmglas für Farbfernseher 77%, ferritische Magnetwerkstoffe 16%), der Gesamtverbrauch an Strontium-Verbindungen 1980 etwa bei 18000 t, berechnet auf Strontium (davon 16% für die Pyro- und Signaltechnik).

3.1.2.6 Barium und seine Verbindungen

3.1.2.6.1 Vorkommen und wirtschaftliche Bedeutung

Das derzeit einzig interessante Barium-Mineral ist Schwerspat ($BaSO_4$, Baryt). Die Weltförderung – in über 30 Ländern – betrug 1981 etwa 7.9 Mio. t, davon USA 2.6 Mio. t, Ostblock 1.7 Mio. t. In der Bundesrepublik Deutschland lag die absatzfähige Rohförderung und die Menge von aufbereitetem Schwerspat 1980 bei 0.175 Mio. t. Die Weltreserven an Schwerspat werden auf etwa 1.8 Mrd. t geschätzt, davon 350 Mio. t gesicherte Reserven. Von der Schwerspatförderung wird nur ein kleiner Teil – weniger als 5% – auf Barium-Chemikalien (Bariumcarbonat, Bariumsulfid, synth. Bariumsulfat, Bariumchlorid, Bariumhydroxid u. a.) verarbeitet. Über 90% wird bei der Erdöl- und Erdgasförderung als Suspension in den Bohrflüssigkeiten verbraucht. Allein die USA setzten 1979 für diesen Zweck etwa 2.5 Mio. t ein (durchschnittlich etwa 50 t pro Bohrung). Ein kleiner Teil des Baryts – etwa 5% – geht als Füllstoff in die Farben-, Lack-, Kunststoff- und Gummiindustrie sowie in die Glasherstellung. Metallisches Barium findet technisch kaum Verwendung. Die Weltproduktion wird nur auf wenige Tonnen geschätzt. Verwendet wird es z. B. als Gettermaterial bei der Röhrenherstellung.

Rohstoff zur Herstellung von Barium und seinen Verbindungen ist Schwerspat ($BaSO_4$)

Verwendung von natürlichem $BaSO_4$:

- 90% Erdöl- und Erdgasförderung
- 5% Füllstoff, Glasherstellung
- 5% Bariumchemikalien

Technisch wichtige Ba-Chemikalien:

$BaCO_3$, $BaCl_2$, $BaSO_4$ synth., BaS, $Ba(OH)_2$

3.1.2.6.2 Bariumcarbonat

Wirtschaftliche Bedeutung Nach natürlichem Bariumsulfat ist Bariumcarbonat $BaCO_3$, das in der Natur als Mineral Witherit vorkommt, die wichtigste Barium-Verbindung. Die Produktion lag 1980 in den USA bei etwa 32000 t.

$BaCO_3$ ist nach natürlichem $BaSO_4$ die wichtigste Ba-Verbindung

Herstellung: Zur Herstellung von Bariumcarbonat wird Bariumsulfat zunächst mit Kohle bei 1000 bis 1200 °C im Drehrohrofen zu Bariumsulfid reduziert; dieses wird dann in gelöster Form entweder mit Kohlendioxid oder mit Soda versetzt, wobei Bariumcarbonat ausfällt:

$BaCO_3$-Herstellung:

$BaSO_4 \longrightarrow BaS \longrightarrow BaCO_3$

$$BaSO_4 + 4C \longrightarrow 4BaS + 4CO$$

$$BaS + CO_2 + H_2O \longrightarrow BaCO_3 + H_2S \text{ oder}$$

$$BaS + Na_2CO_3 \longrightarrow BaCO_3 + Na_2S$$

Verwendung:

- Ziegel- und Keramikindustrie
- Glasindustrie
- Erdölindustrie
- photographische Papiere

Verwendung: Das wichtigste Einsatzgebiet für Bariumcarbonat ist die Herstellung von Tonziegeln und keramischen Produkten; der Zusatz von Bariumcarbonat verhindert das Ausblühen von Salzen (Na-, Ca-sulfat). In den USA macht dieses Gebiet 33% des Absatzes aus. Weitere 28% gehen in die Glasindustrie (z. B. zur Herstellung von optischen Spezialgläsern und Fernsehbildschirmen). Weiterhin wird Bariumcarbonat für Spezialkeramik (Bariumferrit bzw. -titanat), in der Erdölindustrie, in photographischen Papieren und schließlich auch zur Herstellung anderer Bariumverbindungen verwendet.

3.1.2.6.3 Bariumsulfid

BaS:

- wichtigstes Zwischenprodukt für Ba-Verbindungen
- Herstellung von H_2S

Bariumsulfid ist das wichtigste Zwischenprodukt zur Herstellung von Barium-Verbindungen; es dient auch zur Herstellung der Lithopone ($ZnS + BaSO_4$) und von Schwefelwasserstoff. Die Produktion lag in den USA 1979 bei 44 000 t.

3.1.2.6.4 Bariumsulfat

Synthetisches $BaSO_4$:

- Herstellung aus $BaS + Na_2SO_4$
- Verwendung:
  Füllstoff u. Weißpigment; Bedeutung der Lithopone ($BaSO_4 + ZnS$) ist stark zurückgegangen

Synthetisches (gefälltes) Bariumsulfat wird durch Umsetzen einer Bariumsulfid-Lösung mit Natriumsulfat hergestellt. Synthetisches Bariumsulfat findet als Füllstoff und Weißpigment bei der Papierherstellung (Barytweiß) sowie in der Lack-, Gummi- und Kunststoffindustrie Anwendung. Fällt man Bariumsulfat gemeinsam mit Zinksulfid aus, so entstehen die Weißpigmente Lithopone, die wegen der Entwicklung der Titandioxid-Pigmente aber an Bedeutung verloren haben.

Literatur zu Kapitel 3.1.2 Erdalkalimetalle und ihre Verbindungen

Allgemeine Literatur:

A. F. Trotman-Dickenson: *Comprehensive Inorganic Chemistry*. 1. Ed., Vol. 1, pp. 531 – 664, Pergamon Press, Oxford (1973).

Kirk-Othmer: *Encyclopedia of Chemical Technology*. 2. Ed., Vol. 19, pp. 48 – 54 (1969), 3. Ed., Vol. 3, pp. 457 – 479, pp. 803 – 829 (1978), Vol. 4, pp. 412 bis 448, pp. 505 – 519 (1979), Vol. 14, pp. 343 – 382, pp. 570 – 646 (1981), John Wiley & Sons, New York.

Ullmanns Encyklopädie der technischen Chemie. 4. Aufl., Bd. 8, S. 301 – 311, S. 442 – 460 (1974), Bd. 13, S. 484, S. 497 – 508 (1977), Bd. 16, S. 319 – 329, S. 331 – 356 (1978), Verlag Chemie, Weinheim.

Spezielle Literatur:

Beryllium und seine Verbindungen:

Minerals Yearbook. US Department of the Interior, Washington, p. 135 (1981).

Chemical Economics Handbook. SRI International, Menlo Park, California, 716 1000 (1978).

Mineral Commodity Summaries, 1981, Bureau of Mines, Washington, pp. 18 – 19.

Magnesium und seine Verbindungen:

Magnesium, metallisch:

Minerals Yearbook. US Department of the Interior, Washington, p. 557 (1981).
Chemical Economics Handbook SRI International Menlo Park, California, 747 1000 (1979). 733 1001 (1980).
Metallstatistik. 1970 – 1980, Metallgesellschaft AG, Frankfurt a. M., 1981, S. 5, S. 52 – 54.
World Minerals Statistics. 1975 – 1979, Institute of Geological Sciences, Natural Environment Research Council, London 1981, p. 258.

Magnesium-Verbindungen:

Minerals Yearbook. US Department of the Interior, Washington, p. 572 (1981).
Chemical Economics Handbook. SRI International, Menlo Park, California, 747 2000 (1980, 1981).
Markets, "Magnesium Oxide makes a Comeback", *Chemical Week*, Jan. 7, 1981, p 43.
World Minerals Statistics. 1975 – 1979, Institute of the Geological Sciences, Natural Environment Research Council, London 1981, p. 144.
Mineral Commodity Summaries, 1981, Bureau of Mines, Washington, pp. 92 – 93.
Chemical Briefs 2, Magnesium oxide, Chemical Purchasing, March 1982, pp. 55 – 74.

Calcium und seine Verbindungen:

Minerals Yearbook. US Department of the Interior, Washington, pp. 172, 537, 543, 546, 547 (1981).
Chemical Economics Handbook. SRI International, Menlo Park, California, 724 5020, 746 1000 (1978) Supplemental Data, April 1983.
"Key Chemicals, Lime", *Chem. Eng. News*, March 23, p. 24, 1981.
"Chemical Profile: Calcium Chloride." *Chem. Mark. Rep.* Nov. 23, 1981, p. 9.
„Rückläufige Calciumchloriderzeugung in den USA". *VWD Chemie*, 3. 7. 1981, S. 7 – 8.
"Aragonite, A Mineral Mined From the Sea", *The Glass Industry*, Dec. 1980, p. 15.
Statistisches Bundesamt Wiesbaden, Fachserie 4, *Produktion im Produzierenden Gewerbe nach Waren und Warengruppen*, 1981, S. 9, S. 10, S. 93, 1982, S. 23.
Mineral Commodity Summaries, 1981, Bureau of Mines, Washington, p. 86 – 87.

Strontium und seine Verbindungen:

Chem. Mark. Rep. May 3, 1982, p. 54.

Barium und seine Verbindungen:

Minerals Yearbook. US Department of the Interior, Washington, pp. 86 – 94, (1978 – 1979), p. 120 (1981).
World Mineral Statistics 1975 – 1979. Institute of Geological Sciences, Natural Environment Research Council, London 1981, p. 23.
Markets, "1978 World Barite Production and Reserves". *Chem. Week*, Febr. 28, 1979.
Chemical Economics Handbook. SRI International, Menlo Park, California, 715 1000, 715 2000 (1978, 1981).
Mineral Commodity Summaries, 1981, Bureau of Mines, Washington, pp. 14 – 15.
Statistisches Bundesamt, Fachserie 4, *Produktion im Produzierenden Gewerbe nach Waren und Warengruppen*, 1981, S. 7.

3.2 Aluminium und seine Verbindungen

3.2.1 Allgemeines

Aluminium ist das wichtigste Nicht-Eisenmetall, bedeutsamer noch als Kupfer, Zink oder Blei.

Al ist das von seiner Masse, und erst recht vom Volumen her, wichtigste NE-Metall

Von den Aluminium-Verbindungen besitzen – abgesehen von Keramik- und Tonprodukten auf Basis von Alumosilikaten (s. S. 433 ff) – Aluminiumhydroxid bzw. Aluminiumoxid die größte Bedeutung, da sie Rohstoff für die Aluminium-Herstellung sind. Technisch wichtig sind auch Aluminiumsulfat, Aluminiumchlorid und Natriumaluminat sowie Aluminiumfluorid und Kryolith (Abschn. 1.7.1).

Technisch wichtige Al-Verbindungen:

$Al(OH)_3$, Al_2O_3, $Al_2(SO_4)_3$, $AlCl_3$, $NaAlO_2$, AlF_3, Na_3AlF_6

3.2.2 Vorkommen

Al ist das dritthäufigste Element in der Erdkruste (nach O und Si). Es kommt vor allem vor in

- Feldspäten
- Tonen
- Glimmern
- Bauxiten

Aluminium ist eines der am häufigsten auf der Erde vorkommenden Elemente; der Anteil in der Erdkruste beträgt 8.8%. Es liegt in der Natur überwiegend als Oxid vor, meist in Kombination mit den Oxiden anderer Elemente (Na, Ca, Si), so in den Feldspäten (z. B. Kalkfeldspat, Anorthit $CaO \cdot Al_2O_3 \cdot SiO_2$) oder deren Verwitterungsprodukten, nämlich in Tonmineralien (z. B. Kaolinit $Al_2O_3 \cdot 2SiO_2 \cdot 2H_2O$ und Montmorillonit $Al_2O_3 \cdot 4SiO_2 \cdot H_2O$) oder Glimmern (z. B. Muskovit). Die technisch für die Aluminium-Erzeugung wichtigsten Mineralien sind jedoch nicht die Tone, sondern die hieraus durch weitere Verwitterung entstandenen Bauxite (Laterite). Bauxit ist kein einheitliches Material, sondern stellt ein Gemenge aus verschiedenen Aluminiumoxidhydraten bzw. Hydroxiden (z. B. Böhmit, γ-AlO(OH), Diaspor, α-AlO(OH), Hydrargillit (Gibbsit), α-$Al(OH)_3$) mit Alumosilikaten, Eisen- und Titanoxiden u. a. mehr dar (Aluminiumoxidgehalte 35 bis 70%, meist 50 bis 65%).

Rohstoffe für die Aluminium-Herstellung sind fast ausschließlich die Bauxite: Gemenge von AlO(OH) und $Al(OH)_3$ mit SiO_2, Fe_2O_3, TiO_2 u. a. mehr (Al_2O_3-Gehalt meist 50 bis 65%)

Am wertvollsten sind Bauxite mit hohem Gehalt an leicht aufschließbarem Hydrargillit (hierzu gehören die Laterite vieler tropischer Länder) und niedrigem Siliciumdioxid-Gehalt.

Da Bauxite in vielen Ländern der Welt in großen Mengen vorkommen, spielt die Verarbeitung silikatischer Aluminium-Mineralien keine Rolle mehr. Lediglich in der USSR werden im gewissem Umfang nicht-bauxitische Rohstoffe verarbeitet: Nephelin- bzw. Aluniterze (etwa 25% der Hüttenaluminium-Produktion der USSR werden auf dieser Basis erzeugt).

Verwendung von Bauxit:

- Al_2O_3-Herstellung (90%)
- Herstellung von Feuerfestmaterialien und Schleifprodukten
- für Al-Chemikalien

Die Bauxite werden zu über 90% auf Aluminiumoxid verarbeitet, der Rest wird zur Herstellung von Feuerfestmaterialien, Schleifprodukten und Aluminium-Chemikalien verwendet.

Geschätzte Bauxit-Förderung 1981 (Mio. t):

Australien	25.5
Guinea	12.1
Jamaika	11.7
Surinam	3.7
Brasilien	5.3
Griechenland	3.3
Jugoslawien	3.2
Guyana	1.7
Frankreich	1.9
Indien	2.1
USA	1.5
USSR	4.6
Welt	85.7

Die Weltförderung an Bauxit lag 1970 bei 60.7 Mio. t, 1981 bei etwa 86 Mio. t, wobei Australien die größte, die Bundesrepublik Deutschland keine Förderung aufzuweisen hatte. Die nachgewiesenen Weltreserven betragen 36 Mrd. t (ausreichend für 8 Mrd. t Al), die wahrscheinlichen Reserven 40 bis 50 Mrd. t. Über 80% der Reserven entfallen aber auf nur acht (meist tropische) Länder (z. B. 30% auf Guinea und 20% auf Australien).

3.2.3 Aluminium, metallisch

3.2.3.1 Wirtschaftliche Bedeutung

1970 wurden weltweit 10.3 Mio. t, 1981 dagegen bereits 15.1 Mio. t Aluminium produziert; die USA waren der größte Erzeuger. Daneben wurden in den westlichen Ländern weitere 3.8 Mio. t Sekundär-Aluminium aus Alt- und Abfallmaterial zurückgewonnen, in der Bundesrepublik Deutschland z. B. 0.4 Mio. t. Auch in Zukunft dürfte der Verbrauch an Aluminium, bedingt durch die Erschließung weiterer Einsatzgebiete, weiter zunehmen.

Al-Produktion 1980 (Mio. t):

Westliche Welt	12.8
USA	4.7
Canada	1.1
Japan	1.1
BRD	0.73
Östliche Welt	3.3
USSR	2.4
Welt	16.1

3.2.3.2 Herstellung

Die Grundlage der technischen Aluminium-Erzeugung ist der 1886 entwickelte Hall-Héroult-Prozeß. Hierbei wird Aluminiumoxid (zur Herstellung von Al_2O_3 aus Bauxit s. Abschn. 3.2.4.2), aufgelöst in komplexer Form in einer Kryolith (Na_3AlF_6)-Schmelze, bei Temperaturen von 940 bis 980 °C mit Gleichstrom elektrolysiert. An der Kohlenstoff-Kathode (Bodenauskleidung) wird metallisches Aluminium abgeschieden und flüssig abgezogen. An der ebenfalls aus Kohlenstoff bestehenden Anode (vorgebrannt oder Söderberg-Elektrode) entsteht Sauerstoff, der den Kohlenstoff in Kohlendioxid oder Kohlenmonoxid überführt, gemäß

Technische Al-Herstellung erfolgt z. Z. noch praktisch ausschließlich nach dem Hall-Héroult-Verfahren

$$2\,Al_2O_3 \longrightarrow 4\,Al + 3\,O_2$$

$$3\,C + 3\,O_2 \longrightarrow 3\,CO_2 \text{ (bzw. CO).}$$

Der Elektrolyt besteht im wesentlichen aus Natriumhexafluoraluminat (synth. Kryolith) mit Zusätzen von Aluminiumfluorid und auch Lithiumfluorid. Letzteres bildet sich in situ aus Lithiumcarbonat. Der Badanteil beträgt 2 bis 5%; durch den Zusatz wird die Temperatur der Schmelze herabgesetzt, die Leitfähigkeit verbessert, die Energieausbeute erhöht und die Fluor-Emission vermindert. Über 40% aller Aluminium-Produzenten in Nordamerika verwenden bereits diesen Zusatz. Aluminiumoxid wird in einer Menge von 7 bis 12% zugesetzt – in Abhängigkeit von der Badzusammensetzung –, die eutektische Mischung Natriumaluminiumhexafluorid/Alu-

Elektrolyt:

Na_3AlF_6 + 7 bis 12% Al_2O_3 + Zusätze (AlF_3, LiF u. a.)

LiF-Zusatz:

- verbessert Leitfähigkeit
- erhöht Energieausbeute
- vermindert F-Emission

miniumoxid mit 10.5% Aluminiumoxid schmilzt bei 960 °C. Die Stromausbeute liegt bei 85 bis 95%, die Zellenspannung bei 4.5 bis 5 V, der Anodenverbrauch beträgt etwa 0.5 kg/kg Aluminium, die Leistung einer Anlage – bestehend aus vielen (100 bis 200) in Reihe geschalteten Einzelzellen – liegt im Bereich 50 bis 300 kA.

Die Al-Erzeugung ist energieaufwendig; der Anteil der Energiekosten an der Al-Herstellung beträgt in westlichen Industrieländern 25 bis 30%

Das alte Problem der Al-Industrie, die Emission von Fluor, ist weitgehend gelöst

Die Aluminium-Erzeugung ist sehr energieintensiv, etwa 18 kWh pro kg Aluminium werden durchschnittlich verbraucht (in modernen Anlagen 14 kWh/kg). Die Emission von Fluor und damit der Fluor-Verbrauch pro t Aluminium konnte in den letzten Jahren sehr stark vermindert werden, z. B. durch Trockenadsorption bzw. -chemosorption der Fluorwasserstoff-haltigen Gase aus den Elektrolyseöfen mit Hilfe von Aluminiumoxid.

Das flüssige Reinaluminium aus den Elektrolyseöfen (Reinheit 99.5 bis 99.9%) wird, evtl. nach entsprechender Raffination, umgeschmolzen und vergossen. Reinstaluminium (99.99 bis 99.999%) wird durch Dreischicht-Schmelzflußelektrolyse mit Hilfe von Fluor-haltigen Flußmitteln oder durch fraktionierte Kristallisation hergestellt.

Al-Herstellung aus $AlCl_3$ nach dem Alcoa-Verfahren ist z. Z. noch ohne Bedeutung

Neben der Schmelzflußelektrolyse von Tonerde spielen andere Herstellungsverfahren, z. B. die energiegünstigere und umweltfreundlichere Elektrolyse von Aluminiumchlorid (Alcoa-Verfahren), praktisch noch keine Rolle.

3.2.3.3 Verwendung von Aluminium

Al-Verbrauch 1980 (Mio. t):

- Hüttenaluminium:

USA	4.5
Östliche Länder	3.3
Japan	1.6
BRD	1.04

- einschließlich Umschmelzaluminium und Schrotteinsatz:

Welt	15.3
USA	6.0
Östliche Länder	4.1
Japan	2.2
BRD	1.46

Al-Einsatzgebiete BRD (1980):

Verkehr (Fahrzeug-, Flugzeugbau)	20.8%
Bauwesen	14.6%
Verpackung	7.3%
Elektrotechnik	5.0%
Bürobedarf und Haushaltswaren	5.4%

Der Weltverbrauch lag 1980 bei 15.3 Mio. t Hüttenaluminium, einschließlich Umschmelzaluminium und direktem Schrotteinsatz bei 19.7 Mio. t. Größter Verbraucher waren die USA.

In der Bundesrepublik Deutschland überwiegt im Vergleich zu anderen Verwendungsgebieten wie Bauwesen, Verpackung oder Elektrotechnik der Einsatz von Aluminium im Fahrzeug- und Flugzeugbau.

Aluminium wird überwiegend in Form von Legierungen verwendet, da diese höhere Festigkeit besitzen als reines Aluminium bei mindestens ebenso guter Korrosionsbeständigkeit. Die wichtigsten Legierungselemente sind Kupfer, Magnesium, Mangan, Silicium und Zink; sie werden meist nur in wenigen Prozenten (allein oder vorwiegend kombiniert) dem Aluminium zulegiert. Man unterscheidet Knet- und Gußlegierungen. Die erste technisch wichtige Aluminium-Legierung war das aushärtbare Duralumin (1906) mit Zusätzen von Kupfer, Magnesium, Mangan und Silicium.

Maschinenbau	6.2%
Eisen- und Stahlindustrie (Legierungsmetall, Desoxidationsmittel)	4.4%
Verschiedenes	8.0%
Rest Export	

3.2.4 Aluminiumoxid und Aluminiumhydroxid

3.2.4.1 Wirtschaftliche Bedeutung

Die Weltproduktion an Aluminiumhydroxid (Tonerdehydrat, $Al(OH)_3$) lag 1970 bei 21.2 Mio. t, 1981 bei etwa 32.3 Mio. t (gerechnet als Aluminiumoxid). Haupterzeugerland sind die USA; auf alle westlichen Länder entfielen 26 Mio. t, auf die östlichen 6.2 Mio. t. Die Produktion an Aluminiumoxid (Tonerde, Al_2O_3) – als Korund in der Natur vorkommend – liegt etwas niedriger, da nicht alles Tonerdehydrat calciniert wird. In der Bundesrepublik Deutschland lag die Tonerdehydrat-Produktion z. B. 1982 bei 1.51 Mio. t, die von Tonerde bei 1.29 Mio. t. Daneben wurden noch 0.08 Mio. t Elektrokorund hergestellt.

Geschätzte Tonerdehydrat-Produktion 1981 (in Mio. t Al_2O_3):

USA	6.0
USSR	3.1
Jamaika	2.5
Japan	1.3
BRD	1.4
Welt	ca. 32.3

3.2.4.2 Herstellung

Die technische Herstellung von Aluminiumhydroxid bzw. Aluminiumoxid erfolgt heute fast ausschließlich nach dem Bayer-Verfahren durch nassen Aufschluß von Bauxit. Sinter- bzw. Schmelzaufschlußverfahren mit Soda und/oder Kalk haben nur noch geringe Bedeutung.

$Al(OH)_3$- bzw. Al_2O_3-Herstellung technisch praktisch ausschließlich nach Bayer-Verfahren durch Aufschluß von Bauxit mit Natronlauge

Beim Bayer-Prozeß wird gemahlener Bauxit mit wäßriger Natronlauge (200 bis 350 g/L Natronlauge) bei Temperaturen von 140 bis 250 °C im Autoklaven oder neuerdings im kontinuierlichen Rohrreaktor aufgeschlossen, wobei die Aluminiumoxidhydrate als Natriumaluminat in Lösung gehen. Anschließend wird der eisenhaltige, sehr feinteilige sog. Rotschlamm in Eindickern und Filteraggregaten abgetrennt und ausgewaschen. Auf 1 t erzeugter Tonerde fallen etwa 1 bis 2 t feuchter Rotschlamm an.

Fe-Gehalt des Bauxits fällt als Rotschlamm an

Das Filtrat (das Verhältnis der molaren Konzentrationen von Natriumoxid zu Aluminiumoxid ist 1.5 zu 1.8) wird dann unter Rühren abgekühlt und mit großen Mengen Aluminiumhydroxid geimpft; dabei fällt ein großer Teil des gelösten Hydroxids als Hydrargillit (s. Abschn. 3.2.2) aus:

Aus der Natriumaluminat-Lösung wird α-$Al(OH)_3$ (Hydrargillit) durch Animpfen ausgefällt. Die Hauptmenge wird zu α-Al_2O_3 calciniert

$$Al(OH)_4^- + H_2O \longrightarrow \alpha\text{-}Al(OH)_3 + OH^-$$

Die an Aluminiumhydroxid verarmte Lauge wird – nach Abtrennung des Aluminiumhydroxids – teilweise eingedampft und wieder dem Bauxitaufschluß zugeführt.

Das erhaltene Aluminiumhydroxid verarbeitet man zum größten Teil durch Calcination in Drehrohr- oder energiesparender (VAW-Lurgi-Verfahren) in Wirbelschichtöfen bei 1200 bis 1300 °C auf Aluminiumoxid (α-Al_2O_3); ein kleiner Teil des Hydroxids wird schonend getrocknet und als solches verwendet.

Aktive Tonerden:

- durch Fällungsreaktionen aus Al-Salz-Lösungen
- durch vorsichtige Calcination von $Al(OH)_3$

Aktive Tonerden (verschiedene Oxide und Oxidhydrate) mit hoher spezifischer Oberfläche, gutem Adsorptionsvermögen, katalytischen Eigenschaften und hoher chemischer Reaktionsfähigkeit werden entweder durch Fällungsverfahren aus Aluminiumsalz-Lösungen – z. B. über thermisch nachbehandelte Aluminiumhydroxidgele – oder durch Calcination bei bestimmten Bedingungen (niedrige Temperaturen, Stoßerhitzung) aus α-Aluminiumhydroxid hergestellt.

Elektrokorund aus

- reinem Bauxit
- Tonerde

durch reduzierendes Schmelzen

Elektrokorund gewinnt man durch reduzierendes Schmelzen von möglichst reinem Bauxit oder auch Tonerde bei etwa 2000 °C mit Koks oder Anthrazit im Lichtbogen-Reduktionsofen; die Fremdoxide im Rohstoff (Eisen, Titan, Silicium) werden dabei reduziert und weitgehend entfernt.

3.2.4.3 Verwendung

Hauptverwendung von Al_2O_3:

- Al-Schmelzflußelektrolyse
- Etwa ein Zehntel geht in die Feuerfest-, Schleifmittel-, Glas-, Email- sowie Kunststoffindustrie

Die Hauptverwendung von α-Aluminiumoxid ist die Aluminiumherstellung; pro t Aluminium werden etwa 2 t Aluminiumoxid benötigt. In den USA wurden 1979 etwa 90% der Tonerdeproduktion hierfür eingesetzt; der Rest diente zur Herstellung von Feuerfest-, Schleif-, Keramik-, Glas- und Emailprodukten sowie von Elektrokorund. Auch als Füllstoff in Polymeren (Polyestern, Epoxiden) findet es Verwendung.

Hauptverwendung von $Al(OH)_3$:

- Tonerdeherstellung.
  Kleinere Einsatzgebiete:
- Al-Chemikalien,
- Aktivtonerden,
- Flammschutzmittel für Polymere

α-Aluminiumhydroxid wird ebenfalls zum größten Teil über Tonerde auf metallisches Aluminium verarbeitet. Auf nicht-metallurgischem Gebiet wird es als Rohstoff zur Herstellung von Aluminium-Verbindungen (Aluminiumfluorid, synthetischer Kryolith, Natriumaluminat) und Aktivtonerden und – vor allem – in feinverteilter Form als Flammschutzmittel und Füllstoff in Teppichbodenbelägen, Kunst- und Schaumstoffen und Wandelementen verwendet. Der Verbrauch auf diesem letzten Sektor lag 1979 in den USA bei 160 000 t.

Der Markt für Aktivtonerden wird in den USA auf 20 000 bis 25 000 t/a geschätzt (Mitte der 70er Jahre). Sie dienen hauptsächlich als Adsorptionsmittel für Wasser (z. B. Trocknen von Gasen, Luft und Kohlenwasserstoffen) und für Gase. Ferner werden diese Produkte als Katalysatoren bzw. Katalysatorträger, z. B. im Claus-Prozeß (s. Abschn. 1.6.1.2.2), und als Filtermedium eingesetzt.

Verwendung von Aktivtonerden:

- Adsorptionsmittel für Wasser
- Adsorptionsmittel für Gase
- Katalysator(träger)

Elektrokorund ist wegen seiner hohen Härte ein wichtiges Schleif- und Poliermittel und findet auch Anwendung in der Feuerfestindustrie und bei der Herstellung von Hartbetonstoffen.

Verwendung von Elektrokorund:

- Schleif- und Poliermittel
- Feuerfestindustrie
- Hartbetonsektor

3.2.5 Aluminiumsulfat

Wirtschaftliche Bedeutung: Die Weltproduktion von Aluminiumsulfat lag 1979 bei 1.5 bis 2 Mio. t; in den USA betrug sie ca. 0.7 Mio. t, in Westeuropa 0.9 Mio. t.

Weltproduktion von Aluminiumsulfat: 1.5 – 2 Mio. t (1979)

Herstellung: Aluminiumsulfat wird durch Umsetzung von Aluminiumhydroxid oder auch Aluminium-Rohstoffen wie Bauxit bzw. Kaolin mit Schwefelsäure bei ca. 170 °C im druckfesten Rührkessel hergestellt. Die erhaltene Schmelze enthält nach entsprechender Konzentrierung etwa 57% Aluminiumsulfat (etwa 13 Mole Kristallwasser). Doppelsalze des Aluminiumsulfats mit Kalium-, Ammonium- oder Natriumsulfat (Alaune), z. B. Kalialaun $KAl(SO_4)_2 \cdot 12\ H_2O$ besitzen heute keine große technische Bedeutung mehr, da sie von Aluminiumsulfat selbst weitgehend verdrängt worden sind.

Herstellung von technischem Aluminiumsulfat (mit 57% $Al_2(SO_4)_3$) aus $Al(OH)_3$ oder Bauxit mit H_2SO_4

Verwendung: Etwa 50% des produzierten Aluminiumsulfats geht in die Papier- und Zellstoffindustrie (Papierleimung, pH-Einstellung u. a.), ein weiterer, fast ebenso großer Anteil in die Wasserreinigung als Flockungsmittel. Ferner ist Aluminiumsulfat Ausgangsprodukt für andere Aluminiumverbindungen, z. B. für Aluminiumhydroxidgel.

Verwendung von $Al_2(SO_4)_3$:

- Papier- und Zellstoff-Industrie
- Wasserreinigung

3.2.6 Aluminiumchlorid

Wirtschaftliche Bedeutung: Die Produktion von Aluminiumchlorid lag in den USA 1980 bei 72200 t (gerechnet als 100% Aluminiumchlorid); davon waren 67000 t wasserfreies Aluminiumchlorid, der Rest Hexahydrat $AlCl_3 \cdot 6\,H_2O$.

$AlCl_3$ wasserfrei:

aus Al-Metall und Chlor;
$AlCl_3 \cdot 6\,H_2O$: aus $Al(OH)_3$ und HCl

Herstellung: Wasserfreies Aluminiumchlorid wird heute überwiegend durch Chlorieren von Aluminium hergestellt. Hierbei wird flüssiges Aluminium in Reaktionsbehältern, die mit keramischem Material ausgekleidet sind, mit Chlorgas bei 750 bis 800 °C umgesetzt; das gasförmige Aluminiumchlorid leitet man in Kondensationskammern. Eine gewisse Rolle spielt noch die reduktive Chlorierung von Aluminiumoxid in Gegenwart von Kohlenstoff (z. B. beim Alcoa-Prozeß, s. Abschn. 3.2.3.2). Wasserhaltiges Aluminiumchlorid wird aus Aluminiumhydroxid mit Salzsäure bzw. Chlorwasserstoff hergestellt.

Hauptverwendung von $AlCl_3$:

Katalysator in der org. Chemie. In der Petrochemie ist die Verwendung rückläufig, daher z. Z. Überkapazitäten (z. B. in den USA)

Verwendung: Wasserfreies Aluminiumchlorid wird vor allem als Katalysator in der organischen Chemie eingesetzt, z. B. bei Friedel-Crafts-Reaktionen. In den USA gingen 1980 etwa 40 bis 50% in diesen Sektor (hauptsächlich zur Herstellung von Ethylbenzol, Ethylchlorid, Farbstoffvorprodukten, Detergentien, Polymeren). In der Petrochemie ist die Bedeutung des Aluminiumchlorids wegen der Entwicklung von Katalysatoren auf Basis von Zeolithen aber stark zurückgegangen.

Potentieller Einsatz von $AlCl_3$:

Schmelzflußelektrolyse nach Alcoa (s. Abschn. 3.2.3.2

Aluminiumchlorid-Hexahydrat findet in der Pharmazie und Kosmetik sowie als Flockungsmittel in der Wasseraufbereitung und als Textilimprägniermittel Verwendung.

3.2.7 Natriumaluminat

$NaAlO_2$:

- Zwischenprodukt beim Bauxitaufschluß mit NaOH
- aus $Al(OH)_3$ und NaOH

Eine gewisse technische Bedeutung besitzt auch Natriumaluminat (theoretische Formel $NaAlO_2$), nicht nur als Zwischenprodukt beim Bauxit-Aufschluß nach dem Bayer-Verfahren (s. Abschn. 3.2.4.2). Mitte der 70er Jahre wurde die Produktion in den USA auf 50000 t/a geschätzt. Hergestellt wird Natriumaluminat durch Auflösen von Tonerdehydrat in 50%iger Natronlauge. Verwendung findet das Produkt in der Wasserreinigung, in der Papierindustrie, zum Nachbehandeln von TiO_2-Pigmenten, zur Herstellung von Aluminium-haltigen Katalysatoren und Alumosilikaten sowie in der Bautechnik.

Literatur zu Kapitel 3.2 Aluminium und seine Verbindungen

A. F. Trotmann-Dickenson: *Comprehensive Inorganic Chemistry*. 1. Ed., Vol. 1, pp. 993 – 1058, Pergamon Press, Oxford (1973).

Kirk-Othmer: *Encyclopedia of Chemical Technology*. 3. Ed., Vol. 2, pp. 129 – 252, John Wiley & Sons, New York (1978).

Ullmanns Encyklopädie der technischen Chemie. 4. Aufl., Bd. 7, S. 250 – 342, Verlag Chemie, Weinheim (1974).

Spezielle Literatur:

Aluminium, metallisch:

Metallstatistik 1970 – 1980, Metallgesellschaft AG, Frankfurt a. M., S. 4, S. 14 – 19 (1981).

Minerals Yearbook. US Department of the Interior, Washington, Vol. 1, p. 87 (1981).

Chemical Economics Handbook. SRI International, Menlo Park, California, 1981, 7021000.

„Die Marktentwicklung für Aluminium bis 1990", *Metall* **34,** 1142 – 1145 (1980).

Peter Westphal, „Ist Aluminium noch das Metall mit Zukunft?", *Metall* **35,** 260 – 261 (1981).

Branchen-Report, *Aluminiumindustrie, Börsenbild und Wirtschaftsspiegel,* Ffm. **12,** 6 – 7 (1980).

Geschäftsbericht VAW AG, 1980, Berlin/Bonn, S. 6 – 12.

World Minerals Statistics 1975 – 1978, Institute of Geological Sciences, National Environment Research Council, London, p. 3 (1981).

Aluminium-Verbindungen:

Metallstatistik 1970 – 1980, Metallgesellschaft AG, Frankfurt a. M., S. 12 – 13 (1981).

Minerals Yearbook. US Department of the Interior, Washington, Vol. 1, pp. 123, 133 (1981).

Chemical Economics Handbook. SRI International Menlo Park, California 1981, 7021000.

Statistisches Bundesamt Wiesbaden, Reihe 3.1, *Fachserie 4, Produzierendes Gewerbe,* W. Kohlhammer Verlag, Stuttgart 1982, S. 29, S. 106.

E. Gwinner, „Umwälzende Technologie für die Aluminiumoxidproduktion", *Chem. Ind.* XXIX, S. 385 bis 386 (1977).

World Mineral Statistics, 1975 – 1978, Institute of Geological Sciences, National Environment Research Council, London, 1981, pp. 1 – 2.

Bericht der CLB-Redaktion, „Neue Aluminumoxid-Technologie", *Chemie für Labor und Betrieb* **28,** 445 – 448 (1977).

P. V. Bonsignore, "Alumina Trihydrate as a Flame Retardant For Polyurethane Foams", *Journal of Cellular Plastics,* 220 – 225 (1981).

H. S. Katz und I. V. Milewski, *Handbook of Fillers and Reinforcement for Plastics.* pp. 172 – 173, pp. 237 – 247, van Nostrand Reinhold Co, New York 1978.

D. J. Deutsch und G. Parkinson, "Alumina Minerals-Still overshadowed by Bauxite", *Chem. Eng.,* Dec. 3, 1979, pp. 53 – 58.

Mineral Commodity Summaries, Bureau of Mines, Washington, pp. 16 – 17 (1981).

3.3 Chrom-Verbindungen und Chrom

3.3.1 Chrom-Verbindungen

3.3.1.1 Wirtschaftliche Bedeutung

Chrom-Verbindungen:

Chromate, Dichromate, Chrom(VI)-oxid Chrom(III)-oxid, basische Chrom(III)-sulfate (Chromgerbstoffe), Chrompigmente (S. 564 und 566)

Wirtschaftlich bedeutende Chrom-Verbindungen sind:

- Chromate und Dichromate
- Chrom(VI)-oxid („Chromsäure")
- Chrom(III)-oxid
- basische Chrom(III)-sulfate (Chromgerbstoffe)
- Chrom(VI)-Verbindungen und Chrom(IV)-oxid, die als Pigmente in Abschn. 5.9 besprochen werden. Einen

Überblick über den Fluß des „chemischen Chroms" gibt der Chrom-Stammbaum, Abb. 3.3-1:

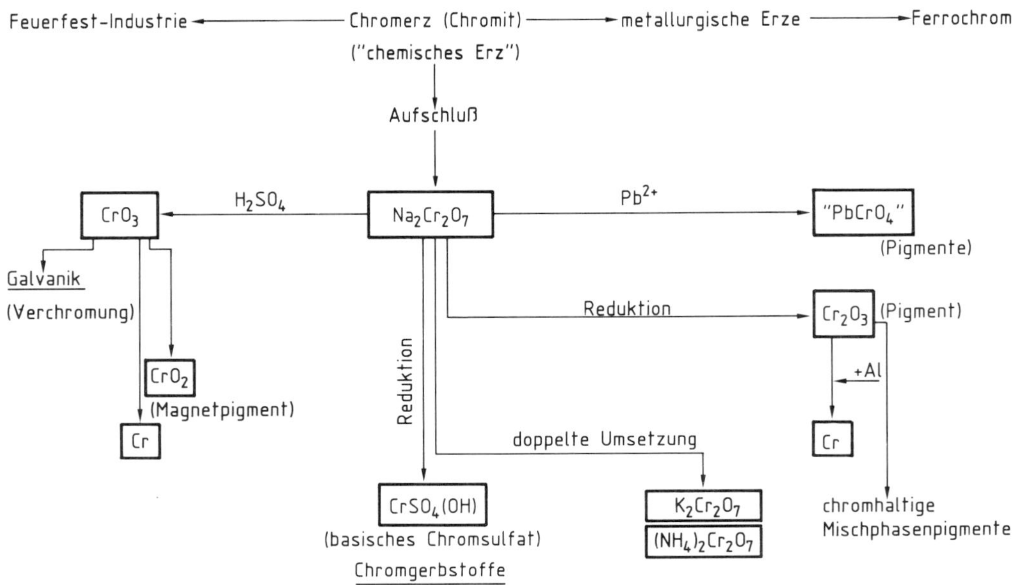

Abb. 3.3-1. Chrom-Stammbaum.

Produktion von Chrom-Verbindungen in der Bundesrepublik Deutschland, Brasilien, Argentinien, Italien, Südafrika, Großbritannien, Japan, USA, Ostblock

Die wichtigsten Hersteller von Chrom-Chemikalien sind:

Bayer AG in der Bundesrepublik Deutschland, Brasilien, Südafrika, Argentinien
Stoppani in Italien
British Chrome & Chemicals Ltd. in Großbritannien
Nippon Chemical Industries, Nippon Denko KK } in Japan

		Kapazität Natriumdichromat 1981 der US-Firmen
Allied Chemical Corp.,	in den USA	$59{,}0 \cdot 10^3$ t/a
Diamond Shamrock Corp.	in den USA	$85.3 \cdot 10^3$ t/a
American Chrome	in den USA	$40.8 \cdot 10^3$ t/a

Statistische Angaben über die Produktion von Chrom-Chemikalien liegen nur für Natriumdichromat vor:

Tabelle 3.3-1. Produktion von Natriumdichromat 1976 (in 10^3 t).

Welt	USA	BRD	JA	GB	ZA	IT	SU	BR
382	130	60	21	35	9	35	70	6

Natriumdichromat-Produktion 1976

Welt: 382 · 10^3 t
BRD: 60 · 10^3 t

Der Verbrauch in den USA lag 1981 bei 136 · 10^3 t. Etwa ein Drittel des in der Chemie verbrauchten Chroms, entsprechend ca. 40 · 10^3 t/a, gehen in der Europäischen Gemeinschaft in die Chrom-Gerbung.

3.3.1.2 Rohstoff Chromit

Rohstoff für alle Chrom-Chemikalien ist der Chromeisenstein, auch Chromit genannt, der zur Klasse der Spinelle gehört. Er enthält als Nebenbestandteile vor allem Magnesium und Aluminium. Seine Zusammensetzung ist etwa (Fe,Mg) $(Cr,Al,Fe(III))_2O_4$. In kleinen Mengen kommen noch Calcium, Siliciumdioxid und (teilweise) Vanadium vor.

Die sicheren Vorräte an Chromit wurden 1975 auf 2.8 · 10^9 t, die wahrscheinlichen auf 5.4 · 10^9 t, geschätzt. Von den sicheren Vorräten entfallen auf die Republik Südafrika 74%, auf Simbabwe-Rhodesien 20%. In Südafrika sind die Reserven so groß, daß die Bergbau-Gesellschaften sich noch nicht bemüht haben, sie genau festzustellen. Ein Erschöpfen der Reserven in naher Zukunft ist nicht zu erwarten. Wichtige Förderländer außerhalb des südlichen Afrikas sind (in alphabetischer Reihenfolge): Albanien, Brasilien, Finnland, Indien, Iran, Madagaskar, Philipinen, Türkei und USSR. Tabelle 3.3-2 nennt die Chromit-Produktion 1977.

Rohstoff: Chromit.
Hauptvorräte im südlichen Afrika, Vorräte sehr groß

Chromit-Produktion in 1977:

Welt: 10194 · 10^3 t

Tabelle 3.3-2. Chromit-Produktion 1977 in 10^3 t.

Welt	AN	BR	SF	IN	IR	MD	RP	Simbabwe-Rhodesien	ZA	TR	SU
10194	880	250	594	351	165	180	532	600	3317	968	2180

Je nach dem Gehalt an Nebenstandteilen wie Magnesium und Aluminium wird der Chromit eingesetzt

- in der Stahl-Industrie zur Herstellung von Ferrochrom. Hier werden ca. 75% der Förderung ver-

Verwendung des Chromits:

- in der Stahl-Industrie (75%)
- in der Feuerfest-Industrie (12%)
- in der chemischen Industrie (13%)

braucht. Es werden Erze benötigt, die ein hohes Chrom-Eisen-Verhältnis (Cr:Fe > 2.5:1) und damit einen hohen Magnesium-Gehalt besitzen,

- in der Feuerfest-Industrie: sie benötigt ca. 12% der Förderung und verlangt einen hohen Gehalt an Chrom(III)-oxid und Aluminiumoxid (>60%), möglichst viel Magnesium und wenig Eisen,
- in der chemischen Industrie, die etwa 13% verbraucht. Für diese Anwendung müssen Chrom(III)-oxid und Eisen(III)-oxid möglichst hoch, Aluminium, Magnesium und Siliciumdioxid möglichst niedrig liegen. Eine typische Zusammensetzung (Rustenburg, ZA) ist:
  44.5 Cr_2O_3; 26.4 FeO; 3.5 SiO_2; 10.6 MgO; 14.4 Al_2O_3 (in %).

Gerade diese Erze kommen bevorzugt im südlichen Afrika vor, so daß eine Abhängigkeit nicht zu übersehen ist.

3.3.1.3 Herstellung von Chrom-Verbindungen

3.3.1.3.1 Chromit-Aufschluß zu Alkalichromaten

Aufschluß des Chromits:

alkalisch-oxidierend in Drehrohr- oder Ringherd-Öfen, Überführung von Chrom(III) in Chrom(VI) und Auslaugen des gebildeten Natriumchromats. Ausbeute an Chrom: 75 – 85%

Zur Überführung von Chromit in Chrom-Chemikalien ist großtechnisch nur der alkalisch-oxidierende Aufschluß geeignet, der zu Alkali(Natrium)-chromaten führt.

$$4\,FeCr_2O_4 + 8\,Na_2CO_3 + 7\,O_2 \xrightarrow{1000-1100\,°C} 8\,Na_2CrO_4 + 2\,Fe_2O_3 + 8\,CO_2$$

Soda kann z. T. durch Natronlauge ersetzt werden. Die Begleit-Elemente Aluminium, Silicium und Vanadium gehen beim Aufschluß in Natriumaluminat-, -silicat und -vanadat über und verbrauchen entsprechende Mengen an Alkali.

Dieser Aufschluß trennt das Chrom in einfacher Weise von den Begleit-Elementen Eisen, Aluminium, Magnesium und Silicium, zur Entfernung des Vanadiums ist ggf. eine Nachreinigung erforderlich.

Zur Durchführung des Aufschlusses muß das Erz fein gemahlen werden. Das Chromerz-Konzentrat, das durch

Schwerkraft-Verfahren (z. B. Spiralklassierer, Setzmaschinen) angereichert wurde, wird mit einer Korngröße von etwa 0.5 mm angeliefert. In Kugelmühlen mit nachgeschalteten Windsichtern erreicht man Korngrößen <0.1 mm. Auch die Soda wird gemahlen. Da das bei der Reaktion entstehende Natriumchromat bei 792 °C schmilzt, ist die Zugabe eines inerten Magerungsmittels erforderlich, das das Natriumchromat schwammartig aufsaugt und so den Luft-Zutritt zu der Reaktionsmischung ermöglicht.

Besonders geeignet dazu ist das als Aufschluß-Rückstand verbleibende Eisenoxid (Rückerz), aber auch z. B. Pyritabbrand. Eine typische Aufschlußmischung besteht z. B. aus:

100 Teile Erz,
60 – 75 Teile Soda
50 – 200 Teile Magerungsmittel.

Der Chromerz-Aufschluß erfolgt heute in Drehrohr-oder Ringherd-Öfen. Abb. 3.3-2 gibt ein Fließbild einer Drehrohr-Anlage mit den vor- und nachgeschalteten Aggregaten.

Das ausgemauerte, langsam rotierende Drehrohr hat eine Neigung von 2 bis 5%. Aufschlußmischung und Heizgase werden im Gegenstrom geführt (Heizmaterialien: Schwer-Öl, Erdgas, Braunkohlen-Staub). Da die eingesetzte Luft neben der Verbrennung des Heizmaterials auch die Oxidation von Chrom(III) zu Chrom(VI) und Eisen(II) zu Eisen(III) bewirken muß, regelt man den Luftüberschuß so ein, daß die austretenden Gase noch 12 bis 16% (Volumenanteil) Sauerstoff enthalten. Die Verweilzeit der Aufschlußmischung im Ofen beträgt im Mittel etwa 4 h.

Die ausreagierte Mischung hat einen Gehalt von bis zu 30% Natriumchromat, bei Ringherd-Öfen bis zu 45%. Die Ausbeuten, bezogen auf den Chrom-Gehalt des eingesetzten Erzes, liegen bei 75 bis 85%.

Die im Ofenkopf austretenden Abgase enthalten bis zu 10% der eingesetzten Mischung als Staub, der z. B. in EGR-Anlagen (elektrostatische Gasreinigung) zurückgehalten wird. Der Wärme-Inhalt dieser Gase kann zur Dampf-Erzeugung genutzt werden.

Das am Ofenende austretende, aufgeschlossene Material wird z. B. in Naßrohr-Mühlen gemahlen und mit Wasser

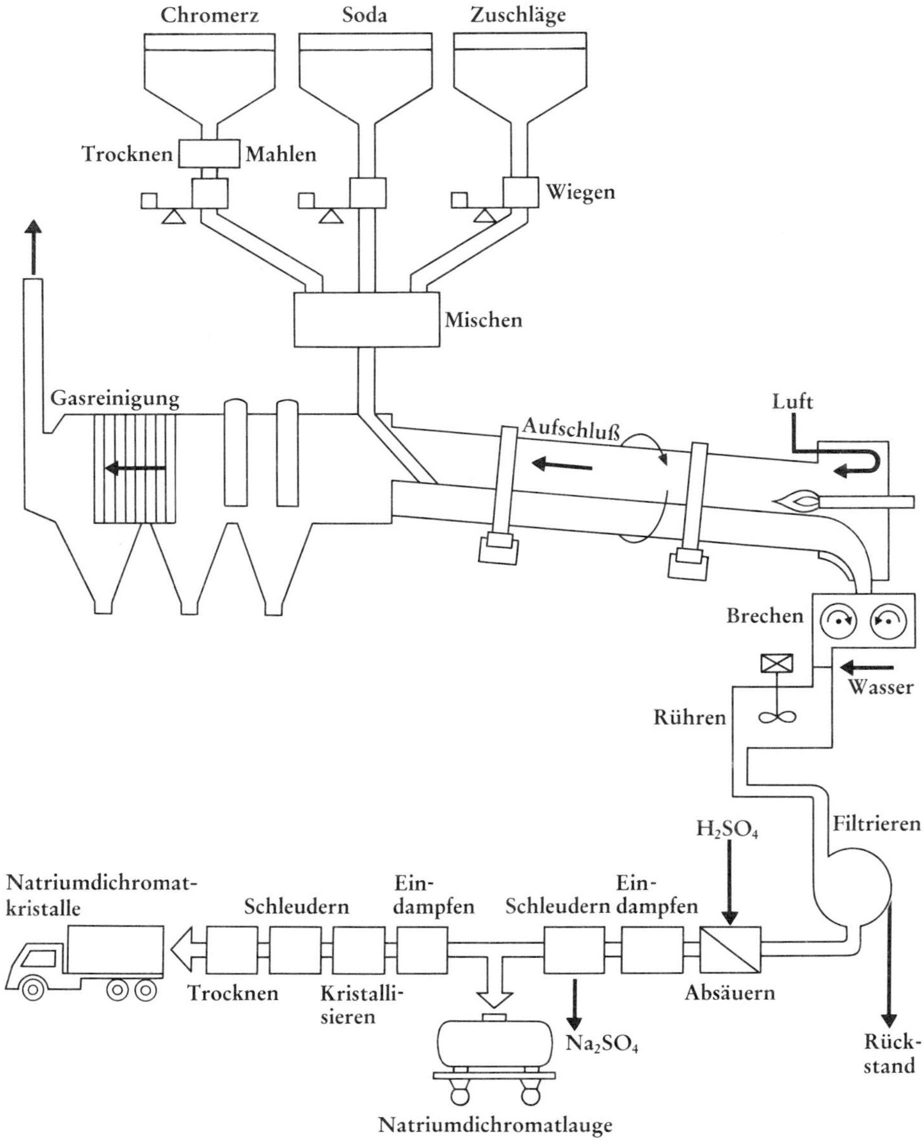

Abb. 3.3-2. Fließbild einer Drehrohr-Anlage zur Herstellung von Natriumdichromat.

gelaugt. Bei entsprechender Einstellung gehen nur Natriumchromat und ein Teil des -vanadates in Lösung, Eisen, Aluminium, Silicium und Magnesium bleiben als unlösliche Oxide bzw. Hydroxide zurück und werden mit Dreh- oder Band-Filtern abfiltriert. Dieser Rückstand wird im Gegenstrom mehrstufig gewaschen. Man erhält so eine Chromat-Lösung von 500 g/L und einen Rückstand, der wenige 1/10% (Massenanteil) Chrom(VI) enthält. Dieser Rückstand wird entweder getrocknet und der Aufschlußmischung als Magerungsmittel zugeführt oder aber er wird in Form einer Schlamm-Dispersion mit Reduktionsmitteln wie z. B. Eisen(II)-sulfat oder Schwefeldioxid zur Entfernung von Chrom(VI) behandelt, entwässert und geordnet deponiert.

3.3.1.3.2 Alkalidichromate

Da Alkalidichromate einen wesentlich höheren Chromgehalt haben als Monochromate und sie außerdem leichter rein darzustellen sind, werden sie in der Praxis fast ausschließlich verwendet.

Wichtigste Handelsform von Chrom(VI):

Natriumdichromat-Dihydrat.

Natriummonochromat wird mit

- Schwefelsäure
- Kohlendioxid

in Dichromat umgewandelt

Natriumdichromat-Dihydrat

Natriumdichromat-Dihydrat wird aus dem Monochromat durch Umsetzung mit Schwefelsäure oder Kohlendioxid erhalten.

Schwefelsäure-Verfahren

Die Reaktion zwischen Natriumchromat und Schwefelsäure erfolgt nach:

$$2Na_2CrO_4 + H_2SO_4 \longrightarrow Na_2Cr_2O_7 + Na_2SO_4 + H_2O\ .$$

Technisch einfach ist die diskontinuierliche oder kontinuierliche Zugabe von Schwefelsäure zur Natriummonochromat-Lösung bis zu einem pH-Wert von 3. Man dampft die resultierende Lösung auf 70% (Massenanteil) Natriumdichromat-Dihydrat ein, wobei praktisch alles Natriumsulfat ausfällt und abgetrennt wird. Die erhaltende Dichromat-Lösung wird z. T. als solche eingesetzt. Weiteres Eindampfen auf etwa 1600 g Natriumdichromat pro Liter und Abkühlen auf 30 bis 40 °C führt zur Kristallisation des Dichromates. Man arbeitet entweder stufenweise oder kontinuierlich. Abgetrennt wird in Schäl- oder Schub-Schleudern.

Umwandlung von Mono- in Dichromat mit Schwefelsäure:

technisch einfaches Verfahren, aber Zwangsanfall von mit Dichromat verunreinigtem Natriumsulfat.

Problematisch bei diesem Verfahren ist der Zwangsanfall an „gelben“, d. h. durch Natriumdichromat angefärbten Natriumsulfat, das nicht überall verwendet werden kann und das in weiteren Verfahrensschritten vom Chrom befreit werden muß, um es verwenden zu können.

Kohlendioxid-Verfahren

Umwandlung von Mono- in Dichromat mit Kohlendioxid:

technisch aufwendiges Verfahren, aber kein Zwangsanfall eines schwer verwertbaren Nebenproduktes

$$2Na_2CrO_4 + H_2O + 2CO_2 \rightleftharpoons Na_2Cr_2O_7 + 2NaHCO_3$$

Bei Normalbedingungen liegt das Gleichgewicht dieser Reaktion weitgehend auf der linken Seite. Um die Reaktion ablaufen zu lassen, ist es erforderlich, unter einem Druck von 7 bis 15 bar zu arbeiten. Natriumhydrogencarbonat fällt dabei aus. Man arbeitet, ggf. mehrstufig, in Autoklaven-Kaskaden, wobei man die auf 800 bis 900 g/L konzentrierte Natriumchromat-Lösung und die (gasförmig oder flüssig eingesetzte) Kohlensäure im Gegenstrom führt. Die Reaktion ist exotherm, es muß gekühlt werden. Das ausgefallene Natriumhydrogencarbonat muß entweder nach dem Entspannen schnell abfiltriert werden, um eine Rückreaktion zu vermeiden, oder aber man filtriert unter Druck ab.

Das Natriumhydrogencarbonat, das noch Chromat enthält, wird entweder bei 200 bis 300 °C zu Soda calciniert

$$2NaHCO_3 \longrightarrow Na_2CO_3 + CO_2 + H_2O$$

oder mit Natronlauge zu Soda umgesetzt, die wieder in den Aufschluß zurückgeführt wird:

$$NaHCO_3 + NaOH \longrightarrow Na_2CO_3 + H_2O\ .$$

Im letzten Fall kann man damit praktisch alles für den Aufschluß erforderliche Alkali in Form von Natronlauge einsetzen. Die weitere Aufarbeitung der Natriumdichromat-Lösung auf festes Natriumdichromat-Dihydrat wurde im Abschnitt *Schwefelsäure-Verfahren* beschrieben.

Kalium- und Ammoniumdichromat

Kalium- und Ammoniumdichromat werden durch doppelte Umsetzung von Natriumdichromat mit Kalium- bzw. Ammoniumsalzen erhalten, z. B.:

Kalium- und Ammoniumdichromat durch doppelte Umsetzung von Natriumdichromat mit Kalium- bzw. Ammoniumsalzen

$$Na_2Cr_2O_7 + 2KCl \longrightarrow K_2Cr_2O_7 + 2NaCl\ .$$

Man setzt z. B. Lösungen mit 400 bis 450 g Natriumdichromat pro Liter mit ca. 200 g Kaliumchlorid pro Liter unter Erhitzen auf den Siedepunkt der Mischung um. Es wird in der Hitze vom ausgefällten Natriumchlorid abfiltriert und nach dem Abkühlen festes Kaliumdichromat gewonnen.

Ammoniumdichromat zersetzt sich durch Stoß oder Erhitzen über 180 °C:

$$(NH_4)_2Cr_2O_7 \longrightarrow N_2 + Cr_2O_3 + 4H_2O\ .$$

3.3.1.3.3 Chrom(VI)-oxid („Chromsäure")

$$Na_2Cr_2O_7 \cdot 2H_2O + 2H_2SO_4 \longrightarrow 2NaHSO_4 + 2CrO_3 + 3H_2O\ .$$

Chrom(VI)-oxid („Chromsäure") aus Natriumdichromat und Schwefelsäure bei ca. 200 °C

Die Reaktion kann sowohl in konzentrierten wäßrigen Lösungen, als auch – bevorzugt kontinuierlich – in der Schmelze durchgeführt werden. In diesem Fall vermischt man Natriumdichromat und Schwefelsäure in einer Doppelschnecke und gibt die Mischung in ein von außen beheiztes Drehrohr. Nacheinander verdampft Wasser, schmelzen Natriumhydrogensulfat (170 °C) und Chrom(VI)-oxid (198 °C). Die Temperaturführung ist kritisch, da sich Chrom(VI)-oxid wenig oberhalb dieser Temperatur zersetzt. Das ausreagierte Gemisch wird anschließend in einer Trennwanne aufgespalten: unten wird Chrom(VI)-oxid, oben wird Natriumhydrogensulfat flüssig abgezogen und auf Kühlwalzen in Festmaterialien umgewandelt.

3.3.1.3.4 Chrom(III)-oxid

Chrom(III)-oxid aus Natriumdichromat durch Reduktion mit Kohle, Schwefel oder Ammoniumsalzen. Ausführliche Beschreibung: S. 564ff.

Chrom(III)-oxid wird durch Reduktion von Natriumdichromat mit organischen Stoffen, Holzkohle oder Schwefel in exothermer Reaktion erhalten:

$$2Na_2Cr_2O_7 + 3C \longrightarrow 2Cr_2O_3 + 2Na_2CO_3 + CO_2$$

$$Na_2Cr_2O_7 + S \longrightarrow Cr_2O_3 + Na_2SO_4 .$$

Die Reaktionen werden kontinuierlich in Öfen durchgeführt. Das abreagierte Reaktions-Gemisch wird mit Wasser von den löslichen Produkten befreit. Das nach Filtration, Trocknen und Mahlen enthaltene, sehr reine Chrom(III)-oxid (Gehalt: 99%) hat Pigment-Qualität.

Setzt man Natriumdichromat mit Ammoniumsalzen wie Ammoniumchlorid oder -sulfat um, erhält man ebenfalls Chrom(III)-oxid:

$$Na_2Cr_2O_7 + 2NH_4Cl \longrightarrow 2NaCl + Cr_2O_3 + 4H_2O + N_2 .$$

Reduktion mit Ammoniumsalzen liefert besonders schwefelarmes Chrom(III)-oxid

Das so gewonnene Chrom(III)-oxid ist besonders dann, wenn man die Ammoniumsalze im Unterschuß verwendet, schwefelarm und kann u. a. für die alumothermische Herstellung von Chrommetall verwendet werden (vgl. Abschn. 3.3.2.2.1, S. 274).

3.3.1.3.5 Basische Chrom(III)-Salze (Chromgerbstoffe)

Chromgerbstoffe:

zur Vernetzung der Carboxyl-Gruppen des Kollagens der Tierhaut. Eingesetzt werden basische Chrom(III)-sulfate oder Chrom(III)-salze organischer Säuren

Unter Chromgerbung versteht man die Vernetzung der Carboxyl-Gruppen des Kollagens der Tierhaut mit Hilfe von Chrom(III)-Verbindungen, die z. B. zu einer Erhöhung der Temperatur-Stabilität und einer Verringerung der Quellbarkeit des Materials führt.

Gerbend wirken *basische* (nicht die stöchiometrisch zusammengesetzten) Chrom(III)-salze und zwar besonders die oligomeren, basischen Chrom(III)-sulfate, etwa der Zusammensetzung $Cr(OH)SO_4$. Die basischen Chromsulfate kommen flüssig oder nach Sprühtrocknung als Pulver zum Einsatz.

Bei der Gerbung muß weiter abgestumpft werden, dies geschieht durch Zugabe von Basen, wie Soda, Dolomit oder Magnesiumoxid. Tauscht man Sulfat teilweise durch organische Anionen wie Glutarat aus, so wird der Chrom-Gehalt der Gerb-Flotten bei der Gerbung besonders stark verbraucht („ausgezehrt"), was aus ökologischen Gründen interessant ist. Beim Einsatz von Formiat, das „maskierend" wirkt, werden besonders hohe Leder-Qualitäten erhalten.

Die Herstellung der basischen Chromsulfate kann in verschiedener Weise erfolgen:

Herstellung von basischem Chromsulfat:

- aus Lösungen, die bei der Oxidation von organischen Materialien wie Montanwachsen oder Anthracen durch Dichromat erhalten werden

- Einsatz von Dichromat zur Oxidation von Verunreinigungen in Montanwachsen oder von Anthracen zu Anthrachinon, wobei das basische Chromsulfat als Nebenprodukt entsteht:

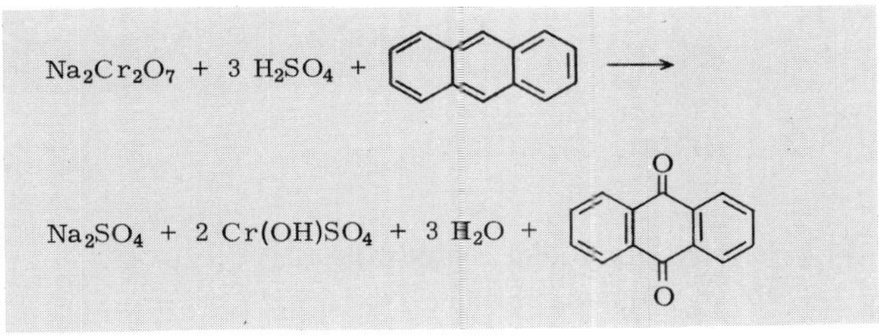

- durch Reduktion von Natriumdichromat mit Melasse

- Reduktion von Dichromat mit Melasse, etwa nach

$$8\,Na_2Cr_2O_7 + 24\,H_2SO_4 + C_{12}H_{22}O_{11} \longrightarrow 16\,Cr(OH)SO_4 + 8\,Na_2SO_4 + 12\,CO_2 + 22\,H_2O\,.$$

- durch Reduktion mit Schwefeldioxid

- Reduktion mit Schwefeldioxid

$$Na_2Cr_2O_7 + 3\,SO_2 + H_2O \longrightarrow Na_2SO_4 + 2\,Cr(OH)SO_4\,.$$

In jedem Fall entsteht das basische Chromsulfat zusammen mit Natriumsulfat, was erwünscht ist, da dieses bei der Gerbung als Puffersubstanz wirkt.

3.3.1.4 Verwendung von Chrom-Verbindungen

Dichromate: starke Oxidationsmittel, besonders in der organischen Chemie; Ausgangsmaterialien für Chrom(VI)-Pigmente wie Bleichromat, für Chrom(VI)-oxid, für Chrom(III)-oxid, für basische Chromsulfate, wie Chromgerbstoffe, für Chrom(III)-salze, zur Holz-Imprägnierung, als Korrosions-Inhibitoren und zur Viskositäts-Stabilisierung in Bohrschlämmen

Chrom(VI)-oxid: zur galvanischen Verchromung, Ausgangsmaterial für Chromdioxid, im Holz-Schutz, zur Herstellung chrom-haltiger Katalysatoren

Chrom(III)-oxid: zur Herstellung von Chrommetall durch alumino-thermische Reduktion, als Pigment, als Poliermittel

Basisches Chromsulfat ($Cr(OH)SO_4$): zur Leder-Gerbung

3.3.2 Chrom, metallisch

3.3.2.1 Wirtschaftliche Bedeutung

Metallisches Chrom für:

- Turbinen-Schaufeln
- eisenfreie Chrom-Legierungen
- Cermets

Neben großen Mengen Ferrochrom, die für eisen- und chromhaltige Legierungen benötigt und die durch Reduktion von Chromit mit Kohle erhalten werden, werden kleinere Mengen an Chrommetall gebraucht, z. B. zur Herstellung von Turbinen-Schaufeln, für eisenfreie Legierungen und für Cermets (Metall-Keramiken, z. B. 23% (Massenanteil) Aluminiumoxid, 77% Chrom).

Chrommetall-Kapazität der westlichen Industrie-Staaten:

15000 bis 20000 t/a

Chrommetall wird hergestellt:
Bundesrepublik Deutschland: Verbrauch 1973: 840 t
Großbritannien: Kapazitäts-Schätzung: 5000 bis 5500 t/a
Japan: Kapazität: 3000 t/a
USA: Kapazität: 5650 t/a
USSR : keine Angaben

3.3.2.2 Herstellung von Chrommetall

3.3.2.2.1 Chemische Reduktion

Bei den chemischen Reduktions-Verfahren geht man immer von Chrom(III)-oxid (vgl. Abschn. 3.3.1.3.4) aus, wobei dieses Material möglichst rein, vor allem schwefelarm, sein muß (Grund: Bei Legierungen mit Nickel bildet sich sonst an den Korn-Grenzen Nickelsulfid). Zur Reduktion sind Silicium, vor allem aber Aluminium und Kohlenstoff geeignet.

Die Reaktion

$$Cr_2O_3 + 2Al \longrightarrow Al_2O_3 + 2Cr$$

ist nicht ausreichend exotherm, um völlig von allein ablaufen zu können. Man gibt daher starke Oxidationsmittel wie Kaliumdichromat, Chrom(VI)-oxid, Kaliumperchlorat oder Bariumperoxid zu. Es wird chargenweise in mit feuerfesten Materialien ausgekleideten Behältern gearbeitet. Das in etwa 85 bis 90%iger Ausbeute erhaltene Metall ist 97 bis 99%ig (Massenanteil). Hauptverunreinigungen sind Silicium, Aluminium und Eisen. Nach diesem Verfahren arbeiten u. a. die Gesellschaft für Elektrometallurgie und Shieldalloy.

Chrommetall

- durch Reduktion von Chrom(III)-oxid mit Aluminium

Zur Reduktion mit Kohlenstoff stellt man Briketts aus Kohlenstoff und Chrom(III)-oxid her und setzt bei 1275 bis 1400 °C bei einem Vakuum von 40 PA (0,3 mm Hg) in langsam verlaufender Reaktion um:

- durch Reduktion von Chrom(III)-oxid mit Kohlenstoff

$$Cr_2O_3 + 3C \longrightarrow 2Cr + 3CO.$$

Dieser „Simplex-Prozeß“ wird von UCC durchgeführt.

3.3.2.2.2 Elektrochemische Reduktion von Chromalaun

Die Firma UCC in den USA stellt Chrommetall auf folgendem Weg her:

- Lösen von Ferrochrom in Schwefelsäure/Ammoniumsulfat.
- Abtrennen von Eisen als Eisenammonsulfat.
- Auskristallisieren von Chromalaun, $NH_4Cr(SO)_2 \cdot 12H_2O$.
- Lösen des Chromalauns und elektrolytische Abscheidung von Chrommetall.

- durch Elektrolyse von Chromalaun-Lösungen (hergestellt aus Ferrochrom)

Die Elektrolyse wird in einer Diaphragma-Zelle mit Edelstahl-Kathoden durchgeführt. Man erhält 3 bis 6 mm dicke Chrom-Schichten, die nach beendeter Elektrolyse von den Kathoden abgeschlagen werden. Der Energie-Verbrauch beträgt 18,5 kWh/kg Chrom. Das Chrom ist nach einem nachgeschalteten Entgasungs-Prozeß (Entfernung von Wasserstoff) 99,3%ig (Massenanteil).

3.3.2.2.3 Elektrochemische Reduktion von Chrom(VI)-oxid („Chromsäure")

- durch Elektrolyse von sauren Bädern, die neben anderen Komponenten 300 g/L Chrom(VI)-oxid enthalten (Verchromung)

Will man auf Metallen elektrochemisch Chrom abscheiden, so geht man meist von Chromsäure enthaltenden Bädern aus, denen außerdem etwa 1% Schwefelsäure zugegeben wird. Das zu beschichtende Material wird als Kathode geschaltet, die Anode ist i. allg. aus Blei. Ein Diaphragma wird nicht benötigt. Die Bäder enthalten neben einer Reihe weiterer Komponenten um 300 g/L Chrom(VI)-oxid. Die Strom-Ausbeute ist sehr schlecht, da kathodisch bevorzugt Wasserstoff abgeschieden wird. Der Energie-Verbrauch liegt bei 75 kWh/kg Chrom. Das erhaltene Chrom ist relativ rein.

Dieses Verfahren ist sowohl zur Gewinnung von Chrommetall geeignet, als auch zur Herstellung von Gegenständen mit dünnen, dekorativen oder stärkeren Hartchrom-Schichten (galvanische Verchromung).

Literatur zu Kap. 3.3 Chrom-Verbindungen und Chrom

Rohstoffe:

Bundesanstalt für Geowissenschaften und Rohstoffe, Hannover, und Deutsches Institut für Wirtschaftsforschung, Berlin: *Untersuchungen über Angebot und Nachfrage mineralischer Rohstoffe VII – Chrom,* Berlin, Hannover 1975.

Wirtschaftliche Angaben:

The Economics of Chromium, 3. Ed., Roskill Information Services Ltd. London, 1978.
Japan Chem. Week, 31. 1. 1980, No. 1032, S. 18.
Chem. Mark. Rep., 31. 5. 1982, S. 50.

Übersichtsarbeiten:

Kirk-Othmer: *Encyclopedia of Chemical Technology,* 3. Ed., Vol. 6, John Wiley & Sons, Inc., New York, Chichester, Brisbane, Toronto, 1979, pp. 54 – 120.
Ullmanns Encyklopädie der technischen Chemie, 4. Aufl., Bd. 9. Verlag Chemie, Weinheim, 1975, S. 603 – 623.
Winnacker-Küchler: *Chemische Technologie,* Bd. 2, *Anorganische Technologie II.* Carl Hanser Verlag, München 1970, S. 85 – 118.
R. Schliebs, *Chemie in unserer Zeit* **14,** (1980), S. 13 – 17.

Übersicht über technisch lieferbare Chrom-Chemikalien:

Chromium Products, Bayer AG, Leverkusen, Edition 1. 4. 1978.

3.4 Silicium und seine anorganischen Verbindungen

3.4.1 Elementares Silicium

3.4.1.1 Allgemeines und wirtschaftliche Bedeutung

Kommerziell lassen sich im Prinzip drei Angebotsformen des Siliciums unterscheiden:

- Silicium als Legierungsbestandteil in Form von Ferrosilicium mit steigenden Si-Gehalten von 8 bis 13% (FeSi 10) bis zu einem Gehalt von 87 bis 95% (FeSi 90) und als Calciumsilicid $CaSi_2$ mit einem Si-Gehalt von 60 bis 65%.
- Technisches Silicium (metallurgical grade) mit Reinheitsgraden von 98.5% (Si 98) bis 99.7% (Si 99)
- Reinstsilicium (Halbleitersilicium) mit einem Reinheitsgrad, der je nach Anwendungsgebiet oberhalb von 99.999% Si liegen muß.

Handelsformen des Siliciums:

- Ferrosilicium
- Calciumsilicid
- technisches (metallurgisches) Si
- Reinstsilicium (Halbleitersilicium)

Die Weltproduktion an Ferrosilicium betrug 1978 etwa $2.8 \cdot 10^6$ t mit folgenden Hauptproduzenten:

USA	$740 \cdot 10^3$ t
USSR	$620 \cdot 10^3$ t
Norwegen	$270 \cdot 10^3$ t

Weltproduktion an Ferrosilicium (1978): $2.8 \cdot 10^6$ t

Verbraucher: Stahlindustrie

Die Produktion von technischem Silicium belief sich 1977 in den westlichen Industrieländern auf etwa 410 000 t. Die Produktionsanlagen liegen vorzugsweise da, wo billiger Strom aus Wasserkraft verfügbar ist, insbesondere in USA, Norwegen, Frankreich und Canada.

Produktion von technischem Si in den westlichen Industrieländern (1977): $410 \cdot 10^3$ t

1978 wurden in den westlichen Ländern über 250 000 t technisches Silicium verbraucht, davon

102 500 t in den USA
103 500 t in Westeuropa und
47 000 t in Japan

Etwa die Hälfte der Gesamtproduktion an technischem Silicium geht als Legierungsbestandteil in die Aluminiumindustrie, der Rest in die chemische Industrie zur Herstellung von anorganischen Silicium-Verbindungen und

Verbraucher von technischem Si:

- Aluminiumindustrie
- chemische Industrie

Siliconen. Der Preis des technischen Siliciums liegt bei etwa 2.50 DM/kg und ist in hohem Maße von den Energiekosten abhängig.

Weltproduktion an Halbleitersilicium: 3000 t

Reinstsilicium für die Herstellung elektronischer Bauelemente wurde 1980 weltweit in einer Menge von ca. 3000 t hergestellt. Die USA produzieren ca. 40% dieses Halbleitersiliciums, Japan zwischen 10 und 15%; der Rest entfällt auf Europa (hauptsächlich Wacker-Chemie). Es ist möglich, daß der Verbrauch an Reinstsilicium in den achtziger Jahren deutlich ansteigen wird, wenn die Bemühungen, die Kosten für die Herstellung von Solarzellen zu senken, erfolgreich sind.

Da dieses Reinstsilicium das Endprodukt eines mehrstufigen Reinigungsverfahrens ist, (vgl. Abschn. 3.4.1.2.2) steigen die Preise entsprechend mit dem Veredelungsgrad an. So kosteten 1 kg (1981) des aus $SiHCl_3$ durch Zersetzung gewonnenen polykristallinen Siliciums (Polysilicium) ca. 150 DM. Silicium-Einkristalle ca. 600 DM/kg und die in der Halbleitertechnik verwendeten Si-Scheiben ca. 1700 DM/kg.

3.4.1.2 Herstellung

3.4.1.2.1 Technisches Silicium und Ferrosilicium

Herstellung von technischem Si: durch Reduktion von Quarz mit Koks in Lichtbogenreduktionsöfen

Technisches Silicium und Ferrosilicium werden nach demselben Verfahren durch Reduktion von Quarziten mit Koks in Lichtbogenreduktionsöfen hergestellt. Die für die Herstellung von technischem Si eingesetzten Quarzsorten sollten möglichst rein sein (vgl. Tabelle 3.4-1), während der SiO_2-Gehalt für die Produktion von Ferrosilicium etwas niedriger liegen kann (oberhalb 96% SiO_2).

Tabelle 3.4.-1. Spezifikation von Quarz für die Herstellung von technischem Si.

Bestandteil	Gehalt
SiO_2	98% min
Fe_2O_3	1.5% max.
Al_2O_3	1.0% max.
CaO	0.2% max.
MgO	0.2% max.

Arsen-, Phosphor- und Schwefel-Gehalte sind wegen der Bildung giftiger Ofenabgase unerwünscht; höhere Gehalte an Aluminiumoxid führen zur Bildung klebriger Schlacken, die das Endprodukt verunreinigen können.

Im Falle der Produktion von Ferrosilicium wird dem Möller Eisen in Form von Drehspänen oder Schredder-Eisen zugesetzt. Für Si-Gehalte ab 45% werden Elektroniederschachtöfen verwendet, die im Unterteil mit Kohlenstoff-Steinen ausgekleidet sind. Sie arbeiten mit Dreiphasenstrom, der im Falle der Produktion von technischem Si über graphitisierte Elektroden eingebracht wird.

Herstellung von Ferrosilicium:

durch Zusatz von Drehspänen oder Schredder-Eisen zum Möller

Man nimmt an, daß die Reduktion in Teilschritten erfolgt:

$$SiO_2 + C \longrightarrow SiO + CO$$
$$SiO + 2C \longrightarrow SiC + CO$$
$$2SiC + SiO_2 \longrightarrow 2Si + 2CO$$

Bruttoreaktion

$$SiO_2 + 2C \longrightarrow Si + 2CO$$

läuft über Zwischenstufen (SiO, SiC)

Die carbothermische Reduktion erfordert Temperaturen über 2000 °C. Nach etwa 1 bis 2 h werden die kontinuierlich arbeitenden Öfen mittels einer Hilfselektrode abgestochen und das flüssige Silicium (Schmp. 1413 °C) abgelassen.

3.4.1.2.2 Reinstsilicium (Halbleitersilicium)

Damit die Halbleitereigenschaften des Siliciums voll zum Tragen kommen, muß es extrem rein sein.

Der an Reinstsilicium-Einkristallen gemessene spezifische Widerstand von bis zu 150 000 Ωcm sinkt bereits durch Dotierung mit 1 ppb_a Phosphor auf 100 Ωcm ab. Daher sind die Reinheitsanforderungen insbesondere für p- oder n-dotierend wirkende Elemente besonders extrem; so dürfen z. B. Bor und Phosphor eine Konzentration von 0.1 bis 1 ppb_a nicht überschreiten.

Halbleitersilicium: Reinheitsanforderungen insbesondere für p- oder n-dotierend wirkende Elemente extrem hoch: z. B. <0.1 bis 1 ppb_a Bor und/oder Phosphor

Das Verfahren, nach dem z. Z. weltweit etwa 80% des Halbleitersiliciums gewonnen werden, wurde in den Jahren 1953 bis 1956 bei Siemens entwickelt (Abb. 3.4 -1). Ausgangsprodukt ist technisches Silicium, das in einem Wirbelbettreaktor mit HCl zu $SiHCl_3$ (Silicochloroform) umgesetzt und in dieser Form destillativ hochgereinigt werden kann.

Reinigung von technischem Roh-Si durch:

- Umwandlung in $SiHCl_3$:

$$Si + 3HCl \xrightarrow{300\,°C} SiHCl_3 + H_2$$

- und Feindestillation von $SiHCl_3$
- Zersetzung von $SiHCl_3$ an Si-Stäben:

$$SiHCl_3 + H_2 \xrightarrow{1000\,°C} Si + 3HCl$$

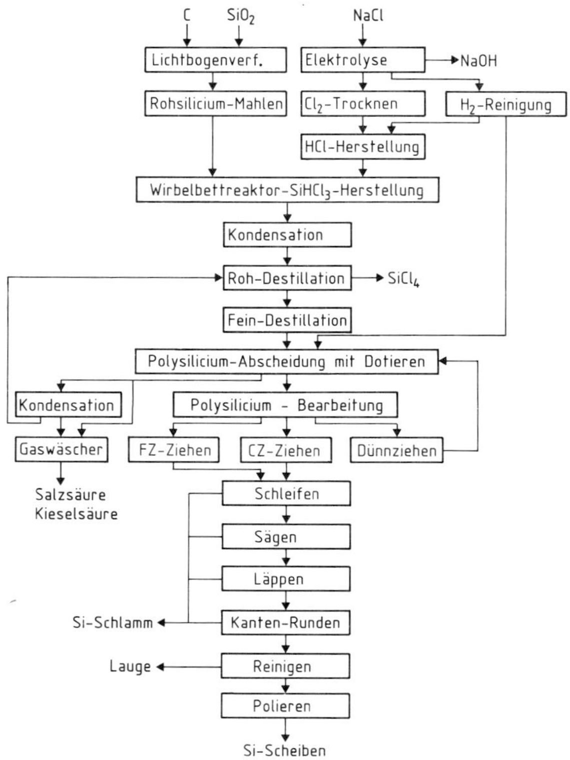

Abb. 3.4-1. Herstellung von Halbleitersilicium in Scheibenform.

$$Si + 3HCl \xrightarrow{300\,°C} SiHCl_3 + H_2$$

Durch Umkehrung der Reaktion bei 1000 °C läßt sich aus $SiHCl_3$ an dünnen, reinen Si-Stäben (slim-rods) polykristallines Si (Polysilicium) abscheiden:

$$SiHCl_3 + H_2 \xrightarrow{1000\,°C} Si + 3HCl$$

Da BCl_3, das auch in hochgereinigtem $SiHCl_3$ noch in Spuren vorhanden ist (Komplexbildung) unter diesen Bedingungen kaum reduziert wird, tritt hierbei ein weiterer Reinigungseffekt ein, so daß hierdurch ein Silicium mit 10^{13} Bor-Atomen pro cm^3 (ca. 1500 Ωcm p-Typ) erhalten wird, das heutzutage allen Zwecken genügt.

Silicium für Halbleiterbauelemente muß mit Donatoren (P, As, Sb) bzw. Acceptoren (B) dotiert werden

Silicium für Halbleiterbauelemente muß mit definierten Mengen an Donatoren (Phosphor, Arsen oder Antimon)

oder Acceptoren (Bor) dotiert werden. Dies kann durch Zugabe vor dem Tiegelziehen, während des Zonenschmelzens (Zuleiten von PH_3) oder durch Umwandlung von Silicium in Phosphor mittels thermischer Neutronen geschehen.

Die für die Herstellung von Halbleiterbauteilen benötigten Silicium-Einkristalle (vgl. Abb. 3.4-1) können auf zwei Arten erhalten werden: entweder durch das überwiegend praktizierte tiegelfreie Zonenschmelzen (float-zone-Verfahren oder FZ-Ziehen) oder durch das Ziehen von Einkristallen aus der Schmelze nach Czochralski (CZ-Ziehen).

3.4.1.3 Verwendung von Silicium

Silicium wird in Form von Ferrosilicium in großen Mengen als Desoxidationsmittel in der Stahlerzeugung eingesetzt. Als Legierungsbestandteil verleiht es dem Eisen weichmagnetische Eigenschaften (für Dynamo- und Transformatorenbleche); es ist Bestandteil von Werkzeug- und Federstählen sowie korrosionsbeständigen Gußlegierungen für die chemische Industrie. Eine wichtige Rolle spielt technisches Silicium als Legierungsbestandteil in Aluminium. Zusätze von 2 bis 25% zum Aluminium verbessern dessen Vergießbarkeit (Motorblöcke, Zylinderköpfe).

Verwendung von technischem Si:

- Desoxidationsmittel in der Stahlerzeugung (Ferrosilicium)
- Legierungsbestandteil von Aluminium
- Herstellung von Siliconen

Auf die Verwendung von technischem Silicium zur Herstellung von Siliconen nach dem Rochow-Verfahren wird in Kap. 4 eingegangen.

Im Bereich der Halbleitertechnik und im Einsatz in der Leistungselektronik (Thyristoren, Gleichrichter etc.) hat Reinstsilicium das Germanium weitgehend verdrängt (Si beherrscht 90% des Halbleitermarktes). Dafür gibt es verschiedene Gründe. Silicium bildet stabile Schutzschichten aus SiO_2, die aber durch einfache Ätzvorgänge entfernt werden können. Dadurch konnten Maskierungs- und Ätzmethoden entwickelt und in unvorstellbarer Weise verfeinert werden, so daß heute auf einem einzigen Siliciumchip integrierte Schaltungen untergebracht werden können, die bis zu einer Million Bauelemente enthalten (Mikroprozessoren). Bauelemente aus Si lassen außerdem höhere Arbeitstemperaturen (etwa 150 °C) zu als z. B. Germaniumbauelemente (etwa 75 °C).

Reinstsilicium hat in der Halbleitertechnik wegen der Bildung dichter SiO_2-Schutzschichten, die gezielt geätzt werden können (integrierte Schaltungen), und der höheren Arbeitstemperaturen (150 °C) Germanium weitgehend verdrängt

Anwendung von ein- oder polykristallinem Si in Solarzellen. Wirkungsgrad 15 bis 12%

Im Bereich der Solarzellen gelingt es, mit geeignet dotierten Si-Halbleiterbauelementen Sonnenlicht direkt in elektrischen Strom umzuwandeln. Hierzu können Scheiben aus einkristallinem (Wirkungsgrad bis zu 15%) oder unidirektional erstarrtem, billigerem polykristallinem Si (Wirkungsgrad bis zu 12%) herangezogen werden.

Einkristalline Solarzellen haben sich wegen ihrer Zuverlässigkeit seit Jahren in der Raumfahrt bewährt. Für den terrestrischen Einsatz müßte der Strom jedoch etwa um den Faktor 30 billiger werden, um mit der herkömmlichen Stromerzeugung konkurrieren zu können. Durch rigorose Rationalisierung aller Verfahrensschritte und unter Einsatz von billigeren Siliciumsorten (solar-grade, evtl. amorphes Si) versucht man, dieses Ziel zu erreichen.

3.4.2 Anorganische Silicium-Verbindungen

Wichtigste anorganische Silicium-Verbindungen:

- Siliciumcarbid
- Siliciumnitrid
- Metallsilicide
- Siliciumdioxid, Kieselsäuren
- Silicate
- Siliciumhalogenide
- Kieselsäureester

Zu den wichtigsten technisch genutzten Silicium-Verbindungen gehören die Halogenide und deren Derivate, Siliciumdioxid und Kieselsäuren in verschiedenster Form, Silicate in Form von Glas, Wasserglas, Emailfritten, silicatischen Füllstoffen, Zeolithen, Zement sowie Siliciumnitrid und -carbid.

Im vorliegenden Abschnitt werden von all diesen Verbindungen nur die Siliciumhalogenide und Kieselsäureester abgehandelt. Die übrigen Verbindungsklassen werden – je nach ihrem Verwendungszweck – in anderen Abschnitten dieses Bandes besprochen, so daß im folgenden nur Hinweise auf diese Abschnitte gegeben werden.

Siliciumcarbid SiC:

Herstellung und Verwendung im Bereich der Nichtoxidkeramik: s. Abschn. 5.5.5.4

Siliciumcarbid-Fasern und SiC-beschichtete Kohlenstoff-Fasern: s. Abschn. 5.2.3.6

Siliciumnitrid Si_3N_4:

Herstellung und Verwendung im Bereich der Nichtoxidkeramik: s. Abschn. 5.5.5.4.5

Metallsilicide:

Herstellung und Verwendung im Bereich der metallischen Hartstoffe: s. Abschn. 5.6.9

Siliciumdioxid und Kieselsäuren:

Herstellung und Verwendung im Bereich der Füllstoffe: s. Abschn. 5.8.3.1 und Abschn. 5.8.4.1

Silicate und silicatische Erzeignisse:

Silicatische Erzeugnisse finden in zahlreichen technischen Sektoren Verwendung. Sie werden unter der jeweiligen Produktgruppe abgehandelt:

5.1	Silicatische Erzeugnisse
5.1.1	Glas
5.1.2	Alkali-Silikate
5.1.3	Zeolithe
5.2.3.1	Textilglasfasern
5.2.3.2	Mineralfaser-Dämmstoffe
5.3.3	Zement
5.5.4	Tonkeramische Erzeugnisse
5.3.5	Grobkeramische Produkte für die Bauindustrie
5.3.6	Blähprodukte
5.8.4.1	Silicatische Füllstoffe

Siliciumhalogenide:

Die wichtigsten technisch genutzten Siliciumhalogenide sind Siliciumtetrachlorid $SiCl_4$ und Silicochloroform (Trichlorsilan) $SiHCl_3$. Beide entstehen bei der Umsetzung von elementarem Silicium mit HCl oberhalb von 300 °C, wobei sich mit steigender Temperatur die Reaktion zugunsten des $SiCl_4$ verlagert:

$$Si + 4HCl \longrightarrow SiCl_4 + 2H_2$$
$$Si + 3HCl \longrightarrow SiHCl_3 + H_2$$

Daneben wird auch die direkte Umsetzung des elementaren Si bzw. Ferrosilicium (>90% Si) mit Chlor zu $SiCl_4$ praktiziert.

Seit den sechziger Jahren wurden auch zunehmend Verfahren, die von SiO_2 ausgehen, in der Patentliteratur bekannt:

Herstellung von $SiCl_4$:
- Umsetzung von Si (bzw. Ferrosilicium) mit Cl_2
- Umsetzung von Si mit HCl
- Umsetzung von SiO_2 mit Kohle und Cl_2
- Chlorierung von SiC

$$SiO_2 + 2C + 2Cl_2 \longrightarrow SiCl_4 + 2CO$$

Da für diese Reaktion Temperaturen um 1400 °C notwendig sind, wird versucht, durch zusätzliches Verbrennen von Kohlenstoff mit O_2 oder durch elektrische Widerstandsaufheizung des Reaktionsguts diese Temperaturen im Innern des Wirbelbetts zu erreichen.

Nur unter Energiezufuhr läuft auch die Herstellung von $SiCl_4$ aus SiC:

$$SiC + 2Cl_2 \longrightarrow SiCl_4 + C$$

Verwendung von $SiCl_4$:

- Synthese organofunktioneller Si-Verbindungen
- Herstellung von Halbleitersilicium und hochdispersem SiO_2
- Silizieren von Metallen

$SiCl_4$ ist Ausgangsprodukt für die Synthese organofunktioneller Silicium-Verbindungen. Es wird neben $SiHCl_3$ zur Herstellung von Reinstsilicium für Halbleiterzwecke eingesetzt sowie zur Herstellung von hochdispersem SiO_2 und zum Silizieren von metallischen Gegenständen.

Tetrafluorsilan SiF_4

s. Abschn. 1.7.1.3.2 Fluorwasserstoff

Hexafluorokieselsäure H_2SiF_6

s. Abschn. 1.7.1.3.2 Fluorwasserstoff,
Abschn. 1.7.1.3.3 Aluminiumfluorid aus Hexafluorokieselsäure.

Hexafluorosilikate s. Abschn. 1.7.1.3.6

Kieselsäureester $Si(OR)_4$:

Sie sind durch Umsetzung von $SiCl_4$ mit den entsprechenden Alkoholen zugänglich. Wichtigster Vertreter ist das Tetraethoxisilan $Si(OC_2H_5)_4$, das als solches oder durch partielle Hydrolyse in Ethylpolysilikate übergeführt als Bindemittel für keramische Massen, für anorganische Zinkstaub-Lackierungen (Korrosionsschutz), zur Oberflächenbehandlung von Glas und zur Modifizierung von Siliconen eingesetzt wird.

Weitere organische Si-Verbindungen s. Kap. 4 Silicone und ihre Vorstufen.

Literatur zu Kapitel 3.4
Silicium und seine anorganischen Verbindungen

Allgemeine Literatur:

The Economics of Silicon and Ferro-Silicon, 1980 – Roskill Information Services Ltd. 3rd. Ed.
Winnacker-Küchler: *Chemische Technologie*. Band 6, 3. Aufl., S. 488–491 (1973).
Ullmanns Encyklopädie der technischen Chemie. Bd. 21, 4. Aufl., S. 417–429 (1982).
G. Rath und J. Wagner, *Elektrowärme international* **34,** B 2 April, B 81 – B 84 (1976).

Spezielle Literatur:
(insbesondere zu Halbleitersilicium)

W. Dietze, *Metall* **34,** 676–677 (1980).
Siemens Zeitschrift 1/81, 55. Jahrgang Jan./Febr. 1981.
E. Spenke, *Z. Werkstofftech.* **10,** 262–275 (1979).
Broschüren der Firma Dynamit Nobel: *Silicium-Produkte; Siliciumtetrachlorid; Trichlorsilan.*
P. A. Munter, O. T. Aepli und R. A. Kossatz, *Ind. Eng. Chem.* **39,** 427–431 (1947).

3.5 Mangan-Verbindungen und Mangan

3.5.1 Mangan-Verbindungen

3.5.1.1 Wirtschaftliche Bedeutung

Technisch wichtige Mangan-Verbindungen sind:

- Mangan(II)-salze wie das Oxid, Sulfat, Chlorid und Carbonat
- Mangan(II,III)-oxid und Mangan(III)-oxid
- Mangan(IV)-oxid
- Kaliumpermanganat ($KMnO_4$)

Technisch wichtige Mangan-Verbindungen:

- MnO, $MnSO_4$, $MnCl_2$, $MnCO_3$
- Mn_2O_3, Mn_3O_4
- MnO_2
- $KMnO_4$

Die Weltkapazität von Manganchemikalien betrugen im vergangenen Jahrzehnt:

Mangan(II)-oxid: ca. $50 \cdot 10^3$ t/a
Mangan(II)-carbonat: $10 \cdot 10^3$ t/a
Mangan(II)-sulfat: ca. $104 \cdot 10^3$ t/a
(in den USA 1981 $45 \cdot 10^3$ t)
Mangan(IV)-oxid: aus chemischer Herstellung: $>37 \cdot 10^3$ t/a
aus elektrochemischer Herstellung: $115 \cdot 10^3$ t/a
Kaliumpermanganat: $44{,}7 \cdot 10^3$ t/a

Weltkapazitäten:

- MnO : ca. $50 \cdot 10^3$ t/a
- $MnCO_3$: $10 \cdot 10^3$ t/a
- $MnSO_4$: $140 \cdot 10^3$ t/a
- MnO_2 : $>150 \cdot 10^3$ t/a
- $KMnO_4$: $45 \cdot 10^3$ t/a

Die Weltkapazität an elektrochemisch hergestelltem Mangan(IV)-oxid entfiel etwa zur Hälfte auf japanische Hersteller (deren Auslandanlagen in Irland und Griechenland eingeschlossen). 1980 plante die USSR den Bau einer 24 · 10^3 t/a Anlage.

3.5.1.2 Rohstoffe

Mangan ist in der Erdkruste weit verbreitet (12häufigstes Element). Manganerze bestehen vor allem aus nicht-stöchiometrischen Mangan(IV)-oxiden, Mangan(II)-carbonaten und -silikaten

Mangan ist in Form seiner Verbindungen weit verbreitet. Es ist das zwölfhäufigste Element und zu ca. 1000 ppm in der Erdkruste enthalten. In Böden, Gesteinen und Sedimenten schwankt der Gehalt zwischen 200 und 4500 ppm. Auch im Süßwasser kann es bis zu einigen ppm enthalten sein, was bei dessen Aufbereitung zu beachten ist (s. S. 6).

Manganerze sind vor allem (unreine und nicht-stöchiometrische) Mangan(IV)-oxide, Mangan(II)-carbonat und -silicat. Weiterhin kommt Mangan in erheblichen Mengen auf dem Meeresboden in Form von abgelagerten Manganknollen vor. Die Gesamtmenge dieser Knollen wird auf 10^{12} t geschätzt, eine Gewinnung wäre aber vor allem wegen der Begleitelemente Kupfer, Nickel und Cobalt, weniger wegen des Mangan, interessant.

Die wichtigsten aus einer großen Zahl von Manganerzen sind:

Pyrolusit	Mangan(IV)-oxid
Psilomelan Kryptomelan	Ba- bzw. K-haltige Mangan(IV)-oxid-Hydrate
Manganit	hydratisiertes Mangan(III)-oxid
Hausmannit	Mangan(II,III)-oxid
Rhodochrosit	Mangan(II)-carbonat

Die wichtigsten Lagerstätten sind sedimentär.

Wichtigste Manganerz-Förderländer:

- Südafrikanische Republik
- USSR

Weltvorräte (sicher und wahrscheinlich): 1675 · 10^6 t

Tabelle 3.5-1. Wichtige Manganerz-Förderländer und ihre Vorräte (Stand Juli 1980).

	10^6 t Mangan-Inhalt	% Welt-Anteil
Südafrikanische Republik	717	42.8
USSR	635	37.8
Australien	145	9.7
Gabun	77	4.6
Brasilien	40	2.4
(Andere)	61	3.6
Welt	1675	100

Tabelle 3.5-1 gibt die bedeutendsten Manganerz-Förderländer mit ihren sicheren und wahrscheinlichen Vorräten wieder (in 10^6 t Mangan-Inhalt).

Die statistische Lebensdauer der Vorräte in den einzelnen Gebieten liegt zwischen 100 und 800 Jahren. Der Vorrat an Erzen mit niedrigem Mangan-Gehalt wird auf $1.5 \cdot 10^9$ t geschätzt.

Von den 1977 geförderten $22 \cdot 10^6$ t Manganerz wurden nur etwa 5% ($1.1 \cdot 10^6$ t) für nicht-metallurgische Zwecke verwendet. Technisch werden drei Erzqualitäten unterschieden:

- Metallurgische Qualität: Mangan-Gehalt ≥40%, P <0.1%, stückig.
- Batterie-Qualität: >48 – 58% Mangan, >68% MnO_2.
- Chemische Qualität: >80% MnO_2, ≤3% Eisen.

Förderung 1977:

- $22 \cdot 10^6$ t Manganerz

Davon für chemische Zwecke:

- $1.1 \cdot 10^6$ t (~5%)

3.5.1.3 Herstellung von Mangan-Verbindungen

3.5.1.3.1 Mangan(II)-Verbindungen

Mangan(II)-oxid

Die Herstellung erfolgt durch Reduktion von natürlichen Mangan(IV)-oxid enthaltenden Erzen (Braunstein), z. B. mit Kohle oder Methan:

MnO:

- durch Reduktion von MnO_2 z. B. mit Kohle oder Methan

$$MnO_2 + C \longrightarrow MnO + CO$$

Die Reaktionstemperatur liegt bei 400 bis 1000 °C. Durch eine geeignete Reaktionsführung ist es möglich, vor Ablauf der Reduktion einen Teil des im Mangan(IV)-oxid enthaltenen Sauerstoffs thermisch abzuspalten und so Reduktionsmittel einzusparen. Es werden die für derartige Prozesse üblichen Anlagen wie z. B. Trommel- oder Schachtöfen verwandt. Das Abkühlen des gebildeten Mangan(II)-oxids muß unter Inertgas erfolgen, um eine Reoxidation zu vermeiden.

Mangan(II)-sulfat

Die Herstellung geschieht durch Umsetzung von Mangan(II)-oxid oder -carbonat mit Schwefelsäure:

$MnSO_4$:

- aus MnO und Schwefelsäure, Reinigung der Lösung durch Fällung der störenden Kationen

$$MnO + H_2SO_4 \longrightarrow MnSO_4 \cdot H_2O$$

Die Reinigung der Mangansulfat-Lösung von störenden Kationen wie Eisen, Aluminium, Molybdän und von Kieselsäure usw. kann, ggf. nach Oxidation von Eisen(II) zu Eisen(III) mit Mangan(IV)-oxid, durch Fällung mit Calciumoxid, Natriumcarbonat oder Mangan(II)-carbonat bei entsprechender pH-Wert-Einstellung erfolgen. Übergangselemente wie Cobalt, Nickel oder Kupfer und Spuren von Arsen werden als Sulfide gefällt.

Mangan(II)-sulfat fällt als Nebenprodukt bei der Oxidation von organischen Verbindungen mit Braunstein in Gegenwart von Schwefelsäure an, z. B. bei der Oxidation von Anilin zu Hydrochinon.

Mangan(II)-chlorid

$MnCl_2$:

- aus MnO_2 und Chlorwasserstoff
- aus MnO und Salzsäure
- aus Mn und Chlor

Es gibt eine Reihe von Verfahren, um Mangan(II)-chlorid herzustellen:

Umsetzung von Braunstein mit Chlorwasserstoff (Weldon-Verfahren):

$$MnO_2 + 4HCl \longrightarrow MnCl_2 + Cl_2 + 2H_2O$$

Das entstehende Chlor wird mit Calciumhydroxid-Lösung zu Calciumhypochlorit umgesetzt.

Reaktion von Mangan(II)-oxid oder -carbonat mit Salzsäure:

$$MnO + 2HCl \longrightarrow MnCl_2 + H_2O$$

Aus den durch Reaktion von Mangan(II)-carbonat mit Salzsäure erhaltenen Lösungen werden durch Zugabe von weiterem Mangan(II)-carbonat Schwermetall-Verunreinigungen als Carbonate ausgefällt.

Chlorierung von Mangan oder Ferromangan:

$$Mn + Cl_2 \xrightarrow{>700\,°C} MnCl_2$$

Aus der bei der Chlorierung von Ferromangan erhaltenen Schmelze von Eisen(III)-chlorid und Mangan(II)-chlorid kann ersteres absublimiert werden.

Mangan(II)-carbonat

Es kommt als Mineral vor (Rhodochrosit). Die Herstellung erfolgt aus Mangan(II)-sulfat durch Fällung mit Alkalicarbonaten oder Alkali- oder Ammonium-hydrogencarbonaten:

$MnCO_3$:

- aus $MnSO_4$ und Alkali-(Ammonium-)carbonat bzw. -hydrogencarbonat

$$MnSO_4 + 2NH_4HCO_3 \longrightarrow MnCO_3 - (NH_4)_2SO_4 + CO_2 + H_2O$$

Nach dem Abtrennen und Waschen muß das erhaltene Mangan(II)-carbonat bei Temperaturen unter 120 °C unter Schutzgas getrocknet werden, um eine Oxidation zu vermeiden.

3.5.1.3.2 Mangan(II,III)-oxid (Mn_3O_4) und Mangan(III)-oxid (Mn_2O_3)

Mangan(II,III)-oxid (Mineral: Hausmannit) entsteht durch Erhitzen von Manganoxiden anderer Wertigkeit an der Luft; z. B. nach:

Mn_3O_4:

- durch Erhitzen von MnO_2 auf 890 °C

$$3MnO_2 \xrightarrow{890\,°C} Mn_3O_4 + O_2$$

Mangan(III)-oxid entsteht beim Erhitzen von Mangan-(IV)-oxid auf 500 bis 600 °C.

Mn_2O_3:

- durch Erhitzen von MnO_2 auf 500 bis 600 °C

$$2MnO_2 \xrightarrow{500-600\,°C} Mn_2O_3 + 0.5\,O_2$$

3.5.1.3.3 Mangan(IV)-oxid (Braunstein)

Braunstein existiert in zahlreichen Modifikationen. Unter diesen ist β-MnO_2 (als Mineral: Pyrolusit) die reaktionsträgste und kommt als einzige der stöchiometrischen Zusammensetzung nahe. Alle anderen Modifikationen enthalten zusätzliche Kationen, wie Na, K, Ca, Ba, Anionen wie OH^- und Wasser. Auch liegt die Oxidationsstufe des Mangan unter 4 (bis herunter zu 3.4). Besonders reaktionsfähig ist das beinahe amorphe γ-MnO_2 (als Mineral: Nsutit).

Mangan(IV)-oxid zum Einsatz in Batterien und als Ausgangsmaterial für Ferrite kann nach einer Reihe von Verfahren hergestellt werden:

Herstellung von Braunstein durch

- „Nachbehandlung" von Natur-Braunstein
- Reaktion von Natur-Braunstein mit nitrosen Gasen
- Oxidation von $MnCO_3$
- elektrochemische Oxidation von Mn(II)-Salzen

- durch „Nachbehandlung" von natürlichem Braunstein (Pyrolusit)
- durch Reaktion von Natur-Braunstein mit nitrosen Gasen
- durch Oxidation von Mangan(II)-carbonat
- durch elektrochemische Verfahren, ausgehend von Mangan(II)-salz-Lösungen

Die Produkte nach dem zweiten und dritten Verfahren werden „Chemie-Braunsteine", CMD, die nach dem vierten Verfahren „Elektrolyt-Braunsteine", EMD, genannt. Weiterhin fällt Braunstein bei der Oxidation von organischen Verbindungen mit Kaliumpermanganat an. Beispiel: Oxidation von o-Toluolsulfonamid zu o-Sulfobenzoesäureimid (Saccharin).

Thermische Zersetzung von Natur-Braunstein zu Mn_2O_3:

Beim Lösen dieses Oxides in Schwefelsäure bildet sich $MnSO_4$ und aktiver Braunstein, der für Batteriezwecke geeignet ist

Nachbehandlung von Natur-Braunstein:

Natur-Braunstein wird thermisch zu Mangan(III)-oxid zersetzt (s. S. 289) und dieses mit Schwefelsäure zu hydratisiertem Mangan(IV)-oxid und Mangan(II)-sulfat umgesetzt:

$$Mn_2O_3 + H_2SO_4 \longrightarrow MnO_2 + MnSO_4 + H_2O$$

Das gewonnene Mangan(IV)-oxid enthält einen Teil der Verunreinigungen des Natur-Braunsteins. In Frankreich werden nach diesem Verfahren $2 \cdot 10^3$ t/a Braunstein für Batterien hergestellt.

Reaktion von Natur-Braunstein mit nitrosen Gasen zu einer $Mn(NO_3)_2$-Lösung und Fällen der Verunreinigungen. Anschließend Zersetzung des $Mn(NO_3)_2$ zu Braunstein und nitrosen Gasen. Bei T > 350 °C β-Modifikation, bei T < 350 °C γ-Modifikation

Reaktion von Natur-Braunstein mit nitrosen Gasen:

$$MnO_2 + N_2O_4 \longrightarrow Mn(NO_3)_2$$
$$Mn(NO_3)_2 \longrightarrow MnO_2 + N_2O_4$$

Eine Aufschlämmung von feingemahlenem Natur-Braunstein in Wasser oder verdünnter Mangan(II)-nitrat-Lösung wird in Adsorptionstürmen mit nitrosen Gasen behandelt. Neben Mangan gehen auch Cu, Zn, Ni und Cd in Lösung. Diese Begleitstoffe werden durch Zugabe von Carbonaten (Soda, Mangan(II)-carbonat) oder Calciumoxid als Carbonate oder Hydroxide ausgefällt; die so gereinigte Mangan(II)-nitrat-Lösung wird dann bis zum Mangan(II)-nitrat-Hexahydrat aufkonzentriert. Dessen Zersetzung bei Temperaturen unter 350 °C liefert Mangan(IV)-oxid in der γ-Modifikation, bei Temperaturen darüber in der β-Modifikation. Die bei der Zersetzung erhaltenen nitrosen Gase werden wieder zur Auflösung von Braunstein verwandt.

Die thermische Zersetzung ist technisch schwierig. Bei einem modernen Verfahren wird eine gerührte Mangan(II)-nitrat-Schmelze mit Mangan(IV)-oxid geimpft. So werden z. B. in den USA $4 \cdot 10^3$ t/a β-MnO_2 hoher Reinheit hergestellt.

Oxidation von Mangan(II)-carbonat

Oxidation von $MnCO_3$ mit Sauerstoff zu einem Mn(III,IV)-oxid, Weiteroxidation dieses Mischoxides mit Natriumchlorat zu ε, γ-Braunstein

Mangan(II)-carbonat wird nach den in Abschn. 3.5.1.3.1 beschriebenen Verfahren erhalten. Verunreinigungen werden vor allem bei der Neutralisation der Mangan(II)-sulfat-Lösung gefällt und ausgeschleust.

Die Oxidation des Mangan(II)-carbonats erfolgt zunächst mit Luft zu einem Mangan(III,IV)-oxid:

$$MnCO_3 \xrightarrow{O_2} MnO_{1,85} + CO_2 .$$

Dieses wird in Schwefelsäure suspendiert und mit Natriumchlorat zu ε,γ-Mangan(IV)-oxid oxidiert

$$MnO_{1,85} \xrightarrow{H_2SO_4/NaClO_3} MnO_2 .$$

Nach diesem Verfahren werden in Belgien $20 \cdot 10^3$ t/a Mangan-(IV)-oxid hergestellt.

Elektrochemische Oxidation von $MnSO_4$ in Lösung zu Mn(III), das zu Mn(IV) und Mn(II) disproportioniert. Braunstein scheidet sich an der Anode ab und wird diskontinuierlich entfernt

Elektrolyt-Braunstein (EMD)

Die elektrochemischen Verfahren zur Herstellung von Braunstein sind heute die technisch wichtigsten. Eine gereinigte Mangansulfat-Lösung wird an Blei-, Titan- oder Graphit-Anoden bei Stromdichten von 0.5 bis 1.2 A/dm² und 90 bis 95 °C elektrolysiert. Dabei wird Mangan(II) zu Mangan(III) oxidiert:

$$Mn^{2+} \longrightarrow Mn^{3+} + e^-$$

An der Kathode entsteht Wasserstoff. Das entstandene Mn(III) disproportioniert in einer nicht-elektrochemischen Reaktion zu Mn(IV) und Mn(II):

$$2Mn^{3+} \longrightarrow Mn^{4+} + Mn^{2+}$$

Das gebildete Mn(IV) wird an der Anode als sehr ungeordnetes ε-MnO_2, das auch noch Mn(III) enthält, abgeschieden. Es entstehen 1 bis 3 cm dicke Braunstein-Schichten.

Die mit Braunstein beladenen Anoden werden periodisch aus den Elektrolyseuren herausgenommen, der erhaltene Braunstein mechanisch entfernt, zerkleinert, gewaschen und getrocknet. Die Titan- und Graphit-Anoden können wiederverwendet werden. Um während der Elektrolyse die Mn(II)-Konzentration im Elektrolyten konstant zu halten, wird kontinuierlich oder absatzweise frischer Elektrolyt zugeführt, verbrauchter abgezogen und zum Auflösen von Mangan(II)-oxid verwandt.

3.5.1.3.4 Kaliumpermanganat

$KMnO_4$ aus Ferromangan:

- durch elektrochemische Oxidation. Elektrolyt ist Kaliumhydroxid

Zur Herstellung von Kaliumpermanganat gibt es mehrere Verfahren. Als Rohstoff kann zum einen Ferromangan dienen, zum anderen Natur-Braunstein.

Bei dem von Ferromangan ausgehenden Verfahren oxidiert man das Manganmetall elektrochemisch direkt bis zum Permanganat:

$$2KOH + 2Mn + 6H_2O \longrightarrow 2KMnO_4 + 7H_2$$

Die Anoden bestehen aus gegossenem Ferromangan, die Kathoden sind gekühlte Kupferrohre. Die anodische Stromdichte liegt bei 23 A/dm^2, die Badtemperatur beträgt 20 °C. Das Verfahren ist sehr energieaufwendig und wird nur in einer Kleinanlage in der USSR ausgeübt.

Bei den von Natur-Braunstein ausgehenden Verfahren werden die Stufen

$$Mn(IV) \longrightarrow Mn(V) \longrightarrow Mn(VI) \longrightarrow Mn(VII)$$

durchlaufen, wobei die Oxidation in der ersten und zweiten Stufe durch Luft-Sauerstoff, in der dritten Stufe elektrochemisch durchgeführt wird.

$KMnO_4$ aus Braunstein:

- Oxidation von MnO_2 mit Luft über Mn(V) zu Mn(VI) (ein- oder zweistufig), anschließend elektrochemische Oxidation zu Mn(VII)

Die Oxidation des Natur-Braunsteins bis zum Manganat(VI) kann ein- oder zweistufig durchgeführt werden:

- *zweistufige Röst (Schmelz)-Verfahren:*

Sie verwenden ein molares Verhältnis von Mn:KOH von 1:2.3 – 2.7. In der ersten Stufe wird eine Mischung von 50%iger Kalilauge und feingemahlenem Braunstein mit Luft bei 390 bis 420 °C oxidiert. Dabei bildet sich in schneller Reaktion Manganat(V):

$$2MnO_2 + 6KOH + 0.5O_2 \longrightarrow 2K_3MnO_4 + 3H_2O$$

Als Reaktoren verwendet man Drehrohröfen oder Sprühtürme. In zweiter Stufe wird das gebildete Manganat(V), ggf. nach einer Zwischenmahlung, bei 180 bis 220 °C zum Manganat(VI) oxidiert:

$$2K_3MnO_4 + H_2O + 0.5O_2 \longrightarrow K_2MnO_4 + 2KOH$$

Die Reaktion verläuft wesentlich langsamer, als in der ersten Stufe. Bei Zwischenmahlung werden z. B. 3 bis 4 h benötigt. In der zweiten Stufe ist die Einhaltung eines definierten Wasserdampf-Partialdrucks erforderlich. Die Reaktoren entsprechen denen der ersten Stufe. Die Ausbeute an Manganat(VI) liegt bei 85 bis 90%.

- *einstufige Flüssigphase-Verfahren:*

Das molare Verhältnis von Braunstein zu KOH beträgt hier 1:5 und mehr. Man setzt den feingemahlenen

Braunstein bei 200 bis 260 °C in 70 bis 90%iger Kalilauge mit Luft unter leichtem Überdruck um. Die Reaktionszeiten liegen bei 4 bis 6 h. Das gebildete Manganat(VI) wird auskristallisiert, seine Ausbeute liegt bei 87 bis 94%. Das so hergestellte Kaliummanganat(VI) wird nun anschließend elektrochemisch zu Kaliumpermanganat oxidiert.

Die elektrochemische Oxidation von Mangan(VI) zu Kaliumpermanganat erfolgt kontinuierlich oder diskontinuierlich an Anoden aus Nickel oder Monel-Metall

$$K_2MnO_4 + H_2O \xrightarrow{e^-} KMnO_4 + KOH + 0{,}5\,H_2$$

Man löst das Manganat(VI) in einer 12 bis 16%igen Kalilauge. Je nach Elektrolyse-Verfahren beträgt die Manganat(VI)-Konzentration 50 bis 60 g/L (kontinuierlich) bzw. 200 bis 220 g/L (diskontinuierlich). Nebenprodukte der Manganat(VI)-Herstellung (Gangart o. ä.) können hier durch Filtration entfernt werden. Es wird technisch eine große Zahl verschiedener Zelltypen eingesetzt: mono- und bipolar, mit und ohne Diaphragma. Die Anoden bestehen meist aus Nickel oder Monel-Metall, die Kathoden aus Stahl. Um bei diaphragma-losen Zellen die kathodische Reduktion des gebildeten Permanganats zurückzudrängen, vermindert man die Kathoden-Oberfläche durch eine Art Kunststoff-Abdeckung, so daß bei einem Zelltyp das Verhältnis von Kathoden- zu Anoden-Oberfläche bei 1 : 150 liegt. Die anodische Stromdichte liegt bei 0.5 bis 15 A/dm^2, die Temperatur bei 40 bis 60 °C. Die Stromausbeuten betragen 60 bis 90%. Je nach verwendetem Zelltyp kristallisiert das gebildete Permanganat direkt in der Zelle aus oder wird in angeschlossenen Kristalliseuren gewonnen; ggf. ist eine Umkristallisation erforderlich. Die Trocknung des Kaliumpermanganats muß unterhalb 150 °C vorgenommen werden, da sich die Verbindung oberhalb 200 °C exotherm zersetzt.

Bei der Elektrolyse fällt pro Mol Permanganat ein Mol Kaliumhydroxid an, das rückgewonnen werden muß. Das kann z. B. durch Eindampfen dieser Lösung auf 750 g KOH pro Liter geschehen, wobei gelöstes Kaliummanganat(VI) und Kaliumcarbonat ausfallen und abgetrennt werden. Das Kaliumhydroxid kann in die Aufschluß-Stufe rückgeführt werden. Auch eine Entfernung anderer gelöster, aus dem Erz stammender Verunreinigungen wie Silikat oder Aluminat aus dem Laugen-Kreislauf ist erforderlich.

3.5.1.4 Verwendung von Mangan-Verbindungen

Von *Mangang(II)-Verbindungen:*

Mangan(II)-oxid:
Ausgangsmaterial für Mangan(II)-Salze, Zusatz zu Düngemitteln (in den USA 20 · 10^3 t/a) und Futtermitteln, zur Herstellung oxidkeramischer Werkstoffe.

Mangan(II)-sulfat:
zur elektrochemischen Herstellung von Mangan-Metall und von EMD-Braunstein; Ausgangsmaterial für Mangan(II)-Salze organischer Säuren („Sikkative"). Einsatz bei der Glas-Herstellung, Zusatz zu Dünge- und Futtermitteln, zur Herstellung des Fungizids „Maneb". (Mangan-ethylen-1,2-bis-dithiocarbamat).

Mangan(II)-chlorid:
zur Herstellung korrosions-beständiger Magnesium-Legierungen, zum Färben von Ziegelsteinen, für Trocken-Batterien.

Mangan(II)-carbonat:
zur Herstellung anderer Mangan(II)-Salze, von Ferriten und Schweißstäben.

Verwendung von Mn(II)-Verbindungen:

- als Futter- und Düngemittel, in der keramischen Industrie, in der Metallurgie als Ausgangsmaterial für andere anorganische Mn-Verbindungen, zur Herstellung des Fungizids „Maneb"

Von Mn_3O_4 und Mn_2O_3
Beide Oxide sind Ausgangsmaterial für die aluminothermische Mangan-Gewinnung. Die reinen Oxide werden zur Herstellung von Magnet-Werkstoffen und Halbleitern eingesetzt.

Mn_3O_4 und Mn_2O_3:

- zur Herstellung von Magnet-Werkstoffen und Halbleitern

Von Mangandioxid
Es findet Verwendung in Trockenbatterien, zur Herstellung von Ferriten, als Oxidationsmittel in der organischen Synthese, als Vernetzer von Polysulfid-Kautschuken, Bestandteil von Oxidations-Katalysatoren.

MnO_2:

- vor allem für Batterien und zur Herstellung von Ferriten

Von Kaliumpermanganat
Es dient als Oxidationsmittel in der organischen Synthese, zur Entfernung von Spuren-Verunreinigungen – z. B. aus niederen aliphatischen Alkoholen –, zur Abwasser- und Abluft-Reinigung, in der Trinkwasser-Aufbereitung, zum Bleichen von anorganischen und organischen Materialien, zur Reinigung von Zinksulfat-Lösungen für die Zink-Elektrolyse.

$KMnO_4$:

- Oxidationsmittel in der organischen Synthese, zur Oxidation von Verunreinigungen in zahlreichen Anwendungsgebieten

3.5.2 Mangan – elektrochemische Darstellung, Bedeutung und Verwendung

Mangan aus elektrochemischer Erzeugung:

- 1974 etwa $46 \cdot 10^3$ t

Zur elektrochemischen Darstellung von Mangan-Metall liegen nur wenig Angaben vor. Es kann abgeschätzt werden, daß in den USA, Japan und Südafrika 1974 $46 \cdot 10^3$ t Mangan-Metall durch Elektrolyse hergestellt wurden. Verwendet wird es vor allem zur Herstellung von Legierungen mit Nichteisen-Metallen, wie Kupfer und Aluminium.

Neben der hier nicht behandelten Reduktion von Eisen-armen Mangan-Erzen mit Silicium, die zu einem etwa 97%igen Mangan-Metall führt und der heute nicht mehr technisch ausgeübten aluminium-thermischen Reduktion von Mangan(II, III)-oxiden steht für die Gewinnung von reinem Mangan-Metall die elektrochemische Herstellung im Vordergrund:

Elektrochemische Mangan-Herstellung:

- durch Elektrolyse hochgereinigter $MnSO_4$-Lösung. Mn scheidet sich auf der Kathode ab und muß diskontinuierlich entfernt werden. Anodisch bildet sich neben Sauerstoff in einer Nebenreaktion MnO_2

$$MnSO_4 + H_2O \xrightarrow{e^-} Mn + H_2SO_4 + 0.5\,O_2$$

Als Elektrolyt dient eine hochgereinigte Mangan(II)-sulfat-Lösung (s. S. 287). Die Konzentration des Katholyten in der geteilten Zelle liegt bei 30 bis 40 g/L Mangansulfat und 125 bis 150 g/L Ammoniumsulfat. Der – an Mangan verarmte – Anolyt enthält 10 bis 20 g/L Mangansulfat, 25 bis 40 g/L Schwefelsäure und 125 bis 150 g/L Ammoniumsulfat. Die Anoden bestehen aus Blei, legiert mit 1% Silber, die Kathoden aus rostfreiem Stahl oder ®Hastelloy, Typ 316. Man arbeitet bei 35 bis 40 °C. Die kathodische Stromdichte liegt bei 2 bis 5.5 A/dm^2, die Spannung bei 5 V. Die Strombeute beträgt 50 bis 70%.

Kathodisch werden neben den Mangan- auch Wasserstoff-Ionen entladen, anodisch neben Sauerstoff auch erhebliche Mengen an Mangan(IV)-oxid gebildet, die herabfallen und abgezogen werden müssen.

Die Kathoden werden, nachdem die Mangan-Schicht 1 bis 4 mm dick geworden ist, entfernt und das gebildete Mangan-Metall abgeschlagen und getrocknet. Es besitzt eine Reinheit von über 99.6%. Hauptverunreinigungen sind Sauerstoff und Schwefel. Die meisten anderen Verunreinigungen liegen unter 20 ppm.

Literatur zu Kapitel 3.5 Mangan-Verbindungen und Mangan

Allgemeines:

Ullmanns Encyklopädie der technischen Chemie, 4. Auflage, Band 16. Verlag Chemie, Weinheim-New York 1978, S. 425–480.

Kirk-Othmer: Encyclopedia of Chemical Technology, 3. Ed., Vol. 14. John Wiley & Sons, New York-Chichester-Brisbane, Toronto 1981, pp. 824–895.

S. A. Weiss: *Manganese – the other uses.* Metal Bulletin Books, Ltd., The Garden City Press Limited, Letchworth, Hertfordshire, UK, 1977.

Zur Herstellung und Verwendung von Braunstein:

E. Preisler, *Chemie in unserer Zeit* **14**, (1980), S. 137 bis 148.

K. J. Euler und R. Kirchhof, „Quelques Propriétés d'Oxides des Manganèse obtenus par Décomposition thermique", *Electrochimica Acta* **26**, (1981), S. 1383—1387.

Rohstoffe:

Untersuchungen über Angebot und Nachfrage mineralischer Rohstoffe, VIII Mangan. Bundesanstalt für Geowissenschaften und Rohstoffe, Hannover, und Deutsches Institut für Wirtschaftsforschung, Berlin, 1977.

Wirtschaftliche Angaben:

Zu MnO_2

Japan Chem. Week, 24. 5. 1979, S. 4–5.

Zu $MnSO_4$

Chem. Mark. Rep., 14. 9. 1981, S. 74.

Allgemein

Manganese Products, Chemical Economics Handbook. Stanford Research Institute, Menlo Park, California, USA, Juli 1980.

4 Silicone

4.1 Aufbau und Eigenschaften

Silicone sind Verbindungen, in denen Silicium-Atome, die jeweils einen oder mehrere über Kohlenstoff an Silicium gebundene organische Reste tragen, durch Sauerstoff-Atome miteinander zu unverzweigten, verzweigten oder vernetzten oligomeren oder polymeren Molekülen verknüpft sind. Die einfachsten Silicone sind die α, ω-Bis-Trimethylsiloxy-polydimethylsiloxane (s. Formel in der Randspalte).

Silicone = Polyorganosiloxane; z. B.

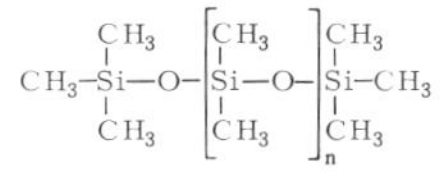

n: bis zu etwa 14000 bekannt

Der Name Silicone wird – im erweiterten Sinn – aber auch zur Bezeichnung von Formulierungen dieser Polymeren mit weiteren Stoffen verwendet.

Polyorganosiloxane sind aus den Baueinheiten $R_3SiO_{1/2}$ (monofunktionell, Kurzzeichen M), $R_2SiO_{2/2}$ (difunktionell, Kurzzeichen D), $RSiO_{3/2}$ (trifunktionell, Kurzzeichen T) und $SiO_{4/2}$ (tetrafunktionell, Kurzzeichen Q) aufgebaut. Die Kombination dieser Baueinheiten ist chemisch in weiten Grenzen möglich. In den technischen Siliconprodukten ist R meistens ein Methyl- oder Phenylrest.

Silicon-Baueinheiten:

$R_3SiO_{1/2}$ M
$R_2SiO_{2/2}$ D
$R\,SiO_{3/2}$ T
$SiO_{4/2}$ Q

R ist meistens Methyl oder Phenyl

Die Kombination von monofunktionellen Einheiten M mit difunktionellen Einheiten D führt zu linearen Polyorganosiloxanen, deren Kettenenden mit M-Einheiten verschlossen sind. Die Kombination nur difunktioneller Einheiten ergibt cyclische Polydiorganosiloxane oder offenkettige Polydiorganosiloxane, an deren Kettenenden sich z. B. Hydroxy- oder Alkoxygruppen befinden. Der Einbau von T- und ggf. auch Q-Einheiten führt zu verzweigten Polyorganosiloxanen.

Diese verschiedenartigen Polyorganosiloxane sind die Basis für die technischen Siliconprodukte. Die Produktvielfalt ist groß. Produzenten mit einem kompletten Produktionsprogramm führen über 1000 Einzelprodukte im Sortiment.

Die Kombination dieser Baueinheiten führt zu einer großen Produktvielfalt

Eigenschaften der Silicone:

- beständig gegen
  - höhere Temperaturen
  - Oxidation
  - Wetter
- hydrophobierend
- je nach Struktur
  - entschäumend oder
  - schaumstabilisierend
- abhäsiv
- elektrisch nicht leitend
- gas- und dampfdurchlässig
- physikalische Eigenschaften ändern sich nur wenig mit der Temperatur
- physiologisch indifferent

Siliconprodukte werden wegen ihrer herausragenden Eigenschaften in vielfältiger Weise als Werk- und Hilfsstoffe eingesetzt. Sie sind beständig gegen höhere Temperaturen, Oxidation und Wettereinflüsse.

Sie wirken hydrophobierend und stellen, je nach Struktur, Entschäumer oder Schaumstabilisatoren dar.

Sie sind abhäsiv, elektrisch nicht leitend und weisen eine hohe Gas- und Dampfdurchlässigkeit auf; ihre physikalischen Eigenschaften sind nur wenig temperaturabhängig.

4.2 Wirtschaftliche Bedeutung

Für Siliconproduktion in 1980 schätzungsweise erzeugte Mengen an Organochlorsilanen:

Welt 500 000 bis 550 000 t

Silicone werden erst seit etwa 1950 großtechnisch hergestellt. 1981 gab es im westlichen Wirtschaftsbereich zwölf Siliconproduzenten. Die Siliconproduktion läßt sich anhand der erzeugten Mengen an Organochlorsilanen – den Ausgangsprodukten für Silicone – abschätzen, wobei zu berücksichtigen ist, daß aus 1 kg Dimethyldichlorsilan ca. 0.5 kg Methylsiloxane entstehen. 1980 wurden weltweit schätzungsweise 500 000 bis 550 000 t Organochlorsilane hergestellt. Davon entfallen etwa 85% auf die westliche Welt. Der Umsatz mit Siliconen betrug 1980 größenordnungsmäßig 3 Mrd. DM, mit USA als dem größten Markt (Anteil ca. 41%), gefolgt von Japan und der Bundesrepublik Deutschland. Bemerkenswert ist die hohe Wachstumsrate, die die Silicone in der Vergangenheit auszeichnete.

Wichtigste Siliconprodukte:

- Siliconöle und Folgeprodukte
- Siliconkautschuke
- Siliconharze

In Westeuropa dominieren die Siliconelastomere mit über 40%, die Siliconöle und deren Folgeprodukte mit ca. 30% und die Siliconharze mit ca. 10% der Gesamtmenge. In den USA dagegen entfallen auf Kautschuke schätzungsweise ca. 25% und auf Siliconöle sowie deren Folgeprodukte ca. 65%.

Silicone sind relativ unabhängig von Erdöl

Da Silicone nur z. T. auf petrochemischen Erzeugnissen basieren, werden sie von einer Verknappung oder Verteuerung des Erdöls nicht in gleicher Weise betroffen wie viele rein organische Produkte. Die Herstellung des Rohstoffs Silicium ist allerdings sehr energieintensiv.

4.3 Herstellung von Siliconen

4.3.1 Synthese der Ausgangsverbindungen

Wichtig für die Siliconherstellung, aber auch für andere Einsatzgebiete, sind vor allem die Methylchlorsilane, daneben aber auch Phenyl- und z. T. auch Phenylmethyl-Chlorsilane, sowie Silane mit organofunktionellen Gruppen.

4.3.1.1 Methylchlorsilane

Methylchlorsilane werden im technischen Maßstab heute ausschließlich durch Direktsynthese nach Rochow/Mueller aus ca. 98%igem technischem Siliciumpulver und Methylchlorid in Gegenwart von 0.5 bis 3% Kupfer (Massenanteile bezogen auf Si) als Katalysator und Zink oder Zinkoxid in Mengen unter 1% als Promotor in Fließbettreaktoren hergestellt:

Herstellung von Methylchlorsilanen:

aus Si + CH_3Cl

in Gegenwart von Cu als Katalysator und Zn oder ZnO als Promotor in Fließbettreaktoren

$$Si + 2\,CH_3Cl \xrightarrow[280-320\,°C]{Cu} (CH_3)_2SiCl_2$$

Neben dem Hauptprodukt Dimethyldichlorsilan entstehen Methyltrichlorsilan, Trimethylchlorsilan, Methyldichlor- und Dimethylchlorsilan, zusammen mit Tri- und Tetrachlorsilan, Tetramethylsilan, Chlor- und Methylgruppen-haltigen Di- und Polysilanen und Kohlenwasserstoffen. Aus wirtschaftlichen Gründen wird angestrebt, den Anteil des größten Nebenproduktes Methyltrichlorsilan am Substanzgemisch möglichst niedrig zu halten.

Direktsynthese wird so gesteuert, daß $(CH_3)_2SiCl_2$ als Hauptprodukt entsteht

Die Trennung des Reaktionsgemisches, dessen Komponenten z. T. sehr nahe beisammen liegende Siedepunkte aufweisen, erfolgt durch fraktionierte Destillation.

4.3.1.2 Phenyl- und Methylphenylchlorsilane

Phenylchlorsilane können ähnlich wie Methylchlorsilane durch Direktsynthese aus Silicium und Chlorbenzol, allerdings bei höheren Temperaturen (etwa 500 °C), erzeugt werden, wobei im wesentlichen Diphenyldichlorsilan und Phenyltrichlorsilan entstehen:

Herstellung von Phenylchlorsilanen:

- aus Si und Chlorbenzol

$$Si + 2\,C_6H_5Cl \xrightarrow[\text{ca. 500 °C}]{\text{Cu (HCl)}} (C_6H_5)_2SiCl_2$$

$$Si + 2\,C_6H_5Cl + HCl \xrightarrow{\text{Cu}} C_6H_5SiCl_3 + C_6H_6$$

Die Zusammensetzung des Reaktionsgemisches läßt sich steuern, Mengenverhältnisse $C_6H_5SiCl_3/(C_6H_5)_2SiCl_2$ von 1:1 bis 1:3 können erreicht werden.

- aus Si-H-haltigen Chlorsilanen und Chlorbenzol

Phenylhaltige Chlorsilane lassen sich auch herstellen durch Substitutionsreaktionen an SiH-Bindungen. Technisch durchgeführt werden z. B. die Umsetzung von Benzol und Trichlorsilan nach

$$HSiCl_3 + C_6H_5Cl \xrightarrow{\text{550 - 650 °C}} C_6H_5SiCl_3 + HCl$$

und die Reaktion zwischen Methylhydrogendichlorsilan und Chlorbenzol gemäß

$$CH_3HSiCl_2 + C_6H_5Cl \xrightarrow{\text{550 - 650 °C}} C_6H_5(CH_3)SiCl_2 + HCl$$

Diese Synthesen laufen ohne Katalysator und drucklos.

- durch Grignard-Synthese (z. B. für Methylphenylchlorsilane)

Gelegentlich wird auch die Grignard-Synthese technisch genutzt, z. B. für Methylphenylchlorsilane.

4.3.1.3 Silane mit organofunktionellen Gruppen oder längerkettigen gesättigten Alkylresten

Silane mit organofunktionellen Gruppen werden neben ihrer Verwendung als Haftvermittler für glasfaserverstärkte Kunststoffe (s. S. 374) benötigt, um bestimmte Silicontypen zu synthetisieren. Sie dienen weiter zur Funktionalisierung von Siliconprodukten (z. B. für Lackpflegemittel) sowie zur Modifizierung des Eigenschaftsbildes der Siliconendprodukte.

Herstellung organofunktioneller Silane durch:

- Hydrosilylierung
  - Organofunktionelle Siloxane tragen Reste wie z. B.

H-Si-Verbindungen lassen sich an ungesättigte organische Verbindungen addieren, wobei Platin oder Platin-Verbindungen wie Hexachloroplatinsäure als Katalysatoren benötigt werden (Hydrosilylierung):

$$-\overset{|}{\underset{|}{Si}}-H + H_2C{=}CH-R \xrightarrow{P} -\overset{|}{\underset{|}{Si}}-CH_2-CH_2-R$$

$$-\overset{|}{\underset{|}{Si}}-H + HC{\equiv}C-R \xrightarrow{P} -\overset{|}{\underset{|}{Si}}-CH{=}CH-R$$

$CH_2 = CH -$

$CH_2 = C(CH_3) - COO(CH_2)_3 -$

$H_2N(CH_2)_3 -$

$H_2C - CH - CH_2 - O(CH_2)_3 -$ (Epoxid: H_2C und CH über O verbrückt)

$HS(CH_2)_3 -$

Auf diese Weise lassen sich Organosilicium-Verbindungen herstellen mit anderen Organogruppen als Methyl oder Phenyl, so z. B. Vinylmethylchlorsilane, wie sie für Siliconkautschukmaterialien wichtig sind. Aber auch organofunktionelle Silane, wie Methacryloxypropyltrichlorsilan, aminofunktionelle Silane, wie γ-Aminopropyl- oder γ-(β-Aminoethyl-amino)-propyltrialkoxy-silane, Epoxy-silane sowie Mercaptopropylsilane sind leicht zugänglich.

Organofunktionelle Silane lassen sich aber auch über Chlormethyl- oder Brommethylchlorsilane erzeugen, die ihrerseits durch UV-Licht-katalysierte Gasphasen- oder Flüssigphasenchlorierung oder Bromierung von Methylchlorsilanen zugänglich sind.

- Halogenierung von Methylchlorsilanen und ggf. Weiterreaktion der Hal-CH_2-Si-Gruppe

$$Cl_3SiCH_3 + Cl_2 \xrightarrow[25\,°C]{h \cdot \upsilon} Cl_3SiCH_2Cl + HCl$$

$$Cl_2Si(CH_3)_2 + Br_2 \xrightarrow[25\,°C]{h \cdot \upsilon} Cl_2Si(CH_3)CH_2Br + HBr$$

Durch Substitutionsreaktionen an der Halogenmethylgruppe lassen sich organofunktionelle Silane darstellen, z. B. Aminomethylsilane durch Umsetzung mit Ammoniak.

4.3.2 Lineare Polysiloxane

4.3.2.1 Synthese der oligomeren Vorstufen

Die wichtigsten Siliconprodukte leiten sich von Methylchlorsilanen ab, wobei die Derivate des Dimethyldichlorsilans, nämlich Siliconelastomere und Siliconöle, im Vordergrund stehen. Die Synthese dieser hochmolekularen Polydimethylsiloxane erfolgt über oligomere, lineare und cyclische Dimethylsiloxane als Zwischenprodukte. Erzeugt werden diese entweder durch Hydrolyse oder Methanolyse von Dimethyldichlorsilan.

Herstellung von oligomeren linearen und cyclischen Dimethylsiloxanen aus $(CH_3)_2SiCl_2$ durch:

- Hydrolyse
  - in der Flüssigphase
  - in der Dampfphase
- Methanolyse

Hydrolyse von Dimethyldichlorsilan

Die vollständige Hydrolyse des Dimethyldichlorsilans führt zu einem Gemisch aus cyclischen und linearen, beidseitig hydroxy-endgestoppten oligomeren Dimethylsiloxanen (α, ω-Dihydroxy-polydimethylsiloxanen):

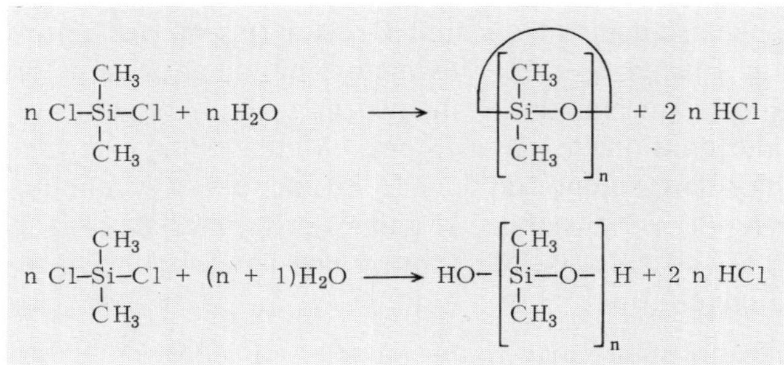

Flüssigphasenhydrolyse führt zu

- linearen und cyclischen Siloxanen im Verhältnis von etwa 1 : 2
- ca. 32%iger Salzsäure

Die Hydrolyse wird entweder in der Flüssigphase mit etwa 25%iger Salzsäure oder in der Gasphase bei Temperaturen über 100 °C kontinuierlich durchgeführt. Bei der Flüssigphasenhydrolyse entstehen lineare und cyclische Siloxane etwa im Verhältnis 1:1 bis 1:2 neben wäßriger, etwa 28 bis 35%iger Salzsäure. Diese kann in einem weiteren Schritt mit Methanol zu Methylchlorid umgesetzt werden.

Dampfhydrolyse:

- Nachteil: teurer und technisch aufwendiger
- Vorteil: es entsteht gasförmiger Chlorwasserstoff

Die Dampfhydrolyse ist wegen der größeren Korrosionsprobleme technisch aufwendiger und teurer, hat aber den Vorteil, daß gasförmiger Chlorwasserstoff gewonnen wird. Dieser ist besser verwertbar als wäßrige Salzsäure, u. a. auch für die Herstellung von Methylchlorid zur Direktsynthese des Dimethyldichlorsilans.

Methanolyse von Dimethyldichlorsilan

Methanolyse:

sie kann so gesteuert werden, daß neben CH_3Cl entweder weitgehend cyclenfreie oligomere α, ω-Dihydroxydimethylsiloxane oder ein Cyclengemisch entsteht

Bei der Methanolyse von Dimethyldichlorsilan erhält man je nach der Reaktionsführung oligomere α-ω-Dihydroxy-dimethylsiloxane in Ausbeuten über 98% oder ein Gemisch cyclischer Dimethylpolysiloxane zusammen mit gasförmigem Methylchlorid nach:

$$n(CH_3)_2SiCl_2 + 2n\,CH_3OH \longrightarrow [(CH_3)_2SiO]_n + 2n\,CH_3Cl + n\,H_2O$$

Das Methylchlorid kann nach einem Reinigungsprozeß wieder in die Direktsynthese eingeführt werden.

Reinigung der Hydrolyse- bzw. Methanolyse-Produkte

Für die Herstellung höhermolekularer linearer Dimethylsiloxane können die bei der Hydrolyse oder Methanolyse des Dimethyldichlorsilans entstehenden linearen oder cyclischen Oligomeren nur dann ohne weiteren Reinigungsschritt eingesetzt werden, wenn das verwendete Dimethyldichlorsilan ausreichend rein ist (>99.99%), insbesondere in bezug auf Methyltrichlorsilan. Ist dies nicht der Fall, so muß das Oligomerengemisch gereinigt werden: Dazu behandelt man das Gemisch bei etwa 160 °C mit einer Suspension von Kaliumhydroxid in einer inerten Flüssigkeit, z. B. Mineralöl. Das Kaliumhydroxid bewirkt eine Äquilibrierungsreaktion. SiOSi-Bindungen werden gespalten und neu geknüpft („Cyclisierung"). Da die leichter flüchtigen cyclischen Dimethylsiloxane laufend abdestilliert werden, wird das Äquilibrierungsgleichgewicht ganz in diese Richtung verschoben, so daß letztlich die Gesamtmenge des eingesetzten Siloxangemisches in cyclische Dimethylsiloxane übergeführt wird. Die trifunktionellen Verunreinigungen bleiben zurück.

Wenn das zur Hydrolyse/Methanolyse eingesetzte $(CH_3)_2SiCl_2$ nicht genügend frei von höherfunktionellen Silanen ist, muß eine Reinigung über cyclische Oligomere – insbesondere Octamethylcyclotetrasiloxan – erfolgen

Aus dem so erhaltenen Gemisch niederer Cyclen wird in der Regel Octamethylcyclotetrasiloxan (D_4) hochrein herausdestilliert und für Polymerisationszwecke verwendet. Die anderen Siloxancyclen werden wieder der Äquilibrierung zugeführt.

4.3.2.2 Synthese hochmolekularer linearer Siloxane

Linearpolymere Dimethylsiloxane höherer Kettenlängen, wie sie den Siliconölen und Siliconkautschuken zugrundeliegen, werden entweder aus den oligomeren cyclischen Methylsiloxanen durch ringöffnende alkalische oder saure Polymerisation oder aus den oligomeren linearen α, ω-Dihydroxy-methylsiloxanen durch Polykondensation hergestellt. Die mittleren Kettenlängen und damit die Viskosität der Polymeren lassen sich durch Zugabe Endgruppen-liefernder Substanzen, wie z. B. Trimethylsiloxygruppen-haltiger Siloxane – im einfachsten Falle also Hexamethyldisiloxan – oder von Wasser steuern.

Herstellung von längerkettigen linearen Polydimethylsiloxanen:

- aus den oligomeren cyclischen Siloxanen durch alkalische oder saure Polymerisation
- aus den oligomeren linearen α, ω-Dihydroxysiloxanen durch Polykondensation

Ringöffnende alkalische Polymerisation

Alkalische Polymerisation:

mit KOH als Äquilibrierungskatalysator bei 160 bis 180 °C; breite Molekülmassenverteilung

Aus cyclischen Polydimethylsiloxanen, bevorzugt Octamethylcyclotetrasiloxan, entstehen mit geringen Mengen Kaliumhydroxid (ca. 10 ppm) in einer Äquilibrierungsreaktion linearpolymere Dimethylsiloxane mit einer breiten Molekülmassenverteilung zusammen mit cyclischen Siloxanen unterschiedlicher Ringgröße. Nach Neutralisation des Reaktionsgemisches werden die cyclischen Siloxane, die etwa 12% des Reaktionsproduktes ausmachen, destillativ entfernt.

Mittlere Kettenlänge wird gesteuert durch Zugabe kettenstoppender „Regler" wie z. B. $[(CH_3)_3Si]_2O$ oder Wasser

Durch Mitverwendung von z. B. Hexamethyldisiloxan oder Wasser läßt sich die relative Molekülmasse bzw. die Viskosität der Produkte in weiten Grenzen (5 bis 10 000 000 mPa · s) einstellen, wobei trimethylsiloxy- oder hydroxy-endgestoppte Linearpolymere entstehen.

Modifizierung des sich bildenden Linearpolymers:

z. B. durch Einbau von Vinylgruppen in Kette oder an Kettenende

Führt man die Polymerisation in Gegenwart von Vinylgruppen-haltigen cyclischen Siloxanen, wie z. B. Tetramethyltetravinylcyclotetrasiloxan, durch, so lassen sich polymere Methylsiloxane aufbauen, die über die Siloxankette verteilt Vinylgruppen tragen. Auch Linearpolymere mit Vinylgruppen an den Kettenenden können erzeugt werden.

Ringöffnende saure Polymerisation

Saure Polymerisation:

mit starken Mineralsäuren

Auch starke Mineralsäuren und Lewissäuren können als Äquilibrierungskatalysatoren für die ringöffnende Polymerisation von Octamethylcyclotetrasiloxan eingesetzt werden. Diese saure Äquilibrierung, bei der wiederum ein Gemisch aus Linearpolymeren mit breiter Molekulargewichtsverteilung und aus cyclischen Siloxanen entsteht, wird insbesondere zur Herstellung niederviskoserer Polydimethylsiloxane angewandt. Die cyclischen Siloxane lassen sich nach der Neutralisation des Reaktionsproduktes destillativ entfernen.

Nicht äquilibrierende Polykondensation

Polykondensation HO-endgestoppter Siloxanoligomerer:

Katalysator bevorzugt $(NPCl_2)_x$

Die durch Hydrolyse oder Methanolyse von Dimethyldichlorsilan erzeugten oligomeren linearen α, ω-Dihydroxymethylsiloxane werden durch eine Polykondensation in höhermolekulare Linearpolymere übergeführt. Als Katalysator der bei Normaltemperatur ablaufenden

Kondensation hat sich insbesondere Phosphornitrilchlorid bewährt. Beendet wird die Reaktion durch Neutralisation.

Die Hydroxyendgruppen der entstehenden Siloxanpolymeren können mit Trimethylsilylgruppen-haltigen Substanzen, wie z. B. Trimethylmonochlorsilan oder Hexamethyldisilazan umgesetzt werden, so daß man polymere Siloxane mit Trimethylsilylendgruppen erhält.

Auch lineare Polysiloxane mit H-Si- oder organofunktionellen Gruppen am Silicium können durch Polykondensation – manchmal mit nachfolgender Äquilibrierung, z. B. mit säureaktivierten Bleicherden – hergestellt werden.

4.3.3 Herstellung verzweigter Polysiloxane

Verzweigte Polysiloxane, wie sie z. B. in Siliconharzen vorliegen, werden nach dem Polykondensationsverfahren im Prinzip in analoger Weise hergestellt wie lineare Polysiloxane; man geht nur von einem Organochlorsilangemisch aus, das Organotrichlorsilane als Verzweigungskomponente enthält. Der 1. Reaktionsschritt, die Hydrolyse, kann dabei auf zwei Wegen durchgeführt werden, nämlich durch Einbringen der Chlorsilane in einen Überschuß vorgelegten Wassers oder, umgekehrt, durch Zudosieren von Wasser in das Chlorsilangemisch. Im letzteren Fall kann die Reaktion so gesteuert werden, daß eine unvollständige Hydrolyse erfolgt, so daß das sich bildende Siloxan Chlorsiloxyendgruppen aufweist. Solche Siloxane sind wichtige Ausgangsprodukte für copolymere Verbindungen, z. B. mit Polyethern (s. Abschn. 4.4.5), wie sie als Polyurethanschaumstabilisatoren verwendet werden.

Herstellung verzweigter Polysiloxane:

1. Schritt: Hydrolyse eines Organochlorsilan-Gemisches, das Organotrichlorsilane enthält
2. Schritt: Thermische Polykondensation

Hydrolyse kann so gelenkt werden, daß im Siloxan neben HO-Si- auch Cl-Si- und RO-Si-Gruppen vorliegen, die nicht nur miteinander zu Siliconharzen, sondern auch z. B. mit HO-funktionellen Polyethern reagieren können.

Die direkte Hydrolyse, wie sie der Siliconharzherstellung zugrunde liegen kann und bei der hauptsächlich Methyltrichlorsilan, Phenyltrichlorsilan, Dimethyldichlorsilan, Phenylmethyldichlorsilan und Diphenyldichlorsilan eingesetzt werden, wird meist in Gegenwart von Lösungsmitteln, wie Xylol, und von höheren Alkoholen, wie z. B. n-Butanol, durchgeführt. Das entstehende Cohydrolysat weist Silanol- und Alkoxysilylgruppen auf. Durch eine thermische Polykondensation kann es in den Endzustand übergeführt werden. Die siliciumfunktionellen Hydroxy-

und Alkoxygruppen können aber auch mit Hydroxyfunktionellen organischen Harzen, wie Polyestern oder Alkydharzen unter Wasser- bzw. Alkoholabspaltung zu Kombinationsharzen umgesetzt werden, die einen Siloxanteil und einen organischen Harzteil aufweisen (vgl. Abschn. 4.4.4 u. 4.4.5).

4.4 Technische Siliconprodukte

Die Vielfalt der nach den oben aufgezeigten Verfahren hergestellten Siliconprodukte ist sehr groß. Die wichtigsten Produktgruppen sind im folgenden hinsichtlich ihres chemischen Aufbaus, ihrer Eigenschaften und der daraus sich ableitenden Verwendung beschrieben.

4.4.1 Siliconöle

Siliconöle:

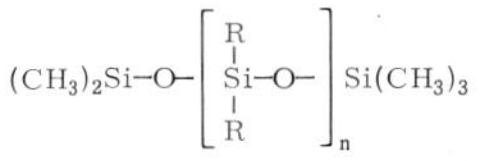

R/R : CH_3/CH_3
CH_3/C_6H_5
C_6H_5/C_6H_5

Viskosität: bis 1 Mio mPa · s

Eigenschaften der Siliconöle:

- Stockpunkte −60 bis −35 °C
- kaum Änderung der Viskosität mit der Temperatur
- temperaturbeständig
- hoher spezifischer Widerstand
- niedrige Oberflächenspannung
- geruch- und geschmacklos, physiologisch indifferent

Die technisch bedeutendsten Siliconöle sind die α, ω-Trimethylsilylpolydimethylsiloxane, wobei diese Polymeren auch Methylphenyl- bzw. Diphenylsiloxy-Gruppen aufweisen können.

Siliconöle werden in einem Viskositätsbereich von 5 bis 1 000 000 mPa · s hergestellt. Sie zeigen je nach Viskosität Stockpunkte zwischen −60 und −35 °C.

Im Vergleich zu Mineralölen ändert sich die Viskosität bei den Siliconölen nur wenig mit der Temperatur. Sie sind gut temperaturbeständig; die schwerflüchtigen Produkte (ab ca. 50 mPa · s) sind an der Luft lange Zeit über 150 °C beständig, in geschlossenem System sogar über 200 °C. Phenylgruppenhaltige Siliconöle zeigen noch niedrigere Stockpunkte und eine noch bessere Wärmebeständigkeit. Siliconöle haben gute elektrische Isolationseigenschaften; der spezifische Widerstand eines Polydimethylsiloxanöls liegt bei 10^{14} Ω cm, die Durchschlagsfestigkeit bei 14 KV/mm. Weiterhin zeichnen sie sich durch eine geringe Oberflächenspannung von ~21 mN/m aus (für mittelviskose Siliconöle). Sie sind geruchs- und geschmacklos und physiologisch weitgehend inert. Weder bei Fütterungsversuchen an Tieren noch bei Hauttests treten Reizungen oder Krankheitserscheinungen auf.

Lediglich im Auge verursachen sie eine leichte vorübergehende Bindehautreizung. Eingesetzt werden Siliconöle in vielen Bereichen, wobei sie sehr unterschiedliche Anforderungen erfüllen müssen. Die gute Temperaturbeständigkeit und die geringe Abhängigkeit der Eigenschaften von der Temperatur bedingen den Einsatz als Wärmeübertragungsmittel, Gleitmittel, Hydrauliköle, Bremsflüssigkeiten und flüssige Dielektrika, z. B. Transformatorenöle.

Verwendung der Siliconöle:

- Wärmeübertragungsmittel
- Gleitmittel
- Hydrauliköle
- Transformatorenöle
- Bremsflüssigkeiten
- Lackverlaufsmittel
- Glanzverbesserung
- Entschäumer
- Formentrennmittel
- Bestandteil von Hautcremes und Schutzpolituren

Die geringe Oberflächenspannung führt zur Verwendung in der Lackindustrie als Verlaufshilfsmittel und zur Verbesserung von Glanz und Oberflächengüte von Lackfilmen. Mit Siliconölzusätzen lassen sich Effektlacke, wie z. B. Hammerschlaglacke, formulieren. Ihre Oberflächen- bzw. Grenzflächenaktivität läßt Anwendungen als Entschäumer und als Schaumstabilisatoren für Polyurethanschäume zu.

Reine Siliconöle werden als Entschäumer in der Erdölindustrie eingesetzt. In der Gummi- und Kunststoffindustrie leisten sie als Formentrennmittel gute Dienste. Ihre physiologische Indifferenz läßt Anwendungen auch in Kosmetika und Pharmazeutika zu. Der wasserabstoßende Effekt dieser Produkte (Hydrophobie) führt in Hautcremes zu guten Schutzeigenschaften. In Auto-, Möbel- und Schutzpolituren wirken Siliconöle ebenfalls durch ihre Hydrophobie schützend und pflegend.

4.4.2 Siliconölfolgeprodukte

Siliconölemulsionen

Aus Siliconölen – auch aus Polymethylhydrogensiloxanen mit Trimethylsiloxyendgruppen – im Viskositätsbereich um 1000 mPa · s lassen sich wäßrige Siliconölemulsionen herstellen, wobei bevorzugt nichtionische Emulgatoren eingesetzt und Emulgiergeräte (z. B. Prallringpumpen) benutzt werden. Die Ölmenge in diesen Emulsionen liegt zwischen 3 und 50% (Massenanteil). Siliconölemulsionen dienen als Formentrenn- und Entlüftungsmittel bei der Herstellung von Reifen. Emulsionen mit H-Si-gruppenhaltigen Siliconen werden in der Textilindustrie zur Hydrophobierung und Griffverbesserung von Geweben in großem Umfang eingesetzt.

Verwendung der Siliconölemulsionen:

- Formentrennmittel
- Entlüftungsmittel
- Hydrophobierung und Griffverbesserung von Geweben

- Entschäumer (kieselsäurehaltige Emulsionen)

Emulgiert man Polydimethylsiloxanöle zusammen mit geringen Mengen feinteiliger Füllstoffe, z. B. pyrogener Kieselsäure, so erhält man hervorragend wirksame Entschäumer für wäßrige Medien, z. B. bei der Herstellung wäßriger organischer Polymerdispersionen und in den Färbeprozessen der Textilindustrie.

Siliconpasten und Fette

Siliconpasten und Fette entstehen durch Einbringen von hochdisperser Kieselsäure oder Ca- bzw. Li-Seifen in Siliconöle

Siliconöle können durch das Einarbeiten größerer Mengen hochdisperser Kieselsäuren oder durch Calcium- oder Lithiumseifen in einen pastösen Zustand gebracht werden. Die Produkte werden als Trennmittel und Spezialschmiermittel verwendet.

4.4.3 Siliconkautschuke

Bei Siliconkautschuken gibt es verschiedene Produktgruppen, die sich hinsichtlich der Vernetzungsart und der Anwendungsgebiete unterscheiden.

4.4.3.1 Kaltvulkanisierender Einkomponenten-Siliconkautschuk

Mischen von beidseitig HO-endgestoppten Polydiorganosiloxanen mit Vernetzern in Gegenwart von Füllstoffen und Sn-organischen Verbindungen als Kondensationskatalysator führt zu kaltvulkanisierendem Siliconkautschuk

Die Umsetzung eines beidseitig hydroxyendgestoppten Polydimethylsiloxans mit einem Überschuß eines Silans, welches – z. B. Methyltriacetoxysilan – mindestens drei hydrolysierbare siliciumfunktionelle Gruppen enthält (Vernetzer), führt zu einem Siliconpolymer mit mindestens vier siliciumfunktionellen Endgruppen:

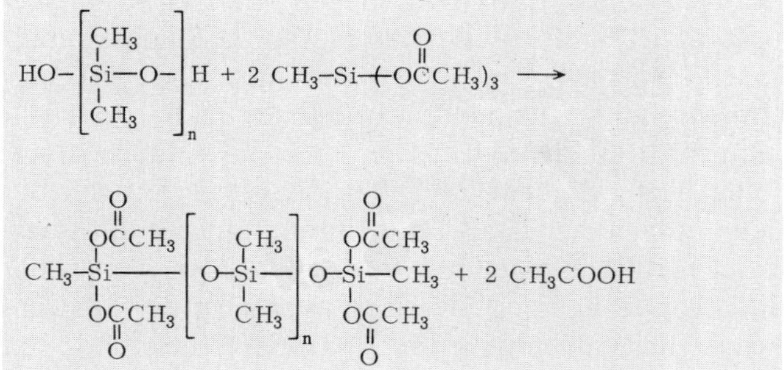

In Abwesenheit von Feuchtigkeit – z. B. abgefüllt in einer verschlossenen Kartusche – sind solche Siliconpolymere lagerstabil. Bringt man aber ein solches Polymer mit Wasser, z. B. Luftfeuchtigkeit, in Kontakt, so bilden sich unter Abspaltung von Essigsäure an den Polymerkettenenden HO-Si-Gruppen, die z. B. miteinander unter Wasserabspaltung (Kondensation) reagieren und so das lineare Polysiloxan in ein vernetztes gummielastisches Material überführen. Die Vernetzung erfolgt dabei von der Oberfläche aus und schreitet in dem Maße in die Tiefe fort, in dem die Luftfeuchtigkeit in das Polymer hineindiffundiert.

Entstehendes siliciumfunktionelles Polysiloxan bei Feuchtigkeitsausschluß z. B. nach Abfüllen in eine Kartusche lagerstabil

Die Aushärtung erfolgt durch Luftfeuchtigkeit

In technischen Einkomponentensiliconkautschuken werden beidseitig hydroxy-endgestoppte Polydimethylsiloxane mit Viskositäten zwischen 5000 und 100 000 mPa · s eingesetzt. Zur Verbesserung der mechanischen Eigenschaften des resultierenden Silicongummis mischt man verstärkende Füllstoffe, bevorzugt hochdisperse Kieselsäuren, in Mengen von 1 bis 10% (Massenanteil) sowie nicht verstärkende Extenderfüllstoffe zu. Um nach der Vernetzung ausreichend weichen Silicongummi zu erhalten, wird meist bis zu 30% ein Trimethylsiloxy-endgestopptes Polydimethylsiloxan, also ein Siliconöl, mitverwendet. Zur Beschleunigung der kondensierenden Aushärtung setzt man in der Regel Zinn-Verbindungen, wie Dibutylzinndilaurat, zu.

Die Silan-Vernetzer weisen eine Vielzahl von reaktionsfähigen Substituenten auf, z. B. Amino-, Carboxy-, Carbonamido-, Oxim- und Carbonyl-Gruppen, ggf. in Kombination mit Alkoxygruppen.

Der überwiegende Teil des bei Raumtemperatur vernetzenden Einkomponentensiliconkautschuks wird als Fugendichtungsmasse im Bauwesen eingesetzt, z. B. in sog. Dehnungsfugen, im Sanitärbereich und zum Dichten von Fenstern.

Weiter ist die Verwendung als Klebstoff für hitzebeständige Verklebungen und die Herstellung von z. B. "formed-in-place-gaskets" (Dichtungen) vor allem im amerikanischen Automobilbau zu nennen.

Verwendung des bei Raumtemperatur härtenden Einkomponenten-Siliconkautschuks:

- als Fugendichtmasse in
  - Bauwesen
  - Sanitärbereich
  - Glasbereich
  - Automobilindustrie
- als Klebstoff für hitzebeständige Verklebungen und für Dichtungen

4.4.3.2 Kaltvulkanisierender Zweikomponenten-Siliconkautschuk

Kalthärtende Zweikomponenten-Siliconkautschuke sind vernetzbar durch:

- Polykondensation
- Polyaddition

Beim kaltvulkanisierenden Zweikomponenten-Siliconkautschuk werden Polymer- und Vernetzerkomponente erst unmittelbar vor der Verwendung miteinander vermischt. Dabei sind zwei auf unterschiedlichen Wegen zur Vernetzung gebrachte Systeme zu unterscheiden, nämlich ein Polykondensations- und ein Polyadditionssystem.

Durch Polykondensation vernetzende Systeme bestehen aus:

- beidseitig HO-endgestoppten Polydimethylsiloxanen
- Tetraalkoxysilanen oder deren Kondensationsprodukten als Vernetzer
- Füllstoff
- Zinn-organische Verbindungen als Kondensationskatalysator

Beim Polykondensationssystem wird als Polymerkomponente ein beidseitig hydroxy-endgestopptes Polydimethylsiloxan (1000 bis 100 000 mPa · s) eingesetzt. Vernetzt wird es mit Tetraalkoxysilanen, z. B. Tetraethoxysilan, in Gegenwart kondensationsbeschleunigender Zinn-Verbindungen, wie z. B. Dibutylzinndilaurat. Da diese Aushärtung, im Gegensatz zu den Einkomponentenprodukten, nicht von der Wasserdampfdiffusion durch die zu härtende Masse abhängt, können solche Kautschuksysteme auch in dickeren Schichten schnell und gleichmäßig vernetzt werden.

Durch Polyaddition vernetzende Systeme bestehen aus:

- Vinylgruppen-haltigen Polymethylsiloxanen
- H-Si-gruppenhaltigen Polymethylsiloxanen
- Füllstoffen
- Pt-Verbindungen als Katalysator

Beim Polyadditionssystem verwendet man als Polymerkomponente Methylvinylsiloxygruppen-haltige, Trimethylsiloxy- oder Vinyldimethylsiloxy-endgestoppte Polydimethylsiloxane einer ähnlichen Viskosität wie bei den Kondensationssystemen. Vernetzt werden diese Polymere über eine Hydrosilylierungsreaktion mit Hilfe von Polydimethylsiloxanen, die im Mittel mindestens drei Methylhydrogensiloxygruppen enthalten und Trimethylsiloxy- oder Dimethylhydrogensiloxy-endgestoppt sind. Als Katalysator wirken Spuren von Platin oder Platinverbindungen, wie z. B. Hexachloroplatinsäure, bei ggf. leicht erhöhter Temperatur.

Verwendung der fließfähig eingestellten kalthärtenden Zweikomponenten-Systeme:

- als Abformmassen
- zum Vergießen elektronischer Bauelemente

Kalthärtende Zweikomponentensystem-Kautschuke werden in der Regel als fließfähige Masse formuliert, sie enthalten verstärkende und nicht verstärkende Füllstoffe. Die fließfähig eingestellten Siliconkautschuke sind in der Lage, feinste Details an abzuformenden Gegenständen zu umfließen. Nach der Vulkanisation entsteht eine Negativform, die durch Ausgießen naturgetreue Reproduktionen des Originals gestattet. Verwendung findet diese Technik zur Restaurierung und Duplizierung von Teilen von Baudenkmälern und zur Herstellung von strukturierten Sichtbetonteilen. In der Möbelindustrie werden Repliken von Möbelzierteilen mit dieser Technik gefertigt, und in der Dentaltechnik sind auf diese Weise präzise Gebißabformungen möglich. In der Elektroindustrie wird das Fließvermögen, verbunden mit den guten Isolationseigenschaften zum Vergießen elektronischer Bauelemente und zur Herstellung sog. Kabelverschlüsse genutzt.

Füllstoff-freie Formulierungen zweikomponentiger Siliconkautschuke, die entweder durch Kondensation oder Addition vernetzen, werden mit und ohne Lösungsmittelzusatz für die Beschichtung von Papieren und Kunststoffolien eingesetzt, wobei klebstoffabweisende Kaschierpapiere und Folien, z. B. Abziehpapiere für selbstklebende Etiketten oder Verpackungsfolien für Bitumen erzeugt werden. Die Vulkanisation erfolgt bei höherer Temperatur (100 bis 180 °C), um zu möglichst kurzen Aushärtungszeiten zu gelangen.

Füllstoff-freie Massen, ggf. in Lösung, dienen zur Beschichtung von Papier und Kunststoff-Folien

4.4.3.3 Heißvulkanisierender, peroxidisch vernetzender Siliconkautschuk

Heißvulkanisierende Siliconkautschuke bestehen im wesentlichen aus sehr langkettigen (1 bis 10 Mio mPa · s), meistens vinylmethylsiloxygruppenhaltigen Polydimethylsiloxanen mit Trimethylsiloxy- und/oder Vinyldimethylsiloxyendgruppen und hochdisperser pyrogener Kieselsäure (Massenanteil 10 bis 35%). Der Vinylgruppengehalt, der sehr stark die Vernetzungsdichte bestimmt – obwohl auch Vernetzungen über zwei Methylgruppen stattfinden –, ist sehr niedrig (unter 1% bezogen auf Mole). Die Vernetzung des Polymers erfolgt mit organischen Peroxiden, wie z. B. Dicumylperoxid oder Dichlorbenzoylperoxid, bei höheren Temperaturen. Daher die Bezeichnung „Heißvulkanisierender Siliconkautschuk“. Hergestellt werden die Siliconkautschukmischungen mit Hilfe der in der Kautschukindustrie üblichen Geräte wie Knetern, Walzen und Extrudern.

Heißvulkanisierender Siliconkautschuk:

- besteht aus langkettigen, meist vinylgruppenhaltigen Polymethylsiloxanen und Füllstoffen
- er wird vernetzt mit organischen Peroxiden
- Verarbeitung erfolgt auf Knetern, Walzen, Extrudern

4.4.3.4 Heißvulkanisierender, additionsvernetzender Siliconkautschuk

Die Vernetzung sehr langkettiger (1 bis 10 Mio mPa · s), vinylhaltiger und bei höherer Temperatur vulkanisierender Siliconkautschuke kann statt durch organische Peroxide auch über eine platinkatalysierte Hydrosilylierungsreaktion erfolgen, wobei ein Polydimethylsiloxan

Heißvulkanisierender Siliconkautschuk kann auch über eine Hydrosilylierungsreaktion vernetzt werden. Vorteil: keine Spaltprodukte der organischen Peroxide

zugegen sein muß, welches mindestens drei Methylhydrogensiloxygruppen aufweist. Gegenüber dem Peroxidsystem hat sie den Vorteil, daß keine evtl. bei der Anwendung des Vulkanisats störenden Spaltprodukte der organischen Peroxide entstehen. Meistens handelt es sich um ein Zweikomponentensystem.

Flüssigsiliconkautschuk kann auf Kunststoffspritzgußautomaten verarbeitet werden

Heißvulkanisierender Zweikomponenten-Siliconkautschuk wird auch als sog. Flüssigsiliconkautschuk (auch LSR = liquid silicone rubber genannt) angeboten. Diese Viskositäts-Einstellung läßt eine Verarbeitung auf Kunststoffspritzgußmaschinen zu.

Verarbeitung von heißvulkanisierendem Siliconkautschuk durch:

- Formgebung zu Formartikeln in Pressen
- Extrusion zu Schläuchen und Kabeln in Extrudern

Heißvulkanisierender Siliconkautschuk wird auf zwei verschiedene Weisen verarbeitet. Einmal durch Extrusion zu Schläuchen und Kabeln, zum zweiten durch Formgebung zu sog. Formartikeln, wie z. B. Wellendichtringen und Membranen. Für Extrusionsartikel wird heute noch ausschließlich heißvulkanisierender Siliconkautschuk vom hochviskosen Typ verwendet; die Verarbeitung erfolgt auf den in der Gummiindustrie üblichen Extrudern.

Für Formartikel, die üblicherweise mit hochviskosem Kautschuk in Pressen geformt werden, kommen neuerdings auch automatische Kunststoffspritzgußautomaten (injection-moulding) mit Flüssigsiliconkautschuk zum Einsatz.

Verwendung der Heißvulkanisate:

- Siliconschläuche in der medizinischen Technik
- Kabel in Elektroindustrie

Siliconschläuche werden hauptsächlich in der medizinischen Technik verwendet, z. B. als Transfusionsschläuche und Katheder. Siliconkabel werden in weitem Umfang dort eingesetzt, wo es auf besondere Hitze- bzw. Witterungs- und Chemikalienbeständigkeit ankommt, z. B. in Backöfen, heißen Lampen für Industriebeleuchtungen und als Zuleitungen zu elektrischen Motoren und Transformatoren.

- Formartikel als Dichtungen, z. B. in Automobilindustrie
- Implantate im menschlichen Körper
- Kontaktlinsen

Siliconformartikel dienen in den meisten Fällen als Dichtungen für temperaturbelastete Geräte, z. B. als Wellendichtringe in Verbrennungsmotoren, als Scheinwerfer- und Getriebedichtungen.

Die gute physiologische Verträglichkeit läßt Anwendungen als Implantate im menschlichen Körper zu, z. B. als künstliche Herzklappenventile.

Aus optisch klarem Siliconkautschuk lassen sich weiche Kontaktlinsen herstellen, die sich wie alle Siliconkautschuke durch hohe Sauerstoffdurchlässigkeit auszeichnen, aber an der Oberfläche hydrophiliert werden müssen.

4.4.3.5 Eigenschaften von Silicongummi

Silicongummi ist ausgesprochen hitzebeständig. Die gummielastischen Eigenschaften ändern sich nach einer Lagerung in Heißluft von 180°C auch nach mehreren tausend Stunden kaum. Die gummimechanischen Werte sind bei 180 °C fast gleich gut wie bei Zimmertemperatur. Damit ist Silicongummi bei 180 bis 200 °C deutlich reißfester als organische Kautschuke, die bei Raumtemperatur eine 2- bis 3fache Reißfestigkeit aufweisen. Die besten gummimechanischen Werte werden mit heißvulkanisiertem Silicongummi erreicht. Die Shorehärten liegen zwischen 30 und 70; die Zugfestigkeiten bis 12 N/mm² und die besten Weiterreißfestigkeiten (nach ASTM 624 B) bei 45 N/mm.

Eigenschaften von Silicongummi:

- von ca. – 50 °C bis 180 °C dauerbelastbar
- zwischen Raumtemperatur und 180 °C kaum eine Änderung der gummimechanischen Eigenschaften:
  - Shorehärten zwischen 30 und 70 Shore A
  - Zugfestigkeit bis 12 N/mm²
  - Weiterreißfestigkeit bis 45 N/mm
- gute Isolationswirkung
- wird durch Einmischen leitfähiger Ruße zum elektrischen Leiter
- kann schwer entflammbar und selbstverlöschend eingestellt werden durch Zugabe von Platin-Verbindungen

Bis ca. – 50 °C ändert sich die Härte des Silicongummis nicht, er ist also in dem ungewöhnlich großen Temperaturbereich von – 50 bis 180 °C (kurzzeitig bis 300 °C) einsetzbar. Silicongummi zeigt mit Ausnahme gegenüber starken Säuren und Laugen sowie Chlor eine gute Chemikalienbeständigkeit. Unter normalen Umweltbelastungen ist er jahrzehntelang beständig.

Silicongummi ist sowohl bei Raumtemperatur als auch bei hoher Temperatur ein guter Isolator, er kann aber durch Mitverwendung leitfähiger Ruße auch leitfähig eingestellt werden. Silicongummi wird durch Zumischen von Pt-Verbindungen schwer entflammbar und selbstverlöschend. Außer Kohlenoxid entstehen im Brandfall kaum toxische Produkte. Zurück bleibt eine nichtleitende Siliciumdioxidschicht einer gewissen mechanischen Festigkeit. Nach dem Abbrennen eines Siliconkabels bleibt somit eine noch ausreichende Isolationswirkung erhalten.

4.4.4 Siliconharze

Reine Siliconharze sind Organopolysiloxane, die einen hohen Anteil verzweigender, d. h. tri- oder manchmal auch tetrafunktioneller Siloxygruppen zusammen mit di- und manchmal monofunktionellen aufweisen.

Siliconharze sind verzweigte Polysiloxane. Die Aushärtung erfolgt durch Polykondensation bei höheren Temperaturen

Siliconharzfilme sind

- hitzebeständig
- witterungsfest
- hydrophob

Flüssige Siliconharze oder Siliconharzlösungen werden in der Regel durch mehrstündiges Erhitzen (Einbrennen) auf 180 bis 250 °C auskondensiert und so in den hochpolymeren festen Endzustand übergeführt. Sie bilden hitzestabile Filme, die – besonders wenn die Polysiloxane Phenylgruppen enthalten – ihre Tranparenz, ihren Glanz und ihre Elastizität auch bei 200 bis 250 °C nicht verlieren. Siliconharze sind hydrophob und extrem witterungsstabil.

Verwendung von Siliconharzen als:

- Lackrohstoffe und Bindemittel für z. B.
  - Elektroisolierlacke
  - Korrosionsschutzlacke, pigmentiert mit Zn-Staub
  - hitzestabile Einbrennlacke für dekorative Anwendungen
  - Coil-coat-Beschichtungen von Fassadenblechen
  - Kratzfestausrüstung von Kunststoffoberflächen

Reine Methyl- und Methylphenylharze dienen als Lackrohstoffe und Bindemittel sowie als Bautenschutzmittel. In der Elektroindustrie werden sie als Elektroisolierlacke (Drahtlacke) und zur Bindung von Glasseide oder Glimmerisolierstoffen eingesetzt.

Durch Pigmentierung mit Zinkstaub entstehen Korrosionsschutzeinbrennlacke zur Lackierung von Teilen, die bei höherer Temperatur betrieben werden, z. B. Metallkamine.

Silicon-Polyester-Kombinationsharze sind Lackrohstoffe für hitzebeständige Einbrennlacke. Sie dienen zur dekorativen Lackierung von Koch- und Bratgeschirren sowie von Heizgeräten und Herden. Auch sehr wetterbeständige Einbrennlacke auf der Basis von Siliconkombinationsharzen, z. B. für Coil-coat-Beschichtungen von Fassadenblechen sind bekannt. Spezielle Siliconharze dienen zur optisch klaren Lackierung von Kunststoffoberflächen, die durch die Behandlung kratzfest ausgerüstet werden. Verdünnte Siliconharzlösungen oder Siliconharzemulsionen verleihen Baustoffen, Putz- und Steinfassaden von Bauwerken dauerhaften Nässeschutz. In Kombination mit Kieselsäureestern verfestigen sie brüchigen porösen Kalksandstein, z. B. bei Restaurierungsarbeiten von Baudenkmälern.

- Bautenschutzmittel
  - für Hydrophobierung von Baustoffen und Hausfassaden
  - gemeinsam mit Kieselsäureestern für Sandsteinverfestigung

4.4.5 Silicon-Copolymere, -Blockpolymere und -Pfropfcopolymere

Variation der Siliconeigenschaften durch Kombination mit organischen Polymeren

Die Eigenschaften der Silicone können durch Kombination mit organischen Polymeren verändert werden. Technisch wichtig sind neben den Siliconkombinationsharzen Blockcopolymere aus Polyorganosiloxanen und Polyethern sowie z. B. thermoplast-modifizierte Silicone.

Die Polyethersiloxane enthalten ein Polymethylsiloxanpolymer, das verzweigt sein kann und Polyetherblöcke trägt. Die Struktur kann linear oder kammartig sein. Die Bindung der Blöcke erfolgt über Si-O-C- oder über Si-C-Brücken. Die Si-O-C-verknüpften Produkte kann man z. B. aus verzweigten dimethylchlorsiloxyendgestoppten Polymethylsiloxanen (s. 4.3.3) durch Umsetzung mit monohydroxyfunktionellen Polyethern erzeugen.

SiC-verknüpfte Polyethersiloxane sind über die Addition von Polyethern, die an einem Kettenende eine ungesättigte Gruppe tragen, an methylhydrogensiloxygruppenhaltige Polymethylsiloxane zugänglich.

Polyetherpolysiloxane entstehen z. B.:

- aus verzweigten chlordimethylsiloxyendgestoppten Polymethylsiloxanen und einseitig HO-endgestoppen Polyethern
- durch Addition von einseitig mit einer ungesättigten Gruppe verschlossenen Polyethern an H-Si-haltige Polymethylsiloxane

Polyethersiloxane haben Tensideigenschaften. In großen Mengen werden sie als Schaumstabilisatoren bei der Herstellung von Polyurethan-Weich- und Hartschäumen eingesetzt, wobei für diesen Verwendungszweck die Polyetherkomponente ihrerseits ein Copolymer aus Ethylenoxid und Propylenoxid ist. Verwendet werden Polyethersiloxane aber auch für Entschäumerformulierungen, als Lackglätte- und Entlüftungsmittel sowie als Textilhilfsmittel.

Polyetherpolysiloxane werden verwendet als:

- Polyurethanschaumstabilisatoren
- Entschäumer
- Textilhilfsmittel

Thermoplastmodifizierte Siloxane entstehen durch Polymerisation von Monomeren, wie Styrol, Methylmethacrylat oder Vinylacetat in Gegenwart eines z. B. α, ω-Dihydroxy-polydimethylsiloxans. Die Reaktion kann so geführt werden, daß die Thermoplastteilchen als Stäbchen entstehen. Diese bestimmen nach Art und Menge die mechanischen Eigenschaften des über Vernetzung der Siliconkomponente zugänglichen Vulkanisats. Solche Produkte finden Anwendung in der Porzellan-, Elektro-, Elektronik- und Metallindustrie.

Thermoplast-modifizierte Silicone entstehen durch Polymerisation von Monomeren, wie Styrol, in Gegenwart von Polysiloxanen

Literatur zu Kapitel 4 Silicone

M. Wick, G. Kreis und F.-H. Kreuzer: *Ullmanns Encyklopädie der technischen Chemie,* 4. Aufl., Bd. 21. 485 – 543 (1982).

W. Kaiser und R. Riedle: „Silicone“, Winnacker/Küchler (Hrsg.), *Chemische Technologie* Bd. 6, 816 – 852 (1982).

W. Noll: *Chemie und Technologie der Silicone.* 2. Aufl., Verlag Chemie, Weinheim 1968.

H. Reuther: *Silicone – Eine Einführung in Eigenschaften, Technologien und Anwendungen.* VEB Deutscher Verlag für Grundstoffind., Leipzig 1981.

H. K. Lichtenwalner und M. N. Sprung, “Silicones”, *Encycl. Polym. Sci. Technol.* **12** (1970).

W. Büchner, “Novel Aspects of Silicone Chemistry”, *J. Organomet. Chem. Rev.* **9**, 409 – 431 (1980).

5 Anorganische Festkörper

5.1 Silikatische Erzeugnisse

5.1.1 Glas

Etwa 5000 Jahre alt ist die Kunst der Glasherstellung. Die erste herausragende technologische Verbesserung gelang mit der Erfindung der Glasmacherpfeife, wahrscheinlich im 1. Jh. v. Chr. Sie gehört heute noch zum Handwerkszeug bei der Herstellung spezieller Glasprodukte. Zur großtechnischen Produktion führte aber erst die Einführung der maschinellen Glaserzeugung und -verarbeitung ab dem Ende des vergangenen Jahrhunderts.

5.1.1.1 Wirtschaftliche Bedeutung

Die Glasproduktion wird für das Jahr 1977 weltweit auf etwa 63 Mio. t geschätzt. Daran haben die USA einen Anteil von 26%, die USSR von 9% und Japan von 8%. Zusammen mit Westeuropa entfallen auf diese Länder bereits über 70% der gesamten Glasproduktion. Sie teilt sich etwa im Verhältnis 4 zu 10 auf Flachglas (z. B. Fensterglas, Spiegelglas) und Hohlglas (z. B. für Flaschen, Behälter, Glühlampen, Glasgeschirr) auf, wobei dieses Verhältnis je nach Land starken Schwankungen unterworfen ist. Spezialgläser sind gegenüber den Bereichen Flach- und Hohlglas hinsichtlich ihrer Menge unbedeutend; ihr Anteil dürfte jedoch wertmäßig bei 10% liegen.

Glasproduktion weltweit 1977:

ca. 63 Mio. t, davon Flachglas 30%, Hohlglas 70%

Spezialgläser mengenmäßig unbedeutend, wertmäßig ca. 10%

In der Bundesrepublik Deutschland wurden 1982 4.21 Mio. t Glas produziert, davon entfielen 1.08 Mio. t auf Flachglas (incl. optisches Glas) und 3.13 Mio. t auf Hohlglas (mit 2.01 Mio. t für Getränkeflaschen).

Glasproduktion in der BRD 1982: 4.21 Mio. t, davon 1.08 Mio. t Flachglas, 3.13 Mio. t Hohlglas

5.1.1.2 Struktur

Gläser sind anorganische Schmelzprodukte, die ohne Kristallisation erstarren. Sie sind aus dreidimensionalen Netzwerken ohne regelmäßige, periodische Anordnung der Atome aufgebaut

Glas ist ein anorganisches Schmelzprodukt, das im wesentlichen ohne Kristallisation erstarrt. Im Gegensatz zu Kristallen liefern Gläser diffuse Röntgenbeugungsdiagramme, da die für kristalline Strukturen typische Fernordnung der Atome in Gläsern fehlt. Nach der bereits 1933 von W. H. Zachariasen aufgestellten Netzwerkhypothese sind die Gläser aus dreidimensionalen Netzwerken aufgebaut ohne die regelmäßige Anordnung, wie sie im Kristall vorliegt. Die Bausteine der Gläser zeigen jedoch gegenüber ihren nächsten Nachbarn weitgehend die Anordnung der Atome zueinander, wie sie aus den kristallinen Strukturen bekannt sind (Nahordnung).

Die technisch wichtigsten Gläser basieren auf dreidimensional über gemeinsame Sauerstoffe verknüpfte SiO_4-Tetraeder. In den Lücken des Netzwerks sitzen die Netzwerkwandler. „Intermediäre“ Kationen können netzwerkbildend oder netzwerkwandelnd eingebaut werden

Praktisch alle industriell gefertigten Gläser sind Silikatgläser. Die strukturelle Grundeinheit ist der Silicium-Sauerstoff-Tetraeder, in dem ein Siliciumatom tetraedrisch von vier Sauerstoff-Atomen umgeben ist. Die Tetraeder sind über gemeinsame Ecken miteinander verknüpft, d. h. ein Sauerstoff-Atom gehört zwei Tetraedern gemeinsam an. Im reinen SiO_2-Glas, dem Quarzglas, sind sämtliche Sauerstoff-Atome Brückensauerstoffe. Durch Einführung anderer Komponenten, z. B. Alkalioxid, wird der geschlossene Verband aufgesprengt, und es bilden sich einfach gebundene Trennstellen-Sauerstoffe.

Netzwerk-bildner	Netzwerk-wandler		intermediäre
SiO_2	Li_2O	BaO	Al_2O_3
GeO_2	Na_2O	Ga_2O_3	PbO
B_2O_3	K_2O	In_2O_3	BeO
P_2O_5	Rb_2O	Sc_2O_3	ZnO
As_2O_5	Cs_2O	Y_2O_3	CdO
Sb_2O_5	MgO	La_2O_3	TiO_2
V_2O_5	CaO	SnO_2	ZrO_2
	SrO	PbO_2	ThO_2

Die Oxide, die das für die Glasbildung wesentliche Netzwerk bilden, bezeichnet man als Netzwerkbildner, die Ionen, die das Netzwerk durch Trennstellen abbauen oder verändern, als Netzwerkwandler. Daneben gibt es eine Reihe von „intermediären“ Kationen, die je nach Glastyp netzwerkbildende oder netzwerkwandelnde Eigenschaften haben.

Die Netzwerkwandler-Kationen besetzen Hohlräume des Netzwerks. Je nach Anzahl und Größe der Kationen kann eine Aufweitung (z. B. durch K^+-Ionen) oder eine Kontraktion (z. B. durch Li^+-Ionen) des Netzwerks bewirkt werden.

5.1.1.3 Glaszusammensetzungen

Quarzglas besteht aus SiO_2; ausgezeichnet durch

- hervorragende dielektrische Eigenschaften

Quarzglas ist das einzige technisch genutzte Einkomponentenglas. Es hat hervorragende dielektrische und chemische Eigenschaften, einen sehr geringen thermischen

Ausdehnungskoeffizienten, eine hohe Temperaturbeständigkeit und eine außerordentlich hohe Durchlässigkeit im UV-Bereich. Wegen der schwierigen Herstellung bei den erforderlichen Temperaturen oberhalb 2000 °C findet dort, wo es nicht auf die Transparenz ankommt, Quarzgut Anwendung. Quarzgut ist nur dicht gesintert und enthält noch eingeschlossene Luftblasen, die es undurchsichtig machen.

- hohe chemische Beständigkeit
- sehr geringen thermischen Ausdehnungskoeffizienten
- hohe Temperaturbeständigkeit
- sehr hohe Durchlässigkeit im UV-Bereich

Quarzgut enthält noch eingeschlossene Luftbläschen

Die konventionellen Mehrkomponentengläser enthalten Alkali- und Erdalkali-Ionen, häufig auch Aluminiumoxid, Boroxid und weitere oxidische Bestandteile, je nach der vorgesehenen Verwendung. Sie können bei deutlich niedrigeren Temperaturen erschmolzen und verarbeitet werden. Netzwerkwandler wirken demnach als Flußmittel. Ihre Wirksamkeit steigt mit ihrer Polarisierbarkeit. So ist K_2O ein besseres Flußmittel als Li_2O.

Konventionelle Gläser enthalten Netzwerkwandler. Sie lassen sich bei niedrigerer Temperatur als Quarzglas erschmelzen und verarbeiten

Der Einbau von Aluminiumoxid verbessert die Temperaturbeständigkeit der Gläser. Als AlO_2^- kann es in das SiO_2-Tetraedernetzwerk eingefügt werden, ohne daß durch das zum Ladungsausgleich notwendige Kation eine Trennstelle erzeugt wird. Boroxid wirkt meist als Flußmittel und führt zu niedrigeren Schmelztemperaturen. Im Gegensatz zu den Alkalioxiden erhöht es aber die thermische Ausdehnung nur geringfügig und verbessert die chemische Resistenz. Daher werden Borosilikatgläser häufig als Geräteglas für chemische Laboratorien verwendet.

Aluminiumoxid verbessert die Temperaturbeständigkeit, Boroxid die chemische Resistenz, wie z. B. bei Pyrex® : 81.0% SiO_2, 2.0% Al_2O_3, 0.15% Fe_2O_3, 0.05% TiO_2, 0.3% CaO, 0.2% MgO, 4.5% Na_2O, 0.1% K_2O, 11.4% B_2O_3, 0.3% As_2O_3

Die technisch wichtigsten Gläser sind die sog. Natron-Kalk-Gläser, die etwa 90% aller produzierten Gläser ausmachen. Mischungen aus Alkali- und Erdalkalioxiden geben wesentlich beständigere Gläser als die Alkalisilikate allein. Außer Na_2O, CaO und SiO_2 enthalten die Natron-Kalk-Gläser häufig noch MgO, Al_2O_3, BaO oder K_2O. Magnesiumoxid vermindert die Kristallisationsneigung, Aluminiumoxid erhöht die Beständigkeit noch weiter. Die Natron-Kalk-Gläser werden für Flachglas- und Hohlglasprodukte verwendet.

Flachglas und Hohlglas sind Natron-Kalk-Gläser der ungefähren Zusammensetzung $Na_2O \cdot CaO \cdot 6SiO_2$, sie enthalten häufig noch MgO, Al_2O_3, BaO oder K_2O

Zusammensetzung von Flachglas und Behälterglas in %

	Flachglas	Behälterglas
SiO_2	71 bis 73	66 bis 77
Al_2O_3	0.5 bis 2	0.5 bis 3
CaO	9.5 bis 13.5 (CaO + MgO)	6 bis 12
MgO		0.1 bis 3
Na_2O	13 bis 16 (Na_2O + K_2O)	12 bis 17
K_2O		0.5 bis 4
B_2O_3	–	0 bis 1.5
Sonstige	–	0 bis 3

Bleigläser eignen sich für Zierglasartikel (Kristallglas), optische Gläser und Fernsehröhren

Bleigläser lassen sich leicht erschmelzen und sehr gut verarbeiten. Zusammen mit einer hohen Brechzahl eignen sich die Bleikristallgläser für handgefertigte Zierglasartikel und für optische Gläser. Wegen ihrer hohen Absorption für energiereiche Strahlung werden Bleigläser für die Herstellung von Fernsehröhren verwendet.

„Glaskeramik" mit überwiegendem Anteil an feinkristallinen Phasen entsteht durch Erhitzen auf Keimbildungstemperatur und anschließend auf Keimwachstumstemperatur

Keimbildung durch heterogene Keime: Edelmetalle, TiO_2, ZrO_2, Sulfide, Phosphate

Für spezielle Glaszusammensetzungen schließt sich nach der Herstellung der Glasgegenstände ein Schritt der gesteuerten Kristallisation an, wobei die „Glaskeramik" entsteht, die aus überwiegend kristallinen Phasen mit homogenem, feinkörnigem Gefüge besteht. Für die Herstellung von Glaskeramik wird der Glasgegenstand zunächst auf Keimbildungstemperatur erhitzt, bis sich genügend Kristallkeime in der Glasphase gebildet haben. Danach wird die Temperatur angehoben, um die Keime wachsen zu lassen. Je mehr Keime aus der Keimbildungsphase erhalten wurden, desto feinkristalliner wird die Glaskeramik. Technisch bedeutsam sind vor allem Zusätze von Edelmetallen, TiO_2, ZrO_2 oder auch von Sulfiden und Phosphaten, die als heterogene Keime ausgeschieden werden. Wenn die gebildeten Kristallite deutlich kleiner als die Lichtwellenlänge sind (etwa 50 nm) und die Brechzahlen der Kristalle und der Glasphase nur wenig differieren, sind die Glaskeramiken klar durchsichtig.

Vorteile der Glaskeramik:

- höhere Temperaturbeständigkeit
- Temperaturwechselbeständigkeit

Anwendung der Glaskeramik:

- Geschirr
- Kochflächen von Elektrohaushaltsherden
- Spezialartikel (ferroelektrische, mechanisch bearbeitbare, selektiv ätzbare Glaskeramiken)

Ein Vorteil der Materialien für Glaskeramik ist ihre höhere Temperaturbeständigkeit, verglichen mit Gläsern gleicher Zusammensetzung; außerdem sind sie – gegenüber keramischen Werkstoffen – prinzipiell porenfrei. Die größte Bedeutung haben Glaskeramiken mit extremer Temperaturwechselbeständigkeit, die auf der sehr kleinen oder sogar negativen thermischen Ausdehnung verschiedener kristalliner Alumosilikate (Cordierit $2MgO \cdot 2Al_2O_3 \cdot 5SiO_2$, Hochspodumen $Li_2O \cdot Al_2O_3 \cdot 4SiO_2$, Hocheukryptit $Li_2O \cdot Al_2O_3 \cdot 2SiO_2$) beruhen. So verwendet man für Geschirr mit hoher Temperaturwechselbeständigkeit und Kochflächen moderner Elektrohaushaltsherde Lithiumaluminiumsilikat-Glaskeramiken. Weitere glaskeramische Artikel sind ferroelektrische, mechanisch bearbeitbare und photosensitive, selektiv ätzbare Glaskeramiken.

5.1.1.4 Herstellung von Glas

5.1.1.4.1 Glasrohstoffe

Für die Herstellung von Silikatgläsern setzt man als SiO_2-Quelle Sand, bevorzugt feinkörnig, ein. Rohstoffe für die gängigen Netzwerkwandler sind Kalk, Dolomit ($CaCO_3 \cdot MgCO_3$) für Erdalkalioxide, Soda für Natriumoxid, Feldspäte (Natrium-, Kalium-, Calciumaluminiumsilikat), aber auch andere natürlich vorkommende Aluminiumsilikate für Aluminiumoxid. Bor bringt man in Form von Borsäure, Borax und anderen Bormineralien, z. B. Ulexit ($NaCa[B_5O_6(OH)_6] \cdot 5\,H_2O$ oder Colemanit ($Ca[B_3O_4(OH)_3] \cdot H_2O$), ein. Natriumsulfat dient als Läuterungsmittel. Weitere Rohmaterialien sind notwendig bei der Herstellung von Spezialgläsern und werden dann entweder als Oxide, Carbonate oder Silikate der erforderlichen Kationen (ZnO, TiO_2, PbO_2, Li_2CO_3, $BaCO_3$, $ZrSiO_4$) eingesetzt.

Rohstoffe:

- Sand
- Kalk, Dolomit
- Soda
- Feldspäte und andere Aluminiumsilikate
- Borsäure und Bormineralien
- Glasscherben aus der eigenen Anlage

Einen wichtigen Rohstoff stellen Glasscherben dar, weil sie deutlich weniger Wärme zum Aufschmelzen benötigen als das übrige Glasgemenge und daher das Einschmelzen der Rohstoffmischung (Versatz) begünstigen. Der Anteil zerkleinerter Scherben am Versatz liegt zwischen 10 und 50% und hängt vom Scherbenanfall der Anlage ab. Bei Behälterglas rechnet man mit 10 bis 15%, bei Flachglas mit 20 bis 30%, bei Glühlampenglas sogar mit 50 bis 70% Scherben. Scherben, die nicht dem eigenen Betrieb entstammen, lassen sich bisher nur im Bereich der Flaschenglasherstellung ohne Störung verarbeiten. Aus Umweltschutzgründen wird dem Recycling von Behälterglas erhöhte Beachtung geschenkt.

Recycling gewinnt neuerdings an Bedeutung

Die Glasrohstoffe werden im sog. Gemengehaus chargenweise eingewogen und in Zwangsmischern homogenisiert. Dabei werden auch bereits Läuterungsmittel und Farbkomponenten zugegeben.

Die Qualität des Glases wird zu einem guten Teil von der Sorgfalt der Wägung und der Wirksamkeit der Vermischung beeinflußt.

Qualität des Glases hängt von der Sorgfalt der Rohstoffmischung ab

Häufig setzt man dem Gemenge 3 bis 4% Wasser zu; dadurch wird der Staubanfall vermindert, aber auch die Homogenisierung verbessert. Den gleichen Zielen dienen auch die Brikettierung oder Pelletisierung des Gemenges.

Störende Verfärbungen durch hohe Eisengehalte der Rohstoffe. Maximal zulässig für Flachglas: 0.10% Fe_2O_3

In den Rohstoffen sind Nickel, Vanadium, Kupfer, Mangan und Chrom, insbesondere aber Eisen, als Verunreinigungen enthalten. Diese Ionen können sich in den Endprodukten, je nach den Redoxverhältnissen in der Glasschmelze, als unterschiedliche Färbungen störend bemerkbar machen. Für hohe Anforderungen müssen die natürlichen Rohstoffe daher durch entsprechend aufgearbeitete Ausgangsverbindungen ersetzt werden. Der maximal zulässige Fe_2O_3-Gehalt eines UV-durchlässigen Glases liegt bei 0.004%, der eines Brillenglases bei 0.020%, der von Flachglas bei 0.10%. Um für Massengläser billige Rohstoffe mit einem gewissen Eisengehalt einsetzen zu können, ist die Entfärbung der Gläser von Bedeutung.

Entfärbung chemisch (durch Oxidation zu Fe^{3+}) bei $Fe_2O_3 < 0.1\%$, Entfärbung physikalisch (Kompensation durch färbende Zusätze) bei $Fe_2O_3 > 0.1\%$

Bei Gehalten unter 0.1% Fe_2O_3 wendet man die „chemische“ Entfärbung an. Dabei wird durch Oxidationsmittel, die bei hohen Temperaturen Sauerstoff abspalten (KNO_3, CeO_2, Sb_2O_3, As_2O_3), das Eisen in die dreiwertige, weniger färbende Oxidationsstufe übergeführt. Bei höheren Gehalten an Eisenoxid kann „physikalisch“ entfärbt werden. Dabei kompensiert man die gelb-grüne Farbe des Glases durch andere färbende Zusätze (Glasmacherseife), z. B. durch Mangandioxid.

5.1.1.4.2 Schmelzprozeß

Schmelzprozeß unterteilt sich in

- Aufschmelzen
- Läutern (Beseitigung von Gasblasen)
- Homogenisieren
- Temperatureinstellung für die Formgebung

Der Schmelzprozeß läßt sich unterteilen in die Phasen Aufschmelzen, Läutern, Homogenisieren und Temperatureinstellung für die nachfolgende Formgebung. Das Aufschmelzen erfolgt bei Temperaturen zwischen 1200 und 1650 °C, je nach der Zusammensetzung des Gemenges. Die Flußmittel, wie die bei niedriger Temperatur schmelzenden Bestandteile des Gemenges bezeichnet werden, treten mit den hochschmelzenden Komponenten in Reaktion, wobei sowohl flüssige Phasen gebildet werden wie auch Festkörperreaktionen ablaufen; z. B. reagiert Soda mit Sand oberflächlich bereits bei 550 °C gemäß

$$Na_2CO_3 + SiO_2 \longrightarrow Na_2SiO_3 + CO_2$$

Bei 700 °C schreitet die Reaktion, gemäß

$$Na_2SiO_3 + SiO_2 \longrightarrow Na_2Si_2O_5,$$

weiter fort, und schließlich bildet sich bei etwa 780 °C die flüssige Phase einer eutektischen Zusammensetzung $3Na_2Si_2O_5 + SiO_2$. In ähnlicher Weise reagieren auch andere Carbonate bzw. andere hochschmelzende Komponenten, z. B. Feldspäte.

Bei diesen Reaktionen sintert das Gemenge zusammen und geht schließlich in den Schmelzzustand über. Die Schmelze ist danach jedoch noch nicht homogen; sie enthält außerdem viele Gasblasen, die einerseits von der Feuchte des Gemenges oder im Gemenge eingeschlossener Luft herrühren, andererseits durch die bei den chemischen Reaktionen freigesetzten flüchtigen Bestandteile (CO_2, SO_2, O_2) gebildet werden.

Diese Blasen werden durch Läuterung der Glasschmelze beseitigt. Dazu setzt man dem Gemenge Läuterungsmittel zu, deren Wirkung darin besteht, daß sie nach der Schmelzenbildung bei der Läuterungstemperatur rasch Gase freisetzen. Die freigesetzten Gase steigen als Blasen in der Schmelze hoch. Durch Diffusion von Gasen aus der Umgebung wachsen die Blasen beim Hochsteigen an.

Läuterungsmittel setzen bei hohen Temperaturen rasch Gase frei. Meist wird Natriumsulfat verwendet

Kleinere Gasbläschen werden beim Hochsteigen ebenfalls aufgenommen. Höhere Temperaturen beschleunigen den Läuterungsprozeß durch die Verminderung der Viskosität der Schmelze und die Erhöhung der Diffusionsgeschwindigkeit.

Besonders gebräuchlich für die Läuterung von Massengläsern ist Natriumsulfat, das SO_3 freisetzt. Ferner werden Natrium- oder Kaliumnitrat in Kombination mit Arsentrioxid (höherschmelzende Gläser, 1450 bis 1500 °C) bzw. Antimontrioxid (niedriger schmelzende Gläser, 1300 bis 1400 °C) benutzt.

Durch verschiedene Vorgänge während des Schmelzprozesses, wie Schmelzeseparation, Verdampfung, Korrosion der Ofenwandungen, aber auch durch Inhomogenitäten des Gemenges ist die Glasschmelze nicht homogen. Eine Homogenisierung erfolgt neben den Läuterungsmaßnahmen, die ebenfalls zur Homogenisierung beitragen, entweder durch Einblasen von zusätzlichen Gasen (Luft, Wasserdampf) von unten in die Glasschmelze oder durch mechanisches Durchmischen.

Danach wird die Glasschmelze auf die Temperatur abgekühlt, bei der die Weiterverarbeitung zu den Fertigprodukten erfolgt.

5.1.1.4.3 Schmelzöfen

In Betrieben der Glasindustrie werden unterschiedliche Schmelzöfen eingesetzt: Für die Herstellung von Flach- oder Behälterglas werden meist große Glaswannen verwendet. Für Betriebe mit häufig wechselnden Zusammensetzungen (z. B. bei optischen Gläsern) werden kleinere Öfen – Hafenöfen oder Tageswannen – verwendet. Eine Mittelstellung nehmen die Unitmelter ein.

Schmelzöfen:

- Wannenöfen, unterteilt in
  - Schmelzwanne
  - Arbeitswanne

Wannenöfen. Die Massengläser werden in kontinuierlich betriebenen Wannenöfen mit Kapazitäten bis zu 600 t/d für Flachglas bzw. 300 t/d für Behälterglas hergestellt. Als Schmelzegefäß dient eine langgestreckte, meist rechteckige Wanne (Abmessungen z. B. 10 m × 40 m, Tiefe 50 bis 150 cm). An einem Ende der Wanne wird das Gemenge gleichmäßig eingetragen, am anderen Ende das Glas entnommen und der Formgebung zugeführt. Wegen der unterschiedlichen Temperaturen, die man beim Schmelzen und Läutern des Glases – verglichen mit der fertigen Glasschmelze – benötigt, werden die Glaswannen in Schmelzwanne und Arbeitswanne unterteilt. In der Schmelzwanne geschieht das Erschmelzen, Läutern und Homogenisieren, in der Arbeitswanne wird die niedrigere Temperatur zur Weiterverarbeitung eingestellt. Behälterglaswannen besitzen dazu einen gekühlten Wall in der Glasschmelze mit einer Öffnung unterhalb der Glasoberfläche und Einbauten zur Abtrennung des Ofengewölbes. Flachglaswannen werden ohne Wall gebaut. Bei ihnen wird die niedrigere Temperatur der Arbeitswanne durch eine herabgezogene Ofendecke ermöglicht. Zusätzlich kann der Schmelzraum durch einen Schwimmer aus Schamotte abgetrennt sein. Die Öfen werden direkt durch Öl-Luft- oder Gas-Luft-Gemische beheizt, wobei die Flammen quer über die Wanne brennen. Auf der Gegenseite werden die heißen Flammengase abgezogen und durch Vorwärmkammern (Regeneratoren) geleitet, die mit einem Gitterwerk aus feuerfesten Steinen versehen sind. Bei Verwendung von Öl wird nur die Verbrennungsluft in den Regeneratoren vorerhitzt, bei Beheizung mit Gas sind zwei getrennte Regeneratorensysteme für Gas-und Luftvorheizung vorhanden. Im Rhythmus von 15 bis 30 min wird die Flammenrichtung umgekehrt, so daß die Abgase die gegenüberliegenden Regeneratoren aufheizen.

Regeneratoren dienen der Ausnützung der Abgaswärme zum Vorheizen der Brennergase

In speziellen Wannenöfen, z. B. bei der Herstellung von textilen Glasfasern, haben sich zur Wärmerückgewinnung metallische Rekuperatoren bewährt. Hierbei entfällt das regelmäßige Umschalten der Gasrichtung; insgesamt ist die Einhaltung der Temperatur einfacher als bei der regenerativen Wärmerückgewinnung.

Weiter verbessert werden die Wannenöfen durch elektrische Zusatzheizung (electrical boosting) im Bereich der Aufschmelzzone. Dabei dient die Glasschmelze aufgrund ihrer Ionenleitfähigkeit als elektrischer Widerstand. Als Elektrodenmaterial kommt ausschließlich Molybdän in Frage. Elektrische Zusatzheizung vermindert die Oberflächentemperatur und verringert Verdampfungsverluste.

Elektrische Zusatzheizung (electrical boosting) in der Aufschmelzzone verbessert die Ofenheizung und verringert Verdampfungsverluste

Als wichtige Kenngrößen für den Wannenofen dienen die spezifische Schmelzleistung (etwa bei 2 t/m^2 d) und der spezifische Wärmeverbrauch (etwa 7000 bis 10000 kJ/kg Glas). Die Lebensdauer eines Wannenofens hängt von der Qualität des feuerfesten Materials, besonders der Wannensteine, ab. Sie liegt bei etwa 6 bis 8 Jahren.

Kenngrößen für Wannenöfen:
- Spezifische Schmelzleistung
- Spezifischer Wärmeverbrauch

Hafenöfen benutzt man zum diskontinuierlichen Erschmelzen kleinerer Glasmengen unterhalb etwa 1400 °C. In ihnen werden mehrere Häfen aus gebranntem Ton, beschickt mit Glasmengen von ca. 150 bis 500 kg, durch direkte Befeuerung erhitzt. Sie werden für Spezialgläser, wie Kristallglas, Farbglas oder optische Gläser, verwendet.

Weitere Schmelzöfen:

- Hafenöfen

Tageswannen mit Schmelztanks für 1 bis 5 t Glas werden mit Gas oder Öl befeuert und haben ihren Namen vom Arbeitszyklus, der für Beschickung, Schmelzen, Läuterung und Austrag 24 Stunden beträgt.

- Tageswannen

Unitmelter. Für noch größere Glasmengen bis zu maximal 100 t bei kontinuierlicher Fahrweise werden kurze Glaswannen (2 bis 3 m breit, 10 bis 12 m lang) verwendet, die einen raschen Wechsel von einer Glassorte auf eine andere zulassen.

- Unitmelter

Elektrowannen. Für kleine Wannen bis zu ca. 4 t/d, in seltenen Fällen sogar bis zu 240 t/d, kommt auch reine Elektroheizung in Frage. Vorteilhaft ist dabei, daß die Oberfläche relativ kalt bleibt und starke Verdampfungsverluste vermieden werden. Dadurch eignet sich Elektroheizung besonders für Gläser mit leicht verdampfenden Bestandteilen. Wie bei der elektrischen Zusatzheizung

- Elektrowannen

der großen Wannenöfen wird als Elektrodenmaterial praktisch ausschließlich Molybdän verwendet.

Für den Bau der Schmelzöfen werden große Mengen Feuerfestmaterialien benötigt. Die Wannenöfen werden im Bereich der Glasschmelze mit schmelzgegossenen oder isostatisch gepreßten Steinen (z. B. aus Zirkon) ausgekleidet, die Gewölbe über den Glaswannen aus Mullit- oder Silicamaterial hergestellt.

5.1.1.5 Formgebung

Formgebung erfolgt nur bei komplizierten Spezialartikeln und kunsthandwerklichen Produkten manuell, sonst in großen, automatisierten Anlagen

Die Technologie der Formgebung ist heute auf vollautomatische Anlagen mit hohem Durchsatz ausgerichtet. Handwerkliche Fertigung hat keine Bedeutung mehr, außer für kompliziert geformte Spezialartikel und kunsthandwerkliche Produkte. Die Formgebung erfolgt je nach Glaszusammensetzung bei Temperaturen zwischen 800 und 1400 °C. Die typischen Verarbeitungsverfahren erfordern Viskositäten zwischen 10^3 und 10^6 dPa · s. Ist die Temperaturspanne zwischen diesen Viskositätsgrenzen groß, spricht man von einem „langen“, im anderen Falle von einem „kurzen“ Glas. Lange Gläser sind einfacher zu verarbeiten als kurze.

Herstellung Flachglas:

Auswalzen der Glasschmelze zwischen Walzen, anschließend im Bandofen abgekühlt

- Fourcault-Verfahren
- Pittsburgh-Verfahren
- Libbey-Owens-Verfahren

Flachglasherstellung. Hierzu wird das geschmolzene Glas zwischen Walzen hindurch auf die gewünschte Breite und Dicke ausgewalzt. Im anschließenden Bandofen wird das Glasband auf Raumtemperatur heruntergekühlt. Beim Fourcault-Verfahren zieht man aus einer Schlitzdüse aus Schamotte mit Hilfe von Walzenpaaren ein Glasband senkrecht nach oben in einen Schacht ab. Höhere Ziehgeschwindigkeiten erlaubt das Pittsburgh-Verfahren, bei dem ebenfalls das Glasband senkrecht nach oben abgezogen wird; statt der Schlitzdüse wird hier aber ein Block aus feuerfestem Material verwendet, der an der Ziehstelle unterhalb der Glasschmelzenoberfläche die Strömungsverhältnisse stabilisiert. Hierbei sind besonders hohe Anforderungen hinsichtlich Homogenität und Konstanz der Viskosität zu erfüllen. Ähnliches gilt für das Libbey-Owens-Verfahren, bei dem das Glasband ohne zusätzliche Hilfsmittel senkrecht nach oben abgezogen und nach kurzer Wegstrecke über eine polierte Walze in die Horizontale umgelenkt wird.

- Floatglas-Prozeß:

  Glasschmelze erstarrt auf Oberfläche von geschmolzenem Sn

Die besten Flachglas-Qualitäten (Spiegelglasqualität ohne Schleifen und Polieren) bei besonders hohen

Durchsatzleistungen ergibt das Float-Verfahren von Pilkington. Das Glas läuft unter Schutzgas über eine mit geschmolzenem Zinn gefüllte Wanne (Abmessungen: mehrere Meter Breite, bis 50 m Länge) und nimmt dabei die Oberfläche des Zinnbades an. Anschließend an die Float-Kammer wird das Glasband konventionell abgekühlt. Die Flachglasherstellung erfolgt heute überwiegend nach dem Floatglas-Prozeß.

Hohlglasherstellung. Bei der automatischen Hohlglasherstellung unterscheidet man Preß- und Blasverfahren. Nach dem Preßverfahren werden vor allem weithalsige Hohlglasformen hergestellt, indem genau dosierte Schmelzestücke in die heißen Preßwerkzeuge aus Stahl gelegt und unter Druck verformt werden. Beim Blasverfahren werden ebenfalls genau abgemessene Schmelzestücke in einer Form durch Saugen oder Blasen mit Druckluft ausgeformt.

Herstellung Hohlglas:

- Preßverfahren
- Blasverfahren

Je nach Glasprodukt kann sich nach der Formgebung eine Nachbehandlung anschließen, z. B. durch Schleifen, Polieren, Ätzen, Mattieren, Verspiegeln. Zur Erhöhung der Festigkeit von Glasgegenständen kann die Glasoberfläche unter Druckspannung gebracht werden. Dazu wird bei der thermischen Härtung der Glasgegenstand bis nahe an die Erweichungstemperatur erhitzt und durch Anblasen mit Luft oder Eintauchen in eine Flüssigkeit die oberflächennahen Bereiche abgeschreckt, wodurch eine Druckspannung erzeugt wird.

Erhöhung der Festigkeit von Glasgegenständen durch Druckvorspannung der Glasoberfläche (Abschrecken, Ionenaustausch)

Noch wirksamer ist die chemische Härtung durch oberflächlichen Ionenaustausch in Salzschmelzen, meist Kaliumnitrat. Dabei werden Natrium-Ionen gegen die größeren Kalium-Ionen ausgetauscht, so daß sich eine Druckvorspannung in der Oberfläche ausbildet.

5.1.1.6 Glaseigenschaften und Verwendung

Die Abhängigkeit der Viskosität von der Temperatur bestimmt das Schmelzverhalten, die Formgebung, die Temperbedingungen und die höchste Anwendungstemperatur. Im Bereich der Erweichungstemperatur (Viskosität ca. $10^{7.6}$ dPa · s) deformiert ein Glasgegenstand sichtbar unter seiner eigenen Masse. Bei Raumtemperatur liegt die Viskosität von Glas über 10^{20} dPa · s.

Wichtige, über Glaszusammensetzung beeinflußbare Eigenschaften der Gläser:

- Viskosität-Temperatur-Verlauf

Die meisten technischen Gläser haben lineare Wärmeausdehnungskoeffizienten zwischen $30 \cdot 10^{-7}$/K (tempera-

- Wärmeausdehnungskoeffizient

turwechselbeständiges Borosilikatglas) und 80 bis 90 · 10^{-7}/K (Fensterglas). Die für elektrotechnische Anwendungen zum Verschmelzen mit metallischen Leitern oder Gehäuseteilen verwendeten Einschmelzgläser werden genau an die Ausdehnungskoeffizienten der zu verschmelzenden Metalle angepaßt.

- Dichte
- Elastizitätsmodul
- Biege- und Zugfestigkeit

Die Dichten der meisten technischen Gläser liegen zwischen ca 2.2 und 2.6 g/cm^3. Durch Bestandteile mit hohen Atommassen läßt sich die Dichte wesentlich erhöhen.

Gläser sind bei Raumtemperatur rein elastische Körper mit Elastizitätsmoduln zwischen etwa 50 000 und 90 000 N/mm^2. Die Biege- und Zugfestigkeitswerte (zwischen 10 und 100 N/mm^2) hängen von der Güte der Oberfläche, nicht von der Glaszusammensetzung, ab. Die Druckfestigkeit ist wesentlich höher.

Gläser weisen bei Raumtemperatur spezifische elektrische Widerstände zwischen 10^{11} und 10^{19} Ω cm auf, die mit steigender Temperatur deutlich abnehmen.

- chemische Beständigkeit

Glas zeichnet sich durch seine große Beständigkeit gegen fast alle Chemikalien und Lösungsmittel aus. Flußsäure aber führt durch die Bildung von Kieselfluorwasserstoffsäure zu einem raschen Angriff auf das Glas. Die Beständigkeit gegen wäßrige Säuren und Laugen hängt sehr stark von der Zusammensetzung des Glases und der Temperatur ab. Die beste Säurebeständigkeit weisen Borosilikat- und Alumosilikatgläser auf. Der alkalische Angriff bewirkt eine Aufspaltung des Silikatnetzwerks zu Silikat-Anionen. Die Reaktionsgeschwindigkeit läßt sich durch Einbau von CaO, MgO, Al_2O_3 oder B_2O_3 verringern. Die beste Alkalibeständigkeit bewirkt der Einbau von ZrO_2. Auch Wasser greift Glas an. Darauf beruht die Verwitterung von Glas, besonders bei hoher Luftfeuchte.

Für Glasapparate der chemischen Technik mit hoher chemischer Beständigkeit und Temperaturwechselbeständigkeit werden Alkaliborosilicatgläser verwendet. Gläser mit sehr guter Laugenbeständigkeit, die auch für Natriumdampflampen geeignet sind, enthalten 10 bis 15% ZrO_2.

- Durchsichtigkeit im Wellenlängenbereich sichtbaren Lichts

Eine ganz wesentliche Eigenschaft der meisten technisch angewandten Gläser ist ihre Durchsichtigkeit im Bereich des sichtbaren Lichts. Dies gilt für die Mehrzahl der

Glasprodukte, seien es Flachglaserzeugnisse, wie Fensterglas, Spiegel, oder Hohlglaserzeugnisse, wie Flaschen, Glasbehälter, Haushaltsgläser, Beleuchtungskörper; es gilt ebenso für die optischen Gläser für Brillen, Linsen, Prismen und dgl. Für optische Gläser sind insbesondere die Brechzahl und deren Wellenlängenabhängigkeit (Dispersion) von Bedeutung. Gefärbte Gläser erhält man durch den Einbau färbender Übergangsmetall-Kationen oder in geringerem Maße durch kolloidale Ausscheidungen.

Literatur zu Abschn. 5.1.1 Glas

Allgemeine Literatur:

Ullmanns Encyklopädie der technischen Chemie. 4. Aufl., Bd. 12, S. 317 – 366, Verlag Chemie, Weinheim 1976.

Kirk-Othmer: *Encyclopedia of Chemical Technology.* 3rd Ed., Vol. 11, pp. 807 – 880, Glass; pp. 881 – 892, Glass-Ceramics. Wiley, New York 1980.

H. Scholze: *Glas, Natur, Struktur und Eigenschaften.* 2. Aufl., Springer-Verlag, Berlin 1977.

A. Paul: *Chemistry of Glasses.* Chapman & Hall, London 1982.

H. Rawson: *The Properties and Applications of Glass.* Elsevier, Amsterdam 1980.

P. Phillips: *The Encyclopedia of Glass.* Crown, New York 1981.

G. Nölle: *Technik der Glasherstellung.* Harri Deutsch Verlag, Frankfurt 1979.

J. I. Duffy, Ed., "Glass Technology: Developments since 1978", Noyes, Park Ridge 1981, *Chem. Tech. Rev.* Ser. No. 184.

J. Lange: *Rohstoffe der Glasindustrie.* Dtsch. Verlag für Grundstoffindustrie, Leipzig 1980.

P. W. McMillan: *Glass-Ceramics.* Academic Press, New York 1979.

Spezielle Literatur:

Wirtschaftliche Daten:

Chemical Economics Handbook. Stanford Research Institute, Menlo Park, Calif., Glass Products 232.1100 A – G, Aug. 1980.

Yearbook of Industrial Statistics. 1980 Ed., Vol. 2, Commodity Production Data 1971 – 1980, United Nations, New York 1982.

Produktion im Produzierenden Gewerbe nach Waren und Warengruppen, 1982. Statistisches Bundesamt Wiesbaden, W. Kohlhammer GmbH, Stuttgart und Mainz.

The Glass Industry Directory. Issue 1979, Glass Industry, New York 1979.

5.1.2 Alkali-Silikate

5.1.2.1 Allgemeines und wirtschaftliche Bedeutung

Die technisch interessanten Alkali-Silikate (Natrium- und Kalium-Silikate) werden durch das Massenverhältnis SiO_2 : Alkali-Oxid oder durch das Molverhältnis SiO_2/Alkali-Oxid charakterisiert. Letzteres wird durch Multiplikation des Massenverhältnisses mit 1.032 für Natrium-Silikate und 1.468 für Kalium-Silikate erhalten.

Alkali-Silikate sind charakterisiert durch Massen- oder Molverhältnis SiO_2/Alkalioxid

Die Alkali-Silikate lassen sich einteilen in Natrium- und Kalium-Silikate mit SiO_2/Metalloxid $\geqq 2$ (technisch ge-

Einteilung der Alkalisilikate:

- SiO_2/Metalloxid $\geqq 2$
  - wasserfreie Fest- oder Stückengläser

- wäßrige Lösungen (Wassergläser, Flüssiggläser)
- $SiO_2/Na_2O \leqq 1$
  - wasserfreie Produkte
  - kristallwasserhaltige Produkte

nutzt werden Produkte mit 2 – 4 Mol SiO_2 auf 1 Mol Alkalimetall) und in Natrium-Silikate mit $SiO_2/Na_2O \leqq 1$.

Zur ersten Gruppe gehören wasserfreie Produkte, als Fest- oder Stückengläser bezeichnet, und daraus hergestellte wäßrige Lösungen, die man Wassergläser oder Flüssiggläser nennt. Unter die zweite Gruppe fallen wasserfreie bzw. kristallwasserhaltige Natriumsilikate. Die technisch wichtigen Produkte enthalten 1 Mol SiO_2 auf 1 bis 1.5 Mol Na_2O.

Produktion von Festgläsern 1980 (Mio. t):

BRD 0.265
USA 0.74

1980 wurden in der Bundesrepublik Deutschland 265 000 t Festgläser produziert, in USA 740 000 t.

5.1.2.2 Herstellung von Alkali-Silikaten

Herstellung von

- wasserfreien Alkalisilikaten mit SiO_2/Metalloxid $\geqq 2$ aus Quarzsand und Alkali-Carbonaten oder -Hydroxiden

Wasserfreie Alkali-Silikate mit SiO_2/Metalloxid $\geqq 2$ (Festgläser) stellt man durch Umsetzung von feinkörnigem, möglichst reinem, eisenarmen und tonfreiem Quarzsand mit Alkali-Carbonaten oder -Hydroxiden in mit feuerfesten Steinen ausgemauerten Wannenöfen oder Drehrohröfen bei 1300 bis 1500 °C her,

$$\text{z. B. } Na_2CO_3 + 4\,SiO_2 \longrightarrow Na_2O \cdot 4\,SiO_2 + CO_2.$$

Die Alkali-Silikatschmelze fließt in Gußformen, wo sie zu glasklaren, mehr oder weniger gefärbten Brocken erstarrt.

- Wasserglaslösungen mit SiO_2/Metalloxid $\geqq 2$ durch
  - Lösen von Festglas in Wasser bei ca. 5 bar und 150 °C

Durch Auflösen dieser Materialien in Wasser unter Druck (etwa 5 bar) bei ca. 150 °C erhält man *Wasserglas*-Lösungen mit SiO_2/Metalloxid $\geqq 2$. Die farblosen, wasserklaren und alkalisch reagierenden Wasserglaslösungen können verschieden viskos eingestellt werden; ihre Viskosität steigt mit der Alkali-Silikatkonzentration und, bei konstanter Konzentration, mit wachsendem SiO_2/Alkalioxid-Verhältnis. Wassergläser mit niedrigem SiO_2/Metalloxid-Verhältnis lassen sich durch Zugabe von Alkali-Hydroxid beim Löseprozeß erzeugen.

  - Umsetzung von Sand mit wäßriger NaOH unter Druck bei höherer Temperatur

Wäßrige Lösungen von Alkali-Silikaten lassen sich in einer energiegünstigeren Reaktion auch durch Umsetzen von Sand mit Natronlauge, z. B. in Rührautoklaven unter Druck und höherer Temperatur, gewinnen.

Durch Sprüh- oder Walzentrocknen von Wasserglaslösungen entstehen pulverförmige Alkali-Silikate, die noch etwa 20% Wasser enthalten. Sie lösen sich beim Erwärmen mit wenig Wasser wieder zu Wasserglaslösungen auf.

Alkali-Silikate mit SiO_2/Metalloxid $\leqq$ 1 und damit Natriummetasilikat, Na_2SiO_3, als dem einzigen, technisch wichtigen Vertreter dieser Alkali-Silikatgruppe stellt man entweder durch Schmelzen von Sand mit Soda im Molverhältnis 1:1 oder durch Umsetzen von Sand mit fester Soda in Dreh- oder Trommelöfen her.

- Alkalisilikaten mit SiO_2/Metalloxid $\leqq$ 1, d.h. von Na_2SiO_3 durch
  - Schmelzen von Sand mit Soda
  - Umsetzen Sand mit fester Soda

Kaliummetasilikat hat keine Bedeutung, ebenfalls nicht wasserfreies Natriumorthosilikat, Na_4SiO_4, oder Kaliumorthosilikat.

K_2SiO_3, Na_4SiO_4 und K_4SiO_4 haben keine Bedeutung

Im System $SiO_2/Na_2O \leqq 1$ existieren auch technisch wichtige *kristallwasserhaltige Natriumsilikate*, nämlich Hydrate des sauren Orthosilikats, $Na_2H_2SiO_4 \cdot xH_2O$, x = 4, 5, 7, 8. Verwendet werden in der Bundesrepublik Deutschland das Produkt mit 4 und 8 Kristallwassern. Auch $Na_3HSiO_4 \cdot 5H_2O$ ist ein technisches Produkt.

- Kristallwasserhaltigen Natriumsilikaten, nämlich von $Na_2H_2SiO_4 \cdot xH_2O$ x = 4, 5, 7, 8 durch Abmischen von
  - Wassergläsern mit NaOH
  - Na_2SiO_3 mit H_2O

  In BRD werden Produkte mit 4 und 8 Kristallwassern verwendet

Hergestellt werden diese kristallwasserhaltigen Natriumsilikate, indem man entweder Wassergläser mit Natriumhydroxid oder Natriummetasilikat mit Wasser vermischt, auf den geforderten Kristallwassergehalt einstellt und mit Hilfe von Impfkristallen zum Kristallisieren bringt.

5.1.2.3 Verwendung

Alkali-Silikate werden in großem Maßstab zur Herstellung von Wasch- und Reinigungsmitteln eingesetzt. Darüber hinaus dienen sie in großer Menge als Ausgangsprodukt für die Herstellung von Kieselsäurefüllstoffen für Kautschuke und Kunststoffe sowie von Krackkatalysatoren für die Petrochemie. Eingesetzt werden sie auch zur Synthese von Zeolithen, Kieselgelen und Kieselsolen sowie für Klebezwecke, als Bindemittel für wäßrige Anstrichfarben, bei der Erzflotation, in der Keramik-, Zement- und Gießerei-Industrie, zur Wasserreinigung durch Ausflocken der Verunreinigungen und zur chemischen Bodenverfestigung.

Verwendung von Alkalisilikaten für:

- Wasch- und Reinigungsmittel
- silikatische Füllstoffe
- Katalysatoren
- Zeolithe
- Kieselsole
- Kieselgele
- Klebstoffe
- Erzflotation
- Wasserbehandlung
- Anstrichfarben
- in der Email-, Keramik-, Zement- und Gießerei-Industrie
- chemische Bodenverfestigung

Kaliwasserglaslösungen finden vorwiegend Verwendung bei der Herstellung von Schweißelektroden-Überzügen, als Bindemittel für Fernsehröhren-Leuchtstoffe, für Mauerimprägnierungen und als Bindemittel für Putze.

Kaliwasserglas wird verwendet für:

- Schweißelektroden-Überzüge
- Bindemittel für Fernsehröhren-Leuchtstoffe
- Mauerimprägnierungen
- Bindemittel für Putze

Literatur zu Abschn. 5.1.2 Alkali-Silikate

Kirk-Othmer: *Encyclopedia of Chemical Technology*, 2. Ed. **18**. pp. 134–157 (1969).
G. Lagaly, D. Klose, W. Tufar und E. Heinerth: *Ullmanns Encyklopädie der technischen Chemie*, 4. Aufl., Bd. **21**, 409–416 (1982).
M. A. Syndicus-Pessier, R. A. Davenport, O. Kamatari und G. Hemy, "Silicates and Silicas", *Chemical Economics Handbook*, SRI International, 766 4000A (1981).
L. S. Dent Glasser, "Sodium silicates", *Chemistry in Britain* **18**, 33–39, (1982).
G. C. Schweiker, "Sodium Silicates and Sodium Aluminosilicates", *J. Am. Oil Chem. Soc.* **55**, 36–40 (1978).

5.1.3 Zeolithe

5.1.3.1 Wirtschaftliche Bedeutung

Zur Zeolith-Produktion gibt es nur wenige statistische Daten. 1979 wurde der Zeolith-Umsatz auf $250 \cdot 10^6$ \$ geschätzt. Für einen Teilbereich, die Herstellung von Zeolithen für den Einsatz in Waschmitteln, sind einige Kapazitätsangaben bekannt:

Zeolith-Umsatz 1979: $250 \cdot 10^6$ \$ (geschätzt).

Kapazitäten für Zeolith A für den Waschmitteleinsatz 1983:

$>400 \cdot 10^3$ t/a

Tabelle 5.1.3-1. Kapazitäten für die Herstellung von Zeolith A für den Waschmittelbereich, geplant und fertiggestellt 1983, in 10^3 t/a.

BRD	IT	NL	FR	USA	JA
130	58	5	8	145	124

(USA, Japan: Angaben für 1981)

5.1.3.2 Zeolith-Typen

Zeolithe sind Alumosilikate, deren Si/Al-Verhältnis zwischen 1 und ∞ liegt. 150 Typen sind bekannt, davon kommen 40 in der Natur vor

Zeolithe sind Alumo-Silikate. Sie besitzen die allgemeine Formel

$$[(M^+, M^{2+}_{0,5})AlO_2]_x \cdot [SiO_2]_y \cdot [H_2O]_z$$

M^+: z. B. Alkalimetall-Kationen
M^{2+}: z. B. Erdalkalimetall-Kationen

Chemisch unterscheiden sich die Zeolithe (derzeit mehr als 150 Typen, davon ca. 40 in der Natur vorkommend) im anionischen Teil in ihrem Si/Al-Verhältnis. Es liegt zwischen den Grenzen 1 – bei Zeolith A – und ∞ bei Silicalite, einer Aluminium-freien kristallinen Siliciumdioxid-Modifikation. Für die neben Zeolith A technisch bedeutenden synthetischen Zeolithe X und Y liegt das

Verhältnis bei 1.5 bis 3, bei synthetischen Mordeniten bei ca. 5 und in der ZSM (Pentasil)-Reihe bei 10 bis 100. Parallel mit dem Si/Al-Verhältnis steigt die Säure- und die thermische Stabilität der Zeolithe an.

Zeolithe kommen in zahlreichen Strukturen vor. Die Grundeinheiten sind immer SiO_4- und AlO_4-Tetraeder, die über gemeinsame Sauerstoff-Atome miteinander verbunden sind. Als Beispiele für Zeolith-Strukturen sind die Zeolithe A und X (Y) dargestellt, Abb. 5.1.3-2 und 5.1.3-3. Diese Zeolithe sind aus Kubooktaedern („β-Käfige") aufgebaut, Abb. 5.1.3-1, deren Eckpunkte mit den

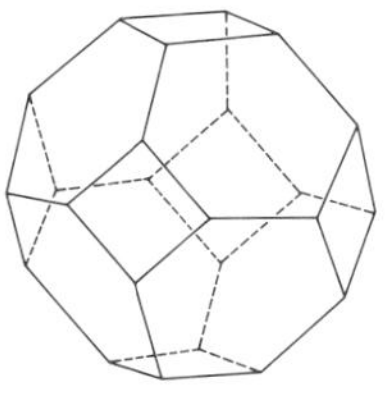

Abb. 5.1.3-1. Kubooktaeder – „ß-Käfig".

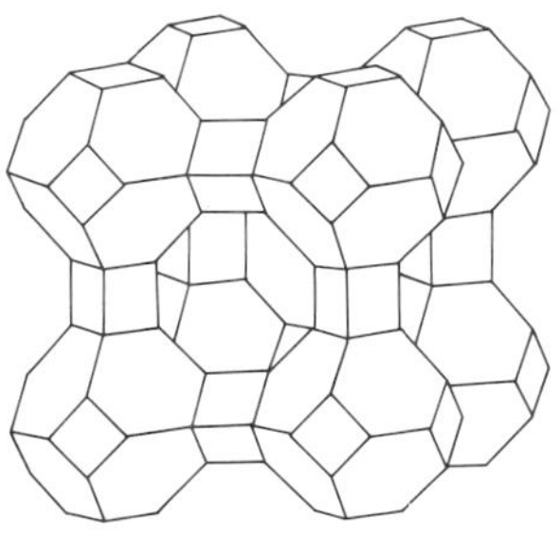

Abb. 5.1.3-2. Zeolith-A-Struktur.

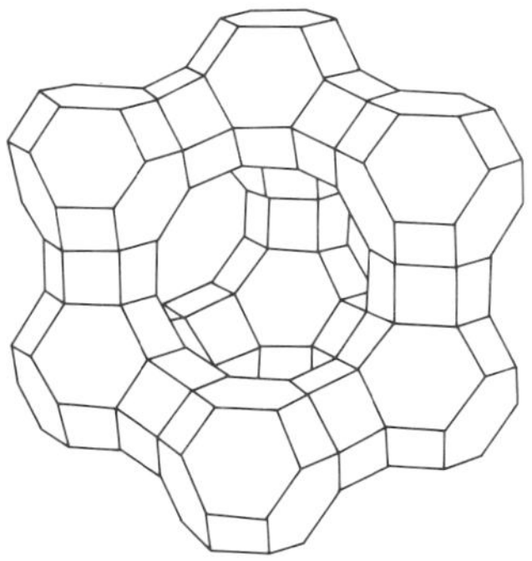

Abb. 5.1.3-3. Faujasit-Struktur, Zeolithe X und Y.

erwähnten SiO_4- und AlO_4-Tetraedern besetzt sind. Die Verbindung der β-Käfige über ihre quadratischen Flächen (– über Würfel –) führt zum Zeolith A; eine Verbindung über hexagonale Prismen führt zur Struktur von Zeolith X und Y, die der des Minerals Faujasit entspricht. In den Zeichnungen sind die Kationen-Plätze nicht dargestellt. Die komplizierte Struktur des Zeoliths ZSM 5 ist durch zwei sich kreuzende Kanalsysteme gekennzeichnet: ein gradlinig verlaufendes und ein gewinkeltes.

Zeolithe enthalten Hohlräume, deren Volumen typspezifisch ist. Die Hohlräume sind durch Poren mit gleichförmigen Durchmessern verbunden. Der Porendurchmesser läßt sich durch Austausch der Kationen verändern

Wesentlich für die Zeolithe ist das System von Hohlräumen in den Gittern, deren Volumen typspezifisch ist. Diese Hohlräume sind durch Poren miteinander verbunden, die für jeden Typ definierte Durchmesser besitzen. In Tabelle 5.1.3-2 sind für einige Typen die Porendurchmesser (in 10^{-7} mm) und das Porenvolumen (in %) angegeben.

Tabelle 5.1.3-2. Porendurchmesser (in 10^{-7} mm) und Porenvolumen (in %) einiger Zeolith-Typen.

	A	X	Y	synth. Mordenit	ZSM 5
Porendurchmesser	4.1	7.4	7.4	6.7 · 7*)	6
Porenvolumen	47	50	48	28	–

* Porenöffnungen nicht rund
Innere Oberfläche: 800 bis 1200 m^2/g (BET)

Die angegebenen Werte beziehen sich auf Zeolithe mit Natrium als Kation. Die Kationen sind im Gitter beweglich und können ausgetauscht werden. Ersetzt man z. B. das Natrium im Zeolith A durch Kalium, vermindert sich der Porendurchmesser auf $3 \cdot 10^{-7}$ mm. Der Kationen-Austausch bewirkt aber auch andere Eigenschaftsveränderungen.

5.1.3.3 Natürliche Zeolithe

Natürliche Zeolithe:

Folgeprodukte vulkanischer Vorgänge. Große Vorkommen in den USA, Japan, USSR, Großbritannien. Clinoptilolith ist der verbreitetste natürliche Zeolith

In der Natur sind bisher etwa 40 Zeolith-Typen aufgefunden worden, von denen einige technische Bedeutung erlangt haben. Die natürlichen Zeolithe sind Folgeprodukte vulkanischer Vorgänge. Aus Basalten, Vulkanaschen und Bimssteinen sind sie durch hydrothermale Umwandlungen entstanden. Sie finden sich z. B. in

Hohlräumen von Basalten und in großen sedimentären Lagerstätten. Die wichtigsten, technisch verwendeten natürlichen Zeolithe sind:

- Clinoptilolith
- Mordenit
- Chabasit
- Erionit

Vorkommen finden sich vor allem in den USA, Japan, USSR, Großbritannien und Italien. Clinoptilolith ist der verbreitetste natürliche Zeolith.

5.1.3.4 Herstellung von synthetischen Zeolithen

5.1.3.4.1 aus natürlichen Rohstoffen

Synthetische Zeolithe lassen sich herstellen aus

- natürlichen Rohstoffen wie Kaolin
- aus den synthetischen Rohstoffen Natriumaluminat und Kieselsäure (eingesetzt als Wasserglas, Kieselsäure-Füllstoff, Kieselsäure-Sol)

Zeolithe – und hier besonders Zeolith A – lassen sich aus kaolinitischen Tonen, wie sie besonders in Mitteleuropa, Großbritannien, Japan und China vorkommen, herstellen. Vor der Umsetzung zum Zeolith muß der Kaolin thermisch, z. B. durch eine (Stoß)-Erhitzung auf >550 °C, in Metakaolin umgewandelt werden. Der gebildete Metakaolin wird anschließend in Natriumhydroxid-Lösung suspendiert und bei 70 bis 100 °C in Zeolith A umgewandelt. Ein Teil der im natürlichen Ausgangsmaterial enthaltenen Verunreinigungen findet sich im Endprodukt wieder.

5.1.3.4.2 aus synthetischen Ausgangsmaterialien

Das Aluminium für die Zeolith-Synthese wird aus Natriumaluminat-Lösungen gewonnen, die man durch Auflösen von Aluminiumoxid-Hydraten in Natronlauge erhält. Siliciumdioxid wird als Wasserglas, feinteilige Kieselsäure (z. B. Kieselsäure-Füllstoff) oder als Kieselsäure-Sol eingesetzt. Bevorzugt wird das billigere Wasserglas, das allerdings von den aufgeführten SiO_2-Quellen die geringste Aktivität besitzt. Für die Herstellung der SiO_2-reichen Zeolithe aus Wasserglas ist daher eine besondere Reaktionsführung erforderlich. Neben Natronlauge werden Kalilauge und, besonders bei der Synthese kieselsäure-reicher Zeolithe der ZSM-Reihe, organische Basen wie Tetraalkylammoniumhydroxide verwandt. Die Herstellung der technisch wichtigen Zeolith-Typen

A, X und Y wird i. allg. durch Zusammengeben von Natriumaluminat- und Natriumsilikat-Lösung durchgeführt. Dabei bildet sich sofort ein Natriumalumosilikat-Gel. In diesem Gel finden nun bisher noch nicht vollständig aufgeklärte Umordnungsreaktionen statt; es gehen aus dem Gel SiO_2- und Al_2O_3-haltige Verbindungen wieder in Lösung, aus denen dann durch Kristallisation der Zeolith entsteht. Die Keimbildung findet vor allem an den inneren Oberflächen der Gele statt. Die Kristallisationszentren sind die solvatisierten Natrium-Ionen. In dem Maße, wie durch das Zeolith-Wachstum Komponenten aus der Lösung entfernt werden, löst sich das Gel nach.

Bei der Zeolith-Synthese ist der als Endprodukt gewünschte Zeolith i. allg. metastabil gegenüber den mitentstehenden Nebenprodukten, z. B. ist das Nebenprodukt Hydroxisodalith stabiler als Zeolith A, und das Nebenprodukt Phillipsit ist stabiler als Zeolith X und Y.

Technisch wichtige Einflußgrößen bei der Zeolith-Synthese sind:

- Stöchiometrie des Reaktionsansatzes
- Konzentration der Reaktionspartner
- Temperatur
- angewandte Scherenergie

Aus diesem Grund müssen bei den Zeolith-Synthesen verschiedene Einflußgrößen beachtet werden, um zu einem brauchbaren Material zu gelangen. Solche Einflußgrößen sind z. B.

- die Stöchiometrie des Reaktionsansatzes, die nicht dieselbe ist wie die des gebildeten Zeoliths
- das Einhalten von bestimmten Konzentrationsbereichen
- das Einhalten bestimmter Temperaturen bzw. Temperaturfolgen
- die Scherenergie beim Rühren (zu erklären durch den Abbau von oligomeren Strukturen durch das Rühren)

Bei der Herstellung von SiO_2-reichen Zeolithen ist u. U. eine längere Gel-Alterung bei niedrigen Temperaturen vor der Kristallisation erforderlich. In speziellen Fällen läßt sich durch Zusatz kleiner Mengen Keime die Synthese entsprechend lenken.

Bei der Synthese von Zeolith A für Waschmittelzwecke, wo kleine Teilchen ($\leqslant 5 \cdot 10^{-3}$ mm) und ein enges Kornspektrum benötigt werden, gelang es in den letzten Jahren, die Herstellung durch eine wesentlich kürzere Reaktionszeit zu verbessern. Dies wurde durch Zusetzen von Kristallkeimen, die Erhöhung der Scherkräfte und das Aufheizen der Reaktionskomponenten auf wenig unter die Kristallisationstemperatur möglich. Inzwischen ist es außerdem gelungen, die Synthese von Waschmittel-Zeolith kontinuierlich durchzuführen.

Nach beendeter Kristallisation werden die gebildeten Zeolithe abfiltriert (z. B. mit Hilfe von Filterpressen) und mehrstufig gewaschen. Die anfallenden Mutter- und Waschlaugen müssen aus ökologischen und ökonomischen Gründen rückgeführt werden.

5.1.3.4.3 durch Kationen-Austausch in synthetischen Zeolithen

Sehr wichtig ist die Eigenschaft der Zeolithe, durch Ionenaustausch die bei der Synthese verwendeten Kationen – meist Natrium – durch andere Kationen ersetzen zu können. Dabei gibt es für die verschiedenen Kationen differierende Austauschgleichgewichte. Besonders fest wird z. B. das Silber-Ion gebunden. Praktische Bedeutung hat der Austausch von Natrium durch Kalium, Ammonium, Calcium, Seltene Erden und Übergangsmetalle wie Nickel, Cobalt, Platin, Palladium usw. Der Austausch kann an dem aus der Synthese stammenden Zeolith-Pulver, aber auch an den aus dem Pulver hergestellten Formkörpern vorgenommen werden. Ammonium-ausgetauschte Zeolithe mit einem Si/Al-Verhältnis >1.7 können durch Erhitzen in eine stabile H-Form übergeführt werden. Analoges gilt für die Zeolithe der ZSM-Reihe. Die bei der Synthese in die Gitter eingebauten organischen Kationen können ihrer Größe wegen nicht durch andere Ionen ausgetauscht werden, sie lassen sich nur pyrolytisch entfernen.

Durch Kationen-Austausch lassen sich die in der Synthese erhaltenen Zeolithe verändern. Der Austausch von Natrium durch Kalium, Ammonium, Calcium, Barium, Seltene Erden und Übergangselemente hat technische Bedeutung

Ammonium-Zeolithe mit einem Si/Al-Verhältnis >1.7 können durch Erhitzen in eine stabile H^+-Form umgewandelt werden

5.1.3.5 Verformung von Zeolithen

Für eine Reihe von Anwendungen benötigt man die Zeolithe als Formkörper. Zu deren Herstellung sind mehrere Verfahren bekannt, wie Verformung auf Granuliertellern, durch Extrusion oder Sprühtrocknung. Als Bindemittel für die Verformung dienen einerseits Tone, andererseits kieselsäure-haltige Materialien (Kieselsol, Wasserglas). Bei der Verwendung der kieselsäure-haltigen Bindemittel kann nach der Verformung durch anschließendes Behandeln mit natriumaluminat-haltigen Lösungen und nachfolgendes Erhitzen auch das Bindemittel in Zeolith umgewandelt werden; so werden reine, nur Zeolith enthaltende Formkörper erhalten.

Die Verformung von Zeolith-Pulvern ist z. B. möglich durch

- Granulation
- Extrusion
- Sprühtrocknung

Dabei werden als Bindemittel Tone oder kieselsäure-haltige Materialien verwandt

5.1.3.6 Dehydratation von Zeolithen

Entfernung von Wasser aus Zeolithen („Aktivierung"):

durch Erhitzen auf 500 bis 650 °C

Vor ihrer Verwendung als Adsorptionsmittel oder beim praktischen Gebrauch nach erfolgter Wasseraufnahme müssen die Zeolithe entwässert werden. Dies geschieht bei 500 bis 650 °C durch Überleiten von Luft z. B. in Drehrohröfen, auf Bandtrocknern usw.

5.1.3.7 Verwendung von Zeolithen

5.1.3.7.1 als Ionenaustauscher

Zeolithe als Ionenaustauscher:

- Clinoptilolith zur Entfernung von Ammonium-Ionen aus Abwässern
- Zeolith A in Waschmitteln zur Entfernung von Calcium- und Magnesium-Ionen aus Waschflotten

Neben der Verwendung von Clinoptilolith zur Entfernung von Ammonium-Ionen aus Abwässern hat vor allem die Fähigkeit von Natrium-Zeolith A, aus wäßriger Lösung Calcium- und in geringerem Umfang auch Magnesium-Ionen aufzunehmen und dafür Natrium-Ionen abzugeben, erhebliche technische Bedeutung erlangt. Der Ersatz von etwa 50% des in Waschmitteln enthaltenen Tripolyphosphates (s. Abschn. 1.5.1.2.2) durch Zeolith A vermindert die Phosphat-Abgabe durch die Waschmittel in die Vorfluter (Gefahr der Eutrophierung!). Für die gleiche Waschleistung müssen neben dem Austausch des Phosphats aber noch andere Änderungen in der Zusammensetzung des Waschmittels vorgenommen werden. Zusätzlich vermindert die Verwendung von Zeolith die Abhängigkeit von der Phosphat-Einfuhr. Ein weitergehender Ersatz des Phosphats durch Zeolith A stößt z. Z. noch auf anwendungstechnische Schwierigkeiten.

5.1.3.7.2 als Adsorptionsmittel

Zeolithe als Adsorptionsmittel:

- zur Wasserentfernung aus Gasen, Luft, Flüssigkeits-Kreisläufen, Doppelfenstern
- zur Adsorption von Kohlendioxid, Schwefelwasserstoff, Mercaptanen aus Gasen

Zeolithe sind in der Lage, Moleküle, die klein genug sind, um in ihr Porensystem einzudringen, sehr fest zu binden. Das gilt ganz besonders für Wasser und für andere kleine polare und polarisierbare Moleküle. Hieraus ergibt sich die Anwendung als Trocken- bzw. Reinigungsmittel für Gase wie Erdgase oder für Luft, die verflüssigt werden soll. Dabei werden sehr niedrige Taupunkte erreicht. Weiterhin werden sie zur Wasserentfernung in geschlossenen Flüssigkeitskreisläufen, z. B. in Kälteanlagen, eingesetzt, sowie zur Wasserbindung und Aufnahme von Lösungsmittelresten in den Innenräumen von Doppelfenstern, um das Beschlagen zu verhindern. Diskutiert wird derzeit die Anwendung von Zeolithen als

Wärmespeicher: Wasseraufnahme durch Kontakt mit feuchter Luft und damit Erhitzen dieser Luft, Regenerierung der Zeolithe mit Hilfe von Sonnenenergie. Neben der Entfernung von Wasser spielt aber auch die Abtrennung von Kohlendioxid, Schwefelwasserstoff, Mercaptanen usw. aus Gasgemischen eine technische Rolle.

5.1.3.7.3 für Trennprozesse

Zeolithe zur Stofftrennung (Molekularsiebe):

- Herstellung von mit Sauerstoff angereicherter Luft
- Trennung von n- und iso-Paraffinen
- Trennung von isomeren Xylolen

In den Hohlräumen der Zeolithe treten hohe elektrostatische Felder auf. Dadurch wird der (polarisierbare) Stickstoff etwas stärker im Zeolith festgehalten als der Sauerstoff (Calcium-ausgetauschter Zeolith A oder X). Durch mehrstufige Beladungs-Desorptions-Zyklen unter Druck („pressure-swing-Verfahren") ist es möglich, sauerstoffangereicherte Luft herzustellen, die in Kläranlagen oder Stahlwerken eingesetzt wird. Gemische von n- und iso-Paraffinen lassen sich mit Hilfe von Ca-Zeolithe A trennen (Molekularsieb-Effekt), da nur die n-Paraffine in die Hohlräume des Zeoliths eindringen können. Analog wird von den isomeren Xylolen bevorzugt p-Xylol von K- oder Ba-Zeolith X aufgenommen.

5.1.3.7.4 als Katalysatoren

Zeolithe als Katalysatoren:

- zur Isomerisierung
- zum katalytischen Cracken
- zur Umwandlung von Methanol in Kohlenwasserstoffe
- zum Hydrocracken

Wichtige Prozesse, bei denen Zeolithe als Katalysatoren Verwendung finden, sind

- die Isomerisierung von n- zu iso-Paraffinen für Treibstoffzwecke. Als Katalysator dient Pd- oder Pt-haltiger H-Zeolith Y.
- das katalytische Cracken von Erdöl-Destillaten zur Treibstoffherstellung. 95% der „Cat-Cracker" in den USA verwenden zeolith-haltige Katalysatoren, und zwar Zeolith X oder Y (5 bis 40% in einer inerten Matrix) mit Seltenen Erden als Kationen. 1978 sollen für diesen Zweck ca. $150 \cdot 10^3$ t Katalysator mit $22 \cdot 10^3$ t Zeolith hergestellt worden sein. Die europäische Kapazität wird für 1983 auf $110 \cdot 10^3$ t/a geschätzt, der Verbrauch in Europa für 1980 auf 30 bis $35 \cdot 10^3$ t (1985 erwartet: $40-50 \cdot 10^3$ t).
- die Herstellung von Treibstoffen, Olefinen oder Aromaten aus Methanol, das Entwachsen von Paraffinen, das Alkylieren von Benzol zu Ethylbenzol. Hierzu dient der H-ZSM 5. Versuchsanlagen werden seit einigen Jahren betrieben, eine Großanlage in Neuseeland

(das Methanol wird aus Erdgas gewonnen) ist z. Z. im Bau. An der Herstellung von Treibstoffen aus Biomasse nach diesem Verfahren wird gearbeitet. Das Entwachsen von Paraffinen und die Ethylbenzol-Herstellung werden bereits technisch durchgeführt.

- das Hydrocracken (Umwandlung von Erdölfraktionen in Benzin in Gegenwart von Wasserstoff). Man verwendet bevorzugt H-Zeolith Y, ggf. mit Calcium, Mangan oder Seltenen Erden ausgetauscht. Die Zeolithe enthalten als Hydrierkatalysatoren Palladium oder Platin.

5.1.3.7.5 Sonstige Anwendungen

Große Mengen Zeolith enthaltendes Gestein wird in verschiedenen Ländern (u. a. in der Bundesrepublik Deutschland in der Eifel) abgebaut und zur Herstellung von Zementen, Mörteln und Leichtbausteinen verwendet. In Japan werden natürliche Zeolithe als Papierfüller eingesetzt.

Literatur zu Abschn. 5.1.3 Zeolithe

Zusammenfassende Arbeiten (Auswahl):

Ullmanns Encyklopädie der technischen Chemie. 4. Aufl. Bd. 17, S. 9–18, Verlag Chemie, Weinheim, New York, 1979.

F. Schwochow und L. Puppe, „Zeolithe – Herstellung, Struktur, Anwendung“, *Angew. Chem.* **87**, (1975), S. 659–667.

F. Wolf, K. H. Bergk und K. Pilchowski, „Zur Synthese und Anwendung zeolithischer Molekularsiebe“, Teil I: Synthese, *Sprechsaal* **112**, (1979), S. 917–922; Teil II: Ionenaustausch an Zeolithen aus wäßriger Lösung, ibid. **113**, (1980), S. 463–468.

H. Strack und P. Kleinschmit, „Synthese und Anwendung engporiger Zeolithe“, *Chem. Z.* **104**, (1980), S. 1–6.

Proceedings of the fifth international Conference on Zeolites, Naples, Italy, 2–6 Juni 1980, L. V. Rees (ed.), Verlag Heyden, London 1980 und daraus besonders:

- L. B. Sand, „Zeolite Synthesis and Crystallisation“, S. 1–9.
- C. Naccache and Y. Ben Taarit, „Recent Development in Catalysis by Zeolites“, S. 592–606.
- E. M. Flaningen, „Molecular Sieve Zeolite Technology – The first twenty-five Years“, S. 760–780.

M. Mengel, „Molekularsieb – Zeolithe“, *Fortschritte der Verfahrenstechnik* **18 c**, (1980), S. 297–311.

H. Heinemann, „Technological Applications of Zeolites in Catalysis“, *Catal. Rev. – Sci. Eng.* **23 (1 & 2)**, (1981), S. 315–328.

D. H. Olson et. al., „Crystal Structure and Structure-related Properties of ZSM–5“, *J. Phys. Chem.* **85**, (1981), S. 2238–2243.

Technische Produktinformationen:

BAYLITH Produktbeschreibungen – Verfahrenstechniken – Produktkenndaten *Molekularsieb Zeolith, Bayer AG* Ausgabe 1. 6. 1981.

Wirtschaftliche Angaben:

Industrial Minerals, Juli 1981, S. 13.
Eur. Chem. News 31. 8. 1981, S. 20 und 7. 9. 1983, S. 18.
Seifen-Öle-Fette-Wachse **107**, (1981), S. 336.

Zeolithe für den Einsatz in Waschmitteln:

M. Ettlinger und H. Ferch, „HAB A 40 für Waschmitteln“, *Seifen-Öle-Fette-Wachse* **105**, (1979), S. 131 bis 135 und 160–161.

F. Wolf und K. H. Bergk, „Fortschritte auf dem Gebiet der Molekularsiebe – Zur kontinuierlichen Herstellung von Zeolith A“, *Swiss Chem.* **4**, (1982), Nr. 3a, S. 61–74.

Hochsilicatische Zeolithe:

J. Haggin, “Shape selectivity key to designed catalysts”, *Chem. Eng. News*, 13. 12. 1982, pp. 9–15.

F. Janowski und K. H. Bergk, „Hochsilicatische Molekularsiebe“, *Z. Chem.* **22**, (1982), S. 277–288.

5.2 Anorganische Fasern

5.2.1 Allgemeines

Unter dem Begriff „Fasern“ sind sowohl die in der Natur vorkommenden Asbestfasern als auch synthetisch hergestellte Endlosfasern oder Kurzfasern wie z. B. Glasfasern, Kohlenstoff-Fasern oder Oxidfasern einzuordnen,

Anorganische Fasern:

Länge zu Durchmesser	>10 zu 1
Querschnittsfläche	<0.05 mm^2

Tabelle 5.2-1. Übersicht über die anorganischen Fasern und ihre Einsatzgebiete.

Einsatzgebiet	bevorzugte Anforderungen	eingesetzte Fasern
Verstärkung von:		
Kunststoffen	hohe Zugfestigkeit hoher E-Modul niedrige Dichte	Asbest, Glasfasern, Kohlenstoff-Fasern, SiC-Fasern Bor-Fasern, Oxid-Fasern (Al_2O_3)
Dichtungen, Reibbelägen	Druckfestigkeit, elastisches Verformungsverhalten, thermische Beständigkeit, Verschleißverhalten	Asbest, Glasfasern, Stahlfaser
Reifencord	Stabilität gegenüber mechanischer Wechselbeanspruchung	Stahlfaser bzw. Mikrodrähte
Zement	chem. Stabilität gegenüber Zement mechanische Stabilität	Asbest, zementstabile Glasfasern, Stahlfasern
Wärmedämmung bzw. Brandschutz:		
Wärme- und Kälteschutz im Bauwesen	geringe Wärmeleitfähigkeit	Glaswolle Steinwolle Schlackenwolle Aluminiumsilikat-Fasern
Brandschutz	hohes Wärmedämmvermögen Unbrennbarkeit	
Wärmedämmung von Hochtemperaturanlagen	hohe Anwendungsgrenztemperatur	Oxid-Fasern (Al_2O_3; ZrO_2)
Sonstiges:		
Anti-static-Ausrüstung	elektrische Leitfähigkeit	Metallfasern
Glühdrähte	hoher Schmelzpunkt mechan. Stabilität	Wolfram-Fasern
Lichtleitung	höchste Reinheit für möglichst verlustfreie Lichtleitung	Spezialglasfasern
Heißgasfiltration	chemische Stabilität	Oxid-Fasern
Flüssigkeitsfiltration (Wein- und Bierherstellung)	hohe spezifische Oberfläche hohe Filterwirkung	Asbest

wenn sie ein Länge/Durchmesser-Verhältnis von 10 zu 1 überschreiten und die Querschnittsfläche unterhalb 0.05 mm^2 liegt.

Wichtigste Einsatzgebiete:

- Verstärkung
- Wärmedämmung

Die bei weitem wichtigsten Einsatzgebiete für anorganische Fasern sind der Verstärkungs- und der Dämmstoffsektor, von denen recht unterschiedliche Anforderungen an die eingesetzten Fasern gestellt werden, s. dazu Tabelle 5.2-1.

Anforderungen an Fasern für Dämmstoffe:

- keine Brennbarkeit
- geringes Wärmeleitvermögen

für Hochtemperaturanwendung:

- hohe Temperaturbeständigkeit

Die für die *Dämmstoff*herstellung eingesetzten Fasern sollten sich durch Unbrennbarkeit, geringes Wärmeleitvermögen (hohe Wärmedämmung) und im Hochtemperaturisolationsbereich außerdem noch durch Thermoschockbeständigkeit, hohe maximale Anwendungstemperatur und Dauertemperaturbeständigkeit auszeichnen.

Anforderungen an Verstärkungsfasern:

- hohe Zugfestigkeit
- hoher E-Modul
- geringe Dichte
- geringe Änderung der Eigenschaften mit der Temperatur

Für den *Verstärkungssektor* stehen die mechanischen Eigenschaften im Vordergrund des Interesses: Zugfestigkeit und Elastizitätsmodul sollten besonders hohe Werte, die Dichte der eingesetzten Fasern möglichst niedrige Werte aufweisen. Ersteres ist wichtig, um in den Verbundwerkstoffen, die durch unidirektionales oder multidirektionales Einarbeiten dieser Fasern in vorzugsweise Kunststoffe entstehen, möglichst hohe Festigkeitswerte und Steifigkeiten zu erreichen. Die niedrigen Werte der Dichte sind von Bedeutung, um möglichst leichte Verbundwerkstoffe entstehen zu lassen, die zur Gewichtseinsparung und beim Einsatz in Fahrzeugen oder Flugkörpern zu entsprechender Treibstoffersparnis führen können. Ordnet man die wichtigsten Verstärkungsfasern in einem Zugfestigkeits/Elastizitätsmodul-Diagramm (in N/mm^2) an, so erhält man das in Abb. 5.2-1 gezeigte Bild.

Voraussetzung für den Verstärkungseffekt:

- Benetzbarkeit der Fasern durch die Matrix
- gute Haftung Faser/Matrix

Mechanisches Eigenschaftsniveau ist proportional dem Volumenanteil der Verstärkungsfasern

Die Übertragbarkeit der mechanischen Eigenschaften der zur Verstärkung eingesetzten anorganischen Faser hängt allgemein von der Benetzung durch die umgebende Matrix, d. h. von der Haftfestigkeit zwischen der Faser und der Matrix ab. Eine ausreichende Haftfestigkeit vorausgesetzt, ist das mechanische Eigenschaftsniveau proportional zum Volumenanteil der eingearbeiteten Fasern. Um möglichst viel von der Zugfestigkeit und dem Elastizitätsmodul der anorganischen Faser im Verbundwerkstoff wirksam werden zu lassen, wird man daher möglichst hohe Füllgrade anstreben.

Verbundwerkstoffe enthalten bis zu 60% Volumenanteil Verstärkungsfasern (in Extremfällen bis zu 80%)

Je nach Lage und gegenseitiger Orientierung der eingearbeiteten Fasern sind Füllgrade von 50 bis zu 60% Volu-

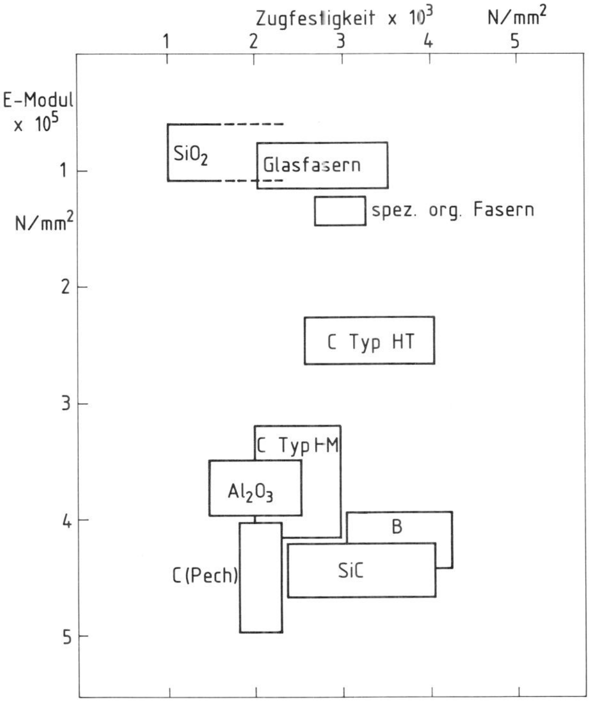

Abb. 5.2-1. Anordnung der wichtigsten synthetischen anorganischen Verstärkungsfasern im Zugfestigkeits/Elastizitätsmodul-Diagramm.

menanteil erreichbar, in Extremfällen sogar bis zu 80%. Mit zunehmendem Anteil an anorganischen Fasern nimmt der Verbundwerkstoff mehr und mehr die Eigenschaften der anorganischen Fasern an. In vielen Fällen sind Eigenschaften erstrebenswert, die durch Einarbeitung einer einzigen Fasertype allein nicht erreicht werden können. In solchen Fällen können durch Einarbeiten von Fasermischungen Eigenschaften erreicht werden, die dem jeweiligen Anwendungszweck entsprechen, wie es z. B. bei der Kombination Kohlenstoff und Glasfaser in der Praxis durchgeführt wird.

Erzielung spezieller Eigenschaften durch Einsatz von Fasermischungen

5.2.2 Natürliche anorganische Fasern Asbestfasern

5.2.2.1 Vorkommen, Gewinnung und wirtschaftliche Bedeutung

Asbest, der älteste anorganische Faserstoff, wird auch heute noch ausschließlich aus natürlichen Mineralvorkommen gewonnen. Er verdankt seine Entstehung einer hydrothermalen Umwandlung basischer und ultrabasischer Gesteine vulkanischen Ursprungs (Olivine und Pyroxene) zu Serpentin, an die sich der eigentliche Asbestbildungsprozeß anschloß, der zu den beiden unterschiedlich aufgebauten Asbestarten Serpentin-Asbest und Amphibol-Asbest führte. Hiervon gibt es wiederum einige Untergruppen (Tabelle 5.2-2).

Tabelle 5.2-2. Wichtigste Asbest-Typen und ihre Zusammensetzung.

	Asbest-Typ	Formel
I.	Serpentin-Asbeste	
	Chrysotil-Asbeste	$Mg_3(OH)_4[Si_2O_5]$
	(Ortho-, Klino-, Parachrysotil)	
II.	Amphibol-Asbeste	
1.	Alkalifreie oder Alkaliarme Amphibol-Asbeste	
a)	kalkfrei:	
	Anthophyllit-Asbest	$(Mg, Fe^{2+})_7(OH)_2[Si_8O_{22}]$
	Amosit-Asbest	$(Fe^{2+}, Mg, Al)_7(OH)_2[(Si, Al)_8O_{22}]$
b)	kalkhaltig:	
	Tremolit-Asbest	$Ca_2(Mg, Fe)_5(OH, F)_2[Si_8O_{22}]$
	Aktinolith-Asbest	$(Ca, Na)_2(Fe, Mg, Al)_5(OH, F)_2[(Si, Al)_8O_{22}]$
2.	Alkali-haltige Amphibol-Asbeste	
	Krokydolith-Asbest	$Na_2(Fe^{2+}, Mg)_3Fe_2^{3+}(OH)_2[Si_8O_{22}]$

Asbestvorkommen:

95% Chrysotil-Asbest
5% Amphibol-Asbeste
Vorkommen an Chrysotil-Asbest reicht noch ca. 40 Jahre

Etwa 95% des Weltvorkommens an Asbest sind Chrysotil-Asbest, dessen mächtigste Lagerstätten in Canada und der USSR liegen; bedeutende Amphibol-Asbest-Vorkommen besitzt Südafrika (Tabelle 5.2-3). Dennoch reicht der Vorrat an Chrysotil-Asbest nur noch knapp 40 Jahre.

Tabelle 5.2-3. Vorkommen, Produktion und Vorrat an Chrysotil-Asbest.

Vorkommen	Reserven Schätzung in 10^6 t		jährliche Produktion in 10^6 t		Vorrat in Jahren bei einer Produktionszuwachsrate von jährlich (Stand 1974)	
	1960	1974	1960	1974	3%	5%
Canada	50	144	1.119	1.845	41	32
USSR	50	104	0.600	1.411	40	31
VR China	5		0.030	0.190		
Südafrika	20	23	0.170	0.154	35	28
USA	5	10	0.045	0.151	37	30
Italien			0.070	0.135		
Zimbabwe				0.095		
versch. westl. Länder (u. a. Australien, Brasilien, Cypern)	20	48	0.120	0.459	48	38
Summe	150	329	2.154	4.440	35 bis 48 Jahre	28 bis 38 Jahre

Tabelle 5.2-4. Vorkommen und Produktion von Amphibol-Asbest.

Art	Vorkommen	Produktion 1974 in 10^3 t	1980 (nur Südafrika)
Krokydolith	Südafrika (plus Australien, Bolivien, Indien)	150	118
Amosit	Südafrika (plus Indien)	90	58
Anthophyllit	Südafrika Mozambique Äthiopien USA USSR (Türkei, Indien, Kenia)	ca. 10	–
Tremolit	Italien China		
insgesamt		ca. 250	

Der Asbestanteil im Gestein von abbauwürdigen Vorkommen beträgt 4 bis 10% (Quebec, Ural); bei etwa 3% liegt die Rentabilitätsgrenze des Abbaus.

Technische Gewinnung von Asbest:
1. nach dem Trockenverfahren:

Die technische Gewinnung der Asbestfasern nach dem Trockenverfahren beginnt zunächst einmal mit dem Zer-

- Aufbrechen des Gesteins
- Zerfasern
- Windsichten
- Klassieren

kleinern und Lockern der asbestführenden Gesteinspartien durch Backen- und Walzenbrecher. Aus dem getrockneten Rohgut werden die Asbestfasern durch mehrmaliges Aufbrechen, Zerquetschen in Kollergängen und Zerfasern in Trommeln, die mit messerartigen Armen bewehrt sind, freigelegt. Durch Sieben und Windsichten werden dann die Fasern vom tauben Gestein getrennt und über Klassiertrommeln nach verschiedenen Faserlängen sortiert.

2. nach dem Naßverfahren:

- Abtrennung der Asbestfasern über Hydrozyklone
- Klassieren in Siebtrommeln

Eine bessere Einengung der Faserlängenbereiche erlaubt das Naßverfahren, das hauptsächlich bei Amphibol-Asbesten eine gewisse Bedeutung erlangt hat. Hierbei erfolgt die Abtrennung der Asbestfasern vom Gestein aus dem zerkleinerten Gemenge durch Hydrozyklone und die Aufteilung in längere und kürzere Fasern über Siebtrommeln.

Tabelle 5.2-5. Weltproduktion von Asbest in 10^3 t.

Land	1975	1978	1979	1980
Italien	146.984	135.401	143.931	157.794
Bulgarien	–	9.600	8.800	–
Tschechoslowakei	–	575	564	617
USSR	1895.000	1945.000	2020.000	2150.000
Türkei	15.496	13.380	38.967	8.724
Jugoslawien	12.336	10.304	9.959	12.106
Ägypten	479	349	350	–
Südafrika	354.710	257.325	249.187	282.734
Swaziland	37.610	36.951	34.294	32.833
Zimbabwe	261.542	248.861	258.989	250.949
Canada	1055.667	1421.808	1430.614	1202.511
USA	89.497	93.097	93.354	80.079
Argentinien	1.130	697	700	–
Brasilien	73.978	122.815	138.457	170.000
Afghanistan	–	13.000	4.000	–
VR China	150.000	230.000	250.00	250.000
Cypern	31.602	34.359	35.472	35.535
Indien	20.312	24.623	32.094	31.253
Japan	4.612	5.746	3.362	–
Korea	4.345	13.616	14.804	9.854
Taiwan	1.737	2.031	2.957	683
Australien	47.922	62.744	79.721	83.466
Summe	4204.959	4682.282	4850.576	4759.138

5.2.2.2 Eigenschaften von Asbestfasern

Die physikalischen und chemischen Eigenschaften der Asbestfasern hängen nicht nur vom Asbesttyp und der

Lagerstätte, sondern auch wesentlich von der Faserlänge und dem Aufschlußgrad ab. Innerhalb der beiden Hauptgruppen, nämlich dem von Hand ausgelesenen, unzerfaserten Crude-Asbest einerseits und den Mühlenfasern andererseits existieren daher je nach Faserlänge, Aufschlußgrad und Fasertextur noch zahlreiche Untergruppen, die eine Klassifizierung ermöglichen und für die technische Verwendung wichtig sind.

Asbesteigenschaften abhängig von:

- Asbestart
- Lagerstätte
- chemischer Zusammensetzung
- Faserlänge
- Aufschlußgrad

Tabelle 5.2-6. Handelsübliche Einteilung von Chrysotil-Asbest.

Gruppen-nummern	Bezeichnung und typische Anwendungsgebiete
A. Crude-Asbest	
1	enthält Stapelfasern von 3/4 inch und länger
2	enthält Stapelfasern von 3/8 inch bis zu 3/4 inch
B. Mühlenfasern	
3	Spinnfaser für Asbestgewebe, -kleidung, Asbestzementdruckrohre
4	Schieferfaser für Asbestzementrohre
5	Lange Pappenfaser für Asbestpappe, Packungen, Dichtungen, Fußbodenplatten, Dachbedeckungen
6	Pappenfaser für Asbestzementplatten, Reibbeläge, Asbestpappe, Dachbedeckungen
7	Kurzfasern für Fußbodenbeläge, Asbestpappe, Reibbeläge, Asbestzementplatten, Dachbedeckungen

Die unterschiedlichen Qualitäten schlagen sich auch in den Preisen für Asbestfasern nieder. So kosteten 1979 z. B. Crude-Asbest Nr. 2: 2295 kanadische \$/shton (4427 DM/t), die Kurzfasern der Gruppe Nr. 7 dagegen nur 113 bis 218 kan. \$/shton (218 bis 421 DM/t).

Die unterschiedliche chemische Zusammensetzung und die unterschiedliche Struktur von Chrysotil- und Amphibol-Asbesten sind von erheblichem Einfluß auf die physikalischen Eigenschaften.

Die Makro-Einzelfaser des Chrysotilasbestes besteht aus mehr oder weniger parallel orientierten Fibrillen, die einen Durchmesser von 15 bis 40 nm aufweisen und nach elektronenmikroskopischen Untersuchungen teppichrollenartig aufgebaute Hohlfasern darstellen. Die Wandun-

Aufbau der Chrysotil-Asbestfaser aus gebündelten, hohlen Mikrofibrillen von 15 bis 40 nm ∅

gen dieser Röllchen bestehen aus Doppelschichten der Zusammensetzung $Mg_3(OH)_4Si_2O_5$, in denen jeweils eine Brucit-$Mg(OH)_2$- und eine Si_2O_5-Schicht miteinander kondensiert sind, was wegen der nicht genau aufeinanderpassenden Atomabstände zu einer Krümmung und damit zur Hohlfaser führt. Demzufolge ist Chrysotil-Asbest leicht bis in feinste Fasern zerlegbar, die weich und biegsam sind und sich daher von allen Asbestsorten am besten verspinnen lassen. Technisch liegt Chrysotil-Asbest jedoch immer in Faserbüscheln vor.

Als Folge dieses Aufbaus ist Chrysotil-Asbest leicht in feinste, spinnbare Fasern zerlegbar

Im Gegensatz dazu sind Amphibol-Asbeste aus Si_4O_{11}-Bändern als tragenden Bauelementen zusammengesetzt, die mit Metallhydroxid-Bändern zu Doppelbändern kondensiert sind, die durch Kationen zusammengehalten werden.

Amphibol-Asbeste besitzen den Charakter starrer Kristallnadeln

Die Amphibol-Asbeste sind daher nicht in so feine Faserelemente zerteilbar; sie besitzen mehr den Charakter einer starren Kristallnadel.

Zetapotential:

- Chrysotil-Asbest positiv
- Amphibol-Asbeste negativ

Verhalten gegenüber Säuren:

- Chrysotil-Asbest instabil
- Amphibol-Asbeste weitgehend stabil

Die unterschiedlichen Bauprinzipien führen auch zu recht unterschiedlichen physikalisch-chemischen Eigenschaften. Im Gegensatz zu den Amphibolen besitzt die Chrysotilfaser ein positives Zetapotential, was für ihren Einsatz als Filtrations- und Klärmedium in der Nahrungs- und Genußmittelindustrie sowie zur Virus- und Pyrogen-Abtrennung aus Arzneimittellösungen von Bedeutung ist. Wegen der Zugänglichkeit der Hohlfaserinnenräume ist der Chrysotil-Asbest im Gegensatz zu den Amphibolen gegen Säuren instabil. Über weitere Eigenschaften unterrichtet Tabelle 5.2-7.

TRK-Wert von Asbestfasern ab 1982: 1 Faser/cm^3

Seit die *toxischen Eigenschaften* lungengängiger Fasern allgemein (Fasern, die länger als 5 nm sind und einen Durchmesser <3 µm haben) und somit auch des Feinstaubes, der beim Verarbeiten von Asbest und asbesthaltigen Materialien entsteht, bekannt sind (Auftreten von Asbestose, Lungenkrebs und Mesotheliom), wurden die Vorschriften für den Arbeitsschutz erheblich verschärft (Grenzwert am Arbeitsplatz ab 1982: 1 Faser/cm^3). Die Suche nach Ersatzprodukten für Asbest wurde seither bedeutend intensiviert, was inzwischen zu einigen anwendungsreifen Substituten geführt hat.

Tabelle 5.2-7. Vergleichende Übersicht über die Eigenschaften der sechs wichtigsten Asbestarten.

Eigenschaften	Chrysotil	Anthophyllit	Krokydolith	Aktinolit	Tremolit	Amosit
Idealformel	$Mg_6[(OH)_4SiO_5]_2$	$(Mg, Fe)_7$ $[OH/Si_4O_{11}]_2$	Na_2Fe_5 $[OH/Si_4O_{11}]_2$	$Ca_2(Mg, Fe)_5$ $[OH/Si_4O_{11}]_2$	$Ca_2(Mg, Fe)_5$ $[OH/Si_4O_{11}]_2$	$MgFe_6$ $[OH/Si_4O_{11}]_2$
Kristallstruktur	Fasern	prismatische Kristalle und Fasern	Fasern	prismatische Kristalle und Fasern	prismatische Kristalle und Fasern	prismatische Kristalle und Fasern
Farbe	weiß, grau, grün, gelblich	braun-grau, weiß-grau, braun-grün	blau bis grün	grün	weiß, grün, gelblich, bläulich	grau, braun
Flexibilität	sehr hoch	gering	gut	gering	gering	gut
Mohs-Härte	2.5 bis 4	5.5 bis 6	4	6	5.5	5.5 bis 6
Faserdurchmesser (mm) (Einzelfaser)	2 bis 4×10^{-3} (Hohlfaser; Wandstärke ca. 5×10^{-6}	1 bis 2×10^{-4} (Massivfaser)	1 bis 2×10^{-4} (Massivfaser)	1 bis 2×10^{-4} (Massivfaser)	1 bis 2×10^{-4} (Massivfaser)	1 bis 2×10^{-4} (Massivfaser)
Faserdurchmesser (mm) (technisch Faserbüschel)	0.75 bis 1.5×10^{-3}	1.5 bis 4×10^{-3}	1.5 bis 4×10^{-3}	1.5 bis 4×10^{-3}	1.5 bis 4×10^{-3}	1.5 bis 4×10^{-3}
Dichte (g/cm^3)	2.3 bis 2.7	2.8 bis 3.2	2.8 bis 3.6	3.0 bis 3.2	2.9 bis 3.2	2.9 bis 3.3
spez. Oberfl. (m^2/g)	13 bis 22 (max. 50)	7	2.7 bis 4.6 max. 10	–	–	9
Zugfestigkeit (N/mm^2)	2000 bis 6000 (max. 20000)	30	7500 bis 22500	6	6 bis 50	1000 bis 3000 (max. 6000)
Elastizitätsmodul (N/mm^2)	30000 bis 160000	–	100000 bis 190000	–	–	30000 bis 160000
Abspaltung von H_2O DTA peak °C	600 bis 780	950	610	1040	–	780
Zusammenbruch der Struktur, °C	800 bis 850	950	800	1040	–	600 bis 900
pH-Wert	9.5 bis 10.3	9.4	9.1	9.5	9.5	9.1
Säurebeständigkeit	unbeständig	sehr gut	gut	befriedigend	gut	befriedigend
Laugenbeständigkeit	gut bis befriedigend	gut	gut	gut	gut	befriedigend
elektrische Ladung (Zetapotential)	positiv	negativ	negativ	negativ	negativ	negativ

5.2.2.3 Verwendung von Asbestfasern

Allgemeines

Anwendungstechnische Eigenschaften von Asbestfasern:

- keine Brennbarkeit
- thermische Beständigkeit
- Verrottungsfestigkeit
- chemische Stabilität
- Verspinnbarkeit
- mechanische Festigkeit
- Wärmedämmvermögen
- gute Benetzbarkeit
- höchste spez. Oberfläche

Die einzigartige Kombination vieler erwünschter Eigenschaften wie z. B. thermische Beständigkeit, Unbrennbarkeit, Verrottungsfestigkeit, chemische Beständigkeit, Verspinnbarkeit der Fasern, gutes Wärmedämmvermögen, mechanische Festigkeit und gute Benetzbarkeit durch organische und anorganische Bindemittel hat dem Asbest weite Anwendungsbereiche in fast allen industriellen Sektoren erschlossen. Dazu zählen die Verwendung von Asbest in Asbestzementplatten und -rohren, in Brems- und Kupplungsbelägen, in Asbesttextilien, in Fußbodenbelägen, Kunststoffpreßmassen, Hochdruckdichtungsplatten, in Asbestpappe und Asbestpapieren, als Filtermaterialien, in Formmassen, als Isoliermaterial und Diaphragmamaterial und in vielen anderen Einsatzgebieten mehr.

Es gibt über 3000 Anwendungsmöglichkeiten von Asbest, von denen in Tabelle 5.2-8 nur die wichtigsten genannt sind. In der Zwischenzeit ist jedoch durch die steigende Verwendung von Asbestsubstituten eine stetige Umverteilung im Gange.

Tabelle 5.2-8. Verbrauch von Asbest in verschiedenen Anwendungsgebieten in t/a.

Anwendungsgebiet	BRD (1975)	USA (1980)
Asbestzementprodukte	105000	151900
Fußbodenbeläge	12800	90200
Dachbeläge		26500
Dichtungsmaterialien	7000	12300
Isoliermaterialien		8900
Brems- und Kupplungsbeläge	11000	43700
Asbesttextilien	4000	1900
Asbestpappen und -papiere	6150	500
Filtermaterialien	3000	
Deckschichten im Straßenbau	1000	
Spritzasbest	250	
Formmassen	2000	
Kunststoffe, Überzüge		12400
sonstige Produkte	10000	10400
Summe	162200	358700

Die weitaus größten Mengen wurden demnach in Asbestfaser-Verbundwerkstoffen zur Verstärkung anorganischer (Asbestzement) oder organischer (PVC, Kautschuk, Duromere) Bindemittel eingesetzt. Für einige dieser Einsatzgebiete ist von Bedeutung, daß die Zugfestigkeit von Asbestfasern bis 400 °C noch um ca. 10% steigt, während Glasfasern bei dieser Temperatur nur noch einen Bruchteil der Festigkeit bei Raumtemperatur besitzen (Tabelle 5.2-9).

Hauptanwendungsbereich von Asbest:

Asbestfaserverbundwerkstoffe Verstärkung von:

- Zement
- PVC
- Kautschuk
- Duromeren

Tabelle 5.2-9. Richtwerte für Dichte, Zugfestigkeit und E-Modul von Fasern.

Fasertyp	Dichte g/cm³	Elastizitätsmodul bei 23 °C N/mm²	Zugfestigkeit bei 23 °C N/mm²	Zugfestigkeit bei 400 °C N/mm²
Chrysotilasbest	2.30 bis 2.70	bis 160 000	je nach Faserlänge 2000 bis 6000 (max. bis 20 000)	
Krokydolith	2.8 bis 3.6	bis 190 000	je nach Faserlänge 7500 bis 22 500	5000 bis 15 000
Glasfaser	2.53 bis 2.44	73 000 bis 77 000	ca. 2000	600 bis 900

Verwendung von Asbestfasern in Verbundwerkstoffen

Das wichtigste faserverstärkte Erzeugnis auf anorganischer Basis, das seit 1900 in der Bauindustrie eingesetzt wird, ist Asbestzement, bei dem Asbestfasern (normalerweise Chrysotil) in Portlandzement eingebunden werden, so daß nach dem Abbinden ein faserverstärktes Produkt mit 10 bis 20% Asbestanteil entsteht, das sich durch hervorragende Eigenschaften auszeichnet (Eternit®, Fulgurit® etc.).

Asbestzement wird seit 1900 in der Bauindustrie eingesetzt

Asbestzement: Portlandzement mit 10 bis 20% (Chrysotil)-Asbest verstärkt

Beim klassischen Asbestzement-Verfahren wird ein Brei aus Asbestfasern und Zement hergestellt und auf kontinuierlich arbeitenden Siebzylindern als Faservlies niedergelegt. Nach dem Formen werden die Vliese unter einem Druck bis etwa 200 bar gepreßt und zum Abbinden 24 bis 48 h in den Formen gelassen. Zur Beschleunigung ist auch eine Dampfhärtung möglich.

Herstellung von Asbestzement:

Brei aus Zement mit Asbestfasern wird filtriert, in Formen gepreßt (200 bar) und zum Abbinden 24 bis 48 h stehen gelassen

Nach diesem oder ähnlichen Verfahren können Platten und Schindeln für Dachbedeckungen und Wandverklei-

Gebrauchsgüter aus Asbestzement:

- Platten
- Schindeln
- Rohre
- Formstücke

dungen und andere industrielle Formstücke hergestellt werden, darunter Hochdruckrohre bis max. 40 bar.

Asbestzementprodukte besitzen:

- gute mechanische Eigenschaften
- geringe Wärmeleitfähigkeit
- Wetterstabilität
- Verrottungsbeständigkeit

Direkte Verarbeitbarkeit von Asbestzementbrei als *Spritzasbest*

Diese Asbestzement-Materialien zeichnen sich durch gute mechanische Eigenschaften, geringe Wärmeleitfähigkeit, Wetter-, Frost- und Verrottungsbeständigkeit aus und werden daher vielseitig eingesetzt. Das breiige Gemisch aus Asbest und Zement kann auch direkt nach einem Spritzverfahren als sog. Spritzasbest für feuerhemmende Überzugsschichten sowie zur Wärme-, Kälte- oder Schalldämmung verarbeitet werden.

Ersatz von Asbest in Asbestzement durch

- Glasfasern
- Stahlfasern
- Mineralwolle
- organ. Fasern

angestrebt

Seit längerem werden große Anstrengungen unternommen, den Asbest in Asbestzement durch andere Materialien wie z. B. Glasfasern, Stahlfasern, Mineralwolle und organische Fasern zu ersetzen. Doch ist aufgrund des Preises der Konkurrenzfasern bzw. ihrer Instabilität gegenüber den Zementalkalien bisher noch kein umfassender Ersatz gelungen.

Reibbeläge (Kupplungs- und Bremsbeläge):

Verbundwerkstoff aus

- 20 bis 60% Asbest
- Phenolharzen
- Kautschuk
- Füllstoffen
- Metallspänen

Für den Einsatz im Reibbelagsektor ist der hohe Reibungskoeffizient von Asbestfasern (0.4 bis 0.5 gegenüber <0.1 bei Glasfasern) von ausschlaggebender Bedeutung. Zur Herstellung von Kupplungs- und Bremsbelägen wurden 20 bis 60% Asbest unter Zusatz von Füllstoffen und Metallspänen mit vorzugsweise Phenolharzen und Kautschuk zu einem Verbundwerkstoff verarbeitet, der vielen Forderungen genügen muß. Heute existieren bereits asbestfreie sog. „Semimetallic"-Bremsbeläge, die aus Mischungen von Metallfasern, -pulvern, Zellulosefasern, Aluminiumsilicatfasern und Steinwolle mit Kunstharz gebunden bestehen.

Aushärtbare Formmassen aus Phenol- oder Melaminharzen mit Asbest zur Herstellung von:

- Isolierteilen für Kfz-Motoren
- Elektroinstallationsteilen
- Zahnrädern

Vielseitig genutzte Produkte entstehen durch Verstärkung organischer Bindemittel (Thermoplaste, Duromere, Elastomere). Weit verbreitet ist hierbei die Anwendung von Asbest in aushärtbaren Formmassen auf Basis von Phenol- oder Melaminharzen zur Herstellung von Isolierteilen in Kfz-Motoren, Elektroinstallationsteilen, Zahnrädern und dgl. Als faserförmige Subsitute stehen hierfür textile Glasfasern, Fasern aus Kohlenstoff und sonstige synthetische Fasern neben nichtfaserigen Füllstoffen wie Calciumcarbonat, Ton oder Talkum zur Verfügung.

Verstärktes PVC für:

- Fliesen
- Fußbodenbeläge

In Thermoplasten wird Asbest zur Herstellung von Polyvinylchlorid-Fliesen und Fußbodenbelägen eingesetzt, neuerdings aber mehr und mehr durch die Glasfaser ersetzt. Durch Verstärkung von Kautschuk werden die als

Dichtungsmaterialien unter verschiedenen Phantasienamen (Endung auf „it" – von Gummi-Asbest – wie z. B Klingerit®) bekannt gewordenen It-Platten hergestellt. Für säurebeständige Dichtungen wird dem Amphibolasbest gegenüber dem sonst üblichen Chrysotil der Vorzug gegeben. Auch hier wird mehr und mehr auf andere Fasern wie z. B. Graphit- oder Polytetrafluorethylenfasern zurückgegriffen.

Verstärkung von Kautschuk für:

- Dichtungsmaterialien („It-Platten")
- Stopfbuchsen

Basis für Dichtungselemente wie z. B. Stopfbuchsenpackungen und Manschetten sind häufig gewebte, geflochtene oder gedrehte Asbesttextilien. Im Falle von Zylinderkopfdichtungen für wassergekühlte Fahrzeugmotoren werden Asbestpapiere bzw. -pappen herangezogen, die ähnlich wie normale Papiere durch Abfiltrieren und Pressen eines Asbestfaserbreis gewonnen werden.

Herstellung von Asbestpapier bzw. -pappe durch Abfiltrieren und Pressen eines Asbestfaserbreis

Verwendung von Asbestfasern in Asbesttextilien und -filtermaterialien

Der für *textilen Einsatz* geeignete Asbest ist hauptsächlich der Chrysotil. Bezogen auf das Rohgut sind nur etwa 0.8% spinnfähige Fasern. Zur Herstellung textiler Asbesterzeugnisse müssen sog. Tragfasern (Baumwolle oder org. Synthesefasern) zugesetzt werden, damit eine ausreichende Festigkeit erreicht wird. Durch diese Zusätze sinkt jedoch die maximale Anwendungstemperatur, die bei Garnen, die aus 99 bis 100% Asbest bestehen, bei ca. 480 °C liegt, in Abhängigkeit vom Tragfaseranteil. Für den Hochtemperatursektor finden mehr und mehr asbestfreie Mineralfasergewebe Verwendung.

Herstellung von Asbesttextilien aus Chrysotil und wechselnden Mengen von „Tragfasern" (Baumwolle oder organischen Synthesefasern)

Der Einsatz des Chrysotil-Asbests als *Filtermaterial* reicht von der Klärfiltration von Nahrungs- und Genußmitteln (in der EG werden jährlich etwa 130 Mio. hl Wein durch Asbest filtriert) über die entkeimende Filtration bis hin zur Virus- und Pyrogenabtrennung aus hochempfindlichen Arzneimittellösungen. Die große spezifische Oberfläche, deren positives Zetapotential und die Ionenaustauschfähigkeit des Chrysotil-Asbests sind hierfür eine besonders günstige Kombination und erschweren das Auffinden asbestfreier Ersatzprodukte. Als solche werden Filtermedien auf Zellulosebasis, vermischt mit Diatomeenerde (Zeta-Plus-Filter®), bereits erprobt.

Asbest als Filtermaterial zur:

- Klärfiltration von Nahrungs- und Genußmitteln
- Abtrennung von Keimen, Viren, Pyrogenen

Literatur zu Abschn. 5.2.2 Asbestfasern

Asbest:

W. Noll: *Ullmann,* 4. Aufl., Band 8, S. 67 – 79 (1974).
P. Eyerer: *GAK 8* – Jahrgang 31, S. 574 (1978).
K. Höbius: *GAK 11* – Jahrgang 32, S. 833 (1979).
Chemical Economics Handbook. Stanford Research Institute Okt. 1977.
P. Eyerer: *GAK 9* – Jahrgang 31, 663ff. (1978).
P. Eyerer: *GAK 10* – Jahrgang 31, 776ff. (1978).
H. Thiemecke: *Die BG,* 307 – 314, Juni 1981.
G. Clarke: *Industrial Minerals.* Pp. 19 – 37, March 1982.
E. Poeschel, R. König und W. Lohrer, *„Staub-Reinhalt. Luft"* **39,** Nr. 8, S. 272 – 278, August 1979.

5.2.3 Synthetische anorganische Fasern

5.2.3.1 Textilglasfasern

5.2.3.1.1 Allgemeines

Seit in den vierziger Jahren in den USA erkannt wurde, daß sich Kunststoffe durch Glasfasern verstärken lassen, haben diese sich zu einer wichtigen Produktgruppe entwickelt. Man bezeichnet sie zum Unterschied von Isolierglasfasern als Textilglasfasern.

Trotz der hohen Sprödigkeit von Glas sind Glasfasern aufgrund ihrer geringen Durchmesser biegsame, flexible Gebilde. Sie werden im allgemeinen zwischen 10 und 25 µm, für manche Anwendungen auch deutlich unter 10 µm hergestellt. Wichtig ist, daß sich Glasfasern bei Belastung vollkommen elastisch verhalten. Ihre Bruchdehnung beträgt ca. 3%.

Textilglasfasern, Durchmesser von unter 10 bis etwa 25 µm, weisen hohe Festigkeit und Flexibilität auf. Sie werden in verschiedenen Zusammensetzungen hergestellt. Mit Abstand am wichtigsten sind Glasfasern aus E-Glas, einem Alkaliarmen Ca/Al/B-Silikat, für die Verstärkung von Kunststoffen

Man unterscheidet verschieden zusammengesetzte Glasfasern, die in unterschiedlichen Anwendungsgebieten eingesetzt werden:

- E-Glas, ein Alkali-armes Calcium-Aluminium-Bor-Silikat-Glas, zur Kunststoffverstärkung und für Anwendungen im Elektrosektor
- A-Glas, ein Alkali-Kalk-Glas, für niedrigere Anforderungen
- C-Glas, ein Alkali-Calcium-Bor-Silikat-Glas mit besonderer chemischer Widerstandsfähigkeit
- D-Glas für hohe dielektrische Anforderungen
- R-Glas, S-Glas: Spezialgläser für besonders hohe mechanische Anforderungen, auch bei erhöhter Temperatur

- AR-Glas (AR = Alkali-Resistent), ZrO_2-haltiges Spezialglas mit verbesserter Beständigkeit gegen Alkalien.

Die Zusammensetzung der Glasfasern ergibt sich aus Tabelle 5.2-10. Der mit Abstand wichtigste Vertreter ist die E-Glasfaser.

5.2.3.1.2 Wirtschaftliche Bedeutung

Die Welterzeugung an textilen Glasfasern wird für 1983 auf 1 005 000 t geschätzt, wobei auf die USA, Westeuropa und Japan bereits knapp 90% entfallen. Die USA-Produktion soll 470 000 t betragen mit einem Verkaufswert von 725 Mio. $.

Produktion von textilen Glasfasern 1983:

Welt	ca. 1 005 000 t
USA	470 000 t
Westeuropa	260 000 t
Japan	175 000 t
Sonstige	100 000 t

5.2.3.1.3 Herstellung

Alle Glasfasern von technischer Bedeutung werden aus Silikatschmelzen hergestellt. Sie behalten ihre glasige, röntgenamorphe Struktur auch im festen Zustand.

Für die Faserbildung muß die Silikatschmelze mehrere Forderungen erfüllen: Zunächst ist ein ausreichendes Fadenziehvermögen erforderlich, das vom Verhältnis der Oberflächenspannung zur Viskosität abhängt. Die Fixierung der Faserform erfolgt durch den Anstieg der Viskosität mit fallender Temperatur. Für eine gute Faserbildung muß die Viskositäts-Temperatur-Kurve des Glases einen relativ flachen Verlauf zeigen; außerdem darf das Glas keine Kristallisationsneigung aufweisen.

Textile Glasfasern werden aus Silikatschmelzen, die über ein ausreichendes Fadenziehvermögen verfügen müssen, hergestellt. Das zunächst flüssige Schmelzfilament wird bei der Abkühlung durch den Viskositätsanstieg in der Faserform fixiert

Die Herstellung von Textilglasfasern soll im folgenden am Beispiel der E-Glasfaser dargestellt werden.

Als Rohmaterialien für die Herstellung der E-Glasfasern werden besonders Kaolin (Aluminiumsilikat), Quarzsand, Colemanit (Calciumborat, $Ca[B_3O_4(OH)_3]H_2O$), Borsäure, Kalkstein, Dolomit und Flußspat verwendet, die einer sorgfältigen Qualitätskontrolle hinsichtlich der Begleitelemente und Kornfeinheit unterworfen werden. Die gut gemischten Rohstoffe werden in einem flachen, langgestreckten Glaswannenofen aufgeschmolzen, der durch Gas oder Öl beheizt ist. Wegen der hohen Temperatur der Schmelze von etwa 1350 °C und ihrer Korrosivität werden hohe Anforderungen an die Ausmauerung der

Rohmateralien für die Herstellung von E-Glasfasern:

Kaolin, Quarzsand, Colemanit (Calciumborat), Borsäure, Kalkstein, Dolomit und Flußspat

Die Rohstoffmischung wird in Glaswannenöfen, die mit Chromoxid- und Zirkonsteinen ausgemauert sind, bei etwa 1350 °C aufgeschmolzen

Öfen gestellt. Im Bereich der Seitenwände werden Chromoxidsteine, für den Boden der Wanne Zirkonsteine verwendet.

Für ein störungsfreies Verspinnen der Schmelze ist es wesentlich, daß sie frei von unaufgeschmolzenem Rohmaterial und Gasblasen und sehr homogen ist

Die Schmelze bleibt mehrere Tagen im Ofen. Wesentlich für die Ausbeute beim späteren Faserziehprozeß ist eine möglichst gute „Läuterung" der Glasschmelze, d. h. sie muß sehr homogen und frei von unaufgeschmolzenem Rohmaterial und Gasblasen sein. Dies erreicht man durch Einblasen von Luft durch eine oder mehrere Reihen von Platinröhrchen im Boden der Glasschmelzwanne.

Die heißen Brennerabgase werden dazu benutzt, in indirekten Wärmeaustauschern – meist Rekuperatoren aus Stahl – die Luft für die Öl- oder Gasbrenner vorzuheizen.

Die Überführung der Glasschmelze in Fasern geschieht nach dem Direktschmelz-, dem Kugelschmelz- und dem Stabziehverfahren. Das Direktschmelzen dominiert

Die geläuterte Glasschmelze kann nach drei Verfahren in Fasern übergeführt werden, nämlich nach dem Direktschmelz-, dem Kugelschmelz- und dem Stabziehverfahren.

- Direktschmelzverfahren:

  die Glasschmelze wird den Spinndüsen über ausgemauerte Kanäle (Vorherd) zugeführt

Beim Direktschmelzverfahren, dem technisch wichtigsten Verfahren, wird die Glasschmelze über einen Vorherd den Spinnstellen zugeführt. Bei diesem Vorherd handelt es sich um ausgemauerte Kanäle, in denen die Schmelze auf die für das Verspinnen geeignete Temperatur von etwa 1250 °C abgekühlt wird und an deren seitlichen Armen die Spinnstellen angeordnet sind.

- Kugelschmelzverfahren:

  separat hergestellte Glaskugeln werden in den Spinndüsen aufgeschmolzen

Beim älteren Kugelschmelzverfahren werden separat hergestellte Glaskugeln in den Spinndüsen aufgeschmolzen. Das Kugelschmelzverfahren wird nur noch bei sehr feinen Faserdurchmessern und bei speziellen Glaszusammensetzungen angewandt.

- Stabziehverfahren:

  Glasstäbe werden in der Schmelzzone zu Fasern ausgezogen

Von geringer Bedeutung ist auch das Stabziehverfahren, bei dem Glasstäbe mit konstanter Vorschubgeschwindigkeit in eine Schmelzzone geführt und kontinuierlich Fasern auf eine Spule abgezogen werden.

Die Spinndüsen (Bushings) bestehen aus einer Pt-Rh-Legierung; sie werden durch direkte Widerstandsheizung auf der jeweiligen Spinntemperatur gehalten. Zahl der Öffnungen: 200 oder Vielfache davon; ∅ 1 bis 2 mm

Beim Direktschmelz- und dem Kugelschmelzverfahren leitet man die Glasschmelze in rechteckige Spinndüsen (Bushings) aus einer Platin-Rhodium-Legierung, die durch direkte Widerstandsheizung auf ca. 1250 °C gehalten werden. Die einzelnen Düsen haben meist Vielfache von 200 Öffnungen, insbesondere 400, 800, 1600, 2000; der Durchmesser der Öffnungen beträgt 1 bis 2 mm. Beim Ausfließen der Glasschmelze aus einer Düse bilden sich Filamente, die unterhalb des Bushings zu einem Spinnfaden zusammengefaßt werden, so daß jeder Spinnfaden so viele Einzelfilamente enthält, wie die Düse Öffnungen hat. Manchmal werden aus den Filamenten einer Düse aber auch mehrere Fäden hergestellt („Spinnteilung"). Die Spinnfäden werden mit Geschwindigkeiten bis zu ca. 200 km/h auf Wickelmaschinen zu „Spinnkuchen" aufgewickelt. Der Glasmengenstrom je Spinnöffnung legt bei gegebener Abzugsgeschwindigkeit den Durchmesser der Glasfaser fest. Der Glasmengenstrom seinerseits ist bei gegebener Geometrie der Öffnungen und konstanter Glaszusammensetzung nur von der Temperatur abhängig.

Die Filamente werden unterhalb der Spinndüse zu einem oder mehreren Spinnfäden („Spinnteilung") zusammengefaßt

Die Spinnfäden werden mit Geschwindigkeiten bis zu 200 km/h auf Wickelmaschinen zu „Spinnkuchen" aufgewickelt, nachdem sie unmittelbar unterhalb des Bushings mit einem Wasserspray abgeschreckt und anschließend mit Schlichte überzogen wurden

Auf dem Weg zur Wickelmaschine werden die Filamente unmittelbar nach ihrer Bildung mit einem Wasserspray abgeschreckt und an einer Beschlichtungswalze vorbeigeführt, wo sie mit der sog. Schlichte überzogen werden. Hierbei handelt es sich um wäßrige Dispersionen, die filmbildende und haftvermittelnde Substanzen neben Gleitmitteln, Antistatika, Weichmachern, Emulgatoren und Netzmitteln enthalten.

Schlichten sind wäßrige Dispersionen mit den Bestandteilen:

- Filmbildner
- Haftmittel
- Gleitmittel
- Antistatika
- sonstige Hilfsmittel, wie Emulgatoren, Weichmacher, Netzmittel

Ihre Aufgabe ist es, die empfindliche Glasfaseroberfläche zu schützen, gutes Verarbeiten der Fasern zu gewährleisten und eine günstige Bindung zwischen Glasfaser und zu verstärkendem Kunststoff herbeizuführen. Je nach organischer Matrix und je nach dem Herstellungsverfahren für die Glasfaser-verstärkten Kunststoffteile hat die Schlichte eine andere Zusammensetzung.

Funktion der Schlichten:

- Schutz der Glasoberfläche
- Gewährleistung der Verarbeitbarkeit
- Erzeugung einer Bindung zwischen Glasfaser und organischer Matrix

Filmbildner sind organische Polymere, z. B. Polyvinylacetate, Polyester, Epoxide, Polyurethane, Polyacrylate, Polyolefine. Durch sie wird die Faser bei der Verarbeitung geschützt und die Einzelfilamente zum Spinnfaden verklebt. Haftvermittler sind in untergeordnetem Maße Cr- und Ti-Komplexverbindungen, in der Hauptsache jedoch organofunktionelle Trialkoxysilane, z. B. Vinyltrimethoxysilan, oder solche der allgemeinen Formel $(RO)_3Si\text{-}(CH_2)_3\text{-}X$, wie z. B. γ-Aminopropyltriethoxysilan. X kann auch Chlor, eine Mercapto-, Methacryloxy- oder Glycidyl-Gruppe sein und R eine Alkyl- oder Hydroxyalkyl-Gruppe. Diese Haftmittel verbessern die mechanischen Eigenschaften im Verbund der Glasfasern mit dem zu verstärkenden Polymer, da sie sowohl Gruppierungen tragen, die mit den an der Oberfläche der Glasfasern vorhandenen OH-Gruppen reagieren, als

Filmbildner:

Organische Polymere

Haftmittel:

Organofunktionelle Alkoxysilane oder Cr- und Ti-Komplexverbindungen

auch solche, die eine chemische Bindung zur Kunststoffmatrix ausbilden können. Für Glasfasern, die nicht zur Verstärkung von Kunststoffen eingesetzt werden, z. B. bei Garnen und Zwirnen, verwendet man haftmittelfreie Schlichten. Gleitmittel, z. B. Fettsäureester, Fettsäureamide, Paraffine, Polyolefine, vermindern Faserschädigungen durch Reibung und tragen zum leichteren Verarbeiten bei. Zur Verhinderung elektrostatischer Aufladungen werden anorganische und organische Salze zugesetzt. Der Schlichteauftrag liegt bei 0.2 bis 2%, bezogen auf die getrockneten Fasern.

Gleitmittel:

Fettsäurederivate, Paraffine, Polyolefine

Antistatika:

Anorganische und organische Salze

Die Spinnkuchen werden nach dem Trocknen in die Glasfaser-Endprodukte übergeführt:

Die nach dem Aufbringen der Schlichte erhaltenen Spinnkuchen werden in Umluftöfen getrocknet und dann zu den eigentlichen Endprodukten aufgearbeitet. Für die Herstellung von sog. Rovings werden aus zahlreichen Spinnkuchen die Spinnfäden zu parallelen Glasfasersträngen zusammengeführt und auf einer Präzisionswickelmaschine aufgespult. Schnittglas wird erzeugt, indem man die Spinnfäden aus den Spinnkuchen mit schnellaufenden Messerwalzen auf die gewünschte Länge (z. B. 3 bis 6 mm) schneidet. Gemahlene Glasfasern entstehen durch Aufmahlen von vorzerkleinerten Spinnkuchen. Zur Fertigung von Textilglasmatten werden die Spinnfäden entweder geschnitten (Schnittglasmatte) oder ungeschnitten (Endlosmatte) völlig regellos abgelegt und mit einem Binder verfestigt.

- sog. Rovings entstehen durch das Zusammenfassen zahlreicher Spinnfäden zu Glasfasersträngen
- Schnittglas:

  Geschnittene Spinnfäden
- Gemahlene Glasfasern
- Textilglasmatten
- Glasfasergarne und -zwirne

Bei der Herstellung von Glasfasergarnen und -zwirnen geht man nicht von Spinnkuchen aus. Man erhält sie durch Verdrehen von Glasfilamenten oder Glasstapelfasern – das sind kurze Glasfasern, meist hergestellt nach dem sog. Düsenblasverfahren. Dabei werden die aus den Düsenöffnungen austretenden Glasfilamente durch einen gleichmäßig sehr schnell strömenden Gasstrahl verstreckt. Glasfasergewebe werden aus Rovings oder Garn meist in spezialisierten Webereien gefertigt.

- Glasfasergewebe

Neuere Entwicklungen vermeiden die Herstellung von Spinnkuchen als Zwischenprodukt

Neuere Entwicklungen führten dazu, die Spinnkuchen für einige Glasfaserprodukte einzusparen und Rovings direkt („Direktroving“) aufzuspulen. Auch Schnittglas läßt sich durch Schneiden der Spinnfäden direkt erzeugen.

5.2.3.1.4 Verwendung

Ca. 80% der Glasfaserprodukte dienen der Verstärkung von Kunststoffen, die

Haupteinsatzgebiet der Glasfaserprodukte (ca. 80%) ist die Verstärkung von Kunststoffen. Durch die Einbettung von Glasfasern können wesentliche Eigenschaften der Kunststoffe verbessert werden: Zug-, Druck-, Biegefestigkeit, Elastizitätsmodul, Schlagzähigkeit, thermische Ausdehnung, maximale Gebrauchstemperatur, Kriechneigung und andere. So entstand eine neue Klasse von Werkstoffen, die aufgrund leichter Verarbeitbarkeit, niedriger spezifischer Gewichte und guter Korrosionsbeständigkeit im Bauwesen, in der Elektrotechnik, im Maschinen-, Fahrzeug-, Bootsbau und weiteren Anwendungsbereichen gegen herkömmliche Werkstoffe, wie z. B. Holz oder Metalle, konkurrieren kann. Ursprünglich wurden vor allem ungesättigte Polyester und in geringem Maße Epoxidharze verstärkt, dann Elastomere, z. B. in Autoreifen. Seit etwa Mitte der 60er Jahre nehmen glasfaserverstärkte Thermoplaste, vor allem Polyamide, in ihrer Bedeutung stark zu; sie erreichten 1980 in der Bundesrepublik Deutschland bereits einen Anteil von 25% am Produktionsvolumen für glasfaserverstärkte Kunststoffe. Automobilreifen mit Glascordverstärkung haben sich dagegen auf dem europäischen Markt nicht durchsetzen können, spielen aber in den USA eine gewisse Rolle.

dadurch in folgenden Eigenschaften verbessert werden:

- Zug-, Druck- und Biegefestigkeit
- Elastizitätsmodul
- Schlagzähigkeit
- thermische Ausdehnung
- maximale Gebrauchstemperatur
- Kriechneigung

Aufteilung glasfaserverstärkter Kunststoffe auf die einzelnen Anwendungsgebiete (Westeuropa, 1979, 651 000 t):

- Bauwesen 21%
- Elektrotechnik 17%
- Allg. industrielle Anwendungen und Landwirtschaft 23%
- Fahrzeugbau 15%
- Bootsbau 14%
- Verschiedenes 10%

Ungesättigte Polyester stellen den überwiegenden Anteil der glasfaserverstärkten Kunststoffe; steigende Bedeutung erlangen verstärkte Thermoplaste, insbesondere Polyamide

Glasfaservliese und Glasfasergewebe werden zur Herstellung von bituminösen Dachbahnen und für die Rückseitenverstärkung von Teppichböden verwendet. Ferner dienen Glasfasergewebe zur Herstellung von Platinen für gedruckte Schaltungen und zum Aufbau von Schleifscheiben. Da sie nicht brennen, werden Glasfasern zu Textilien, wie Vorhangstoffe, verarbeitet.

Weitere Verwendungsgebiete:

- Glasfaservliese und -gewebe für bituminöse Dachbahnen und Rückseitenverstärkung von Teppichböden
- Glasfasergewebe für gedruckte Schaltungen und Schleifscheiben
- unbrennbare Textilien, z. B. Vorhangstoffe

Tabelle 5.2-10. Zusammensetzung wichtiger Textilglassorten (%).

Glastyp	A	C	D	E	R	S	AR
SiO_2	72.5	65.0	74.0	54.5	60.0	65.0	71.0
Al_2O_3	1.5 (Al_2O_3 + Fe_2O_3)	4.0 (Al_2O_3 + Fe_2O_3)	–	14.5	25.0	25.0	1.0
Fe_2O_3			0.2	0.5	0.3	–	–
B_2O_3	–	5.0	22.5	7.5	–	–	–
CaO	9.0	14.0	0.5	17.0	9.0	–	–
MgO	3.5	3.0	0.2	4.5	6.0	10.0	–
BaO	–	1.0	–	–	–	–	–
ZrO_2	–	–	–	–	–	–	16.0
TiO_2	–	–	–	0.1	0.2	–	–
Li_2O	–	–	–	–	–	–	1.0
K_2O	–	8.0	1.5	0.8 (K_2O + Na_2O)	0.1	–	–
Na_2O	13.0	0.5	1.3		0.4	–	11.0

- Glasfaserfilter
- Zementverstärkung durch alkalistabile AR-Glasfasern

Glasfaserfilter werden in der Entstaubungstechnik eingesetzt. Zur Zementverstärkung bei nicht tragenden Teilen verwendet man die Alkali-stabilen AR-Glasfasern, da E-Glasfasern durch die Alkalität des abbindenden Zements zerstört werden.

Literatur zu Abschn. 5.2.3.1 Textilglasfasern

Allgemeine Literatur:

K. L. Loewenstein, *"The Manufacturing Technology of Continuous Glass Fibres"*, Elsevier Scientific Publishing Company, Amsterdam 1973.

J. G. Mohr und W. P. Rowe: *Fiber Glass,* Van Nostrand Reinhold Comp., New York 1978.

K. A. F. Schmidt: *Textilglas für die Kunststoffverstärkung,* 2. Aufl., Zechner und Hüthig, Speyer 1972.

B. von Falkai, Hrsg.: *Synthesefasern, Grundlagen, Technologie, Verarbeitung und Anwendung.* S. 248–261, Verlag Chemie, Weinheim 1981.

Ullmanns Encyklopädie der technischen Chemie. 4. Aufl., Bd. 11, S. 359–390, Verlag Chemie, Weinheim 1976.

H. S. Katz und J. V. Milewski, Hrsg.: *Handbook of Fillers and Reinforcements for Plastics,* pp. 467–503, Van Nostrand Reinhold Comp. New York 1978.

P. H. Selden: *Glasfaserverstärkte Kunststoffe,* Springer Verlag, Berlin 1967.

G. Lubin, Hrsg.: *Handbook of Fiberglass and Advanced Plastics Composites.* Van Nostrand Reinhold Comp., New York 1969.

E. P. Plueddemann, Hrsg.: *Interfaces in Polymer Matrix Composites.* Academic Press, New York 1974.

Speziellere Literatur:

Wirtschaftliche Daten:

Chemical Economics Handbook. Stanford Research Institute, Menlo Park, Calif., Fibres-Synthetic 543.2000, 543.2100, March 1980.

Chemical Economics Handbook. Manual of Current Indikators-Supplemental Data, April 1981.

Produktion im Produzierenden Gewerbe nach Waren und Warengruppen, 1982, Statistisches Bundesamt Wiesbaden, W. Kohlhammer GmbH Stuttgart und Mainz.

H. Rühmann, „20 Jahre Anwendung von GFK im Spiegel der Statistik", *Vetrotex Textilglas Report* **13,** Nr. 4, 11–14 (1981).

H. Rühmann, „Der GFK-Markt in der Bundesrepublik Deutschland und Europa – Ist-Zustand und Prognosemöglichkeiten" AVK, *18. öffentliche Jahrestagung der Arbeitsgemeinschaft Verstärkte Kunststoffe e. V.,* Freudenstadt, 5.–7. Okt. 1982, 3–1 bis 3–5.

Eigenschaften und Verwendung:

G. Pähler und R. Brückner, „Festigkeit von Glasfasern als Funktion der Herstellungsparameter", *Glastechn. Ber.* **54,** 52–64 (1981).

D. R. Cockram, "Strength of E-Glass in Solutions of Different pH", *Glass Technol.* **22,** 211–214 (1981).

M. R. Rosen, "From Treating Solution to Filler Surface and Beyond. The Life History of a Silane Coupling Agent", *J. Coat. Technol.* **50,** No. 644, 70–82 (1978).

K. Kircher, "Glassfibre-reinforced thermoplastics-Part 1", *Reinforced Plastics,* Nov. 1981, 382–384; Part 2, dito, Dec. 1981, 420–422.

B. A. Proctor, D. R. Oakley und K. L. Litherland, "Developments in the assessment and performance of GRC over 10 years", *Composites* **13,** 173–179 (1982).

Toxikologie

P. Mayer, „Neuere Erkenntnisse über Gefährdungen durch Glas- und Mineralfasern", *Zbl. Arbeitsmed.* **30,** 280–285 (1980).

5.2.3.2 Mineralfaser-Dämmstoffe

5.2.3.2.1 Allgemeines und wirtschaftliche Bedeutung

Die in diesem Kapitel behandelten Mineralfaser-Dämmstoffe bestehen wie die Textilglasfasern aus glasigen

Mineralfasern. Aluminiumoxidfasern (Saffil®), die für die Wärmedämmung bei Temperaturen oberhalb etwa 1250 °C eingesetzt werden, sind polykristalline Fasern und werden in Abschn. 5.2.3.4 „Aluminiumoxidfasern" besprochen.

Die Mineralfasern für die Herstellung von Dämmstoffen bezeichnet man nach ihren Ausgangsstoffen auch als Glas-, Stein- und Schlackenfasern sowie als keramische Fasern. Gebräuchlich sind außerdem die Bezeichnungen Mineral-, Glas-, Stein- und Schlacken- bzw. Hüttenwolle, da sie – im Gegensatz zu den Textilglasfasern – bei ihrer Herstellung als kurze, regellos angeordnete Fasern anfallen. Die Endprodukte heißen daher auch Mineralwolle-Dämmstoffe.

Die wirtschaftliche Bedeutung der Mineralwolle ist beträchtlich: 1978 (die Zahlen dürften auch für 1981/82 gelten) betrug die Weltproduktion ca. 4.0 Mio. t, davon entfielen auf Westeuropa ca. 1.3 Mio. t und auf die USA 1.2 Mio. t. In diesen Zahlen ist auch die Schlackenfaserproduktion mit enthalten, doch ist deren Bedeutung stark zurückgegangen. Der Anteil der keramischen Fasern ist mengenmäßig gering.

Produktion an Mineralfaser-Dämmstoffen 1978:

Westeuropa	1.3 Mio. t
USA	1.2 Mio. t
restliche Welt	1.5 Mio. t
Welt	4.0 Mio. t

Schlackenfasern haben nur noch geringe Bedeutung; Anteil an keramischen Fasern ist mengenmäßig klein

Von den 1978 in den USA produzierten 1.24 Mio. t Mineralwolle mit einem Wert von 1266 Mio. $ wurden 82% zur Gebäudeisolierung, 16.5% zur Isolierung von Industrieanlagen und 1.5% zur Isolierung von Rohrleitungen verwendet.

1980 wurden in der Bundesrepublik Deutschland ca. 0.44 Mio. t (ca. 11.7 Mio. m^3) Mineralwolle erzeugt, die sich etwa im Verhältnis 50 zu 50 (bezogen auf die Massen) auf Stein- und Glaswolle aufteilen.

Produktion BRD 1980:

0.44 Mio. t (11.7 Mio. m^3), davon etwa 50% Steinwolle und 50% Glaswolle

5.2.3.2.2 Herstellung

Allgemeines

Ausgangsprodukte für diese Fasern sind silikatische Schmelzen geeigneter Zusammensetzung. Die Zerfaserung der Schmelzen geschieht mit beträchtlich höherer Raum-Zeit-Ausbeute als bei der Herstellung von Textilglasfasern durch die Verspinnung von Schmelzen mit wesentlich niedrigerer Viskosität. Nach der Erstarrung liegen die Fasern als röntgenamorphe Gläser vor, mit

Mineralfasern werden aus silikatischen Schmelzen erzeugt:

Durchmesser der Fasern:
1 bis 30 μm

Länge der Fasern:
1 cm bis einige dm

Durchmessern je nach Herstellungsverfahren zwischen 1 und 30 µm und Längen von einem cm bis mehrere dm. In ihrer Temperaturbeständigkeit liegen die Glaswollen im unteren, die keramischen Fasern aufgrund ihrer geringen Flußmittelgehalte im oberen Bereich. Stein- und Schlakkenfasern haben eine mittlere Temperaturbeständigkeit.

Rohstoffe

Rohstoffe für Glaswolle:

Sand, Kalk, Dolomit, Feldspat, Kaolin, Tonerde-haltige Eruptivgesteine, Soda, Natriumsulfat, Pottasche, Bor-Mineralien

Für die Herstellung von *Glaswolle* verwendet man weitgehend die gleichen Rohstoffe, wie sie in der Glasindustrie üblich sind, nämlich Sand, Kalk, Dolomit, Feldspat, Kaolin, Tonerde-haltige Eruptivgesteine, Soda, Natriumsulfat, Pottasche, Bormineralien, wie Colemanit ($Ca[B_3O_4(OH)_3]H_2O$). An ihren Reinheitsgrad, besonders bezüglich des Eisen-Gehaltes, werden keine hohen Anforderungen gestellt.

Rohstoffe für Steinwolle:

Sediment- oder magmatische Gesteine, z. B. Ton, Mergel, Basalt, insbesondere aber Diabas, und Zuschlagstoffe, z. B. Kalk, Dolomit

Schlackenfasern entstehen aus Schlacken metallurgischer Prozesse unter Zusatz von Zuschlagstoffen

Als Rohstoffe für *Steinwolle* werden Sediment- oder magmatische Gesteine (z. B. Ton, Mergel, Basalt, insbesondere aber Diabas) mit geringen Mengen an Zuschlagstoffen (z. B. Kalk, Dolomit) verwendet. *Schlackenfasern* werden aus Schlacken hergestellt; man verwendet bevorzugt Schlacke aus metallurgischen Prozessen, z. B. Hochofenschlacke, gewöhnlich unter Zusatz von anderen mineralischen Rohstoffen wie Kalk, Dolomit, Quarz, Ton, Diabas.

Rohstoffe für keramische Fasern:

Kaolin und Cyanit neben Tonerde, Quarz, Zirkon

Die für die Faserbildung günstige Zusammensetzung der Rohstoffgemische wird durch das Verhältnis der viskositätserhöhenden Komponenten SiO_2 und Al_2O_3 zu den viskositätserniedrigenden, wie Alkalien, Erdalkalien, Eisen, Mangan und Titan, gesteuert. Für die flußmittelarmen *keramischen Fasern* werden reine keramische Rohstoffe, insbesondere Kaolin und Cyanit (Al_2SiO_5) neben Tonerde, Quarz und Zirkon, verwendet.

In Tabelle 5.2-11 sind typische Zusammensetzungen von Mineralfasern angegeben.

Herstellung der Schmelzen

Für die verschiedenen Mineralfasern werden die Rohstoffe in unterschiedlichen Öfen aufgeschmolzen:

Die Rohstoffe werden in Wannen-, Kupol-, Lichtbogenöfen oder Öfen mit elektrischer Widerstandsheizung geschmolzen. Für die Herstellung von Glaswolle werden Wannenöfen verwendet, die denen der Glasherstellung entsprechen. Dabei dient der Ofenraum in Form einer großen, rechteckigen Wanne als Schmelzgefäß. An einem Ende der Wanne wird das Gemenge eingetragen, am anderen die Glasschmelze entnommen.

- Glaswolle: Wannenöfen mit Gas-oder Ölbeheizung
- Stein- und Schlackenwolle: Kupolöfen
- Keramische Fasern: Lichtbogenöfen, Öfen mit elektrischer Widerstandsheizung

Für die Herstellung von Stein- und Schlackenfasern finden wassergekühlte Kupolöfen – mehrere Meter hohe, bis etwa 1 m breite Schachtöfen – Verwendung. Man gibt die Rohstoffe abwechselnd mit Koks ein. Aus Eisenhaltigen Rohstoffen wird dabei metallisches Eisen gebildet, das regelmäßig abgestochen werden muß.

Lichtbogenöfen und Öfen mit elektrischer Widerstandsheizung werden wegen der hohen Schmelztemperaturen der Rohstoffe hauptsächlich für keramische Fasern verwendet.

Bei den Öfen mit elektrischer Widerstandsheizung dient die Schmelze selbst als elektrischer Widerstand, da Silikatschmelzen in der Regel durch Ionenleitung mit steigender Temperatur genügend leitfähig werden, um die Stromleitung zu übernehmen.

Herstellung der Fasern

Die Herstellungsverfahren werden eingeteilt in Zieh-, Schleuder- und Blasverfahren. Diese einstufigen Prozesse können mit einer zweiten Blasstufe kombiniert werden. Das Ziehverfahren hat heute weniger Bedeutung als die Schleuder-, Blas- und zweistufigen Schleuder-Blasverfahren.

Faserbildung erfolgt nach

- Schleuderverfahren
- Blasverfahren
- Ziehverfahren
- zweistufigem Schleuder-Blasverfahren

Schleuderverfahren: Beim Trommelschleuderverfahren fließt die Schmelze in eine schnell rotierende Trommel mit Mantelöffnungen, aus denen die Schmelze aufgrund der Zentrifugalkräfte herausgeschleudert und zu Fasern verzogen wird. Beim Schleuderverfahren nach Hager-Rosengarth fließt die Schmelze auf eine horizontal rotierende, mit Gas beheizte keramische Scheibe. Über axiale Leitrillen wird die Schmelze abgeschleudert und zu Fasern mit Durchmessern zwischen 12 und 30 μm und Längen zwischen 100 und 600 mm ausgezogen.

Schleuderverfahren:

mit Hilfe von Zentrifugalkräften werden aus der Schmelze Fasern geformt

Dünnere Fasern zwischen 2 und 10 μm und ca. 15 mm mittlerer Länge erhält man bei dem in der Stein- und Schlackenwolleproduktion weit verbreiteten Kaskadenschleuderverfahren. Die Schmelze fließt dabei auf einen von drei bis vier Rotoren mit horizontaler Achse. Von

Kaskadenschleuderverfahren dient zur Herstellung von Stein- und Schlackenfasern

hier aus wird die Schmelze mit zunehmender Geschwindigkeit auf die Mantelfläche der nachfolgenden Rotoren übertragen. Die von den Rotoren abgeschleuderten Schmelzetröpfchen werden zu Fasern verzogen und in einem Luftstrom von erstarrten Schmelzetröpfchen getrennt.

Blasverfahren:

Schmelze wird mit Hilfe von Gasstrahlen hoher Geschwindigkeit zerfasert

Blasverfahren: Auch die Blasverfahren liefern dünne Fasern (∅ 3 bis 12 µm) mit einer Länge von wenigen Zentimetern.

Beim Zerblaseverfahren fällt der Schmelzestrahl in einen horizontalen Hochgeschwindigkeitsstrahl aus Dampf oder Luft, wobei die Zerfaserung erfolgt. Beim Düsenblasverfahren fließen feine Schmelzeströme aus der Bodenplatte einer Platinwanne aus. In einem spitzen Winkel dazu treten Gasstrahlen aus Spaltdüsen oder einer Vielzahl von Einzeldüsen mit hoher Geschwindigkeit aus, die die Zerfaserung bewirken.

Trommelschleuder-Blasverfahren (TEL-Verfahren) dominiert bei Glaswolle-Herstellung

Zweistufige Schleuder-Blasverfahren: Für die Herstellung von Glaswolle dominierend ist das Trommelschleuder-Blasverfahren (TEL-Verfahren). Aus den Mantelöffnungen einer rotierenden Trommel werden durch Zentrifugalkräfte Schmelzefäden abgeschleudert; durch heiße Verbrennungsgase, die senkrecht zu den Schmelzefäden mit hoher Geschwindigkeit aus einer konzentrischen Verbrennungskammer austreten, werden die Fäden weiter zerfasert. Dabei fallen die Fasern mit Durchmessern zwischen 5 und 10 µm und Längen zwischen 20 und 400 mm an.

Weiterverarbeitung der Fasern zu Dämmstoffen

Erzeugung der Dämmstoffe durch Ablagerung der Fasern als Vliese

Schmälzöle verhindern Faserbruch

Bindemittelfreie Dämmstoffe:

- lose Wolle
- auf Trägermaterial zu Matten versteppt

Die Fasern fallen aus den Zerfaserungseinheiten in einen Vliesschacht mit perforiertem Transportband als Boden. Durch Anlegen von Unterdruck lagern sich die Fasern als dichtes Vlies ab. Zur Verringerung von Faserbruch wird im Vliesschacht eine Schmälzölemulsion (z. B. aus pflanzlichen Ölen) zugesetzt, die aufgrund ihrer Gleiteigenschaften die Scheuerwirkung der Fasern untereinander herabsetzt. Ohne Zusatz von Bindemitteln können die Fasern als lose Wolle verwendet oder auf ein Trägermaterial, z. B. Drahtgeflecht, Krepp-Papier, Wellpappe, zu Matten versteppt oder vernagelt werden.

Zur Herstellung gebundener Dämmstoffe, z. B. Platten, Rollen, werden die Fa-

Für die Herstellung gebundener Dämmstoffe werden die Fasern im Vliesschacht oder auf dem Transportband mit einem wäßrigen Bindemittel, meist einem Phenol/Formaldehyd-Harz, besprüht. Die Gehalte an Bindemitteln in den gebundenen Dämmstoffen liegen bei 3 bis 4%. Die Kompaktierung auf die gewünschte Dichte und die Aushärtung des Harzbinders erfolgt in einem Tunnelofen. Dabei werden die Fasern kontinuierlich auf einem Transportband durch den Ofen gefahren. Die Kompaktierung wird durch ein zweites Band bewirkt, das von der Oberseite der Faserbahn den notwendigen Gegendruck erzeugt. Häufig schließt sich eine Kaschierung der Bahnen an, z. B. mit Papier, Aluminium- oder Kunststoff-Folie. Schließlich werden die Bahnen zu Rollen aufgewickelt oder zu Platten geschnitten.

sern mit einem Bindemittel, meist einem Phenol/Formaldehyd-Harz, besprüht und in einem Tunnelofen unter Kompaktierung ausgehärtet

Wesentliche Eigenschaften der Mineralfaser-Dämmstoffe sind die Wärmeleitfähigkeit (im Bereich von 0.03 bis 0.04 W/mK), die Rohdichte (zwischen 10 und 200 kg/m^3), die Porosität, das Federungsvermögen, die Temperaturbeständigkeit und das Brandverhalten.

Wesentliche Eigenschaften der Mineralfaser-Dämmstoffe:

- Wärmeleitfähigkeit
- Rohdichte
- Porosität
- Federungsvermögen
- Temperaturbeständigkeit
- Brandverhalten

Das Wärmedämmvermögen hängt von der Struktur und der Rohdichte ab, die durch Dicke, Länge und Anordnung der Fasern im Vlies, dem Anteil an nichtfaserförmigem Material, dem sog. Perlengehalt, und der Verdichtung der Fasern bei der Konfektionierung zu beeinflussen sind. Bei gleicher Rohdichte nimmt die Wärmeleitfähigkeit mit zunehmender Faserdicke zu, da die Unterteilung der eingeschlossenen Luft vermindert wird. Ebenso nimmt die Wärmeleitfähigkeit mit steigender Temperatur zu.

5.2.3.2.3 Verwendung

Mineralfaser-Dämmstoffe finden vor allem zum Wärme-, Schall- und Brandschutz im Bauwesen Anwendung. Dabei werden sowohl Produkte aus Glaswolle wie auch aus Stein- und Schlackenwolle eingesetzt. Die Wärmeleitfähigkeit von Glaswolle liegt günstiger als die von Steinwolle. Man kommt daher bei Dämmstoffen aus Glasfasern mit niedrigeren Rohdichten als bei Steinfasern aus.

Hauptanwendungsgebiet der Mineralfaser-Dämmstoffe:

Wärme-, Schall- und Brandschutz im Bauwesen

Für die Dämmung von Kühlanlagen, Kühlhäusern u. ä. werden Produkte aus Mineralwolle verwendet, wenn Hartschaum-Dämmstoffe, z. B. aus expandiertem Polystyrol oder Polyurethan, wegen der erhöhten Anforderungen an den Brandschutz nicht eingesetzt werden können. Für diese Anwendung müssen die Mineralfaser-

Die Dämmung von Kühlgebäuden erfordert den Schutz der Mineralfaser-Dämmstoffe gegen Kondenswasser

Die Dämmung von Industrieanlagen geschieht mit loser Wolle, Platten- oder Rollenware, aber auch mit vorgefertigten Formstücken

Dämmstoffe gegen Durchfeuchtung durch Kondenswasser besonders geschützt werden.

Im technischen Bereich werden bei der Dämmung von Industrieanlagen (Behälter, Öfen usw.) neben Platten- und Rollenware auch lose Wolle und auch Formstücke, wie z. B. Schalensegmente, verwendet. Zur Dämmung von Rohrleitungen werden vorgeformte Rohrschalen, vielfach auch auf Drahtgeflecht versteppte Mineralwollematten, eingesetzt.

Die Anwendungsgrenztemperaturen liegen für Glaswolle bei 350 bis 400 °C, für Stein- und Schlackenwollen bei 700 bis 750 °C und für keramische Fasern bei 1250 °C

Im technischen Bereich (Fernwärme, Anlagenbau, Behälter) müssen die Grenztemperaturen, bei denen die Mineralfasern angewendet werden können, berücksichtigt und die Produkte entsprechend den am Objekt auftretenden Temperaturen ausgewählt werden. Diese Grenztemperatur liegt für Glaswolle bei max. 350 bis 400 °C, für Stein- und Schlackenwolle bei ca. 700 bis 750 °C und für keramische Fasern bei ca. 1250 °C.

Für die Wärmedämmung bei sehr hohen Temperaturen werden zur Kosteneinsparung keramische Fasern mit Steinwolle kombiniert

Die Wärmedämmungen bei sehr hohen Temperaturen, z. B. bei Öfen der Metall- und Keramikindustrie, bestehen meist aus mehreren aufeinanderfolgenden Mineralfasersorten: Auf der heißen Seite sind keramische Fasern angeordnet, evtl. bei noch höheren Anforderungen an die Temperaturbelastbarkeit auch Aluminiumoxid-(Saffil®)-Fasern (s. Abschn. 5.2.3.4 und 5.2.3.2.1); zur kälteren Seite hin folgt die Isolierung mit Steinwolle. Dadurch ist es möglich, den Verbrauch an teuren Fasern gering zu halten, ohne an Wirksamkeit einzubüßen. Durch den

Tabelle 5.2-11. Zusammensetzung von Mineralfasern (Angaben in %).

	Glasfaser	Steinfaser	Schlackenfaser	keramische Faser
SiO_2	48.2	45.5	40.6	52.9
Al_2O_3	9.3	13.4	12.5	45.1
B_2O_3	–	–	–	0.08
Fe_2O_3	1.5	8.2	–	–
FeO	0.4	5.8	1.0	–
CaO	28.2	10.8	37.5	–
MgO	3.8	10.0	5.0	–
TiO_2	0.2	2.0	0.4	1.7
MnO	0.05	0.2	0.3	–
P_2O_5	0.06	0.06	0.2	–
CaS	–	–	1.0	–
S	–	–	0.5	–
K_2O	3.6	1.4	0.3	–
Na_2O	4.4	2.5	1.5	0.2

Einsatz hochtemperaturbeständiger Fasern kann man im Ofenbau oft auf Ausmauerungen mit temperaturbeständigen Isoliersteinen verzichten, so daß die Öfen leichter gebaut und rascher aufgeheizt und wieder abgekühlt werden können, was zu deutlichen Brennstoffeinsparungen führt.

Literatur zu Abschn. 5.2.3.2 Mineralfaser-Dämmstoffe

Allgemeine Literatur:

Ullmanns Encyklopädie der technischen Chemie. 4. Aufl., Bd. 11, S. 359 – 390, Verlag Chemie, Weinheim 1976.

Kirk-Othmer: *Encyclopedia of Chemical Technology.* 3rd Ed., Vol. 13, pp. 591 – 605, John Wiley & Sons, New York 1981.

B. von Falkai, Hrsg.: *Synthesefasern, Grundlagen, Technologie, Verarbeitung und Anwendung.* S. 248 – 261, Verlag Chemie, Weinheim 1981.

W. Bobeth, W. Böhme und J. Techel: *Anorganische Textilfaserstoffe,* VEB Verlag Technik, Berlin 1955.

J. G. Mohr und W. P. Rowe: *Fiber Glass.* Von Nostrand Reinhold Comp., New York 1978.

C. Z. Carroll-Porczynski: *Inorganic Fibres.* National Trade Press, London 1958.

C. Z. Carroll-Porczynski: *Advanced Materials.* Astex Publishing Comp., Guildford 1962.

Wärmetechnische Isolierung. 22. Aufl., Grünzweig + Hartmann und Glasfaser AG, Ludwigshafen 1974.

F. Eichler: *Bauphysikalische Entwurfslehre.* Bd. 3, Wärmedämmstoffe, 2. Aufl., Verlagsges. R. Müller, Köln-Braunsfeld 1972.

Speziellere Literatur:

Wirtschaftliche Daten:

Chemical Economics Handbook. Stanford Research Institute, Menlo Park, Calif., Glass Products 232.1100, Aug. 1980.

Produktion im Produzierenden Gewerbe nach Waren und Warengruppen, 1982. Statistisches Bundesamt Wiesbaden, W. Kohlhammer GmbH Stuttgart und Mainz.

„Zur Entwicklung des Dämmstoffmarktes in der Bundesrepublik Deutschland", *Kunststoffe* **72,** 56 – 57 (1982).

Herstellung und Verwendung:

L. Žagar und W. Schaefer-Rolffs, „Untersuchung von magmatischen Gesteinen im Hinblick auf ihre Verwendbarkeit für die Herstellung von Gesteinsfasern", *Sprechsaal* **114,** 498 – 512 (1981).

P. Schubert, P. H. I. Harper und D. Barham, "Criteria Involved in the Prediction of Spinability of Mineral Wool Melts", *J. Can. Ceram. Soc.* **48,** 17 – 22 (1979).

P. Jansen, „Temperaturverhalten und maximale Belastungsmöglichkeit von Mineralfaserdämmstoffen bis rd. 1000 °C", *Brennst.-Wärme-Kraft* **26,** No. 3, 95 – 101 (1974).

H.-J. Borberg, „Wärmedämmen mit Mineralfasern im industriellen Anlagenbau", *Masch.markt* **84,** 1328 – 1332 (1978).

J. Fryatt, "Basic Properties of Ceramic Fibres and their Effect on Insulation Performance", *Appl. Energy* **2,** 117 – 126 (1976).

Toxikologie:

P. Mayer, „Neuere Erkenntnisse über Gefährdungen durch Glas- und Mineralfasern", *Zbl. Arbeitsmed.* **30,** 280 – 285 (1980).

5.2.3.3 Kohlenstoff-Fasern

5.2.3.3.1 Eigenschaften

Entstehung von Kohlenstoff-Fasern:

durch inerten thermischen Abbau unschmelzbarer Polymerfasern

Der industriellen Herstellung von Kohlenstoff-Fasern liegt die Erkenntnis zugrunde, daß nichtschmelzende oder unschmelzbar gemachte organische Polymere unter inerten Bedingungen thermisch zu Kohlenstoff abgebaut werden können.

Dabei ist die Qualität und Zusammensetzung der Ausgangsfaser sowie die Herstellungstechnologie von entscheidender Bedeutung für das erreichbare mechanische Eigenschaftsniveau der Kohlenstoff-Fasern. Dieses wird durch die Kristallinität und die Struktur des entstehenden Kohlenstoffs bestimmt.

Bezüglich der technischen Anwendung sind grundsätzlich zwei Kohlefasertypen zu unterscheiden; ihre unterschiedlichen mechanischen Eigenschaften können unterschiedlichen Strukturen im Faserbau zugeordnet werden. (s. auch Tabelle 5.2-12).

Isotrope Kohlenstoff-Fasern:

amorpher Glaskohlenstoff, schlechte mechanische Eigenschaften

Isotrope Kohlenstoff-Fasern, deren kristalliner Ordnungsgrad außerordentlich gering ist und die in ihrer Struktur dem amorphen, glasartigen Kohlenstoff nahestehen, haben die schlechtesten mechanischen Eigenschaften. Für die Anwendung als Isolierfasern, Filtermedien oder als Katalysatorträger ist die Festigkeit in der Regel aber ausreichend.

Anisotrope Kohlenstoff-Fasern:

Abhängigkeit des mechanischen Eigenschaftsniveaus vom Ausrichtungsgrad der Graphitbänder in Richtung der Faserachse (E-Modul!)

Im Gegensatz dazu stehen die anisotropen Fasern, die aus ineinandergreifenden Graphitbändern bestehen. Aus Messungen an Graphit-Einkristallen sind deren extrem anisotrope Eigenschaften bekannt. Graphit weist in Richtung der Schichtebenen hohe Bindungsfestigkeiten und einen extrem hohen Elastizitätsmodul auf, während senkrecht dazu diese Werte um 1 bis 2 Größenordnungen niedriger liegen. Das mechanische Eigenschaftsniveau (insbesondere der Elastizitätsmodul) anisotroper Kohlenstoff-Fasern hängt deshalb davon ab, inwieweit eine Ausrichtung dieser Graphitbänder in Richtung der Faserachse stattgefunden hat.

Bei den Hochmodulfasern Typ HM, auch als Graphitfasern bezeichnet, sind die Schichtebenen der Graphitfibrillen weitestgehend parallel zur Faserachse ausgerichtet. Außerdem besteht eine gute Fernordnung. Im Falle der hochfesten Kohlenstoff-Fasern (Typ HT) besteht ebenfalls eine Ausrichtung der Schichtebenen zur Faserachse, jedoch mit geringerer Fernordnung.

Festigkeit der Kohlenstoff-Fasern durch bändchenförmige Graphitkristallite, die ineinandergreifen

Die durch Abbau des organischen Polymermaterials entstehenden, etwa 6 nm breiten und über 100 nm langen bändchenförmigen Graphitkristalle gruppieren sich zu Mikrofibrillen, die ineinandergreifen und miteinander

Tabelle 5.2-12. Herstellung und Eigenschaften verschiedener Typen von Kohlenstoff-Fasern.

Ausgangsmaterial	struktureller Aufbau	Faserklasse	Fasereigenschaften (Durchschnittswerte) Zugfest. in N/mm²	E-Modul in N/mm²	Dichte in g/cm³	Wärmeleitfähigkeit parallel zur Faser in W/mK	Verwendung, Verwendungsformen
Cellulosefasern Zellstoffwatte, Polyacrylnitril-Fasern Pechfasern tierische Fasern (Schafwolle)	isotrop (amorpher Glaskohlenstoff)	Isolierfaser Textile Kohlenstoff-Faser	900 bis 1100	40 000	1.5 bis 1.6	15	Isolierfasern in Form von Kohlenstoff-Wolle, Kohlenstoff-Filzen, Katalysatorträgern, Kohlenstoff-Fasergewebe; Kohlenstoff-Packungsschnüre für temperaturbelastete und korrosionsfeste Wellenabdichtung, Filtermaterial für korrosive Chemikalien
Polyacrylnitril-Fasern		Verstärkungsfaser Typ HT (hochfest)	2500 bis 3000	200 000 bis 250 000	1.7 bis 1.75	15 bis 20	Verstärkungsfasern für Kunststoffe als Endlosfasertaue, Stapelfasern, Garne, Zwirne und textile Gewebe
Fasern aus Mesophasenpech	anisotrop						
Rayon-Fasern (abnehmende Bedeutung)		Verstärkungsfaser Typ HM (hochmodulig)	2000 bis 2500	350 000 bis 450 000	1.8 bis 2.0	60 bis 100	

verwachsen sind; dadurch kommt die Festigkeit dieser Fasertypen zustande. Sie stellen das Bauelement aller anisotropen Kohlenstoff-Fasern (Typ HT und HM) dar.

5.2.3.3.2 Herstellung und Verwendung

Die Herstellung der Kohlenstoff-Fasern geschieht generell durch thermischen Abbau geeigneter organischer Polymerer.

Die für die Verstärkungsfasern (Typen HT und HM) als Ausgangsmaterial verwendeten Polymeren müssen dabei folgenden Anforderungen genügen:

Anforderungen an Ausgangsmaterialien für Kohlenstoff-Verstärkungsfasern:

- Unschmelzbarkeit
- hohe Ausbeute an Kohlenstoff beim thermischen Abbau
- anisotrope, graphitische Struktur nach der Carbonisierung

- kein Schmelzen während des thermischen Abbaus. Evtl. eingesetzte schmelzbare Polymere werden durch eine Stabilisierungsbehandlung unschmelzbar gemacht
- hohe Ausbeute an Kohlenstoff nach dem thermischen Abbau
- das nach der Pyrolyse verbleibende Kohlenstoff-Gerüst soll eine möglichst anisotrope graphitische Struktur mit möglichst wenig Fehlstellen besitzen

Isotrope Kohlenstoff-Filze, -Wolle und -Gewebe durch Pyrolyse organischer Vorprodukte:

1. Phase: Vorverkokung bei 300 °C
2. Phase: Carbonisierung bei ca. 1000 °C

Kohlenstoff-Filze, -Wolle und -Gewebe, die aufgrund ihrer isotropen Struktur nur geringe mechanische Festigkeit und niedrige Elastizitätsmoduln aufweisen, werden durch Pyrolyse organischer Textilien hergestellt. Je nachdem, in welcher Form die Vorprodukte eingesetzt werden, z. B. als textile Gewebe oder Filze, entstehen nach der Carbonisierung entsprechende Kohlenstoffgewebe oder Kohlenstoff-Filze.

Der Herstellungsprozeß verläuft dabei in zwei Stufen, wobei in einer ersten Stufe bis etwa 300 °C die Zersetzung des organischen Materials (Vorverkokung) stattfindet. In einer zweiten Stufe bis etwa 1000 °C wird dann das vorverkokte Material unter Luftausschluß bis zum elementaren Kohlenstoff abgebaut.

Verwendung von (isotropen) Kohlenstoff-Filzen, -Wolle und -Gewebe:

- Hochtemperaturwärmedämmung
- Packungsmaterialien
- Filtermaterial
- Katalysatorträger

Kohlenstoff-Filze werden vor allem in der thermischen Isolation bis zu höchsten Temperaturen eingesetzt, z. B. in Widerstands- oder Induktionsöfen. Kohlenstoff-Wolle, die durch Zersetzung von Zellstoffwatte oder ähnlichen Rohstoffen hergestellt wurde, eignet sich vor allem als

Tabelle 5.2-13. Ausbeute an Kohlenstoff bei der Pyrolyse verschiedener Ausgangsmaterialien.

Ausgangsmaterial	Stabilisierungsbehandlung	Glühbehandlung (°C)	Kohlenstoff-Ausbeute in %
Polyvinylalkohol	Luftoxidation bei 200 °C	bis 2500	ca. 20
Phenolharz	–	bis 900	ca. 65
Rayon	HCl; O_2	bis 1300 bis 2900	30 25
PAN-Homo- oder Copolymerisat	Oxidation bei 220 bis 250 °C	1100	ca. 60
Mesophasen-Pech	Luftoxidation unterhalb Erweichungspunkt	1500	80

Packungsmaterial für Hochtemperaturwärmedämmung. Wegen der chemischen Korrosionsbeständigkeit bietet sich der Einsatz als Filtermaterial für korrosive Medien, als Trägermaterial für Katalysatoren und als korrosionsfeste Auskleidungen im Chemie-Apparatebau an.

Herstellung isotroper Kohlenstoff-Fasern aus Pech:

1. Schmelzverspinnen
2. Unschmelzbarmachen (Oxidation)
3. inerte Carbonisierung

Auch die aus Pech hergestellten Kohlenstoff-Fasern sind, wenn weder das Pech noch die versponnene Faser einer besonderen Behandlung unterworfen werden, isotrop. Hierfür werden Pech oder Kohleextrakte bei Temperaturen zwischen 250 und 400 °C schmelzversponnen und die Fasern durch Behandeln mit Oxidationsmitteln, wie z. B. Luftsauerstoff oder Lewis-Säuren, vernetzt und unschmelzbar gemacht. Durch anschließendes Erhitzen in inerter Atmosphäre bis über 1000 °C werden die Fasern carbonisiert. Geeignete Rohstoffe hierfür sind Polyvinylchlorid, das thermisch abgebaut wurde, Erdölbitumen oder Steinkohlenteerpeche bzw. Kohleextrakte, die in hochsiedenden, hocharomatischen Ölen gelöst sind. Zur Herstellung von Hochmodulkohlenstoff-Fasern aus Pech s. Abb. 5.2-3.

Rohstoffe für Kohlenstoff-Fasern aus Pech:

- thermisch abgebautes PVC
- Kohleextrakte
- Teerpech
- Bitumen

Zur Herstellung anisotroper Verstärkungsfasern des HT- und HM-Typs werden im industriellen Maßstab heutzutage größtenteils PAN-Fasern eingesetzt. Der Fertigungsprozeß ist im folgenden Fließschema wiedergegeben (Abb. 5.2-2).

Ausgangsfaser

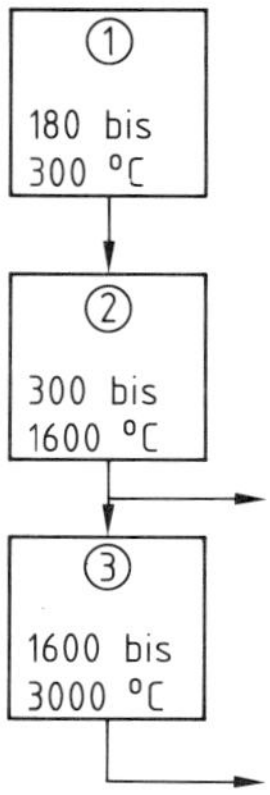

Fasern auf Basis PAN, Cellulose

① Verfahrensstufe „Stabilisieren“:

Oxidative und/oder andersartige chemische Behandlung (mit Faserverstreckung bei PAN) als Vorbedingung für die Festphasenpyrolyse

② Verfahrensstufe „Carbonisieren“:

Thermischer Abbau des stabilisierten, unschmelzbaren Faserzwischenproduktes

Produkte: *Kohlenstoff-Faser* Typ HT (hochfest) bei PAN

③ Verfahrensstufe „Graphitieren“:

Hochtemperaturbehandlung (mit Faserverstreckung bei Cellulose – Streckgraphitierung)

Produkte: *Kohlenstoff-Faser* Typ HM (hochmodulig)

Abb. 5.2-2. Herstellung von Kohlenstoff-Verstärkungsfasern (schematisch).

Kohlenstoff-Verstärkungsfaser aus Polyacrylnitril (PAN):

1. stabilisierende Oxidation unter Faserverstreckung bis 300 °C
2. inerte Carbonisierung bis 1600 °C
3. Graphitierung bis 3000 °C

Die als Ausgangsmaterialien eingesetzten PAN-Fasern werden zunächst unterhalb 300 °C einer oxidierenden Vorbehandlung unterworfen, wobei die Schrumpfung der Fasern durch festes Einspannen verhindert und dadurch eine Vororientierung für die sich später bildenden Graphitkristallite in Richtung der Faserachse bewirkt wird. In der zweiten Stufe (Carbonisierungsstufe) bis etwa 1600 °C entstehen daraus hochfeste Kohlenstoff-Fasern vom Typ HT, die in einem dritten Schritt durch Graphitieren bei Temperaturen bis zu 3000 °C in hochmodulige Kohlenstoff-Fasern (Typ HM) umgewandelt werden.

Industriell werden heute Kohlenstoff-Fasern in Form von Endlosfasertauen (mit 1000 bis 160000 Einzelfilamenten), als Stapelfasern unterschiedlicher Länge sowie als Garne, Zwirne und auch als textile Gewebe und Filze hergestellt. Aufgrund des niedrigen Faserdurchmessers der Einzelfasern (bis etwa 8 µm) sind Kohlenstoff-Fasern flexibel und können wie Textilfasern gehandhabt werden.

Kohlenstoff-Verstärkungsfaser aus Regeneratcellulose (Rayon): Streckgraphitierung oberhalb 2600 °C zur Herstellung hochmoduliger Kohlenstoff-Fasern

Bei der Herstellung von Kohlenstoff-Fasern aus Regeneratcellulose (Rayon) ist zur Erreichung eines hohen Eigenschaftsniveaus eine Ausrichtung der Graphitbänder bei hoher Temperatur notwendig. Dies geschieht durch die sog. Streckgraphitierung, bei der die Fasern durch Anlegen von Zugspannung im Temperaturbereich oberhalb von 2600 °C gedehnt werden, wodurch ihr Anisotropiegrad erhöht und damit der E-Modul vergrößert wird. Wegen der großen technischen Schwierigkeiten hat der Prozeß an Bedeutung verloren.

Ein Verfahren der Union Carbide Corp., von dem in Zukunft die größten Preisreduktionen erwartet werden, besteht in der Herstellung von Kohlenstoff-Verstärkungsfasern aus Spezialpech. Das Herstellungsverfahren geht aus Abb. 5.2-3 hervor. Bitumen oder Kohleteer werden

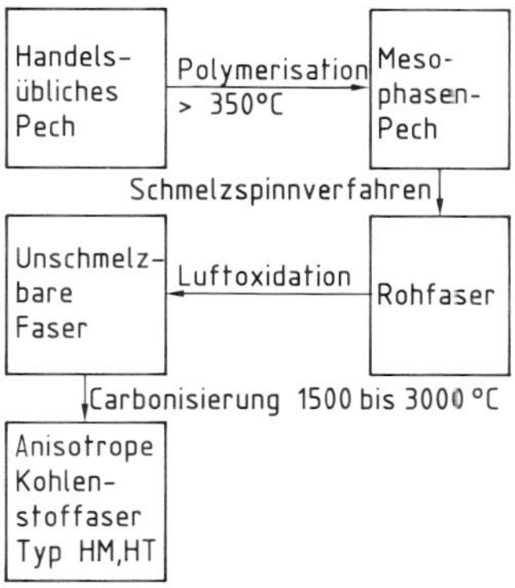

Abb. 5.2-3. Herstellung von Kohlenstoff-Verstärkungsfasern aus Pech.

durch eine thermische Behandlung oberhalb 350 °C kondensiert, wobei die sog. Mesophase entsteht, die bereits einen deutlichen Anteil anisotroper Graphitvorstrukturen enthält. Dieses Mesophasenpech wird schmelzversponnen und die grüne Faser durch Oxidation unschmelzbar gemacht. Danach kann sie bei Temperaturen von 1500 °C bis 3000 °C carbonisiert werden. Der große Vorteil dieses Verfahrens ist eine Ausbeute an Kohlenstoff von ca. 80% im Gegensatz zu 60% oder weniger beim Einsatz anderer Ausgangsprodukte; außerdem sind weder eine Zugspannung noch eine Streckgraphitierung notwendig, um eine anisotrope Struktur der Kohlenstoff-Fasern herbeizuführen. Diese Kohlenstoff-Fasern aus Mesophasenpech haben inzwischen das mechanische Eigenschaftsniveau der aus PAN hergestellten Fasern erreicht.

Kohlenstoff-Verstärkungsfasern (anisotrop) aus Bitumen oder Teer nach einem Verfahren der Union Carbide Corp.:

1. Polymerisation >350 °C zu Mesophasenpech
2. Schmelzverspinnen
3. Unschmelzbarmachen (durch Oxidation)
4. inerte Carbonisierung bei 1500 °C bis 3000 °C

5.2.3.3.3 Wirtschaftliche Bedeutung

Tabelle 5.2-14: Weltverbrauch an Kohlenstoff-Verstärkungsfasern 1979 in t.

Einsatzgebiet	Japan	USA	Europa	Total
Sportartikel: (Golfschläger, Angelruten, Tennisschläger, Ski, Boote, Jachten, Maste, Sportwagen)	120	130	35	285
Raumfahrt Luftfahrt	–	120	45	165
Andere industrielle Einsatzgebiete	30	50	30	110
Summe	150	300	110	560

Weltverbrauch an Kohlenstoff-Verstärkungsfasern 1979: 560 t

Verstärkungsfasern aus Kohlenstoff sind ein relativ junges industrielles Produkt, das sich in der Einführungsphase befindet. Seit etwa 1970 im Bereich der militärischen Luftfahrt und später im Sportartikelsektor eingesetzt, begann mit dem Jahr 1980 der Einbruch in den zivilen Luftfahrtsektor (1 t C-Faser pro Boeing 767!) und könnte sich bei weiterer Preissenkung im Automobilsektor fortsetzen (Versuchs-Pkw von Ford 1979 mit Kohlenstoff-Faser-verstärkter Karosserie erbrachte 33% Massenersparnis). Demzufolge wird für 1985 mit einem Verbrauch zwischen 5000 und 25000 t/a gerechnet.

Maßgebend für die zukünftige Entwicklung wird die Preisgestaltung sein. Hochwertige, in der Luftfahrtindustrie verwendete Kohlenstoff-Fasern des Typs HM kosten derzeit etwa 150 bis 400 DM/kg, Pechkohlenstoff-Fasern ca. 120 DM/kg. Für letztere erwartet man langfristig einen Preis um 30 DM/kg.

5.2.3.4 Aluminiumoxid-Fasern

Verwendung von Aluminiumoxid-Fasern:

- im Verstärkungssektor
- für Wärmedämmung bei hohen Temperaturen

Aluminiumoxid-Fasern finden – ähnlich wie die Kohlenstoff-Fasern – in zwei Einsatzgebieten Verwendung, nämlich als Verstärkungs- und als Wärmedämmfasern.

Die für den Verstärkungssektor am weitesten fortgeschrittene Entwicklung ist die α-Al_2O_3-Faser von

DuPont („FP-Faser“ Abb. 5.2-4). Durch Verspinnen einer extrem feinteiligen Aluminiumoxid-Dispersion mit

Herstellung von α-Al_2O_3-Verstärkungsfasern:

- Verspinnen einer Al_2O_3-Suspension
- anschließendes Versintern der Rohfaser

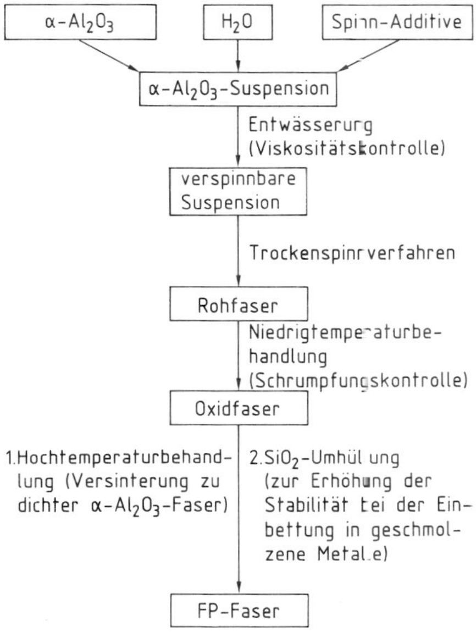

Abb. 5.2-4. FP-Aluminiumoxid-Faser-Herstellung (Du Pont).

Hilfe von Zusätzen werden Rohfasern erzeugt, die durch Hochtemperaturbehandlung in dichtgesinterte α-Aluminiumoxid-Fasern übergeführt werden. Dieser Prozeß soll nach Angaben von DuPont mit vergleichbaren Kosten wie die Herstellung von hochmoduligen Kohlenstoff-Fasern durchführbar sein. Nachteile der Aluminiumoxid-Faser sind ihre hohe Dichte (3.9 g/cm^3) und die Brüchigkeit der Fasern, die einen Durchmesser von etwa 20 µm aufweisen.

Eigenschaften der FP-Faser von DuPont

Dichte:	3.9 g/cm^3
Zugfestigkeit:	1380 N/mm^2
E-Modul:	379000 N/mm^2

Die Fasern werden in Bündeln von 210 Einzelfilamenten hergestellt, die eine durchschnittliche Zugfestigkeit von 1380 N/mm^2 und einen Elastizitätsmodul von 379000 N/mm^2 aufweisen. Die durchschnittliche Kristallitgröße beträgt 0.5 µm. Zukünftige Anwendungsbereiche werden vor allen Dingen in der Verstärkung von Aluminium und Magnesium gesehen. Hierfür wird eine Variante mit höherer Zugfestigkeit (1900 N/mm^2), die mit einem SiO_2-Überzug (als Benetzungshilfe) versehen ist, favorisiert.

mit SiO_2-Überzug:

Zugfestigkeit: 1900 N/mm^2

Ein anderer Typ von Aluminiumoxid-Fasern sind die Saffil ®-Fasern der ICI. Die Rohfasern werden in Form

Herstellung der Saffil® -Fasern der ICI:

- Verblasen einer spinnbaren wäßrigen Al-Salzlösung
- Versintern der Fasern

von Kurzfasern bis zu einigen Zentimetern Länge nach einem Blasverfahren aus wäßrigem Medium hergestellt. Die spinnbare bzw. verblasbare Lösung wird aus verschiedenen Aluminium-Salzen durch Zusatz geringer Mengen von hochmolekularen Spinnhilfen (Polyethylenoxid) erhalten. Die nach dem Verblasen angefallenen Rohfasern müssen durch Erhitzen auf höhere Temperaturen zersetzt werden, wobei sich die Einzelfasern durch inneres Versintern verfestigen.

Verwendung von Saffil® -Fasern:

Hochtemperaturwärmedämmung bis maximal 1650 °C

Anwendungsformen:

- Papier
- Wolle
- Matten
- Filze
- Gewebe
- Platten
- Formteile
- elastisches Fugenmaterial für Öfen

Diese Saffil®-Fasern finden hauptsächlich im Bereich der Wärmedämmung bei hohen Temperaturen bis maximal 1650 °C Anwendung. Sie werden in Form von Papieren, Wolle, Matten, Filzen, Geweben, Platten und Formteilen in den Handel gebracht und auch in der Eisen- und Stahlindustrie eingesetzt. Durch die hohe Dämmwirkung der Fasern wird eine erhebliche Energieeinsparung möglich, da die abfließenden Wärmemengen verringert und die Aufheizgeschwindigkeiten z. B. für Keramikbrennöfen gesteigert werden können. Die Fasern werden auch als Ersatz der Steinausmauerung oder als elastisches Fugenmaterial verwendet, wodurch die Lebensdauer von hochtemperaturbelasteten Teilen deutlich erhöht werden kann. Ein besonderer Vorteil der Aluminiumoxid-Fasern besteht darin, daß sie auch bei reduzierendem Brand eingesetzt werden können, wo silicatische Fasern wegen der SiO-Bildung zerstört werden.

Der Verkaufspreis der Isolierfasern lag 1978 bei 40 bis 50 DM/kg, der weltweite Verbrauch in der Größenordnung von einigen hundert Tonnen.

5.2.3.5 Bor-Fasern

Herstellung von Bor-Fasern:

durch Gasphasenabscheidung von Bor auf Kohle- oder Wolfram-Fasern gemäß:

$$BCl_3 + 3/2\,H_2 \xrightarrow{1200\text{ bis }1300\,°C} B + 3\,HCl$$

Bor-Fasern werden hergestellt durch chemische Gasphasenabscheidung (CVD, chemical vapor deposition) von Bor aus Bortrichlorid gemäß der Gleichung

$$BCl_3 + 3/2\,H_2 \longrightarrow B + 3\,HCl$$

an einem auf 1200 bis 1300 °C erhitzten Substratfaden. Als Substratfäden kommen Wolfram- und Kohle-Fäden in Frage, die durch direkte Widerstandsheizung mit Hilfe von Quecksilber-Kontakten auf die notwendige Reaktionstemperatur gebracht werden. Die Reaktionsrohre, die etwa 2 m Höhe aufweisen, werden dabei von den Substratfäden einzeln durchlaufen.

Wegen der hohen Dichte des Wolframfadens, der einen Durchmesser von etwa 12 bis 15 μm aufweist, muß zum Erreichen einer niedrigen Dichte des Gesamtfadens (ca. 2.6 g/cm^3) die Faserdicke auf 100 bis 140 μm gebracht werden. Bei diesem Durchmesser sind die Fäden jedoch sehr steif und schwer zu verarbeiten. Daher wird neuerdings die Abscheidung auf Kohlenstoff-Fasern favorisiert.

Eigenschaften von Bor-Fasern:

- Dichte: ca. 2.6 g/cm^3
- Zugfestigkeit: 3000 bis 4000 N/mm^2
- E-Modul: ca. 400000 N/mm^2

Kommerziell erhältliche Bor-Fasern weisen E-Moduln von 400000 N/mm^2 und Zugfestigkeiten von 3000 bis 4000 N/mm^2 auf. Als obere Temperaturgrenze bei Langzeitanwendungen werden 370 °C angegeben. Für die Verwendung in Metallmatrices bis zu 600 °C (besonders in Aluminium- und Titan-Legierungen) werden auch Bor-Fasern, die mit 2 bis 6 μm dicken Reaktionsbarrieren aus Si- oder B-Carbid-Schichten versehen sind, kommerziell angeboten.

Verwendung von Bor-Fasern:

Verstärkung von Bauteilen im Luft- und Raumfahrtsektor

Bor-Fasern wurden bisher in den USA und Westeuropa fast ausschließlich zur Herstellung leichter Strukturen im Luft- und Raumfahrtsektor eingesetzt. Hierfür werden sie als Einlagebänder mit paralleler Anordnung in einem anpolymerisierten Epoxidharz als sog. Prepregs oder eingebettet in Folien aus Aluminium-Legierung angeboten.

Welt-Kapazität 1980: ca. 40 t

Die Produktionskapazitäten lagen 1974 weltweit bei insgesamt 15 bis 20 t/a und 1980 bei ca. 40 t/a. 1979 kostete 1 kg Bor-Fasern 1300 DM; eine untere Preisgrenze von ca. 650 DM/kg wird in Zukunft für möglich gehalten.

5.2.3.6 SiC-Fasern und SiC-beschichtete Kohlenstoff-Fasern

Herstellung von SiC-Fasern durch Gasphasenabscheidung auf W- oder C-Fasern (CVD-Verfahren):

$CH_3SiCl_3 \xrightarrow{1200\,°C} SiC + 3HCl$

Fasern aus Siliciumcarbid können nach demselben Verfahren wie die Bor-Fasern hergestellt werden, wenn man als Ausgangsprodukt Methylchlorsilane einsetzt. Die Abscheidung, die nach folgender Gleichung

$$CH_3SiCl_3 \xrightarrow{1200\,°C} SiC + 3\,HCl$$

abläuft, kann ebenfalls auf einem Wolfram-Faden, aber auch auf Kohlefasersubstraten durchgeführt werden. Gegenüber Bor-Fasern weisen SiC-Fasern einige Vorteile auf wie z. B. höhere chemische Resistenz und die höhere Oxidationsstabilität bei ähnlicher Festigkeit und Unschmelzbarkeit. Im Gegensatz zur Abscheidung von Bor treten bei der Abscheidung von SiC auf einem Kohlenfaden keine Reaktionen auf, so daß sich dieser besonders für die Abscheidung von SiC anbietet. Auch vom wirtschaftlichen Standpunkt aus gesehen und im Hinblick auf das Erreichen einer möglichst geringen Durchschnittsdichte der Faser wird man die Kohlefaser als Substrat vorziehen. Kommerzielle SiC-Fasern erreichen Monofilamentfestigkeiten zwischen 2000 bis 4000 N/mm^2 und E-Moduln um 450000 N/mm^2. Sie sind zur Verstärkung von Kunststoffen, Metallen oder anderen Matrices geeignet.

Eigenschaften von SiC-Fasern nach dem CVD-Verfahren:

- Zugfestigkeit: 2000 bis 4000 N/mm^2
- E-Modul: ca. 430000 N/mm^2
- Dichte: ca. 3.4 g/cm^3 (W)
  ca. 3.0 g/cm^3 (C)

Zu den mit SiC beschichteten Substraten sind auch jene Fasern zu rechnen, die durch Abscheidung von SiC auf Kohlenstoff-Garnen, die aus bis zu 10000 Einzelfasern mit etwa 10 µm Durchmesser bestehen, hergestellt werden. Die durch thermische Zersetzung von Methylchlorsilanen oberhalb 1000 °C hergestellte SiC-Haut hat in diesen Fällen nur eine Dicke von etwa 0.5 µm. Durch geeignete Wahl der Abscheidungsbedingungen kann erreicht werden, daß alle Monofilamente einheitlich beschichtet sind.

Zu Verstärkungszwecken bis 400 °C in reaktiven Matrices (Al, Glas) sind mit SiC (als Reaktionsbarriere) beschichtete Kohlenstoff-Fasern geeignet

Da die SiC-Schicht auf diesen Fäden eine Reaktions- und Diffusionsbarriere darstellt, eignen sich SiC-beschichtete Kohlenstoff-Fasern zur Verstärkung reaktiver Matrices wie Aluminium oder Glas. Durch die Reaktionsbarriere wird verhindert, daß z. B. im Falle des Aluminiums die Bildung von Aluminiumcarbid eintritt; daher sind solche Verbundkörper bis zu Temperaturen von 400 °C einsetzbar.

Eine reine SiC-Faser, bei der man nicht von Substratfäden ausgeht, ist die β-SiC-Faser (Nicalonfaser® der Nippon Carbon Ltd.). Zu ihrer Herstellung (s. Abb. 5.2-5) kondensiert man Dimethyldichlorsilan mit Natrium zu Dimethylpolysilanen, die entweder durch eine Druckbehandlung im Autoklaven oder durch Umsetzen mit Hilfe eines speziellen Katalysators in ein spinnbares Polycarbosilan übergeführt werden. Die ersponnenen Fasern werden unschmelzbar gemacht und dann einer Hochtemperaturbehandlung unterworfen und dabei in β-Siliciumcarbidfasern mit Zugfestigkeiten von 2500 bis 3000 N/mm^2 und E-Moduln von ca. 200000 N/mm^2 übergeführt.

Eigenschaften von β-SiC-Fasern aus Polycarbosilanen (Nicalon®):

- Zugfestigkeit: 2500 bis 3000 N/mm^2
- E-Modul: ca. 200000 N/mm^2

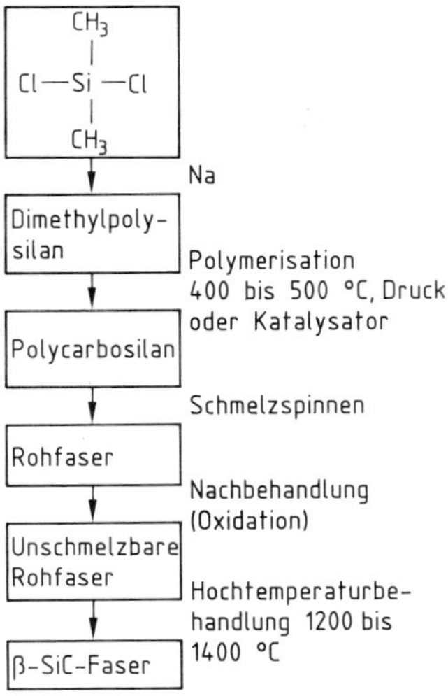

Abb. 5.2-5. Herstellung der SiC-Faser Nicalon®.

Auch die SiC-Fasern befinden sich erst in der Einführungsphase.

5.2.3.7 Metallfasern

Metallfasern gehören zu den polykristallinen anorganischen Fasern, mit Ausnahme der Wolfram-Fasern, die z. T. aus größeren Einkristallbereichen aufgebaut sein können. Sie werden überwiegend durch physikalische Verformungsverfahren hergestellt; die Chemie spielt dabei eine untergeordnete Rolle. Sie sollen daher nur der Vollständigkeit halber hier miterwähnt werden.

5.2.3.7.1 Herstellung

Metallfasern können durch spanabhebende Verfahren, durch Folienschneidverfahren, pulvermetallurgisch durch Sintern von Metallpulvern, die mit Hilfe eines organischen Binders in Faserform extrudiert worden sind, durch Metallisierung nichtmetallischer Fasern, aber auch durch kontrolliertes chemisches Auflösen von Drähten bis zur gewünschten Faserdicke hergestellt werden. Dünne Metalldrähte und dickere Metallfasern lassen sich prinzipiell nach den gleichen Methoden herstellen.

Herstellung von Metallfasern:

- spanabhebende Verfahren
- Folienschneidverfahren
- Extrusionsverfahren
- Metallisierung von Fasern
- Auflösen von Drähten

sowie insbesondere zur Herstellung dünner Fäden:

- Düsenziehverfahren
- Schmelzspinnverfahren
- Taylor-Verfahren

Neben diesen Verfahren sind, insbesondere zur Herstellung dünner Metallfasern, spezielle Verfahren bekannt:

das Düsenziehverfahren, das Schmelzspinnverfahren und das Taylor-Verfahren.

Düsenziehverfahren:

mehrmaliges Hindurchziehen von Drähten durch immer enger werdende Düsen mit Zwischenglühung zur Beseitigung der Versprödung. Das Verfahren dient zur Herstellung von Stahlfasern für Reifencord (ca. 150 µm Durchmesser)

Nach dem *Düsenziehverfahren* wird gewalzter oder vorgezogener Draht auf Ziehmaschinen in einem mehrstufigen Prozeß durch Düsen bzw. Ziehsteine oder Ziehringe abnehmender Querschnittsgröße hindurchgezogen; die dabei zunehmende Versprödung des Materials wird durch Zwischenglühen wieder beseitigt. Da die Gefahr von Faserrissen mit abnehmendem Durchmesser zunimmt, steigen parallel dazu die Herstellungskosten rapide. Fasern mit Durchmessern oberhalb 150 µm sind noch einigermaßen preiswert herstellbar. Nach dieser Methode werden die für den Reifensektor wichtigen Stahlfasern gewonnen. Die vermessingten Fasern erreichen Durchmesser von ca. 150 µm

Bündelziehverfahren:

Düsenziehverfahren mit einem in eine Matrix (Cu) eingebetteten Drahtbündel; Faserdurchmesser bis zu 0.5 µm

Wesentlich dünnere Metallfasern werden nach dem sog. *Bündelziehverfahren* hergestellt. Hierbei werden Drähte in eine duktile Matrix (Kupfer) eingebettet und einem gemeinsamen Düsenziehprozeß unterworfen. Nach Entfernen der Matrix verbleiben Fasern mit einem Durchmesser bis herab zu 12 µm. Neuerdings können sogar Durchmesser bis herab zu 0.5 µm erreicht werden.

Schmelzspinnverfahren:

schlagartiges Abkühlen eines schmelzflüssigen Metallstrahls

Beim *Schmelzspinnverfahren* wird versucht, eine Metallschmelze durch Düsen in einem dünnen Strahl so schnell in ein flüssiges Medium auslaufen zu lassen, daß die Erstarrungsgeschwindigkeit höher ist als der Zerfall des Strahls in Tropfen. Die Firma Monsanto, die geplant hatte, auf diese Weise 75 µm dicke Stahlfasern für Reifencord herzustellen, hat dieses Verfahren bisher aber noch nicht bis zur Produktionsreife entwickelt.

Schmelzextraktionsverfahren:

gekühlte, rotierende Scheibe zieht Faser aus einer Metallschmelze

Technisch weiter verbreitet scheint das *Schmelzextraktionsverfahren* zu sein, bei dem durch berührendes Eintauchen einer gekühlten rotierenden Scheibe in eine Metallschmelze oder einen Schmelztropfen eine Metallfaser extrahiert wird. Fasern mit Durchmessern bis herab zu 40 µm und Längen bis zu mehreren Zentimetern sind hierdurch zugänglich.

Taylor-Verfahren:

Aufschmelzen und Ausziehen eines metallgefüllten Glasrohres. Faserdurchmesser bis zu 1 µm

Das Schmelzverspinnen kann auch nach dem sog. *Taylor-Verfahren* erfolgen. Hierbei wird ein Glasrohr gefüllt mit Metall- bzw. Legierungsmaterial als Pulver oder in Drahtform durch eine Heizvorrichtung hindurchgefahren, aufgeschmolzen und zu einem metallgefüllten dünnen Faden ausgezogen. Es können extrem dünne Fäden bis herab zu 1 µm als Monofilamente gewonnen werden

(Taylor-Drähte). Je nach Anwendungsgebiet muß man die Glashaut entfernen oder kann sie als isolierenden Überzug nutzen.

5.2.3.7.2 Eigenschaften, Verwendung und wirtschaftliche Bedeutung

Metallfasern weisen eine Reihe wertvoller Eigenschaften auf, wie z. B. elektrische und thermische Leitfähigkeit, hohe Zugfestigkeit, hohen Elastizitätsmodul und hohe Schmelzpunkte (vgl. Tabelle 5.2-15).

Tabelle 5.2-15. Eigenschaften von Metallfasern.

Faser	Schmelzpunkt °C	Dichte g/cm³	Zugfestigkeit N/mm²	E-Modul N/mm²	Durchmesser µm
Stahl (Reifencord)	1400	7.8	2500	205000	150
Stahl martensitaushärtend (Taylor-Drähte)	1400	8	3800	210000	7
Wolfram	3400	19.3	3000 bis 4000	350000 bis 420000	12

Da die Dichten der Metallfasern relativ hoch liegen, eignen sie sich als Verstärkungsmaterial nur da, wo keine extremen Anforderungen an die Gewichtseinsparung gestellt werden; das sind insbesondere der Beton- und Gummi-Sektor. Seit 1959 hat sich Stahlcord zunehmend den Reifenmarkt erobert. 1975 wurden allein in den USA 70000 t Stahlfasercord verbraucht. In Westeuropa werden etwa 90% der Personenwagen mit Stahlgürtelreifen ausgestattet. Die Preise für Stahlcord lagen 1978 im Bereich von 6 bis 8 DM/kg; für rostfreie Stahlfasern nach dem Schmelzextraktionsverfahren bei ca. 10 bis 15 DM/kg.

Nach dem Bündelziehverfahren hergestellte nichtrostende Stahlfasern werden für Dichtungen, zur Schalldämpfung, für antistatische Ausrüstungen oder als Filtermaterial verwendet.

Verwendung von Stahlfasern:

- Verstärkung von Beton und Gummi (Reifencord, Dichtungen)
- Schalldämpfung
- Antistatische Ausrüstungen
- Filtermaterialien

Ein wichtiges Anwendungsgebiet für rostfreie Stahlfasern ist der Textilsektor, wo man durch Einmischen von

1976 in USA 7 · 10^4 t Stahlfasercord

0.5 bis 6% dieser Fasern eine antistatische Ausrüstung von Teppichen, Arbeitskleidung u. ä. erreichen kann. Die Preise der Antistatikmetallfasern liegen bei etwa 200 DM/kg. Wolfram-Fasern mit 12 µm Durchmesser, wie sie z. B. zur Abscheidung von Bor oder SiC, aber auch als Glühlampenwendel verwendet werden, kosten ca. 1000 DM/kg.

5.2.3.8 Whisker und sonstige synthetische Kurzfasern

Die Herstellung von Whiskern, also einkristallinen Fasern, die bei fehlerfreiem Aufbau anderweitig nicht erreichte Zugfestigkeiten aufweisen, ist bisher über den Laboratoriumsmaßstab nicht hinausgekommen.

Synthetische Kurzfasern:

- $K_2Ti_6O_{13}$ (Fybex®)
- Calciumsulfat-Dihydrat bzw. Anhydrit

Eine synthetische Polytitanat-Faser, die auch vorübergehend industriell hergestellt wurde, war die Kaliumhexatitanat-Faser $K_2Ti_6O_{13}$, die unter den Namen Fybex® von DuPont in den Handel gebracht wurde. Die Faser, die Längen von mehreren µm und Breiten von ca. 0.1 µm aufwies, wurde zunächst als Pigment in der Papierindustrie und später als Verstärkungsmaterial für Kunststoffe angeboten. Ihre Produktion ist jedoch aus ökologischen Gründen in der Zwischenzeit wieder eingestellt worden.

Ob sich Calciumsulfat-Dihydrat- oder Anhydrit-Fasern, die von der Franklin Key Inc. angeboten werden, als preiswerte Alternative zu Whiskern und sonstigen Kurzfasern für die Verstärkung von Kunststoffen, als Füllstoff für schwer entflammbare Papiere und ggf. als Asbestersatz eignen, muß erst noch abgewartet werden.

Literatur zu den Abschn. 5.2.3.3 bis 5.2.3.8

ASTM Commitee D-30 (1966).

H. Böder, D. Gölden, Ph. Rose und H. Weiruscher: *Z. Werkstofftech.* **11**, 275–281 (1980).

O. Vohler, P.-L. Reiser, R. Martina und D. Overhoff: *Angew. Chem.* **82.**, Nr. 11, S. 401–452 (1970).

Ullmann Bd. 11, 359–390 (1976).

E. Fitzer und J. Schlichting: *Z. Werkstofftech.* **11**, 330–341 (1980).

"New Fibres and their Composites", *Phil. Trans. R. Soc. Cond. A 294,* 407–597 (1980).

E. Fitzer: *Angew. Chem.* **92**, 375–386 (1980).

Chemical Economics Handbook, SRI, March 1978.

S. Writers: *Chemical Economy & Engineering Review,* Vol. 12, No. 9 (No. 141), 36–39, Sept. 1980.

A. Budzinski: *Chem. Ind.* XXXIII, 269–271, Mai 1981.

John A. Roberts: *Handbook of Fillers and Reinforcements for Plastics.* Ed. H. S. Katz, J. V. Milewski (1978).

Ind. Heat, Vol. 47 n, 28–29, 12. Dez. 1980.

J. Tanaka: *Chemical Economic & Engineering Review, Vol. 12,* No. 9 (No. 141), 40–45, Sept. 1980.

5.3 Baustoffe

5.3.1 Allgemeine Vorbemerkungen

In der Bauindustrie werden eine Vielzahl anorganischer Stoffe verwendet:

Bindemittel sind anorganische Stoffe, die einzelne Gesteinsteile miteinander verbinden können. Sie werden mit Wasser verarbeitet und erhärten durch chemische oder physikalische Reaktion zu steinartigen Massen. Man unterscheidet hydraulische Bindemittel und Luftbindemittel. Hydraulische Bindemittel erhärten sowohl an der Luft als auch in Wasser und sind im erhärteten Zustand wasserfest. Dazu zählen die verschiedenen silikatischen Zemente (Abschn. 5.3.3) und hydraulisch erhärtenden Kalke (Abschn. 5.3.2.3). Luftbindemittel erhärten nur an Luft und sind nicht wasserfest (Abschn. 5.3.2.4).

Bindemittel: mit Wasser oder an Luft härtende anorganische Stoffe zur Verbindung von Gesteinsteilen

Hydraulische Bindemittel: härten an der Luft *und* im Wasser (z. B. Zement)

Luftbindemittel: härten nur an der Luft (z. B. Baugips)

Baugips, Anhydrit (Abschn. 5.3.4), Magnesiumzement (Abschn. 5.3.3.8) und die Silikat-freien Kalke (Abschn. 5.3.2) gehören zu dieser Klasse. Mischungen von Bindemitteln mit Sand werden als *Mörtel,* Mischungen von hydraulischen Bindemitteln mit groben Zuschlägen wie Kies, Schotter oder geblähten Stoffen (Abschn. 5.3.6) werden als *Beton* bezeichnet. *Putze* sind Mischungen aus Kalk und Sand oder aus Kalk, Sand und Gips.

Mörtel: Mischung von Bindemitteln mit Sand

Beton: Mischung von Kies, Schotter oder Blähprodukten mit hydraulischen Bindemitteln

Zum Aufbau von Mauerwerken werden Natursteine oder künstlich hergestellte *Steine* wie Ziegel (Abschn. 5.3.5), Kalksandsteine, Gasbetonsteine (Abschn. 5.3.2.5) und Blähtonblöcke (Abschn. 5.3.6.2.3) verwendet.

Aufbau von Mauerwerken mit Steinen, Ziegeln, Kalksandsteinen, Gasbetonsteinen

Als Dachbaustoffe kommen Ziegel (Abschn. 5.3.5), Betondachsteine, Platten aus Asbestzement (Abschn. 5.3.3.7) oder aus porösem Gips (Rigips) und metallische Werkstoffe in Betracht.

Dachbausteine: Ziegel, Betondachsteine, Asbestzementplatten, metallische Werkstoffe

Darüber hinaus werden weitere anorganische Stoffe verwendet, die an anderer Stelle dieses Buches behandelt werden: Glas (Abschn. 5.1.1), sowie Dämm- und Isolierstoffe (Abschn. 5.2.3).

Glas, Dämm- und Isolierstoffe

5.3.2 Kalk

5.3.2.1 Wirtschaftliche Bedeutung

„Kalkstein": $CaCO_3$

„Gebrannter Kalk": CaO

„Gelöschter Kalk" oder „Kalkhydrat": $Ca(OH)_2$

Unter Kalk wird üblicherweise sowohl der Kalkstein ($CaCO_3$) als auch der daraus durch Brennen hergestellte „gebrannte Kalk" (CaO) verstanden. „Gelöschter Kalk" ($Ca(OH)_2$) entsteht aus gebranntem Kalk durch Reaktion mit Wasser.

Kalkverbrauch 1981 in 10^6 t:
- BRD 6.964

Tabelle 5.3-1. Kalkverbrauch in der Bundesrepublik 1979 bis 1981 (in 10^3 t) nach Angaben des Bundesverbandes der Deutschen Kalkindustrie.

Verbraucher	1979	1980	1981
Eisen- u. Stahlindustrie	2753	2403	2399
Chemische Industrie	523	533	446
Baustoffindustrie	1906	1784	1561
Baugewerbe	997	907	745
Landwirtschaft	521	439	634
Sonstiges inkl. Export	897	819	714
Wasserwirtschaft	263	303	465
Gesamt	7391	7188	6964

- Welt 120.6

Tabelle 5.3-2. Weltproduktion an Kalk (in 10^6 t) nach Angaben des Yearbook of Industrial Statistics 1979.

Jahr	1976	1977	1978	1979
Menge	114.9	115	118.2	120.6

5.3.2.2 Rohstoffe

Vorkommen von Calciumcarbonat:
- als Calcit, Aragonit und Vaterit
- mit $MgCO_3$ in Form von $CaMg(O_3)_2$ als Dolomit
- im Gemenge mit Tonen als Mergel
- weitere Vorkommen als Marmor, Travertin, Muschelkalk und Kreide

Das Ausgangsprodukt Calciumcarbonat kommt in der Natur als Calcit und seltener als Aragonit und Vaterit vor. In den natürlichen Vorkommen liegt Calciumcarbonat oft in Mischung mit Magnesiumcarbonat vor. Das Mineral $CaMg(CO_3)_2$ wird als Dolomit bezeichnet.

Gemenge von Kalkstein mit Tonen sind sog. Mergel. Andere Vorkommen von Kalkstein sind Marmor, Travertin, Muschelkalk und Kreide, die entsprechend ihrer Entstehung unterschiedliche Eigenschaften haben.

5.3.2.3 Gebrannter Kalk

Unter „Kalkbrennen" versteht man die Zersetzungsreaktion von $CaCO_3$ unter Zufuhr von thermischer Energie:

„Kalkbrennen":
$CaCO_3 \longrightarrow CaO + CO_2$

$$CaCO_3 \longrightarrow CaO + CO_2$$

Die Zersetzungstemperatur von $CaCO_3$ liegt bei ca. 900 °C, die von $MgCO_3$ zwischen 400 und 480 °C. In der Technik wird die Zersetzung von $CaCO_3$ bei 900 bis 1100 °C durchgeführt.

technische Zersetzung:
- von $CaCO_3$ bei 900 bis 1100 °C

Bei dolomitischem Gestein, das bis zu 50% Dolomit enthalten kann, erfolgt die Zersetzung in zwei Stufen: bei 650 bis 750 °C zersetzt sich Magnesiumcarbonat und ab 900 °C Calciumcarbonat. Bei Verunreinigung des Kalksteins mit Tonen (Mergel) entstehen beim Brennen Verbindungen wie $2CaO \cdot SiO_2$, $3CaO \cdot Al_2O_3$, $2CaO \cdot Fe_2O_3$ und $4CaO \cdot Al_2O_3 \cdot Fe_2O_3$. Diese Verbindungen sind auch Bestandteile des Portlandzementklinkers (vgl. Abschn. 5.3.3.3.2) und erhärten durch Reaktion mit Wasser (hydraulische Kalke bzw. hochhydraulische Kalke) und nicht durch Reaktion mit Kohlendioxid.

- von $MgCO_3$ bei 650 bis 750 °C

hydraulische Kalke: durch Zersetzung von Mergel

Das Kalkbrennen wurde früher in Erdlöchern und Meilern mit Holz, Kohle oder Torf als Brennstoff durchgeführt. Daraus entwickelte sich später der sog. „Schachtofen". Der stückig gemahlene Kalkstein (∅ ca. 60 bis 120 mm) wird mit Kohle gemischt und in den senkrecht stehenden Schachtofen gegeben. Durch Verbrennen der beigemischten Kohle wird das Produkt auf 900 bis 1100 °C erhitzt; dabei entweicht Kohlendioxid.

Technische Durchführung des Kalkbrennens:
- in Schachtöfen

Da bei diesem Ofentyp nur grobe Stücke gebrannt werden konnten, war die Qualität des gebrannten Kalks nicht gleichmäßig. Dies führte zur Entwicklung verbesserter Schachtofentypen wie Querstromofen, Doppelschrägofen (mit zusätzlicher Gas- bzw. Ölheizung), Gleichstrom/Gegenstrom/Regenerativofen, Ringschachtofen. Diese Neuentwicklungen bewirken alle eine gleichmäßigere Temperaturbelastung und damit gleichmäßigere Produktqualität. Außerdem ist die Verarbeitung von feiner gemahlenem Kalkstein (∅ ca. 20 bis 70 mm) möglich.

- in modifizierten Schachtöfen

Neben den verschiedenen Schachtofentypen werden zum Kalkbrennen vielfach Drehrohröfen verwendet. Damit

- in Drehrohröfen

läßt sich auch feinteiliger Kalkstein (bis ca. 10 mm Durchmesser) gleichmäßg brennen.

- in Ringöfen

Ringöfen besitzen einen liegenden Brennkanal mit wanderndem Feuer. Beschickung und Austrag erfolgen von Hand.

- auf dem Brennrost

Beim Brennrost handelt es sich um einen endlosen Wanderrost, auf dem ein Gemisch aus Kalkstein und Brennstoff (meist Kohle) durch Saugzug gebrannt wird.

- in Calcimatic-Öfen (Drehrostofen)

Der Calcimatic-Ofen (Drehrostofen) besteht aus einem drehbaren Rost, auf dem das zu brennende Produkt in dünner Schicht durch eine feststehende Heizzone geleitet wird. Da das Produkt während des Brennvorganges nicht bewegt wird, können mit diesem Ofen sehr feinteilige Produkte gebrannt werden.

- in Wirbelschichtöfen (Dorr-Olivier-Verfahren)

Von Dorr-Olivier wurde eine Anlage entwickelt, bei der der Brennvorgang in einer Wirbelschicht erfolgt.

- in Schwebegasöfen

Beim Schwebegasofen erfolgt die Reaktion in mehreren hintereinander geschalteten Zyklonen. Man erhält dabei sehr reaktionsfähigen gebrannten Kalk.

Tabelle 5.3-3. Kapazität in t/d und Wärmeverbrauch in kJ/kg verschiedener Ofentypen zum Brennen von Kalk.

Ofen	Kapazität	Wärmeverbrauch
Schachtofen	80 bis 400	3500 bis 4500
Doppelschrägofen	140	3900
Gleichstrom/Regenerativofen	100	3800
Drehrohrofen	bis 1000	5800 bis 7800
Calcimatic-Ofen	max. 300	5000 bis 5700
Wirbelschichtofen	100 bis 200	4900

5.3.2.4 Gelöschter Kalk

Abbindereaktion von gelöschtem Kalk:

Die Eignung von Kalk als Bindemittel beruht auf der Reaktion von Calciumhydroxid mit dem Kohlendioxid der Luft:

$Ca(OH)_2 + CO_2 \longrightarrow CaCO_3 + H_2O$

$$Ca(OH)_2 + CO_2 \longrightarrow CaCO_3 + H_2O$$

Aus diesem Grunde muß der gebrannte Kalk zunächst in gelöschten Kalk überführt werden:

$CaO + H_2O \longrightarrow Ca(OH)_2 + 65.5\,kJ/mol$

In der Technik wird dieser Vorgang, der stark exotherm verläuft, als „Löschen" bezeichnet und nach verschiedenen Verfahren durchgeführt, die in den folgenden Abschnitten beschrieben werden. Die Festigkeit von abgebundenem Kalk beruht auf den Verwachsungen und Verfilzungen der gebildeten Calciumcarbonatkristalle.

Kalklöschen:
$CaO + H_2O \longrightarrow Ca(OH)_2$

Festigkeit von abgebundenem Kalk beruht auf Verwachsungen der $CaCO_3$-Kristalle

5.3.2.4.1 Naßlöschen von gebranntem Kalk

Das „Naßlöschen" führt zu einem nassen Kalkhydrat-Brei (sog. „Kalkmilch"). Dieses Verfahren wurde früher direkt an der Baustelle durchgeführt, indem man gebrannten Kalk in Wasser einstreute und dadurch einen Kalkhydratbrei von hoher Plastizität erhielt.

Heute wird das Naßlöschen industriell nur noch bei Großverbrauchern, wie z. B. Mörtelwerken, durchgeführt.

Naßlöschen: führt zu nassem Kalkhydrat-Brei („Kalkmilch")

5.3.2.4.2 Trockenlöschen von gebranntem Kalk

Beim „Trockenlöschen" erhält man Calciumhydroxid als trockenes Pulver. Man macht sich dabei die Tatsache zunutze, daß bei der Reaktion von Calciumoxid mit Wasser so viel Wärme entsteht, daß etwa genausoviel Wasser, wie gebunden wird, auch verdampft werden kann.

Trockenlöschen: führt zu trockenem $Ca(OH)_2$-Pulver

In der Technik verwendet man dabei i. allg. kontinuierlich arbeitende Überlaufkessel. Man setzt dabei dem Calciumoxid etwa doppelt so viel Wasser zu, wie gebunden werden kann. Durch die exotherme Reaktion erwärmt sich die Reaktionsmischung auf 100 °C, und das verdampfende überschüssige Wasser reißt die sehr kleinen Kalkhydrat-Teilchen mit nach oben, wo sie durch einen Überlauf abgetrennt werden.

Durchführung der Reaktion:

- in Überlaufkesseln

Beim Vorliegen von schwerlöschenden, d. h. besonders hochgebrannten, und von Magnesiumoxid-haltigen Kalken muß zur vollständigen Hydratation Druck angewandt werden. Man gibt dabei Calciumoxid und Wasser – wieder im Verhältnis der molaren Konzentrationen von 1 zu 2 – in ein Druckgefäß. Bei der Reaktion entsteht ein Überdruck von 2 bis 8 bar, bei dem auch die

- bei schwerlöschenden und MgO-haltigen Kalken im Autoklaven (Corson-Verfahren)

schwerlöschenden Bestandteile hydratisiert werden. Durch schnelles Entspannen des Überdrucks trennt man den Wasserdampf vom trockenen Calciumhydroxid (Corson-Verfahren).

5.3.2.4.3 Kalkhydrat aus Calciumcarbid

„Acetylenkalk": aus Calciumcarbid

Bei der Herstellung von Acetylen aus Calciumcarbid

$$CaC_2 + 2H_2O \longrightarrow C_2H_2 + Ca(OH)_2$$

fiel früher sehr billiger „Acetylenkalk" an. Da heute die größte Menge Acetylen direkt aus Erdöl bzw. Erdgas hergestellt wird, verliert dieses Verfahren immer mehr an Bedeutung.

5.3.2.5 Dampfgehärtete Baustoffe

Kalksandstein und Gasbeton: aus Kalk und silikatischen Rohstoffen

Härtung durch Hydrothermalreaktion und Bildung von Calcium- und Magnesium-Silikaten

Große Mengen an gebranntem Kalk gehen in die Herstellung von Kalksandstein und Gasbeton. Darunter versteht man Baustoffe, die aus Kalk-haltigen und Silikat-haltigen Rohstoffen hergestellt werden und ihre Festigkeit bei der hydrothermalen Reaktion der Rohstoffe zu Calciumsilikaten erhalten.

Bei der Herstellung von Kalksandsteinen werden Kalk, Sand und Wasser im Verhältnis von etwa 1 zu 13 zu 0.7 gemischt, verformt und anschließend in Autoklaven bei 180 °C und 7 bis 9 bar gehärtet.

Gasbeton:

- durch Aufschäumen der Reaktionsmischung aus Kalk, Sand und evtl. Zement
- gasbildende Reaktion: z. B. die Bildung von Wasserstoff aus Aluminiumpulver, Wasser und $Ca(OH)_2$

Gasbetonsteine finden als Leichtbaustoffe weite Verwendung. Man erhält sie, indem man einer feuchten Mischung aus Kalk, Sand und evtl. Zement gasbildende Zusätze zumischt. In der Technik nutzt man dazu vorwiegend die Reaktion

$$2Al + 3Ca(OH)_2 + 6H_2O \longrightarrow 3CaO \cdot Al_2O_3 \cdot 6H_2O + 3H_2$$

Die bekannten Ytong®-Baustoffe werden nach diesem Verfahren hergestellt. Statt Aluminium können auch Zink oder Magnesium verwendet werden. Andere gasbildende Zusätze, wie z. B. Salzsäure/Kalkstein oder Wasserstoffsuperoxid/Chlorkalk wurden beschrieben, finden aber fast keine industrielle Anwendung.

$$2HCl + CaCO_3 \longrightarrow CaCl_2 + H_2O + CO_2$$

$$H_2O_2 + CaCl(OCl) \longrightarrow CaCl_2 + O_2 + H_2O$$

5.3.2.6 Verwendung von Kalk

von Kalkstein:

- Rohstoff zur Herstellung von gebranntem Kalk,
- als geschnittener oder behauener Werkstein,
- als Schotter für Straßen- oder Gleisbau,
- als Zuschlag für Mörtel oder Beton,
- als Füllstoff (s. Abschn. 5.8),
- in der Hüttenindustrie als Sinterhilfsmittel für Feinerzpellets, als Schlackenbildner, als Entschwefelungsmittel,
- in der chemischen Industrie bei der Herstellung von Soda und Düngemitteln (Kalkammonsalpeter $NH_4NO_3 + CaCO_3$, Kalksalpeter $Ca(NO_3)_2$) (s. Abschn. 2.2 und 3.1),
- in der Glasindustrie (s. Abschn. 5.1.1),
- in der Zementherstellung (s. Abschn. 5.3.3.3.3),
- als Düngemittel (s. Kap. 2).

von gebranntem Kalk:

- in der Eisen- und Stahlindustrie zur Entfernung von Schwefel und Phosphor,
- zur Aufbereitung von Abwässern,
- in der chemischen Industrie zur Herstellung von Calciumverbindungen (Calciumcarbid, Kalkstickstoff) und als billige Base (s. Abschn. 3.1),
- als Düngemittel (s. Kap. 2),
- in der Zuckerindustrie zur Entfernung von Oxal- bzw. Zitronensäure aus dem Rohsaft,
- in der Bauindustrie (mit unterschiedlichen Qualitätsanforderungen nach DIN 1060).

von Kalkhydrat:

- zur Herstellung von Kalkfarben,
- zur Herstellung von Ätznatron,
- zur Rauchgasentschwefelung (s. Abschn. 5.3.4.6.2),

- zur Herstellung von Wollastonit (s. Füllstoffe Abschn. 5.8),
- in der Bauindustrie (mit unterschiedlichen Qualitätsanforderungen nach DIN 1060),
- als Düngemittel (s. Kap. 2).

5.3.3 Zement

5.3.3.1 Wirtschaftliche Bedeutung

Zementproduktion in 10^6 t:

- EG 1979: 131.6

Tabelle 5.3-4. Zementproduktion in der Europäischen Gemeinschaft (in 10^6 t).

	1977	1978	1979
Italien	38.3	38.4	39
Bundesrepublik	31.9	33	32.9
Frankreich	29.8	29.1	28.8
England	15.4	16.6	15.8
Belgien	7.1	7.4	6.9
Luxemburg	0.3	0.3	0.3
Holland	3.9	3.9	3.7
Dänemark	2.1	2.5	2.1
Irland	1.6	1.8	2
Gesamt	129.4	132.9	131.6

- USA 1979: 73.6
- Welt 1979: 857.4

Tabelle 5.3-5. Zementproduktion Welt und USA (in 10^6 t) nach Angaben des Yearbook of Industrial Statistics 1979.

Jahr	Welt	USA
1976	732.5	66.7
1977	783.5	71.2
1978	831.8	74.8
1979	857.4	73.6

5.3.3.2 Zusammensetzung der Zemente

In Abb. 5.3-1 ist die Lage der einzelnen Zementsorten und der Zementzusätze im Dreistoffsystem CaO-SiO_2-Al_2O_3 angegeben.

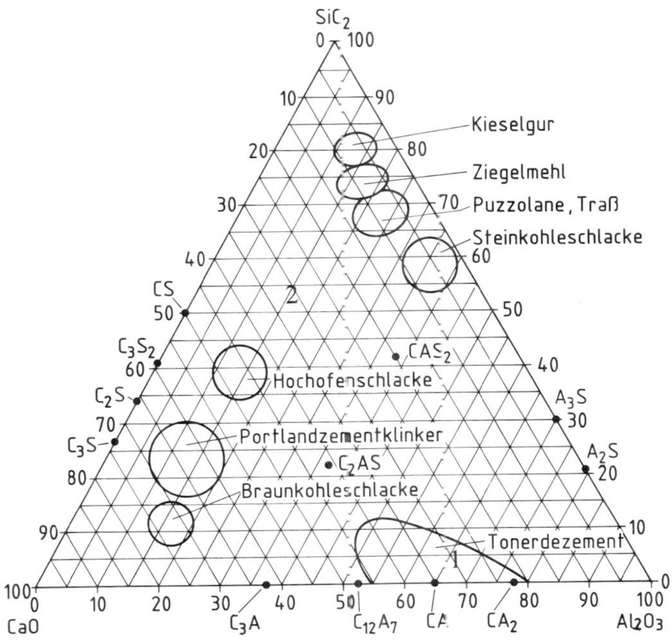

Abb. 5.3-1. Dreistoffdiagramm CaO-SiO_2-Al_2O_3, Lage der hydraulischen Bindemittel.
1) hochfeuerfester Tonerdezement
2) saure Hochofenschlacke

5.3.3.3 Portlandzement

5.3.3.3.1 Rohstoffe

Die in größter Menge hergestellte und am meisten verwendete Zementart ist der „Portlandzement". Er besteht aus dem sog. Portlandzementklinker und Zusätzen von Gips oder Anhydrit.

Portlandzement: besteht aus Portlandzementklinker und Gips

Die Rohstoffe zur Herstellung des Portlandzementklinkers sind Kalksteinmergel, d. h. natürlich vorkommende Gemische von Kalkstein und Ton, ggf. auch werkmäßig hergestellte Gemenge aus Kalkstein oder Kreide und Ton.

Rohstoffe für Portlandzement-Klinker: Kalkstein oder Kreide, Ton, Mergel

5.3.3.3.2 Zusammensetzung des Portlandzementklinkers

Tabelle 5.3-6. Klinkerphasen und ihre Eigenschaften.

Name	Formel	Abkürzung*)	Zementtechnische Eigenschaften
Tricalciumsilikat (Alit)	$3CaO \cdot SiO_2$	C_3S	schnelle Erhärtung, hohe Hydratationswärme, hohe Festigkeit
Dicalciumsilikat (Belit)	$2CaO \cdot SiO_2$	C_2S	langsame, stetige Erhärtung, niedrige Hydrationswärme
Tricalciumaluminat	$3CaO \cdot Al_2O_3$	C_3A	in größerer Menge: schnelles Erstarren, höhere Hydrationswärme, Schwindneigung und Empfindlichkeit gegen Sulfatwasser
Calciumaluminiumferrit	$2CaO(Al_2O_3, Fe_2O_3)$	$C_2(A, F)$	langsame Erhärtung, widerstandsfähig gegen Sulfatwasser
freier Kalk	CaO	C	in geringer Menge unschädlich, in großer Menge Treiben und zu schnelle Härtung
freie Magnesia	MgO	M	in größerer Menge Magnesiatreiben

*) In der Zementchemie sind folgende Abkürzungen gebräuchlich:
C: CaO, S: SiO_2, A: Al_2O_3, F: Fe_2O_3, M: MgO, N: Na_2O, K: K_2O, C: CO_2, H: H_2O.

Zur Zusammensetzung des Portlandzementklinkers s. auch Abb. 5.3-1.

5.3.3.3.3 Herstellung von Portlandzement

Hauptbestandteil von Portlandzementklinker: Tricalciumsilikat

Da Tricalciumsilikat dem Portlandzement die gewünschten Eigenschaften wie schnelles Erhärten und hohe Festigkeit verleiht, muß bei der Herstellung des Portlandzementklinkers durch geeignetes Mischungsverhältnis der Rohstoffkomponenten und durch Erhitzen bis zur Sinterung im Existenzbereich von Tricalciumsilikat (zwischen 1250 und 2070 °C) dafür gesorgt werden, daß möglichst viel Tricalciumsilikat entsteht.

Wichtig bei der Herstellung von Portlandzementklinker:

- genaue Einstellung des Kalkgehaltes (freier Kalk im Klinker bewirkt „Kalktreiben“)

Besonders wichtig ist dabei eine möglichst genaue Einstellung des Kalkgehaltes. Nach H. Kühl läßt sich der

Kalkgehalt, der maximal von den Komponenten SiO_2, Al_2O_3 und Fe_2O_3 gebunden werden kann, nach der Formel

$$CaO_{max} = 2.8 \cdot SiO_2 + 1.1 \cdot Al_2O_3 + 0.7 \cdot Fe_2O_3$$

berechnen. Bei einem höheren Kalkgehalt bleibt freier Kalk im Klinker. Das bei der Hydration von freiem Kalk (CaO bzw. MgO) entstehende $Ca(OH)_2$ bzw. $Mg(OH)_2$ nimmt mehr Raum ein als das ursprüngliche Oxid. CaO (bzw. MgO) in grobkristalliner Ausbildung ruft daher das sog. „Kalktreiben" (bzw. „Magnesiatreiben") hervor, da die Reaktion mit Wasser sehr langsam abläuft und nach der Erhärtung des Zementes noch nicht abgeschlossen ist. Man bleibt deshalb mit der zugesetzten Kalkmenge immer unter der berechneten Grenze.

Bei der Herstellung der Reaktionsmischung ist ferner für eine besonders feine Aufmahlung der Rohstoffe zu sorgen, um beim Brennen eine quantitative Reaktion zu gewährleisten.

- möglichst feine Aufmahlung der Rohstoffe, um quantitative Reaktion zu gewährleisten

Zur Herstellung des Klinkers gibt es mehrere Verfahren:

Beim *Naßverfahren* werden die Ausgangsmaterialien naß zum „Rohschlamm" vermahlen, der anschließend in Drehrohröfen getrocknet und gebrannt wird. Das Naßverfahren ermöglicht eine einfache und genaue Dosierung der Komponenten und benötigt bei der Mahlung wenig Energie. Wegen der zu verdampfenden Wassermengen ist aber der anschließende Brennvorgang sehr energieaufwendig. Das Verfahren ist nur dort wirtschaftlich, wo die Ausgangsprodukte einen hohen Wassergehalt haben (>20%) oder sowieso naß aufbereitet werden müssen – z. B. „Schlämmen" von Kreide.

Aufbereitungsverfahren:

- beim Naßverfahren werden die Rohstoffe naß zum Rohschlamm verarbeitet, der dann geformt und gebrannt wird

Beim *Halbnaßverfahren* wird der naß aufbereitete Rohschlamm auf Filterpressen entwässert und anschließend mit Pastenverformern zu Formlingen verpreßt, die dann ebenfalls in Drehrohröfen gebrannt werden.

- beim Halbnaßverfahren wird der naß aufbereitete Rohschlamm vor dem Glühen mechanisch entwässert

Das *Halbtrockenverfahren* unterscheidet sich vom Halbnaßverfahren dadurch, daß die Rohmischung durch trockenes Vermahlen und Mischen der Ausgangsstoffe hergestellt wird und das fertig gemischte Rohmehl mit Wasser auf Granuliertellern zu Pellets verformt wird.

- beim Halbtrockenverfahren wird die trocken hergestellte Rohmischung angefeuchtet und vor dem Glühen verformt

Tabelle 5.3-7. Vergleich der Verfahren zur Zementherstellung und dabei verwendete Ofentypen.

	Naßverfahren	Halbnaßverfahren und Halbtrockenverfahren		Trockenverfahren		
verwendeter Ofentyp	lange Naßdrehrohröfen	kurze Drehrohröfen	Schachtöfen	lange Trocken-drehrohröfen	Schwebegas-wärmetauscher-öfen	Schwebegas-wärmetau-scheröfen mit Vorcalcinie-rung
Einrichtungen zum Wärmeaustausch	Ketten, Kreuze, Kammervor-wärmer	Rostvorwärmer		Ketten, Kreuze, Hubschaufeln Kammereinbauten	Zyklon- oder Kammervor-wärmer	Zyklon- oder Kammervor-wärmer
Aufgabematerial	Rohschlamm	Formlinge aus filtergepreßtem Rohschlamm	Pellets und feinkörnige Kohle oder Koks	trockenes Rohmehl, Granalien	trockenes Rohmehl	trockenes Rohmehl
mit H_2O-Gehalt in %	30 bis 40	10 bis 20	bis 10	0.5 bis 1	0.5 bis 1	0.5 bis 1
Ofenab-messungen Durchmesser in m	3 bis 7.6	2.5 bis 6	2 bis 3	3 bis 7	3 bis 6	6
Länge in m	80 bis 230	30 bis 100	8 bis 10	70 bis 230	40 bis 110	100
Wärmeverbrauch in GJ/t Klinker	5 bis 6	3 bis 3.8	3.1 bis 4.2	3.6 bis 4	3 bis 3.8	ca. 3.3
Leistung t/d	300 bis 3800	300 bis 3300	bis 300	300 bis 3000	300 bis 5400	geplant bis 8500

Beim *Trockenverfahren* werden die Ausgangsmaterialien ebenfalls trocken gemahlen und zum „Rohmehl" vermischt. Während der Mahlung wird das Produkt mit den heißen Abgasen des Brennofens bis zu einem Restfeuchtegehalt von unter 1% getrocknet und in dieser Form in den Brennofen gegeben.

- beim Trockenverfahren werden die Rohstoffe trocken aufbereitet

Das Brennen der Rohmischung wird bei allen beschriebenen Verfahren bei ca. 1450 °C vorwiegend in Drehrohröfen durchgeführt. Tabelle 5.3-7 stellt die einzelnen Verfahren und die dabei verwendeten Ofentypen gegenüber, Tabelle 5.3-8 gibt einen Überblick über die in der Bundesrepublik Deutschland betriebsbereiten Zementöfen.

Brenntemperatur für Portlandzementklinker: ca. 1450 °C

Tabelle 5.3-8. Betriebsbereite Zementöfen in der Bundesrepublik Deutschland.

	Stand 01. 01. 74			Stand 01. 01. 79		
		Kapazität			Kapazität	
Ofentyp	Anzahl	10^3 t/d	%	Anzahl	10^3 t/d	%
Öfen mit Zyklonvorwärmer	58	82.2	58	51	78.8	78
Öfen mit Rostvorwärmer	52	43.8	31	27	22.3	21
Naßöfen	15	8.0	5	6	3.3	3
Trockenöfen	5	3.9	3	2	1.2	1
Schachtöfen	35	4.5	3	17	2.1	2
Summe	165	142.4	100	103	107.7	100

Beim Drehrohrofen wird das Rohmehl durch die heißen Abgase vorgewärmt. Durch Verwendung spezieller Vorwärmer (Rostvorwärmer, Zyklonvorwärmer) kann die Wärmerückgewinnung noch wirkungsvoller gestaltet werden.

Wärmerückgewinnung bei Drehrohröfen: mit Rostvorwärmern oder Zyklonvorwärmern

Die größten Drehrohröfen mit Rostvorwärmer (Lepolöfen) haben eine Kapazität bis zu 3000 t Klinker pro Tag, solche mit Zyklonvorwärmer bis 5000 t pro Tag. Neuere Entwicklungen gehen dahin, die Calcinierung z. T. schon in einer Vorstufe durchzuführen, d. h. das Drehrohr thermisch zu entlasten. Für eine angestrebte Klinkerleistung kann daher das Drehrohr kleiner sein (Anlagen bis 8000 t pro Tag).

Die Schachtöfen sind nur noch für sehr kleine Werke (<300 t Klinker pro Tag) wirtschaftlich – ihre Anzahl ist im Vergleich zu 1974 stark zurückgegangen.

Wegen des hohen Energieverbrauchs wird das Naßverfahren kaum noch verwendet

Der Wärmeverbrauch des Naßverfahrens ist deutlich größer als der der Trockenverfahren; Naßöfen sind daher kaum noch in Betrieb.

Gebrauchsfertiger Portlandzement: durch Mahlung des Klinkers und Abmischung mit Gips

Der fertige Klinker wird anschließend gemahlen. Vor der Mahlung wird Gips ($CaSO_4 \cdot 2H_2O$) oder Anhydrit ($CaSO_4$) zur Verzögerung des Erstarrens zugesetzt (bis 6.5%). Ggf. erfolgt noch ein Zusatz anderer hydraulischer Stoffe wie Hüttensand oder Trass.

5.3.3.3.4 Verwendung von Portlandzement

Verwendung von Portlandzement:

- als Bindemittel in Beton
- zum Verbinden von Ziegeln und anderen Bausteinen

Portlandzement findet in der Bauindustrie weite Verwendung bei der Herstellung von Beton in Mischung mit Zuschlagstoffen wie Kies, Sand, Blähton, mit Stahleinlagen als Stahlbeton und als Bindemittel zwischen Ziegeln und anderen Bausteinen.

5.3.3.4 Hüttenzemente

„Hüttensand" (Hochofenschlacke): bei der Abtrennung der Gangart des Eisenerzes durch Zusatz von Kalk beim Hochofenprozeß

Eisenportlandzement: Mischungen von Portlandzementklinker mit $<30\%$ Hüttensand

Hochofenzement: Mischungen von Portlandzementklinker mit $>30\%$ Hüttensand

Bei der Herstellung von Roheisen im Hochofen wird zur Abtrennung der überwiegend aus Tonen bestehenden Gangarten des Eisenerzes Kalk zugesetzt. Bei den Reaktionstemperaturen von etwa 1600 °C bilden sich leicht schmelzende Gemische aus Kalk, Kieselsäure und Tonerde, die dem Portlandzementklinker ähnlich sind (s. dazu auch Abb. 5.3-1). Bei Zusatz geeigneter „Anreger" (wie z. B. Kalkhydrat) besitzt die schnell abgekühlte, glasig erstarrte Hochofenschlacke hydraulische Eigenschaften. Man bezeichnet sie daher als „latenthydraulisch". Langsam abgekühlte, d. h. kristallisierte Hochofenschlacke besitzt keine latenthydraulischen Eigenschaften. Die Hochofenschlacke und -schmelze wird daher beim Hochofenabstich durch Abschrecken in Wasser schnell gekühlt und fällt dabei als glasiger „Hüttensand" in Form sandiger Körner an. Mischungen von Portlandzementklinkern mit weniger als 30% Hüttensand werden als Eisenportlandzement, Mischungen mit höheren Schlackengehalten als Hochofenzement bezeichnet. Der Zementklinker wirkt hierbei jeweils als Anreger für die Hochofenschlacke (Klinkeranregung).

Die Anregung der latenthydraulischen Eigenschaften des Hüttensandes kann auch mit Gips erfolgen (Sulfatanregung). Mischungen von Hüttensanden mit einem hohen Gehalt an Tonerde und Kalk mit ca. 15% Calciumsulfat (als Rohgips oder natürlicher Anhydrit) werden als Sulfat-Hüttenzemente bezeichnet.

Sulfathüttenzement: durch Anregen der latenthydraulischen Eigenschaften des Hüttensandes mit Gips

Hüttenzemente mit hohem Schlackegehalt haben eine geringere Hydratationswärme als reiner Portlandzement, was sich bei der Herstellung von Massenbetonbauwerken (z. B. Talsperren) vorteilhaft auswirkt. Der geringere Gehalt an Calciumhydroxid bewirkt – im Vergleich zum Portlandzement – eine etwas verbesserte chemische Stabilität. Hüttenzemente werden gleichwertig neben Portlandzementen verwendet.

Eigenschaften der Hüttenzemente:

- geringe Hydratationswärme
- verbesserte chemische Stabilität

5.3.3.5 Puzzolanzemente

Bei der Erhärtung von Portlandzement (s. Abschn. 5.3.3.9) bildet sich Kalkhydrat, das nur einen geringen Beitrag zur Festigkeit des Zementsteines leistet. Puzzolane sind Kieselsäure-haltige natürliche oder künstliche Stoffe, die schon bei niedriger Temperatur mit Kalk und Wasser Calciumsilikat-Hydrate bilden können. Ihr Zusatz zum Portlandzementklinker kann daher Vorteile bei der Festigkeit des Zements bringen; ein Nachteil ist allerdings das langsamere Erhärten. Die Reaktionsfähigkeit der Puzzolane ist abhängig von ihrer Teilchengröße. Dabei ist allerdings zu beachten, daß zu feinteilige Stoffe, wie z. B. hochdisperse Kieselsäure (sog. „Kieselgur“), den Wasserbedarf der Betonmischung stark erhöhen.

Puzzolane: natürliche oder künstliche Kieselsäure-haltige Stoffe. Sie reagieren mit dem $Ca(OH)_2$, das beim Erhärten von Zement entsteht

Natürliche Puzzolane sind Traß (Rheinland, Bayern, Österreich), Santorinerde (Griechenland) und die italienischen Puzzolane (Pozzuoli bei Neapel). Ein künstlicher Stoff mit ähnlichen Eigenschaften ist die Flugasche, die in Kohlekraftwerken anfällt.

Natürliche Puzzolane: Traß, Santorinerde

Künstliche Puzzolane: Flugasche

Puzzolanzemente zeigen eine gute chemische Beständigkeit.

Eigenschaften der Puzzolanzemente: gute Chemikalienbeständigkeit

Zur Zusammensetzung der Puzzolane s. Abb. 5.3-1.

5.3.3.6 Tonerdezement

Tonerdezement besteht aus Calciumoxid- und Aluminiumoxid-Verbindungen (s. Abb. 5.3-1, S. 392). Hauptsächlich enthalten sind CA, CA_2 und $C_{12}A_7$ (Abkürzungen s. Tabelle 5.3-6).

Tonerdezement:

- besteht aus CaO/Al_2O_3-Verbindungen

Herstellung aus Kalkstein und Bauxit

Die Herstellung erfolgt aus den Rohstoffen Kalkstein ($CaCO_3$) und Bauxit (überwiegend Al_2O_3). Der Schmelzpunkt von Mischungen aus Kalkstein und Bauxit liegt bei etwa 1500 bis 1600 °C, und das „Sinterintervall" vor der Verflüssigung des Ansatzes ist auf einen sehr engen Temperaturbereich begrenzt.

Schmelzzement: durch Aufschmelzen der Rohmischung in Drehrohröfen

Elektroschmelzzement: durch Aufschmelzen in Lichtbogenöfen

Eigenschaften von Tonerdezement:

- hohe Anfangsfestigkeit, die aber mit der Zeit abnimmt

In der Technik wird die Herstellung von Tonerdezement entweder in Drehrohr- oder Schachtöfen durch Aufschmelzen der Rohmischung durchgeführt (Schmelzzement) oder man verwendet Lichtbogenöfen (Elektroschmelzzement). Tonerdezement weist zwar eine sehr hohe Anfangsfestigkeit auf, die aber – insbesondere bei höheren Temperaturen – mit der Zeit wieder stark zurückgeht. Er darf daher in Deutschland nicht für tragende Bauteile aus Stahlbeton verwendet werden. Gegen Alkalien ist Tonerdezement weniger stabil wegen der möglichen Bildung von leicht löslichen Alkalialuminaten.

Verwendung: in feuerfesten Massen und als Schnellbinder

In feuerfesten Massen findet Tonerdezement bis zu Temperaturen von 1700 °C Verwendung. „Schnellbinder" bestehen aus Mischungen von Tonerdezement und Portlandzement (Verwendung z. B. beim Abdichten von Wassereinbrüchen).

5.3.3.7 Asbestzement

Asbestzement: durch Abbinden einer durch Asbestfasern verstärkten Zementaufschlämmung

Die wäßrige Aufschlämmung von Zement und Asbest wird mechanisch entwässert; sie erhärtet anschließend zu einem sehr widerstandsfähigen Material, aus dem Rohre, Schalen, Dachplatten usw. gefertigt werden (Eternit®, Fulgurit®). Näheres hierzu siehe Abschn. 5.2.2.3.

5.3.3.8 Sonstige Zementarten

Quellzement: Mischung aus Portlandzement und Calciumsulfat bzw. -aluminat

„Quellzement" zeigt beim Erhärten kein Schwinden. Ein Zusatz von 10 bis 15% Calciumsulfat bzw. -aluminat bewirkt sogar eine Ausdehnung („gelenktes Gipstreiben").

„Weißzement" ist Portlandzement, der aus besonders reinen, eisenarmen Rohstoffen hergestellt wird.

Weißzement: eisenarmer Portlandzement

Beim sog. „Sorelzement" handelt es sich nicht um einen Zement im eigentlichen Sinn. Mischungen aus kaustisch gebranntem Magnesit (reaktionsfähiges MgO, das durch Erhitzen von Magnesiumcarbonat knapp über die Zersetzungstemperatur erhalten wird) und Magnesiumsalzen erhärten zu einer steinartigen Masse. „Sorelzement" wird z. B. bei der Reaktion von Magnesiumoxid mit konzentrierten Magnesiumchloridlösungen erhalten:

Sorelzement: Mischung aus MgO und Magnesiumsalzen

$$3\,MgO + MgCl_2 \xrightarrow{H_2O} 3\,MgO \cdot MgCl_2 \cdot 11\,H_2O$$

$3\,MgO \cdot MgCl_2 \cdot 11\,H_2O$ entsteht in feinen, nadelförmigen Kristallen und entwickelt die Festigkeit wie Portlandzement oder Gips durch Verfilzung der Nadeln. Das Material ist nicht wasserbeständig und wird für Estriche und Industriefußböden verwendet. Mit Sägemehl als Zusatz wird es als Steinholz oder Xylolith bezeichnet.

Steinholz oder Xylolith: Sorelzement mit Zusatz von Sägemehl

Magnesiazement zeigt auch im trockenen Zustand eine beachtliche elektrische Leitfähigkeit. Die daraus hergestellten Fußböden weisen daher keine Neigung zu statischer Aufladung auf.

Mit Magnesiumsulfat bildet Magnesiumoxid ebenfalls eine steinartige Masse, die zur Herstellung von Leichtbauplatten (Heraklith®) dient.

Heraklith®: steinartige Masse aus MgO und Magnesiumsulfat

5.3.3.9 Vorgänge beim Erstarren von Zement

Nach dem Anrühren des Zementpulvers mit Wasser geht ein Teil des Tricalciumaluminats C_3A und des Gipses in Lösung und reagieren zu Ettringit

Nach dem „Anrühren" des Zements: C_3A und Gips reagieren zu Ettringit

$$3\,CaO \cdot Al_2O_3 + 3\,CaSO_4 + 32\,H_2O \longrightarrow \underset{\text{Ettringit}}{3\,CaO \cdot Al_2O_3 \cdot 3\,CaSO_4 \cdot 32\,H_2O}$$

Die Ettringit-Kristalle auf der Oberfläche der Zementteilchen sind so fein, daß sie den Zwischenraum zwischen den Zementpartikeln nicht überbrücken und daher auch kein festes Gefüge ausbilden können. Darauf beruht die erstarrungsverzögernde Wirkung des Gipszussatzes im Zement. Ohne Gips würde das Tricalciumaluminat mit

Verzögerte Abbindung des Portlandzementes durch Ablagerung von Ettringit auf den Zementteilchen

Tabelle 5.3-9. Reaktionsprodukte der Bestandteile des Portlandzementklinkers mit Wasser.

Klinkerbestandteil		Reaktionsprodukt	
Bezeichnung	Formel	Formel	Bezeichnung
Tricalciumsilikat (Alit)	$3CaO \cdot SiO_2$	$3CaO \cdot 2SiO_2 \cdot nH_2O$	Tobermorit-ähnliche Phase
Dicalciumsilikat (Belit)	$2CaO \cdot SiO_2$	$3CaO \cdot 2SiO_2 \cdot nH_2O$	
in Abwesenheit von Sulfat			
Tricalciumaluminat	$3CaO \cdot Al_2O_3$	$4CaO \cdot Al_2O_3 \cdot 19H_2O$ trocken	
		$4CaO \cdot Al_2O_3 \cdot 13H_2O$	Tetracalcium-aluminathydrat
Calciumaluminiumferrit	$CaO(Al_2O_3, Fe_2O_3)$	dto., Al teilweise durch Fe ersetzt	
in Gegenwart von Sulfat			
Tricalciumaluminat	$3CaO \cdot Al_2O_3$	$3CaO \cdot Al_2O_3 \cdot 3CaSO_4 \cdot 32H_2O$	Ettringit
		bzw.	
		$3CaO \cdot Al_2O_3 \cdot CaSO_4 \cdot 12H_2O$	„Monosulfat“
Calciumaluminiumferrit	$CaO(Al_2O_3, Fe_2O_3)$	dto., Al teilweise durch Fe ersetzt	

Wasser sofort zum Calciumaluminathydrat reagieren, das mit seinen großen Kristallen den Raum zwischen den Zementteilchen ausfüllen und somit zu einer sehr raschen Verfestigung des Zementbreis führen würde.

Erstarren von Portlandzement: nach 1 bis 3 Stunden durch Umkristallisation von kleinen Ettringit-Kristallen zu größeren Kristallen

Nach 1 bis 3 h erstarrt der (gipshaltige) Portlandzement. Die nadelförmigen Ettringit-Kristalle rekristallisieren unter Bildung von größeren Nadeln, die die Zementpartikel miteinander verbinden und die Ansatzmasse verfestigen.

Verfestigung von Portlandzement: Hydratation von Tricalciumsilikat und Dicalciumsilikat zu einer Tobermorit-ähnlichen Phase $3CaO \cdot 2SiO_2 \cdot 2H_2O$

Für die weitere Verfestigung des Portlandzements sind die Hydratation von Tricalciumsilikat C_3S und von Dicalciumsilikat C_2S (Abkürzungen s. Tabelle 5.3-6) verantwortlich. Diese Reaktion beginnt in nennenswertem Umfang nach etwa 4 h. Dabei bilden sich zuerst längere Nadeln von Calciumsilikathydrat, die die Zementteilchen miteinander verbinden. Später füllen dann kleinere Nädelchen von Calciumsilikathydrat die Zwischenräume aus. Das reaktionsfähigere Tricalciumsilikat hydratisiert wesentlich schneller als das Dicalciumsilikat.

$$2(3CaO \cdot SiO_2) + 6H_2O \longrightarrow 3CaO \cdot 2SiO_2 \cdot H_2O + 3Ca(OH)_2$$

$$2(2CaO \cdot SiO_2) + 4H_2O \longrightarrow 3CaO \cdot 2SiO_2 \cdot H_2O + Ca(OH)_2$$

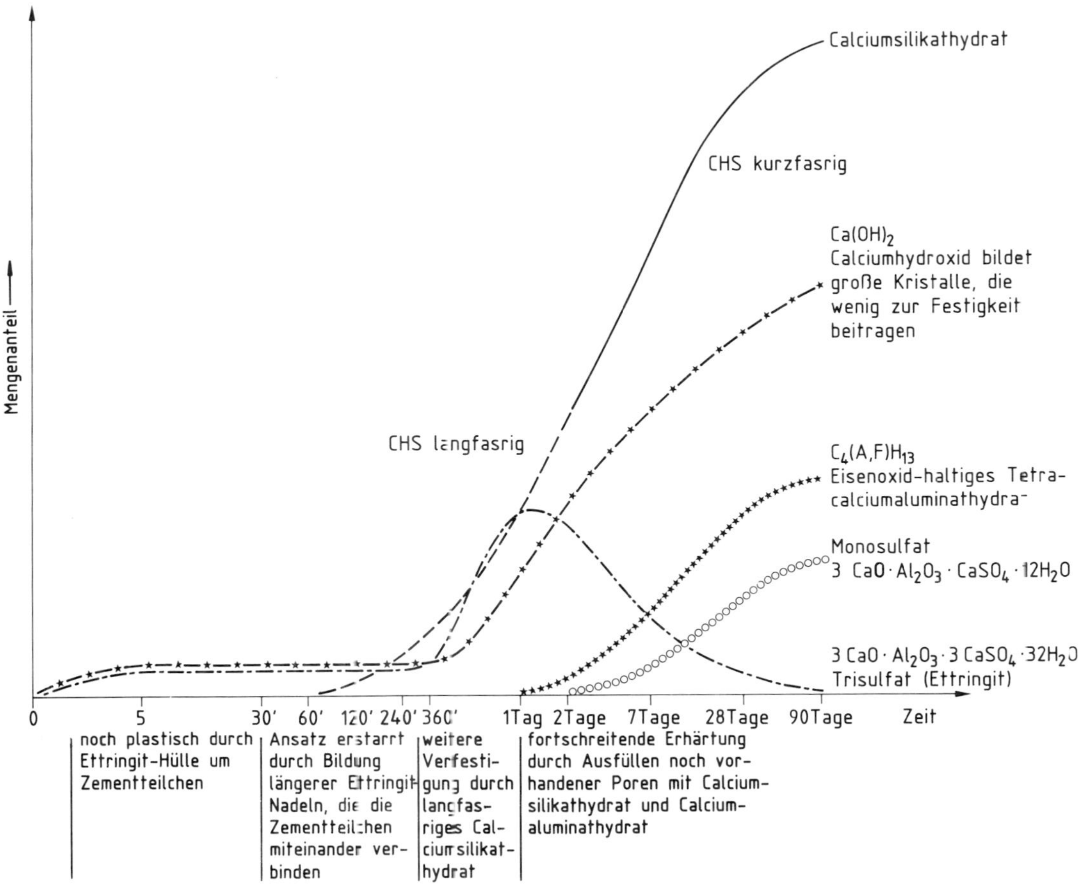

Abb. 5.3-2. Vorgänge beim Abbinden von Zement (nach F. W. Locher in: *Zementtaschenbuch* 1979/1980, S. 19, Bauverlag, Wiesbaden 1979).

Noch vorhandenes Tricalciumaluminat reagiert mit dem entstandenen Calciumhydroxid zu Tetracalciumaluminathydrat. Calciumaluminiumferrit bildet das analoge Hydratationsprodukt; nur reagiert es langsamer, und ein Teil des Aluminiums ist durch Eisen ersetzt.

Folgereaktionen: Tricalciumaluminat reagiert mit $Ca(OH)_2$ zu Tetracalciumaluminathydrat

$$3CaO \cdot Al_2O_3 + Ca(OH)_2 + 12H_2O \longrightarrow 4CaO \cdot Al_2O_3 \cdot 13H_2O$$

$$4CaO \cdot Al_2O_3 \cdot Fe_2O_3 + 4Ca(OH)_2 + 22H_2O \longrightarrow 4CaO \cdot Al_2O_3 \cdot 13H_2O + 4CaO \cdot Fe_2O_3 \cdot 13H_2O$$

Der anfangs gebildete Ettringit reagiert mit noch vorhandenem Tricalciumaluminat und zwischenzeitlich gebildetem Calciumhydroxid zu „Monosulfat“:

Endphase der Verfestigung:

Ettringit geht durch Reaktion mit Tricalciumaluminat in „Monosulfat“ über

$$2(3\,CaO \cdot Al_2O_3) + 3\,CaO \cdot Al_2O_3 \cdot 3\,CaSO_4 \cdot 32\,H_2O + 4\,H_2O \longrightarrow 3(3\,CaO \cdot Al_2O_3 \cdot CaSO_4 \cdot 12\,H_2O)$$

„Monosulfat"

In Abb. 5.3-2 ist die zeitliche Änderung der Mengenverhältnisse der auftretenden Phasen bei der Erhärtung von Portlandzement schematisch wiedergegeben.

5.3.4 Gips

5.3.4.1 Wirtschaftliche Bedeutung

Gipsproduktion in der BRD 1980:
- $3 \cdot 10^6$ t Naturgips

Die Produktion an Naturgips betrug in der Bundesrepublik Deutschland:

1977	$2.63 \cdot 10^6$ t	
1978	2.63 „ „	
1979	2.87 „ „	
1980	3 „ „	(geschätzt)

- $1.5 \cdot 10^6$ t Chemiegips, hauptsächlich aus der Naßphosphorsäure-Produktion

Dazu kommen noch ca. $1.5 \cdot 10^6$ t Chemiegips – hauptsächlich aus der Phosphorsäure-Produktion –, von denen der größte Teil deponiert wird. Nur ca. $0.1 \cdot 10^6$ t werden nach einer Endreinigung im Bausektor verwendet. Weltweit schätzt man den Anfall von Chemiegips aus der Naßphosphorsäure-Herstellung auf ca. $60 \cdot 10^6$ t/a.

Naturanhydrit 0.5 bis $1 \cdot 10^6$ t/a

$0.25 \cdot 10^6$ t/a Anhydrit aus der Flußsäure-Produktion

Pro Jahr gehen zusätzlich etwa 0.5 bis $1 \cdot 10^6$ t Naturanhydrit in die Zementindustrie und 0.4 bis $0.5 \cdot 10^6$ t in den Bergbau. Bei der Herstellung von Flußsäure entstehen pro Jahr etwa $0.25 \cdot 10^6$ t synthetischer Anhydrit. Davon finden 100 000 t in der Zementindustrie Verwendung; der Rest geht als Binder in die Bauwirtschaft. Weltweit fallen schätzungsweise 2 bis $3 \cdot 10^6$ t synthetischer Anhydrit pro Jahr an.

Gipsherstellung bei Rauchgasentschwefelung

Bei der Verbrennung von Kohle, Erdöl und Erdgas entstehen pro Jahr auf der Welt ca. $62 \cdot 10^6$ t Schwefeldioxid . In den USA und in Japan wurde in den letzten Jahren eine Technologie entwickelt, die es gestattet, aus dem im Rauchgas enthaltenen Schwefeldioxid Gips herzustellen. In der Bundesrepublik befindet sich die Kombination Gipsherstellung und Rauchgasentschwefelung noch im Versuchsstadium. Bei einem Großeinsatz dieser Technologie dürfte nach heutigem Stand mit 2 · 10^6 t Gips zu rechnen sein.

5.3.4.2 Modifikationen von Calciumsulfat

Folgende Modifikationen von Calciumsulfat sind bekannt:

$CaSO_4 \cdot 2H_2O$:	Gipsstein, Dihydrat
$CaSO_4 \cdot 1/2\ H_2O$:	Bassanit, Halbhydrat
$CaSO_4$:	Anhydrit

In der Natur kommt Calciumsulfat als Dihydrat (Gipsstein), als wasserfreier Anhydrit und – unter selten anzutreffenden Bedingungen – als Halbhydrat in Form des Minerals Bassanit vor. Von wirtschaftlichem Interesse sind nur Vorkommen von Gipsstein und Anhydrit. Für die Anwendung in der Bauindustrie sind die abbindefähigen Modifikationen Halbhydrat und Anhydrit, die durch Dehydratation aus dem Dihydrat hergestellt werden, von Bedeutung. In Tabelle 5.3-10 sind die Eigenschaften und Bildungsbedingungen der verschiedenen Calciumsulfat-Modifikationen angegeben.

Vorkommen:
- als Gipsstein $CaSO_4 \cdot 2H_2O$
- als Anhydrit $CaSO_4$
- als Bassanit $CaSO_4 \cdot 1/2H_2O$

Die α- und β-Form des Halbhydrats unterscheiden sich nicht in ihrer Kristallform. Die unterschiedlichen Löslichkeiten und Reaktionsverhalten sind auf verschiedene Kristalltracht und Größe der spezifischen Oberflächen zurückzuführen. α-Halbhydrat bildet gut ausgebildete große Kristalle, während beim β-Halbhydrat extrem kleine Kristallite vorliegen. α- und β-Halbhydrat werden als zwei Grenzformen der gleichen Phase angesehen. Sie besitzen die Fähigkeit, weiteres Wasser „zeolithisch" aufzunehmen. Das in der Literatur beschriebene „Monohydrat" ist so zu erklären.

α- und β-Halbhydrat besitzen verschiedene Kristalltracht und spezifische Oberfläche

Durch „zeolithische" Wasseraufnahme von Halbhydrat entsteht „Monohydrat"

Der „lösliche" Anhydrit III tritt in drei „Grenzfällen" auf, die aber für die technische Herstellung von Gips nicht von Bedeutung sind.

Anhydrit III: entsteht durch Entwässerung von Halbhydrat

Anhydrit II entsteht bei höheren Temperaturen aus Anhydrit III oder Halbhydrat und entspricht dem natürlich vorkommenden Anhydrit. Er tritt in drei verschiedenen

Anhydrit II: entspricht natürlichem Anhydrit; je nach Herstellungstemperatur variiert sein Rehydratationsverhalten

Tabelle 5.3-10. Entstehungsbedingungen und Eigenschaften der Calciumsulfat-Modifikationen.

Formel	Bezeichnungen	Erscheinungsformen	Kristallform	Stabilitätsbereich in °C	Entstehungsbedingungen Labor in °C	Entstehungsbedingungen Technik in °C	Eigenschaften	Verwendung
$CaSO_4 \cdot 2H_2O$	Gipsstein, Dihydrat	–	monoklin	<40 unter Normalbedingungen einzige stabile Phase	<40	<40	„abgebundener Gips“, durch nadelförmige verfilzte Kristalle hohe Festigkeit. Wirkt in Mischung mit Halbhydrat bzw. Anhydrit beim Abbinden stark beschleunigend	
$CaSO_4 \cdot 1/2H_2O$	Bassanit, Halbhydrat	α-Form	rhomboedrisch	metastabil	>45 in wäßrigem Medium	80 bis 180 in wäßrigem Medium	sehr hohe Festigkeit, schnelle und langsame Versteifung	Formengips, Industrie- u. Dentalgips
		β-Form	rhomboedrisch	metastabil	45 bis 200 an trockener Luft	120 bis 180 an trockener Luft	mittelgroße Festigkeit, mittelschnelle Versteifung	Stuck- und Mörtelgipse; in Mischung mit Anhydrit als Putzgips
$CaSO_4$	Anhydrit III, „löslicher Anhydrit“	α-Anhydrit III β-Anhydrit III′ β-Anhydrit III	hexagonal	metastabil	50 Vakuum 290 100 Luft		reagiert mit Wasser sehr schnell zu Halbhydrat, geringe Festigkeit	Sikkativ
$CaSO_4$	Anhydrit II, „unlöslicher Anhydrit“ (≙ natürlichem Anhydrit)	AII schwerlösl. AII unlöslich AII Estrichgips	rhombisch	40 bis 1180		<500 500 bis 700 >700	langsame bis sehr langsame Reaktion mit Wasser (daher Verwendung von Anregern), hohe Festigkeit	Füllstoff, Marmorgips, Estrichgips, in Mischung mit β-Halbhydrat als Putzgips
$CaSO_4$	Anhydrit I	–	kubisch	>1180	>1180	–		technisch nicht interessant, da nur bei Temperaturen >1180 °C beständig

Reaktionsstufen auf. Je nach Höhe der Temperaturbehandlung zeigen diese Reaktionsstufen unterschiedliches Rehydratationsverhalten. Der bei Brenntemperaturen über 700 °C erhaltene Estrichgips enthält schon Anteile von CaO, da ab 600 °C bereits eine Zersetzung des Anhydrits einsetzt:

„Estrichgips“ enthält ca. 10% CaO

$$CaSO_4 \longrightarrow CaO + SO_3 .$$

Die einzelnen Modifikationen bilden sich aus dem Dihydrat mit steigender Temperatur in folgender Reihenfolge:

Dihydrat → Halbhydrat → Anhydrit III → Anhydrit II (→ Anhydrit I)

5.3.4.3 Naturgips

Gipsstein wird entweder im Tagebau oder unter Tage gewonnen. Er wird zerkleinert, homogenisiert und anschließend, je nach den gewünschten Endprodukteigenschaften, nach verschiedenen Verfahren thermisch dehydratisiert.

Aufbereitung der Rohstoffe:

- Abbau
- Zerkleinerung
- thermische Dehydratation

Zur Herstellung von β-Halbhydrat, anhydritischen und Mehrphasengipsen wird die Entwässerung trocken durchgeführt. Bei Temperaturen von 120 bis 180 °C erhält man β-Halbhydrat, bei höheren Temperaturen anhydritische oder Mehrphasengipse. Die großtechnisch verwendeten Aggregate sind direkt oder indirekt geheizte Drehrohre oder Kocher, die überwiegend indirekt beheizt werden. Vereinzelt werden noch andere Verfahren angewandt: Beim Mahlbrennverfahren findet die Entwässerung in einer Mühle während der Zerkleinerung statt. Ein Trägergasbrennverfahren und eine Entwässerung in einer beheizten Schnecke (Holoflite-Brennverfahren) werden ebenfalls beschrieben.

trockene Entwässerung führt zu β-Halbhydrat und/oder Anhydrit

technische Durchführung:

- vorwiegend in Kochern und Drehrohröfen
- vereinzelt durch Mahlbrennverfahren, Trägergasbrennverfahren oder Holoflite-Brennverfahren

Bei der Anwendung höherer Temperaturen zur Erzeugung von Hochbrandgips hat sich neben dem konventionellen Drehrohr der Rostbandofen (Knauf) bewährt. Dabei wird das zu brennende Gut auf einem kontinuierlich umlaufenden Band unter einer Brennerhaube durchgelei-

- in Rostbandöfen

  speziell zur Erzeugung von Hochbrandgips

tet. Die heißen Verbrennungsgase werden mit Hilfe von Ventilatoren durch die Brenngutschicht gezogen. Da das Brenngut während des Durchleitens durch die Brennzone nicht bewegt wird, fällt bei diesem Verfahren nur wenig Staub an.

Kapazitäten:

- von Drehrohröfen bis 500 t/d
- von Rostbandöfen bis 1000 t/d

Moderne Drehrohranlagen haben Kapazitäten bis ca. 500 t/d, Rostbandanlagen bis 1000 t/d. Die Verweilzeiten liegen jeweils unter 1 Stunde. In Kochern werden Durchsätze bis 150 t/d bei Verweilzeiten von mehreren Stunden erzielt. Kammerschachtöfen sind wegen der überaus langen Brennzeiten von mehreren Tagen heute praktisch nicht mehr in Betrieb.

Nasse Entwässerung in Autoklaven führt zu α-Halbhydrat

α-Halbhydrat kann nur nach nassen Verfahren in Autoklaven bei Temperaturen von 120 bis 150 °C hergestellt werden. Die in der Literatur beschriebenen drucklosen Verfahren in Säuren oder wäßrigen Salzlösungen finden noch keine technische Anwendung.

Herstellung von Mehrphasengipsen:

- durch Mischung verschiedener Gipse
- durch Einhaltung definierter Reaktionsbedingungen bei der Entwässerung

Da die Produkteigenschaften je nach verwendetem Aggregat unterschiedlich sind, werden in modernen Gipsfabriken meist verschiedene Entwässerungsverfahren angewandt. Die Mehrphasengipse werden dann durch Mischung hergestellt. Bei Einhaltung genau definierter Bedingungen können sie aber auch in einem Verfahrensschritt erhalten werden (vgl. Tabelle 5.3-11).

Tabelle 5.3-11. Phasenzusammensetzungen in % von verschiedenen Gipssorten.

Gipssorte	Herstellungs-aggregat	Herstellungs-temperatur in °C	$CaSO_4 \cdot H_2O$	$CaSO_4 \cdot 1/2H_2O$		$CaSO_4$		Rest
				α-Form	β-Form	Anhydrit II	Anhydrit III	
Formengips	Autoklav	130 bis 135	0.1	94	2	–	1.9	2
Stuckgips	Kocher	180	2	2	73	10	1	10
	Drehrohr	120 bis 180	2	2	71	19	5	–
Putzgips	gemischt aus Stuckgips und Hochbrandgips	–	2		26	14	58	–
Hochbrandgips	Rostband	200 bis 900	2	–	6	18	74	–
Estrichgips	Drehrohr	800 bis 1000	–	–	–	–	90	10 (CaO)

5.3.4.4 Naturanhydrit

Naturanhydrit wird im Tagebau oder unter Tage gewonnen. Durch Feinstmahlung auf <0.2 mm Korngröße und durch Zusatz von „Anregern“ (ca. 2% Schwermetall- oder Alkalisulfate bzw. Calciumhydroxid) entsteht aus dem Naturanhydrit ein abbindefähiges Produkt.

Aufbereitung von Naturanhydrit:

- Abbau
- Feinstmahlung
- Zusatz von Anregern

5.3.4.5 Chemieanhydrit aus der Flußsäure-Herstellung

Die großtechnische Herstellung von Flußsäure erfolgt durch Umsetzung von Flußspat (CaF_2) mit konzentrierter Schwefelsäure in einem Drehrohrofen bei ca. 200 °C (siehe Abschn. 1.7.1).

Anhydrit aus der Flußsäure-Herstellung
$CaF_2 + H_2SO_4 \longrightarrow CaSO_4 + 2HF$

$$CaF_2 + H_2SO_4 \xrightarrow{200\,°C} CaSO_4 + 2HF$$

Dabei fällt zwangsläufig Calciumsulfat an in Form von Anhydrit II. Als störende Verunreinigungen enthält der synthetische Anhydrit neben kleinen Mengen nicht umgesetzten Flußspats noch Reste an freier Schwefelsäure (0.5 bis 10%). Zu ihrer Entfernung wird dem Anhydrit sofort nach Verlassen des Drehrohrofens in einer Mischschnecke Calciumoxid zudosiert, um die Restschwefelsäure zu neutralisieren.

Reinigung von anhaftender H_2SO_4 durch Reaktion mit CaO

$$CaO + H_2SO_4 \xrightarrow{200\,°C} CaSO_4 + H_2O$$

Nach einer Endmahlung (Feinstmahlung) auf die gewünschte Produktfeinheit ist der synthetische Anhydrit zur endgültigen Verarbeitung geeignet. Ggf. erfolgt noch ein Zusatz von Anregern (siehe Abschn. 5.3.4.4).

Abbindefähiges Produkt durch:

- Feinstmahlung
- Zusatz von Anregern

5.3.4.6 Chemiegips

5.3.4.6.1 Aus der Herstellung und Reinigung organischer Säuren

Bei der Herstellung bzw. Reinigung organischer Säuren, wie Citronensäure, Oxalsäure oder Weinsäure, über deren Calciumsalze fallen ebenfalls geringe Mengen Calciumsulfat-Dihydrat an:

Chemiegips aus der Herstellung bzw. Reinigung organischer Säuren über Ca-Salze

z. B.: $CaC_2O_4 + 2H_2O + H_2SO_4 \longrightarrow CaSO_4 \cdot 2H_2O + H_2C_2O_4$

5.3.4.6.2 Chemiegips aus der Rauchgasentschwefelung

Chemiegips aus der Rauchgasentschwefelung durch Absorption von SO_2 mit $Ca(OH)_2$ und anschließende Oxidation zu $CaSO_4 \cdot 2H_2O$

Im Zuge immer strengerer Auflagen des Umweltschutzes werden Verfahren zur Rauchgasentschwefelung auch immer wichtiger. Das im Rauchgas enthaltene SO_2 wird mit Wasser absorbiert, mit gebranntem oder gelöschtem Kalk oder Kalkstein gefällt und oxidiert.

$$2SO_2 + 2Ca(OH)_2 \longrightarrow 2CaSO_3 \cdot 1/2H_2O + H_2O$$
$$3H_2O + 2CaSO_3 \cdot 1/2H_2O + O_2 \longrightarrow 2CaSO_4 \cdot 2H_2O$$
$$2SO_2 + 2Ca(OH)_2 + O_2 + 2H_2O \longrightarrow 2CaSO_4 \cdot 2H_2O$$

Technische Durchführung:

- in der BRD Versuchsanlagen nach dem Hölter-Verfahren
- in Japan nach dem Mitsubishi- bzw. Chiyoda-Verfahren

Beim Hölter-Verfahren erfolgt die Absorption des Schwefeldioxids durch eine wäßrige Suspension von Calciumhydroxid und Calciumchlorid. In der Bundesrepublik sind z. Zt. nur Versuchsanlagen in Betrieb, unter anderem im Kraftwerk Weiher III in Quierscheid/Saarland.

In Ländern mit wenig natürlichen Gipsvorkommen wie Japan ist die Gipsherstellung aus Rauchgas auch wirtschaftlich interessant (Mitsubishi-Verfahren, Chiyoda-Verfahren). Auch in den USA sind Verfahren zur Rauchgasentschwefelung entwickelt worden (Lewis-Wäscher, Combustion-Engineer-Verfahren).

5.3.4.6.3 Chemiegips aus der Phosphorsäure-Produktion

Bei der Naßphosphorsäure-Produktion entstehen pro t Rohphosphat 1.7 t Gips

Die größte Menge Chemiegips ensteht bei der Phosphorsäure-Produktion durch Umsetzung von natürlichen Phosphaten mit Schwefelsäure (s. auch Abschn. 1.5.1):

$$Ca_5(PO_4)_3F + 5H_2SO_4 + 10H_2O \longrightarrow 3H_3PO_4 + 5CaSO_4 \cdot 2H_2O + HF$$

Aus 1 t Rohphosphat entstehen dabei 1.7 t Gips, der aber so stark verunreinigt ist, daß er nicht direkt für die Bauindustrie verarbeitet werden kann. Bei den Verunreinigungen handelt es sich entweder um Beimengungen wie organische Substanzen, lösliche Alkali- und Magnesiumsalze und schwerlösliche Salze (z. B. Na_2SiF_6) oder um Phosphate und Fluoride, die im Gips-Kristallgitter isomorph eingebaut sind.

Verunreinigungen als organische oder anorganische Beimengungen oder im Gips-Kristallgitter fest eingebaut verhindern direkten Einsatz im Bausektor

Der Gehalt an Verunreinigungen kann schon durch die Verfahrensführung bei der Phosphorsäure-Herstellung beeinflußt werden: Einstufige Verfahren, wie z. B. das klassische Prayon-Dihydrat-Verfahren, oder neuere Verfahren, die zum Halbhydrat führen, ergeben einen höheren Verunreinigungspegel, so daß weitere Reinigungsschritte notwendig sind. Zweistufige Verfahren, die entweder über Dihydrat zum Halbhydrat führen (Central-Prayon-Verfahren) oder umgekehrt über das Halbhydrat zum Dihydrat (Nissan-Prozeß), liefern Produkte, die auch ohne weitere Reinigungsschritte weiterverarbeitet werden können. Durch die Umwandlung Dihydrat – Halbhydrat (bzw. umgekehrt) werden im Gitter eingebaute Verunreinigungen freigesetzt. Ist eine weitere Reinigung des Chemiegipses nötig, so ist das nach zwei Verfahrenstypen möglich:

Verringern der Verunreinigungen durch zweistufige Verfahren bei der Phosphorsäure-Herstellung:

- Central-Prayon-Verfahren
- Nissan-Prozeß

Typ I: „Trockene Verfahren", die zu β-Halbhydratgips und Mehrphasengips führen,

und

Typ II: „Nasse Verfahren", die α-Halbhydratgips ergeben.

Trockene Verfahren

Die trockenen Verfahren bestehen immer aus zwei Schritten: dem Waschen zur Entfernung löslicher Verunreinigungen, dem ggf. noch eine Flotation zur Entfernung organischer Verunreinigungen angegliedert ist, und der trockenen Calcination. Waschung und Flotation entfallen bei Chemiegipsen nach dem Central-Prayon- bzw. Nissan-Verfahren, die schon ziemlich rein sind.

Trockene Reinigungsverfahren führen zu β-Halbhydrat und Mehrphasenpigmenten

Die einzelnen im folgenden aufgeführten Verfahren unterscheiden sich nur in der technischen Durchführung:

Technische Durchführung nach Verfahren von:

• Rhône-Poulenc

Rhône-Poulenc-Verfahren:

Waschung in Hydrozyklonen, Trocknung und Calcinierung entweder getrennt oder in einem Schritt.

• Knauf

Knauf-Verfahren in verschiedenen Varianten:

Nach der Waschung und Flotation wird die Trocknung bis zur teilweisen Dehydratation durchgeführt. Die entstehende Mischung aus Dihydrat und Halbhydrat wird unter Zusatz von Kalkhydrat und stöchiometrischen Mengen an Wasser umkristallisiert, anschließend pelletisiert und dann auf dem Rostband oder im Drehrohr calciniert. Diese Umkristallisation beseitigt auch die bei Chemiegipsen sonst vorliegende Nadelform, die zu Problemen bei der Verarbeitung führen kann.

• CdF-Chimie/Air-Industries

CdF-Chimie/Air-Industries-Verfahren:

Das Waschen geschieht in Hydrozyklonen, die sich anschließende Temperaturbehandlung erfolgt in drei Schritten: Trocknung, Entwässerung zu β-Halbhydrat und Anhydrit III, Rehydratation von Anhydrit III zu β-Halbhydrat.

• CERPHOS

CERPHOS-Verfahren (Centre d'Etudes et de Recherche des Phosphates Mineraux):

Im Waschteil werden in Hydrozyklonen die feinsten Anteile, die besonders viel Verunreinigungen enthalten, abgetrennt. Trocknung und Calcinierung wie bei konventioneller Gipsproduktion.

Nasse Verfahren

Nasse Reinigungsverfahren führen zu α-Halbhydrat

Technische Durchführung nach dem Guilini-Prozeß in Autoklaven

Die nassen Verfahren bestehen ebenfalls aus einem Waschschritt (ggf. mit Flotation) und einem Dehydratationsschritt, der in wäßriger Phase in Autoklaven (bevorzugt in kontinuierlich arbeitenden Autoklaven) durchgeführt wird. Das einzige technisch ausgeführte Verfahren ist der Guilini-Prozeß. Dieses Verfahren kann alle Arten von Phosphorsäureabfallgips unabhängig von der Art der Verunreinigungen verarbeiten, ohne daß die Phosphorsäure-Herstellung modifiziert werden muß. Die Naßaufarbeitung läßt sich besonders dort wirtschaftlich einsetzen, wo eine direkte Weiterverarbeitung des Gipses, z. B. zu Gipswandplatten, möglich ist, d. h. wenn keine Trocknung des Materials notwendig ist.

Im Reaktionsmedium ist Phosphat bis 7 g/L (als P_2O_5) angereichert. Die Ausbeute an Phosphat läßt sich daher durch Rückführung des Wassers verbessern.

5.3.4.7 Vorgänge beim Abbinden von Gips

Unter Abbinden von Gips versteht man die Reaktion von Halbhydrat, Anhydrit II bzw. Anhydrit III mit Wasser, d.h. die umgekehrte Reaktion wie bei der Herstellung von Gips:

„Abbinden" ist die Rehydratation von Halbhydrat oder Anhydrit

Gipsherstellung durch De-hydratation	Abbindefähige Modifikationen	Abbinden durch Re-hydratation
$CaSO_4 \cdot 2H_2O \xrightarrow{-H_2O}$	$\left\{ \begin{array}{l} CaSO_4 \cdot 1/2H_2O \\ CaSO_4 \text{ A II} \\ CaSO_4 \text{ A III} \end{array} \right\}$	$\xrightarrow{+H_2O} CaSO_4 \cdot 2H_2O$

Beim Anmaischen von Gips wird eine möglichst homogene Suspension des Gipspulvers in Wasser hergestellt, die sich nicht absetzen soll. Dabei werden die einzelnen Gipsteilchen möglichst gut mit Wasser benetzt. Halbhydrat (bzw. Anhydrit) aus den äußersten Schichten des hydratisierten Korns geht dabei in Lösung.

Anmaischen mit Wasser zur homogenen Suspension

Nach dieser sog. „Induktionsperiode" beginnt die Keimbildung von Dihydrat aus der übersättigten Lösung um das Korn herum. Anschließend erfolgt das weitere Wachstum der nadelförmigen Dihydratkristalle, die sich beim richtigen Verhältnis von Wasser zu Gips zu einem dichten Gefüge verfilzen, in das noch unhydratisierte Bestandteile und Anmachwasser eingelagert sind. Nachdem sich das feste Dihydratgefüge gebildet hat, muß die feste Gipsmasse noch trocknen. Der Übergang von Halbhydrat und Anhydrit II zu Dihydrat erfolgt dabei direkt ohne Zwischenstufe; Anhydrit III wandelt sich über das Halbhydrat zum Dihydrat um. Die Versteifungseigenschaften von Gips sind von vielen Faktoren abhängig wie Zusammensetzung, Herstellungsart, Kornform, Kornverteilung und Zusatzstoffen (Beschleuniger bzw. Verzögerer).

Nach der „Induktionsperiode" (beginnende Lösung von Halbhydrat bzw. Anhydrit) erfolgt die Keimbildung von Dihydrat. Durch weiteres Kristallwachstum entsteht ein dichtes Gefüge von Dihydratkristallen, das die Festigkeit von Gips ergibt

Überschüssiges Wasser wird beim Trocknen entfernt

5.3.5 Grobkeramische Produkte für die Bauindustrie

Grobkeramische Produkte sind Ziegel und Klinker

Der Herstellungsprozeß gleicht in gewisser Weise dem der feinkeramischen Erzeugnisse

Die in der Bauindustrie verwendeten Tonerzeugnisse sind sog. grobkeramische Produkte. Sie umfassen Mauerziegel, Dachziegel, Klinker, Dränrohre und Kabelschutzhauben. Die Herstellung derartiger Massenprodukte unterscheidet sich aber kaum von der in Abschn. 5.5.3 beschriebenen allgemeinen Herstellung keramischer Erzeugnisse.

Als Rohstoffe zur Ziegelherstellung kommen Lehm, Mergel, Ziegelton, Tonstein und Schieferton in Frage. Die chemische Zusammensetzung der Rohstoffe ähnelt derjenigen zur Herstellung feinkeramischer Produkte (vgl. dazu Abschn. 5.5). Die Menge der Verunreinigungen kann höher sein.

Leichtziegel werden erhalten

Von besonderem Interesse für die Bauindustrie sind leichte Baustoffe. Die Herstellung leichter Ziegel kann nach verschiedenen Verfahren erfolgen:

- durch leichte Zuschläge, wie Perlit, Vermiculit, Kieselgur
- durch Ausbrennen organischer Zusätze
- durch Aufschäumen

- durch Zugabe von leichten Zuschlagstoffen, wie Vermiculit, Perlit oder Diatomeenerde (Kieselgur). Damit lassen sich Scherbenrohdichten bis 0.8 kg/dm^3 erreichen (normal 1.9 kg/dm^3)
- durch Zugabe geeigneter organischer Stoffe wie Holz (Sägemehl), Ruß, Torf u. ä. Diese Zusätze zersetzen sich beim Brennen und hinterlassen dann Poren und Hohlräume. Besonders geeignete organische Materialien sind Styroporkugeln oder Kunstharzperlen (Poroton®-Verfahren)
- durch Zugabe von gasbildenden Stoffen. Gibt man z. B. dem feuchten Ansatz Aluminiumpulver zu, so entsteht Wasserstoff, der die Masse aufschäumt. Die Härtung kann auch in Druckkesseln, wie bei der Herstellung von Kalksandsteinen, erfolgen (Abschn. 5.3.2.5).

Zur Herstellung von Leichtziegeln werden fast ausschließlich Styroporkugeln und/oder Sägemehl den Massen beigefügt.

5.3.6 Blähprodukte

5.3.6.1 Allgemeines

Bei den anorganischen Blähprodukten handelt es sich um Materialien mit geschlossenporiger Struktur und geringer Dichte, die sehr gute Isolationseigenschaften zeigen. Zu ihrer Herstellung lassen sich bestimmte Tone und Schiefer, Gläser und bestimmte Hochofenschlacken verwenden.

Definition: Blähprodukte sind Stoffe mit geschlossenporiger Struktur und geringer Dichte

Herstellung aus Tonen, Schiefern, Gläsern und Hochofenschlacken

Schon seit langer Zeit war bekannt, daß sich Tone bei schneller Aufheizung aufblähen können. Die erste technische Nutzung dieser Bläheigenschaften wurde 1912 von Stephen John Hayde beschrieben (US-Patent 1 255 878). Dieses Blähtongranulat wurde unter dem Namen Haydite vertrieben. In Europa wurden die ersten Arbeiten zur Herstellung von Blähton in Dänemark durchgeführt. Das Produkt kam unter dem Namen LECA (*L*ight *e*xpanded *c*lay *a*ggregates) in den Handel. In der USSR wurde ein ähnliches Verfahren entwickelt und fand als Keramsit weite Verbreitung. In der Bundesrepublik wird seit 1955 Blähton nach dem LECA-Verfahren hergestellt. Die Kapazität von Blähtonen und Blähschiefern in der Bundesrepublik beträgt etwa 1.5 bis $2 \cdot 10^6$ m^3/a.

Aufblähen von Tonen durch schnelles Erhitzen

Kapazität für Blähprodukte in der BRD: 1.5 bis $2 \cdot 10^6$ m^3/a

5.3.6.2 Blähprodukte aus Tonen und Schiefern

5.3.6.2.1 Rohstoffe

Als Ausgangsmaterial zur Herstellung von Blähtonen bzw. Blähschiefern sind solche Materialien geeignet, die bei hohen Temperaturen (ca. 1100 bis 1200 °C) eine glasartige („pyroplastische") Phase bilden, deren Viskosität so hoch ist, daß ein Gas, welches bei diesen Temperaturen in dem Produkt entwickelt wird, nicht mehr entweichen kann und daher diese Masse aufbläht. In Abb. 5.3-3 ist die Volumenänderung eines Tongranulates in Abhängigkeit von der Temperatur angegeben.

Blähfähige Rohstoffe bilden bei 1100 bis 1200 °C eine glasartige „pyroplastische" Phase. Durch Gase, die bei diesen Temperaturen entstehen, werden sie aufgebläht.

Die Blähfähigkeit von Tonen wird begünstigt durch:

- hohe Plastizität
- großen Feinkornanteil
- Fe_2O_3-Anteil von mindestens 3 bis 6%

Die Blähfähigkeit von Tonen hängt ab von

- Plastizität
- Feinkornanteil
- Fe_2O_3-Gehalt

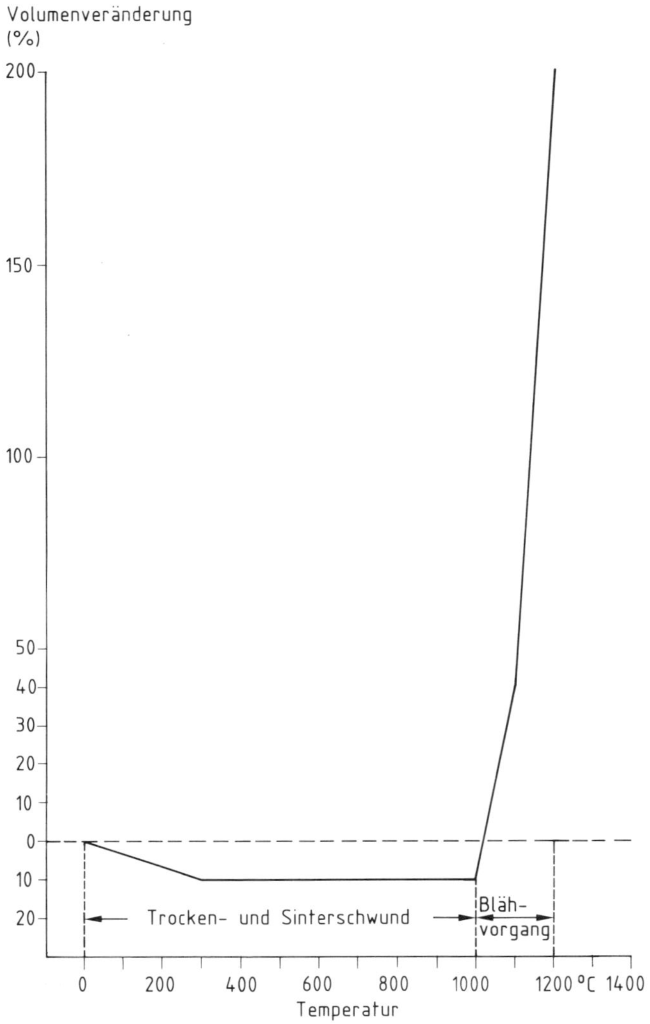

Abb. 5.3-3. Volumenänderung bei der Blähtonherstellung in Abhängigkeit von der Temperatur (schematisch).

- organischem C-Anteil
- organische Verunreinigungen (ihr Anteil kann 0.6 bis 2.5% oder noch höher sein). Als besonders günstig hat sich ein Verhältnis von organischem C-Anteil zu Fe_2O_3-Gehalt von 0.04 bis 0.20 herausgestellt
- Kalkgehalt
- geringen Kalkanteil (<5%)
- Mineralzusammensetzung
- hohen Anteil an Tonen der Illit- und Glimmergruppe; geringen Kaolinit-Anteil (s. dazu Abb. 5.3-4)
- Schwefelgehalt
- Schwefel-haltige Beimengungen
- Sinter- und Schmelzpunkt
- geringe Temperaturdifferenz zwischen Sinter- und Schmelzpunkt, die bei ca. 1200 °C liegen sollen

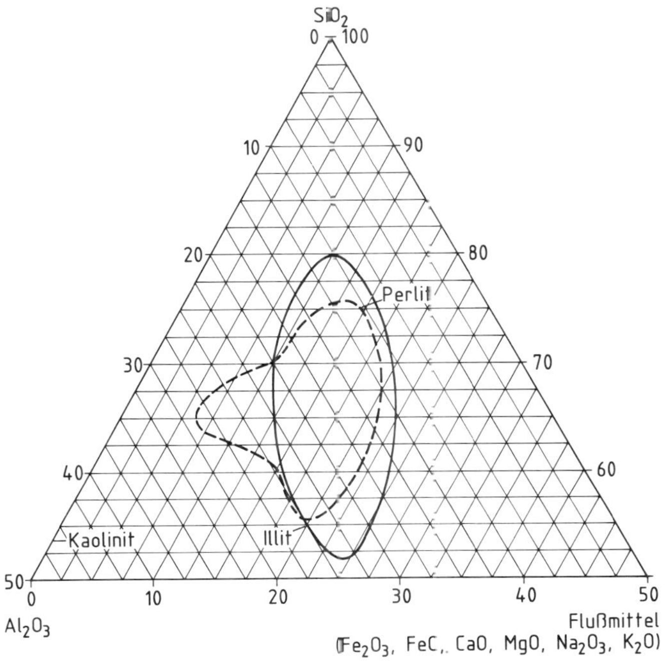

Abb. 5.3-4. Chemische Zusammensetzung von blähfähigen Tonen.
——— nach C. M. Riley --- nach H. Wilson

- geringe Temperaturdifferenz zwischen Erweichen des Produktes und der maximalen Gasabspaltung
- Ausdehnung des Blähvorgangs über ein Temperaturintervall von mindestens 50 bis 100 °C.

- Erweichungs- und Blähbereich

Besitzt ein Ton von Natur aus die gewünschte Blähfähigkeit nicht, so kann er durch den Zusatz von sog. Blähhilfsmitteln blähfähig gemacht werden. Geeignete Zusatzstoffe sind: organische Stoffe wie Bitumen, Schweröl, Ligninsulfate, ferner Kohlenstoff, Eisenoxide oder -hydroxide oder Gips. Bei einem zu hohen Anteil von Flußmitteln ist der Zusatz von SiO_2 bzw. Al_2O_3 angezeigt.

Zusätze zur Erhöhung der Blähfähigkeit: z. B. organische Stoffe, Eisenoxide, Gips

5.3.6.2.2 Gasbildende Reaktionen bei der Herstellung von Blähprodukten

Die häufigsten Blähgase sind CO_2, CO, O_2, SO_2 und H_2. Für ihre Bildung kommen in Betracht:

- Die Zersetzung von organischen Verunreinigungen bei erhöhter Temperatur:

Blähgase sind: CO_2, CO, O_2, SO_2, H_2

Gasbildende Reaktionen sind: Zersetzung von

- organischen Stoffen

$$C_{org.} + O_2 \longrightarrow \underline{CO_2}$$

- Schwefel-haltigen Verbindungen

- Die Zersetzung von Schwefel-haltigen Verbindungen

$$2CaSO_4 \longrightarrow 2CaO + \underline{2SO_2} + \underline{O_2}$$
$$FeS_2 \longrightarrow FeS + S_{gasf.}$$
$$S_{gasf.} + O_2 \longrightarrow \underline{SO_2}$$

- Carbonaten

- Die Zersetzung von Carbonaten

$$CaCO_3 \longrightarrow CaO + \underline{CO_2}$$

- Eisenoxiden

- Die Zersetzung von Eisenoxid:

$$6Fe_2O_3 \xrightarrow{\text{ab } 1150\,°C} 4Fe_3O_4 + O_2$$

Nach C. M. Riley ist sie die wichtigste gasbildende Reaktion.

Für Temperaturen über 1100 °C wird folgendes Reaktionsschema diskutiert:

$$\begin{array}{lcl} Fe_2O_3 + C & \longrightarrow & 2FeO + CO \\ Fe_2O_3 + CO & \longrightarrow & 2FeO + CO_2 \\ 4FeO + 4Al_2O_3 & \longrightarrow & 4FeAl_2O_4 \\ \hline 2Fe_2O_3 + C + 4Al_2O_3 & \longrightarrow & 4FeAl_2O_4 + \underline{CO_2} \\ & & \text{Hercynit} \end{array}$$

Die Spinell-Neubildung kann röntgenographisch nachgewiesen werden.

5.3.6.2.3 Herstellung von Blähprodukten

Aufbereitung der Rohstoffe:

- Vorzerkleinerung

Die Aufbereitung der Rohstoffe ist unterschiedlich, je nachdem, ob es sich um plastische Tone oder stückige Schiefer handelt: Plastische Tone werden vorzerkleinert, gemahlen, gemischt, teilweise entwässert und dann mit Granuliertellern oder ähnlichen Aggregaten zu Pellets verschiedener Größe verformt, die dann der Temperaturbehandlung unterworfen werden (Halbnaßverfahren). Stückige Rohstoffe, wie Schiefer, werden nur gemahlen und ggf. noch klassiert (Trockenverfahren). Die Einstellung der gewünschten Schüttdichte des Endproduktes erfolgt bei der anschließenden Temperaturbehandlung.

- Mahlung
- Verformung

Voraussetzung zur Herstellung von Produkten mit geringer Schüttdichte ist, den Temperaturbereich ab 600 °C bis zur Blähtemperatur (1100 bis 1200 °C) schnell zu durchfahren. Die gasabspaltende Reaktion fällt dann mit dem Auftreten der Glasphase zusammen, und die gesamte entstehende Gasmenge kann zum Aufblähen des Granulats genutzt werden. Produkte mit höherer Dichte entstehen, wenn man den Aufheizvorgang langsamer durchführt, da dann die Gasabspaltung schon einsetzt, bevor die Kornoberfläche versintert ist und ein Teil des entstehenden Gases ungenutzt entweicht.

Blähvorgang erfolgt bei ca. 1100 bis 1200 °C

Zur Durchführung der Temperaturbehandlung werden verschiedene Verfahren benutzt:

Technische Durchführung:

a) LECA-Verfahren

- LECA-Verfahren mit Drehrohröfen

Bei diesem Verfahren wird die Temperaturbehandlung in einem (bevorzugt direkt geheizten) Drehrohrofen durchgeführt. Zur Vortrocknung des Materials sind dem Drehrohrofen Rostvorwärmer (MIAG) oder Schachtvorwärmer (Krupp) vorgeschaltet. Beim Verlassen des Ofens hat das Produkt noch ca. 900 bis 1000 °C. Dem Drehrohrofen nachgeschaltet ist eine Kühltrommel, die für ein gleichmäßiges Abkühlen des Fertigproduktes sorgt. Bis etwa 400 °C soll die Abkühlung nicht zu schnell vor sich gehen, da sonst Haarrisse (Kühlrisse) und Spannungen im Granulat auftreten können, die die Festigkeit der Pellets beeinträchtigen.

b) Sinterrostverfahren

- Sinterrostverfahren durch Zumischen von Brennstoffen zum Rohmaterial

Bei diesem Verfahren wird das granulierte Rohmaterial mit einem festen Brennstoff (meist Kohle) gemischt und auf einem kontinuierlich laufenden Sinterband unter einer Brennerhaube (Gasbetrieb) entlanggeführt. Die Verbrennungsgase werden dabei durch das Produkt gesaugt.

Der Vorteil dieses Verfahrens liegt darin, daß das Material sehr schnell auf die Blähtemperatur aufgeheizt wird. Dadurch entweicht nur sehr wenig Gas vor dem eigentlichen Blähvorgang, und auch schlecht blähende Produkte können so noch wirtschaftlich verarbeitet werden (Anlagen z. B. von Lurgi).

c) Zirkulationsströmungsverfahren

- Zirkulationsströmungsverfahren

Das getrocknete Material wird von oben in eine Wirbelkammer gegeben, in die von unten heiße Verbrennungsgase mit so hoher Geschwindigkeit eingeleitet werden, daß sie die herunterfallenden Granulate wieder mit hochreißen. Die Intensität des Gasstrahls wird nach oben hin schwächer, so daß die Granulate dann wieder nach unten fallen, wo die Zirkulation von neuem beginnt. Der Blähvorgang verläuft in sehr kurzen Zeitintervallen von ca. 40 s.

- Herstellung von Blähtonblöcken mit keramischer Bindung

d) Die Herstellung von größeren Blöcken aus Blähtongranulat wird so durchgeführt, daß die u. a. in Drehrohröfen hergestellten Granalien in beheizten Formen versintert werden (sog. „keramische Bindung“).

5.3.6.3 Blähprodukte aus Gläsern (Foam-glass)

Zur Herstellung von Blähprodukten aus Gläsern sind sowohl natürlich vorkommende Gläser als auch technische Gläser – bevorzugt Abfallgläser – geeignet.

Perlite: wird bei ca. 1000 °C durch Verdampfen von eingeschlossenem Wasser aufgebläht

Perlite ist ein vulkanisches Glasgestein, in dessen feinen Poren Wasser eingeschlossen ist. Das Gestein wird zerkleinert und auf Temperaturen von ca. 1000 °C gebracht. Dabei schmilzt das Material; das eingeschlossene Wasser verdampft und bläht die Glasschmelze auf ein Vielfaches ihres Ausgangsvolumens auf.

„Foam-glass“: Abfallglas wird fein gemahlen und mit Kohlepulver oder $CaCO_3$ gemischt

Aufblähen durch $CaCO_3$-Zersetzung

Auch synthetische Gläser werden zu sog. „Foam-glass“ verarbeitet. Das dabei bevorzugt verwendete Abfallglas wird mit Kohlepulver oder Calciumcarbonat und/oder Magnesiumcarbonat zu einem feinen Pulver vermahlen. Dieses wird, ggf. unter Zusatz eines Bindemittels, granuliert und dann bei etwa 700 °C gebrannt. Bei dieser Temperatur beginnt die Zersetzung von Calcium bzw. Magnesiumcarbonat; das entstehende Kohlendioxid schäumt das Material auf. Gleichzeitig wird das Glas durch die Aufnahme von Calcium- bzw. Magnesiumoxid schwerschmelzender.

Es entfällt dabei die sonst wegen der Versinterung des Materials notwendige schnelle Abkühlung.

5.3.6.4 Verwendung von Blähprodukten

Blähprodukte weisen als besondere Vorteile geringes Gewicht und gute Isoliereigenschaften auf. Sie werden daher in folgenden Anwendungsbereichen eingesetzt:

Vorteile von Blähprodukten: geringes Gewicht, gute Isoliereigenschaften

- Als Zuschlag zu Leichtbeton für Fertigteile, Hohlblöcke und als Konstruktionsbeton (z. B. im Hochhausbau) (Frischbetondichte 0.5 bis 1.0 kg/dm^3 gegenüber 2.3 bis 2.4 kg/dm^3 bei Normalbeton mit Sand und Kies als Zuschlag).
- Als Zuschlag zu Isolierbeton mit leichter Zementbindung.
- In loser Schüttung für Isolierzwecke in Fußböden-und Dachkonstruktionen.
- Mit organischen Bindemitteln werden Blähton- bzw. Blähschiefergranalien zu sog. UP-Leichtbetonen verarbeitet. Legupren®-Leichtbeton besteht aus geschäumten, ungesättigten Polyesterharzen mit Leichtzuschlagstoffen und wird für Fertigbauteile verwendet.
- Als Isolierschicht im Straßenbau.
- Bei der Pflanzenhaltung in Hydrokulturen werden Blähtongranalien, die möglichst frei von Schwefel sind und große Wassermengen aufnehmen können, als Substrat verwendet.

Anwendung:
- in Leichtbeton
- in Isolierbeton
- in loser Schüttung zur Isolation
- in UP-Leichtbeton
- im Straßenbau
- bei Hydrokulturen

Literatur zu Abschn. 5.3 Baustoffe

Kalk:

H. Gundlach, „Kalk“ in: *Ullmanns Encyklopädie der technischen Chemie.* 4. Aufl., Bd. 13, S. 497, Verlag Chemie, Weinheim, 1977.

Robert S. Boynton: *Chemistry and Technology of Lime and Limestone.* Verlag John Wiley u. Sons, New York, 1980.

Kalk-Taschenbuch (61. Auflage). Herausgegeben vom Bundesverband der Deutschen Kalkindustrie e. V.

H. Gundlach: *Dampfgehärtete Baustoffe.* Bauverlag, Wiesbaden 1973.

Zement:

F. W. Locher und I. Dreizler, „Zement“, in: *Ullmanns Encyklopädie der technischen Chemie.* 3. Aufl. Bd. 19, S. 1, Verlag Urban u. Schwarzenberg, München-Berlin, 1969.

Zementtaschenbuch. Herausgegeben vom Verein Deutscher Zementwerke, 47. Ausgabe, Bauverlag, Wiesbaden, 1979.

R. A. Helmuth et al, „Cement“, in Kirk-Othmer: *Encyclopedia of Chemical Technologie.* 3rd Ed., Vol. 5, p. 163, Verlag John Wiley u. Sons, New York, 1979.

H. Kühl: *Zementchemie.* (3 Bände) 3. Aufl., VEB Verlag Technik, Berlin, 1956–1961.
W. Czernin: *Zementchemie für Bauingenieure.* Bauverlag, Wiesbaden, 1977.
F. Keil: *Zement.* Springer Verlag Berlin, Heidelberg, New York, 1971.

Gips:

F. Wirsching, „Gips", in *Ullmanns Encyklopädie der technischen Chemie.* 4. Aufl., Bd. 12, S. 289, Verlag Chemie, Weinheim, 1976.
H. E. Schwiete und A. N. Knauf: *Gips – Alte und neue Erkenntnisse in der Herstellung und Anwendung der Gipse.* Merziger Druck- und Verlags-GmbH, Merzig, 1969.
R. J. Wenk und P. L. Henkels, „Calcium compounds (Calcium sulfate)", in Kirk-Othmer: *Encyclopedia of Chemical Technology.* 3rd Ed., Vol. 4, p. 437, Verlag John Wiley u. Sons, New York, 1978.

Tonerzeugnisse:

G. Piltz und H. Schmidt, „Ziegeleierzeugnisse" in: *Handbuch der Keramik,* Gruppe II G, Verlag Schmid GmbH, Freiburg, 1973.
K. Schoner: „Tonindustrie, Ziegel und Klinker", in: *Ullmanns Encyklopädie der technischen Chemie.* 3. Aufl., Bd. 17, Seite 482, Verlag Urban u. Schwarzenberg, München-Berlin, 1966.

Blähprodukte:

H. Kromer und W. Potschigmann, „Blähton", in: *Handbuch der Keramik.* Gruppe II, M, Verlag Schmidt GmbH, Freiburg, 1977.

5.4 Email

5.4.1 Allgemeines und wirtschaftliche Bedeutung

Der Begriff „Email" wird nach der RAL 529 A2 durch die Aussage „Email ist eine durch Schmelzen von Fritten entstandene, vorzugsweise glasig erstarrte Masse mit anorganischer, in der Hauptsache oxidischer Zusammensetzung, die in einer oder mehreren Schichten, teils mit Zuschlägen, auf Werkstücke aus Metall oder Glas aufgeschmolzen werden soll oder aufgeschmolzen worden ist", bestimmt.

Die aufgebrachten Schichten haften sehr fest auf der Unterlage, da beim Einbrennen chemische Reaktionen zwischen dem Metall und der geschmolzenen Fritte ablaufen. Der Verbund Stahlblech/Email hält einer Zugbeanspruchung von 1000 kp/cm^2 stand.

Emails werden vor allem auf (legierten) Stahl, Gußstahl und Aluminium aufgebracht.
Welt-Emailerzeugung 1981: ca. 500 · 10^3 t, davon 50% in Europa.
In der BRD wurden 15 · 10^3 t Emailfritten verbraucht.

Dabei stehen technisch die Werkstücke aus Stahl (auch legierter Stahl), Gußeisen und Aluminium im Vordergrund. In 1981 wurden ca. 500 · 10^3 t Email erzeugt, davon etwa 50% in Europa. Die Emailfritten wurden in ca. 1000 Emaillier-Betrieben verarbeitet, von denen etwa 10% ihren Sitz in der Bundesrepublik Deutschland haben. Diese verbrauchten dabei ca. 15 · 10^3 t Emailfritten. In den USA wurden 1980 etwa 130 · 10^6 m^2 emailliert.

5.4.2 Einteilung von Emails

Es gibt verschiedene, sich teilweise überschneidende Klassifizierungen für die Emaillierung. Im folgenden soll anhand von zwei Einteilungen eine Einführung in das Gebiet gegeben werden. Emails lassen sich – u. a. – einteilen nach

- dem Schichtenaufbau
- den Farb- und Trübungssystemen.

Schichtenaufbau

Grundsätzlich können Emails ein- oder aber mehr-(zwei-)schichtig aufgebracht werden. Die klassischen Verfahren arbeiten mit Grund- und den entsprechenden Deckemails.

Die Grundemails sollen vor allem die Haftung zum Metall herstellen und in der Lage sein, die sich beim Einbrand bildenden Eisenoxide zu lösen. Das eingebrannte Grundemail soll eine Struktur mit feinen Blasen besitzen (10 bis 40 µm). Durch diese Blasenstruktur wird die Elastizität der Schicht erhöht. Eine typische Grundemail-Zusammensetzung ist in Tabelle 5.4-1 angegeben.

Emails können ein- oder mehrschichtig aufgebracht werden.
Bei mehrschichtigem Auftrag:

- Grundemail
- Deckemail

Grundemails, die fest auf dem Untergrund haften müssen, enthalten als „Haftoxid" Cobaltoxid, daneben auch Nickeloxid und Antimonoxid. Das Grundemail muß eine feine Blasenstruktur besitzen, um die Elastizität der Schicht zu erhöhen. Das Deckemail gibt die chemische Beständigkeit, Glanz, Farbe, glatte und glänzende Oberfläche

Tabelle 5.4-1. Oxidische Zusammensetzung eines Grundemails für Stahlblech (Massenanteil).

SiO_2	48%	ZrO_2	5%
B_2O_3	20%	CaF_2	5%
Na_2O }	18%	CoO	0.5%
K_2O }		NiO	1.5%

Der Gehalt an Cobaltoxid (Haftoxid) ist vor allem für die gute Haftung zwischen Metall und Emailschicht erforderlich. Zusätzlich zu und z. T. anstelle von Cobaltoxid sind auch – wenn auch weniger wirksam – Nickel- und Antimonoxid als Haftoxide einsetzbar.

Nach dem Einbrand des Grundemails wird dann das Deckemail aufgebracht und eingebrannt. Seine Aufgabe ist es, die für einen emaillierten Gegenstand typischen Eigenschaften zu erzielen:

Chemische Beständigkeit, Farbe, glatte und glänzende Oberfläche.

Bei zwei modernen Zwei-Schichten-Verfahren kann man einen Einbrand einsparen:

Beim pulverelektrostatischen Auftrag (trocken) und beim „Combismalt"-Verfahren (naß) werden Grund- und Deckemail getrennt aufgetragen, aber zusammen eingebrannt (two coat-one fire-Verfahren)

Beim pulverelektrostatischen Auftrag (s. Abschn. 5.4.3.4.2) ist es möglich, zwei Schichten nacheinander aufzubringen und zusammen einzubrennen (two coat – one fire), wenn man dafür sorgt, daß das Grundemail etwas früher aufschmilzt und einen etwas geringeren elektrischen Widerstand besitzt, als das Deckemail und eine um 50 mN/cm höhere Oberflächenspannung.

Beim „Combismalt"-Verfahren wird durch einen speziellen Zusatz zum Grundemailschlicker auch der zweimalige Naßauftrag bei nur einem Einbrand möglich.

Einschichtige Direktweiß- oder Direktfarbemaillierungen stellen besonders dünne und schlagunempfindliche Schichten dar. Der Stahl muß vorher vernickelt werden

Bei den einschichtigen Direktweiß- oder Direktfarb-Emails erzielt man mit nur einem Auftrag und Einbrand besonders dünne und daher schlagunempfindliche Schichten. Die Direktemaillier-Verfahren stellen aber wesentlich höhere Anforderungen an die Stahl-Qualität und -Vorbehandlung (kohlenstoffarme Stähle, stärkeres Beizen). Da hier das Grundemail mit seinen Haftoxiden fehlt, ist eine vorhergehende Vernickelung der Gegenstände (2 g Nickel pro m^2 Blech) zwecks Ausbildung einer guten Haftung erforderlich.

Farb- und Trübungssysteme

Weißemails:

Trübung erfolgt beim Einbrennen durch rekristallisierende Oxide (TiO_2, ZrO_2).

Farbemails:

durch im Glas gelöste Oxide von Co, Cu, Cr, Mn oder durch Zugabe von Farbkörpern (Cr- und Fe-oxide, Spinell-, Rutil-, Zirconium- und Zinn-Farbkörper, Cadmium-Pigmente) beim Vermahlen

Weißemails werden heute durch die sog. „rekristallisierende Trübung" erhalten:

Beim Erschmelzen der Fritte löst sich das Trübungsmittel (bevorzugt Titandioxid, daneben Zirconiumdioxid) im Glas auf und kann sich beim schnellen Abschrecken der Schmelze nicht ausscheiden, obwohl es bei niedrigen Temperaturen im Glas übersättigt vorliegt. Beim Einbrennen der Emails bei ca. 820 °C findet nun Keimbildung und Ausscheidung des Trübungsmittels statt, wobei Teilchen mit der für Pigmente optimalen Teilchengröße entstehen. Besonders die Bor-Titan-Emails besitzen eine sehr hohe Deckkraft, so daß Schichtdicken um 100 μm ausreichen, um den dunklen Untergrund abzudecken. Eine typische Rohstoff-Mischung für ein Bor-Titan-Email gibt Tabelle 5.4-2.

Daneben ist auch der Zusatz von Trübungsmitteln beim Vermahlen der Fritte („zur Mühle") möglich.

Tabelle 5.4-2. Typische Rohstoff-Mischung für ein Bor-Titan-Email (Massenanteil).

	(Massenanteil)
SiO_2	41.3%
B_2O_3	19.7%
K_2SiF_6	8.5%
Na_2SiF_6	1.2%
TiO_2	17.6%
$NaNO_3$	5.7%
$NaH_2PO_4 \cdot 2H_2O$	6.0%

Zur Farbgebung, vorzugsweise in Transparent- und Semiopak-Emails, sind zwei prinzipiell unterschiedliche Arbeitsweisen gebräuchlich:

- Anfärbung in der Schmelze. Das Glas ist also in sich gefärbt.
- Zusatz von Farbkörpern „zur Mühle", die sich beim Einbrennen möglichst nicht im Glas auflösen sollen.

Beide Methoden eignen sich bedingt (nur für sehr helle Farben) auch für rekristallisierende Titan-Emails.

Zur Anfärbung in der Schmelze verwendet man vor allem die Oxide von Cobalt, Kupfer, Chrom und Mangan sowie deren Mischungen. Als Farbkörper – es sind im wesentlichen die gleichen, wie sie in der keramischen Industrie verwendet werden – nimmt man Oxide wie Chrom(III)-oxid oder Eisen(III)-oxid, Spinelle wie $CoAl_2O_4$, Rutil-, Zirconium- und Zinn-Farbkörper und auch Cadmiumgelb- und -rot-Pigmente.

Da die Farbkörper beim Einbrand einer Wechselwirkung mit dem Glas unterliegen, müssen die Rezepturen darauf eingestellt werden.

5.4.3 Durchführung der Frittenherstellung und Emaillierung

5.4.3.1 Überblick

Das Emaillieren von Werkstücken stellt einen komplexen Prozeß dar, bei dem die Herstellung der Emailfritten und der Einbrand nur Teilschritte sind. Im Schema 5.4-1 ist die Stahlemaillierung in einem Fließbild dargestellt, aus dem die Punkte

- Herstellung der Emailfritten
- Überführung der Fritten in anwendbare Materialien
- Emailauftrag auf das Blech
- Einbrennen der Emailschicht

eingehender behandelt werden sollen.

Auswahl von emaillierfähigem Stahlblech → Stahlvorbehandlung (Entfetten, Beizen, Spülen, Vernickeln) → Emailauftrag

- Tauchen
- Spritzen
- Vakuum-Auftrag
- elektrophoretische Tauchemaillierung
- elektrostatischer Spritzauftrag

von Schlickern (naß)
von Pulvern (trocken)

→ Einbrennen Grund- und Deckemail mit

- getrenntem Einbrand
- gemeinsamem Einbrand

Einschichtemaillierung

↑ (zu Emailauftrag) Überführung der Fritten in anwendbare Materialien

- Vermahlen der Fritten und Herstellung von Schlickern
oder
- Trockenes Vermahlen der Fritten und Behandlung des Pulvers für pulverelektrostatische Verfahren

↑ (zu Überführung der Fritten) Herstellung der Emailfritten

- Auswahl und Mischen der Rohstoffe
- Erschmelzen der Rohstoffe in kontinuierlich o. diskontinuierlich betriebenen Öfen
- Abschrecken und Brechen der erstarrten Fritten

Schema 5.4-1. Fließbild der Stahlemaillierung.

5.4.3.2 Herstellung der Emailfritten

5.4.3.2.1 Rohstoffe

Verwendet werden die Oxide, Carbonate, Fluoride und Nitrate der Elemente

- Lithium, Natrium, Kalium (Kalium auch als Kalifeldspat),
- Magnesium, Calcium, Barium,
- Bor, Aluminium (Bor auch als Borax),
- Silicium, Titan, Zirconium (Zirconium als Zirconiumsilikat),
- Phosphor, Antimon (Phosphor als Alkaliphosphat),
- Cobalt, Nickel.

Fluor kann als Flußspat oder Alkali-Hexafluorosilikat eingeführt werden.

Rohstoffe für die Email-Herstellung:

Oxide, Carbonate, Nitrate und Fluoride von

- Alkali- und Erdalkalimetallen
- Si, Ti und Zr
- P und Sb
- Co und Ni

5.4.3.2.2 Erschmelzen der Fritten

Die Rohstoffe werden nach als Betriebsgeheimnis geltenden Rezepturen für den jeweiligen Verwendungszweck gemischt und geschmolzen. Dazu verwendet man verschiedene Ofentypen:

- rotierende Trommelöfen mit direkter Flammbeheizung (diskontinuierlich, für kleine Chargen)
- kontinuierliche, flamm- oder elektrisch beheizte Öfen (bei der elektrischen Beheizung wird die Leitfähigkeit des Glases bei hohen Temperaturen ausgenutzt).

Die Schmelztemperatur liegt bei normalen Emails bei etwa 1250 °C. Die Rohstoffe werden durchgeschmolzen, aber nicht, wie bei der Glasherstellung, geläutert.

Die in Trommelöfen erschmolzenen Fritten werden in Wasser abgeschreckt, wobei man Granalien erhält. Aus den kontinuierlichen Öfen läuft die Schmelze über gekühlte Walzen. Man erhält die Fritte in Form von Schuppen, die anschließend noch gebrochen werden.

Beim Erschmelzen verflüchtigt sich ein Teil des eingebrachten Rohstoffs: neben Wasser und Kohlendioxid auch Fluoride (als Fluorwasserstoff, Silicium- oder Borfluoride). Bei der Frittenherstellung ist daher eine wirksame Abgas-Reinigung erforderlich, die bei elektrisch beheizten Öfen einfacher ist, als bei flamm-beheizten.

Erschmelzen von Emailfritten: diskontinuierlich in Trommelöfen oder kontinuierlich in Flamm- oder elektrisch beheizten Öfen bei etwa 1250 °C.
Die erhaltenen Schmelzen werden in Wasser abgeschreckt oder über Kühlwalzen geleitet. Eine Abgasreinigung ist erforderlich

5.4.3.3 Überführung der Fritten in anwendbare Materalien

Überführung der Fritten in „Schlicker" (wäßrige Suspensionen) durch Vermahlen von Granalien oder Schuppen in Kugelmühlen zusammen mit

- Wasser
- Stellsalzen
- Emailliertonen
- ggf. Farbkörpern oder Trübungsmitteln

Bei den nassen Auftragsverfahren, die heute noch im Vordergrund stehen, werden wäßrige Suspensionen, sog. Schlicker verwendet (s. a. Abschn. 5.4.3.4.1). Zur Herstellung der Schlicker werden die Granalien oder Schuppen in ausgekleideten Kugelmühlen, ggf. unter Kühlung, zusammen mit

- Wasser
- Emailliertonen, 4 bis 10%
- Stellsalzen, 0,3 bis 1%
- Farbkörpern, Trübungsmitteln, 0 bis 8%

} bezogen auf das Gewicht der Fritten

vermahlen. Die Mahlzeit wird vom Füllungsgrad der Mühle beeinflußt, Zeiten um 4 h sind anzustreben. Dabei wird die Wassermenge so eingestellt, daß der Schlicker je nach Emailtyp und Auftragsverfahren eine Dichte zwischen 1.6 und 1.8 g/cm^3 besitzt. Das Wasser wird i. allg. entionisiert eingesetzt.

Die Mengen an Ton und Stellsalz (Kalium-, Natrium-, Magnesiumsalze, Borax) richten sich ebenfalls nach dem jeweiligen Emailtyp und Auftragsverfahren. Ihr Zusatz soll bewirken, daß ein fließfähiger, leicht thixotroper Schlicker erhalten wird, der sich beim Stehen nicht leicht absetzt.

Pulver für den pulverelektrostatischen Auftrag werden bei oder nach der Vermahlung durch Umhüllung mit organischen Materialien auf einen spez. Oberflächenwiderstand von 10^{14} Ω · cm gebracht

Bei der Herstellung von Email-Pulvern für den pulverelektrostatischen Auftrag (s. Abschn. 5.4.3.4.2) werden die Schuppen in speziellen Mahlaggregaten trocken vermahlen und gleichzeitig oder anschließend mit organischen Materialien so beladen, daß der spezifische Oberflächenwiderstand des Pulvers über 10^{14} Ω · cm liegt. Als Beladungsmittel sind besonders spezielle Silikone geeignet.

5.4.3.4 Emailauftrag auf das Blech

Im technischen Einsatz sind eine Reihe von Auftragsverfahren:

- nasse Auftragsverfahren:
  Tauchen, Fluten, Gießen, Vakuum-Auftrag, elektrophoretische Verfahren, elektrostatische Verfahren

- trockene Auftragsverfahren:
  Pudern (bei Gußeisen), pulverelektrostatischer Auftrag.

5.4.3.4.1 Nasse Auftragsverfahren

Bei den Tauchverfahren wird der zu emaillierende Gegenstand in den Schlicker eingetaucht und wieder herausgenommen, wobei der überschüssige Schlicker abläuft. Bei den Flut- und Gieß-Verfahren läßt man den Schlicker über die Gegenstände herablaufen. Der Auftrag auf Innenwände von Hohlkörpern – z. B. Warmwasserbereitern – kann dadurch bewerkstelligt werden, daß man den Schlicker im Vakuum einsaugt und wieder auslaufen läßt. Die Verfahren lassen sich (teil-)automatisieren.

Nasse Auftragsverfahren:

Der Schlicker wird durch Tauchen, Gießen, Spritzen, Vakuum-Auftrag oder elektrophoretische Verfahren auf die metallische Unterlage aufgebracht

Beim elektrophoretischen Tauchauftrag wird das – ggf. vorher dünn verzinkte – Blech als Anode geschaltet. Die im wäßrigen Schlicker negativ geladenen Emailteilchen wandern bei Stromdichten von 3 bis 6 A/dm^2 auf den zu emaillierenden Gegenstand. Durch die bevorzugte Abscheidung des Email in feldlinien-begünstigten Bereichen (Zugabe spezieller Zusätze) werden diese zunehmend isoliert. Anschließend erfolgt auch Beschichtung weniger günstiger Stellen (Umgriff). Gleichzeitig entwässert sich die aufgebrachte Schicht elektroosmotisch.

Bei den Spritz-Verfahren wird der Schlicker (automatisch) aus Spritzpistolen aufgetragen. Beim elektrostatischen Auftrag (etwa 100 kV zwischen Pistole und Gegenstand) werden die Schlickerverluste, die beim normalen Spritzen bei über 50% liegen können, deutlich vermindert.

Nach der Abscheidung müssen die Schichten getrocknet werden. Dies geschieht vorzugsweise durch Infrarot-Strahlung bei 70 bis 90 °C oder in Umluft-Trocknern. Diese nützen über Rekuperatoren die Brennofen-Abwärme aus (bei brennstoffbeheizten Öfen).

5.4.3.4.2 Trockene Auftragsverfahren

Deckemails für Guß-Stahlteile, z. B. Guß-Badewannen, werden nach erfolgtem Einbrand des Grundemails auf die glühenden Teile über ein Sieb als Pulver aufgestäubt. Dabei schmilzt das Emailpulver auf, es wird anschlie-

Trockene Auftragsverfahren:

- bei Gußstahl: Aufstreuen des Emailpulvers auf den glühenden Gegenstand, Glattschmelzen im Ofen, ggf. (mehrfach) wiederholt

- Bei Stahlblech: elektrostatischer Auftrag des aufgeladenen Email-Pulvers auf die geerdete Unterlage. Sehr hoher Ausnutzungsgrad der Emailfritte

ßend im Ofen glattgeschmolzen. Zur Erzeugung dickerer Schichten wird das Verfahren mehrfach wiederholt. (Daneben gibt es auch den Naßauftrag von Deckemails für Gußstahl).

Bei der Emaillierung von Stahlblech setzt sich in den letzten Jahren das Verfahren des pulverelektrostatischen Auftrags durch. Die Fritteteilchen werden durch angelagerte Ionen aufgeladen. Die erforderlichen negativen Sauerstoff-Ionen entstehen durch Luft-Ionisation an der als Koronar-Elektrode wirkenden Pistolenspitze. Die aufgeladenen Teilchen werden auf dem geerdeten Gegenstand abgeschieden. Nicht abgeschiedenes Emailpulver wird rückgeführt und wiederverwendet, so daß bei diesem Verfahren praktisch keine Verluste an Emailpulver eintreten.

5.4.3.5 Einbrennen von Emails

Zum Einbrennen von Emails ist eine große Zahl von Ofentypen entwickelt worden. Modern sind sog. Umkehröfen, die elektrisch oder durch brennstoffbeheizte Strahlrohre indirekt beheizt werden. Durch diese Öfen wird das zu emaillierende Gut, an Ketten hängend oder auf Rosten liegend, kontinuierlich gefördert, wobei die rücklaufende heiße Ware ihre Wärme an das einfahrende Gut abgibt. Die Waren durchlaufen dabei verschiedene Zonen: Vorwärm-, Einbrenn- und Kühlzone.

Die Einbrenntemperatur ist etwa 820 °C. Dieser Ofentyp nutzt die Heizenergie optimal aus. Moderne Öfen in Leichtbauweise können über Nacht und an Wochenenden abgeschaltet werden.

5.4.4 Verwendung von Emails

Verwendung der Emails:

- im Haushalt für Geschirr, Badewannen, sanitäre Einrichtungen, Öfen, Heißwasser-Geräte
- in der Industrie, z. B. für Behälter in der chemischen und Nahrungsmittel-Industrie, für Schilder

Emaillierte Gegenstände werden sowohl im Haushalt wie in der Industrie verwendet. Typische Haushaltanwendungen sind Geschirre, Öfen, Badewannen, sanitäre Einrichtungen, Heißwasser-Geräte. 1980 wurden in der Bundesrepublik Deutschland $13{,}5 \cdot 10^3$ t emailliertes Geschirr (53% der gesamten Geschirrproduktion) und 1979 $1.8 \cdot 10^6$ emaillierte Badewannen hergestellt.

In der Industrie werden emaillierte Behälter z. B. in der chemischen Fabrikation und bei der Herstellung von

Nahrungsmitteln eingesetzt. Emaillierte Bleche werden für Schilder und im Bauwesen verwandt.

Literatur zu Abschn. 5.4 Email

Allgemeines:

A. I. Andrews: *Porcelain Enamels.* The Garrand Press, Champaign, ILL., USA, 1961.

A. H. Dietzel: *Emaillierung.* Springer-Verlag, Berlin, Heidelberg, New York, 1981.

H. Kyri: *Handbuch für Bayer Email.* Bayer Rickmann GmbH Köln, 1973.

Ullmanns Encyklopädie der technischen Chemie, 4. Aufl., Bd. 10, Verlag Chemie, Weinheim, 1975, Email, S. 435 – 447.

W. Stegmaier, „Email und Emaillierungen", in: *Handbuch der Keramik.* Verlag Schmidt GmbH, Freiburg, 1979, Gruppe II 0, S. 1 – 8.

H. H. Emons und Mitarbeiter: *Grundlagen der technischen anorganischen Chemie.* VEB Deutscher Verlag für Grundstoffindustrie, Leipzig, 1983 bzw. Otto Salle Verlag, Frankfurt/Main und Verlag Sauerländer, Aarau, Seite 383 – 389.

Neuere Entwicklungen:

H. Benninghoff, „Email – Emaillieren, Neueste Ergebnisse der internationalen Emailforschung", *Metall Oberfläche,* **8,** (1982), S. 362 – 371.

W. Warnecke, C. Straßburger und H. W. Hennicke, „Emaillierverhalten und Emailhaftung mikrolegierter Tiefziehstähle", *Thyssen Technische Berichte 1982,* Heft 1, S. 79 – 92.

Wirtschaftliche Angaben:

H. Noth, „Die wirtschaftliche Situation der Emailindustrie", *Mitteilungen des Vereins Deutscher Emailfachleute E. V.* **29** (1981) 13 – 24.

5.5 Keramik

5.5.1 Allgemeines

Keramiken sind überwiegend kristalline Festkörper aus nichtmetallischen anorganischen Verbindungen

Der Begriff „Keramik" stellt eine Sammelbezeichnung für Erzeugnisse dar, die aus nichtmetallischen anorganischen Verbindungen aufgebaut sind und normalerweise durch Hochtemperaturprozesse gebrauchsfertig gemacht werden.

Durch die Entwicklung von Cermets (Keramik-Metall-Verbundwerkstoffen) und Glaskeramiken sind die Grenzen zwischen Keramik und Metall bzw. polymeren Materialien (Gläsern) fließend geworden. Moderne Keramik umfaßt somit eine Vielzahl von Werkstoffen und Produkten, die von Einkristallen und dichten polykristallinen Materialien über glasgebundene Aggregate bis zu Isolierschäumen und weitgehend glasartigen Substanzen reicht.

Die Eigenschaften keramischer Erzeugnisse werden durch die chemische und mineralogische Zusammensetzung und durch die Mikrostruktur bestimmt

Die Eigenschaften keramischer Werkstoffe werden außer durch ihre chemische und mineralogische Zusammensetzung in entscheidender Weise durch die vom Herstellungsverfahren abhängige Mikrostruktur bestimmt. Unter der Mikrostruktur versteht man die räumliche Verteilung der einzelnen Phasen sowie Form, Größe, Orientierung von Körnern und Poren.

Die ständig steigenden Qualitätsanforderungen, die an keramische Erzeugnisse gestellt werden, und die Erschließung neuer Einsatzgebiete (z. B. Brennelemente für Kernreaktoren, keramische Gasturbinen und Dieselmotore, feuerfeste Zustellungen für Kohlevergasungsanlagen) erfordern in stark zunehmendem Maß die Entwicklung neuer Technologien, obgleich die grundlegenden Kenntnisse über die Herstellung von Keramiken bereits aus dem Altertum stammen.

5.5.2 Einteilung der keramischen Erzeugnisse

Einteilung keramischer Erzeugnisse:

- tonkeramisch (Tongehalt >20%)
- sonderkeramisch (Tongehalt <20%)

Die keramischen Erzeugnisse werden aufgrund ihrer chemischen Zusammensetzung häufig in zwei Gruppen unterteilt (Abb. 5.5-1):

- die tonkeramischen Werkstoffe mit mehr als 20% Massenanteil Tonmineralgehalt in der Rohmischung
- die sonderkeramischen Werkstoffe mit geringerem Tonmineralgehalt oder tonmineralfrei.

Die tonkeramischen Erzeugnisse besitzen mengenmäßig die größere industrielle Bedeutung.

- feinkeramisch
- grobkeramisch

Innerhalb beider Gruppen stellt die Scherbenhomogenität ein wichtiges Unterscheidungsmerkmal dar. „Feinkeramische“ Erzeugnisse besitzen nur Gefügebestandteile mit Größen unter 0.2 mm. Liegt die Größe von Poren oder Kristallen oberhalb dieses Grenzwertes, so spricht man von „grobkeramischen“ Erzeugnissen.

- porös
- dicht

Eine weitere Unterteilung keramischer Erzeugnisse läßt sich schließlich noch aufgrund ihrer Porosität (porös – dicht) vornehmen.

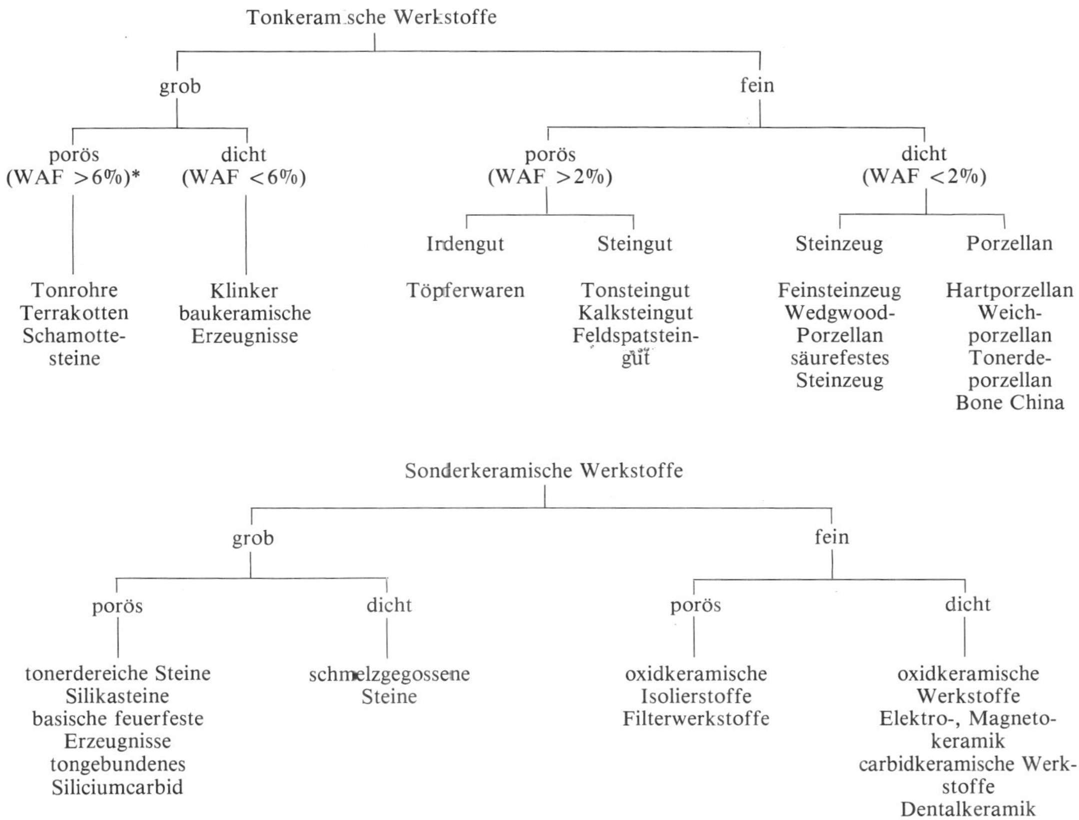

* WAF = Wasseraufnahmevermögen

Abb. 5.5-1. Einteilung keramischer Werkstoffe.

5.5.3 Allgemeine Verfahrensschritte zur Herstellung von Keramiken

Die Herstellung keramischer Erzeugnisse erfolgt in den meisten Fällen durch folgende Arbeitsoperationen:

- Aufbereitung und Vorbereitung der Rohstoffe (Zerkleinern, Klassieren, Mischen)
- Formgebung (Pressen, Stampfen, Drehen, Gießen)
- Trocknung oder Vorbrand (Entfernung von Wasser oder organischen Bindemitteln)
- Keramischer Brand

Herstellung von Keramiken:

- Aufbereitung der Rohstoffe
- Formgebung
- Trocknung
- Brand
- Nachbearbeitung

• Nachbehandlung und Veredelung (mechanische Bearbeitung, Glasieren)

Die verfahrenstechnische Durchführung dieser Arbeitsstufen wird im folgenden anhand der Herstellungsverfahren technisch bedeutender tonkeramischer Erzeugnisse beispielhaft dargestellt.

5.5.4 Tonkeramische Erzeugnisse

5.5.4.1 Zusammensetzung und Rohstoffe

Tonkeramische Massen sind im wesentlichen Gemenge von:

- Ton (Kaolin)
- Quarz
- Feldspat

Die Eigenschaften der verschiedenartigen tonkeramischen Erzeugnisse werden entscheidend durch die Zusammensetzung ihrer „Massen“ aus den drei Hauptbestandteilen Ton (Kaolin), Quarz und Feldspat bestimmt. Abb. 5.5-2 zeigt in einem Dreistoffdiagramm dieser Bestandteile typische Versätze tonkeramischer Massen, die für die Herstellung bedeutender technischer Produkte verwendet werden.

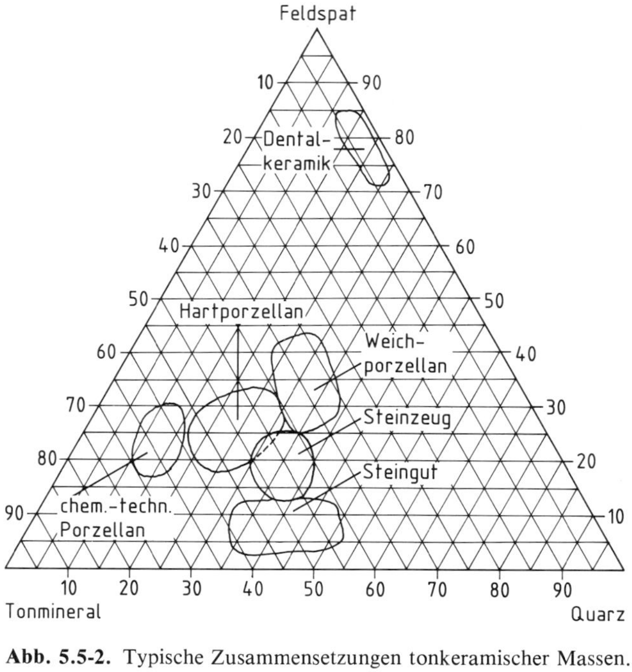

Abb. 5.5-2. Typische Zusammensetzungen tonkeramischer Massen.

Die Tone (Kaoline) verleihen feuchten tonkeramischen Rohstoffversätzen die für die Verarbeitung wichtige Bildsamkeit. Quarz wird als Magerungsmittel verwendet und bewirkt geringere Schwindung beim Brand. Die Feldspatkomponente dient infolge ihres Alkaligehaltes als Flußmittel.

Kaoline (kaolinitische Tone) entstehen als Verwitterungsprodukte von Feldspäten oder feldspathaltigen Gesteinen (Granit, Porphyr, Gneis u. a.). Ihr Hauptmineral ist der in Form feinteiliger Plättchen kristallisierende Kaolinit mit der Zusammensetzung $Al_2(OH)_4Si_2O_5$. Die Kaoline enthalten insbesondere bei primären Lagerstätten stets noch Feldspäte und Quarz in wechselnden Mengen. Die für die Porzellanherstellung verwendeten Kaoline zeichnen sich durch einen niedrigen Gehalt an färbenden Verunreinigungen wie Eisenoxiden aus.

Das Hauptmineral der Kaoline ist der Kaolinit. Der Gehalt an färbenden Verunreinigungen soll gering sein.

Die illitischen Tone enthalten als Hauptmaterial Illit, der als hydrolytisches Abbauprodukt des Kaliglimmers entsteht; er hat die ungefähre Zusammensetzung

$$(K,H_3O)_yAl_2(OH)_2(Si_{4-y}Al_yO_{10}) \text{ mit } y = 0.7 \text{ bis } 0.9 \ .$$

Sie finden verbreitete Verwendung als Rohstoff für die Herstellung tonkeramischer Erzeugnisse.

Die Kaolin- und Tonminerale gehören zu der großen Gruppe der Schichtsilikate. Ihre Fähigkeit, mit Wasser plastische Massen zu bilden und den Versätzen für tonkeramische Erzeugnisse die für die Verarbeitung wichtige Bildsamkeit zu verleihen, ist auf diese Schichtstruktur zurückzuführen.

Kaolin- und Tonminerale sind Schichtsilikate

Bedeutende europäische Kaolin- und Tonlagerstätten befinden sich u. a. in der Bundesrepublik Deutschland (Oberpfalz, Westerwald), in England (Cornwall, Devonshire), in der CSSR (Böhmen), in der DDR (Sachsen) und in Spanien (Galicien).

Feinteiliger eisen- und tonfreier Quarz wird als Magerungsmittel für Porzellan-, Steingut oder Steinzeugmassen benötigt. Man gewinnt ihn durch Mahlung reiner Quarzsande, wie sie an vielen Stellen Mittel- und Westdeutschlands gefunden werden. Quarz von noch höherer Reinheit erhält man durch Mahlung von Gangquarzen (Quarzmehl).

Feinteiliger Quarz wird durch Mahlung von Quarzsand oder Gangquarz gewonnen

Feldspäte werden aus Pegmatiten oder Arkosen oder als Nebenprodukt der Kaolinschlämmung gewonnen

Feldspäte werden in der Natur als Bestandteile von grobkristallinen, spätmagmatischen Ausscheidungen (Pegmatite) oder in feldspatreichen Sanden (Arkosen) gefunden. Sie treten häufig in Gesellschaft mit Kaolinen auf und werden dann als Nebenprodukt der Kaolinaufbereitung (Abschn. 5.5.4.2) gewonnen. Hohe Feldspatanteile tonkeramischer Massen führen zu Produkten mit glasartigem Scherben (Porzellan, Dentalkeramik). In Porzellanversätzen wird der Kalifeldspat $KAlSi_3O_8$ (Orthoklas) dem Natronfeldspat $NaAlSi_3O_8$ (Albit) wegen seines günstigeren Schmelzverhaltens vorgezogen.

Weitere Rohstoffe wie Aluminiumoxid (calcinierte Tonerde), calciumhaltige Flußmittel (Marmor, Kalkspat, Kalkstein, Kreide) oder lithiumhaltige Flußmittel (Eukryptit, Spodumen) werden in untergeordneten Mengen eingesetzt.

5.5.4.2 Abbau und Aufbereitung von Rohkaolin

Der Abbau des Rohkaolins erfolgt überwiegend im offenen Tagebau. Sekundäre Lagerstätten lassen sich mit Hilfe von Baggern erschließen, während in primären Lagerstätten der Kaolin vielfach mit einem Hochdruckwasserstrahl aus dem Gestein ausgewaschen wird.

Die Abtrennung des Kaolins und anderer Tonminerale von den Begleitmineralien Quarz und Feldspat erfolgt durch Schlämmung und Korngrößenklassierung in Hydrozyklonen

Zur Erzielung einer einheitlichen mineralogischen Zusammensetzung mit hohem Tonerdegehalt (Al_2O_3 $>37\%$) wird der Rohkaolin einem Schlämmverfahren und einer gleichzeitigen Korngrößenklassierung in Hydrozyklonen unterzogen. Hierbei erfolgt eine Abtrennung des Kaolinits und anderer Schichtsilikate von den Begleitmineralien Quarz und Feldspat aufgrund unterschiedlicher Korngrößenverteilungen.

Die Kaolinsuspension (Kaolinmilch) wird durch Sedimentation und Filtration teilentwässert

Nach Verlassen der Hydrozyklone wird das Feinprodukt, die sogenannte Kaolinmilch, in Kläreindickern und in Filterpressen auf eine Restfeuchte von 25 bis 30% gebracht. Die anschließende Trocknung des Filterkuchens erfolgt häufig nur bis auf Wassergehalte von 10 bis 15%.

Als Nebenprodukte der Kaolinschlämmerei erhält man verschiedene Feldspatqualitäten sowie nach Korngröße klassierte Quarzsande.

5.5.4.3 Herstellung tonkeramischer Massen

Die Korngrößenverteilung der Rohstoffe ist von Einfluß auf die Eigenschaften der tonkeramischen Erzeugnisse. Sie richtet sich nach der Art der herzustellenden Produkte.

Die Korngrößenverteilung der Rohstoffe beeinflußt die Eigenschaften keramischer Erzeugnisse

Während für feinkeramische Erzeugnisse feingemahlene Rohstoffe benötigt werden, verwendet man für grobkeramische Erzeugnisse meist Mischungen verschiedener Korngrößen.

Die Grobzerkleinerung der Rohstoffe in Brechern, Kollergängen, Hammer- oder Schlagkreuzmühlen wird häufig bereits vom Rohstofflieferanten vorgenommen, so daß für die Keramikherstellung nur noch eine Feinzerkleinerung benötigt wird. Hierfür haben sich Naßmahlungen in Trommelmühlen bewährt, in denen größere Zerkleinerungseffekte als in Trockenmühlen erreicht werden.

Die Masseherstellung erfolgt durch:

- Naßmahlung der aufbereiteten Rohstoffe

Die Tonkomponente der keramischen Massen fällt bereits bei der Rohstoffaufarbeitung in ausreichender Feinheit $<40\ \mu m$ an und kann deshalb sofort in Rührbottichen unter Wasserzugabe verschlickert werden. Mit diesem Schlicker wird die aus der Naßmühle kommende Suspension von Feldspat und Quarz vermischt; durch Filtration über ein Sieb werden evtl. noch vorliegende grobe Teilchen abgetrennt. Mit Hilfe von Magnetscheidern werden eisenhaltige Verunreinigungen entfernt, die im Verlauf der Zerkleinerung und Aufbereitung in die Masse gelangt sind und die störende Färbungen der keramischen Erzeugnisse hervorrufen können.

- Mischung der Komponenten in Suspension
- magnetische Abtrennung von Eisenverunreinigungen

Die Aufbereitung der Masse richtet sich nach dem vorgesehenen Formgebungsverfahren. Gießmassen mit einem Wassergehalt von 30 bis 35% müssen durch Zugabe von Verflüssigern stabilisiert werden. Für tonhaltige Schlicker haben sich Zusätze von 0.2 bis 0.4% Massenanteil Wasserglas und anderen Natriumsilikaten oder von calcinierter Soda bewährt.

- Einstellung des vom Formgebungsverfahren abhängigen Wassergehaltes

Zur Herstellung von Drehmassen wird der Masseschlicker über Filterpressen auf Wassergehalte von 20 bis 25% Massenanteil entwässert, in einem Siebkneter zerteilt und in Vakuumstrangpressen zu Strängen (Hubeln) passender Größe verzogen.

Für eine vollständige Trocknung der Massen werden in neuerer Zeit vor allem Sprühtrocknungsanlagen verwen-

Die Trocknung der Massen zu rieselfähigen Pulvern erfolgt in Sprühtrocknern

det. Das anfallende Sprühgranulat kann sowohl in Trockenpreßverfahren eingesetzt als auch durch Zusatz von Wasser zu Gieß- oder Drehmassen aufbereitet werden. Die Sprühtrocknung bietet sich daher für zentrale Masseaufbereitungsanlagen an.

Die Trockenaufbereitung keramischer Massen ist wesentlich weniger energieintensiv als die Naßaufbereitung; Schwierigkeiten bereitet aber die Entfernung der Eisenverunreinigungen

Infolge steigender Energiekosten gewinnen Verfahren der Trockenaufbereitung, bei denen die teure Wasserverdampfung vermieden wird, zunehmend an Interesse. Die Mischung der entsprechend fein vorgemahlenen Rohstoffe erfolgt trocken in Intensivmischern (Mischkollern, Eirich-Mischern); erst zu dem homogenen Gemisch wird die für das vorgesehene Formgebungsverfahren notwendige Menge Wasser zugegeben. Bei diesen Trockenverfahren bereitet jedoch die Entfernung der Eisenverunreinigungen erhebliche Schwierigkeiten.

Durch Lagerung in feuchter Atmosphäre werden tonkeramische Massen bildsamer

Eine Besonderheit bei der Aufbereitung tonreicher Massen für hochwertige Produkte ist die als Sumpfen oder Mauken bezeichnete Lagerung in feuchter Atmosphäre über mehrere Wochen oder Monate (in China wurden die Tone für die Porzellanherstellung teilweise mehrere 100 Jahre gesumpft!). Bei dieser Lagerung dringt vermutlich unter Einwirkung von Bakterien Wasser zwischen die Kristallplättchen der Tonminerale, und es entsteht eine gleichmäßig durchfeuchtete Masse mit verbesserter Plastizität.

5.5.4.4 Formgebungsverfahren

Die Wahl des Formgebungsverfahrens richtet sich nach:

- der Form des Fertigproduktes
- den gewünschten Eigenschaften
- der Stückzahl

Die Wahl eines bestimmten Formgebungsverfahrens richtet sich in erster Linie nach der geometrischen Gestalt des zu fertigenden Teiles. Daneben spielen aber auch die gewünschten Eigenschaften des Endproduktes wie Dichte und Festigkeit sowie die herzustellende Stückzahl eine Rolle.

Für die einzelnen Formgebungsverfahren werden die Massen auf unterschiedliche Wassergehalte eingestellt (Tabelle 5.5-1).

Tabelle 5.5-1: Wassergehalte von Porzellanmassen für verschiedene Formgebungsverfahren.

Bezeichnung der Massen	Wassergehalt in % Massenanteil
Gießmassen	33 bis 36 (+ Verflüssiger)
Dreh- und Rollermassen	22 bis 24
Strangpreßmassen	22 bis 24
Lederharte Massen	15 bis 18
Feuchtpreßmassen	8 bis 12 (+ Plastifizierung)
Trockenpreßmassen	1 bis 4

5.5.4.4.1 Gießverfahren

Der höchste Wassergehalt wird bei Gießverfahren benötigt, die sich vor allem zur Herstellung nicht rotationssymmetrischer und komplizierter Teile eignen. Man unterscheidet zwischen Hohlguß, Kernguß und Vollguß (Abb. 5.5-3).

Gießverfahren benötigen hohe Wassermengen. Man unterscheidet:

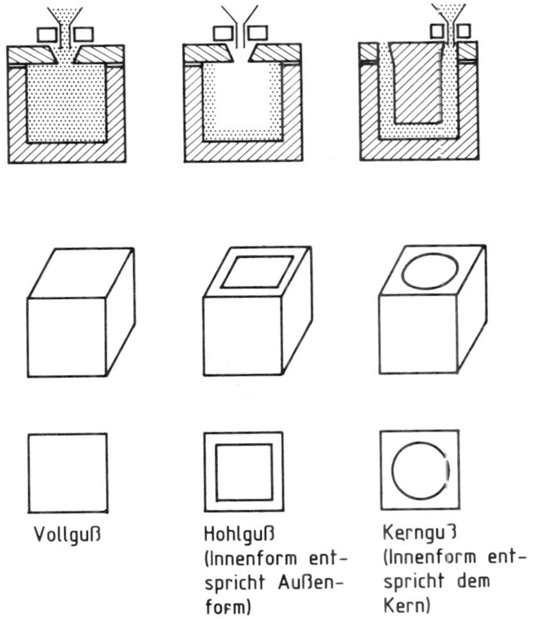

Abb. 5.5-3. Gießverfahren für keramische Formkörper.

Die Gießverfahren beruhen auf der Fähigkeit von Gipsformen, durch Kapillarkräfte dem Gießschlicker Wasser zu entziehen. An der Gipsoberfläche scheidet sich im Laufe der Zeit eine dicker werdende, festere Material-

- Hohlguß

schicht ab. Beim Hohlguß wird der restliche Gießschlicker abgegossen, wenn die an der Gipsoberfläche haftende Masseschicht die gewünschte Dicke erreicht hat. Beim Kern- und Vollguß wird so lange Schlicker nachgegossen, bis die Masseschicht den gesamten Hohlraum ausfüllt. Während der folgenden Standzeit wird der Masse noch weiteres Wasser entzogen, und es tritt eine Verfestigung und Schwindung ein, die das Ablösen des Formlings von der Gipsform erleichtert.

- Kernguß, Vollguß

Trotz zahlreicher Entwicklungsarbeiten hat sich die Verwendung von Gipsformen wegen ihrer hervorragenden Saugfähigkeit bis heute gehalten, und ihre begrenzte Standfestigkeit von max. 100 Abgüssen wird in Kauf genommen.

Voraussetzung für das Gelingen der Gießverfahren: genaue Kontrolle der rheologischen Eigenschaften des Gießschlickers

Wesentliche Voraussetzung für das Gelingen von Gießverfahren ist die genaue Kontrolle bestimmter rheologischer Eigenschaften der Gießschlicker, was durch Einstellen definierter Wassergehalte sowie durch Zugabe von Dispergiermitteln und Verflüssigern (wie z. B. Alkalisilikaten, Alkaliphosphaten, Humussäuren oder Gerbsäuren) erreicht wird.

5.5.4.4.2 Plastische Formgebung

Das Drehen auf Töpferscheiben ist das älteste Formgebungsverfahren

Die plastische Formgebung beruht auf der für wasserhaltige tonkeramische Massen typischen Bildsamkeit und ist in Form des Drehens auf Töpferscheiben die älteste bekannte Formgebungsart. Dieses Drehen von keramischen Produkten kann im großtechnischen Maßstab durch das Rollerverfahren automatisiert werden.

Beim großtechnischen Rollerverfahren unterscheidet man:

- das Überdrehen von Flachteilen
- das Eindrehen von Hohlteilen

Beim „Überdrehen“ wird die Keramikmasse auf eine rotierende Form, die die Innenfläche des Formlings bildet, aufgesetzt und die Außenfläche mit Hilfe eines gleichsinnig, aber mit anderer Geschwindigkeit rotierenden Rollerkopfes geformt. Dieses Überdrehen eignet sich für die Herstellung von Flachteilen wie Tellern. Hohlteile (Tassen, Schüsseln) werden durch „Eindrehen“ geformt. Hierbei bildet die Form die Außenseite des Teiles, und der Rollerkopf formt die Innenkontur. Da die Formen aus Gips gefertigt sind, wird wie bei den Gießverfahren der Masse Wasser entzogen; es tritt eine Abschwindung des Teiles von der Form ein.

Mit Strangpressen werden Stränge verschiedener Profile und Rohre als Vorformen gefertigt

Durch Strangpressen werden aus den Massen sog. Hubel als Vorformen hergestellt, die anschließend auf die endgültige Form gebracht werden. Für die Fertigung von Isolatoren läßt man die Hubel bis zum „lederharten" Zustand trocknen, die dann keine weitere Trockenschwindung mehr erleiden. Die Bearbeitung derartiger Vorformen erfolgt mit Schälmessern.

In der Entwicklungsphase befindet sich ein neues plastisches Formgebungsverfahren, das sich an den bei Kunststoffen bekannten Spritzguß anlehnt. Beim „Spritzprägen" wird die auf ungefähr 15% Wasser eingestellte tonkeramische Masse in die Form eingepreßt und durch Schließen des geringfügig geöffneten Werkzeuges zusätzlich geprägt. Es lassen sich so auch nicht rotationssymmetrische Teile rationell formen.

Das Spritzprägen entspricht dem Spritzguß bei Kunststoffen. Es ermöglicht die Herstellung nicht rotationssymmetrischer Teile

5.5.4.4.3 Formgebung durch Pulververdichtung

Bei einfachen geometrischen Formen und hohen Stückzahlen kann man sich mit Erfolg der Trockenpreßtechniken bedienen. Hier werden trockene oder mäßig angefeuchtete Pulver unter einem äußeren Druck verdichtet, wodurch die für die weitere Handhabung notwendige Festigkeit erreicht wird. Für dieses Verfahren werden an die Pulver gewisse Ansprüche bezüglich Fließ- und Kompaktierungseigenschaften gestellt; als besonders geeignet haben sich Granulate aus Sprühtrocknern erwiesen.

Trockenpreßverfahren finden Anwendung bei einfachen geometrischen Formen und hohen Stückzahlen. Sie stellen hohe Ansprüche an die Pulvereigenschaften

Neben der Granalienform hat auch die Primärkornverteilung des Pulvers einen Einfluß auf die erreichbaren Dichten und Festigkeiten des Preßlings. Durch Gleitmittelzusätze kann die Haftreibung zwischen den einzelnen Körnern sowie zwischen den Körnern und der Preßmatrize verringert und damit die Ausbildung von Gefügespannungen weitgehend unterdrückt werden.

Der Preßling sollte eine möglichst hohe Dichte und Festigkeit haben

Die Preßformen sind meistens aus Metallen gefertigt; nur für sehr harte Pulver werden carbidische Hartstoffe eingesetzt. Bei einseitig wirkenden Pressen ist die Druckverteilung in der Pulverschüttung sehr ungleichmäßig, was zu inhomogenen Dichteverteilungen im Formling führt. Daher wird vor allem bei großformatigen Teilen von zwei Seiten gleichzeitig gepreßt, soweit dies vom Aufwand her vertretbar ist.

In zweiseitig wirkenden Pressen werden Preßlinge mit geringen Gefügespannungen erhalten

Die Preßdrücke richten sich u. a. nach der Zusammensetzung der Pulver und der angestrebten „Gründichte" des ungesinterten Preßlings. Sie betragen bis zu 2 kbar.

Der Durchsatz in Trockenpressen ist hoch; die Maßhaltigkeit der Grünlinge (ungesinterte Formkörper) ist gut

Auf stark mechanisierten Anlagen können in Einzelpressen pro Minute Stückzahlen zwischen 1 und 300 gefertigt werden. Die erreichbare Maßhaltigkeit der Preßlinge ist mit Toleranzen bis zu einigen 10 μm in der Dicke und etwa 1% im Gewicht sehr hoch. Bei großformatigen feuerfesten Erzeugnissen sind im allgemeinen größere Toleranzen zulässig.

Isostatische Preßverfahren geben Formlinge mit sehr homogenen Dichteverteilungen, die allerdings meist nachbehandelt werden müssen

Eine spezielle Art der Trockenpreßverfahren ist das isostatische Pressen. Hierbei wird die Masse in geeignet geformte Gummimatrizen gefüllt, die sich in einer perforierten Metallhalterung befinden. Die Pulververdichtung erfolgt in Druckkammern durch einen öl- oder wasserhydraulischen Druck von 2 bis 4 kbar. Infolge des allseitig wirkenden Druckes erhält man sehr gleichmäßig verdichtete Preßlinge, die aber wegen der Nachgiebigkeit der Gummimatrize geometrisch nicht einwandfrei sind und meist noch einer Nachbearbeitung bedürfen. Großtechnische keramische Produkte, die nach einem derartigen Verfahren geformt werden, sind z. B. Isolatoren für Zündkerzen (Abschn. 5.5.5.1.2).

5.5.4.5 Trocknungsverfahren

Die Trocknung von Grünlingen ist infolge der Wasserabgabe mit einem Volumenschwund verbunden

Den Grünlingen muß in einem weiteren Verfahrensschritt die Feuchtigkeit, die zum besseren Verarbeiten zugegeben worden war, wieder entzogen werden. Dieser Trockungsvorgang ist mit einer Trockenschwindung des Werkstückes verbunden, und es besteht die Gefahr der Rißbildung durch unterschiedlich starke Schwindung. Tonreiche Massen mit hoher Trockenschwindung müssen deshalb besonders schonend getrocknet werden.

Die Trocknung erfolgt unter genau definierten Temperatur- und Zeitbedingungen

Es haben sich Feuchtluftverfahren bewährt, bei denen das Trockengut bei hoher Luftfeuchtigkeit zunächst gleichmäßig durchwärmt und dann die Temperatur langsam bei Verminderung der Luftfeuchtigkeit gesteigert wird. Bei einem Restwassergehalt von etwa 8 bis 10% ist die Trockenschwindung beendet, und die Temperatur kann stärker erhöht werden.

Die Trocknung erfolgt in Schaukel-, Kammer- oder Tunneltrocknern vielfach unter Ausnutzung der Abwärme von Brennöfen. Für dünnwandige Werkstücke (Geschirr) werden neuerdings auch Schnelltrocknungen mit Infrarotstrahlung in etwa 10 min durchgeführt, während die

Trockungszeit bei großformatigen Teilen bis zu 24 h und mehr (z. B. Sanitärkeramik) betragen kann.

5.5.4.6 Keramischer Brand

5.5.4.6.1 Physikalisch-chemische Prozesse

Ein wesentlicher Teilschritt bei der Herstellung keramischer Produkte ist die thermische Behandlung bei relativ hohen Temperaturen über 800 °C. Dieser als Brand bezeichnete Verfahrensschritt führt zur Verfestigung des Rohlings zum formtreuen, haltbaren Fertigprodukt. Die dabei ablaufenden Vorgänge werden unter der technologischen Bezeichnung „Sinterung" zusammengefaßt.

Keramische Erzeugnisse werden durch thermische Behandlung, den Brand, gebrauchsfertig gemacht

Während des Brandes tonkeramischer Massen laufen eine Reihe physikalisch-chemischer Vorgänge ab, die für die mechanischen und thermischen Eigenschaften des fertigen Scherbens eine wesentliche Rolle spielen:

Beim Brand tonkeramischer Erzeugnisse laufen physikalisch-chemische Prozesse ab:

Kaolinit spaltet zwischen 400 und 600 °C seine OH-Gruppen ab, und es bildet sich Metakaolinit, der seinerseits nur bis 950 °C stabil ist. Über eine intermediäre spinellartige Phase entstehen schließlich ab 1150 °C Mullit ($3\,Al_2O_3 \cdot 2\,SiO_2$) in Form von Schuppen (sogenannter Primärmullit) und Cristobalit:

- Bildung von Schuppenmullit und Cristoballit

$$Al_2(OH)_4(Si_2O_5) \longrightarrow \underset{\text{(Metakaolinit)}}{Al_2O_3 \; 2SiO_2} + 2H_2O$$

$$Al_2O_3 \cdot 2SiO_2 \longrightarrow \gamma\text{-}Al_2O_3 + 2SiO_2$$

$$3\,Al_2O_3 + 6SiO_2 \longrightarrow \underset{\text{(Mullit)}}{3Al_2O_3 \cdot 2SiO_2} + \underset{\text{(Cristobalit)}}{4SiO_2}$$

Die Feldspatkomponente schmilzt spätestens ab 985 °C, wenn die Temperatur des Eutektikums zwischen Kalifeldspat und Kieselsäure erreicht wird. Durch Verunreinigungen kann der Schmelzpunkt noch weiter auf 920 bis 950 °C abgesenkt werden. Die Feldspatschmelze vermag das im Versatz vorhandene und das beim thermischen Zerfall des Kaolinits gebildete SiO_2 zu lösen, wodurch die Viskosität der Schmelze ansteigt. Dieser Vorgang kompensiert den bei steigenden Temperaturen normalerweise zu beobachtenden Viskositätsabfall. Aus diesem

- Schmelzen von Feldspat
- Lösen von SiO_2

Grund weisen Porzellane in einem breiten Brennintervall ein gutes Standvermögen auf.

• Ausscheidung von Nadelmullit

Ein weiterer chemischer Vorgang während des Brandes tonkeramischer Massen ist die Bildung von nadelförmigem Sekundärmullit, der einen wesentlichen Beitrag zur Verfestigung des Scherbens liefert. Die Ausscheidung des Sekundärmullits aus der Feldspatschmelze erfolgt an Stellen partieller Alkaliverarmung.

Diffusionsprozesse bestimmen die Geschwindigkeit der physikalisch-chemischen Vorgänge

Die Geschwindigkeiten dieser Reaktionen, die nur einen Teil der sehr viel komplexeren chemischen Vorgänge wiedergeben, sind durch Diffusionsprozesse bestimmt. Durch Variation von Brenntemperatur und Brenndauer lassen sich hohe Transparenz des Scherbens mit weitgehender Auflösung kristalliner Phasen oder hohe mechanische Festigkeit mit hohem Quarzgehalt einstellen.

5.5.4.6.2 Brennbedingungen

Der Brand keramischer Massenartikel erfolgt beim Durchfahren von Tunnelöfen

Für die Herstellung von Massenartikeln der Ziegel-, Feuerfest- oder Geschirrporzellanindustrie werden heute fast ausschließlich kontinuierlich arbeitende Tunnelöfen mit Gas-, Öl- oder Elektrobeheizung verwendet, in denen die Ware ein definiertes Temperatur-Zeit-Profil durchfährt. Die Länge derartiger Öfen kann im Bereich von 20 bis 150 m liegen; die Durchlaufzeiten durch den Ofen betragen 1 bis >72 h. Nur für kleinere Fertigungen und Sondermassen haben heute noch Kammeröfen mit diskontinuierlichem Betrieb Bedeutung.

Eisenverunreinigungen, die die Farbe des Scherbens beeinflussen, liegen bei oxidierender Brennatmosphäre als Fe_2O_3, Fe_3O_4 vor, bei reduzierender als FeO

Der Brennatmosphäre kommt insbesondere bei Waren mit weißem Scherben große Bedeutung zu. Bei oxidierender Ofenatmosphäre liegt das in tonkeramischen Versätzen zumindest in Spuren immer vorhandene Eisen je nach Temperatur als Fe_2O_3 oder Fe_3O_4 vor, die den Scherben braun bis schwarzblau färben. Bereits Mengen von weniger als 0.35% Massenanteil Fe_2O_3 wirken störend. Bei reduzierendem Brand, der sich durch Luftunterschuß in der Erdgas- oder Ölflamme einstellen läßt, bildet sich FeO, das sich in der Schmelzphase löst und graue, grünliche oder bläuliche Färbungen hervorruft. Unter reduzierenden Bedingungen ist eine Weißfärbung noch bis zu einem Eisenoxidgehalt von 0.6% erreichbar.

Für glasierte Erzeugnisse erfolgt der Brand in zwei Stufen:

• Schrüh-, Glüh- oder Biskuitbrand

Glasierte Porzellan- und Steingutwaren werden meist zweimal gebrannt. Im ersten Brand (Schrüh-, Glüh- oder

Biskuitbrand) erhält der Scherben zunächst bei 900 bis 1000 °C die für das Aufbringen der Glasur notwendige Festigkeit. Bei diesen Temperaturen tritt noch keine Sinterung der Scherben auf, und die einzelnen Teile können noch aufeinander gestapelt werden. Nach dem Glühbrand folgt das Aufbringen des Glasurschlickers und der Glattbrand bei produktabhängigen Temperaturen von 1100 bis 1500 °C. Bei diesem Brand muß eine gegenseitige Berührung der Teile vermieden werden. Dies geschieht mit Brennhilfsmitteln aus ton- oder direktgebundenem Siliciumcarbid oder aus Cordierit ($2MgO \cdot 2Al_2O_3 \cdot 5SiO_2$), mit denen auf dem Wagen des Tunnelofens Regale aufgebaut werden. Hohlteile müssen ggf. durch geformte Brennunterlagen aus Porzellanmasse (sogenannten Bomsen) gegen Verformung infolge des eigenen Gewichtes geschützt werden.

• Glattbrand

Beim Glattbrand werden die Formteile durch Brennhilfsmittel gestützt

5.5.4.6.3 Glasuren

Zur Glättung der rauhen Oberfläche feinkeramischer Erzeugnisse werden flußmittelreiche Glasuren aufgebracht, die aus den gleichen Grundstoffen wie die Scherben bestehen, aber zusätzlich niedrigschmelzende Oxide (Alkalimetalloxide, Erdalkalimetalloxide, Bleioxid, Boroxid) enthalten. Das Aufbringen der Glasuren erfolgt durch Tauchen oder Spritzen auf den rohen oder vorgebrannten Scherben. Bei beiden Verfahren werden sogenannte Glasurschlicker benötigt, d. h. wäßrige Suspensionen des Glasurversatzes. Wasserlösliche Substanzen müssen vor der Herstellung des Schlickers durch kurzes Aufschmelzen in unlösliche Verbindungen überführt werden (Frittenglasuren).

Glasurversätze geben beim Brand meist homogene Schmelzen und erstarren beim Abkühlen glasartig

Durch das Fritten können Glasurversätze wasserunlöslich gemacht werden

Salzglasuren (Anflugglasuren) erhält man durch Einblasen von Steinsalz in den Brennraum. Das Natriumchlorid reagiert mit dem Wasserdampf der Ofenatmosphäre zu HCl und Na_2O, das an der Brenngutoberfläche niedrigschmelzende Natriumaluminiumsilikate bildet.

5.5.4.7 Eigenschaften und Anwendung tonkeramischer Produkte

An dieser Stelle soll nur ein Überblick über die feinkeramischen tonhaltigen Werkstoffe gegeben werden, während die grobkeramischen Produkte weitgehend in den

Abschnitten über Baustoffe (Abschn. 5.3.5) und feuerfeste Erzeugnisse (Abschn. 5.5.5.3) abgehandelt werden.

5.5.4.7.1 Steingut

Steingut besitzt einen porösen, weißbrennenden oder elfenbeinfarbenen Scherben

Die porösen tonkeramischen Erzeugnisse besitzen eine Wasseraufnahmefähigkeit von mehr als 2% Massenanteil. Zu dieser Gruppe von Erzeugnissen gehören das gefärbte Irdengut (Töpferware) und das Steingut mit meist weißem Scherben (Tabelle 5.5-2). Wegen seiner Durchlässigkeit für Flüssigkeiten und Gase kann letzteres für die Herstellung von keramischen Filtern und Diaphragmen verwendet werden. Durch Aufbringen von Glasuren läßt es sich jedoch auch wasserundurchlässig machen; es eignet sich dann zur Herstellung von Haushaltsgeschirr, Sanitärware sowie Wandplatten und Fliesen (Majolica, Fayence).

Je nach Art des verwendeten Flußmittels unterscheidet man Feldspatsteingut (Hartsteingut) und Kalksteingut (Weichsteingut).

Tabelle 5.5-2. Steinguterzeugnisse und ihre Eigenschaften.

Erzeugnisse	Zusammensetzung der Masse in % Massenanteil				Brennbedingungen		Vorteile	Nachteile
	Tonminerale	Quarz	Feldspat	Calciumcarbonat				
Kalksteingut (Weichsteingut)	40 bis 45	bis 40	–	15 bis 25	Schrühbrand Glattbrand	1150 °C 1000–1060 °C	billig, geringes spez. Gew.	spröde, nicht temperaturwechselbeständig
Mischsteingut	45 bis 50	48 bis 42	1 bis 3	5 bis 7.5	Schrühbrand Glattbrand	1180 °C 1000–1100 °C	weniger spröde als Kalksteingut, härter	
Feldspatsteingut (Hartsteingut)	40 bis 55	55 bis 42	5 bis 3	–	Schrühbrand Glattbrand	1240 °C 1000–1100 °C	hart und dichter als Kalk- und Mischsteingut	teurer und schwerer als Kalk- und Mischsteingut

5.5.4.7.2 Steinzeug

Der Steinzeugscherben ist wasserundurchlässig, zeigt leichten Glanz und muscheligen Bruch

Unter dem Begriff Steinzeug faßt man eine Reihe verschiedenartiger keramischer Erzeugnisse zusammen, deren Massen überwiegend aus frühsinternden, meist illitischen Tonen bestehen und dicht gebrannt werden.

Feinsteinzeug für Haushaltsware (echtes Steinzeug) wird nach dem Gießverfahren hergestellt und besitzt einen grauen, gelben oder roten Scherben. Ein bekanntes Beispiel für derartiges Feinsteinzeug ist das „Wedgwood-Porzellan".

Für technisches Feinsteinzeug (Laborgeräte, Isolatoren) verwendet man hellbrennende, quarzarme Tone, was zu einem porzellanartigen Scherben führt.

Säurefestes Steinzeug erhält eine Salzglasur und ist gegen Säuren außer Flußsäure beständig. Die Säurefestigkeit kann durch Zusätze von Zirconiumdioxid oder Phosphaten, die Laugenbeständigkeit durch Bariumoxid, Magnesiumoxid oder Chromoxid erhöht werden.

Die Säure- und Laugenfestigkeit von Steinzeug kann durch Zusätze verbessert werden

5.5.4.7.3 Porzellan

Wegen des hohen Gehaltes an Flußmitteln im Versatz und des damit verbundenen hohen Anteils an Schmelzphase beim keramischen Brand besitzt Porzellan einen dichten, weißen, verglasten Scherben, der bei dünner Wandstärke durchscheinend und transparent ist.

Der Porzellanscherben ist dünnwandig, durchscheinend und zeigt muscheligen Bruch

Die Unterteilung der Porzellane geschieht einerseits nach ihrer chemischen Zusammensetzung, andererseits nach den angewendeten Brenntemperaturen. Die in Mitteleuropa zur Herstellung von Geschirr und technischen Werkstoffen bevorzugten Hartporzellane bestehen aus dem klassischen Versatz von 50% Kaolin, 25% Feldspat und 25% Quarz und werden bei 1380 bis 1460 °C gebrannt. Zur Erhöhung der Temperaturwechselbeständigkeit, die vor allem bei chemisch-technischen Porzellanen und bei Kochgeschirren gefordert wird, kann der Quarzanteil zugunsten von Kaolin verringert werden, wobei allerdings eine geringere Transparenz in Kauf genommen werden muß.

Hartporzellane bestehen aus 50% Kaolin, 25% Quarz, 25% Feldspat. Brenntemperatur: 1380 bis 1460 °C

Durch teilweisen oder vollständigen Ersatz des Quarzes durch Tonerde gelangt man zu den Tonerdeporzellanen mit sehr hoher Festigkeit. Die Verarbeitung der Masse ist jedoch durch die abrasive Wirkung der Tonerde erschwert.

Erhöht man im Vergleich zum Hartporzellan den Feldspat- und den Quarzanteil, so erhält man die Weichpor-

Weichporzellane haben höhere Feldspat- und Quarzanteile. Die Brenntemperatur liegt um 100 bis 150 °C niedriger

zellane, die um 100 bis 150 °C niedriger gebrannt werden. Um trotz der niedrigeren Kaolinmenge noch plastische, leicht zu verarbeitende Massen zu haben, werden den Versätzen hochplastische Tone (Ballclay) zugesetzt. Zu den Weichporzellanen zählen auch die Sanitärporzellane für die Herstellung von Badezimmerartikeln.

Ein besonderes Weichporzellan ist „Vitreous China"; es wird für sanitäre Artikel verwendet

Eine besondere Art der Weichporzellane ist das im angelsächsischen Raum verbreitete Vitreous China (Porzellangut), das einen dichten, aber nicht transparenten Scherben hat.

„Bone China" (Knochenporzellan) ist ein hochwertiges Erzeugnis, das im Versatz Phosphate (40 bis 50% Knochenasche) enthält. Verwendung: Gebrauchs- und Ziergegenstände

Eine besonders hohe Transparenz und einen hohen Weißgrad besitzt das vor allem in England für Gebrauchs- und Ziergegenstände verwendete Knochenporzellan (Bone China). Sein Versatz besteht aus 40 bis 50% Knochenasche, 20 bis 30% Feldspat und 20 bis 30% Kaolin. Das durch die Knochenasche oder Apatit eingebrachte Phosphat besitzt starke Glasbildungseigenschaft; die Brenntemperatur muß auf 1200 bis 1280 °C verringert werden, um zu starkes Erweichen beim Brand zu verhindern.

Dentalkeramik („Zahnporzellan") besteht fast ausschließlich aus Feldspäten

Mit besonders feldspatreichen Versätzen (70 bis 90% Feldspat, 15 bis 25% Quarz, 2 bis 8% Kalkspat oder Kaolin) lassen sich sog. „Zahnporzellane" herstellen, die eigentlich nicht zu den tonkeramischen Erzeugnissen zu zählen sind. Sie erhalten wegen der hohen Flußmittelmengen bereits beim Brand eine glänzende Oberfläche und bedürfen keiner Glasur.

5.5.4.7.4 Schnellbrandporzellan

Die neu entwickelten Schnellbrandporzellane benötigen nur Brenndauern von etwa 3 h

Während bei den bisher abgehandelten Porzellanarten die Durchlaufzeiten im normalen Tunnelofen 24 bis 72 h betragen, will man mit der neuen Entwicklung von Schnellbrandporzellan Brenndauern von 1 bis 3 h erreichen. Bei derartig geringen Durchlaufzeiten können die Ofendurchsätze auch dann noch hoch gehalten werden, wenn die Ware nur einlagig auf die Brennschlitten gelegt wird. Dadurch kann man vollständig auf Brennhilfsmittel verzichten und die inerte Masse der Brennöfen verringern. Ziel der Entwicklung ist eine Absenkung des Energieverbrauchs.

Der Versatz für Schnellbrandporzellane muß der kurzen Brenndauer angepaßt werden

Der Versatz für Schnellbrandporzellane muß der kurzen Brenndauer angepaßt werden, um trotz der diffusionsbedingt langsam ablaufenden chemischen Reaktionen zu Scherbeneigenschaften zu kommen, die mit denen herkömmlicher Porzellane vergleichbar sind. Geeignete Versätze sind quarz- und flußmittelarm und enthalten zur Beschleunigung der Sinterprozesse vorgebrannte Rohstoffe wie calcinierten Kaolin (Kaolinschamotte). Eine ausreichende Transparenz des Scherbens erreicht man durch Verwendung sehr feinkörniger Quarzsorten, die sich ausreichend schnell in der Glasphase lösen.

5.5.4.8 Wirtschaftliche Bedeutung der tonkeramischen Erzeugnisse

Über die Weltproduktion tonkeramischer Erzeugnisse gibt es keine zuverlässigen Angaben, da ein großer Teil der Produktion auf viele kleine Betriebe verteilt ist und außerdem eine internationale Klassifikation der einzelnen Produktgruppen fehlt.

In der Bundesrepublik lag die Jahresproduktion an tonkeramischen Erzeugnissen 1980 bei etwa 310 000 t.

Davon entfielen auf

• Geschirr, Haushaltsgeräte, Ziergegenstände aus	
Steingut	28 500 t
Steinzeug	33 500 t
Porzellan	87 000 t
• Irdengut und Tonwaren für Gärtnereierzeugnisse	65 500 t
• Sanitärartikel aus Porzellan	67 500 t
• chemisch-technische Erzeugnisse	21 500 t
• Isolatoren aus Porzellan, Steatit	2 500 t

5.5.5 Sonderkeramische Erzeugnisse

5.5.5.1 Oxidkeramik

5.5.5.1.1 Allgemeines

Im Gegensatz zu den tonkeramischen Erzeugnissen bestehen Oxidkeramiken im wesentlichen nur aus einer einzigen kristallinen Phase reiner, hochschmelzender Metalloxide. Bei Oxidkeramiken handelt es sich meist um dicht gebrannte feinkeramische Erzeugnisse. Sie enthal-

Oxidkeramiken sind dichte feinkeramische Erzeugnisse aus einphasigen Metalloxiden

ten keine oder nur sehr geringe Anteile niedrig schmelzender Silikatphase.

Die Herstellung derartiger Werkstoffe läuft nach den in Abschn. 5.5.3 aufgeführten Verfahrensschritten ab. Im Vergleich zu tonkeramischen Erzeugnissen müssen jedoch einige charakteristische, chemisch bedingte Verfahrensmodifikationen berücksichtigt werden:

Rohstoffe für oxidkeramische Massen müssen sehr rein sein

- An oxidkeramische Rohstoffe werden hohe Reinheitsforderungen gestellt, weswegen Naturprodukte meist durch chemische Prozesse aufbereitet werden.

Oxidkeramische Massen sind nicht plastisch

Den oxidkeramischen Massen müssen Bindemittel und plastifizierende Zusätze zugegeben werden

- Den oxidkeramischen Massen fehlt die durch Tonminerale hervorgerufene Plastizität tonkeramischer Massen. Die für die einzelnen Formgebungsverfahren notwendigen rheologischen Eigenschaften der Massen müssen durch Zusätze von organischen Verbindungen und ggf. von Wasser eingestellt werden. In der Praxis haben sich Bindemittel mit teilweise plastifizierender Wirkung wie Stärken, Cellulosen, Dextrin, Melasse, Gelatine, Lignine, Bitumen, natürliche oder synthetische Harze oder Wachse bewährt.

- Im Spritzgießverfahren wird das Oxidpulver im Gemisch mit Thermoplasten oder Wachsen heiß in die Form gepreßt, und der fertige Formkörper kann nach dem Erkalten der Form entnommen werden. Bei der anschließenden Temperbehandlung werden die organischen Zusätze rückstandsfrei verbrannt.

Die Verfestigung erfolgt durch Sinterung (200 bis 300 °C unter dem Schmelzpunkt). Sintertemperaturen werden durch die Korngröße der Oxidteilchen beeinflußt

- Die Sinterung oxidkeramischer Erzeugnisse erfolgt ohne Schmelzphase bei Temperaturen, die meist 200 bis 300 °C unter dem Schmelzpunkt des Oxides liegen. Bei sehr feinteiligen, hochreaktiven Oxidpulvern und bei Zusatz von Sinterhilfsmitteln, die über einen Fehlstellenmechanismus die Diffusionsgeschwindigkeiten von Kationen oder Anionen im Oxidgitter erhöhen, kann eine Dichtsinterung auch bei tieferen Temperaturen erreicht werden.

Die Brennschwindung muß bei der Herstellung des Grünlings berücksichtigt werden

- Die Sinterung der Werkstücke ist infolge abnehmender Porosität mit einer Volumenkontraktion verbunden. Diese Schwindung hat gewisse Toleranzen in den geometrischen Abmessungen der fertigen Keramik zur Folge, die für viele Anwendungszwecke, z. B. im Maschinenbau, zu groß sind. Eine Nachbearbeitung durch Schleifen, Läppen oder Polieren mit Werkzeugen aus Diamant oder Borcarbid kann hier Abhilfe schaffen.

5.5.5.1.2 Aluminiumoxid

Der technisch bedeutendste oxidkeramische Werkstoff ist gesintertes Aluminiumoxid. Die verwendeten Rohstoffe sind die sogenannte calcinierte Tonerde und Schmelzkorund.

Calcinierte Tonerde (α-Al_2O_3) erhält man durch Tempern oberhalb 800 °C von Aluminiumhydroxid $Al(OH)_3$, das beim Bauxitaufschluß nach dem Bayer-Verfahren anfällt. Je nach Wahl der Verfahrensparameter besteht das Aluminiumoxid aus 0.3 bis 5 µm großen Primärkristallen, die meist zu 10 bis 100 µm großen Teilchen agglomeriert sind. Gröbere Kristalle gewinnt man durch Aufschmelzen von Bauxit oder von vorcalcinierten Rohstoffen mit Kohle im Elektroofen. Die Verunreinigungen werden zum Metall reduziert und können von der oxidischen Schmelze abgetrennt werden. Reinere Produkte werden aus Bayer-Tonerde erschmolzen. Beim Abschrekken der Schmelze fällt ein als Schmelz- oder Elektrokorund bezeichnetes Aluminiumoxid in millimetergroßen Kristallen an. Die Tonerde kann auch bei Temperaturen von knapp 2000 °C zu 0.01 bis 1 mm großen, plättchenförmigen Kristallen (Sinterkorund) gesintert werden.

Rohstoffe für Aluminiumoxidkeramiken sind:

- calcinierte Tonerde (feinteilig)
- Schmelzkorund (grobkristallin)
- Sinterkorund (grobkristallin)

Für die Herstellung von Formkörpern werden meist Aluminiumoxidqualitäten unterschiedlicher Kornverteilungen gemischt. Diese Maßnahme ist besonders dann wichtig, wenn porenfreie Endprodukte gewünscht werden. Mit Kugeln gleicher Größe kann im Idealfall eine max. Volumenerfüllung von 74% erreicht werden (dichteste Kugelpackung). Durch Zumischen feinteiliger Produkte lassen sich die Hohlräume der Dichtestpackung ausfüllen und geringere Porositäten einstellen. Die in der Praxis verwendeten Kornverteilungen werden meist unter Zuhilfenahme von Näherungsformeln (Verteilungskurven nach Andreasen und nach Fuller) empirisch bestimmt und richten sich nach der realen geometrischen Form der Einzelteilchen.

Zur Herstellung dichter Preßkörper müssen Rohstoffe mit genau eingestellten Kornverteilungen verwendet werden

Die Sinterung von Aluminiumoxidkeramiken erfolgt bei Temperaturen von 1500 bis 1800 °C. Zur Erhöhung der Sintergeschwindigkeit dienen Zusätze von MgO, Y_2O_3,

TiO_2, Cu_2O oder MnO in Mengen von 0.1 bis 5% Massenanteil.

Herausragende Eigenschaften von Aluminiumoxidkeramiken:

- hohe Temperaturbeständigkeit
- gute Wärmeleitfähigkeit
- hoher elektrischer Widerstand
- chemische Korrosionsbeständigkeit

Herausragende Eigenschaften von Aluminiumoxidkeramiken sind hohe Temperaturbeständigkeit (Schmelzpunkt von Al_2O_3: 2050 °C), gute Wärmeleitfähigkeit, hoher elektrischer Widerstand und chemische Korrosionsbeständigkeit. Alle diese Eigenschaften hängen von der chemischen Reinheit, der Korngrößenverteilung des Oxidpulvers sowie von Dichte, Gefüge und Porenverteilung der Keramik ab. Spezielle Herstellungsverfahren sind daher eng mit dem Anwendungsbereich des Werkstückes verknüpft.

Die vielfältigen Anwendungsmöglichkeiten von Aluminiumoxidkeramiken aufgrund ihrer verschiedenen Eigenschaften sind in Tabelle 5.5-3 aufgeführt.

Tabelle 5.5-3. Einsatzgebiete für Aluminiumoxidkeramiken.

geforderte Eigenschaft	Anwendungsgebiet
Verschleißbeständigkeit	Ziehdüsen für Draht, Fadenführer
Härte, Zähigkeit	Schleifkörnungen, Schneidkeramik
Korrosionsbeständigkeit	Teile für Säure- oder Laugenpumpen, Tiegel, Mahlkugeln, Schneidwerkzeuge, Lampenrohre für Natriumdampflampen
Feuerfestigkeit	Schmelztiegel, Schutzrohre für Thermoelemente
hoher elektrischer Widerstand	Isolatoren (Zündkerzen), Substrate für miniaturisierte integrierte Schaltkreise in Form dünner Plättchen
Verträglichkeit mit lebendem Gewebe	Werkstoff für Endoprothesen (z. B. im Bereich der Hüfte und des Kiefers)

5.5.5.1.3 Zirconiumoxid

Der natürliche Rohstoff für Zirconiumoxidkeramiken ist das Mineral Zirkon ($ZrSiO_4$)

Das Mineral Baddeleyit (ZrO_2) kommt in der Natur nur in geringen Mengen vor. Der Hauptrohstoff für Zirconiumoxidkeramiken ist daher der Zirkon ($ZrSiO_4$), aus dem durch Schmelzen mit Kalk und Koks unter Reduktion des SiO_2 und der Verunreinigungen reines ZrO_2 gewonnen wird.

Zirconiumoxid kommt in monokliner, tetragonaler und kubischer Modifikation vor

Zirconiumoxid kommt in drei Modifikationen vor. Die Umwandlung der monoklinen in die tetragonale Form erfolgt während des Aufheizens bei 1000 bis 1200 °C unter Volumenverringerung. Die entsprechende Volumenzunahme hat beim Abkühlen einen Zerfall von Sinterkörpern aus reinem ZrO_2 zur Folge. Durch Zusätze von 10 bis 15% (Stoffmengenanteil) CaO oder MgO gelingt es jedoch, eine kubische Hochtemperaturmodifikation zu stabilisieren.

Die Sinterung derartig stabilisierter Keramiken erfolgt bei Temperaturen um 1800 °C an Luft.

Wegen seines hohen Schmelzpunktes (Schmp. von reinem ZrO_2: 2700 °C) findet stabilisiertes Zirconiumoxid Verwendung im Ofenbau zur Herstellung von Schmelztiegeln und in der Stahlindustrie zur Fertigung von Stranggußdüsen. Ein weiterer wichtiger Anwendungsbereich sind Widerstandheizelemente und Feststoffelektrolyte in Brennstoffzellen. Hier macht man sich die für oxidkeramische Werkstoffe ungewöhnlich hohe Leitfähigkeit vor allem eines mit Y_2O_3 stabilisierten ZrO_2 (Nernst-Masse) zunutze.

Stabilisiertes Zirconiumoxid kann bis 2600 °C eingesetzt werden. Wichtige Einsatzgebiete:

- Ofenbau
- Widerstandsheizelemente
- Feststoffelektrolyte
- Neutronenreflektoren in Kernreaktoren

In der Kernreaktortechnologie wird hafniumfreies Zirconiumoxid wegen seines niedrigen Neutronen-Einfangquerschnittes als Neutronenreflektor eingesetzt.

5.5.5.1.4 Berylliumoxid

Berylliumoxidkeramik besitzt von allen keramischen Erzeugnissen die höchste Wärmeleitfähigkeit und ist der beste elektrische Isolator bei hohen Temperaturen. Trotz dieser hervorstechenden Eigenschaften finden Berylliumoxidkeramiken wegen ihrer hohen Kosten und Giftigkeit nur begrenzte Anwendung. Die Herstellung erfolgt durch Sinterung von trocken oder plastisch gepreßtem, feinkörnigem Berylliumoxid bei 1400 bis 1450 °C unter Wasserstoffatmosphäre. Typische Einsatzgebiete sind:

Berylliumoxidkeramiken haben technisch wertvolle Eigenschaften. Ihr Einsatz ist aber infolge hoher Preise und Giftigkeit nur begrenzt möglich

Gußformen für Vanadiumformstücke, Tiegel für Hochfrequenzöfen, Substrate für integrierte Schaltkreise. In der Kernreaktortechnologie kann Berylliumoxid im direkten Gemisch mit dem Kernbrennstoff als Moderator für schnelle Neutronen verwendet werden.

5.5.5.1.5 Uranoxid und Thoriumoxid

Wegen der zunehmenden Nutzung der Kernenergie ist die Herstellung von Keramiken aus Uranoxid zu einem be-

Für Kernreaktoren werden große Mengen an UO_2-Keramiken benötigt

deutenden Wirtschaftszweig innerhalb der keramischen Industrie geworden. Für den gebräuchlichsten Reaktortyp, den Leichtwasserreaktor, werden die Brennelementstäbe bevorzugt mit gesinterten Uranoxid-Tabletten (Pellets) von etwa 6 mm Durchmesser und einem Verhältnis der Länge zum Durchmesser von 0.9 bis 1.2 bestückt. Für den gesamten Kernbrennstoff eines großen Leichtwasserreaktors werden 15 Mio. derartiger Pellets benötigt. Der geschätzte Gesamtbedarf an Uranoxid beträgt in den nächsten 5 Jahren allein für Leichtwasserreaktoren etwa 40000 t.

In Leichtwasserreaktoren werden die Brennelementstäbe bevorzugt mit UO_2-Pellets bestückt

Die Herstellung der Pellets aus dem an U-235 angereicherten Uranoxidpulver erfolgt mit üblichen Trockenpreßverfahren bei Drücken von 2800 bis 4200 bar. Die anschließende Sinterung bei 1650 °C in einer Stickstoff-Wasserstoff-Atmosphäre liefert einen Sinterkörper von 96% theoretischer Dichte und von Korngrößen über 10 μm.

Die Herstellung von UO_2-Pellets erfolgt mit Trockenpreßverfahren

Insbesondere für die ferngesteuerte Herstellung plutoniumhaltiger Brennelemente gewinnt der sog. „Sol-Gel"-Prozeß zunehmendes Interesse wegen seiner höheren Sicherheit. Hierzu wird ein Filterkuchen von frisch gefälltem Uranoxid durch Einwirkung von Ultraschall in ein UO_2-Sol überführt, das getrocknet und bei 1150 °C gebrannt wird. Die entstehenden Mikrokügelchen von 40 bis 60 μm Durchmesser werden durch Vibrationstechniken in Hüllrohre eingefüllt.

Der „Sol-Gel"-Prozeß gestattet die ferngesteuerte Herstellung von Kügelchen aus $(U, Pu)O_2$

Für die Beschickung gasgekühlter Hochtemperaturreaktoren werden ummantelte ThO_2- oder UO_2-Kügelchen (coated particles) verwendet. Deren 50 bis 1500 μm großer Kern aus Urandioxid wird nach konventionellen Sinterverfahren hergestellt und anschließend eine aus mehreren Schichten von Kohlenstoff und Siliciumcarbid bestehende Hülle pyrolytisch aufgebracht (vgl. Abschn. 5.7.5.1).

In Hochtemperaturreaktoren werden umhüllte ThO_2- oder UO_2-Brennstoffkügelchen eingesetzt

In gleicher Weise können auch die im Schnellen Brüter eingesetzten Uran-Thorium-Mischoxide verarbeitet werden.

Keramische Werkstoffe aus Thoriumoxid besitzen auch eine gewisse Bedeutung in konventionellen Anwendungsgebieten. So macht man sich bei der Herstellung von Tiegelmaterialien aus Thoriumoxid den extrem hohen Schmelzpunkt von etwa 3300 °C und die gute Korrosionsbeständigkeit zunutze.

Keramiken aus Thoriumoxid sind nur wenig radioaktiv

5.5.5.1.6 Sonstige Oxidkeramiken

Oxidkeramiken aus reinem gesintertem Magnesiumoxid haben im Vergleich zu den Magnesiumoxid-haltigen feuerfesten Erzeugnissen geringe wirtschaftliche Bedeutung. Sie finden Verwendung als Hochtemperaturwerkstoff.

Weniger oder noch nicht gebräuchliche oxidkeramische Werkstoffe bestehen aus:

- Magnesiumoxid

Dichte Spinell-Oxidkeramik aus $MgAl_2O_4$ zeichnet sich durch sehr gute Hochtemperaturkorrosionsbeständigkeit gegen alkalische Medien aus. Gesintertes Yttriumoxid besitzt noch bessere Korrosionsbeständigkeit bei hohen Temperaturen (Y_2O_3, Schmp. $\approx 2400\,°C$); die Einsatzmöglichkeiten sind wegen hoher Preise jedoch begrenzt.

- Magnesium-Aluminiumoxid
- Yttriumoxid

Gesintertes Titandioxid findet in den letzten Jahren neben Aluminiumoxid Eingang in die Textilindustrie, wo es als verschleißfester Werkstoff für Fadenführer eingesetzt wird.

- Titandioxid

Ein neuartiger oxidkeramischer Feststoffelektrolyt ist das sog. β-Aluminiumoxid, eine Verbindung von Al_2O_3 mit 5 bis 10% Na_2O. Materialien dieses Types werden z. Z. versuchsweise in Natrium-Schwefel-Batterien eingesetzt.

- sog. β-Aluminiumoxid

5.5.5.2 Elektro- und Magnetokeramik

5.5.5.2.1 Titanate

Der bedeutendste elektrokeramische Werkstoff ist gesintertes Bariumtitanat

Das im Kristallgitter des Perowskits kristallisierende Bariumtitanat $BaTiO_3$ gehört zur Gruppe der ferroelektrischen Stoffe. Hierunter versteht man Stoffe, bei denen die in Abhängigkeit von der angelegten elektrischen Feldstärke E gemessene Polarisation P eine dielektrische Hysterese aufweist, die der magnetischen Hysterese bei ferromagnetischen Stoffen entspricht.

Technisch verwertbare Eigenschaften von Perowskitkeramiken sind die hohen Permittivitäten (relative Dielektrizitätskonstante), die bei bestimmten chemischen Zusammensetzungen auftretenden Halbleitereigenschaften sowie piezoelektrische Eigenschaften.

Bariumtitanat wird großtechnisch aus Bariumcarbonat und Titandioxid hergestellt

Die technische Herstellung des Bariumtitanates erfolgt durch Festkörperreaktion bei 1000 °C nach der Reaktionsgleichung:

$$BaCO_3 + TiO_2 \longrightarrow BaTiO_3 + CO_2 .$$

In sehr reiner Form wird Bariumtitanat durch gemeinsame Fällung von Barium- und Titanverbindungen (z. B. aus oxal- oder citronensauren Lösungen) und nachfolgende Calcinierung erhalten. Für die Fertigung elektrokeramischer Erzeugnisse schließen sich die in der oxidkeramischen Verfahrenstechnik übliche Mahlung, Formgebung und eine Sinterung bei 1300 °C an.

Keramische Dielektrika besitzen extrem hohe Permittivitäten

Die Permittivität keramischer Dielektrika kann temperaturabhängige Werte von 1000 bis 12 000 annehmen. Die Beeinflussung der Permittivität und ihrer Temperaturabhängigkeit erfolgt durch geeignete Wahl der Korngröße des Titanatpulvers und durch die chemische Zusammensetzung.

Die physikalischen Eigenschaften von Bariumtitanat können durch Fremdionen beeinflußt werden

Das Barium kann teilweise durch Strontium oder Blei, das Titan teilweise durch Zirconium oder Zinn ersetzt werden.

Verwendung von $BaTiO_3$-Keramik:

- Dielektrika für Kondensatoren
- Kaltleiter
- Piezoelektrika

Für die Anwendung als Kaltleiter werden geringe Anteile des Bariums oder Titans durch höherwertige Ionen wie Antimon, Niob oder seltene Erden bei gleichzeitiger Anwesenheit geringster Spuren von Kupfer, Eisen oder Mangan ersetzt. Derartige Kaltleiter zeigen bei einer Erhöhung der Temperatur um 50 bis 100 °C einen Anstieg des spezifischen Widerstandes (10 bis 100 Ω cm) um 3 bis 6 Zehnerpotenzen.

Piezokeramiken werden heute meist nicht mehr aus Bariumtitanat, sondern aus dem ebenfalls im Perowskitgitter kristallisierenden Bleititanatzirconat $Pb(Ti,Zr)O_3$ hergestellt. Die Weltproduktion an Keramikkondensatoren belief sich 1974 auf etwa $17 \cdot 10^9$ Stück mit einem Wert von $470 \cdot 10^6$ DM, an Kaltleitern auf $50 \cdot 10^6$ Stück mit $30 \cdot 10^6$ DM.

5.5.5.2.2 Ferrite

Allgemeines

Ferrite sind magnetokeramische Werkstoffe. Man unterscheidet:

Als allgemeine Bezeichnung für alle magnetokeramischen Werkstoffe hat sich der Begriff „Ferrite“ eingebürgert.

Auf Grund ihrer Kristallstruktur unterscheidet man im wesentlichen zwei Arten von Ferriten:

1. Die „kubischen“ Ferrite kristallisieren im Strukturtyp des Spinells ($MgAl_2O_4$) und haben die allgemeine chemische Zusammensetzung $M^{2+}Fe_2^{3+}O_4$.

2. Die „hexagonalen“ Ferrite kristallisieren im Strukturtyp des Magnetoplumbits ($PbFe_{12}^{3+}O_{19}$) und haben die allgemeine chemische Zusammensetzung $M^{2+}Fe_{12}^{3+}O_{19}$.

- kubische Ferrite (Weichferrite) $M^{2+}Fe_2^{3+}O_4$
- hexagonale Ferrite (Hartferrite) $M^{2+}Fe_{12}^{3+}O_{19}$

Die magnetischen Eigenschaften dieser Verbindungen sind eng mit der jeweiligen Kristallstruktur verknüpft. Daher unterscheiden sich auch die Haupteinsatzgebiete der kubischen und hexagonalen Ferrite.

Weichferrite

Für die Herstellung von Spulen- oder Transformatorkernen werden magnetische Werkstoffe mit möglichst hoher Permeabilität und niedriger Koerzitivkraft benötigt. Dieses bedeutet, daß mit geringer magnetischer Feldstärke eine hohe Induktion erzeugt wird, und daß die Ummagnetisierung im Wechselfeld leicht und mit geringer Verlustleistung (Weichferrite) erfolgt. Diese Forderung wird von ferrimagnetischen Verbindungen mit hoher Sättigungsmagnetisierung bei gleichzeitig niedriger Kristallanisotropie erfülllt.

Weichferrite mit hohen Permeabilitäten werden als Spulen- und Transformatorkerne verwendet

Wie Tabelle 5.5-4 zeigt, besitzen einige Ferrite mit Spinellstruktur diese geforderten Eigenschaften. Durch lückenlose Mischkristallbildung dieser Verbindungen untereinander oder mit anderen Spinellen ergeben sich vielfältige Möglichkeiten zur Herstellung von Werkstoffen für spezielle Anwendungsgebiete. So werden in der Hochfrequenztechnik bevorzugt MnZn- und NiZn-Ferrite eingesetzt. Verbindungen im System $MnO\text{-}MgO\text{-}Fe_2O_3$ besitzen bei Eisenunterschuß eine annähernd rechteckige Hysterese (Rechteckferrite).

Die Ferrite mit Spinellstruktur bilden untereinander lückenlose Mischkristallreihen

Rechteckferrite werden in Kernspeichern von EDV-Anlagen benötigt

Für die Herstellung hochwertiger Ferrite setzt man meist chemisch aufbereitete Rohstoffe – insbesondere Metalloxide – ein. Diese werden zunächst in einer Naßmühle gemahlen und gemischt. Bei der anschließenden Temperung bilden sich die eigentlichen Ausgangsverbindungen.

Die Herstellung der Ferritpulver erfolgt durch:

- Temperung von Oxidgemischen

Bei Ferriten mit sehr komplexen Zusammensetzungen lassen sich durch Temperung der oxidischen Rohstoffe häufig keine ausreichend homogenen Verbindungen her-

• Temperung von gemeinsam gefällten Hydroxiden, Carbonaten, Oxalaten

stellen. In diesen Fällen wird auf naßchemischem Weg ein homogenes Gemisch thermisch zersetzbarer Verbindungen (Metallhydroxide, -carbonate, -oxalate) als Vorprodukt gefällt und dieses nach Sprühtrocknung der Vorsinterung zugeführt.

Tabelle 5.5-4. Magnetische Eigenschaften einfacher Ferrite mit Spinellstruktur.

Verbindung	Sättigungsmagnetisierung M_s bei 20 °C in Gauss*)	Kristallanisotropiekonstante bei 20 °C in J/m³	Curietemperatur in K
$MnFe_2O_4$	400	$-2.8 \cdot 10^3$	573
$FeFe_2O_4$	480	$-1.1 \cdot 10^4$	858
$CoFe_2O_4$	425	$+2.0 \cdot 10^5$	793
$NiFe_2O_4$	270	$-6.2 \cdot 10^3$	858
$CuFe_2O_4$	135	$-6.0 \cdot 10^3$	728
$MgFe_2O_4$	120	$-2.5 \cdot 10^3$	713

* Umrechnung technischer Einheiten in SI-Einheiten:

1 Gauß (G) = 10^{-4} Tesla (T)

$$1 \text{ Oersted (Oe)} = \frac{10^3}{4\pi} \frac{\text{Ampère}}{\text{Meter}} \left(\frac{\text{A}}{\text{m}}\right)$$

$$1 \text{ Gauß} \cdot \text{Oersted} = \frac{10^{-1}}{4\pi} \frac{\text{Joule}}{\text{Meter}^3} \left(\frac{\text{J}}{\text{m}^3}\right)$$

Anschließend wird die in der oxidkeramischen Verfahrenstechnik übliche Naßmahlung, Formgebung und Sinterung zum keramischen Werkstück durchgeführt.

Weichferrite mit geringer Porosität werden durch Heißpreßverfahren erhalten

Da bei Weichferriten eine niedrige Porosität wesentliche Bedeutung für hohe Permeabilitäten hat, wird zur Formgebung hochwertiger Produkte das Verfahren des Heißpressens verwendet. Dieses Verfahren stellt eine Kombination von Trockenpressen und Sinterung in einem Verfahrensschritt dar. Die Preßdrücke liegen bei 150 bis 2000 bar, die Temperaturen etwa bei der halben Schmelztemperatur des niedrigsten Eutektikums. Die Preßformen bestehen aus Graphit, Al_2O_3- oder SiC-Keramiken oder aus feuerfesten Metallen wie Molybdän, Wolfram, Niob, Tantal.

Weitere Verwendung von kubischen Ferriten:

• Tonköpfe für Magnetbandgeräte
• Ferritantennen
• Hochfrequenztechnik

Das mengenmäßig wichtigste Einsatzgebiet für kubische Ferrite liegt im Bereich der Herstellung von Spulen- und Transformatorkernen. Von der Stückzahl her bedeutend sind Tonköpfe für die Magnetbandaufzeichnung, Ferritantennen für den Frequenzbereich von 0.5 bis 1.5 MHz und andere Bauteile in der Hochfrequenztechnik.

Hartferrite

Für die Anwendung als Dauermagnete werden sogenannte Hartferrite mit möglichst hoher Remanenz und Koerzitivkraft benötigt, die sich nur schwer durch äußere Felder entmagnetisieren lassen. Diese Forderungen erfüllen die hexagonalen Ferrite (Hexaferrite) $BaFe_{12}O_{19}$ und $SrFe_{12}O_{19}$.

Hartferrite sind dauermagnetische Werkstoffe

Das theoretische Maximum der Koerzitivkraft derartiger Ferrite liegt bei 17 000 Oe; technisch werden bei der optimalen Primärteilchengröße von 1 µm allerdings nur Werte von 3000 bis 4000 Oe erreicht. Das liegt an Kristallbaufehlern und an einer Grobkornbildung während der Sinterung.

Die magnetischen Eigenschaften keramischer Dauermagnete werden durch Korngrößenverteilungen stark beeinflußt

Eine Besonderheit der Hexaferrite ist ihre ausgeprägte magnetische Anisotropie. Die magnetische Vorzugsrichtung steht senkrecht auf der Basisebene der plättchenförmigen, sechseckigen Kristalle. Durch Parallelorientierung der Plättchen in der fertigen Keramik (anisotroper Ferrit) lassen sich die gewünschten hohen Remanenzen von über 4000 Gauß und annähernd rechteckige Hysteresen erreichen.

Hexaferrite sind magnetisch anisotrop

Als pauschales Qualitätsmerkmal für Hartferrite wird das aus der Hysterese bestimmbare maximale Energieprodukt $(B \cdot H)_{max}$ angegeben, das proportional zu der pro Volumeneinheit des Dauermagneten verfügbaren Energie ist. Für anisotrope Ferrite liegt der technisch erreichbare Wert von $(B \cdot H)_{max}$ bei 4 M G·Oe. Für preisgünstige Massenartikel werden allerdings isotrope Ferrite ohne Orientierung der Kristallite mit $(B \cdot H)_{max} = 1$ M G·Oe verwendet.

Ein Qualitätsmerkmal für Dauermagnete ist das maximale Energieprodukt $(B \cdot H)_{max}$.

Die Herstellung isotroper Hexaferrite erfolgt nach dem gleichen Schema wie bei den Weichferriten, wobei auch natürliche oder als Abfallprodukt anfallende Eisenoxide als Rohstoffquelle dienen.

Der Verfahrensablauf für die Herstellung anisotroper Ferrite unterscheidet sich nur im Formgebungsverfahren. Das bei 1100 bis 1300 °C aus den Oxiden hergestellte Hexaferritpulver wird mit etwa 40% Wasser versetzt und naß gemahlen. Die Suspension wird in Preßformen gepumpt, deren Preßstempel Filter und Abflußleitungen für das Wasser enthalten. Durch Anlegen eines äußeren Magnetfeldes während des Preßvorganges erfolgt die Orientierung der Kristallplättchen. Die anschließende

Die Formgebung anisotroper Ferritkeramiken erfolgt unter Einwirkung eines äußeren Magnetfeldes

Sinterung bei 1150 bis 1250 °C erfordert wegen der anisotropen Schwindung die exakte Einhaltung definierter Temperaturprofile.

Hexaferrite besitzen als Dauermagnete vielfältige Anwendungsmöglichkeiten:

- Gleichstrommotore
- Drehstromlichtmaschinen
- Magnetzünder
- magnetische Kupplungen
- dynamische Lautsprecher
- magnetische Haftsysteme

Weltproduktion:
70 bis 80 · 10^3 t/a (übertrifft die der metallischen Dauermagnete)

Die Hexaferrite werden hauptsächlich für die Herstellung von Dauermagneten für Gleichstrommotore, Drehstromlichtmaschinen, Magnetzünder, magnetische Kupplungen, dynamische Lautsprecher und magnetische Haftsysteme verwendet. Die geschätzte Weltproduktion betrug 1977 etwa 70 000 bis 80 000 t mit einem Wert von 400 Mio. DM und übertraf damit die Produktion metallischer Dauermagnete.

5.5.5.3 Feuerfeste Keramik

5.5.5.3.1 Definition und Einteilung

Die Feuerfestigkeit keramischer Werkstoffe wird durch die Segerkegelprüfung bestimmt

Keramische Werkstoffe bezeichnet man dann als „feuerfest“, wenn sie bei der Segerkegelprüfung nach DIN 51 063 einen Kegelfallpunkt von mindestens SK 17 (mittlerer Kegelfallpunkt 1500 °C) haben. „Hochfeuerfeste“ Werkstoffe besitzen einen Kegelfallpunkt von mindestens SK 37 (1830 °C).

In der Segerkegelprüfung wird das Erweichungsverhalten keramischer Werkstoffe verglichen

Bei hochfeuerfesten Werkstoffen wird das Erweichungsverhalten unter Druck bestimmt (Druckerweichen, Druckfließen)

Die sog. Segerkegel (SK) bestehen aus unterschiedlichen keramischen Massen, die bei bestimmten Temperaturen erweichen und sich verformen. Als Falltemperatur wird die Temperatur bezeichnet, bei der die Spitze des Kegels gerade die Ebene des Kegelfußes erreicht. Die verschiedenen Segerkegel sind mit steigender Falltemperatur fortlaufend durchnumeriert. Zur Charakterisierung des Erweichens keramischer Massen gibt man die Nummer des Segerkegels an, der den gleichen Kegelfallpunkt besitzt. Für viele heutige Feuerfeststoffe liegt der Kegelfallpunkt zu hoch, um gemessen zu werden. Die Feuerfestigkeit wird daher nach DIN 51 053 durch das Verhalten beim Erweichen bei hohen Temperaturen unter Druck (Druckerweichen oder Druckfließen) bestimmt.
Bei den feuerfesten Werkstoffen haben vor allem die oxidischen Erzeugnisse technische Bedeutung erlangt, weil sie meist aus natürlichen Rohstoffen kostengünstig herstellbar sind.

Die Wahl geeigneter feuerfester Stoffe richtet sich nach:

- thermischer Beständigkeit
- thermischer Ausdehnung
- Temperaturwechselbeständigkeit

Außer der thermischen Beständigkeit spielen noch eine Reihe anderer Faktoren eine wichtige Rolle bei der Auswahl geeigneter feuerfester Werkstoffe, wie z. B. thermische Ausdehnung, Temperaturwechselbeständigkeit,

Tabelle 5.5-5. Schmelz- und Zersetzungstemperaturen wichtiger feuerfester Stoffe.

Bezeichnung	Formel	Schmelztemperatur in °C	Bezeichnung	Formel	Schmelztemperatur in °C
Cristobalit	SiO_2	1723	Mullit	$3Al_2O_3 \cdot 2SiO_2$	1850
Korund	Al_2O_3	2050	Cyanit	$Al_2O_3 \cdot SiO_2$	1325[2)]
Chromoxid (Eskolait)	Cr_2O_3	2435	Andalusit	$Al_2O_3 \cdot SiO_2$	1350[2)]
Periklas	MgO	2825	Sillimanit	$Al_2O_3 \cdot SiO_2$	1530[2)]
Calciumoxid	CaO	2572	Wollastonit	$CaO \cdot SiO_2$	1540
Zirconiumoxid (stabilisiert)	ZrO_2	2690	Forsterit	$2MgO \cdot SiO_2$	1890
Rutil	TiO_2	1830	Chromit	$FeO \cdot Cr_2O_3$	2180
Siliciumcarbid	SiC	2760[1)]	Picrochromit	$MgO \cdot Cr_2O_3$	2330
Siliciumnitrid	Si_3N_4	1900[1)]	echter Spinell	$MgO \cdot Al_2O_3$	2135

1 Zersetzungstemperatur
2 Zersetzung zu Mullit und Cristobalit

chemische Resistenz, Wärmeleitfähigkeit, Abriebbeständigkeit. Diese Eigenschaften hängen außer von der chemisch-mineralogischen Zusammensetzung von der Mikrostruktur des keramischen Werkstücks ab.

- chemischer Resistenz
- Wärmeleitfähigkeit
- Abriebfestigkeit

Die Einteilung der feuerfesten Erzeugnisse wird nach ihrer chemischen Zusammensetzung vorgenommen (s. Tabelle 5.5-6).

Je nach Temperaturbehandlung unterscheidet man außerdem:

Man unterscheidet verschiedene Typen an feuerfesten Erzeugnissen:

- ungebrannte Erzeugnisse, bei denen die Bindung durch Zusätze anorganischer oder organischer Bindemittel bei Temperaturen unter 150 °C erfolgt
- wärmebehandelte Erzeugnisse, bei denen die Bindung durch Zusätze anorganischer oder organischer Bindemittel bei Temperaturen zwischen 150 und 800 °C erfolgt
- gebrannnte oder geschmolzene Erzeugnisse, bei denen die meist keramische Bindung erst oberhalb 800 °C erreicht wird.

- ungebrannte
- wärmebehandelte
- gebrannte oder geschmolzene

Weiterhin unterscheidet man die Erzeugnisse nach ihrer Form. Zu den „geformten" Erzeugnissen zählt man Steine aller Formate und schmelzgegossene Produkte; zu den „ungeformten" Erzeugnissen gehören Mischungen für monolithische Konstruktionen (Stampfmassen, plasti-

- geformte
- ungeformte

sche Massen), bei denen die keramische Bindung erst bei der Anwendung des Werkstoffes entsteht.

Tabelle 5.5-6. Einteilung feuerfester Erzeugnisse.

Bezeichnung	Gewichtsanteil des kennzeichnenden Bestandteils		weitere Hauptbestandteile
Silikaerzeugnisse	>93%	SiO_2	
Schamotteerzeugnisse			
• sauer	67 bis 76%	SiO_2	Al_2O_3
• halbsauer	22 bis 30%	Al_2O_3	SiO_2
• basisch	30 bis 45%	Al_2O_3	SiO_2
hochtonerdehaltige Erzeugnisse			
• tonerdeangereicherte	50 bis 55%	Al_2O_3	SiO_2
• Cyanitsteine	55 bis 65%	Al_2O_3	SiO_2
• Sillimanitsteine	60 bis 70%	Al_2O_3	SiO_2
• Mullitsteine	72 bis 75%	Al_2O_3	SiO_2
• Bauxitsteine	75 bis 85%	Al_2O_3	SiO_2
• Korundsteine	60 bis 99,5%	Al_2O_3	SiO_2
neutrale Erzeugnisse			
• Zirkonsilikatsteine	<67%	ZrO_2	SiO_2
• Forsteritsteine	<50%	MgO	SiO_2, FeO
• Chromerzsteine	30 bis 45%	Cr_2O_3	MgO, FeO, Al_2O_3
basische Erzeugnisse			
• Magnesiasteine	>80%	MgO	
• Magnesiachromsteine	10 bis 40%	Chromerz	MgO
• Chrommagnesiasteine	40 bis 80%	Chromerz	MgO

5.5.5.3.2 Tonerdereiche Erzeugnisse

Die Rohstoffe für tonerdereiche Erzeugnisse sind:

- Alumosilikate
- Bauxite
- Bauxit + Kaolin
- Korund

Im Gegensatz zu den reinen Aluminiumoxidkeramiken geht man bei der Herstellung tonerdereicher feuerfester Erzeugnisse aus Kostengründen meist von natürlichen Rohstoffen aus. Je nach angestrebtem Aluminiumoxidgehalt werden die Alumosilikate Cyanit, Andalusit oder Sillimanit (chemische Zusammensetzung $Al_2O_3 \cdot SiO_2$) oder eisenarme Bauxite mit einem Al_2O_3-Gehalt >85% und einem SiO_2-Gehalt <10% eingesetzt. Natürliche Mischungen aus Tonerdehydraten (Bauxit) und Kaolin mit Al_2O_3-Gehalten von 48 bis 70% werden zu sogenannten Mullitschamotten gebrannt. Für die Einstellung höherer Al_2O_3-Gehalte muß technisch produzierter Korund zugesetzt werden.

Beim Vorbrand oberhalb 1500 °C wandeln sich die Ausgangsprodukte folgendermaßen um:

Bauxit + Kaolin ⟶ Mullitschamotte

Alumosilikate ⟶ Mullit + Cristobalit

calc. Tonerde + Kaolin ⟶ Sintermullit

Bauxit ⟶ Mullit + Korund + Glas

Sinterbauxit

Die Herstellung feuerfester Steine erfolgt aus den gekörnten Rohstoffen nach Zugabe von Bindemitteln (Sulfitablauge, Bindeton) durch Handstampfen oder maschinelles Pressen und durch einen Brand bei Temperaturen von ca. 1200 bis 1800 °C.

Herstellung durch:

- Zusatz von Bindemitteln
- Formgebung
- Brand bei 1200 bis 1800 °C

Die tonerdehaltigen feuerfesten Zustellungen finden vielfältige Verwendung in der Stahlindustrie; die hochtonerdehaltigen wegen ihrer Beständigkeit gegen alkalische Schlacken auch in der Zement- und Glasindustrie.

Verwendung:

- Stahlindustrie
- Zementindustrie
- Glasindustrie

5.5.5.3.3 Schamotteerzeugnisse

Aufgrund ihrer chemischen Zusammensetzung sind Schamotteerzeugnisse zu den tonkeramischen Werkstoffen zu zählen; ihr bevorzugter Einsatz für feuerfeste Zustellungen läßt jedoch eine gemeinsame Abhandlung mit anderen feuerfesten Erzeugnissen sinnvoll erscheinen.

Obwohl die Palette der Feuerfesterzeugnisse immer größer wird, besitzen die Schamotteerzeugnisse immer noch die mengenmäßig größte Bedeutung. Bei diesen Erzeugnissen sind der relativ hohe Schmelzpunkt, die chemische Beständigkeit und die geringe thermische Ausdehnung mit den plastischen Eigenschaften der Massen, die für die Formgebung wichtig sind, in hervorragender Weise verknüpft.

Schamotteerzeugnisse sind preisgünstige feuerfeste Baustoffe

Als Rohstoffe für Schamotteerzeugnisse werden die in Abschn. 5.5.4.2 aufgeführten Tonminerale eingesetzt. Ein direkter Brand der geformten Werkstücke zum Fertigprodukt ist wegen der großen Brennschwindung bei Tonen von Nachteil. In einem Vorbrand wird daher zunächst die sog. Schamotte hergestellt, die dann gebro-

Schamotte wird durch Brennen von Tonmineralen gewonnen

In Schamotteerzeugnissen sind Mullit und SiO_2 über eine Glasphase gebunden

Verwendung:

- Hochofenteile
- Gießpfannenauskleidungen
- Glaswannenöfen

chen, klassiert und mit plastischem Bindeton gemischt wird. Für die Formgebung kommen alle bei den tonkeramischen Produkten geschilderten Verfahren in Frage. Der Hauptbrand bei 1250 bis 1500 °C führt zu den aus 25 bis 50% Mullit, 25 bis 60% Glasphase und bis zu 30% Cristobalit + Quarz bestehenden Schamottesteinen.

Die Steine finden im Hochofenbereich, für Gießpfannenauskleidungen oder für feuerfeste Zustellungen von Glaswannenöfen Verwendung.

5.5.5.3.4 Silikaerzeugnisse

Silikaerzeugnisse werden aus Quarziten hergestellt

Als Rohstoffe für die Herstellung kieselsäurereicher feuerfester Baustoffe dienen Quarzite verschiedener Herkunft und Zusammensetzung. Gefordert werden folgende Werte:

$$SiO_2 > 95\%, Al_2O_3 + TiO_2 < 2.5\%$$

$$Fe_2O_3 < 1.5\%, Na_2O + K_2O < 0.1\% .$$

Die Phasenumwandlung von Quarz erschwert den Brand von Silikaerzeugnissen

Zur Herstellung von Silikasteinen werden Quarzite gebrochen, gemahlen, klassiert und nach Siebkurven gemischt. Zur Verbesserung der Sinteraktivität dienen Zusätze von 1.5 bis 2% Kalk. Der Brand der Silikasteine muß wegen der bekannten Phasenumwandlung des Quarzes in seine Hochtemperaturmodifikationen sehr vorsichtig vorgenommen werden. Für die erforderliche – möglichst vollständige – Umwandlung des Quarzes in Cristobalit und Tridymit werden Brennzeiten bis zu 14 Tagen bei 1450 °C benötigt.

Verwendung:

- Glaswannenöfen
- Koksöfen

Die Silikasteine haben im Bereich der Stahlerzeugung ihre Bedeutung nahezu vollständig verloren und finden vor allem noch bei Glaswannenöfen und Koksöfen Verwendung.

5.5.5.3.5 Basische Erzeugnisse

Die basischen feuerfesten Erzeugnisse enthalten alle Magnesiumoxid in wechselnden Mengen. Als Rohstoff wird der natürlich vorkommende Magnesit ($MgCO_3$) verwendet, der durch Brennen in Sintermagnesia überführt wird:

Ein wichtiger Rohstoff für basische Erzeugnisse ist Magnesit

$$MgCO_3 \xrightarrow{800\text{ bis }900\,°C} MgO\ (\text{kaustisch}) + CO_2$$

$$MgO\ (\text{kaustisch}) \xrightarrow[1900\,°C]{1600\text{ bis}} MgO\ (\text{Sintermagnesia})$$

Die bekannten Magnesitlagerstätten reichen heute nicht mehr für eine vollständige Deckung des steigenden Bedarfs an Magnesiumoxid aus. Man geht daher verstärkt zur Gewinnung von sog. Seewassermagnesia über. Die Ozeane enthalten durchschnittlich 5% gelöste Magnesiumsalze ($MgSO_4$, $MgCl_2$), die durch Umsetzung mit Kalk oder calciniertem Dolomit (CaO, MgO) in das unlösliche Magnesiumhydroxid übergeführt werden können. Das Hydroxid wird isoliert, gewaschen, getrocknet und anschließend wie der Magnesit zu kaustischer Magnesia oder Sintermagnesia gebrannt.

Zur Gewinnung von „Seewassermagnesia“ wird aus Meerwasser Magnesiumhydroxid ausgefällt

Die Formgebung der Magnesiasteine erfolgt meist unter Zugabe von Sulfitablauge und Magnesiumsulfat nach dem Trockenpreßverfahren, die Sinterung in Kammeröfen oder Tunnelöfen bei 1550 bis 1800 °C unter leicht reduzierenden Bedingungen. Eisenarme Magnesiasteine sind hochwertige feuerfeste Erzeugnisse. Ihre hauptsächlichen Verwendungsgebiete sind Stahlwerkskonverter sowie Gewölbe und Decken von Glaswannen.

Herstellung von Magnesiasteinen:

- Trockenpressen
- Sintern bei 1550 bis 1800 °C

Die Temperaturwechselbeständigkeit von Magnesiasteinen kann durch Zumischen von Chromerz verbessert werden. Eine Sinterung bei 1750 °C führt zur sog. Direktbindung unter Bildung der Spinelle $MgO \cdot Cr_2O_3$ und $MgO \cdot Fe_2O_3$. Verwendung finden derartige Steine im Siemens-Martin-Ofen, in Zementdrehrohröfen sowie in Öfen der Buntmetallindustrie.

Magnesiumoxid wird selten in reiner Form verwendet. Zuschläge von Chromerz verbessern die Eigenschaften. Verwendung:

- Siemens-Martin-Öfen
- Zementdrehrohröfen
- Öfen der Buntmetallindustrie

Weitere basische Erzeugnisse mit technischer Bedeutung sind die Forsterit- und Dolomitsteine. Die Herstellung der Forsteritsteine erfolgt durch Brennen von natürlich vorkommendem eisenarmem Olivin, einem Mischkristall von $2MgO \cdot SiO_2$ (Forsterit) und $2FeO \cdot SiO_2$ (Fayalit).

Der bei Temperaturen um 1000 °C entsäuerte und bei 1500 bis 1800 °C gebrannte Dolomit ist Ausgangsprodukt für die Herstellung von Dolomitsteinen. Sie sind im Vergleich zu Magnesiterzeugnissen ein deutlich billigerer, aber auch weniger schlackenbeständiger feuerfester Werkstoff. Zum Schutz vor Hydratation müssen Dolomitsteine mit Teer getränkt werden.

Dolomitsteine sind billige feuerfeste Baustoffe mit begrenzten Anwendungsmöglichkeiten

5.5.5.3.6 Feuerfeste Sondererzeugnisse

Zirkonsteine sind die bedeutendsten feuerfesten Sondererzeugnisse

Neben den genannten technisch bedeutendsten feuerfesten Erzeugnissen werden für einige spezielle Anwendungsgebiete Sonderprodukte gefertigt. Hierzu gehören vor allem die Zirkonsteine. Deren Herstellung aus natürlichem Zirkon ($ZrSiO_4$) erfolgt ggf. unter Zumischung von Quarz oder Tonerde nach üblichen keramischen Verfahren. Einsatzgebiete sind Glaswannen, Aluminiumschmelzöfen und Hochtemperaturöfen.

Die Bedeutung von Chromkorundsteinen nimmt ständig zu

Chromkorundsteine (Mischkristall von Al_2O_3 mit 5 bis 10% Cr_2O_3) zeigen sehr gute Beständigkeit gegen alkalische Schlacken. Sie werden in Teilbereichen des Hochofens eingesetzt (Abb. 5.5-4) und dürften in Zukunft noch steigenden Absatz finden.

Reine Chromoxidsteine finden wegen hoher Preise nur in Spezialgebieten Einsatz

Reine Chromoxidsteine mit 95% Cr_2O_3 werden aus synthetischem Cr_2O_3 hergestellt und finden Verwendung für feuerfeste Zustellungen von E-Glaswannen zur Produktion von Glasfasern.

5.5.5.3.7 Wirtschaftliche Bedeutung

Die Feuerfestindustrie besitzt mit einer Weltproduktion von 25 bis $30 \cdot 10^6$ t/a große wirtschaftliche Bedeutung

Feuerfeste Erzeugnisse sind von erheblicher wirtschaftlicher Bedeutung. Die Weltproduktion wird für den Zeitraum von 1975 bis 1978 auf 25 bis $30 \cdot 10^6$ t/a geschätzt. Davon entfielen 1977 auf die Bundesrepublik Deutschland $1.5 \cdot 10^6$, auf die USA $4.6 \cdot 10^6$ und Japan $2.4 \cdot 10^6$ t. Tabelle 5.5-7 zeigt den Absatz feuerfester Baustoffe gegliedert nach Abnehmergruppen:

Tabelle 5.5-7. Absatz feuerfester Baustoffe nach Abnehmergruppen in %.

Industriezweig	BRD	Japan	USA
Eisen/Stahl	57.7	69.7	50.7
NE-Metalle	2.7	1.9	6.5
Glas	4.7	1.9	4.9
Zement/Kalk	4.5	4.2	3.8
Chemie	1.5	1.4	2.7
Energie	1.1	0.1	0.8
Keramik	6.8	4.2	9.3
Übrige	21.0	16.6	21.5

Die Entwicklung der Stahlindustrie bestimmt den Absatz an feuerfesten Erzeugnissen

Die Eisen- und Stahlindustrie ist eindeutig der Hauptabnehmer für feuerfeste Erzeugnisse. Daher bestimmt der

Verbrauch der feuerfesten Baustoffe in der Stahlindustrie weitgehend den Qualitätsstandard, den Rohstoffbedarf, die Menge der erzeugten Produkte und die Technologien der Feuerfestindustrie.

In den letzten Jahren zeigt sich deutlich eine fallende Tendenz bei den geformten Erzeugnissen und eine Zunahme bei den mit geringerem Energiebedarf herstellbaren ungeformten Erzeugnissen. Außerdem nimmt der Anteil an höherwertigen Produkten im Vergleich zu Silika- und Schamottesteinen erheblich zu.

Der Markt an ungeformten Erzeugnissen steigt

Die tiefgreifenden Veränderungen, die in den letzten Jahren auf dem Gebiet der feuerfesten Zustellungen in der Stahlindustrie stattgefunden haben und deren Ende noch nicht absehbar ist, verdeutlicht Abb. 5.5-4, wo eine klassische und eine moderne Hochofenzustellung einander gegenübergestellt werden.

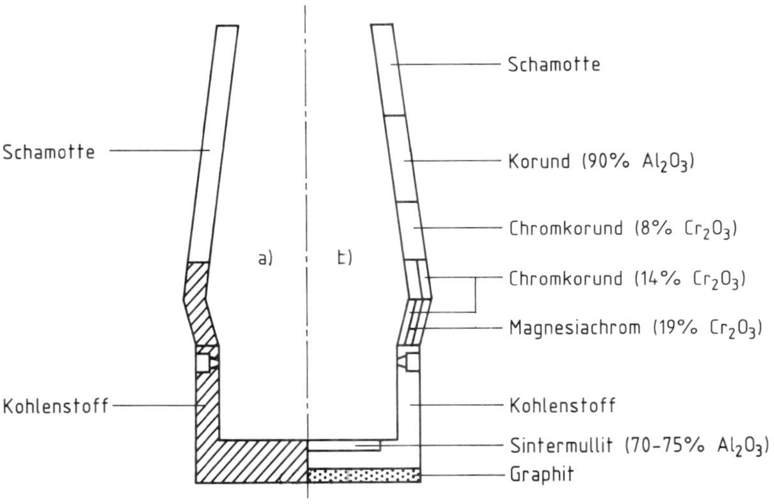

Abb. 5.5-4. Vergleich von klassischer und moderner Hochofenzustellung.
a) Klassische Hochofenzustellung bis Beginn der 60er Jahre gebräuchlich.
b) Beispiel für moderne Hochofenzustellung für Öfen mit 14 m Gestelldurchmesser.

5.5.5.4 Nichtoxidkeramik

Unter dem Begriff „Nichtoxidkeramik" faßt man alle Werkstoffe auf der Basis von elektrisch nicht leitenden Verbindungen aus dem System Bor-Kohlenstoff-Stick-

SiC, Si_3N_4, B_4C und BN sind neben Kohlenstoff die wichtigsten Vertreter der Nichtoxidkeramik

stoff-Silicium zusammen. Die technisch wichtigsten Vertreter neben dem in Abschn. 5.7.4 abgehandelten Kohlenstoff sind Siliciumcarbid (SiC), Siliciumnitrid (Si_3N_4), Borcarbid (B_4C) und Bornitrid (BN).

Nichtoxidkeramik ist außer gegen Sauerstoff bei hohen Temperaturen chemisch sehr beständig

Im Gegensatz zu den oxidischen Keramiken sind diese nichtoxidischen Materialien bei hohen Temperaturen in oxidierender Umgebung thermodynamisch nicht beständig; ihre sonstige chemische Beständigkeit ist hervorragend. Werkstoffe aus siliciumhaltigen Verbindungen können trotzdem auch unter oxidierenden Bedingungen bis etwa 1600 °C eingesetzt werden, da sich oberflächlich eine passivierende SiO_2-Schicht bildet, die eine weitere Oxidation stark hemmt.

Für den technischen Einsatz interessieren besonders ihre mechanischen Eigenschaften (hohe Festigkeit und Härte), in denen sie vor allem bei Temperaturen über 1000 °C den oxidkeramischen Erzeugnissen überlegen sind.

5.5.5.4.1 Wirtschaftliche Bedeutung

Siliciumcarbid hat mit einer derzeitigen Weltproduktion von $7 \cdot 10^5$ t/a großtechnische Bedeutung

Siliciumcarbid ist neben Kohlenstoff das einzige nichtoxidische keramische Produkt, das großtechnische Bedeutung erlangt hat. Die Weltproduktion an unbearbeitetem SiC belief sich 1975 auf $456 \cdot 10^3$ t bei etwa 83%iger Kapazitätsauslastung. Hiervon entfielen $121 \cdot 10^3$ t auf die USA und Canada, $156 \cdot 10^3$ t auf Westeuropa, $72 \cdot 10^3$ t auf Japan und $107 \cdot 10^3$ t auf übrige einschließlich der USSR. Für die Jahre 1979/80 wird die Weltproduktion auf $700 \cdot 10^3$ t/a geschätzt. Die größten europäischen Produktionsanlagen liegen in Norwegen und in den Niederlanden.

Etwa 45% der gesamten SiC-Produktion werden für metallurgische Zwecke benötigt, 35% werden zu Schleif- und Poliermitteln verarbeitet, und 20% gelangen in andere Anwendungsbereiche wie die Keramik.

5.5.5.4.2 Herstellungsverfahren für Siliciumcarbid

Die großtechnische Herstellung von SiC erfolgt nach dem Acheson-Verfahren durch Umsetzung von SiO_2 mit Kohle in Elektroöfen

Die kommerzielle Herstellung von Siliciumcarbid erfolgt durch die Reaktion von hochreinem Quarzsand mit Kohlenstoff in elektrischen Widerstandsöfen (Acheson-Verfahren) nach:

$SiO_2 + 3C \longrightarrow SiC + 2CO$

Als Kohlequalitäten kommen vor allem Petrolkoks und Anthracit zur Anwendung. Durch Zusätze von Natriumchlorid werden störende Verunreinigungen in flüchtige Chloride übergeführt. Mit Hilfe von Sägemehl kann die Porosität der Reaktionsmischung erhöht und das Ausgasen erleichtert werden.

Die Elektroöfen, in denen die Reaktion durchgeführt wird, sind etwa 15 · 3 · 3 m groß und mit feuerfesten Zustellungen versehen. Zwischen den an den Stirnseiten angebrachten Elektroden befindet sich ein Graphitkern. Der Ofen wird rings um diesen Kern mit der Reaktionsmischung gefüllt und elektrisch auf 2200 bis 2400 °C geheizt. Die Aufheizzeit beträgt 18 h, die Reaktionszeit nochmals 18 h. Nach Abkühlung werden die Seiten des Ofens abgenommen und zunächst das unreagierte Material am Rand entfernt. Das Siliciumcarbid, das sich rund um den Graphitkern gebildet hat, wird herausgebrochen und in verschiedene Qualitäten aufgetrennt.

Beim Acheson-Verfahren werden Temperaturen über 2000 °C benötigt

Das reinste SiC ist hellgrün (99.8% SiC); die Farbe ändert sich mit abnehmendem SiC-Gehalt nach dunkelgrün (99.5% SiC), schwarz (99% SiC) und grau (herab bis 90% SiC). Aus 70 t Rohmischung werden 8 bis 14 t hochwertiges SiC gewonnen; der Energiebedarf liegt bei 6 bis 12 kWh für 1 kg Rohsiliciumcarbid.

Die verschiedenen SiC-Qualitäten unterscheiden sich durch ihre Farbe

Die SiC-Herstellung ist energieaufwendig (6 bis 12 kWh/kg SiC)

Die Aufarbeitung erfolgt durch Grobzerkleinerung in Backenbrechern oder Hammermühlen und anschließende Feinmahlung in Kugelmühlen. Für sehr reine SiC-Qualitäten muß noch eine chemische Behandlung mit Schwefelsäure, Natronlauge oder Flußsäure durchgeführt werden.

Siliciumcarbid zeichnet sich durch eine ungewöhnlich große Vielfalt von verschiedenen Strukturvarianten aus, die sich durch unterschiedliche Stapelfolgen hexagonaler und kubischer Schichten unterscheiden. Alle hexagonalen und rhomboedrischen Formen werden häufig in vereinfachter Weise als α-SiC bezeichnet. Bei dem handelsüblichen, nach dem Acheson-Verfahren hergestellten SiC handelt es sich um derartiges α-SiC.

Siliciumcarbid tritt in einer Vielzahl verschiedener Kristallstrukturen auf

Das Acheson-Verfahren liefert α-SiC

Die Herstellung von kubischem β-SiC, das bevorzugt bei Temperaturen unter 2000 °C auftritt, oder von Gemischen aus α-und β-SiC erfolgt durch Abscheidung aus

Kubisches β-SiC wird durch Gasphasenverfahren gewonnen (CVD-Verfahren)

der Gasphase (Chemical Vapor Deposition). β-SiC-Pulver mit guten Sintereigenschaften und geringer Kristallitgröße erhält man z. B. durch thermische Zersetzung von Methylchlorsilanen im Plasma oder im Durchflußreaktor bei Temperaturen über 1000 °C:

$$CH_3SiCl_3 \longrightarrow SiC + 3HCl$$

Die Gasphasenverfahren liefern hochwertige Produkte, sind aber teuer

In einem anderen Verfahren wird metallisches Silicium im elektrischen Lichtbogen verdampft. In einer Methan-Atmosphäre reagiert es zu Siliciumcarbid. Nachteil dieser chemischen Gasphasenabscheidung sind z. Z. noch die im Vergleich zum Acheson-Verfahren hohen Kosten.

5.5.5.4.3 Tongebundene Siliciumcarbidsteine

Die Eigenschaften von SiC-Keramiken sind:

- hohe Wärmeleitfähigkeit
- große Härte
- mechanische Festigkeit

Trotz seines vergleichsweise hohen Preises besitzt Siliciumcarbid Bedeutung als feuerfestes Erzeugnis, wobei seine hervorstechenden Eigenschaften wie hohe Wärmeleitfähigkeit, große Härte und mechanische Festigkeit ausgenutzt werden. Es findet Verwendung in Zinkdestillationsöfen sowie zur Herstellung von Muffeln, Kapseln und Brennhilfsmitteln in der tonkeramischen Industrie (Abschn. 5.5.4.7.2). In neuerer Zeit befinden sich feuerfeste Zustellungen aus Siciliumcarbid im Hochofen und in anderen Bereichen der Stahlerzeugung in Erprobung.

Grobkeramische SiC-Erzeugnisse werden mit Tonmineralien oder mit Siliciumnitrid gebunden

Zur Verfestigung von SiC-Steinen (Karborundumsteinen) muß ein temperaturbeständiges Bindemittel zugesetzt werden. Gewöhnlich verwendet man hierfür Tone oder andere Silicate, so daß die Bindung der Körner über eine Glasphase erfolgt. Der Brand der Steine bei 1500 °C muß in oxidierender Atmosphäre durchgeführt werden, um der Reduktion des Bindetones zu Silicium und damit der Versprödung der Steine entgegenzuwirken. Die dabei erfolgende Oxidation von Siliciumcarbid wird durch Ausbildung von passivierenden SiO_2-Schichten auf den SiC-Körnern in Grenzen gehalten.

Die tongebundenen Steine haben einen SiC-Gehalt von 40 bis 90%; Steine mit fast 100% SiC erhält man bei einer Bindung durch Siliciumnitrid. Da SiC-reiche Steine bessere Temperaturwechselbeständigkeiten aufweisen, gewinnt die Si_3N_4-Bindung zunehmend an Bedeutung.

5.5.5.4.4 Feinkeramische Erzeugnisse aus Siliciumcarbid

Die Zukunft von Siliciumcarbidkeramiken dürfte in ihrer Verwendung für hochtemperaturfeste Teile des Maschinen- und Apparatebaus liegen. Geplant ist der Einsatz z. B. in Gasturbinen und Dieselmotoren mit Turboladung sowie in Hochtemperatur-Wärmetauschern. Da keramische Bauteile aus Siliciumcarbid bis zu Temperaturen von 1400 °C ohne Kühlung betrieben werden können und um etwa 60% leichter als herkömmliche Hochtemperaturlegierungen sind, wurden mögliche Energieeinsparungen von 10 bis 27% bei Gasturbinen und Dieselmotoren und von 42% bei industriellen Wärmetauschern abgeschätzt.

Die Entwicklung feinkeramischer SiC-Erzeugnisse eröffnet neue Anwendungsmöglichkeiten:

- Gasturbinen
- Turbo-Dieselmotore
- Hochtemperatur-Wärmetauscher

Für derartig stark mechanisch und thermisch belastete Bauteile können nur hochdichte Keramiken mit hoher thermischer Schockbeständigkeit eingesetzt werden. Diesen Anforderungen wird heißgepreßtes Siliciumcarbid gerecht, wenn bei der Fertigung Drücke von 350 bar und Sintertemperaturen von 1900 bis 2000 °C eingehalten werden. Die notwendige, aber sehr aufwendige mechanische Bearbeitung wirkt sich jedoch nachteilig auf eine großtechnische Herstellung von heißgepreßtem Siliciumcarbid aus.

Dichte SiC-Keramik wird durch Heißpressen gefertigt:

350 bar bei 1900 bis 2000 °C

Es ist verfahrenstechnisch einfacher, zunächst einen Formkörper aus SiC-Pulver durch Schlickerguß oder Trockenpressen herzustellen, diesen mechanisch zu bearbeiten und anschließend bei 1950 bis 2100 °C drucklos zu sintern. Wegen der geringen Sinteraktivität von Siliciumcarbid haben derartige Verfahren jedoch erst in jüngster Zeit bei Verwendung von feinteiligen SiC-Pulvern (spezifische Oberflächen $>5\ m^2/g$) mit niedrigem Sauerstoffgehalt ($<0.2\%$) zum Erfolg geführt. Als Sinterhilfsmittel dienen Zusätze von Bor oder Aluminium und freiem Kohlenstoff oder von Borcarbid.

Eine Sinterung von SiC ohne Druckeinwirkung ist nur bei extrem feinen Pulvern möglich

Nach einem ebenfalls neuen Verfahren wird sog. „reaktionsgesintertes" Siliciumcarbid hergestellt. Die Formgebung einer Mischung von SiC-Pulver, Graphit und Plastifizierungsmittel erfolgt in herkömmlicher Weise. Anschließend wird das Plastifizierungsmittel ausgebrannt und in das jetzt noch poröse Formteil flüssiges Silicium eingesaugt, wobei mit dem Graphitpulver die Reaktion zu SiC abläuft. Ein Überschuß an Silicium (typisch 2 bis 12%) füllt die noch verbleibenden Poren aus. Die Verwendbarkeit von reaktionsgesintertem SiC ist je nach Si-

Reaktionssintern durch Umsetzung von in die Poren eingesaugtem flüssigen Si mit Graphit

Reaktionsgesintertes SiC enthält überschüssiges Silicium

liciumgehalt auf Temperaturen bis max. zum Schmelzpunkt von Silicium (1420 °C) beschränkt.

5.5.5.4.5 Feinkeramische Erzeugnisse aus Siliciumnitrid

Si_3N_4-Keramiken haben ähnliche Eigenschaften wie SiC-Keramiken

Keramiken aus Siliciumnitrid besitzen ähnliche Eigenschaften wie Siliciumcarbidkeramiken und können in den gleichen Anwendungsbereichen eingesetzt werden.

Silicium kann mit Stickstoff direkt zum Nitrid umgesetzt werden. Es fallen Gemische von α- und β-Si_3N_4 an

Die thermische Herstellung des Si_3N_4-Pulvers erfolgt durch Nitridierung von Silicium bei 1200 bis 1400 °C

$$3Si + 2N_2 \longrightarrow Si_3N_4$$

oder von SiO_2-C-Mischungen bis etwa 1500 °C nach:

$$3SiO_2 + 6C + 2N_2 \longrightarrow Si_3N_4 + 6CO\ .$$

Diese Verfahren liefern Gemische von α- und β-Si_3N_4 in wechselnden Mengenverhältnissen.

Die Fertigung von Keramikteilen aus Si_3N_4 erfolgt durch:

- Heißpressen
- drucklose Sinterung
- Reaktionssinterung

Die Verdichtung und Sinterung des Pulvers zur fertigen Keramik kann durch Heißpressen bei 140 bar und 1650 bis 1750 °C erreicht werden. Zusätze von MgO, Y_2O_3, ZrO_2 oder $SiBeN_2$ bewirken eine bessere Verdichtung. Auch durch reine Sinterverfahren mit trockengepreßten Pulvern ist in den letzten Jahren die Produktion von Si_3N_4-Keramiken mit 99% theoretischer Dichte gelungen.

Die Herstellung von reaktionsgebundenem Si_3N_4 beginnt mit einer Vorform aus Silicium. Diese Vorform wird in einer Atmosphäre von reinem Stickstoff oder von Stickstoff-Wasserstoff nitridiert. Die Reaktion läuft ohne Volumenänderung ab, führt aber zu Produkten mit einer minimalen Porosität von 10%. Durch Nachsinterung kann eine Verdichtung auf 98% theoretische Dichte erreicht werden.

Durch Einbau von Al_2O_3 oder BeO in Si_3N_4 entstehen neue keramische Werkstoffe wie SiAlON und SiBeON

Der Einbau von Metalloxiden in das α- und β-Si_3N_4-Gitter führt zu neuen keramischen Materialien. Die Entwicklung dieser Stoffklasse begann zunächst mit dem Einbau von Al_2O_3 (SiAlON) und umfaßt heute auch Oxide wie MgO, BeO(SiBeON), Y_2O_3, ZrO_2 und andere.

Der praktische Einsatz von Siliciumcarbid- und Siliciumnitridkeramik oder von SiAlON in den oben aufgeführten Anwendungsgebieten erstreckt sich z. Z. noch auf reine Versuchsaggregate. Mit einer teilweisen Kommerzialisierung kann noch im laufenden Jahrzehnt gerechnet werden.

5.5.5.4.6 Herstellung und Eigenschaften von Borcarbid

Für die technische Herstellung von Borcarbid B_4C werden Boroxid (1) oder Borsäure (2) mit Kohlenstoff im elektrischen Widerstandsofen bei 2400 °C umgesetzt (vgl. SiC-Herstellung):

Grobkörniges Borcarbid wird durch Umsetzung von Bor/Sauerstoff-Verbindungen mit Kohle gewonnen. Die Jahresproduktion beträgt weltweit einige hundert Tonnen

(1) $2B_2O_3 + 7C \longrightarrow B_4C + 6CO$

(2) $4H_3BO_3 + 7C \longrightarrow B_4C + 6CO + 6H_2O$

Das bei diesem Verfahren anfallende Borcarbid besteht aus groben, harten Körnern für Anwendungen auf dem Schleifsektor oder als Ausgangsmaterial für die Herstellung von metallischen Boriden (Abschn. 5.6.8).

Feinteiliges Borcarbid wird durch Reduktion von Boroxid mit Magnesium oder Aluminium in Gegenwart von Kohlenstoff gewonnen:

$$2B_2O_3 + 6Mg\ (4Al) + C \longrightarrow B_4C + 6MgO\ (2Al_2O_3)$$

Die feinteiligen Pulver mit Körnungen unter 5 µm können durch Heißpressen bei 2100 bis 2200 °C zu dichten keramischen Erzeugnissen verarbeitet werden. Diese finden Verwendung für die Herstellung von Panzerplatten oder in Kernreaktoren als Abschirmmaterial für Neutronen (hoher Neutroneneinfangquerschnitt von Bor).

Feinteiliges Borcarbid läßt sich zu Keramiken verarbeiten. Verwendung:

- Panzerplatten
- Abschirmmaterial in Kernreaktoren

5.5.5.4.7 Herstellung und Eigenschaften von Bornitrid

Bornitrid BN existiert in einer hexagonalen Modifikation mit graphitähnlicher Kristallstruktur und einer kubischen Hochtemperatur/Hochdruckmodifikation mit Diamantstruktur.

Bornitrid kristallisiert in einer hexagonalen und einer kubischen Modifikation

Das brauchbarste technische Herstellungsverfahren für das hexagonale Bornitrid ist die Umsetzung von Boroxid

Hexagonales Bornitrid wird durch Umsetzung von Boroxid mit Ammoniak (1) oder Stickstoff und Kohle (2) gewonnen mit Ammoniak bei 800 bis 1200 °C in einer Matrix von Calciumphosphat:

$$(1)\ B_2O_3 + 2NH_3 \longrightarrow 2BN + 3H_2O$$

Nach der Reaktion wird die Matrix in kalter Salzsäure gelöst und unreagiertes Boroxid mit heißem Alkohol ausgewaschen; man erhält ein Rohprodukt von 80- bis 90%iger Reinheit. Durch Nachreaktion in Stickstoff bei 1800 °C oder in Ammoniak bei mehr als 1200 °C kann der BN-Gehalt noch gesteigert werden.

Ein sehr sauberes, kristallines Bornitrid wird durch Umsetzung von Boroxid mit Kohlenstoff und Stickstoff bei 1800 bis 1900 °C erhalten:

$$(2)\ B_2O_3 + 3C + N_2 \longrightarrow 2BN + 3CO$$

Das hexagonale Bornitrid wird z. Z. noch nicht in großen Mengen eingesetzt; das Interesse an diesem Werkstoff steigt aber wegen seiner vielfältigen Anwendungsmöglichkeiten.

Hexagonales Bornitrid hat graphitähnliche Eigenschaften. Verwendung:

- Hochtemperaturschmiermittel
- Formtrennmittel
- Schmelztiegel für Metalle
- feuerfeste Auskleidung von Brennkammern

BN-Pulver ist wegen seiner graphitähnlichen Eigenschaften prädestiniert für den Einsatz als Hochtemperaturschmiermittel oder als Formtrennmittel beim Metallguß. Formkörper aus Bornitrid werden als Schmelztiegel für hochreine Metalle oder Halbleiterlegierungen und als feuerfeste Auskleidung von Plasmabrennern, Raketendüsen und Brennkammern verwendet.

Kubisches Bornitrid (Borazon) wird aus hexagonalem in einer Hochtemperatur/Hochdrucksynthese hergestellt. Verwendung:

- Diamantersatz im Schleifmittelsektor

Das kubische Bornitrid wird aus dem hexagonalen BN in einer Hochdrucksynthese bei 50 bis 90 kbar und 1500 bis 2200 °C unter der katalytischen Wirkung von Alkali-oder Erdalkalimetallen hergestellt. Kubisches Bornitrid ist nach Diamant der härteste bekannte Stoff. Es wird im Schleifmittelsektor technisch eingesetzt, wo es wegen seiner besseren chemischen Beständigkeit bei hohen Temperaturen als Ersatz für Diamant verwendet wird.

Literatur zu Abschn. 5.5 Keramik

Keramik allgemein:

W. D. Kingery, H. K. Bowen und D. R. Uhlmann, *Introduction to Ceramics.* 2. Ed. John Wiley & Sons, Inc., New York 1976.

H. Salmang und H. Scholze: *Die physikalischen und chemischen Grundlagen der Keramik.* 5. Aufl. Springer-Verlag, Berlin-Heidelberg-New York, 1968.

S. Kienow, „Keramik", in K. Winnacker und L. Küchler (Hrsg.): *Chemische Technologie.* 3. Aufl. Bd. 2, S. 282 – 342. Carl Hanser Verlag, München, 1970.

H. W. Hennicke, U. Hofmann, W. Lehnhäuser und K.-J. Leers: „Keramik", in: *Ullmans Encyklopädie der technischen Chemie.* 4. Aufl., Bd. 13, S. 711 – 735, Verlag Chemie, Weinheim-New York, 1977

Keramik (Einteilung):

H. W. Hennicke, *Ber. dt. keram. Ges.*, Bd. **44**, 209 – 211 (1967).

Keramik (Rohstoffe und Aufbereitungsverfahren):

J. V. Hamme, „Ceramics (Raw Materials)" in R. E. Kirk und D. F. Othmer (eds.): *Encyclopedia of Chemical Technology.* 3rd Ed., Vol. 5, p. 237 – 253. John Wiley & Sons, Inc., New York 1979.

H. Trawinski: „Die Aufarbeitung von Kaolin", in: *Handbuch der Keramik.* Gruppe I B 1, Verlag Schmid GmbH, Freiburg 1967 und 1973.

H. Trawinski, *Ber. dt. keram. Ges.*, Bd. **53**, 117 – 121 (1976).

Keramik (Formgebung):

Ceramics Fabrication Processes, in: *Treatise Mater. Sci. Technol.* Bd. 9 (1976).

H. Mostetzky: „Formgebung in der Keramik", in: *Handbuch der Keramik.* Gruppe I D 1, Verlag Schmid GmbH, Freiburg, 1978.

R. F. Stoops: „Ceramics (Forming Processes)", in R. E. Kirk und D. F. Othmer (eds.): *Encyclopedia of Chemical Technology.* 3. Ed., Vol. 5, p. 253 – 259, John Wiley & Sons, Inc., New York, 1979.

S. Kienow und H. W. Hennicke, *Ber. dt. keram. Ges.*, Bd. **57**, 267 – 272 (1980).

H. Seilstorfer und G. Moser, *Metall* **34**, 925 – 929 (1980).

Keramik (Keramischer Brand):

Th. M. Hare: „Ceramics (Thermal Treatment)", in R. E. Kirk und D. F. Othmer (eds.): *Encyclopedia of Chemical Technology.* 3. Ed., Vol. 5, p. 260 – 266. John Wiley & Sons, Inc., New York, 1979.

H. O. Gardeik und R. Scholz: „Brennen in der Keramik" in: *Handbuch der Keramik.* Gruppe I E 3. Verlag Schmid GmbH, Freiburg 1979.

D. L. Johnson, *Mater. Sci. Res.*, Bd. **11**, 137 – 149 (1973).

Tonkeramische Erzeugnisse:

K. H. Schüller: „Porzellan", in: *Ullmanns Encyklopädie der technischen Chemie.* 4. Aufl., Bd. 19, S. 391 – 410, Verlag Chemie, Weinheim-Deerfield Beach (Florida)-Basel, 1980.

K. H. Schüller: „Porzellan" in: *Handbuch der Keramik.* Gruppe II a, Verlag Schmid GmbH, Freiburg.

O. Hufnagel und H. Stern: „Steingut und Fayence". ibid., Gruppe II B, Verlag Schmid GmbH, Freiburg.

P. Fischer: „Kanalisations-Steinzeug". ibid., Gruppe II D 1, Verlag Schmid GmbH, Freiburg, 1972.

H. Vogel: „Chemisch-technisches Steinzeug". ibid., Gruppe II D 2, Verlag Schmid GmbH, Freiburg, 1977.

Ch. Hahn und D. Rothemund: „Dentalkeramik". ibid., Gruppe II L, Verlag Schmid GmbH, Freiburg 1977.

H. Mörtel, *Ber. dt. keram. Ges.*, Bd. **55**, 59 – 61 (1978).

Wirtschaftliches:

Statistisches Bundesamt: *Produktion im Produzierenden Gewerbe nach Waren und Warengruppen.* 3. Quartal 1980, Verlag Kohlhammer GmbH, Stuttgart, Mainz, 1981.

Sonderkeramik:

K. Heldt und A. Reckziegel, „Oxidkeramik", in: *Ullmanns Encyklopädie der technischen Chemie.* 4. Aufl., Bd. 17, S. 515 – 529. Verlag Chemie, Weinheim-New York, 1979.

W. Heywang, H. Thomann und S. Ferckel: „Ferroelektrika". ibid., Bd. 11, S. 413 – 423, Verlag Chemie, Weinheim, 1976.

K. Schüler: „Magnetische Werkstoffe". ibid., Bd. 16, S. 369 – 406, Verlag Chemie, Weinheim-New York, 1978.

F. W. Ainger, „Ferroelectric Ceramic Oxides", in: B. Cockayne, D. W. Jones (eds.), *Modern Oxide Materials.* Academic Press, London-New York, 1972.

W. Kampcyk und E. Röß: *Ferritkerne – Grundlagen, Dimensionierung, Anwendung in der Nachrichtentechnik.* 1. Aufl., Siemens Aktiengesellschaft, Berlin-München, 1978.

F. G. Brockmann, „Magnetic Ceramics – a Review", *Amer. Ceram. Soc. Bull* **47**, 186 – 194 (1968).

C. A. M. van den Brock und A. L. Stuijts, „Ferroxdure", *Philips Technische Rundschau* **37**, Nr. 7. (1977/78).

J. Smit und H. P. J. Wijn: *Ferrite.* Philips Technische Bibliothek 1962.

J. T. A. Roberts, „Ceramic Utilization in the Nuclear Industry", Part I und II, *Powder Metall. Int.* **11**, 24 – 29 und 72 – 80 (1979).

J. H. Chesters: *Refractories, Production and Properties.* The Iron and Steel Institute, London, 1973.

K.-E. Granitzki, H. Ambs, W. Krönert, E. Müller und H. Schweinsberg; *Feuerfeste Stoffe im Gießereibetrieb.* Gießerei Verlag GmbH Düsseldorf 1979.

F. Harders und S. Kienow: *Feuerfestkunde.* Springer-Verlag, Berlin-Göttingen-Heidelberg, 1960.

H. Ambs, F. Bens, G. Breuer und H. Schäfer, „Feuerfeste Erzeugnisse", in: *Ullmanns Encyklopädie der technischen Chemie.* 4. Aufl., Bd. 11, S. 549–565, Verlag Chemie, Weinheim, 1976.
M. Koltermann, *Radex Rundschau* Heft **4**, 1121–1127 (1979).
K.-E. Granitzki, *Gießerei* **67**, 122–127 (1980).

Nichtoxidkeramik:

R. H. Smoak, T. M. Korzekwa, S. M. Kunz und E. D. Howell, „Carbides (Silicon Carbide)", in: R. E. Kirk, D. F. Othmer (eds.), *Encyclopedia of Chemical Technology.* 3rd. Ed., Vol. 4, p. 520–535, John Wiley & Sons, Inc., New York, 1978.
E. Gugel, „Nichtoxidkeramik", in: *Handbuch der Keramik.* Gruppe II K 2, Verlag Schmid GmbH, Freiburg 1975 und 1977.
E. Gugel, „Net-Shape Processing of Non-Oxide Ceramics", Annawerk Keramische Betriebe GmbH, *Mitteilung Nr. 311,* Rödental.
H.-G. Nitzsche und A. Fickel, „Über Technologie und Eigenschaften von CERANOX-Werkstoffen", Annawerk Keramische Betriebe GmbH, *Mitteilung Nr. 163,* Rödental.
W. Bunk und M. Böhmer (Hrsg.): *Keramische Komponenten für Fahrzeug-Gasturbinen.* Statusseminar im Auftrag des BMFT, Springer-Verlag, Berlin-Heidelberg-New York, 1978.
K. R. Nathan, *Science* Vol. 208, 841–847 (1980).
T. Dickson, *Industrial Minerals,* Dec. 1980, 65–71.
E. Fitzer und D. Hegen, *Angew. Chem.* **91**, 316–325 (1979).

5.6 Metallische Hartstoffe

5.6.1 Allgemeines

Man unterscheidet metallische und nichtmetallische Hartstoffe

Die für die Technik wichtigen Hartstoffe lassen sich in zwei Gruppen, die metallischen und die nichtmetallischen, einteilen:

- Die metallischen Hartstoffe umfassen Carbide, Nitride, Boride und Silicide von Elementen der IV. bis VI. Nebengruppe des periodischen Systems der Elemente sowie Thorium- und Urancarbid.
- Zu den nichtmetallischen Hartstoffen zählen z. B. Diamant (Abschn. 5.7), Korund und andere harte Mineralien sowie Siliciumcarbid und Borcarbid (Abschn. 5.5.5.4).

Die Härte metallischer Hartstoffe liegt fast ausnahmslos zwischen der von Korund und Diamant

Da sie sich leicht mit den Eisenmetallen legieren lassen, haben die metallischen Hartstoffe, insbesondere die Carbide, Bedeutung für die Hartmetallherstellung (Abschn. 5.6.5.4) gewonnen. Außer ihrer großen Härte, die im Bereich von 9 bis 10 der Härteskala nach Mohs liegt, weisen sie eine mit Metallen vergleichbare Leitfähigkeit für Wärme und Elektrizität, sehr hohe Schmelzpunkte und hohe chemische Beständigkeit auf.

Die metallischen Carbide und Nitride sind größtenteils Einlagerungsverbindungen und bilden untereinander Mischkristalle

Hinsichtlich ihrer Kristallstrukturen gehören die Metallcarbide und -nitride fast ausnahmslos zu den Einlagerungsverbindungen, bei denen sich der Kohlenstoff oder

Stickstoff in den oktaedrischen Gitterlücken des Metallgitters befindet. Die Boride und Silicide sowie einige Carbide (wie Cr_3C_2) besitzen komplexere Strukturen.

Die mengenmäßig bedeutendsten metallischen Hartstoffe sind Wolframcarbid WC und Titancarbid TiC, deren Weltjahresproduktion 1979 auf 15000 bis 18000 t bzw. 1200 bis 1500 t geschätzt werden. Die Produktionsmengen anderer metallischer Hartstoffe liegen unter der des Titancarbids. Sie können aber im Einzelfall als Legierungsbestandteil von Hartmetallen große Bedeutung für die Einstellung bestimmter Werkstoffeigenschaften haben.

Nur Wolfram- und Titancarbid werden in größeren Mengen hergestellt

5.6.2 Allgemeine Herstellungsverfahren und Eigenschaften von Metallcarbiden

Carbide werden durch Reaktion von elementarem Kohlenstoff oder von Gasen, die Kohlenstoff abgeben, mit Metallen oder Metallverbindungen bei ausreichend hohen Temperaturen (1200 bis 2300 °C) hergestellt. Diese Carburierung wird zweckmäßigerweise unter Schutzgas oder im Vakuum durchgeführt. Im einzelnen sind folgende Verfahren gebräuchlich:

Die Carbide werden größtenteils durch Umsetzung von Metallen oder Metalloxiden mit Kohlenstoff (Lampenruß) bei hohen Temperaturen (1200 bis 2300 °C) hergestellt. Insgesamt unterscheidet man folgende Verfahren:

1. Carburierung pulverförmiger Metalle oder Metalloxide (seltener auch Metallhydride) in Form geschütteter oder verdichteter Gemenge mit reaktivem Kohlenstoff unter Schutzgasatmosphäre.

   1. Carburierung in fester Phase

2. Herstellung in Kohlenstoff-haltigen Metallbädern, vorzugsweise in geschmolzenen Ferrolegierungen, Nickel- oder Aluminium-Schmelzen, und anschließende chemische Isolierung aus dem Regulus (Menstruumverfahren).

   2. Carburierung in Metallschmelzen (Menstruumverfahren)

3. Aufkohlung von Metallen oder Metalloxiden mit Kohlenstoff-abgebenden Gasen (z. B. Methan).

   3. Carburierung mit Gasen

4. Abscheidung aus der Gasphase durch Reaktion von Metallhalogenid-Wasserstoff-Kohlenwasserstoff-Gemischen (CVD-Verfahren).

   4. Abscheidung aus der Gasphase (Chemical Vapor Deposition)

Die mit Abstand gebräuchlichsten Produktionsprozesse für Metallcarbide laufen nach dem unter Punkt 1 skizzierten Verfahren ab. Die möglichst feinpulvrigen Metalle oder Metalloxide und Kohlenstoff werden entweder trocken gemischt oder unter einer geeigneten organischen

Die mit Abstand größte Bedeutung hat Verfahren 1

Flüssigkeit gemeinsam feinstgemahlen. Da die Reinheit der Vorprodukte den Reinheitsgrad der Carbide maßgeblich beeinflußt, werden vor allem asche- und alkaliarme Kohlenstoffqualitäten (Ruße) eingesetzt. Um Verunreinigungen des Produktes mit Stickstoff oder Sauerstoff zu vermeiden, wird unter Schutzgasatmosphäre gearbeitet.

Für die Carburierungsreaktion finden folgende Ofentypen Verwendung:

Das Misch- oder Mahlgut wird ggf. verdichtet und je nach notwendiger Reaktionstemperatur und Reaktionsatmosphäre in einem der folgenden Ofentypen umgesetzt:

- gasbeheizte Öfen

- In gasbeheizten, gemauerten Öfen wird das Reaktionsgut in Graphit- oder Schamottetiegeln eingesetzt. Das Heizgas dient gleichzeitig als Schutzgas.

- Kohlerohrkurzschlußöfen

- Elektrisch beheizte Widerstandsöfen werden meist in Form des sog. Kohlerohrkurzschlußofens verwendet. Ein Graphitrohr dient als elektrischer Heizwiderstand, und das Reaktionsgut wird in Schiffchen kontinuierlich durch dieses Reaktionsrohr befördert. Als Schutzgas wird Wasserstoff eingesetzt.

- Hochfrequenzinduktionsöfen

- Bei Hochfrequenzinduktionsöfen dienen Graphittiegel als Suszeptoren für einen über eine Induktionsspule angekoppelten Hochfrequenzstrom. Die Reaktionstiegel sind in hochvakuumdichten Behältern installiert und induktiv beheizt. Es lassen sich Temperaturen bis 2800 °C erreichen.

Technische Carbide haben meist keine stöchiometrische Zusammensetzung und enthalten oft ungebundenen Kohlenstoff

Die Rohstoffversätze werden nach empirischen Werten so eingestellt, daß die Kohlenstoff-Gehalte der Carbide möglichst nahe am stöchiometrischen Wert liegen und die Mengen an ungebundenem Kohlenstoff möglichst gering sind.

Die wichtigsten Eigenschaften der Metallcarbide sind in Tabelle 5.6-1 angegeben.

Tabelle 5.6-1. Eigenschaften metallischer Carbide.

Verbindung	Kohlenstoff-gehalt in theoretisch	% Massenanteil technisch	Dichte in g/cm^3	Schmelzpunkt[1] in °C	Microhärte nach Vickers HV 0.05
TiC	20.05	19 bis 19.5	4.93	2940 bis 3070	3000
ZrC	11.64	11.4	6.46	3420	2700
HfC	6.30	6.3	12.3	3820 bis 3930	2600
VC	19.08	18.5 bis 18.9	5.36	2650 bis 2684	2900
NbC	11.45	bis 11.3[2]	7.78	3613	2000
TaC	6.23	6.1 bis 6.3	14.48	3825 bis 3985	1800
Cr_3C_2	13.33	13 bis 13.3	6.68	1810	1350
β-Mo_2C	5.89	bis 5.8	9.18	2485 bis 2520	1500
WC	6.13	bis 6.1	15.7	2720 bis 2775	1200 bis 2500[3]
ThC	4.92		10.64	2652	850
ThC_2	9.37		8.65	2655	600
UC	4.80		13.65	2560	920
UC_2	9.16		11.86	2500	620

1 Angabe von Schmelzbereichen bei uneinheitlichen Literaturwerten
2 nach zweifacher Carburierung
3 verschiedene Kristallflächen haben auch unterschiedliche Härten (Härteanisotropie)

5.6.3 Carbide der IV. Nebengruppe

5.6.3.1 Titancarbid

Der nach dem Wolframcarbid wichtigste metallische Hartstoff, das Titancarbid TiC, wird aus reinem TiO_2 und Ruß im Induktionsofen bei 2000 bis 2200 °C hergestellt:

$$TiO_2 + 3C \longrightarrow TiC + 2CO\ .$$

Herstellung von TiC in Induktionsöfen:

$$TiO_2 + 3C \xrightarrow{2000 \text{ bis } 2200\,°C} TiC + 2CO$$

In geringeren Mengen wird TiC auch aus Titanschrott nach dem Menstruumverfahren (Abschn. 5.6.2) in Nickel- oder Eisenbädern produziert.

Titancarbid besitzt zwar von allen metallischen Carbiden die größte Härte (Tabelle 5.6-1), findet aber in der Hartmetalltechnik als alleinige Hartstoffphase im Ansatz selten Verwendung, da wegen des hohen Sauerstoff-Gehaltes des Titancarbids die Hartmetalle zu spröde sind. Das Hauptanwendungsgebiet für TiC ist daher die Herstellung von Mischkristallen wie (Ti, W)C, (Ti, Ta, W)C und (Ti, Ta, Nb, W)C für Hartmetalle.

Titancarbid hat die größte Härte aller metallischen Monocarbide

Dünne Schichten von TiC auf Hartmetallen erhöhen die Verschleißfestigkeit (Verwendung als Schneidstoff)

Eine Möglichkeit zur Ausnutzung der Härte von reinem TiC bietet die Beschichtung von Hartmetallen. Das Aufbringen dünner Schichten (5 bis 8 μm) von TiC oder Ti (C, N) erfolgt nach dem CVD-Verfahren durch thermische Zersetzung von Titantetrachlorid in Methan-Wasserstoff-Atmosphäre.

5.6.3.2 Zirconiumcarbid und Hafniumcarbid

Zirconium- und Hafniumcarbid besitzen nur untergeordnete Bedeutung

Zirconiumcarbid ZrC und Hafniumcarbid HfC lassen sich in gleicher Weise wie Titancarbid herstellen. Sie besitzen für die Hartmetalltechnologie nur untergeordnete Bedeutung. Erst in neuerer Zeit hat HfC wegen der stark gesunkenen Preise Verwendung als Ersatz für das teuerere Tantalcarbid gefunden.

5.6.4 Carbide der V. Nebengruppe

5.6.4.1 Vanadiumcarbid

Die Herstellung von Vanadiumcarbid VC erfolgt durch Carburierung von reinem, meist aus Ammoniumvanadat hergestelltem Vanadiumpentoxid V_2O_5 im Vakuum bei 1700 °C. Vanadiumcarbid besitzt zwar eine große Härte; seine Sprödigkeit verbietet jedoch einen verbreiteten Einsatz für Hartmetalle. In WC-Co-Legierungen dient es in Mengen von $<1\%$ (Massenanteil) als Kornwachstumsinhibitor.

Vanadiumcarbid wird nur in geringen Mengen als Kornwachstumsinhibitor in WC-Co-Legierungen verwendet

5.6.4.2 Niobcarbid und Tantalcarbid

Niobcarbid NbC und Tantalcarbid TaC erhält man durch Reaktion ihrer Pentoxide mit aschearmem Ruß bei 1600 bis 1800 °C unter Wasserstoff-Atmosphäre. Um hohe Gehalte an Kohlenstoff zu erzielen, kann eine Nachcarburierung bei 1600 °C vorgenommen werden.

Das im Menstruum-Verfahren hergestellte Niob-haltige Tantalcarbid hat technische Bedeutung

Preiswertes Niob-haltiges Tantalcarbid erhält man nach dem Menstruum-Verfahren aus Tantalschrott, Tantalschlacken oder Ferrotantal in einer Eisenschmelze. Die chemische Isolierung der Carbide aus dem Schmelzkuchen erfolgt durch Lösen des Eisens und der Verunreinigungen in warmer Salzsäure.

Als Einzelcarbid findet TaC Verwendung in Hartmetallen, wo es wie VC als Kornwachstumsinhibitor dient. Wegen des Kostenvorteils werden NbC-TaC-Mischkristalle bevorzugt, die in Schneidstoffen vom WC-TiC-Co-Typ (Abschn. 5.6.5.4) das TiC ersetzen und die Zunderbeständigkeit verbessern können.

5.6.5 Carbide der VI. Nebengruppe

5.6.5.1 Chromcarbid

Das Zustandsdiagramm von Chrom-Kohlenstoff weist die drei Carbidphasen $Cr_{23}C_6$, Cr_7C_3 und Cr_3C_2 aus. Technische Bedeutung hat nur das Cr_3C_2, das durch Carburierung von Chromoxid unter Wasserstoff-Atmosphäre hergestellt wird.

Chromcarbide sind keine Einlagerungsverbindungen

Chromcarbid wird hauptsächlich in Hartmetallegierungen mit einer Nickel-Bindephase verwendet. Diese Legierungen zeichnen sich durch sehr gute Korrosions- und Zunderbeständigkeit bei guter Verschleißbeständigkeit aus und werden daher für Hochtemperaturzwecke eingesetzt.

Cr_3C_2 ist häufig Bestandteil korrosions- und zunderbeständiger Hartmetallegierungen mit Nickel-Bindephase

5.6.5.2 Molybdäncarbid

Von den verschiedenen Molybdän-Kohlenstoff-Phasen hat nur das Dimolybdäncarbid β-Mo_2C eine gewisse technische Bedeutung. Zur Herstellung geht man von Molybdäntrioxid oder von metallischem Molybdän aus, das mit Ruß bei 1350 bis 1800 °C im Kohlerohrkurzschlußofen unter Wasserstoff-Atmosphäre umgesetzt wird. Die Verwendung des Mo_2C ist wegen seiner geringen Härte im wesentlichen auf TiC-Mo_2C-Ni-Schneidstoffe begrenzt.

Verwendung von Mo_2C in TiC-Mo_2C-Ni-Schneidwerkstoffen

5.6.5.3 Wolframcarbid

Im System Wolfram-Kohlenstoff existieren die Verbindungen W_2C und WC sowie in den Systemen W/W_2C und W_2C/WC je ein niedrig schmelzendes Eutektikum. Das Monowolframcarbid ist das mit Abstand wichtigste Metallcarbid in der gesamten Hartmetallurgie (Abschn. 5.6.5.4).

Das technisch bedeutendste metallische Carbid ist WC

Als Rohstoffe für die Herstellung dienen Wolframsäure H_2WO_4, Wolframtrioxid WO_3 und Ammoniumparawolframat $5\,NH_3 \cdot 12\,WO_3 \cdot 5\,H_2O$. Diese Verbindungen werden zunächst bei 700 bis 900 °C mit Wasserstoff zu hochreinem Wolframpulver (>99.9% W) reduziert. Die Carburierung erfolgt bei 1500 °C entweder unter Wasserstoff im elektrischen Widerstandsofen oder unter Vakuum im Induktionsofen. Der gesamte Kohlenstoff-Gehalt des anfallenden WC liegt bei 6.05 bis 6.20% (Massenanteil, stöchiometrischer Wert 6.13%), wovon der überstöchiometrische Anteil im ungebundenen Zustand vorliegt.

Wolframcarbid wird durch Carburierung von hochreinem metallischem Wolfram gewonnen

Über die Teilchenform und Teilchengröße des Rohstoffes sowie über die Reduktionsbedingungen zum Wolfram lassen sich die Pulvereigenschaften des WC ebenso beeinflussen wie durch die Carburierungsbedingungen.

Beeinflussung der Eigenschaften von WC durch:

- Teilchengröße der Rohstoffe
- Reduktionsbedingungen

Zunehmendes Interesse in der Hartmetallurgie gewinnt ultrafeines Wolframcarbid mit Teilchengrößen unter 100 nm (Abschn. 5.6.5.4). Zur Herstellung wird sehr feinteiliges Wolframtrioxid mit CO oder CH_4 bei Temperaturen um 3000 °C im Plasma umgesetzt. Jedoch erhalten diese ultrafeinen Carbide relativ hohe Gehalte an Sauerstoff und sind somit in ihrer Anwendungsbreite begrenzt.

Ultrafeines Wolframcarbid wird im Plasma hergestellt:

$$WO_3 \xrightarrow[3000\,°C]{CO \text{ oder } CH_4} WC$$

5.6.5.4 Hartmetallegierungen auf Basis von Wolframcarbid

Unter Hartmetallen (engl. Cemented Carbides) werden gesinterte Werkstoffe verstanden, die sich aus den sehr harten und hochschmelzenden metallischen Carbiden und aus niedrig-schmelzenden Bindemetallen der Eisengruppe – vor allem Cobalt – aufbauen.

Hartmetalle sind Sinterlegierungen mit einer oder mehreren Hartstoffphasen

Die für die Anwendung in Hartmetallegierungen wichtigste Eigenschaft des Wolframcarbids ist seine Fähigkeit, sich in pulverförmigen, verpreßten Mischungen mit Eisenmetallen – vorzugsweise Cobalt – bei Temperaturen von 1300 bis 1500 °C anzulösen. Beim Sintern mit flüssiger Phase kristallisiert aus der Bindephase der WC-Co-Legierung WC beim Abkühlen teilweise wieder aus. Es ist in die zähharte (nicht spröde) Bindephase eingebettet.

Als Bindephase für die Hartstoffphase dient vorzugsweise metallisches Cobalt, in dem das WC bzw. die anderen Hartstoffphasen eingelagert sind

Für die Herstellung von Hartmetallen bedient man sich pulvermetallurgischer Verfahren, die in vielen Punkten den keramischen Verfahren ähnlich sind. Zunächst wird ein Gemisch der Carbide mit der metallischen Bindephase einer Naßmahlung in Kugelmühlen unterworfen, wo-

Pulvermetallurgische Verfahren ähneln keramischen Verfahren

bei eine feindisperse Verteilung der Komponenten erzielt wird. Auf das Abtrennen der Mahlflüssigkeit folgt eine Vakuumtrocknung und für hochwertige Produkte eine reduzierende Glühung bei mäßigen Temperaturen zur Entfernung von Sauerstoff-Spuren. Die Formgebung erfolgt nach den bekannten Trocken-, Strang- oder Heißpreßverfahren. Nach einer Vorsinterung bei 900 bis 1150 °C und der Fertigbearbeitung wird die Sinterung bei 1400 bis 1700 °C im Vakuum oder unter Wasserstoff durchgeführt. Für die Herstellung porenfreier Werkstoffe kann sich eine Nachverdichtung durch heißisostatisches Pressen anschließen.

Bei der Herstellung von Hartmetall muß auf niedrigen Sauerstoff-Gehalt der Legierungsbestandteile geachtet werden. Herstellung durch:

- Naßmahlung zur innigen Vermischung
- Verformung
- Vorsinterung 900 bis 1150 °C
- Fertigbearbeitung
- Sinterung 1400 bis 1700 °C
- evtl. Nachverdichtung durch heißisostatisches Pressen

Man unterscheidet die in Tabelle 5.6-2 aufgeführten verschiedenen Qualitäten Wolframcarbid-haltiger Hartmetalle.

Tabelle 5.6-2. Chemische Zusammensetzung und Verwendungszwecke von Wolframcarbid-haltigen Hartmetallen.

Bezeichnung der Hartmetallqualität	chemische Zusammensetzung	Gehalt an WC in % Massenanteil	Verwendungszweck
K-Qualität	WC-Co	88 bis 96	Bearbeitung kurzspanender Werkstoffe, Bohrerplatten für Schlagbeanspruchung
P-Qualität	(W, Ti, Ta Nb)C – Co	65 bis 85	Bearbeitung langspanender Werkstoffe
M-Qualität	(W, Ta, Nb)C – Co	70 bis 80	Mehrzweckanwendung
G-Qualität	WC – Co	75 bis 96	spanlose Formgebung

Eine Spezialität sind WC-Co-Werkstoffe aus ultrafeinem Carbid, die eine erhöhte Verschleißbeständigkeit besitzen und damit höhere Zerspanungsleistungen gestatten.

5.6.6 Thoriumcarbid und Urancarbid

Die Carbide von Thorium (ThC, ThC_2) und von Uran (UC, UC_2) zeigen zwar noch metallischen Charakter; in ihren anderen Eigenschaften unterscheiden sie sich jedoch deutlich von den Carbiden der IV., V. und VI. Nebengruppe. So ist ihre Härte deutlich niedriger (Tabelle 5.6-1; sie sind pyrophor und werden von Wasser oder schwachen Säuren leicht hydrolysiert. Wirtschaftliche

Uran- und Thoriumcarbid sind keine typischen Hartstoffe

Die Bedeutung von Urancarbid steigt mit der Einführung von Hochtemperaturkernreaktoren

Bedeutung haben sie nur als carbidische Kernbrennstoffe in der Reaktortechnologie, insbesondere in den z. Z. noch im Erprobungszustand befindlichen Hochtemperatur- und Brutreaktoren.

Carbidische Kernbrennstoffe werden als Pellets oder als Graphit- bzw. SiC-umhüllte Kügelchen eingesetzt

Die Herstellung der Carbidpulver erfolgt durch Carburierung der Metalle, Oxide oder Hydride bei etwa 2000 °C mit nuklear-reinem Graphit. Mit Hilfe keramischer Verfahrenstechniken werden aus den Carbidpulvern Pellets (s. a. Abschn. 5.5.5.1.5) oder Kügelchen bis 0.6 mm Durchmesser geformt und gesintert. Für die Herstellung von kugelförmigem Urancarbid-Kernbrennstoff bedient man sich häufig des Reaktionssinterns, bei dem zunächst eine Uranoxid-Kohlenstoff-Mischung geformt wird und anschließend in einem Temperschritt die Reaktion zum Carbid und die Sinterung auf 90 bis 95% theoretische Dichte erfolgt. Eine zusätzliche Umhüllung der Kügelchen mit mehreren Schichten von pyrolytisch aufgebrachtem Graphit und Siliciumcarbid dient dazu, die Spaltprodukte im Kernbrennstoff zurückzuhalten.

5.6.7 Metallnitride

Die metallischen Nitride haben ähnliche Eigenschaften wie die entsprechenden Carbide. Die wirtschaftliche Bedeutung ist gering

Die metallischen Nitride der Übergangsmetalle der IV. bis VI. Nebengruppe stehen den entsprechenden Carbiden hinsichtlich ihrer Struktur (Einlagerungsverbindungen vom Typ MN) und Eigenschaften wie Härte, Schmelzpunkt und elektrische Leitfähigkeit sehr nahe (s. Tabelle 5.6-3). Ausnahmen bilden die Nitride von Wolfram und Molybdän, die einem anderen Strukturtyp angehören und bereits oberhalb 800 °C unter Stickstoffabgabe zerfallen.

Zur Herstellung von Metallnitriden bedient man sich folgender Verfahren:

1. Nitridierung von Metalloxiden unter Stickstoff oder Ammoniak bei gleichzeitiger Anwesenheit von Kohlenstoff.

2. Nitridierung von Metallen oder Metallhydriden unter Stickstoff oder Ammoniak.

3. Umsetzung von Metallchloriden oder Metalloxichloriden mit Ammoniak.

4. Umsetzung von Metallchlorid mit Stickstoff oder Ammoniak im Wasserstoffplasma und Abscheidung aus der Gasphase (CVD-Verfahren).

Tabelle 5.6-3. Eigenschaften metallischer Nitride.

Verbindung	Schmelzpunkt in °C	Vickershärte HV 0.05
TiN	2950	2100
ZrN	2985	1600
HfN	3390	1700
VN	2180	1560
NbN	2205	1400
TaN	3095	1150
CrN	1085, 1500?	1100
Cr_2N	1590	1580
Mo_2N	Zersetzung	nicht bestimmt
W_2N	Zersetzung	nicht bestimmt

Im Vergleich zu den Metallcarbiden ist der technische Bedarf an Nitriden sehr gering. Dies dürfte u. a. an der schlechten Benetzbarkeit der Nitride durch Eisenmetalle liegen, die eine Herstellung von Hartmetallegierungen erschwert.

Technische Bedeutung haben dünne TiN-Beschichtungen auf Hartmetallegierungen zur Erhöhung der Verschleißbeständigkeit oder wegen ihrer goldgelben Farbe auf Schmuckgegenständen gefunden.

Aus Titannitrid werden Verschleißschutzschichten auf Hartmetallegierungen oder dekorative Schichten (goldgelb) auf Schmuckgegenständen hergestellt

Aus Titan- und Zirconiumnitrid werden Tiegel für Schmelzen von Lanthan-Legierungen gefertigt; ZrN, HfN oder TaN dienen auch als Elektrodenmaterial für elektronische Röhren. Niob- und Zirconiumnitrid könnten wegen ihrer relativ hohen Sprungtemperaturen von 16.8 K bzw. 10.0 K in Zukunft Anwendung als Supraleiter finden.

Niob- und Zirconiumnitrid haben als Supraleiter hohe Sprungtemperaturen

5.6.8 Metallboride

Die metallischen Boride zeichnen sich durch hohe Schmelzpunkte, große Härte, gute elektrische Leitfähigkeit und chemische Beständigkeit aus (Tabelle 5.6-4). Ihre Herstellung erfolgt nach folgenden Verfahren:

Metallische Boride besitzen hervorragende Hartstoffeigenschaften, sind aber schwer zu verarbeiten

- Schmelzen von Metall-Bor-Gemischen im Lichtbogen
- Reaktionssintern von verdichteten Metall-Bor-Gemischen

- Reduktion von Gemischen aus Metalloxid und Boroxid mit Aluminium, Silicium oder Magnesium bei gleichzeitiger Boridbildung
- Umsetzung von Metalloxid mit Borcarbid zu meist Kohlenstoff-haltigen Boriden
- Abscheidung aus der Gasphase nach Umsetzung flüchtiger Bor- und Metallverbindungen

Tabelle 5.6-4. Eigenschaften metallischer Boride.

Verbindung	Schmelzpunkt in °C	Vickershärte HV 0.05
TiB_2	2850	3400
ZrB_2	3040	2250
HfB_2	3200	2900
VB_2	2450	2100
NbB_2	3000	2600
TaB_2	3150	2500
CrB	2050	2140
CrB_2	2150	2100
MoB	2350	2500
MoB_2	2100	2350
WB	2400	3750
W_2B_5	2300	2600

Boride lassen sich nicht wie Carbide mit Bindemetallen zu Hartmetallegierungen verarbeiten

Trotz ihrer interessanten Eigenschaften ist eine verbreitete Anwendung der Boride nicht möglich, da sie sich nicht mit Bindemetallen zu Hartmetallegierungen verarbeiten lassen und damit aufwendigere Heißpreßverfahren angewendet werden müssen. Außerdem bilden die Boride mit den Metallen der Eisengruppe niedrig schmelzende Eutektika.

Technisch werden fast nur Titandiborid und Chromboride verwendet:

- TiB_2 als Elektroden- bzw. Tiegelmaterial
- CrB, CrB_2 für Verschleißschutzschichten

Hervorzuheben ist die hohe Beständigkeit von Titanborid TiB_2 gegen viele metallische Schmelzen, insbesondere gegen Aluminium. TiB_2 wird daher als Elektroden- und Tiegelmaterial für elektrometallurgische Prozesse verwendet. Neben dem Titanborid haben noch die Chromboride CrB und CrB_2 technische Bedeutung für Verschleißschutzschichten auf Ni-Cr-B-Si-Basis und für zunderbeständige Verbundwerkstoffe.

5.6.9 Metallsilicide

Die Silicide von Metallen der IV. bis VI. Nebengruppe lassen sich prinzipiell nach den gleichen Verfahren herstellen wie die entsprechenden Boride.

Unter den metallischen Hartstoffen weisen die Silicide die niedrigsten Schmelztemperaturen und Härtewerte auf (Tabelle 5.6-5). Da sie zudem sehr spröde sind, eignen sie sich nicht für den Einsatz in Hartmetallegierungen. Technische Verwendung haben die Silicide nur in metallurgischen Bereichen gefunden, wo es auf hohe Zunderbeständigkeit und chemische Beständigkeit ankommt. Sie werden z. B. als Oxidationsschutz auf hochschmelzenden metallischen Oberflächen nach dem CVD-Verfahren aufgebracht.

Silicide eignen sich nicht für den Einsatz in Hartmetallen

Hervorzuheben ist das Molybdändisilicid $MoSi_2$ als Werkstoff für elektrische Heizleiter, die bis 1600 °C an Luft betrieben werden können.

Aus Molybdändisilicid werden elektrische Heizleiter gefertigt, die bis 1600 °C an Luft betrieben werden können

Tabelle 5.6-5. Eigenschaften metallischer Silicide.

Verbindung	Schmelzpunkt in °C	Vickershärte HV 0.10
$TiSi_2$	1545	950
$ZrSi_2$	1550	1025
$HfSi_2$	1545	975
VSi_2	1680	1090
$NbSi_2$	1950	1050
$TaSi_2$	2300	1250
$CrSi_2$	1520	1150
$MoSi_2$	2030	1290
WSi_2	2165	1200

Literatur zu Abschn. 5.6 Metallische Hartstoffe

R. Kiefer und F. Benesovsky: *Hartstoffe*. Springer Verlag, Wien 1963.

R. Kiefer und F. Benesovsky: „Carbides (Industrial Heavy-Metal)", in R. E. Kirk und D. F. Othmer (eds.): *Encyclopedia of Chemical Technology*, 3rd Ed., Vol. 4, pp. 490 – 505, John Wiley & Sons, Inc., New York 1978.

R. Kiefer und F. Benesovsky, „Carbides (Cemented)", ibid. pp. 483 – 489, John Wiley & Sons, Inc., New York 1978.

H. Haag und H. Tulhoff: „Carbide und andere pulvermetallurgische Vorstoffe", in K. Winnacker und L. Küchler (Hrsg.): *Chemische Technologie*. 3 Aufl., Bd. 6, S. 498 – 518, Carl Hanser Verlag, München 1973.

F. Benesovsky und W. Schedler: „Hartmetalle", in: *Ullmanns Encyklopädie der technischen Chemie*, 4. Aufl., Bd. 12, S. 515 – 521, Verlag Chemie, Weinheim 1976.

R. Kiefer und F. Benesovsky: „Pulvermetallurgie", ibid. Bd. 19, S. 563 – 576, Weinheim 1980.

F. Benesovsky: *Pulvermetallurgie und Sinterwerkstoffe*, Druckschrift der Metallwerk Plansee AG & Co. KG, Reutte 1980.

H. Grewe: „Hartstoffe", in: *Handbuch der Keramik*. Gruppe II K 3, Verlag Schmidt GmbH, Feiburg 1976.

H. Grewe und J. Kolaska, *Metall* **33**, 23 – 27 (1979).

5.7 Kohlenstoff-Modifikationen

5.7.1 Allgemeine Vorbemerkungen

Allotrope Formen des Kohlenstoffs:

- Graphit
- Diamant

Modifikationen des Graphits:

- hexagonaler Graphit
- rhomboedrischer Graphit

Modifikationen des Diamants:

- kubischer Diamant
- hexagonaler Diamant

Kohlenstoff kommt in zwei allotropen Formen vor: als Graphit und als Diamant. Unter Normalbedingungen ist der Graphit die thermodynamisch stabilere Form. Von Graphit kennt man zwei Modifikationen: eine hexagonale und eine rhomboedrische. Auch beim Diamant gibt es zwei Modifikationen: eine kubische und eine hexagonale.

Natürlich stellen diese Modifikationen Idealstrukturen dar, und man beobachtet eine Vielzahl von Abweichungen in der Anordnung der Kohlenstoff-Schichten zueinander. Im folgenden werden daher industriell hergestellte Formen des Kohlenstoffs, wie z. B. Ruße oder Aktivkohlen gleichfalls als Kohlenstoff-Modifikationen betrachtet und abgehandelt, weil sie sich im Prinzip alle auf die einfachen Bauprinzipien von Diamant und Graphit zurückführen lassen.

5.7.2 Diamant

Einteilung der Diamanten nach Ursprung:

- natürliche Diamanten
- synthetische Diamanten

Die systematische Suche nach natürlichen Diamanten-Vorkommen und deren kommerzielle Nutzung setzte Ende des vergangenen Jahrhunderts mit der Entdeckung der Lagerstätten in Südafrika ein. 1953 gelang einer Gruppe von Wissenschaftlern in Stockholm erstmalig eine reproduzierbare Synthese von Diamanten im Laboratorium.

Einteilung der Diamanten nach Verwendung:

- Schmuckdiamanten
- Industriediamanten

Zu Brillanten können nur sehr reine, praktisch farblose Steine verarbeitet werden, die perfekt kristallisiert sind und außerdem bestimmte Mindestabmessungen haben. Diamanten, die diesen Anforderungen nicht genügen, werden als Industriediamanten bezeichnet und ausschließlich als Werkstoffe eingesetzt.

5.7.2.1 Wirtschaftliche Bedeutung

Die weltweit produzierten Mengen an natürlichen Diamanten sind in den vergangenen Jahren leicht zurückgegangen. Nach wie vor stellen die afrikanischen Länder das größte Kontingent bereit, gefolgt von der Sowjetunion.

Tabelle 5.7-1. Produktion natürlicher Diamanten in 10^3 ct; 1 ct (1 Carat) entspr. 0.2 g (nach UN-Statistik).

	1970	1975	1978	1979
Afrika	33273	30214	27531	28120
USSR	7850	9700	10550	10700
Südamerika	611	1343	841	856
Asien (ohne USSR)	40	35	31	30

Etwa ein Viertel der Produktion entfällt z. Z. auf Schmuckdiamanten. Obwohl der Anteil an Industriediamanten stetig steigt, kann der Bedarf bei weitem nicht gedeckt werden, so daß bereits 70 bis 80% aller Industriediamanten synthetisch hergestellt werden.

Tabelle 5.7-2. Geschätzte Produktion synthetischer Diamanten in 10^3 ct.

	1975	1978	1979
USA	19000	28700	31000
Welt (ohne USA)	44000	53000	53000

Bis zum Jahr 2000 wird der Bedarf an Diamanten und hier vorwiegend an Industriediamanten nach einer Schätzung des US-Bureau of Mines jährlich um 2 bis 9% steigen. Dasselbe Institut schätzte 1979 die Weltreserven an natürlichen Diamanten auf etwa $680 \cdot 10^6$ ct.

Mehr als die Hälfte des Welthandels mit Diamanten wird durch die Firma De Beers über die Central Selling Organisation (CSO) kontrolliert.

Gesamtumsatz an Diamanten durch die CSO 1980: $2723 \cdot 10^6$ $.

5.7.2.2 Gewinnung natürlicher Diamanten

Die Primärquelle für Diamanten stellt ein Gestein vulkanischen Ursprungs dar, welches nach der 1866 entdeckten ersten bedeutenden Fundstelle in Südafrika Kimberlit genannt wird. Durch Verwitterung und Erosion sind diese Lagerstätten jedoch stark abgetragen worden; der überwiegende Teil der Diamanten findet sich in den umliegenden Arealen, in alten Flußläufen, Anschwemmun-

Lagerstätten von Diamanten:

primäre: Kimberlit-Gestein
sekundäre: durch Erosion, Verwitterung und Auswaschung von Kimberlit-Adern entstandene Ablagerungen (Seifen)

gen und manchmal auch auf Meeresterrassen. Vor der Küste von Namibia wird z. B. der Diamanten-haltige Kies vom Meeresboden hochgesaugt und gleich an Ort und Stelle aufkonzentriert.

Die Abbaumethoden an Land entsprechen denen der normalen Bergbautechnik. Es gibt Übertage- und Untertageabbau in vielen Varianten, und selbst das Hauen von Hand kommt noch häufig vor. Die Gangart wird durch mechanische Methoden abgetrennt; zur Aufkonzentration verwendet man Prozesse, die eine Trennung aufgrund der hohen Dichte (3.51 g/cm^3) erlauben. Zur Entfernung der dabei natürlich gleichzeitig anfallenden schweren Mineralien kann man sich die Eigenschaft des Diamanten zunutze machen, durch Wasser nicht benetzbar zu sein: An gefetteten Oberflächen bleiben Diamanten haften; beim Skin-Flotation-Prozeß schwimmen sie obenauf, während die benetzten Schwermineralien absinken. Ferromagnetische Mineralien können auch durch Magnetscheidung abgetrennt werden. Ein sehr verbreitetes Verfahren, Diamanten auszusondern, beruht auf deren Lumineszenz bei Einwirkung von Röntgenstrahlung. Beim Erkennen eines Steines wird automatisch die Ausschleusung, z. B. durch einen senkrecht zum *Einzel*teilchenstrom arbeitenden Luftstoß, in Gang gesetzt. Bei der Gewinnung sehr kleiner Diamanten haben sich Trennverfahren auf Basis elektrostatischer Aufladung bewährt. Insbesondere bei Schmuckdiamanten ist abschließend eine Sortierung und Klassifizierung von Hand unerläßlich.

Für die Verfahren, die zur Isolierung von Diamanten aus dem übrigen toten Gestein angewandt werden, spielen folgende Eigenschaften des Diamanten eine wichtige Rolle:

- hohe Dichte
- Hydrophobie
- Lumineszenz im Röntgenlicht
- hohe Brechzahl

Welche Abtrennverfahren jeweils angewandt werden, hängt sehr stark von der Art der betreffenden Fundstätte ab.

5.7.2.3 Herstellung synthetischer Diamanten

Diamantensynthese nach zwei unterschiedlichen Prinzipien:

- diffusionskontrollierte

und

- diffusionslose Phasenumwandlung

Die Synthese von Diamanten erfordert hohe Drücke und hohe Temperaturen. Die angewandten Verfahren lassen sich in zwei Gruppen einteilen; die einen arbeiten mit Katalysatoren (diffusionskontrollierte Phasenumwandlung), die anderen ohne (diffusionslose Phasenumwandlung).

Weit mehr als 90% aller Synthesediamanten werden unter Mitwirkung von Katalysatoren wie

- Eisen
- Cobalt
- Nickel
- Mangan
- Chrom
- Legierungen und Carbide dieser und anderer Übergangsmetalle

hergestellt. Als Ausgangsmaterial dient Graphit, der zusammen mit den Katalysatoren in das häufig metallene Reaktionsgefäß eingefüllt wird. Dieses wird elektrisch beheizt und ist in eine Reihe von Einsätzen eingebettet, die zur Aufrechterhaltung von Druck und Temperatur dienen. Der Druck wird durch hydraulische Pressen erzeugt und durch Stempel aus sehr harten Werkstoffen (z. B. Wolframcarbid), die je nach Apparatur geometrisch unterschiedlich angeordnet sein können, auf das Reaktionsgefäß ausgeübt. Wird nun unter Druck aufgeheizt, so schmilzt das Katalysatormetall, löst den Graphit und scheidet den Kohlenstoff als Diamant aus der übersättigten Lösung wieder aus. Nach Abschluß dieser „Umkristallisation", die lediglich ein paar Minuten dauert, werden die Diamanten, die dann in Form einer Masse aus agglomerierten Einzelkristallen vorliegen, mechanisch und chemisch vom Katalysatormetall befreit und hauptsächlich nach Größe und Gestalt sortiert. Die Synthese verläuft reproduzierbar, so daß es möglich ist, große Mengen an Diamanten gleichförmiger Qualität zu erzeugen. Die Firmen General Electric und De Beers, deren gemeinsamer Anteil an der westlichen Synthesediamanten-Produktion auf mehr als 80% geschätzt wird, benutzen diese Methode, die es gestattet, Diamanten mit einer Größe bis zu etwa 1 mm (ca. 0.2 ct) wirtschaftlich herzustellen.

Katalysatoren bei der diffusionskontrollierten Diamantensynthese:

Übergangsmetalle sowie deren Legierungen und Carbide

Bedingungen für die diffusionskontrollierte Phasenumwandlung:

- Temperatur: ca. 1500 bis 2500 °C
- Druck: 50 bis 100 kbar

Die Verfahren ohne Katalysator haben demgegenüber folgende wesentliche Nachteile: Sie liefern bei geringeren Umsätzen Graphit-verunreinigte, also gittergestörte Steine mit einer max. Größe von ca. 60 μm und erfordern deutlich höhere Drücke und z. T. auch erheblich höhere Temperaturen. Bei dem von DuPont ausgeübten dynamischen Verfahren werden Druck und Temperatur in einer Stoßwellenapparatur für die Dauer einiger Mikrosekunden durch Explosionen erzeugt. Als Ausgangsmaterial dient ebenfalls Graphit, der hier jedoch möglichst gut kristallisiert vorliegen muß. Statische Hochdrucksynthe-

Bedingungen für die diffusionslose Phasenumwandlung:

- Temperatur: bis ca. 3500 °C
- Druck: größer als 120 kbar

sen ohne Katalysatoren haben keine wirtschaftliche Bedeutung.

5.7.2.4 Eigenschaften und Verwendung

Herausragende Eigenschaften des Diamanten:

- Härte 10 auf der Skala nach Mohs
- Brechzahl 2.42

Diamanten sind zwar außergewöhnlich hart, aber auch in bestimmten Richtungen in den drei Hauptnetzebenen (100), (110) und (111) gut spaltbar und sehr spröde. Die genaue Kenntnis dieser Richtungen ist für die Verarbeitung von Rohdiamanten zu stark lichtbrechenden Brillanten von grundlegender Bedeutung. Schmuckdiamanten sind auch heute noch ausschließlich Naturdiamanten.

Verwendung von natürlichen Diamanten als

- Schmucksteine
- Industriediamanten:
  - Carbonados
  - Ballas
  - Bort (Boart)

Bei den natürlich vorkommenden Industriediamanten unterscheidet man zwischen Carbonados, Ballas und Bort (auch Boart geschrieben). Carbonados sind schwarzglänzende, stark miteinander verwachsene Aggregate von Diamantkristalliten, die Graphit und andere Verunreinigungen enthalten. Infolge der Verwachsungen sind die Carbonados als Ganzes bei weitem nicht so spröde wie ein einzelner Diamantkristall für sich allein. Sie werden vorzugsweise in Bohrkronen eingesetzt. Der beinahe kugelförmige Ballas hat einen ähnlichen Aufbau und wird häufig als Besatz grobkörniger Schleifwerkzeuge verwendet. Als Bort bezeichnet man den Rest der natürlichen Industriediamanten. Es handelt sich hierbei ebenfalls um feinkristallines Material, das aber nur geringfügig miteinander verwachsen ist und sich folglich leicht brechen und zu mehr oder weniger feinkörnigem Diamantpulver aufbereiten läßt.

Verwendung von Diamanten als Hartstoff zum Bohren, Schneiden, Honen, Schleifen, Polieren u. ä.

Natürliche und synthetische Diamanten werden ebenso wie andere Hartstoffe zum Bohren, Schneiden, Honen, Schleifen, Polieren etc. eingesetzt (vgl. Abschn. 5.6). Hierzu werden sie in eine Harz- oder Metallmatrix eingebettet. Sie können aber auch in einer Flüssigkeit suspendiert zum Läppen verwendet werden. Ferner dienen sie als Drahtziehsteine. Zu den mit Hilfe von Diamanten bearbeiteten Materialien gehören Diamant selbst, Glas, Keramik, Wolframcarbid, Gestein und Metalle bzw. Legierungen, aber auch Kunststoffe. Spezielle Einsatzgebiete sind die Medizin (Präzisionsschneidwerkzeuge) und die Elektronik (halbleitende Diamanten durch Dotierung mit Bor, Beryllium oder Aluminium).

Spezielle Einsatzgebiete:

- Präzisionsschneidwerkzeuge in der Medizin
- halbleitende Diamanten in der Elektronik

5.7.3 Natürlicher Graphit

5.7.3.1 Wirtschaftliche Bedeutung

Die Weltreserven an natürlichem Graphit werden auf mehrere $100 \cdot 10^6$ t geschätzt.

Tabelle 5.7-3. Produktion an natürlichem Graphit in t (nach UN-Statistik).

	1970	1975	1978	1979
USSR	75300	90000	100000	100000
VR Korea	75000	75000	75000	75000
Südkorea	59530	47232	56319	47170
Indien	11723	31255	63784	51514
Mexiko	55648	60814	52264	50880
Brasilien	11200	27383	47845	41000
VR China	30000	50000	80000	100000
Österreich[1)]	24000	30586	40501	40519
Madagaskar	18312	17774	16625	16960
BRD[2)]	16406	13557	15432	14729
CSSR	12929	15036	13630	14600
Sri Lanka[3)]	9787	10427	10506	10900
Norwegen	9000	8925	11151	10800

1 Rohproduktion
2 verkaufsfähige Produktion
3 Export

Aufgrund der hohen Kristallinität ist Naturgraphit für spezielle Anwendungsbereiche interessant, so daß die Nachfrage, insbesondere nach hochwertigen Sorten, steigt. In der verarbeitenden Industrie überwiegt die Verwendung von synthetischem Graphit jedoch bei weitem.

5.7.3.2 Vorkommen und Gewinnung

Naturgraphit kommt in Form von Flocken (Schuppen) und Stücken (Klumpen), aber auch sehr feinteilig vor. Vor allem im englischsprachigen Raum wird letzterer als amorpher Graphit bezeichnet, was irreführend ist, da auch die feinteiligste Form aus Kristalliten – wenn auch sehr kleinen – zusammengesetzt ist. Das Auftreten in der hexagonalen Modifikation überwiegt; man findet aber auch die rhomboedrische Modifikation. Der Kristallinitätsgrad wie auch der Gehalt an Kohlenstoff schwanken je nach Lagerstätte.

Die Kristallitgrößen natürlichen Graphits liegen zwischen 0.0001 und mehreren Millimetern

Der Kohlenstoff-Gehalt des Roherzes der Hauptlagerstätten kann zwischen ca. 20 und 100% Massenanteil betragen

Graphit-Lagerstätten befinden sich in oder am Rande von Schichtgesteinen

Flockengraphit lagert in metamorphen Gesteinen wie Gneis oder Marmor und entstand aus Kohlenstoff-reichen Ablagerungen (z. B. in der Nähe von Passau aus Algenkolonien). Stückiger Graphit kommt dort vor, wo Magma an Schichtgestein (Kalkstein, Schiefer) erstarrt ist. Möglicherweise hat sich dabei unter dem Einfluß der hohen Temperatur Kohle in den Adern und Hohlräumen am Rande des Schichtgesteins in Graphit umgewandelt (Sri Lanka). Der feinkristalline (auch: kryptokristalline) Graphit in metamorphem Schiefergestein entstand wohl wie der Flockengraphit aus Kohlenstoff-haltigen Sedimenten. Es gibt jedoch auch flözartige Lagerstätten, die ursprünglich einmal Kohleflöze waren (Mexiko).

Das Graphit-haltige Erz wird sowohl über als auch unter Tage bergmännisch abgebaut. Es schließen sich Arbeitsgänge wie Sortieren nach Kohlenstoff-Gehalt, Zerkleinern und Anreichern an.

Eine Aufkonzentrierung des Rohgraphits ist vielfach nicht notwendig

Der in Sri Lanka vorkommende stückige Graphit ist der reinste Naturgraphit. Sein Kohlenstoff-Gehalt beträgt bis zu 100%. Ein derartig hoher Reinheitsgrad ist für viele Anwendungen jedoch nicht erforderlich, so daß auch bei der Aufbereitung von Rohgraphit mit geringerem Kohlenstoff-Gehalt häufig auf eine Anreicherung verzichtet werden kann oder diese nur bis zu einem bestimmten Reinheitsgrad betrieben wird. Voraussetzung hierfür ist natürlich, daß die Begleitbestandteile keine Eigenschaften aufweisen, die der beabsichtigten Verwendung entgegenstehen, also beispielsweise beim Einsatz als Feststoffschmiermittel abrasive Wirkung zeigen.

Wenn aufkonzentriert werden muß, bedient man sich üblicherweise der Flotationstechnik

Typisches Anreicherungsverfahren ist die Flotation, wie sie z. B. in der Bundesrepublik Deutschland vom Graphitwerk Kropfmühl in der Nähe von Passau zur Gewinnung von Flockengraphit-Sorten mit Kohlenstoff-Gehalten zwischen 70 und etwa 97% betrieben wird: Das Roherz wird in Brechern zerkleinert, unter Zusatz von Wasser in einer Stabmühle aufgemahlen und über einen Rechenklassierer von einem Großteil der Gangart befreit. Es folgt das eigentliche mehrstufige Flotationstrennverfahren, welches durch Naßmahlschritte unterbrochen wird. In den Flotationszellen schwimmen die mit Luftbläschen beladenen Graphit-Flocken auf. Der sich dadurch an der Wasseroberfläche bildende Graphit-Schaum wird abgezogen, zentrifugiert und getrocknet. Zur Herstellung noch reinerer Sorten mit C-Gehalten >99.5% sind zusätzliche chemische Veredlungsverfahren, wie So-

Hochreine Graphit-Sorten (>99.5% C) können nur durch zusätzliche chemische Reinigung erhalten werden:

- Soda-Aufschluß
- Flußsäure-Laugung

da-Aufschluß oder Flußsäure-Laugung notwendig. Durch kombinierte Sieb-, Mahl- und Sichtprozesse erhält man verkaufsfähige Typen mit definiertem Kornspektrum, welches bis hinab zu Teilchengrößen <5 µm reichen kann. Die Flockenform bleibt dabei erhalten.

Auch die kryptokristallinen Naturgraphite werden mit Hilfe der Flotation aufbereitet. Sie ist hier jedoch aufgrund der Feinteiligkeit und der dadurch bedingten homogeneren Durchsetzung mit Begleitmineralien erheblich aufwendiger. Als Flotationsmedien werden vorzugsweise Öle verwandt.

5.7.3.3 Eigenschaften und Verwendung

Die herausragenden Eigenschaften des Graphits sind:

- Weichheit
- niedrige Dichte
- gute Spaltbarkeit
- hohe Temperaturbeständigkeit, insbesondere Temperaturwechselbeständigkeit
- chemische Beständigkeit (Korrosionsfestigkeit)
- sehr gute Wärmeleitfähigkeit
- gute elektrische Leitfähigkeit.

Aufgrund des kristallographischen Aufbaus aus planaren, in relativ großem Abstand parallel zueinander liegenden Kohlenstoff-Ebenen sind die physikalischen Kenngrößen natürlich richtungsabhängig. So läßt sich an Graphit-Einkristallen zeigen, daß z. B. elektrische und Wärmeleitfähigkeit parallel der Schichtebenen erheblich größer sind als senkrecht dazu. Makroskopisch allerdings ist diese Anisotropie wegen des in der Regel ungeordneten Vorliegens der Einzelteilchen nur selten feststellbar.

Die Eigenschaften von Graphit sind stark richtungsabhängig. Der Anisotropieunterschied in der elektrischen Leitfähigkeit beträgt 4 Zehnerpotenzen!

Etwa 80% der Naturgraphit-Produktion wird dort eingesetzt, wo mit hohen Temperaturen gearbeitet wird. Größter Verbraucher ist die Stahlindustrie, die Graphit u. a. als „Antihaftmittel“ (Schlichte) verwendet: Die Oberflächen von Rinnen, Kokillen und Formen werden mit Graphit imprägniert, um ein Eindringen des geschmolzenen Stahls und Reaktionen zu verhindern. Ferner dient er dort zum Abdecken von Schmelzen, zum Aufkohlen und als Desoxidationsmittel. Formen, Rinnen und Tiegel können nicht nur oberflächlich mit Graphit behandelt,

Haupteinsatzgebiete für Naturgraphit:

- Eisen- und Stahlindustrie
- Gießereitechnik
- Metallurgie
- Feuerfestindustrie, Tiegel- und Retorten-Herstellung

sondern auch unter Verwendung von bis zu 50% (Massenanteil) Graphit hergestellt werden. Als Bindemittel werden keramische Binder, Pech oder Teer verwendet. Diese hochwertigen Varianten werden bevorzugt in Metallgießereien eingesetzt, wo auch Graphit-haltige Stampfmassen Anwendung finden.

Weitere Einsatzgebiete für Naturgraphit:

- Schmierstoffindustrie
- Bleistift-Herstellung
- Elektrotechnik
- Anstrichtechnik
- Kunststoffindustrie
- Nukleartechnik

Die gute Spaltbarkeit des Graphits bedingt seine hervorragende Eignung als Schmiermittel, entweder in trockener Form, als Paste zusammen mit Fetten oder als Suspension in Flüssigkeiten. Aus dem gleichen Grund läßt sich Graphit in Bleistiftminen verwenden. Die elektrische Leitfähigkeit ist wesentlich für den Einsatz in Trokkenzellbatterien, in Motor- und Generatorbürsten, in Kontaktstiften, in Leitlacken und als Antistatikum. Die hohe chemische Beständigkeit macht man sich in Korrosionsschutzanstrichen zunutze. Besonders reiner Naturgraphit (C-Gehalt mindestens 99.99%) dient als Matrixmaterial für Brennelemente in Kernreaktoren. Flockengraphit kann zur Herstellung von Graphit-Intercalationsverbindungen verwendet werden (vgl. auch Abschn. 5.7.5.1 und 5.7.5.3).

5.7.4 Großtechnisch erzeugter synthetischer Kohlenstoff und synthetischer Graphit

5.7.4.1 Wirtschaftliche Bedeutung

Exakte und umfassende Produktions- bzw. Bedarfsmengen für Kohlenstoff- und Graphit-Produkte sind wegen der Vielzahl der Hersteller und der Vielfalt der technischen Verwendungsmöglichkeiten nicht verfügbar.

Aus den Produktionszahlen der wichtigsten Kohlenstoff- und Graphit-Verbraucher und der produktbezogenen Verbrauchshöhe wurden folgende Produktionsmengen abgeschätzt:

Tabelle 5.7-4. Geschätzte Produktionszahlen großtechnisch erzeugter Kohlenstoff- und Graphit-Produkte in 10^3 t (nach Findeisen).

	1970	1975	1980
Kohlenstoff-Anoden und -Kathoden für die Aluminium-Erzeugung	5100	6400	ca. 7000
Graphit-Elektroden für die Elektrostahl-Erzeugung	658	971	1050 bis 1300
Graphit-Anoden für die wäßrige und die Schmelzflußelektrolyse		141	ca. 173
sonstige Produktion, graphitiert		ca. 150	ca. 200

Obgleich der Anteil der graphitierten Produkte mengenmäßig höchstens 20% ausmacht, übersteigt sein Wert den der nicht-graphitierten Erzeugnisse.

5.7.4.2 Allgemeines zur Herstellung

Kohlenstoff und Graphit können durch eine Vielzahl von Verfahren synthetisch erzeugt werden. Die industriell ausgeübten Verfahren sind überwiegend rein thermischer Art und gehen von carbonisierbaren bzw. graphitierbaren Materialien aus, die fest, flüssig oder gasförmig sein können. Zunächst wird in der ersten Verfahrensstufe der synthetische Kohlenstoff erzeugt, der dann in einer zweiten Stufe in Graphit übergeführt werden kann.

Industrielle Herstellung von Kohlenstoff durch rein thermische Zersetzung von Rohstoffen mit hohem Kohlenstoff-Gehalt in inerter Atmosphäre

Industrielle Herstellung von Graphit durch Erhitzen graphitierbaren Kohlenstoffs in inerter Atmosphäre überwiegend ohne Zusatz von Katalysatoren

Für die großtechnische Herstellung sind nur feste und flüssige oder besser: schmelzfähige Ausgangsstoffe von Bedeutung. Die verwendeten Rohstoffe sind fast alle mehr oder weniger gut graphitierbar. Nicht-graphitierbarer Kohlenstoff ist als Sonderkohlenstoff von wirtschaftlich geringerer Bedeutung und wird ebenso wie die durch Gasphasenpyrolyse hergestellten speziellen Kohlenstoff- und Graphit-Arten im Abschn. 5.7.5 behandelt. Fasern aus Kohlenstoff wurden bereits im Abschn. 5.2.3.3 besprochen.

Da Kohlenstoff unter wirtschaftlich vertretbaren technischen Bedingungen weder schmilzt noch sintert, muß man die Herstellung so durchführen, daß ein für die spätere Verwendung geeigneter Formkörper entsteht, der nur noch mechanisch bearbeitet wird. Man mischt daher

Prinzipieller Verfahrensablauf:

- Mischen der Rohstoffe
- Formgebung
- Carbonisierung
- Graphitierung

die Rohstoffe – Feststoffe und Bindemittel –, bringt sie in die gewünschte Form, brennt den Formling zum Kohlenstoff-Körper und führt – falls erforderlich – anschließend die Graphitierung durch.

5.7.4.3 Herstellung von synthetischem Kohlenstoff

5.7.4.3.1 Rohstoffe

Rohstoffe:

- Feststoffe
  - Petrolkoks
  - Pechkoks
  - Zechenkoks
  - Anthrazit
  - Ruß
  - Naturgraphit
- Bindemittel: verschiedene Pechsorten

Die zur Herstellung von Kohlenstoff- und Graphit-Produkten verwendeten Rohstoffe lassen sich einteilen in Feststoffe und Bindemittel.

Als feste Rohstoffe werden hauptsächlich eingesetzt:

- Petrolkoks aus Rückständen oder Zwischenprodukten der Erdölraffination
- Pechkoks aus Steinkohlenteerpech
- Zechenkoks aus Steinkohle
- Anthrazit
- Ruß
- Naturgraphit.

Wichtigster Feststoff ist Petrolkoks

Die Kokse entstehen aus den jeweils angegebenen Materialien durch Flüssigphasenpyrolyse. Je nach Führung der Pyrolyse und der Zusammensetzung des Ausgangsmaterials bilden sich mehr oder weniger stark strukturierte Kokse aus. Ein Koks ist umso besser graphitierbar, je höher sein kristalliner Ordnungsgrad ist und je größer die Kristallite sind. So gehört sehr gut geordneter, stark anisotroper Nadelkoks unter den ohnehin bevorzugten Petrolkoksen zu den wertvollsten Rohstoffen. Für einige Anwendungen werden aber auch isotrope Koksarten eingesetzt. Neben der Kristallinität sind

- niedriger Schwefel-Gehalt
- geringer Anteil flüchtiger Bestandteile
- niedriger Gehalt an Asche (metallische Verunreinigungen, Silicium)
- niedrige thermische Ausdehnungskoeffizienten
- hohe Dichte

weitere Qualitätskriterien für die Feststoffe.

Ruß, Anthrazit und Naturgraphit werden zur Verbesserung bestimmter Eigenschaften zugesetzt, Anthrazit bei der Herstellung von Kohlenstoff-Elektroden auch aus Kostengründen.

Zur Bindung der Feststoffe werden diverse Pechsorten benutzt. Sie müssen ein günstiges Verformungsverhalten der Mischung gewährleisten, einen hohen Kohlenstoff-Gehalt besitzen und beim Brennen unter Bildung eines – möglicherweise graphitierbaren – Kokses die Feststoffe dauerhaft miteinander verbinden. Wichtigstes Bindemittel ist Steinkohlenteerpech.

Wichtigster Binder ist Steinkohlenteerpech

5.7.4.3.2 Aufbereitung

Der durch schonende Verkokung (delayed coking) hergestellte „grüne" Petrolkoks enthält noch flüchtige Bestandteile, die bei den späteren hohen Brenntemperaturen entweichen würden und dadurch übermäßig hohe Porosität und Risse hervorrufen könnten. Außerdem wäre die Formstabilität nicht mehr gewährleistet. Um das zu vermeiden, unterwirft man ihn zunächst einem Calcinierprozeß in gasbefeuerten Drehrohr- oder Drehherdöfen bei 1300 bis 1400 °C. Dieses Vorgehen ist auch bei Anthrazit notwendig, der teilweise bei noch höheren Temperaturen calciniert wird.

Durch Calcinierung bei 1300 bis 1400 °C wird der Anteil der flüchtigen Bestandteile im grünen Petrolkoks auf weniger als 0.5% Massenanteil gesenkt und gleichzeitig die Dichte erhöht

Es folgt nun die Mahlung des Kokses (bzw. der anderen Feststoffe) und eine Klassierung nach Korngröße. Um im Formkörper eine möglichst hohe Raumerfüllung zu erzielen, verwendet man nicht eine einheitliche Fraktion, sondern genau festgelegte Anteile mehrerer Fraktionen unterschiedlicher Körnung. Diese werden mit dem Bindemittel innig vermischt, wozu man vorwiegend Doppelarmkneter, Wirbelmischer und Mischschnecken verwendet. An dieser Stelle können auch Hilfsstoffe zugesetzt werden, wie z. B. Eisenoxid, welches den beim Graphitieren plötzlich auftretenden Schwefel-Ausbruch verlangsamt, oder Öle, die die Formgebung erleichtern.

Die gemahlenen Feststoffe werden mit ebenfalls gemahlenem oder aber geschmolzenem Bindemittel bei erhöhter Temperatur gemischt

Evtl. Zusatz von Additiven

Das Verhältnis von Bindemittel zu Feststoffen richtet sich nach der Kornzusammensetzung des Feststoffes, da alle Teilchen möglichst homogen umhüllt werden sollen, und nach dem Formgebungsverfahren, da die Masse eine gewisse Plastizität haben muß. Andererseits erhöht sich mit wachsendem Binderanteil die Gefahr von Brennfehlern, so daß im Normalfall ein Kompromiß gefunden werden muß.

Der Anteil an Bindemitteln wird so klein wie nur eben möglich gehalten

5.7.4.3.3 Verdichtung und Formgebung

Die sog. grüne Mischung wird nun auf eine Temperatur knapp über dem Erweichungspunkt des Bindemittels erhitzt und in die Form gebracht, in der sie später gebrannt werden soll. Praktisch bei allen angewandten Formgebungsverfahren wird auch gleichzeitig verdichtet, um Maßtreue zu erzielen, Hohlräume zu vermeiden und um Rißbildungen beim Brennen vorzubeugen. Beim Verdichten findet eine Orientierung der anisometrischen Koksteilchen in Richtung der Resultierenden der angewandten Kräfte statt, so daß die Formlinge im allgemeinen anisotrop sind. Der Grad dieser Anisotropie läßt sich durch die Art des Formgebungsverfahrens innerhalb bestimmter Grenzen variieren.

Die Herstellung der Formlinge erfolgt unter Druckeinwirkung bei einer Temperatur, die knapp über der Erweichungstemperatur des Bindemittels liegt

Zur Formgebung werden folgende Aggregate eingesetzt:

- Kolbenstrangpressen
- Schneckenstrangpressen
- Gesenkpressen
- isostatische Pressen
- Vibrationsverdichter
- Stampfwerke.

Überwiegend werden Strangpressen verwendet; doch hat in den letzten Jahren der Anteil des Vibrationsformens zugenommen, nicht zuletzt, weil sich die Formlinge wegen des niedrigeren Binderbedarfs einfacher brennen lassen. Für quasiisotrope Formlinge hat sich das isostatische Pressen bewährt.

5.7.4.3.4 Carbonisierung

Carbonisierung des Binders in inerter Atmosphäre bei 800 bis 1300 °C

Das Brennen der Formlinge zu Kohlenstoff-Körpern wird bei Temperaturen zwischen etwa 800 °C und 1300 °C durchgeführt. Hierzu verwendet man

- Kammerringöfen (bester energetischer Wirkungsgrad)
- Einzelkammeröfen
- Herdwagenöfen

die mit Gas oder Öl beheizt werden. Die Formkörper werden normalerweise von einer sie umgebenden Schüttung aus Koks, welcher teilweise verbrennt, vor Luftzutritt geschützt. Diese Schüttung soll zusätzlich den Formling abstützen, wenn beim Aufheizen das Bindemittel erweicht.

Im niedrigen Temperaturbereich wird möglichst langsam aufgeheizt, um einen hohen Carbonisierungsgrad zu erzielen und den gasförmigen Pyrolyseprodukten (ca. 30% Massenanteil des Binders) genügend Zeit zu geben, durch das noch ziemlich undurchlässige Gefüge zu entweichen. Außerdem vermeidet man dadurch Rißbildung infolge zu hoher Temperaturunterschiede zwischen Oberfläche und Innerem des Formkörpers.

Der komplette Brennvorgang kann mehrere Wochen in Anspruch nehmen. Die Pyrolysegase machen etwa 30% Massenanteil des Bindemittels aus

5.7.4.4 Graphitierung von synthetischem Kohlenstoff

5.7.4.4.1 Allgemeines

Bei den Graphitierungsverfahren, die bei 2600 bis 3000 °C in inerter Atmosphäre durchgeführt werden, unterscheidet man zwischen direkten und indirekten Verfahren. Bei den direkten Verfahren wird der Kohlenstoff-Körper zwischen Elektroden, die ihn direkt oder über Zwischenwiderstände berühren, durch Widerstandserhitzung auf die zur Graphit-Bildung notwendige Temperatur erhitzt. Hierzu zählen das Acheson- und das Castner-Verfahren. Bei den indirekten Verfahren besteht kein körperlicher Kontakt zwischen der Energiequelle und dem Kohlenstoff-Körper.

Einteilung der Graphitierungsverfahren in

- direkte Verfahren (Acheson- und Castner-Verfahren)
- indirekte Verfahren

Beim Graphitieren wird der Kohlenstoff-Körper in inerter Atmosphäre auf 2600 bis zu max. 3000 °C erhitzt

Die hohen Temperaturen bewirken eine Zunahme der Ordnung im kristallinen Bereich. Die im Kohlenstoff-Körper gegeneinander verdrehten und gekippten Schichtebenen richten sich zueinander aus, und es entstehen größere, dem idealen Graphit-Gitter nahekommende Verbände. Außerdem heilen Defekte innerhalb der Kristallite aus. Die erreichbare Annäherung an die Idealstruktur wird jedoch begrenzt durch den Grad der Vorordnung im Ausgangsmaterial (Koks bzw. Kohlenstoff-Körper).

Durch die Graphitierung erhält der Kohlenstoff-Körper eine Graphit-ähnliche Mikrostruktur. Der Graphitierungsgrad hängt ab von der Endtemperatur (nicht der Verweilzeit) und der Vorordnung im Ausgangsmaterial

Auch beim Graphitieren muß die Aufheizgeschwindigkeit so eingestellt werden, daß der Temperaturgradient in den Kohlenstoff-Körpern nicht zu groß wird. Die Aufheizzeiten sind zwar kürzer als beim Carbonisieren; dennoch erfordert der gesamte Prozeß etwa 1 bis 3 Wochen. Zusätzlich ist man hier durch das plötzliche Entweichen des Schwefels (Puffing) bei etwa 1600 °C eingeschränkt. Der Körper erfährt dabei eine Volumenexpansion, deren Ausmaß durch Inhibitoren in gewissen Grenzen beeinflußt werden kann.

5.7.4.4.2 Acheson-Verfahren

Acheson-Verfahren (bedeutendstes Graphitierungsverfahren):
Aufheizen der Kohlenstoff-Körper durch Widerstandsschüttung

Das Acheson-Verfahren ist nach wie vor das wichtigste Graphitierungsverfahren. Die mit ihrer Längsachse senkrecht zur Stromrichtung in das Ofenbett gelegten Kohlenstoff-Körper sind von einer Widerstandsschüttung aus körnigem Koks umgeben, in der bei Stromdurchgang der größte Teil der Hitze erzeugt wird. Ein konstanter Ofenwiderstand ist eine der Voraussetzungen für eine gleichmäßige Qualität des Produktes (Vermeidung örtlicher Temperaturspitzen); daher wird auf die Art der Beladung größtes Augenmerk gerichtet. Im Acheson-Ofen können Körper unterschiedlichster Form graphitiert werden, was seine Verwendung sehr vielseitig macht. Die Kapazitäten der in Betrieb befindlichen Öfen reichen bis zu einer Nettobeladung von 100 t und mehr.

Vorteile des Acheson-Ofens:

- robuste Konstruktion
- geringe Störanfälligkeit
- geeignet für praktisch jede Art von Kohlenstoff-Körpern

Beim Acheson-Verfahren werden nur ca. 30% der zugeführten Energie von etwa 3 bis 10 kWh/kg zur Graphitierung genutzt. Weitere Nachteile sind der hohe Aufwand bei der Beschickung, die schlechte Raumzeitausbeute und die hohe Schadstoffemission (hauptsächlich SO_2), deren kontrollierte Beseitigung wegen der Größe der älteren Öfen und der hohen Betriebstemperaturen außerordentlich schwierig ist. Bei Neuanlagen geht man daher zu Konstruktionen über, die halb- oder vollkontinuierlich zu betreiben sind (zwischen stationär angeordneten Elektroden befinden sich fahrbahre Einzelöfen; Elektrodengruppen werden von oben in gekoppelte U-förmige Wagen eingefahren, die sich gleichförmig bewegen). Sie ermöglichen eine rationellere Produktion und einfachere Schadstoffbeseitigung.

Wichtigste Nachteile des Acheson-Ofens:

- niedriger energetischer Wirkungsgrad
- schlechte Raumzeitausbeute

5.7.4.4.3 Castner-Verfahren

Castner-Verfahren:
direktes Aufheizen der Kohlenstoff-Körper ohne Zwischenwiderstände

Das Castner-Verfahren arbeitet ohne Zwischenwiderstände. Die Wärme wird daher ausschließlich in den Kohlenstoff-Körpern selbst erzeugt, die direkt zwischen zwei Elektroden eingespannt werden, von denen zumindest eine verschiebbar ist, um Maßänderungen ausgleichen zu können.

Wichtigste Vorteile des Castner-Ofens:

- bessere Energieausnutzung als beim Acheson-Verfahren
- gleichmäßigere Graphitierung

Die Ofenkonstruktion ist aufwendiger als beim Acheson-Verfahren und damit auch störanfälliger. Dennoch steigt der Anteil des Castner-Verfahrens wegen der besseren Regelbarkeit, die eine gleichmäßigere Graphit-Produktion erlaubt, und des um 50% geringeren Energiebedarfs. Auch hier stellt man auf kontinuierlich arbeitende Öfen um. Durch Übergang von der Isolierpackung zu Hitzeschilden aus Kohlenstoff-Filz und Graphit-Folie kann der Zeitaufwand für die Beschickung und die Abkühlung erheblich vermindert werden.

Nachteile:

- aufwendiger
- störanfälliger

5.7.4.4.4 Sonstige Graphitierungsverfahren

Die übrigen Verfahren übertragen die Hitze indirekt auf die zu graphitierenden Kohlenstoff-Körper, was einen kontinuierlichen Betrieb erleichtert.

Die Aufheizung kann durch Induktion erfolgen; hierbei wird der Ofen von einer Induktionsspule umgeben, Körper- und Spulendimensionen müssen genau aufeinander abgestimmt sein. Oder sie erfolgt durch die diesbezüglich flexiblere Strahlungsheizung.

Wärmeübertragung bei den indirekten Verfahren:

- durch Induktion
- durch Strahlung

Bei den indirekten Verfahren kann man im Vergleich zu den direkten Verfahren eine wesentlich bessere Energieausnutzung und eine deutlich höhere Raumzeitausbeute erreichen. Diesen Verfahren werden daher große Zukunftschancen eingeräumt.

Indirekte Graphitierungsverfahren sind die Verfahren der Zukunft, da

- wesentlich bessere Energieausnutzung
- höhere Raumzeitausbeute

5.7.4.4.5 Reinigungsgraphitierung

Hochreine Graphit-Sorten werden durch Modifizierung der oben beschriebenen Verfahren zugänglich. Man unterscheidet zwischen der rein thermischen und der chemisch-thermischen Reinigung. Beim rein thermischen Verfahren erhöht man lediglich Temperatur (ca. 3000 °C) und Verweilzeit und benutzt Ruß zur Adsorption der dampfförmig entweichenden Verunreinigungen. Beim chemisch-thermischen Verfahren werden die Verunreinigungen durch Umsetzung mit

- elementarem Chlor oder Fluor
- Halogen-Kohlenstoff-Verbindungen
- festen Halogeniden

in flüchtige Halogen-Verbindungen übergeführt.

Reinigungsgraphitierung:

- rein thermisch
- chemisch-thermisch

5.7.4.5 Imprägnierung und Bearbeitung von Kohlenstoff- und Graphit-Körpern

20 bis 25% des Volumens von Kohlenstoff- und Graphit-Körpern sind offene Poren

Erniedrigung der Porosität und Verbesserung bestimmter Eigenschaften durch Imprägnierung

Nach den beschriebenen Herstellungsverfahren erhaltene Kohlenstoff- und Graphit-Körper bestehen zu etwa 20 bis 25% Volumenanteil aus offenen Poren, die beim Carbonisieren des Binders durch Verflüchtigung gasförmiger Pyrolyseprodukte entstanden sind. Für viele Anwendungen ist es unerläßlich, zumindest einen Teil der Poren nachträglich zu füllen und/oder die Oberfläche gas- und flüssigkeitsdicht zu versiegeln. Dies geschieht durch Imprägnierungen mit

- Pech
- Kunstharzen
- Pyrokohlenstoff
- Metallen und Legierungen durch Erzeugung oberflächlicher Carbid-, Silicid-, Borid- und Nitrid-Schichten

die zusätzliche Wärmebehandlungen bei hohen Temperaturen nach sich ziehen können. Durch die Imprägnierungen können bestimmte Eigenschaften verbessert werden: Dichte, Festigkeit, Korrosionsbeständigkeit etc.

Graphit-Körper sind wesentlich leichter und präziser zu bearbeiten als Kohlenstoff-Körper

Um Imprägnierungen effektiv vornehmen zu können, müssen die Formkörper teilweise schon vorher bearbeitet werden. Kohlenstoff-Körper erfordern aufgrund ihrer Härte Diamant- oder Hartmetallwerkzeuge; Graphit-Körper sind erwartungsgemäß wesentlich weicher und daher auch leichter zu bearbeiten.

5.7.4.6 Eigenschaften und Verwendung

Eigenschaften von synthetisch erzeugten Kohlenstoff-Formkörpern:

- Härte
- Festigkeit
- Sprödigkeit ähnlich wie keramische Körper
- niedrige elektrische Leitfähigkeit
- chemische Resistenz

Graphit-Formkörper:

- hohe Wärme- und elektrische Leitfähigkeit
- übrige Eigenschaften gleichen mit steigendem Kristallinitätsgrad denen des Naturgraphits

Kohlenstoff-Formkörper gleichen in ihrer Härte, Festigkeit und Sprödigkeit keramischen Körpern. Sie besitzen eine gewisse Leitfähigkeit für elektrischen Strom und Wärme und sind chemisch sehr beständig. Graphit-Formkörper haben demgegenüber eine wesentlich höhere Wärmeleitfähigkeit und einen deutlich geringeren spezifischen elektrischen Widerstand. Festigkeit und Elastizitätsmodul sind zwar bei Raumtemperatur geringer, nehmen aber mit steigender Temperatur stark zu. Im übrigen nähern sich die Eigenschaften des künstlichen Graphits in dem Maße denen des Naturgraphits, wie der Kristallinitäts- bzw. Ordnungsgrad wächst. Synthetischer Graphit weist i. allg. eine wesentlich höhere Reinheit, aber eine geringere Kristallinität als Naturgraphit auf.

Synthetisch erzeugter Kohlenstoff und Graphit finden folgende Verwendung:

- als Kohlenstoff- und Graphit-Elektroden für
  - Schmelzflußelektrolyse
  - wäßrige Elektrolyse und Elektrodialyse (Graphit-Anoden wurden bei der Chlor-Alkali-Elektrolyse bereits zum Großteil durch Titan-Anoden ersetzt; diese Entwicklung zeichnet sich auch bei anderen wäßrigen Elektrolyse- und Elektrodialyseverfahren ab)
  - Lichtbogenöfen zur Elektrostahl-Erzeugung
  - Schmelzöfen zur Herstellung von Legierungen
  - Carbidöfen
  - Reduktionsöfen (u. a. Herstellung von Phosphor, Silicium etc.)

  (Kohlenstoff-Elektroden werden häufig nicht vorgefertigt eingesetzt, sondern in situ hergestellt: Söderberg-Elektroden, vor allem bei der Gewinnung von Phosphor)
- als Blöcke, Steine, Platten und Stampfmassen zur Auskleidung von Öfen, Wannen und Kokillen
- als Gießformen, Sinterformen, Kokillen und Tiegel für Gießereitechnik, metallurgische Prozesse, Glas-erzeugende bzw. -verarbeitende Industrie, Keramikindustrie sowie Halbleitertechnik (Zonenschmelzen, Einkristallzüchtung etc.)
- als Werkstoffe für den chemischen Apparatebau; Verwendung in Wärmetauschern, Kolonnen, Behältern, Pumpen, Rohrleitungen, Berstscheiben usw.
- als Werkstoffe für Maschinenbauelemente: Lager, Dichtungen etc.
- hochreiner Graphit für die Nukleartechnik; für Moderatoren, Reflektoren und Brennelemente (vor allem beim Hochtemperaturreaktor), als Konstruktionswerkstoff bei Reaktoren und Wiederaufbereitungsanlagen
- als Kohle- und Graphitbürsten, -schleifstücke, -schleifringe sowie Kontaktstifte in elektrischen Maschinen bzw. zur Stromleitung
- als Kleinelektroden zum funkenerosiven Bearbeiten von Metallen, als Schweißelektroden, Bogenlampenelektroden, Spektralkohlen (Analytik).

Einsatzgebiete für großtechnisch erzeugten Kohlenstoff und Graphit:

- Aluminium-Herstellung
- Elektrostahl-Herstellung
- Hartstoff-Herstellung
- Metallurgie
- Gießereitechnik
- chemische Industrie
- Apparatebau
- Glasindustrie
- Keramikindustrie
- Halbleitertechnik
- Elektrotechnik
- Nukleartechnik
- Maschinenbau

5.7.5 Spezielle Kohlenstoff- und Graphit-Arten

Die in diesem Abschnitt besprochenen Kohlenstoff- und Graphit-Arten wurden in den letzten 25 Jahren entwickelt. Ihre Herstellung ist z. T. erheblich aufwendiger als die der großtechnischen Sorten und ihre wirtschaftliche Bedeutung entsprechend klein. Ihre jeweiligen spezifischen Eigenschaften sind jedoch so außergewöhnlich, daß ihnen gute Zukunftsaussichten für spezielle Anwendungsbereiche eingeräumt werden.

5.7.5.1 Pyrokohlenstoff und Pyrographit

Pyrokohlenstoff und Pyrographit durch thermische Zersetzung von gasförmigen oder in den gasförmigen Zustand übergeführten Kohlenstoff-haltigen Verbindungen

Pyrokohlenstoff und Pyrographit werden durch Gasphasenpyrolyse von

- Methan
- Ethan
- Propylen
- Benzol
- Tetrachlorkohlenstoff
  etc.

auf Substraten abgeschieden (chemical vapor deposition, CVD). Die Pyrolysereaktionen finden sowohl in der Gasphase selbst als auch an der Substratoberfläche statt. Man arbeitet bei Temperaturen zwischen 800 und 3000 °C und kann durch geeignete Wahl der Verfahrensparameter das Eigenschaftsprofil innerhalb weiter Grenzen beeinflussen. Die Herstellung eines isotropen Gefüges ist ebenso möglich wie die spiralförmiger, kolumnarer oder extrem anisotroper, laminarer Strukturen. Auch Graphit-Whisker können so erzeugt werden.

Einsatzgebiete für Pyrokohlenstoff und Pyrographit:

- Nukleartechnik
- Medizin

Pyrokohlenstoff dient zur Imprägnierung porösen Elektrographits. Zunächst werden gezielt die Poren aufgefüllt (niedrige Abscheidungstemperatur, niedriger Partialdruck bzw. erzwungene Strömung des Gases durch den Graphit-Körper). Dann wird bei erhöhter Temperatur die Oberfläche gas- und flüssigkeitsdicht versiegelt. Derart veredelte Graphit-Teile finden dort Verwendung, wo höchste Beständigkeit gegen Erosion und Oxidation verlangt wird, so als Leitrohre für Brennelemente in Kernreaktoren. Kernbrennstoffteilchen werden im Wirbelbett zunächst isotrop (Ausgleich thermischer und mechanischer Spannungen, Aufnahme gasförmiger Spaltprodukte), dann lamellar oder granular (Gasdichtigkeit, Festigkeit) mit Pyrokohlenstoff umhüllt (coated particles). Aufgrund der hervorragenden Biokompatibilität finden isotrope Pyrokohlenstoff-Körper mehr und mehr Eingang in die Medizin als Herzklappen und -ventile und als Prothesen. Man verwendet hier auch Legierungen mit Siliciumcarbid. Pyrokohlenstoff kann auch das Matrixmaterial in ein-, zwei- oder dreidirektional Kohlenstoff-faser-verstärkten Kohlenstoff/Kohlenstoff-Verbundwerkstoffen sein, die gleichfalls in der Medizin, z. B. für Knochenplatten, Interesse finden. Aus diesen Werkstoffen werden außerdem temperaturbeständige, hoch abriebfeste und trotzdem noch gewisse Gleitfähigkeit aufweisende Brems- und Kupplungsscheiben für Flugzeuge, Ablationsschilde sowie Auskleidungen im Raketenbau angefertigt. Den Kohlenstoff-Fasern selbst kann durch Beschichtung mit Pyrokohlenstoff eine erhöhte Festigkeit verliehen werden.

- Luftfahrt
- Raumfahrt

Wegen seiner hohen Wärmeleitfähigkeit in Richtung der Schichtebenen wurde früher reiner, anisotroper Pyrographit an Raketenspitzen, -düsen, Flügelkanten von Überschallflugzeugen etc. zur gerichteten Ableitung thermischer Energie eingesetzt. Infolge der ebenfalls anisotropen Wärmeausdehnung senkrecht zu den Schichtebenen blätterte diese Isolierung jedoch sehr schnell ab, so daß man hiervon kaum noch Gebrauch macht. Extrem anisotrope Pyrographit-Körper, die man durch zusätzliche Wärmebehandlung bei 3000 °C unter gleichzeitiger Anwendung von Druck senkrecht zu den Schichtebenen erhält, dienen heute zur Monochromatisierung von Röntgen- und Neutronenstrahlung und als Ausgangsmaterial zur Herstellung von Intercalationsverbindungen (s. Abschn. 5.7.5.3).

5.7.5.2 Glaskohlenstoff und Schaumkohlenstoff

Auch Glaskohlenstoff und Schaumkohlenstoff entstehen durch thermische Zersetzung Kohlenstoff-reicher Materialien, allerdings nicht durch Flüssigphasen- oder Gasphasenpyrolyse, sondern durch Festphasenpyrolyse bei Temperaturen bis etwa 1000 °C.

Glaskohlenstoff und Schaumkohlenstoff durch Festphasenpyrolyse

Als Ausgangssubstanzen dienen thermodure, also nicht schmelzbare, ungeschäumte bzw. geschäumte organische Polymere oder aber solche schmelzbaren Polymere, die durch Dehydrierung, Vernetzung, Cyclisierung oder Aromatisierung unschmelzbar gemacht werden können, hauptsächlich

Ausgangsmaterialien für Glaskohlenstoff und Schaumkohlenstoff:

- thermodure Polymere
- durch chemische Reaktion unschmelzbar gemachte andere Polymere

- Phenolformaldehydharze,
- Polyfurfurylalkohole,
- durch Zugaben von Schwefel unschmelzbar gemachtes Polyacenaphthylen
- oxidativ unschmelzbar gemachter Polyacrylnitril-Schaum
- Phenolharz-imprägnierter Polyurethan-Schaum.

Das Prinzip ist also das gleiche wie bei der Herstellung von Kohlenstoff-Fasern (vgl. Abschn. 5.2.3.3); nur werden hier keine Faserpolymeren eingesetzt, sondern polymere Formteile, die entweder massiv sind oder eine möglichst definierte, gleichmäßige Schaumstruktur besitzen. Die massiven, maßgeschneiderten Formteile dürfen nicht allzu groß sein und vor allem nur Wandstärken von max. 5 mm haben, da sonst auch bei extrem langsamen Aufheizgeschwindigkeiten ein gleichmäßiges Entweichen der gasförmigen Pyrolyseprodukte nicht mehr gewährleistet wäre und der Formling Risse bekommen würde. Schaumkohlenstoff kann dagegen in Platten- oder Blockform mit größeren Abmessungen hergestellt werden.

Glaskohlenstoff ist nicht graphitierbar

Glaskohlenstoff ist eine nicht graphitierbare Kohlenstoff-Modifikation mit extrem kleinen Kristalliten (max. 10 nm), die Bänderstruktur aufweist. Die Kohlenstoff-Bänder sind stark ineinander verschlungen und erinnern an Polymerknäuel. Auch ein Aufheizen auf übliche Graphitierungsbedingungen führt nicht zu einer Parallelordnung. Glaskohlenstoff ist daher isotrop und außerdem extrem hart und spröde. Die schlitzförmigen Mikroporen scheinen sich mit zunehmender Temperatur zu verschließen. Entsprechend getemperter Glaskohlenstoff ist praktisch impermeabel für Gase und sehr oxidationsbeständig.

Glaskohlenstoff läßt sich nur mit Diamantwerkzeugen oder nach der Ultraschalltechnik bearbeiten. Die Form muß daher möglichst exakt dem Polymer vorgegeben werden

Einsatzgebiete für Glaskohlenstoff:

- Laboratorium
- Analytik
- Metallurgie
- Halbleiterindustrie
- Medizin
- Luftfahrt
- Raumfahrt

Aus Glaskohlenstoff bestehende Kleinteile, wie z. B. Tiegel, Schiffchen oder Rohre, werden dort eingesetzt, wo es auf extrem hohe Reinheit und Temperaturbeständigkeit ankommt. Glaskohlenstoff kann ebenso wie Pyrokohlenstoff als Werkstoff für Prothesen in der Humanmedizin verwendet werden. Auch in den „all carbon composites“ kann die Matrix aus Glaskohlenstoff anstelle von Pyrographit bestehen. Die Einsatzgebiete sind die gleichen, wie im Abschn. 5.7.5.1 geschildert.

Schaumkohlenstoff ist gleichfalls nicht graphitierbar. Die Zellstruktur des Polymerschaums bleibt beim vorsichtigen Carbonisieren erhalten; es werden Dichten kleiner als 0.1 g/cm^3 erreicht. Die Wärmeleitfähigkeit liegt knapp über der von Kunststoffschäumen; Schaumkohlenstoff kann jedoch bei viel höheren Temperaturen eingesetzt werden. Die relativ geringe Druckfestigkeit kann durch Imprägnierung mit Pyrokohlenstoff erhöht werden; dabei steigt allerdings die Wärmeleitfähigkeit ebenfalls an. Im Gegensatz zum Glaskohlenstoff kann Schaumkohlenstoff leicht bearbeitet werden, so daß die Form nicht von vornherein vorgegeben werden muß. Wie alle Kohlenstoff-Modifikationen ist Schaumkohlenstoff korrosionsbeständig.

Schaumkohlenstoff ist nicht graphitierbar

Formteile aus Schaumkohlenstoff werden nachträglich durch Bearbeitung der Platten und Blöcke hergestellt und zusammengesetzt

Schaumkohlenstoff hat ein 600mal höheres Wärmedämmvermögen als ein Schamottestein gleichen Gewichts und wird daher u. a. als selbsttragendes Wärmeisolationsmaterial für Öfen oder in feuerhemmenden Sandwich-Konstruktionen eingesetzt. Schaumkohlenstoffkerne werden in der Gießereitechnik verwendet, weil sie leicht hergestellt und aus schwer zugänglichen Hohlräumen einfach durch Verbrennen entfernt werden können. Schaumkohlenstoff dient außerdem als Filtermaterial in Verbindung mit korrosiven Stoffen, für Gaseinleitungsfritten, als Elektrodenmaterial und als Katalysatorträger.

Einsatzgebiete für Schaumkohlenstoff:

- Metallurgie
- Gießereitechnik
- Feuerschutz
- Katalysator-Herstellung
- Laboratorium

5.7.5.3 Graphit-Folien und -Membranen

Zur Herstellung von Graphit-Folien geht man von natürlichem Flockengraphit hoher Reinheit oder von stark anisotropem Pyrographit aus, oxidiert mit rauchender Salpetersäure oder mit einem Gemisch aus Schwefelsäure und Salpetersäure, hydrolysiert, wäscht und trocknet das entstandene Graphitoxid und zersetzt dieses durch rasches Erhitzen auf ca. 1000 °C. Der dabei gebildete expandierte Graphit wird dann ohne Bindemittelzugabe zu Folien verpreßt.

Verfahrensschritte bei der Herstellung von Graphit-Folien:

- Oxidation von Flockengraphit oder Pyrographit zu Graphitoxid
- thermische Zersetzung des Graphitoxids
- Verpressen des Blähgraphits

Graphit-Membranen erhält man, wenn man ein Graphitoxid-Gel auf einer polierten Fläche trocknet, mit Wasserstoff bei Temperaturen oberhalb 500 °C reduziert und die entstandene Kohlenstoff-Membran oberhalb 2500 °C graphitiert.

Verfahrensschritte bei der Herstellung von Graphit-Membranen:

- Reduktion eines Graphitoxid-Films mit Wasserstoff
- Graphitierung

Einsatzgebiete von Graphit-Folien und -Membranen:

- Maschinenbau
- Apparatebau
- Metallurgie
- Gießereitechnik
- Elektrotechnik
- Meerwasserentsalzung

Graphit-Folien und -Membranen sind flexibel, gas- und flüssigkeitsdicht auch bei sehr hohen Temperaturen, weisen eine hohe Anisotropie auf und sind beständiger als die meisten Elektrographit-Sorten. Graphit-Folien werden bevorzugt zur Herstellung anpassungsfähiger Flachdichtungen, selbstschmierender Dichtringe und Dichtungspackungen eingesetzt. Sie dienen zur Auskleidung von Rohren und Behältern, in denen korrosive Substanzen gehandhabt werden, zur Auskleidung von Preß- und Gießformen, um glatte Oberflächen zu erzielen und ein einfaches Entformen zu ermöglichen, sowie als gut reflektierende Hitzeschilde in Hochtemperaturöfen. Aus Graphit-Folien werden auch Flächenheizleiter und Berstscheiben gefertigt. Graphit-Membranen werden bei der Meerwasserentsalzung als Dialysemembranen eingesetzt.

5.7.6 Ruß

Ruß wurde bereits mehrere 1000 Jahre v. Chr. künstlich erzeugt; er ist eines der ältesten Chemieprodukte

Ruß ist die älteste synthetisch hergestellte Kohlenstoff-Modifikation und eines der ältesten Chemieprodukte überhaupt. Ruß wurde schon bei Höhlenmalereien des jüngeren Paläolithikums als schwarzer Farbstoff verwendet. Seine Herstellung in Form des Lampenschwarz war, wie sehr frühe Dokumente belegen, im altägyptischen und altchinesischen Kulturkreis wohlbekannt.

Aufbau der kugeligen Ruß-Primärteilchen: aus schalenförmig angeordneten einzelnen Graphit-Schichten unterschiedlicher Größe, die nur innerhalb kleiner Bereiche parallel zueinander geordnet sind und so einen Quasikristallit konstituieren. Ruß ist also nicht amorph!

Die je nach Herstellverfahren 5 bis 500 nm großen Ruß-Primärteilchen werden aufgebaut aus mehr oder weniger stark verzerrten bzw. verwundenen Graphit-Schichten, die sphärisch um ein Wachstumszentrum herum orientiert sind. Die Ausdehnung der einzelnen Schichten schwankt stark und kann besonders in der Nähe der Oberfläche großer Primärteilchen bis zu mehreren 100 Å in beiden Raumrichtungen betragen. Die Schichten können auch von einem Wachstumszentrum zum nächsten reichen; die so gebildeten Aggregate haben häufig eine ketten- bzw. knäuelförmige Struktur. Innerhalb kleiner Bereiche liegen Teilstücke einiger Graphit-Schichten parallel im gleichen Abstand übereinander. Im Unterschied zum Graphit-Einkristall ist dieser Abstand jedoch etwas größer und die Abfolge der Schichten völlig regellos.

5.7.6.1 Wirtschafliche Bedeutung

Die Tabelle 5.7-5 gibt einen Überblick über die Produktionszahlen von Ruß (alle Sorten zusammen):

Tabelle 5.7-5. Ruß-Produktion aller Sorten in 10^3 t (nach UN-Statistik).

	1970	1975	1978	1979
Afrika	26	40	50	53
Nordamerika	1431	1390	1851	1783
davon: USA	1330	1244	1600	1500
Südamerika	102	168	211	225
Asien (ohne USSR)	328	459	639	700
davon: JA	295	370	489	538
Europa (ohne USSR)	995	1146	1240	1326
davon: BRD	238	261	280	341
GB	211	219	203	208
USSR	160	161	161	161
Ozeanien	45	73	89	94
Welt	3088	3437	4240	4342

Die steigenden Preise für Erdöl und Erdgas treffen die Ruß-Produzenten gleich zweifach: zum einen, weil beide die wesentlichen Rohstoffe für die Herstellung von Ruß sind und Rohstoffkosten bis zu 75% der Herstellkosten ausmachen können, zum andern, weil etwa 65 bis 70% der Gesamtproduktion letztlich in die Automobilbranche gehen, hauptsächlich als Verstärkerfüllstoffe für Reifen, und die Wachstumschancen für diesen Markt, aber auch für den Reifenersatzmarkt aufgrund der Benzinpreissteigerungen gering einzuschätzen sind. Man rechnet daher vorsichtig mit einem Nachfragezuwachs für Ruß von jährlich etwa 2% in den nächsten Jahren.

Die Ruß-erzeugende Industrie ist sehr stark abhängig von den Entwicklungen auf dem Erdöl- und dem Erdgasgebiet

Insgesamt gehen etwa 94% der Ruß-Produktion in die Kautschukindustrie, der Rest vor allem in die Druckfarben-, Lack- und Kunststoffindustrie.

5.7.6.2 Herstellung

5.7.6.2.1 Allgemeines

Ruß-Herstellung aus Kohlenstoff-reichen Rohstoffen durch:

- Pyrolyse in Gegenwart von Sauerstoff
- Pyrolyse unter Ausschluß von Sauerstoff

Ruße werden durch Pyrolyse gasförmiger (bzw. in den gasförmigen Zustand übergeführter) oder flüssiger (bzw. geschmolzener) Rohstoffe aus der Erdgas-, Erdöl-oder Kohleindustrie hergestellt. Man unterscheidet zwei Gruppen von Verfahren. Bei den einen wird ein Teil der zur Pyrolyse notwendigen thermischen Energie dadurch erzeugt, daß man den Rohstoff durch gezielte Luftzufuhr partiell verbrennt (auch „Verfahren der unvollständigen Verbrennung“ genannt). Bei den anderen wird die erforderliche Energie vollständig von außen zugeführt (auch „Verfahren der thermischen Spaltung“ genannt).

Die Bedingungen bei der zweiten Verfahrensgruppe erinnern an die Herstellung von Pyrokohlenstoff und Pyrographit (vgl. Abschn. 5.7.5.1). Ruß-Bildung findet jedoch bei erheblich höheren Partialdrücken der zu zersetzenden Substanz statt.

5.7.6.2.2 Pyrolyseprozesse in Gegenwart von Sauerstoff

Furnaceruß-Verfahren

Das Furnaceruß-Verfahren ist das wirtschaftlichste Verfahren. 95% der Ruße werden nach diesem Verfahren hergestellt

Während bis etwa zum Ende des 2. Weltkrieges praktisch ausschließlich nach dem Channelruß-Verfahren produziert wurde, werden heute mehr als 95% der Gesamtproduktion nach dem Furnaceruß-Verfahren hergestellt. Zwei wesentliche Ursachen für diesen Umschwung sind die höhere Ausbeute an Ruß und die Vielfalt der nach dem Furnaceruß-Verfahren herstellbaren Qualitäten.

Hauptrohstoffe für das Furnaceruß-Verfahren

- in den USA:
  Rückstände aus der katalytischen Synthesebenzin-Erzeugung
- in der übrigen Welt:
  Rückstände aus der Ethylen-Erzeugung, Steinkohlenteeröle

Die ersten Verfahren dieser Art benutzten Gase als Rohstoff und lieferten mit Ausbeuten von max. 30% ausschließlich Gummiruße, welche nur mäßig verstärkende Wirkung hatten. Der Übergang zu flüssigen/schmelzfähigen Rohstoffen erbrachte Ausbeuten an Gummiruß von 40 bis 70% und eröffnete die Möglichkeit, eine wesentlich breitere Produktpalette herzustellen, so daß dieser Rohstofftyp heute fast ausschließlich eingesetzt wird. Es handelt sich hierbei um hocharomatische viskose Rückstände aus Erdölraffinerien, Kokereien, aus katalytischen Crackanlagen und Steamcrackeranlagen zur Herstellung von Ethylen und aus der katalytischen Synthesebenzin-Gewinnung.

Zwar sollten wegen des erwünschten hohen Kohlenstoff/Wasserstoff-Verhältnisses die Rohstoffe einen möglichst großen Anteil kondensierter Aromaten aufweisen, andererseits müssen sie bei erhöhter Temperatur pumpfähig sein, und der Gehalt an Asphalt (sehr hochmolekulare Polyaromaten) darf eine bestimmte Höchstgrenze nicht überschreiten, weil es sonst zur Bildung nicht verstärkend wirkender Mikrokohle kommen würde. Wegen der immer strenger werdenden Emissionsauflagen darf auch der Gehalt an Schwefel nicht hoch sein. Erwünscht ist ferner ein möglichst niedriger Veraschungsrückstand, um der Bildung harter, abrasiv wirkender und möglicherweise auch katalytisch aktiver Partikel vorzubeugen. Alkalimetalle schließlich verhindern die Ausbildung von strukturiertem, d. h. aggregiertem Ruß, und den Aggregationsgrad möchte man durch gezielte Alkalizugaben selber steuern.

Qualitätskriterien für Ruß-Rohstoffe:

- hohes C/H-Verhältnis
- Stockpunkt
- Viskosität
- Dichte
- niedriger Gehalt an Asphalt
- geringer Schwefel-Gehalt
- sehr geringer Alkali-Gehalt

Der vorgeheizte Rohstoff wird axial in den als Rohrreaktor ausgebildeten Ruß-Ofen (furnace) in möglichst feiner Verteilung eingedüst. Unmittelbar vor dem Injektor ist eine Zone hoher Turbulenz, in der der zerstäubte Rohstoff mit den heißen Gasen aus der Verbrennung eines Brennstoffs – vorzugsweise Erdgas, aber auch Kokereigas oder Flüssiggas, z. T. auch Öl – mit einem Überschuß an vorerhitzter Luft rasch und innig vermischt wird. Der Luftüberschuß ist so bemessen, daß bis zu ca. 50% Massenanteil des Ruß-Rohstoffes ebenfalls verbrennen. Die auf diese Weise erzeugte Temperatur liegt in der Pyrolysezone zwischen 1200 °C und ca. 1800 °C; die Reaktion der Ruß-Bildung ist schwach endotherm.

Beeinflussung der Ruß-Eigenschaften durch:

- Temperatur
- Verweilzeit
- Menge der Additive (besonders KOH, KCl)
- Art der Rohstoffzerstäubung
- Turbulenz in der Mischzone

Das Reaktionsgemisch wird durch Einspritzen von Wasser noch im Reaktor auf 800 bis 500 °C gequencht und in Wärmeaustauschern weiter auf Temperaturen von 350 °C bis 250 °C abgekühlt. Hohe Pyrolysetemperaturen, die durch Menge und Temperatur der Verbrennungsluft zu steuern sind, und kurze Verweilzeiten, die über die Gasgeschwindigkeit und die Quenchposition zu steuern sind, führen zu sehr feinteiligen Rußen mit hoher spezifischer Oberfläche. Die Abscheidung des Rußes erfolgt bei modernen Anlagen in einem Agglomerationszyklon mit angeschlossenem Schlauchfilter. Das sog. Restgas kann, da es aufgrund seines Gehaltes an Kohlenmonoxid, Wasser-

Hohe Pyrolysetemperaturen und kurze Verweilzeiten ergeben sehr feinteilige Ruße mit großer Oberfläche

stoff und Kohlenwasserstoffen noch einen gewissen Heizwert hat, zur Energieerzeugung verwendet werden.

Verdichtung des frischen Pulverrußes durch:

- „Entgasung"
- Trockenverperlung
- Naßverperlung

Die ersten beiden Verfahren werden hauptsächlich bei Farbrußen angewandt

Im Anschluß an die Abscheidung werden geringfügig vorhandene Grobanteile durch Mahl- und Sichtprozesse abgetrennt und Verunreinigungen entfernt. Dann wird der sehr leichte Pulverruß verdichtet. Zu diesem Zweck läßt man ihn über Walzen mit gasdurchlässigem Mantel, in denen Unterdruck herrscht, laufen und „entgast" ihn so. Oder man granuliert ihn ohne Hilfsmittel trocken in Trommeln auf, was jedoch nur bei sehr feinteiligen Rußen möglich ist. Der größte Teil der Ruß-Produktion wird naß unter Zusatz eines Granulierhilfsmittels in speziellen Perlmaschinen aufgranuliert. Die Schüttdichte kann dadurch bis auf 500 g/L angehoben werden, was etwa der 10fachen Schüttdichte von nicht verdichtetem Pulverruß entspricht.

Die Produktionsleistung eines modernen Großreaktors beträgt bis zu 2000 kg Ruß pro Stunde

Die nach dem Furnaceruß-Verfahren betriebenen Anlagen können bis zu 16000 t/a Ruß in einem Reaktor erzeugen. Die Standzeiten betragen trotz der hohen thermischen und mechanischen Beanspruchung fast 2 Jahre.

Channelruß-Verfahren

Rohstoff für das Channelruß-Verfahren: Erdgas

Nachteile des Channelruß-Verfahrens:

- hoher Einstandspreis für Rohstoff
- niedrige Ruß-Ausbeute
- nur feinteilige Ruße sind herstellbar

Beim Channelruß-Verfahren wird das teure Erdgas als Rohstoff verwendet und in vielen kleinen, leuchtenden Flammen verbrannt. Diese Flammen brennen von unten gegen die Basis U-förmiger, gekühlter Eisenschienen (sog. Channels, daher rührt der Name des Verfahrens), und schlagen Ruß auf dieser Fläche nieder. Die Ausbeute ist mit 3 bis 6% sehr niedrig.

Das Channelruß-Verfahren wird heute praktisch nicht mehr ausgeübt.

Gasruß-Verfahren

Das Gasruß-Verfahren wurde von der Degussa AG in den 30er Jahren als Alternative zum Channelruß-Verfahren entwickelt, weil Erdgas in Deutschland nicht in ausreichender Menge zur Verfügung stand; es wird auch heute noch ausgeübt.

Hauptrohstoffe für das Gasruß-Verfahren:

- Rohnaphthalin
- Anthracenöl
- Anthracenöl-Rückstände

Als Rohstoff dienen hochsiedende, aromatenreiche Öle – vorzugsweise Steinkohlenteer-Produkte –, die bei ca. 350 °C verdampft und von einem brennbaren Trägergas

– z. B. Wasserstoff, Kokereigas oder Methan – zu den Brennern transportiert werden. Wie beim Channelruß-Verfahren schlägt eine ganze Batterie von Flammen gegen eine gekühlte Fläche, die hier jedoch eine sich langsam drehende Walze ist. Die Teilchengrößen der so hergestellten Ruße entsprechen denen des Channelruß-Verfahrens. Die Ruß-Ausbeute beim Gasruß-Verfahren liegt zwischen 10% bei hochwertigen Farbrußen und 60% bei Gummirußen.

Vorteile gegenüber dem Channelruß-Verfahren:

- günstigere Rohstoffbasis
- höhere Ruß-Ausbeute

Flammruß-Verfahren

Das Flammruß-Verfahren ist nichts anderes als die industrielle Ausführung der Gewinnung von Lampenschwarz. Dabei wird Öl in flachen, gußeisernen Schalen von bis zu 2 m Durchmesser unter einer Abzugshaube mit nichtstöchiometrischen Mengen Luft verbrannt. Der Ruß wird aus den Brenngasen in Zyklonen und Filtern abgeschieden. Die Ausbeute liegt bei ca. 50%.

Rohstoff für das Flammruß-Verfahren: aromatenreiche Öle

Das Flammruß-Verfahren wird heute nur noch vereinzelt zur Herstellung von grobteiligem Schwerruß betrieben.

5.7.6.2.3 Pyrolyseprozesse unter Ausschluß von Sauerstoff

Thermalruß-Verfahren

Rohstoff für das Thermalruß-Verfahren ist wie beim Channelruß-Verfahren das teure Erdgas. Eine Produktionseinheit besteht aus zwei miteinander verbundenen zylindrischen Öfen, in denen feuerfeste Steine zur Wärmespeicherung so aufeinander gestapelt sind, daß zwischen ihnen reichlich Hohlraum verbleibt. Die beiden Öfen werden im Wechsel betrieben: Während der erste Ofen mit einem stöchiometrischen Gemisch aus Luft und Brenngas (hauptsächlich Erdgas) auf Reaktionstemperatur (ca. 1300 bis 1500 °C) aufgeheizt wird, wird im zweiten betriebsbereiten Ofen reines Erdgas thermisch gespalten. Da die Reaktion endotherm ist, kühlt der Ofen dabei ab. Wird eine bestimmte Mindesttemperatur unterschritten, werden die Gasströme umgeschaltet, und der erste Ofen wird zur Pyrolyse benutzt, während der zweite wieder aufgeheizt wird. Die Taktzeit liegt bei 5 Minuten.

Rohstoff für das Thermalruß-Verfahren: Erdgas

Nachteile des Thermalruß-Verfahrens:

- hoher Einstandspreis für Roh- und Brennstoff
- es werden nur grobteilige Inaktivruße erzeugt

Die Reaktionsprodukte werden durch Einspritzen von Wasser in einer Kühlstrecke gequencht und der Ruß in Filteranlagen abgeschieden. Die Ausbeute beträgt ca. 35%, bezogen auf den Kohlenstoff-Gehalt von Rohstoff plus Brenngas. Es werden nur grobteilige Inaktivruße erzeugt, die z. T. durch billigere Füllstoffe ersetzt werden können. Das Gas, welches fast ausschließlich aus Wasserstoff besteht, kann dem Erdgas zum Aufheizen der Öfen zugemischt oder zur Verdünnung des zu spaltenden Erdgases benutzt werden. Auf diese Weise werden etwas kleinere Ruß-Teilchen erzeugt.

Acetylenruß-Verfahren

Rohstoff für das Acetylenruß-Verfahren: Acetylen, gelegentlich im Gemisch mit Kohlenwasserstoff-Dämpfen

Die Pyrolyse von Acetylen ist exotherm!

Beim Acetylenruß-Verfahren muß der rohrförmige Reaktor nur einmal durch Verbrennen eines Acetylen/Luft-Gemisches auf ca. 800 °C aufgeheizt werden. Dann kann mit reinem Acetylen die Pyrolysereaktion durchgeführt werden, die stark exotherm verläuft und sich daher selbst in Gang hält. Der Reaktor muß sogar gekühlt werden, um eine konstante Temperatur aufrecht erhalten zu können. Die Ruß-Ausbeute beträgt 95 bis 99%!

Acetylenruß besteht im Gegensatz zu den normalen Rußen aus plättchenförmigen Primärteilchen und wird für Spezialzwecke eingesetzt.

Lichtbogenverfahren

Lichtbogenruß als Nebenprodukt der Acetylen-Herstellung nach dem Hülser Lichtbogenverfahren

Bei den Chemischen Werken Hüls wird Acetylen durch Pyrolyse von Kohlenwasserstoffen mit Siedepunkten bis zu 200 °C im Lichtbogen hergestellt. Dabei fällt feinteiliger Ruß in solchen Mengen an, daß sich die Aufarbeitung lohnt.

Lichtbogenruß hat blättchenförmige Primärteilchen.

5.7.6.2.4 Nachbehandlung

Ruß-Oberfläche trägt:

- physikalisch adsorbierte organische Substanzen

Die chemische Beschaffenheit der Ruß-Oberfläche spielt für das anwendungstechnische Verhalten eine wichtige Rolle und ist zunächst abhängig vom Herstellverfahren. Neben physikalisch adsorbierten organischen Substanzen trägt die Oberfläche fest gebundene Sauerstoff-haltige Gruppen, die sich in mehr oder weniger großer Zahl vorwiegend bei den Pyrolyseprozessen bilden, die in Gegenwart von Sauerstoff durchgeführt werden; Channel- und Gasruße tragen saure, Furnaceruße alkalische Oberflächengruppen. Physikalisch und chemisch gebundene Anteile zusammen werden als „Flüchtige Bestandteile" bezeichnet, da sie durch Erhitzen unter Luftausschluß auf 950 °C von der Oberfläche entfernt werden können.

- chemisch gebundene saure und basische Oberflächengruppen

In vielen Fällen ist es wünschenswert, den Gehalt an flüchtigen Bestandteilen nachträglich zu erhöhen. Dies geschieht durch oxidative Nachbehandlung, bei der saure Oberflächengruppen gebildet werden. Die Oxidation kann sowohl in der flüssigen Phase als auch in der Gasphase bei erhöhten Temperaturen mit z. B.

Durch oxidative Nachbehandlung kann der Gehalt der Oberfläche an sauren Gruppen erhöht und der Ruß hydrophiler gemacht werden

- Luft
- NO_2/Luft-Gemischen
- Ozon
- Salpetersäure
- Natriumhypochlorit

durchgeführt werden. Es werden hauptsächlich Farbruße nachbehandelt. Stark oxidierte Farbruße können mehr als 20% Massenanteil flüchtige Bestandteile aufweisen.

Mit steigendem Gehalt an Sauerstoff-haltigen Gruppen wird die zunächst hydrophobe Ruß-Oberfläche zunehmend hydrophil. Derart nachbehandelte Ruße werden bevorzugt in wäßrigen und polaren organischen Medien eingesetzt.

5.7.6.3 Eigenschaften und Verwendung

Folgende Faktoren sind für die Verwendung von Rußen von besonderer Bedeutung: die durch das Herstellverfahren einstellbare Primärteilchengröße, die Rußstruktur, die in weiten Grenzen variierbare spezifische Oberfläche, das Adsorptionsvermögen für Wasser, Lösungsmittel, Bindemittel und Polymere und das hohe Lichtabsorptionsvermögen im sichtbaren, aber auch im infraroten und im ultravioletten Spektralbereich. Eine Vielzahl genormter Untersuchungen sorgt für die quantitative Erfassung dieser und anderer Eigenschaften in Form von Kenndaten.

Für die Verwendung von Ruß sind vor allem physikalische Eigenschaften entscheidend:

- Primärteilchengröße
- Struktur (Aggregatgröße und -form)
- spezifische Oberfläche
- Adsorptionsvermögen
- Lichtabsorptionsvermögen

Tabelle 5.7-6 gibt einen Überblick darüber, welches Spektrum die einzelnen Verfahren zu produzieren in der Lage sind.

Tabelle 5.7-6. Produktionsspektrum der einzelnen Ruß-Erzeugungsverfahren (einschließlich nachbehandelter Produkte).

	mittlere Teilchengröße[1] (in nm)	spezifische Oberfläche[2] (in m^2/g)	Ruß-Typ
Furnaceruß	10 bis 80	20 bis 550	Gummi- und Farbruße
Channelruß	5 bis 30	100 bis 950	hauptsächlich Farbruße, spezielle Gummiruße
Gasruß	10 bis 30	90 bis 800	
Flammruß	50 bis 120	20 bis 50	hauptsächlich Gummiruße, spezielle Farbruße
Thermalruß	120 bis 500	6 bis 15	Gummiruße
Acetylenruß	35 bis 42	65	Spezialruß
Lichtbogenruß	35	80	Farbruß

1 elektronenmikroskopisch bestimmt
2 nach BET

Haupteinsatzgebiet für Ruße: Füllstoff in der Kautschukindustrie

Größter Verbraucher ist – wie bereits in Abschn. 5.7.6.1 erwähnt – die Gummi- bzw. Kautschukindustrie. Sie verwendet Ruß als Füllstoff, und zwar vor allem als verstärkenden Füllstoff, seit durch Zufall im Jahre 1912 entdeckt wurde, daß Ruß-gefüllte Gummiartikel wesentlich höhere Abriebfestigkeiten aufweisen, als die mit – damals üblich – Zinkoxid gefüllten. Inwischen gibt es eine ganze Palette von Gummirußen mit abgestufter Verstärkungswirkung und auch inaktive Gummiruße. Eine sehr grobe Übersicht vermittelt Tabelle 5.7-7, die die wichtigsten Kennzahlen enthält. Man erkennt, daß die verstärkende Wirkung umso besser ist, je kleiner die Teilchen sind und je höher die spezifische Oberfläche ist. Die DBP (Dibutylphthalat)-Adsorption ist ein Maß für die Ruß-Struktur: niedrigstrukturierte Ruße adsorbieren wenig DBP, hochstrukturierte Ruße viel.

Tabelle 5.7-7. Übersicht über die in der Kautschukindustrie verwendeten Ruße.

	mittlere Teilchengröße[1] (in nm)	spezifische Oberfläche[2] (in m^2/g)	DBP-Adsorption (in mL/100 g)
Aktivruße	11 bis 30	70 bis 155	65 bis 140
Halbaktivruße	31 bis 100	20 bis 70	65 bis 130
Inaktivruße	101 bis 500	20	40

1 elektronenmikroskopisch bestimmt
2 nach BET

Seit Anfang der 70er Jahre werden sog. „improved"-Ruße entwickelt, die in Struktur und spezifischer Oberfläche von den entsprechenden konventionellen Typen kaum zu unterscheiden sind, aber eine höhere Oberflächenenergie und damit besseres Verstärkungsverhalten aufweisen.

Aktivruße werden für Reifenlaufflächen, Förderbänder und andere stark beanspruchte technische Gummiartikel verwendet. Halbaktivruß wird dort eingesetzt, wo bei hoher dynamischer Beanspruchung nur geringe Wärmeentwicklung auftreten darf, also z. B. in Karkassenmischungen, Reifenseitenteilen oder Luftschläuchen. Inaktivruße erhalten die Elastizität und werden z. B. bei der Herstellung von Handschuhen, Dichtungen oder Kabelisolierungen verwendet.

Noch breiter als das Spektrum der Gummiruße ist das der Farbruße, so daß eine Grobeinteilung wie dort hier nicht möglich ist. Statt dessen sind in Tabelle 5.7-8 vier typische Farbruße mit den wesentlichen Kennzahlen aufgeführt; einer davon ist oxidativ nachbehandelt. Der Ölbedarf von Farbrußen ist – wie die DBP-Adsorption bei Gummirußen – ein Maß für die Ruß-Struktur. Man kann erkennen, welchen Einfluß Verdichtung (Perlen: erste Zahl; Pulver: zweite Zahl) und Oxidation auf die Struk-

Tabelle 5.7-8. Kennzahlen typischer Farbruße (die aufgeführten Ruße sind Handelsmarken der Degussa; die Kennzahlen wurden der „Schriftreihe Pigmente" dieser Firma entnommen).

	mittlere Teilchengröße[3] (in nm)	spezifische Oberfläche[4] (in m^2/g)	Farbtiefe M-Wert[5]	Ölbedarf (Fließpunkt) (in % Massenanteil)	flüchtige Bestandteile[6] (in % Massenanteil)	pH-Wert
Farbruß FW 1[1]	13	320	193	700/950	6.0	4.0
Farbruß FW 200[1] (oxidativ nachbehandelt)	13	460	197	450/620	21.0	2.5
Printex 300[2]	27	80	143	320/360	1.0	9.5
Flammruß 101	95	20	112	225/280	1.0	7.0

1 sehr farbstarker Gasruß
2 Standard-Furnaceruß
3 elektronenmikroskopisch bestimmt
4 nach BET
5 farbunabhängiger Schwarzgrad, gemessen unter Zugrundelegung von DIN 6174 (1979)
6 s. Abschn. 5.7.6.2.4.

tur haben. Die oxidative Nachbehandlung erhöht die Oberfläche (Porenbildung) und verleiht dem Ruß einen höheren Schwarzgrad, verbunden mit einem – erwünschten – starken Blaustich, der jedoch im M-Wert nicht zum Ausdruck kommt.

Weitere Einsatzgebiete für Ruße:

- Lackindustrie
- Herstellung von Druckfarben
- Kunststoffindustrie
- Faserindustrie
- Papierindustrie
- Baustoffindustrie
- Elektroindustrie
- Herstellung von Hartstoffen
- Feuerfestindustrie

Farbruße werden in Lacken, Druckfarben und Kunststoffen sowie zur Einfärbung von Fasern, Papier, Pappe und Baustoffen eingesetzt.

Ein kleiner Teil der Ruß-Produktion wird zur Herstellung von Kohlenstoff- und Graphit-Artikeln, von Hartstoffen, Schaumglas und feuerfesten Steinen verwendet. Einige Ruße dienen als UV-Stabilisatoren und Antioxidantien sowie zur Erhöhung der Leitfähigkeit in Kunststoffen.

5.7.7 Aktivkohle

5.7.7.1 Wirtschaftliche Bedeutung

Die für 1980 geschätzten Kapazitäten für Aktivkohlen sind Tabelle 5.7.7-1 zu entnehmen:

Aktivkohle-Kapazität 1980 (ohne Ostblock):
ca. 400 · 10^3 t/a.

Kapazitätsauslastung 1980:
ca. 60%.

Tabelle 5.7.7-1. Geschätzte Kapazitäten für Aktivkohlen, 1980, in 10^3 t/a.

USA	BRD	FR	GB	BE	NL	JA
150/180	26	≥22	>20	10	35	80

Die Kapazitätsauslastung soll allerdings 1980 weltweit nur 60% betragen haben.

5.7.7.2 Herstellung

5.7.7.2.1 Allgemeines

Zwei Aktivkohle-Typen:

- Pulverkohle
- Korn-, Formkohle

Man unterscheidet zwei große Gruppen von Aktivkohlen:

- Pulverkohlen
- Korn- und Formkohlen (engl.: granular activated carbon). Die Kornkohlen werden durch Brechen von gro-

bem Material erhalten, während die Formkohlen aus pulverförmigem Material z. B. durch Binden mit organischen Harzen und Pechen hergestellt werden.

Als Rohstoffe für die Herstellung von Aktivkohlen kommt ein breites Spektrum organischer Materialien in Frage. Aus der Gruppe der rezenten Brennstoffe werden bevorzugt Holz, Sägemehl, Torf, Kokosnußschalen und sogar auch Steine von Oliven eingesetzt. Als bereits inkohlte Rohstoffe verwendet man Steinkohle, Braunkohlenschwelkoks, Holzkohle und Koks aus Säureschlämmen, z. B. der Schmierölherstellung. Die Eigenschaften der Aktivkohlen werden durch die Art der Rohstoffe, aus denen sie hergestellt wurden, ganz wesentlich mitbeeinflußt.

Rohstoffe für die Herstellung von Aktivkohle:

- rezente wie Holz, Sägemehl, Torf, Nußschalen
- inkohlte wie Steinkohlen, Braunkohlenschwelkoks

Es gibt zwei grundsätzlich verschiedene Verfahren, um aus diesen Ausgangsmaterialien zu Aktivkohlen zu gelangen:

- die chemische Aktivierung
- die Gasaktivierung

Aktivierverfahren:

- „chemische Aktivierung“, vor allem bei rezenten Rohstoffen
- „Gasaktivierung“, vor allem bei inkohlten Rohstoffen

Die chemische Aktivierung wird im allgemeinen bei rezenten Rohstoffen durchgeführt, die Gasaktivierung bei den inkohlten Materialien. Ziel beider Verfahren ist es, aus den vorgegebenen Rohstoffen ein Material hoher Oberfläche (BET-Werte zwischen 400 und 2500 m^2/g) zu erhalten und eine für den speziellen Anwendungszweck optimale Verteilung der drei Typen von Poren zu erreichen:

- Mikroporen mit einem Durchmesser von 4 bis $20 \cdot 10^{-7}$ mm
- Mesoporen mit einem Durchmesser von 20 bis $500 \cdot 10^{-7}$ mm
- Makroporen, deren Durchmesser größer als $500 \cdot 10^{-7}$ mm ist.

5.7.7.2.2 Aktivkohle durch „chemische Aktivierung“

Bei der „chemischen Aktivierung“ (s. a. Abb. 5.7.7-1) wird bevorzugt Holz in Form von Sägemehl eingesetzt. Das Prinzip dieses Verfahrens kann als eine Wasserabspaltung aus dem Ausgangsmaterial unter dem Einfluß von wasserabspaltenden Mitteln angesehen werden, das

Chemische Aktivierung:

Wasserabspaltung aus dem Rohstoff unter Einwirkung von Phosphorsäure oder Zinkchlorid bei 400 bis 700 °C, anschließend Entfernung des Aktivierungsmittels durch vielstufiges Waschen

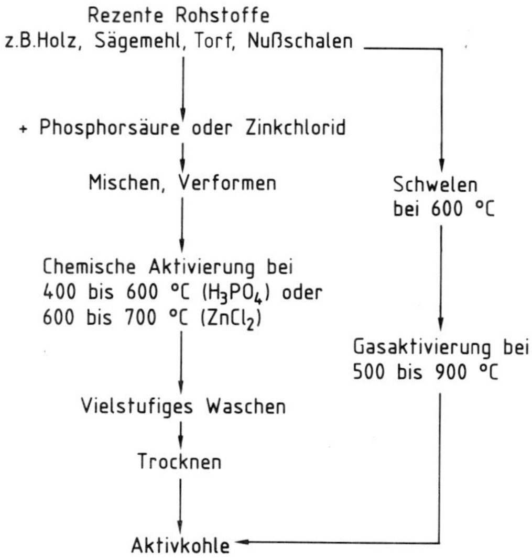

Abb. 5.7.7-1. Fließschema der Herstellung von Aktivkohlen aus rezenten Rohstoffen durch chemische und Gasphasen-Aktivierung.

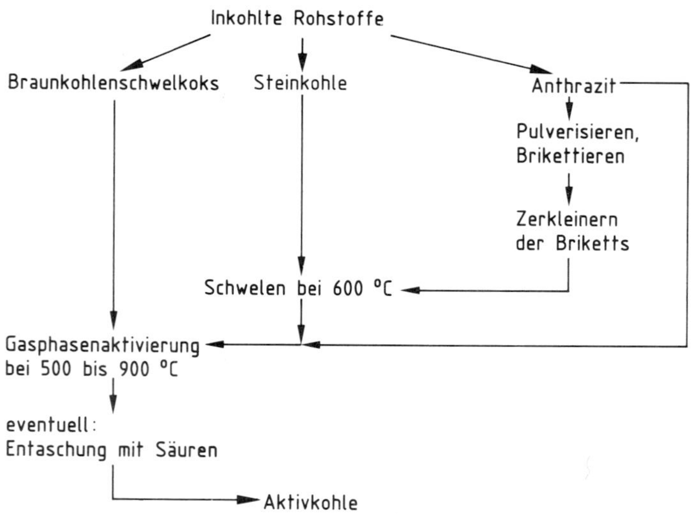

Abb. 5.7.7-2. Fließschema der Herstellung von Aktivkohlen aus inkohlten Rohstoffen durch Gasphasen-Aktivierung.

besonders gut bei zellulosehaltigen Materialien durchzuführen ist. Als Chemikalien werden Zinkchlorid und Phosphorsäure, in speziellen Fällen auch Kaliumsulfid, eingesetzt. Man vermischt das Sägemehl mit der Phosphorsäure oder dem Zinkchlorid (z. B. 1 bis 3 Teile Zinkchlorid auf 1 Teil Sägemehl), verformt ggf. die Mischung und erhitzt auf 400 bis 600 °C bei der Verwendung von Phosphorsäure bzw. auf 600 bis 700 °C bei Verwendung von Zinkchlorid.

Die Aufarbeitung des auf diese Weise aktivierten Materials ist relativ schwierig und aufwendig, da aus Kosten- und ökologischen Gründen die Chemikalien weitgehend zurückgewonnen werden müssen. Es muß vielstufig gewaschen werden, um eine Aktivkohle zu erhalten, die weitgehend frei vom Aktivierungsmittel ist.

Nach diesem Verfahren werden im allgemeinen Pulverkohlen erhalten; es ist aber auch möglich, durch Formen (Granulieren) aus der Mischung von Sägemehl oder Torf und Aktivierungsmittel Formkohlen herzustellen.

5.7.7.2.3 Aktivkohle durch „Gasaktivierung“

Unter der „Gasaktivierung“ (s. a. Abb. 5.7.7-1 und 5.7.7-2) versteht man die Bildung von Poren in einer Kohlenstoff-Matrix durch Entfernung von Kohlenstoff durch chemische Reaktion mit Sauerstoff, Wasserdampf oder Kohlendioxid oder deren Gemischen. Während die Reaktion mit Sauerstoff schnell und exotherm abläuft, sind die mit Wasserdampf 1) und 2) und besonders die mit Kohlendioxid 3) endotherm und deutlich langsamer.

Gasaktivierung:

Erzeugung von Poren in einer Kohlenstoffmatrix durch Reaktion des Kohlenstoffs mit

- Sauerstoff
- Wasserdampf oder
- Kohlendioxid

oder deren Mischung bei 500 bis 900 °C

1) $C + H_2O \longrightarrow CO + H_2, \quad \Delta H = 117\ kJ$

2) $C + 2H_2O \longrightarrow 2H_2 + CO_2, \quad \Delta H = 57\ kJ$

3) $C + CO_2 \longrightarrow 2CO, \quad \Delta H = 159\ kJ$

Entsprechend erfolgt die Aktivierung mit Sauerstoff bei 500 bis 600 °C, die mit Wasserdampf bei 800 °C und die mit Kohlendioxid bei 900 °C. Die Reaktion mit Sauerstoff ist schwer zu kontrollieren und liefert im allgemeinen minderwertige Aktivkohlen.

Will man bei der Gasaktivierung nicht von bereits inkohltem, sondern rezentem Material ausgehen, muß vor der Aktivierung ein Schwelprozeß (Pyrolyse unter Luftabschluß) durchgeführt werden, der zu einer Verkohlung führt. Dieser Schwelprozeß hat einen wesentlichen Einfluß auf die Porenverteilung im Endprodukt.

Steinkohlen müssen vor der Gasaktivierung im allgemeinen voroxidiert und geschwelt werden

Steinkohlen, die einen hohen Anteil an flüchtigen Komponenten besitzen, müssen voroxidiert und dann geschwelt werden. Dagegen kann Anthrazit grundsätzlich direkt aktiviert werden; praktisch führt man aber meist vorher eine Pulverisierung, Brikettierung mit Hilfe eines Bindemittels, Zerkleinerung der Briketts und eine Schwelung durch. Dadurch wird die nachfolgende Aktivierung wesentlich erleichtert. Braunkohlenschwelkoks kann direkt aktiviert werden.

Will man dagegen aus Braunkohlenschwelkoks Formkohlen herstellen, so muß vor der Aktivierung des mit einem Bindemittel (Pech, organisches Harz) verfestigten gemahlenen Kokses eine Schwelung durchgeführt werden. Dabei wird das Bindemittel ebenfalls verkohlt (s. a. Abb. 5.7.7-3).

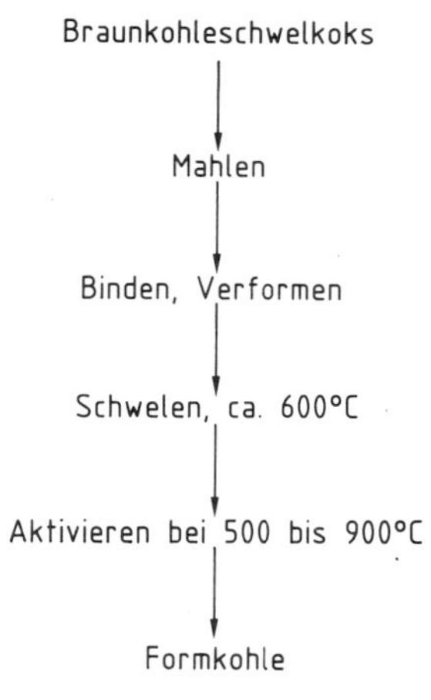

Abb. 5.7.7-3. Fließschema der Herstellung von Formkohlen aus Braunkohlenschwelkoks.

Ascheentfernung durch Säurebehandlung vor oder nach der Aktivierung

Ein Aschegehalt von Materialien wie Stein- oder Braunkohle kann z. B. durch Säurebehandlung (Salzsäure, Salpetersäure) sowohl vor, als auch nach der Aktivierung erniedrigt werden.

Die Methoden zur Herstellung von Aktivkohlen werden von den Herstellern im allgemeinen als Firmen-know-how betrachtet, so daß über die jeweilige Anlage, die zur Herstellung einer bestimmten Aktivkohlesorte verwendet wird, nichts bekannt ist. Praktisch werden die bei den Hochtemperaturumsetzungen von Feststoffen üblichen Anlagen benutzt: Drehrohröfen, Etagenöfen, Fließbettreaktoren, Schachtöfen usw. Aktiviergas und Rohstoff können im Gleichstrom oder im Gegenstrom geführt werden. Die Heizung kann direkt oder indirekt erfolgen. Bei direkter Heizung kann das bei der Aktivierung entstehende Gas (Wasserstoff, Kohlenmonoxid) im Reaktor mitverbrannt werden. Es ist aber auch ein Verfahren bekannt, das entstandene Gas zur indirekten Heizung eines Fließbettreaktors zu benutzen.

Zur Gasaktivierung werden u. a. eingesetzt

- Drehrohröfen
- Etagenöfen
- Fließbettreaktoren
- Schachtöfen

Die Verweilzeit in den Reaktoren hängt von den jeweils gewählten Verfahrensbedingungen ab; sie hat einen wesentlichen Einfluß auf Ausbeute, Porenverteilung und BET-Oberfläche der gebildeten Aktivkohle.

5.7.7.3 Reaktivierung und Regenerierung gebrauchter Aktivkohlen

Die Reaktivierung erfolgt nach den Methoden der Gasaktivierung, meist unter Verwendung von Wasserdampf als Aktiviergas. Je nach anfallender Menge wird die Reaktivierung beim Hersteller oder beim Verwender der Aktivkohle vorgenommen. Im Vordergrund steht derzeit die Reaktivierung von Form- und Kornkohle. Aber auch die Reaktivierung von Pulverkohle wird neuerdings stärker betrieben, obwohl sie technisch schwieriger ist. Die bei der Reaktivierung anfallenden – u. U. toxischen – gasförmigen Produkte müssen durch Nachverbrennung unschädlich gemacht werden.

Reaktivierung von verbrauchter Aktivkohle (bes. Korn-, Formkohle) meist durch Wasserdampfbehandlung analog der Aktivierung

Aktivkohle, die zur Gasreinigung, z. B. der Adsorption von Lösungsmitteldämpfen benutzt wurde, kann durch Desorption mit Wasserdampf bei 120 bis 140 °C regeneriert werden. Anschließend muß die Kohle getrocknet werden. In speziellen Fällen sind aber auch andere Arten der Regenerierung möglich.

Lösungsmittelbeladene Gasreinigungskohle wird mit Wasserdampf desorbiert

5.7.7.4 Verwendung von Aktivkohlen

Über die Verwendung der Aktivkohlen liegen folgende Angaben vor:

Tabelle 5.7.7-2. Verwendung von Aktivkohle in den wichtigsten Anwendungsgebieten in %.

	USA 1976	USA 1981 geschätzt	Westeuropa 1976	JA 1976
Verwendung in der flüssigen Phase:	85.3 (27.2)*)	85.1		
davon				
• Zuckerentfärbung	27.7 (5.4)*)	23.4	22.6	8
• Trinkwasserreinigung	20.7 (2.7)*)	21.2	22.6	28.8
• Abwasserreinigung	12.5 (10.9)*)	19.1		
Verwendung in der Gasphase:	14.7 (13.6)*)	14.9	16.1	24.7
davon				
• im Auto	5.2	4.7		
• Lösungsmittelrückgewinnung	1.4	2.1		
Gesamtmenge:	$83.4 \cdot 10^3$ t	$106.5 \cdot 10^3$ t	$62 \cdot 10^3$ t	$46.2 \cdot 10^3$ t

* Anteil der Korn- und Formkohlen

Verwendung von Aktivkohle:

in der flüssigen Phase
- Entfärbung von Naturstoffen wie Zuckern, Speiseölen, Getränken
- Wasser- und Abwasserbehandlung
- Reinigung von Chemikalien

Weitere Einsatzgebiete von Aktivkohlen in der flüssigen Phase sind

- die Reinigung von Speiseölen
- die Entfärbung von chemischen Produkten und von Naturstoffen
- die Behandlung von Getränken wie Wein, Fruchtsäften oder Branntweinen.

in der Gasphase
- Lösungsmittelrückgewinnung
- Abgasreinigung bei Autos
- Reinigung von Gebäudeluft
- in Gasmaskenfiltern
- zur Gastrennung

In der Gasphase kann Aktivkohle auch eingesetzt werden

- für die Luftreinigung in Gebäuden
- in Gasmaskenfiltern
- für die Entfernung von Schwefel-Verbindungen (Schwefeldioxid, Schwefelwasserstoff, Schwefelkohlenstoff) aus Ab- und Restgasen
- zur Gastrennung, z. B. von Stickstoff und Sauerstoff („Kohlenstoff-Molekularsiebe")

Literatur zu Abschn. 5.7 Kohlenstoff-Modifikationen

Diamant:

Übersichtsarbeiten:

Kirk-Othmer: *Encyclopedia of Chemical Technology.* 3. Ed., Vol. 4, pp. 66–688, John Wiley & Sons, Inc., New York, Chichester, Brisbane, Toronto 1978.

Ullmanns Encyklopädie der technischen Chemie. 4. Aufl., Bd. 14, S. 596, Verlag Chemie GmbH, Weinheim, New York 1977.

Ullmanns Encyklopädie der technischen Chemie. 4. Aufl., Bd. 15, S. 148–151 und 154, Verlag Chemie GmbH, Weinheim, New York 1978.
Industrial Minerals No. 163, pp. 47–59 (1981).

Wirtschaftliche Angaben:

Yearbook of Industrial Statistics. 1979 Edition, Vol. II, Commodity Production Data 1970–1979, United Nations, New York 1981.
Mineral Commodity Profile: Diamond, Juni 1979.

Natürlicher Graphit:

Übersichtsarbeiten:

Kirk-Othmer: *Encyclopedia of Chemical Technology.* 3. Ed., Vol. 4, pp. 689–709, John Wiley & Sons, Inc., New York, Chichester, Brisbane, Toronto 1978.
Ullmanns Encyklopädie der technischen Chemie. 4. Aufl., Bd. 14, S. 597–599, Verlag Chemie GmbH, Weinheim, New York, 1977.

Wirtschaftliche Angaben und Verwendung:

Yearbook of Industrial Statistics. 1979 Edition, Vol. II, Commodity Production Data 1970–1979, United Nations, New York 1981.
Chem. Ind. **29,** 795 (1977).

Synthetischer Kohlenstoff und synthetischer Graphit:

Übersichtsarbeiten:

Kirk-Othmer: *Encyclopedia of Chemical Technology.* 3. Ed., Vol. 4, pp. 570–622, John Wiley & Sons, Inc., New York, Chichester, Brisbane, Toronto 1978.
Ullmanns Encyklopädie der technischen Chemie. 4. Aufl., Bd. 14, S. 599–614, Verlag Chemie GmbH, Weinheim, New York 1977.
E. Wege, *Sprechsaal* **113,** 432–440 (1980).

Technische Angaben:

E. Wege, *High Temperatures – High Pressures* **8,** 293–305 (1976).
E. Fitzer und M. Heym, *High Temperatures – High Pressures* **10,** 29–66 (1978).
B. Findeisen, *Freiberger Forschungshefte* **A 618,** 19–56 (1980).

Spezielle Kohlenstoff- und Graphit-Arten:

Übersichtsarbeiten:

Kirk-Othmer: *Encyclopedia of Chemical Technology.* 3. Ed., Vol. 4, pp. 628–631, John Wiley & Sons, Inc., New York, Chichester, Brisbane, Toronto 1978.
Ullmanns Encyklopädie der technischen Chemie. 4. Aufl., Bd. 14, S. 614–618, Verlag Chemie GmbH, Weinheim, New York 1977.
E. Wege, *Sprechsaal* **113,** 432–440 (1980).
E. Fitzer, *Angew. Chem.* **92,** 375–386 (1980)
O. Vohler, P. L. Reiser, R. Martina und D. Overhoff, *Angew. Chem.* **82,** 401–412 (1970).

Technische Angaben:

E. Fitzer und D. Kehr, Haus der Technik – Vortragsveröffentlichung 338, 29–39 (1974).
E. Fitzer und M. Heym, *High Temperatures – High Pressures* **10,** 29–66 (1978).
B. Findeisen, *Freiberger Forschungshefte* **A 618,** 19–56 (1980).

Ruß:

Übersichtsarbeiten:

Kirk-Othmer: *Encyclopedia of Chemical Technology.* 3. Ed., Vol. 4, pp. 631–666, John Wiley & Sons, Inc., New York, Chichester, Brisbane, Toronto 1978.
Ullmanns Encyklopädie der technischen Chemie. 4. Aufl., Bd. 14, S. 633–648, Verlag Chemie GmbH, Weinheim, New York, 1977.
„Was ist Ruß?“ Broschüre der Degussa.

Mikrostruktur und Morphologie:

L. L. Ban und W. M. Hess, *Prep. Div. Pet. Chem. Am. Chem. Soc.* **20** (2), 405–419 (1975).

Wirtschaftliche Angaben:

Yearbook of Industrial Statistics. 1979 Edition, Vol. II, Commodity Production Data 1970–1979, United Nations, New York 1981.

Technische Angaben:

E. J. Claassen, *Encycl. Chem. Process Des.* **6,** 262–279 (1978).
H. Ferch in H. Kittel: *Lehrbuch der Lacke und Beschichtungen.* Bd. II, S. 204–240, Verlag W. A. Colomb, Berlin 1974.
H. Ferch, *Polym. Paint Colour J.* **168,** 481–489 (1978).
E. J. Queen in H. S. Katz und J. V. Milewski: *Handbook of Fillers and Reinforcements for Plastics,* pp. 277–291, Van Nostrand Reinhold Co., New York 1978.

Aktivkohle:

Übersichtsarbeiten:

Kirk-Othmer: *Encyclopedia of Chemical Technology.* 3. Ed., Vol. 4, pp. 561–570, John Wiley & Sons, Inc., New York, Chichester, Brisbane, Toronto, 1978.
H. von Kienle und E. Bäder: *Aktivkohle und ihre industrielle Anwendung.* Ferdinand Enke Verlag, Stuttgart, 1980.

Wirtschaftliche Angaben:

„Activated Carbon“, *Chemical Economics Handbook.* Stanford Research Institute, Menlo Park, California, USA, Aug. 1977.
Chem. Eng. News, 3. 4. 1978, S. 10–11.
Chem. Week, 16. 4. 1980, S. 32–33.

Technische Angaben:

A. Dexaut, „Les Carbons Actifs, Chimie et Industrie", *Génie Chimique* **105**, (1972), S. 1589–1594.

J. Wilson, „Active Carbons from Coals", Fuel, **60** (1981), pp. 823–831.

Anwendung: H. Jüntgen, „New Applications for Carbonaceous Adsorbents", *Carbon*, **15** (1977), pp. 273–283.

Regenerierung: R. H. Zanitsch und R. T. Lynch, „Selecting a Thermal Regeneration System for Activated Carbon", *Chem. Eng.* **85**, 2. 1. 1978, pp. 95–100.

Aktivkohle in der Wasserreinigung: *Am. Water Works Assoc.*, **71**, Heft No. 11 mit mehreren Aufsätzen.

5.8 Füllstoffe

5.8.1 Allgemeines

Unterscheidungsmerkmale anorganischer Füllstoffe von anorganischen Pigmenten:

- Brechzahlen <1.7 (gegen Vakuum)
- meistens einer der Hauptbestandteile der jeweiligen Formulierung

Anorganische Füllstoffe sind in feinteiliger Form vorliegende Festkörper, die sich von den anorganischen Pigmenten durch ihre Brechzahl unterscheiden: Füllstoffe haben i. allg. Brechzahlen <1.7 (gegen Vakuum), Pigmente größere. Ein weiteres Unterscheidungsmerkmal deutet schon der Name an, der besagt, daß diese Materialien der Füllung dienen sollen, also in der jeweiligen Mischung einen Hauptbestandteil darstellen müssen; Pigmente werden dagegen überwiegend in geringen Mengen verwendet. Beide Abgrenzungskriterien sind indes unbefriedigend. Denn einerseits kann auch ein Füllstoff mit $n < 1.7$ in einer geeignet gewählten Matrix ein gewisses Deckvermögen, also eine eigentlich pigmentspezifische Eigenschaft besitzen, was im übrigen industriell genutzt wird. Und andererseits werden auch bestimmte Füllstoffe nur in kleinen Mengen eingesetzt. Die Grenze ist also fließend.

Füllstoffe sollen:

- Produkt verbilligen
- Eigenschaften des Produktes verbessern

Füllstoffe haben zwei Aufgaben: Sie sollen ein Produkt verbilligen (klassische Definition) und dafür sorgen, daß es im Vergleich zum ungefüllten Produkt verbesserte bzw. zusätzliche neue Eigenschaften aufweist; beides läßt sich allerdings nicht immer miteinander verbinden. Darüber hinaus erleichtert die Verwendung von Füllstoffen häufig die Herstellung des Produktes.

Häufig erleichtern Füllstoffe auch die Herstellung des Produktes

Einteilung der anorganischen Füllstoffe in:

- natürliche Füllstoffe
- synthetische Füllstoffe

Anorganische Füllstoffe werden in natürliche und synthetische Füllstoffe unterteilt. Erstere erhält man durch mechanische und/oder chemische Aufbereitung in der Natur vorkommender Mineralien; letztere werden durch chemische Reaktionen künstlich hergestellt, wobei nicht nur anorganische, sondern auch organische Rohstoffe Verwendung finden.

Im vorliegenden Kapitel werden die wichtigsten anorganischen Füllstoffe besprochen mit Ausnahme der Fasern (vgl. 5.2) und des Rußes (vgl. 5.7.6).

5.8.2 Wirtschaftliche Bedeutung

Für den Bereich der Füllstoffe gibt es kaum aussagefähige Marktübersichten, was sicherlich nicht zuletzt eine Folge der Typenvielfalt und der großen Zahl der Produzenten ist.

Mengenmäßig überwiegt mit ca. 70 bis 80% des Gesamtverbrauchs der Einsatz natürlicher Füllstoffe, wobei die Calciumcarbonate den größten Anteil ausmachen.

Die Zukunftschancen werden insbesondere im Kunststoff- und Kautschuksektor optimistisch eingeschätzt (vgl. Tabelle 5.8-1).

Tabelle 5.8-1. Schätzung des Verbrauchs an Füllstoffen für Kunststoffe (ohne Fasern) in den USA in 10^3 t (Business Communications Co., Stamford/Conn.).

	1976	1980	1985	1990
Carbonate	770	1093	1776	2886
SiO_2 (Quarz, Cristobalit)	29	39	74	140
Silikate: Talk	43	113	181	293
Kaolin (Tone)	59	76	99	130
Glimmer	0.4	0.5	0.5	0.6
übrige	5	8	13	21
Glas (Schuppen, Voll- und Hohlkugeln)	5	7	15	31
Aluminiumhydroxid	77	150	210	294
sonstige mineralische Füllstoffe	11	11	13	15

5.8.3 Natürliche Füllstoffe

5.8.3.1 Auf Basis Silicium

Einteilung natürlicher Füllstoffe auf Basis Silicium in:

- Kieselsäuren bzw. Siliciumdioxide (engl.: silicas)
- Silikate (engl.: silicates)

Bei den natürlichen Füllstoffen auf Basis Silicium ist eine Unterteilung in Kieselsäuren bzw. Siliciumdioxide einerseits und Silikate andererseits, insbesondere im englischsprachigen Raum, üblich (silicas/silicates). Eine scharfe Trennlinie ist indes nicht vorhanden, da erstere nicht unbedingt in reiner Form vorkommen bzw. eingesetzt werden, sondern – abgesehen von Verunreinigungen anderer Art – auch Silikatanteile enthalten können. Da aber SiO_2 ihr Hauptbestandteil ist, soll diese Einteilung auch hier benutzt werden.

Natürliche Füllstoffe mit Siliciumdioxid als Hauptbestandteil:

- Quarz
- Cristobalit
- Tripoli(t)
- Novaculit
- Kieselgur (Diatomeen- oder Infusorienerde)
- Kieselerde

Siliciumdioxid kommt in der Natur hauptsächlich als Quarz vor, z. T. in sehr großen Lagerstätten (Quarzkies, Quarzsand). Cristobalit tritt nur selten auf, wird aber synthetisch hergestellt (vgl. 5.8.4.1.5). Von geringerer Bedeutung sind Tripoli(t), eine durch Verwitterung von Sandstein entstandene spezielle Quarzart, und Novaculit, ein lamellenförmiger, mikrokristalliner Quarz, der in Arkansas (USA) gefunden wurde. Novaculit trägt zahlreiche Silanolgruppen an der Oberfläche und wirkt als aktiver, verstärkender Füllstoff. Zwischen 70 und 90% Massenanteil amorphes Siliciumdioxid enthalten die Kieselguren, welche auch als Diatomeen- oder Infusorienerden bezeichnet werden. Sie entstanden aus den sowohl in Salz- als auch in Süßwasser lebenden Kieselalgen, deren Skelette aus Kieselsäure aufgebaut sind, und kommen in praktisch allen Teilen der Erde vor. Ihre Formen sind entsprechend den Formen der Algen sehr vielfältig. Nebenbestandteil ist meistens Aluminiumsilikat. Mit den Kieselguren nicht verwechselt werden darf die Kieselerde, ein Material rein anorganischen Ursprungs, welches zu 70 bis 75% aus Quarz und zu 25 bis 30% (Massenanteile) aus Kaolinit (s. u.) besteht und nur in der Nähe von Neuburg an der Donau vorkommt (Neuburger Kieselerde). Quarzkriställchen und Kaolinitplättchen sind aufgrund der gemeinsamen Entstehung in der Kieselerde weitgehend homogen verteilt.

Natürliche Silikat-Füllstoffe:

- Talk

Unter den natürlich vorkommenden Silikaten ist Talk ein sehr wichtiger und vielseitiger Füllstoff. Talk ist ein Magnesiumsilikat mit Blattstruktur und hat in reiner Form die Zusammensetzung $3MgO \cdot 4SiO_2 \cdot H_2O$. Größere europäische Lagerstätten befinden sich u. a. im Fichtelgebirge, am Rande der Ost- und Südalpen und in Skandinavien. Pyrophyllit ist ebenfalls ein Schichtsilikat, jedoch mit Aluminium als Kation: $Al_2O_3 \cdot 4SiO_2 \cdot H_2O$. In seinen Eigenschaften und somit auch in seiner Verwendung ist er mit dem Talk vergleichbar. Ein weiteres Aluminiumsilikat mit Blattstruktur, der Kaolinit $Al_2O_3 \cdot 2SiO_2 \cdot 2H_2O$, ist Hauptbestandteil des Kaolins, der vor allem im englischsprachigen Raum wegen seiner ursprünglichen Verwendung zur Herstellung von Porzellan als „China Clay" bezeichnet wird (vgl. 5.5.4.1). Kaolin entstand hauptsächlich durch Verwitterung oder hydrothermale Zersetzung von Feldspäten. Die beiden größten Lagerstätten sind in Cornwall (GB) und in Georgia (USA). Auch Mineralien, in denen Aluminium einen Teil der Siliciumpositionen in der Anionenschicht besetzt (Alumosilikate), werden als Füllstoffe verwendet. Es sind die Glimmer und hier insbesondere Muskovit (Kalium als ladungsausgleichendes Gegenion), Phlogopit (Kalium und Magnesium) und Vermiculit (Magnesium). Neben all diesen schichtförmig aufgebauten Silikaten findet auch ein Silikat mit Bandstruktur als Füllstoff Verwendung, der Wollastonit $CaSiO_3$. Als letzter natürlicher Silikat-Füllstoff sei noch Perlite erwähnt, das durch thermische Expansion aus einem vulkanischen Glasgestein hergestellt (vgl. 5.3.6.3) und sowohl in ungemahlener als auch in gemahlener Form eingesetzt wird.

- Pyrophyllit
- Kaolin (China Clay)
- Glimmer
- Muskovit
- Phlogopit
- Vermiculit
- Wollastonit
- Perlite

5.8.3.2 Andere natürliche Füllstoffe

Die wichtigsten natürlichen Füllstoffe sind die Carbonate von Calcium bzw. Magnesium. Von den zahlreichen Vorkommen eignen sich zur Aufarbeitung die gut kristallisierten Calcite ($CaCO_3$) und Dolomite ($CaCO_3 \cdot MgCO_3$) sowie die Kreiden ($CaCO_3$), die aus Schalenresten maritimer Kleinlebewesen entstanden sind und ein lockeres, erdiges Gefüge haben.

Natürliche Carbonat-Füllstoffe:
- Calcite
- Dolomite
- Kreiden

Von den natürlich vorkommenden Metallsulfaten ist eigentlich nur der Schwerspat ($BaSO_4$) für die Füllstoffherstellung von größerem Interesse. Daneben werden kleinere Mengen Gips ($CaSO_4 \cdot 2H_2O$; Leichtspat) zu Füllstoffen aufgearbeitet.

Natürliche Sulfat-Füllstoffe:
- Schwerspat
- Leichtspat

Lamellenförmig kristallisierter Hämatit (α-Fe_2O_3) eignet sich ebenfalls als Füllstoff. Wegen seiner morphologi-

Eisenglimmer

schen Verwandtschaft zu den Glimmern wird er als Eisenglimmer bezeichnet.

5.8.3.3 Aufarbeitung natürlicher Füllstoffe

Aufarbeitung:

- Waschen
- Brechen
- Zerkleinern
- Klassieren
- Mahlen
- Filtrieren
- Trocknen
- Sichten

Der Weg vom Mineral zum Füllstoff ist für alle oben angesprochenen Materialien ähnlich. Die wesentlichen Arbeitsgänge nach dem Abbau aus den Lagerstätten sind: Waschen, Brechen, Vorzerkleinern, Klassieren, Naß- oder Trockenmahlen, Filtrieren, Trocknen, Sichten, wobei nicht unbedingt diese Reihenfolge eingehalten wird und einige Arbeitsgänge auch mehrfach vorkommen können. Insbesondere bei den mikrokristallinen, lockeren Rohstoffen, wie z. B. Kieselerde, Talk, Kaolin oder Kreide, werden Schlämm- und Flotationsprozesse zur Aufbereitung eingesetzt (vgl. 5.5.4.2, Kaolin). Bei der Mahlung von Glimmern muß darauf geachtet werden, daß die Blättchenstruktur nicht zerstört wird. In einigen Fällen werden farbige Verunreinigungen mit Hilfe von Zuschlägen in farblose Verbindungen übergeführt oder ausgewaschen (Bleichen). Manchmal wird calciniert. Einige natürliche Füllstoffe sind auch organisch nachbehandelt erhältlich.

5.8.4 Synthetische Füllstoffe

Gründe für die synthetische Herstellung von Füllstoffen:

- keine natürlichen Vorkommen vorhanden
- Erzielung besserer Eigenschaften als die entsprechenden natürlichen Füllstoffe sie aufweisen

Manche Füllstoffe müssen synthetisiert werden, weil es sie in der Natur nicht gibt. Einige Füllstoffe werden jedoch synthetisch hergestellt, obgleich sie in genügender Menge und ausreichender Reinheit als Mineralien vorkommen. Es gelingt nämlich auch bei sorgfältigster Aufbereitung dieser Mineralien nicht, alle potentiell vorhandenen Eigenschaften optimal zur Geltung zu bringen.

5.8.4.1 Kieselsäuren und Silikate

Diese Gruppe von Füllstoffen umfaßt pyrogen – d. h. thermisch – oder naßchemisch erzeugte Kieselsäuren, naßchemisch erzeugte Silikate, Gläser sowie Cristobalit.

5.8.4.1.1 Pyrogene Kieselsäuren

Das dominierende Verfahren zur Herstellung pyrogener Kieselsäure ist die Flammenhydrolyse, bei der Tetrachlorsilan oder Tetrafluorsilan in einer Knallgasflamme zersetzt werden:

$$2\,H_2 + O_2 \longrightarrow 2\,H_2O$$
$$SiX_4 + 2\,H_2O \longrightarrow SiO_2 + 4\,HX$$
$$2\,H_2 + O_2 + SiX_4 \xrightarrow{\text{ca. } 1000\,°C} SiO_2 + 4\,HX$$
$$X - Cl, F$$

Herstellung pyrogener Kieselsäuren (Aerosole) nach drei Verfahren:

- Flammenhydrolyse
- Lichtbogenverfahren (heute unbedeutend)
- Plasmaverfahren (hat sich noch nicht durchgesetzt)

Die gebildete Kieselsäure ist wie alle synthetischen Kieselsäuren röntgenamorph. Ihre wichtigsten Eigenschaften können der Tabelle 5.8-2 entnommen werden.

Das älteste, aber inzwischen unbedeutendste Verfahren zur Herstellung feinteiliger Kieselsäure beruht auf der Oxidation gasförmigen Siliciummonoxids mit Luft oder Wasserdampf. Als Ausgangsstoffe können z. B. Quarzsand und feinkörniger Koks dienen, die im Lichtbogen miteinander umgesetzt werden. Varianten, bei denen anstelle des Lichtbogens ein Plasma als Energieträger benutzt wird, haben sich bislang nicht durchsetzen können.

5.8.4.1.2 Naßchemisch hergestellte Kieselsäuren und Silikate

Bei den naßchemischen Herstellungsverfahren unterscheidet man das Fällungsverfahren, das Gelverfahren und das Hydrothermalverfahren. Von allen Syntheseverfahren hat das Fällungsverfahren die größte Bedeutung.

Naßchemische Herstellung von Kieselsäuren und Silikaten nach drei Prinzipien:

- Fällungsverfahren
- Gelverfahren
- Hydrothermalverfahren

Fällungsverfahren:

Wasserglas + Säure

Zur Bildung von Kieselsäure wird beim Fällungsverfahren eine Wasserglas-Lösung in großen Rührkesseln mit Säure versetzt, schematisch:

$$Na_2SiO_3 + 2\,HX \longrightarrow SiO_2 + 2\,NaX + H_2O$$

Dabei bilden sich kolloidale Primärteilchen, die mit fortschreitender Reaktion agglomerieren und schließlich zu Aggregaten verwachsen. Um die oft verzögert eintretende Fällung zu beschleunigen, werden häufig Metall-Ionen (Ca, Mg) zugegeben, die anschließend mit Säure wieder extrahiert werden. Der Prozeß kann sehr exakt im Hinblick auf die Eigenschaften des gewünschten Produk-

Beeinflussung der Kieselsäure-Eigenschaften durch:

- Geschwindigkeit der Säurezugabe
- Intensität des Rührvorgangs
- Art der Aufarbeitung

tes gesteuert werden. Weitere Einflußmöglichkeiten hat man bei der Aufarbeitung (Filtrieren, Waschen, Trocknen und Mahlen). Tabelle 5.8-2 enthält die wesentlichen Eigenschaften von Kieselsäuren, die nach dem Fällungsverfahren hergestellt werden.

Wenn man die Wasserglas-Lösung mit Erdalkali- oder Aluminiumsalzen versetzt, erhält man Silikate anstelle von Kieselsäure.

Gelverfahren:

Säure + Wasserglas (meistens)

Unter überkritischen Bedingungen getrocknete Kieselgele heißen Aerogele

Im Gegensatz zum Fällungsverfahren vermeidet man beim Gelverfahren die Bildung flockiger Niederschläge. Gewöhnlich kehrt man hierzu einfach die Reihenfolge bei der Zugabe um, man legt also die Säure vor und gibt die Wasserglas-Lösung hinzu und hält so den pH-Wert im sauren Bereich. Dabei bildet sich zunächst ein instabiles Hydrosol, welches nach einer gewissen Zeit in ein Hydrogel übergeht. Dieses Hydrogel wird sorgfältig gewaschen, dann getrocknet und schließlich gemahlen. Eine spezielle Trocknungsart ist die Entwässerung unter überkritischen Bedingungen, die zu den sog. Aerogelen führt. Eigenschaften von Kieselgelen und Aerogelen sind in Tabelle 5.8-2 aufgeführt.

Tabelle 5.8-2. Eigenschaften von unterschiedlich hergestellten Kieselsäuren (nach H. Ferch, *Chem. Ing. Tech.* **48,** 11 (1976)).

	Primärteilchengröße[1] (in nm)	spezifische Oberfläche[2] (in m^2/g)	Stampfvolumen[3] (in mL/100 g)	Porosität
Aerosole (durch Flammenhydrolyse)	5 bis 50	50 bis 600	1000 bis 2000	nicht porös bis ca. 300 m^2/g
Fällungskieselsäuren	5 bis 100	30 bis 800	200 bis 2000	gering
Kieselgele	3 bis 20	250 bis 1000	100 bis 200	sehr stark
Aerogele	3 bis 20	250 bis 400	800 bis 2000	stark

[1] elektronenmikroskopisch bestimmt
[2] nach BET
[3] DIN 53 194

Hydrothermalverfahren:

relativ unbedeutend

Beim Hydrothermalverfahren werden wäßrige Aufschlämmungen von Quarzsand und Kalk unter Druck erhitzt:

$$CaO + SiO_2 \xrightarrow{H_2O} CaSiO_3\ aq$$

Das Mengenverhältnis kann dabei in weiten Grenzen variiert werden. Den Calciumanteil kann man mit Säure weitgehend auswaschen. Die Aufarbeitung erfolgt in der üblichen, oben beschriebenen Weise.

5.8.4.1.3 Nachbehandlung von Kieselsäuren

Die rein thermische Nachbehandlung getrockneter Kieselsäuren, die je nach Temperatur zu einer mehr oder weniger starken Wasserabspaltung führt, hat nur bei Kieselgelen größere Bedeutung und wird dort „Aktivierung“ genannt.

Physikalische Nachbehandlung von Kieselsäuren: Erhitzen

Die chemische Nachbehandlung wird bereits vielfach angewandt und dürfte in Zukunft noch stärkere Verbreitung finden. Sie soll die hydrophile Kieselsäure organophil bzw. hydrophob machen. Dazu behandelt man bevorzugt pyrogene Kieselsäuren, aber auch Fällungskieselsäuren mit organischen oder elementorganischen Verbindungen, die mit den Silanolgruppen echte chemische Bindungen eingehen

$$-Si-OH + X-R \longrightarrow -Si-OR + HX$$

oder aber adsorptiv an der Oberfläche fixiert werden. Die Umsetzung mit Chlorsilanen, wie z. B. Methyltrichlorsilan und Dimethyldichlorsilan, hat dabei die größte industrielle Bedeutung.

Chemische Nachbehandlung von Kieselsäuren mit:

- Chlorsilanen
- Aminosilanen
- Silikonen
- Alkoholen
- Aminen und quaternären Ammonium-Verbindungen
- Isocyanaten
- Wachsen

und anderen Verbindungen.

Es ist möglich, die Oberfläche der Kieselsäuren mit funktionellen Gruppen auszurüsten, z. B. durch Behandlung mit Silanhaftvermittlern X_3Si-R-Y, wobei Y die funktionelle Gruppe ist

5.8.4.1.4 Gläser

Während fein gemahlenes Glas als Füllstoff wenig Interesse findet, entwickelt sich relativ rasch ein Markt für präzise gefertigte volle und hohle Glaskügelchen. Dies ist auf ihre geometrische Form zurückzuführen – geringstes Verhältnis von Oberfläche zu Volumen, keine scharfen Kanten wie bei anderen Füllstoffen – und bei Hohlkugeln zusätzlich auf die geringe Dichte. Glaskugeln führen zu einem streng isotropen Eigenschaftsprofil des gefüllten Produkts. Sie sind inzwischen lieferbar mit Durchmessern bis hinab zu 1 µm. Außerdem wird Glas in Form kleiner Schüppchen als Füllstoff eingesetzt. Um die Wechselwirkung zwischen glasförmigen Füllstoffen

Glas als Füllstoff in Form von:

- Vollkugeln
- Hohlkugeln
- Schuppen

und Matrix zu verstärken, werden diese normalerweise mit Haftvermittlern nachbehandelt (vgl. 5.8.4.1.3).

5.8.4.1.5 Cristobalit

Cristobalit aus Quarz durch Erhitzen in Gegenwart von Katalysatoren

Cristobalit (vgl. 5.8.3.1) wird in größeren Mengen durch thermische Behandlung von Quarzsand hergestellt. Durch Zusatz von Katalysatoren kann die normalerweise bei etwa 1100 °C liegende Umwandlungstemperatur gesenkt werden. Wichtigster Vorteil von Cristobalit im Vergleich zu Quarz ist der wesentlich größere Weißgrad.

5.8.4.2 Aluminiumhydroxide

Primärrohstoff für die Aluminiumhydroxid-Herstellung ist Bauxit

Rohstoff für die Aluminiumhydroxid-Herstellung ist Bauxit, ein Mineral mit etwa 45 bis 60% Al_2O_3 in Form von Hydrargillit (Gibbsit), Böhmit und Diaspor und hauptsächlich Eisenoxiden bzw. -hydroxiden, Kieselsäure (als Kaolinit) und Titandioxid als Nebenbestandteile. Die größten Vorkommen befinden sich in Afrika und Australien.

Kontinuierlicher Aufschluß von Bauxit nach dem Bayer-Verfahren mit Natronlauge in Autoklaven oder Rohrreaktoren bei 140 bis 250 °C unter Druck

Bauxit wird nach dem Bayer-Verfahren mit Natronlauge unter Druck bei erhöhter Temperatur aufgeschlossen. Dabei entstehen lösliche Natriumaluminate

$$Al(OH)_3 + NaOH \longrightarrow NaAl(OH)_4$$

in Form von Aquo-Komplexen. Nach dem Entspannen wird die Aluminatlauge abgekühlt, verdünnt und in Schwerkrafteindickern durch Dekantieren vom Rotschlamm befreit. Eine anschließende Feinfiltration beseitigt den kleinen Rest an unlöslichen Bestandteilen. Die geklärte, immer noch etwa 95 °C warme Lauge ist eine wichtige Ausgangsbasis für die Aluminiumhydroxid-Herstellung.

Nach dem „normalen“ Bayer-Verfahren entstehen grobteilige Aluminiumhydroxide, die durch Mahlen und Sichten auf Korngrößen zwischen 10 und 100 µm eingestellt werden

Durch Abkühlen der Lauge wird diese übersättigt, und Aluminiumhydroxid scheidet sich in Umkehrung der Bildungsgleichung ab. Um die Abscheidungsgeschwindigkeit zu erhöhen, impft man die Lösung mit festem Aluminiumhydroxid. Der gebildete Hydrargillit wird abfiltriert und gewaschen; ein Großteil wird wieder angemaischt und als Keim für die nächste Abscheidung zurückgeführt, und der Rest wird schonend getrocknet. Man erhält grobteilige Aluminiumhydroxide, die durch Mahlen und Sichten auf bestimmte Kornfraktionen zwischen 10 und 100 µm eingestellt werden.

Feinteilige Aluminiumhydroxide erhält man entweder durch spezielle Impfverfahren beim Bayer-Prozeß oder durch Fällverfahren:

- Fällung aus gekühlten und stark verdünnten Aluminatlaugen
- Fällung durch Neutralisation der Aluminatlauge mit z. B. CO_2, $NaHCO_3$, H_2SO_4
- Fällung aus Aluminiumsalz-Lösungen mit Basen wie z. B. NH_3, Aminen, NaOH
- Fällung aus Aluminiumsalz-Lösungen mit Natriumaluminat-Lösungen

Die mittlere Primärteilchengröße der Handelsprodukte liegt meist unter 1 µm; die BET-Oberflächen betragen zwischen 4 und ca. 60 m^2/g. Der $Al(OH)_3$-Gehalt beträgt mehr als 99.5% Massenanteil. Es sind auch organisch nachbehandelte Typen lieferbar.

Feinteilige Aluminiumhydroxide (Korngrößen <1 µm) entstehen durch:

- modifiziertes Bayer-Verfahren
- Fällungsverfahren

Beeinflussung der Eigenschaften bei den Fällungsverfahren durch:

- Temperatur
- pH-Wert
- Geschwindigkeit
- Konzentration
- Reifungszeit

5.8.4.3 Carbonate

Für die verarbeitende Industrie ist praktisch nur das Calciumcarbonat als Füllstoff wichtig. Barium- und Magnesiumcarbonat werden lediglich für Spezialzwecke hergestellt und werden daher hier nur kurz erwähnt.

Calciumcarbonat-Füllstoffe werden synthetisch durch Fällungsverfahren hergestellt. Daher rührt auch ihr sehr gebräuchlicher Name „ccp", Abkürzung für: calcium carbonicum praecipitatum. Man nutzt folgende drei Fällungsreaktionen:

Synthetische Carbonat-Füllstoffe:

- Calciumcarbonat
- (Bariumcarbonat)
- (Magnesiumcarbonat)

Herstellung von Calciumcarbonat (ccp) durch Fällungsverfahren:

$$Ca(OH)_2 + CO_2 \longrightarrow CaCO_3 + H_2O \qquad (1)$$

(1): Neutralisieren von Kalkmilch mit Kohlendioxid

Beeinflussung der Produkteigenschaften durch:

- Temperatur
- Konzentration
- Druck

Dieser Prozeß ist direkt mit der Herstellung von gebranntem Kalk gekoppelt. In die beim Löschen erhaltene Kalkmilch wird das Kohlendioxid, das beim Brennen des Kalksteins freigesetzt wurde, eingeleitet (vgl. 5.3.2.3 und 5.3.2.4).

$$CaCl_2 + Na_2CO_3 \longrightarrow CaCO_3 + 2\,NaCl \qquad (2)$$

(2) und (3): Umsetzung von Calciumsalzen, die bei anderen Verfahren als Nebenprodukte entstehen, mit Carbonaten in wäßriger Lösung

Das Calciumchlorid entsteht als Abfallprodukt bei der Sodaherstellung nach dem Solvay-Verfahren (vgl. 3.1.1.3.3).

$$Ca(NO_3)_2 + 2\ NH_3 + CO_2 + H_2O \longrightarrow CaCO_3 + 2\ NH_4NO_3 \quad (3)$$

Calciumnitrat fällt bei der Düngemittelherstellung als Nebenprodukt an (vgl. 2.1.2.4).

Verfahren (1) liefert reinere Produkte und läßt sich besser steuern als die Verfahren (2) und (3).

Die gefällten Calciumcarbonate können sowohl Calcit- als auch Aragonitstruktur haben; man kann sie reinweiß erhalten. Die mittleren Primärteilchengrößen liegen zwischen 0.01 und 1 µm, die nach BET bestimmten spezifischen Oberflächen zwischen 5 und 100 m^2/g. Auch bei den Calciumcarbonaten gewinnt die organische Oberflächenbehandlung mehr und mehr an Bedeutung.

5.8.4.4 Sulfate

Einziger synthetischer Sulfat-Füllstoff: Bariumsulfat (Blanc fixe)

Lediglich Bariumsulfat wird als Füllstoff synthetisch hergestellt und trägt dann die Bezeichnung Blanc fixe. Wie Calciumcarbonat wird es durch Fällungsreaktionen erhalten:

Blanc-fixe-*Pulver:* durch Umsetzung von Bariumsulfid mit Natriumsulfat in wäßriger Lösung und Aufarbeitung der Fällprodukte

$$BaS + Na_2SO_4 \longrightarrow BaSO_4 + Na_2S \quad (1)$$

Das Bariumsulfid stammt aus der Reduktion von möglichst kieselsäurefreiem Schwerspat mit Koks. Das Reaktionsprodukt wird abfiltriert, gewaschen, getrocknet und gemahlen. Es ist reinweiß und hat Primärteilchengrößen zwischen ca. 0.3 und 10 µm.

Blanc-fixe-*Pasten:* durch Umsetzung von Bariumchlorid mit Natriumsulfat in wäßriger Lösung und Aufarbeitung der Suspension

$$BaCl_2 + Na_2SO_4 \longrightarrow BaSO_4 + 2\ NaCl \quad (2)$$

Durch Umsetzung von Bariumchlorid-Lösung mit Glaubersalz-Lösung werden Blanc-fixe-Qualitäten hergestellt, die in Form einer 25 bis 30%igen wäßrigen Paste (Blanc-fixe-Teig) in den Handel kommen. Die Bariumchlorid-Lösung fällt bei der Lithopone-Fabrikation an oder wird durch Reaktion von Bariumsulfid mit Salzsäure hergestellt.

5.8.4.5 Sonstige synthetische Füllstoffe

Seit einiger Zeit werden durch Flammenhydrolyse (vgl. 5.8.4.1.1) hergestelltes Titandioxid und Aluminiumoxid als Füllstoffe angeboten.

5.8.5 Eigenschaften und Verwendung

Die Vielzahl der beschriebenen Füllstoffe erlaubt es nicht, auf die Eigenschaften jedes einzelnen einzugehen. Ihre Verwendungsmöglichkeiten werden nicht nur von der chemischen Zusammensetzung, sondern in hohem Maße auch von den physikalischen Eigenschaften bestimmt und können darüber hinaus noch durch Nachbehandlungsmaßnahmen erweitert werden. Insbesondere bei natürlichen Füllstoffen kommt die Reinheit als weiteres Kriterium hinzu.

Die Einsatzmöglichkeiten von Füllstoffen werden maßgeblich bestimmt durch:

- Teilchengröße
- Teilchenform
- Teilchenstruktur
- spezifische Oberfläche
- Dichte
- Farbe
- Brechzahl
- Wechselwirkung mit der Matrix
- chemische Zusammensetzung
- Art der Oberflächenbehandlung

Eine Unterscheidung zwischen inaktiven und aktiven Füllstoffen ist aus heutiger Sicht eigentlich kaum noch vertretbar: Die Eigenschaften des Endproduktes hängen mehr oder minder stark von allen verwendeten Füllstoffen ab; ihr Einsatz wird längst nicht mehr primär von dem Gesichtspunkt der Kostenreduzierung bestimmt. Die Bemühungen der Füllstoffproduzenten um verbesserte Aufarbeitungsmethoden und gezieltere Herstellungsverfahren tragen dieser Entwicklung Rechnung. Der Oberflächenbehandlung natürlicher wie synthetischer Füllstoffe wird hierbei große Bedeutung zukommen. Schon seit Jahren existieren Produkte, die im klassischen Sinne gar keine Füllstoffe mehr sind, sondern echte Wirksubstanzen (z. B. Kieselsäure-Aerosole). Sieht man von der kostensenkenden Wirkung ab, so haben Füllstoffe im wesentlichen folgende Funktionen:

Trend: Weg vom rein kostensenkenden Füllstoff hin zum hochwertigen multifunktionellen Füllstoff

- Rheologie

  Verdickung und ggf. Thixotropierung durch gezielte Einstellung einer zeitabhängigen Strukturviskosität (z. B. Talk, Wollastonit, Kaolin, Kieselsäure-Aerosole), allgemein: Veränderung des Fließverhaltens bei

Füllstoffe können beeinflussen:

- rheologisches Verhalten
- optische Eigenschaften
- mechanische Eigenschaften
- Beständigkeit gegen Witterungseinflüsse und Chemikalien

ferner:

- Verbesserung des Schwebeverhaltens von Pigmenten
- Erhöhung der Widerstandsfähigkeit gegen Feuer (Aluminiumhydroxide)
- Verbesserung der Oberfläche von Papieren
- Veränderung der Adhäsionskräfte zwischen Folien
- Massenreduzierung (Perlite, Glashohlkugeln)

Lacken, Beschichtungen, Druckfarben, flüssigen Kunststoffen, Dichtungsmassen

- optische Eigenschaften
  - Verbesserung von Weißgrad und Deckvermögen bei (teilweisem) Ersatz des echten Weißpigments durch z. B. synthetische Silikate, Blanc fixe, feinstteilige Calciumcarbonate (homogenere Pigmentverteilung, überkritische Pigmentierung) in Dispersionsfarben
  - als Weißpigmente in Papierstreichfarben: Kaolin, natürliche gemahlene Calciumcarbonate
  - Mattierung von Lacken und Druckfarben: naßchemisch hergestellte Kieselsäuren, Kieselguren
  - Opazifierung von Kunststoffen: Bariumsulfate
  - als mineralische UV-Absorber: Glimmer

- mechanische Eigenschaften
  - Verstärkungsmittel für Kautschuk: z. B. Calciumcarbonate, synthetische Kieselsäuren. Über die für den technischen Einsatz entscheidende Verstärkungswirkung von Ruß vgl. 5.7.6.3.
  - Verbesserung der mechanischen Eigenschaften von Kunststoffen: z. B. Quarz, Novaculit, Wollastonit, Glaskügelchen und -schüppchen

- Verbesserung der Beständigkeit von Anstrichen und Beschichtungen gegen Witterungseinflüsse und Chemikalien (Korrosionsschutz) durch z. B. Glimmer, Eisenglimmer, Bariumsulfate

Weitere Aufgaben von Füllstoffen sind in der Randspalte aufgelistet.

In Tabelle 5.8-3 sind die Haupteinsatzgebiete der hier besprochenen Füllstoffe zusammengefaßt (s. S. 541).

Literatur zu Abschn. 5.8 Füllstoffe

Ullmanns Encyklopädie der technischen Chemie. 4. Aufl., Bd. 18, S. 647 – 660, Verlag Chemie GmbH, Weinheim 1979.

H. S. Katz und J. V. Milewski: *Handbook of Fillers and Reinforcements for Plastics.* Van Nostrand Reinhold Co., New York 1978.

H. Kittel: *Lehrbuch der Lacke und Beschichtungen.* Bd. II, S. 284 – 466, Verlag W. A. Colomb, Berlin 1974.

R. B. Seymour, *Popular Plastics and Rubber* **25** (4), pp. 13 – 19 (1980).

H. Kastien, *Applica* **87** (11), S. 6 – 12 (1980).

Tabelle 5.8-3. Haupteinsatzgebiete von Füllstoffen.

Füllstoff	Kunststoffe	Kautschuk	Lacke, Anstriche, Beschichtungen	Druckfarben	Papier
Quarz	x		x		
Tripoli(t)	x				
Novaculit	x				
Kieselgur	x	(x)	x		(x)
Kieselerde		x	x		
synth. SiO_2:					
Cristobalit			x		
pyrogene Kieselsäuren	(x)		x		
naßchemisch hergestellte Kieselsäuren	x	x	x	x	
Talk, Pyrophyllit	x	x	x		(x)
Kaolin	x	x	x		x
Glimmer	x		x		
Wollastonit	x		x		
Perlite	x		(x)		
synth. Silikate:					
naßchemisch hergestellte Silikate	(x)	x	x		x
Glas (Schuppen, Voll- und Hohlkugeln)	x		x		
Eisenglimmer			x		
$CaCO_3$:					
Calcite, Dolomite	x		x		x
Kreide	x	x	x		x
ccp	x	x	x	x	
Aluminiumhydroxid	x	(x)	x	(x)	(x)
$BaSO_4$:					
Schwerspat	x		x		
Blanc fixe	x	(x)	x	(x)	(x)
$CaSO_4$:					
Leichtspat		(x)		x	

5.9 Anorganische Pigmente

5.9.1 Allgemeines und wirtschaftliche Bedeutung

Pigmente: feinteilige, im Bindemittel unlösliche anorganische Farbmittel

Nach der DIN-Definition bilden Farbstoffe und Pigmente die Klasse der Farbmittel. Im Gegensatz zu den Farbstoffen sind Pigmente im jeweiligen Bindemittel praktisch unlöslich. Sie bestehen aus festen Einzelteilchen meist einheitlicher chemischer Zusammensetzung, überwiegend aus Oxiden, Oxidhydraten, Sulfiden, Silikaten, Sulfaten oder Carbonaten der Übergangsmetalle (s. Tabelle 5.9-1).

Zu den anorganischen Pigmenten kann man aber auch die Farbruße und – obwohl die optischen Effekte bedeutungslos sind und die magnetischen im Vordergrund stehen – auch die Magnetpigmente rechnen. Tabelle 5.9-2 zeigt die nach DIN 55 943 gültige Einteilung der anorganischen Pigmente, ihre Wirkungsweise und einige Beispiele.

Wichtige Pigmenteigenschaften:

- Deckvermögen
- Farbstärke (Buntpigmente)
- Farbreinheit
- Aufhellvermögen (Weißpigmente)

Deckvermögen, bei Weißpigmenten das Aufhellvermögen, bei Bunt- und Schwarzpigmenten die Farbstärke, sind wesentliche Pigmenteigenschaften. Bei den pigmentierten Systemen beruht der Farbeindruck wie bei allen

Tabelle 5.9-1. Anorganische Pigmente: Übersicht.

	Oxide	Sulfide	Chromate	Sonstige
Weiß	Titandioxid Zinkoxid	Zinksulfid Lithopone ($ZnS/BaSO_4$)		Bleiweiß (früher)
Rot	Eisenoxidrot Mennige	Cadmiumrot Cadmiumorange	Molybdatrot	
Gelb	Eisenoxidgelb Nickelrutilgelb Chromrutilgelb	Cadmiumgelb	Chromgelb Zinkchromat	
Grün	Chromoxidgrün Spinellgrün		Chromgrün	
Blau	Cobaltblau	Ultramarin		Manganblau Preußisch Blau
Braun	Eisenoxidbraun Ferrite			Eisenoxide und Ruß
Schwarz	Eisenoxidschwarz Spinellschwarz			Ruß

Tabelle 5.9-2. Einteilung anorganischer Pigmente.

Typ	Wirkung	Beispiele
Natürliche anorganische Pigmente		Ocker, Terra di Siena, Graphit, Grünerde
Synthetische anorganische Pigmente		
1 Unbunte Pigmente		
1.1 Weißpigmente	Vorwiegend nichtselektive Lichtstreuung	Titandioxid, Zinksulfid, Lithopone, Zinkweiß
1.2 Schwarzpigmente	Überwiegend nichtselektive Lichtabsorption	Ruß, Eisenoxidschwarz
2 Buntpigmente	Farbe durch selektive Lichtabsorption, zusätzlich meist Lichtstreuung	Eisenoxide, Cadmiumsulfide, Ultramarine, Chromgelb, Cobaltblau
3 Spezialpigmente		
3.1 Email- und keramische Pigmente (Farbkörper)	wie Buntpigmente	Cobalt-Aluminium-Spinell, Nickel-Chrom-Spinell, Nickel-Titangelb
3.2 Korrosionsschutzpigmente	Elektrochemischer, chemischer oder physikalischer Schutz im Bereich der Metalloberfläche	Bleimennige, Zinkkaliumchromat, Zinkphosphat, Zinkstaub
3.3 Magnetpigmente	Informationsspeicherung durch gezielte Magnetisierung	Magnetische Eisenoxide, Chromdioxid, metallische Eisenpigmente
3.4 Glanzpigmente	Glanzeffekte durch gerichtete Reflexion an flächig ausgebildeten und ausgerichteten metallischen oder stark lichtbrechenden Pigmentteilchen	
3.4.1 Metalleffektpigmente		Goldbronze, Aluminiumbronze, Kupferbronze
3.4.2 Perlglanzpigmente	Für Perlen typischer Glanz durch Mehrfachreflexion an parallel orientierten Blättchen. Blättchen definierter Dicke zeigen durch Interferenz zusätzlich irisierende Effekte	TiO_2-Glimmerpigmente, basisches Bleicarbonat, Perlmuttpigmente
3.5 Luminophore		
3.5.1 Fluoreszenzpigmente	Selektive Lichtabsorption und zusätzlich Lumineszenz ohne zeitliche Verzögerung, angeregt durch energiereiche Strahlung (z. B. UV-Strahlung und/oder kurzwelliges Licht)	Pigmente für Bildschirme und Leuchtstofflampen, „radioaktive" Leuchtpigmente
3.5.2 Phosphoreszenzpigmente	Selektive Lichtabsorption und -streuung, überlagert von einer Lumineszenz mit zeitlicher Verzögerung, hervorgerufen durch energiereiche Strahlung	Zink- bzw. Erdalkalisulfide, dotiert mit Schwermetall-Ionen (z. B. Cu, Ag, Au, Mn usw.)

nicht selbstleuchtenden Körperfarben auf der subtraktiven Farbmischung. Buntpigmente absorbieren dabei als Farbmittel aus der spektralen Strahlungsverteilung des beleuchtenden Lichtes bestimmte Teile des Spektrums, so daß dem Auge nur der spektrale Restanteil zugeleitet wird.

Im Gegensatz dazu zeichnen sich die Weißpigmente durch nichtselektive Streuung, die Schwarzpigmente durch nichtselektive Absorption im gesamten Bereich des sichtbaren Lichtes aus.

Die selektive Lichtabsorption der Buntpigmente beruht auf der Wechselwirkung des sichtbaren Lichtes mit den Valenzelektronen im Festkörper. Durch die Art der Elemente (Kationen und Anionen), deren Oxidationsstufe und Elektronenkonfiguration sowie durch den Einfluß der Kristallgittergeometrien werden im Festkörper bestimmte elektronische Strukturen und Energieniveaus vorgegeben, die zu den unterschiedlichsten elektronischen Übergangsmechanismen führen. Je höher die Zahl der durch Lichteinstrahlung induzierten Elektronenübergänge ist, desto farbstärker erscheint das betreffende Pigment; je steiler die Absorptionskante, desto reiner erscheint die Farbe.

Hohe Brechzahl und optimale Teilchengröße sind Voraussetzung für hohes Deckvermögen

Das Streuvermögen der Pigmente und damit auch das Deckvermögen eines pigmentierten Anstrichs hängen wesentlich von der Brechzahl des Pigmentes und dessen Teilchengröße ab. Für hohes Streuvermögen sollten die Brechzahlen möglichst weit über der des Bindemittels liegen. Für die jeweilige Brechzahl existiert auch eine optimale Teilchengröße, bei der maximales Streuvermögen erreicht wird. Diese optimalen Teilchengrößen liegen bei Weiß- und Buntpigmenten zwischen etwa 0.1 und 1 µm; bei der großtechnischen Herstellung muß eine möglichst enge Teilchengrößenverteilungskurve erzielt werden.

Die zunehmende farbige Gestaltung unserer Umwelt hat den Einsatz an Farbmitteln stark ansteigen lassen. Da viele eingefärbte Materalien zumindest anteilig anorganische Pigmente enthalten, ist auch deren Bedarf stetig gestiegen.

Produktion an natürlich vorkommenden Pigmenten:

$120 \cdot 10^3$ t (1980)

Die natürlichen Vorkommen können diesen Bedarf seit langem nicht mehr decken, zumal auch die qualitativen Anforderungen hinsichtlich der anwendungstechnischen Eigenschaften ständig zunehmen. Die Produktion natürlicher Pigmente, in erster Linie die von Eisenoxiden, betrug im Jahre 1980 immerhin noch etwa 120 000 t.

Die Kapazitäten für synthetische anorganische Pigmente und Farbruße dagegen lagen 1980 weltweit um $4 \cdot 10^6$ t. Eine Übersicht der Produktionskapazitäten der wichtigsten synthetischen anorganischen Pigmente wird in Tabelle 5.9-3 gegeben. Danach entfallen über 80% der Weltkapazität auf die TiO_2-Weißpigmente und Eisenoxidbuntpigmente, wobei die Hauptproduzenten sich in USA und Westeuropa befinden und die Bundesrepublik Deutschland eine starke Stellung einnimmt.

Produktionskapazität für synthetische anorganische Pigmente:

$4 \cdot 10^6$ t (1980) davon: 67% TiO_2, 16% Fe-oxide

Tabelle 5.9-3. Herstellungskapazitäten für synthetische anorganische Pigmente in der westlichen Welt 1980.

	10^3 t	%
Titandioxide	2720	66.8
Eisenoxide	630	15.5
Farbruße	260	6.4
Lithopone	215	5.3
Chromatgelb	90	2.2
Eisenblaupigmente	50	1.2
Chromoxidgrün	35	0.9
Ultramarin	30	0.7
Molybdatrot	25	0.6
Mischphasenpigmente	8	0.2
Cadmiumsulfoselenide	7	0.2
Summe	4070	100.0

Tabelle 5.9-4. Einsatzgebiete anorganischer Pigmente in Westeuropa in %.

	Titandioxide	Eisenoxide	Chromoxide	Cadmiumsulfoselenide	Mischphasenpigmente
Farben und Lacke	64	29	50	10	65
Baustoffe	4	60	25	–	05
Kunststoffe	19	6	10	80	20
Papier	8	2	–	–	–
Email und Keramik	4	[illegible]	10	10	10
Sonstige	1	2	5	–	–
	100	100	100	100	100

Während Massenpigmente wie TiO_2 und Eisenoxide schon für wenige DM pro kg zu erhalten sind, betragen die Preise für einzelne Spezialpigmente bis zu 100 DM pro kg, und mehr. Rechnet man mit einem Durchschnittspreis von 3 DM pro kg, so beträgt der Marktwert der jährlich produzierten Menge mehr als 10 Mrd. DM.

Einsatzgebiete für anorganische Pigmente:

- Lacke und Anstrichstoffe
- Baustoffe
- Kunststoffe
- Papier
- Email und Keramik
- Druckfarben
- Sonstige

Die Einsatzgebiete für die einzelnen Pigmentgruppen variieren z. T. sehr stark. Ausgesprochene Schwerpunkte in Westeuropa sind: TiO_2- und Mischphasenpigmente im Farben- und Lacksektor, Eisenoxidpigmente in Baustoffen und Cadmiumpigmente im Kunststoffbereich.

5.9.2 Weißpigmente

5.9.2.1 Allgemeines

Allein durch Pigmentierung mit Weißpigmenten ist es derzeit technisch möglich, weiße Anstriche bzw. massive weiße Körper zu erzeugen oder bunte Farben aufzuhellen. Alle Weißpigmente werden ausschließlich synthetisch hergestellt.

Rechnet man mit einem durchschnittlichen Verkaufserlös von ca. 3 DM pro kg Weißpigment, so ergibt sich weltweit ein Handelswert von ca. 7.8 Mrd. DM.

Die größte Gruppe der anorganischen Pigmente sind die Weißpigmente. Produktion 1980:

$2.6 \cdot 10^6$ t

Tabelle 5.9.-5. Produktion wichtiger Weißpigmente in der Bundesrepublik Deutschland und der Welt 1980.

	BRD 10^3 t	Welt 10^3 t
Titandioxid	260	2015
Lithopone und Zinksulfid	32	220
Zinkweiß bleiarm	25	n. b.
Zinkweiß bleihaltig	18	n. b.
Bleiweiß	ca. 1	4
Summe	336	2600

TiO_2: Weißpigment mit hervorragenden Eigenschaften

Zur Erzielung eines maximalen Deck- bzw. Aufhellvermögens ist eine hohe Brechzahl und die Einstellung einer optimalen Teilchengröße, die hiervon abhängig ist, Voraussetzung. Die mit TiO_2-Pigmenten erzielbaren Effekte sind mit keinem anderen Weißpigment zu erreichen (s. Tabelle 5.9.-6).

Tabelle 5.9-6. Brechzahlen und optimale Teilchengröße einiger Weißpigmente.

Verbindung	mittlere Brechzahl gegen Vakuum	optimale Teilchengröße für organische Bindemittel D opt µm	Aufhellvermögen
TiO_2 Rutil	2.80	0.19	bis 800
TiO_2 Anatas	2.55	0.24	600
ZnS (Zinkblende)	2.37	0.29	350
ZnO Zinkit	2.01	0.48	100
($BaSO_4$, Baryt)*	1.64	1.60	25

* zum Vergleich

5.9.2.2. Titandioxidpigmente

5.9.2.2.1 Wirtschaftliche Bedeutung

TiO_2: das mit Abstand bedeutendste Weißpigment

Aufgrund ihrer hervorragenden Eigenschaften (s. Tabelle 5.9-6) haben die TiO_2-Pigmente weltweit einen Marktanteil von über 75% bezogen auf alle Weißpigmente; Bleiweiß, Lithopone und Zinkweiß wurden zunehmend vom Markt verdrängt (s. Tabelle 5.9-5). Die Kapazitäten stiegen in den letzten 15 Jahren von $1.4 \cdot 10^6$ t (1965) auf $2.7 \cdot 10^6$ t (1980), wobei Neuanlagen zunehmend – in den letzten Jahren praktisch ausschließlich – nach dem Chloridverfahren erstellt wurden; s. Tabelle 5.9-7.

Tabelle 5.9-7. Weltweite Kapazitäten zur TiO_2-Herstellung (10^3 t).

Jahr	Sulfat-Verfahren	Chlorid-Verfahren	Gesamt
1965	1254	135	1389
1970	1499	437	1936
1972	1632	441	2073
1974	1810	538	2348
1976	1922	657	2579
1978	1819	729	2548
1980	1757	964	2721

5.9.2.2.2 Rohstoffe für TiO_2-Pigmente

Ausgangsmaterialien für die TiO_2-Produktion sind beim Sulfat-Verfahren (s. Abschn. 5.9.2.2.3) Ilmenit und Titanschlacke, beim Chlorid-Verfahren (s. Abschn.

Rohstoffe für TiO_2-Pigmente

natürliche:
- Ilmenit
- Leucoxen
- Anatas
- Rutil

synthetische:
- Titanschlacke
- synthetischer Rutil

5.9.2.2.3) darüber hinaus Leucoxen, Rutil, synthetischer Rutil und in Zukunft möglicherweise auch Anatas.

Ilmenit (Fe, Mg, Mn) TiO_3 wird in der Natur in Primär- oder in Sekundärerz-Lagerstätten gefunden. Der TiO_2-Gehalt beträgt 43 bis 61%, der Eisenoxid-Gehalt 34 bis 49%. Verunreinigungen sind Mn, Mg, Al, Si, Cr, V, Nb, Sb u. a. Primärerz-Ilmenitvorkommen liegen in Norwegen, der USSR, Finnland, Canada, und den USA. Sekundärerz-Lagerstätten haben jedoch infolge der leichten Aufarbeitung (Sande) größere Bedeutung für die Rohstoffversorgung. Sie liegen in Südafrika, Australien, Indien, Brasilien, Malaysia und Ägypten.

Rutil wird aus Fluß-, Küsten- und Dünensanden gewonnen, wobei Konzentrate mit 90 bis 98% TiO_2 anfallen, die mit Fe, Zr, V, Cr, Al, Si, Mg u. a. verunreinigt sein können. Hauptlieferant ist Australien mit durchschnittlich 350000 t in den Jahren 1970 bis 1978.

Anatasvorkommen mit einem TiO_2-Gehalt von 30 bis 40% wurden in Brasilien entdeckt. Sie enthalten mit $220 \cdot 10^6$ t TiO_2 mehr Titandioxid als alle bisher bekannten Rutil-Vorkommen. Eine Nutzung als Ausgangsmaterial für $TiCl_4$ zur TiO_2-Pigmentherstellung oder zur Titanmetall-Gewinnung ist möglich.

Herstellung von Titanschlacke:

durch Reduktion von Ilmenit bei 1200 bis 1600 °C und Abtrennung des flüssigen Eisens

Titanschlacken aus Ilmeniten sind aufgrund des hohen TiO_2-Gehaltes bedeutende Rohstoffe für das Sulfat- und Chlorid-Verfahren. Der Anteil an Eisen im Ilmenit wird bei 1200 bis 1600 °C mit Kohlenstoff im Lichtbogenofen weitgehend zum Metall reduziert und abgetrennt. Dabei fallen Schlacken mit einem TiO_2-Gehalt von 70 bis über 85% je nach Ausgangsilmenit an. Hauptproduzenten sind die Quebec Iron and Titanium Corp. (QIT) in Canada und die Richards Bay Minerals Ltd. (RBM) in Südafrika. Die Kapazität der QIT beträgt 800 000 t/a, die der RBM 400000 t/a.

Herstellung von synthetischem Rutil aus Ilmenit:

durch Entfernung des Eisens nach verschiedenen Verfahren unter Beibehaltung der körnigen Form des Ausgangsmaterials

Synthetischer Rutil. In den letzten Jahren stiegen die Preise für Naturrutil, da die abbauwürdigen Vorkommen seltener werden. Um ein kostengünstiges Ausgangsmaterial für das Chlorid-Verfahren zu erhalten, wurden Verfahren zur Entfernung des Eisens aus Ilmeniterzen entwickelt, bei denen die Kornform erhalten bleibt, da diese für eine Wirbelbettchlorierung besonders günstig ist; s. Tabelle 5.9-8.

Die synthetischen Rutile haben einen TiO_2-Gehalt von 85 bis 90%. Bei allen Verfahren fällt aber das Eisen in

Tabelle 5.9-8. Produktionsanlagen zur Herstellung von synthetischem Rutil (1982).

Verfahren nach Firma	Verfahrensschritte	Nebenprodukt	Ausübende Firmen /Standort/ Kapazität in t/a
Benilite Corp. of America (USA)	-Reduktion zu Fe(II) -Salzsäurelaugung -Calcination	Fe(II)-chlorid als 20- bis 23%ige Lösung (Sprührösten und Rückführung von HCl)	Kerr McGee/Mobile USA 100000 Taiwan Alkali/Taiwan 30000 Malaysian Titanium Corp./ Malaysia 60000 Dhrangadhra Chemicals/Indien 25000
Ishihara Sangyo Kaisha	-Reduktion zu Fe(II) -Schwefelsäurelaugung -Calcination	$FeSO_4$-Lösung (Umsetzen mit NH_3 zu Ammonsulfat und Eisenoxidhydrat)	Ishihara, Yokkaichi/Japan 48000
Associated Minerals Consolidated	-Oxidation zu Fe(III) -Reduktion zu Fe -Laugung mit $FeCl_2$ unter Oxidation mit Luft	Eisenoxidhydrat	Associates Minerals Consolidated/Capel Australien 57000

Form von aufzubereitenden Salzlösungen oder als wertloses Oxid an. Bei den Verfahren zur Herstellung von Titanschlacke erhält man dagegen metallisches Eisen, so daß diese Verfahren ökologisch und ökonomisch vorteilhaft sind. Infolge dessen wurde ein Großteil der Anlagen zur synthetischen Rutilherstellung zwischenzeitlich wieder stillgelegt.

5.9.2.2.3 Herstellungsverfahren für TiO_2-Pigmente

TiO_2-Pigmente werden entweder nach dem älteren Sulfat- oder dem neueren Chlorid-Verfahren hergestellt. Die Wirtschaftlichkeit der beiden Verfahren ist in starkem Maße von den zur Verfügung stehenden Rohstoffen abhängig.

Herstellungsverfahren für TiO_2-Pigmente:

- Sulfatverfahren
- Chlorid-Verfahren

Sulfat-Verfahren

Das Sulfat-Verfahren (Abb. 5.9-1) geht von Ilmenit oder Titanschlacke aus.

Die fein gemahlenen Rohstoffe werden in einer exothermen Reaktion mit konzentrierter Schwefelsäure aufgeschlossen, der Aufschlußkuchen in kaltem Wasser gelöst und vom Rückstand abgetrennt. Um eine Mitfällung der

Sulfatverfahren:

- Aufschluß von Ilmenit oder Titanschlacke mit H_2SO_4
- Reduktion von Fe(III) zu Fe(II)
- Abtrennung von $FeSO_4 \cdot 7H_2O$
- Hydrolyse des $TiOSO_4$
- Waschen und Bleichen
- Calcinierung

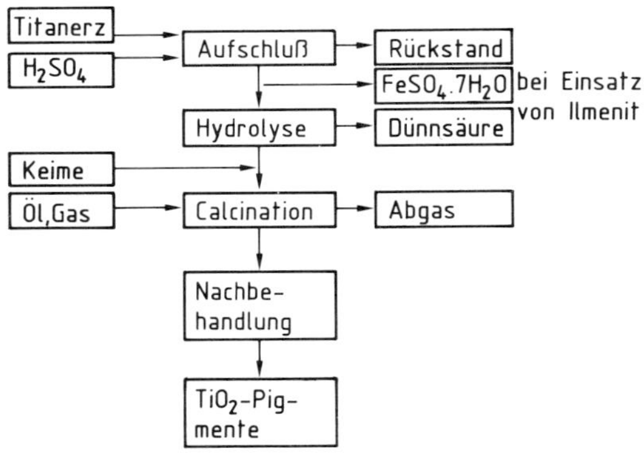

Abb. 5.9-1. TiO_2-Pigment-Herstellung nach dem Sulfat-Verfahren.

Eisen(III)-Ionen bei der anschließenden Hydrolyse zu verhindern, werden diese durch Zugabe von Ti(III)-Lösung oder Zugabe von Eisenschrott reduziert. Nach dem Eindampfen der Lösung wird, falls Ilmenit verwendet wurde, das in größeren Mengen gebildete Eisen(II)-sulfat-heptahydrat auskristallisiert. Danach hydrolisiert man das Titansulfat durch Einleiten von Wasserdampf bei 95 bis 110 °C. Um die Hydrolyse möglichst bis zu TiO_2-Ausbeuten von 93 bis 96% zu treiben und um ein Hydrolysat zu erhalten, das beim Glühen TiO_2-Teilchen mit der optimalen Teilchengröße von ca. 0.2 µm liefert, werden TiO_2-Keime zugesetzt oder am Anfang der Hydrolyse erzeugt. Bei der Hydrolyse entsteht Schwefelsäure in verdünnter wäßriger Lösung, die sog. Dünnsäure.

Das Hydrolysat wird gewaschen, zur Entfernung adsorbierter Schwermetall-Ionen (Fe, Cr, Mn, V) mit einer Ti(III)-Lösung oder mit Aluminium und Säure „gebleicht" und bei Temperaturen zwischen 800 und 1000 °C calciniert. Je nach Dotierung durch sog. Einstellchemikalien lassen sich bei der Calcinierung Anatas- oder Rutilpigmente herstellen, letztere durch Zusatz von Rutilisierungskeimen vor der Calcination.

Entsorgung der Zwangsanfallprodukte aus dem Sulfat-Verfahren:

- Dünnsäureeindampfung und Recyclisierung
- $FeSO_4$-Spaltung zu Eisenoxid und SO_2 ($\rightarrow H_2SO_4$)

Die anfallenden Nebenprodukte, verdünnte Schwefelsäure (Dünnsäure) und ggf. Eisensulfatheptahydrat, werden in zunehmendem Maße aufgearbeitet (Abb. 5.9-2). Nach einem seit 1958 von der Bayer AG praktizierten Verfahren wird die Dünnsäure in gemauerten Kesseln mit Hilfe von Tauchbrennern auf 65% aufkonzentriert. Dabei fallen alle Sulfate als unlöslicher Niederschlag aus. Nach ihrer Abtrennung kann die 65%ige Schwefelsäure

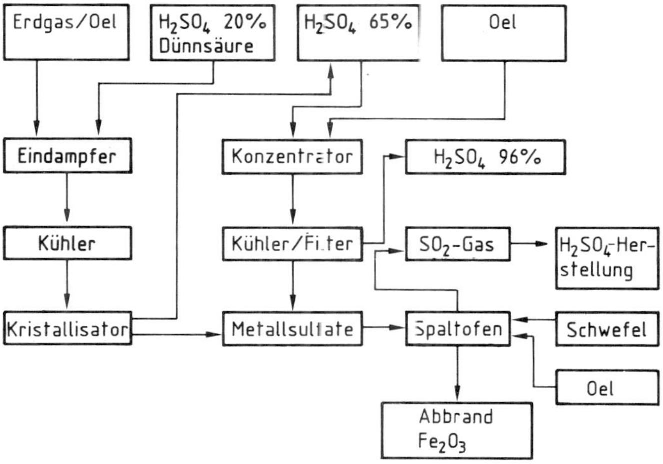

Abb. 5.9-2. Dünnsäure-Aufkonzentration und Metallsulfat-Spaltung.

als solche verwendet werden, oder sie wird in einer Destillationsstufe zu 96%iger Schwefelsäure eingedampft. Diese läßt sich dann wieder für den Ilmenit- oder Schlackeaufschluß einsetzen.

Eisensulfat-heptahydrat wird bei 800 bis 1000 °C in Fließbettreaktoren in Schwefeldioxid und Eisenoxid gespalten; als Energieträger können Schwefel oder andere Brennstoffe dienen. Das entstehende Schwefeldioxid wird nach der Reinigung zu Schwefelsäure verarbeitet. Der Eisenoxid-Rückstand kann in der Zementindustrie eingesetzt werden.

Chlorid-Verfahren

Beim Chlorid-Verfahren wird natürliches oder synthetisches Rutilerz mit einem TiO_2-Gehalt von ca. 96% mit Petrolkoks und Chlor in einem Wirbelbett chloriert. Das anfallende Roh-$TiCl_4$ wird mit Reduktionsmitteln versetzt, um Verunreinigungen wie Vanadiumoxidchlorid in niederwertige Vanadium-Verbindungen zu überführen, und anschließend destilliert. Das entstehende Titantetrachlorid, fast beliebig rein zugänglich, wird mit reinem Sauerstoff verbrannt zu TiO_2 und Chlor, das erneut bei der Chlorierung eingesetzt wird (Abb. 5.9-3).

Chloridverfahren:

- Wirbelbettchlorierung von Rutilerz
- Entfernung von Vanadium
- $TiCl_4$-Destillation
- $TiCl_4$-Verbrennung zu TiO_2 und Cl_2

Der Anfall an Fremdmetallchloriden ist abhängig vom Rohstoff. Stünde genügend Rutil zur Verfügung, wäre

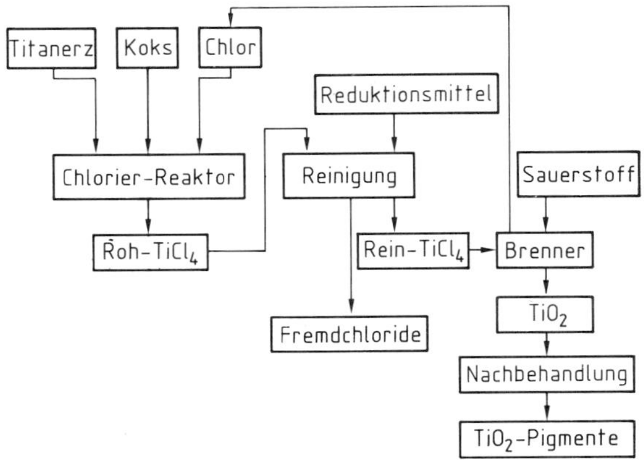

Abb. 5.9-3. TiO_2-Herstellung nach dem Chlorid-Verfahren.

dieses Verfahren ökologisch besonders vorteilhaft. Da Rutil jedoch knapp und damit teuer ist, setzt man bei dem Chlorid-Verfahren heute auch titanärmere Rohstoffe wie z. B. 85%ige RBM-Schlacke (s. Abschn. 5.9.2.2.2) ein, so daß man einen erhöhten Anfall an Metallchloriden in Kauf nehmen muß. Eine TiO_2-Pigment-Herstellung ganz ohne Zwangsanfallprodukte ist nicht möglich. Diese werden aber entsorgt, wie beim Sulfat-Verfahren bereits dargestellt.

Nachbehandlung von TiO_2

Nachbehandlung von TiO_2-Pigmenten zur:

- Verbesserung der Dispergierbarkeit
- Erhöhung der Wetterstabilität

Die Hauptmenge der TiO_2-Pigmente wird einer anorganischen und organischen Nachbehandlung unterzogen, um ihre Wetterstabilität zu erhöhen und ihre Dispergierbarkeit in Lacken und Kunststoffen zu verbessern.

Mangelhafte Wetterstabilität zeigen vor allem unbehandelte Anataspigmente, die wie allgemein TiO_2, aber auch wie die Lackbindemittel und Kunststoffe selbst, im nahen UV-Bereich Licht absorbieren. Dies führt bei den organischen Medien zu einem UV-Eigenabbau, beim Anatas zur Bildung von OH- und HO_2-Radikalen auf der Oberfläche, die einen beschleunigten photochemischen Abbau des Bindemittels unter Freilegung der Pigmentteilchen bewirken (Kreidung).

Durch verschiedene Maßnahmen (Verwendung der stabileren Rutilpigmente, Dotierung des Hydrolysats mit Zn^{2+}, Al^{2+}, Zr^{4+} oder Si^{4+} vor dem Glühen und Auffällen schwerlöslicher farbloser anorganischer Verbindungen wie $SiO_2 \cdot aq$, $Al(OH)_3$, $ZrO_2 \cdot aq$, wasserhaltiger Aluminiumsilikate, Al-Phosphate und dergleichen auf die fertigen Pigmentteilchen im Zuge einer Nachbehandlung) können die oben beschriebenen Effekte jedoch völlig unterdrückt, ja sogar ins Gegenteil umgekehrt werden. Die so stabilisierten Rutilpigmente absorbieren zwar weiterhin UV-Licht, nunmehr aber ohne photochemische Sekundärreaktionen; sie stellen damit sogar einen UV-Schutz für die mit ihnen pigmentierten organischen Bindemittel dar.

5.9.2.2.4 Verwendung von TiO_2-Pigmenten

Das hohe Deck- und Aufhellvermögen der TiO_2-Pigmente, ihre chemische Stabilität und Unbedenklichkeit und ein günstiges Preis/Wirkungs-Verhältnis hat ihnen Eingang in zahlreiche Anwendungsgebiete verschafft und andere Weißpigmente daraus verdrängt. So werden Lacke und Anstrichstoffe, Kunststoffe, Druckfarben, Fasern (Mattierung), Papiere, Laminatpapiere (Schichtpreßmassen auf Basis von Melamin- oder Harnstoff-Formaldehyd-Harzen), Baustoffe, Email und Keramik, Puder, Salben, Zahnpasta, ja sogar Zigarrendeckblätter unter Verwendung von TiO_2-Pigmenten hergestellt. Es gibt kaum einen weiß gefärbten oder hell getönten Gegenstand in unserer Umwelt, der nicht TiO_2-Pigmente enthält.

Anwendungsgebiete für TiO_2-Pigmente:

- Lacke und Anstrichstoffe
- Kunststoffe
- Druckfarben
- Fasern
- Papiere
- Schichtpreßmassen
- Baustoffe
- Email und Keramik
- Kosmetik

Tabelle 5.9-9. Anwendungsgebiete von TiO_2-Pigmenten in West-Europa und den USA.

	West-Europa %	USA %
Lacke und andere Beschichtungsstoffe	64	51
Kunststoffe	19	15
Papier	8	23
Baustoffe	4	–
Email und Keramik	4	2
Sonstige	1	9

In neuerer Zeit hat die Anwendung von TiO_2-Pigmenten in Form hochkonzentrierter, fließfähiger, pumpbarer und volumetrisch dosierbarer Suspensionen (sog. Slurries) zugenommen. Diese bis zu 75% TiO_2 (Massenanteil) enthaltenden Aufschlämmungen sind rheologisch so ein-

TiO_2-Slurries: hochkonzentrierte, fließ-, pump- und volumetrisch dosierbare TiO_2-Suspensionen

gestellt, daß sie selbst bei längerem Lagern keine Bodensätze bilden. Sie stellen eine staubfreie Anwendungsform der TiO_2-Pigmente dar.

5.9.2.3 Lithopone und Zinksulfid-Pigmente

Lithopone:

Gemenge von ZnS und $BaSO_4$

Die Lithopone umfassen eine Gruppe von Weißpigmenten, die man durch gemeinsames Glühen einer Zinksulfid- und Bariumsulfat-Fällung erhält. Der Zinksulfid-Gehalt der einzelnen Typen, der die Qualität der Pigmente bestimmt, kann zwischen 29 und 60% betragen; Spezialpigmente können auch aus reinem Zinksulfid bestehen. ZnS-haltige Weißpigmente werden für Speziallacke und Tapetendruckfarben verwendet und in der Kunststoff- und Gummiindustrie eingesetzt. Die Verwendung von Zinksulfid-haltigen Pigmenten ist in den letzten Jahrzehnten immer mehr zurückgegangen und beträgt heute mit 215 000 t/a noch etwa 10% des TiO_2-Absatzes (s. auch Tabelle 5.9-5).

Herstellung der Lithopone:

- Fällung $ZnSO_4 + BaS \longrightarrow ZnS + BaSO_4$
- Glühung des Gemenges

Zur Herstellung der Lithopone wird eine Zinksulfat-Lösung mit einer wäßrigen Bariumsulfid-Lösung umgesetzt:

$$ZnSO_4 + BaS \longrightarrow ZnS + BaSO_4$$

Reinigung der $ZnSO_4/ZnCl_2$-Lösung zur Entfernung von Fremdmetallen:

- Oxidation mit Chlor
- Zementation mit Zinkstaub

Die Zinksalz-Lösungen, die heute vorwiegend von den Zink- und Kupferhütten bezogen werden, enthalten Verunreinigungen, die vollständig entfernt werden müssen, da alle Schwermetalle gefärbte Sulfide ergeben. Zur Reinigung wird zunächst mit Chlor oxidiert (pH 4), wobei Eisen und Mangan als Oxidhydrate weitestgehend, Cobalt, Nickel und Cadmium als Hydroxide teilweise gefällt werden. In einem zweiten Schritt werden edlere Elemente als Zink (Ni, Co, Cd, Jn, Tl, Pb, Cu, Ag) durch Zementation mit Zinkstaub in metallischer Form abgetrennt und den Kupferhütten zur Gewinnung der Edelmetalle zurückgegeben. Nach der Reinigung werden die Lösungen auf einen bestimmten Zink-Gehalt eingestellt; zur Herstellung von Lithopone-Typen mit mehr als 30% ZnS werden Gemische aus Zinksulfat- und Zinkchlorid-Lösungen eingesetzt.

Herstellung der BaS-Lösung:

$$BaSO_4 + 2\,C \longrightarrow BaS + 2\,CO_2$$

Bariumsulfid-Lösungen erhält man durch Reduktion von Kieselsäure-armem natürlichem Schwerspat mit Koks oder Kohle im Drehrohrofen bei etwa 1250 °C und Auslaugen mit Wasser. Da alle Schwermetallsulfide als Rückstand verbleiben, läßt sich die filtrierte Lösung direkt zur Fällung der Zinksalze einsetzen.

Das gefällte Rohpigment, das aufgrund seiner zu geringen Teilchengröße noch keine Pigmenteigenschaften aufweist, wird anschließend calciniert und über die Glühtemperatur (abhängig vom Restsalzgehalt) auf einen optimalen Teilchendurchmesser von etwa 0.35 µm eingestellt. Eine ausreichende Lichtbeständigkeit der Lithopone wird durch Einbau von 0.02 bis 0.5% Cobalt erzielt. Durch chemische oder mechanische Nachbehandlung (z. B. Dampfstrahlmahlung evtl. in Gegenwart organischer Mahl- und Dispergierhilfsmittel) erhält man für besondere Anwendungsbereiche optimierte Lithopone-Typen.

Erhöhung der Lichtbeständigkeit der Lithopone durch Dotierung mit 0.02–0.5% Co

5.9.2.4 Zinkoxid-Weißpigmente

5.9.2.4.1 Herstellung

Zinkoxid-Weißpigmente werden nach ihrem Herstellungsverfahren als „Zinkweiß“ oder Zinkoxid bezeichnet.

„Zinkweiß“ (ZnO) nach dem französischen Verfahren

Zur Herstellung von Zinkweiß nach dem „französischen“ Verfahren wird metallisches Zink geschmolzen, verdampft und im Gaszustand mit Luftsauerstoff zu Zinkoxid oxidiert. Ist das Ausgangsprodukt nicht rein genug, so muß das Zink vor der Oxidation durch Verdampfen und anschließende Kondensation gereinigt werden. Die Teilchengröße und -form der Zinkoxid-Kristalle läßt sich durch die Oxidationsbedingungen steuern. Nach der Verbrennung wird das ZnO aus dem ZnO/Luft-Gemisch in Absetzkammern niedergeschlagen, wobei eine Fraktionierung der Zinkoxid-Teilchen nach ihrer Größe erfolgt.

Herstellung von Zinkweiß (ZnO) nach dem „französischen“ Verfahren:

- Aufschmelzen von metallischem Zn
- Verdampfen des Zn
- Oxidation mit Luft im Gaszustand zu ZnO

Zinkoxide nach dem amerikanischen Verfahren

Rohstoffe für die Herstellung von Zink-Oxiden nach dem „amerikanischen“ Verfahren sind Röstprodukte

Herstellung von Zinkoxiden nach dem „amerikanischen“ Verfahren:

- Reduktion oxidischer Zink-Verbindungen
- anschließend direkte Oxidation zu ZnO

und Konzentrate von Zink-Erzen sowie neuerdings Zinkhydroxide oder Zinkcarbonate aus der Schrottaufbereitung. Die Reduktion erfolgt mit Kohle; direkt im Anschluß findet im gleichen Reaktionsraum die Reoxidation zu ZnO statt. Die Reinheit der Zinkoxide ist im Normalfall etwas niedriger als beim „französischen“ Verfahren. Durch franktionierende Abscheidung entstehen verschiedene Qualitäten.

Zinkoxide nach dem naßchemischen Verfahren

Herstellung von Zinkoxiden naßchemisch:

- Fällung von Zinkhydroxid oder -carbonat
- Calcination

Aus gereinigten Zinksalz-Lösungen wird Zink als Hydroxid, basisches Carbonat oder Carbonat gefällt; diese werden gewaschen, filtriert und getrocknet. Um zu Pigmenten zu gelangen, ist eine anschließende Calcination notwendig. Je nach Fällungs- und Glühbedingungen können die Pigmente dem Anwendungsbereich angepaßt werden; bei niedriger Glühtemperatur entstehen besonders feinteilige, sog. transparente Zinkoxide, die in Wirklichkeit noch basisches Carbonat darstellen. Naßchemisch hergestellte Zinkoxide sind besonders rein, da die Zinksalz-Lösungen sehr rein hergestellt werden können (vgl. Abschn. 5.9.2.3).

5.9.2.4.2 Verwendung

Verwendung von ZnO:

- Gummiindustrie
- Kunststoffeinfärbung
- Lacke
- Photokopierpapiere
- pharmazeutische und kosmetische Produkte

Zinkoxide werden hauptsächlich in der Gummiindustrie verwendet; sie dienen als Aktivatoren für den Vulkanisationsprozeß. Wesentlich für den Einsatz in Chemiewerkstoffen sind die geringe Härte der Zinkoxide und die hohe Verträglichkeit zwischen Polymermaterial und ZnO. Beim Einsatz in Lacken ist die Neigung zur Bildung von Zinkseifen wichtig, die den Pilzbefall der Anstriche verhindern und ihre Alterungsbeständigkeit verbessern (UV-Absorption). Weitere Anwendungsgebiete für Zinkoxide sind Kopierpapiere, Klebemittel, pharmazeutische und kosmetische Produkte sowie Zahnzemente.

5.9.3 Buntpigmente

5.9.3.1 Eisenoxid-Pigmente

Mit einer Weltjahresproduktion von ca. 500000 t an synthetischen Pigmenten und ca. 110 bis 120000 t an natürlichen Produkten stellen Eisenoxid-Pigmente die mit Abstand wichtigste Gruppe der Buntpigmente dar (vgl. Abschn. 5.9.1). Als farbgebende Substanzen umfaßt diese Gruppe chemisch völlig unterschiedliche Verbindungen wie z. B. α-FeOOH (gelb), γ-FeOOH (gelborange), Fe_3O_4 (schwarz), γ-Fe_2O_3 (braun) und α-Fe_2O_3 (rot), aus denen durch physikalische Mischung eine breite Palette von Brauntönen erzeugt werden kann. Daneben spielen die Herstellung von Mischkristallen und die gezielte Einstellung einer bestimmten Teilchengröße zur Steuerung des Farbtones eine wichtige Rolle. Eisenoxid-Pigmente sind seit jeher die preisgünstigsten anorganischen Farbmittel und haben demzufolge breite Anwendung vor allem in Baustoffen und Beschichtungsmitteln gefunden.

Eisenoxid-Pigmente:

mengenmäßig größte Buntpigmentgruppe
Produktion 1980:

$\sim 0.62 \cdot 10^6$ t

5.9.3.1.1 Natürliche Eisenoxid-Pigmente

Die natürlich vorkommenden Farberden verdanken ihre Farbe den in ihnen enthaltenen Eisen-Verbindungen, die – je nach Fundort verunreinigt sind. Die geringere Reinheit und die gegenüber synthetischen Pigmenten breitere Verteilung der Teilchengrößen sind der Hauptgrund für ihre geringere Farbstärke und Farbreinheit, verglichen mit synthetischen Produkten. Daher finden natürliche Eisenoxid-Pigmente – von einigen Ausnahmen abgesehen – nur in weniger anspruchsvollen Einsatzgebieten Verwendung. Der Echtheit, die sie mit den synthetischen Produkten gemein haben, ist es zu verdanken, daß wir noch heute farbige Höhlenmalereien von 15000 v. Chr. bewundern können.

Natürliche Rots wie Persischrot (Fundort: Hormuz, Persischer Golf) und Spanischrot sowie die gebrannten Sienen bilden mit ca. 50% die bedeutendste Gruppe dieser „Erdfarben“. Ihre Farbstärke nimmt mit steigendem Gehalt an α-Fe_2O_3 zu, der bei den reinsten Sorten bis zu 95% erreichen kann. Ihr Einsatz ist meist auf Grundierungen, billige Schiffsfarben und Hausanstriche (USA, Skandinavien) beschränkt.

Natürliche Eisenoxide:

- Naturrots wie Spanischrot oder Persischrot
- Ocker
- Sienen
- Umbren
- Eisenglimmer

Ocker, die als farbtongebenden Anteil fast ausschließlich Limonit (α-FeOOH) enthalten, werden in nennenswerten Mengen heute noch in Südafrika und Frankreich abgebaut. Aufgrund ihres geringeren Gehaltes an α-FeOOH gegenüber den synthetischen Eisenoxid-Gelbpigmenten (französischer Ocker 20% Fe_2O_3, südafrikanischer bis 55%, synthetisches α-FeOOH ca. 87% Fe_2O_3) und der geringeren Konstanz an koloristischen Eigenschaften ist ihr Anwendungsbereich von den synthetischen Pigmenten mehr und mehr zurückgedrängt worden.

Sienen, die hauptsächlich aus einem Gemisch von feinkristallinem Goethit mit kolloidaler Kieselsäure bestehen (Fe_2O_3-Gehalt ca. 50%), haben lasierende (halbtransparente) Eigenschaften und besitzen aus diesem Grunde noch eine gewisse Bedeutung in Künstlerlacken und anderen Spezialgebieten. Die rohe Siena hat wegen ihres Gehaltes an Manganoxiden (bis zu 1%) einen braungelben Farbton, der beim Brennen in helles Rotbraun umschlägt.

Umbren (Fe_2O_3-Gehalt zwischen 45 bis 70%, MnO_2-Gehalt zwischen 5 und 20%), deren größte Vorkommen auf Zypern sind, werden von dort meist in gebrannter Form exportiert.

Tabelle 5.9-10. Natürliche und synthetische Eisenoxid-Pigmente.

Farbe	natürlich	synthetisch	Farbtonverschiebung mit zunehmender Teilchengröße
Gelb	Limonit gelber Ocker	Goethit α-FeOOH	grüngelb→braungelb
	Siena (Raseneisenerz)	Lepidokrokit γ-FeOOH	gelb→orange
Rot	Hämatit Persischrot, Spanischrot, roter Ocker, Siderit (gebrannt), Siena (gebrannt)	Hämatit α-Fe_2O_3	gelbrot→rotviolett
Braun	Umbren (unbehandelt und gebrannt)	Maghemit γ-Fe_2O_3	hellbraun→dunkelbraun
	Siderit (gebrannt)	Mischungen aus Hämatit, Goethit und Magnetit	
	Siena (gebrannt)		
Schwarz	Magnetit	Magnetit Fe_3O_4	grünbraunes Schwarz→ blaustichiges Schwarz

Eisenglimmer, ein plättchenförmiges α-Fe_2O_3 von metallisch grauer Farbe, wird hauptsächlich in Kärnten abgebaut. Er wird für Korrosionsschutzbeschichtungen im Decklack verwendet. Einsatzgebiete sind der Stahlhochbau (Bahnhöfe, Eiffelturm), petrochemische Anlagen und der Schiffsbau. Die Jahreskapazität beträgt ca. 10000 t.

5.9.3.1.2 Synthetische Eisenoxid-Pigmente

Allgemeines

Die hohen Anforderungen der Lack- und Baustoffindustrie sind heutzutage fast nur noch durch synthetische Eisenoxid-Pigmente zu erfüllen. Diese besitzen die erforderliche chemische Reinheit und lassen sich gezielt in verschiedener Teilchengröße herstellen, wodurch sowohl Variationen des Deckvermögens als auch des Farbtons möglich sind. Das maximale Streuvermögen erreichen Eisenoxid-Pigmente bei einer Teilchengröße von ca. 0.2 µm. Zu größeren und kleineren Teilchen hin nimmt das Deckvermögen ab. Unterhalb einer Teilchengröße von ca. 0.01 µm verschwindet das Streuvermögen gänzlich; diese Eisenoxid-Pigmente ergeben transparente Einfärbungen.

Farbtoneinstellung bei synthetischen Eisenoxid-Pigmenten:

- chemisch durch entsprechende Stoffauswahl
  - α-FeOOH gelb
  - α-Fe_2O_3 rot
  - Fe_3O_4 schwarz
  - Mischungen braun
- physikalisch durch Variation der Teilchengröße:
  - ca. 0.2 µm für optimales Deckvermögen
  - <0.01 µm für transparente Eisenoxid-Pigmente

Tabelle 5.9-11. Teilchengröße und Eigenschaften von Eisenoxid-Pigmenten.

Eigenschaften	Teilchendurchmesser (µm) 0.001 0.01	0.1 1.0	10.0 100.0
Pigmentart	transparente Eisenoxide	deckende Eisenoxide	Eisenglimmer
Farbton:			Graubraun (Metalleffekt)
Eisenoxidrot (α-Fe_2O_3)	gelbrot	gelbrot-violett	–
Eisenoxidgelb (α-FeOOH)	zitronengelb	grüngelb-orangegelb	–
Eisenoxidschwarz (Fe_3O_4)	–	braunschwarz-blauschwarz	–
Deckvermögen:	transparent	optimal	gering

Produktionsstätten für synthetische Eisenoxid-Pigmente liegen hauptsächlich in der Bundesrepublik Deutschland, USA, Japan und Großbritannien. Größter Hersteller ist die Bayer AG. Die einzelnen Herstellungsverfahren können prinzipiell alle zur Herstellung der verschieden zusammengesetzten Eisenoxide und damit verschiedener Farben eingesetzt werden; den Ausschlag gibt jedoch die Wirtschaftlichkeit.

Die zur Herstellung einsetzbaren Rohstoffe wie z. B. Eisen(II)-sulfat und Eisen(II)-chlorid aus Beizereien der Stahlindustrie sowie Eisenschrott aus der metallverarbeitenden Industrie sind je nach Reinheitsgrad unterschiedlich gut geeignet.

Herstellung

Thermolyse von Eisen-Verbindungen

Herstellung synthetischer Eisenoxid-Pigmente:

- Thermolyse von Eisen-Verbindungen
- oxidative Verfahren in wäßrigem Milieu

Thermolyse von Eisen-Verbindungen zu $\alpha\text{-}Fe_2O_3$:

- Abrösten von $FeSO_4$
- Calcination von α-FeOOH
- Oxidative Calcination von Fe_3O_4
- Oxidative Hochtemperaturhydrolyse von $FeCl_2$

Rote Eisenoxid-Pigmente werden überwiegend durch Röst- und Glühverfahren erhalten. Bei der oxidativen Calcination sind aus allen zersetzlichen Eisen-Verbindungen $\alpha\text{-}Fe_2O_3$-Pigmente zugänglich; von praktischer Bedeutung ist die Zersetzung von Eisensulfat, α-FeOOH und die Oxidation von Fe_3O_4.

Die oxidative Abröstung von Eisen(II)-sulfat-Heptahydrat wird nach vorheriger Entwässerung zum Monohydrat in Drehrohröfen oberhalb 650 °C durchgeführt und liefert farbreine rote $\alpha\text{-}Fe_2O_3$-Pigmente (Copperas Reds):

$$6\,FeSO_4 \cdot H_2O + 3/2\,O_2 \longrightarrow Fe_2O_3 + 2\,Fe_2(SO_4)_3 + 6\,H_2O$$

$$2\,Fe_2(SO_4)_3 \longrightarrow 2\,Fe_2O_3 + 6\,SO_3\,.$$

Das entstehende Schwefeloxid kann zu Schwefelsäure verarbeitet werden. Nachteilig bei diesem Verfahren sind die beim Auswaschen des Röstgutes ins Abwasser gelangenden löslichen Verunreinigungen, da das Sulfat nicht vollständig abgeröstet wird.

Eisen(II)-chlorid, das in großen Mengen zur Verfügung stehende Salz der Beizereien, läßt sich ebenfalls thermohydrolytisch spalten. Die anfallenden Eisenoxide besitzen allerdings nicht die heute üblichen Pigmentqualitäten. Sie werden daher gewöhnlich pelletiert und in die

Stahlerzeugung zurückgeführt. Eine Ausnahme bilden Eisenoxide aus $FeCl_2$-Lösungen nach dem Ruthner-Verfahren; diese werden in der Hart- und Weichferrit-Industrie eingesetzt.

Prinzipiell können alle nach dem Fällverfahren, Penniman-Zoph-Verfahren und Anilin-Verfahren hergestellten α-FeOOH- oder Fe_3O_4-Pigmente zu α-Fe_2O_3-Rotpigmenten verglüht werden. Die größte Bedeutung hat die oxidative Calcination von Fe_3O_4 aus dem Anilin-Verfahren. Durch Glühung im Drehrohrofen erhält man – je nach eingesetztem Material und Temperaturführung über die Einstellung der Teilchengröße – eine ganze Palette verschiedener Rottöne. Die Aufarbeitung umfaßt nur noch eine Mahlung; Waschschritte entfallen dank der Reinheit der Ausgangssubstanz. Die Calcination von Gelbpigmenten führt ebenfalls zu Rotpigmenten mit stäbchenförmigem Habitus. Bei der Calcination von sehr feinteiligem α-FeOOH entstehen transparente α-Fe_2O_3-Pigmente. Diese werden auch durch oxidative thermische Spaltung von $Fe(CO)_5$ erhalten.

Oxidative Verfahren zur Herstellung von:

- α-FeOOH-Gelbpigmenten
- Fe_3O_4-Schwarzpigmenten
- α-Fe_2O_3-Rotpigmenten

Oxidationsverfahren in wäßrigem Milieu

Ausgehend von Eisen(II)-sulfat-Lösungen sind über ein Luftoxidationsverfahren durch geeignete Wahl der Reaktionsbedingungen und Einsatz bestimmter Keime FeOOH-Gelb-, Fe_3O_4-Schwarz- und Fe_2O_3-Rot-Pigmente zugänglich. Größte Bedeutung hat die Herstellung von α-FeOOH-Gelbpigmenten. Erster Reaktionsschritt ist die Herstellung der für die späteren Pigmenteigenschaften entscheidenden Keime. Hierzu werden aus $FeSO_4$-Lösung mit Natronlauge in einem Rührbehälter basische Eisen(II)-sulfate ausgefällt, die durch Luftoxidation in eine α-FeOOH-Keimsuspension übergeführt werden.

Oxidationsverfahren in wäßrigem Milieu laufen in zwei Stufen ab:

- Keimbildung
- Pigmentteilchenwachstum

$$2\,FeSO_4 + 4\,NaOH + 1/2\,O_2 \longrightarrow 2\,FeOOH + 2\,Na_2SO_4 + H_2O\,.$$

Die kristallinen α-FeOOH-Keime sind sehr feinteilig und können als transparente Pigmente Verwendung finden. Um zu Pigmenten mit deckenden Eigenschaften zu gelangen, müssen die α-FeOOH-Keime durch Zufuhr von weiterer Eisensulfat-Lösung, Lauge und Luft bis zur vor-

Pigmentteilchenwachstum:

- beim Fällverfahren durch $FeSO_4$-Zugabe
- beim Penniman-Zoph-Verfahren durch Auflösen von Eisenschrott

bestimmten, dem Farbton entsprechenden Größe weiterwachsen (Fällverfahren).

Eine andere Möglichkeit zur Teilchenvergröberung besteht in der Zugabe von Eisenschrott und der Oxidation mit Luft ohne zusätzlichen Chemikalienverbrauch (Penniman-Zoph-Verfahren).

$$2\,FeSO_4 + 3\,H_2O + 1/2\,O_2 \longrightarrow 2\,FeOOH + 2\,H_2SO_4$$

$$Fe + H_2SO_4 \longrightarrow FeSO_4 + H_2\,.$$

Bei diesem Aufwachsverfahren entsteht keine weitere Salzbelastung des Abwassers, da die bei der Oxidation entstehende Schwefelsäure sich mit dem zugesetzten Schrott zu $FeSO_4$ umsetzt. Zur Beschleunigung der Reaktion wird die Temperatur durch Zufuhr von Dampf bei 70 bis 90 °C gehalten.

Zur Herstellung von Schwarzpigmenten nach dem Fällverfahren werden die Eisen(II)-salz-Lösungen neutralisiert und unter Luftzufuhr bei 90 bis 100 °C bis zu einem Fe(II)/Fe(III)-Verhältnis von 0.5 (Fe_3O_4) oxidiert. Durch geeignete Keimbildungsbedingungen lassen sich nach einem ähnlichen Verfahren bei vollständiger Oxidation auch sehr feinteilige α-Fe_2O_3-Keime herstellen, die nach einem Wachstumsschritt farbstarke, leicht dispergierbare α-Fe_2O_3-Rot-Pigmente ergeben.

Anilin-Verfahren:

- Reduktion von Nitrobenzol mit Eisenschrott zu α-FeOOH- oder Fe_3O_4-Pigmenten und Anilin
- Destillative Abtrennung des Anilins

Die seit langem bekannte Reduktion von Nitrobenzol mit metallischem Eisen, die früher ausschließlich zur Herstellung von Anilin diente, wurde von Laux so umgestaltet, daß der früher unbrauchbare Eisenoxid-haltige Rückstand als farbstarkes Fe_3O_4-Pigment anfällt; dieses kann als solches direkt verwendet oder zu farbstarken α-Fe_2O_3-Rot-Pigmenten verglüht werden. Die Zugabe von Aluminiumchlorid zur Reaktionsmischung liefert α-FeOOH-Gelbpigmente.

Bei diesem „Anilin-Verfahren" kommen als Rohstoffe gemahlene und gesiebte, weitgehend fettfreie Gußeisen- oder Schmiedeeisenspäne zum Einsatz. Korngröße, metallurgische Beschaffenheit und Dosiergeschwindigkeit des Eisens sind von entscheidender Bedeutung für die Qualität der entstehenden Pigmente. Die Reaktion wird durch Einleiten von Dampf gestartet und läuft dann exotherm ab:

$$C_6H_5NO_2 + 2\,Fe + 2\,H_2O \xrightarrow{AlCl_3} C_6H_5NH_2 + 2\,FeOOH$$

bzw.

$$4\,C_6H_5NO_2 + 9\,Fe + 4\,H_2O \xrightarrow{FeCl_2} 4\,C_6H_5NH_2 + 3\,Fe_3O_4\,.$$

Die Pigmentbildung erfolgt hier ohne Basen und unter Verwendung von Nitrobenzol als Oxidationsmittel. Nach beendeter Reaktion wird das Anilin abgetrennt; Reste werden durch Wasserdampfdestillation abgetrieben. Die Pigmentsuspension wird von überschüssigen Eisenspänen durch Klassierung abgetrennt und dann in einer Reihe von Schlammeindickern und Vakuumdrehfiltern salzfrei gewaschen. Das Trocknen der Pigmentpasten erfolgt im Band-, Trommel-, Sprüh- oder Fließbetttrockner. Es schließt sich eine desintegrierende Mahlung oder eine Mikronisierung (Feinstmahlung mit Strahlmühlen) an.

Verwendung von Eisenoxid-Pigmenten

Die Verwendung der Eisenoxid-Pigmente ist regional sehr unterschiedlich. Während in Europa der Baustoffsektor eindeutig dominiert, sind es in den USA Farben und Anstrichstoffe.

Verwendung von Eisenoxid-Pigmenten:

- Baustoffeinfärbungen
- Farben und Lacke
- Kunststoffeinfärbungen
- als Rohstoff für Hart- und Weichferrite

Tabelle 5.9-12. Verwendung von Eisenoxid-Pigmenten.

	Westeuropa	USA (in %)
Baustoffeinfärbungen	54	23
Farben und Lacke	30	47
Kunststoffeinfärbungen	4	12
Sonstiges	2	18

Im Bereich der Baustoffeinfärbungen ist die chemische Stabilität sowie Licht- und Wetterechtheit der synthetischen Eisenoxid-Pigmente von Bedeutung. Betonsteine, Pflastersteine, Dachpfannen, Asbestzement, Mörtel, Bitumen und Fassadenputze werden heutzutage mit Eisenoxid-Pigmenten eingefärbt.

Als Rohstoffe für Ferrite (Abschn. 5.5.5.2 Elektro- und Magnetokeramik), die als Hart- oder Weichferrite in der Radio-, Fernseh- und Fernmeldetechnik, als Klebemagnete, als Rotoren in Dynamos, in verlustfreien magnetischen Lagern, in Gleichstrommotoren bzw. in Kernen von Transformatoren, elektronischen Rechenmaschinen und Hochfrequenzöfen eingesetzt werden und insgesamt eine Weltjahresproduktion von über 300000 t aufweisen, werden natürliche und synthetische Eisenoxide verwendet, die keine Pigmenteigenschaften aufweisen müssen.

α-FeOOH- oder α-Fe_2O_3-Pigmente mit Teilchengrößen unter 0.01 µm (transparente Pigmente) finden überwiegend in Metallic-Lackierungen und in transparenten Holzschutzlacken Verwendung (UV-Schutz). Die jährlich produzierten Mengen sind, verglichen mit den deckenden Eisenoxid-Pigmenten, von untergeordneter Bedeutung.

5.9.3.2 Chrom(III)-oxid-Pigmente

5.9.3.2.1 Herstellung

Alle technisch wichtigen Produktionsverfahren für Chromoxid-Pigmente gehen von Chromaten oder Dichromaten aus, die durch alkalisch oxidierenden Chromerz-Aufschluß erhalten werden.

Herstellungsverfahren in wäßriger Phase

Bei der Nutzung der Oxidationswirkung von Chromaten in der organischen Chemie fallen Chromhydroxide oder Chromoxidhydrate an, die zum α-Cr_2O_3 verglüht oder direkt als Pigment eingesetzt werden können. Mit zunehmender Bedeutung katalytischer Oxidationen in der organischen Chemie haben diese Verfahren an Bedeutung verloren.

Herstellung von Cr_2O_3-Pigmenten:

- in wäßriger Phase:

  Reduktion von Chromat- bzw. Dichromat-Lösungen mit organischen Abfallstoffen oder Polysulfiden und anschließender Calcination zu α-Cr_2O_3

Besonders billige Reduktionsmittel für Chromate bzw. Dichromate sind organische Abfallstoffe, wie Melasse oder Holzmehl, oder elementarer Schwefel. Am häufigsten werden Polysulfid-haltige Schwefelsuspensionen benutzt, wobei neben schwer filtrierbarem Chromhydroxid Natriumthiosulfat entsteht, das sich zur Reduktion weiteren Chromats ausnutzen läßt. Zu diesem Zweck wird die Thiosulfat-haltige Suspension in einem Kneter mit weiterem Na-Dichromat gemischt und das entstehende Granulat in einem anschließenden Glühprozeß bei 900 bis 1100 °C in α-Chromoxid umgewandelt.

Herstellung im festen Zustand

Bei der Reduktion von Natriumdichromat mit Schwefel werden die Komponenten intensiv gemischt und in einem Drehrohr- oder auf einem Drehtellerofen bei 800 bis 1000 °C calciniert.

- in fester Phase:

  Reduktion von Dichromat mit Schwefel oder Ammoniumsalzen

$$Na_2Cr_2O_7 + S \longrightarrow Cr_2O_3 + Na_2SO_4$$

Das Glühprodukt, das neben Chromoxid noch Natriumsulfat und evtl. nicht umgesetztes Chromat enthält, wird durch Anmaischen mit Wasser, Filtrieren und Waschen gereinigt.

Bei der Zersetzung von Ammoniumdichromat zu Chromoxid, Stickstoff und Wasser entstehen, wenn mineralisierend wirkende Salze wie NaCl oder Na_2SO_4 zugegen sind, Cr_2O_3-Pigmente. Man verzichtet dabei auf die Isolierung des Ammoniumdichromates und glüht Mischungen aus Natriumdichromat und Ammoniumchlorid oder -sulfat direkt bei 800 bis 1000 °C.

$$Na_2Cr_2O_7 + 2NH_4Cl \longrightarrow Cr_2O_3 + 2NaCl + N_2 + 4H_2O$$

$$Na_2Cr_2O_7 + (NH_4)_2SO_4 \longrightarrow Cr_2O_3 + Na_2SO_4 + N_2 + 4H_2O$$

Wichtig für eine gute Ausbeute und eine hohe Pigmentqualität ist bei diesen Reaktionen die möglichst vollständige intermediäre Bildung von Ammoniumdichromat.

Die Verwendung von Ammoniumchlorid oder ein Unterschuß von Ammoniumsulfat in der Reaktionsmischung führen darüber hinaus zu schwefelarmem Chromoxid für die Chrommetall-Gewinnung.

Die weitere Aufarbeitung der nach den verschiedenen Verfahren hergestellten Cr_2O_3-Pigmente erfolgt durch Waschen, Filtrieren, Trocknen und Mahlen.

5.9.3.2.2 Eigenschaften und Verwendung von Chrom(III)-oxiden

Wegen seiner extremen Temperaturbeständigkeit und seiner chemischen Stabilität wurde Cr_2O_3 schon im Jahre 1802 von der Porzellanmanufaktur von Sèvres als grüner Farbkörper eingeführt. Eine gewisse farbliche Abstufung der Pigmente ist über die Teilchengröße (0.3 bis 0.5 µm) möglich. Mit zunehmender Vergröberung geht die Farbe von Grün nach Grünblau, wobei das Deckvermögen abnimmt. Durch Auffällen von Hydroxiden des Aluminiums und Titans und Glühen bei 1200 °C erhält man gelbgrüne Farbtöne.

Verwendung von Cr_2O_3:

- als Pigment für Anstrichstoffe, Kunststoffe, Baustoffe, Email
- für die aluminothermische Herstellung von metallischem Chrom
- in der Feuerfestkeramik

Eine dauerhafte Grünfärbung von zement- bzw. kalkgebundenen Baustoffen ist praktisch nur mit Cr_2O_3 möglich. Chromoxide besonders hoher Reinheit finden Verwendung für die aluminothermische Herstellung von metallischem Chrom.

Chromoxidhydrat-Grünpigmente (CrOOH-Guignetgrün) sind mit Einführung der Phthalocyanin-Pigmente in ihrer Bedeutung stark zurückgegangen.

Die weltweiten Produktionskapazitäten für Cr_2O_3 liegen bei ca. 35 000 t/a. In Westeuropa gehen davon ca. 50% in Lacke und Beschichtungen, 25% in Baustoffe, je 10% in Kunststoffe sowie Email und Keramik und 5% in sonstige Anwendungsgebiete wie z. B. Feuerfestkeramik.

5.9.3.3 Chromat- und Molybdat-Pigmente

Chromat- und Molybdat-Pigmente:

- Chromgelb
- Chromorange
- Chromrot
- Molybdatorange
- Molybdatrot

Die zu dieser Pigmentgruppe gehörenden Produkte Chromgelb, Molybdatorange und -rot sowie Chromorange und -rot zeichnen sich durch brillante Farbtöne, hohes Deckvermögen, hohe Farbstärke, Lichtechtheit, Lösungsmittel- und Migrationsbeständigkeit sowie Wetterbeständigkeit aus.

Wichtigste Eigenschaften:

- brillante Farbtöne
- hohe Farbstärke
- hohes Deckvermögen

Die mit Abstand wichtigsten Produkte sind Chromgelb und Molybdatrot. Die Chromgelb-Pigmente sind $Pb(Cr,S)O_4$-Mischphasen bzw. reines $PbCrO_4$, die auf dem Fällungswege aus wäßriger Phase hergestellt werden. Die unterschiedlichen Farbtöne von grünstichigem Gelb über Hell- und Mittelgelb bis Goldgelb lassen sich durch die Kristallmodifikation (orthorhombisch oder monoklin) bzw. durch Variation des Bleisulfat-Anteils steuern.

Tabelle 5.9-13. Eigenschaften von Chromat- und Molybdat-Pigmenten.

Pigmenttyp	Formel	Farbe	Teilchengröße in µm
Chromgelb			
orthorhombisch	$Pb(Cr, S)O_4$	grünstichig gelb	0.2 bis 0.6
monoklin	$Pb(Cr, S)O_4$	hell- bis mittelgelb	0.1 bis 0.8 Länge
(nadelförmig)	$PbCrO_4$	goldgelb	Länge zu Breite bis 3 zu 1
Molybdatorange (tetragonal)	$Pb(Cr, Mo, S)O_4$	orange bis rot	0.15 bis 0.25
Molybdatrot (tetragonal)			0.5 bis 0.75
Chromorange (monoklin)	$PbCrO_4 \cdot PbO$	orange bis rot	0.1 bis 1.0
Chromrot			1 bis 12

Die orthorhombische Modifikation läßt sich durch Mischkristallbildung mit Bleisulfat ($PbSO_4$-Gehalt ca. 35 ± 15%), Einhaltung geeigneter Fällbedingungen sowie Auffällen von Schutzkolloiden, z. B. Aluminiumhydroxid, stabilisieren. Die stabile monokline Modifikation des goldgelben $PbCrO_4$ bildet sich bei Fällungstemperaturen oberhalb 50 °C. Monkline Bleichromat-Pigmente mit hell- bis mittelgelben Farbtönen lassen sich durch Mischphasenbildung mit Bleisulfat herstellen. ($PbCr_xS_{1-x}O_4$ mit bis zu 50% $PbSO_4$). Durch den Einbau von tetragonalem weißen $PbMoO_4$ gelingt die Herstellung der tetragonalen $Pb(Cr, Mo, S)O_4$-Pigmente, die sich aus 75 bis 80% $PbCrO_4$, 10 bis 15% $PbMoO_4$ und 3 bis 10% $PbSO_4$ zusammensetzen (Molybdatorange- bzw. Molybdatrotpigmente).

Die Chromorange- und -rot-Pigmente werden durch Fällung der Ausgangskomponenten in Gegenwart von Alkalien und anschließendes Kochen hergestellt. Als Rohstoffe für die Fällungsreaktionen dienen Natriumdichromat, Natriumsulfat oder Schwefelsäure, Bleisalze wie Bleinitrat oder auch PbO-Suspensionen und Bleiglätte. Letztere wird durch Auflösen in Salpetersäure oder Essigsäure in Bleisalz-Lösungen übergeführt. Zur Verbesserung der anwendungstechnischen Eigenschaften finden Nachbehandlungen mit Phosphaten, farblosen Oxiden und Hydroxiden und amorphem SiO_2 statt. Hierdurch werden Lichtechtheit, Temperaturbeständigkeit und Chemikalienresistenz deutlich verbessert.

Wichtigste Pigmente:

- Chromgelb: $Pb(Cr,S)O_4$-Mischphasen bzw. $PbCrO_4$
- Molybdatorange bzw. -rot: $Pb(Cr,Mo,S)O_4$-Mischphasen

Anwendung in

- Lacken
- Druckfarben
- Kunststoffen

Die hohe Farbstärke und Lichtechtheit, das hohe Deckvermögen und der brillante Farbton dieser Pigmentgruppe, die ein gutes Preis/Leistungs-Verhältnis aufweist, haben dazu geführt, daß diese Pigmente vielfache Anwendungen in Lacken, Druckfarben und auch in Kunststoffen gefunden haben. Durch Abmischen von Chromgelb mit Eisencyanblau oder mit Phthalocyaninblau entstehen die Chromgrün- bzw. die Chromechtgrün-Pigmente. Da das Mischungsverhältnis der Komponenten in weiten Bereichen variabel ist, läßt sich eine breite Palette von Grünfarbtönen einstellen.

Durch entsprechende Schutzmaßnahmen wie geschlossene Aggregate und Absauganlagen und arbeitshygienische Maßnahmen ist man in der Lage, bei der Herstellung die MAK-Werte für Chromat (0.1 mg/m^3 als CrO_3) und Blei (0.1 mg/m^3) einzuhalten.

5.9.3.4 Mischphasenpigmente und keramische Farbkörper

Mischphasenpigmente und keramische Farbkörper:

Sie entstehen durch Einbau farbgebender Übergangsmetallionen in oxidische Wirtsgitter

Teilchengröße

- der Pigmente: 0.2 bis 2 μm
- der keramischen Farbkörper: mittlere Größe bis etwa 10 μm

Farbige Mischphasenpigmente entstehen beim Einbau farbgebender Übergangsmetall-Ionen in oxidische Wirtsgitter (s. Tabelle 5.9-14). Je nach Teilchengröße und Eigenschaften des gewählten Wirts entstehen dabei Pigmente (0.2 bis 2 μm) oder keramische Farbkörper (bis etwa 10 μm), die sich in vielen Fällen durch hohe thermische und chemische Stabilität auszeichnen und daher zur Einfärbung von Email bzw. Keramik dienen können.

Herstellung durch Festkörperreaktion bei 1000 bis 1400 °C

Zur Herstellung werden die Ausgangskomponenten (in der Regel Carbonate, Hydroxide, Oxide bzw. Oxidaquate) innig gemischt und ggf. unter Zusatz von Mineralisatoren auf Temperaturen um 1000 bis 1300 °C erhitzt. Die Variation von Glühtemperatur und Mineralisatorzusatz ermöglicht eine Steuerung der Teilchengrößen und damit eine Beeinflussung der koloristischen Eigenschaften. Durch eine Intensivmahlung in Kugel- oder Sandmühlen erreicht man eine Zerteilung der geglühten Klinker auf Teilchengrößen zwischen 0.2 und 2 μm für den Einsatz im Pigmentbereich.

Verwendung zur Pigmentierung von

- Lacken
- Kunststoffen
- Email und Keramik

Die keramischen Farbkörper, die eine mittlere Teilchengröße bis etwa 10 μm bei breiterer Kornverteilung aufweisen, werden z. T. bei noch höheren Temperaturen – bis zu 1400 °C – hergestellt. Die höheren Primärkorngrößen sind notwendig, da beim Brennen der Email-bzw.

Keramikfritten ein mehr oder weniger starkes Anlösen der Teilchen erfolgt. Die Fritten werden mit dem Farbkörper intensiv gemischt, die zu emaillierenden bzw. glasierenden Werkstoffe mit diesen Mischungen belegt und bei Temperaturen zwischen 500 und 1200 °C gebrannt.

Wegen der hohen Verarbeitungstemperaturen wird bei den Farbkörpern für Email und Keramik besonderes Gewicht auf die Thermostabilität gelegt, so daß als Wirtsgitter Oxide, Spinell-, Korund-, Rutil- sowie Silicatphasen, aber auch Zirkon-, Phenakit-, Granat- und Sphenstrukturen bevorzugt werden.

Die Stabilität von Cadmiumsulfid- oder -sulfoselenidpigmenten läßt sich für den Einsatz als keramische Farbkörper durch eine Zirconiumsilikat-Umhüllung steigern.

Tabelle 5.9-14. Mischphasenpigmente.

Pigmentgruppe	chemische Zusammensetzung	Kristallstruktur	Farbe
Spinell-Blau	$CoAl_2O_4$ $Co(Al, Cr)_2O_4$	Spinell	rotstichig blau bis grünstichig blau
Spinell-Grün	$(Co, Ni, Zn)_2TiO_4$	Spinell	grün
Zink-Eisenbraun	$ZnFe_2O_4$	Spinell	hell- bis mittelbraun
Spinell-Braun	$Zn(Cr, Fe)_2O_4$	Spinell	rotbraun
Spinell-Schwarz	$Cu(Fe, Cr)_2O_4$	Spinell	schwarz
Chrom-Rutil-Gelb	$(Ti, Cr, Sb)O_2$	Rutil	orangegelb
Nickel-Rutil-Gelb	$(Ti, Ni, Sb)O_2$	Rutil	zitronengelb
Mangan-Rutil-Braun	$(Ti, Mn, Sb)O_2$	Rutil	hell- bis dunkelbraun
Pseudobrookit-Gelb	$Fe_2TiO_5 \cdot xTiO_2$	Pseudobrookit	gelbbraun
Eisen-Mangan-Schwarz	$(Fe, Mn)_2O_3$	Bixbyit	schwarz
Eisen-Mangan-Braun	$(Fe, Mn)_2O_3$	Hämatit	hell- bis rotbraun
Eisen-Chrom-Braun	$(Fe, Cr)_2O_3$	Korund	rot- bis schwarzbraun
Mangan-Blau	$BaSO_4 \cdot Ba_3(MnO_4)_2$	Baryt	grünstichig blau

Durch Einbau mehrerer farbgebender oder gittermodifizierender Ionen kann die Farbpalette bedeutend erweitert werden (Tabelle 5.9-15). So kann der in reinem Zustand als rotstichiges Blaupigment anfallende Cobaltaluminiumspinell durch zusätzlichen Einbau von Chrom in ein grünstichiges Blau verwandelt werden. Weiterer Einbau von Nickel und Titan führt zu inversen Titanspinellen mit brillant grüner Farbe. Braune Zink-Eisen-Chrom-Spinelle werden durch Ersatz des Zinks durch Kupfer in schwarze Pigmente übergeführt.

Das Rutilgitter ist zum Einbau farbgebender Ionen besonders geeignet. Nahezu alle Übergangsmetall-Ionen lassen sich im Rutilgitter unterbringen. Die wichtigsten Rutilmischphasenpigmente enthalten Nickel und Chrom (zitronengelb bzw. ockerfarben). Durch Einbau von Mangan erhält man braune Pigmente. Zur Kompensation der von vier abweichenden Ladung werden Niob- oder Antimonoxide mit eingebaut. Von diesen Einbauprinzipien wird bei den Farbkörpern für Email und Keramik in noch weitergehendem Umfange Gebrauch gemacht. Hier ist die Zahl der möglichen Elementkombinationen noch erweitert, da auch Wirtsgitter wie Zirkon,

Tabelle 5.9-15. Farbkörper für Email und Keramik (Auswahl).

Farbkörper	chemische Zusammensetzung	Kristallstruktur	Temperaturbeständigkeit °C
blaue:			
Co-blau	$CoAl_2O_4$	Spinelle	1450
(Co,Cr)-blau	$(Co,Ni,Zn)\,(Cr,Al)_2O_4$	Spinelle	1350
Zirkonblau	$(Zr,V)SiO_4$	Zirkon	1350
grüne:			
Co-Titanat	$(Co,Ni,Zn)_2TiO_4$	Spinelle	1350
Co-Chromit	$Co(Cr,Al)_2O_4$	Spinelle	1400
gelbe:			
Zirkongelb	$(Zr,Pr)SiO_4$	Zirkon	1200 bis 1300
Zirkonvanadiumgelb	$(Zr,V)O_2$;	Baddeleyit	1400
Zinnvanadingelb	$(Sn,V)O_2$	Rutil	1350
Cd-gelb	$(Cd,Zn)S$ mit $ZrSiO_4$ umhüllt	Wurtzit	1250
orange und rote:			
Pinkrot	$Ca(Sn,Cr)SiO_5$	Sphen	1250
Zirkoneisenrosa	$(Zr,Fe)SiO_4$	Zirkon	1250
Manganrosa	$(Al,Mn)_2O_3$	Korund	
Cd-rot	$Cd(S,Se)$ mit $ZrSiO_4$ umhüllt	Wurtzit	1250
violette:			
Co-Olivin	Co_2SiO_4	Olivin	1250
Pinkviolett	$(Sn,Cr)O_2$	Rutil	1250
braune:			
oxidische Mischphasen	$Zn(Cr,Fe,Al)_2O_4$	Spinell	1300
	$Fe(Fe,Cr)_2O_4$	Spinell	1300
	$(Zn,Fe)Fe_2O_4$	Spinell	1300
	$(Fe,Mn)_2O_3$	Korund	
schwarze:			
oxidische Mischphasen	$(Cu,Co,Ni)\,(Cr,Fe,Mn)_2O_4$	Spinell	1300
	$CuCr_2O_4$	Spinell	1300
	$(Fe,Co)\,(Fe,Cr)_2O_4$	Spinell	1300
	$(Ti,V,Sb)O_2$	Rutil	1000
graue:			
Zinnantimongrau	$(Sn,Sb)O_2$	Rutil	1250
Zirkongrau	$(Zr,Co,Ni)SiO_4$	Zirkon	1250

Phenakit und Sphen herangezogen werden können, die zwar niedrigere Brechzahlen besitzen und somit als Pigmente uninteressant sind, sich aber durch große thermische Stabilität auszeichnen. In den USA und Europa werden derzeit etwa 10000 t keramische Farbkörper pro Jahr produziert.

5.9.3.5 Cadmium-Pigmente

Die auf gelbem CdS bzw. dessen Mischphasen basierenden Cadmium-Pigmente gehören zu den brillantesten anorganischen Buntpigmenten. Durch ihre hohe thermische Stabilität und die Eigenschaft, in Kunststoffen nicht auszubluten, werden sie vorzugsweise zur Einfärbung von Kunststoffen mit hoher Verarbeitungstemperatur wie Styrolpolymerisaten, Polyethylen, Polypropylen und Polycarbonat eingesetzt, wo organische Pigmente vergleichbarer Brillanz bereits einen thermischen Abbau erleiden. Desgleichen finden sie in besonders brillanten Lacken Verwendung. Durch ihre UV-Absorption schützen sie die organische Matrix – die Bindemittel – vor dem UV-Abbau.

Wichtigste Eigenschaften von Cadmiumpigmenten:

- hohe Farbstärke
- hohe Farbreinheit
- thermische Stabilität bei der Einfärbung von Kunststoffen

In dem den Cadmium-Pigmenten zugrunde liegenden gelben CdS können sowohl das Cadmium als auch das Anion in gewissen Grenzen durch Ionen mit ähnlichem Radius ersetzt werden. Praktische Bedeutung hat der Ersatz durch Zink zur Herstellung grünlichgelber Pigmente (Cd, Zn)S sowie der Einbau von Quecksilber (Hg,Cd)S und Selen Cd(S,Se) zur Herstellung orangener, roter bis bordeauxroter Farbtöne erlangt.

Variation der Farbtöne von gelben Cadmiumsulfid-Pigmenten durch Mischkristallbildung:

- mit ZnS grünlichgelb
- mit HgS bzw. CdSe orange bis bordeaux

Zur Herstellung von Cadmium-Gelbpigmenten (CdS) geht man vom metallischem Cadmium, das gelöst wird, oder von den Metallsalzen aus, aus denen durch Zugabe von Natriumsulfid eine feinteilige Rohfarbe gefällt wird, die noch keine Pigmenteigenschaft besitzt. Durch Calcinieren bei Temperaturen zwischen 600 und 700 °C erfolgt ein Teilchenwachstum bis zu einer Größe von etwa 0.2 µm, wobei optimale Farbstärke und optimales Deckvermögen erreicht werden.

Herstellung von Cadmium-Pigmenten durch

- Fällung mit $Na_2S(Se)$ + Calcination
- Calcination von $CdCO_3$, Zn-Salz und S (Gelbpigmente) bzw. Calcination von $CdCO_3$, S und Se (Rotpigmente)

Daneben ist ein Verfahren üblich, bei dem ein Gemenge aus $CdCO_3$ (aus metallischem Cadmium), Zn-Salz und Schwefel (zur Herstellung von Gelbpigmenten) bzw. unter Zusatz von Selen und Weglassen des Zn-Salzes (zur Herstellung von Rotpigmenten) calciniert wird.

Optimale Teilchengröße: 0.2 bis 0.4 µm

Zur Herstellung der orange- bis tiefroten Cadmiumsulfoselenide nach dem Fällverfahren wird das Selen in der Natriumsulfid-Lösung gelöst, und zwar in einer Menge, wie es der gewünschte Farbton erfordert. Besonders brillante Produkte erhält man, wenn man die gefällte Rohfarbe einer kurzzeitigen Wärmebehandlung in Salzschmelzen bei etwa 800 °C unterzieht, wodurch eine optimale Teilchengröße von etwa 0.2 bis 0.4 µm eingestellt werden kann.

LD_{50} von Cadmium-Pigmenten: >10 g pro kg Ratte

Cadmium-Pigmente gehören zu den am schwersten löslichen Cadmium-Verbindung und sind daher in ihrer Toxizität nicht mit löslichen Cadmium-Verbindungen zu vergleichen. Die LD_{50}-Werte liegen bei über 10 g pro kg Ratte oral. Die Cadmium-Löslichkeit der auf dem Markt befindlichen Pigmente in einem Magensaftsimulanz (0.1%ige Salzsäure) liegt unter 0.1%; um Größenordnungen geringer ist sie bei Lacken und Kunststoffen, die mit Cadmium-Pigmenten pigmentiert wurden, so daß keine Bedenken bestehen, mit Cadmium-Pigmenten eingefärbte Kunststoffe auch zur Herstellung von Haushaltsgeräten und Verpackungsmaterial einzusetzen.

5.9.3.6 Eisen-Blaupigmente

Eisen-Blaupigmente (früher auch als Preußisch Blau, Pariser Blau, Milori Blau oder Turnbulls Blau bezeichnet) haben die Zusammensetzung

$$Me^+[Fe^{2+}Fe^{3+}(CN)_6] \cdot xH_2O \text{ mit } Me\,(Na^+, K^+, NH_4^+)$$

Herstellung von Eisen-Blaupigmenten $Me^+[Fe^{2+}Fe^{3+}(CN_6)]$:

- Fällung von Fe(II)-Salzen mit Hexacyanoferrat(II)
- Oxidation mit Chloraten oder Dichromaten

Sie werden durch Umsetzung von Eisen(II)-Salzen und komplexen Eisen(II)-cyaniden als Weißteig gefällt und durch anschließende Oxidation mit Chloraten oder Dichromaten in Eisencyanblau übergeführt.

$$Fe^{2+} + Me_4^+[Fe^{2+}(CN)_6] \cdot (x+y)H_2O \longrightarrow$$
$$Me_2^+[Fe^{2+}Fe^{2+}(CN)_6] \cdot xH_2O + 2Me^+ + yH_2O$$

$$Me_2^+[Fe^{2+}Fe^{2+}(CN)_6 \cdot xH_2O \xrightarrow{\text{Oxidation}}$$
$$Me^+[Fe^{2+}Fe^{3+}(CN)_6] \cdot xH_2O + Me^+$$

Die Fällung des Weißteiges erfolgt entweder durch Zugabe der Hexacyanoferrat(II)-Lösung zur Eisen(II)-Lösung oder durch gleichzeitiges Zusammengeben der gelösten Komponenten in einem Rührkessel bei pH-Werten zwischen 2 und 6. Durch die Wahl der Temperatur (20 bis 60 °C) und Konzentration der Ausgangslösungen kann Einfluß auf die Teilchengröße genommen werden. Die durch Kochen gealterte Weißteigsuspension wird anschließend oxidiert, das Eisen-Blaupigment abfiltriert, schonend getrocknet und gemahlen.

Dunkle Eisen-Blautypen haben Primärteilchengrößen von 0.01 bis 0.05 µm und sind im Purton fast schwarz, während die hellblauen Typen Teilchengrößen von 0.05 bis 0.2 µm aufweisen. Eisen-Blaupigmente sind extrem farbstark, aber wegen ihrer Agglomerationsneigung schwierig zu dispergieren. Die thermische Beständigkeit reicht kurzfristig bis etwa 180 °C, so daß sie auch in Einbrennlacken eingesetzt werden können. Sie werden hauptsächlich für Druckfarben (insbesondere Tiefdruck), die Anfärbung von Fungiziden (Eisenblau wirkt z. B. bei Weinstöcken als Blattdünger), für Lacke (Automobillackierung) und zur Buntpapierherstellung verwendet.

Verwendung von Eisen-Blaupigmenten:

- Automobillacke
- Druckfarben
- Buntpapiere

Mischungen von Eisen-Blaupigmenten mit Chromgelb und mit Zinkgelb finden als Chromgrün bzw. Zinkgrün in Lacken und Druckfarben Verwendung.

Die LD_{50} von Eisen-Blaupigmenten liegt bei 8 bis 10 g pro kg Ratte.

LD_{50} von Eisen-Blaupigmenten:

8 bis 10 g pro kg Ratte

5.9.3.7 Ultramarinpigmente

Ultramarinpigmente sind Natrium-Aluminium-Silicate der Zusammensetzung $Na_8\ [Al_6Si_6O_{24}] \cdot S_x$ (Na-reich) bzw. $Na_{8-x}\ [Al_{6-x}Si_{6+x}O_{24}] \cdot S_x$ (Si-reich), die je nach Zusammensetzung der chromogenen S_x-Gruppe blaue, grüne, rote und violette Farbtöne aufweisen.

Ultramarinpigmente:

blau, grün, rot, violett

Die mehrstufige Herstellung der Ultramarinpigmente beginnt mit der vorsichtigen partiellen Calcination des Minerals Kaolinit (China Clay) zu Metakaolinit:

$$\underset{\text{(Kaolinit)}}{Al_4(OH)_8Si_4O_{10}} \xrightarrow[-x\,H_2O]{500\text{ bis }600\,°C} \underset{\text{(Metakaolinit)}}{Al_4(OH)_{8-2x}O_xSi_4O_{10}}$$

Herstellung von Ultramarinpigmenten:

- Partielle Calcination von Kaolinit zu Metakaolinit
- Aufbau eines Zeolith-Gerüsts durch Calcination mit Na_2CO_3 unter SO_2-Atmosphäre
- Umsetzung mit Na_2S_x zu Prae-Ultramarin
- Langsame Oxidation zu Ultramarin

In einem sehr komplexen Brennprozeß wird aus dem Metakaolinit und den anderen Rohstoffen (Na_2SO_3, S, Reduktionsmittel) unter reduzierenden Bedingungen (SO_2-Atmosphäre) ein weitmaschiges, dreidimensionales Zeolithgerüst aufgebaut:

$$1.5\,Al_4(OH)_{8-2x}O_xSi_4O_{10} + 3\,Na_2CO_3 \xrightarrow[48 \text{ bis } 80 \text{ h}]{750 \text{ bis } 800\,°C} Na_6[Al_6Si_6O_{24}] + 3\,CO_2 + (6-1.5x)\,H_2O$$

(Kieselsäure-arm)

aus dem durch Umsetzung mit intermediär gebildeten Na_2S_x farbloser Prae-Ultramarin entsteht:

$$Na_6[Al_6Si_6O_{24}] + Na_2S_x \longrightarrow Na_6[Al_6Si_6O_{24}] \cdot Na_2S_x$$

(Prae-Ultramarin)

Durch langsame (bis zu 20 Tagen! dauernde) Oxidation des in den Hohlräumen und Kanälen des Zeolith-Käfigs enthaltenen Schwefels entsteht daraus blauer Ultramarin (Bildung von S_3^- als chromogene Gruppe, hier allgemein als S_x bezeichnet):

$$2\,Na_6[Al_6Si_6O_{24}] \cdot Na_2S_x + \xrightarrow[-SO_4^{2-}]{O_2,\ SO_2} 2\,Na_8[Al_6Si_6O_{24}] \cdot S_x$$

(Na-reich)

Durch Variation der Herstellungsbedingungen sind zugänglich:

- blauer
- grüner
- violetter
- roter

} Ultramarin

Kieselsäure-reiche Ultramarinblaupigmente werden nach dem gleichen Reaktionsprinzip erhalten. Im Vergleich zum blauen erfordert grüner Ultramarin bei der Herstellung nur 1/7 bis 1/8 der Schwefelmenge, aber die 2.5fache Menge an Reduktionsmittel. Der Brennprozeß erfolgt zwischen 900 und 1000 °C in reduzierender Atmosphäre, wobei die Reaktions- und Abkühlzeit mit 20 bis 25 h wesentlich kürzer als beim Ultramarinblau ist. Als farbgebende Komponenten gelten S_2^- und S_3^--Spezies in den Hohlräumen des Käfiggerüstes. Die Oxidation von Ultramarinblau bzw. -grün mit Luft bei 130 bis 280 °C in Gegenwart von NH_4Cl liefert Ultramarinviolett mit dem Farbträger S_4^-. Ultramarinrot wird aus Ultramarinblau oder -grün bei 100 bis 150 °C in Gegenwart von HCl und Cl_2 durch Oxidation mit Luft erhalten.

5.9.4 Korrosionsschutzpigmente

Mit aktiven Korrosionsschutzpigmenten pigmentierte Lacke bilden als Anstriche bzw. als Grundierungen einen wichtigen Korrosionsschutz für metallische Oberflächen. Die aktiven Korrosionsschutzpigmente sollen dabei durch Inhibitorwirkung die ablaufenden Korrosionsvorgänge unterbinden. Dies kann durch die verschiedensten Mechanismen geschehen, weshalb die Vielfalt der Korrosionsschutzpigmente recht groß ist (Tabelle 5.9-16, Tabelle 5.9-17).

Wirkungsprinzip aktiver Korrosionsschutzpigmente:

Inhibierung der Korrosionsvorgänge durch

- Passivierung
- kathodische Schutzwirkung
- Bildung von Schutzschichten
- Bildung von Metallseifen
- pH-Verschiebung
- Neutralisation von Korrosionsstimulatoren

In der Regel besitzen die Korrosionsschutzpigmente mehrere der angeführten Inhibierungseigenschaften gleichzeitig, so daß der Korrosionsschutz eines einzelnen Pigmentes aus einem Komplex von Wirkungsmechanismen besteht. Für eine optimale Wirkung ist jedoch die Kombination mit einem hierfür geeigneten Bindemittel Voraussetzung. So ist z. B. der Einsatz von Korrosionsschutzpigmenten, die Metallseifen bilden, nur in einem zur Seifenbildung befähigten Bindemittel sinnvoll.

Von ähnlich großer Bedeutung ist die Einhaltung einer optimalen Pigmentkonzentration, die sehr unterschiedlich sein kann. So werden z. B. Zinksalze der Nitroisophthalsäure nur in einer Konzentration von ca. 0.5% (Massenanteil) im Lack angewendet; bei Zinkstaubpigmenten sind ca. 90% erforderlich, um den für den kathodischen Schutz notwendigen Kontakt Zink-Eisen zu gewährleisten.

Korrosionsschutzanstriche enthalten in der Regel auch noch inaktive Korrosionsschutzpigmente als Zusätze (TiO_2, Fe_2O_3, Füllstoffe, $CaCO_3$ etc.), die die Wirkung der aktiven Pigmente unterstützen.

Toxikologische Bedenken gegen einige Korrosionsschutzpigmente haben zum vermehrten Einsatz unbedenklicher Pigmente und zu Neuentwicklungen wie z. B. dem Sicorin® oder den Ca- oder Zn-Ferritpigmenten geführt (vgl. Tabelle 5.9-16).

Tabelle 5.9-16. Aktive Korrosionsschutzpigmente.

Einteilung	Bezeichnung	Summenformel	Herstellung	Produktionsmenge Welt t/a
Blei-haltig	Mennige	Pb_3O_4	Oxidation von PbO	50000
	Bleicyanamid/Blei-phosphat/Bleiphosphit	$PbCN_2/Pb_3(PO_4)_2 \cdot 3H_2O$ $2PbO \cdot PbHPO_3 \cdot 0.5H_2O$	Fällung	3000
	Bleisilicochromat	$PbSiO_3 \cdot 3PbO/SiO_2$ $PbCrO_4 \cdot PbO/SiO_2$	Fällung auf SiO_2	6000
	Calciumplumbat	Ca_2PbO_4	PbO + CaO	3000
Chromat-haltig	Zinkgelb	$3ZnCrO_4 \cdot K_2CrO_4 \cdot Zn(OH)_2 \cdot 2H_2O$	Fällung mit ZnO	20000
	Zinktetraoxidchromat	$ZnCrO_4 \cdot 4Zn(OH)_2$	ZnO + CrO_3	2000
	Strontiumchromat	$SrCrO_4$	Fällung	3000
Phosphat-haltig, Borat-haltig	Zinkphosphat	$Zn_3(PO_4)_2 \cdot$ 2 bis $4H_2O$	Fällung	5000
	Chromphosphat	$CrPO_4 \cdot 3H_2O$	Fällung	<1000
	Bariumborat	$BaO \cdot B_2O_3 \cdot H_2O$	Fällung	2000
metallisch	Zinkstaub	Zn	Sublimation	70000
	Bleipulver	Pb	Schmelzverdüsen	1000
Oxide, Mischoxide	Zinkoxid	ZnO	Oxidation von Zn	7000
	Calciumferrit/Zinkferrit	$CaO \cdot xFe_2O_3/ZnO \cdot xFe_2O_3$	Calcination	n. b.
Inhibitor-haltig	Sicorin®	Zn-Salze der Nitroisophthalsäure	Fällung	n. b.

Tabelle 5.9-17. Korrosionsschutzvorgänge mit verschiedenen Pigmentarten.

Art	Vorgänge	typische Beispiele
elektrochemisch	Passivierung durch Ausbildung geeigneter Potentiale	Chromate, Pb_3O_4
	kathodische Schutzwirkung	Zinkstaub
chemisch	Bildung von Schutzschichten auf der Metalloberfläche	Chromate, Phosphate
	Bildung von Metallseifen mit Fettsäuren des Bindemittels	ZnO, Pb_3O_4
	pH-Verschiebung in den Immunitätsbereich des Eisens (bei pH 11 bis 12 keine Fe-Korrosion)	Ca_2PbO_4, Ferrite wie z. B. $CaO \cdot xFe_2O_3$, $ZnO \cdot xFe_2O_3$
	Neutralisation von Korrosionsstimulatoren (Cl^-, SO_4^{--})	Pb_3O_4, alkalisch reagierende Korrosionsschutzpigmente
physikalisch	Abdeckung des Untergrundes	Eisenglimmer
	Verbesserung der physikalischen Eigenschaften des Anstrichfilmes (verbesserte Flexibilität und Haftfestigkeit, verringerte Wasserpermeation	Pb_3O_4, $Pb(CN)_2$ Ferrite $CaO \cdot xFe_2O_3$, $ZnO \cdot xFe_2O_3$

5.9.5 Glanzpigmente

Der Begriff Glanzpigmente umfaßt Metalleffekt-, Perlglanz- und Interferenzpigmente. Die Glanzeffekte beruhen auf der gerichteten Reflexion an flächig ausgebildeten und ausgerichteten Pigmentteilchen.

Zur Gruppe der Glanzpigmente zählen

- Metalleffektpigmente
- Perlglanzpigmente
- Interferenzpigmente

5.9.5.1 Metalleffektpigmente

Metalleffektpigmente bestehen aus hochglänzenden schuppen- oder blättchenförmigen Teilchen weicher duktiler Metalle wie Aluminium, Kupfer oder α-Messing (Goldbronze). Die Herstellung erfolgt durch Kaltverformung in besonders konstruierten Kugelmühlen aus Granulaten, Blech, Folien- oder Drahtabschnitten. Zur Verhinderung der Kaltverschweißung werden Fettsäuren oder Alkylamine als Schmierstoffe zugesetzt, die die frisch gebildeten Oberflächen überziehen. Je nach Mahltechnik und -dauer entstehen Teilchen von wenigen Milli- bis Micrometern Durchmesser (Flitter bzw. Bronzepulver) mit einem Dicke/Durchmesser-Verhältnis 1 zu 50 bis 1 zu

Metalleffektpigmente:

Schuppen- bzw. blättchenförmige Metallteilchen aus

- Aluminium
- Kupfer
- α-Messing

250. Die Metalleffektpigmente werden allein (Vollton) oder mit transparenten Farbmitteln überfärbt in Lacken, Druckfarben und Kunststoffen eingesetzt.

5.9.5.2 Perlglanzpigmente

Herstellung von synthetischen Perlglanzpigmenten durch Auffällen von TiO_2 auf Glimmerplättchen

Perlglanz entsteht durch mehrfache partielle Reflexion jedes einfallenden Lichtstrahls an mehreren plättchenförmigen Pigmentteilchen in verschiedener Tiefe der Beschichtung.

Das natürlich vorkommende Perlglanzpigment Fischsilber (Guanin) steht heute nicht mehr in ausreichender Menge zur Verfügung. Als synthetisches Ersatzprodukt diente basisches Bleicarbonat, das aber toxikologisch bedenklich ist. Bismutoxichlorid-Perlglanzpigmente sind relativ teuer und durch billigere Produkte verdrängt worden. Eine herausragende Stellung nehmen synthetische Titandioxid-Perlglanzpigmente ein, die durch hydrolytisches Auffällen von Titandioxidhydrat auf farblose Glimmerfraktionen einheitlicher Plättchengröße und nachfolgende Glühung erhalten werden. Die unbelegten Glimmerplättchen sollen höchstens 200 bis 500 nm dick sein, die beidseitige Belegung mit Titandioxid beträgt etwa 50 nm. Üblicherweise liegen die Teilchendurchmesser bei 10 bis 30 μm.

5.9.5.3 Interferenzpigmente

Interferenzpigmente sind Perlglanzpigmente, die die Interferenzbedingungen erfüllen und daher Farbeffekte zeigen

Wenn die nach dem Auffällverfahren hergestellten Perlglanzpigmente die Interferenzbedingungen erfüllen, d. h. das Produkt aus Dicke der Kristallplättchen bzw. Oxidbelegung und Brechzahl im Bereich zwischen 200 und 500 nm liegt, kommt es zur Ausbildung von Interferenzfarben. Wichtig für die Herstellung einheitlicher Farbeffekte ist die genaue Einhaltung der Plättchendicke. Die mit Interferenzpigmenten möglichen Farbeffekte (Komplementärfarben in Durch- und Aufsicht) werden bei der Herstellung von Kosmetika, künstlichen Perlmuttknöpfen und Bijouteriewaren ausgenützt. Eine technische Anwendung ist die Herstellung von Infrarot-reflektierenden Lichtkuppeln aus Acrylglas. Der weltweite jährliche Verbrauch von Perlglanz- und Interferenzpigmenten beträgt ca. 2000 bis 3000 t.

5.9.6 Luminophore

Luminophore sind feste, aus feinen Teilchen (1 bis 5 µm) bestehende Leuchtstoffe, die nach Absorption von Strahlung diese als langwelligeres Licht vorwiegend im sichtbaren Spektralbereich entweder während oder kurz nach der Anregung (Lumineszenz) bzw. verzögert (Phosphoreszenz) wieder ausstrahlen. Je nach Struktur und Zusammensetzung der Leuchtstoffe erfolgt die Emission der gespeicherten Energie im Zeitraum von Sekundenbruchteilen bis zu mehreren Stunden.

Luminophore:

feinteilige, durch Einbau von Aktivatoren und Sensibilisatoren zum Nachleuchten anregbare Festkörper

In die als Grundgitter dienenden farblosen Oxide, Oxidsulfide, Sulfide, Silicate, Phosphate oder Halogenide vorwiegend der Erdalkalimetalle und des Zinks werden die als Leuchtzentren dienenden Aktivatoren (z. B. Übergangsmetalle, seltene Erden), ggf. in Kombination mit Sensibilisatoren (z. B. Sb^{3+}, Pb^{2+}, Ce^{3+}), in Konzentrationen von 10^{-2} bis 10^{-4} g/mol eingebaut. Der Verunreinigungspegel der Ausgangsstoffe muß deutlich unter der Aktivatorkonzentration liegen, da Verunreinigungen als Löschzentren wirken und die Lichtausbeute erheblich mindern. Farbe und Abklingzeit hängen in erster Linie von den Aktivatoren sowie den Kristallfeldeinflüssen der Matrix ab.

Die Herstellung der Luminophore erfolgt durch mehrfaches Glühen homogener Rohstoffmischungen bei 1000 bis 1400 °C mit zwischengeschalteter schonender Mahlung, je nach Grundgitter und Aktivator unter reduzierenden oder oxidierenden Bedingungen. Sie werden in dünner Schicht aus einer Suspension, die noch eine Haftmittel enthält, aufgebracht. Tabelle 5.9-18 zeigt einige ausgewählte Beispiele.

Verwendung in:

- Oszillographen
- Leuchtstofflampen
- Fernsehbildröhren
- Radarschirmen
- Lichtpunktabtaströhren
- Röntgentechnik

Tabelle 5.9-18. Ausgewählte Beispiele von Luminophoren und ihre Einsatzbereiche.

Aktivator	Leuchtstoffzusammensetzung		Emission nm	Farbe	Einsatzbereiche
Mn^{2+}	Zinkorthosilikat	Zn_2SiO_4	525	grün	Oszillograph
Mn^{2+}/Sb^{3+}	Ca-halogenphosphat	$Ca_5(PO_4)_3(Cl,F)$	480 u. 580	blau und gelborange	Leuchtstofflampen
Mn^{4+}	Mg-fluorogermanat	$Mg_2GeO_4 \cdot 1.5\,MgO \cdot 0.5\,MgF_2$	710	rot	Quecksilberhochdrucklampe
Sn^{2+}	(Sr, Mg)-orthophosphat	$(Sr,Mg)_3(PO_4)_2$	630	rosarot	Leuchtstofflampen und Quecksilberhochdrucklampen
Ce^{3+}	Yttriumaluminat	$Y_3Al_5O_{12}$	550	gelb	Lichtpunktabtaströhre
Eu^{2+}	Bariumfluorbromchlorid	$BaF(Cl,Br)$	440	blau	Röntgentechnik
Eu^{3+}	Yttriumoxid	Y_2O_3	625	rot	Leuchtstofflampen, Fernsehbildröhre
Tb^{3+}	Yttriumoxidsulfid	Y_2O_2S	525	grün	Fernsehbildröhre
			440	blau	Fernsehbildröhre, Radarröhren
Ag^+/Cl^-, Cu^+/Cl^-	Zinksulfid	ZnS	525	grün	Radarröhren
Zn^{2+}	Zinkoxid	ZnO	505	grün	Lichtpunktabtaströhre
ohne	Ca-Wolframat	$CaWO_4$	415	blauviolett	Leuchtstofflampe

5.9.7 Magnetpigmente

5.9.7.1 Allgemeines und Eigenschaften

Die magnetische Informationsspeicherung auf Bändern, Trommeln, Platten und floppy discs beruht heute u. a. auf der Magnetisierung feinster Festkörper, die als Magnetpigmente bezeichnet werden, und im organischen Bindemittel verteilt sind. Es handelt sich dabei um nadelförmige Teilchen mit Durchmessern von 0.03 bis 0.1 µm und Länge/Breite-Verhältnissen von 5 zu 1 bis 10 zu 1. Die eingesetzten Produkte basieren auf den ferrimagnetischen Verbindungen γ-Fe_2O_3 und Fe_3O_4 bzw. auf ferromagnetischem CrO_2 und metallischem Eisen. Zusammensetzung, Form und Größe der Nadeln sind entscheidend für die Einstellung bestimmter Magneteigenschaften im Band (Tabelle 5.9-19).

Wichtige Eigenschaften von Magnetpigmenten:

- ferri- oder ferromagnetisch
- nadelförmig
- Nadeldurchmesser 0.03 bis 0.1 µm
- Länge zu Breite wie 5 zu 1 bis 10 zu 1
- Koerzitivkräfte zwischen 300 bis 1500 Oe
- Bandremanenzen zwischen 1200 bis 3200 Gauß

Wichtige Eigenschaften*) sind die im Speichermedium erzielbare Koerzitivkraft I_{HC} und die Remanenz I_R.

Die Koerzitivkraft I_{HC} beschreibt den Widerstand des Bandes gegen eine Um- oder Entmagnetisierung. Um eine einmal erfolgte Magnetisierung wieder auf Null zu bringen, muß mindestens eine entgegengesetzte Feldstärke der Größe I_{HC} aufgewendet werden.

Die Koerzitivkräfte von Magentpigmenten liegen im mittleren Bereich zwischen den für weichmagnetische und hartmagnetische Stoffe charakteristischen Werten. Es sind Werte zwischen 300 bis 1500 Oe erwünscht, die verhindern, daß ein einmal aufgezeichnetes Signal durch kleine Störfelder beeinflußt wird, die aber noch ein Löschen und eine Wiederaufnahme ermöglichen.

Zusammensetzung der in der Praxis verwendeten Magnetpigmente:

- γ-Fe_2O_3
- Fe_3O_4/γ-Fe_2O_3-Mischphasen
- γ-Fe_2O_3 Co-modifiziert
- Fe_3O_4/γ-Fe_2O_3-Mischphasen Co-modifiziert
- CrO_2
- Fe-Metallpigmente, z. T. legiert

Je höher die im Band nach Abschalten des magnetisierenden Feldes verbleibende Magnetisierung (I_R, Remanenz) ist, desto intensiver kann ein einmal aufgeprägtes Signal wiedergegeben werden. Die Remanenz eines Bandes hängt außer vom eingesetzten Pigment auch vom Füllgrad ab. Mit oxidischen Speichermaterialien werden

*) Die international üblichen Einheiten Oersted, Gauß und emu/g (electro-magnetic-units) werden wie folgt in SI-Einheiten umgerechnet:

$$1\ \text{Oe} = \frac{10^3}{4\pi}\ [\text{Am}^{-1}];\ 1\ \text{G (Gauß)} = 10^{-4}\ \text{T (Tesla)};$$

$$1\ \text{emu/g} = 12.56 \cdot 10^4 [\text{T} \cdot \text{cm}^3 \cdot \text{g}^{-1}]$$

je nach Qualitätsniveau Bandremanenzen von 1200 bis 1700 Gauß erreicht; Eisenpigmentbänder liegen bei 2600 bis 3200 Gauß.

„Arbeitspunkte" von Bandgeräten sind auf die Koerzitivkraft der Bänder abgestimmt:

I, normal (γ-Fe_2O_3)
II, CrO_2
III, Doppelschichtband CrO_2/γ-Fe_2O_3
IV, Metall

Um eine optimale Wiedergabe zu gewährleisten, muß man sich von seiten der Gerätetechnik auf die unterschiedlichen Koerzitivkräfte dieser Materialien einstellen. Dies geschieht durch die Festlegung sog. Arbeitspunkte (AP):

AP I, normal (γ-Fe_2O_3);
AP II, Chromdioxid (auch höherkoerzitive Eisenoxide);
AP III, Ferrochrom (Doppelschichtband CrO_2/Eisenoxid);
AP IV, Metall (Fe metallisch bzw. legiert).

5.9.7.2 Herstellung der Magnetpigmente

Herstellung von CrO_2:

1. $CrO_3 \xrightarrow[\text{200 bis 300 bar}]{250\,°C} CrO_2 + 1/2\, O_2$
2. $2\, CrOOH + CrO_3 \xrightarrow[\text{50 bis 800 bar}]{\text{300 bis 450}\,°C} 3\, CrO_2 + H_2O$

Zur Herstellung nadelförmiger Magnetpigmentteilchen sind z. T. recht komplizierte Verfahren notwendig. Bezüglich der Nadelform ist das in der Rutilstruktur kristallisierende Chromdioxid begünstigt. Es neigt dazu, unter den hydrothermalen Herstellungsbedingungen (Zersetzung von CrO_3 unter Sauerstoff-Atmosphäre oder Symproportionierung von CrOOH und CrO_3) von sich aus in Nadelform zu kristallisieren.

Die Herstellung von nadelförmigen Magnetpigmenten auf Eisenoxid-Basis ist chemisch deutlich komplizierter. Da weder γ-Fe_2O_3 noch Fe_3O_4 noch metallisches Eisen (alle kubisch) in Nadelform kristallisieren, ist man gezwungen, von einer nadelförmigen Vorläuferverbindung auszugehen. Man tut dies, indem man aus Fe(II)-Salzlösungen durch Fällung und Oxidation hergestelltes nadelförmiges, unmagnetisches α-FeOOH (Goethit) oder unmagnetisches γ-FeOOH (Lepidokrokit) als Ausgangsverbindung einsetzt und über eine Entwässerungs- und Reduktionsstufe in ferrimagnetischen Magnetit oder – bei vollständiger Reduktion – in ferromagnetisches metallisches Eisen umwandelt.

Herstellung der auf Eisen basierenden Magnetpigmente γ-Fe_2O_3, Fe_3O_4 und Fe aus nadelförmigem α-FeOOH oder γ-FeOOH

Zur Synthese des ferrimagnetischen γ-Fe_2O_3 muß unter definierten Bedingungen eine vorsichtige Oxidation des Magnetits zu dem ebenfalls im Spinellgitter kristallisierenden γ-Fe_2O_3 (Maghemit) erfolgen:

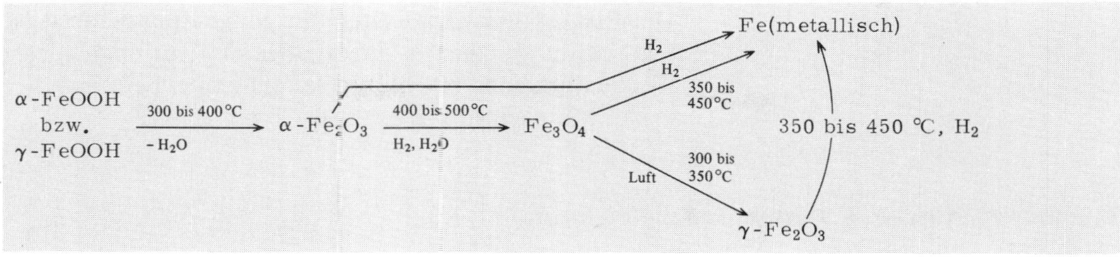

Da das Ausgangsmaterial ja mehrfach chemisch umgewandelt und strukturell vollkommen verändert wird, muß bei diesen Prozessen besonders darauf geachtet werden, daß die ursprüngliche Nadelform möglichst perfekt bis zum Ende des Prozesses erhalten bleibt (Aufbringen von Schutzschichten).

Erhöhung der Koerzitivkraft von Eisenoxid-Magnetpigmenten durch Co-Dotierung oder Co-Ferritbeschichtung

In neuerer Zeit macht man mehr und mehr von der Koerzitivkraft-steigernden Wirkung des Cobalts in den magnetischen Eisenoxiden Gebrauch. Hierzu wird das Cobalt entweder in das Gitter der magnetischen Eisenoxide eingebaut (Massedotierung), oder die Nädelchen des fertigen Magnetpigmentes γ-Fe_2O_3 oder Fe_3O_4 werden mit einer Schicht aus Cobaltferrit ummantelt (epitaxiales Aufwachsen). Für Koerzitivkräfte von 380 bis 750 Oe benötigt man ca. 1 bis 4% Co. Derartige Produkte konkurrieren mit CrO_2-Pigmenten (vgl. Tabelle 5.9-19).

Tabelle 5.9.-19. Eigenschaften von Magnetpigmenten.

Magnetpigment	Koerzitivkraft I_{HC} in Oersted (Oe)	Sättigungsmagnetisierung σ_s in emu/g theoretisch	praktisch	Typische Einsatzgebiete AP I bis IV (**A**rbeits**p**unkte)
γ-Fe_2O_3	330 bis 370	74	70 bis 73	Audiocassetten AP I, Heimtonbänder, Computerbänder, Profitonbänder, floppy disks
γ-Fe_2O_3	370 bis 390			Audiocassetten AP I
Co-modifiziert	550 bis 650		84	Audiocassetten AP II
	650 bis 750			Videobänder (Heimvideorecorder)
Fe_3O_4		84		
Fe_3O_4/γ-Fe_2O_3 Berthollide	400 bis 440		80	Audiocassetten AP I
Fe_3O_4/γ-Fe_2O_3	550 bis 650			Audiocassetten AP II
Co-modifiziert	650 bis 750			Videobänder (Heimvideorecorder)
CrO_2	450 bis 650		75	Audiocassetten AP II
	600 bis 700			Videobänder (Heimvideorecorder)
Fe (metallisch)	1100 bis 1200	150	120 bis 140	Audiocassetten AP IV, Microcassetten
	1400 bis 1500			Videobänder (integrierter Videocamerarecorder)

Die Produktionskapazitäten für Magnetpigmente lagen 1981 bei ca. 40000 t/a, davon über 90% für magnetische Eisenoxidpigmente. Eisenmetallpigmente befinden sich in der Markteinführungsphase.

Literatur zu Abschn. 5.9 Anorganische Pigmente

Pigmente allgemein, Buntpigmente:

L. Schmidt; *applica* 14, S. 8–11 (1981).
L. Schmidt; *defazet* **33**, Nr. 6/7, S. 198–201 (1979).
Winnacker-Küchler: *Chemische Technologie.* 4. Aufl., Bd. 3 G S. 349ff. (1983).
Ullmanns Encyklopädie der technischen Chemie. 4. Aufl., Bd. 18, S. 545–645.
G. Winter; *Fortschr. Miner.* **57**, 2, S. 172–202 (1979).
H. Kittel: *Lehrbuch der Lacke und Beschichtungen.* Bd. I–VII Verlag W. A. Colomb, Berlin, 1974.
K. Bittler und W. Ostertag; *Angew. Chem.* **92**, S. 187–194 (1980).
F. Hund; *Angew. Chem.* **93**, S. 763– 771 (1981).

Weißpigmente:

J. Barksdale: *Titanium.* Second Edition, New York, Ronald Press Comp. 1966.
Roskill Information Services Ltd: *The Economics of Titanium.* Second Edition (1976).
P. Woditsch, *defazet* **33**, Nr. 6/7, S. 191–194 (1979).
B. Coope: *Industrial Minerals.* S. 27–35, July 1982.

Spezialpigmente:

H. Wienand und W. Ostertag; *farbe + lack* **88**, 3, S. 183–188, (1982).
A. Broll, H. H. Beyer und P. Kleinschmitt; *Chem.-Z.* **101**, Nr. 7/8, S. 319–323 (1977).

6 Kernbrennstoffkreislauf

6.1 Wirtschaftliche Bedeutung der Kernenergie

Der Weltenergieverbrauch ist in den letzten Jahrzehnten sehr stark angestiegen. Er erreichte 1980 9.9 Mrd. t Steinkohleeinheiten (1 t **SKE** entspricht dem Energieinhalt von 1 t Steinkohle). Dabei war der Verbrauch in den einzelnen Ländern sehr unterschiedlich (s. Randspalte); allein in Westeuropa betrug er 1.8 Mrd. t SKE.

Trotz intensiver Bemühungen zur Energieeinsparung wird der Energieverbrauch aufgrund der rasch wachsenden Weltbevölkerung (1979: über 4 Mrd., 2000: geschätzt 6 Mrd.) und des Nachholbedarfs der Länder der Dritten Welt auch weiterhin noch ansteigen.

Gedeckt wurde der Primärenergiebedarf 1980 zum größten Teil von Erdöl, gefolgt von Kohle und Erdgas. Der Anteil der nichtfossilen Energien betrug nur 7% (s. Randspalte).

Erdöl und Erdgas werden aber in absehbarer Zeit knapp. Aus heutiger Sicht reichen die zur Zeit bekannten Vorräte nur noch ca. 40 bis 50 Jahre. Hinzu kommt, daß beide Energieträger ideale Rohstoffe für die industrielle Chemie sind, für die sie nach Möglichkeit reserviert werden sollten (ca. 90% der organischen Chemikalien werden zur Zeit aus Erdöl bzw. Erdgas und nur 10% aus Kohle hergestellt).

Die Weltkohlevorräte reichen aus heutiger Sicht noch etwa 300 bis 500 Jahre; sie sind auch gleichmäßiger auf der Erde verteilt als Erdöl und Erdgas (4.9% der Steinkohlevorräte liegen in der Bundesrepublik Deutschland). Die Förderkosten sind aber sehr unterschiedlich; sie sind beispielsweise in der Bundesrepublik Deutschland mehr als zehnmal so hoch wie in Südafrika und auch sehr viel höher als in den USA. Obwohl von den Ressourcen her die Kohle theoretisch Erdöl und Erdgas als Energielieferant noch für eine längere Zeit voll ersetzen könnte, ist

Primärenergieverbrauch

- insgesamt (1980):

Welt	9.9 Mrd. t SKE
Westeuropa	1.8 Mrd. t SKE
BRD	0.39 Mrd. t SKE
Entwicklungsländer	0.99 Mrd. t SKE

- pro Kopf (1979):

Weltdurchschnitt	2.03 t SKE
Industrieländer	6.2 t SKE
USA	11.0 t SKE
BRD	5.3 t SKE
Entwicklungsländer	0.29 t SKE

- Anteile der einzelnen Energieträger in % (1979/80):

	Welt	BRD	USA
Erdöl	44	48	32.5
Kohle	30	30	27.7
Erdgas	19	16	30.6
Kernenergie	7 (Kernenergie, Wasser, Sonstige)	3.9	4.4
Wasser		2.1 (Wasser, Sonstige)	4.7
Sonstige			0.1

Aus heutiger Sicht reichen die

- Erdöl- u. Erdgasreserven noch ca. 40 bis 50 Jahre
- die Kohlereserven noch ca. 300 bis 500 Jahre

Verstärkte Verbrennung fossiler Rohstoffe führt zu einem weiteren Anstieg des CO_2-Gehalts der Atmosphäre und damit auf längere Sicht zu globalen Klimaveränderungen („Treibhauseffekt“)

bei einer verstärkten Verbrennung fossiler Rohstoffe zu bedenken: bei einem weiteren Anstieg des CO_2-Gehaltes der Atmosphäre sind auf längere Sicht lokale und auch globale Klimaänderungen zu befürchten, da das infrarote Sonnenlicht von CO_2 absorbiert und in Wärme umgewandelt wird.

Auf eine Nutzung der Kernenergie kann in den nächsten Jahrzehnten nicht verzichtet werden

Aus den genannten Gründen müssen in verstärktem Maße alternative Energiequellen erschlossen und genutzt werden; für die nächsten Jahrzehnte kann dabei auf die Kernenergie nicht verzichtet werden (zur Verfügbarkeit der Spaltstoffe Uran und Thorium s. Seite 587 ff.).

Kernenergie dient z. Z. nahezu ausschließlich zur Stromerzeugung

Die Kernenergie wird zur Zeit nur über den Weg der Stromerzeugung veredelt; ihr Einsatz zu Fernheizzwekken in Schweden, USSR und Schweiz kann vernachlässigt werden.

Öffentliche Stromerzeugung (301.8 Mrd. kWh) in Deutschland 1981:

Steinkohle	28.6%
Braunkohle	30.9%
Heizöl	3.3%
Erdgas	12.6%
Wasser	5.8%
Kernenergie	17.4%
Sonstige	1.4%

Bezogen auf die öffentliche Stromerzeugung in der Bundesrepublik Deutschland betrug im Jahre 1981 der Anteil der Kernenergie 17.4%. Braunkohle war der größte Energieträger.

Tabelle 6.1-1. Kernkraftwerke Ende 1982.

	in Betrieb		im Bau		bestellt	
	Nettoleistung in 10^3 MW	Zahl	Nettoleistung in 10^3 MW	Zahl	Nettoleistung in 10^3 MW	Zahl
Welt	176.0	298	205.1	216	103.8	107
USA	60.9	80	68.8	62	19.0	18
Frankreich	23.6	32	32.8	29	1.3	1
USSR	19.1	40	25.4	25	45.5	42
Japan	16.6	26	9.3	10	–	–
BRD	9.8	15	13.2	12	3.7	3
Großbritannien	8.7	33	5.6	9	1.2	1
Schweden	7.4	10	2.1	2	–	–
Canada	7.0	13	4.6	7	3.8	5
Belgien	3.5	6	2.0	2	–	–
Schweiz	1.9	4	0.9	1	1.8	2
DDR	1.8	5	3.8	5	3.8	5
Brasilien	0.6	2	2.5	2	–	–

In der westlichen Welt lag 1981 der Anteil des Atomstroms an der jeweiligen Gesamtstromerzeugung (nicht nur öffentliche Versorgung) in Frankreich und Schweden am höchsten. Die Kernkraftwerke der Welt ohne Ostblockstaaten erzeugten 1982 insgesamt 794 Mrd. kWh Strom, was eine Steigerung von 8.7% gegenüber 1981 bedeutet. In der Welt waren Ende 1982 – verteilt auf 25 Länder – 298 Kernkraftwerke in Betrieb mit einer Nettoleistung von 175 993 MW; an der Spitze lagen die USA, gefolgt von Frankreich, USSR, Japan und der Bundesrepublik Deutschland (Tabelle 6.1-1).

Wie aus Tabelle 6.1-1 hervorgeht, sind weltweit zahlreiche weitere Kernkraftwerke im Bau. Das gilt auch für die Bundesrepublik Deutschland, die dadurch ihre Abhängigkeit von Mineralöl- und Erdgasimporten vermindern kann; z. Z. muß sie über 60% der benötigten fossilen Energieträger, insbesondere Erdöl und Erdgas, importieren, da einheimische Vorräte in nennenswerten Mengen nur bei Stein- und Braunkohle vorhanden sind.

Für den verstärkten Einsatz von Kernenergie spricht auch die Tatsache, daß Strom aus Kernkraftwerken kostengünstiger einsteht als Strom aus fossilen Brennstoffen und somit die Industrie in Ländern mit hohem Kernenergieanteil an der Stromerzeugung deutliche Wettbewerbsvorteile hat. Auch unter Berücksichtigung aller Kosten für einen geschlossenen Brennstoffkreislauf, also auch für die Wiederaufarbeitung abgebrannter Brennelemente, der Konditionierung und Endlagerung der radioaktiven Abfälle sowie der bei Kernkraftwerken zusätzlich zu erwartenden Umwelt- und Sicherheitsauflagen und der Stillegungs- und Abrißkosten, ist Strom aus Kernkraftwerken, die Ende dieses Jahrzehnts in Betrieb gehen und eine hohe Auslastung aufweisen, billiger als der aus Steinkohlekraftwerken unter Einbeziehung einer Rauchgasentschwefelung. Dies geht aus Studien hervor, die einen Vergleich anstellen zwischen einem Kernkraftwerk (1255 MW) und Steinkohlekraftwerken (2 × 675 MW) in der Bundesrepublik Deutschland, die heute in Auftrag gegeben werden und Ende der 80er Jahre in Betrieb gehen sollen. Der Kostennachteil von Strom aus Steinkohlekraftwerken im Grundlastbereich beträgt dabei Ende der 80er Jahre selbst bei günstigsten Verhältnissen für die Steinkohle (Importkohle, Preissteigerungsrate nur 2% pro Jahr) mindestens 25%, für heimische Kohle (Preissteigerungsrate nur 1%) nahezu 50%. Aber auch für den Fall geringerer Auslastung der Kraftwerke (Mittellastbereich) behält der Strom aus Kernkraftwerken einen Kostenvorsprung.

Atomstromerzeugung und Anteil der Kernenergie an gesamter Stromerzeugung 1981:

	Mrd. kWh	%
Frankreich	105.3	37.7
Schweden	37.8	36.0
Finnland	13.9	35.8
Schweiz	15.2	28.0
Belgien	12.9	25.3
BRD	53.4	14.3
England	38.9	12.7
USA	288.6	12.0
Japan	84.6	ca. 14.0
Canada	43.5	ca. 12.0

Stärkere Nutzung der Kernenergie in der Bundesrepublik Deutschland bedeutet

- Verminderung der Abhängigkeit von Importen fossiler Brennstoffe

  Reserven fossiler Energieträger in der Bundesrepublik (Mrd. t SKE):

Steinkohle	24
Braunkohle	15
Erdöl	0.172
Erdgas	0.673

- Verfügbarkeit billigen Stroms

Wettbewerbsfähigkeit der Wirtschaft erhöht

Strom aus Kernkraftwerken ist billiger als Strom aus Kohle- oder Heizölkraftwerken, auch wenn man bei den Kernkraftwerken die Entsorgung, Stillegung und den Abriß berücksichtigt und bei den Kohlekraftwerken die Rauchgasentschwefelung

Stromerzeugungskosten (Pf/kWh) in Abhängigkeit von der Benutzungsdauer

h/a	Kernkraftwerk	Steinkohlekraftwerk: Importkohle	Steinkohlekraftwerk: heimische Kohle
6500	16.77	21.02	25.06
5000	20.40	23.49	27.25
4000	24.37	26.10	29.68
3000	30.96	30.42	33.71

Kostenstruktur für Atomstrom:

	Pf/kWh	%
Natururan	1.2	25.8
Anreicherung	0.7	15.1
Brennelement-fertigung	0.6	12.7
Wiederaufarbeitung (abzügl. Gutschrift)/ Endlagerung	2.2	46.4
	4.74	100.0

Wesentliche Ursache für den Kostenvorsprung des Stromes aus Kernkraftwerken ist die Tatsache, daß der Brennstoffanteil an den Kosten für die Stromerzeugung bei Kernkraftwerken sehr niedrig ist im Vergleich zu dem bei Kohlekraftwerken. Preissteigerungen bei der Steinkohle, die auch in den nächsten Jahren zu erwarten sind, wirken sich daher auf die Stromkosten stark aus. Bei Strom aus Kernkraftwerken steht dagegen der Kapitaldienst (Investitionen bei Kernkraftwerk 2550 DM/kW, bei Kohlekraftwerk 1310 DM/kW incl. Rauchgasentschwefelung) im Vordergrund der Stromerzeugungskosten; Preissteigerungsraten bei Uran (in die Rechnung mit $ 30. – /lb. U_3O_8 einschließlich Konversion eingegangen) machen sich weniger bemerkbar. Die Wiederaufarbeitung sowie Abfallkonditionierung und Endlagerung (2200 DM/kg) macht an den Stromerzeugungskosten bei Grundlast nur 13% aus, die spätere Stillegung von Kernkraftwerken 1.8%.

Strom aus Erdöl würde sogar 1.7- bis 1.8mal teurer sein als Strom aus Kernkraftwerken.

6.2 Allgemeines zum Kernbrennstoffkreislauf

Kernbrennstoffkreislauf:

1. Versorgung der Kernkraftwerke mit Brennelementen:
   - Gewinnung und Aufarbeitung von Uran-Erzen
   - Herstellung von UF_6
   - Anreicherung des ^{235}U-Isotops
   - Erzeugung der Kernbrennstoffe aus UF_6
   - Fertigung der Brennelemente

2. Entsorgung der Kernkraftwerke durch
   - Wiederaufarbeitung abgebrannter Brennelemente, d.h. Trennung von U und Pu voneinander und von den radioaktiven Spaltprodukten
   - Rückführung der spaltbaren Stoffe in die Brennelementfertigung sowie
   - Behandlung und Endlagerung der radioaktiven Abfälle

In Kernkraftwerken wird elektrischer Strom aus Kernenergie erzeugt. Zu einem funktionsfähigen Betrieb gehört die Versorgung der Kernkraftwerke mit Brennelementen und die Entsorgung des abgebrannten Materials. Diese im Kernbrennstoffkreislauf zusammengefaßten Bereiche umfassen auf der Versorgungsseite die Gewinnung und Aufbereitung von Uran-Erzen zu Uran-Konzentrat, dessen Überführung in UF_6, die Anreicherung des Uranisotops ^{235}U von 0.7% im Natururan auf etwa 3%, die Überführung von UF_6 in Kernbrennstoffe und die Fertigung von Brennelementen.

Die Entsorgung beinhaltet die Wiederaufarbeitung abgebrannter Brennelemente, d.h. die Abtrennung und Rückführung des unverbrauchten Urans und des im Kernreaktor entstandenen Plutoniums in die Brennelementfertigung sowie die Konditionierung und sichere Endlagerung der radioaktiven Abfälle.

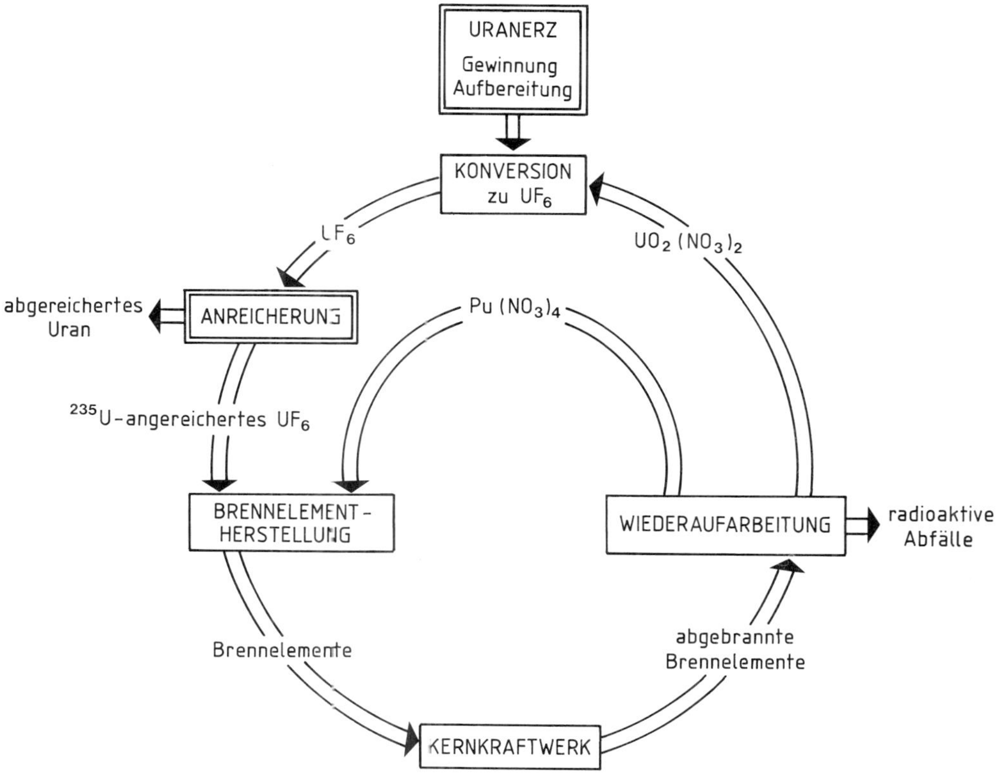

Brennstoffkreislauf für Leichtwasserreaktoren

6.3 Verfügbarkeit von Uran und Thorium

Uran kommt in der Erdkruste mit durchschnittlich 4 ppm, im Meerwasser mit 3 ppb vor. Die außerhalb der Ostblockstaaten bekannten und hinreichend gesicherten Uran-Vorkommen liegen z. Z. bei 2.5 Mio. t, ohne die Uran-Mengen in Apatiten und im Meerwasser. Die größten Vorräte liegen in Nordamerika, gefolgt von Afrika.

Uranvorkommen
- Erdkruste 4 ppm
- Meerwasser 3 ppb

Differenziert man nach Kosten für die Förderung, den Bergbau, die Aufbereitung, die Verwaltung und das Marketing, so fielen 1.85 Mio. t in die Kostenkategorie < 80 \$/kg und 0.74 Mio. t in die zwischen 80 und 130 \$/kg (die Werte gelten für 1979).

Uran-Vorräte außerhalb des Ostblocks (ohne Meerwasser und sedimentäre Phosphaterze) in 1000 t U aufgegliedert nach Gewinnungskosten (Stand 1979):

- Hinreichend gesichert:

	<$ 80/ kg U	$ 80 – 130/ kg U
Nordamerika	746	197
Lateinamerika	105	5
Afrika	613	165
Australien	290	9
Westeuropa	68	355
Asien	30	4
	~1850	~740

Die geschätzten zusätzlichen Uran-Vorräte – außerhalb des Ostblocks – liegen bei 2.56 Mio. t Uran. Davon sollten 1.58 Mio. t zu <80 $/kg und 0.98 Mio. t zu Kosten zwischen 80 und 130 $/kg Uran gewinnbar sein.

Spekulative Vorkommen:
Westliche Welt 6.6 bis 14.8 Mio. t U

Außerdem:

- Uran in sedimentären Phosphaterzen (geschätzt): 6.3 Mio. t
- Uran im Meerwasser: ca. 4 Mrd. t

Darüber hinaus spricht man von spekulativen Vorräten, die für die westliche Welt auf 6.6 bis 14.8 Mio. t Uran geschätzt werden. In diesen Vorratszahlen sind nicht eingeschlossen die Uran-Vorräte in sedimentären Phosphaterzen der ariden Klimazonen, die auf 6.3 Mio. t Uran geschätzt werden und bisher kaum genutzt werden, sowie die Uran-Vorkommen im Meerwasser, die immerhin ca. 4 Mrd. t ausmachen.

Thoriumvorräte:

Welt	3.3 Mio. t
Westl. Welt	1.32 Mio. t

Für Thorium, das in Zukunft größere Bedeutung als Kernbrennstoff gewinnen wird, liegen die Weltressourcen bei 3.3 Mio. t, die nachgewiesenen und geschätzten Vorräte in der westlichen Welt bei 1.32 Mio. t. Thorium kommt hauptsächlich in Monaziten vor.

Uran-Produktion 1980 (t U):

Westl. Welt	44 265
USA	16 808
Canada	7 044
Südafrika	6 075
Niger	4 505
Namibia	4 038
Europa	2 900
Australien	1 560
Gabun	1 000
übrige Länder	335

Die Uran-Produktion lag 1979 in der westlichen Welt knapp über 38 000 t; 1980 war sie mit rund 44 000 t deutlich höher. Die USA waren größter Uran-Produzent. Der Uran-Bedarf der westlichen Welt lag 1982 bei ca. 32 000 t Natururan.

Wie lange die Uran-Vorräte reichen, ist nicht angebbar, da

- Reaktorstrategien und
- Maß des Kernenergieausbaus sehr ungewiß sind

Verbrauch eines Leichtwasserreaktors an angereichertem Uran für 8.5 Mrd. kWh Strom:

- ohne Wiederaufarbeitung ca. 33 t

Wie lange die hinreichend gesicherten Uran-Vorräte reichen, ist aus heutiger Sicht kaum abzuschätzen, da ungewiß ist, inwieweit Kernenergie-Ausbaupläne realisiert werden und welche Strategien (Reaktortyp, geschlossener Kernbrennstoffkreislauf) zum Einsatz gelangen. Wie stark der Reaktortyp und die Wiederaufarbeitung den Uran-Verbrauch beeinflussen, ergibt sich aus folgender Gegenüberstellung: Leichtwasserreaktoren – der heute überwiegend eingesetzte Reaktortyp – verbrauchen für die Erzeugung der durchschnittlichen Jahresleistung eines 1300-MW-Kernkraftwerks (ca. 8.5 Mrd. kWh Strom) etwa 33 t angereichertes Uran. Ein Ölkraftwerk verbraucht im Vergleich dazu für 8.5 Mrd. kWh Strom immerhin ca. 1.6 Mio. t Heizöl, der Steinkohleverbrauch eines Kohlekraftwerkes liegt entsprechend bei etwa 2.7 Mio. t.

Werden die abgebrannten Brennelemente wiederaufgearbeitet und das gewonnene spaltbare Material in die Brennelementfertigung zurückgeführt, so sinkt der Natururan-Bedarf um etwa 33%.

Die Brennstoffmenge eines Schnellbrutreaktors ist ungleich geringer: für 8.5 Mrd. kWh Strom benötigt er lediglich zusammen etwa 5.1 t Uran und Plutonium.

Uran- und Plutonium-Verbrauch eines Schnellbrutreaktors für 8.5 Mrd. kWh: ca. 5 t

Aus diesen Zahlen folgt, daß die Kernenergie eine echte langfristige Energiequelle ist, wenn bei Leichtwasserreaktoren die abgebrannten Brennelemente wiederaufgearbeitet und wenn vor allem Schnellbrutreaktoren eingesetzt werden.

Nur ein geschlossener Brennstoffkreislauf bei Leichtwasserreaktoren und der verstärkte Einsatz Schneller Brutreaktoren mit Brennstoffkreislauf läßt Kernenergie eine echte langfristige Energiequelle sein

6.4 Kernreaktortypen

6.4.1 Allgemeines

Es gibt eine Reihe unterschiedlicher Kernreaktortypen. Der am weitesten verbreitete ist der Leichtwasserreaktor, aber auch Graphit-moderierte Reaktortypen, die leichtwasser- oder gasgekühlt werden, sind im Einsatz, ebenfalls Schwerwasserreaktoren. In der Entwicklung befinden sich der Graphit-moderierte Thorium-Hochtemperaturreaktor, der zu den gasgekühlten Reaktoren zu rechnen ist, und Schnellbrutreaktoren.

Kernkraftwerke, nach Reaktor-Typen geordnet (Stand Ende 1982) weltweit:

	in Betrieb	im Bau/ bestellt
• Leichtwasser		
– Siedewasser	65	49
– Druckwasser	138	224
• Graphit		
– Gas-Graphit	35	–
– AGR	5	9
– HTR	2	1
– H_2O-Graphit	24	12
• Schwerwasser, Candu	22	25
• Schnelle Brüter	7	3
	298	323

6.4.2 Leichtwasserreaktoren

Bei Leichtwasserreaktoren ist zwischen Siedewasser- und Druckwasserreaktoren zu unterscheiden. Beide Reaktortypen benutzen Wasser sowohl als Kühlmittel als auch als Moderator für die Abbremsung der bei der Kernspaltung entstehenden schnellen Neutronen (2 MeV) auf thermische Energien (ca. 0.025 eV), die für die Spaltung weiterer ^{235}U-Kerne benötigt werden. Die wirtschaftliche Bedeutung der Leichtwasserreaktoren ergibt sich aus der Tatsache, daß von den 1982 weltweit betriebenen, im Bau befindlichen bzw. bestellten 621 Kernkraftwerken 476 Leichtwasserreaktoren waren; betrieben wurden

Bei Leichtwasserreaktoren unterscheidet man:

- Siedewasserreaktoren
- Druckwasserreaktoren

Als Neutronenmoderator und Kühlmittel dient H_2O

Leichtwasserreaktoren haben z. Z. die weitaus größte Bedeutung

1982 in der Bundesrepublik Deutschland 5 Siedewasserreaktoren und 7 Druckwasserreaktoren.

6.4.2.1 Siedewasserreaktoren

Siedewasserreaktoren:

- das Kühlmittel H_2O wird bei ca. 70 bar im Reaktorkern verdampft
- Dampf geht direkt zur Turbine
- Brennstoff:

  ^{235}U-angereichertes UO_2

Bei diesem Reaktortyp wird Wasser unter einem Druck von etwa 70 bar im Reaktorkern zum Sieden gebracht. Der entstehende Dampf wird aus dem Reaktordruckbehälter direkt zur Turbine geleitet. Im Reaktorkern befinden sich die Brennelementbündel, die aus Brennstäben bestehen, welche gitterförmig (6×6 bis 8×7) angeordnet sind und den Kernbrennstoff (^{235}U-angereichertes UO_2) enthalten. Die Steuerung und Abschaltung des Reaktors erfolgt über kreuzförmig angeordnete Steuerstäbe, die aus Stahlröhrchen bestehen, welche neutronenabsorbierendes Borcarbid enthalten.

6.4.2.2 Druckwasserreaktoren

Druckwasserreaktoren:

- die im Reaktorkern entstehende Wärme wird bei 155 bar und etwa 320 °C auf einen nicht radioaktiven Sekundärkreislauf übertragen, wobei im Primärkreislauf kein Dampf entsteht
- Brennstoff:

  ^{235}U-angereichertes UO_2, für 1300-MW-Kernkraftwerk: 117 t UO_2
- Primärkreislauf befindet sich in einem hermetisch abgeschlossenen Sicherheitsbehälter

Beim Druckwasserreaktor wird die im Reaktor erzeugte Wärme über einen geschlossenen Primärkreislauf bei 155 bar und einer Temperatur von ca. 320 °C ohne Dampfbildung auf einen nichtradioaktiven Sekundärkreislauf übertragen. Dort wird Dampf erzeugt. Das Wasser des Primärkreislaufs durchströmt dabei den Reaktorkern und die dort eng zueinander in quadratischen Bündeln angeordneten Brennstäbe von etwa 3 bis 5 m Länge und 10 mm Durchmesser. Ein typisches Brennelement besteht aus 236 Brennstäben und 20 Regelstabführungsrohren in einer 16×16 Anordnung. 193 solcher Brennelemente mit einem Gesamtinventar von 117 t Kernbrennstoff in Form von ^{235}U-angereichertem UO_2 bilden den wärmeerzeugenden Kern eines 1300-MW-Kernkraftwerkes. Die Regelstabführungsrohre enthalten neutronenabsorbierende Elemente, wie z. B. Bor, mit denen die Kettenreaktion gesteuert wird. Die Anlagenteile des Primärkreislaufs befinden sich in einem hermetisch abgeschlossenen zylindrischen oder kugelförmigen Sicherheitsbehälter, der den bei einem Schadensfall auftretenden Druck aufnehmen und die Umgebung vor der Ausbreitung evtl. im Innern freigesetzter radioaktiver Stoffe schützen soll.

6.4.3 Graphit-moderierte Reaktoren

6.4.3.1 Gasgekühlt

Der erste, von Fermi Ende 1942 in Chicago in Betrieb genommene selbsterregte Kernreaktor war ein gasgekühlter Graphit-moderierter Reaktor.

Die in den 50er Jahren in England und Frankreich entwickelten und dort auch noch betriebenen Magnox-Reaktoren werden mit CO_2 als Kühlmittel betrieben. Die erreichte Gastemperatur liegt bei max. 420 °C, Brennstoff ist Natururan in Metall- oder Oxidform.

Eine Weiterentwicklung der Magnox-Reaktoren stellen die *„Fortgeschrittenen gasgekühlten Reaktoren“* (AGR = **A**dvanced **G**as-cooled **R**eactors) dar. Sie sind ausschließlich in Großbritannien gebaut worden. Sie benutzen leicht angereichertes Uran in Oxidform. Die Gasaustrittstemperaturen liegen im Vergleich zu Magnox-Reaktoren mit 690 °C wesentlich höher, was Vorteile bei der Dampferzeugung mit sich bringt.

Im Gegensatz zu den AGR-Reaktoren benutzt man bei dem in Entwicklung befindlichen *„Hochtemperaturreaktor“* (HTR), der ebenfalls zu gasgekühlten Graphit-moderierten Reaktoren zu rechnen ist, Helium als Kühlgas und vermeidet damit die beim AGR störende Korrosion von Graphit durch Kohlendioxid nach der Gleichung

$$C + CO_2 \rightleftharpoons 2CO$$

Der Brennstoff besteht aus hochangereichertem Uranoxid sowie Thoriumoxid oder hochangereichertem Uran- bzw. Thoriumcarbid. Charakteristisch für die HTR-Reaktoren ist die Brennelemente-Herstellung; kleine Brennstoffkugeln mit einem Durchmesser von 300 – 600 μm werden mit einer Schicht aus SiC und/oder pyrolytisch abgeschiedenem Kohlenstoff umhüllt (∅ ca. 1 mm) und dann in eine Graphitmatrix eingebettet, wobei man als Brennelement entweder Kugeln eines Durchmessers von ca. 6 cm (enthält 10 000 Einzelpartikel) oder hexagonale Blöcke erzeugt. Der im Kernforschungszentrum Jülich entwickelte Hochtemperaturreaktor – mittlerweile lie-

Gasgekühlte, Graphit-moderierte Reaktoren: Als Kühlmittel dienen z. B. CO_2 und neuerdings He

Magnox-Reaktoren:

- Kühlmittel: CO_2
- Brennstoff: Natururan
- Gasaustrittstemperatur: 420 °C

AGR-Reaktoren sind weiterentwickelte Magnox-Reaktoren:

- Kühlmittel: CO_2
- Brennstoff: Leicht ^{235}U-angereichertes UO_2
- Gasaustrittstemperatur ca. 690 °C

Hochtemperaturreaktor (HTR):

- Kühlmittel: He
- Brennstoff: ^{235}U-angereichertes Uranoxid mit ^{232}Thoriumoxid oder entspr. Carbide in Kugelform.
  Man umhüllt die Kügelchen mit SiC und/oder C, bettet je ca. 10 000 Kügelchen in eine Graphitmatrix zu großen Kugeln ein, die im Kugelhaufenreaktor kontinuierlich umgewälzt werden.
- Gasaustrittstemperatur: 700 bis 1000 °C

gen etwa 15 Jahre Erfahrung vor – enthält beispielsweise als Brennelemente ca. 100000 Kugeln in loser Schüttung, die während des Betriebes kontinuierlich umgewälzt werden (Kugelhaufenreaktor). Jede Kugel enthält 1 g ^{235}U und 5 g ^{232}Thorium. Die Leistungsdichte solcher Helium-gekühlter Hochtemperaturreaktoren ist deutlich höher, als die von CO_2-gekühlten Reaktoren; die Gasaustrittstemperatur kann über 1000 °C betragen, beim deutschen HTR ist sie 950 °C. Bei anderen Versuchsreaktoren in England und USA, die mit stabförmigen Brennelementen arbeiten, sowie bei der in der Bundesrepublik Deutschland seit 1971 im Bau befindlichen größeren Prototyp-Anlage eines Thorium-Hochtemperaturreaktors (elektrische Leistung 300 MW, Standort Schmehausen) sind die Gasaustrittstemperaturen mit 700 bis 800 °C niedriger. Das heiße Helium kann zur Dampferzeugung eingesetzt werden, aber auch für chemische Reaktionen, die bei hohen Temperaturen ablaufen, wie beispielsweise die Kohlevergasung (s. S. 39).

Das heiße He ist geeignet für

- Dampferzeugung
- chemische Reaktionen, wie Kohlevergasung

Wesentlich ist weiterhin, daß ein nicht geringer Teil der bei der Spaltung von Uran erzeugten Neutronen zur Konversion von ^{232}Th in ^{233}U, das seinerseits durch thermische Neutronen spaltbar ist, genutzt wird.

Aus ^{232}Th entsteht durch Neutronen spaltbares ^{233}U

6.4.3.2 Leichtwassergekühlt

Dieser Reaktortyp wurde in der USSR entwickelt und wird auch dort in verschiedenen Anlagen betrieben; in der westlichen Welt blieb er bedeutungslos. Bei diesen Reaktoren sind in einem aus Graphitblöcken errichteten Zylinder parallele Druckröhren angeordnet, die den Reaktorkern bilden und mit leicht angereichertem Uranbrennstoff gefüllt sind. Als Kühlmittel wird Wasser benutzt. Die Druckröhren sind auf 100 bis 150 bar ausgelegt; im Reaktor wird Dampf von 500 bis 520 °C erzeugt.

H_2O-gekühlte Graphit-moderierte Reaktoren:

- Brennstoff: leicht angereicherte Uran-Verbindungen
- Kühlmittel: H_2O, unter hohem Druck; es wird Dampf von >500 °C erzeugt
- Moderator: Graphit

6.4.4 Schwerwasserreaktoren

Diese Reaktoren benutzen schweres Wasser (D_2O) als Moderator. Sie können mit Natururan betrieben werden, da der Einfangquerschnitt für thermische Neutronen, die für die Aufrechterhaltung der Kernkettenreaktion notwendig sind, bei D_2O im Gegensatz zu H_2O sehr gering

Schwerwasserreaktoren:

- Brennstoff: Natururan oder angereichertes Uran
- Moderator: D_2O
  Gewinnung sehr teuer, daher ist dieser Reaktortyp nicht weit verbreitet

ist. Eine Anreicherung von ^{235}U ist daher nicht notwendig. Nachteilig ist jedoch der hohe Preis für schweres Wasser (nur mit 0.015% im natürlichen Wasser enthalten). Der daraus gegenüber den Leichtwasserreaktoren resultierende höhere Investitionsaufwand und die geringere Leistungsdichte hat eine größere Verbreitung dieses Reaktortyps verhindert, lediglich Canada setzt in größerem Umfang auf diese Reaktorlinie. Da D_2O ein schlechteres Bremsvermögen für schnelle Neutronen hat als H_2O (es sind mehr elastische Zusammenstöße zur Thermalisierung notwendig), ist der erforderliche Volumenanteil wesentlich höher. Während H_2O-moderierte Reaktoren ein Moderator/Brennstoff-Volumenverhältnis von 2:1 haben, benötigen D_2O-moderierte ein Verhältnis von 20:1.

Um dieses Verhältnis Moderator/Brennstoff (UO_2) zu erreichen, ordnet man Bündel, die 19 bis 37 Brennstäbe eng gepackt enthalten, im Abstand von ca. 25 cm voneinander an. Durch die Brennstabbündel hindurch strömt das Kühlmittel (Kühlkanäle); die Bereiche zwischen den Brennstabbündeln, die durch Trennwände abgetrennt sind, enthalten den D_2O-Moderator. Als Kühlmittel verwendet man bei Natururanreaktoren solche mit niedrigem Neutronenabsorptionskoeffizienten, wie CO_2, D_2O oder He. Bei Reaktoren mit angereichertem Uran ist diese Einschränkung nicht erforderlich, und somit kommt hier auch H_2O in Frage.

- Kühlmittel: Bei Natururan als Brennstoff CO_2, D_2O, He; bei angereichertem Uran H_2O

Zu unterscheiden sind Druckkessel- und Druckröhrenreaktoren, wobei bei ersteren der Moderatorbereich und die Kühlkanäle in einem gemeinsamen Druckbehälter angeordnet sind, während bei letzterem beide Bereiche voneinander getrennt sind.

Der am weitesten verbreitete Schwerwasserreaktortyp ist der in Canada entwickelte D_2O-gekühlte Druckröhrenreaktor (Candu-Reaktor). Er benutzt Natururan als Brennstoff, D_2O unter Druck als Kühlmittel und D_2O unter niedrigem Druck als Moderator. In Canada befaßt man sich seit Jahren mit dem Einsatz des Candu-Reaktors zur Gewinnung von Öl aus Ölsandlagerstätten.

Am weitesten verbreitet:

Candu-Reaktor (Canada)

6.4.5 Schnellbrutreaktoren

Schnellbrutreaktoren werden nicht, wie z. B. Leichtwasserreaktoren, mit langsamen Neutronen, sondern mit un-

Schnellbrutreaktoren:

- Werden betrieben mit „schnellen“ Neutronen

- Mit diesen ungebremsten Neutronen wird neues spaltbares Material erbrütet (^{239}Pu, ^{233}U)
- Brutreaktion findet im Mantel aus ^{238}U oder ^{232}Th statt; Kern besteht aus Lieferanten schneller Neutronen (^{239}Pu, ^{233}U oder ^{235}U). Brennstoff ist hochangereichertes UO_2 oder PuO_2
- Es kann mehr Spaltstoff erbrütet werden als verbraucht wird
- Schnellbrutreaktoren benötigen keine Moderatoren
- Uran wird etwa 60fach besser ausgenutzt als z. B. in Leichtwasserreaktoren

gebremsten „schnellen" Neutronen betrieben, wie sie unmittelbar bei der Kernspaltung z. B. von ^{235}U, ^{233}U oder ^{239}Pu entstehen. Diese schnellen Neutronen sind für die Erhaltung der Kettenreaktion notwendig, da ^{239}Pu nur durch schnelle Neutronen spaltbar ist. Sie werden aber auch von ^{238}U oder ^{232}Th absorbiert und wandeln diese in spaltbares ^{239} Pu bzw. ^{233}U um. Aus ^{238}U bzw. ^{232}Th wird also neuer Spaltstoff erbrütet. Ein Brutreaktor besteht daher im Prinzip aus einem Kern aus ^{239}Pu bzw. ^{233}U oder ^{235}U, der von einem Mantel aus ^{238}U oder ^{232}Th umgeben ist und in dem die Brutreaktion stattfindet, wobei mehr Spaltstoff erbrütet werden kann als verbraucht wird. Experimentell wurden in Brutreaktoren Konversionsfaktoren bis zu 2 erreicht. Schnellbrutreaktoren enthalten keinen Moderator. Als Brennstoff ist hochangereichertes Uran (ca. 20% ^{235}U) bzw. ^{239}Pu in Form der Oxide erforderlich; in der Regel wird ein UO_2/PuO_2-Gemisch verwendet. Der Brutmantel besteht aus abgereichertem Uran aus den Isotopentrennanlagen oder aus den Wiederaufarbeitungsanlagen von Kernbrennstoffen. In der Brennstoffzone sind zum Abschalten axial bewegliche Absorber aus Borcarbid verteilt. Das eingesetzte Uran kann rd. 60fach besser ausgenutzt werden als z. B. bei Leichtwasserreaktoren.

- Wärmeübertragungsmittel im Primär- und Sekundärkreislauf ist flüssiges Na; He-gekühlte Schnellbrutreaktoren sind in der Entwicklung

Als Wärmetransportmittel kann Leichtwasser nicht eingesetzt werden, da die schnellen Neutronen nicht abgebremst werden dürfen. Bevorzugtes Wärmeübertragungsmittel ist flüssiges Natrium; aber auch gasgekühlte Schnellbrutreaktoren mit Helium als Kühlmittel sind in der Entwicklung. Salzschmelze-gekühlte Schnellbrutreaktoren haben bisher keine nennenswerte Bedeutung erlangt.

Na-gekühlte Schnellbrutreaktoren sind technisch realisierbar

USSR und Frankreich forcieren Schnelle Brüter

Natrium-gekühlte Schnellbrutreaktoren, bei denen die Wärme über flüssiges Na vom radioaktiven Primärkreislauf über einen inaktiven Sekundärkreislauf auf einen konventionellen Wasser/Dampfkreislauf übertragen wird, sind technisch realisierbar. Dies zeigt die Erfahrung mit Versuchsanlagen und Prototypanlagen in USA (seit 1951), USSR (seit 1958), Großbritannien (seit 1974), Frankreich (seit 1967), Bundesrepublik Deutschland (seit 1977, Karlsruhe), Italien (seit 1979) und Japan (seit 1977) zumindest in der Größenordnung bis zu 300 MW elektrischer Leistung; die Natrium-Technologie wird beherrscht. Die USSR und Frankreich haben das am weitesten fortgeschrittene Entwicklungsprogramm der Welt bei Schnellbrutreaktoren. In diesen beiden Ländern sind Demonstrationsbrüter von 600 bzw. 1200 MW elektrischer Leistung im Bau (Super-Phenix in Frankreich mit 1200 MW) bzw. in Betrieb. In der Bundesrepublik Deutschland (Standort Kalkar) ist ein Natrium-gekühlter Schnellbrüter mit einer elektrischen Leistung von 327 MW im Bau.

6.5 Kernbrennstoffgewinnung

Wichtigster Brennstoff für die Kernkraftwerke heutiger Bauart (überwiegend Leichtwasserreaktoren) ist ^{235}U-angereichertes Urandioxid. Von Bedeutung sind weiterhin metallisches Uran für die Magnox-Reaktoren und einige Forschungsreaktoren sowie Uran-Plutonium-Mischoxide für Leichtwasserreaktoren. Zur Herstellung werden die Uran-Erze auf Uran-Konzentrat aufgearbeitet, das dann in UF_6, den Arbeitsstoff der Verfahren zur Anreicherung des ^{235}U-Isotops, übergeführt wird. Aus diesem ^{235}U-angereicherten UF_6 erzeugt man dann die Brennstoffe (Rekonversion des UF_6).

Versorgung der Kernkraftwerke mit Brennstoff (^{235}U-angereichertes UO_2 oder U-Metall):

- Konversion von Uran-Konzentrat zu UF_6
- Anreicherung des ^{235}U-Isotops
- Rekonversion von UF_6 zu UO_2 bzw. U-Metall

Ausgangsmaterial für Uran-Kernbrennstoffe sind die aus natürlichen Uran-Vorkommen gewonnenen Uran-Verbindungen sowie die aus der Wiederaufarbeitung abgebrannter Uran-Brennstäbe abgetrennten spaltbaren Materialien.

Kernbrennstoffe aus

- Natururan
- abgebrannten Uran-Brennstäben

6.5.1 Uran-Konzentrat („Yellow-cake")-Gewinnung

Uran kommt vorwiegend in Pegmatiten, Gang- und Konglomerat- sowie Sandsteinlagerstätten vor. Daneben findet es sich in Phosphaten, in Kohlen und bituminösen Schiefern sowie im Meerwasser. Bergmännisch wird Uran nur abgebaut, wenn der U_3O_8-Gehalt $>0.03\%$ ist und die Lagerstätte wirtschaftlich ausreichende Mengen enthält. Etwa die Hälfte der jährlichen Weltproduktion stammt heute aus Sandsteinen, etwa 1/3 aus Konglomeraten.

Uran-Vorkommen:

- Pegmatite
- Gang-, Konglomerat- und Sandsteinlagerstätten
- Phosphate, Kohlen, bituminösen Schiefern

Uran wird dann abgebaut, wenn

- U_3O_8-Gehalt $>0.03\%$
- Lagerstätte wirtschaftlich ausreichende Mengen enthält

6.5.1.1 Uran aus Uran-Erzen

Uran-haltiges Erz wird zerkleinert, gemahlen und anschließend gelaugt

Das aus Tagebau- oder Tiefbaugruben angelieferte Erz wird nach der Intensität der Radioaktivität sortiert, dann in Brechern auf Korngröße <10 mm vorzerkleinert und anschließend gemahlen, wobei man das dabei freigesetzte Radon zum Schutz gegen Strahlung absaugt. Der Uran-Inhalt wird mit Hilfe hydrometallurgischer Prozesse gewonnen, wobei der Laugungsstufe eine Anreicherung des Urans über Ionenaustausch- oder Extraktionsverfahren sowie ein Fällungsprozeß folgen.

6.5.1.1.1 Laugungsprozesse

Laugung der Uran-Erze kann sauer oder alkalisch erfolgen

Bei vierwertigem Uran muß Laugung unter oxidierenden Bedingungen durchgeführt werden

Die Laugung der Uranerze erfolgt sauer oder alkalisch je nach der Zusammensetzung des Uran-Minerals und des begleitenden Nebengesteins. Erze mit alkalischen Nebengesteinen werden bevorzugt alkalisch gelaugt. Liegt vierwertiges Uran vor, so wird die Laugung unter oxidierenden Bedingungen durchgeführt. Arme Erze läßt man in Haufen ohne starke Zerkleinerung oder in der Lagerstätte selbst in situ vom Laugungsmittel durchrieseln und auslaugen.

Laugung mit Säuren

Saure Laugung:

Laugungsmittel bevorzugt verdünnte Schwefelsäure, neuerdings auch konzentrierte

UO_3 aus sekundären Lagerstätten wird dabei zu Uranylsulfat aufgeschlossen

Als saure Laugungsmittel werden gelegentlich Salzsäure, Salpetersäure oder Phosphorsäure eingesetzt; in der Regel wird aber mit verdünnter Schwefelsäure gearbeitet. Diese schließt Urantrioxid, das vorwiegend in den sekundären Lagerstätten vorkommt, zu Uranylsulfat auf:

$$UO_3 + H_2SO_4 \longrightarrow UO_2SO_4 + H_2O$$

UO_2 in primärer Pechblende muß zunächst mit dreiwertigem Eisen oxidiert werden

Das in der primären Pechblende vorwiegend als UO_2 vorliegende Uran muß zunächst zu 6wertigem Uran oxidiert werden. Dies erfolgt am einfachsten mit Hilfe von Fe^{3+}-Ionen, welche aus dem Erz selbst stammen:

$$UO_2 + 2\,Fe^{3+} \longrightarrow UO_2^{2+} + 2\,Fe^{2+}$$

Ist nicht genügend 3-wertiges Eisen vorhanden, so wird es aus 2-wertigem Eisen, das in ausreichender Menge vorliegt, durch Oxidation mit Hilfe von Salpetersäure, Braunstein oder Natriumchlorat erzeugt.

Unter schärferen Laugungsbedingungen können auch die im Erz vorliegenden Alumosilikate aufgeschlossen werden, was zu Störungen bei der Weiterverarbeitung der erhaltenen Eluate führen kann.

Der Schwefelsäure-Verbrauch liegt zwischen 20 und 60 kg/t Erz. In der westlichen Welt erfolgt die saure Laugung praktisch nur drucklos. Eine jüngere Variante des Schwefelsäure-Laugungsprozesses benutzt konzentrierte Schwefelsäure, wobei sich das Erz durch die Reaktion der Säure mit vorhandenem Wasser auf höhere Temperaturen erwärmt.

Schwefelsäureverbrauch:
20 bis 60 kg/t Erz.
In westlichen Ländern wird saure Laugung drucklos durchgeführt

Zu den sauren Laugungsverfahren ist auch die bakterielle Laugung mit Thiobacillus thiooxidans zu rechnen. Hierbei wird sulfidischer Schwefel, z. B. im Pyrit, zu Sulfatschwefel oxidiert und Fe^{II} in Fe^{III} übergeführt, was dann seinerseits U^{IV} in U^{VI} umwandelt.

Saure Laugung ist auch bakteriell möglich

Laugung mit Alkalien

Dieser Prozeß findet immer bei höherer Temperatur statt; entweder unter Druck (5 bis 6 bar, 95 bis 120 °C) oder drucklos (75 bis 80 °C). Als Laugungsmittel nimmt man Natriumcarbonat, Natriumhydrogencarbonat oder Ammoniumcarbonat. Aus UO_3 bildet sich beim Laugungsprozeß das Natriumsalz des Uranyltriscarbonatokomplexes:

Alkalische Laugung mit:
- Na_2CO_3
- $NaHCO_3$
- $(NH_4)_2CO_3$

Aus dem sechswertigen Uran bildet sich ein Uranyltriscarbonatokomplex

$$UO_3 + Na_2CO_3 + 2\,NaHCO_3 \longrightarrow Na_4[UO_2(CO_3)_3] + H_2O$$

U^{IV} wird vorher im alkalischen Medium durch Luftsauerstoff zu U^{VI} oxidiert; die Laugung mit Alkalien unter Druck wird seit geraumer Zeit durchgeführt. Auch die In-situ-Laugung in der Lagerstätte selbst erfolgt heute mit alkalischen Lösungen. Das Laugungsmittel wird dabei über Injektionsrohre in die Gesteinsschichten eingebracht und über ein zentrales Förderrohr wieder zutage gefördert. Die Uran-Auslaugung beträgt 60 bis 85%; z. Z. werden etwa 400 bis 500 t U_3O_8/a auf diese Weise gewonnen. Die In-situ-Laugung hat einen deutlichen Anteil an der Uran-Produktion gewonnen.

U^{IV} wird in alkalischem Medium durch Luft zu U^{VI} oxidiert

In-situ-Laugung in Lagerstätten erfolgt alkalisch
Uran-Auslaugung 60 bis 85%; Bedeutung wächst

6.5.1.1.2 Abtrennung des Urans aus den Laugungslösungen

Abtrennung von Uran aus den Laugungslösungen mittels

- Ionenaustausch
- Extraktion

Auch Kombinationen von Ionenaustausch und Solventextraktionen werden praktiziert

Zur Abtrennung des Urans aus den Laugungslösungen haben sich die Ionenaustauschermethode und die Extraktion mit organischen Lösungsmitteln bewährt. Auch Kombinationen von Ionenaustausch-Verfahren mit Solventextraktionen sind bekannt. Den Verfahren geht normalerweise eine Trennung von Laugungslösung und Feststoff über eine mehrstufige Filtration oder Gegenstromdekantation, gefolgt von einer Klarfiltration, z. B. durch ein Sandbett, vorweg.

Uran-Abtrennung durch Ionenaustausch:
Man verwendet stark oder schwach basische Ionenaustauschharze. Die beladenen Harze werden anschließend mit Nitrat- oder Chlorid-Lösungen eluiert

Abtrennung durch Ionenaustausch: Zur selektiven Abtrennung des Urans aus den schwach sauren oder alkalischen Lösungen des Auslaugevorgangs werden stark basische oder neuerdings auch schwach basische Austauscherharze verwendet. Eluiert wird das in anionischer Form (Carbonato- bzw. Sulfato-Komplexe) auf dem Ionenaustauscher vorliegende Uran mit Hilfe von Nitrat- oder Chlorid-Lösungen.

Ionenaustausch nach drei Verfahrensvarianten:

- im Festbett
- aus Suspensionen
- kontinuierlich

Der Ionenaustausch wird nach drei Verfahrensvarianten durchgeführt, nämlich dem konventionellen Festbettverfahren in zylindrischen, in Serie geschalteten Säulen, dem Ionenaustausch aus Suspensionen, bei dem Körbe mit Ionenaustauschermaterial in einer trüben, nicht vom Feststoff befreiten Laugungslösung bewegt werden, sowie dem kontinuierlichen Ionenaustausch. Letzteres Verfahren setzt sich in der Uran-Gewinnung nur langsam durch. Die Stärke des Ionenaustauschverfahrens liegt darin, daß Uran auch aus sehr verdünnten Lösungen oder aus trüben, ungeklärten Lösungen gewonnen werden kann.

Uran-Abtrennung durch Extraktion:

Extraktionsmittel
- P-Verbindungen
- Amine

Folgende Verfahren werden benutzt:

- AMEX: Aminextraktion
- PURLEX: Aminextraktion
- DAPEX: Dialkylphosphat-Extraktion
- ELUEX: Kombination von Ionenaustausch mit Extraktion
- BUFLEX: Kombination von Ionenaustausch mit Extraktion

Abtrennung durch Solvent-Extraktion: Uran läßt sich aus wäßrigen Lösungen mit Hilfe von Extraktionsmitteln in die organische Phase bringen, aus der es wieder reextrahiert werden kann. Als Extraktionsmittel dienen Phosphorverbindungen wie Di-(2-ethylhexyl)-phosphat, Tri-n-butylphosphat und Tri-n-octyl-phosphinoxid sowie primäre, sekundäre und tertiäre Amine in der Salzform bzw. quaternäre Ammoniumsalze. Die Extraktionsmittel werden mit inerten Kohlenwasserstoffen, bevorzugt mit Kerosin, verdünnt, wobei die Konzentrationen des Extraktionsmittels auf 4 bis 10% (Volumenanteil) eingestellt werden. Die Löslichkeit der Aminsalze, insbesondere der Hydrogensulfate, Chloride und Nitrate, wird durch Zusatz von 3 bis 5% eines langkettigen Alkohols (z. B. Isodecanol) erhöht.

Die Extraktionsverfahren, die meist in Mixer-Settler-Anlagen durchgeführt werden, werden bevorzugt bei sauren Laugungslösungen angewandt; zu den einzelnen Verfahren siehe Randspalte.

Die Reextraktion der Uran-Verbindungen erfolgt durch Mischen der abgetrennten, Uran-haltigen organischen Phase mit einer wäßrigen Lösung von Kochsalz, Natriumcarbonat oder Ammoniumsulfat bei leicht saurem oder alkalischem pH-Wert. Dabei geht das Uran, welches in der organischen Phase z. B. als $(R_3NH)_4[UO_2(SO_4)_3]$ vorliegt, z. B. in Form des Carbonato-Komplexes in die wäßrige Phase:

Die Reextraktion der U-Verbindungen aus der organischen Phase erfolgt mit wäßrigen Salzlösungen

$$(R_3NH)_4[UO_2(SO_4)_3]\ (org.) + 5\,Na_2CO_3\ (aq.)$$

$$\rightleftharpoons\ 4\,R_3N + Na_4[UO_2(CO_3)_3]\ (aq.) + 2\,H_2O + 2\,CO_2 + 3\,Na_2SO_4$$

6.5.1.1.3 Herstellung von verkaufsfähigen Uran-Verbindungen ("Yellow cake")

An das Endprodukt des bei den Uranerzbergwerken erzeugten Uran-Konzentrats "Yellow cake" werden von den Weiterverarbeitern hohe Qualitätsanforderungen in bezug auf den Uran-Gehalt und die Menge störender Ionen, wie Mo, V, P, gestellt. Aus den bei den Ionenaustausch- bzw. Solvent-Extraktionsverfahren gewonnenen wäßrigen Lösungen wird Uran meist in Form von Diuranaten ausgefällt, wobei exakte Bedingungen einzuhalten sind.

Uran-Konzentrat "Yellow cake" muß sehr rein sein

Ausfällung von Uran aus alkalischer Lösung als Diuranat mit:

- NaOH
- NH_3 oder MgO nach vorherigem Ansäuern der Lösung

Aus alkalischen Lösungen kann das Diuranat nach zwei Methoden ausgefällt werden:

1. mit Natronlauge bei pH >12 und 80 °C:

$$2\,Na_4[UO_2(CO_3)_3] + 6\,NaOH \rightarrow Na_2U_2O_7 + 6\,Na_2CO_3 + 3\,H_2O$$

2. mit Ammoniak oder Magnesiumoxid nach vorherigem Ansäuern der Lösungen.

Beim Verfahren 1 fällt Vanadium mit aus, und das Natriumdiuranat enthält nennenswerte, über die Stöchiometrie hinausgehende Natriummengen. Das Vanadium kann durch Rösten des "Yellow cake" bei 850 °C unter Zugabe von Natriumcarbonat und anschließendes Auswaschen entfernt werden. Die entstehende Natriumcarbonat-Lösung wird durch Einleiten heißer Kohlendioxid-haltiger Gase in Natriumhydrogencarbonat übergeführt, die Natronlauge in Natriumcarbonat; beide gehen in den Laugungsprozeß zurück. Der Verbrauch an Natriumhydroxid (fest) liegt bei 10 bis 20 kg/t Erz.

Beim Verfahren 2 wird die alkalische Lösung mit Säure versetzt und freiwerdendes Kohlendioxid durch Kochen ausgetrieben. Die saure Lösung wird anschließend mit Ammoniak oder MgO neutralisiert. Dabei fällt Uran zusammen mit Mo und V aus; das Verfahren wird daher nur bei Mo- und V-armen Uranerzen angewandt.

Anstelle von Diuranaten kann Uran aus alkalischen Lösungen auch als UO_2 durch Reduktion des Carbonato-Komplexes mit H_2 abgetrennt werden

Aus alkalischen Lösungen läßt sich Uran auch als UO_2 gewinnen durch eine Reduktion mit H_2 unter Druck (6 bis 10 bar) bei 140 bis 150 °C in Anwesenheit von Nickel als Katalysator:

$$Na_4[UO_2(CO_3)_3] + H_2 \rightarrow UO_2 + Na_2CO_3 + 2\,NaHCO_3$$

Dieser recht aufwendige Prozeß wird, soweit bekannt, nur noch in Jugoslawien durchgeführt.

Aus sauren Lösungen wird Uran als Diuranat ausgefällt mit:
- NH_3 bei pH 5
- $Mg(OH)_2$, $Ca(OH)_2$

Aus sauren Lösungen wird Uran meist mit Ammoniak bei pH 5 als Ammoniumdiuranat gefällt; aber auch Magnesium- oder Calciumhydroxid werden als Fällmittel benutzt:

$$2\,UO_2SO_4 + 6\,NH_3 + 3\,H_2O \rightarrow (NH_4)_2U_2O_7 + 2\,(NH_4)_2SO_4$$

Vor der Diuranat-Fällung müssen überschüssiges Sulfat und Eisen entfernt werden

Vorher entfernt man überschüssiges Sulfat und Eisen durch Vorfällung mit Kalkmilch oder Magnesiumoxid zu Gips und Eisenhydroxid. Ist der Phosphat-Gehalt zu hoch, so wird durch Zugabe von Eisen-Ionen Eisenphosphat ausgefällt. Ein besser kristallisiertes Ammoniumdiuranat erhält man durch gleichzeitiges Einblasen von

Luft oder Dampf während der Fällung. Bei salzreichen sauren Uran-Lösungen wird eine Fällung mit Wasserstoffperoxid erwogen; diese Art der Fällung ist sehr selektiv.

Unabhängig von der Herstellungsmethode werden die ausgefällten Uran-Konzentrate gewaschen, um anhaftende Salzlösung zu entfernen, und anschließend getrocknet. Dazu werden die mit Ammoniak erzeugten Niederschläge in Etagentrocknern auf ca. 750 °C erhitzt, um Ammoniak, Sulfit und Chlorid zu entfernen; es entsteht U_3O_8:

Diuranat-Niederschläge werden gewaschen und getrocknet:

- Ammoniumdiuranat bei ca. 750 °C; dabei Umwandlung in U_3O_8
- Na-Diuranat bei 120 bis 175 °C

$$9(NH_4)_2U_2O_7 \rightarrow 6U_3O_8 + 14NH_3 + 15H_2O + 2N_2$$

Beim Natriumdiuranat reicht eine Trocknungstemperatur von 120 bis 175 °C.

Die resultierenden Uran-Konzentrate werden ihrer gelblichen Färbung wegen "Yellow cake" genannt.

6.5.1.2 Uran aus Phosphat-Erzen bzw. Naß-Phosphorsäure

Uran findet sich in Apatiten, da der Uran-4-Ionenradius in der Größenordnung des Calcium-Ions liegt. Beim Naßaufschluß dieser Apatite mit verdünnter Schwefelsäure (s. S. 83) gelangt es in die resultierende Naß-Phosphorsäure. Roh-Phosphorsäure nach dem Naßverfahren enthält je nach Erzvorgabe 50 bis 200 ppm U_3O_8. Aus dieser Phosphorsäure kann Uran durch Extraktion gewonnen werden. Als Extraktionsmittel setzt man bevorzugt eine Mischung aus Trioctylphosphinoxid (TOPO) und Di-(2-ethylhexyl)-phosphat (DEHPA) in Kerosin ein (Verfahren des OAK Ridge National Laboratory) oder ein Gemisch aus Mono- und Dioctylphenylestern der Orthophosphorsäure. Weiterentwicklungen des Oak-Ridge National Laboratory-Verfahrens sind der Reduktions-Strip- sowie der Oxidations-Strip-Prozeß.

Ionenradius von U^{4+} vergleichbar mit Ca^{2+}; daher U^{4+} in Apatiten

Aus Apatiten gewonnene Naß-Phosphorsäure enthält 50 bis 200 ppm U_3O_8

Abtrennung von U_3O_8 aus der Roh-Phosphorsäure:

1. durch Extraktion mit
   - Mischung aus Trioctylphosphinoxid und Di-(2-ethylhexyl)-phosphat
   - Mischung aus Mono- und Dioctylphenylestern der Phosphorsäure
2. durch den Reduktions-Strip-Prozeß:
   - Oxidation von U^{4+} zu U^{6+}
   - Extraktion von U^{6+} mit Trioctylphosphinoxid/Di-(2-ethylhexyl)-phosphat in Kerosin

Beim Reduktions-Strip-Prozeß wird die Roh-Phosphorsäure zunächst mit Natriumchlorat, Wasserstoffperoxid oder mit Luft bei 60 bis 70 °C behandelt; das dabei gebildete 6wertige Uran wird anschließend mit Trioctylphosphinoxid/Di-(2-ethylhexyl)-phosphat in Kerosin extra-

- Reduzierendes Strippen der organischen Phase mit Fe^{2+} in Wasser
- Reoxidation von U^{4+} zu U^{6+}
- Erneute Extraktion von U^{6+}
- Strippen der organischen Phase mit wäßrigem $(NH_4)_2CO_3$; dabei fällt $(NH_4)_4[UO_2(CO_3)_3]$ aus

hiert. Diese Lösung strippt man mehrmals reduzierend mit wäßrigen Eisen(II)-Verbindungen und erreicht dadurch eine Anreicherung um den Faktor 40. Nach Oxidation der Stripplösung mit Natriumchlorat oder Luftsauerstoff extrahiert man erneut das gebildete 6wertige Uran mit TOPO/DEHPA. Phosphorsäure wird aus dieser organischen Phase durch Waschen entfernt. Das U^{6+} wird mit Ammoniumcarbonat gestrippt und gleichzeitig als Ammoniumuranyltricarbonato-Komplex gefällt, den man nach Filtration und Waschen calciniert.

3. durch den Oxidations-Strip-Prozeß:
   - mit Mono/Dioctylphenylphosphorsäureester-Gemisch
   - Oxidation von U^{4+} zu U^{6+} in wäßriger Phosphorsäure
   - Extraktion mit Trioctylphosphinoxid/Di-(2-ethylhexyl)-phosphat

Beim Oxidations-Strip-Prozeß wird U^{6+} in der Roh-Phosphorsäure zunächst in U^{4+} übergeführt, welches dann mit einem Gemisch aus Mono- und Dioctylphenylestern der Orthophosphorsäure in Kerosin extrahiert wird. Durch Oxidation mit Natriumchlorat in Phosphorsäure führt man das Uran in die wäßrige Phase über und extrahiert dann – wie im Reduktions-Strip-Prozeß – mit TOPO/DEHPA.

Kapazitäten zur Gewinnung von U aus Roh-Phosphorsäure:
Welt: ca. 2000 t/a

Die zur Zeit vorhandenen Kapazitäten zur Gewinnung von Uran aus Roh-Phosphorsäure liegen weltweit in der Größenordnung von 2000 jato Uran.

6.5.1.3 Uran aus Meerwasser

Uran in Meerwasser im Vergleich zu anderen Vorkommen sehr verdünnt:

Meerwasser	0.003 ppm
Phosphate	100 – 200 ppm
konventionelle Uran-Erze	350 – 5000 ppm

Der durchschnittliche Uran-Gehalt des Meerwassers liegt mit 0.003 ppm wesentlich niedriger als der in konventionellen Uranerzen (350 bis 5000 ppm) oder in Phosphaten (100 bis 200 ppm). Über die Flüsse werden den Meeren jährlich rd. 27000 t Uran zugeführt.

Uran liegt im Meerwasser in carbonatischer Form vor

Das Uran liegt im Meerwasser in Abhängigkeit vom pH-Wert und der Kohlendioxid-Konzentration als UO_2CO_3, $[UO_2(CO_3)_2H_2O]^{2-}$ oder $[UO_2(CO_3)_3]^{4-}$ vor.

Entwicklungsarbeiten zielen auf U-Gewinnung aus Meerwasser durch Adsorption

Ziel der in England, Japan, Deutschland, USA und Frankreich laufenden Entwicklungsarbeiten ist es, Uran unter Ausnutzen der Gezeiten oder großer Meeresströmungen mit Hilfe von Adsorbersubstanzen (z. B. Titandioxid-hydrat) oder Ionenaustauschern zu extrahieren. Das Problem besteht darin, daß für die Gewinnung von 1 Tonne Uran etwa 1 km^3 Meerwasser verarbeitet werden muß. Die bisher erreichten Anreicherungsgrade um den Faktor 10^5 sind im Vergleich zu den üblichen Gewinnungskosten für Uran aus Erzen noch nicht wirtschaftlich.

Für 1 t Uran benötigt man etwa 1 km^3 Meerwasser

6.5.2 Konversion von Uran-Konzentrat zu Uranhexafluorid

6.5.2.1 Allgemeines

Die Hauptaufgabe der Konversion der Uran-Konzentrate ("Yellow cake") zu UF_6 ist die Reinigung der Konzentrate und ihre Überführung in eine chemisch geeignete Form zur Weiterverarbeitung bzw. Anreicherung des ^{235}U-Isotops für die verschiedenen Reaktortypen. Die Isotopenanreicherung erfolgt in der Gasphase über Uranhexafluorid, der einzigen Uran-Verbindung, die schon bei tieferen Temperaturen siedet und in der Dampfphase stabil ist. Vorteilhaft ist, daß Fluor nur mit einem Isotop in der Natur vorkommt.

Konversion der Uran-Konzentrate zu UF_6 dient

- der Reinigung des Urans
- der ^{235}U-Anreicherung

Zur Erzeugung von UF_6 werden zwei Verfahren eingesetzt, nämlich das Naß- und das Trockenverfahren. Gemeinsam ist beiden, daß sie über die Zwischenprodukte UO_2 und UF_4 verlaufen. Während beim Naßverfahren aber das UO_2 aus dem Uran-Konzentrat auf dem Umweg über Uranylnitrat (U^{VI}) hergestellt wird, reduziert man beim Trockenverfahren das Uran-Konzentrat direkt zu UO_2. Unterschiedlich ist auch die Art der Reinigung: während beim Naßverfahren die Reinigung auf der Stufe des Uranylnitrats erfolgt – durch Solventextraktion –, wird beim Trockenverfahren erst das Endprodukt UF_6 durch Destillation gereinigt.

Konversion zu UF_6 verläuft nach zwei Verfahren:

- Naßverfahren:
  Uran-Konzentrat → $UO_2(NO_3)_2$ (Reinigung) → UO_2 → UF_4 → UF_6
- Trockenverfahren:
  Uran-Konzentrat → UO_2 → UF_4 → UF_6 (Reinigung)

6.5.2.2 Naßverfahren zur Herstellung von UF_6

Zur Herstellung von UO_2 wird beim Naßverfahren das Uran-Konzentrat zunächst mit Salpetersäure in eine Uranylnitrat-Lösung übergeführt. Nach der Reinigung des Uranylnitrats durch Solventextraktion läßt es sich dann auf zwei verschiedenen Wegen in UO_2 überführen: entweder durch thermische Denitrierung zu UO_3 und dessen Reduktion zu UO_2 oder durch Überführung von Uranylnitrat in Ammoniumdiuranat und dessen Reduktion. Die Reinigung erfolgt durch Extraktion des Uranylnitrathydrates aus der sauren Lösung mit Tri-n-butylphosphat in Kerosin und Behandeln dieser organischen Phase mit Wasser, wobei Uran wieder in die wäßrige Phase geht.

Naßverfahren:

Zwei Wege von $UO_2(NO_3)_2$ zum UO_2

1. Weg:
   $UO_2(NO_3)_2 \cdot 6\,H_2O$
   ↓
   UO_3
   ↓
   UO_2
2. Weg (Comurhex-Verfahren):
   $UO_2(NO_3)_2 \cdot 6\,H_2O$
   ↓
   $(NH_4)_2U_2O_7$
   ↓
   UO_2

Diese verdünnte wäßrige Uranylnitratlösung wird bis zur Stufe des Uranylnitrathexahydrats $UO_2(NO_3)_2 \cdot 6\,H_2O$ eingedampft und dieses anschließend im Wirbelbettofen in UO_3 übergeführt:

$$UO_2(NO_3)_2 \cdot 6H_2O \longrightarrow UO_3 + NO + NO_2 + 6H_2O + O_2$$

Die Temperatur darf dabei 400 °C nicht übersteigen, um die Bildung von U_3O_8 zu vermeiden. Die entstehenden nitrosen Gase werden zu Salpetersäure aufgearbeitet, die recycliert wird. Ebenfalls im Wirbelschichtbett verläuft die dann bei 500 °C folgende Reduktion des UO_3 zu Urandioxid mit Hilfe von Wasserstoff als Reduktionsmittel.

Der zweite Weg zu UO_2 besteht im Ausfällen von Ammoniumdiuranat aus der über Solventextraktion gereinigten wäßrigen Uranylnitratlösung durch Zugabe von Ammoniak und der anschließenden Reduktion mit Wasserstoff zu UO_2 (französisches Verfahren der Comurhex).

Überführung von UO_2 in UF_4 erfolgt mit wasserfreiem Fluorwasserstoff (Trockenverfahren) im Wirbelbett, Schraubenreaktor oder Moving-bed-Reaktor

Moving-bed-Reaktoren besitzen übereinander angeordnet:

- Reduktionszone für Umsetzung UO_3 mit H_2 und
- Hydrofluorierungszone für UF_4-Herstellung

UO_2 ist das Ausgangsprodukt für UF_4. Dazu wird UO_2 vorwiegend mit wasserfreiem Fluorwasserstoff umgesetzt. Diese schwierig durchzuführende exotherme Reaktion erfolgt entweder im Wirbelbett, in Moving-bed-Reaktoren oder im Schraubenreaktor. Um eine möglichst vollständige Umsetzung zu erreichen, werden bei den Wirbelbettreaktoren jeweils zwei in Serie geschaltet. Auch die Schraubenreaktoren schaltet man bevorzugt in Serie. Bei den Moving-bed-Reaktoren sind die Reduktionszone und die Hydrofluorierung übereinander in einer Einheit angeordnet. Das bei der Reduktion von UO_3 entstehende UO_2 ist hoch reaktiv und setzt sich nahezu vollständig mit HF bei Temperaturen zwischen 550 und 650 °C zu UF_4 um.

Naßverfahren für UF_4-Herstellung (Excer-Prozeß):

Reinigung des sechswertigen Urans in Lösung
↓
Reduktion zu vierwertigem Uran
↓
Ausfällen von $UF_4 \cdot 3/4\ H_2O$
↓
Entwässerung zu UF_4

Auch ein nasses Verfahren wird zur Herstellung von UF_4 eingesetzt, nämlich der EXCER-Prozeß (Ion **E**xchange **C**onversion **E**lectrolytic **R**eduction). Hierbei werden die durch Ionenaustausch oder Extraktion gereinigten Lösungen von 6wertigem Uran entweder elektrolytisch oder chemisch zu 4wertigem Uran reduziert und dieses mit Flußsäure zwischen 90 und 100 °C als UF_4-Hydrat ($UF_4 \cdot 3/4\,H_2O$) gefällt. Anschließend entwässert man bei 400 bis 450 °C.

Die Überführung von UF_4 in UF_6 erfolgt ausschließlich mit elementarem Fluor, entweder im Flammenreaktor oder im Wirbelbettreaktor. Abgeschieden wird UF_6 aus den Reaktionsgasen durch Ausfrieren.

Herstellung von UF_6 aus UF_4 + F_2 im Flammenreaktor oder Wirbelbettreaktor

Das Naßverfahren zur Herstellung von UF_6 wird im Kerr-McGee-Prozeß angewandt, wobei die Reduktion des UO_3 mit einem H_2/N_2-Gemisch aus gecracktem Ammoniak erfolgt und die Hydrofluorierung in einem Zweistufen-Wirbelbett vorgenommen wird. Auch die Prozesse der British Nuclear Fuel Ltd. sowie der Prozeß der Eldorado Nuclear Ltd./Canada sind Naßverfahren.

Naßverfahren sind:

- Kerr-McGee-Prozeß
- British-Nuclear-Fuel-Prozeß
- Eldorado-Nuclear-Prozeß

6.5.2.3 Trockenverfahren zur Herstellung von UF_6

Das Trockenverfahren wurde von Allied Chemical Corp. eingeführt. Hierbei wird das Uran-Konzentrat pelletisiert und in einem Fließbettreaktor bei Temperaturen zwischen 540 und 650 °C direkt mit Wasserstoff zu UO_2 reduziert. Die Hydrofluorierung zu UF_4 erfolgt in zwei hintereinander geschalteten Wirbelbettreaktoren. Nach der Fluorierung des gebildeten UF_4 in einer aus einem Flammenreaktor und einem Wirbelbettreaktor bestehenden Produktionseinheit wird das erzeugte UF_6 in einer zweistufigen Druckdestillation einem Reinigungsprozeß unterworfen. Dieser destillative Reinigungsprozeß ist notwendig, da – anders als bei den Naßverfahren – auf den vorhergehenden Stufen kein Reinigungsprozeß eingeschaltet ist.

Trockenverfahren zur Herstellung von UF_6 der Allied Chemical Corp.:

Uran-Konzentrat
↓
Reduktion zu UO_2
↓
Hydrofluorierung zu UF_4
↓
Fluorierung zu UF_6
↓
UF_6-Reinigung durch fraktionierte Destillation

Die 1979 in der westlichen Welt zur Verfügung stehenden Uran-Konversionskapazitäten betrugen nominell ca. 69000 t UF_6, rund 73% davon beziehen sich auf das Naßverfahren; die Kapazität in der USSR wird auf 13000 bis 18500 t UF_6 geschätzt.

U-Konversionskapazitäten (t UF_6) 1979:

Westl. Welt	ca. 69000
davon	
USA	32230
Canada	6650
England	11100
Frankreich	19200
USSR (geschätzt)	13000 – 18500

6.5.3 ^{235}U-Anreicherung

Die Anreicherung des ^{235}U-Isotops von 0.711% im Natururan auf etwa 3% (Massenanteile) erfolgt mit Hilfe der Gasdiffusion, der Gaszentrifuge und der Trenndüse; eingesetzt wird reines UF_6.

Anreicherung des ^{235}-U-Isotops von 0.711% im Natururan auf etwa 3% erfolgt über:

Beim Gasdiffusionsverfahren wird UF_6 durch eine Kaskade hintereinander geschalteter feinporiger Membranen hindurchgepreßt, wobei die unterschiedliche Diffusions-

- Gasdiffusion

geschwindigkeit der verschieden schweren Isotope ausgenutzt wird.

- Gaszentrifuge

Das Gaszentrifugenverfahren benutzt lange, mehrfach überkritisch rotierende Rohre, in denen es zu einer Anreicherung des schweren Uran-Isotops ^{238}U in der Randzone und des leichteren Isotops ^{235}U in der Zentrifugenmitte kommt.

- Trenndüse

Das Trenndüsenverfahren nutzt die beim Umlenken einer Gasströmung auftretenden Zentrifugalkräfte, wobei ein Gasstrom aus Uranhexafluorid, Helium und Wasserstoff an einer gekrümmten Wand entlanggeführt und dann durch ein Abschälerblech in zwei Teile mit den verschieden schweren Isotopen getrennt wird.

- In Zukunft könnte die Laser-Isotopentrennung Bedeutung gewinnen

Eine Reihe neuerer Entwicklungen zur Anreicherung von ^{235}U sind bekanntgeworden, so die Ionenaustauscherchromatographie, eine neue Generation von Gaszentrifugen und ein Laser-Anreicherungsverfahren.

Uran-Anreicherungskapazitäten 1982 in der westlichen Welt:

31.500 t UTA/Jahr

1982 betrug die Anreicherungskapazität der westlichen Welt 31 500 t UTA pro Jahr (UTA = Urantrennarbeit). Der jährliche Bedarf eines 1300-MW-Reaktors liegt bei etwa 146 t UTA.

6.5.4 Rekonversion von UF_6 in Kernbrennstoffe

6.5.4.1 In Urandioxid

6.5.4.1.1 Allgemeines

Umwandlung UF_6 in UO_2 durch:

- Naßverfahren
- Trockenverfahren

Bei der Herstellung von angereichertem UO_2 ist die Kritikalitätssicherheit zu beachten

Zur Umwandlung von angereichertem UF_6 in sinterfähiges UO_2 gibt es drei in der Technik angewandte Verfahren: zwei Naß- und ein Trockenverfahren.

Bei allen Verfahren ist die Kritikalitätssicherheit zu beachten, wie allgemein bei der Verarbeitung von angereichertem Uran; d. h. es müssen Maßnahmen zur Verhinderung einer unkontrollierten Kettenreaktion ergriffen werden, die beim Erreichen der kritischen Masse einsetzen würde. Diese ist abhängig vom ^{235}U-Anreicherungsgrad, vom Moderationsgrad und von den geometrischen Abmessungen. So wird durch die Vergrößerung der Oberfläche eines Behälters die Abgabe von Neutronen an die

Umgebung erhöht, was zur Folge hat, daß die für das Erlangen eines kritischen Zustandes notwendige Neutronenpopulation nicht erreicht wird. Die Durchmesser von Apparaten oder die Filterschichthöhen werden daher begrenzt, auch baut man heterogene Neutronengifte, z. B. Borcarbid oder Cadmium, in die Behälter ein.

6.5.4.1.2 UO_2 durch Naßverfahren

Bei den Naßverfahren werden schwerlösliche Uran-Verbindungen ausgefällt, wobei sich das Fluorid in den Filtraten befindet und mit Kalk zu Flußspat umgesetzt oder bei Fluor verarbeitenden Firmen zu anderen anorganischen Fluor-Verbindungen aufgearbeitet wird.

Naßverfahren zur Herstellung von UO_2:

Ausfällen schwerlöslicher Uran-Verbindungen aus der Hydrolyselösung des UF_6:

- ADU-Verfahren
- AUC-Verfahren

Ammoniumdiuranat-(ADU-)Verfahren: Dieses Verfahren wurde bereits in den fünfziger Jahren in den USA entwickelt und ist auch z. Z. noch der wichtigste Prozeß. Das mit ihm erzeugte Roh-UO_2 enthält allerdings bis zu 2% Fluorid (Massenanteile), so daß es erst noch nachbehandelt werden muß, ehe es zum Pressen von Brennstoff-Tabletten (pellets) geeignet ist. Diesen Nachteil weisen die beiden anderen Verfahren nicht auf, so daß bei Errichtung neuer Rekonversionsanlagen der ADU-Prozeß kaum noch eingesetzt werden dürfte.

ADU-Verfahren liefert fluoridhaltiges UO_2; Bedeutung dieses z. Z. noch wichtigsten Verfahrens wird daher abnehmen

Beim ADU-Prozeß wird das aus der Anreicherungsanlage kommende UF_6 zunächst verdampft und mit Wasser hydrolysiert:

$$UF_6 + 2H_2O \rightarrow UO_2F_2 + 4HF$$

Hydrolyse UF_6 zu UO_2F_2
↓
Umsetzung mit NH_3 zu „$(NH_4)_2U_2O_7$“
↓
Filtration, Extraktion, Umfällen zur Verminderung des Fluorid-Gehalts
↓
Trocknen
↓
reduktive Zersetzung mit H_2/H_2O zu U_3O_8
↓
Reduktion zu UO_2
↓
schwache Reoxidation

Die UO_2F_2-Lösung wird mit Ammoniak behandelt, wobei Ammoniumdiuranat – allerdings nicht der genauen stöchiometrischen Zusammensetzung – ausfällt:

$$2UO_2F_2 + 8HF + 14NH_3 + 3H_2O \rightarrow (NH_4)_2U_2O_7 + 12NH_4F$$

Der Niederschlag wird nach Abfiltration durch Extraktion bzw. Umfällung möglichst weitgehend von Fluorid-Ionen befreit. Nach dem Trocknen bei 200 °C führt man das Ammoniumdiuranat in einem H_2/H_2O-Gemisch bei etwa 500 °C in U_3O_8 über und reduziert dieses bei 500 bis 800 °C mit Wasserstoff zu UO_2. Die reduktive Zersetzung zu U_3O_8 und dessen Reduktion kann auch in einem Schritt, z. B. in einem Drehrohrofen, durchgeführt werden. Da das entstandene UO_2 pyrophor sein kann, wird es schwach anoxidiert.

AUC-Prozeß liefert Fluorid-armes UO_2:

UF_6 mit CO_2, NH_3, H_2O
zu $(NH_4)_4[UO_2(CO_3)_3]$ umgesetzt
↓
Filtration, Waschen
↓
Zersetzung in H_2/H_2O zu UO_2
↓
schwache Reoxidation

Ammoniumuranylcarbonat-(AUC-)Verfahren: Dieses Verfahren wurde in den sechziger Jahren in Deutschland entwickelt. Hierbei wird UF_6 mit CO_2 und Ammoniak gemeinsam in eine wäßrige, 70 °C heiße Ammoniumcarbonat-Lösung eingeleitet, wobei Tetraammoniumtricarbonatodioxouranat (Ammoniumuranylcarbonat) ausfällt:

$$UF_6 + 5\,H_2O + 3\,CO_2 + 10\,NH_3 \rightarrow (NH_4)_4[UO_2(CO_3)_3] + 6\,NH_4F$$

Die Eigenschaften des Produktes werden entscheidend von den Fällungsbedingungen beeinflußt, diese sind daher sorgfältig zu kontrollieren. Das abfiltrierte und mit Ammoniumcarbonat gewaschene Produkt enthält weniger als 0.05% Fluorid (Massenanteil).

In einem Wirbelbettofen wird es bei 500 bis 700 °C durch Einleiten von Wasser als Wirbelmedium und von Wasserstoff oder von Spaltgas aus gecracktem Ammoniak als Reduktionsmittel über die Zwischenstufe des UO_3 in UO_2 übergeführt. Bei dieser hohen Temperatur wird durch Einwirken des Wasserdampfes der Fluorid-Gehalt auf Werte unter 100 ppm gesenkt. Das resultierende feinteilige UO_2-Pulver kann pyrophor sein, es wird daher nach Erkalten mit Luft bei Temperaturen unter 100 °C schwach reoxidiert.

6.5.4.1.3 UO_2 durch Trockenverfahren (IDR-Prozeß)

IDR-Trockenverfahren:

Umsetzung von UF_6-Gas mit überhitztem H_2O-Dampf zu UO_2F_2 (fest). Reduktion zu UO_2

Dieser IDR-(**I**ntegrated-**D**ry-**R**oute-)Prozeß besteht in der Umsetzung von gasförmigem UF_6 mit überhitztem Wasserdampf, wobei sich festes UO_2F_2 bildet, welches mit Wasserstoff zu UO_2 reduziert wird. Diese Umsetzung kann sowohl im Fließbettreaktor als auch im Drehrohrofen erfolgen, wobei letzteres vorteilhafter zu sein scheint.

6.5.4.1.4 Herstellung der Sinterkörper

Aus dem nach einem der oben skizzierten Verfahren erzeugten Urandioxid werden anschließend UO_2-Sinterkörper hergestellt. Dies erfolgt durch Verpressen des zuvor gemahlenen UO_2-Pulvers in z. B. hydraulischen Pressen zu Pellets, die anschließend bei etwa 1700 °C in Gegenwart von z. B. H_2 gesintert werden und dabei auf die gewünschte Dichte schrumpfen. Die Pellets (Durchmesser 10 mm, Toleranz ±10 bis ±25 μm) werden auf Rundschleifmaschinen geschliffen, anschließend gewaschen und getrocknet.

UO_2-Sinterkörper werden aus UO_2 durch Verpressen und Sintern in Gegenwart von H_2 bei etwa 1700 °C hergestellt

6.5.4.2 Andere Uran-Kernbrennstoffe

Uranmetall: Dieser metallische Brennstoff spielt gegenüber UO_2 keine wesentliche Rolle. Hergestellt wird er aus UF_4 durch Reduktion mit metallischem Magnesium oder Calcium, wobei das Gemisch durch Temperaturerhöhung (Mg) oder mit Hilfe einer Zündkirsche abbrennt und flüssiges Uran-Metall entsteht:

U-Metall als Brennstoff unbedeutend im Vergleich zu UO_2

Herstellung durch Reduktion von UF_4 mit Mg oder Ca

$$UF_4 + 2Mg \longrightarrow U + 2MgF_2$$

Soll das Uran-Metall an ^{235}U angereichert sein, wird das Ausgangs-UF_4 durch Reduktion von angereichertem UF_6 hergestellt, wobei man als Reduktionsmittel Wasserstoff oder Chlorkohlenwasserstoffe einsetzt.

Uran-Plutonium-Mischoxide: Uran-Plutonium-Mischoxide gewinnen zunehmend an Bedeutung, da Plutonium bei der Wiederaufarbeitung abgebrannter Brennelemente anfällt. Bei diesen Mischoxid-Brennelementen wird anstelle des auf etwa 3% ^{235}U angereicherten UO_2 eine Mischung aus UO_2 und PuO_2 mit einem Pu-Anteil von 3 bis 4% verwendet. Derartige Brennelemente haben ähnliche kernphysikalische Eigenschaften wie ein Standardelement mit ^{235}U; sie können daher an dessen Stelle treten.

U-Pu-Mischoxide verwerten das bei der Wiederaufarbeitung abgebrannter Brennelemente isolierte Pu

Zu ihrer Herstellung vermischt man UO_2 mit der entsprechenden Menge PuO_2, verpreßt das Gemisch zu Tabletten und sintert diese (in USA als Coprocessing bezeichnet). UO_2 wird auf einem der genannten Wege erzeugt. PuO_2 gewinnt man aus der wäßrigen Nitrat-Lösung, wie

Herstellung von U-Pu-Mischoxiden:

1. durch Mischen von UO_2 und PuO_2

sie bei der Wiederaufarbeitung anfällt, durch Ausfällen von Plutoniumoxalat und dessen Calcination (s. S. 619).

2. durch Mischen der Nitrat-Lösungen von U und Pu
↓
Ausfällen von Ammonium-uranyl-plutonyl-carbonat mit NH_3 und CO_2
↓
Calcinieren zu U-Pu-Mischoxid

Auch durch Mischen der bei der Wiederaufarbeitung abgebrannter Kernbrennstoffe anfallenden Uran- und Plutoniumnitrat-Lösungen und Umwandlung dieser Metallnitratmischung in ein Mischoxid (Copräzipitation) lassen sich diese Mischoxide herstellen. Dazu werden nach Aufoxidation des Plutoniums gasförmiges Ammoniak und Kohlendioxid in die Nitratmischung eingeleitet, wobei Ammonium-uranyl-plutonyl-carbonat ausfällt. Dieses läßt sich bei Temperaturen oberhalb 500 °C zum U-Pu-Mischoxid calcinieren.

6.5.5 Herstellung der Brennelemente

Brennelemente enthalten Kernbrennstoff in Hüllrohren

Die Kernbrennstoffpellets werden i. allg. in Hüllrohre gefüllt, die verhindern sollen, daß die Tabletten im Reaktorkern vom Kühlmittel angegriffen werden und daß Spaltprodukte in den Kühlmittelkreislauf gelangen. Für Leichtwasserreaktoren z. B. benutzt man dazu Zirconiumlegierungen (Zirkaloy).

Die Brennelemente für Siede- und Druckwasserreaktoren haben einen sehr ähnlichen Aufbau. In beiden Fällen sind die Hüllrohre (Einzelbrennelementstäbe) mit Helium – zur besseren Wärmeübertragung von den Tabletten auf das Hüllrohr und um dem Außendruck im Reaktor besser zu widerstehen – gefüllt. Das obere Ende des Brennstabes ist frei von Brennstoff, um Raum für das entstehende Spaltgas zu lassen. Um dies zu gewährleisten, wird der Brennstoff mit einer Spiralfeder in Position gehalten. Das Hüllrohr ist oben und unten gasdicht verschweißt. Der Heliumvorinnendruck bei Brennstäben für Druckwasserreaktoren beträgt ca. 23 bar, der für Siedewasserreaktoren etwa 5 bar.

Die eigentlichen Brennelemente für Druckwasserreaktoren entstehen dadurch, daß die Einzelbrennstäbe in eine tragende Konstruktion aus Abstandshaltern und Regelstabführungsrohren eingebracht und mit einem Kopf- und Fußstück versehen werden. Brennelemente für Siedewasserreaktoren haben im Gegensatz dazu keine Regelstabführungsrohre, vielmehr werden zur Führung der Steuerstäbe und des Kühlmittels Brennelementkästen aus Zirkaloyblech benutzt.

6.6 Entsorgung von Kernkraftwerken

6.6.1 Allgemeines

Die abgebrannten Brennelemente enthalten neben radioaktiven Spaltprodukten noch beträchtliche Mengen an spaltbarem Uran, zusammen mit Plutonium, welches im Kernreaktor erzeugt wurde. Bei einem Abbrand – dieser gibt das Verhältnis der im Kernbrennstoff erzeugten Energie zur Masse des Schwermetalls in Kernbrennstoffen an – von z. B. 33 000 Megawatt-Tagen pro t Uran (MWd/t U) enthält ein abgebrannter Brennstoff, der ursprünglich aus 3.2% ^{235}U und 96.8% ^{238}U bestand, noch 0.76% ^{235}U, 0.9% Plutoniumisotope (zu 70% spaltbar) und rd. 3.5% Spaltprodukte.

Umwandlung des Kernbrennstoffs im Reaktor:

Ursprünglicher Brennstoff	Nach Abbrand (33 000 MWd/t)
3.2% ^{235}U →	0.76% ^{235}U
	0.44% ^{236}U
	2.0 % Spaltprodukte
96.8% ^{238}U →	1.5% Spaltprodukte
	94.3% ^{238}U
	0.9% Pu
	0.1% Np, Am, Cm

Um das noch nicht ausgenutzte ^{235}U und das erbrütete Plutonium wiederverwenden zu können, muß man sie voneinander und von den Spaltprodukten trennen; die abgebrannten Kernbrennstoffe müssen wiederaufgearbeitet werden. Diese Wiederaufarbeitung ist ein Teilschritt der Entsorgung von Kernkraftwerken. Die Entsorgung im herkömmlichen Sinne – aus einem 1000-MW-Reaktor z. B. müssen jährlich Brennelemente mit insgesamt etwa 30 t abgebranntem Brennstoff und 12.5 t Hüllmaterial entnommen und durch neue ersetzt werden – besteht aus einer Zwischenlagerung der abgebrannten Brennelemente, der Wiederaufarbeitung der Kernbrennstoffe, der Rückführung der abgetrennten spaltbaren Produkte in die Brennelementfertigung und die Behandlung und Endlagerung der radioaktiven Abfälle.

Entsorgung von Kernkraftwerken im herkömmlichen Sinne umfaßt:

- Zwischenlagerung der abgebrannten Brennelemente
- Wiederaufarbeitung der Kernbrennstoffe
- Rückführung der abgebrannten spaltbaren Materialien in die Brennelementfertigung
- Behandlung und Endlagerung der radioaktiven Abfälle

In der Bundesrepublik Deutschland einigten sich im Jahre 1979 die Regierungschefs von Bund und Ländern auf das integrierte Entsorgungskonzept, worunter man ein geschlossenes System der einzelnen Entsorgungsteilschritte versteht. Dabei ist eine Zusammenfassung an einem Standort – wie z. B. Gorleben – nicht notwendig. Als weiteres Vorgehen in der Bundesrepublik Deutschland wurde beschlossen, sobald wie möglich eine Demonstrationsanlage zur Wiederaufarbeitung von abgebrannten Kernbrennstoffen (Kapazität 350 t/a) zu errichten (als mögliche Standorte sind Bayern und Niedersachsen im Gespräch) und Zwischenlager für ausgediente Brennelemente zu bauen. Gleichzeitig aber sollen andere Ent-

Erfahrungen über Entsorgung durch direkte Endlagerung abgebrannter Brennelemente fehlen z. Z. noch

sorgungstechniken, wie z. B. die direkte Endlagerung abgebrannter Brennelemente ohne Wiederaufarbeitung untersucht werden. Das Ziel ist es, sich bis Mitte der 80er Jahre ein abschließendes Urteil darüber zu bilden, welche der beiden Entsorgungsmöglichkeiten – direkte Endlagerung oder Wiederaufarbeitung – entscheidende sicherheitsmäßige Vorteile bieten. Bis 1979 befaßte man sich nur in den USA, Canada und Schweden mit der direkten Endlagerung abgebrannter Brennelemente; detailliertere technische Konzeptionen oder Erfahrungen dazu gibt es noch nicht.

Herkömmliche Entsorgung ist energie- und volkswirtschaftlich vorteilhafter, da

- erhebliche Einsparung bei
  - Natururan
  - Trennarbeit für ^{235}U-Anreicherung
- Einsatz von Schnellbrutreaktoren und damit U-Ausnutzung um das 60fache ermöglicht wird

Energie- und volkswirtschaftlich vorteilhafter ist es in jedem Fall, die abgebrannten Brennelemente aufzuarbeiten und die dabei gewonnenen Energierohstoffe zu recyclisieren. Diese Rückführung von Uran und Plutonium bedeutet eine erhebliche Einsparung von Natururan: ca. 17% bei Recyclieren von Uran und ca. 34% beim Recyclieren von Uran und Plutonium. Außerdem ermöglicht die Wiederaufarbeitung den Einsatz von Schnellbrutreaktoren und damit eine Vergrößerung der Uranausnutzung auf das Sechzigfache.

Auch bei der Trennarbeit für die Anreicherung von ^{235}U sind Einsparungen größeren Umfangs (ca. 25%) gegeben.

- Pu-Mißbrauch verhindert wird

Wichtig ist aber auch, daß durch die im Konzept der integrierten Entsorgung vorgesehene Rückführung von Uran und Plutonium in Kernbrennstoffe für Leichtwasserreaktoren das Plutonium auf Dauer einem Mißbrauch entzogen wird (Nichtverbreitung von Kernsprengkörpern durch Minderung des Plutoniuminventars in der Welt).

6.6.2 Teilschritte der Entsorgung

6.6.2.1 Zwischenlagerung verbrauchter Brennelemente

Zwischenlagerung abgebrannter Brennelemente erfolgt zunächst in Wasserbecken der Kernkraftwerke

Die abgebrannten Brennelemente müssen zum Abklingen der kurzlebigen, sehr energiereichen Radioaktivität und Wärmeabgabe zwischengelagert werden, ehe sie der Wiederaufarbeitung oder externen Zwischenlagern zugeführt werden können. Diese Zwischenlagerung erfolgt unter Wasser in Abklingbecken der Kernkraftwerke. Wasser wirkt dabei kühlend und gleichzeitig strahlenabschirmend. Es liegen jahrzehntelange Erfahrungen bei Kernkraftwerken vor; die längsten Lagerzeiten für Brennelemente aus Leichtwasserreaktoren betragen ca. 20 Jahre.

In keinem Fall wurde dabei eine Schwächung der Hüllrohre oder Strukturteile eines Brennelements festgestellt. In Zukunft wird man, um eine längere Zwischenlagerung zu ermöglichen, die Brennelemente dichter packen (Kompaktlager). Die Erfahrungen in USA, Japan und der Bundesrepublik Deutschland zeigen, daß die Brennelemente sich dabei nicht unzulässig erwärmen und daß trotz der dichten Brennstoffpackung keine selbsterhaltende Kettenreaktion entsteht. Die Umrüstung von herkömmlichen Brennelementlagern auf Kompaktlager ist auch in der Bundesrepublik Deutschland genehmigt.

Zur Erhöhung der Lagerkapazität sollen in Zukunft in den Kernkraftwerken Kompaktlager erstellt werden

Zusätzliche Lagerkapazitäten können durch den Bau externer Brennelement-Zwischenlager geschaffen werden, die an getrennten Standorten errichtet werden und nicht mit den üblichen Eingangslägern von Wiederaufarbeitungsanlagen identisch sind.

Zwischenlager können anstatt mit Wasserkühlung auch mit Luftkühlung (Trockenlagerung) arbeiten. In der Bundesrepublik Deutschland hat man sich für die Trockenlagerung in Transportbehältern entschieden. Diese Stahlbehälter (Länge etwa 6 m, Durchmesser 2 m, Wanddicke 220 mm) erfüllen die Aufgabe der Strahlenabschirmung und der Zurückhaltung strahlender Spaltprodukte. Die Kühlung erfolgt durch Luftzirkulation; die Brennelemente müssen aber mindestens ein Jahr Abklingzeit in den Lagerbecken der Kernkraftwerke hinter sich haben.

Zusätzlich ist in Deutschland eine externe Zwischenlagerung auf Basis Trockenlagerung in Transportbehältern vorgesehen. Kühlung erfolgt durch Luftzirkulation

Diskutiert wird neuerdings auch die Frage einer Zwischenlagerung abgebrannter Brennelemente in geologischen Formationen („Rückholbare Endlagerung"). Die Überlegung dabei ist, daß die Brennelemente für den Fall einer Entscheidung gegen die Wiederaufarbeitung unter Tage verbleiben könnten.

„Rückholbare Endlagerung" in geologischen Formationen wird diskutiert

6.6.2.2 Wiederaufarbeitung abgebrannter Brennelemente

Die Wiederaufarbeitung abgebrannter und zwischengelagerter Brennelemente steht im Mittelpunkt der Entsorgung von Kernkraftwerken (s. dazu S. 586f.). Aufgabe der Wiederaufarbeitung ist es, Uran und Plutonium einerseits voneinander und von den radioaktiven Spaltprodukten andererseits zu trennen. Weltweit hat sich dabei das auf extraktiver Trennung beruhende Purex-Verfahren (**P**lutonium and **U**ranium **R**ecovery by **E**xtraction) durchgesetzt; es wird heute in allen modernen Wiederaufarbeitungsanlagen angewandt.

Für die Wiederaufarbeitung eingesetzt: Purex-Prozeß

Keine Bedeutung erlangt hat z. B. das Aquafluor-Verfahren, das eine Kombination der extraktiven Abtrennung von Uran und Plutonium, wie im Purex-Verfahren, mit einer Verflüchtigung des Urans als UF_6 darstellt. Eine entsprechende Anlage (Jahresdurchsatz 300 bis 500 t Uran), deren Inbetriebnahme für 1970 vorgesehen war, lief nie an.

Beim Purex-Verfahren liegen langjährige Erfahrungen vor

Das Purex-Verfahren wurde zwischen 1945 und 1949 in den USA entwickelt und seit 1954 in industriellem Maßstab weltweit in über 10 Ländern in unterschiedlich großen Wiederaufarbeitungsanlagen betrieben. Erfahrungen liegen seit über 20 Jahren in USA, Großbritannien und Frankreich vor, in der Bundesrepublik Deutschland seit etwa 10 Jahren. Das Purex-Verfahren wird aber auch z. B. in Japan und in den Ostblockländern angewandt.

Purex-Prozeß geeignet für Brennstoffe:

- geringen Abbrands (Waffen-Plutonium)
- mittleren Abbrands (Gasgraphitreaktoren)
- hohen Abbrands (Leichtwasserreaktoren)
- aus Schnellbrutreaktoren

Aufgearbeitet wurden bisher weltweit ca. 800 000 t Uran aus dem militärischen Bereich (Abbrände mit nur einigen 100 MWd/t U) und ca. 28 000 t Uran aus Magnox-Reaktoren. Aber auch für oxidische Brennstoffe aus Leichtwasserreaktoren mit Abbränden, die 50 bis 100 mal höher liegen als für Waffenplutonium, hat sich der Purex-Prozeß bewährt. Die vorhandenen zivilen Wiederaufarbeitungskapazitäten außerhalb des Ostblocks (etwa 1150 t/a) reichen aber nicht aus, um die gegenwärtigen und die in den nächsten Jahrzehnten anfallenden abgebrannten Brennelemente aufzuarbeiten. Ein großer Teil wird daher zwischenzulagern sein. In der westlichen Welt soll bis 1995 die Gesamtkapazität ziviler Aufarbeitungsanlagen auf ca. 5 800 t U/a ausgebaut sein. (Näheres s. Randspalte); damit könnten etwa 170 Kernkraftwerke der 1300-MW-Klasse entsorgt werden.

Kapazitäten der Wiederaufarbeitungsanlagen außerhalb des Ostblocks lagen 1982 bei etwa 1150 t/Jahr

Bis 1995 in westlicher Welt geplante Wiederaufarbeitungskapazitäten für Brennelemente aus Leichtwasserreaktoren (t U/Jahr):

Westl. Welt	5865
Frankreich	1600
USA	1500
Japan	1100
England	1000
BRD	385
Belgien	70

Der Purex-Prozeß ist prinzipiell auch für die Wiederaufarbeitung von Brennstoffen schneller Brutreaktoren geeignet, wie die Ergebnisse der Entwicklungsarbeiten in Frankreich, England und der Bundesrepublik Deutschland zeigen. In Großbritannien z. B. werden seit fast zwanzig Jahren Schnellbrüterbrennstoffe aufgearbeitet: zunächst einige 100 kg im Jahr, seit 1979 steht aber eine Kapazität von ca. 5 t/a zur Verfügung. Die wesentlichen Unterschiede zur Aufarbeitung von Leichtwasserreaktor-Brennelementen liegen im etwa zehnfach höheren Plutonium-Gehalt und in den wesentlich kürzeren Abkühlzeiten (diese sollen nur etwa 0.5 bis 1 Jahr betragen) der Brennelemente vor der Wiederaufarbeitung.

Purex-Verfahren: Der eigentliche Wiederaufarbeitungsprozeß beginnt mit der Zerkleinerung der aus dem Eingangsbecken entnommenen Brennelemente. Dafür gibt es zwei Verfahrensvarianten: die Zerkleinerung in etwa 5 cm lange Stücke mit einer Stabschere, wobei zunächst die Kopfstücke abgetrennt und die Brennstäbe aus den Stabbündeln herausgezogen werden, oder das direkte Zerschneiden mit einer hydraulischen Bündelschere. Für die deutsche Anlage ist geplant, diesem Zerkleinerungsschritt eine etwa 7jährige Abklingzeit vorangehen zu lassen; dies bedeutet eine Verminderung des Aktivitätsinventars um den Faktor 5.

Purex-Verfahren besteht aus den Schritten:

- Zerkleinerung der Brennelemente mit
  - Stabschere
  - Bündelschere

In der zweiten Stufe wird der Kernbrennstoff selektiv mit heißer Salpetersäure in kritisch sicheren Apparaten aufgelöst, die Hüllenrohre aus Zirkaloy bleiben zurück. Der Löseprozeß selbst kann wieder in zwei Varianten durchgeführt werden: Zerschneiden der Brennelemente in eine im Auflöser vorgelegte Säuremenge oder Zerschneiden und anschließende dosierte Säurezugabe. Die zweite Verfahrensvariante hat den Vorteil, daß die beim Auflösen frei werdenden Gase (Stickoxide, ^{85}Krypton, ^{131}Xenon, Tritium, ^{129}Iod) kontinuierlich freigesetzt werden. Die beim Auflösevorgang zurückbleibenden Hülsen befinden sich im sog. Auflöserkorb. Sämtliche dieser Arbeitsvorgänge laufen zum Schutz vor der intensiven radioaktiven Strahlung fernbedient in bunkerähnlichen Räumen mit meterdicken Betonwänden ab (heiße Zelle).

- Auflösen des Brennstoffs in siedender Salpetersäure

Die aus der Auflösung des Brennstabinhalts kommende salpetersaure Lösung wird filtriert (Polypropylenvlies) oder zentrifugiert, um suspendierte Feststoffe (Zirconium- und Molybdän-Verbindungen bzw. Ruthenium- und Palladiummetall-Legierungen) zu entfernen. Die so erhaltene Brennstofflösung enthält Uran, Plutonium und die radioaktiven Spaltprodukte. Sie wird einer mehrcyclischen Extraktion mit Tributylphosphat (gelöst in Dodecan) unterworfen, nachdem sie auf die Extraktionsbedin-

- Entfernung der Feststoffe aus der Brennstofflösung

- 1. Extraktionscyclus:
  - Abtrennen von U und Pu von Spaltprodukten durch Extraktion mit Tributylphosphat in Dodecan

gungen eingestellt wurde (c = 3 mol/L salpetersauer, 240 bis 300 g/L Uran). Uran und Plutonium gehen dabei in die organische Phase und werden so von den Spaltprodukten, die in der wäßrigen Phase verbleiben, getrennt.

Für diesen Verfahrensschritt sowie für die späteren Extraktionsschritte setzt man für größere Durchsätze gepulste Siebbodenkolonnen als Extraktionsapparate ein, aber auch Mischabsetzer werden verwendet.

- Trennung U von Pu durch
  - Reduktion von Pu^{IV} zu Pu^{III} durch U^{IV} oder elektrolytisch
  - Extraktion von Pu^{III} in wäßrige Phase

Im nächsten Schritt werden Uran und Plutonium voneinander getrennt, indem das in der Extraktionslösung als Pu^{IV} vorliegende Plutonium mit Hydrazin-stabilisiertem U^{IV} zu Pu^{III} reduziert wird. Pu^{III} ist in der organischen Phase nicht solvatisiert und geht daher in die wäßrige Phase zurück. Hierdurch ist eine Trennung zwischen Uran und Plutonium möglich. Als Ergebnis jüngerer Entwicklungsarbeiten kann man die Plutonium-Reduktion auch elektrolytisch in situ vornehmen, wodurch der Trenneffekt sogar noch verbessert wird.

- Extraktion von U mit verdünnter HNO_3 in wäßrige Phase

Im nächsten Verfahrensschritt extrahiert man das Uran mit verdünnter Salpetersäure (c = 0.01 mol/L) in die wäßrige Phase zurück.

Damit ist im ersten Extraktionscyclus eine Trennung der Brennstofflösung in die drei wäßrigen Lösungen von Uran, Plutonium und Spaltprodukten erreicht.

- 2. und 3. *Uranreinigungscyclus* (Extraktion/Rückextraktion): sie dienen der Entfernung restlicher Mengen Pu, Np, Tc im Uran. Erlaubter Restgehalt an Pu: 10 ppb

In zwei weiteren Extraktionscyclen, jeweils bestehend aus Extraktion und Rückextraktion, wird Uran vom restlichen Plutonium sowie von Neptunium und Technetium gereinigt.

- 2. und 3. *Plutoniumreinigungscyclus:* sie dienen der Abtrennung von mitgeschleppten Spaltprodukten. Dazu wird Pu^{III} mit NO_2 oder elektrolytisch zu Pu^{IV} oxidiert

In zwei extraktiven Plutonium-Reinigungscyclen trennt man Plutonium von mitgeschleppten Spaltprodukten. Pu^{III} wird dazu mit NO_2 zum mit Tributylphosphat extrahierbaren Pu^{IV} oxidiert; diese Oxidation kann auch anodisch erfolgen.

Dekontaminationsfaktor für U und Pu: 10^6 bis 10^7

Mit Hilfe dieser mehrcyclischen Extraktion werden Uran und Plutonium um den Faktor 10^6 bis 10^7 von den Spaltprodukten getrennt. Der Restgehalt an Plutonium im Uran darf 10 ppb nicht überschreiten, da Uran ohne Schutzmaßnahmen weiterverarbeitet werden soll. Der Rückgewinnungsgrad von Uran und Plutonium liegt bei 98 bis 99%.

Rückgewinnungsgrad U und Pu: 98 bis 99%

Uranylnitrat- und Plutonylnitrat-Lösungen werden eingeengt

Die verdünnte Plutoniumnitrat-Lösung wird im Anschluß an die Reinigungscyclen auf etwa 250 g/L eingeengt, die Uranylnitrat-Lösung auf etwa 450 g/L.

Tributylphosphat wird im Kreis gefahren, wobei es vor seinem erneuten Einsatz als Extraktionsmittel durch Waschen mit z. B. Natriumcarbonat von mitgeführten störenden Verunreinigungen befreit wird, insbesondere von dem durch Strahleneinwirkung entstandenen Dibutylphosphat.

Tributylphosphat wird nach Entfernen störender Verunreinigungen recycliert

Der Purex-Prozeß läuft bei Temperaturen von maximal 130 °C, bei Normaldruck oder schwachem Unterdruck und benutzt, wie auch in der chemischen Industrie üblich und erprobt, wäßrige Lösungs- und Extraktionsverfahren. Die vorliegenden Erfahrungen zeigen darüber hinaus, daß sich Stellen hohen Aktivitätsinventars auf nur wenige Teilbereiche der Anlage begrenzen lassen.

6.6.2.3 Weiterverarbeitung der Uran- bzw. Plutonium-Lösungen

Die Weiterbehandlung der Uranylnitrat-Lösung, die in einigen Anlagen mit Silicagel nachgereinigt wird, richtet sich nach der Restanreicherung des Urans. Falls eine Wiederanreicherung wegen eines zu geringen ^{235}U-Anteils nicht lohnt, wird das Produkt in Urantrioxid als lagerfähige Verbindung, die als Ausgangsprodukt für eine eventuelle spätere Nutzung in Schnellbrutreaktoren geeignet ist, umgewandelt. Diese Urantrioxid-Herstellung erfolgt entweder über Ammoniumdiuranat oder durch direkte Calcinierung. Wenn eine Wiederanreicherung vorgesehen ist, erzeugt man Uranhexafluorid oder Urantetrafluorid, das in der Anreicherungsanlage zu UF_6 fluoriert wird.

Weiterverarbeitung von U richtet sich nach der U-Restanreicherung:

- wenn ^{235}U-Gehalt niedrig, dann Umwandlung zu UO_3
- wenn ^{235}U-Gehalt ausreichend, dann Überführung in UF_4 oder UF_6

Plutonium wird in den meisten Wiederaufarbeitungsanlagen als Oxalat gefällt und dann in Plutoniumdioxid umgewandelt, aus dem Mischoxidbrennelemente für Leichtwasser- oder Schnellbrutreaktoren hergestellt werden. In der geplanten deutschen Wiederaufarbeitungsanlage ist vorgesehen, Uran-Plutonium-Mischoxide durch Copräzipitation zu erzeugen. Zur Herstellung solcher Mischoxidbrennelemente liegen in Ländern wie USA, Frankreich, England, Japan, Belgien und der Bundesrepublik Deutschland Erfahrungen vor. So wurden z. B. bis 1982 in der Bundesrepublik Deutschland 715 kg spaltbares Plutonium zu 255 t Mischoxidkeramik und zu mehr als 11 000 Brennstäben verarbeitet, die zum größten Teil in Leichtwasserreaktoren eingesetzt werden.

Weiterverarbeitung von Pu: Erzeugen von PuO_2 über Pu-Oxalat und Überführen in U-Pu-Mischoxidbrennstoffe

Zur Herstellung von Mischoxidbrennelementen liegen langjährige Erfahrungen vor

6.6.2.4 Konditionierung der radioaktiven Abfälle

Die bei der Wiederaufarbeitung abgebrannter Brennelemente anfallenden gasförmigen, flüssigen und festen radioaktiven Abfälle müssen einer spezifischen Konditionierung unterzogen werden, mit dem Ziel, das Eindringen schädlicher Mengen radioaktiver Stoffe in die Biosphäre zu verhindern.

Typische Abfallmengen pro t bestrahlten Uran-Brennstoffs eines Abbrandes von 30000 MWd/t U:

HAW	7	m^3
MAW	8	m^3
SAW	3	m^3
– davon T-haltig	0.7	m^3
Hülsen	0.45	t
Festabfälle	3	m^3
Gasförmig	0.2	Nm^3

Im einzelnen handelt es sich um die hochaktiven wäßrigen Raffinate aus dem ersten Extraktionscyclus (HAW), um mittelaktive (MAW) und schwachaktive (SAW) flüssige, salzhaltige Abfälle, die hauptsächlich beim Waschen des Extraktionsmittels mit Natriumcarbonat entstehen sowie um die aktiven Hüllen und Strukturteile der Brennelemente, in denen noch kleine Reste (ca. 0.1%) Brennstoff sowie Tritium vorhanden sind. Daneben gibt es auch Festabfälle aller Art, wie Papier, Plastik und Glas, Löserückstände sowie gasförmige Abfälle und Tritium-haltige Abwässer.

Konditionierung von hochaktiven Lösungen (HAW):

- Aufkonzentrierung auf ca. 1/10 des ursprünglichen Volumens durch Abdestillation von Salpetersäure
- Verglasung durch Einbetten in eine Glasmatrix

Die Verfahren zur Behandlung flüssiger radioaktiver Abfälle sind darauf ausgerichtet, die Aktivität auf ein möglichst kleines Volumen zu konzentrieren. Die hochaktiven Spaltproduktlösungen werden daher durch Abdestillieren von Salpetersäure auf ungefähr 1/10 ihres ursprünglichen Volumens eingeengt. Der resultierende Abfall stellt eine sich selbsterhitzende Flüssigkeit dar, die in gekühlten Edelstahlbehältern gelagert werden kann. Um diese hochaktiven Abfälle langfristig sicher endlagern zu können, müssen sie in eine feste und auslaugresistente Form übergeführt werden. Am besten dafür geeignet ist nach vorliegenden Erfahrungen eine Verglasung, d. h. das Einbetten der radioaktiven Spaltprodukte in eine Glasmatrix, insbesondere in Borsilikatgläser. Solche Gläser können bis zu 20 bis 30% ihres Gewichts an Spaltproduktoxiden aufnehmen. Die Verglasung erfolgt nach einer mehrjährigen Zwischenlagerung oder – nach dem deutschen Konzept – direkt nach dem Aufkonzentrieren. Voraussetzung dafür ist allerdings, daß die abgebrannten Brennelemente genügend lange gekühlt wurden.

Gläser sind strahlungsstabil, auslaugeresistent; Zerfallswärme wird gut an Umgebung abgegeben

Diese Gläser sind stabil gegen die Strahlung und werden, was für die vorgesehene Endlagerung der radioaktiven Spaltprodukte wichtig ist, von Wasser oder wäßrigen Salzlösungen nur sehr wenig ausgelaugt und geben die Zerfallswärme der radioaktiven Produkte gut an die Umgebung ab. Die Verglasung der hochaktiven Abfälle ermöglicht auch eine oberirdische Langzeit-Zwischenlagerung, z. B. in einem luftgekühlten Trockenlager.

Verglasung läßt auch oberirdische Zwischenlagerung des hochaktiven Abfalls zu

Für die Verglasung der hochaktiven Abfälle wurde eine Reihe von Verfahren entwickelt. Diese bestehen im Aufkonzentrieren der Abfall-Lösungen, evtl. Denitrieren, Trocknen, Calcinieren, dem Erschmelzen des Glases und dessen Erstarrenlassen. Bei einem Verfahren z. B., für welches derzeit in Belgien mit Unterstützung der deutschen Bundesregierung eine größere Versuchsanlage errichtet wird, gibt man dem Spaltproduktkonzentrat Grundglasfritte zu und speist die Mischung in einen Glasofen ein. Dort findet eine Calcination und thermische Denitrierung statt; bei etwa 1200 °C entsteht dann eine Borosilikatschmelze. Diese läßt man entweder auf eine langsam rotierende Stahlscheibe tropfen, wo sich Glasperlen bilden, die in zylindrische Stahlbehälter gefüllt und mit Blei vergossen oder durch ein Bodenventil direkt in eine Kokille abgelassen werden, wobei ein Glasblock entsteht.

Verglasungsverfahren beinhalten:

- Aufkonzentrieren
- Trocknen
- Calcinieren
- Herstellung der Glasschmelze
- Erstarrenlassen des Glases

Die schwach aktiven Abwässer werden meistens durch Destillation aufgearbeitet, wobei ein dekontaminiertes Destillat erhalten wird, welches in den Prozeß zurückgeführt oder aus der Anlage ausgeschleust werden kann, und ein Konzentrat, in dem die Radionukleide konzentriert vorliegen. Dieses Konzentrat kann bituminiert oder zementiert werden.

Konditionierung von schwachaktivem Abwasser (SAW):

- Destillative Aufkonzentrierung
- Verfestigung des radioaktiven Konzentrats

In Frankreich (Marcoule) ist seit 1978 eine im industriellen Maßstab betriebene Verglasungsanlage in Betrieb; sie hat bis Ende 1981 rund 300 m^3 konzentrierter Spaltproduktlösung nach dem AVM-(Atelier-de-Vitrification-Marcoule-)Verfahren (elektrisch beheizter Drehrohrcalcinator) zu Glaszylindern von 50 cm Durchmesser und 1 m Länge verarbeitet.

Erfahrung mit Verglasung im industriellen Maßstab liegt in Frankreich mit dem AVM-Verfahren vor

Das aus dem jährlichen Anfall an abgebrannten Brennelementen eines 1000-MW-Kernkraftwerkes resultierende Volumen verglasten hochaktiven Abfalls beträgt nur etwa 3 m^3.

Aus 1 t abgebrannten Brennstoffs (30 000 MWd/t U) entstehen ca. 60 L Glas

Andere Möglichkeiten, die erwogen werden, um den hochradioaktiven Abfall endlagern zu können, sind die Einbettung der Spaltprodukte in keramische Massen, in gesinterte Oxide oder in Graphit.

Konditionierung von mittelaktiven Flüssigabfällen (MAW):

- Aufkonzentrieren von 8 m^3 auf 0.8 m^3 pro t Brennstoff (30000 MWd/t U)
- Verfestigung durch Einrühren in Bitumen (ergibt 1·6 m^3 pro 1 t Brennstoff) oder in Beton

Auch bei der Behandlung der mittelaktiven Flüssigabfälle aus der Extraktionsmittelwäsche und aus Dekontaminationsoperationen im Vorfeld von Reparatur- und Wartungsarbeiten wird zunächst deren Volumen durch Eindampfen auf etwa 1/10 des ursprünglichen Wertes reduziert; das dabei erhaltene Konzentrat läßt sich durch Einrühren in heißes Bitumen oder durch Betonieren verfestigen, wobei aus 1 t Brennstoff etwa 1.6 m^3 bituminierte Masse entstehen. Eine neuere Entwicklung könnte aber dazu führen, daß bei der Extraktionsmittelwäsche kein Salz mehr anfällt, so daß die Waschlösungen dann hoch konzentriert werden können. Dieses neue Verfahren sieht vor, das Extraktionsmittel mit Hydrazincarbonat anstelle von Natriumcarbonat zu waschen und das Hydrazin elektrolytisch in gasförmige Produkte zu zerlegen. Dadurch würde die MAW-Menge stark reduziert.

Ein neues Auswaschverfahren für die Extraktionsmittel wird es möglich machen, die MAW-Menge stark zu reduzieren

Konditionierung mittelaktiver Festabfälle (Hülsen, Strukturteile):
Einzementieren in Fässern:
aus 1 t Brennstoff (30000 MWd/t U) entsteht etwa 1 m^3 Beton

Ebenfalls einzementiert, und zwar in Fässern, werden die beim Auflösevorgang von Kernbrennstoffen zurückbleibenden mittelaktiven Festabfälle, bestehend aus Hülsen und Strukturteilen.

Konditionierung von Festabfällen aller Art (schwachaktiv):
Einengen durch Verbrennen und Zementieren; aus 1 t Brennstoff (30000 MWd/t U) entstehen etwa 0.65 m^3

Die Abfälle aus kontaminiertem, nicht mehr gebrauchsfähigem Betriebsmaterial sind schwachaktiv. Sie werden durch Verbrennen eingeengt und in Fässern zementiert.

Der Löserückstand bei Brennstoffen aus Leichtwasserreaktoren kann wegen seines hohen Ruthenium-Gehalts nur nach längeren Kühlzeiten in Beton eingebunden werden. An technischen Lösungen für kürzere Kühlzeiten wird gearbeitet.

Konditionierung der gasförmigen radioaktiven Produkte:

- Aerosole:
  Zurückgehalten mit Wäschern und Filtern
- ^{129}Iod:
  In der BRD Adsorption an $AgNO_3$-imprägnierter Kieselsäure
- ^{85}Krypton:
  wird z. Z. noch an Atmosphäre abgegeben. Rückhaltung über Tieftemperatur-Rektifizierung in Entwicklung

Die beim Auflösen der Kernbrennstoffe ebenfalls in Freiheit gesetzten gasförmigen radioaktiven Produkte (^{129}Iod, radioaktive Aerosole, ^{85}Krypton, $^{14}CO_2$, Tritium) werden unterschiedlich behandelt. Radioaktive Aerosole entfernt man mit Hilfe von Wäschern, Elektro- und Schwebstoff-Filtern. ^{129}Iod wird seit 1975 in der deutschen Wiederaufarbeitungs-Versuchsanlage in Karlsruhe an einem Silbernitrat-imprägnierten Festbett-Adsorptionsfilter auf Kieselsäurebasis adsorbiert; die Iod-Rückhaltung ist sehr hoch (Dekontaminationsfaktor $>10^3$). ^{85}Krypton wird bisher noch bei allen in Betrieb befindlichen Wiederaufarbeitungsanlagen in die Atmosphäre abgegeben. In der Bundesrepublik Deutschland wird z. Z. in kalten Testanlagen die Möglichkeit einer Zurückhaltung von ^{85}Krypton auf Basis eines Tieftemperatur-Rektifikationsverfahrens erprobt. ^{85}Krypton soll nach der Abtrennung in Stahlflaschen gefüllt werden. Die irreversible Fixierung von Krypton in speziellen Zeolithen sowie die Implantation von Krypton in Metallen – Forschungsarbeiten dazu laufen – könnten die Flaschenlagerung später ablösen.

Xenon ist nach 150 Tagen inaktiv und könnte daher nach dieser Zeit für industrielle Zwecke eingesetzt werden. Das im Kernreaktor entstandene Tritium bleibt zu etwa 60% an das Zirconium des Hülsenmaterials gebunden und wird mit den Hülsen als mittelaktiver Festabfall beseitigt. Vom übrigen Tritium wird nur ein sehr kleiner Teil mit dem Auflösergas abgegeben, die radiologische Umweltbelastung ist vernachlässigbar klein. Der Rest findet sich als tritiiertes Wasser in Destillaten. Es kann in tiefe geologische Formationen eingepreßt oder durch Isotopenaustausch angereichert und die Konzentrate gelagert oder dauerhaft fixiert werden.

- Tritium:
  ist zu 60% an Zr gebunden, wird mit Festabfall beseitigt. Gasförmiges T geht in Atmosphäre; THO wird gelagert oder dauerhaft fixiert (Zementblöcke)

Mit dieser Rückhaltetechnik lassen sich Strahlenbelastungen durch flüchtige radioaktive Stoffe in der Umgebung einer Wiederaufarbeitungsanlage erreichen, die weit unter den Vorgaben der deutschen Strahlenschutzverordnung liegen.

Vorgaben der Strahlenschutzverordnungen werden unterschritten

6.6.2.5 Endlagerung radioaktiver Abfälle

Der letzte Schritt zur Entsorgung der Kernkraftwerke ist eine langfristig, säkular sichere Endlagerung der verfestigten hoch-, mittel- und schwachaktiven Abfälle. Insbesondere die mittellanglebigen Spaltprodukte ^{90}Strontium, ^{137}Caesium und die langlebigen, α-aktiven Actiniden (Neptunium, Plutonium) stellen ein Risiko dar, so daß eine sichere Verwahrung dieser Abfälle nur in einem Endlager durchgeführt werden kann, dessen Stabilität über geologische Zeiträume als gesichert gelten kann. In Deutschland wird die Endlagerung in stabilen Steinsalzformationen des tiefen geologischen Untergrundes angestrebt, da Steinsalz aufgrund seiner physikalischen Eigenschaften eine geologische Barriere sein dürfte, die keine Verbindungen zum Grundwasser zuläßt. Als Standort für ein solches Endlager ist z. B. Gorleben vorgesehen. Die Erkundungen des Salzstockes in Gorleben mit Hilfe von Bohrungen werden durchgeführt; eine endgültige Entscheidung über die Eignung kann aber erst getroffen werden, wenn die Struktur des Salzstockes durch

Endlager für radioaktive Abfälle muß über geologische Zeiträume stabil sein. Diskutiert werden:

- Steinsalzformationen des tiefen geologischen Untergrunds
- Granit
- Ton
- Anhydrit

In der BRD ist z. B. Gorleben als Standort vorgesehen; Erkundungen laufen

bergmännischen Aufschluß erkundet wurde. Nach den heutigen Plänen soll, die Eignung vorausgesetzt, in 1995 das Endlager Gorleben in Betrieb gehen. Damit wäre die Bundesrepublik Deutschland das erste Land, das eine Endlagerstätte auch für hochaktive Abfälle hätte. In den anderen westlichen Ländern, in denen auch Lagerungsmöglichkeiten in z. B. Granit, Ton oder Anhydrit von Interesse sind, sollen Endlager erst sehr viel später in Betrieb gehen, so in den USA, wo man Steinsalzformationen, aber auch Granit untersucht, sowie in England frühestens im Jahre 2005. In Frankreich ist ein Endlager für 2020 geplant. Die Möglichkeit, hochaktive Abfälle in verglaster Form zwischenzulagern, sowie die Schaffung von genügend Zwischenlagern für abgebrannte Brennelemente geben aber auch die Möglichkeit, die vorgesehenen Endlager ohne Zeitdruck kritisch zu prüfen.

Voraussichtliches erstes Endlager in westlicher Welt: frühestens 1995 (Bundesrepublik Deutschland)

Vorgesehen ist, die verglasten hochaktiven Abfälle in zylinderförmige Edelstahlbehälter einzuschweißen und diese in Bohrlöchern unterzubringen, deren Abstand voneinander u. a. durch die höchstzulässige Wärmebelastung des Salzes gegeben ist. Erfahrungen mit der Endlagerung hochaktiver Abfälle fehlen aber in der westlichen Welt. Sie liegen allerdings vor mit Einlagerungen von mittel- und schwachaktivem Abfall im ehemaligen Salzbergwerk Asse II bei Wolfenbüttel, welches als Versuchsendlager diente. Sie zeigen, daß die Einlagerung von Fässern in großen Abbaukammern sicher beherrschbar ist.

Erfahrungen mit Endlagerung von hochaktivem Abfall fehlen, für mittel- und schwachaktive liegen sie vor

Literatur zu Kapitel 6 Kernbrennstoffkreislauf

Allgemeine Literatur:

Ullmanns Encyklopädie der technischen Chemie. 4. Aufl., Bd. 14, S. 13–170, Verlag Chemie, Weinheim (1977).

E. Gärtner, „Uran, Produktion und Gewinnung, Brennstoff-Kreislauf und möglicher Beitrag zur Energieversorgung“, *Jahrbuch für Bergbau, Energie, Mineralöl und Chemie* (1977/78).

Jahrbuch der Atomwirtschaft **13**, Handelsblatt GmbH, Verlag für Wirtschaftsinformationen, Düsseldorf, Frankfurt (1982).

O. Arnold, „Die erwartete Entwicklung der Kernenergie bis zum Jahre 2000“, *Braunkohle*, 308–317 (1980).

P. Engelmann, „Kernenergie und die Möglichkeiten alternativer Brennstoffkreisläufe“, *Umschau* **79**, 559–565 (1979).

Spezielle Literatur:

Energiewirtschaftliche Bedeutung der Kernenergie:

H. J. Leuschner, „Kohle und Kernenergie – Basis einer sicheren Energieversorgung“, *Braunkohle*, 306–308 (1980).

Fossile Energieträger und Kernenergie, Berichtsband der Fachtagung des Deutschen Atomforums e. V., Okt. 1981, Bonn, Herausgeber: Deutsches Atomforum e. V., Bonn 1982.

Energie-Perspektiven 1950 – 1980 – 2000, Studie der Deutschen BP Aktiengesellschaft (1981).

International Nuclear Fuel Cycle Evaluation (INFCE), *International Energy Agency, IAEA, Bd. 1–9*, Wien (1980).

„Energieprognosen für die BR Deutschland für das Jahr 2000“, *Atomwirtschaft* **25**, 567 (1980).
R. Taurit und M. Wagner, „Künftige Entwicklung von Stromgestehungspreisen“, *Brennst. – Wärme – Kraft* **32**, 554 – 556 (1980).
D. Schmitt und H. Junk, „Kostenvergleich der Stromerzeugung auf der Basis von Kernenergie und Steinkohle“, *Ztschr. für Energiewirtschaft*, 77 – 86 (1981).
Kernkraftwerke 1982 Weltübersicht, *Atomwirtschaft* **28**, 156 – 162 (1983).
„Atomstromerzeugung“, *Atomwirtschaft* **26**, 117 – 118 (1981).
F. J. Spalthoff, „Zur Rolle der Kernenergie für die Energieversorgung der Bundesrepublik“, *Atomwirtschaft* **26**, 140 – 143 (1981).
G. H. Kohlmaier, „Energiestrategien und CO_2-Risiko“, *Umsch. Wiss. Tech.* **81**, 648 – 651 (1981).
R. Gerstler, H. Kaiser und H.-F. Wagner, „Bedarf an Kernbrennstoffen und Brennstoffkreislaufdiensten (Erhebungen und Befunde der International Nuclear Fuel Cycle Evaluation)‘, *Atomwirtschaft* **25**, 269 – 272 (1980).
A. Schlüter, „Kernfusion und das Energieproblem“, *Naturwissenschaften* **69**, 226 – 235 (1982).

Kernreaktoren:

H. Eckey, K. G. Emmert und P. Kilian, „Kernphysikalische Schwerpunkte der Reaktortechnik“. *Physik in unserer Zeit* **11**, 18 – 21, 47 – 59 (1980).
E. Baust und G. Wittchow, „Der Hochtemperaturreaktor – Ergebnisse und Perspektiven“, *Atomwirtschaft* **26**, 144 – 149 (1981).
H. H. Hennies, J. Höchel, W. Marth, H. Mausbeck und W. Stoll, „Die deutsche Brüterentwicklung – Stand und Perspektiven“, *Atomwirtschaft* **26**, 151 – 155 (1981).
R. Hüper, „Der Schnelle Brüter“, *Bild Wiss.* **2**, 71 – 85 (1979).

Versorgung:

Gmelin: *Handbuch der anorg. Chemie.* 8. Aufl., „Uran, Ergänzungsband A 1 Uranlagerstätten“, Springer-Verlag (1979).
Gmelin: *Handbuch der anorg. Chemie.* 8. Aufl., „Uran, Ergänzungsband A 3 Technologie, Verwendung“, Springer-Verlag (1981).
U. Braatz und H.-J. Dibbert, „Kernbrennstoffversorgung: Gerüstet für mehr Kernenergie“, *Jahrbuch der Atomwirtschaft* **13**, A 45 – A 58 (1982).
„Welt-Uranproduktion 1980“, *Jahrbuch der Atomwirtschaft* **13**, 7 (1982).
„Die Uranversorgung der Welt“, *Atomwirtschaft* **25**, 583 – 585 (1980).
W. Bacher und E. Jacob, „Uranhexafluorid – Chemie und Technologie eines Grundstoffs des nuklearen Brennstoff-Kreislaufs“, *Chem. Z.* **106**, 117 – 136 (1982).
H. Mohrhauer, M. Krey und D. Severin, „Urananreicherung mit Zentrifugen“, *Atomwirtschaft* **26**, 186 – 191 (1981).
W. Ehrfeld und U. Ehrfeld, „Uranisotopentrennung“, *Chem. Z.* **101**, 53 – 63 (1977).

Entsorgung:

F. Baumgartner: *Chemie der Nuklearen Entsorgung.* Verlag K. Thiemig, München (1978).
W. Schüller, „Entsorgung der Kernkraftwerke – eine ökologische Notwendigkeit“, *Umschau* **77**, 41 – 49 (1977).
G. Koch, „Wiederaufarbeitung von Kernbrennstoffen“, *Kerntechnik* **20**, 363 – 369 (1978).
H. W. Levi, „Die Entsorgung von Kernkraftwerken“, *Phys. Bl.* **36**, 299 – 303 (1980).
R. Kroebel, „Die Entsorgung von Kernkraftwerken“, *Nachr. Chem. Tech. Lab.* **30**, 372 – 377 (1982).
Entsorgung von Kernkraftwerken, Tagungsbericht vom November 1980, Essen, Verlag TÜV Rheinland GmbH, Köln (1981).
K. D. Closs, „Direkte Endlagerung oder Wiederaufarbeitung?“, *Umsch. Wiss. Tech.* **81**, 290 – 296 (1981).
J. Mischke und J. Rehnelt, „Wiederaufarbeitung in Hessen“, *Umsch. Wiss. Tech.* **81**, 297 – 299 (1981).
H. Mandel, „Die energiepolitische Bedeutung der Entsorgung“, *At. u. Strom* **23**, 7 – 10 (1977).
W.-J. Schmidt-Küster, „Das Entsorgungskonzept der Bundesregierung“, *Atomwirtschaft* **25**, 294 – 299 (1980).
W. Diefenbacher und W. G. Jocher, „Wiederaufarbeitung und thermische Rückführung“, *Atomwirtschaft* **25**, 371 – 375 (1980).
J. Mischke, „Stand der Wiederaufarbeitungsprojektierung und WA-350-Konzept“, *Atomwirtschaft* **26**, 193 – 197 (1981).
K. Müller-Christiansen und M. Wollessen: *Plutonium.* Gesellschaft für Reaktorsicherheit mbH, Reihe Stellungnahmen zu Kernenergiefragen (GRS-S-27) Köln 1979.
R. Kroebel und H. Krause, „Endlagerung von radioaktiven Abfällen“, *Kerntechnik* **20**, 371 – 377 (1978).
W. Koelzer: *Auswirkungen radioaktiver Emissionen von Kernkraftwerken und Wiederaufarbeitungsanlagen auf die Umgebung.* Reihe „Kernthemen“, Hrsg.: Deutsches Atomforum e. V., Bonn (1979).

Anhang

Abkürzungsverzeichnis der Länder

Neben BRD = Bundesrepublik Deutschland
DDR = Deutsche Demokratische Republik
USA = Vereinigte Staaten von Amerika

wurden folgende Abkürzungen verwendet:

AG = Algerien
AN = Albanien
AR = Argentinien
AU = Australien
BE = Belgien
BR = Brasilien
CA = Canada
CE = Chile
CH = Schweiz
CS = Tschechoslowakei
CT = Taiwan
DK = Dänemark
EI = Irland
ES = Spanien
ET = Ägypten
FR = Frankreich
GB = Großbritannien
GR = Griechenland
HU = Ungarn
IL = Israel
IN = Indien
IR = Iran
IT = Italien
JA = Japan
JO = Jordanien
MA = Marokko
MD = Madagaskar
MX = Mexico
NL = Niederlande
NO = Norwegen
NZ = Neuseeland
OE = Österreich
PO = Polen
PT = Portugal
RC = VR China
RP = Philippinen
RU = Rumänien
SA = Saudi-Arabien
SF = Finnland
SN = Senegal
SR = Syrien
SU = USSR
SW = Schweden
TN = Tunesien
TO = Togo
TR = Türkei
YU = Jugoslawien
ZA = Republik Südafrika

Abkürzungsverzeichnis der Firmen

Kurzbezeichnung	offizieller Name und Firmensitz
Albright and Wilson	Albright and Wilson PLC, London, UK; Tochter der Tenneco Inc, Houston, USA
Alcoa	Aluminum Company of America, Pittsburgh, USA
Allied Chemical	Allied Chemical Corp., New York, USA
American Chrome	American Chrome & Chemicals Inc., Corpus Christi, USA; Tochter der Harrisons & Crossfield PLC, London, UK
Asahi Chemical	Asahi Chemical Industry Co., Ltd., Tokio, Japan
Asahi Glass	Asahi Glass Co., Ltd., Tokio, Japan
Associated Minerals	Associated Minerals Consolidated Ltd. (AMA), Newcastle and Southport, Australien
Atelier-de-Vitrification Marcoule	Atelier-de-Vitrification, Marcoule, Frankreich
BASF	BASF AG, Ludwigshafen, Bundesrepublik Deutschland
Bayer	Bayer AG, Leverkusen, Bundesrepublik Deutschland
Bertrams	Bertrams AG, Basel, Schweiz; Tochter der Davy Int. Ltd., London, UK
de Beers	de Beers Consolidated Mines Ltd., Kimberly, Republik Südafrika
Benilite Corp. of America	Benilite Corp. of America, New York, USA
Braun	John Braun, Engineering & Constructors Ltd., London, UK
Breyer Heurty	Heurty S. A., Paris, Frankreich
British Chrome Chemicals	British Chrome & Chemicals, Eagles Cliff, UK
British Nuclear Fuel	British Nuclear Fuel Ltd.; Tochter der United Kingdom Atomic Energy Authority, London, UK
Business Communications Co.	Business Communications Co., Stamford, USA
Buss	Buss Ltd., Pratteln, Schweiz
CdF-Chimie	Charbonnage de France, Paris, Frankreich
Chemie Linz	Chemie Linz AG, Linz, Österreich
Chiyoda	Chiyoda Chem. Eng. & Construction Co. Ltd., Tokio, Japan
CIBA-Geigy	CIBA-Geigy AG, Basel, Schweiz
Comurhex	Comurhex, Paris, Frankreich
Davy McKee	Davy McKee AG, Frankfurt/M.; Tochter der Davy Int. Ltd., London, UK
Degussa	Degussa AG, Frankfurt/M., Bundesrepublik Deutschland
Dhrangadhra Chemicals	Dhrangadhra Chemical Works, Bombay, Indien
Diamond Shamrock	Diamond Shamrock Corp., Cleveland, USA

Abkürzungsverzeichnis der Firmen (Forts.)

Kurzbezeichnung	offizieller Name und Firmensitz
Dorr	Dorr Co. Inc., Stamford, USA
Dow Chemical	Dow Chemical Comp., Midland, USA
DSM	NV DSM, Nederlands Staatsmijnen, Heerlen, Niederlande
DuPont	E. I. DuPont de Nemours and Comp. Inc., Wilmington, USA
Dynamit Nobel	Dynamit Nobel AG, Troisdorf, Bundesrepublik Deutschland
Eldorado Nuclear	Eldorado Nuclear, Ltd., Ontario, Canada
Erco	Erco Industries Ltd., Islington, Canada
Fairmont	Fairmont Chemical, Newark, USA
Fisons	Fisons Ltd., Felixstow, UK
FMC	Food Machinery & Chemicals Corp., New York, USA
Ford	Ford Motor Comp., Dearborn, USA
Franklin Key	Franklin Key Inc., Valley Forge, USA
General Electric	General Electric Comp., New York, USA
Gesellschaft f. Elektrometallurgie	GfE, Gesellschaft für Elektrometallurgie mbH, Düsseldorf, Bundesrepublik Deutschland; Tochter der Metallurg Inc., New York, USA
Giulini	Gebr. Giulini GmbH, Chemische Werke, Ludwigshafen, Bundesrepublik Deutschland
Hargreaves	Hargreaves Fertilizers Ltd., York, UK; seit 1983 im Besitz der ICI
Hoechst	Hoechst AG, Frankfurt/M., Bundesrepublik Deutschland
Hooker	Hooker Electrochemical Co., New York, USA
Hüls	Chemische Werke Hüls AG, Marl, Bundesrepublik Deutschland
ICI	Imperial Chemical Industries Ltd., London, UK
Interox	Interox Chemicals Ltd., Widnes, Cheshire, UK; Tochter der Laporte Industries (Holdings) Ltd., London, und Solvay & Cie SA, Bruxelles, Belgien, Tochter in der BRD: Peroxidchemie GmbH, Höllriegelskreuth
Inventa	Inventa AG für Forschung und Patentverwertung, Zürich, Schweiz; Tochter der EMS-Chemie Holding AG, Donat, Ems, Schweiz
Ishihara Sangyo Kaisha	Ishihara Sangyo Kaisha Ltd., Osaka, Japan
Kellog	Kellog Int. Corp., Houston; Tochter der Pullmann Inc., Chicago, USA
Kerr McGee	Kerr McGee Center, Oklahoma City, USA
Knauf	Gebr. Knauf, Westdeutsche Gipswerke Iphofen, Bundesrepublik Deutschland
Koppers	Krupp-Koppers GmbH, Essen, Bundesrepublik Deutschland
Krupp	Fried. Krupp GmbH, Essen, Bundesrepublik Deutschland

Abkürzungsverzeichnis der Firmen (Forts.)

Kurzbezeichnung	offizieller Name und Firmensitz
Lonza	Lonza AG, Basel; Tochter der Alusuisse, Zürich, Schweiz
Lurgi	Lurgi Gesellschaften, Frankfurt; Tochter der Metallgesellschaft AG, Frankfurt/M., Bundesrepublik Deutschland
Malaysian Titanium Corp.	Malaysian Titanium Corp., (SDM Berhad), Ipoh Perank, Malaysia
Merck	Merck AG, Darmstadt, Bundesrepublik Deutschland
Metallgesellschaft	Metallgesellschaft AG, Frankfurt/M., Bundesrepublik Deutschland
MIAG	Bühler-Miag GmbH, Braunschweig, Bundesrepublik Deutschland (Maschinenbau)
Mitsubishi	Mitsubishi Chemical Industries Ltd., Tokio, Japan
Mitsui-Toatsu	Mitsui Toatsu Chemicals, Inc., Yokohama, Japan
Mobay	Mobay Chemical Corp., Pittsburgh, USA; Tochter der Bayer AG, Leverkusen, Bundesrepublik Deutschland
Monsanto	Monsanto Comp., St. Louis, USA
Montedison	Montedison S. p. A., Mailand, Italien
Nippon Carbide	Nippon Carbide Kogyo K. K., Tokio, Japan
Nippon Carbon	Nippon Carbon Co. Ltd., Tokio, Japan
Nippon Chemical	Nippon Chemical Ind., Tokio, Japan
Nippon Denko	Nippon Denko K. K., Tokio, Japan
Nippon Hydrazine	Japan Hydrazine Co., Inc., Tokio, Japan
Nissan	Nissan Chemical Ind., Ltd., Tokio, Japan
Nynäs Petroleum	Nynäs Petroleum AB, Stockholm, Schweden
Oak Ridge National Lab.	Oak Ridge National Laboratory, Oak Ridge, USA
Olin	Olin-Mathieson Chem. Corp., New York, USA
Otsuka Kagaku	Otsuka Kagaku Yakuhin K. K., Osaka, Japan
ÖSW	Österreichische Stickstoffwerke AG, Linz, Österreich
Outokumpu	Outokumpu Oy, Helsinki, Finnland
PCUK	Produits Chimiques Ugine Kuhlmann, Paris, Frankreich; Tochter von Pechiney Ugine Kuhlmann (bis 1982)
Pennwalt	Pennwalt Corp., Buffalo, USA
Pilkington	Pilkington Brothers, St. Helens, UK
Plinke	Adolf Plinke Söhne, Chemisch-technisches Büro, Bad Homburg, Bundesrepublik Deutschland
PPG	Pittsburgh Plate Glass, Pittsburgh, USA
Prayon	Société de Prayon S. A., Forêt-Trooz, Belgien

Abkürzungsverzeichnis der Firmen (Forts.)

Kurzbezeichnung	offizieller Name und Firmensitz
Rhône-Poulenc	Société des Usines Chimiques Rhône-Poulenc, Paris, Frankreich
Rhône-Progil	Rhône-Progil SA, seit 1980 Rhône-Poulenc Agrochimie SA, Courbevoie, Frankreich; Tochter von Rhône-Poulenc, Frankreich
Richards Bay Minerals	(RBM) Richards Bay Minerals, Iron & Titanium Ltd., Richards Bay, Republik Südafrika
Ruthner	Ruthner Industrieanlagen AG, Wien, Österreich
Sèvres	Cristal de Sèvres, Choisy-la-Roi, Hauts de Seine, Frankreich
Shieldalloy	Shieldalloy Corp., Newfield, USA
Siemens	Siemens AG, Berlin-München, Bundesrepublik Deutschland
Shell	Royal Dutch Shell Konzern, Den Haag, Niederlande
Snam-Progetti	Snam-Progetti S. p. A., Mailand, Italien
Swift	Swift & Comp., Chicago, USA
Stamicarbon	Stamicarbon BV; Tochter der Nederlandse Staatsmijnen, Heerlen, Niederlande
St. Gobain	Compagnie de Saint Gobain SA, Paris, Frankreich
Stoppani	Stoppani, Mailand, Italien
Taiwan Alkali	Taiwan Alkali Comp., Taipeh, Taiwan
Texaco	Texaco Inc., New York, USA
Thann	Fabriques des Produits Chimiques de Thann et de Mulhouse, Thann, Frankreich; Tochter der Rhône-Poulenc, Frankreich
Titanium Corp. (Quebec Iron)	Quebec Iron and Titanium Corp. (QIT), Quebec, Canada
Tokuyama Soda	Tokuyama Soda Ltd., Tokuyama City, Japan
UCC	Union Carbide Corp., New York, USA
Ugine Kuhlmann	Pechiney Ugine Kuhlmann SA (PUK), Paris, Frankreich; seit 1983 Pechiney
Uhde	Friedrich Uhde GmbH, Dortmund, Bundesrepublik Deutschland
UKF	Unie van Kunstmestfabrieken BV, Utrecht, Niederlande
VAW	Vereinigte Aluminiumwerke, Berlin-Bonn, Bundesrepublik Deutschland
Wacker Chemie	Wacker Chemie GmbH, München, Bundesrepublik Deutschland
Wedgewood	Wedgewood Potterie, Etruria, UK

Register